第一作者简介

张清海，中国民主同盟盟员，河南农业大学教授，河南省著名小麦育种专家。1943年11月出生于原籍河南省浚县，1974—1977年就读于河南农学院农学专业。曾任民盟河南省委教育委员会委员、民盟河南农业大学支部副主委、民盟河南农业大学农学院主委。现任中国农学会、中国作物学会和中国作物品种资源学会会员，中国管理科学研究院特约研究员。

50年来，一直致力于小麦种质资源引进、新品种选育和示范推广工作。20世纪70年代，多次赴云南省开展小麦加代育种工作，总结出黄淮麦区小麦品种在昆明夏繁加代的育种理论和规律，同时参与选育出耐盐碱小麦品种豫麦1号、早熟高产小麦品种豫麦3号和矮秆抗病小麦品种豫麦9号，均通过河南省审定。"九五"期间，主持选育并通过审定小麦品种4个，分别是抗旱耐寒小麦品种豫麦36、高产稳产早熟小麦品种豫麦45、超高产多抗半冬性小麦品种豫麦52和超高产强筋优质小麦品种豫麦68，其中，豫麦36、豫麦45和豫麦52荣获科技部、农业部、教育部等重大科技成果"后补助"二等奖。此外，主持选育的超高产强筋优质小麦品种豫麦68，在河南省中间试验中，连续3年产量均居首位。2001年8月"超高产强筋优质小麦新品种豫麦68号的繁殖与推广"被批准为国家首批农业科技成果转化项目，2002年8月在深圳举办的"中国国际农产品深加工——食品工业成果及发展研讨会"上被定为优质原料品种，荣获河南省科技厅颁发的高新技术产品证书。

2003年12月他退休后并没有停下脚步，依然穿梭于麦田，并于花甲之年，主持选育出豫农035、豫农98、豫农78等不同类型小麦品种并通过国家（河南省）审定；其中，豫农035分蘖力强、植株长相清秀、抗后期高温、饱满度好，于2007年通过国家审定，2014年还通过陕西省引种认定。此外，为基层种子企业选育小麦品种的许麦2号和绿源麦8号，分别通过河南省审定。

他曾荣获国家科技进步奖二等奖1项、河南省重大科技成果和科技进步奖一等奖2项、二等奖3项、三等奖9项。先后出版《育种大观》《现代生物技术与小麦品种改良》《河南种业50年》《中国绿色循环现代农业研究》《优质小麦品种及高效栽培关键技术》《黄淮南片小麦审定推广品种及其选育》等著作。撰写的论文分别刊登在《中国农业科学》《中国农业科技通报》《中国农业生理学报》《华北农学报》《武汉大学学报》《河南农业大学学报》《河南日报》《河南科技报》等报刊、杂志上。已从事小麦育种工作50年，兼职在河南省农作物品种审定委员会办公室工作近20年，同时任河南省品审会小麦专业委员会委员并兼任小麦专业组数届秘书，对品种审定工作比较熟悉。

2001年12月他被中国农学会评为终身全国优秀农业科技工作者。其事迹分别编入《中国专家大辞典》《世界优秀专家人才名典》。

河南小麦品种审定委员会

(参加这次品种审定委员会的有:河南农业大学胡廷积、吴绍骙、范濂、苏祯禄、王淑俭、张清海等)

河南审定推广小麦品种志

◎ 张清海　刘万代　等 编著

中国农业科学技术出版社

图书在版编目（CIP）数据

河南审定推广小麦品种志 / 张清海等编著. --北京：中国农业科学技术出版社，2022.5
ISBN 978-7-5116-5767-1

Ⅰ. ①河… Ⅱ. ①张… Ⅲ. ①小麦－品种－河南 Ⅳ. ①S512.102.92

中国版本图书馆CIP数据核字（2022）第 081052 号

责任编辑 马维玲
责任校对 李向荣
责任印制 姜义伟　王思文

出 版 者	中国农业科学技术出版社
	北京市中关村南大街 12 号　邮编：100081
电　　话	（010）82109194（编辑室）　　（010）82106624（发行部）
	（010）82109702（读者服务部）
网　　址	https://castp.caas.cn
经 销 者	各地新华书店
印 刷 者	北京建宏印刷有限公司
开　　本	210 mm × 297 mm　1/16
印　　张	40.5　彩插 2 面
字　　数	1239 千字
版　　次	2022 年 5 月第 1 版　2022 年 5 月第 1 次印刷
定　　价	488.00 元

◀══ 版权所有·侵权必究 ══▶

《河南审定推广小麦品种志》

编著者

主 编 著：张清海　刘万代　程西永　蒋志凯　陈金平
　　　　　　孙治安　田香伟　李晓丽　王　翔　杨丽建

副主编著：姜玉梅　付　亮　张光秀　张宝亮　朱高纪
　　　　　　赵　磊　赵鹏飞　陈树林　付蔚雯　蔡忠民
　　　　　　李艳波　张守霞　张　凡　薛　鑫　郭林杰
　　　　　　赵海萍　臧　鑫　罗俊丽　张永峰　董本波
　　　　　　蒋存增　许拥军　阮新建　谢　辉　刘立立
　　　　　　任少鹏　石亚利　王怀萍　张宝铸　刘兢文
　　　　　　阳　霞　孙　岚　臧云锋

编　　审：王志和　孙建军　贾志安　李会群　周新宝
　　　　　　冯新常　常　萍　曹廷杰

序 言

种子是农业的"芯片",制种产业是国家战略性、基础性核心产业。一粒种子,关系着中国人的饭碗安全。2021年5月13日,习近平总书记在河南南阳考察时指出,保证粮食安全必须把种子牢牢攥在自己手中。

解决吃饭问题,根本出路在科技。小小一粒种子,事关国家粮食安全,事关农民增产增收,是农业现代化的关键。要集中力量、集中资源建设种业强省,为打好种业翻身仗作出河南贡献。要巩固发挥河南在小麦领域育种优势,把特色做优、优势做强。要围绕"卡脖子"技术,在种业关键技术和重点品种研发上取得突破,推动育种产业跨越式发展。

2022年中央一号文件对我国的种业发展更加重视。进一步强调全面实施种业振兴行动方案,加快推进农业种质资源普查收集,强化精准鉴定评价,推进种业领域国家重大创新平台建设,启动农业生物育种重大项目,加快实施农业关键核心技术攻关工程,强化现代农业产业技术体系建设,开展重大品种研发与推广后补助试点,贯彻落实《中华人民共和国种子法》,实行实质性派生品种制度,强化种业知识产权保护。

小麦是人类最早种植的粮食作物之一,小麦原产于北非。在古埃及的石刻中,已有栽培小麦的历史记载。据考古学家研究,大约在1万年前,人类就开始把野生的小麦当作食物。中国小麦发现最早遗址是在新疆的孔雀河流域,研究人员在楼兰的小河墓地发现了4 000年前的炭化小麦。而中国内地出土的小麦,最早是在3 000多年前的商代中晚期。但是,小麦在中国内地普及种植应该是在汉代以后。四大名著之一《三国演义》中就有诸葛亮多次因粮草接济不上延误大事的记载,蜀汉建兴九年出征正值春季,陇西小麦将熟,诸葛亮计划割取这些小麦以充军粮,以"诸葛妆神"之计吓退司马懿,抢收陇西小麦。在小麦生活利用方面,关键的一个推动技术就是战国时期发明的石转盘(石磨)在汉代得到推广,小麦磨成面粉更方便人们食用。

我国小麦主产区有河南、山东、江苏、河北、湖北、安徽等,以冬小麦为主。从南到北、从平原到山区,几乎所有农区都栽培小麦。我国小麦种植面积和总产量仅次于水稻,居粮食作物第二位。小麦是中国北方人民的主食,自古就是滋养人体的重要食物之一。

河南小麦种植面积和产量均位居全国首位,其总产量占全国总产量的1/4。1981年以来,国家对主要农作物品种实施品种审定制度,截至2020年,近千个小麦品种通过河南省审定、国家审定或河南省引种备案并得以在河南省种植,这些优良品种的推广应用,不仅为河南乃至黄淮麦区小麦生产插上了科技保障的翅膀,同时在小麦产量、品质、抗性等方面都有质的提升。为了全面展示近40年来河南审定推广小麦品种的面貌,进一步促进新时期小麦育种科技进步,助力河南小麦这一闪亮全国的"名片"继续领跑,河南农业大学联合新乡市农业科学院、安阳市农业科学院、信阳市农业科学院、平顶山市农业科学院、许昌市农业科学院、鹤壁市农业科学院等省内多家育种单位的小麦界同人共同编著了《河南审定推广小麦品种志》（第一部）一书。

全书共120多万字，介绍了选育单位、亲本组合、选育方法、系谱分析、农艺性状和生物学性状、中试中的产量、品质状况和抗病性，以及实现高产的主要栽培技术及风险提示。该书是一本系统记录河南审定推广小麦品种的工具书，可为育种工作者培育更优、更好的小麦新品种提供有益借鉴，为决策者搞好品种布局提供参考，为用种单位（种植户）科学选择品种提供科学依据。

全书分为河南省审定推广品种（448个）、国家审定推广品种（205个）和河南省引种认定（含备案）品种（173个）三大部分，每部分按照品种审定时间先后顺序排列，每个品种均包含品种来源（含系谱分析）、产量表现、特征特性、品质分析、抗性鉴定、适宜范围及栽培技术要点等内容。其中，国家审定品种的抗性鉴定由中国农业科学院植物保护研究所完成、品质分析由农业部谷物品质量监督检验测试中心（北京）完成；河南省审定、引种认定（含备案）品种的抗性鉴定由河南省农业科学院植物保护研究所完成、品质分析由农业部农产品质量监督检验测试中心（郑州）完成；抗旱性和冬春性鉴定由洛阳农林科学院完成。该书得到国家小麦产业技术体系、河南省小麦产业技术体系项目经费资助。

本书对广大小麦育种工作者、农业科研单位、大专院校、农业科技管理部门、种粮大户、家庭农场、种植合作社等都具有较高的参考价值。

由于作者水平有限和时间紧迫，同时加上资料收集工作的限制，难免遗漏，敬请广大读者批评指正！

编著者

2022年2月

目 录

第一篇 河南省审定推广品种

一、阿夫 ……………………………… 3	三十一、豫麦 14 …………………… 26
二、丰产 3 号 ……………………… 3	三十二、豫麦 15 …………………… 27
三、郑州 3 号 ……………………… 4	三十三、豫麦 16 …………………… 27
四、郑州 683 ……………………… 5	三十四、豫麦 17 …………………… 28
五、濮阳 5 号 ……………………… 5	三十五、85 中 33 …………………… 29
六、博爱 7023 ……………………… 6	三十六、豫麦 19 …………………… 30
七、矮丰 3 号 ……………………… 7	三十七、豫麦 20 …………………… 31
八、宛 7107 ………………………… 8	三十八、豫麦 22 …………………… 31
九、郑引 1 号 ……………………… 9	三十九、豫麦 23 …………………… 32
十、召麦 2 号 ……………………… 9	四十、豫麦 24 ……………………… 33
十一、偃大 25 …………………… 10	四十一、豫麦 25 …………………… 34
十二、小偃 4 号 ………………… 11	四十二、豫麦 26 …………………… 34
十三、郑 6 辐 ……………………… 12	四十三、豫麦 27 …………………… 35
十四、安选 5 号 ………………… 13	四十四、豫麦 28 …………………… 36
十五、百农 3217 ………………… 13	四十五、豫麦 29 …………………… 37
十六、偃师 4 号 ………………… 14	四十六、豫麦 30 …………………… 38
十七、郑州 761 …………………… 15	四十七、豫麦 31 …………………… 38
十八、博农 74-22 ………………… 16	四十八、豫麦 32 …………………… 39
十九、豫原 1 号 ………………… 17	四十九、豫麦 33 …………………… 40
二十、豫麦 1 号 ………………… 18	五十、中育 3 号 …………………… 41
二一、豫麦 3 号 ………………… 18	五十一、豫麦 35 …………………… 41
二二、豫麦 4 号 ………………… 19	五十二、豫麦 36 …………………… 42
二三、豫麦 5 号 ………………… 20	五十三、豫麦 37 …………………… 43
二四、豫麦 6 号 ………………… 20	五十四、豫麦 38 …………………… 44
二五、豫麦 7 号 ………………… 21	五十五、豫麦 39 …………………… 45
二六、豫麦 8 号 ………………… 22	五十六、豫麦 40 …………………… 46
二七、豫麦 9 号 ………………… 22	五十七、豫麦 42 …………………… 46
二八、豫麦 11 …………………… 23	五十八、豫麦 43 …………………… 47
二九、豫麦 12 …………………… 24	五十九、豫麦 44 …………………… 48
三十、鄂恩 1 号 ………………… 25	六十、豫麦 45 ……………………… 49

六十一、豫麦46	50	一〇一、豫展2000	81
六十二、豫麦47	50	一〇二、豫农9901	82
六十三、豫麦48	51	一〇三、豫教2号	83
六十四、宛798	52	一〇四、洛旱3号	84
六十五、漯珍1号	52	一〇五、豫农9676	84
六十六、豫麦50	53	一〇六、温麦18	85
六十七、豫麦52	54	一〇七、温麦19	86
六十八、豫麦53	55	一〇八、神麦1号	86
六十九、豫麦54	56	一〇九、驻麦4号	87
七十、豫麦55	57	一一〇、豫麦70-36	88
七十一、豫麦56	57	一一一、焦麦2号	89
七十二、豫麦57	58	一一二、安麦7号	89
七十三、豫麦59	59	一一三、众麦1号	90
七十四、豫麦60	60	一一四、中育9号	91
七十五、豫麦61	61	一一五、丰舞981	92
七十六、高优503	61	一一六、郑麦9405	92
七十七、豫麦64	62	一一七、周麦19	93
七十八、豫麦65	63	一一八、许丰1号	94
七十九、豫麦67	64	一一九、金丰3号	95
八十、豫麦68	65	一二〇、豫麦49-198	96
八十一、济麦1号	66	一二一、鑫麦1998	96
八十二、济麦2号	67	一二二、新原958	97
八十三、中育5号	67	一二三、濮麦10号	98
八十四、偃师16	68	一二四、平安3号	99
八十五、安麦1号	69	一二五、鹤麦1号	99
八十六、郑麦8998	70	一二六、郑麦9694	100
八十七、宛麦369	71	一二七、豫农201	101
八十八、郑麦975	72	一二八、郑农17	102
八十九、偃高1号	72	一二九、焦麦668	103
九十、新麦12	73	一三〇、周麦20	103
九十一、开麦13	74	一三一、驻麦6号	104
九十二、太空5号	75	一三二、花培1号	105
九十三、洛麦1号	75	一三三、郑丰5号	106
九十四、郑麦98	76	一三四、豫展4号	106
九十五、新麦3306	77	一三五、源育3号	107
九十六、济麦3号	78	一三六、项麦969	108
九十七、信阳234	78	一三七、04中36	109
九十八、太空6号	79	一三八、众麦2号	110
九十九、中育8号	80	一三九、花培3号	110
一〇〇、豫麦18-99系	80	一四〇、丰抗38	111

一四一、源育 2 号	112	一八一、宛麦 20	143
一四二、偃佃 9433	113	一八二、周黑麦 1 号	143
一四三、豫农 202	113	一八三、豫教黑 1 号	144
一四四、百农 160	114	一八四、济糯 1 号	145
一四五、中育 10 号	115	一八五、天糯 158	146
一四六、漯麦 4-168	116	一八六、开麦 21	146
一四七、偃育 898	116	一八七、周麦 25	147
一四八、邓麦 996	117	一八八、太学 7 号	148
一四九、内农科 201	118	一八九、亿麦 6 号	149
一五〇、漯优 7 号	119	一九〇、怀川 916	150
一五一、洛麦 22	120	一九一、中洛 08-2	151
一五二、金豫麦 2 号	120	一九二、偃高 006	151
一五三、中育 12	121	一九三、先麦 8 号	152
一五四、济麦 4 号	122	一九四、太学 6 号	153
一五五、豫保 1 号	123	一九五、豫农 4023	154
一五六、花培 6 号	123	一九六、太学 12	155
一五七、泛麦 8 号	124	一九七、平麦 02-16	155
一五八、平麦 998	125	一九八、浚晓 9706	156
一五九、众麦 998	126	一九九、宝科 8 号	157
一六〇、平安 7 号	127	二〇〇、许科 718	158
一六一、洛旱 8 号	127	二〇一、浚麦 K8	159
一六二、济麦 6 号	128	二〇二、郑麦 583	160
一六三、河科大 9612	129	二〇三、农大 1108	160
一六四、宛麦 16	130	二〇四、中育 9398	161
一六五、宛麦 18	130	二〇五、焦麦 266	162
一六六、豫农 416	131	二〇六、许农 7 号	163
一六七、周麦 24	132	二〇七、中新 78	164
一六八、汝麦 0319	133	二〇八、天禾 3 号	165
一六九、花培 8 号	133	二〇九、国麦 301	166
一七〇、中焦 2 号	134	二一〇、郑麦 0856	166
一七一、内麦 988	135	二一一、濮麦 26	167
一七二、许科 316	136	二一二、中洛 1 号	168
一七三、豫教 5 号	136	二一三、先麦 10 号	169
一七四、群喜麦 4 号	137	二一四、中焦 3 号	170
一七五、浚 2016	138	二一五、阳光 851	171
一七六、开麦 20	139	二一六、郑麦 3596	171
一七七、宛麦 19	140	二一七、华育 198	172
一七八、洛旱 10 号	140	二一八、豫农 211	173
一七九、鹤麦 2 号	141	二一九、平安 9 号	174
一八〇、洛旱 12	142	二二〇、金地 828	175

二二一、中育 9307 …… 176	二六一、偃高 58 …… 209
二二二、郑育麦 8 号 …… 177	二六二、洛麦 31 …… 209
二二三、偃丰 21 …… 177	二六三、昌麦 9 号 …… 210
二二四、信麦 9 号 …… 178	二六四、囤麦 127 …… 211
二二五、郑麦 314 …… 179	二六五、滑育麦 1 号 …… 212
二二六、鹤麦 801 …… 180	二六六、囤麦 128 …… 213
二二七、汝麦 076 …… 181	二六七、天民 184 …… 213
二二八、新麦 28 …… 182	二六八、立丰 852 …… 214
二二九、开麦 22 …… 182	二六九、百农 201 …… 215
二三〇、温麦 28 …… 183	二七〇、许麦 2 号 …… 216
二三一、郑育麦 043 …… 184	二七一、济研麦 7 号 …… 216
二三二、秋乐 2122 …… 185	二七二、豫信 11 …… 217
二三三、新麦 30 …… 186	二七三、宛麦 21 …… 218
二三四、宛麦 98 …… 187	二七四、洛旱 19 …… 219
二三五、偃亳 197 …… 187	二七五、百旱 207 …… 220
二三六、商麦 1 号 …… 188	二七六、豫农 78 …… 220
二三七、泰禾麦 1 号 …… 189	二七七、圣麦 15 …… 221
二三八、俊达 104 …… 190	二七八、洛麦 34 …… 222
二三九、枣乡 158 …… 191	二七九、濮麦 8062 …… 223
二四〇、遂选 101 …… 191	二八〇、许麦 318 …… 224
二四一、怀川 919 …… 192	二八一、盈满 208 …… 224
二四二、泛麦 7030 …… 193	二八二、囤丰 809 …… 225
二四三、俊达 106 …… 194	二八三、兆丰 3188 …… 226
二四四、平安 11 …… 195	二八四、郑育 11 …… 227
二四五、百农 418 …… 196	二八五、百农 889 …… 227
二四六、泰禾 882 …… 196	二八六、枣乡 168 …… 228
二四七、偃科 048 …… 197	二八七、中植 0914 …… 229
二四八、金穗 116 …… 198	二八八、金丰 205 …… 230
二四九、亚麦 1 号 …… 199	二八九、濮兴 8 号 …… 230
二五〇、孟麦 023 …… 200	二九〇、泰麦 863 …… 231
二五一、信麦 69 …… 201	二九一、佳源 6 号 …… 232
二五二、宛麦 69 …… 201	二九二、孟麦 0818 …… 233
二五三、豫农 98 …… 202	二九三、存麦 18 …… 233
二五四、宛 1643 …… 203	二九四、浚麦 169 …… 234
二五五、洛旱 17 …… 204	二九五、机麦 210 …… 235
二五六、偃亳 330 …… 205	二九六、中育 1428 …… 236
二五七、世纪 281 …… 205	二九七、鑫华麦 818 …… 237
二五八、春丰 0017 …… 206	二九八、豫农 804 …… 237
二五九、中麦 66 …… 207	二九九、禾丰 3 号 …… 238
二六〇、百农 4199 …… 208	三〇〇、安麦 1241 …… 239

三〇一、温原 0528 …… 240	三四一、百麦 1811 …… 271
三〇二、平安 0602 …… 241	三四二、科达 668 …… 272
三〇三、泛麦 536 …… 241	三四三、弘展 628 …… 272
三〇四、浚麦 118 …… 242	三四四、浚禾 5366 …… 273
三〇五、丰德存麦 20 …… 243	三四五、郑麦 925 …… 274
三〇六、郑品麦 24 …… 244	三四六、济研麦 10 号 …… 275
三〇七、科林麦 969 …… 245	三四七、创星 26 …… 275
三〇八、赛德麦 7 号 …… 246	三四八、郑品麦 26 …… 276
三〇九、云台 301 …… 246	三四九、温麦 968 …… 277
三一〇、顺麦 6 号 …… 247	三五〇、农丰 111 …… 278
三一一、峰选 369 …… 248	三五一、卓麦 6 号 …… 278
三一二、豫圣麦 21 …… 249	三五二、金展 638 …… 279
三一三、怀川 101 …… 250	三五三、许研麦 3 号 …… 280
三一四、粮源 22 …… 250	三五四、威丰 5 号 …… 281
三一五、囤麦 257 …… 251	三五五、天麦 119 …… 281
三一六、华麦 998 …… 252	三五六、蔡麦 116 …… 282
三一七、天宁 38 …… 253	三五七、佳麦 8 号 …… 283
三一八、中创 811 …… 253	三五八、赛德麦 6 号 …… 284
三一九、安麦 1132 …… 254	三五九、厚德麦 970 …… 284
三二〇、新麦 39 …… 255	三六〇、郑科 137 …… 285
三二一、怀川 66 …… 256	三六一、豫农 516 …… 286
三二二、宛麦 202 …… 257	三六二、高麦 8 号 …… 287
三二三、正能 2 号 …… 257	三六三、许研麦 4 号 …… 287
三二四、豫圣黑麦 1 号 …… 258	三六四、黄源 1 号 …… 288
三二五、中鼎原紫 1 号 …… 259	三六五、才智 141 …… 289
三二六、泛育麦 20 …… 260	三六六、华麦 999 …… 290
三二七、禾美 988 …… 260	三六七、洛丰 168 …… 290
三二八、赛德麦 8 号 …… 261	三六八、豫农 803 …… 291
三二九、农麦 22 …… 262	三六九、华育 166 …… 292
三三〇、农大 2018 …… 263	三七〇、宛麦 632 …… 293
三三一、丰德存麦 22 …… 263	三七一、鑫地丰 168 …… 293
三三二、囤麦 259 …… 264	三七二、偃亳 1886 …… 294
三三三、秋乐 168 …… 265	三七三、财源 2 号 …… 295
三三四、郑麦 1354 …… 266	三七四、先麦 19 …… 296
三三五、中育 1526 …… 266	三七五、农麦 18 …… 296
三三六、晨博 998 …… 267	三七六、鹤麦 1310 …… 297
三三七、泛育麦 18 …… 268	三七七、绵麦 51 …… 298
三三八、新植 716 …… 269	三七八、宛麦 66 …… 299
三三九、郑麦 22 …… 269	三七九、苑丰 307 …… 299
三四〇、天民 304 …… 270	三八〇、藁优 5218 …… 300

三八一、郑麦 158 …… 301	四一五、森科 093 …… 326
三八二、丰德存麦 21 …… 302	四一六、硕麦 988 …… 327
三八三、西农 239 …… 302	四一七、洛旱 27 …… 328
三八四、灵绿麦 1 号 …… 303	四一八、藁优 5766 …… 329
三八五、灵黑麦 1 号 …… 304	四一九、富麦 916 …… 329
三八六、昌麦 18 …… 305	四二〇、郑麦 6687 …… 330
三八七、漯麦 906 …… 305	四二一、山农 981 …… 331
三八八、中原丰 1 号 …… 306	四二二、轮选 69 …… 332
三八九、项麦 182 …… 307	四二三、商麦 8 号 …… 332
三九〇、内乐 269 …… 308	四二四、轮选 1658 …… 333
三九一、郑麦 20 …… 308	四二五、春晓 158 …… 334
三九二、许麦 1636 …… 309	四二六、天麦 166 …… 335
三九三、开麦 1502 …… 310	四二七、新麦 51 …… 335
三九四、中研麦 6 号 …… 311	四二八、禾麦 32 …… 336
三九五、科林 201 …… 311	四二九、光泰 336 …… 337
三九六、河大 518 …… 312	四三〇、禾麦 11 …… 338
三九七、温禾 902 …… 313	四三一、瑞星麦 618 …… 338
三九八、浚麦 8202 …… 314	四三二、联邦 2 号 …… 339
三九九、中育 1686 …… 314	四三三、同舟 55 …… 340
四〇〇、百农 219 …… 315	四三四、富麦 709 …… 341
四〇一、才智 566 …… 316	四三五、豫农 607 …… 341
四〇二、遂麦 139 …… 317	四三六、豫农 605 …… 342
四〇三、菊城麦 6 号 …… 317	四三七、百农 365 …… 343
四〇四、百农 307 …… 318	四三八、宝景麦 161 …… 344
四〇五、温麦 168 …… 319	四三九、郑科 168 …… 344
四〇六、金地 8931 …… 320	四四〇、锦麦 35 …… 345
四〇七、浚麦 802 …… 320	四四一、森科 267 …… 346
四〇八、昌麦 15 …… 321	四四二、鼎研 161 …… 347
四〇九、才智 16 …… 322	四四三、安麦 1350 …… 348
四一〇、华科 016 …… 323	四四四、百农 5822 …… 348
四一一、轮选 131 …… 323	四四五、昌麦 20 …… 349
四一二、先麦 18 …… 324	四四六、鹤麦 601 …… 350
四一三、方裕麦 66 …… 325	四四七、洛麦 40 …… 351
四一四、信麦 1168 …… 326	四四八、郑品麦 27 …… 351

第二篇　国家审定在河南省推广品种

一、豫麦 2 号 …… 355	三、西安 8 号 …… 357
二、冀麦 30 …… 356	四、徐州 21 …… 357

五、陕农 7859	358
六、豫麦 10 号	359
七、豫麦 13	360
八、豫麦 21	361
九、晋麦 45	361
十、豫麦 18	362
十一、豫麦 41	363
十二、豫麦 34	364
十三、石 4185	365
十四、豫麦 49	366
十五、豫麦 51	367
十六、豫麦 62	367
十七、豫麦 58	368
十八、中育 6 号	369
十九、淮麦 18	370
二十、豫麦 63	371
二十一、豫麦 66	372
二十二、豫麦 69	373
二十三、新麦 13	374
二十四、洛旱 2 号	375
二十五、郑麦 9023	376
二十六、新麦 11	377
二十七、周麦 16	377
二十八、豫麦 70	378
二十九、偃展 4110	379
三十、兰考矮早 8	380
三十一、皖麦 38	381
三十二、新麦 18	382
三十三、中原 98-68	383
三十四、郑麦 004	383
三十五、郑农 16	384
三十六、周麦 17	385
三十七、郑麦 005	386
三十八、郑麦 366	386
三十九、周麦 18	387
四十、神麦 2 号	388
四十一、百农 AK58	389
四十二、濮麦 9 号	390
四十三、新麦 208	391
四十四、豫农 949	391
四十五、花培 5 号	392
四十六、同舟麦 916	393
四十七、平安 6 号	394
四十八、郑育麦 958	395
四十九、富 2008	396
五十、开麦 18	396
五十一、新麦 19	397
五十二、洛旱 6 号	398
五十三、豫农 035	399
五十四、周麦 22	400
五十五、漯麦 8 号	401
五十六、许农 5 号	402
五十七、新麦 9817	402
五十八、周麦 21	403
五十九、洛旱 7 号	404
六十、金麦 8 号	405
六十一、漯麦 9 号	406
六十二、周麦 23	407
六十三、许科 1 号	407
六十四、洛麦 21	408
六十五、豫农 982	409
六十六、洛麦 23	410
六十七、浚麦 99-7	411
六十八、郑育麦 9987	412
六十九、轮选 988	412
七十、新麦 21	413
七十一、洛旱 11	414
七十二、洛麦 9 号	415
七十三、洛旱 13	416
七十四、新麦 26	416
七十五、郑麦 9962	417
七十六、中原 6 号	418
七十七、周麦 27	419
七十八、丰德存麦 1 号	420
七十九、周麦 26	421
八十、平安 8 号	421
八十一、郑麦 7698	422
八十二、中麦 895	423
八十三、漯麦 18	424
八十四、隆平麦 518	425

八十五、周麦 28	426	一二五、赛德麦 1 号	456
八十六、百农 207	426	一二六、郑麦 369	457
八十七、郑麦 101	427	一二七、俊达 109	458
八十八、洛麦 24	428	一二八、新科麦 169	459
八十九、新麦 23	429	一二九、中麦 170	459
九十、丰德存麦 5 号	429	一三〇、中育 1211	460
九十一、豫麦 158	430	一三一、濮麦 6311	461
九十二、丰德存麦 8 号	431	一三二、高麦 6 号	462
九十三、博农 6 号	432	一三三、光泰 68	463
九十四、天民 198	433	一三四、新麦 36	463
九十五、阳光 818	433	一三五、周麦 36	464
九十六、洛旱 15	434	一三六、先天麦 12	465
九十七、周麦 30	435	一三七、众麦 7 号	466
九十八、德研 8 号	436	一三八、驻麦 328	466
九十九、冠麦 1 号	437	一三九、洛旱 22	467
一〇〇、洛麦 29	437	一四〇、阳光 578	468
一〇一、许科 129	438	一四一、存麦 16	469
一〇二、郑麦 379	439	一四二、丹麦 118	469
一〇三、郑品麦 8 号	440	一四三、泛育麦 17	470
一〇四、圣源 619	441	一四四、华伟 303	471
一〇五、豫教 6 号	441	一四五、轮选 166	472
一〇六、中育 1123	442	一四六、民丰 3 号	472
一〇七、中原 18	443	一四七、农大 2011	473
一〇八、德研 16	444	一四八、平安 518	474
一〇九、泉麦 890	444	一四九、泉麦 29	474
一一〇、濮兴 5 号	445	一五〇、泰禾麦 2 号	475
一一一、丰德存麦 12	446	一五一、新麦 35	476
一一二、沃德麦 365	447	一五二、许科 918	477
一一三、新麦 29	447	一五三、豫农 186	477
一一四、偃高 21	448	一五四、珍麦 3 号	478
一一五、新麦 32	449	一五五、郑麦 103	479
一一六、商麦 167	450	一五六、郑麦 119	480
一一七、鑫农 518	450	一五七、郑麦 132	480
一一八、豫丰 11	451	一五八、郑麦 136	481
一一九、郑育麦 16	452	一五九、郑麦 1860	482
一二〇、周麦 32	453	一六〇、郑品麦 22	483
一二一、锦绣 21	453	一六一、中育 1220	483
一二二、许科 168	454	一六二、存麦 11	484
一二三、洛麦 26	455	一六三、机麦 211	485
一二四、郑麦 618	456	一六四、赛德麦 5 号	486

一六五、驻麦 305	486	一八六、伟隆 169	502	
一六六、郑麦 0943	487	一八七、大平原 1 号	503	
一六七、郑麦 113	488	一八八、商麦 156	504	
一六八、漯麦 26	489	一八九、泛麦 803	505	
一六九、冠麦 2 号	489	一九〇、新科麦 168	505	
一七〇、泉麦 31	490	一九一、吉兴 653	506	
一七一、万丰 269	491	一九二、院丰 369	507	
一七二、洛麦 27	492	一九三、郑品优 9 号	508	
一七三、华伟 305	492	一九四、金粒 9 号	508	
一七四、中麦 578	493	一九五、秋乐 6 号	509	
一七五、艾麦 24	494	一九六、金诚麦 17	510	
一七六、泰禾麦 5 号	495	一九七、郑麦 1342	511	
一七七、郑品麦 25	496	一九八、郑麦 129	511	
一七八、华伟 307	496	一九九、豫丰 307	512	
一七九、濮麦 087	497	二〇〇、平麦 189	513	
一八〇、漯麦 163	498	二〇一、濮麦 053	514	
一八一、濮麦 168	499	二〇二、周麦 33	514	
一八二、郑麦 6694	499	二〇三、洛麦 28	515	
一八三、中麦 875	500	二〇四、粮源麦 2 号	516	
一八四、永丰 101	501	二〇五、丰德存麦 13	517	
一八五、中育 9302	502			

第三篇 河南省引种认定（含备案）品种

一、藁麦 9415	521	十六、衡观 35	532
二、烟农 19	521	十七、科晨 787	533
三、石麦 12	522	十八、隆麦 813	533
四、轮选 987	523	十九、西农 805	534
五、师栾 02-1	523	二十、西农 538	534
六、小偃 81	524	二十一、西农 528	535
七、西农 889	525	二十二、西农 20	536
八、济麦 20	526	二十三、华成麦 1688	536
九、洲元 9369	526	二十四、泰麦 98	537
十、舜麦 1718	527	二十五、泰麦 733	537
十一、西农 3517	528	二十六、西农 165	538
十二、武农 986	529	二十七、孟麦 028	539
十三、藁优 2018	529	二十八、西农 583	539
十四、济麦 22	530	二十九、西农 1018	540
十五、西农 979	531	三十、陕农 33	540

三十一、福高 1 号	541	七十一、孟麦 032	566
三十二、福高 2 号	542	七十二、山农 102	566
三十三、西农 658	542	七十三、小偃 68	567
三十四、西农 668	543	七十四、秦鑫 271	567
三十五、西农 822	543	七十五、徽研 22	568
三十六、西农 223	544	七十六、小偃 269	568
三十七、天麦 535	545	七十七、西郭 2122	569
三十八、连麦 5 号	545	七十八、怀川 358	570
三十九、扬麦 13	546	七十九、小偃 58	570
四十、伟隆 158	547	八十、西高三号	571
四十一、伟隆 121	547	八十一、阎麦 2037	571
四十二、天麦 863	548	八十二、秦农 578	572
四十三、致胜 5 号	548	八十三、皖垦麦 0622	573
四十四、兴民 218	549	八十四、陕麦 159	573
四十五、兴民 118	550	八十五、喜麦 199	574
四十六、江麦 919	550	八十六、喜麦 203	574
四十七、兴民 68	551	八十七、唐麦 831	575
四十八、农麦 1 号	551	八十八、陕 627	576
四十九、西农 389	552	八十九、中麦 895	576
五十、鑫麦 8 号	553	九十、徽研 77	577
五十一、双优二号	553	九十一、陕农 138	577
五十二、徐农 029	554	九十二、兴民 618	578
五十三、大地 2018	554	九十三、齐民 6 号	579
五十四、华成 2019	555	九十四、西麦 158	579
五十五、西农 188	556	九十五、仪麦 1 号	580
五十六、富麦 669	556	九十六、凌科 608	581
五十七、西农 556	557	九十七、涡麦 9 号	581
五十八、福高 328	558	九十八、皖麦 203	582
五十九、陕垦 224	558	九十九、中研麦 0709	582
六十、仪麦 2 号	559	一〇〇、镇麦 12	583
六十一、烟宏 2000	559	一〇一、漯麦 6010	584
六十二、徐麦 32	560	一〇二、镇麦 9 号	584
六十三、西农 558	561	一〇三、皖新麦 05012	585
六十四、兴民 58	561	一〇四、扶麦 368	586
六十五、长丰 2112	562	一〇五、扶麦 1228	586
六十六、奉先 211	562	一〇六、农麦 152	587
六十七、天麦 899	563	一〇七、国盛麦 1 号	587
六十八、淮麦 44	564	一〇八、凌麦 669	588
六十九、西农 109	564	一〇九、隆平麦 6 号	589
七十、航麦 6 号	565	一一〇、西安 240	589

一一一、淮麦 45 …… 590	一五一、亿麦 11 …… 614
一一二、淮麦 43 …… 590	一五二、西农 9112 …… 614
一一三、鲁研 148 …… 591	一五三、皖新麦 5 号 …… 615
一一四、伟隆 136 …… 592	一五四、瑞华麦 521 …… 616
一一五、西农 836 …… 592	一五五、瑞华麦 218 …… 616
一一六、西农 519 …… 593	一五六、惠麦 5715 …… 617
一一七、陕禾 1028 …… 593	一五七、阜麦 9 号 …… 617
一一八、永民 1718 …… 594	一五八、孟麦 101 …… 618
一一九、鲁原 502 …… 595	一五九、安农大 1216 …… 619
一二〇、阎麦 5810 …… 595	一六〇、金运麦 3 号 …… 619
一二一、陕垦 6 号 …… 596	一六一、襄麦 75 …… 620
一二二、西农 938 …… 596	一六二、西农 619 …… 620
一二三、涡麦 102 …… 597	一六三、扶麦 6 号 …… 621
一二四、阎麦 5811 …… 598	一六四、大唐 66 …… 622
一二五、鲁研 128 …… 598	一六五、大唐 63 …… 622
一二六、安 1302 …… 599	一六六、登海 208 …… 623
一二七、江麦 816 …… 599	一六七、秦鑫 106-5 …… 623
一二八、中涡 22 …… 600	一六八、西农 911 …… 624
一二九、柳麦 618 …… 601	一六九、西农 38 …… 625
一三〇、西高 9924 …… 601	一七〇、西农 537 …… 625
一三一、徐麦 30 …… 602	一七一、西途 555 …… 626
一三二、保麦 2 号 …… 602	一七二、伟隆 123 …… 626
一三三、陕禾 192 …… 603	一七三、陕道 198 …… 627
一三四、皖垦麦 869 …… 604	
一三五、中麦 349 …… 604	
一三六、普冰 151 …… 605	
一三七、福麦 3 号 …… 605	
一三八、大地 528 …… 606	
一三九、扬辐麦 7 号 …… 607	
一四〇、瑞星 1 号 …… 607	
一四一、扬麦 24 …… 608	
一四二、轮选 146 …… 608	
一四三、华麦 1168 …… 609	
一四四、华麦 1309 …… 610	
一四五、兆丰 8 号 …… 610	
一四六、长航 1 号 …… 611	
一四七、小偃 23 …… 611	
一四八、鲁研 888 …… 612	
一四九、潍 1309 …… 613	
一五〇、西农 059 …… 613	

第一篇

河南省审定推广品种

一、阿夫

（一）品种来源

阿夫原名 Funo，原产意大利，1956 年从阿尔巴尼亚引入我国。1981 年通过河南省农作物品种审定委员会认定。其系谱如下：

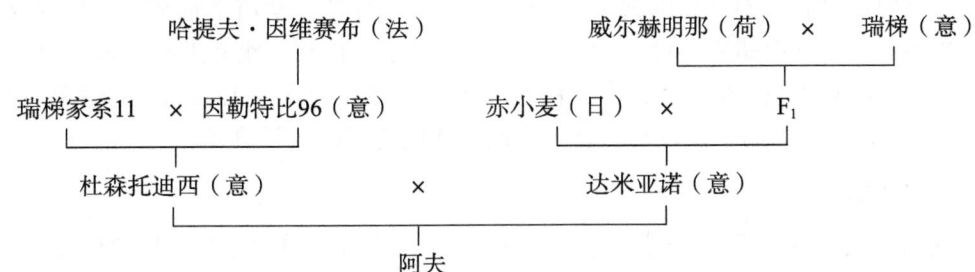

（二）产量表现

1960—1963 年在河南省辉县、信阳等 9 个试点试验，亩（1 亩≈667 平方米，全书同）产 175～405 千克。在亩产 300 千克以上地力水平下均表现增产，亩产 200～300 千克的地块绝大多数增产。

（三）特征特性

属偏春性晚熟品种，生育期 225 天左右。芽鞘淡绿色，幼苗近直立，叶色青绿。叶片较宽，旗叶较短，株高 85～90 厘米。茎秆粗壮，成熟落黄好。穗长方形，长芒，穗粒数 35 粒以上。红粒，椭圆形，软质，千粒重 34～38 克，粗蛋白含量 11.9%。抗寒力和分蘖力中等，成穗率较高，灌浆速度较快。秆硬，抗倒伏。

（四）抗性鉴定

据 1980 年中国农业科学院植物保护研究所鉴定，对条中 24 号表现免疫至高抗，感条中 25 号。据河南省农业科学院植物保护研究所 1980 年多点鉴定，对叶锈病反应型达 3～4 级，属慢叶锈类型。轻感秆锈病和白粉病，抗散黑穗病。

（五）适宜范围及栽培要点

适宜在亩产 200 千克以上的肥水地种植。河南省中部地区以 10 月中旬播种为宜，亩播量 7.5～10 千克，适时追肥浇水。

二、丰产 3 号

（一）品种来源

西北农学院赵洪璋等以丹麦 1 号为母本、西农 6028 为父本杂交选育而成。1964 年引入河南省，1981 年通过河南省农作物品种审定委员会认定。其系谱如下：

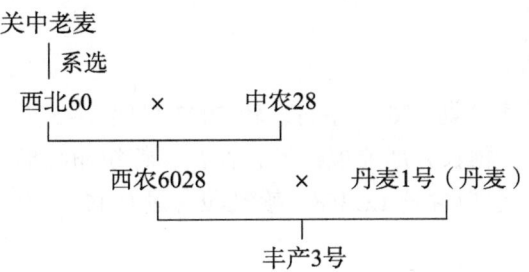

（二）产量表现

丰产3号适应性广，综合性状好，是我国推广面积最大的小麦品种之一。1964年引进河南省后，表现丰产稳定，比当时的推广品种北京8号、济南2号增产10%以上。在1980年河南省小麦品种示范中，丰产3号亩产150千克左右。

（三）特征特性

属弱冬性早熟品种，成熟期比阿夫早2~3天。芽鞘淡绿色，幼苗半匍匐，叶色深绿。拔节后叶片挺直，抽穗后茎、叶有蜡粉，株高100~110厘米，茎秆粗壮。旗叶上冲，成熟落黄较好。穗长方形，长芒，白粒，卵圆形，半硬质，千粒重38克左右。粗蛋白含量13.28%，赖氨酸含量0.34%。分蘖力较强，成穗数中等。耐寒性较好，有一定抗倒伏能力，较抗干热风。

（四）抗性鉴定

品种育成初期高抗条锈病，轻感条中17、18、19、21号，重感条中22、23、24、25号。重感叶锈病、秆锈病，感散黑穗病、赤霉病和白粉病。

（五）适宜范围及栽培要点

适宜在亩产150~250千克的肥水地种植，对旱薄地也有较好的适应能力，在高肥水的条件下易发生倒伏。适播期在豫北地区为10月上旬，旱薄地可提前到9月底播种，豫中南地区可稍晚。亩播量7.5~9千克为宜。

三、郑州3号

（一）品种来源

河南省农业科学院作物所以弗兰尼（Forlani）为母本、西农6028与泰农153混合花粉为父本杂交，1965年选育而成。系谱号为5808A-21-1-5-3。1982年通过河南省农作物品种审定委员会认定。其系谱如下：

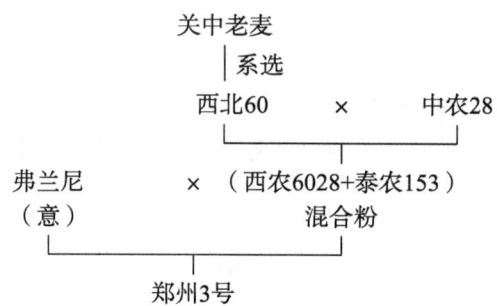

（二）产量表现

1965—1972年在河南省中北部地区试验，较对照品种增产10%~20%。干旱年份在丘陵旱地增产更为突出。1977年以来，在豫北地区丘陵旱地长期干旱的条件下，比博农7023、郑6辐等显著增产。

（三）特征特性

属弱冬性早熟品种。生育期230天左右，较7023早熟3~5天。芽鞘绿色，幼苗半匍匐，叶色深绿。株高110厘米左右。穗长方形或棍棒形，长芒，籽粒卵圆形，白色，粒质软至半硬，腹沟稍宽，千粒重36~40克，粗蛋白含量12.4%，赖氨酸含量0.4%。耐寒力较好。分蘖力较弱，春季返青起身早，成穗率中等。成熟落黄好，但易落粒。

（四）抗性鉴定

品种育成初期抗条锈病，后抗锈病能力逐渐丧失。不抗叶锈病，中感白粉病，耐旱力强。

（五）适宜范围及栽培要点

适应性较强，耐旱力尤为突出，适宜在亩产200~250千克的中水肥地及旱薄地种植。播期豫北地区在9月底至10月初，豫中地区以10月上旬为宜，亩播量9~10千克。

四、郑州683

（一）品种来源

河南省农业科学院作物研究所以碧蚂1号为母本、阿玛为父本杂交，1968年选育而成。系谱号为5918-0-22-4-1-1-7。1981年通过河南省农作物品种审定委员会认定。其系谱如下：

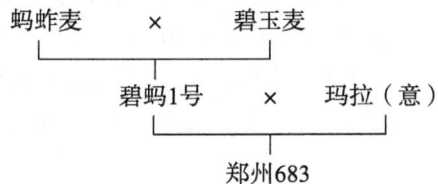

（二）产量表现

1969—1973年在河南省中南部地区亩产200~300千克肥力下试验，一般较阿夫增产10%左右，在晚播和干热风严重年份增产更为显著。

（三）特征特性

属偏春性中熟品种，生育期223天。芽鞘绿色，幼苗半匍匐，叶色深绿。株型适中偏散，旗叶较宽短。株高105~115厘米，成熟时秆、穗、叶色黄亮。穗长方形，穗粒数30粒以上。长芒，白壳，红粒，椭圆形，腹沟较浅，饱满度较好，千粒重40~50克。容重763克/升，粗蛋白含量12.8%，赖氨酸含量0.38%。分蘖力较弱，成穗率较高。越冬期间冻害轻微，但对3—4月的低温较敏感，有受冻现象，部分叶有黄尖。

（四）抗性鉴定

对条锈病成株鉴定，除感条中10号外，高抗其他。苗期鉴定，感条中17、18、21、25号，感叶锈病、白粉病、土传花叶病。拔节孕穗期遇低温多雨年份，叶枯病发生较普遍，但对后期灌浆影响不大。

（五）适宜范围及栽培要点

适宜在河南省中南部地区中等肥力水平种植。播期一般在10月10—15日，亩播量9千克左右；晚播可推迟到11月上旬，亩播量10~12.5千克。

五、濮阳5号

（一）品种来源

河南省濮阳县农业试验站1958年用石家庄407作母本，采用整穗剪颖不去雄的自由杂交法，于1968年选育而成，原代号为2141-1。1981年通过河南省农作物品种审定委员会认定。其系谱如下：

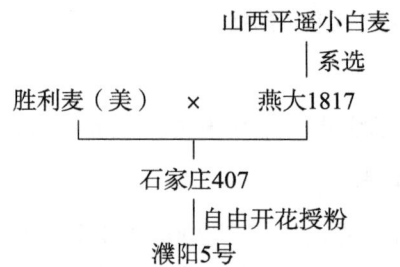

（二）产量表现

1974—1976年参加河南省中肥组品种区域试验，在河南省中部、北部地区均表现增产稳产。1979年和1980年河南省中肥组品种示范，平均亩产分别为280千克和275千克，分别比博爱7023增产6%和4%。豫北地区低产区示范平均较对照丰产3号增产13%。

（三）特征特性

属冬性中早熟品种。生育期240天左右，成熟期比丰产3号早1~2天。芽鞘浅绿色，幼苗半匍匐，叶色深绿。株高90厘米左右，孕穗期茎、叶鞘有蜡质。旗叶中等大小，呈扭曲状，成熟落黄好。穗纺锤形，长芒，白壳，一般每穗结实35~40粒，白粒，椭圆形，腹沟浅，半硬质，千粒重40克以上。容重834克/升，粗蛋白含量12.7%，赖氨酸含量0.39%。耐寒性较强，分蘖力和成穗率中等。口松紧适度，种子休眠期较短。茎秆细软，抗倒性差，亩产350千克以上容易倒伏。

（四）抗性鉴定

耐干旱、耐瘠薄，抗干热风。高抗条中21号，感条中17、18、20、22、23、25号。轻感叶锈病和叶枯病，中感白粉病。

（五）适宜范围及栽培要点

适宜在亩产300千克以下的肥力水平种植。适播期在豫北地区以9月下旬至10月初，亩播量9~10千克。在管理上要返青期控，拔节期促。灌浆期遇大风要避免浇水，以防止倒伏。如在旱地种植，应注意蓄水保墒，力争全苗。

六、博爱7023

（一）品种来源

河南省国营博爱农场良种站于1967年从阿夫（Funo）中选育出的优异单穗，经过3年系统选育，于1970年选育而成。原名为B-7023。1981年通过河南省农作物品种审定委员会认定。其系谱如下：

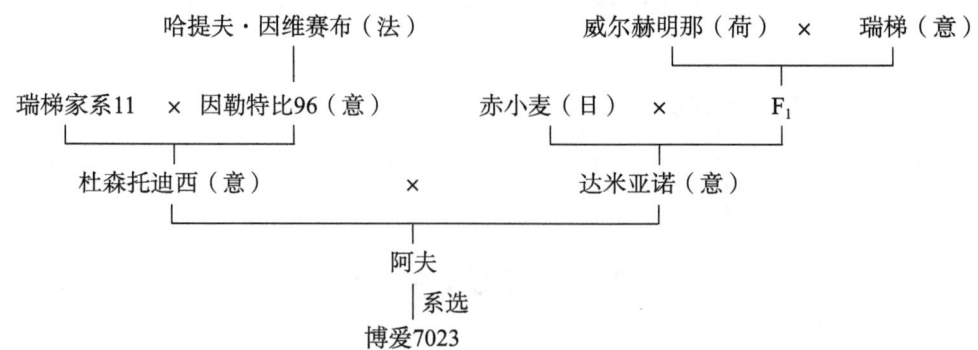

（二）产量表现

经过多点试验示范，在亩产200~350千克的地区，表现比阿夫更稳产增产，最高亩产可达

400千克。

(三) 特征特性

属偏春性中熟品种，生育期为220天左右。芽鞘淡绿色，幼苗近直立，叶色深绿。株高100~110厘米，茎秆较粗，微带蜡质。叶片上举，旗叶上冲。穗长方形，长芒，护颖白色，无茸毛，脊明显。在水肥充足的条件下，每穗可结实35~40粒。红粒，卵圆形，软质，千粒重40克左右。容重810克/升，粗蛋白含量12.4%，赖氨酸含量0.37%。分蘖力较弱，但成穗率较高。抗寒力中等，较耐干旱。口松易落粒，种子休眠期长。

(四) 抗性鉴定

较抗倒伏，抗干热风，较抗白粉病。在白粉病大发生的1980年表现发病很轻，但1982年在周口、驻马店、信阳、新乡表现发病较重。抗条锈病能力原来较强，据河南省农业科学院植物保护研究所资料，在1973年以前属抗病品种，在春季降水量较多的情况下，仍表现抗病。

(五) 适宜范围及栽培要点

适宜在中上等肥力麦田种植。在旱地或丘陵肥地种植时，如能注意保墒，施足底肥，加强田间管理。河南省中部地区播期以10月中旬为宜，南部可稍迟，亩播量9千克左右为宜。在晚播情况下，应适当增加播量，增施种肥。加强前期和早春田间管理，以促穗多粒多，保证丰产。成熟时及时收获，以防落粒造成损失。

七、矮丰3号

(一) 品种来源

西北农学院赵洪璋等以咸农39/58(18)₂//丰产3号杂交，于1970年选育而成。原代号为65(14)₃-10。1981年通过河南省农作物品种审定委员会认定。其系谱如下：

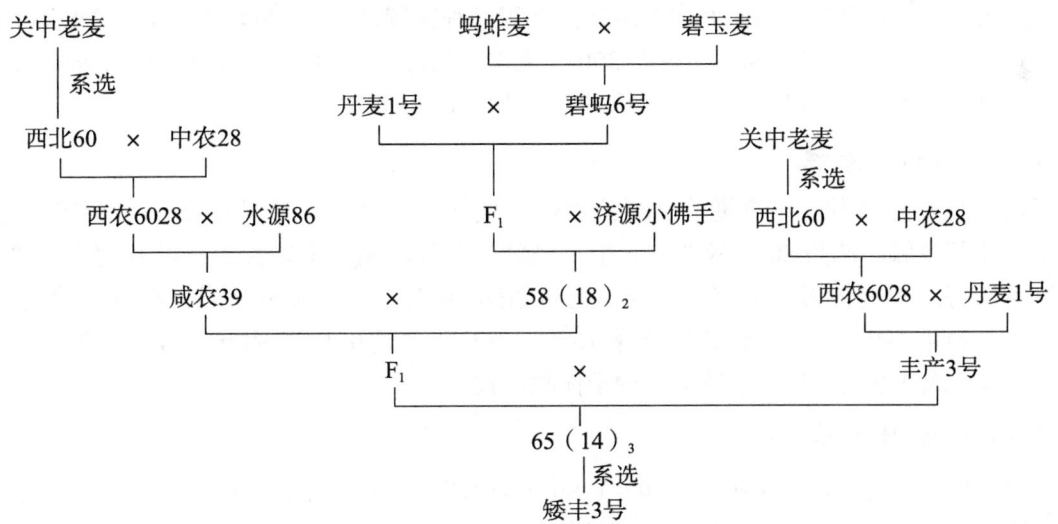

(二) 产量表现

矮丰3号引入河南省后，在豫北、豫中地区多点试验示范，一般较郑引1号增产10%左右，在高产水肥地种植，亩产量可达400~500千克。

(三) 特征特性

属弱冬性多穗型中晚熟品种。生育期235天左右，成熟期比郑引1号晚2~3天。芽鞘淡绿色，幼苗近匍匐。叶色深绿，长势较壮。株高80~85厘米，茎较细，有弹性。叶鞘上有明显蜡粉。穗纺锤形，短芒，白粒，椭圆形，硬质，千粒重35克左右。粗蛋白含量13.07%，赖氨酸含量0.46%。耐寒性好，分蘖力强，成穗数多，在高水肥条件下，亩穗数40万以上。口紧不易落粒。种子后熟期较短，遇雨易发芽。

（四）抗性鉴定

抗倒伏能力强。最初引入河南省时高抗条锈，后感条中18、20、22、23、25号等生理小种。感叶锈病、白粉病和赤霉病。抗干热风能力较差。

（五）适宜范围及栽培要点

适宜在高水肥地及中等以上旱肥地种植。在豫北地区适宜播期为10月初，黄河以南地区为10月中旬。高水肥地亩播量4~5千克，中肥地6~7.5千克为宜。在肥水管理上，返青期适当控制，防止分蘖过多。起身至拔节期追肥，以防脱肥早衰。浇好灌浆水，防止青干逼熟，促进籽粒饱满。

八、宛7107

（一）品种来源

河南省南阳地区农业科学研究所从阿夫变异穗中选出，1971年选育而成。1982年通过河南省农作物品种审定委员会认定。其系谱如下：

```
阿夫（意）
  │系选
宛7107
```

（二）产量表现

1973年、1974年参加河南省和南阳地区高产组品种区域试验，分别增产3%~10%、0.4%~9%；1979—1981年参加河南省示范，在亩产300千克以上的高肥水地块，增产显著。1980—1982年参加河南省晚播早熟品种鉴定，11月上旬播种的，仍能早熟和获得较好收成。

（三）特征特性

属偏春性早熟品种。生育期为215天左右，成熟期比郑引1号早4~5天。芽鞘黄绿色，幼苗直立，叶色黄绿。株高80厘米左右，生长健壮，茎秆较粗，但韧性差，叶片宽大，旗叶下垂。成熟落黄较好。穗棍棒形，长芒，红壳，穗粒数达40以上。籽粒短圆形，红色，软质，千粒重33~35克。容重799克/升，粗蛋白含量13%，赖氨酸含量0.4%。耐寒力较差，返青起身较早，分蘖力较弱，成穗率高。口松紧适宜，种子休眠期较长。

（四）抗性鉴定

抗逆性较强，抗倒伏，高抗条锈病。1980年河南省20多个县条锈病流行，宛7107表现高抗，其他品种大多数感病，1982年苗期鉴定，对条中17、21、22、25号均中抗，感条中18、20、23号。轻感叶锈病及白粉病，高感土传花叶病。

（五）适宜范围及栽培要点

对肥力、土质选择不严格，高中肥地均可种植，既可单作又可间作套种及晚茬利用。亩播量不宜过大，高中肥地亩播量4~5千克，一般地亩播量5~7千克。播期以10月20—25日较好，可晚播至11月上旬。

九、郑引1号

（一）品种来源

原产意大利，引进名为St1472/506，1965年从罗马尼亚引进我国，1966年引入河南省农业科学院，经多年观察鉴定，于1972年开始推广。曾定名为反修1号，后改为郑引1号。1981年通过河南省农作物品种审定委员会认定。其系谱如下：

St1472/506（意）
　　│引进筛选
郑引1号

（二）产量表现

在亩产300~350千克的地块，较阿夫增产显著，一般增产5%~20%。1972年开始推广，很快成为河南省当家品种，高产区亩产由300~350千克增长到350~400千克，并出现了一些500千克地块。如博爱县后桥村，小麦面积400亩，1972年以前的当家品种为博爱7023和阿夫，亩产350~400千克；1972年改用郑引1号为主，1973—1977年，该村连续亩产稳定在450千克左右，每年都有突破500千克的地块。

（三）特征特性

属偏春性大穗型早熟品种，生育期225天左右。芽鞘淡绿色，幼苗直立，叶色正绿。株高90~100厘米，茎秆较粗，稍有蜡质。穗长方形，长芒，护颖白色，穗粒数35~40粒。红粒，椭圆形，软质，千粒重35~38克。容重790克/升左右，粗蛋白含量10.95%，赖氨酸含量0.36%。抗寒力较差，在黄河两岸及以南各地区一般能正常越冬。

（四）抗性鉴定

茎秆粗壮，高抗倒伏，但不抗干旱和干热风。1973年以前抗条锈病能力较强。1973年春季多雨，湿度大、温度偏低，郑引1号表现抗病。1978年在河南全省发现大面积感病，尽管普遍率、严重度较低，但抗病性已明显下降。到1980年更进一步下降，当年全省有70多个县零星发生条锈病，在南阳地区邓县中度流行，对58个品种观察结果，郑引1号为严重感病。据全国小麦条锈病生理鉴定协作组于1980年鉴定，重感条中22号。轻感秆锈病，重感叶锈病、白粉病和土传花叶病。

（五）适宜范围及栽培要点

适宜在亩产300~450千克的高水肥地种植。在河南省中部地区以10月中旬播种为好，北部稍早，南部可稍迟，亩播量8~9千克为宜。浇好灌浆水和麦黄水，或在开花灌浆期根外喷施磷、钾肥提高粒重。

十、召麦2号

（一）品种来源

河南省南召县皇路店乡岗村张克英利用44326作母本，以许昌铁秆糙、阿夫、黑麦的混合花粉进行多父本杂交，于1972年选育而成。原代号为召良72-4。1982年通过河南省农作物品种审定委员会认定。其系谱如下：

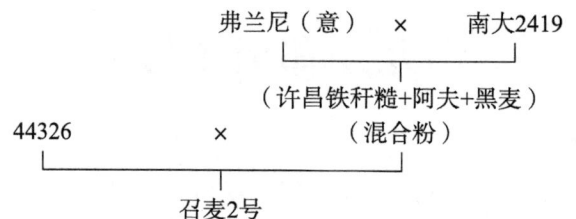

（二）产量表现

1973—1974年参加河南省南阳地区联合试验，平均较阿夫增产10.2%。陕西省汉中地区农业科学研究所1976—1980年参加品种比较试验，较阿勃增产10.6%~32.4%。1978—1979年度在甘肃省天水地区联合试验，平均较天选15增产10.8%。

（三）特征特性

属弱冬性大穗型品种。生育期216~220天，较博爱7023早熟2~3天。芽鞘绿色，幼苗匍匐，叶色暗绿。植株较高，在丘陵旱地一般株高105厘米左右，水肥地可达120厘米。茎秆粗壮，无蜡质。抽穗前旗叶上冲，抽穗后旗叶下披，植株较松散。穗长方形，长芒，红粒，卵圆形，软质，千粒重50克左右。粗蛋白含量12.1%，赖氨酸含量0.41%。分蘖力强，成穗率较低，在高肥地种植易倒伏。口松易落粒，种子休眠期较长。

（四）抗性鉴定

耐寒性较好，耐旱性突出。在1978年春季大旱的情况下，河南省南阳地区和陕西、甘肃等省丘陵地区增产显著。南阳县石桥乡和寨村在同样地块不浇水的情况下，较阿勃增产1倍。高抗条锈病，轻感叶枯病，中感白粉病。1972年南召县锈病大发生，召麦2号较阿勃增产20%~30%。

（五）适宜范围及栽培要点

适宜在除稻茬地以外的地块种植，适播期10月中旬，亩播量8~9千克。在栽培上应重施底肥，早追肥，早浇水，提高成穗率。成熟时适时收获。

十一、偃大25

（一）品种来源

河南省偃师县大口乡肖村农科站李德炎等1967年以郑州6号作母本、丰产3号作父本杂交选育而成。1982年通过河南省农作物品种审定委员会认定。其系谱如下：

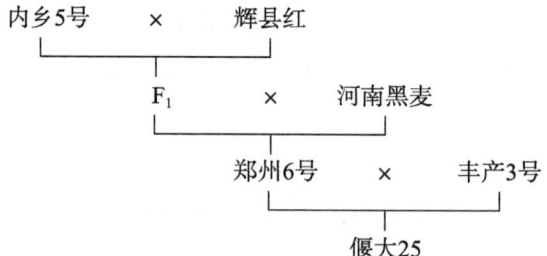

（二）产量表现

经过多点试验、示范，表现耐旱，旱地和中水肥地均可种植。据河南省偃师县肖村农业试验站1972年试验，比阿夫增产20.5%。1973年西北农学院试验，比丰产3号增产11.1%；同年在三门峡试验，比博爱7023增产6.6%。偃师县肖村在同一材料中继续育出305-10、305-5等，一般亩产150~250千克，水肥地可达300~350千克。

（三）特征特性

属弱冬性早熟品种。芽鞘绿色，幼苗半匍匐，叶片较窄。株高90厘米左右，耐寒性较好。分蘖多，长势壮。拔节后叶色浓绿，叶片短窄直立，茎秆韧性好，茎、叶蜡质较多。根系发达，耐旱。穗纺锤形，每穗结实26~35粒，千粒重38克左右。白粒，长圆形，硬质。分蘖力强，成穗率高。口较紧，成熟时不易落粒。

（四）抗性鉴定

越冬性好，抗干热风，中抗条锈病，轻感叶锈病和秆锈病，感白粉病。

（五）适宜范围及栽培要点

适宜在中等水肥地种植，由于耐旱性和茎秆韧性好，在缺乏灌溉条件的旱肥地也可种植。在河南省北部、中部和西部地区以10月上旬播种为宜，南部地区以10月中旬较好。亩播量旱地以6.5~8千克为宜，水浇地5~7.5千克为宜。

十二、小偃4号

（一）品种来源

西北植物研究所李振声等1967年以丰产1号作母本、小偃759作父本进行杂交，经系统选择培育而成。1982年通过河南省农作物品种审定委员会认定。其系谱如下：

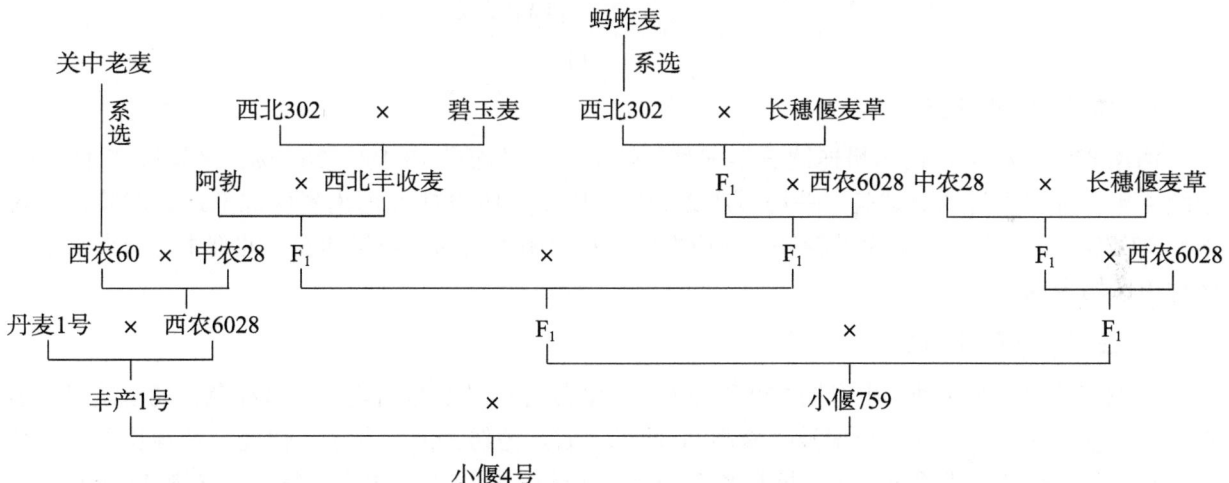

（二）产量表现

1975年河南省安阳地区农业科学研究所试验，亩产457.8千克，比对照品种阿夫增产15.3%。1974—1976年在洛阳地区试验，增产显著。1973—1975年在陕西省关中各地及河南、山东等省多点试验，在后期雨水较少和正常年份，均比丰产3号显著增产。

（三）特征特性

属半冬性早熟品种，生育期230天左右。幼苗匍匐，株高90厘米，株型紧凑。叶色浓绿，叶片挺直。穗纺锤形，长芒，白壳，白粒，千粒重37~40克。粗蛋白11.03%，赖氨酸0.36%。分蘖力较强，丰产性能好。

（四）抗性鉴定

抗条锈病。据1975年鉴定结果：对条中13、17、18、19、20、21号等生理小种均免疫或高抗，感条中 22、24、25 号，中感条中 10 号。易感叶锈病、赤霉病和白粉病。有一定抗倒伏能力，耐旱性较好。

（五）适宜范围及栽培要点

适宜在亩产 250 千克左右产量水平种植。应注意增施有机肥和磷肥，追肥要早施，一般在拔节前完成，后期不追氮肥。播期以 10 月上旬为宜，亩播量水肥地 5 千克左右，旱地或 10 月中旬播种的水浇地亩播量 7~8 千克。注意浇好麦黄水和喷洒磷酸二氢钾。

十三、郑 6 辐

（一）品种来源

河南省农业科学院用内乡 5 号 / 辉县红 // 黑麦杂交选育而成的郑州 6 号，经 1968 年、1969 年 2 次用钴 -60γ 射线辐射，于 1974 年选育而成。1982 年通过河南省农作物品种审定委员会认定。其系谱如下：

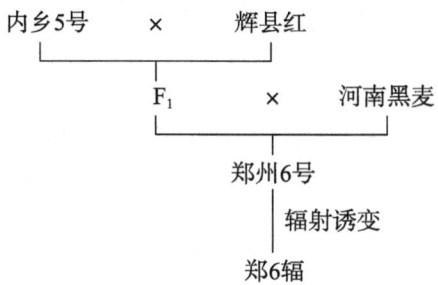

（二）产量表现

河南省农业科学院在郑州连续 5 年试验，较丰产 3 号增产 13.1%~26.5%，平均增产 21.5%。连续 4 年参加河南省区域试验，平均增产 23.4%。1978—1979 年在河南省中北部地区试验，平均增产 13.7%。由于郑六辐耐旱性较好，适应性广，在河南省西部丘陵旱地及中北部中等肥力水平地区种植，均表现增产。

（三）特征特性

属偏春性中早熟品种。生育期 220 天左右，成熟期比丰产 3 号略晚。芽鞘绿色，幼苗淡绿，半直立。叶片较狭窄，旗叶窄长偏披，株高 90 厘米左右。穗纺锤形，顶芒，白壳，护颖长方形，穗层整齐，穗色金黄，成熟时勾头。穗粒数 26.5 粒，白粒，椭圆形，腹沟稍深，千粒重 42 克，粗蛋白含量 9.12%，赖氨酸含量 0.3%，容重 790 克/升。分蘖力中等，成穗率较高。耐寒力和分蘖力较强。茎秆弹性较好，叶片短窄，通风透光性好，光合效率高。口松紧适中，不易落粒。种子休眠期中等，成熟时穗下茎易折断。

（四）抗性鉴定

耐旱能力较好，后期如遇天旱仍能灌浆成熟。抗条锈病，中抗叶锈病，感白粉病，轻感散黑穗病。

（五）适宜范围及栽培要点

适宜在亩产 150~300 千克的水肥地种植，尤以旱肥地种植增产明显。注意施足底肥，严格控制后期追肥，以免造成青干。在河南省中部地区适宜播期 10 月 10—16 日，亩播量 8 千克为宜。

十四、安选5号

(一) 品种来源

河南省安阳地区农业科学研究所郭逊谦等1971年从西北农学院65(14)₃品系中选出的优异单穗选育而成。1982年通过河南省农作物品种审定委员会认定。其系谱如下：

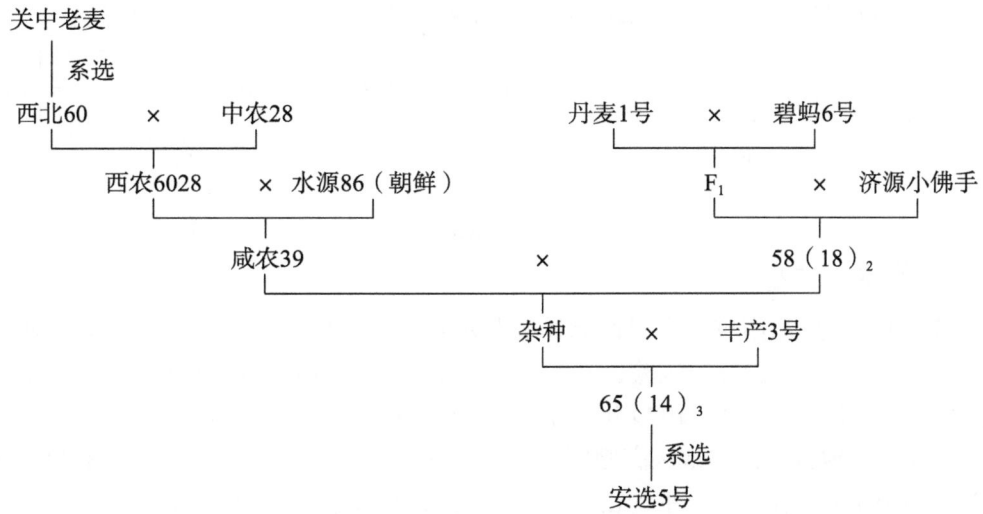

(二) 产量表现

1973—1977年参加安阳地区品种比较试验及河南省高肥组区域试验，平均亩产416千克，较对照品种增产12.3%。其中后三年以郑引1号作对照，平均增产12.2%。1976年河南省高肥区域试验，平均亩产388千克，较郑引1号增产4.2%。安阳地区于1975—1976年示范，亩产289~537.8千克，平均比郑引1号增产6.1%。

(三) 特征特性

属弱冬性中晚熟品种。生育期240天左右，比郑引1号成熟略晚。芽鞘绿色，幼苗深绿色，半匍匐。叶片较窄，短而上举。茎、叶均有蜡粉。株型紧凑，株高80~85厘米，穗纺锤形，短芒。护颖白色，颖壳较厚硬，口紧不易落粒。白粒，卵形，千粒重32~36克，硬质。容重844克/升，粗蛋白含量13.3%，赖氨酸含量0.40%。分蘖力强，茎细韧有弹性，喜水耐肥。

(四) 抗性鉴定

抗倒伏能力强。有一定的耐寒、抗霜能力，在豫北地区冬季冻害轻。高抗条锈病生理小种17、19和21号，轻感叶锈病，中感白粉病。

(五) 适宜范围及栽培要点

适宜在亩产350千克以上肥力水平的地块种植。由于耐水耐肥，应施足底肥，加强田间管理。因分蘖力强，应适当稀播，亩播量5千克左右为宜。在豫北地区适播期9月下旬至10月初。

十五、百农3217

(一) 品种来源

百泉农业专科学校黄光正等1968年用阿夫/内乡5号F₁//咸农39F₂/3/西农64(4)43选系2/偃大24F₁复合杂交，1975年选育而成，原系谱号为7132-1-7-2-4，故名3217。1981年通过河南省农作物品种审定委员会认定。其系谱如下：

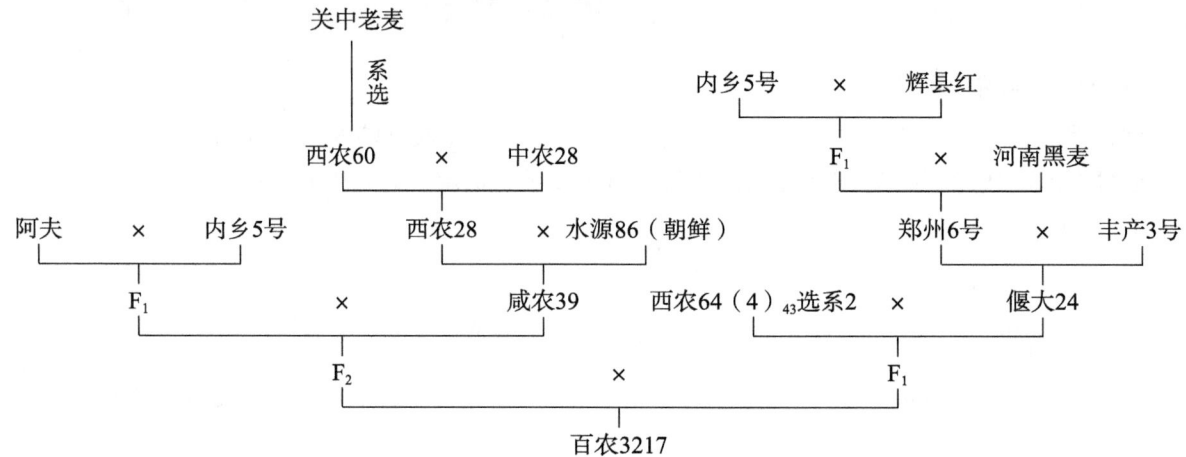

（二）产量表现

1977—1979年参加河南省高肥组区域试验与示范，平均亩产451千克，平均比对照郑引1号增产15.8%。1978年河南省区域试验，平均增产12.4%。1979年北中部区试，平均亩产446.9千克，比对照郑引1号增产26%。1979年参加新品种示范，平均亩产386.6千克，比郑引1号增产11.6%。同年在安阳地区、洛阳地区高肥组示范，分别较对照郑引1号增产13.6%和12.9%。周口地区于1977—1980年试验示范，平均亩产447.8千克，比郑引1号增产17.9%。

（三）特征特性

属弱冬性中早熟品种。生育期227~230天，比郑引1号早熟3~4天。芽鞘绿色，幼苗半匍匐，叶色浓绿。旗叶抽穗后微卷直立，株高75~85厘米，在高水肥地可达90厘米左右。穗长方形，长芒。护颖白色，每穗结实38~40粒。白粒，长圆形，大小不匀，腹沟较深。千粒重30~40克，容重732克/升，粗蛋白含量10.8%，赖氨酸含量0.36%。分蘖力较强，成穗率较高。越冬性好，口松紧适中，成熟时不易落粒。种子休眠期较短，成熟时遇连续阴雨天气，易穗发芽。

（四）抗性鉴定

中抗至感条锈病，用条中17、18号诱发鉴定，表现高抗，感条中19、21号。另据试验，苗期对17号生理小种免疫，感18、20、21、23、25号，中感叶锈病，高感白粉病；后期抗干热风能力弱，落黄差。

（五）适宜范围及栽培要点

适宜在中等肥力地块种植。豫北地区10月上旬播种，豫南地区可适当延迟。在高肥水地亩播量4~5千克，中等肥力地每亩6千克左右。高水肥地适当放宽行距，以利于通风透光。重施底肥，少施追肥。返青期、拔节期及时深中耕，控制过多分蘖，以防倒伏。早浇灌浆水，提高抗干热风能力，防止青干。

十六、偃师4号

（一）品种来源

河南省偃师县农业科学研究所于1976年从河南省农业科学院小麦所引进（St2422/464）/郑州17//6609F$_2$材料中选育而成。同年定名为偃师4号。原系谱号为7020-0-1。1982年通过河南省农作物品种审定委员会认定。其系谱如下：

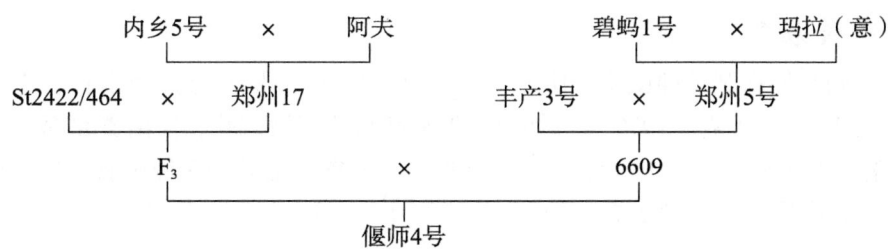

(二）产量表现

1975—1979年河南省偃师县农业科学研究所高水肥地试验，比郑引1号平均增产17.2%；1978年参加河南省高肥组品种联合区域试验，平均增产14.1%。1979年和1980年在河南省高肥品种示范中，平均亩产分别为379.5千克和372千克，较郑引1号分别增产9.5%和1.8%；1980年在晚播早熟品种试验中，平均亩产331.5千克，较博爱7023增产25.3%，较其他晚播品种增产5%左右。

(三）特征特性

属春性大穗型早熟品种。生育期为220天，成熟期比郑引1号早3~5天。芽鞘浅绿色，幼苗直立，叶色浅绿。株高80厘米左右，茎秆较粗。叶片中宽，略呈斜直，株间通风透光较好。成熟时色泽略显粉红，落黄欠佳。穗长方形，长芒，白壳，籽粒长圆形，白色，半硬质，一般千粒重40~45克。容重792克/升，粗蛋白含量13.3%，赖氨酸含量0.43%。分蘖力较弱，成穗率高。耐旱力较弱，成熟时穗轴易折断，口松易落粒。种子休眠期较短。

(四）抗性鉴定

抗条锈病。1977年河南省洛阳地区农业科学研究所用条中19号接种，表现高抗，但1980年在南阳地区邓县表现感病。又据1982年苗期鉴定，对条中21、23号中抗，感条中17、18、20、25号。较抗赤霉病和白粉病，抗土传花叶病。

(五）适宜范围及栽培要点

适宜在高水肥地和稻麦轮作地及晚茬地种植。在河南省北部、中部地区适宜播期10月15日左右。春季管理要早，后期重视浇灌浆水和麦黄水，促使籽粒饱满。

十七、郑州761

(一）品种来源

河南省农业科学院1970年用西北农学院高代品系65（14）$_1$作母本，St2422/464×郑州17杂种第三代的一个株系6729-0-3作父本进行杂交，1976年选育而成。系谱号为7036-8-6-1-3。1981年通过河南省农作物品种审定委员会认定。其系谱如下：

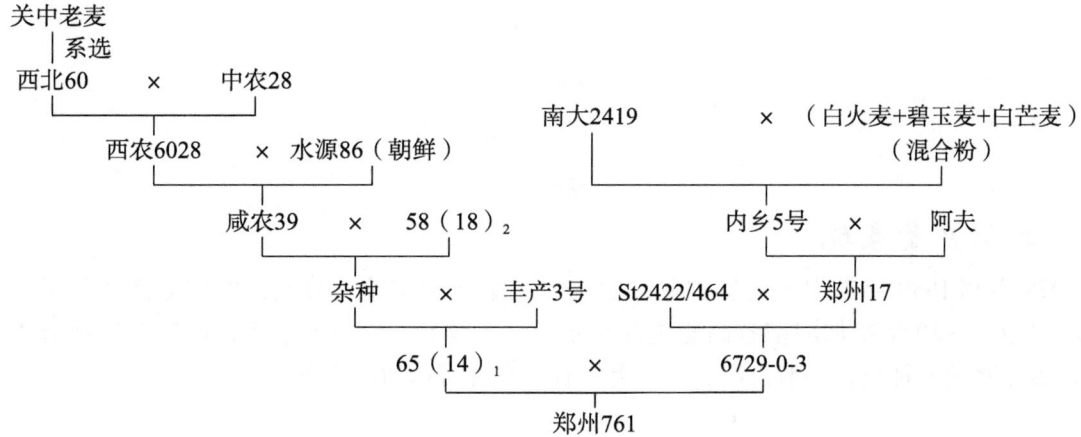

（二）产量表现

1970年在郑州参加高肥品种试验，比郑引1号增产8.5%；同年参加河南省农业科学院高产栽培试验，平均亩产563.5千克。1977年参加河南省高肥品种区域试验，河南省北部、中部地区平均增产12.3%，南部地区平均增产12.6%。1978年参加河南省高肥品种区域试验，平均亩产431.8千克，比对照郑引1号平均增产12.5%。

（三）特征特性

属弱冬性多穗型中晚熟品种，生育期230天左右。芽鞘绿色，幼苗半匍匐，叶色深绿。株型适中，株高80厘米左右，茎秆细有弹性，抗倒伏力强。穗长方形，长芒，护颖白色，穗粒数26~28粒。白粒，短圆形，腹沟浅，千粒重38~40克。容重815克/升，半硬质，出粉率85%。口松紧适中，不易落粒。粗蛋白含量12.7%，赖氨酸含量0.40%。分蘖力强，在豫北地区耐寒性尚好。落黄正常。旗叶短宽稍有生理性干尖。

（四）抗性鉴定

抗条锈病。据1977年中国农业科学院植物保护研究所、1980年江苏省徐州地区农业科学研究所及河南省农业科学院小麦研究所混合接种条中17、18、19、21号4个条锈生理，成株期反应型均为高抗；但中国农科院植物保护研究所1980年的鉴定结果，感条中22、23、24、25号。1982年苗期鉴定，对21号免疫，对17号中抗，感条中18、20、22、23、25号。感叶锈病，高感白粉病。

（五）适宜范围及栽培要点

适宜在河南省许昌到新乡、洛阳到开封这一中部地区亩产400千克以上肥力水平地块种植。适播期10月上旬，10月5日前后播种，亩基本苗8万~9万为宜。在亩产400千克肥力水平以下以及播种偏晚时，亩基本苗可增加到12万。施足底肥，追肥重点在冬前。高肥田块，返青期控制追肥，追氮不宜过多或过晚。

在氮肥过多、苗脚不利落的地块，白粉病重发。晚播以及春季湿度大，低温时间长、日照不足，均是白粉病发生的有利条件。应通过控制施肥和提早深中耕控制群体。小麦拔节后，注意防治白粉病。

十八、博农74-22

（一）品种来源

河南省国营博爱农场良种站1973年从阿夫（Funo）中选出的优异单株，经过4年系统选育而成。1981年通过河南省农作物品种审定委员会认定。其系谱如下：

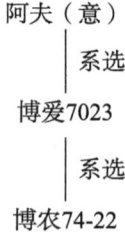

（二）产量表现

1979年和1980年参加河南省农业科学院中肥组区域试验，分别比对照丰产3号增产8%和15%。1979—1980年参加河南省高肥组品种示范，平均亩产349.5千克，比郑引1号增产1.9%，在中上等肥水地上种植，一般亩产250千克左右，高者可达400千克。

（三）特征特性

属弱冬性早熟品种。生育期225天左右，成熟期比博爱7023早2~3天。芽鞘淡绿色，幼苗匍匐，叶色深绿，拔节前叶片上举。茎秆及叶鞘微有蜡质，成熟落黄较好。株高100厘米左右，茎秆粗壮，有弹性。穗长方形，长芒，穗粒数36粒，白粒，长圆形，软质，千粒重39克左右。粗蛋白含量11.3%，赖氨酸含量0.37%。分蘖力中等，成穗率稍低。拔节前生长缓慢，可躲过晚霜危害，耐寒性较好。

（四）抗性鉴定

抗倒性好，抗干热风能力较差。抗条锈病能力中等，据苗期鉴定，对21号免疫，对17号中抗，感条中18、20、22、23、25号。抗秆锈病和叶枯病，高抗土传花叶病，轻感叶锈病，高感白粉病。

（五）适宜范围及栽培要点

适宜在中上等肥力地块种植。在河南省中南部地区10月10日前后播种为宜，亩播量8~9千克。在施足底肥的基础上，年前和返青期适时追肥浇水，及时中耕。亩穗数以控制在35万左右为宜。

十九、豫原1号

（一）品种来源

河南省科学院同位素研究所、南阳地区农业科学研究所、新乡县七里营乡李台原种场等协作选育而成。其组合为St2422/464作母本，内乡5号作父本的杂交二代用钴-60丙种射线处理种子，在幼苗单棱期用0.3%二乙基磺酸盐处理植株，经多年连续选育，1978年选育而成。1982年通过河南省农作物品种审定委员会认定。其系谱如下：

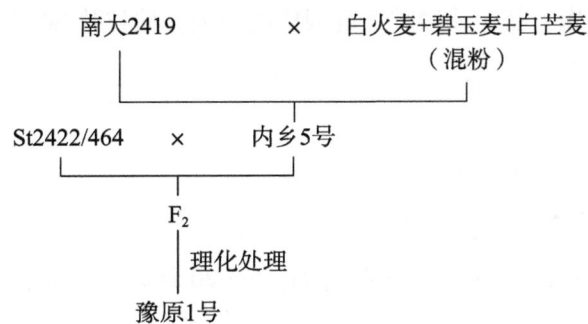

（二）产量表现

1978—1980年在新乡、郑州、安阳等地试验示范，一般较对照郑引1号增产6.8%~22.7%。

（三）特征特性

属春性早熟品种。生育期220天左右，成熟期比郑引1号早6天左右。芽鞘绿色，幼苗直立，叶片窄小上举，株高80厘米左右。茎秆基部短而坚韧。穗长方形，穗粒数35粒左右，长芒，白壳。口松紧适中。白粒，长椭圆形，半硬质，腹沟稍深，千粒重40克左右。

（四）抗性鉴定

对倒伏、干热风、干旱、盐碱有较强抗性。轻感条锈病、白粉病和叶枯病。

（五）适宜范围及栽培要点

适宜麦棉间作或麦棉连作、稻麦两熟晚茬利用。秆矮，耐肥水，可在亩产350~400千克的地块种植。在豫北、豫中地区，适播期10月20日前后，亩播量10千克左右。晚播应适当增加播量。

二十、豫麦1号

（一）品种来源

河南农学院小麦育种研究室范濂、王福亭、张清海等利用杂交法选育而成。原名为79B_1。1983年通过河南省农作物品种审定委员会审定，命名为豫麦1号。其系谱如下：

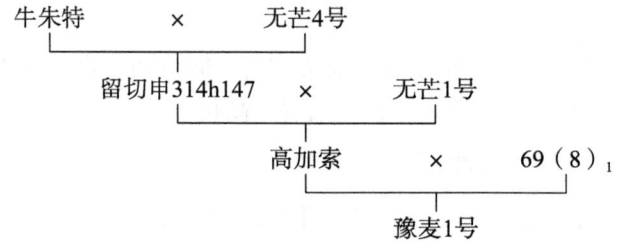

（二）产量表现

1979—1980年度参加浚县新品系鉴定，亩产达519.5千克。1981—1982年度多点试验，平均亩产443.5千克，比对照郑引1号增产23.7%。1982—1983年度沈丘县多点试验，平均亩产455.9千克，比百农3217增产25.6%，比豫麦2号增产16%。1982—1983年度河南省种子公司在盐碱地试验，平均亩产230.8千克，比对照博爱7023增产9.6%。

（三）特征特性

属春性品种，比郑引1号晚熟2~3天。分蘖力中等，成穗率较高，株高80~90厘米。穗长方形，长芒，白壳。根系发达，耐盐碱、耐旱、耐水肥，抗病、抗逆性强。抽穗稍晚，但灌浆较快，熟期较晚，熟相好。基部节间短，穗下节较长，抗倒伏能力强。穗粒数30粒左右。红粒，卵形，软质。容重785克/升，千粒重43~47克。

（四）抗性鉴定

免疫条锈病，高抗至轻感叶锈病。

（五）适宜范围及栽培要点

适宜在河南省黄河以南地区种植。播期10月15—20日为宜，亩播量7.5~10千克。返青期追肥灌水。

二一、豫麦3号

（一）品种来源

河南农学院小麦育种研究室范濂、王福亭、张汝斌、张清海等利用杂交方法选育而成的小麦品种。原名为79B_2。1983年通过河南省农作物品种审定委员会审定，并命名为豫麦3号。该品种荣获河南省重大科技成果奖三等奖。其系谱如下：

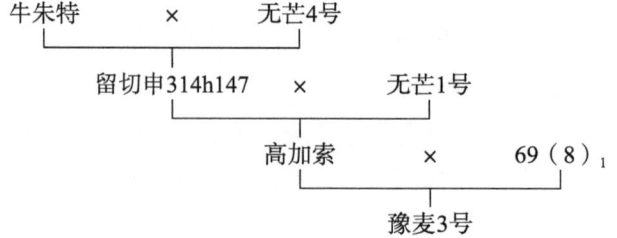

（二）产量表现

1980—1981年度在河南农学院许昌试验农场试验，亩产310.48千克，比对照博爱7023增产28.49%。1981—1982年度在河南农学院郑州农业试验站试验，平均比博爱7023增产3.4%。1982—1983年度参加河南省小麦晚播早熟组生产试验，平均亩产221.5千克，比对照宛7107增产5%。

（三）特征特性

属春性矮秆大穗型品种。株高75厘米，茎秆粗而韧，抗倒力强。穗近纺锤形，多花多粒，穗粒数44粒左右。长芒，白壳，白粒，卵形，粉质，千粒重38克。分蘖力中等，成穗率较高。后熟期短，灌浆速度快。耐旱，抗干热风，落黄好，熟期中等偏早。

（四）抗性鉴定

高抗条锈病，抗至轻感叶锈病和白粉病。

（五）适宜范围及栽培要点

适宜在河南省中北部麦区晚茬地种植。11月中旬播种较适宜，亩播量10~12千克。施足底肥，返青前和拔节期宜追施化肥。

二二、豫麦4号

（一）品种来源

河南省洛阳市农业科学研究所王玉朝等从"洛70-4-92"小麦品系中系统选育而成。原名为洛7602，1985年通过河南省农作物品种审定委员会审定。其系谱如下：

```
      阿夫
       │系选
     70-4-92
       │钴-60辐射
     豫麦4号
```

（二）产量表现

1981—1982年度参加河南省高肥区域试验，比对照郑引1号增产15.7%。1983—1984年度参加河南省生产试验，比对照博爱7023增产5.9%。1980—1981年度在洛阳市龙门乡龙门村种植526亩，平均亩产453.5千克。1980—1981年度荥阳县高村乡荆砦村种植112亩，平均亩产491千克。

（三）特征特性

属偏春性中早熟品种，比郑引1号早熟3~5天。幼苗直立，株高75~90厘米，旗叶上冲，叶色青绿。株型适中，茎秆粗壮，抗倒能力中等。穗长棒形，较大，长芒，穗粒数50粒。白粒，卵圆形，粉质或半硬质。千粒重33~40克，容重780~800克/升。

（四）抗性鉴定

抗条锈病，轻感白粉病和叶锈病，不抗赤霉病。

（五）适宜范围及栽培要点

适宜在河南省中部、北部地区中高肥力晚茬地种植。适宜播期11月上旬，亩播量8~9千克，晚播时亩播量11~13千克。施足底肥，足墒下种，浇好拔节水和灌浆水。

二三、豫麦5号

（一）品种来源

河南省农业科学院小麦研究所揭声慧、林作楫等1972年用杂交方法选育而成。原名为郑州7297，1985年通过河南省农作物品种审定委员会审定。1989年荣获河南省科技进步奖三等奖。其系谱如下：

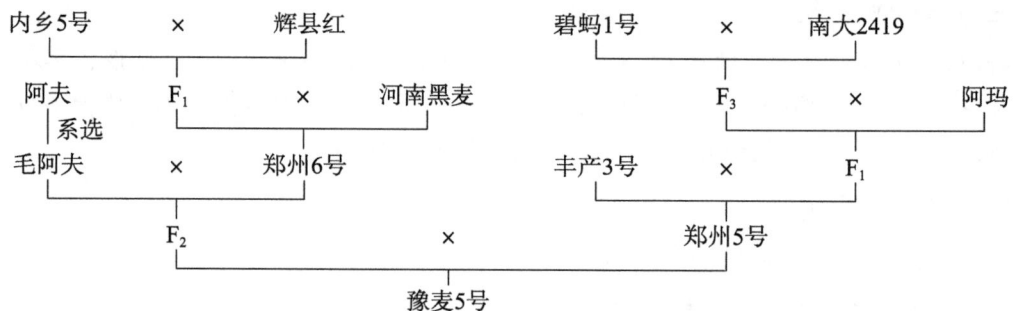

（二）产量表现

1980—1982年连续3年参加河南省中肥组区域试验，平均亩产342.2千克，比对照博爱7023增产15.3%。1983—1984年度参加兰考县旱地组试验，比百农3217增产；1985—1986年度在荥阳、新郑等地的丘陵、砂薄地试种，产量均比小偃6号、丰产3号增产。

（三）特征特性

属偏春性中晚熟品种。芽鞘绿色，幼苗半匍匐。分蘖力较弱，成穗率高。茎秆较粗，株高85厘米。穗近长方形，长芒，穗粒数30粒。白粒，较大，卵圆形，千粒重45~50克，苗期耐渍，生育中后期耐旱，抗干热风，成熟落黄好，较耐穗发芽。

（四）品质分析

容重765克/升，蛋白质14.56%，赖氨酸0.44%，沉淀值26毫升，硬度25.6秒。

（五）抗性鉴定

抗土传花叶病，高抗叶锈病，感条锈病、赤霉病和秆锈病。

（六）适宜范围及栽培要点

适宜在河南省平原灌区、旱肥地、岗坡地种植。豫中地区适宜播期10月中旬，豫南地区在霜降前后。亩播量：沙土地7.5~8.5千克，黏土地9~10千克；晚播条件下亩播量12.5千克为宜。应重施底肥，增施磷肥，拔节后不宜追肥。

二四、豫麦6号

（一）品种来源

河南省洛阳地区农业科学研究所李玉龙等利用洛阳9号和泰山2号杂交，取其F_1的花药经单倍体细胞工程培养选育而成。原名为豫花1号，1985年通过河南省农作物品种审定委员会审定，命名为豫麦6号。其系谱如下：

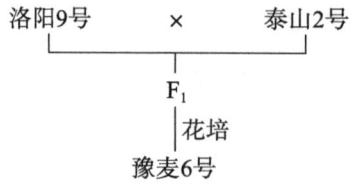

（二）产量表现

平均亩产326千克，比对照增产11%左右。

（三）特征特性

属半冬性中熟品种。幼苗深绿色，分蘖力强，叶片小而上举。株高95厘米，茎秆细，富有弹性。穗棍棒形，成熟落黄好。长芒，白粒，角质，千粒重35~40克。抗寒能力强，抗旱、抗干热风。成熟落黄好。耐盐碱，抗病性一般。

（四）适宜范围及栽培要点

适宜在豫西地区丘陵地和河南省中等肥水地种植。适宜播期10月5—15日，亩播量6~7千克；春节前追肥浇水；注意中耕除草，及时防治病虫害。

二五、豫麦7号

（一）品种来源

河南省偃师县农科所康孝国、杨庆先等利用杂交法选育而成。原名偃师9号，1985年通过河南省农作物品种审定委员会审定，命名为豫麦7号。其系谱如下：

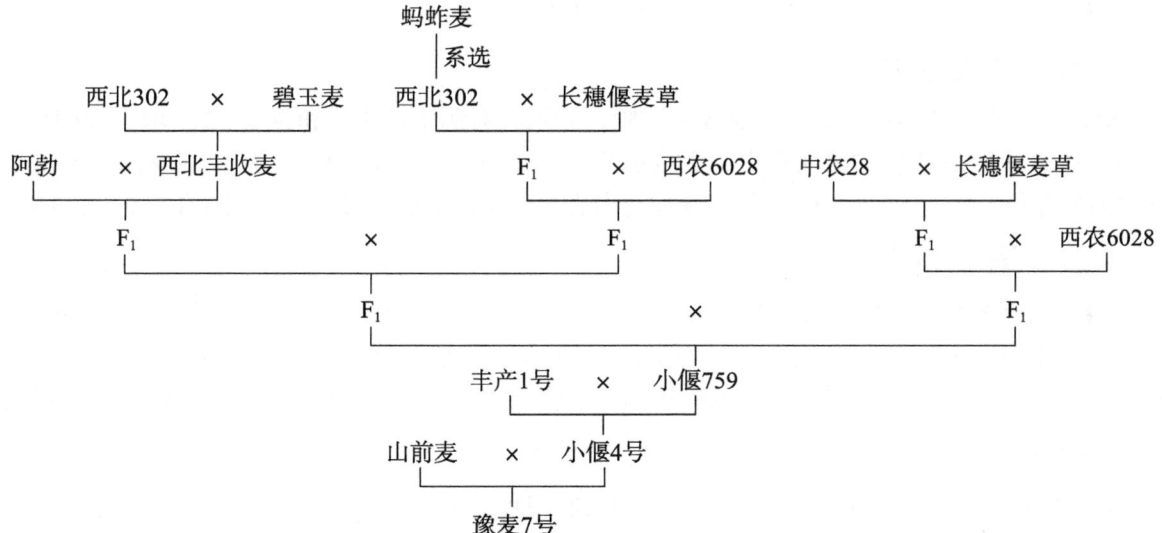

（二）产量表现

1982—1983年度参加河南省北中部区域试验，平均亩产367.35千克，较对照郑引1号增产20.82%。1983—1984年度参加豫南、豫中、豫北部区域试验，分别比对照郑引1号增产22.11%、15.48%和20.94%。1984—1985年度参加豫南、豫中地区试验，南部地区较对照南阳75-6增产5.5%，中部较对照宝丰7228增产5.9%。1983—1984年度参加河南省大区示范，北中部地区较对照百农3217增产5.7%，南部平均亩产391.15千克，较对照宛7107增产8.7%；1984—1985年度参加河南省生产示范，北部、南部地区较徐州21分别增产1.87%和14.26%。

（三）特征特性

属偏春性大穗型品种。幼苗半匍匐，生长势前弱后强。叶片窄而长，株型松散。分蘖成穗率较高，株高82厘米左右。穗棒形，长芒，硬粒。千粒重45~48克。抗逆性较强，抗倒伏。

（四）品质分析

蛋白质含量13.48%，赖氨酸含量0.34%。

（五）抗性鉴定

高抗锈病，轻感白粉病，感赤霉病。

（六）适宜范围及栽培要点

适宜在黄淮南片中高水肥中晚茬地种植。河南省中部地区适播期 10 月 10—15 日，亩基本苗 10 万~12 万。其栽培要点为：年前以促为主，促壮苗，促大分蘖；年后以控为主，控中有促，控制分蘖，促进两极分化；后期以攻为主，攻中有防，攻穗大粒多，攻粒重，防治蚜虫。

二六、豫麦 8 号

（一）品种来源

河南省洛阳地区农业科学研究所马青波等以矮丰 3 号为母本、6850 为父本进行杂交，1981 年选育而成，原名为洛旱 1 号。1985 年通过河南省农作物品种审定委员会审定，命名为豫麦 8 号。其系谱如下：

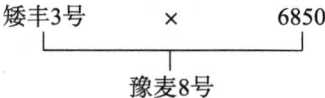

（二）产量表现

1982—1983 年度参加河南省旱地区域试验，分别较对照丰产 3 号和百农 3217 增产 29.15% 和 13.3%。1983—1984 年参加河南省中肥区域试验，一年较对照博爱 7023 增产 12.6%，一年较对照百农 3217 增产 2.7%。1984—1985 年度参加河南省中肥生产试验，较对照百农 3217 增产 6.8%。

（三）特征特性

属半冬性多穗型早熟品种，比丰产 3 号、百农 3217 早熟 3~5 天。幼苗半匍匐，叶片窄短，叶色中绿。成株期叶片上举，株型紧凑，株高 90~95 厘米，茎秆较细。穗棍棒形，长芒，穗粒数 30~32 粒。白粒，卵圆形，半硬质，千粒重 32~35 克。分蘖力较强，成穗率高，亩穗数 40 万以上，耐寒，抗旱性突出。

（四）品质分析

容重 760 克/升，蛋白质含量 13.7%，硬度 22.4 秒。

（五）抗性鉴定

高抗条锈病，感白粉病，不抗赤霉病。

（六）适宜范围及栽培要点

适宜在河南省北中部地区中等肥力水、旱地种植。在豫西地区海拔 500 米以上丘陵旱地，在 9 月 25 日前后播种，海拔 300 米左右的地块，可在 9 月底至 10 月初播种。亩产 300 千克左右的地块，亩基本苗 15 万。肥料一次性底施，适当控制氮肥用量，中等水肥地防止后期倒伏。注意防治红蜘蛛等害虫。

二七、豫麦 9 号

（一）品种来源

河南农学院小麦育种研究室范濂、王福亭、张汝斌、张清海等利用杂交方法选育而成。原名为80B$_2$，1986年通过河南省农作物品种审定委员会审定，命名为豫麦9号。其系谱如下：

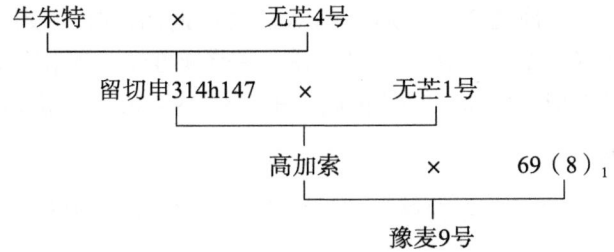

（二）产量表现

1982—1983年度参加河南省高肥南片区域试验，平均亩产327.7千克，比对照郑引1号增产14.3%；1983—1984年度续试，比对照增产显著。1984—1985年度参加河南省南、中片小麦高肥区域试验，平均亩产314千克；中片区域试验平均亩产367.8千克，比对照豫麦2号增产1.4%。

（三）特征特性

属春性矮秆大穗型品种。株高70~75厘米，株型紧凑，叶片稍披，透光性好，茎秆粗而韧，抗倒伏能力强。穗纺锤形，长芒，白壳，穗粒数45粒以上。白粒，卵圆形，软质到半硬，千粒重35克以上。分蘖力中等偏高，成穗率较高。灌浆速度快，抗干热风，落黄好，熟期中等偏早。

（四）品质分析

容重780克/升，粗蛋白含量14%，赖氨酸含量0.3%。

（五）抗性鉴定

高抗条锈病和叶锈病，感赤霉病和白粉病。

（六）适宜范围及栽培要点

适宜在河南省稻茬、棉花茬、麦套棉花及红薯茬地种植，播期10月下旬及其以后；高肥水地块，一般亩产400千克左右。即使在11月底播种，也可获得较好的收成。

二八、豫麦11

（一）品种来源

河南省漯河市农业科学研究所宋荷恩、梁曼琪等利用系统选择法选育而成。原名为许06，1988年通过河南省农作物品种审定委员会审定，并命名为豫麦11号。其系谱如下：

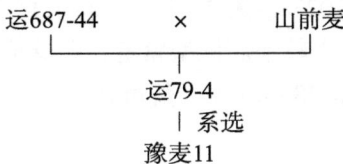

（二）产量表现

1984—1985年度参加河南省中肥组区域试验，平均亩产353.5千克，比对照百农3217增产8.5%。1985—1986年度参加河南省冬水组区域试验，平均亩产402.5千克，较对照豫麦2号增产3.4%。同年参加河南省生产试验，平均亩产349.6千克，较对照豫麦7号减产4.2%；1986—1987年度续试，平均亩产337.2千克，较对照豫麦7号减产2%。

（三）特征特性

属弱冬性大穗型品种，较豫麦2号早熟2~3天。幼苗匍匐，叶片较长，叶色青绿，分蘖力强。株型松散，株高85~90厘米，茎秆粗壮。穗层整齐，灌浆速度快，熟相较好。穗棍棒形，长芒，穗粒数40~50粒。白粒，椭圆形，粉质，籽粒饱满。千粒重38~40克。抗寒性、耐旱性好。

（四）品质分析

容重785克/升，粗蛋白含量12.51%，赖氨酸含量0.285%，硬度28.5秒。

（五）抗性鉴定

高抗条锈病，中抗赤霉病、叶枯病，中感叶锈病和白粉病。

（六）适宜范围及栽培要点

适宜在河南省中等肥力旱中茬地种植。播期10月上旬最佳，亩播量4~6.5千克。晚播时适当增加播量。施足底肥，起身后看苗追肥，晚浇拔节水，及时防治病虫害。

二九、豫麦12

（一）品种来源

河南省林县农业科学研究所远秀莲和姚村镇农技站吴来富、谢玉林等利用钴-60辐射处理材料选育而成。原名为辐白7023，1988年通过河南省农作物品种审定委员会审定。其系谱如下：

```
        阿夫
        │系选
      博农7023
        │钴-60辐射
       豫麦12
```

（二）产量表现

1985—1986年度参加河南省区区域试验，南部地区平均亩产336千克，比对照南阳75-6增产0.6%；中部、北部地区平均亩产388.9千克，比对照豫麦7号增产3.15%；1986—1987年度续试，平均亩产375.35千克，比对照豫麦7号减产3.3%。1985—1986年度参加河南省生产试验，平均亩产288.6千克，比对照博农7023增产7.7%；1986—1987年度续试，平均亩产312.4千克，比对照百农3217增产10.7%。

（三）特征特性

属偏春性大穗型品种，较博农7023早熟2~3天。幼苗直立，叶片宽大，叶色淡绿。株高84厘米，茎秆粗壮，弹性好，抗倒伏能力较强。株型紧凑，分蘖成穗率中等。穗长方形，长芒，穗粒数33~35粒。白粒，半角质，千粒重38~40克，落黄好。

（四）品质分析

容重795克/升，粗蛋白含量11.43%。

（五）抗性鉴定

抗锈病性较好，轻感叶枯病和白粉病，不抗赤霉病。

（六）适宜范围及栽培要点

适宜在河南省中等、中上等肥力地区中晚茬地种植。适宜播期在河南省北部、中部地区为10

月15—20日，南部地区以10月下旬为宜。亩基本苗以18万~20万为宜，亩播量9千克左右，晚播时适当增加播量。重施底肥，底肥量占总施肥量的70%，注意氮、磷肥配合。适时冬灌，起身拔节期追肥。及时防治病虫害，适时浇好灌浆水。

三十、鄂恩1号

（一）品种来源

湖北省鄂西自治州红庙农业科学研究所利用杂交方法选育而成。原系号为"881"，1985年通过湖北省农作物品种审定委员会审定，并命名为鄂恩1号。1988年通过河南省农作物品种审定委员会认定。其系谱如下：

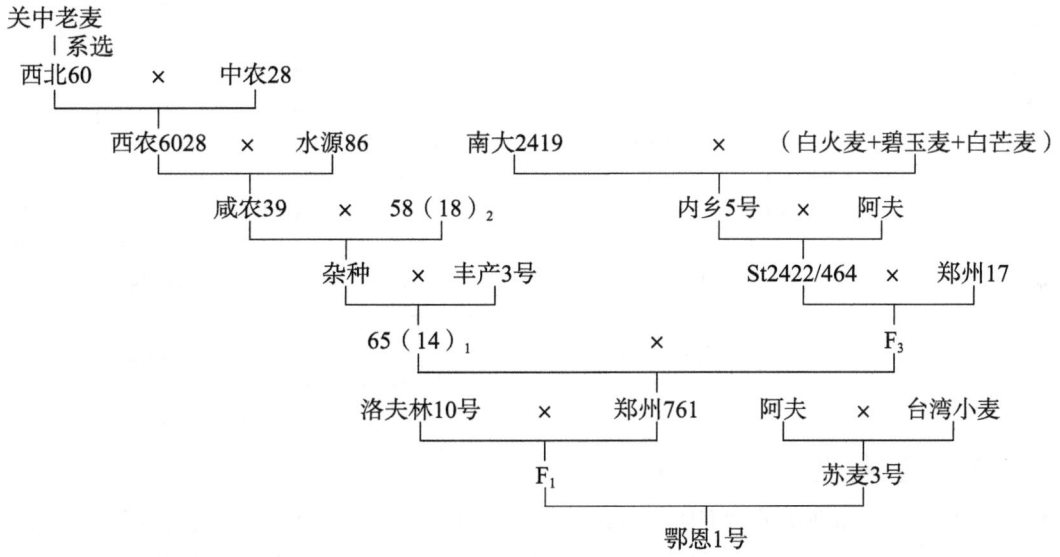

（二）产量表现

1983—1984年参加河南省信阳地区农业科学研究所小麦晚播试验，亩产258千克，比博农7023增产54%；1984—1985年度续试，亩产282千克，比博农7023增产1%。1985—1986年度参加生产试验，平均亩产259千克，比博农7023增产12%。1986—1987年度参加河南省生产试验，平均亩产267.3千克，较对照宛7107增产1.3%。1987—1988年度续试，平均亩产277.3千克，较对照宛7107增产4.5%。

（三）特征特性

属弱春性品种，比博农7023早熟3~4天。幼苗半匍匐，叶色淡绿，长势强，分蘖力中等，两极分化快。株高95厘米，茎秆弹性好，抗倒能力较强。株型适中，穗纺锤形，长芒，白壳，籽粒椭圆形，饱满度好，红色，粉质，光泽度好，休眠期长，抗穗发芽。穗粒数24~36粒，千粒重45克。灌浆速度快，成熟落黄好。后期耐高温，耐湿性中等偏好。

（四）品质分析

容重780.6克/升，蛋白质含量13.06%，赖氨酸含量0.4%，沉淀值21.6毫升，硬度33.2秒，吸水率59.26%，稳定时间3分钟，湿面筋含量31.4%；干面筋含量10.74%，延伸性13.41厘米。

（五）抗性鉴定

高抗条锈病，中感叶锈病，耐赤霉病，感土传花叶病。

（六）适宜范围及栽培要点

适宜在河南省信阳地区中等或中等偏上水肥条件下种植。适播期10月15日—11月5日，亩基本苗不少于22万，晚播不应少于25万。在施足底肥基础上，于二叶一心期施分蘖肥，巧施拔节肥。同时，起好墒沟，排渍除涝，防治病虫，灭除杂草。

三十一、豫麦14

（一）品种来源

河南农业大学小麦育种研究室王淑俭等利用杂交方法选育而成。原名豫农773，1989年通过河南省农作物品种审定委员会审定，命名为豫麦14号。该品种曾荣获河南省科技进步奖三等奖。其系谱如下：

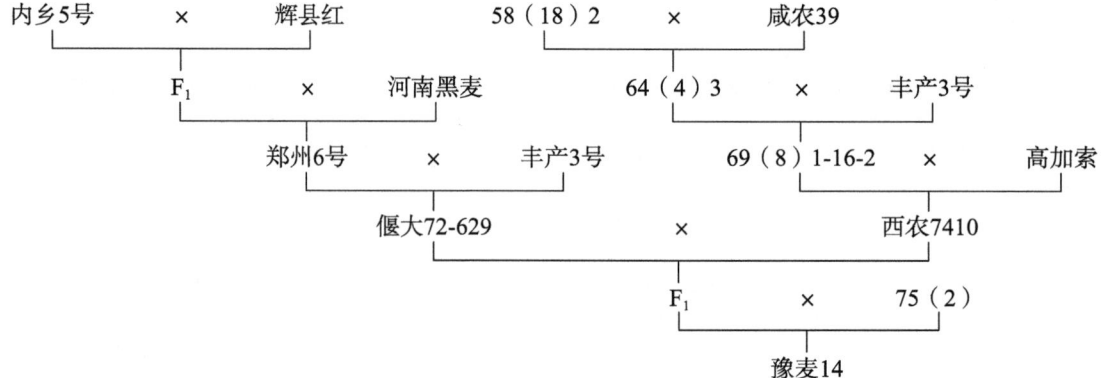

（二）产量表现

1983—1984年参加河南省中肥组区域试验，平均产量与对照相差不大，濮阳、鹤壁、焦作、开封、商丘等地增产显著。1987—1988年度河南省优质品种筛选试验，平均亩产400千克，比陕农7859略有增产。同年在方城县旱地种植，较矮丰3号增产23.46%。

（三）特征特性

属弱冬性偏晚熟品种。幼苗半匍匐，叶片短宽上举，叶色深绿。株型紧凑，抽穗后茎、叶蜡质较多，株高80~85厘米。茎秆粗壮，根系发达。穗长方形，长芒，穗粒数32~37粒。籽粒浅黄色，椭圆形，硬质，千粒重40~45克。抽穗早，灌浆期长。种子发芽出苗快，长势繁茂，分蘖力中等，成穗率偏低，耐寒抗旱。后期抗高温，抗干热风。

（四）品质分析

容重785克/升，蛋白质含量16%，赖氨酸含量0.43%，湿面筋含量36.5%，吸水率63%，形成时间6.7分，稳定时间7.8分，评价值63.5，面包体积743立方厘米，面包评分86.1。

（五）抗性鉴定

抗条锈病，轻感叶锈病和白粉病。

（六）适宜范围及栽培要点

适宜在河南省北部、中部、南部中上等肥力旱作麦田及丘陵旱地种植。适宜播期10月5—15日，亩播量10~11千克，亩基本苗20万~22万。底肥以有机肥为主，氮、磷、钾肥配合施用。拔节后，不宜过多追施氮肥，后期不宜浇水，防止贪青晚熟。生育后期可喷施磷酸二氢钾，以提高粒重。

三十二、豫麦15

（一）品种来源

河南省周口地区农业科学研究所郑天存、张先德等利用杂交方法选育而成。原名周麦8846，1989年通过河南省农作物品种审定委员会审定，命名为豫麦15号。其系谱如下：

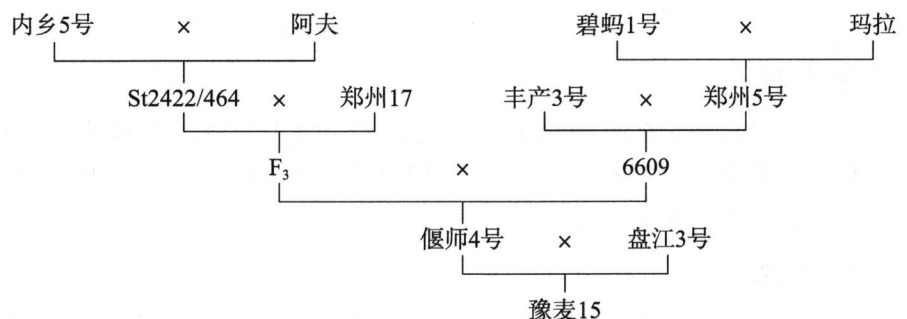

（二）产量表现

1986—1987年度参加河南省春水组区域试验，平均亩产386.67千克，比对照豫麦7号增产3.69%；1987—1988年度续试，平均亩产412.7千克，比对照豫麦7号增产1.5%。1987—1988年度参加河南省春水组生产试验，平均亩产365.2千克，比对照豫麦7号增产3.6%；1988—1989年度续试，平均亩产350.4千克，比对照豫麦4号增产7.4%。

（三）特征特性

属弱春性早熟品种，成熟期比豫麦7号早1天。芽鞘绿色，幼苗偏直立，分蘖力中等偏强，成穗率高。抽穗前叶色油绿，抽穗后叶色深绿。株高75厘米，株型偏紧，叶片稍披，茎秆粗壮，耐肥抗倒，灌浆速度快。穗长方形，长芒，穗粒数33~42粒。白粒，卵圆形，大小均匀，饱满，半角质，千粒重40~45克。

（四）品质分析

容重800克/升，粗蛋白含量13.96%，赖氨酸含量0.41%。

（五）抗性鉴定

中感白粉病，中抗条锈病，中抗叶锈病，轻感赤霉病。

（六）适宜范围及栽培要点

适宜在河南省中北部及黄淮南片中高肥地中晚茬种植。适播期10月中旬，亩播量7~9千克，越冬前结合浇水每亩追施尿素5千克左右。长势偏旺麦田要适时镇压。起身期结合浇水，每亩追施尿素7~10千克。遇旱浇好灌浆水。注意防治蚜虫、赤霉病、叶枯病和白粉病。

三十三、豫麦16

（一）品种来源

河南省农科院小麦研究所宋宏超、任明全等利用杂交方法选育而成。原名郑州79201，1989年通过河南省农作物品种审定委员会审定，命名为豫麦16号。其系谱如下：

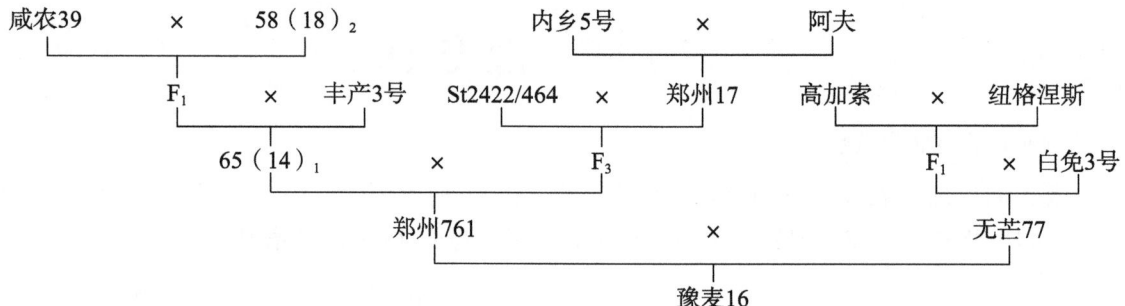

（二）产量表现

1985—1986年度参加河南省区域试验，平均亩产408.3千克，比豫麦2号增产8.7%；1986—1987年度续试，平均亩产422.7千克，比对照陕农7859增产12%。1988—1989年参加河南省生产试验，2年均比对照豫麦2号增产。

（三）特征特性

属弱春性中熟品种。幼苗半匍匐，冬前长势强，分蘖多，叶色深绿，叶片较长。拔节后叶片大小适中，旗叶功能长。长芒，白壳，白粒，穗长方形，株高80厘米，茎基部节间坚韧，抗倒伏力强。千粒重40克以上，年度间变幅小。

（四）品质分析

容量807克/升，粗蛋白含量14.71%，赖氨酸含量0.409%。

（五）抗性鉴定

高抗条锈病和叶锈病，中抗至高抗白粉病，抗赤霉病。

（六）适宜范围及栽培要点

适宜在河南省中部高肥力地种植。河南省中北部地区适宜播期10月8—15日，亩基本苗以12万~16万为宜。切忌播种过早和播量过大，以防冻害。重施底肥，注意氮、磷肥配合，浇好越冬水。起身拔节期追施氮肥。后期注意防治蚜虫。

三十四、豫麦17

（一）品种来源

河南省内乡县农业科学试验站薛国典等利用杂交法选育而成。原名内乡182，1990年通过河南省农作物品种审定委员会审定，并命名为豫麦17号。该品种曾荣获河南省科技成果奖一等奖。其系谱如下：

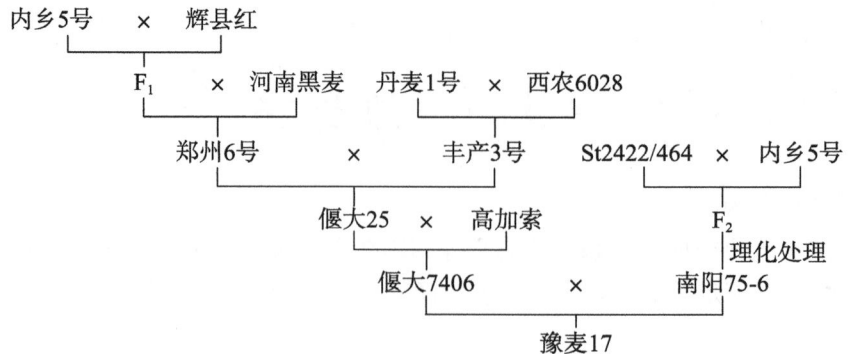

（二）产量表现

1987—1988年度参加河南省春水组区域试验，平均亩产416.11千克，较对照豫麦7号增产2.28%；1988—1989年度续试，平均亩产489.25千克，比对照豫麦7号增产12.4%。1989—1990年度参加生产试验，平均亩产306.8千克，较对照豫麦7号增产19.23%。

（三）特征特性

属弱春性早熟品种，较豫麦7号早熟2天。叶色青绿，叶片大小适中、上冲，分蘖力中等，成穗数多。茎秆弹性好，株高80厘米，株型紧凑。穗长方形，长芒，白壳，白粒，角质，饱满，千粒重40克。抗倒伏力强，耐寒力强，成熟落黄好。

（四）品质分析

容重790克/升，粗蛋白含量14.05%，赖氨酸含量0.38%，湿面筋含量29.6%，淀粉含量63.42%，出粉率68.14%，面粉吸水率57%，形成时间5.5分钟，稳定时间11.3分钟。

（五）抗性鉴定

中抗至高抗白粉病，高抗条锈病，中抗至高抗赤霉病，综合抗病性好。

（六）适宜范围及栽培要点

适宜在河南省南部、北部、中部广大区域种植。南部地区可作为中早茬利用，北中部地区可作为中晚茬利用。在河南省北中部地区，可在10月中旬播种，南部地区可在10月10—25日播种。高肥地亩基本苗10万左右，中等肥地15万左右。每亩底施粗肥5 000千克左右，碳酸氢铵50千克，磷、钾肥50千克。冬前群体不足的麦田，起身至拔节期亩追施尿素5千克；干旱年份注意灌水；注意防治病虫害，高肥水田喷施多效唑控旺倒伏。

三十五、85中33

（一）品种来源

中国农业科学院棉花研究所小麦育种室王红森、鲍思敬、许友温、杨兆生、阎俊等以矮秆抗倒的高代小麦品系786-11为母本，（LK338×730-04）F₃的抗病品系为父本进行杂交采用系谱法选育而成。1990年通过河南省农作物品种审定委员会认定。其系谱如下：

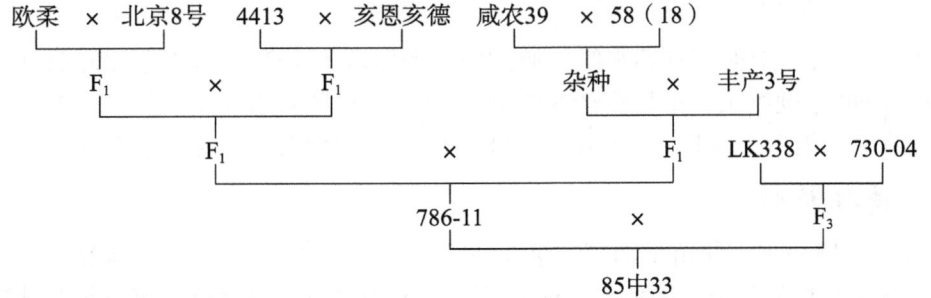

（二）产量表现

1987—1988年度参加河南省春水组区域试验，亩产384.2千克，比对照豫麦7号减产0.25%；1988—1989年度续试，平均亩产391.6千克，比对照豫麦7号增产1.75%。1988—1989年度参加河南省晚播组生产试验，平均亩产313.5千克，比对照豫麦7号增产3.9%；1989—1990年度续试，平均亩产309.9千克，比对照豫麦7号增产20.42%。

（三）特征特性

属偏春性早熟品种，比豫麦 7 号早熟 3~4 天。幼苗半直立，分蘖力中等，长势健壮。返青起身快，株高 75~80 厘米，株型紧凑，抗倒伏。穗纺锤形，长芒，白壳，白粒。抗干热风，灌浆快，粒大，粒饱，千粒重 45 克左右。

（四）品质分析

容重 800 克/升，蛋白质含量 13.23%，湿面筋含量 35.84%，干面筋含量 11.4%。

（五）抗性鉴定

抗条锈病，轻感白粉病。

（六）适宜范围及栽培要点

适宜在黄淮麦区豫、皖北、鲁西、苏北等地区的中上等肥力水浇地种植，同时，也可作为上述地区麦棉两熟制的晚播小麦配套品种。适期播种时，亩基本苗 15 万左右；晚播或地力较差的，适当加大播量。在 10 月下旬播种时，亩基本苗 20 万~25 万，11 月上旬播种，亩基本苗 25 万~30 万。豫北地区适宜播期 10 月 10 日以后。晚播情况下慎浇冬水和返青水。注意防治蚜虫。

三十六、豫麦 19

（一）品种来源

河南省尉氏县农业科学研究所魏富连、旬荣叶等利用杂交方法选育而成。原名尉氏 132，1991 年通过河南省农作物品种审定委员会审定，命名为豫麦 19 号。其系谱如下：

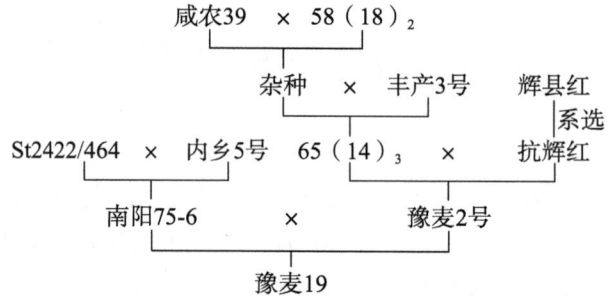

（二）产量表现

1988—1989 年度参加河南省春水组区域试验，平均亩产 407.94 千克，比对照百农 3217 增产 9.7%；1989—1990 年度续试，平均亩产 352.94 千克，比对照百农 3217 增产 17.7%。1990—1991 年度参加河南省春水组生产试验，平均亩产 308.9 千克，比对照百农 3217 增产 9.7%。

（三）特征特性

属弱春性偏晚熟品种。幼苗半匍匐，抗寒能力强。分蘖力适中，成穗率较高。株型紧凑，叶片上举，叶色浓绿，长相清秀。株高 85~90 厘米。茎秆有弹性，抗倒性较好。穗纺锤形，中长芒，白壳，白粒，半角质。耐旱性好，抗干热风。后期叶片功能期长，落黄好。播期弹性大，适应性强，稳产性好。

（四）品质分析

容重 804.4 克/升，粗蛋白含量 13.75%，湿面筋含量 32.77%，干面筋含量 11.44%，出粉率 67.8%。

（五）抗性鉴定

中抗白粉病，中抗至高抗条锈病、叶锈病、叶枯病和赤霉病。

（六）适宜范围及栽培要点

适宜在河南省北中部地区中上等地力土壤种植。10月均可种植，以10月上中旬播种为佳，亩播量6~8千克。施足底肥，起身拔节期适量追肥。

三十七、豫麦20

（一）品种来源

河南省兰考县科学技术协会沈天民等利用杂交方法选育而成。原名樊寨5号，1992年通过河南省农作物品种审定委员会审定，命名为豫麦20号。其系谱如下：

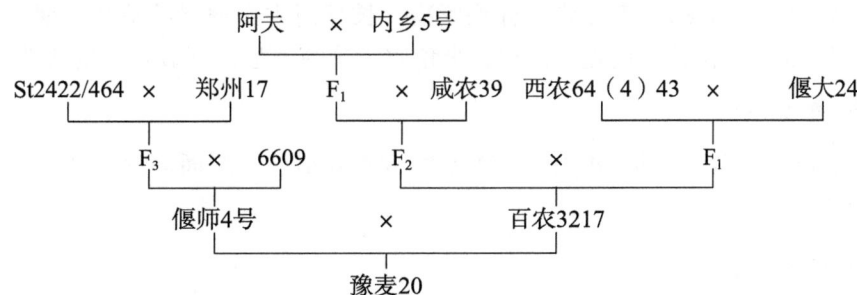

（二）产量表现

1989—1990年度参加河南省春水组区域试验，平均亩产342.4千克，较对照百农3217增产14.2%；1990—1991年度续试，平均亩产348.3千克，较对照百农3217增产4.72%。1991—1992年度参加河南省生产试验，平均亩产347千克，较对照百农3217增产11.9%。

（三）特征特性

属弱春性大穗型中早熟品种。株高80厘米。叶色浓绿，穗长方形，穗大粒多，长芒，白壳，白粒，半角质，千粒重45克左右。分蘖和成穗中等，抗倒伏能力和耐寒能力强，成熟落黄好。

（四）品质分析

容重790克/升，蛋白质含量14.5%，湿面筋含量34.7%，干面筋含量12.8%，出粉率69.4%。

（五）抗性鉴定

中至高抗白粉病，中抗条锈病，中感叶锈病。

（六）适宜范围及栽培要点

适宜在河南省东部、中部、西部和北部广大地区种植，可作为中早茬利用。适播期10月7—15日，高水肥地亩基本苗12万~13万，中等水肥地亩基本苗15万~17万。重施底肥，氮、磷、钾肥配合，氮肥70%作底肥，30%在拔节后施用，磷、钾肥一次性掩底。中后期及时防治叶锈病和蚜虫，灌浆期"一喷三防"。

三十八、豫麦22

（一）品种来源

河南省漯河市农业科学研究所梁曼琪、赵全花等利用杂交方法选育而成。原名漯66，1992年

通过河南省农作物品种审定委员会审定,命名为豫麦22号。其系谱如下:

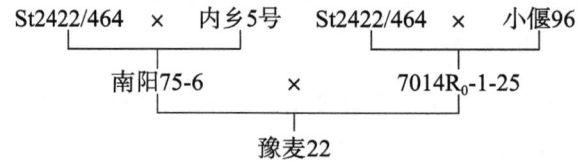

(二)产量表现

1988—1989年度参加河南省春水组区域试验,平均亩产381.55千克,较对照增产8.05%;1989—1990年度续试,平均亩产303.7千克,较对照增产0.2%。同年参加河南省生产试验,平均亩产293.5千克,较对照增产14.1%;1990—1991年度续试,平均亩产240.4千克,较宛7107增产8.6%。

(三)特征特性

属春性早熟品种。株高80~90厘米,株型紧凑,长相清秀。穗层不整齐,穗纺锤形,穗粒数26~30粒,千粒重40克。长芒,白壳,白粒,半角质。分蘖力强,落黄好。抗病性好,品质较优。

(四)品质分析

容重800克/升,蛋白质含量14.71%,赖氨酸含量0.42%,湿面筋含量32.5%,干面筋含量11%,出粉率52%。

(五)抗性鉴定

中抗至高抗条锈病,中感叶锈病和白粉病,中抗赤霉病,高抗土传花叶病。

(六)适宜范围及栽培要点

适宜在河南省中南部地区中晚茬中高肥地种植。10月15—30日播种均能获得较高产量,以10月下旬为最适播期,亩基本苗15万~20万,若在11月上旬播种,亩基本苗可增加至25万。施足底肥,一般亩施粗肥3~4立方米,碳酸氢铵40~50千克,磷肥40~50千克。拔节期追肥浇水,及时防治病虫害。

三十九、豫麦23

(一)品种来源

河南省农业科学院小麦研究所丰优育种室林作楫、揭声慧等利用系统选育方法选育而成。原名郑州391,1992年通过河南省农作物品种审定委员会审定,命名为豫麦23号。其系谱如下:

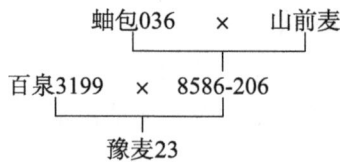

(二)产量表现

1987—1988年度参加河南省冬水组区域试验,平均亩产417.43千克,比对照豫麦2号减产2.47%;1988—1989年度续试,平均亩产399.7千克,比对照陕农7859增产8.1%。1989—1990年度再试,平均亩产314.4千克,比对照陕农7859减产4%。1990—1991年度参加河南省生产试验,平均亩产301.6千克,比对照百农3217增产3.1%;1991—1992年度续试,平均亩产313.4千克,比对照百农3217增产1.1%。

(三) 特征特性

属半冬性面包专用型品种。幼苗匍匐，叶片窄小，株高80~90厘米，株型紧凑，茎秆较细，长相清秀，成熟落黄好。穗粒数30粒，千粒重40克。长芒，白壳，白粒。抗冻、耐寒。

(四) 品质分析

容重800克/升，蛋白质含量14.8%，赖氨酸含量0.42%，湿面筋含量35%，干面筋含量11%，形成时间6.8分钟，稳定时间11.7分钟。

(五) 抗性鉴定

免疫至高抗条锈病，感赤霉病，中抗白粉病。

(六) 适宜范围及栽培要点

适宜在河南省中肥地和旱地种植。北中部地区10月上旬播种，亩播量6~8千克。亩底施碳酸氢铵40~50千克，磷肥40千克。拔节期每亩追施尿素2.5~5千克。

四十、豫麦24

(一) 品种来源

河南省濮阳市农业科学所韩相林等利用杂交法于1988年选育而成。原名濮阳8441，曾用名濮麦7号。1993年通过河南省农作物品种审定委员会审定，命名为豫麦24号。其系谱如下：

```
           65(14)₃  ×  抗辉红
              └────┬────┘
         豫麦4号  ×  豫麦2号
              └────┬────┘
                 豫麦24
```

(二) 产量表现

1990—1991年度参加河南省高肥春水组区域试验，平均亩产438.6千克，较对照徐州21增产12.5%；1991—1992年度续试，平均亩产506.5千克，比对照豫麦18增产3.15%；1992—1993年度再试，平均亩产464.4千克，比对照豫麦18增产3.14%。1992—1993年度参加河南省晚播早熟组生产试验，平均亩产358千克，比对照豫麦18增产3.44%。

(三) 特征特性

属弱春性早熟品种。幼苗直立，苗势一般，分蘖力中等，抗寒性好，返青起身快，长势强，叶色浓绿，叶片上举，叶功能期长。分蘖成穗率高，株型紧凑，落黄好。株高75~80厘米，穗棍棒形，长芒，白壳，穗粒数40粒以上。白粒，长圆形，饱满度好，千粒重40~45克，半硬质。

(四) 品质分析

容重785克/升，粗蛋白含量13.84%，赖氨酸含量0.46%，湿面筋含量30%，干面筋含量10.14%，出粉率60.9%。

(五) 抗性鉴定

中抗至中感白粉病，抗条锈病，中感叶锈病，后期轻感叶枯病。

(六) 适宜范围及栽培要点

适宜在河南省沙颍河以北的中部、北部地区亩产350~500千克中高产地块种植，尤其适宜在麦棉、麦稻区种植。适播期10月7—31日，最佳播期10月10—20日，适宜亩播量5~8千克。高产田在施用有机肥的基础上，要稳氮、增磷、补钾。冬前有分蘖麦田浇越冬水，亩施尿素5千克，拔节期结合浇水，亩追施尿素15千克左右，冬前群体不足的麦田，返青起身期追肥浇水。中后期注意防治病虫害。

四十一、豫麦25

（一）品种来源

河南省温县农业科学研究所王焕英等利用杂交法选育而成。原名温2540，1993年通过河南省农作物品种审定委员会审定，命名为豫麦25号。该品种曾荣获河南省科技成果奖一等奖。其系谱如下：

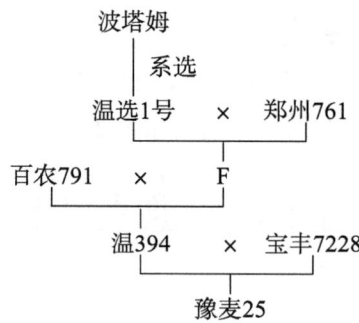

（二）产量表现

1990—1991年度参加河南省冬水高肥组区域试验，平均亩产438.2千克，比对照豫麦2号增产7.29%；1991—1992年度续试，平均亩产502.7千克，比豫麦2号增产3.98%。1992—1993年度参加河南省高肥冬水组生产试验，平均亩产432.5千克，比豫麦2号平均增产4.5%。

（三）特征特性

属半冬性多穗型中熟品种。幼苗半匍匐，长势壮，抗寒性好，分蘖多，叶色浓绿。株型紧凑，叶片上举，透光性好，亩成穗多。后期叶功能期长，灌浆速度快，落黄好，籽粒饱满。株高85厘米，穗纺锤形，长芒，白壳，白粒，角质。千粒重40~45克。

（四）品质分析

容重817克/升，粗蛋白含量14.5%，赖氨酸含量0.41%，出粉率65%，湿面筋含量33.4%，干面筋含量11.2%。

（五）抗性鉴定

高感白粉病，中感条锈病、叶锈病和叶枯病。

（六）适宜范围及栽培要点

适宜在河南省中北部地区中早茬水肥地种植。黄河以北地区10月1—7日播种，黄河以南地区10月10日前播种为宜，亩基本苗8万~10万。施足底肥，氮、磷、钾肥配合。齐穗期防治白粉病，灌浆期防治蚜虫。

四十二、豫麦26

（一）品种来源

河南省商丘地区农业科学研究所张秋霞等利用杂交方法选育而成。原名商丘111，1993年通过河南省农作物品种审定委员会审定，命名为豫麦26号。其系谱如下：

```
    65（14）₃    ×    抗辉红
         └─────┬─────┘
         宝丰7228    ×    80-9110-2
              └─────┬─────┘
                  豫麦26
```

（二）产量表现

1988—1989年度参加河南省高肥春水组区域试验，平均亩产454.6千克，较对照豫麦7号增产4.4%；1989—1990年度续试，平均亩产433.22千克，较对照豫麦7号增产17.4%，同年参加河南省中肥春水组区域试验，平均亩产327.03千克，较对照百农3217增产9.1%。1990—1991年度参加河南省高肥组生产试验，平均亩产365.9千克，较对照豫麦2号增产5.71%。1992—1993年度参加河南省中肥组生产试验，平均亩产338.2千克，较对照西安8号增产19.7%。

（三）特征特性

属弱春性大穗型品种。叶色深绿，幼苗长势壮，株型紧凑，叶片上举。株高85厘米左右，穗纺锤形，白壳，白粒，半硬质，千粒重40克左右。具有丰产、稳产、中早熟、适应性强、出粉率高、产量三要素协调等特点。

（四）品质分析

容重768克/升，蛋白质含量14.41%，赖氨酸含量0.41%，湿面筋含量32.9%，干面筋含量10.82%，出粉率56.2%，吸水率57.6%。

（五）抗性鉴定

中抗至中感白粉病、叶枯病，中抗条锈病，中感叶锈病。

（六）适宜范围及栽培要点

适宜在河南省北中部、皖北、苏北等地区中高肥地种植，尤其是在高肥条件下，丰产潜力大。适播期10月8—23日，亩播量6~8千克。应重施底肥，早追肥，氮、磷肥配合。干旱时注意浇拔节孕穗水。低温多湿年份，注意防治纹枯病。

四十三、豫麦27

（一）品种来源

河南省商水县农业局夏文光、丁文盘等利用杂交方法选育而成。原名商水49-13，1993年通过河南省农作物品种审定委员会审定，命名为豫麦27号。其系谱如下：

```
            百农3217    ×    永010506
                 └─────┬─────┘
    抗锈791    ×        F₁
         └─────┬─────┘
              豫麦27
```

（二）产量表现

1990—1991年度参加河南省冬水组区域试验，平均亩产349.26千克，较对照陕农7859增产6.74%；1991—1992年度续试，平均亩产377.4千克，较对照西安8号减产1.33%；1992—1993年度再试，平均亩产395.7千克，较西安8号增产11.8%。1991—1992年度参加河南省生产试验，平均亩产348.8千克，较对照百农3217增产12.5%；1992—1993年度续试，平均亩产350.7千克，较对照西安8号增产9.8%。

（三）特征特性

属半冬性多穗型中熟品种，熟期与豫麦2号相同。幼苗半匍匐，抗寒性好，长势中等，分蘖力偏强，成穗率较高。株高80厘米，叶片上举，株型紧凑，根系发达，茎秆粗壮，弹性较好，较抗倒伏，穗纺锤形，长芒，白壳，穗粒数30~35粒，白粒，椭圆形，饱满度好，叶功能期长，灌浆速度快，落黄好。

（四）品质分析

容重745克/升，粗蛋白含量14.73%，赖氨酸含量0.446%，湿面筋含量29.9%，干面筋含量9.75%，出粉率53.45%。

（五）抗性鉴定

高抗条锈病，中抗叶锈病和叶枯病，中感白粉病。

（六）适宜范围及栽培要点

适宜在河南省中北部、皖北、苏北等地区亩产350千克地块种植。适播期10月1—15日，最佳播期10月5—10日；适宜亩播量7.5千克左右，沿黄稻茬麦区应适当增加播量。亩底施粗肥4~5立方米，碳酸氢铵50千克，过磷酸钙40~50千克，起身拔节期亩追施尿素7.5千克左右。在生育后期防治蚜虫、锈病和白粉病，浇好越冬水和灌浆水。

四十四、豫麦28

（一）品种来源

河南省农业科学院小麦研究所朱光玺等利用系统选育方法选育而成。原名郑州8603，1993年通过河南省农作物品种审定委员会审定，命名为豫麦28号。1992年10月荣获中国首届农业博览会银质奖。其系谱如下：

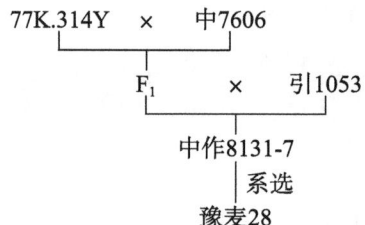

（二）产量表现

1989—1990年度参加河南省南部晚播组区域试验，平均亩产230.8千克，比对照宛7107增产19.8%。1992—1993年度参加河南省北、中部中肥春水组区域试验，平均亩产307.3千克，比高产对照豫麦17减产14%。1992—1993年度国营浚县农场一分场重壤土上，10月24日播种的平均亩产342千克，比豫麦17增产8.3%。

（三）特征特性

属春性早熟品种。幼苗直立，叶色淡绿，根系发达，分蘖节较粗，株型紧凑，株高90厘米。叶片宽大略披，茎秆坚韧，较抗倒伏，分蘖力中等。穗纺锤形，长芒，白壳，白粒，角质，千粒重40克以上，抗病性一般。

（四）品质分析

容重 800 克/升，湿面筋含量 37.8%，沉淀值 42 毫升，吸水率 63.65%，形成时间 8.5 分钟，稳定时间 7.6 分钟，评价值 70。

（五）抗性鉴定

中抗条锈病和白粉病，轻感散黑穗病。

（六）适宜范围及栽培要点

适宜在河南省棉花、水稻、红薯等晚茬地种植。河南省中部地区播期在 10 月 20 日以后，河南省北部地区 10 月中下旬均可，亩播量 6~8 千克。在 10 月底或 11 月初晚播时，亩播量可加大到 10 千克。施足底肥，磷、钾肥配合。播种前保好底墒，争取一播全苗。抽穗前后及时防治蚜虫。

四十五、豫麦 29

（一）品种来源

河南省农业科学院小麦研究所宋宏超等与西北农业大学合作选育而成。原名郑州 8329，1993 年通过河南省农作物品种审定委员会审定，并命名为豫麦 29 号。其系谱如下：

```
（74）473  ×  荆高选      77（2）  ×  77（1）
       西农78（6）9-2    ×    西农80（6）5-6-10
                    豫麦29
```

（二）产量表现

1990—1991 年度参加河南省南部春水组区域试验，平均亩产 312.8 千克，比对照宛 7107 增产 9.47%；1991—1992 年度续试，平均亩产 443.1 千克，比对照宛 7107 增产 4.5%。1991—1992 年度参加晚播早熟生产试验，平均亩产 337.6 千克，比对照豫麦 17 增产 2.7%；1992—1993 年度续试，平均亩产 306 千克，比对照豫麦 17 增产 0.91%。

（三）特征特性

属半冬性品种，成熟期比豫麦 2 号早 2~3 天。幼苗半匍匐，抗寒力强。株高 80~85 厘米，茎基部节间坚韧，茎秆弹性好，抗倒伏能力强；株型紧凑，叶片上举。穗长方形，中芒，白壳，白粒，硬质。

（四）品质分析

容重 800 克/升，蛋白质含量 14.65%，赖氨酸含量 0.39%，湿面筋含量 37.37%，干面筋含量 12.4%，吸水率 62%。

（五）抗性鉴定

抗条锈病和叶锈病，中抗白粉病，轻感叶枯病。较抗穗发芽。

（六）适宜范围及栽培要点

适宜在河南省中上等肥地种植，最适宜麦垄点播和麦棉套种。豫中北部地区适播期 10 月 5—10 日，豫中南部地区适播期 10 月 10—15 日，亩基本苗以 13 万~15 万为宜。施足底肥，增施磷肥，起身拔节期追施氮肥。小麦生长后期防治蚜虫。

四十六、豫麦30

(一) 品种来源

河南省商丘地区农业科学研究所李玉兰等利用杂交方法选育而成。原名商丘700,1994年通过河南省农作物品种审定委员会审定,命名为豫麦30号。其系谱如下:

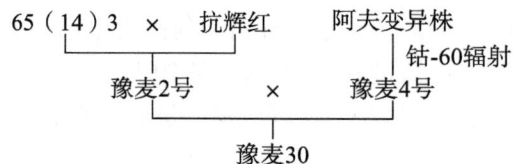

(二) 产量表现

1991—1992年度参加河南省中肥春水组区域试验,平均亩产399.1千克,较对照豫麦17增产8.23%。1992—1993年度续试,平均亩产391.8千克,较对照豫麦17增产9.64%。1993—1994年度参加河南省生产试验,平均亩产346.7千克,较对照西安8号增产8.4%。

(三) 特征特性

属弱春性中熟品种,比豫麦2号早熟2天。幼苗深绿色,生长健壮,株型紧凑。分蘖力强,成穗率高,千粒重36克。叶功能期长,抗病性强,抗旱,落黄好。株高80厘米。穗棍棒形,穗层整齐,长芒,白壳,白粒,半硬质。

(四) 品质分析

蛋白质含量13.85%,赖氨酸含量0.441%,出粉率58.9%,湿面筋含量29.3%。

(五) 抗性鉴定

高抗条锈病和叶锈病,中抗白粉病、叶枯病和赤霉病。

(六) 适宜范围及栽培要点

适宜在河南省广大地区种植,也适宜在皖北、苏北和鲁西南地区示范推广。适播期10月中下旬,亩播量6~8千克,合理群体结构为:亩产400千克的中等肥水地块,亩基本苗16万~20万,亩穗数38万~45万,穗粒数30~34粒,千粒重35~36克;亩产400千克以上的上等肥水地块,亩基本苗16万左右,亩穗数45万以上,穗粒数32粒左右,千粒重34克。

四十七、豫麦31

(一) 品种来源

河南省农业科学院小麦研究所丰优育种室吴政卿、林作楫等利用核不育基因选育而成。原名郑太1号,1994年通过河南省农作物品种审定委员会审定,并命名为豫麦31号。其系谱如下:

Ta3429-B × 7587
豫麦31

(二) 产量表现

1990—1991年度参加河南省高肥冬水组区域试验,平均亩产417.2千克,比对照豫麦2号增产2.15%;1991—1992年度续试,平均亩产487.4千克,比对照豫麦2号增产0.82%。1992—1993年度参加河南省高肥春水组区域试验，平均亩产445.9千克，比对照豫麦18减产0.97%；1993—1994年度生产试验，平均亩产404.7千克，比豫麦2号增产6.03%。

（三）特征特性

属半冬偏春性中早熟品种。幼苗半匍匐，抗寒性好；株型较松散，叶片宽大，茎秆粗壮，较抗倒伏。抽穗早，成熟落黄好，株高85厘米，穗长方形，长芒，白壳，白粒，穗粒数40粒以上，千粒重37克左右。

（四）品质分析

容重800克/升，蛋白质含量12%，个别选系10%左右。

（五）抗性鉴定

中抗白粉病、条锈病和吸浆虫。

（六）适宜范围及栽培要点

适宜在河南省中部、北部及苏北、皖北中上等肥力水平地区种植，可作中晚茬品种应用。适宜播期10月中下旬，亩基本苗12万左右，宽窄行种植较好。

四十八、豫麦32

（一）品种来源

河南职业技术师范学院小麦育种中心茹振钢等利用杂交方法选育而成。原名百农62，1994年通过河南省农作物品种审定委员会审定，命名为豫麦32号。其系谱如下：

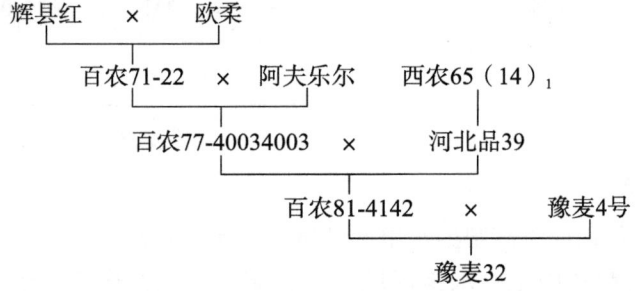

（二）产量表现

1991—1992年度参加河南省北中部高肥春水组区域试验，平均亩产503.6千克，较豫麦18增产2.56%；1992—1993年度续试，平均亩产443.4千克，较豫麦18减产1.52%；1993—1994年度再试，平均亩产440.5千克，较豫麦18增产5.17%；1993—1994年度生产试验，平均亩产409.7千克，较豫麦18增产3.3%。

（三）特征特性

属春性品种。芽鞘白色，幼苗直立，分蘖力中等，抗寒性一般，叶色深绿，年前生长速度快，长势旺盛。年后叶色油绿，苗脚利落。抽穗前旗叶短且直立，抽穗后旗叶扭曲平伸。株高80~85厘米，茎、叶微带蜡质，亩穗数40万。抗倒能力中等，穗椭圆形，长芒，白壳。白粒，长卵形，半角质；千粒重42克以上。

（四）品质分析

容重765克/升，蛋白质含量13%，赖氨酸含量0.425%，湿面筋含量32.5%。

（五）抗性鉴定

中抗条锈病、叶锈病和叶枯病，轻感赤霉病，中感白粉病。

（六）适宜范围及栽培要点

适宜在河南省北中部、山东省西南部以及安徽省和江苏省的淮河以北地区作为晚茬品种利用。播期不宜过早，在河南省黄河以北地区10月10日以后播种，黄河以南地区10月15日以后播种。10月中旬播种时，亩播量7~8千克，10月下旬播种的亩播量9~10千克。施足底肥，越冬前后酌情追肥，拔节期追肥灌水。开花后注意治虫防病，浇好灌浆水。

四十九、豫麦33

（一）品种来源

河南省农业科学院小麦研究所高产多抗育种室吴政卿、林作楫等采用三个抗病丰产亲本进行三交选育而成。原名郑州83203，1994年通过河南省农作物品种审定委员会审定，命名为豫麦33号。其系谱如下：

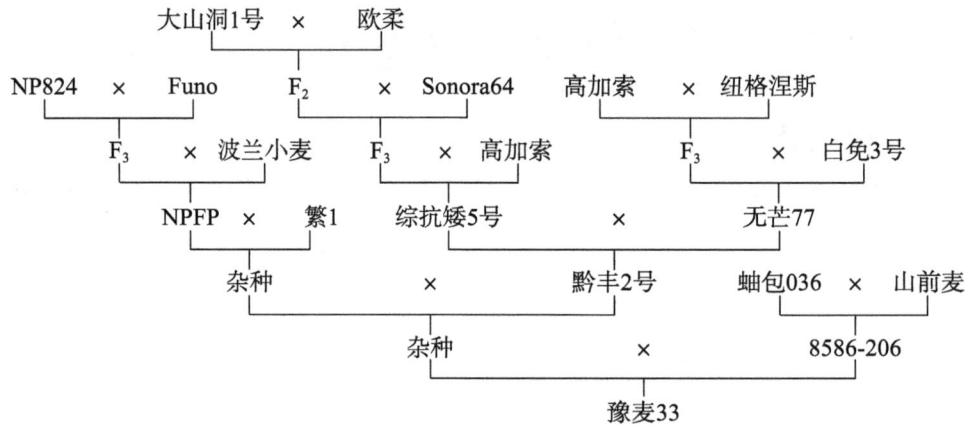

（二）产量表现

1990—1991年度参加河南省高肥冬水组区域试验，亩产417.3千克，比对照豫麦2号增产2.1%。1991—1992年度参加河南省中肥春水组区域试验，亩产400.2千克，比对照豫麦17增产8.5%；1992—1993年度续试，比对照豫麦17增产4.4%。1993—1994年度参加河南省晚播早熟生产试验，平均亩产318.9千克，较对照豫麦17增产6%。

（三）特征特性

属弱春性早熟品种。生长健壮，分蘖力中等。株高85厘米，穗纺锤形，长芒，白壳，白粒。千粒重38克，抗病性好，品质较差。

（四）品质分析

容重800克/升，蛋白质含量14.19%，赖氨酸含量0.40%，湿面筋含量30.66%，干面筋含量10.75%。

（五）抗性鉴定

高抗条锈病和叶锈病，中抗叶枯病和白粉病。

（六）适宜范围及栽培要点

适宜在河南省中晚茬地种植，尤其适宜在中南部地区中等肥力地块种植。播期以10月中旬至霜降前为宜，亩播量6.5~7.5千克，晚播适当增加播量。应施足底肥，增施磷肥，拔节期追肥，灌浆期控制浇水，以防倒伏。

五十、中育3号

（一）品种来源

中国农业科学院棉花研究所鲍思敬、杨兆生、阎俊、武芝侠、徐红霞等利用泰山1号/NS2574//百农3217，通过系谱法选育而成。1994年通过河南省农作物品种审定委员会认定。其系谱如下：

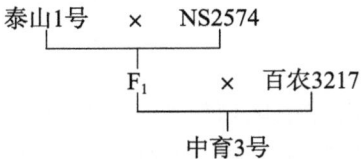

（二）产量表现

1991—1992年度参加河南省高肥冬水组区域试验，平均亩产490.9千克，比对照豫麦2号增产1.53%；1992—1993年度续试，平均亩产453.7千克，比对照豫麦2号增产6.10%。1992—1993年度参加河南省生产试验，平均亩产424.3千克，比对照豫麦2号增产2.49%；1993—1994年度续试，平均亩产400.8千克，比对照豫麦2号增产5.20%。

（三）特征特性

属半冬性中早熟品种。幼苗匍匐，生长健壮。分蘖力强，成穗多。株型紧凑，株高80~85厘米，茎秆弹性好，叶片大小中等，叶色深绿，茎生叶片夹角小而上冲，旗叶较短上举。穗长方形，长芒，白壳，卵圆形，穗粒数30~35粒。白粒，卵形，半角质，千粒重40克左右。抗倒伏，耐寒，后期抗干热风，灌浆快，适应性较强。

（四）品质分析

容重769克/升，蛋白质含量12.79%，赖氨酸含量0.393%，出粉率52%，湿面筋含量26.3%，干面筋含量8.8%。

（五）抗性鉴定

高抗条锈病，中抗叶锈病。

（六）适宜范围及栽培要点

适宜在河南省北部、中部、山东省西部、河北省南部地区高肥水地和中上等肥力（亩产400~500千克）条件下种植。豫北地区以10月初播种为宜，亩播量6千克左右。施足底肥，拔节期追肥。注意防治麦蚜和红蜘蛛，孕穗期防治白粉病。

五十一、豫麦35

（一）品种来源

河南省内乡县农业科学研究所薛国典等利用杂交方法选育而成。原名内乡184，1995年通过河南省农作物品种审定委员会审定，命名为豫麦35号。其系谱如下：

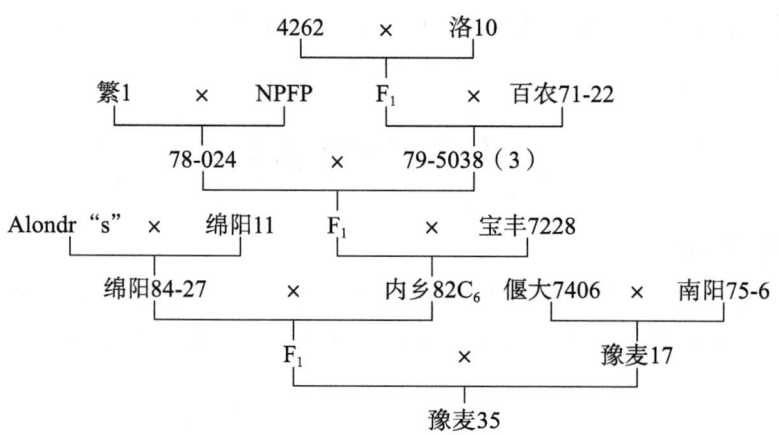

（二）产量表现

1991—1992年度参加河南省南部组区域试验，平均亩产370.95千克，较对照增产6.21%；1992—1993年度续试，平均亩产377.35千克，较对照增产10.11%。1993—1994年度参加河南省晚播早熟南片生产试验，平均亩产324.2千克，较对照豫麦17增产7.7%；1994—1995年度续试，平均亩产301.7千克，较对照豫麦17增产3.11%。

（三）特征特性

属弱春性早熟品种。芽鞘绿色，幼苗直立，叶色深绿，旗叶短宽上举。株型较紧，株高75厘米，茎秆粗壮、坚硬、耐肥，抗倒力强。穗长方形，长芒，穗粒数45粒。白粒，卵形，角质，千粒重42克。穗层整齐，灌浆快，成熟落黄好，粒重变幅小，稳产性好。

（四）品质分析

容重795克/升，蛋白质含量15.38%，赖氨酸含量0.423%，湿面筋含量33.72%，吸水率56.4%，形成时间5分钟，稳定时间12分钟，评价值60。

（五）抗性鉴定

高抗条锈病，中感叶锈病、白粉病和纹枯病，抗土传花叶病。

（六）适宜范围及栽培要点

适宜在河南省西南部、中部及东部地区种植，尤以南阳盆地最为适宜，播期10月10—25日，亩播量5~10千克，重施有机肥，氮、磷、钾、锌肥配合。齐穗至灌浆初期，搞好"一喷三防"。

五十二、豫麦36

（一）品种来源

河南农业大学小麦育种研究室张清海、浚县农业试验站刘士玉、浚县原种场孙希增等利用杂交法选育而成。原名豫农001，1995年通过河南省农作物品种审定委员会审定，命名为豫麦36号。1996年荣获原中华人民共和国科学技术委员会、农业部原中国轻工总会组织的国家"九五"后补助二等奖，1999年该品种曾荣获河南省科技进步奖二等奖。该品种已获批农业农村部品种保护（专利），其品种权号为CNA20050441.X。其系谱如下：

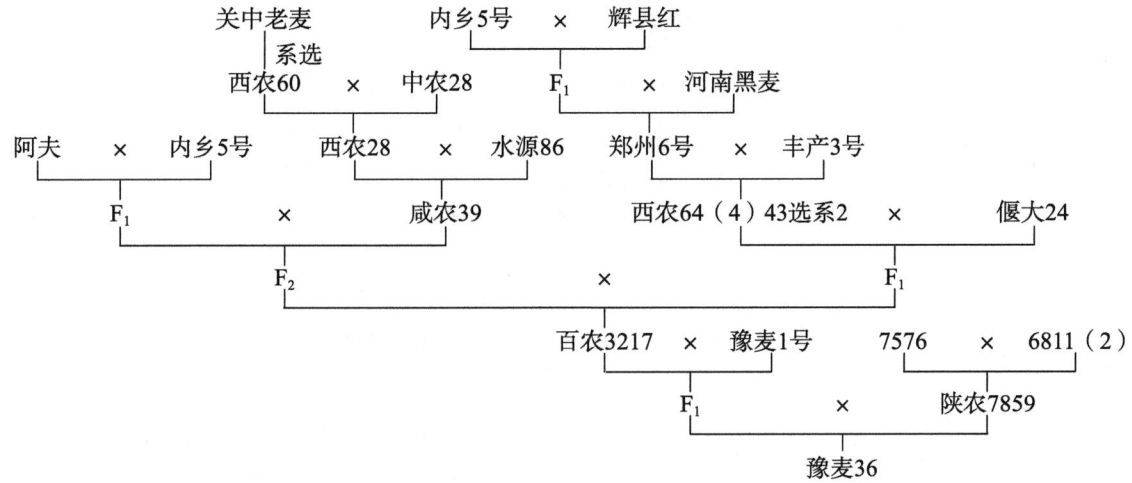

（二）产量表现

1991—1992年度参加河南省旱地区域试验，平均亩产289.9千克，比对照豫麦8号增产3.1%；1992—1993年度续试，平均亩产313.3千克，比对照豫麦8号增产3.13%；1994—1995年度再试，平均亩产261.6千克，比对照豫麦8号增产13.82%。1994—1995年度参加河南省旱地组生产试验，平均亩产236.8千克，比对照豫麦8号增产15.79%。

（三）特征特性

属半冬性大穗型中早熟品种。幼苗半匍匐，耐寒性好，苗期长势旺，叶色浓绿；分蘖力强，成穗数较多，穗长方形，长芒，白壳；白粒，长圆形，半角质；千粒重40克以上，穗层整齐，结实性好，穗粒数30粒左右。茎秆粗壮，株高80~85厘米，熟相较好。抗干热风能力强。丰产稳产性好，综合抗性好，抗旱能力强。

（四）品质分析

容重780克/升，蛋白质含量14.9%，赖氨酸含量0.32%，湿面筋含量34.54%，干面筋含量12.05%，沉淀值40.6毫升。

（五）抗性鉴定

中抗条锈病、白粉病和叶枯病。

（六）适宜范围及栽培要点

适宜在河南省丘陵旱地和黄淮平原限水麦区种植，还适宜在沿黄稻区撒播。播期10月上中旬，亩播量6~8千克，播种前施足底肥，返青期酌情追肥。孕穗期防治白粉病，生育中后期防治蚜虫和白粉病。

五十三、豫麦37

（一）品种来源

河南省农业科学院小麦研究所和现昌、海燕、刘文轩等1985年以（花145×豫麦2号）F₁经花药培养选育而成。原名郑花57,1995年通过河南省农作物品种审定委员会审定，命名为豫麦37号。其系谱如下：

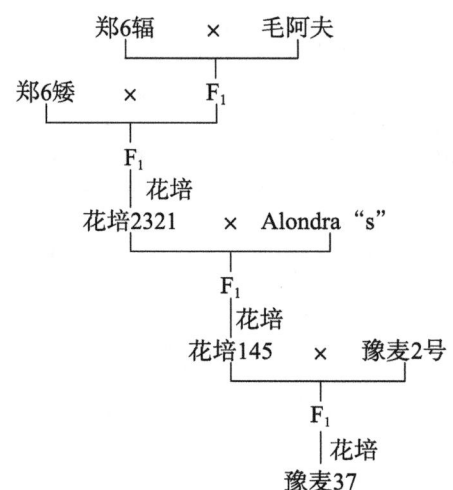

（二）产量表现

1990—1991年度参加河南省中肥冬水组区域试验，平均亩产344.66千克，比对照陕农7859增产5.33%；1991—1992年度续试，平均亩产406.9千克，比对照西安8号增产6.37%。1992—1993年度参加河南省中肥组旱地生产试验，平均亩产346.6千克，比对照西安8号增产8.52%；1994—1995年度续试，平均亩产360.8千克，比对照西安8号增产11.43%。

（三）特征特性

属弱冬性多穗型中早熟品种。幼苗半匍匐，分蘖力强，长势壮，抗寒性好；株型紧凑，叶片上冲，后期落黄好。亩穗数35万～38万，穗粒数28～31粒，灌浆强度大，饱满度好，千粒重40～42克。根系发达，叶片卷曲上冲，耐旱；叶的功能期长，耐干热风。

（四）品质分析

容重831克/升，粗蛋白含量14.38%，赖氨酸含量0.44%，吸水率58.2%，出粉率56.2%，湿面筋含量32.06%，干面筋含量10.56%，形成时间4.8分钟，稳定时间7.8分钟。

（五）抗性鉴定

抗条锈病和叶锈病，中抗叶枯病，中感白粉病。

（六）适宜范围及栽培要点

适宜在河南省中北部地区中早茬中等肥力地种植。适播期10月上中旬，亩播量7.5～9千克。施足有机底肥，增施磷肥，适当控制氮肥，重施起身拔节肥。中后期防治病虫害。

五十四、豫麦38

（一）品种来源

河南省洛阳市郊区农业科学研究所李风歧与洛阳农业科学研究所张灿军等合作选育而成。原名洛阳83-714，1995年通过河南省农作物品种审定委员会审定，命名为豫麦38号。其系谱如下：

洛阳7602 × 7110
豫麦38

（二）产量表现

1991—1992年度参加河南省旱地区域试验，平均亩产297.3千克，较对照豫麦8号增产3.3%；

1992—1993年度续试，平均亩产304.5千克，较对照豫麦8号0.25%；1993—1994年度再试，平均亩产312千克，较对照豫麦8号11.5%。1994—1995年度参加河南省旱地生产试验，平均亩产226.1千克，较对照豫麦8号增产10.6%。

（三）特征特性

属半冬性中早熟品种。幼苗半匍匐，抗寒耐旱，叶色浓绿，生长整齐，长势壮。秆粗抗倒，落黄正常，株高80~85厘米。穗纺锤形，长芒，白壳，白粒，角质。籽粒卵圆形，千粒重40克。根系发达，分蘖成穗率高，叶的功能期长。

（四）品质分析

容重780克/升，粗蛋白含量15.35%，赖氨酸含量0.35%，湿面筋含量38.7%。

（五）抗性鉴定

高抗条锈病，中感白粉病。

（六）适宜范围和栽培要点

适宜在豫西北地区旱肥地及中等肥力水平种植。播期10月上旬，亩播量7~8千克，适宜20~23厘米等行距播种，以底肥为主，加强田间管理，保证壮苗越冬。

五十五、豫麦39

（一）品种来源

河南省农业大学小麦育种研究室李兰真、杨会武等利用杂交方法选育而成。原名豫农8539，1995年通过河南省农作物品种审定委员会审定，命名为豫麦39号。其系谱如下：

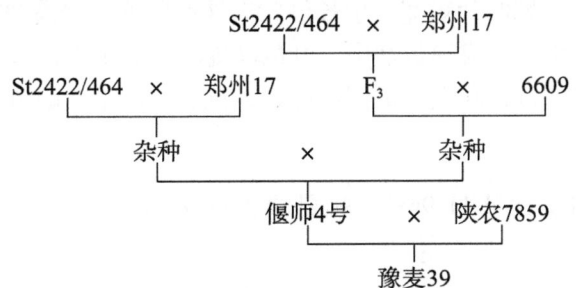

（二）产量表现

1993—1994年连续参加河南省中肥冬水组区域试验，2年平均亩产341.1千克，比对照西安8号增产5%。1994—1995年度参加河南省高肥组生产试验，平均亩产438.6千克，比对照豫麦2号增产0.92%。

（三）特征特性

属半冬性中熟品种。根系发达，分蘖力强，苗壮耐寒，成穗率高；茎秆粗细适中，有弹性；叶片上举，光合效率高，株型紧凑。株高80厘米，穗长方形，长芒，白壳；籽粒卵形，千粒重50克；粒大而饱，商品性好。灌浆快，落黄好。抗干热风，抗倒伏，耐旱、耐瘠、耐盐碱，抗蚜虫。

（四）品质分析

容重804克/升，粗蛋白含量14.2%，湿面筋含量31.6%，沉淀值35毫升，馒头评分83.4分，面条评分91分。

（五）抗性鉴定

中抗条锈病、叶锈病和黄矮病，轻感白粉病。

（六）适宜范围及栽培要点

适宜在黄淮麦区，尤其是河南省中高肥和砂碱地麦区及豫西丘陵区种植。10月10日左右播种为佳，亩播量6~7千克，晚播适当加大播量。拔节期追肥浇水，中后期预防白粉病和蚜虫。

五十六、豫麦40

（一）品种来源

河南省开封市农林科学研究所牛本勇、朱衣成等与河南农业大学合作选育而成。原名开79，1995年通过河南农作物品种审定委员会审定，命名为豫麦40号。其系谱如下：

```
    65（14）₃  ×  抗辉红
        │
      豫麦2号  ×  西农大穗783
              │
           豫麦40
```

（二）产量表现

1991—1992年度参加河南省冬水组区域试验，平均亩产406.45千克，比对照西安8号增产16.25%；1992—1993年度续试，平均亩产293.46千克，比对照西安8号增产1.24%。1994—1995年度参加河南省生产试验，平均亩产357.2千克，比对照豫麦2号增产15.72%。

（三）特征特性

属半冬性中晚熟品种。苗期叶片短宽，生长健壮。株型紧凑，株高80厘米。茎秆粗壮、直立，弹性好。叶色浓绿，分蘖力中等，成穗数适中。叶的功能期长，成熟落黄好。穗长方形，长芒、白壳、白粒。穗粒数40粒，千粒重50克。抗倒伏性好，抗寒、耐旱、耐瘠。

（四）品质分析

容重795克/升，蛋白质含量11.96%，赖氨酸含量0.366%，湿面筋含量32%，干面筋含量10.95%。

（五）抗性鉴定

高抗条锈病，中抗叶锈病，抗白粉病和叶枯病。

（六）适宜范围及栽培要点

适宜在河南省中上等肥力早中茬地种植，也适宜间作套种。适播期较长，10月上旬至11月上旬均可播种，最适播期10月上中旬；亩播量7~8千克，晚播适当增加播量；应施足底肥，增施磷肥；拔节期追肥，高肥地区追肥时应控氮、增磷、补钾。后期浇好灌浆水，注意防虫。

五十七、豫麦42

（一）品种来源

河南省商丘市农业科学研究所李玉兰等利用杂交方法选育而成。原名商丘857，1996年通过河南省农作物品种审定委员会审定，命名为豫麦42号。其系谱如下：

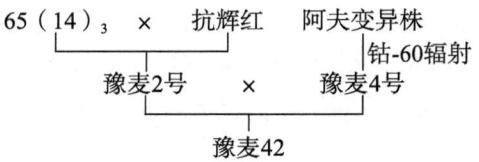

(二)产量表现

1992—1993年度参加河南省冬水组区域试验,平均亩产395.6千克,较对照西安8号增产11.79%;1993—1994年度续试,平均亩产306.2千克,较对照西安8号增产5.65%。1994—1995年度参加河南省生产试验,平均亩产361.3千克,较对照西安8号增产11.5%;1995—1996年度续试,平均亩产361.2千克,较对照西安8号增产3.2%。

(三)特征特性

属半冬性多穗型中熟品种。幼苗叶色深绿,长势壮,分蘖力强,成穗率高,株高81厘米,株型紧凑,叶片上举,穗长方形,白壳,白粒,半硬质,千粒重40克左右。产量三要素协调,落黄好,适应性强。

(四)品质分析

容重773克/升,粗蛋白含量15.19%,赖氨酸含量0.42%,湿面筋含量36.9%,出粉率53.7%。

(五)抗性鉴定

中抗白粉病和叶枯病,中抗至中感叶锈病。

(六)适宜范围及栽培要点

适宜在河南中北部、皖北、苏北、鲁西南地区中高肥力的中早茬地种植。适播期10月5—15日,亩播量7~9千克。重施底肥,增磷、补钾;拔节后视苗情追肥浇水,注意浇好孕穗和灌浆水。生育中后期预防叶锈病和蚜虫。

五十八、豫麦43

(一)品种来源

河南省科学院同位素研究所卢甲纯、张建伟等用钴-60辐射选育而成。原名豫同843,1996年通过河南省农作物品种审定委员会审定,命名为豫麦43号。其系谱如下:

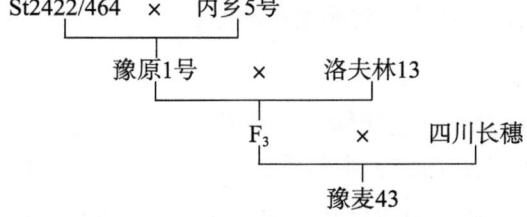

(二)产量表现

1993—1994年度参加河南省春水组区域试验,平均亩产447.3千克,比对照豫麦18增产6.78%;1994—1995年度续试,平均亩产477.2千克,比对照豫麦18增产3.38%。1994—1995年度参加河南省生产试验,平均亩产405.8千克,比对照豫麦18减产0.37%;1995—1996年度续试,平均亩产449.4千克,比对照豫麦18增产4.03%。

(三)特征特性

属弱春性早熟品种。芽鞘绿色,幼苗半直立,分蘖力较强,耐寒性较好。株高75~82厘米,茎秆短粗，株型紧凑，叶片上举，后期有轻微干叶尖。春季两极分化快，分蘖成穗率高，成穗较多，较抗倒春寒。穗长方形，长芒，白壳，穗粒数36~46粒。白粒，半角质，卵圆形，千粒重41克左右。丰产性突出，矮秆大穗，适应性强。后期耐旱，抗干热风，成熟落黄好。

（四）品质分析

容重791.8克/升，粗蛋白含量14.05%，赖氨酸含量0.44%，干面筋含量11.8%，湿面筋含量33.2%。

（五）抗性鉴定

中抗条锈病，中感白粉病，抗穗发芽。

（六）适宜范围及栽培要点

适宜在河南省中北部地区中高肥地中晚茬推广种植。10月15—30日播种为宜，亩播量7.5~10千克。注意防治病虫害，高产条件下应推广宽窄行种植，并适当降低播量。

五十九、豫麦44

（一）品种来源

河南省林州市农业科学研究所远秀莲、郭荣秀、尚广生、成明锁等利用杂交方法选育而成。1997年通过河南省农作物品种审定委员会审定，命名为豫麦44号。其系谱如下：

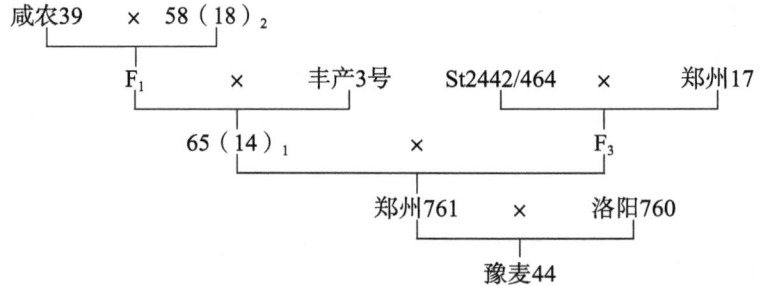

（二）产量表现

1994—1995年度参加河南省高肥春水组区域试验，平均亩产497.7千克，比对照豫麦18增产10.4%；1995—1996年度续试，平均亩产491.7千克。1996—1997年度参加河南省高肥春水组生产试验，平均亩产437.9千克，是唯一比对照增产的品种。

（三）特征特性

属弱春性品种。幼苗半直立，叶色淡绿，根系发达，生长健壮。茎秆较粗，穗层整齐，株高85厘米。穗长方形，长芒，白壳，白粒，半角质，千粒重45克。分蘖力强，抗病性好，后期叶的功能期长，成熟落黄好，抗干热风，适应性强。综合性状好，丰产稳产性好。

（四）品质分析

容重750.8克/升，粗蛋白含量13.65%，湿面筋含量28.47%，干面筋含量9.83%，赖氨酸含量0.41%，出粉率64.6%。

（五）抗性鉴定

中抗条锈病和叶锈病，中感白粉病、纹枯病和叶枯病。

（六）适宜范围及栽培要点

适宜在河南省中高肥水地种植。适播期较长，从9月25日至10月20日播种均可，最佳播期10月5—15日，亩播量6~8千克。重施底肥，增施磷、钾肥；中后期注意防治白粉病、叶枯病和蚜虫。

六十、豫麦45

（一）品种来源

河南农业大学小麦育种研究室张清海、浚县原种场孙希增、唐玉魁等利用杂交方法选育而成。原名豫农010，1997年通过河南省农作物品种审定委员会审定，命名为豫麦45号。1999年荣获河南省发明金奖。该品种已获批农业部品种保护（专利），其品种权号为CNA20050440.1。其系谱如下：

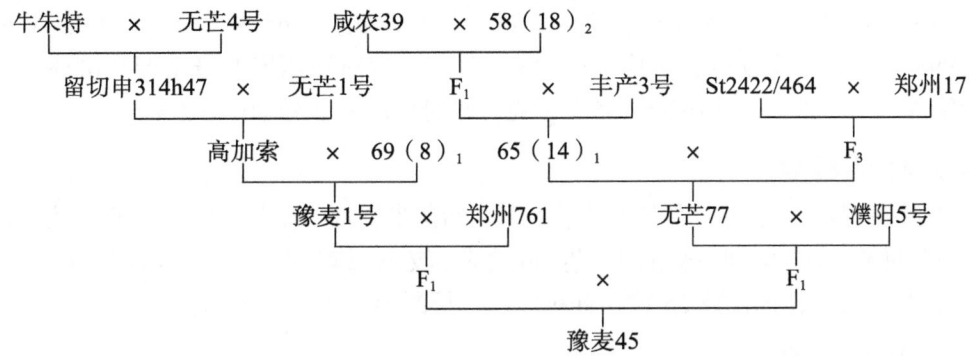

（二）产量表现

1992—1993年度参加河南省春水组区域试验，比对照豫麦18增产9.36%；1993—1994年度续试，比对照增产2.66%；1994—1995年度续试，比对照豫麦18增产15.47%；1995—1996年度再试，比对照增产6.74%。1996—1997年度参加生产试验，平均亩产471.4千克，比对照豫麦18增产9.29%。

（三）特征特性

属弱春性早中熟品种。幼苗半匍匐，生长健壮，分蘖力强，起身拔节早。株高80厘米，茎、叶蜡质层厚，叶色深绿，旗叶长。穗长方形，茎秆粗壮，适应性好。

（四）品质分析

容重805.5克/升，粗蛋白含量14.81%，赖氨酸含量0.36%，干面筋含量11.71%，湿面筋含量34.54%，沉淀值42.8毫升。

（五）抗性鉴定

中抗条锈病、叶锈病和白粉病，中感纹枯病。

（六）适宜范围及栽培要点

适宜在河南省各地特别是中部地区中高水肥条件下中晚茬地种植。适播期10月10日以后，亩播量7~13千克。施足底肥，春节前酌情追肥，适时防治纹枯病和叶枯病。生育中后期防治白粉病和蚜虫。

六十一、豫麦46

（一）品种来源

河南省洛阳农业高等专科学校张万松、陈翠云等利用杂交方法选育而成。原名豫西8930，1997年通过河南省农作物品种审定委员会审定，命名为豫麦46号。其系谱如下：

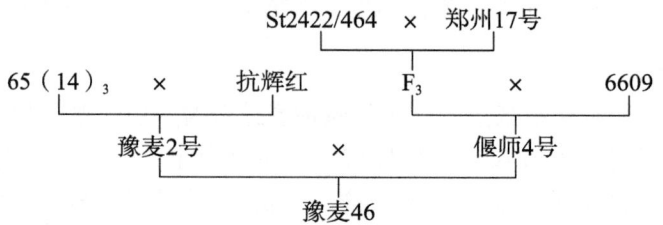

（二）产量表现

1994—1995年度参加河南省冬水组区域试验，平均亩产365.6千克，较对照西安8号增产10.74%；1995—1996年度续试，平均亩产384.3千克，较对照西安8号增产9.02%。1996—1997年度参加河南省生产试验，平均亩产406.2千克，较对照豫麦2号增产5.6%。

（三）特征特性

属半冬性中熟品种，熟期比豫麦2号早1天。幼苗半匍匐，生长健壮，耐寒性较好，分蘖成穗较多。株高82厘米，茎秆坚韧，较抗倒。茎、叶清秀、较小，旗叶上举，叶的功能期长，成熟落黄好，穗棍棒形，长芒，白壳，穗粒数35粒，籽粒白色，长圆形，千粒重39克。

（四）品质分析

容重792克/升，粗蛋白含量12.68%，赖氨酸含量0.4%，干面筋含量11.9%，湿面筋含量34%，沉淀值44.21毫升。

（五）抗性鉴定

中抗条锈病和叶锈病，感白粉病，轻感纹枯病和叶枯病。

（六）适宜范围及栽培要点

适宜在河南省中部、北部地区300~500千克的中上等旱肥地和水肥地种植。适播期10月上旬，亩播量5~7千克，高水肥地块播量取下限。施足底肥，氮、磷、钾肥搭配。拔节期亩施尿素8~10千克。浇好越冬水和灌浆水。中后期注意防治蚜虫和白粉病。

六十二、豫麦47

（一）品种来源

河南省农业科学院小麦研究所雷振生、林作楫等利用有性杂交经多年单株选择于1993年选育而成。原名丰优3号，1997年通过河南省农作物品种审定委员会审定，命名为豫麦47号。该品种曾荣获第2届中国农业博览会铜奖，1999年列入国家跨越计划。其系谱如下：

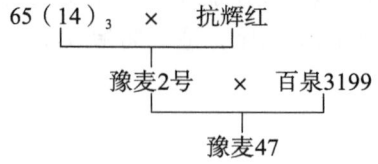

（二）产量表现

1995—1996年参加河南省春水组区域试验，平均亩产513千克，与对照豫麦18基本持平；1996年续试，平均亩产535千克，较对照豫麦18增产0.4%。1996—1997年度参加河南省晚播早熟组生产试验，平均亩产426.4千克，比对照豫麦18减产2.4%。

（三）特征特性

属弱春性多穗型中早熟品种，熟期与豫麦18相近。幼苗偏直立，分蘖成穗率高，亩穗数多，苗期长相清秀，起身拔节快；株型紧凑，旗叶短而上举。株高75厘米，亩穗数40万，穗粒数35粒，千粒重40克。成熟落黄好，耐穗发芽。长芒，白壳，白粒，角质。

（四）品质分析

容重805克/升，蛋白质含量15.74%，赖氨酸含量0.47%，沉淀值43.4毫升，湿面筋含量40.3%，干面筋含量14.06%，吸水率62.9%，形成时间5.9分钟，稳定时间9.3分钟，评价值61，面包评分81.6分。

（五）抗性鉴定

中抗条锈病、叶锈病和纹枯病，中感白粉病，中感叶枯病。

（六）适宜范围及栽培要点

适宜在黄淮麦区豫中北、苏北、皖北地区中晚茬中上等以上肥力地种植，高产田更佳。河南省中部地区播期10月中下旬，最佳播期10月15日前后，亩播量6~7千克，晚播适当加大播量。施足底肥，适当补充磷、钾肥。拔节期亩追尿素5~7.5千克，生长中后期及时防治白粉病、叶枯病和蚜虫。

六十三、豫麦48

（一）品种来源

河南省洛阳市农业科学研究所沈东风、张灿军等以豫麦8号为母本、泗阳936为父本进行杂交，经水旱交叉选择、早代混系测产、高代多点鉴定等选育而成。原名洛阳8628，1997年通过河南省农作物品种审定委员会审定，命名为豫麦48号。其系谱如下：

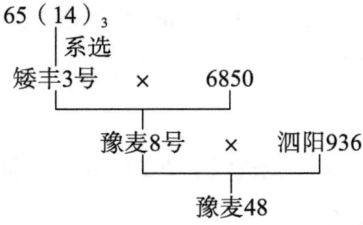

（二）产量表现

1993—1994年度参加河南省旱地区域试验，平均亩产301千克，较对照豫麦2号增产2.3%；1994—1995年度续试，平均亩产261.8千克，较对照豫麦2号增产13.9%；1995—1996年度再试，平均亩产266.8千克，较对照增产11.2%。1996—1997年度参加河南省旱地生产试验，平均亩产377.8千克，较对照豫麦2号增产7.6%。

（三）特征特性

属半冬性中早熟品种。幼苗生长健壮，叶片短宽上举。株型紧凑，株高90~100厘米，根系发达，分蘖力中等，成穗率高。穗长方形，长芒，白壳，白粒，半角质。穗粒数30~33粒，千粒重39~42克。抗旱耐寒，高产稳产，穗大粒多，秆粗抗倒，群体自调能力强。抗青干，落黄好。

（四）品质分析

容重832克/升，蛋白质含量13.5%，赖氨酸含量0.36%，湿面筋含量31.3%。

（五）抗性鉴定

抗纹枯病，中抗条锈病、叶锈病和白粉病。

（六）适宜范围及栽培要点

适宜在豫、陕、鲁等广大旱作麦区种植。豫西地区适播期9月28日至10月18日，最佳播期10月5日前后，亩播量7~8千克，晚播应适当加大播量。亩施纯氮6.5~7千克，五氧化二磷7~7.5千克，钾肥适量。苗期和早春中耕除草，适时防治麦蜘蛛和蚜虫。

六十四、宛798

（一）品种来源

河南省南阳市农业科学研究所从内乡县农业科学研究所利用品系795-117系统选育而成，于1993年通过南阳地区品种审定委员会审定，1997年河南省农作物品种审定委员会第四届第六次会议通过备案。其系谱如下：

```
795-117
  │系选
宛798
```

（二）产量表现

2年区域试验和1年生产试验，均比对照豫麦18增产，增幅11.77%。

（三）特征特性

属春性早熟品种。分蘖力强，成穗率高，株高75厘米，茎秆粗壮，抗倒伏。白壳，白粒，千粒重40克，亩穗数34万。

（四）品质分析

容重820克/升，蛋白质含量15.5%，湿面筋含量35%，沉淀值44.4毫升，吸水率62.7%，形成时间6分钟，稳定时间7.1分钟。

（五）抗性鉴定

高抗叶锈病、秆锈病和叶枯病，中抗条锈病和纹枯病，抗穗发芽。

（六）适宜范围及栽培要点

适宜在河南省中高肥力晚茬地种植。有机、无机肥搭配，氮、磷、钾肥配合，增施微肥，一般亩底施优质农家肥100千克，碳酸氢铵50千克，硫酸钾12千克，硫酸锌、硼酸各1千克，适播期10月25日至11月15日，亩播量6千克。年前亩追尿素5千克，中后期注意防病治虫。

六十五、漯珍1号

（一）品种来源

漯河市农业科学研究所李建钊、赵全花等1991年从白粒小麦偃师86117[黔丰1号///山前//

(偃师4号/小偃5号)]选育出的黑粒变异材料，经过多年定向选择培育而成。1997年通过河南省农作物品种审定委员会第四届第六次会议备案。其系谱如下：

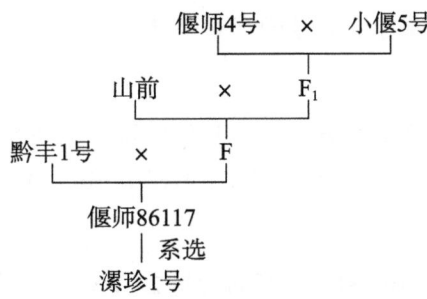

（二）产量表现

1994—1995年度参加豫中农作物品种展览中心试验，漯珍1号亩产389.2千克，与对照豫麦18平产；1995—1996年度续试，亩产412.8千克，较对照豫麦18减产4%；1996—1997年度续试，亩产413千克，比对照豫麦18减产6.98%；同年参加生产试验，平均亩产403.1千克，比豫麦41增产0.42%。

（三）特征特性

属弱春性中晚熟品种。幼苗匍匐，叶色深绿。株型紧凑，茎秆粗壮，抗倒性强。叶片宽大，分蘖力强，成穗率高。株高74~76厘米，穗长方形，长芒，白壳，穗粒数多，籽粒黑色，椭圆形，千粒重32克。

（四）品质分析

蛋白质含量17.1%，氨基酸含量15.2%，赖氨酸含量0.4%，碘含量0.55毫克/千克，微量元素钙、铁、钾、磷、锰含量丰富。其中，钙、铁、磷含量分别比普通小麦高132.3%、81.03%、33.6%。

（五）抗性鉴定

高抗条锈病和叶锈病，中抗白粉病，感叶枯病和纹枯病。

（六）适宜范围及栽培要点

适宜在黄淮南片推广种植。最适播期10月5—25日，中上等肥力地块亩播量5千克左右，亩基本苗10万~12万。施足底肥，重施磷肥；及时防治病虫害。

六十六、豫麦50

（一）品种来源

河南省农业科学院小麦研究所雷振生、林作楫等从中、美、澳等国内外20多个优异资源组成的抗白粉病轮回群体中选择优良可育株，并经多年系谱和混合选择选育而成。原名丰优5号，1998年通过河南省农作物品种审定委员会审定，命名为豫麦50。该品种曾于1995年荣获第2届全国农业博览会金奖。其系谱如下：

太谷核不育
|系选
豫麦50

（二）产量表现

1994—1995年度参加河南省高肥冬水组区域试验，平均亩产467.4千克，比对照豫麦2号增产6.8%；1995—1996年度续试，平均亩产459.2千克，比对照豫麦2号增产2.03%。1996—1997

年度参加河南省中肥春水组区域试验，平均亩产422.7千克，比对照豫麦18增产5.58%；1997—1998年度续试，平均亩产367.6千克，比对照豫麦18增产11.62%；同年参加河南省生产试验，平均亩产313千克，比对照豫麦2号增产6.68%。

（三）特征特性

属弱春性中早熟品种。分蘖多，茎秆粗壮，叶片较宽，株高85厘米左右，落黄好，穗长方形，长芒，白粒，粉质。亩穗数40万，穗粒数35粒，千粒重40~50克。

（四）品质分析

容重790克/升，粗蛋白含量10.9%，湿面筋含量22.7%，沉淀值25.5毫升，形成时间1.6分钟，稳定时间1.3分钟。

（五）抗性鉴定

高抗白粉病，中抗条锈病、叶锈病和纹枯病，中感叶枯病。

（六）适宜范围及栽培要点

适宜在河南省中部、北部地区中晚茬种植，特别是在亩产400千克左右地区、轻沙地及稻棉晚茬麦区。一般播期在10月中旬至11月中下旬，最适播期10月中旬，亩播量5~7千克，随着播期推迟，适当加大播量。施足底肥，少施氮肥，增施磷、钾肥。拔节前喷施多效唑，降秆壮苗。灌浆期搞好"一喷三防"。

六十七、豫麦52

（一）品种来源

河南农业大学小麦育种研究室张清海、浚县种子公司姚中有等用杂交育种方法选育而成。原名豫农012，1998年通过河南省农作物品种审定委员会审定，并命名为豫麦52号。该品种已获批农业部品种保护（专利），其品种权号为CNA20040177.7。该品种1999年荣获河南省发明协会颁发的科技发明金奖，并获得科技部、农业部、教育部等第四批"后补助"二等奖。其系谱如下：

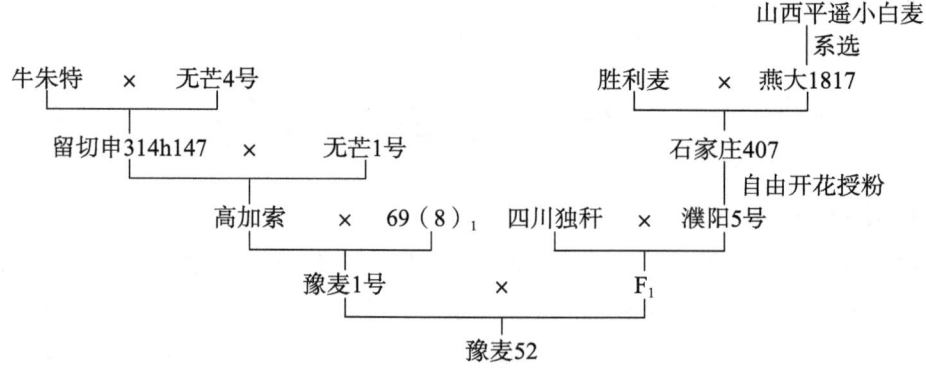

（二）产量表现

1993—1994年度参加河南省冬水组区域试验，平均亩产311.2千克，比对照西安8号增产7.42%；1994—1995年度续试，平均亩产348.7千克，比对照西安8号增产5.64%；1995—1996年度再试，平均亩产377千克，比对照西安8号增产6.95%。1997—1998年度参加生产试验，平均亩产316.9千克，比对照豫麦2号增产8.01%；1997—1998年度续试，平均亩产316.93千克，较对照豫麦2号增产8.01%。

(三)特征特性

属半冬性早中熟品种。幼苗半匍匐,抗寒性好。株高78.8厘米,株型紧凑,叶片上举。茎秆粗壮,根系发达,抗倒伏能力强。穗长方形,穗层整齐,长芒,白壳,白粒,卵圆形,半角质,商品性好。成熟落黄好,抗干热风能力强。产量三要素协调,丰产稳产性好。

(四)品质分析

容重812克/升,蛋白质含量14.4%,赖氨酸含量0.39%,湿面筋含量31.3%,干面筋含量9.9%,沉淀值63.2毫升,出粉率60%。

(五)抗性鉴定

中感白粉病和纹枯病,中抗叶枯病。

(六)适宜范围及栽培要点

适宜在河南省和安徽省北部、山东省西南部和江苏省西北部中等水肥条件,尤其适宜在高产和超高产水肥地种植。亩施有机肥4 000千克以上,纯氮13~15千克,五氧化二磷7~10千克,氧化钾10千克,硫酸锌1.5~2千克。将有机肥、锌肥、70%纯氮、60%磷肥和60%钾肥于耕地前均匀撒于地表面,耕翻入土,另将40%磷肥和40%钾肥于犁地后撒垡头,耙入土中。适播期10月5—15日,亩播量5~7千克。弱苗提前浇越冬水,每亩追施尿素5~10千克。起身期结合化除,防治纹枯病,同时喷洒化控剂防倒。拔节期结合浇水将剩余30%氮肥追施。中后期防治白粉病及蚜虫。灌浆期搞好"一喷三防"。

六十八、豫麦53

(一)品种来源

河南农业大学小麦育种研究室王淑俭等用杂交方法选育而成。原名豫农314,1998年通过河南省农作物品种审定委员会审定,命名为豫麦53号。其系谱如下:

```
豫农773  ×  绵阳8640
         │
       豫麦53
```

(二)产量表现

1994—1995年度参加河南省春水组区域试验,平均亩产365.5千克,比对照内乡182增产5.52%;1995—1996年度续试,平均亩产379千克,比对照内乡182增产11.15%。1996—1997年度参加河南省生产试验,平均亩产413.3千克,比对照豫麦2号增产7.4%;1997—1998年度续试,平均亩产311.4千克,比对照豫麦2号增产6.16%。

(三)特征特性

属弱春性品种。幼苗半直立,耐寒性好,分蘖力强。成穗偏少,叶片宽大,生长繁茂,茎秆粗壮,株型松散,株高80~85厘米。短芒,白壳,白粒,半硬质。穗粒数50粒,千粒重40~45克。

(四)品质分析

容重802克/升,湿面筋含量28.8%,沉淀值45.5毫升,粗蛋白含量11.32%,出粉率56%。

(五)抗性鉴定

中感叶锈病、白粉病和纹枯病,中抗条锈病和叶枯病。

（六）适宜范围及栽培要点

适宜在河南省中南部、东部地区广大旱肥地种植，也可在安徽省、山东省、江苏北部等适宜地区种植。10月10日至11月上旬均可播种，10月15—25日播种较为适宜，亩播量7.5千克为宜，晚播可增至9千克。中后期及时预防白粉病、叶锈病和蚜虫。

六十九、豫麦54

（一）品种来源

河南职业技术师范学院小麦育种研究室茹振刚等利用杂交方法选育而成。原名百农64，1998年通过河南省农作物品种审定委员会审定，命名为豫麦54号。其系谱如下：

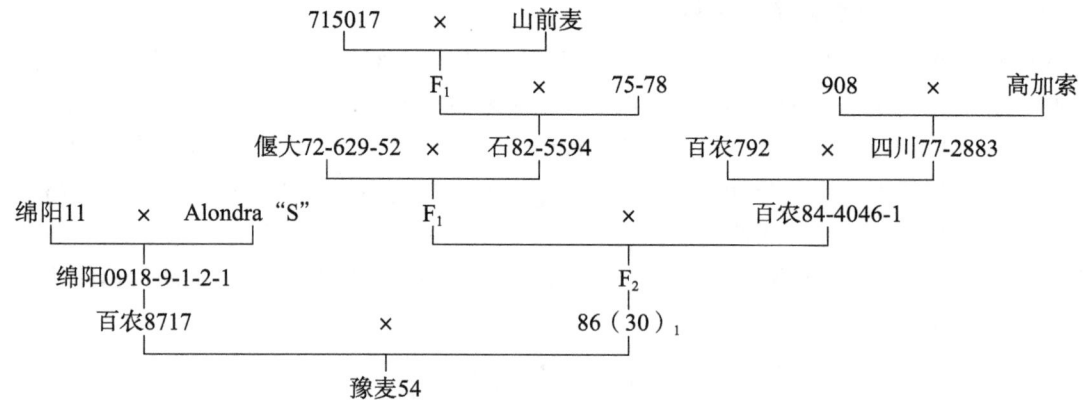

（二）产量表现

1995—1996年度参加河南省冬水组区域试验，平均亩产529.4千克，较对照西安8号增产3%；1996—1997年度续试，平均亩产496.7千克，较对照豫麦21增产2.69%。1997—1998年度参加河南省生产试验，平均亩产388.4千克，较对照豫麦21增产4.95%。

（三）特征特性

属半冬性中熟品种。芽鞘白色，叶片直立，叶色浓绿，分蘖力中等，年前大蘖多，抗冻，耐湿性较强。春季生长迅速，长势旺盛，苗脚利落。株型紧凑，旗叶直立，长相清秀。株高80~85厘米，基部节间短粗、壁厚，抗倒伏能力强。根系活力强，耐湿、耐旱、耐高温。穗层整齐，穗长方形，长芒，活秆成熟。成熟后不炸芒，不落粒。抗穗发芽。籽粒白色，半角质，千粒重40~42克。

（四）品质分析

容重810克/升，蛋白质含量14.25%，赖氨酸含量0.38%，干面筋含量12.24%，湿面筋含量36.01%，灰分1.62%，沉淀值53毫升。

（五）抗性鉴定

中抗至免疫条锈病，中抗至免疫叶锈病，中抗白粉病，中感纹枯病和叶枯病。

（六）适宜范围及栽培要点

适宜在河南省北至安阳、南至信阳、南阳的广大区域，以及江苏省、安徽省的淮河以北、山东省西南部地区的中高等肥力地种植。河南省北中部地区10月5—20日播种，河南省南部地区10月10—25日播种，10月上旬亩播量7~7.5千克，10月中旬亩播量8~8.5千克，10月下旬亩播量9~10千克为宜。中上等肥力亩施农家肥2~3立方米，磷酸二铵25千克，碳酸氢铵50千克，缺钾地区增施氯化钾 15 千克。12 月上中旬亩追施尿素 7~8 千克，高肥地结合防治纹枯病，于起身期喷化控剂，抽穗后防治蚜虫和赤霉病。

七十、豫麦 55

(一) 品种来源

河南省农作物品种展览中心陈长海等采用有性杂交方法选育而成。原名豫展 1 号，1999 年通过河南省农作物品种审定委员会审定，命名为豫麦 55 号。其系谱如下：

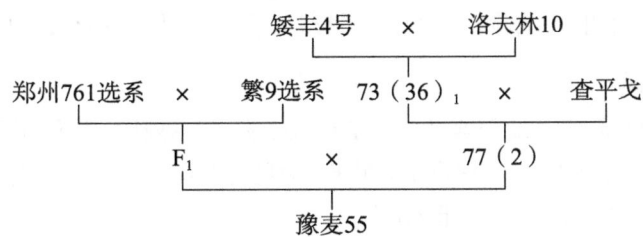

(二) 产量表现

1996—1997 年度参加河南省高肥冬水组区域试验，平均亩产 492 千克，比对照豫麦 21 增产 1.71%；1997—1998 年度续试，平均亩产 435.5 千克，比对照豫麦 21 增产 6%。1998—1999 年度参加河南省高肥冬水组生产试验，亩产 448.8 千克，比对照豫麦 21 增产 5.4%。

(三) 特征特性

属半冬性多穗型中早熟品种。幼苗半匍匐，苗势壮，耐寒性好。叶片小而上冲，株型紧凑，两极分化快，株高适中，茎秆弹性好，抗倒能力强。穗纺锤形，长芒，白壳，白粒，半角质。灌浆快，籽粒饱满，粒重稳，成熟落黄好，高产性突出，稳产性好。

(四) 品质分析

容重 802 克/升，粗蛋白含量 14.36%，湿面筋含量 34.9%，沉淀值 41.9 毫升，赖氨酸含量 0.36%，吸水率 61%，形成时间 4.5 分钟，稳定时间 5.5 分钟。

(五) 抗性鉴定

高抗条锈病，中感白粉病，中抗叶枯病和纹枯病，中感叶锈病，轻感赤霉病。

(六) 适宜范围及栽培要点

适宜在河南省中北部、苏北、皖北、鲁南麦区中早茬亩产 350 千克以上肥力水平的地块种植。适播期 10 月 3—15 日，亩播量 6~8 千克。氮以 50%、磷以 60%、钾以 70%，作为底肥。拔节孕穗期每亩追纯氮 7.2 千克，纯磷 6.7 千克，氧化钾 5.1 千克；浇好分蘖水、越冬水和孕穗水，及时防治白粉病和叶锈病，灌浆期搞好"一喷三防"。

七十一、豫麦 56

(一) 品种来源

郑州市农业科学研究所谢作杰、马香花等利用杂交法经多年定向选育而成。原名郑优 6 号，

1999年通过河南省农作物品种审定委员会审定,命名为豫麦56号。其系谱如下:

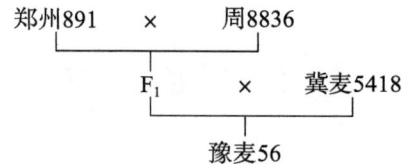

(二)产量表现

1996—1997年度参加河南省中肥冬水组区域试验,平均亩产408.1千克,比对照豫麦2号增产2.79%;1997—1998年度续试,平均亩产335.8千克,比对照豫麦2号增产2.85%。1998—1999年度参加河南省中肥冬水组生产试验,平均亩产415.6千克,比对照豫麦21增产5.35%。

(三)特征特性

属偏春性大穗型中熟品种。幼苗半直立,叶色深绿,长势壮,茎秆粗壮,株型较紧凑,旗叶宽大上冲,生长整齐,成穗率较高。株高80厘米,穗长方形,长芒,白壳,白粒、半角质。亩穗数30万~35万,穗粒数37.5粒,千粒重46克。

(四)品质分析

粗蛋白含量15.1%,沉淀值33.3毫升,湿面筋含量35.6%,吸水率56.8%,形成时间4.1分钟,稳定时间7.2分钟,评价值56,面包体积753立方厘米,面包评分88分。

(五)抗性鉴定

高抗条锈病,中抗叶锈病,中感白粉病、中感纹枯病,中抗叶枯病。

(六)适宜范围及栽培要点

适宜在河南省中北部地区中等以上肥力条件地块种植。适播期10月中旬,高水肥地亩播量7~8千克,中肥地亩播量8~9千克。施足底肥,氮、磷、钾肥配合,足墒下种。注意防治蚜虫,中后期浇好孕穗水和灌浆水,灌浆期"一喷三防"。

七十二、豫麦57

(一)品种来源

河南省漯河市农业科学研究所赵全花、梁漫琪等从安阳市农业科学研究所穿梭杂交材料中系选而成。原名漯麦4号,1999年通过河南省农作物品种审定委员会审定,命名为豫麦57号。2003年通过国家农作物品种审定委员会审定,审定编号:国审麦2003035。其系谱如下:

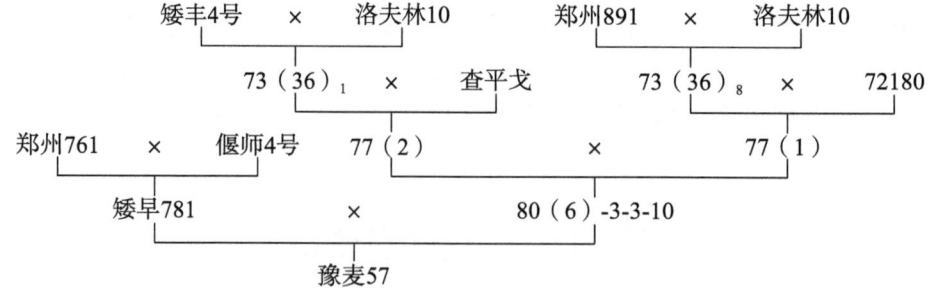

(二)产量表现

1996—1997年度参加河南省高肥冬水组区域试验,平均亩产498.4千克,比对照豫麦21

增产 3.04%；1997—1998 年度续试，平均亩产 468.7 千克，平均比对照豫麦 21 增产 14.09%。1998—1999 年度参加河南省生产试验，平均亩产 471.5 千克，比对照豫麦 21 增产 10.73%。

（三）特征特性

属半冬性中熟品种。幼苗匍匐，叶色深绿，生长势强，抗寒性好。春季两极分化稍慢，后期旗叶上冲，株型紧凑，长相清秀，叶的功能期长。株高 75~80 厘米，茎秆坚韧，抗倒性好，较耐渍，稳产性突出，成熟落黄好。穗纺锤形，白粒。亩穗数 38 万~45 万，穗粒数 32~38 粒，千粒重 38~43 克。

（四）品质分析

容重 766 克/升，蛋白质含量 13.33%，湿面筋含量 24.6%，沉淀值 43.2 毫升。

（五）抗性鉴定

中抗条锈病，中感叶锈病和白粉病，中抗纹枯病和叶枯病。

（六）适宜范围及栽培要点

适宜在黄淮麦区早中茬地种植。适播期 10 月 5—15 日，亩播量 5~6.5 千克；拔节前以中耕划锄为主，基部第 1 节定长时追肥浇水；生育中后期预防叶锈病、白粉病和蚜虫；灌浆期"一喷三防"。

七十三、豫麦 59

（一）品种来源

河南教育学院小麦育种研究中心王世杰等利用杂交方法选育而成的耐晚播特早熟、大穗大粒、高产优质的小麦品种。原名豫教 1 号，1999 年通过河南省农作物品种审定委员会审定，命名为豫麦 59 号。其系谱如下：

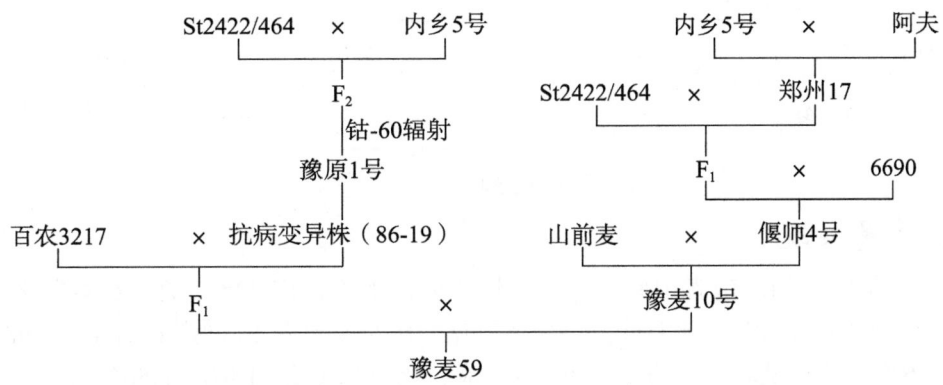

（二）产量表现

1995—1996 年度参加河南省高肥春水组区域试验，平均亩产 464.1 千克，比对照豫麦 18 减产 3.6%；1996—1997 年度续试，平均亩产 461.8 千克，比豫麦 18 减产 0.6%；1997—1998 年度再试，平均亩产 452.4 千克，比豫麦 18 减产 6.6%。1995—1996 年度参加河南省晚播早熟组生产试验，平均亩产 348.1 千克，比豫麦 18 减产 7.1%；1998—1999 年度续试，平均亩产 441.1 千克，比豫麦 18 增产 5.9%。

（三）特征特性

属春性大穗型特早熟品种。幼苗根系发达，叶片直立，叶色黄绿，长势健壮。株型紧凑，株高

75~82厘米，茎秆粗壮，抗倒伏，旗叶较宽半披，穗长方形，长芒，白壳，籽粒长形，白色，半硬质。分蘖力中等，成穗率高。较抗倒伏，较耐寒，抗旱性一般，耐瘠薄，耐涝性好。穗大粒多，籽粒饱满，千粒重高，色泽好，商品价值高，丰产性好。亩穗数35万，穗粒数40粒，千粒重41克。

（四）品质分析

容重782克/升，粗蛋白含量13.47%，赖氨酸含量0.4%左右，湿面筋含量33.3%，沉淀值28.8毫升，吸水率56.4%，形成时间3.5分钟，稳定时间5.6分钟，弱化度80 B.U.，评价值51。

（五）抗性鉴定

中抗纹枯病、叶枯病和叶锈病，轻感条锈病和白粉病。

（六）适宜范围及栽培要点

适宜在黄淮麦区的河南省、安徽省北部地区、江苏省的高中水肥条件下的中晚茬及特晚茬地种植，尤其适合麦棉（菜、瓜等）间作套种、红薯茬、水稻茬和大白菜茬等晚茬种植。播期10月15日至11月30日，亩播量6~10千克，播期每推迟4天，亩播量增加0.5千克。施足底肥，拔节期亩追尿素3~5千克。中后期注意防虫治病。浇好孕穗水和灌浆水。

七十四、豫麦60

（一）品种来源

河南省农业科学院小麦研究所生物技术室和现昌、刘文轩等与高抗育种室合作，利用细胞工程技术选育而成。原名郑州花2，1999年通过河南省农作物品种审定委员会审定，命名为豫麦60号。其系谱如下：

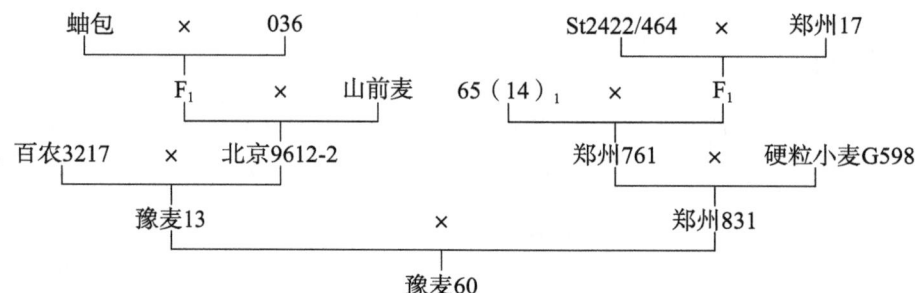

（二）产量表现

1996—1997年度参加河南省中肥春水组区域试验，平均亩产428千克，比对照豫麦18增产7.18%。1997—1998年度续试，平均亩产349.7千克，比对照豫麦18增产6.21%。1998—1999年度参加河南省春水组生产试验，平均亩产400.6千克，比对照豫麦21增产1.56%。

（三）特征特性

属弱春性中早熟品种。幼苗半直立，叶色淡绿，长势壮。株型适中，株高80~85厘米。叶片细长稍披。穗层整齐，穗长方形，长芒，白壳，穗粒数36~46粒。籽粒白色，长卵形。耐寒、耐旱性较好。突出优点：分蘖力强，长势壮，落黄好，结实性、整齐度好，抗穗发芽，稳产性好。

（四）品质分析

容重796克/升，粗蛋白含量11.86%，湿面筋含量20.2%，干面筋含量7.2%，沉淀值28.2毫升，吸水率57.84%，形成时间4分钟，稳定时间4.7分钟，弱化度100 B.U.，评价值52。

（五）抗性鉴定

中感白粉病，中抗叶锈病、中抗纹枯病、中抗叶枯病、中抗条锈病。

（六）适宜范围及栽培要点

适宜在河南省中南部地区中高产区中晚茬地种植。适播期10月10—25日，亩播量6~7千克。施足底肥，氮、磷、钾肥合理配合。起身期化控防倒。生育中后期及时预防白粉病和蚜虫。

七十五、豫麦61

（一）品种来源

河南省农业科学院小麦研究所高抗育种室宋宏超等杂交选育而成。原名郑旱1号，1999年通过河南省农作物品种审定委员会审定，命名为豫麦61号。其系谱如下：

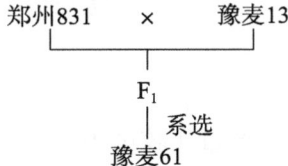

（二）产量表现

1996—1997年度参加河南省旱地区域试验，平均亩产349.7千克，比对照豫麦2号增产3.6%；1995—1996年度续试，平均亩产313.1千克，比对照豫麦2号增产27.8%。1996—1997年度参加旱地生产试验，平均亩产408.5千克，比对照豫麦2号增产13.1%。

（三）特征特性

属冬性品种。幼苗匍匐，抗寒性好，分蘖力强，根系发达。株高80~90厘米，产量三要素协调，丰产稳产。穗长方形，白粒、半硬质。耐旱，节水，抗后期高温。

（四）品质分析

容重791.8克/升，粗蛋白含量14.73%，赖氨酸含量0.38%，干面筋含量11.4%，湿面筋含量33.4%。

（五）抗性鉴定

中抗白粉病，高抗条锈病，抗叶枯病，中感到中抗叶锈病。

（六）适宜范围及栽培要点

适宜在豫西、豫西北、豫西南地区丘陵旱地种植，在淮河以北地区平原旱地也可种植，尤其适宜在旱肥地种植。少耕多耙、蓄水保墒；增施有机肥，培肥地力；一般9月下旬到10月中旬为适播期，亩播量6~7千克为宜。丰水年以中耕保墒为主，旱年以镇压为主，或镇压中耕相结合，拔节后防治红蜘蛛和蚜虫。适时防治叶枯病。

七十六、高优503

（一）品种来源

中国科学院石家庄农业现代化研究所钟冠昌等与西北植物研究所合作，利用八倍体小偃麦通过染色体工程与常规育种技术相结合选育而成。1997年通过陕西省农作物品种审定委员会审定。

1998年通过河北省农作物品种审定委员会审定,同年获得国家重点推广品种一等奖后补助。1999年通过河南省新乡市品种审查小组的审查备案。其系谱如下:

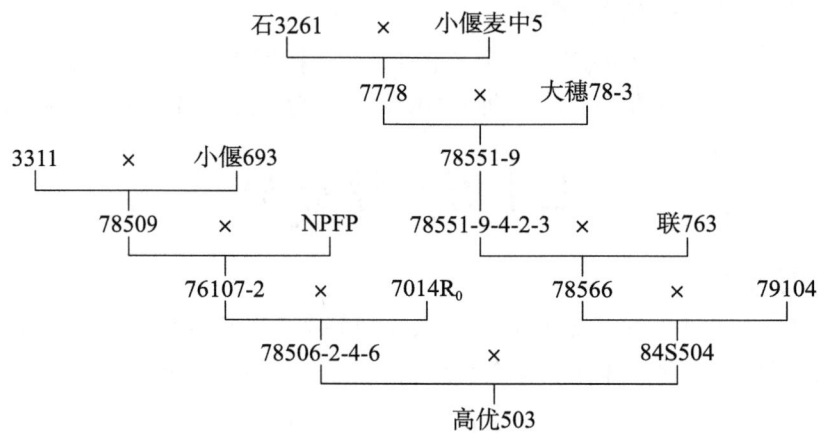

(二)产量表现

1996年参加郑州市农业科学研究所产量比较试验,平均亩产535.4千克,比对照豫麦34增产17.4%。1995—1997年度参加陕西省小麦区域试验,平均亩产407.9千克,比对照陕229增产3.9%。1996—1997年度参加河北省优质小麦区域试验,平均亩产446.5千克,与对照冀麦36持平。

(三)特征特性

属半冬性早熟品种,较温2540早熟3~4天。幼苗深绿、半匍匐,分蘖力较强,株高80~85厘米,茎秆粗壮、弹性好,根系发达,耐旱、抗冻,抗倒伏能力强。叶片上举,通风透光性好。穗纺锤形,长芒,白粒,硬质。亩穗数40万~50万,穗粒数30~35粒,千粒重35~38克。

(四)品质分析

容重815克/升,粗蛋白含量16.5%,湿面筋含量34%,沉淀值46.4毫升,形成时间5.8分钟,稳定时间13分钟,面包评分87.6分。

(五)抗性鉴定

免疫条锈病,中感白粉病。

(六)适宜范围及栽培要点

适宜在黄淮冬麦区水肥地种植。适播期10月1—10日,一般亩播量7.5~10千克,重施底肥,氮、磷、钾肥配合,追好拔节肥,灌好拔节水。

七十七、豫麦64

(一)品种来源

河南省商丘市睢阳区农业技术推广中心高明等采用杂交方法选育而成。原名商技83-8,2000年通过河南省农作物品种审定委员会审定,并命名为豫麦64号。该品种于1999年获河南省科技成果发明展览会银奖。其系谱如下:

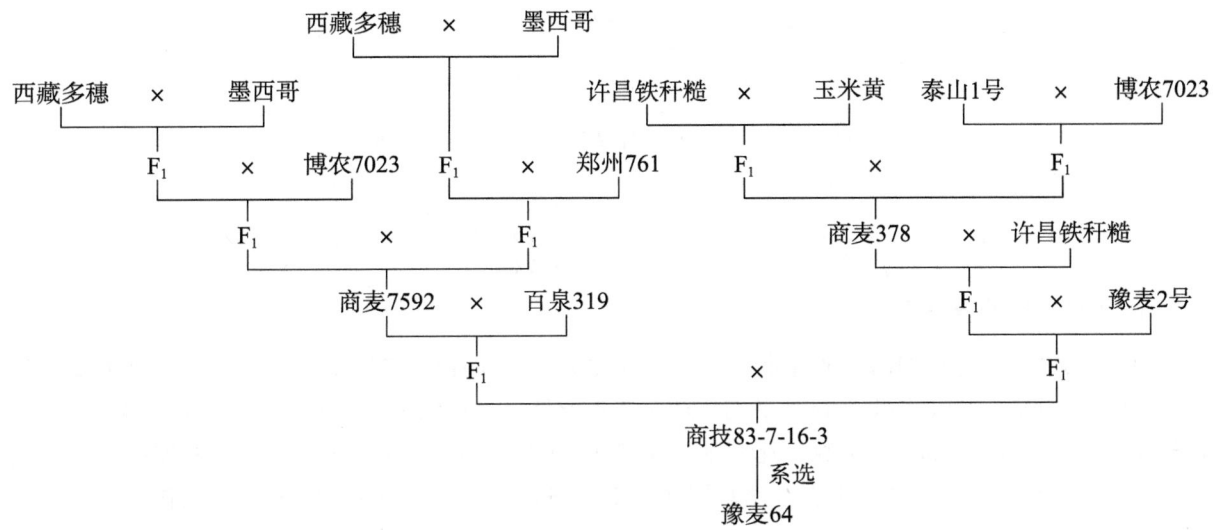

（二）产量表现

1995—1996年度参加河南省春水组区域试验，平均亩产522.5千克，比对照豫麦18增产5.66%；1996—1997年度续试，平均亩产506千克，比对照豫麦18增产6.74%。1997—1998年度参加河南省生产试验，平均亩产382.12千克，比对照豫麦18增产2.03%；1998—1999年度续试，平均亩产422.6千克，比豫麦18增产1.46%。

（三）特征特性

属弱春性中早熟品种。株高85厘米，幼苗半直立，叶色青绿，长势壮，耐寒性较好，根系比较发达，次生根较多。冬前分蘖力强，春季长势稳健，耐倒春寒。中后期长相清秀，叶片较大直立。起身早，拔节快，抽穗早。旗叶短宽上冲。株型紧凑，穗层整齐，穗纺锤形，长芒，白壳，白粒、角质。后期耐干旱，抗青干，抗干热风能力强，抗蚜虫。活秆成熟，落黄好。

（四）品质分析

容重778克/升，粗蛋白含量15.14%，湿面筋含量37.3%，干面筋含量11.4%，沉淀值27.4毫升，吸水率59.42%，形成时间2.5分钟，稳定时间4.6分钟，弱化度90 B.U.。

（五）抗性鉴定

中感条锈病和叶锈病，中抗白粉病、纹枯病和叶枯病。

（六）适宜范围及栽培要点

适宜在豫东南、豫中、豫北地区推广，可在皖中北、苏中北及鲁西南地区等中高产晚中茬地种植。亩施农家肥4~5立方米，纯氮10千克，五氧化二磷8千克，氧化钾7千克，补施硼、锌肥掩底。适播期10月15日至1月25日，亩播量4~7千克。在暖冬年份，返青期喷洒调控剂。拔节期每亩追施尿素5~8千克，浇好越冬水、孕穗水和灌浆水，及时防治锈病、白粉病和蚜虫。灌浆期"一喷三防"。

七十八、豫麦65

（一）品种来源

孟州市原种场李善武等利用西安8号变异株系选而成，原名孟原355。2000年通过河南省农作物品种审定委员会审定，并命名为豫麦65号。其系谱如下：

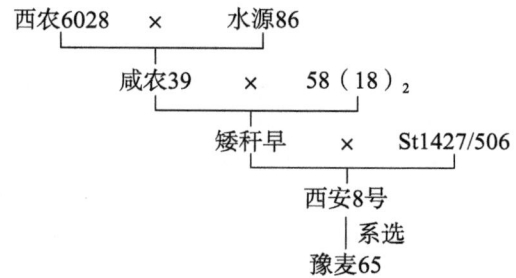

（二）产量表现

1994—1995年度参加河南省中肥冬水组区域试验，平均亩产384.9千克，比对照豫麦2号增产16.61%；1995—1996年度续试，平均亩产353.9千克，比对照豫麦2号增产0.4%；1996—1997年度再试，平均亩产208.65千克，比对照豫麦2号增产5.1%。1997—1998年度参加河南省中肥组生产试验，平均亩产144.2千克，比对照豫麦2号减产1.7%；1998—1999年度续试，平均亩产202.25千克，比对照增产2.54%。1999—2000年度参加河南省旱地组生产试验，平均亩产127.8千克，比对照豫麦2号增产6.28%。

（三）特征特性

属半冬性中早熟品种，熟期比豫麦2号早2~3天。幼苗半直立，长势壮，分蘖多，抗寒性强，株高70~80厘米，叶色灰绿，株型紧凑，叶片宽而上举，通风透光性好。穗纺锤形，白粒，顶芒，角质，容重高，穗粒数30粒，亩穗数40万，千粒重36克。抗倒能力强，耐旱性好，抗穗发芽，抗干热风，落黄好，中感蚜虫。广适性好，兼备水浇地和丘陵旱地种植。

（四）品质分析

容重822克/升，粗蛋白含量14.64%，湿面筋含量35.6%，干面筋含量12%，沉淀值36.1毫升，吸水率61.32%，形成时间4.4分钟，稳定时间9.3分钟，弱化度41 B.U.，评价值58。

（五）抗性鉴定

中抗条锈病、中抗叶枯病，叶锈病和白粉病，中感纹枯病。

（六）适宜范围及栽培要点

适宜在豫西和豫中北地区中水肥条件下的中肥地、旱薄地和丘陵旱地种植，适播期长，最佳播期10月5—15日，亩播量6~8千克，高肥早播取下限，晚播中肥取上限。重施底肥，氮、磷、钾肥配合。及时防治蚜虫等病虫害。

七十九、豫麦67

（一）品种来源

郑州市农业科学研究所雷体文等利用775-1/豫麦2号选育而成，原名郑农8号，2000年通过河南省农作物品种审定委员会审定，并命名为豫麦67号。其系谱如下：

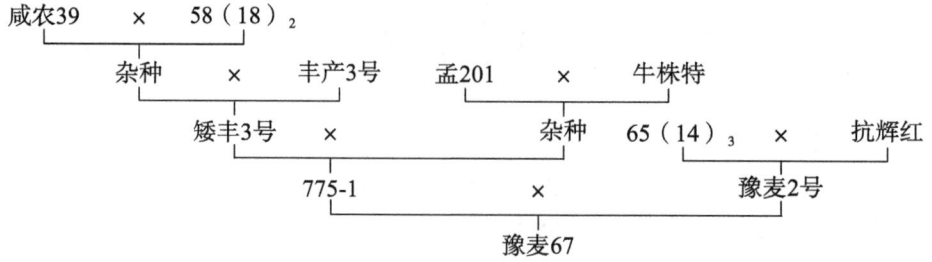

(二)产量表现

1996—1997年度参加河南省旱地组区域试验,平均亩产340.1千克,比对照豫麦2号增产0.7%;1997—1998年度续试,平均亩产321千克,比对照豫麦2号增产3.1%。1998—1999年度参加河南省旱地生产试验,平均亩产287.1千克,比对照豫麦2号增产4.87%;1999—2000年度续试,平均亩产264.3千克,比对照豫麦2号增产9.9%。

(三)特征特性

属半冬性中早熟品种。幼苗半匍匐,叶色黄绿,根系发达,生长健壮,茎秆较粗;株型紧凑,茎、叶蜡质重,叶片大小适中,旗叶较短上冲。株高80厘米,穗长方形,长芒,白壳,穗粒数32~35粒,千粒重35~40克,籽粒卵圆形,腹沟浅而宽,白粒,角质。分蘖力较强,成穗率高。适应性广,水地旱地均可种植。抗倒性强,抗干热风。

(四)品质分析

容重802克/升,粗蛋白含量15.5%,湿面筋含量36%,沉淀值39.7毫升,吸水率62.3%,形成时间3.6分钟,稳定时间5.3分钟,评价值51。

(五)抗性鉴定

中抗条锈病、叶锈病和叶枯病,中感白粉病、纹枯病和散黑粉病,高抗根腐病。抗旱指数为0.8934,抗旱性中等。

(六)适宜范围及栽培要点

适宜在河南省旱地和水地推广种植。旱地10月上旬播种,水地10月中旬播种;旱肥地亩播量6~8千克,水肥地亩播量5~6千克,薄旱地适当加大播量。水肥地拔节前化控防倒,中后期及时防治蚜虫和白粉病。

八十、豫麦68

(一)品种来源

河南农业大学张清海和浚县农业试验站刘士玉及浚县原种场孙希增、唐玉魁、浚县种子公司姚有中等合作选育而成。原名豫农015,2000年通过河南省农作物品种审定委员会审定,并命名为豫麦68号。该品种已获批农业部品种保护(专利),其品种权号为CNA20010022.X。其系谱如下:

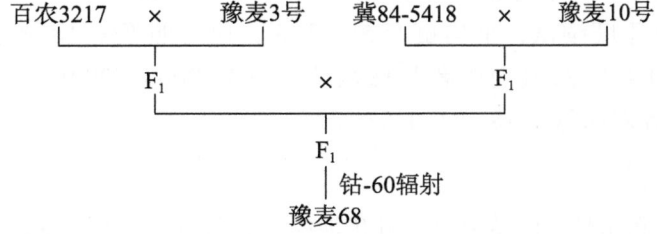

(二)产量表现

1995—1996年度参加河南省超高产春水组区域试验,平均亩产530.3千克,比对照豫麦18增产2.16%;1996—1997年度续试,平均亩产525.9千克,比对照豫麦18减产1.23%;1997—1998年度再试,平均亩产449.1千克,比对照豫麦18减产4.09%。1998—1999年度参加河南省晚播早熟组生产试验,平均亩产367.27千克,比对照豫麦18增产4.95%;1999—2000年度续试,平均亩产449.5千克,比对照豫麦18增产6.42%。

（三）特征特性

属偏冬至弱春之间类型品种。幼苗半匍匐，叶色浓绿，耐寒性较好。长势旺，发育快，分蘖力中等，成穗率高。穗大粒多，株型紧凑，叶片上冲，茎秆粗壮，弹性较好，株高78~82厘米。成熟前秆、叶、穗黄亮，抗干热风能力强。穗长方形，长芒，白壳，籽粒椭圆形，白色，全玻璃质。

（四）品质分析

两年粗蛋白含量15.13%，容重814克/升，湿面筋含量33.8%，干面筋含量10.9%，沉淀值41毫升，吸水率62%，形成时间4分钟，稳定时间10.2分钟。

（五）抗性鉴定

高抗条锈病、秆锈病和白粉病，中抗叶锈病。

（六）适宜范围及栽培要点

适宜在河南省中北部、河北省南部、山东省西南部、安徽省北部等地区强筋麦区种植。播期10月10—20日，晚播可延迟到10月底。适宜亩播量7.5千克，晚播时适当加大播量。施足底肥，增施磷、钾肥，生育前中期视苗情追施氮肥，后期注意防治蚜虫。

八十一、济麦1号

（一）品种来源

济源市农业科学研究所卫志祥、卢立轩等以731429A/郑7025//郑州821为母本、以豫麦21为父本，经杂交选育而成的高产、优质、广适小麦品种。原名济农11，2001年通过河南省农作物品种审定委员会审定，审定编号：豫审麦2001001。其系谱如下：

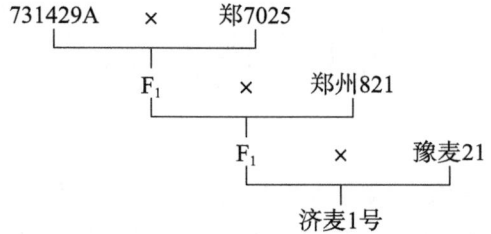

（二）产量表现

1997—1998年度参加河南省超高产春水组区域试验，平均亩产464.2千克，比对照豫麦18减产0.86%；1998—1999年度续试，平均亩产546千克，比对照豫麦18增产7.19%；1999—2000年度再试，平均亩产574.4千克，比对照豫麦18增产2.24%。2000—2001年度参加河南省生产试验，平均亩产459.9千克，比对照豫麦18增产1.62%。

（三）特征特性

属弱冬性多穗型中熟品种。幼苗直立，叶色淡绿，长势强；分蘖力强，成穗率高；抗冻性强，春发性好，两极分化快；株型紧凑，叶片上冲，旗叶直立，株高80厘米，茎秆弹性好；穗纺锤形，根系活力强，耐渍性好，耐瘠薄，后期叶的功能期长，成熟落黄好；籽粒半角质，白色，卵圆形，饱满度好。

（四）品质分析

容重809克/升，粗蛋白含量14.48%，湿面筋含量33.3%，沉淀值24毫升，降落值418秒，吸水率56.8%，形成时间2.5分钟，稳定时间2.7分钟，弱化度105 B.U.，评价值44，饼干评分84分。

（五）抗性鉴定

中感白粉病，中抗纹枯病，中抗条锈病，中感叶锈病，中抗叶枯病。

（六）适宜范围及栽培要点

适宜在河南省淮河以北、皖北、苏北、鲁西南等地区高肥水地早中茬种植。适宜播期10月5—15日，亩播量4~6千克，每亩底施磷酸二铵25千克，尿素20千克，氯化钾10千克，浇好越冬水和拔节水，早浇灌浆水，后期注意防治白粉病、叶锈病及蚜虫。

八十二、济麦2号

（一）品种来源

济源市农业科学研究所卫志祥、卢立轩以豫麦21为母本、洛阳7602-3-4为父本杂交选育而成的旱地小麦品种。原名济95-189，2001年通过河南省农作物品种审定委员会审定，审定编号：豫审麦2001002。其系谱如下：

```
豫麦21    ×    洛阳7602-3-4
         │
       济麦2号
```

（二）产量表现

1998—1999年度参加河南省旱地区域试验，平均亩产287.4千克，比对照豫麦2号增产5.39%；1999—2000年度续试，平均亩产348.9千克，比对照豫麦2号增产9.69%。2000—2001年度参加河南省旱地生产试验，平均亩产357.56千克，比对照豫麦2号增产11.5%。

（三）特征特性

属半冬性大穗型中早熟品种。幼苗直立，叶色淡绿，长势壮。分蘖力强，成穗率中等。抗冻性强，两极分化快。株型紧凑，叶片上冲，旗叶直立。株高78厘米，茎秆弹性好；穗长方形，长芒，白壳；根系活力较强，耐寒、耐渍、耐瘠薄。成熟落黄好，籽粒半角质，白色，卵圆形，饱满度好。

（四）品质分析

容重802克/升，粗蛋白含量15.12%，湿面筋含量38.1%，沉淀值25.5毫升，降落值372秒。吸水率58.6%，形成时间2.2分钟，稳定时间1.8分钟，弱化度115 B.U.，评价值41，饼干评分80分。

（五）抗性鉴定

中感白粉病，感纹枯病和叶锈病，抗条锈病和叶枯病。

（六）适宜范围及栽培要点

适宜在豫西北、皖北、苏北、鲁西南等地区丘陵旱地亩产350~450千克肥力地块种植，在中等肥力旱肥地更能表现出特殊的增产潜力。适宜播期10月5—15日，亩播量5~7千克，晚播适当增加播量。亩施尿素20千克，磷酸二铵25千克，氯化钾10千克。后期注意防治白粉病、叶锈病、纹枯病及蚜虫。

八十三、中育5号

（一）品种来源

中国农业科学院棉花研究所杨兆生等1989年以冀麦30为母本、以豫麦10号为父本进行杂交，采用改良系谱法经多代选择，于1996年选育而成。原名96中672，2001年通过河南省农作物品种审定委员会审定，审定编号：豫审麦2001005。其系谱如下：

```
        冀麦30    ×    豫麦10号
                │
              中育5号
```

（二）产量表现

1998—1999年度参加河南省超高产冬水组区域试验，平均亩产555.2千克，比对照豫麦21增产11.18%；1999—2000年度续试，平均亩产598.2千克，比对照豫麦21增产6.5%。2000—2001年度参加河南省生产试验，平均亩产485.09千克，比对照豫麦49增产2.54%。

（三）特征特性

属半冬性多穗型中早熟品种。幼苗苗壮，抗寒性好，分蘖力强，成穗多；春季起身快，拔节早。抗干热风，耐穗发芽；株高适中，茎秆弹性好，抗倒伏，后期灌浆快，成熟落黄好。籽粒饱满，大小均匀，角质，黄亮，黑胚率低，千粒重和容重高而稳定，商品性好。

（四）品质分析

粗蛋白含量14.99%，湿面筋含量35.5%，吸水率58%，降落值464秒，形成时间2.2分钟，稳定时间2.2分钟，评价值44。

（五）抗性鉴定

中感白粉病、纹枯病和叶锈病，中抗叶枯病和条锈病。

（六）适宜范围及栽培要点

适宜在黄淮麦区中高肥力水平条件下种植，河南省中北部适宜播期为10月上旬，中等以上水肥地亩播量6千克左右，晚播适当增加播量。一般亩施农家肥3~5立方米，尿素30千克，过磷酸钙50千克，硫酸钾10千克作为底肥，缺锌地区施硫酸锌1千克。返青后亩追尿素5千克，拔节期追施尿素5~10千克。若遇天旱，抽穗前灌水，若底墒不足需浇越冬水或返青水。抽穗后防治蚜虫和叶锈病，多雨年份预防白粉病。

八十四、偃师16

（一）品种来源

偃师市农业科学研究所戴林森等以豫麦10号为母本、以偃师85（1）-0-3-1为父本，经杂交选育而成的大穗、高产、多抗、耐旱小麦品种。原名偃师97085，2001年通过河南省农作物品种审定委员会审定，审定编号：豫审麦2001006。其系谱如下：

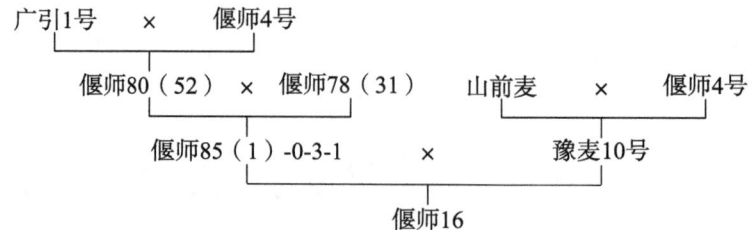

（二）产量表现

1997—1998年度参加河南省春水组区域试验，平均亩产469.4千克；1998—1999年度续试，平均亩产542千克，比对照豫麦18增产6.42%；1999—2000年度再试，平均亩产567.8千克，比对照豫麦18增产1.07%。2000—2001年度参加河南省生产试验，平均亩产455.25千克，比对照豫麦18增产0.6%。

（三）特征特性

属弱春性大穗型中熟品种。幼苗匍匐，苗势壮，耐寒性好，分蘖力强。成穗数适中，穗大粒多，灌浆快，成熟落黄好，抗穗发芽。籽粒长圆形，半角质，饱满度好，黑胚率低。株高83厘米左右，茎秆粗壮，株型稍松散，根系发达，叶的功能期长，抗干热风，耐旱性好。

（四）品质分析

容重789克/升，粗蛋白含量12.27%，吸水率58.22%，形成时间3.5分钟，稳定时间5.6分钟，弱化度82 B.U.，面包体积750立方厘米，面包评分72分，评价值51。

（五）抗性鉴定

中抗条锈病、叶锈病和叶枯病，中感白粉病和纹枯病。

（六）适宜范围及栽培要点

适宜在河南省中北部地区中高肥水地中晚茬种植。适宜播期10月10—15日，亩播量6~7千克。氮、磷、钾配比为2.6∶1∶3，注意浇好越冬水和孕穗水，适时防治白粉病、纹枯病和蚜虫；灌浆期搞好"一喷三防"。

八十五、安麦1号

（一）品种来源

安阳市农业科学研究所郭瑞林以豫麦13为母本、以周8826为父本进行杂交，运用作物灰色育种学原理与方法选育而成的小麦品种。原名安93-22，2001年通过河南省农作物品种审定委员会审定，审定编号：豫审麦2001007。其系谱如下：

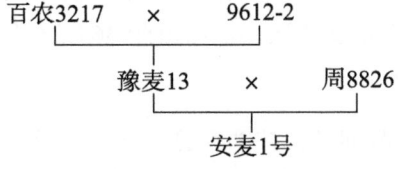

（二）产量表现

1998—1999年度参加河南省冬水组区域试验，平均亩产486.3千克，比对照豫麦21增产8.27%；1999—2000年度续试，平均亩产551.6千克，比对照豫麦21增产8.36%。2000—2001年度参加河南省生产试验，平均亩产483.36千克，比对照豫麦49增产2.19%。

（三）特征特性

属半冬性多穗型中早熟品种。幼苗匍匐，叶色浅绿，长势壮。抗寒性好，分蘖力强，成穗率高。穗纺锤形，长芒，白壳，籽粒长圆形、白色、角质。饱满度较好，株型松散，旗叶短而上举。株高75厘米左右，茎秆坚韧，较抗倒伏；后期叶的功能期长，落黄好，耐旱性突出，抗干热风，耐渍。

（四）品质分析

容重818克/升，粗蛋白含量12.88%，湿面筋含量30.4%，降落值478秒，吸水率59.4%，形成时间2.5分钟，稳定时间3.2分钟，弱化度85 B.U.，评价值48。

(五)抗性鉴定

中感白粉病、条锈病和叶枯病,中抗纹枯病和叶锈病。

(六)适宜范围及栽培要点

适宜在河南省北中部、河北省南部、山东省西部、安徽省西北部地区高肥水旱茬田块种植。适宜播期10月5—10日,亩播量5~7.5千克,晚播可延迟至10月底,晚播时适当增加播量。播前施足底肥,氮、磷、钾肥配合施用。结合浇越冬水,亩施尿素5千克;拔节期亩追尿素7~10千克;及时浇灌浆水,适时防治条锈病、叶枯病、白粉病和蚜虫。

八十六、郑麦8998

(一)品种来源

河南省农业科学院赵献林等用(豫麦16×山东215953)F₁与豫麦13杂交,采用系谱法选育成的小麦品种。2001年通过河南省农作物品种审定委员会审定,审定编号为豫审麦2001008。其系谱如下:

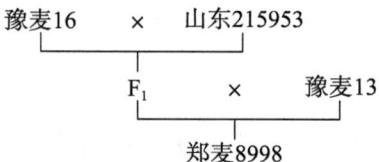

(二)产量表现

1998—1999年度参加河南省南部组区域试验,平均亩产379.2千克,比对照豫麦35增产29.38%;信阳组平均亩产277.7千克,比对照豫麦18增产17.1%;1999—2000年度续试,平均亩产448.6千克,比对照豫麦18减产1.69%;2000—2001年度再试,平均亩产401.95千克,比对照豫麦18增产4.03%。1999—2000年度参加河南省南部组生产试验,平均亩产343.4千克,比对照豫麦18增产1.66%;2000—2001年度续试,平均亩产369.28千克,比对照豫麦18增产6.05%。

(三)特征特性

属半冬性多穗型中熟品种。幼苗匍匐,抗寒性强。穗长方形,多花多粒,短芒,白壳,白粒,株高80厘米,抗倒性好,茎秆蜡质重,灌浆速度快,落黄好,穗子大小适中,结实性好,籽粒大、饱满,外观商品性好。抗旱性较好。

(四)品质分析

容重800克/升,粗蛋白含量12.76%,湿面筋含量28.5%,沉淀值18.8毫升,降落值429秒,吸水率57.8%,形成时间2.2分钟,稳定时间1.7分钟,弱化度145 B.U.,评价值37,饼干评分85分。

(五)抗性鉴定

中抗白粉病、条锈病、叶枯病和叶锈病,中感纹枯病。

(六)适宜范围及栽培要点

适宜在河南省中南部地区,也可在河南省中北部中高产地区种植。中南部地区适宜播期10月10—20日,中北部地区10月上旬为宜,亩播量6~7千克。晚播情况下,应适当增加播量。注意氮、磷肥配合,前氮后移。拔节后每亩追施尿素5~7千克;适时防治纹枯病、白粉病和蚜虫。

八十七、宛麦369

（一）品种来源

南阳市农业科学研究所李金良等以宛抗43作抗源，通过将内乡182、宛7107逐步回交改良选育而成的优质、高产、多抗、广适小麦品种。2001年通过河南省农作物品种审定委员会审定，审定编号：豫审麦2001009。该品种已获批农业部品种保护（专利），其品种权号为CNA20030202.7。其系谱如下：

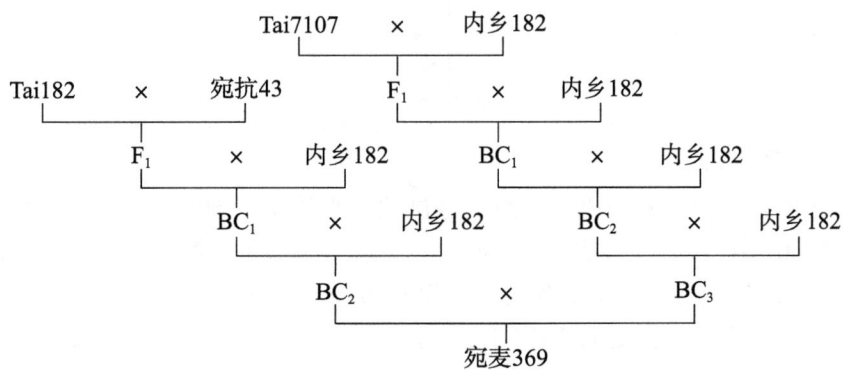

（二）产量表现

1998—1999年度参加河南省高肥春水组和南部组区域试验，高肥春水组平均亩产465.5千克，比对照豫麦18增产4.62%；南阳组平均亩产329.8千克，比对照豫麦35增产12.55%，比辅助对照豫麦18稍增产；信阳组平均亩产282.6千克，比对照豫麦18增产19.16%。1999—2000年度参加南部组区试，平均亩产449.8千克，较对照豫麦18减产1.2%。2000—2001年度参加河南省晚播早熟组生产试验，平均亩产365.32千克，比对照豫麦18增产4.89%。

（三）特征特性

属弱春性中早熟品种。幼苗叶色淡绿，分蘖力强，抗寒性好。株型紧凑，旗叶上冲，成穗率高，成熟落黄好。株高80~85厘米，茎秆柔韧，穗长方形，长芒，白壳，码稀。籽粒白色，饱满，角质率高，椭圆形，千粒重40克以上。

（四）品质分析

容重786克/升，粗蛋白含量11.87%，湿面筋含量22%，沉淀值24.5毫升，降落值328秒，吸水率55.6%，形成时间1分钟，稳定时间6.6分钟，弱化度65 B.U.，面包评分75分。

（五）抗性鉴定

高抗条锈病，中抗纹枯病，中感白粉病、叶锈病和叶枯病。

（六）适宜范围及栽培要点

适宜在河南省晚茬地，以及南阳、信阳地区推广种植。特别在稻区和病害多发区，其增产优势更易发挥。中北部适宜播期10月中旬前后，亩播量5~6千克，南阳、信阳旱地10月中下旬播种，亩播量4~6千克，稻区10月中下旬播种，亩播量6~8千克。适时预防白粉病、叶锈病、叶枯病和蚜虫。

八十八、郑麦975

（一）品种来源

河南省农业科学院小麦研究所1990年农业科学所周8934（周8846/汴8579-2）F₁代种子，经多年系谱法选择于1997年选育而成，系谱号为8934-0-1-2-3-3-1。2001年通过河南省农作物品种审定委员会审定，审定编号：豫审麦2001012。其系谱如下：

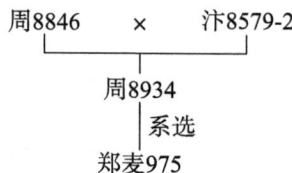

（二）产量表现

1998—1999年度参加河南省高肥春水组区域试验，平均亩产508.6千克，比对照豫麦18增产14.32%；1999—2000年度续试，平均亩产499.6千克，比对照豫麦18减产2.15%；2000—2001年度再试，平均亩产497.3千克，比对照豫麦18减产1.69%。2000—2001年度参加河南省生产试验，平均亩产446.05千克，比对照豫麦18减产1.21%。

（三）特征特性

属弱春性大穗型中早熟品种。幼苗半直立，分蘖力中等，成穗率高。株高80~85厘米，茎秆有弹性，抗倒性较好。旗叶较宽下披，小穗排列稀，穗较大。亩穗数40万左右，穗粒数35粒，千粒重48克。灌浆快，落黄好。长芒，白壳，白粒、硬质。

（四）品质分析

容重800克/升，粗蛋白含量15.30%，湿面筋含量36.4%，沉淀值29.9毫升，降落值371秒，吸水率57.4%，形成时间2.8分钟，稳定时间3.8分钟，弱化度115 B.U.，评价值45。

（五）抗性鉴定

中抗白粉病和条锈病，中感纹枯病和叶枯病，高抗叶锈病。

（六）适宜范围及栽培要点

适宜在豫中、豫北地区中高水肥地中晚茬地种植。河南省中部、北部地区适宜播期为10月中下旬，最佳播期10月15日前后，亩播量7~8千克，晚播适当增加播量。一般亩底施农家肥3~4立方米，尿素12~15千克，磷酸二铵20~25千克，氯化钾6~10千克，拔节孕穗期亩追尿素5~10千克。浇好底墒水、越冬水和灌浆水。冬前和早春防治纹枯病；抽穗前预防白粉病和叶枯病；灌浆期搞好"一喷三防"。

八十九、偃高1号

（一）品种来源

偃师市高龙镇农技站王建涛等利用[806/B16]F₃//洛阳7602选育而成。2002年通过河南省农作物品种审定委员会审定，审定编号：豫审麦2002001。2009年申请植物新品种权保护，公告号为CNA005795E。其系谱如下：

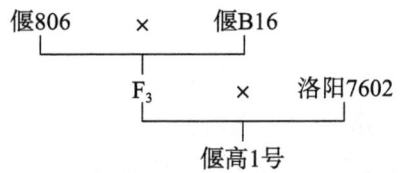

（二）产量表现

1999—2000年度参加河南省春水组区域试验，平均亩产564.15千克，比对照豫麦18增产0.41%；2000—2001年度续试，平均亩产606.8千克，比对照豫麦18增产4.41%。2001—2002年度参加河南省春水组生产试验，平均亩产419.4千克，比对照豫麦18增产5.86%。

（三）特征特性

属弱春性中熟品种。幼苗半匍匐，分蘖力较强，成穗率高，冬前生长较慢，返青后拔节快，抽穗后叶色转深绿。株型紧凑，叶片小而上冲，长相较清秀，株高80厘米，茎秆弹性好，抗倒伏，穗层整齐，穗长方形，码密，结实性好。活秆成熟，抗干热风，落黄好。籽粒偏小，黑胚率低，综合性状好。

（四）品质分析

容重823克/升，粗蛋白含量15.83%，沉淀值37.4毫升，湿面筋含量36.6%，吸水率59.6%，形成时间3.5分钟，稳定时间3.2分钟。

（五）抗性鉴定

中抗叶锈病和条锈病，中感白粉病、纹枯病和叶枯病。

（六）适宜范围及栽培要点

适宜在河南省中北部地区上等肥力地块中晚茬种植。播期：10月15日至11月上旬，最佳播期10月15—25日。亩播量：高水肥地6~7千克，中水肥地7~9千克，播期推迟则适当加大播量。氮、磷、钾肥配比为2.6：1：3。浇好越冬水和孕穗水，冬前和早春防治纹枯病；生育中后期预防白粉病、叶枯病和蚜虫；灌浆期"一喷三防"。

九十、新麦12

（一）品种来源

新乡市农业科学研究所利用豫麦24/豫麦21选育而成。2002年通过河南省农作物品种审定委员会审定，审定编号：豫审麦2002002。其系谱如下：

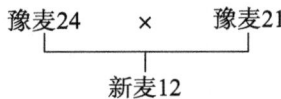

（二）产量表现

1998—1999年度参加河南省旱地区域试验，平均亩产294.4千克，比对照豫麦2号增产7.24%；1999—2000年度续试，平均亩产329.9千克，比对照豫麦2号增产3.7%；2000—2001年度再试，平均亩产347.3千克，比对照豫麦2号增产6.6%。2001—2002年度参加河南省旱地生产试验，平均亩产264.9千克，比对照豫麦2号增产7.29%。

(三)特征特性

属弱春性中晚熟品种。幼苗半直立,叶色黄绿,蜡质少,株型紧凑,株高75厘米,叶片短小直立,生长势强。分蘖成穗率高,穗层整齐,茎秆弹性好,根系发达,抗倒力强。穗长方形,长芒,籽粒白色,椭圆形,半角质。亩穗数36万~40万,穗粒数30粒,千粒重35克左右。

(四)品质分析

容重802克/升,粗蛋白含量13.94%,沉淀值23毫升,湿面筋含量31.5%,吸水率61.3%,形成时间2.4分钟,稳定时间1.9分钟。

(五)抗性鉴定

中抗条锈病、叶锈病和纹枯病,中感白粉病和叶枯病。

(六)适宜范围及栽培要点

适宜在豫西、豫北及豫西南地区丘陵旱地种植。播期10月8日以后,亩基本苗14万~16万。深耕蓄水,氮、磷、钾肥配合,增施粗肥,全部肥料作底肥一次性施入。早春镇压和中耕保墒,每亩追施尿素5~7千克,孕穗期和灌浆期注意防治白粉病、叶枯病和蚜虫。

九十一、开麦13

(一)品种来源

开封市农业科学研究所利用豫麦25/郑州891选育而成。2002年通过河南省农作物品种审定委员会审定,审定编号:豫审麦2002004。其系谱如下:

```
        豫麦25    ×    郑州891
          └─────────────┘
               开麦13
```

(二)产量表现

1999—2000年度参加河南省冬水组区域试验,平均亩产549.3千克,比对照豫麦21增产7.9%;2000—2001年度续试,平均亩产535.9千克,比对照豫麦49增产1.98%。2001—2002年度参加河南省冬水组生产试验,平均亩产443.7千克,比对照豫麦49增产3.97%。

(三)特征特性

属半冬性中熟品种。成熟期比豫麦49早2~3天。幼苗半直立,生长健壮,分蘖能力强;春季两极分化快,叶片短宽斜举,株型紧凑,株高80厘米,旗叶宽大。穗长方形,穗层整齐,长芒,白壳,白粒,籽粒圆形,黑胚率低,饱满度好。

(四)品质分析

容重800克/升,粗蛋白含量13.77%,沉淀值43毫升,湿面筋含量29%,吸水率53.6%,形成时间1.5分钟,稳定时间5.1分钟。

(五)抗性鉴定

中抗叶锈病和叶枯病,中感条锈病、白粉病和纹枯病。

(六)适宜范围及栽培要点

适宜在豫中和豫东南地区种植。适宜播期10月7—15日,亩播量6~8千克,晚播适当增加播量。施足底肥,返青拔节期追肥;冬前和早春防治纹枯病;中后期注意防治条锈病、白粉病和蚜虫。

九十二、太空5号

(一) 品种来源

河南省农业科学院小麦研究所利用豫麦21通过航天诱变选育而成。2002年通过河南省农作物品种审定委员会审定,审定编号:豫审麦2002005。该品种已获批农业部品种保护(专利),其品种权号为CNA20030063.6。其系谱如下:

```
豫麦21
  │航天诱变
太空5号
```

(二) 产量表现

2000—2001年度参加河南省南阳组和信阳组区域试验,南阳组平均亩产414.8千克,比对照豫麦18减产2.82%;信阳组平均亩产373千克,比对照豫麦18增产9.67%;2001—2002年度续试,平均亩产323.3千克,比对照豫麦18减产2.05%。2001—2002年度参加河南省生产试验,平均亩产361.7千克,比对照豫麦18增产5.33%。

(三) 特征特性

属弱春性多穗型中早熟品种。幼苗半直立,分蘖力强,抗寒性好。起身拔节快,苗脚干净利落,株高85厘米,穗下节长,抽穗早,灌浆快,落黄好。穗长方形,长芒,白壳,穗层整齐;籽粒大,白色,粉质。

(四) 品质分析

容重775克/升,粗蛋白含量11.8%,沉淀值32毫升,湿面筋含量20.6%,吸水率51.6%,形成时间2分钟,稳定时间2分钟,弱化度155 B.U.。

(五) 抗性鉴定

中抗白粉病、条锈病、叶锈病和叶枯病,中感纹枯病。

(六) 适宜范围及栽培要点

适宜在河南省淮河以南中晚茬中等肥力地块种植。最佳播期10月中下旬,亩播量6~7千克,播期推迟则适当加大播量。一般亩底施五氧化二磷6千克,氧化钾6千克。对轻沙、漏肥地可在春季每亩追纯氮2~4千克,浇好孕穗水和灌浆水。拔节前化控和防治纹枯病。扬花盛期防治病虫害。

九十三、洛麦1号

(一) 品种来源

洛阳市农业科学研究所利用Tal不育株/周8832(早)//南阳756选育而成。2002年通过河南省农作物品种审定委员会审定,审定编号:豫审麦2002007。该品种已获批农业农村部品种保护(专利),其品种权号为CNA20030538.7。其系谱如下:

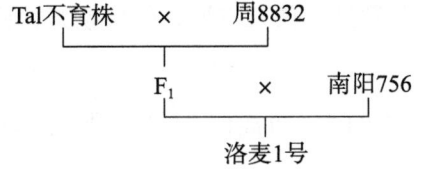

（二）产量表现

1997—1998年度参加河南省高肥春水组区域试验，平均亩产467.3千克，比对照豫麦18减产3.56%；1998—1999年度续试，平均亩产469.7千克，比对照豫麦18增产5.58%；1999—2000年度再试，平均亩产510.2千克，比对照豫麦18减产7.41%。2000—2001年度参加河南省晚播组生产试验，平均亩产457.9千克，比对照豫麦18增产1.18%；2001—2002年度续试，平均亩产384.4千克，比对照豫麦18增产2.45%。

（三）特征特性

属弱春性中晚熟品种。根系发达，生长健壮。株型紧凑，株高80厘米，旗叶上冲。穗层整齐，穗长方形，穗粒数35~38粒，长芒，白壳。籽粒卵圆形，白色，粉质，千粒重42~45克。

（四）品质分析

容重790克/升，粗蛋白含量14.05%，沉淀值22.5毫升，湿面筋含量35.6%，吸水率55.85%，形成时间2.1分钟，稳定时间2分钟。

（五）抗性鉴定

中感白粉病和纹枯病，中抗条锈病、叶锈病和叶枯病。

（六）适宜范围及栽培要点

适宜在河南省东南部和西部中等肥力地区种植。播期：豫西地区为10月10—15日，豫东南地区为10月15—25日，亩播量7~8千克。一般亩底施尿素20千克，过磷酸钙50千克，氯化钾10千克。中后期注意防治白粉病和蚜虫。

九十四、郑麦98

（一）品种来源

河南省农业科学院小麦研究所利用中抗矮、宝丰7228、豫麦49等多品种轮回选择选育而成。2002年通过河南省农作物品种审定委员会审定，审定编号：豫审麦2002008。该品种已获批农业部品种保护（专利），其品种权号为CNA20020005.4。其系谱如下：

中抗矮、宝丰7228、豫麦49
  │轮回选择
郑麦98

（二）产量表现

1999—2000年度参加河南省超高产冬水组区域试验，平均亩产562.8千克，比对照豫麦21增产1.28%；2000—2001年度续试，平均亩产593.7千克，比对照豫麦49减产3.19%。2001—2002年度参加河南省冬水组生产试验，平均亩产425.6千克，比对照豫麦49增产1.09%。

（三）特征特性

属半冬性中晚熟品种。幼苗匍匐，生长健壮，分蘖力强，抗寒性好。起身拔节快，株高75厘米，穗下节长，抽穗早，灌浆速度快，落黄好。穗长方形，穗层整齐，籽粒角质。产量三要素协调。

（四）品质分析

容重796克/升，粗蛋白含量15.84%，沉淀值65.8毫升，湿面筋含量34.6%，吸水率63.9%，弱化度40 B.U.，形成时间7分钟，稳定时间11.5分钟。

（五）抗性鉴定

中抗条锈病和纹枯病，中感叶锈病和叶枯病，高感白粉病。

（六）适宜范围及栽培要点

适宜在河南省中北部地区中上等肥力地块早中茬种植。最适宜播期10月上中旬，亩播量5~8千克，播期推迟则适当加大播量，注意足墒下种。一般亩底施农家肥3~4立方米，碳酸氢铵50千克，钙镁磷肥50千克，氯化钾10千克。拔节期结合浇水亩追尿素5~8千克。生育中后期防治蚜虫、白粉病和锈病。

九十五、新麦3306

（一）品种来源

新乡市农业科学研究所利用豫麦2号//郑州891/内乡82C₆诱变选育而成。2003年通过河南省农作物品种审定委员会审定，审定编号：豫审麦2003002。该品种已获批农业部品种保护（专利），其品种权号为CNA20020242.1。其系谱如下：

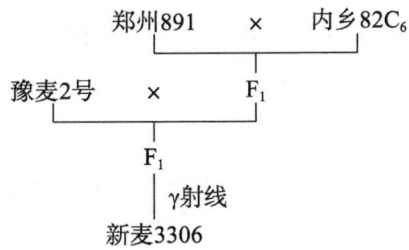

（二）产量表现

2000—2001年度参加河南省超高产冬水组区域试验，平均亩产638.2千克，比对照豫麦49增产4.06%；2001—2002年度续试，平均亩产571.8千克，比对照豫麦49增产11.27%。2002—2003年度参加河南省冬水组生产试验，平均亩产432.5千克，比对照豫麦49增产3.1%。

（三）特征特性

属半冬性中熟品种。幼苗直立，生长健壮，分蘖力一般。返青起身快，成穗率较高，株型松散，株高适中，叶片浅绿，穗下节长，长相清秀，穗近长方形，结实性好。丰产性好，灌浆快，活秆成熟。籽粒粉质，大小较均匀。

（四）品质分析

容重804克/升，粗蛋白含量13.73%，沉淀值19.7毫升，湿面筋含量31.8%，吸水率57.42%，稳定时间1分钟，降落值362秒。

（五）抗性鉴定

中抗叶锈病和叶枯病，中感条锈病和纹枯病，感白粉病。

（六）适宜范围及栽培要点

适宜在河南省北中部地区早中茬中上等肥力地块种植。适播期10月5日以后，亩基本苗13万~15万。底肥以氮、磷、钾、锌肥配合使用为宜；氮肥分底肥和拔节末期追肥2次施入。浇好拔节水和灌浆水。孕穗期、灌浆期防治白粉病、叶枯病和蚜虫。起身期预防纹枯病。

九十六、济麦 3 号

（一）品种来源

济源市农业科学研究所利用 86115/ 郑州 8329 选育而成。2003 年通过河南省农作物品种审定委员会审定，审定编号：豫审麦 2003003。该品种已获批农业部品种保护（专利），其品种权号为 CNA20040430.X。其系谱如下：

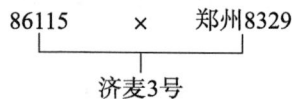

（二）产量表现

2000—2001 年度参加河南省高肥冬水组区域试验，平均亩产 519.7 千克，比对照豫麦 49 减产 1.1%；2001—2002 年度续试，平均亩产 492.1 千克，比对照豫麦 49 增产 5.27%。2002—2003 年度参加河南省冬水组生产试验，平均亩产 434.6 千克，比对照豫麦 49 增产 3.60%。

（三）特征特性

属半冬性矮秆中熟品种。幼苗半匍匐，叶色深绿，叶片较宽，分蘖力中等，成穗率高，亩成穗较多。旗叶宽厚上举，有干尖，茎节粗壮，株型紧凑，较抗倒，穗层整齐，结实性好。籽粒半角质，饱满度较好，黑胚率低，外观商品性较好。

（四）品质分析

容重 814 克/升，粗蛋白含量 13.92%，沉淀值 25.7 毫升，湿面筋含量 30.9%，吸水率 65.74%，稳定时间 2.7 分钟，降落值 298 秒。

（五）抗性鉴定

中抗叶锈病、条锈病和白粉病，中感纹枯病和叶枯病。

（六）适宜范围及栽培要点

适宜在河南省北中部地区早中茬高肥水地种植。适播期 10 月 5—15 日，亩播量 5~7 千克，播期推迟应适当加大播量。每亩施农家肥 3 立方米，尿素 20 千克，磷酸二铵 25 千克，氯化钾 10 千克。浇好越冬水和拔节水，中后期防治纹枯病、叶枯病、赤霉病及蚜虫。

九十七、信阳 234

（一）品种来源

信阳市农业科学研究所利用丰抗 29/ 豫麦 21 选育而成。2003 年通过河南省农作物品种审定委员会审定，审定编号：豫审麦 2003004。其系谱如下：

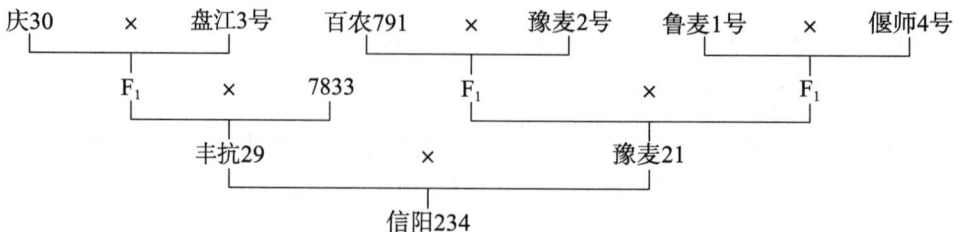

（二）产量表现

2000—2001年度参加河南省信阳组区域试验，平均亩产356.5千克，比对照豫麦18增产4.82%；2001—2002年度续试，平均亩产356.6千克，比对照豫麦18增产8.33%。2002—2003年度参加河南省晚播早熟组生产试验，平均亩产285.4千克，比对照豫麦18减产2.59%；信阳组平均亩产278.2千克，比对照豫麦18增产0.54%。

（三）特征特性

属弱春性中晚熟品种。株高78~80厘米，茎秆蜡质层较厚，旗叶宽厚，落黄较好。穗长方形，籽粒半角质，饱满度较好，抗逆性较强，耐旱性较好。

（四）品质分析

容重778克/升，粗蛋白含量14.03%，湿面筋含量29.3%，吸水率62.66%，稳定时间2分钟，沉淀值23.1毫升，降落值254秒。

（五）抗性鉴定

抗土传花叶病，中抗叶锈病、叶枯病和白粉病，中感条锈病和纹枯病。

（六）适宜范围及栽培要点

适宜在河南省信阳市稻茬麦区亩产300千克左右的地块种植。适宜播期10月15—25日，亩播量8~10千克。高水肥地注意控制群体，防止倒伏；起身期防治纹枯病；中后期搞好田间排水除湿和病虫害防治工作。

九十八、太空6号

（一）品种来源

河南省农业科学院小麦研究所利用豫麦49通过航天诱变选育而成。2003年通过河南省农作物品种审定委员会审定，审定编号：豫审麦2003005。该品种已获批农业部品种保护（专利），其品种权号为CNA20060474.0。其系谱如下：

```
豫麦49
  │航天诱变
太空6号
```

（二）产量表现

2001—2002年度参加河南省高肥春水组区域试验，平均亩产468.5千克，比对照豫麦18增产3.74%；2002—2003年度续试，平均亩产476.5千克，比对照豫麦18增产3.57%。2002—2003年度参加河南省生产试验，平均亩产428.4千克，比对照豫麦18增产1.98%。

（三）特征特性

属弱春性多穗型中早熟品种。幼苗半直立，长势壮，叶色深绿，抗寒性较好，分蘖力中等，成穗率高。株型紧凑，株高中等，抗倒伏，后期旗叶有干尖，叶色发灰，熟相稍差。籽粒半角质，大小均匀，饱满度好，黑胚率低。

（四）品质分析

容重796克/升，粗蛋白含量14.81%，湿面筋含量34.2%，吸水率57.08%，稳定时间1.8分钟，沉淀值27.7毫升，降落值366秒。

（五）抗性鉴定

中抗叶锈病、叶枯病、条锈病和白粉病，中感纹枯病和赤霉病。

（六）适宜范围及栽培要点

适宜在河南省北中部地区中晚茬高肥水地种植。适宜播期10月上中旬，中部麦区10月10日前后，亩播量4~6千克，播期推迟则适当加大播量。一般亩底施农家肥3~4立方米，尿素12~15千克，磷酸二铵20~25千克，氯化钾6~10千克。春季亩追施尿素5~10千克，浇好孕穗水和灌浆水。拔节前防治纹枯病。抽穗扬花期防治赤霉病。

九十九、中育8号

（一）品种来源

中国农业科学院棉花研究所杨兆生等小麦研究室利用鲁麦15/93中6选育而成。2003年通过河南省农作物品种审定委员会审定，审定编号：豫审麦2003007。该品种已获批农业部品种保护（专利），其品种权号：CNA20020175.1。其系谱如下：

```
鲁麦15    ×    93中6
      └──┬──┘
       中育8号
```

（二）产量表现

2001—2002年度参加河南省高肥冬水组区域试验，平均亩产492.2千克，比对照豫麦49增产5.59%；2002—2003年度续试，平均亩产473.5千克，比对照豫麦49减产2.18%。2002—2003年度参加河南省生产试验，平均亩产430.3千克，比对照豫麦18增产2.43%。

（三）特征特性

属弱春性中熟品种。幼苗直立，长势壮，叶色黄绿，两极分化快。株型紧凑，株高70厘米，旗叶上举，穗层整齐，活秆成熟，抗倒伏。产量三要素协调，抗寒性一般。

（四）品质分析

容重804克/升，蛋白质含量13.79%，湿面筋含量27.2%，吸水率64.68%，稳定时间2.2分钟，沉淀值26.3毫升，降落值440秒。

（五）抗性鉴定

抗纹枯病和白粉病，中抗叶枯病和条锈病，中感叶锈病。

（六）适宜范围及栽培要点

适宜在河南省中晚茬高肥水地种植。播期：黄河以北地区10月10日左右，黄河以南地区10月20—25日，晚播可推迟至10月底。亩基本苗16万左右，播期推迟应适当加大播量。播前应施足底肥，注意有机肥和氮、磷、钾肥配合。起身期亩追尿素7~10千克，浇好越冬水、返青水及灌浆水，中后期注意防治叶锈病和蚜虫。

一〇〇、豫麦18-99系

（一）品种来源

豫西农作物品种展览中心徐才智等利用豫麦18变异株系选而成。2003年通过河南省农作物品种审定委员会审定，审定编号：豫审麦 2003009。该品种已获批农业部品种保护（专利），其品种权号为 CNA20030187.X。其系谱如下：

```
豫麦18
 │系选
豫麦18-99系
```

（二）产量表现

2002—2003 年度对比鉴定试验，平均亩产 489.7 千克，比对照豫麦 18 增产 8.75%。该品种继承了豫麦 18 的高产、稳产、早熟、避灾、适应性广的优良特性，并在抗寒性、抗病性和产量上有明显提高。

（三）特征特性

属弱春性早熟品种。幼苗分蘖力强，抗寒性好，冬季分蘖发生集中，春季两极分化快。株型适中，长相清秀，穗层整齐。旗叶稍宽下披，旗叶与穗子分层明显。根系活力强，耐旱、耐渍，灌浆快，成熟早，落黄好。籽粒粉质，饱满度好，黑胚率低。

（四）品质分析

容重 807 克/升，粗蛋白含量 13.6%，沉淀值 17.8 毫升，湿面筋含量 28.9%，吸水率 58.43%，形成时间 1.2 分钟，稳定时间 1 分钟，降落值 356 秒。

（五）抗性鉴定

中抗条锈病和叶枯病，中感白粉病、叶锈病和纹枯病。

（六）适宜范围及栽培要点

适宜在黄淮南片冬麦区原豫麦 18 适宜区中晚茬中上等肥力地种植。播期：10 月 10 日至 11 月下旬。高水肥地亩基本苗 12 万~14 万，中水肥地亩基本苗 14 万~16 万，播期推迟则适当加大播量。施足底肥，氮、磷、钾肥科学搭配。浇好越冬水、返青水和灌浆水，适时防治蚜虫、白粉病、叶锈病和纹枯病。

一〇一、豫展 2000

（一）品种来源

河南省农作物品种展览中心陈长海等利用 92 中 25/冀麦 36 选育而成。2003 年通过河南省农作物品种审定委员会审定，审定编号：豫审麦 2003010。该品种已申请农业部品种保护（专利），其申请号为 20020248.0。其系谱如下：

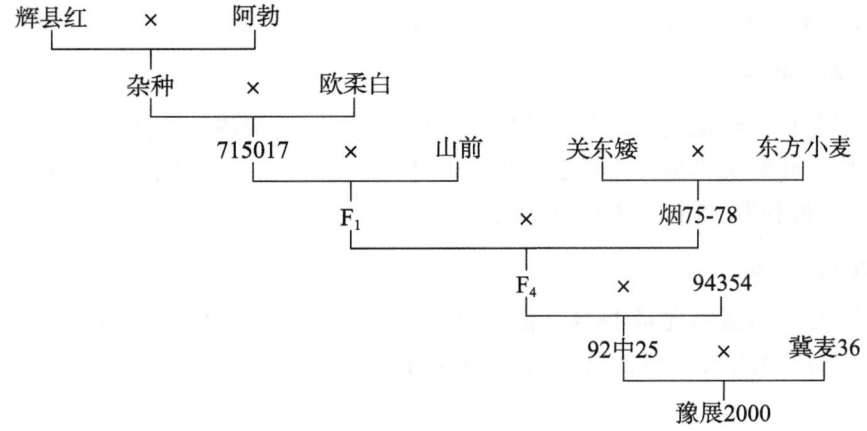

（二）产量表现

2000—2001 年度参加河南省冬水组区域试验，平均亩产 596.2 千克，比对照豫麦 49 减产 2.79%；2001—2002 年度续试，平均亩产 519.9 千克，比对照豫麦 49 增产 1.16%。2002—2003 年度参加河南省生产试验，平均亩产 422.6 千克，比对照豫麦 49 增产 0.74%。

（三）特征特性

属半冬性多穗型中熟品种。幼苗半匍匐，分蘖力中等，成穗率较高。春季起身快，生长迅速，旗叶短宽上举，秆矮抗倒，穗下节较短，穗层整齐。穗长方形，短芒，码密。结实性较好，产量三要素较协调，落黄好。籽粒粉质，大小均匀。

（四）品质分析

容重 795 克/升，粗蛋白含量 15.3%，湿面筋含量 34.9%，沉淀值 21.6 毫升，吸水率 59.36%，稳定时间 1.6 分钟，降落值 382 秒。

（五）抗性鉴定

中抗叶锈病、叶枯病、条锈病和纹枯病，中感白粉病。

（六）适宜范围及栽培要点

适宜在河南省北中部地区早茬麦田和南部弱筋麦适宜区种植。播期 10 月 5—25 日，亩播量 7 千克左右，播期推迟可适当加大播量。施足底肥，浇好底墒水。分蘖期追施少量氮肥。拔节期亩追施尿素 5 千克，浇好越冬水、拔节水和灌浆水。孕穗后及时防治白粉病、叶锈病及蚜虫。

一〇二、豫农 9901

（一）品种来源

河南农业大学利用咸阳超大穗/豫农 8923 选育而成。2004 年通过河南省农作物品种审定委员会审定，审定编号：豫审麦 2004001。该品种已获批农业部品种保护（专利），其品种权号为 CNA20040154.8。其系谱如下：

咸阳超大穗 × 豫农 8923
豫农 9901

（二）产量表现

2001—2002 年度参加河南省冬水组区域试验，平均亩产 489.4 千克，比对照豫麦 49 增产 4.69%；2002—2003 年度参加春水组区域试验，平均亩产 435.3 千克，比对照豫麦 18 减产 5.39%。2003—2004 年度参加河南省春水组生产试验，平均亩产 464.8 千克，比对照豫麦 18 增产 1.38%。

（三）特征特性

属弱春性早熟品种。幼苗直立，春季长势旺，较抗寒；株型紧凑，长相清秀，茎秆弹性好，抗倒伏；起身拔节快，叶的功能期长；穗层整齐，成熟早，落黄好，籽粒饱满，半角质，容重高；亩穗数 35 万~40 万，穗粒数 35 粒，千粒重 45 克。

（四）品质分析

容重 784 克/升，粗蛋白含量 16%，湿面筋含量 37.7%，沉淀值 35.5 毫升，降落值 423 秒，吸水率 66.62%，形成时间 2.3 分钟，稳定时间 5.4 分钟。

（五）抗性鉴定

高抗叶锈病和叶枯病，中抗白粉病和条锈病，中感纹枯病。

（六）适宜范围与栽培要点

适宜在河南省北中部地区中上等肥力中晚茬地块种植。播期以 10 月 10—20 日为宜，亩播量 7~9 千克，晚播适当增加播量。每亩底施有机肥 3 立方米，尿素 15 千克，磷酸二铵 25 千克，氯化钾 10 千克，结合冬灌，每亩追施尿素 5~8 千克。拔节期结合浇水追肥，适时防治蚜虫和纹枯病。

一〇三、豫教 2 号

（一）品种来源

河南教育学院小麦育种研究中心王世杰等利用（百泉 3199/百农 791//81-4142/洛阳 7602）/百农 62 选育而成。2004 年通过河南省农作物品种审定委员会审定，审定编号：豫审麦 2004002。该品种已获批农业部品种保护（专利），其品种权号为 CNA20030452.6。其系谱如下：

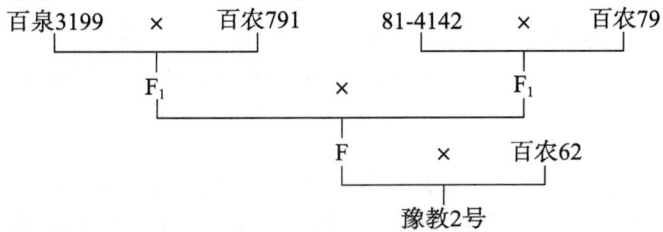

（二）产量表现

2002—2003 年度参加河南省春水组区域试验，平均亩产 461 千克，比对照豫麦 18 增产 0.19%；2003—2004 年度续试，平均亩产 568.8 千克，比对照豫麦 18 增产 3.83%。2003—2004 年度参加河南省春水组生产试验，平均亩产 485.3 千克，比对照豫麦 18 增产 4.6%。

（三）特征特性

属弱春性中早熟品种。幼苗直立，长势强，叶色深绿，分蘖力中等，亩穗数较少；旗叶略披，株型稍松散，株高 78~82 厘米，根系发达，茎秆韧性好，较抗倒；穗纺锤形，长芒，白壳，籽粒饱满，白色，长圆形，偏硬质；黑胚率低，外观商品性好。

（四）品质分析

容重 781 克/升，粗蛋白含量 15.02%，湿面筋含量 31%，降落值 372 秒，沉淀值 20.4 毫升，吸水率 62%，形成时间 2.4 分钟，稳定时间 1.3 分钟。

（五）抗性鉴定

中抗白粉病和叶枯病，中感叶锈病和纹枯病，高感条锈病。

（六）适宜范围与栽培要点

适宜在河南省北中部、东南部地区中等以上肥力水地晚茬种植。10 月 15 日至 11 月下旬均可播种。最佳播期豫北地区 10 月 10 日、豫中地区 10 月 15 日、豫南地区 10 月 20 日以后为宜，高肥水地每亩播量 9~12 千克，中肥水地每亩播量 10~15 千克，随播种期推迟，适当增加播量。施足底肥，氮、磷、钾肥科学搭配，浇好越冬水、返青水和灌浆水，拔节期亩追尿素 4~5 千克。注意防治蚜虫、纹枯病和条锈病。

一〇四、洛旱3号

（一）品种来源

洛阳市农业科学研究所利用（豫麦48×豫麦2号）F_1作母本，（衡水6092×豫麦18）F_3作父本杂交选育而成。原名洛阳9505，2004年通过河南省农作物品种审定委员会审定，审定编号：豫审麦2004003。该品种2007年获批农业部品种保护（专利），其品种权号为CNA20040328.1。其系谱如下：

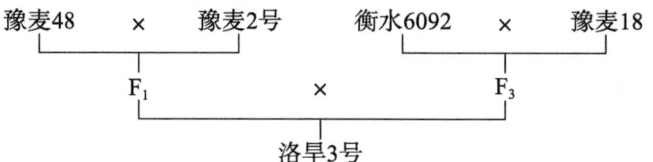

（二）产量表现

2001—2002年度参加河南省旱地区域试验，平均亩产286.37千克，比对照豫麦2号增产6.7%；2002—2003年度续试，平均亩产342.48千克，比对照豫麦2号增产4.63%。2003—2004年度参加河南省旱地生产试验，平均亩产320.4千克，比对照豫麦2号增产10.6%。

（三）特征特性

属半冬性中熟品种。幼苗半直立，长势较壮，分蘖力中等，大分蘖多，成穗率较高。株型紧凑，旗叶上冲，夹角小，株高80厘米，茎秆粗壮，抗倒性好。穗长方形，穗层不整齐，短芒，白壳，白粒、半角质，黑胚率低。亩穗数40万，穗粒数30~38粒，千粒重38~42克。

（四）品质分析

容重795克/升，蛋白质含量16.31%，湿面筋含量36.8%，沉淀值34.5毫升，形成时间2.8分钟，稳定时间2.8分钟。

（五）抗性鉴定

高抗叶锈病，中抗条锈病和叶枯病，中感白粉病和纹枯病。抗旱指数0.9197~1.1988，抗旱级别2~3级。

（六）适宜范围与栽培要点

适宜在河南省丘陵旱肥地、平原旱地及水肥地中早茬种植。适宜播期10月上中旬，亩播量6~7千克，种植方式以20~23厘米等行距为宜。一般每亩施纯氮9千克，纯磷6千克，纯钾6千克。施肥方法可采用"一炮轰"的办法。适时预防白粉病、纹枯病和蚜虫；灌浆期"一喷三防"。

一〇五、豫农9676

（一）品种来源

河南农业大学利用内乡184/郑资8204选育而成。2004年通过河南省农作物品种审定委员会审定，审定编号：豫审麦2004006。该品种已获批农业部品种保护（专利），其品种权号为CNA20040326.5。其系谱如下：

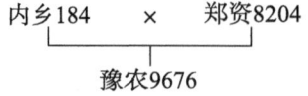

（二）产量表现

2001—2002年度参加河南省高肥春水组区域试验，平均亩产460.5千克，比对照豫麦18增产2.55%；2002—2003年度续试，平均亩产426.8千克，比对照豫麦18减产7.22%。2003—2004年度参加河南省高肥春水组生产试验，平均亩产487.8千克，比对照豫麦18增产6.4%。

（三）特征特性

属弱春性早熟品种。幼苗直立，叶色浅，长势壮，抗寒性好。分蘖力中等，抽穗早，成穗率较高；旗叶宽大上举，株型紧凑，中高秆，弹性好，较抗倒伏。穗长方形，籽粒饱满、偏粉质，容重高；黑胚率低。丰产性好，落黄一般。

（四）品质分析

容重804克/升，粗蛋白含量14.25%，湿面筋含量29.6%，沉淀值28.5毫升，降落值296秒，吸水率56.18%，形成时间2.9分钟，稳定时间5.1分钟。

（五）抗性鉴定

中抗条锈病、叶锈病、叶枯病和纹枯病，中感白粉病。

（六）适宜范围与栽培要点

适宜在河南省中北部地区中晚茬地块种植，尤其适宜麦棉套种。豫中北地区10月15日左右播种为宜，亩播量6~7千克，晚播可适当加大播量。施足底肥，氮、磷肥科学搭配，增施钾肥。拔节期结合灌水追肥，中后期注意防治白粉病和蚜虫。

一〇六、温麦18

（一）品种来源

温县农业科学研究所王素霞等利用豫麦21/豫麦41选育而成。原名温9629，2004年通过河南省农作物品种审定委员会审定，审定编号：豫审麦2004010。该品种已获批农业部品种保护（专利），其品种权号为CNA20040340.0。其系谱如下：

（二）产量表现

2002—2003年度参加河南省高肥春水组区域试验，平均亩产518.3千克，比对照豫麦18增产4.99%；2003—2004年度续试，平均亩产575.3千克，比对照豫麦18增产8.79%。2003—2004年度参加河南省高肥春水组生产试验，平均亩产491.4千克，比对照豫麦18增产7.4%。

（三）特征特性

属弱春性大穗型中早熟品种。幼苗半直立，分蘖力中等，成穗率高；冬前生长慢，返青起身快，抗寒性好；叶片上举，旗叶短宽上冲，株型紧凑，株高75厘米，抗倒性一般；穗长方形，长芒，籽粒饱满，半角质，容重高；亩穗数40万~45万，穗粒数35~38粒，千粒重40~45克，黑胚率高；丰产性好，抗干热风，落黄好。

（四）品质分析

容重804克/升，粗蛋白含量14.7%，湿面筋含量31.4%，降落值337秒，沉淀值28.6毫升，吸水率55%，形成时间1.9分钟，稳定时间2.5分钟。

（五）抗性鉴定

中抗叶枯病，中感纹枯病、白粉病、叶锈病和条锈病。

（六）适宜范围与栽培要点

适宜在河南省北部及中南部地区高中肥中晚茬地种植。适播期10月10—20日，亩播量7~8千克。一般亩底施尿素15千克，过磷酸钙50千克，氯化钾10千克，铁锰锌肥2.5千克，拔节期亩追尿素10千克；及时防治蚜虫、纹枯病、白粉病和条锈病。

一〇七、温麦19

（一）品种来源

温县农业科学研究所王素霞等利用兰考4号/温2540选育而成。原名温9519，2004年通过河南省农作物品种审定委员会审定，审定编号：豫审麦2004011。该品种已获批农业部品种保护（专利），其品种权号为CNA20040334.6。其系谱如下：

```
兰考4号    ×    温2540
       └──┬──┘
        温麦19
```

（二）产量表现

2002—2003年度参加河南省高肥冬水组区域试验，平均亩产533千克，比对照豫麦49增产3.38%；2003—2004年度续试，平均亩产572.6千克，比对照豫麦49增产4.52%。2003—2004年度参加河南省冬水组生产试验，平均亩产497.5千克，比对照豫麦49增产3.3%。

（三）特征特性

属半冬性大穗型中熟品种。幼苗长势壮，浅绿色，大分蘖多，返青起身快，拔节利索；旗叶宽大上举，有干尖，茎秆粗壮，抗倒性强；穗层整齐，穗长方形，穗粒数较多，后期灌浆快，籽粒饱满，白色，偏粉质；亩穗数36万~40万，穗粒数38~40粒，千粒重47克；丰产、稳产性好，落黄好。

（四）品质分析

容重780克/升，粗蛋白含量14.96%，湿面筋含量31.8%，降落值358秒，沉淀值28.2毫升，吸水率58.8%，形成时间2.9分钟，稳定时间2.2分钟。

（五）抗性鉴定

中抗条锈病、叶锈病和叶枯病，中感纹枯病和白粉病。

（六）适宜范围与栽培要点

适宜在河南省中北部、东南部地区高肥水旱中茬地种植。播期10月5—15日，亩播量9~10千克为宜。一般亩底施尿素15千克，过磷酸钙50千克，氯化钾10千克，铁锰锌肥2.5千克；拔节期亩追尿素10千克；起身拔节期防治纹枯病和白粉病。灌浆期搞好"一喷三防"。

一〇八、神麦1号

（一）品种来源

河南省黄泛区农场农科所利用豫同843/苏麦3号选育而成。原名原泛3号，2004年通过河南省农作物品种审定委员会审定，审定编号：豫审麦2004012。该品种已获批农业部品种保护（专利），其品种权号为CNA20030212.4。其系谱如下：

```
豫同843  ×  苏麦3号
        |
      神麦1号
```

（二）产量表现

2001—2002年度参加河南省冬水组区域试验，平均亩产487.6千克，比对照豫麦49增产4.32%；2002—2003年度续试，平均亩产461.9千克，比对照豫麦49减产4.57%。2002—2003年度参加河南省冬水组生产试验，平均亩产432千克，比对照豫麦49增产2.98%；2003—2004年度续试，平均亩产512.5千克，比对照豫麦49增产6.7%。

（三）特征特性

属半冬性大穗型中早熟品种。幼苗半匍匐，叶色深绿，长势弱，分蘖力中等，成穗率较高；株型紧凑、矮秆，拔节后叶片上举，茎秆粗壮，有蜡质，弹性一般；穗长方形，短芒，穗层整齐，长相好，籽粒半角质，黑胚率较低；亩穗数40万，穗粒数42粒，千粒重40克，落黄一般。

（四）品质分析

容重800克/升，粗蛋白含量14.69%，湿面筋含量32%，沉淀值27.5毫升，降落值424秒，吸水率68.08%，形成时间2分钟，稳定时间4分钟。

（五）抗性鉴定

中抗叶锈病和叶枯病，中感白粉病、条锈病和纹枯病。

（六）适宜范围与栽培要点

适宜在河南省北部、中南部地区中等肥力地早中茬种植。适播期：豫北地区10月初，豫中地区10月上中旬，高水肥地亩基本苗10万~12万，中低产田亩基本苗15万左右。一般亩底施尿素15千克，过磷酸钙50千克，氯化钾10千克，铁锰锌肥2.5千克，拔节期亩追尿素10千克；及时防治白粉病、条锈病、纹枯病及蚜虫。

一〇九、驻麦4号

（一）品种来源

驻马店市农业科学研究所朱统泉等利用89中170/汴8539-2选育而成。2004年通过河南省农作物品种审定委员会审定，审定编号：豫审麦2004014。其系谱如下：

```
89中170  ×  汴8539-2
        |
      驻麦4号
```

（二）产量表现

2000—2001年度参加河南省高肥冬水组区域试验，平均亩产507.9千克，比对照豫麦49减产3.35%；2001—2002年度续试，平均亩产471.9千克，比对照豫麦49增产0.97%；2002—2003年度再试，平均亩产464.6千克，比照豫麦49减产4.02%。2002—2003年度参加晚播南片生产试验，平均亩产277千克，比照豫麦18减产5.45%；2003—2004年度续试，平均亩产387千克，比对照豫麦18增产3.86%。

（三）特征特性

属半冬性中晚熟品种。幼苗半直立，生长势较强，叶片宽大，叶色深绿，分蘖力强，成穗率中等；旗叶上举，长相清秀，株型半紧凑，株高80~85厘米，茎秆粗壮，抗倒性好；穗长方形，穗层整齐，籽粒均匀，较饱满，角质，黑胚率高；亩穗数28.9万~34.1万，穗粒数35.9~37.7粒，千粒重48.9~53.6克；耐湿性好，抗干热风，落黄较好。

（四）品质分析

容重800克/升，粗蛋白含量14.92%，湿面筋含量32.7%，沉淀值23.7毫升，降落值378秒，形成时间2分钟，稳定时间1.7分钟。

（五）抗性鉴定

中抗条锈病、叶锈病和叶枯病，中感纹枯病和白粉病。

（六）适宜范围与栽培要点

适宜在河南省中南部地区早中茬地块种植。适播期10月8—15日，亩播量8~9千克，晚播适当增加播量。亩底施纯氮9~10千克，冬前适量追肥，拔节末期追肥浇水，适时防治白粉病、纹枯病和蚜虫。

一〇、豫麦70-36

（一）品种来源

内乡县农业科学研究所利用豫麦70变异株系选而成。2004年通过河南省农作物品种审定委员会审定，审定编号：豫审麦2004015。该品种已获批农业部品种保护（专利），其品种权号为CNA20040398.2。其系谱如下：

```
豫麦70
  │系选
豫麦70-36
```

（二）产量表现

2003—2004年度在周口、濮阳、漯河和洛阳四市安排性状改良对比试验，四点汇总，平均亩产495.7千克，比豫麦70增产0.85%。

（三）特征特性

属弱冬性中早熟品种。幼苗半匍匐，叶色青绿，生长健壮，抗寒性好，分蘖力较强，成穗率高，春季起身快；旗叶窄长，株型略松散，株高80厘米，茎秆弹性好，抗倒性好；穗长方形，穗层整齐，长芒，白壳，白粒，籽粒均匀，饱满度好，角质，容重高，黑胚率低。亩穗数40万，穗粒数35粒，千粒重42克。

（四）品质分析

容重810克/升，出粉率67.8%，粗蛋白含量14.1%，湿面筋含量30.4%，降落值258秒，形成时间8分钟，稳定时间8分钟。与豫麦70比较：容重增加10克，湿面筋含量提高3%，形成时间延长2.6分钟，稳定时间延长2.4分钟，出粉率提高3%，籽粒由偏粉质变为角质。

（五）抗性鉴定

中抗条锈病、纹枯病和叶枯病，中感叶锈病、白粉病和赤霉病。

（六）适宜范围与栽培要点

适宜在河南省高水肥地中早茬种植。10月10日至11月中旬均可播种，最适播期10月15—25日，亩基本苗12万~15万为宜；施足底肥，氮、磷、钾肥科学搭配，药剂拌种防治地下害虫。浇好越冬水、返青水和灌浆水，结合浇水适当追肥，中后期注意防治蚜虫、叶锈病、白粉病和赤霉病。

一一一、焦麦2号

（一）品种来源

焦作市农业科学研究所利用D259/9130// 临汾7203选育而成。原名焦作95002，2004年通过河南省农作物品种审定委员会审定，审定编号：豫审麦2004016。2006年申请植物新品种权保护，公告号CNA003023E。其系谱如下：

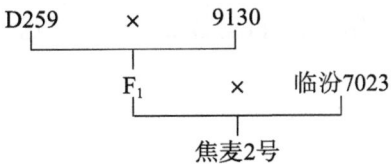

（二）产量表现

2000—2001年度参加晚播南片南阳组区域试验，平均亩产426.3千克，比对照豫麦18减产1.08%；2001—2002年度续试，平均亩产423.7千克，比对照豫麦18增产2.99%。2002—2003年度参加晚播南片生产试验，平均亩产288.3千克，比对照豫麦18减产1.6%；2003—2004年度续试，平均亩产370.7千克，比对照豫麦18减产1.23%。

（三）特征特性

属弱春性早熟品种。幼苗半直立，叶色浅绿，叶片细长稍披，分蘖力强，亩成穗较少；株型紧凑，株高70~76厘米，茎秆柔韧，抗倒性好；穗长方形，穗粒数较多，叶的功能期长，籽粒灌浆速度快，饱满度好，容重高，半角质，黑胚率较高；亩穗数42.1万，穗粒数36.1粒，千粒重38克。

（四）品质分析

容重813克/升，粗蛋白含量13.14%，湿面筋含量27.6%，沉淀值22.2毫升，降落值210秒，形成时间1.5分钟，稳定时间1.1分钟。

（五）抗性鉴定

中抗条锈病、叶锈病和叶枯病，中感纹枯病和白粉病。

（六）适宜范围与栽培要点

适宜在豫南地区中晚茬地块种植。播期10月20—30日，亩播量9~10千克。亩底施纯氮13千克，磷、钾肥各8千克；拔节期结合浇水，每亩追施尿素5~7千克。冬前和早春预防纹枯病；抽穗前后防治蚜虫和白粉病。

一一二、安麦7号

（一）品种来源

安阳市农业科学研究所利用豫麦13/周8826选育而成。2004年通过河南省农作物品种审定委员会审定，审定编号：豫审麦2004017。该品种已获批农业部品种保护（专利），其品种权号为

CNA20040567.5。其系谱如下：

$$豫麦13 \times 周8425B$$
$$安麦7号$$

（二）产量表现

2001—2002年度参加河南省旱地组区域试验，平均亩产283.3千克，比对照豫麦2号增产5.6%；2002—2003年度续试，平均亩产333.1千克，比对照豫麦2号增产1.75%。2003—2004年度参加河南省旱地生产试验，平均亩产292.8千克，比对照豫麦2号增产1.1%。

（三）特征特性

属半冬性中熟品种。幼苗半直立，叶色浅绿，长势较好，苗期冻害轻；分蘖成穗率中等，两极分化快；旗叶稍宽略披，茎、叶蜡质厚，株型半松散，株高75厘米；穗纺锤形，不孕小穗多，长芒、白壳、白粒，籽粒半角质，饱满度好；亩穗数27万，穗粒数31粒，千粒重38克；成熟落黄差，抗病性一般。

（四）品质分析

容重815克/升，粗蛋白含量14.37%，湿面筋含量29.6%，沉淀值25.8毫升，降落值395秒，形成时间2分钟，稳定时间2.4分钟。

（五）抗性鉴定

中抗叶锈病和叶枯病，中感纹枯病、白粉病和条锈病。抗旱指数1.0164，抗旱级别3级，抗旱性中等。

（六）适宜范围与栽培要点

适宜在河南省中北部地区高中水肥地及丘陵旱地早中茬种植。播期10月5日至10月下旬，最佳播期豫北地区10月5日，豫中地区10月10日，中水肥地亩播量8千克，丘陵旱薄地亩播量9千克为宜，随播期推迟适当增加播量。亩底施纯氮13千克，磷、钾肥各8千克；中肥地返青期追肥浇水，注意浇好灌浆水。生育后期防治锈病、白粉病和蚜虫。

一一三、众麦1号

（一）品种来源

河南省睢县农业科学研究所利用漯麦4号/西北矮秆选系（97-26）选育而成。原名睢科2号，2004年通过河南省农作物品种审定委员会审定，审定编号：豫审麦2004019。该品种已获批农业部品种保护，其品种权号为CNA20030329.5。其系谱如下：

$$漯麦4号 \times 西北矮秆选系（97-26）$$
$$众麦1号$$

（二）产量表现

2002—2003年度参加河南省高肥冬水组区域试验，平均亩产521.8千克，比对照豫麦49增产1.22%；2003—2004年度续试，平均亩产548.7千克，比对照豫麦49增产0.17%。2003—2004年度参加河南省冬水组生产试验，平均亩产517.6千克，比对照豫麦49增产7.5%。

(三)特征特性

属半冬性中晚熟品种。幼苗半匍匐,长势壮,叶色深绿,分蘖力强,抗寒性好,春季两极分化慢,分蘖成穗率一般。旗叶宽大上举,长相清秀,叶的功能期长。株型紧凑,株高70~75厘米,茎秆粗壮,抗倒性好。穗层较厚,穗长方形,穗粒数较多,饱满度好,黑胚率高。丰产稳产性好,成熟落黄好。

(四)品质分析

容重789克/升,粗蛋白含量14.73%,湿面筋含量29.6%,沉淀值32.9毫升,形成时间4.9分钟,稳定时间6.2分钟。

(五)抗性鉴定

中抗叶锈病和叶枯病,中感白粉病、条锈病和纹枯病。

(六)适宜范围与栽培要点

适宜在河南省北中部地区中上等水肥地早中茬种植。播期10月8—15日,亩播量6~8千克。施足底肥,氮、磷、钾肥配合,补施硼、锌肥。拔节期肥水齐攻;注意防治蚜虫、白粉病、条锈病和纹枯病。灌浆期搞好"一喷三防"。

一一四、中育9号

(一)品种来源

中国农业科学院棉花研究所小麦室利用豫麦21/92R139选育而成。原名01中89,2004年通过河南省农作物品种审定委员会审定,审定编号:豫审麦2004020。该品种已获批农业部品种保护(专利),其品种权号:CNA20030437.2。其系谱如下:

```
豫麦21  ×  92R139
         │
      中育9号
```

(二)产量表现

2002—2003年度参加河南省高肥冬水组区域试验,平均亩产531.6千克,比对照豫麦49增产3.12%;2003—2004年度续试,平均亩产567.7千克,比对照豫麦49增产3.63%。2003—2004年度参加河南省高肥冬水组生产试验,平均亩产509.8千克,比对照豫麦49增产6.2%。

(三)特征特性

属半冬性中早熟品种。幼苗半直立,苗壮,叶色绿,抗寒性好,冬季分蘖集中,春季两极分化快,分蘖成穗率适中,穗层整齐;旗叶短宽上举,长相清秀,株型紧凑,穗下节间短,株高75厘米,茎秆弹性好,根系活力强,抗倒性好;穗纺锤形,籽粒半角质,饱满度好,黑胚率低;综合抗性较强,落黄较好。

(四)品质分析

容重807克/升,粗蛋白含量14.82%,湿面筋含量32.1%,吸水率57.9%,形成时间2.1分钟,稳定时间1.4分钟,沉淀值21毫升,降落值376秒。

(五)抗性鉴定

中抗条锈病、叶锈病、叶枯病和纹枯病,中感白粉病。

（六）适宜范围与栽培要点

适宜在河南省北中部地区中上等水肥地早中茬种植。10月5日至11月初均可播种，最佳播期：豫北地区10月5—15日，豫中地区10月10—25日。高水肥地亩播量6~7千克，中水肥地亩播量7~8千克为宜，随播期推迟，适当增加播量。施足底肥，氮、磷、钾肥科学搭配；注意防治白粉病、纹枯病和蚜虫。

一一五、丰舞981

（一）品种来源

舞阳县种子公司利用豫麦57变异株系选而成。2004年通过河南省农作物品种审定委员会审定，审定编号：豫审麦2004021。该品种已获批农业部品种保护（专利），其品种权号为CNA20030304.X。其系谱如下：

```
豫麦57
  │系选
丰舞981
```

（二）产量表现

2002—2003年度参加河南省高肥冬水组区域试验，平均亩产536.9千克，比对照豫麦49增产4.15%；2003—2004年度续试，平均亩产562.6千克，比对照豫麦49增产2.7%。2003—2004年度参加河南省高肥冬水组生产试验，平均亩产507千克，比对照豫麦49增产5.6%。

（三）特征特性

属半冬性大穗型中早熟品种。幼苗直立，长势健壮，分蘖力适中，抽穗早，亩成穗较多；株型松紧适中，株高73~78厘米，茎秆弹性好，较抗倒伏；旗叶上冲，前期长相清秀，后期有轻微早衰，穗层整齐，活秆成熟；籽粒白色，饱满度好，黑胚率高；丰产稳产性好。

（四）品质分析

容量793克/升，粗蛋白含量14.74%，湿面筋含量29.5%，降落值340秒，沉淀值34.3毫升，形成时间3.6分钟，稳定时间4.1分钟。

（五）抗性鉴定

中抗叶锈病和叶枯病，中感白粉病、条锈病和纹枯病。

（六）适宜范围与栽培要点

适宜在河南省北中部地区高中肥水地早中茬种植。播期10月5日至11月上旬，最佳播期10月5—20日。高水肥地亩播量6~7千克，中水肥地亩播量7~9千克为宜，播期推迟适当增加播量。施足底肥，氮、磷、钾、锌肥配合施用，氮肥分底施和拔节末期2次施入，浇好拔节水。及时防治蚜虫、白粉病、条锈病和纹枯病。灌浆期搞好"一喷三防"。

一一六、郑麦9405

（一）品种来源

河南省农业科学院小麦研究所利用西农881/西农8727//86（23）/郑资R84019选育而成。2004年通过河南省农作物品种审定委员会审定，审定编号：豫审麦2004022。其系谱如下：

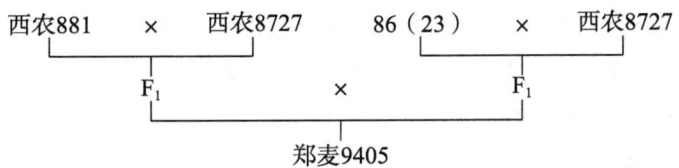

(二)产量表现

2001—2002年度参加河南省高肥冬水组区域试验,平均亩产489.2千克,比对照豫麦49减产4.81%;2002—2003年度续试,平均亩产485.6千克,比对照豫麦49减产5.8%。2003—2004年度参加河南省冬水组生产试验,平均亩产473.4千克,比对照豫麦49减产1.6%。

(三)特征特性

属半冬性大穗型中晚熟品种。幼苗匍匐,分蘖力强,耐寒性好,起身、抽穗晚,分蘖成穗率低;株型紧凑,长相清秀,株高适中,抗倒性强;穗纺锤形,穗层整齐,落黄较好;籽粒角质,白粒,饱满,容重高;亩穗数30万,穗粒数43粒,千粒重47克,籽粒外观商品性优。

(四)品质分析

容重800克/升,粗蛋白含量16.68%,湿面筋含量33.3%,沉淀值46.4毫升,吸水率72.2%,形成时间6.9分钟,稳定时间9.2分钟。

(五)抗性鉴定

中抗白粉病和叶枯病,中感纹枯病、条锈病和叶锈病。

(六)适宜范围与栽培要点

适宜在河南省北中部地区优质麦区早中茬种植。河南省中北部地区适宜播量10月1—15日,亩播量8~9千克,随播期推迟,适当增加播量。施足底肥,氮、磷、钾肥合理搭配,拔节期结合浇水每亩追施尿素8~10千克。注意适时防治蚜虫、锈病和纹枯病。

一一七、周麦19

(一)品种来源

周口市农业科学院利用周麦13/陕优225//PH82-2选育而成。2005年通过河南省农作物品种审定委员会审定,审定编号:豫审麦2005001。该品种已获批农业部品种保护,其品种权号为CNA20050135.6。其系谱如下:

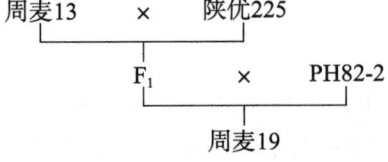

(二)产量表现

2003—2004年度参加河南省高肥冬水组区域试验,平均亩产585.2千克,比对照豫麦49减产0.39%;2004—2005年度续试,平均亩产479.5千克,比对照豫麦49增产2.98%。2004—2005年度参加河南省高肥冬水组生产试验,平均亩产474.4千克,比对照豫麦49增产2.2%。

(三)特征特性

属半冬性多穗型中早熟品种,比对照豫麦49早熟2天。幼苗半匍匐,叶色青绿,起身慢,拔节快，分蘖力中等，亩成穗偏少；株型较松散，旗叶卷曲，有干尖，茎秆偏高，抗倒性一般，灌浆前期长相清秀，后期有轻度早衰；穗层整齐，穗长方形，较大，籽粒角质，外观商品性好；亩穗数35.5万，穗粒数36.1粒，千粒重40.8克。

（四）品质分析

容重798克/升、790克/升，蛋白质含量14.78%、16.23%，湿面筋含量29.2%、35.5%，沉淀值39.8毫升、72.5毫升，吸水率58.7%、61.1%，形成时间6.2分钟、6分钟，稳定时间12.5分钟、9.4分钟。

（五）抗性鉴定

中抗条锈病、叶锈病和叶枯病，中感白粉病和纹枯病。

（六）适宜范围与栽培要点

适宜在河南省北中部地区强筋优质麦区中晚茬中高肥地块种植。播期10月10—25日，亩播量6~8千克。每亩施纯氮12~14千克，五氧化二磷6~10千克，氧化钾5~7千克。磷、钾肥和微肥一次性底施，氮肥底追比例为7:3，拔节期追肥；浇好底墒水、越冬水和孕穗水。拔节前防治纹枯病；适时防治白粉病、锈病和蚜虫。

一一八、许丰1号

（一）品种来源

许昌市瓜麦研究所利用郑州742/矮丰3号//矮早781选育而成。原名鄢陵22，2005年通过河南省农作物品种审定委员会审定，审定编号：豫审麦2005002。其系谱如下：

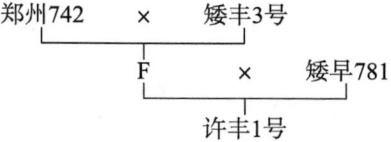

（二）产量表现

2002—2003年度参加河南省高肥春水组区域试验，平均亩产452千克，比对照豫麦18减产1.76%；2003—2004年度续试，平均亩产585.3千克，比对照豫麦18增产6.84%；2004—2005年度再试，平均亩产472.6千克，比对照豫麦18增产9.45%。同年参加河南省生产试验，平均亩产478.3千克，比对照豫麦18增产7.1%。

（三）特征特性

属弱春性中早熟品种，比对照豫麦18晚1天。幼苗直立，叶色深绿，春性偏强，抗寒性差；两极分化快，苗脚利索，分蘖成穗率一般；株型较松散，有蜡质，叶披，茎秆适中，抗倒性一般，活秆成熟，落黄好；穗纺锤形，穗层厚，小穗排列密，结实性好；籽粒角质，大小均匀，千粒重高，外观商品性好；亩穗数43万，穗粒数35粒，千粒重41克。

（四）品质分析

容重816克/升、801克/升，粗蛋白含量13.04%、14.6%，降落值400秒、469秒，沉淀值24毫升、60.2毫升，湿面筋含量30.5%、34.6%，吸水率59.6%、61.9%，形成时间2分钟、3.2分钟，稳定时间1.2分钟、2.2分钟。

（五）抗性鉴定

中抗条锈病、叶锈病和叶枯病，中感纹枯病和白粉病。

（六）适宜范围与栽培要点

适宜在河南省和临近省份麦区中晚茬中高肥力地块种植。播期10月15—25日，高产田亩播量8~10千克，中产及晚播田适当增加播量。亩底施纯氮13千克，磷、钾肥7千克；拔节期结合浇水，每亩追施尿素10千克；适时预防蚜虫、纹枯病和白粉病。

一一九、金丰3号

（一）品种来源

河南省金丰种子有限公司利用太谷核不育轮选群体选育而成，组合为：TalC$_7$S//（豫麦25/郸选912）F$_1$。2005年通过河南省农作物品种审定委员会审定，审定编号：豫审麦2005003。该品种已获批农业部品种保护（专利），其品种权号为CNA20040409.1。其系谱如下：

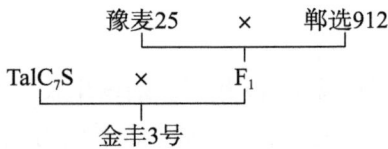

（二）产量表现

2003—2004年度参加河南省高肥春水组区域试验，平均亩产566.9千克，比对照豫麦18增产6.81%；2004—2005年度续试，平均亩产467.7千克，比对照豫麦18增产6.17%。2004—2005年度参加高肥春水组生产试验，平均亩产482.9千克，比对照豫麦18增产8.2%。

（三）特征特性

属弱春性多穗型中熟品种，比对照豫麦18晚熟2天。幼苗直立，叶色深绿，抗寒性一般，分蘖力中等，成穗率高；株型紧凑，旗叶稍披，有干尖，叶片细长，株高适中，抗倒能力强，熟相较好；穗纺锤形，穗层整齐，大穗，上部有不育现象；籽粒半角质，饱满度好，黑胚率较低，籽粒商品性好；亩穗数43.7万，穗粒数38.5粒，千粒重39.4克。

（四）品质分析

容重790克/升、770克/升，粗蛋白含量14.26%、14.20%，降落值360秒、380秒，沉淀值25.4毫升、66毫升，湿面筋含量28.3%、32.4%，吸水率52%、54.6%，形成时间2.2分钟、3.5分钟，稳定时间2.4分钟、5.6分钟。

（五）抗性鉴定

中抗条锈病、叶锈病和叶枯病，中感纹枯病和白粉病。

（六）适宜范围与栽培要点

适宜在河南省中晚茬中高肥力地块种植。适播期10月中下旬，适宜亩播量6~7.5千克，以亩基本苗12万~15万为宜。高产栽培的主攻方向为配方施肥，均衡营养，前氮后移，防病治虫，提高粒重。

一二〇、豫麦49-198

（一）品种来源

河南省温县平安农业科技有限公司改良豫麦49选育而成。2005年通过河南省农作物品种审定委员会审定，审定编号：豫审麦2005004。该品种已获批农业部品种保护（专利），其品种权号为CNA20030340.6。其系谱如下：

```
豫麦49
  │系选
豫麦49-198
```

（二）产量表现

2003—2004年度在周口市和濮阳市安排性状改良品种对比试验，平均亩产558.3千克，比对照豫麦49增产3.11%。2004—2005年度参加河南新品种展示试验，平均亩产497.6千克，比对照豫麦49增产4.52%。

（三）特征特性

属半冬性中熟品种，熟期与对照豫麦49相当。幼苗生长健壮，叶色深绿，分蘖成穗率高，抗寒性好；株型紧凑，长相清秀；旗叶半直立，稍卷曲，根系活力强，耐旱；穗层整齐，通风透光性好，灌浆速度快；籽粒饱满，半角质，籽粒卵圆形，容重高，黑胚率低。亩穗数45万，穗粒数34.3粒，千粒重40.9克。与豫麦49相比，在产量、抗病性方面都有所提高。

（四）品质分析

容重822克/升，粗蛋白含量14.03%，降落值367秒，湿面筋含量31.2%，吸水率55%，形成时间2.6分钟，稳定时间2.4分钟。

（五）抗性鉴定

高抗叶枯病，中抗条锈病，中感白粉病、纹枯病、叶锈病和赤霉病。

（六）适宜范围与栽培要点

适宜在河南省早中茬中高水肥地种植（南部稻茬麦区除外）。最佳播期10月5—15日，播期每晚播2天，亩播量增加0.5千克。高水肥地亩播量4~7千克，中水肥地亩播量5~8千克。氮、磷、钾肥合理配比，两极分化中后期追肥浇水，11月下旬和返青期防治纹枯病，扬花初期预防赤霉病；灌浆期防治白粉病、叶锈病和蚜虫。

一二一、鑫麦1998

（一）品种来源

河南省豫鑫种业股份有限公司利用陕229/豫麦34选育而成。2005年通过河南省农作物品种审定委员会审定，审定编号：豫审麦2005007。该品种已申请农业部品种保护（专利），其申请号为20060290.X。其系谱如下：

（二）产量表现

2003—2004年度参加河南省高肥春水组区域试验，平均亩产558.5千克，比对照豫麦18增产5.22%；2004—2005年度续试，平均亩产467.1千克，比对照豫麦18增产6.04%。2004—2005年度参加河南省高肥春水组生产试验，平均亩产482.8千克，比对照豫麦18增产8.2%。

（三）特征特性

属弱春性多穗型品种，比对照豫麦18晚熟2天。幼苗直立，叶色浅绿，抗寒性差，返青拔节快，分蘖成穗率高；株高75厘米，株型紧凑，抗倒性一般，旗叶上冲，成熟落黄好；穗层较厚，穗长方形，籽粒较小，半角质，黑胚率低，商品性好；亩穗数45万，穗粒数30粒，千粒重38克。

（四）品质分析

容重810克/升、800克/升，粗蛋白含量14.57%、15.90%，降落值310秒、324秒，沉淀值31.8毫升、61.2毫升，湿面筋含量32%、34.6%，吸水率55.6%、55.9%，形成时间3.6分钟、4.3分钟，稳定时间4分钟、6.3分钟。

（五）抗性鉴定

中抗条锈病、白粉病和叶锈病，中感纹枯病和叶枯病。

（六）适宜范围与栽培要点

适宜在河南省中晚茬中高肥力地块种植。适播期10月中下旬，最佳播期10月15日前后，亩播量6~8千克，晚播适当加大播量。施足底肥，拔节后期每亩追施尿素5~7.5千克。浇好底墒水、越冬水和灌浆水。抽穗前预防白粉病和条锈病。注意防治赤霉病、纹枯病和叶枯病，灌浆期"一喷三防"。

一二二、新原958

（一）品种来源

河南省新乡县原种一场利用豫麦34/新麦9号选育而成。2005年通过河南省农作物品种审定委员会审定，审定编号：豫审麦2005008。该品种已获批农业部品种保护（专利），其品种权号为CNA20060019.2。其系谱如下：

```
豫麦34  ×  新麦9号
       │
     新原958
```

（二）产量表现

2003—2004年度参加河南省高肥春水组区域试验，平均亩产564.3千克，比对照豫麦18增产6.31%；2004—2005年度续试，平均亩产478.6千克，比对照豫麦18增产8.65%。2004—2005年度参加高肥春水组生产试验，平均亩产487.4千克，比对照豫麦18增产10.7%。

（三）特征特性

属弱春性中熟品种，比对照豫麦18晚熟2天。幼苗直立，分蘖力强，抗寒性好，两极分化快，成穗率较高；株型松散，旗叶平展，秆偏高，茎秆有弹性，抗倒性中等，成熟落黄好；穗长方形，穗层整齐，小穗排列密，结实性好，穗粒数多，籽粒均匀，半角质，千粒重高，黑胚率高；亩穗数47万，穗粒数39.9粒，千粒重41.6克。

（四）品质分析

容重811克/升、795克/升，粗蛋白含量13.89%、14.59%，降落值319秒、354秒，沉淀值24.2毫升、49.8毫升，湿面筋含量29.1%、32.1%，吸水率59.2%、60.3%，形成时间2.4分钟、4分钟，稳定时间2分钟、3.4分钟。

（五）抗性鉴定

中抗条锈病、叶锈病和叶枯病，中感纹枯病和白粉病。

（六）适宜范围与栽培要点

适宜在河南省中晚茬中高肥力地块种植。播期以10月10—30日为宜，亩播量6~12.5千克。一般每亩底施纯氮15千克，五氧化二磷10千克，氧化钾5千克。浇好越冬水，拔节后每亩追施尿素10~20千克，后期结合治虫防病，适当喷施叶面肥。

一二三、濮麦10号

（一）品种来源

河南省濮阳农业科学研究所利用周8425B/冀衡90-4041选育而成。2006年通过河南省农作物品种审定委员会审定，审定编号：豫审麦2006002。该品种已获批农业部品种保护（专利），其品种权号为CNA20060455.4。其系谱如下：

```
周8425B   ×   冀衡90-4041
       └─────┬─────┘
          濮麦10号
```

（二）产量表现

2003—2004年度参加河南省高肥冬水组区域试验，平均亩产566.6千克，比对照豫麦49增产1.94%；2004—2005年度续试，平均亩产474千克，比对照豫麦49增产5.15%。2005—2006年度参加河南省高肥冬水组生产试验，平均亩产489.6千克，比对照豫麦49增产8.1%。

（三）特征特性

属半冬性多穗型中熟品种，比对照豫麦49晚熟2天。幼苗半匍匐，长势壮，抗寒性一般；分蘖力较强，成穗率高，亩成穗较多；株型紧凑，叶片上举，有蜡质，通风透光性好，植株偏高，抗倒性一般；叶的功能期长，成熟落黄一般；穗层厚，穗纺锤形，小穗排列密；籽粒长圆形，半角质。亩穗数42万，穗粒数36粒，千粒重43克。

（四）品质分析

容重790克/升，粗蛋白含量15.3%，湿面筋含量33.2%，降落值400秒，沉淀值52.5毫升，吸水率64.6%，形成时间3.7分钟，稳定时间2.2分钟。

（五）抗性鉴定

高抗条锈病，中抗叶锈病和白粉病，中感纹枯病和叶枯病。

（六）适宜范围及栽培要点

适宜在河南省沙河以北地区中高肥力地块早中茬种植。河南省中北部地区播期为10月5—15日，中南部地区为10月10—25日；亩播量6~9千克，随播期推迟适当增加播量。播前施足底肥，氮、磷、钾肥配合使用；浇好越冬水、返青水和灌浆水，看苗灵活追肥；中后期注意防治蚜虫。

一二四、平安3号

（一）品种来源

河南平安种业有限公司利用（兰考8679×豫麦18）F_1/祥8820选育而成。2006年通过河南省农作物品种审定委员会审定，审定编号：豫审麦2006003。该品种已获批农业部品种保护（专利），其品种权号为CNA20040353.2。其系谱如下：

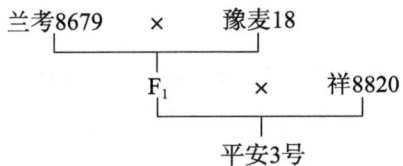

（二）产量表现

2003—2004年度参加河南省冬水组区域试验，平均亩产599.8千克，较对照豫麦49增产3.66%；2004—2005年度续试，平均亩产507.4千克，较对照豫麦49增产6.87%。2005—2006年度参加河南省高肥冬水组生产试验，平均亩产487.4千克，比对照豫麦49增产7.6%。

（三）特征特性

属半冬性多穗型中熟品种，与对照豫麦49熟期相当。幼苗半直立，苗期长势壮，抗寒性好；分蘖力强，抽穗较早，亩成穗数较多；株型略松散，株高83厘米，抗倒性一般；旗叶上举，后期有干尖，成熟落黄好；穗纺锤形，白粒，半角质，黑胚率低。亩穗数46万，穗粒数35粒，千粒重42克。

（四）品质分析

容重781克/升，粗蛋白含量15.09%，湿面筋含量32.4%，降落值396秒，沉淀值67.2毫升，吸水率53.3%，形成时间3.7分钟，稳定时间4.2分钟。

（五）抗性鉴定

高抗条锈病，中抗叶锈病和叶枯病，中感白粉病和纹枯病。

（六）适宜范围及栽培要点

适宜在河南省高肥力地块早中茬种植（南部稻茬麦区除外）。10月5—25日均可播种，最佳播期10月15日左右；高肥力地块亩播量6~8千克，中低肥力可适当增加播量，播期每推迟2天，亩播量增加0.5千克。一般亩底施氮12千克，磷7.5千克，钾7.5千克；中后期视苗情结合浇水进行追肥；11月下旬和返青期防治纹枯病，扬花初期和5月上旬"一喷三防"；灌浆期防治白粉病和蚜虫。

一二五、鹤麦1号

（一）品种来源

鹤壁市农业科学研究所利用周麦13经离子束注入诱变选育而成。2006年通过河南省农作物品种审定委员会审定，审定编号：豫审麦2006004。该品种已获批农业部品种保护（专利），其品种权号为CNA20060610.7。其系谱如下：

```
周麦13
    │
    ├── 离子束诱变
鹤麦1号
```

（二）产量表现

2003—2004年度参加河南省高肥冬水组区域试验，平均亩产559千克，比对照豫麦49增产0.57%；2004—2005年度续试，平均亩产490千克，比对照豫麦49增产8.7%。2005—2006年度参加河南省高肥冬水组生产试验，平均亩产481.7千克，较对照豫麦49增产6.4%。

（三）特征特性

属半冬性大穗型中晚熟品种，比对照豫麦49晚熟3天。幼苗半匍匐，苗期长势壮，抗寒性较好；分蘖中等，大分蘖多，成穗率偏低；株型紧凑，拔节后叶色浓绿，叶片较长半披，茎秆有蜡质，植株偏高，较抗倒伏；成熟相对较晚，落黄一般；穗长方形，穗大，籽粒半角质，黑胚率低。亩穗数35万，穗粒数38粒，千粒重42克。

（四）品质分析

容重781克/升，粗蛋白含量15.09%，湿面筋含量32.9%，降落值446秒，沉淀值59.1毫升，吸水率59.4%，形成时间3.2分钟，稳定时间3.2分钟。

（五）抗性鉴定

中抗条锈病、叶锈病和叶枯病，中感白粉病和纹枯病。

（六）适宜范围及栽培要点

适宜在河南省沙河以北地区中高肥地块早中茬种植。10月5—25日均可播种，最佳播期10月10日左右；高肥力地块亩播量10~12千克，中低肥力地块可适当增加播量，播期每推迟3天，亩播量增加0.5千克。一般亩底施农家肥3立方米，纯氮11千克，五氧化二磷8.5千克，氧化钾8千克；拔节期结合浇水亩施纯氮10千克，中后期防治白粉病和蚜虫。

一二六、郑麦9694

（一）品种来源

河南省农业科学院小麦研究所利用豫麦21/豫麦18//豫麦21选育而成。2006年通过河南省农作物品种审定委员会审定，审定编号：豫审麦2006005。该品种已获批农业部品种保护（专利），其品种权号为CNA20060465.1。其系谱如下：

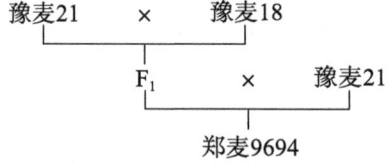

（二）产量表现

2002—2003年度参加河南省冬水组区域试验，平均亩产522.8千克，比对照豫麦49增产1.42%；2003—2004年度续试，平均亩产545.9千克，比对照豫麦49减产0.34%；2004—2005年度再试，平均亩产491.3千克，比对照豫麦49增产5.77%。同年参加河南省冬水组生产试验，平均亩产470.8千克，比对照豫麦49增产1.3%；2005—2006年度续试，平均亩产484.8千克，比对照豫麦49增产7.1%。

（三）特征特性

属半冬性大穗型中早熟品种，比对照豫麦49早熟1天。幼苗半匍匐，苗期长势弱，抗寒性稍差；返青拔节快，分蘖力中等，成穗率偏高；株型较松散，叶色较浅，旗叶稍宽下披，有蜡质，株高79厘米，抗倒性一般；长相清秀，成熟落黄好；穗层较厚，穗纺锤形，较大，受冻害影响顶部有不育小穗；籽粒半角质，均匀度好，黑胚率5%~9%。亩穗数40万，穗粒数37粒，千粒重43克。

（四）品质分析

容重793克/升，粗蛋白含量14.83%，湿面筋含量33.5%，降落值230秒，沉淀值17.7毫升，吸水率61.7%，形成时间1.7分钟，稳定时间0.8分钟。

（五）抗性鉴定

中抗条锈病、叶锈病、叶枯病和纹枯病，中感白粉病。

（六）适宜范围及栽培要点

适宜在河南省中北部地区中高肥力地块早中茬种植。10月5—15日均可播种，最佳播期10月10日左右；高肥力地块亩播量6~9千克，中低肥力可适当增加播量。一般亩施纯氮12~14千克、五氧化二磷8~9千克，氧化钾5千克，其中氮肥底追比例为2∶1，拔节期结合浇水，每亩追施尿素7.5~10千克；注意防治蚜虫和白粉病。

一二七、豫农201

（一）品种来源

河南农业大学崔党群等利用内乡182/818036//泰910989/石6021选育而成。2006年通过河南省农作物品种审定委员会审定，审定编号：豫审麦2006006。该品种已获批农业部品种保护（专利），其品种权号为CNA20060540.2。其系谱如下：

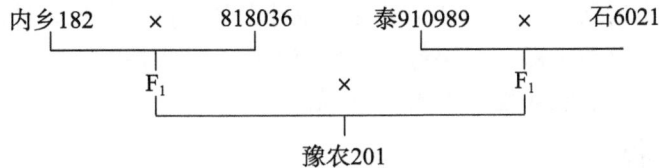

（二）产量表现

2003—2004年度参加河南省冬水组区域试验，平均亩产579.7千克，比对照豫麦49增产0.19%；2004—2005年度续试，平均亩产480.8千克，比对照豫麦49增产1.26%。2005—2006年度参加河南省生产试验，平均亩产478.3千克，比对照豫麦49增产5.6%。

（三）特征特性

属半冬性中熟品种，比对照豫麦49晚熟2天。幼苗半匍匐，抗寒性好；分蘖力强，成穗率中等；前期发育稍慢，田间长相清秀；株型紧凑，叶片窄长上冲，株高80厘米，茎秆弹性好，较抗倒伏；穗层整齐，穗纺锤形，穗粒数偏少；耐后期高温，成熟落黄好；籽粒长圆形，角质，黑胚率低，商品性好。亩穗数42万，穗粒数34粒，千粒重42克。

（四）品质分析

容重823克/升，粗蛋白含量14.53%，湿面筋含量30.2%，降落值353秒，沉淀值28.6毫升，吸水率60.9%，形成时间3.5分钟，稳定时间3.6分钟。

（五）抗性鉴定

高抗条锈病，中抗叶锈病和叶枯病，中感白粉病和纹枯病。

（六）适宜范围及栽培要点

适宜在河南省沙河以北地区中高肥力地块早中茬种植。适播期10月5—15日，亩播量7~8千克，晚播适当增加播量。每亩底施有机肥3立方米，尿素18千克，磷酸二铵20千克，氯化钾7千克；拔节期结合浇水，每亩追施尿素5~8千克；注意防治蚜虫和纹枯病。

一二八、郑农17

（一）品种来源

郑州市农林科学研究所利用豫麦51/优繁5号选育而成。2006年通过河南省农作物品种审定委员会审定，审定编号：豫审麦2006007。该品种已获批农业部品种保护（专利），其品种权号为CNA20060033.8。其系谱如下：

$$\text{豫麦51} \times \text{优繁5号}$$
$$\downarrow$$
$$\text{郑农17}$$

（二）产量表现

2004—2005年度参加河南省高肥冬水组区域试验，平均亩产501.3千克，比对照豫麦49增产7.55%；2005—2006年度续试，平均亩产517.2千克，比对照豫麦49增产5.14%。2005—2006年度参加河南省高肥冬水组生产试验，平均亩产487.4千克，比对照豫麦49增产6.9%。

（三）特征特性

属半冬性中晚熟品种，比对照豫麦49晚熟3天。幼苗半直立，苗期长势壮，抗寒性好；起身拔节快，分蘖力中等，亩成穗数中等；株型紧凑，旗叶上举，穗下节短，株高83厘米，茎秆粗壮，抗倒性较好；成熟偏晚，落黄一般；穗层整齐，穗纺锤形，结实性好；籽粒半角质，黑胚率低，商品性好。亩穗数37万，穗粒数34粒，千粒重46克。

（四）品质分析

容重775克/升，粗蛋白含量15.79%，湿面筋含量33.2%，降落值466秒，沉淀值59.2毫升，吸水率63.3%，形成时间4分钟，稳定时间4分钟。

（五）抗性鉴定

中抗条锈病、叶锈病和叶枯病，中感白粉病和纹枯病。

（六）适宜范围及栽培要点

适宜在河南省沙河以北地区中高肥力地块中早茬种植。10月8—20日均可播种；中高肥力地亩播量6~9千克，若地力较低或延期播种，应适当加大播量。一般亩施纯氮13千克，五氧化二磷7.5千克，氧化钾7.5千克；拔节后每亩追施尿素5~6千克，起身期结合化学除草，防治纹枯病；中后期及时防治赤霉病、蚜虫和白粉病。

一二九、焦麦668

(一) 品种来源

焦作市鑫源遗传育种研究所利用咸阳84（加）79-3-2-1/赵农89-1选育而成。2006年通过河南省农作物品种审定委员会审定，审定编号：豫审麦2006008。该品种已获批农业部品种保护（专利），其品种权号为CNA20030306.6。其系谱如下：

```
咸阳84（加）79-3-2-1  ×  赵农89-1
              └──────┬──────┘
                  焦麦668
```

(二) 产量表现

2003—2004年度参加河南省高肥冬水组区域试验，平均亩产560.9千克，比对照豫麦49增产0.92%；2004—2005年度续试，平均亩产467.7千克，比对照豫麦49增产3.75%。2005—2006年度参加河南省高肥冬水组生产试验，平均亩产483千克，比对照豫麦49增产6%。

(三) 特征特性

属半冬性大穗型中熟品种，比对照豫麦49晚熟2天。幼苗半直立，苗势壮，抗寒性好，抗倒春寒能力偏弱；分蘖力中等，亩成穗一般；春季两极分化快，苗脚利索；株型紧凑，株高83厘米，叶色黄绿，茎秆有蜡质；落黄正常；穗长方形，穗层整齐，颖壳紧，不易落粒；白粒，籽粒饱满，商品性好。亩穗数39万，穗粒数31粒，千粒重46克。

(四) 品质分析

容重762克/升，粗蛋白含量16.11%，降落值404秒，沉淀值51毫升，湿面筋含量33.9%，吸水率58.2%，形成时间3.8分钟，稳定时间3.3分钟。

(五) 抗性鉴定

中抗条锈病和叶枯病，中感纹枯病、白粉病和叶锈病。

(六) 适宜范围及栽培要点

适宜在河南省沙河以北地区中高肥力地块早中茬种植。10月2—15日播种，高肥力地亩播量8~9千克，中低肥力可适当增加播量，播期每推迟3天，亩播量增加0.5千克；施足底肥，氮、磷、钾肥搭配，拔节期结合浇水，亩追施尿素5~10千克，早浇灌浆水，中后期搞好"一喷三防"。

一三〇、周麦20

(一) 品种来源

周口市农业科学院利用周麦13/新麦9号//温麦6号选育而成。2006年通过河南省农作物品种审定委员会审定，审定编号：豫审麦2006009。该品种已获批农业部品种保护（专利），其品种权号为CNA20050630.7。其系谱如下：

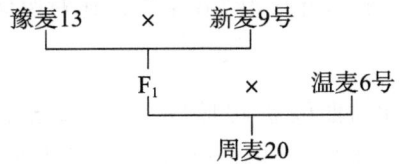

（二）产量表现

2004—2005年度参加河南省高肥冬水组区域试验，平均亩产507.7千克，比对照豫麦49增产8.93%；2005—2006年度续试，平均亩产511.4千克，比对照豫麦49增产3.96%。2005—2006年度参加河南省高肥冬水组生产试验，平均亩产483.9千克，比对照豫麦49增产6.2%。

（三）特征特性

属半冬性大穗型中早熟品种，比对照豫麦49早熟2天。幼苗半匍匐，苗势壮，抗寒性较好；春季起身拔节快，年前分蘖少，亩穗数偏少；株型略松散，叶片细长下披，株高80厘米，茎秆粗壮，较抗倒伏；灌浆速度慢，成熟落黄一般；穗纺锤形，大穗，穗粒数较多，籽粒角质。亩穗数36万，穗粒数37粒，千粒重42克。

（四）品质分析

容重788克/升，粗蛋白含量15.34%，湿面筋含量33.4%，降落值413秒，沉淀值63毫升，吸水率62.8%，形成时间4.2分钟，稳定时间3.9分钟。

（五）抗性鉴定

高抗条锈病，中抗叶锈病和白粉病，中感叶枯病和纹枯病。

（六）适宜范围及栽培要点

适宜在河南省中高肥力地块早中茬种植（南部稻茬麦区除外）。10月5—25日均可播种，最佳播期10月12日左右，亩播量8~12千克。全生育期亩施纯氮14~16千克，五氧化二磷6~10千克，氧化钾5~7千克、硫、锌肥均为3千克；磷、钾肥和微肥一次性底施，氮肥底追比例为1∶1；起身期防治纹枯病；灌浆期"一喷三防"。

一三一、驻麦6号

（一）品种来源

驻马店市农业科学研究所朱统泉等利用〔（矮败/84-141）//85中33〕/汴8539-2选育而成。2006年通过河南省农作物品种审定委员会审定，审定编号：豫审麦2006010。该品种已获批农业部品种保护（专利），其品种权号为CNA20060583.6。其系谱如下：

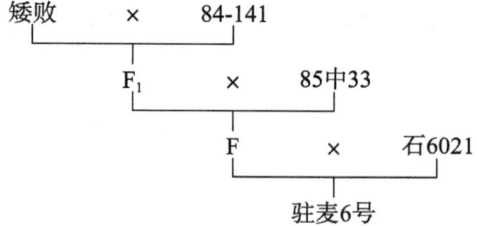

（二）产量表现

2004—2005年度参加河南省高肥冬水组区域试验，平均亩产491.4千克，比对照豫麦49增产9.01%；2005—2006年度续试，平均亩产489千克，比对照豫麦49增产3.65%。2005—2006年度参加河南省高肥冬水组生产试验，平均亩产487.6千克，比对照豫麦49增产5%。

（三）特征特性

属半冬性多穗型中熟品种，比对照豫麦49晚熟1天。幼苗匍匐，叶片细短，叶色浅，分蘖力较强，亩穗数多；株型紧凑，旗叶宽大，株高87厘米，茎秆细，弹性差，抗倒性一般；穗层厚，穗纺锤形，穗粒数较少，成熟落黄好，籽粒角质。亩穗数 48 万，穗粒数 35 粒，千粒重 35 克。

（四）品质分析

容重 795 克/升，粗蛋白含量 13.65%，湿面筋含量 27.6%，降落值 369 秒，沉淀值 68.5 毫升，吸水率 53.9%，形成时间 4 分钟，稳定时间 6.1 分钟。

（五）抗性鉴定

中抗条锈病、叶锈病、叶枯病和纹枯病，中感白粉病。

（六）适宜范围及栽培要点

适宜在河南省沙河以北地区中高肥力地块早中茬种植。适播期 10 月 8—15 日，亩播量 6~7.5 千克，晚播可适当增加播量。亩底施纯氮 13 千克，磷、钾肥各 7 千克；拔节末期追肥浇水；孕穗期和开花期防治白粉病和赤霉病；灌浆期"一喷三防"。

一三二、花培 1 号

（一）品种来源

河南省农业科学院生物技术研究所利用百农 64/豫麦 21 选育而成。2006 年通过河南省农作物品种审定委员会审定，审定编号：豫审麦 2006012。该品种于 2010 年获批农业部品种保护（专利），其品种权号为 CNA20040312.5。其系谱如下：

```
百农64    ×    豫麦21
        │
      花培1号
```

（二）产量表现

2002—2003 年度参加河南省高肥冬水组区域试验，平均亩产 499.5 千克，比对照豫麦 49 减产 3.10%；2003—2004 年度续试，平均亩产 567.4 千克，比对照豫麦 49 增产 3.57%；2004—2005 年度再试，平均亩产 470 千克，比对照豫麦 49 增产 1.18%。2004—2005 年度参加河南省高肥冬水组生产试验，平均亩产 480.9 千克，比对照豫麦 49 增产 3.7%；2005—2006 年度续试，平均亩产 479.3 千克，比对照豫麦 49 增产 5.1%。

（三）特征特性

属半冬性多穗型中熟品种，与对照豫麦 49 熟期相当。幼苗半直立，苗色黄绿，抗寒性稍差；两极分化快，分蘖力中等，亩成穗较多；株型紧凑，旗叶短而上举，后期干尖明显；株高 78 厘米，抗倒性一般；穗层厚，小穗排列密，穗纺锤形，结实性好，穗粒数多，成熟落黄好；籽粒半角质，黑胚率低，商品性好。亩穗数 37 万，穗粒数 37 粒，千粒重 41 克。

（四）品质分析

容重 768 克/升，粗蛋白含量 15.67%，湿面筋含量 36%，降落值 380 秒，沉淀值 70.4 毫升，吸水率 59.2%，形成时间 4 分钟，稳定时间 5 分钟。

（五）抗性鉴定

中抗叶锈病、白粉病、条锈病和叶枯病，中感纹枯病。

（六）适宜范围及栽培要点

适宜在河南省沙河以北地区中高肥力地块早中茬种植。适时晚播，北部地区 10 月 8—20 日，中部、南部地区10月10—25日播种，适宜亩播量7~8千克，播期每推迟3天，亩播量增加0.5千克。施足底肥，足墒下种；春季高肥田在拔节中后期、中低产田返青期进行水肥管理；起身期注意防治纹枯病，后期及时防治蚜虫。

一三三、郑丰5号

（一）品种来源

河南省农业科学院小麦研究所利用Ta900274×郑州891选育而成。2006年通过河南省农作物品种审定委员会审定，审定编号：豫审麦2006015。该品种已获批农业部品种保护，其品种权号为CNA20060139.3。其系谱如下：

```
Ta900274  ×  郑州891
        │
      郑丰5号
```

（二）产量表现

2003—2004年度参加河南省高肥春水组区域试验，平均亩产561.2千克，比对照豫麦18增产2.44%；2004—2005年度续试，平均亩产448.3千克，比对照豫麦18增产3.82%。2005—2006年度参加河南省高肥春水组生产试验，平均亩产459.3千克，比对照豫麦18增产5%。

（三）特征特性

属弱春性大穗型中早熟品种，与对照豫麦18熟期相当。幼苗直立，苗期生长健壮，抗寒性较好；起身拔节快；分蘖力适中，分蘖成穗率一般；株型松紧适中，穗下节长，株高85厘米，茎秆弹性弱，抗倒性差；穗层整齐，穗纺锤形，小穗排列稀；后期耐高温，成熟较早，落黄一般；籽粒较长，半角质，黑胚率低，籽粒商品性好。亩穗数40万，穗粒数34粒，千粒重40克。

（四）品质分析

容重782克/升，粗蛋白含量12.42%，湿面筋含量23.6%，降落值376秒，沉淀值24.7毫升，吸水率56.1%，形成时间1.7分钟，稳定时间1.4分钟。

（五）抗性鉴定

高抗白粉病，中抗条锈病和叶枯病，中感纹枯病和叶锈病。

（六）适宜范围及栽培要点

适宜在河南省中南部地区弱筋麦区中晚茬地块种植。适播期10月中下旬；在适播期内，亩基本苗以14万~18万为宜，晚播适当增加播量。施足底肥；亩底施纯氮13千克，磷、钾肥各8千克；拔节前结合化学除草进行化控；抽穗至灌浆期"一喷三防"，重点防治蚜虫。

一三四、豫展4号

（一）品种来源

河南省农作物品种展览中心陈长海等利用百农64/周麦13选育而成。2006年通过河南省农作物品种审定委员会审定，审定编号：豫审麦2006016。该品种已获批农业部品种保护（专利），其品种权号为CNA20070321.8。其系谱如下：

百农64　×　周麦13

豫展4号

（二）产量表现

2002—2003年度参加河南省超高产春水组区域试验，平均亩产495千克，比对照豫麦18增产0.27%；2003—2004年度续试，平均亩产560.5千克，比对照豫麦18增产5.98%。2004—2005年度参加河南省高肥春水组生产试验，平均亩产460千克，比对照豫麦18增产3.1%；2005—2006年度续试，平均亩产459.1千克，比对照豫麦18增产4.9%。

（三）特征特性

属弱春性大穗型中晚熟品种，比对照豫麦18晚熟2天。幼苗直立，叶色深绿，抗寒性较好；起身拔节快，抽穗略迟；分蘖力较强，成穗率一般；株型紧凑，旗叶上冲，蜡质层厚，株高79厘米，茎秆弹性强，较抗倒；后期耐高温，落黄一般；穗长方形，较大，结实性好；籽粒半角质，较饱满，千粒重高，黑胚率5%。亩穗数36万，穗粒数38粒，千粒重45克。

（四）品质分析

容重783克/升，粗蛋白含量13.71%，降落值344秒，沉淀值20.6毫升，湿面筋含量29.1%，吸水率54.2%，形成时间2.2分钟，稳定时间2.1分钟。

（五）抗性鉴定

中抗条锈病、叶锈病、叶枯病和白粉病，中感纹枯病。

（六）适宜范围及栽培要点

适宜在河南省沙河以北地区中高肥力地块中晚茬种植。适播期10月15—25日；高肥力地块亩播量7~9千克，中低肥力可适当加大播量，晚播适当加大播量，以每推迟1天增加0.2千克播量为宜。一般亩底施纯氮15千克，五氧化二磷9千克，氧化钾7千克；拔节孕穗期亩追施尿素8千克，浇好孕穗水；灌浆期喷施磷酸二氢钾，同时防治病虫害。

一三五、源育3号

（一）品种来源

河南省金囤种业有限公司利用百农64/周麦11选育而成。2006年通过河南省农作物品种审定委员会审定，审定编号：豫审麦2006017。该品种已获批农业部品种保护（专利），其品种权号为CNA20050562.9。其系谱如下：

百农64　×　周麦11

源育3号

（二）产量表现

2003—2004年度参加河南省高肥春水组区域试验，平均亩产560.4千克，比对照豫麦18增产2.3%；2004—2005年度续试，平均亩产451.9千克，比对照豫麦18增产4.65%。2005—2006年度参加河南省高肥春水组生产试验，平均亩产461千克，比照豫麦18增产5.4%。

（三）特征特性

属弱春性多穗型中早熟品种，与对照豫麦18熟期相当。幼苗直立，叶色浓绿，抗寒性差；分蘖力一般，春季拔节抽穗早，成穗率高；株型紧凑，旗叶上举，株高78厘米，较抗倒伏；穗层整齐，穗纺锤形，受倒春寒的影响顶部有少量不育小穗；中后期长相清秀，耐后期高温，成熟落黄好；籽粒卵圆形，半角质，黑胚率低，商品性好。亩穗数41万，穗粒数33粒，千粒重43克。

（四）品质分析

容重796克/升，粗蛋白含量15.38%，湿面筋含量34.6%，降落值318秒，沉淀值54毫升，吸水率57.6%，形成时间2.9分钟、稳定时间2.4分钟。

（五）抗性鉴定

中抗白粉病、条锈病、纹枯病和叶枯病，中感叶锈病。

（六）适宜范围及栽培要点

适宜在河南省黄河以南地区中晚茬地块种植。南部10月18—28日均可播种，高肥力地块亩播量7~9千克，中低肥力可适当增加播量，如延期播种应适当加大播量。重施底肥，氮、磷、钾肥配合；起身期结合浇水追肥，进行化学除草；及时浇灌浆水；前期注意防治纹枯病，后期预防赤霉病、白粉病和蚜虫。

一三六、项麦969

（一）品种来源

项城市农业科学研究所利用周麦9号/豫麦18//豫麦18选育而成。2006年通过河南省农作物品种审定委员会审定，审定编号：豫审麦2006018。该品种已获批农业部品种保护（专利），其品种权号为CNA20060389.2。其系谱如下：

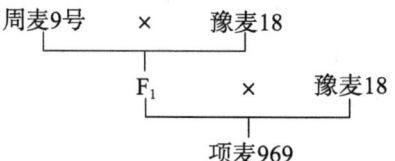

（二）产量表现

2004—2005年度参加河南省高肥春水组区域试验，平均亩产473.7千克，比对照豫麦18增产7.54%；2005—2006年度续试，平均亩产509.4千克，比对照豫麦18增产7.96%，比新对照偃展4110增产0.73%。2005—2006年度参加河南省高肥春水组生产试验，平均亩产475.1千克，比对照豫麦18增产8.1%。

（三）特征特性

属弱春性多穗型中早熟品种，比对照豫麦18晚熟1天。幼苗直立，苗期长势壮，叶色黄绿，抗寒性较弱；春季起身拔节快，抽穗较迟；分蘖力中等，成穗率较高，亩穗数较多；株型紧凑，株高70厘米，叶片上举，长相清秀，抗倒性一般；穗层整齐，穗纺锤形，受倒春寒影响顶部有少量不育小穗；较耐后期高温，成熟落黄好；籽粒偏粉质。亩穗数43万，穗粒数32粒，千粒重41克。

（四）品质分析

容重798克/升，粗蛋白含量13.7%，湿面筋含量30.5%，降落值为384秒，沉淀值52.2毫升，吸水率56%，形成时间1.9分钟，稳定时间1.8分钟。

（五）抗性鉴定

中抗叶枯病、纹枯病和条锈病，中感叶锈病和白粉病。

（六）适宜范围及栽培要点

适宜在河南省中北部地区中高肥力地块中晚茬种植。最适播期10月中下旬，亩播量10千克，播期推迟应适当加大播量。一般亩底施农家肥3~4立方米，尿素12~15千克，磷酸二铵20~25千克，氯化钾6~10千克；拔节期结合浇水，每亩追施5~10千克尿素，浇好孕穗水和灌浆水；起身期防治纹枯病，抽穗扬花期结合防治赤霉病，及时防治锈病、白粉病和蚜虫。

一三七、04中36

（一）品种来源

中国农业科学院棉花研究所小麦室利用百农64/周麦11选育而成。2006年通过河南省农作物品种审定委员会审定，审定编号：豫审麦2006019。该品种已获批农业部品种保护（专利），其品种权号为CNA20050496.7。其系谱如下：

```
        百农64    ×    周麦11
              └──┬──┘
                04中36
```

（二）产量表现

2004—2005年度参加河南省高肥春水组区域试验，平均亩产470.6千克，比对照豫麦18增产8.99%；2005—2006年度续试，平均亩产514.7千克，比对照偃展4110增产2.86%。2005—2006年度参加河南省高肥春水组生产试验，平均亩产475千克，比对照豫麦18增产8.1%。

（三）特征特性

属春性大穗型中早熟品种，与对照豫麦18熟期相当。幼苗直立，苗势一般，抗寒性好；春季返青拔节快，分蘖发生集中，成穗率较高，亩成穗较多；株型紧凑，长相清秀，旗叶较宽上举，株高77厘米，茎秆有弹性，较抗倒伏；穗长方形，穗较大，耐后期高温，落黄好；籽粒半角质，较饱满。亩穗数38万，穗粒数35粒，千粒重40克。

（四）品质分析

容重800克/升，粗蛋白含量14.31%，湿面筋含量32.2%，降落值369秒，沉淀值51毫升，吸水率63.7%，形成时间3.5分钟，稳定时间4分钟。

（五）抗性鉴定

中抗条锈病、叶锈病和白粉病，中感纹枯病和叶枯病。

（六）适宜范围及栽培要点

适宜在河南省北中高肥力地块中晚茬种植。播期：豫北地区10月10日前后，豫中地区10月15日左右，豫南地区10月20日为宜；高水肥地亩播量6~7千克，中水肥地亩播量7~8千克为宜，随播期推迟，适当增加播量。施足底肥，氮、磷、钾肥科学搭配；浇好越冬水、返青水和灌浆水；中后期注意防治病虫害。

一三八、众麦 2 号

（一）品种来源

河南省天宁种业有限公司利用漯麦 4 号经钴 -60γ 射线辐射种子选育而成。2006 年通过河南省农作物品种审定委员会审定，审定编号：豫审麦 2006020。该品种已获批农业部品种保护（专利），其品种权号为 CNA20060546.1。其系谱如下：

```
    漯麦4号
      │钴-60辐射
    众麦2号
```

（二）产量表现

2004—2005 年度参加河南省高肥春水组区域试验，平均亩产 466.9 千克，比对照豫麦 18 增产 5.99%；2005—2006 年度续试，平均亩产 500.7 千克，比对照豫麦 18 增产 6.14%。2005—2006 年度参加河南省高肥春水组生产试验，平均亩产 469.3 千克，比对照豫麦 18 增产 6.8%。

（三）特征特性

属弱春性多穗型中早熟品种，比对照豫麦 18 晚熟 1 天。幼苗半直立，长势健壮，抗寒性中等；起身拔节慢，抽穗晚；分蘖力强，亩成穗数多；株型较松散，长相清秀，株高 69 厘米，较抗倒伏；旗叶短宽直立，干尖较明显，后期不耐高温，成熟落黄一般；穗层整齐，穗纺锤形，大穗，结实性好，穗粒数多；籽粒偏粉质。亩穗数 40 万，穗粒数 35 粒，千粒重 35 克。

（四）品质分析

容重 770 克/升，粗蛋白含量 15.22%，湿面筋含量 30.8%，降落值 394 秒，沉淀值 70 毫升，吸水率 52.8%，形成时间 4.3 分钟，稳定时间 4.6 分钟。

（五）抗性鉴定

中抗条锈病和纹枯病，中感白粉病、叶枯病和叶锈病。

（六）适宜范围及栽培要点

适宜在河南省中高肥力地块中晚茬种植（南部稻茬麦区除外）。最佳播期 10 月 10—15 日，亩播量 10~12 千克。一般亩施纯氮 14 千克，五氧化二磷 8 千克，氧化钾 8 千克，扬花后结合防治蚜虫，搞好白粉病和叶锈病防治。

一三九、花培 3 号

（一）品种来源

河南省农业科学院生物技术研究所利用花 953350-1-2/ 花 965437-1-1 选育而成。2006 年通过河南省农作物品种审定委员会审定，审定编号：豫审麦 2006021。该品种于 2010 年获批农业部品种保护（专利），其品种权号为 CNA2040313.3。其系谱如下：

```
花953350-1-2  ×  花965437-1-1
        └─────┬─────┘
           花培3号
```

（二）产量表现

2003—2004年度参加河南省高肥春水组区域试验，平均亩产574.6千克，比对照豫麦18增产4.89%；2004—2005年度续试，平均亩产450.8千克，比对照豫麦18增产4.4%。2004—2005年度参加河南省春水组生产试验，平均亩产455千克，比对照豫麦18增产1.9%；2005—2006年度续试，平均亩产467千克，比对照豫麦18增产6.3%。

（三）特征特性

属弱春性大穗型中早熟品种，比对照豫麦18晚熟1天。幼苗直立，叶片宽，叶色浅绿，抗寒性差；春季起身拔节快，抽穗早；分蘖力较强，亩成穗较多；株型紧凑，株高70厘米，较抗倒伏；穗层整齐，穗纺锤形，大穗，结实性好；耐后期高温，成熟落黄好；籽粒半角质，黑胚率低，籽粒商品性好。亩穗数39.2万，穗粒数31粒，千粒重43克。

（四）品质分析

容重800克/升，粗蛋白含量14.36%，湿面筋含量31.8%，降落值278秒，沉淀值17.8毫升，吸水率61.6%，形成时间2.2分钟，稳定时间1.3分钟。

（五）抗性鉴定

中抗白粉病、条锈病和叶枯病，中感叶锈病和纹枯病。

（六）适宜范围及栽培要点

适宜在河南省黄河以南地区中高肥力地块中晚茬种植。河南省中南部地区播期为10月18—25日，适播期内亩播量7.5~8千克，播期每推迟3天，亩播量增加0.5千克。亩底施纯氮14千克，磷、钾肥各8千克；高肥田在拔节期、中低产田在返青期进行水肥管理；拔节前防治纹枯病，抽穗前后防治条锈病和白粉病，豫中、豫南地区注意防治吸浆虫，后期及时防治蚜虫。

一四〇、丰抗38

（一）品种来源

信阳市农业科学研究所利用偃展1号/豫麦18选育而成。2006年通过河南省农作物品种审定委员会审定，审定编号：豫审麦2006022。该品种已获批农业部品种保护（专利），其品种权号为CNA20070061.8。其系谱如下：

```
偃展1号    ×    豫麦18
         |
       丰抗38
```

（二）产量表现

2003—2004年度参加河南省南部组区域试验，平均亩产422.7千克，比对照豫麦18增产1.68%。2004—2005年度续试，平均亩产342.65千克，比对照豫麦18增产3.14%。2004—2005年度参加河南省南部组生产试验，平均亩产379.7千克，比对照豫麦18增产4.9%；2005—2006年度续试，平均亩产410.6千克，比对照豫麦18增产5.1%。

（三）特征特性

属弱春性多穗型早熟品种，比对照豫麦18早熟2天。幼苗直立，生长健壮；分蘖力强，成穗率高；株型半紧凑，叶片宽大上举，穗下节长，株高75厘米，茎秆弹性好，抗倒伏；穗纺锤形，受倒春寒影响顶部有少量不育小穗；成熟期较早，落黄好；籽粒半角质，白粒，饱满度较好，容重高，黑胚率低。亩穗数 39 万，穗粒数 31 粒，千粒重 43 克。

（四）品质分析

容重 761 克/升，粗蛋白含量 14.91%，湿面筋含量 32.8%，降落值 374 秒，沉淀值 60.5 毫升，吸水率 64.1%，形成时间 3.5 分钟，稳定时间 2.5 分钟。

（五）抗性鉴定

高抗白粉病，中抗叶枯病、条锈病和纹枯病，中感叶锈病。

（六）适宜范围及栽培要点

适宜在河南省南部地区稻茬麦区种植。播期 10 月 12 日至 11 月 5 日，最佳播期 10 月 15—25 日；高肥力田块亩播量 9~10 千克，中低肥力田块及稻茬可适当增加播量，一般亩播量 10~13 千克，播期每推迟 3 天，亩播量增加 0.5 千克为宜。一般亩底施农家肥 2~3 立方米，纯氮 9~12 千克，五氧化二磷 7~8 千克，氧化钾 7~8 千克；春节前后视苗情追肥，一般亩追尿素 6~10 千克；中后期做好病虫害防治，抽穗扬花期防治赤霉病。

一四一、源育 2 号

（一）品种来源

河南省金囤种业有限公司利用西安 83-29/自选系 89-2 选育而成。2006 年通过河南省农作物品种审定委员会审定，审定编号：豫审麦 2006023。该品种已获批农业部品种保护（专利），其品种权号为 CNA20070331.5。其系谱如下：

```
西安83-29  ×  自选系89-2
           │
         源育2号
```

（二）产量表现

2002—2003 年度参加河南省南部组区域试验，平均亩产 310.3 千克，比对照豫麦 18 减产 4.3%；2003—2004 年度续试，平均亩产 422 千克，比对照豫麦 18 增产 1.6%。2004—2005 年度参加河南省南部组生产试验，平均亩产 408.7 千克，比对照豫麦 18 增产 12.9%；2005—2006 年度续试，平均亩产 406.7 千克，比对照豫麦 18 增产 4.1%。

（三）特征特性

属弱春性中穗型早熟品种，比对照豫麦 18 早熟 1 天。幼苗半直立，叶色淡绿，春季返青快，拔节早；分蘖力强，亩成穗较多；株型紧凑，株高 78 厘米，旗叶上冲，长相清秀，抗倒性较好；穗纺锤形，穗层整齐，穗粒数较多，成熟落黄好；籽粒半角质，白粒，较饱满。亩穗数 37 万，穗粒数 33 粒，千粒重 36 克。

（四）品质分析

容重 790 克/升，粗蛋白含量 14.91%，降落值 457 秒，沉淀值 65.3 毫升，湿面筋含量 34.9%，吸水率 61.9%，形成时间 3 分钟，稳定时间 4.8 分钟。

（五）抗性鉴定

中抗条锈病、叶锈病、纹枯病和叶枯病，中感白粉病。

（六）适宜范围及栽培要点

适宜在河南省南部稻茬麦区种植。10 月 10—25 日均可播种；高肥力地块亩播量 6~9 千克，中低肥力可适当增加播量,如延期播种应适当加大播量。底肥和氮、磷、钾肥配合;拔节期结合浇水追肥,拔节前化学除草,浇好灌浆水;抽穗扬花期预防赤霉病、白粉病和蚜虫。

一四二、偃佃9433

(一)品种来源

偃师市佃庄镇农技站王建涛等利用周麦9号/豫麦18选育而成。2006年通过河南省农作物品种审定委员会审定,审定编号:豫审麦2006025。该品种已获批农业部品种保护(专利),其品种权号为CNA20070405.2。其系谱如下:

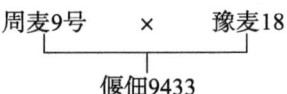

(二)产量表现

2002—2003年度参加河南省旱地组区域试验,平均亩产392.1千克,比对照豫麦2号增产0.56%;2003—2004年度续试,平均亩产369.8千克,比对照豫麦2号增产2.65%。2005—2006年度参加河南省旱地组生产试验,平均亩产343.6千克,比对照洛旱2号增产9.9%。

(三)特征特性

属半冬性大穗型中熟品种,与对照洛旱2号熟期相当。幼苗半匍匐,叶色深绿,抗寒性较好;分蘖力强,成穗中等,起身拔节快,抽穗开花早;株型略松散,穗下节长,叶片宽稍披,有蜡质,株高70厘米左右,较抗倒伏;穗长方形,穗粒数较多,结实性好,成熟落黄好;籽粒细长,有光泽,白粒,半角质,黑胚率低,商品性好。亩穗数32万,穗粒数30粒,千粒重42克。

(四)品质分析

容重787克/升,粗蛋白含量14.76%,湿面筋含量33.1%,降落值367秒,沉淀值27.5毫升,吸水率59.8%,形成时间2.8分钟,稳定时间2.5分钟。

(五)抗性鉴定

高抗叶锈病,中抗条锈病、纹枯病和叶枯病,中感白粉病。抗旱级别3~4级。

(六)适宜范围及栽培要点

适宜在河南省京广线以西丘陵及旱地麦区种植。10月1—20日播种,最佳播期10月5—10日;亩播量9~10千克,播期每推迟3天,亩播量增加0.5千克。一般亩底施纯氮10千克,五氧化二磷5.5千克,氧化钾7.5千克,后期注意防治蚜虫。

一四三、豫农202

(一)品种来源

河南农业大学詹克慧等利用豫农21/豫农127选育而成,2007年通过河南省农作物品种审定委员会审定,审定编号:豫审麦2007002。该品种已获批农业部品种保护(专利),其品种权号为CNA20060454.1。其系谱如下:

（二）产量表现

2004—2005年度参加河南省冬水组区域试验，平均亩产481.2千克，比对照豫麦49增产3.6%；2005—2006年度续试，平均亩产513.5千克，比对照豫麦49增产5.3%。2006—2007年度参加河南省冬水组生产试验，平均亩产538.2千克，比对照豫麦49增产6.6%。

（三）特征特性

属半冬性中早熟品种，比对照豫麦49早熟2天。幼苗直立，抗寒性好，分蘖力较强，成穗率高；株高77厘米，茎秆弹性好，抗倒伏；株型紧凑，叶片上冲，穗长方形，穗层整齐，穗粒数较多，受倒春寒影响，穗上部虚尖，有缺位；籽粒半角质、均匀、饱满，容重高，成熟落黄好。亩穗数35.1万，穗粒数41粒，千粒重42.7克。

（四）品质分析

容重810克/升，粗蛋白含量14.56%，湿面筋含量31.8%，降落值432秒，吸水率62.1%，形成时间2.7分钟，稳定时间1.4分钟，沉淀值46.8毫升。

（五）抗性鉴定

中抗白粉病、条锈病和叶枯病，中感叶锈病和纹枯病。

（六）适宜范围及栽培要点

适宜在河南省早中茬中高肥力地（南部稻茬麦区除外）种植。适播期10月8—20日，适宜亩播量6~8千克。亩施纯氮13千克，磷、钾肥各8千克；浇好底墒水。注意防治蚜虫、赤霉病和叶锈病。

一四四、百农160

（一）品种来源

河南科技学院茹振钢等利用多抗893/温麦6号//百农64/温麦6号选育而成，2007年通过河南省农作物品种审定委员会审定，审定编号：豫审麦2007004。该品种已获批农业部品种保护（专利），其品种权号为CNA20070452.4。其系谱如下：

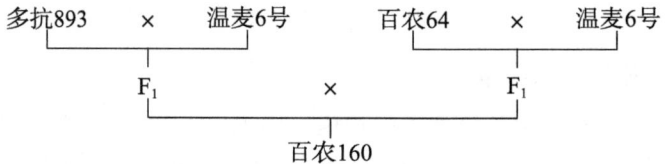

（二）产量表现

2004—2005年度参加河南省冬水组区域试验，平均亩产519.1千克，比对照豫麦49增产9.3%；2005—2006年度续试，平均亩产480.3千克，比对照豫麦49增产2.4%。2006—2007年度参加河南省冬水组生产试验，平均亩产520.2千克，比对照豫麦49增产5.4%。

（三）特征特性

属半冬性多穗型中晚熟品种，比对照豫麦49晚熟1天。幼苗半匍匐，苗势壮，抗寒性较强，抗倒春寒性一般；起身拔节晚，抽穗略迟，分蘖力一般，成穗率高；株高72厘米，抗倒性好；株型紧凑，旗叶上举，穗层整齐，穗下节短，穗小码密，灌浆速度快，耐后期高温能力较弱，落黄一般；穗纺锤形，长芒，白壳，白粒，籽粒角质，饱满度好，容重高。亩穗数38.5万，穗粒数34.6粒，千粒重42.3克。

(四)品质分析

容重775克/升,粗蛋白含量15.33%,湿面筋含量32%,降落值412秒,吸水率55.2%,形成时间3.2分钟,稳定时间3.3分钟,沉淀值60.5毫升。

(五)抗性鉴定

高抗条锈病,中抗白粉病、叶枯病和纹枯病,中感叶锈病。

(六)适宜范围及栽培要点

适宜在河南省早中茬中高肥力地(南部稻茬麦区除外)种植。适播期:黄河以北地区10月5—15日,黄河以南地区10月10—20日;亩播量:高肥地块8~9千克,中肥地块9~10千克;亩施磷酸二铵25千克,尿素30千克,氯化钾15千克;抽穗扬花期防治赤霉病,灌浆期"一喷三防"。

一四五、中育10号

(一)品种来源

中国农业科学院棉花研究所利用豫麦41号/宝丰94-24//豫麦49选育而成,2007年通过河南省农作物品种审定委员会审定,审定编号:豫审麦2007005。该品种已获批农业部品种保护(专利),其品种权号为CNA20050411.8。其系谱如下:

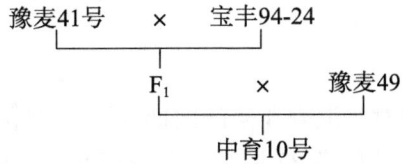

(二)产量表现

2004—2005年度参加河南省冬水组区域试验,平均亩产480千克,比对照豫麦49增产6.5%;2005—2006年度续试,平均亩产472.5千克,比对照豫麦49增产0.2%。2006—2007年度参加河南省冬水组生产试验,平均亩产511.7千克,比对照豫麦49增产3.7%。

(三)特征特性

属半冬性中早熟品种,较对照豫麦49早熟1天。幼苗半匍匐,苗势壮,叶色浓绿,抗寒性一般;起身拔节快,两极分化较快,抽穗略迟,分蘖能力强,亩穗数适中;株高80厘米,茎秆弹性弱,抗倒性一般;株型半紧凑,旗叶宽长上举,有轻微干尖,穗下节长,穗层整齐,成熟落黄好;穗纺锤形,长芒,白壳,白粒,籽粒较小,半角质,饱满度好。亩穗数38.6万,穗粒数35.4粒,千粒重37.6克。

(四)品质分析

容重780克/升,粗蛋白含量15.07%,湿面筋含量33.7%,降落值452秒,吸水率62.4%,形成时间4分钟,稳定时间3.4分钟,沉淀值54毫升。

(五)抗性鉴定

中抗条锈病和叶锈病,中感白粉病、叶枯病和纹枯病。

(六)适宜范围及栽培要点

适宜在河南省早中茬中高肥力地(南部稻茬麦区除外)种植。10月5—20日均可播种,最佳播期10月15日左右。高肥力地块亩播量6~9千克,中低肥力可适当增加播量;播期每推迟3天,亩播量增加 0.5 千克。一般亩底施纯氮 12 千克，五氧化二磷 7.5 千克，氧化钾 7.5 千克；拔节期亩追尿素 6 千克。拔节前结合化学除草进行化控，同时防治纹枯病；注意防治白粉病和叶锈病，灌浆期"一喷三防"。

一四六、漯麦 4-168

（一）品种来源

漯河市农业科学院赵全花等利用漯麦 4 号系统选育而成，2007 年通过河南省农作物品种审定委员会审定，审定编号：豫审麦 2007006。该品种已获批农业部品种保护（专利），其品种权号为 CNA20070534.2。其系谱如下：

```
漯麦4号
  │系选
漯麦4-168
```

（二）产量表现

2006—2007 年度参加河南省小麦品种性状改良鉴定试验，平均亩产 553.4 千克，比第一对照漯麦 4 号增产 5.6%，比第 2 对照豫麦 49 增产 8.4%。与对照漯麦 4 号相比：该品种继承了漯麦 4 号综合抗性优、产量高的特点，株型略紧，产量比漯麦 4 号提高 5.6%，容重提高 16.6 克，黑胚率下降 5.08%。

（三）特征特性

属半冬性大穗型中熟品种，与对照漯麦 4 号的熟期相同。幼苗半直立，叶色深绿，抗寒性较好，春季起身快，分蘖力强，成穗较多；株高 82 厘米，茎秆粗壮，较抗倒伏；株型半紧凑，长相清秀，成熟落黄好；穗长方形，大穗，长芒，白粒，粉质。亩穗数 41.7 万，穗粒数 36.2 粒，千粒重 43.3 克。

（四）品质分析

容重 786 克/升，粗蛋白含量 14.89%，湿面筋含量 28.6%，降落值 346 秒，吸水率 52.6%，形成时间 5.6 分钟，稳定时间 8.6 分钟。

（五）抗性鉴定

中抗条锈病、叶枯病和纹枯病，中感叶锈病和白粉病。

（六）适宜范围及栽培要点

适宜在河南省早中茬中高肥力地（南部稻茬麦区除外）种植。10 月 3—25 日均可播种，最佳播期 10 月 8—15 日。高肥力地块亩播量 5~6.5 千克，中等肥力可适当增加播量；播期每推迟 3 天，亩播量增加 0.5 千克。一般亩底施纯氮 12 千克，五氧化二磷 7.5 千克，氧化钾 7.5 千克；拔节期亩追尿素 6 千克；拔节前结合化学除草，进行化控和纹枯病防治，生育中后期防治白粉病和叶锈病；灌浆期"一喷三防"。

一四七、偃育 898

（一）品种来源

偃师市小麦育种研究所利用贵农 25-8/豫麦 18 选育而成，2007 年通过河南省农作物品种审定委员会审定，审定编号：豫审麦 2007007。该品种已获批农业部品种保护（专利），其品种权号为

CNA20070570.9。其系谱如下：

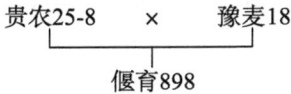

（二）产量表现

2004—2005年度参加河南省高密组区域试验，平均亩产491.9千克，比对照豫麦49增产3.6%。2005—2006年度参加河南省南部组区域试验，平均亩产384.5千克，比对照豫麦18增产3.4%。2006—2007年度参加河南省南部组生产试验，平均亩产478.5千克，比对照豫麦18增产8%。

（三）特征特性

属弱春性大穗型早熟品种，比对照豫麦18早熟2天。幼苗直立，生长健壮，叶色浅，叶片长宽披，春季起身拔节快，两极分化较早，抽穗早，成穗少；株高87厘米，株型松散，抗倒性一般；穗下节长，成熟落黄好；穗长方形，粒大，白色，半角质，饱满度较好，容重高。亩穗数28.96万，穗粒数55.23粒，千粒重43.8克。

（四）品质分析

容重786克/升，粗蛋白含量13.48%，湿面筋含量29.3%，降落值293秒，吸水率55.2%，形成时间2.2分钟，稳定时间1.8分钟，沉淀值50毫升。

（五）抗性鉴定

中抗白粉病、条锈病和叶锈病，中感叶枯病和纹枯病。

（六）适宜范围及栽培要点

适宜在河南省南部地区稻麦两熟区种植。10月15—25日均可播种；高肥力地块亩播量8~9千克，中低肥力地块可适当增加播量，播期每推迟3天，亩播量增加0.5千克。每亩施纯氮10~11千克，纯磷6~7千克，纯钾7~8千克。采取分层施肥，即2/3作底肥，1/3撒施。播前药剂拌种，重点防治地下害虫、蚜虫和红蜘蛛，及时防治纹枯病、赤霉病及叶枯病；灌浆期"一喷三防"。

一四八、邓麦996

（一）品种来源

河南先天下种业有限公司李晓丽等利用周麦11系选而成，2007年通过河南省农作物品种审定委员会审定，审定编号：豫审麦2007008。该品种已获批农业部品种保护（专利），其品种权号为CNA20060484.8。其系谱如下：

周麦11
|
系选
|
邓麦996

（二）产量表现

2004—2005年度参加河南省南部组区域试验，平均亩产333.15千克，比对照豫麦18增产2.45%；2005—2006年度续试，平均亩产381.6千克，比对照豫麦18增产2.6%。2006—2007年度参加河南省南部组生产试验，平均亩产476.4千克，比对照豫麦18增产7.5%。

（三）特征特性

属弱春性早熟品种，与对照豫麦18的熟期相同。幼苗半直立，抗寒性好，分蘖力中等，成穗率一般；株高84厘米，茎秆弹性好，较抗倒伏；株型紧凑，旗叶上举，长相清秀，穗层整齐，成熟落黄好；穗纺锤形，长芒，白粒，半角质，较饱满，容重高，黑胚率高。亩穗数39.8万，穗粒数38.8粒，千粒重39.4克。

（四）品质分析

容重809克/升，粗蛋白含量14.9%，湿面筋含量33.2%，降落值374秒，吸水率61.5%，形成时间3.5分钟，稳定时间3.4分钟，沉淀值42.5毫升。

（五）抗性鉴定

中抗叶枯病、条锈病和叶锈病，中感白粉病和纹枯病。

（六）适宜范围及栽培要点

适宜在河南省南部地区稻麦两熟区种植。适播期10月15—28日，高肥力地块适宜亩播量8~9千克，中低肥力地块适当加大播量，播期每推迟3天，亩播量增加0.5千克。一般亩底施农家肥3~4立方米，碳酸氢铵65千克，磷肥65千克，硫酸钾15千克，硫酸锌、硼酸各1千克；拔节期亩追尿素5~8千克；起身期及时化除和防治纹枯病。灌浆期"一喷三防"。

一四九、内农科201

（一）品种来源

内乡县农业科学研究所利用（8941/94C20）F_1/豫麦49选育而成，2007年通过河南省农作物品种审定委员会审定，审定编号：豫审麦2007009。该品种已获批农业部品种保护（专利），其品种权号为CNA20070533.4。其系谱如下：

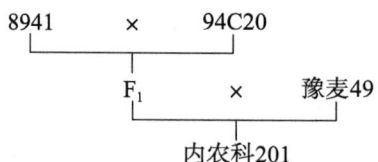

（二）产量表现

2004—2005年度参加河南省南部组区域试验，平均亩产349.75千克，比对照豫麦18增产4.65%；2005—2006年度续试，平均亩产393.1千克，比对照豫麦18增产3.2%。2006—2007年参加河南省南部组生产试验，平均亩产459.6千克，比对照豫麦18增产3.7%。

（三）特征特性

属半冬性中晚熟品种，比对照豫麦18晚熟2天。幼苗匍匐，抗寒性强，叶片细短，分蘖力强，亩成穗多；植高77厘米，株型略散，抗倒性好；旗叶上举，有干尖，穗层整齐，成熟落黄好；穗长方形，长芒、白粒，半角质，籽粒饱满。亩穗数41.26万，穗粒数35.5粒，千粒重37.2克。

（四）品质分析

容重780克/升，粗蛋白含量14.47%，湿面筋含量30.5%，降落值363秒，吸水率52.5%，形成时间4.3分钟，稳定时间6.4分钟，沉淀值50.8毫升。

（五）抗性分析

高抗叶锈病和条锈病，中抗叶枯病，中感白粉病和纹枯病。

（六）适宜范围及栽培要点

适宜在河南省南阳盆地、驻马店南部稻麦两熟区推广种植。10月10—25日均可播种，最佳播期10月15日左右。高中肥水地块亩播量6~8千克，岗坡旱薄地可适当增加播量，可晚播至11月中旬，播量需适当加大。一般亩施纯氮12千克，磷8千克，钾6千克；浇好越冬水、拔节水和灌浆水，拔节期追肥，灌浆期"一喷三防"。

一五〇、漯优7号

（一）品种来源

漯河市农业科学院利用豫同843/周麦9号//豫麦2号/千斤早选育而成，2007年通过河南省农作物品种审定委员会审定，审定编号：豫审麦2007011。该品种已获批农业部品种保护（专利），其品种权号为CNA20070710.8。其系谱如下：

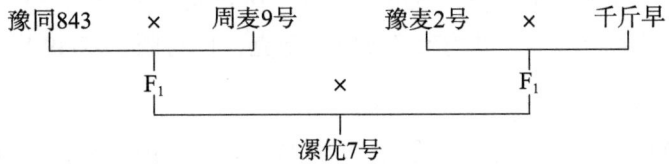

（二）产量表现

2003—2004年度参加河南省旱地组区域试验，平均亩产380.7千克，比对照豫麦2号增产5.7%；2004—2005年度续试，平均亩产350.6千克，比对照洛旱2号增产5.8%。2005—2006年度参加河南省再试，平均亩产360.1千克，比对照洛旱2号增产7.5%；2006—2007年度生产试验，平均亩产380.2千克，比对照洛旱2号增产6.5%。

（三）特征特性

属半冬性大穗型中熟品种，与对照洛旱2号的熟期相同。幼苗半直立，苗势壮，苗脚利落，抗寒性一般，返青起身快，分蘖力强，成穗数中等；株高83厘米，株型较紧凑，茎秆粗壮，抗倒性好；旗叶短上举，穗层整齐，成熟落黄好；穗长方形，长芒，白粒，半角质，商品性好。亩穗数37.6万，穗粒数39.2粒，千粒重38.8克。

（四）品质分析

容重796克/升，粗蛋白含量14.31%，湿面筋含量29.2%，降落值358秒，吸水率56%，形成时间2.2分钟，稳定时间1.6分钟，沉淀值65.2毫升。

（五）抗性鉴定

高抗条锈病，中抗叶锈病和叶枯病，高感白粉病，中感纹枯病。抗旱指数0.9143，抗旱级别3级，抗旱性中等。

（六）适宜范围及栽培要点

适宜在河南省京广线以西丘陵及旱地麦区种植。播期10月15—25日，最佳播期10月15日左右，高肥力地块每亩播量6~7千克，中低肥力适当增加播量，播期每推迟3天，亩播量增加0.5千克。一般亩底施纯氮12千克，五氧化二磷7.5千克，氧化钾7.5千克。浇好越冬水，及时进行化学除草。拔节后每亩追施尿素3~5千克。孕穗后重点防治白粉病和蚜虫；灌浆期"一喷三防"。

一五一、洛麦22

(一) 品种来源

洛阳市农业科学院选育而成,其组合为周麦13/豫麦49。2008年通过河南省农作物品种审定委员会审定,审定编号:豫审麦2008001。该品种已获批农业部品种保护(专利),其品种权号为CNA20090810.7。其系谱如下:

(二) 产量表现

2006—2007年度参加河南省高肥冬水组区域试验,平均亩产527.3千克,比对照豫麦49增产6.81%;2007—2008年度续试,平均亩产524.4千克,比对照周麦18增产1.62%。2007—2008年度参加河南省高肥冬水组生产试验,平均亩产536.2千克,比对照豫麦49增产6.9%。

(三) 特征特性

属半冬性多穗型中晚熟品种,比对照豫麦49晚熟2天。幼苗半匍匐,叶片小直,苗势壮,抗寒性较好;分蘖力强,春季起身拔节晚,抽穗迟;株高83厘米,抗倒性一般;株型偏松散,旗叶上举,茎秆蜡质重,穗层较厚,株行间透光性好,长相清秀;耐后期高温,成熟落黄好;对春季低温较敏感,受倒春寒的影响,穗上部有缺粒现象;穗纺锤形,长芒,白壳,白粒,籽粒角质,饱满。亩穗数40.8万,穗粒数33.6粒,千粒重48.5克。

(四) 品质分析

容重782克/升,蛋白质含量14.91%,湿面筋含量32.3%,降落值455秒,吸水量57.7毫升/100克,形成时间4分钟,稳定时间3.7分钟,沉淀值65.8毫升。

(五) 抗性鉴定

中感白粉病、条锈病、叶锈病和纹枯病,中抗叶枯病。

(六) 适宜范围及栽培要点

适宜在河南省(南部稻茬麦区除外)早中茬中高肥力地种植。适宜播期10月5—20日,最佳播期10月10日左右。高肥地块亩播量6~8千克,中低肥地块可适当增加播量,播期每推迟3天,亩播量增加0.5千克。一般亩施纯氮12千克,五氧化二磷7.5千克,氧化钾7.5千克,拔节期每亩追施尿素6千克;播前药剂拌种,防治地下害虫和苗期蚜虫;拔节孕穗期防治白粉病、锈病和蚜虫;灌浆期搞好"一喷三防"。

一五二、金豫麦2号

(一) 品种来源

河南金豫强盛种业科技有限公司选育而成,其组合为:郑农16/豫麦14。2008年通过河南省农作物品种审定委员会审定,审定编号:豫审麦2008002。其系谱如下:

```
郑农16号   ×   豫麦14
        │
      金豫麦2号
```

（二）产量表现

2005—2006年度参加河南省高肥冬水组区域试验，平均亩产500.6千克，比对照豫麦49增产2.65%；2006—2007年度续试，平均亩产513.8千克，比对照豫麦49增产4.04%。2007—2008年度参加河南省高肥冬水组生产试验，平均亩产532.6千克，比对照豫麦49增产6.2%。

（三）特征特性

属半冬性多穗型中熟品种，比对照豫麦49晚熟2天。幼苗直立，叶片较长，苗势壮，抗寒性较好；分蘖力较强，成穗率偏低；起身拔节较晚，抽穗迟；株高85厘米，茎秆弹性弱，抗倒伏能力一般；株型紧凑，旗叶宽大直立，干尖较明显；耐后期高温，成熟落黄好；穗长方形，穗层较厚，长芒，白壳，籽粒半角质，饱满，千粒重高。亩穗数39万，穗粒数31.3粒，千粒重50.1克。

（四）品质分析

容重796克/升，蛋白质含量14.57%，湿面筋含量32.3%，降落值412秒，吸水量55.5毫升/100克，形成时间2.2分钟，稳定时间1.4分钟，沉淀值43.5毫升。

（五）抗性鉴定

中抗白粉病、条锈病和叶枯病，中感叶锈病和纹枯病。

（六）适宜范围及栽培技术要点

适宜在河南省（南部稻茬麦区除外）早中茬中高肥力地种植。适播期10月10—25日，最佳播期10月15日左右；高肥地块亩播量7~9千克，中低肥力可适当增加播量。一般亩施纯氮12千克，五氧化二磷7.5千克，氧化钾7.5千克；拔节期亩追尿素6千克；起身期结合化学除草进行化控，同时防治纹枯病；灌浆期防治叶锈病和蚜虫。

一五三、中育12

（一）品种来源

中国农业科学院棉花研究所、中国农业科学院作物科学研究所利用矮败小麦轮选群体选育而成。2008年通过河南省农作物品种审定委员会审定，审定编号：豫审麦2008003。2011年通过陕西省农作物品种审定委员会引种认定，陕引麦20110011。该品种已获批农业部品种保护（专利），其品种权号为CNA20070360.9。其系谱如下：

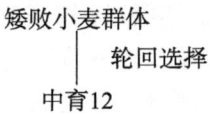

（二）产量表现

2006—2007年度参加河南省高肥冬水组区域试验，平均亩产532.9千克，比对照豫麦49增产7.94%；2007—2008年度续试，平均亩产520.2千克，比对照周麦18增产0.81%。2007—2008年度参加河南省高肥冬水组生产试验，平均亩产535.6千克，比对照豫麦49增产6.8%。

（三）特征特性

属半冬性多穗型中熟品种，比对照豫麦49晚熟1天。幼苗半直立，叶片短宽直，苗势壮，冬季抗寒性较好；分蘖力强，成穗率中等，起身拔节早，两极分化较快，抽穗较迟；株高86厘米，茎秆较粗壮，秆质硬，抗倒性好；株型紧凑，旗叶直立，穗层整齐，长相清秀；耐后期高温，成熟落黄好；穗长方形，结实性好，穗粒数多；受倒春寒的影响，穗上部有缺粒现象；长芒，白壳，白粒，籽粒半角质，较饱满。亩穗数37.8万，穗粒数35粒，千粒重47.2克。

（四）品质分析

容重784克/升，蛋白质含量15.76%，湿面筋含量35.2%，降落值424秒，吸水量59.9毫升/100克，形成时间2.7分钟，稳定时间2.5分钟，沉淀值49.2毫升。

（五）抗性鉴定

中抗白粉病和叶枯病，中感条锈病、叶锈病和纹枯病。

（六）适宜范围及栽培要点

适宜在河南省（南部稻茬麦区除外）、陕西关中灌区早中茬中高肥力地种植。适播期10月5—20日；最佳亩播量6~7千克。一般亩施纯氮12千克，五氧化二磷7.5千克，氧化钾7.5千克；拔节期亩追尿素6千克；起身期结合化除进行化控，同时防治纹枯病；多雨年份注意防治白粉病，灌浆期防治叶锈病和蚜虫。

一五四、济麦4号

（一）品种来源

河南省济源市农业科学研究所选育而成，其组合为：济5159/9411-4，2008年通过河南省农作物品种审定委员会审定，审定编号：豫审麦2008004。该品种已申请农业部品种保护（专利），其申请号为20060543.7。其系谱如下：

```
    济5159    ×    9411-4
         └────┬────┘
            济麦4号
```

（二）产量表现

2005—2006年度参加河南省高肥冬水组区试，平均亩产478.2千克，比对照豫麦49减产1.95%；2006—2007年度续试，平均亩产511千克，比对照豫麦49增产3.5%。2007—2008年度参加河南省高肥冬水组生产试验，平均亩产521.4千克，比对照豫麦49增产3.9%。

（三）特征特性

属半冬性多穗型中熟品种，与对照豫麦49的熟期相同。幼苗半直立，苗势较壮，抗寒性较好；分蘖力强，成穗率高，春季起身拔节偏晚，抽穗偏迟；株高79厘米，茎秆较细，弹性较好，较抗倒伏；株型紧凑，旗叶上举，干尖较明显；穗层较厚，穗下节弯曲；穗纺锤形，小穗排列稀，穗粒数偏少；长芒，白壳，白粒，籽粒角质，较饱满，无黑胚，外观商品性好。亩穗数46.1万，穗粒数29.2粒，千粒重45.2克。

（四）品质分析

容重791克/升，蛋白质含量15.87%，湿面筋含量34.1%，降落值504秒，吸水量56.6毫升/100克，形成时间9.3分钟，稳定时间19分钟，沉淀值72.2毫升。

（五）抗性鉴定

高抗叶锈病，中抗条锈病、纹枯病和叶枯病，高感白粉病。

（六）适宜范围及栽培要点

适宜在河南省（南部稻茬麦区除外）早中茬中高肥力地种植。适播期10月8—20日，最佳播期 10 月 10 日左右；高肥地亩播量 6~9 千克，中低肥地块可适当增加播量。一般亩施纯氮 10~12 千克，五氧化二磷 8 千克，氧化钾 9 千克，硫酸锌 1 千克；拔节期结合浇水，每亩追施尿素 5 千克；适时防治白粉病和蚜虫。

一五五、豫保 1 号

（一）品种来源

河南省农业科学院植物保护研究所选育而成，其组合为：豫麦 2 号 / 周 8826，2008 年通过河南省农作物品种审定委员会审定，审定编号：豫审麦 2008005。该品种已获批农业部品种保护（专利），其品种权号为 CNA20090209.6。其系谱如下：

$$\text{豫麦2号} \times \text{周8826}$$
$$\downarrow$$
$$\text{豫保1号}$$

（二）产量表现

2005—2006 年度参加河南省高肥冬水组区域试验，平均亩产 471.5 千克，比对照豫麦 49 减产 0.06%；2006—2007 年度续试，平均亩产 531.5 千克，比对照豫麦 49 增产 7.79%。2007—2008 年度参加河南省高肥冬水组生产试验，平均亩产 531.1 千克，比对照豫麦 49 增产 5.9%。

（三）特征特性

属半冬性多穗型中熟品种，比对照豫麦 49 晚熟 1 天。幼苗直立，叶色灰绿，抗寒性较好；分蘖力强，成穗率低，亩穗数偏低；株高 81 厘米，较抗倒伏；株型略松散，叶片较大，穗层整齐；耐高温能力弱，有轻度早衰，熟相一般；结实性好，穗长方形，长芒，白壳，白粒，籽粒半角质，饱满。亩穗数 31.9 万，穗粒数 45.5 粒，千粒重 46.7 克。

（四）品质分析

容重 782 克/升，蛋白质含量 14.54%，湿面筋含量 27%，降落值 320 秒，吸水量 56.3 毫升/100 克，形成时间 3.2 分钟，稳定时间 3.3 分钟，沉淀值 55 毫升。

（五）抗性鉴定

中抗白粉病、条锈病、纹枯病和叶枯病，中感叶锈病。

（六）适宜范围及栽培要点

适宜在河南省（南部稻茬麦区除外）早中茬中高肥力地种植。适播期 10 月中下旬，亩播量 9~12 千克。一般每亩施纯氮 14 千克，五氧化二磷 8 千克，氧化钾 8 千克；拔节期亩追施尿素 8~10 千克；生育中后期注意防治叶锈病和蚜虫。

一五六、花培 6 号

（一）品种来源

河南省农业科学院农作物新品种重点试验室选育而成，其组合为：豫麦 21/豫麦 2 号//漯麦 4 号，2008 年通过河南省农作物品种审定委员会审定，审定编号：豫审麦 2008006。该品种已获批农业部品种保护（专利），其品种权号为 CNA20080351.4。其系谱如下：

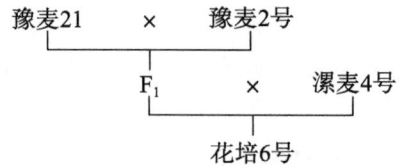

（二）产量表现

2006—2007年度参加河南省高肥冬水组区域试验，平均亩产540.6千克，比对照豫麦49增产8.38%；2007—2008年度续试，平均亩产551.2千克，比对照周麦18增产0.49%。2007—2008年度参加河南省高肥冬水组生产试验，平均亩产544.3千克，比对照豫麦49增产9.4%。

（三）特征特性

属半冬性中晚熟品种，比对照豫麦49晚熟3天。幼苗直立，叶片宽大，长势较强，两极分化快，分蘖成穗率中等，抗寒能力弱，成熟期偏晚；株高77厘米，株型半紧凑，茎秆粗壮，抗倒性较好；穗长方形，穗层厚，穗粒数多，籽粒半角质，饱满，千粒重高。亩穗数32.4万，穗粒数39.3粒，千粒重54.7克。

（四）品质分析

容重808克/升，蛋白质含量13.95%，湿面筋含量29.9%，降落值362秒，吸水量60.1毫升/100克，形成时间2.8分钟，稳定时间2.3分钟，沉淀值49.8毫升。

（五）抗性鉴定

中抗叶枯病和白粉病，中感条锈病、叶锈病和纹枯病。

（六）适宜范围及栽培要点

适宜在河南省（南部稻茬麦区除外）早中茬中高肥力地种植。适播期10月8—15日；亩播量8千克左右。一般每亩施纯氮12千克，五氧化二磷7.5千克，氧化钾7.5千克；起身期进行水肥管理，亩施尿素7.5~10千克；浇好孕穗水和灌浆水，春季注意防治纹枯病，后期及时防治锈病和蚜虫。

一五七、泛麦8号

（一）品种来源

河南省黄泛区地神种业农科所选育而成，其组合为：泛矮2号/原泛3号，2008年通过河南省农作物品种审定委员会审定，审定编号：豫审麦2008007。该品种已获批农业部品种保护（专利），其品种权号为CNA20100400.0。其系谱如下：

```
泛矮2号   ×   原泛3号
        泛麦8号
```

（二）产量表现

2005—2006年度参加河南省高肥冬水组区域试验，平均亩产474.5千克，比对照豫麦49增产0.57%。2006—2007年度续试，平均亩产521.7千克，比对照豫麦49增产5.8%。2007—2008年度参加河南省高肥冬水组生产试验，平均亩产531.4千克，比对照豫麦49增产6.8%。

（三）特征特性

属半冬性中熟品种，比对照豫麦49晚熟1天。幼苗匍匐，抗寒性一般，分蘖成穗率高；起身拔节慢，抽穗晚；株高73厘米，较抗倒伏；株型略松散，叶片较大，穗层整齐，穗大而均匀，成熟落黄好；穗纺锤形，长芒，白粒，籽粒半角质，饱满。亩穗数39.5万，穗粒数37.4粒，千粒重43.5克。

（四）品质分析

容重796克/升，蛋白质含量15.42%，湿面筋含量27.9%，吸水量53.4毫升/100克，降落值381秒，形成时间7.2分钟，稳定时间10.4分钟，沉淀值73.5毫升。

（五）抗性鉴定

高抗叶锈病，中抗条锈病和叶枯病，中感白粉病和纹枯病。

（六）适宜范围及栽培要点

适宜河南省（南部稻茬麦区除外）早中茬中高肥力地种植。适播期10月5—25日，最佳播期10月12日左右；高肥地亩播量6~7.5千克，中低肥地块可适当增加播量。亩底施尿素15千克、过磷酸钙75千克和氯化钾15千克，拔节初期亩追施尿素15千克；冬前和早春防治纹枯病；中后期及时防治白粉病和蚜虫。

一五八、平麦998

（一）品种来源

河南省平顶山市农业科学院于从文等选育而成，其组合为：陕优225/周麦9号，2008年通过河南省农作物品种审定委员会审定，审定编号：豫审麦2008008。该品种已获批农业部品种保护（专利），其品种权号为CNA20090038.3。其系谱如下：

```
陕优225    ×    周麦9号
         |
       平麦998
```

（二）产量表现

2005—2006年度参加河南省高肥冬水组区域试验，平均亩产498.7千克，比对照豫麦49增产2.07%。2006—2007年度续试，平均亩产513.1千克，比对照豫麦49增产3.93%。2007—2008年度参加河南省高肥冬水组生产试验，平均亩产527.9千克，比对照豫麦49增产6.1%。

（三）特征特性

属半冬性中熟品种，比对照豫麦49晚熟1天。幼苗半匍匐，苗势强壮，抗寒性一般；春季起身拔节慢，分蘖力强，抽穗迟，成穗率一般；株高76厘米，抗倒性好，株型半松散，叶片上冲，茎秆有蜡质，穗下节间短；穗纺锤形，穗层整齐，成熟落黄好；长芒，白粒，籽粒半角质，较饱满。亩穗数41.1万，穗粒数35.3粒，千粒重43.3克。

（四）品质分析

容重774克/升，蛋白质含量15.36%，湿面筋含量33%，吸水量62毫升/100克，降落值380秒，形成时间4.2分钟，稳定时间4.6分钟，沉淀值55毫升。

(五) 抗性鉴定

中抗叶枯病，中感白粉病、条锈病、叶锈病和纹枯病。

(六) 适宜范围及栽培要点

适宜在河南省（南部稻茬麦区除外）早中茬中高肥力地种植。适播期10月5—15日，最佳播期10月10日左右；高肥地亩播量6~9千克，中低肥地块可适当增加播量。一般亩施纯氮13千克，五氧化二磷7.5千克，氧化钾7.5千克；拔节期结合浇水，每亩追施尿素6~8千克，起身期化学除草，同时预防纹枯病；灌浆期防治蚜虫、白粉病和锈病。

一五九、众麦998

(一) 品种来源

河南省新安县科学技术协会选育而成，其组合为：百农71-22/豫麦18//温2540/洛芙林10号，2008年通过河南省农作物品种审定委员会审定，审定编号：豫审麦2008010。该品种已获批农业部品种保护（专利），其品种权号为CNA20070436.2。其系谱如下：

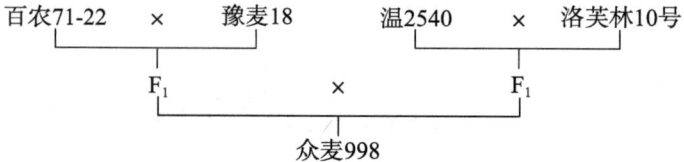

(二) 产量表现

2006—2007年度参加河南省高肥冬水组区域试验，平均亩产552.5千克，比对照豫麦49增产10.77%。2007—2008年度续试，平均亩产545.9千克，比对照周麦18减产0.48%。2007—2008年度参加河南省高肥冬水组生产试验，平均亩产523.1千克，比对照豫麦49增产5.1%。

(三) 特征特性

属半冬性中熟品种，与对照豫麦49的熟期相同。幼苗直立，叶片细长，长势较强，抗寒能力弱；起身拔节早，两极分化慢，分蘖成穗率中等；株高78厘米，株型半紧凑，长相清秀，茎秆弹性好，抗倒性好；穗长方形，穗层整齐，白粒，籽粒半角质，饱满度一般。亩穗数32.4万，穗粒数38.8粒，千粒重49.4克。

(四) 品质分析

容重774克/升，蛋白质含量15.17%，湿面筋含量33%，降落值326秒，吸水量59.4毫升/100克，形成时间3分钟，稳定时间2.3分钟，沉淀值57毫升。

(五) 抗性鉴定

中抗白粉病、纹枯病和叶枯病，中感条锈病和叶锈病。

(六) 适宜范围及栽培要点

适宜在河南省（南部稻茬麦区除外）早中茬中高肥力地种植。适播期10月5—25日；高肥地亩播量7~8千克，中水肥地8~9千克。施足底肥，浇好越冬水、拔节水和灌浆水，增施磷肥和钾肥，补锌肥和硼肥；及时防治小麦蚜虫等病虫害。

一六〇、平安7号

（一）品种来源

河南省驻马店市农业科学研究所、河南省豫安小麦研究所选育而成，其组合为：漯麦4号//990111/WS89-5422，2008年通过河南省农作物品种审定委员会审定，审定编号：豫审麦2008012。该品种已获批农业部品种保护（专利），其品种权号为CNA20090372.7。其系谱如下：

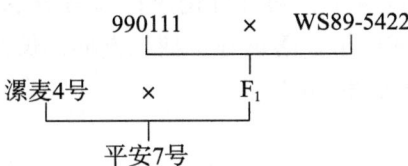

（二）产量表现

2006—2007年度参加河南省高肥春水组区域试验，平均亩产531千克，比对照偃展4110增产6.07%；2007—2008年度续试，平均亩产508.2千克，比对照偃展4110增产4.78%。2007—2008年度参加河南省高肥春水组生产试验，平均亩产525千克，比对照偃展4110增产7.1%。

（三）特征特性

属弱春性中早熟品种，与对照偃展4110的熟期相同。幼苗直立，苗势壮，耐寒性好，分蘖力强，成穗数一般；春季起身拔节慢，抽穗晚；株高82厘米，抗倒性一般；株型略松散，旗叶平展，根系活力强，耐后期高温，成熟落黄好；穗长方形，小穗排列密，穗层较整齐；白粒，半角质，较饱满，黑胚率偏高。亩穗数34.7万穗，穗粒数36.3粒，千粒重46.5克。

（四）品质分析

容重784克/升，蛋白质含量14.4%，湿面筋含量28.7%，降落值398秒，吸水量53毫升/100克，形成时间2.8分钟，稳定时间3.2分钟，沉淀值58毫升。

（五）抗性鉴定

中抗纹枯病和叶枯病，中感叶锈病，高感白粉病和条锈病。

（六）适宜范围及栽培要点

适宜在河南省（南部稻茬麦区除外，条锈病易发区慎用）中晚茬中高肥力地种植。适播期10月10—25日，最佳播期10月12—15日；亩播量7~7.5千克，中低肥地块可适当增加播量。亩施纯氮5~6千克，五氧化二磷9千克，氧化钾8千克作底肥；拔节末期结合浇水，亩追施纯氮4千克；灌浆期"一喷三防"。

一六一、洛旱8号

（一）品种来源

河南省洛阳市农业科学院用豫麦49作母本，豫麦48作父本水旱杂交选育而成。系谱号9771-1-2-1。2008年通过河南省农作物品种审定委员会审定，审定编号：豫审麦2008013。该品种于2010年获批农业部品种保护（专利），其品种权号为CNA20060422.8。其系谱如下：

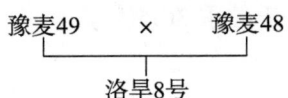

（二）产量表现

2005—2006年度参加河南省旱地组区域试验，平均亩产352.96千克，比对照洛旱2号增产5.32%；2006—2007年度续试，平均亩产350.71千克，比对照洛旱2号增产6.59%。2007—2008年度参加河南省旱地组生产试验，平均亩产366千克，比对照洛旱2号增产10.6%。

（三）特征特性

属半冬性多穗型中熟品种，与对照洛旱2号的熟期相同。幼苗半直立，长势壮，苗脚利落，分蘖成穗率高，抗寒性一般，返青起身早，两极分化快；株高76厘米，茎秆粗壮，抗倒性好；株型较紧凑，旗叶略披，穗层整齐，成熟早，落黄好；穗长方形，长芒，白粒，偏粉质，饱满度好。亩穗数36.3万，穗粒数33.7粒，千粒重36.5克。

（四）品质分析

容重774克/升，蛋白质含量15.16%，湿面筋含量34.7%，降落值365秒，吸水量53.8毫升/100克，形成时间3.7分钟，稳定时间4.4分钟，沉淀值72.2毫升。

（五）抗性鉴定

中抗叶枯病，中感白粉病、条锈病、叶锈病和纹枯病。抗旱指数1.1277，抗旱级别2级。

（六）适宜范围及栽培要点

适宜在河南省丘陵旱地早中茬地种植。播期9月28日至10月25日，最佳播期10月5—15日；亩播量8~9千克，晚播可适当加大播量。重施粗肥和磷、钾肥，每亩施纯氮9千克，纯磷6千克，纯钾6千克。播种前药剂拌种；拔节孕穗期防治蚜虫、白粉病和锈病。

一六二、济麦6号

（一）品种来源

河南省济源市农业科学院选育而成，其组合为：百农64/豫麦21，2008年通过河南省农作物品种审定委员会审定，审定编号：豫审麦2008014。该品种已获批农业部品种保护（专利），其品种权号为CNA20060542.9。其系谱如下：

```
百农64    ×    豫麦21
          │
        济麦6号
```

（二）产量表现

2005—2006年度参加河南省旱地组区域试验，平均亩产351.77千克，比对照洛旱2号增产4.97%；2006—2007年度续试，平均亩产348.82千克，比对照洛旱2号增产6.02%。2007—2008年度参加河南省旱地组生产试验，平均亩产356.3千克，比对照洛旱2号增产7.6%。

（三）特征特性

属半冬性中熟品种，与对照洛旱2号的熟期相同。幼苗半匍匐，长势壮，苗脚利落，抗寒性一般；返青起身早，两极分化快，分蘖成穗率高；株高76厘米，茎秆细、弹性好，较抗倒伏；株型半紧凑，旗叶较短平展，成熟略晚，落黄好；穗纺锤形，穗层整齐，短芒，小粒，半角质，较饱满。亩穗数36.3万，穗粒数33.7粒，千粒重36.5克。

（四）品质分析

容重790克/升，蛋白质含量15.08%，湿面筋含量33.3%，降落值387秒，吸水量58.4毫升/100克，形成时间3.5分钟，稳定时间3.8分钟，沉淀值67毫升。

（五）抗性鉴定

中抗条锈病、叶锈病和叶枯病，中感纹枯病和白粉病。抗旱性中等。

（六）适宜范围及栽培要点

适宜在河南省丘陵旱地早中茬地种植。适播期10月1—10日，亩播量8~10千克。一般亩施纯氮12千克，五氧化二磷7.5千克，氧化钾7.5千克；及时防治纹枯病、白粉病及蚜虫等。

一六三、河科大9612

（一）品种来源

河南科技大学农学院、河南地圣农业科技发展有限公司选育而成，其组合为：偃师117/偃师80//洛阳117/洛阳8715，2008年通过河南省农作物品种审定委员会审定，审定编号：豫审麦2008015。该品种已获批农业部品种保护（专利），其品种权号为CNA20111243.8。其系谱如下：

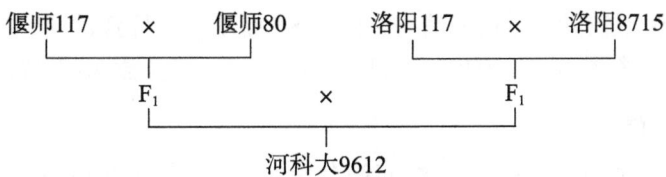

（二）产量表现

2004—2005年度参加河南省南部组区域试验，平均亩产373.25千克，比对照豫麦18增产12.67%；2005—2006年度续试，平均亩产375.1千克，比对照豫麦18增产1.82%。2006—2007年度参加南部组生产试验，平均亩产475.7千克，比对照豫麦18增产7.3%；2007—2008年度续试，平均亩产457.3千克，比对照豫麦18增产5.9%。

（三）特征特性

属弱春性早熟品种，与对照豫麦18的熟期相同。幼苗半匍匐，春季起身快，分蘖力强，亩穗数多；株高78厘米，茎秆弹性好，较抗倒伏；株型紧凑，长相清秀，旗叶宽大下披，成熟早，落黄好；穗纺锤形，长芒，白粒，半角质，千粒重高。亩穗数34.9万，穗粒数33.3粒，千粒重51.5克。

（四）品质分析

容重764克/升，蛋白质含量14.89%，湿面筋含量34.7%，降落值427秒，吸水量56.9毫升/100克，形成时间3.2分钟，稳定时间2.7分钟，沉淀值56.2毫升。

（五）抗性鉴定

中抗叶枯病，中感白粉病、叶锈病和纹枯病，高感条锈病。

（六）适宜范围及栽培要点

适宜在河南省南部稻茬麦区（条锈病易发区慎用）中晚茬地种植。适宜播期10月中下旬，亩播量7.5千克为宜。亩施钙镁磷肥50千克、农家肥4 000千克，缺钾地区配合施入硫酸钾20千克；加强冬灌和中后期肥水管理，拔节期每亩追施磷酸二铵20千克，灌浆期每亩施尿素5千克，及时防治锈病、白粉病、纹枯病和蚜虫。

一六四、宛麦16

（一）品种来源

河南省南阳市农业科学研究所选育而成，其组合为：莱州953/温2540，2008年通过河南省农作物品种审定委员会审定，审定编号：豫审麦2008016。该品种已获批农业部品种保护（专利），其品种权号为CNA20070513.X。其系谱如下：

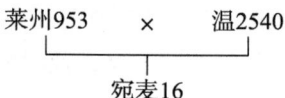

（二）产量表现

2005—2006年度参加河南省南阳组区域试验，平均亩产395.3千克，比对照豫麦18增产3.84%；2006—2007年度续试，平均亩产439.8千克，比对照豫麦18增产4.91%。2007—2008年度参加河南省南部组生产试验，平均亩产465千克，比对照豫麦18增产7.7%。

（三）特征特性

属弱春性早熟品种，与对照豫麦18的熟期相同。幼苗半直立，叶色深绿，叶片宽短，抗寒性强，分蘖成穗率中等；株型较紧凑，长相清秀，株高86厘米，茎秆弹性弱，抗倒性一般；穗长方形，穗层整齐，成熟落黄好；籽粒角质，饱满。亩穗数30.7万，穗粒数36.3粒，千粒重50克。

（四）品质分析

容重784克/升，蛋白质含量15.05%，湿面筋含量32.9%，降落值451秒，吸水量64毫升/100克，形成时间3.4分钟，稳定时间3.6分钟，沉淀值60.2毫升。

（五）抗性鉴定

中抗叶枯病，中感条锈病、叶锈病和纹枯病，高感白粉病。

（六）适宜范围及栽培要点

适宜在河南省南部稻茬麦区中晚茬地种植。适播期10月10—30日，亩播量7~10千克。施足底肥，氮、磷、钾肥合理配比，并增施硼肥和锌肥；拔节期亩追尿素5千克；适时中耕除草，浇好拔节水和灌浆水；抽穗前防治白粉病和蚜虫；灌浆期"一喷三防"。

一六五、宛麦18

（一）品种来源

河南省南阳市农业科学研究所李金良等选育而成，其组合为：Taiwk43/豫麦18，2008年通过河南省农作物品种审定委员会审定，审定编号：豫审麦2008017。该品种已获批农业部品种保护（专利），其品种权号为CNA20090347.9。其系谱如下：

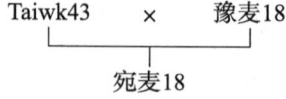

（二）产量表现

2005—2006年度参加河南省春水组区域试验，平均亩产485.7千克，与对照偃展4110相比，减产3.95%；与对照豫麦18相比，增产3%。2006—2007年度参加河南省南阳、信阳组区域试验，平均亩产427.75千克，比对照豫麦18增产2.77%。2007—2008年度参加河南省南部稻茬麦区组生产试验，平均亩产459.2千克，比对照豫麦18增产6.4%。

（三）特征特性

属弱春性早熟品种，与对照豫麦18的熟期相同。幼苗直立，苗势壮，分蘖成穗率中等；起身拔节快，抽穗较早；株高81厘米，株型较松散，叶片下披，茎秆弹性好，较抗倒伏；穗纺锤形，码稀，穗层较厚，成熟落黄好；籽粒角质，饱满。亩穗数32.7万，穗粒数32.4粒，千粒重46.3克。

（四）品质分析

容重798克/升，蛋白质含量15.17%，湿面筋含量31.6%，降落值301秒，吸水量63.2毫升/100克，形成时间3分钟，稳定时间2.7分钟，沉淀值45毫升。

（五）抗性鉴定

高抗纹枯病，中抗条锈病、叶锈病和叶枯病，中感白粉病。

（六）适宜范围及栽培要点

适宜在河南省南部稻茬麦区中晚茬地种植。适播期10月15—25日，高肥地块亩播量6~8千克，中低肥地块可适当增加播量。中等以上水肥地亩施农家肥4 000千克，碳酸氢铵50千克，磷肥40~50千克，硫酸钾10千克，硫酸锌、硼酸各1千克；拔节期亩追尿素5~6千克；抽穗扬花期预防赤霉病；灌浆期搞好白粉病和蚜虫防治。

一六六、豫农416

（一）品种来源

河南农业大学国家小麦工程技术研究中心刘万代等选育而成，组合为：豫麦49//豫麦21/豫麦35。2009年通过河南省农作物品种审定委员会审定，审定编号：豫审麦2009001。2013年通过陕西省农作物品种审定委员会引种认定，引种编号：陕引麦2013001。2014年通过安徽省引种认定，皖农种函〔2014〕1035号。该品种已获批农业部品种保护（专利），其品种权号为CNA20080625.4。其系谱如下：

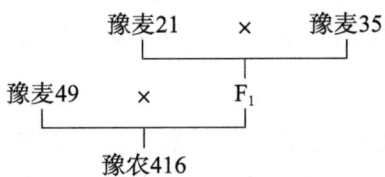

（二）产量表现

2006—2007年度参加河南省高肥冬水组区域试验，平均亩产523.1千克，比对照豫麦49增产5.96%；2007—2008年度续试，平均亩产532.5千克，比对照周麦18增产3.19%。2008—2009年度参加河南省高肥冬水组生产试验，平均亩产575千克，比对照周麦18增产7.4%。

（三）特征特性

属半冬性多穗型中熟品种，比对照周麦18早熟2天。幼苗半匍匐，苗势壮，分蘖力强，抗寒性较好；春季起身快，拔节抽穗早，长势偏旺，春季抗寒性一般；株高78厘米左右，株型松紧适中，抗倒伏性较好，抗后期干热风，成熟落黄好；穗层较厚，穗纺锤形，长芒，护颖白色，籽粒白色，角质，饱满，黑胚率低，外观商品性好。对水肥不敏感，广适性好。亩穗数39.3万，穗粒数36.8粒，千粒重48.6克。

（四）品质分析

容重778克/升、804克/升，蛋白质含量15.43%、14.32%，降落值372秒、410秒，吸水量55.1毫升/100克、55.5毫升/100克，形成时间6分钟、6分钟，稳定时间10分钟、7.9分钟，沉淀值78.5毫升、63.8毫升，出粉率74.7%、70.8%，硬度指数62 HI。

（五）抗性鉴定

中抗白粉病、条锈病和叶枯病，中感纹枯病和叶锈病。安徽省引种抗病鉴定，中抗赤霉病。

（六）适宜范围及栽培要点

适宜在河南省（南部稻茬麦区除外）及陕西省关中灌区、安徽省淮北麦区早中茬中高肥力地种植。其栽培技术要点为：10月8—20日均可播种，郑州地区最适播期10月10—15日。在整地质量较好、土壤墒情适宜的情况下，亩播量7~8千克，高肥地严格控制播量，晚播时可适当增加播量。一般亩施有机肥3~5立方米，纯氮14~16千克，五氧化二磷8千克，氧化钾7~8千克。有机肥和磷、钾肥全部底施，氮肥60%底施、40%氮肥拔节期追施。对于群体较大、肥力较高的地块，起身期结合化学除草进行化控。拔节前防治纹枯病，孕穗后适时防治白粉病、锈病和蚜虫。

一六七、周麦24

（一）品种来源

周口市农业科学院选育而成，组合为：周麦16/陕优225。2009年通过河南省农作物品种审定委员会审定，审定编号：豫审麦2009002。该品种已获批农业部品种保护（专利），其品种权号为CNA20080429.4。其系谱如下：

```
周麦16  ×  陕优225
     └──┬──┘
       周麦24
```

（二）产量表现

2007—2008年度参加河南省高肥冬水组区域试验，平均亩产549.3千克，比对照周麦18增产3.11%；2008—2009年度续试，平均亩产499.5千克，比对照周麦18减产0.79%。2008—2009年度参加河南省高肥冬水组生产试验，平均亩产537.5千克，比对照豫麦49增产4%。

（三）特征特性

属半冬性多穗型中熟品种，比对照周麦18早熟1天。幼苗半直立，苗势壮，抗寒性较好；分蘖成穗率一般；春季起身拔节较晚，两极分化慢；株高84厘米，株型紧凑，旗叶宽大直立，茎秆弹性强，抗倒性较好；耐后期高温，成熟落黄好；穗长方形，短芒，大穗，均匀，结实性好，籽粒半角质，饱满。亩穗数39.5万，穗粒数36.1粒，千粒重42.8克。

（四）品质分析

容重795克/升，蛋白质含量15.15%，湿面筋含量27%，降落值458秒，吸水量54毫升/100克，形成时间8.9分钟，稳定时间14.3分钟，沉淀值63.5毫升，出粉率71.5%。

（五）抗性鉴定

中感白粉病和条锈病，中抗纹枯病、叶锈病和叶枯病。

（六）适宜范围及栽培要点

适宜在河南省（南部稻茬麦区除外）早中茬中高肥力地种植。10月5—30日均可播种，最佳播期10月15日左右，适宜亩播量7~12千克。一般全生育期亩施纯氮12~14千克，五氧化二磷6~10千克，氧化钾5~7千克，硫、锌肥均为3千克。磷、钾肥和微肥一次性底施，氮肥底追比例为5∶5，拔节后期追肥。返青起身期防治纹枯病；生育中后期防治白粉病和蚜虫；灌浆期"一喷三防"。

一六八、汝麦0319

(一) 品种来源

汝州市农业科学研究所利用太谷核不育系轮回选择而成。2009年通过河南省农作物品种审定委员会审定，审定编号：豫审麦2009003。该品种已获批农业部品种保护（专利），其品种权号为CNA20070487.7。其系谱如下：

太谷核不育小麦
　　│轮回选择
汝麦0319

(二) 产量表现

2006—2007年度参加河南省高肥冬水组区域试验，平均亩产545.4千克，比对照豫麦49增产8.71%；2007—2008年度续试，平均亩产513.9千克，比对照周麦18减产3.52%。2007—2008年度参加河南省高肥冬水组生产试验，平均亩产529.8千克，比对照豫麦49增产5.6%。

(三) 特征特性

属半冬性多穗型中熟品种，与对照豫麦49的熟期相同。幼苗半直立，叶片长宽，苗势较健壮，分蘖成穗率中等，春季起身拔节快，抽穗较早；株高78厘米，株型半紧凑，叶片上举，植株蜡质重，茎秆弹性好，较抗倒伏；穗纺锤形，穗层整齐，小穗排列密；穗粒数较多，耐后期高温，灌浆快，落黄好；长芒，白粒，籽粒半角质，饱满，黑胚率偏高。亩穗数35万，穗粒数39.2粒，千粒重46.4克。

(四) 品质分析

容重796克/升，蛋白质含量14.36%，湿面筋含量27.2%，降落值406秒，吸水量52.7毫升/100克，形成时间3.2分钟，稳定时间4.5分钟，沉淀值54毫升。

(五) 抗性鉴定

高感白粉病，中感纹枯病，中抗条锈病、叶锈病和叶枯病。

(六) 适宜范围及栽培要点

适宜在河南省（南部稻茬麦区除外）早中茬中高肥力地种植。10月10—25日均可播种，最佳播期10月15日左右。中高肥力地块亩播量6~8千克，中低肥力地块适当增加播量，如延期播种，以每推迟3天增加0.5千克播量为宜。施足底肥，氮、磷、钾肥合理配比；拔节后每亩追施尿素5~10千克，浇好拔节水和灌浆水；苗期和拔节前结合化学除草，防治纹枯病。生育中后期及时防治白粉病和蚜虫。灌浆期搞好"一喷三防"。

一六九、花培8号

(一) 品种来源

河南省农业科学院重点实验室选育而成，组合为：9824H-1-2/91138//91138。2009年通过河南省农作物品种审定委员会审定，审定编号：豫审麦2009005。该品种已获批农业部品种保护（专利），其品种权号为CNA20080457.X。其系谱如下：

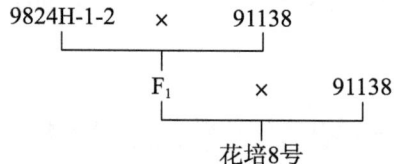

（二）产量表现

2007—2008年度参加河南省春水组区域试验，平均亩产538.1千克，比对照偃展4110增产6.37%；2008—2009年度续试，平均亩产489.9千克，比对照偃展4110增产6.15%。2008—2009年度参加河南省春水组生产试验，平均亩产501.8千克，比对照偃展4110增产8.1%。

（三）特征特性

属弱春性多穗型中晚熟品种，比对照偃展4110晚熟3天。幼苗直立，苗势壮，抗寒性较好。分蘖力强，成穗率一般，春季起身拔节较快；株高81厘米，株型紧凑，茎秆弹性好，抗倒伏；旗叶直立，穗下节长，株行间通风透光性好；耐后期高温，成熟落黄好；穗长方形，结实性好，籽粒偏粉质、饱满。亩穗数41万，穗粒数34.5粒，千粒重44.5克。

（四）品质分析

容重795克/升，蛋白质含量13.27%，湿面筋含量28.4%，降落值367秒，吸水量54毫升/100克，形成时间2分钟，稳定时间1.7分钟，沉淀值44毫升，出粉率71.8%。

（五）抗性鉴定

中抗白粉病、叶锈病和叶枯病，中感纹枯病和条锈病。

（六）适宜范围及栽培要点

适宜在河南省（南部稻茬麦区除外）中晚茬中高肥力地种植。适播期10月15日左右，适宜亩播量7~8千克左右。一般每亩施纯氮12千克，五氧化二磷7.5千克，氧化钾7.5千克；起身期前后结合浇水，亩施尿素7.5~10千克；春季注意防治纹枯病，浇好孕穗水和灌浆水，后期注意防治蚜虫。

一七〇、中焦2号

（一）品种来源

中国农业科学院作物科学研究所、焦作市农业科学研究所选育而成，组合为：阿夫/偃展1号。2009年通过河南省农作物品种审定委员会审定，审定编号：豫审麦2009006。该品种已申请农业部品种保护（专利），申请公告号为CNA008167E。其系谱如下：

```
阿夫  ×  偃展1号
       │
     中焦2号
```

（二）产量表现

2006—2007年度参加河南省南阳组区域试验，平均亩产436.65千克，比对照豫麦18增产4.43%；2007—2008年度续试，平均亩产441.3千克，比对照豫麦18增产4.51%。2008—2009年度参加河南省南部组生产试验，平均亩产507.2千克，比对照偃展4110增产9.1%。

（三）特征特性

属弱春性多穗型早熟品种，比对照偃展4110早熟3天。幼苗直立，叶色深绿，苗势壮，分蘖成穗率高；春季起身早，两极分化快；株高83厘米，株型半紧凑，茎秆弹性好，抗倒伏；叶片长宽，穗层整齐，结实性好，成熟落黄好；穗长方形，籽粒角质，饱满度一般。亩穗数40.9万，穗粒数34.5粒，千粒重40.5克。

（四）品质分析

容重780克/升，蛋白质含量14.76%，湿面筋含量33.4%，降落值425秒，吸水量62.3毫升/100克，形成时间2.2分钟，稳定时间1.4分钟，沉淀值49毫升，出粉率70.8%。

（五）抗性鉴定

中抗白粉病、条锈病、叶锈病和叶枯病，中感纹枯病。

（六）适宜范围及栽培要点

适宜在河南省南部稻茬麦区中晚茬地种植。10月中下旬播种，亩播量5~7.5千克，亩基本苗10万~15株万为宜。每亩底施纯氮13千克，磷、钾肥8千克；及时防治蚜虫、纹枯病和赤霉病。灌浆期搞好"一喷三防"。

一七一、内麦988

（一）品种来源

内乡县农业科学研究所选育而成，组合为：兰考906变异株/分33。2009年通过河南省农作物品种审定委员会审定，审定编号：豫审麦2009007。2009年申请植物新品种权保护，公告号CNA006423E。该品种已申请农业部品种保护（专利），申请公告号为CNA006423E 其系谱如下：

```
兰考906变异株 ×  分33
       └──────┬──────┘
            内麦988
```

（二）产量表现

2005—2006年参加河南省南部组区域试验，平均亩产382.5千克，比对照豫麦18增产3.83%；2006—2007年续试，平均亩产429.85千克，比对照豫麦18增产3.26%。2007—2008年度参加河南省南部组生产试验，平均亩产470.8千克，比对照豫麦18增产9.1%。

（三）特征特性

属弱春性早熟品种，与对照豫麦18的熟期相同。幼苗半直立，苗势壮，叶片细长，叶色浅绿，抗寒性好；分蘖成穗率高；株高79厘米，株型半紧凑，长相清秀；茎秆弹性好，较抗倒伏；穗层整齐，穗长方形，籽粒半角质，灌浆速度快，较饱满，成熟落黄好。亩穗数34.7万，穗粒数35.3粒，千粒重44.7克。

（四）品质分析

容重800克/升，蛋白质含量13.6%，降落值360秒，湿面筋含量27.8%，吸水量53.8毫升/100克，形成时间4.4分钟，稳定时间5.4分钟，沉淀值51.2毫升。

（五）抗性鉴定

中感白粉病和叶锈病，中抗条锈病、纹枯病和叶枯病。

（六）适宜范围及栽培要点

适宜在河南省南部稻茬麦区中晚茬地种植。10月18—25日为最佳播期，亩播量5~7千克，亩基本苗10万~12万为宜。一般亩基施纯氮12千克，磷8千克，钾6千克，同时配施农家肥3立方米；及时中耕松土，对群体100万以上的麦田，要深耕控蘖；对分蘖偏少的田块，要及时浇水追肥；生育中后期注意防治白粉病、叶锈病和蚜虫。灌浆期"一喷三防"。

一七二、许科316

（一）品种来源

河南省许科种业有限公司选育而成，其组合为：周麦16/百农64。2011年通过河南省农作物品种审定委员会审定，审定编号：豫审麦2011001。该品种已获批农业部品种保护（专利），其品种权号为CNA20110605.2。其系谱如下：

```
周麦16    ×    百农64
         |
       许科316
```

（二）产量表现

2007—2008年度参加河南省冬水组区域试验，平均亩产538.6千克，比对照周麦18增产1.11%；2008—2009年度续试，平均亩产506.9千克，比对照周麦18增产0.69%。2009—2010年度参加河南省冬水生产试验，平均亩产518.9千克，比对照周麦18增产7.6%。

（三）特征特性

属半冬性中早熟品种。幼苗半直立，叶色青绿，生长健壮，抗寒性好。春季起身拔节较早，两极分化快，苗脚利索，分蘖成穗率中等。成株期叶色浓绿，株高75厘米左右，株型适中，旗叶较小上举，穗下节间长，茎秆粗壮，抗倒伏。穗长方形，小穗排列密，结实性好，穗粒数较多，籽粒饱满，商品性好。根系活力好，后期耐高温，抗干热风，灌浆速度快，成熟落黄好。亩穗数40万左右，穗粒数42粒上下，千粒重45克左右。

（四）品质分析

容重794克/升，蛋白质含量13.96%，湿面筋含量29.5%，降落值429秒，吸水量56.5毫升/100克，形成时间2.7分钟，稳定时间1.9分钟，沉淀值42.1毫升。

（五）抗性鉴定

抗条锈病和叶锈病，叶枯病、赤霉病发病较轻。

（六）适宜范围及栽培要点

适宜在河南省（南部稻茬麦区除外）中高水肥地早中茬地种植。适播期10月5—20日，亩播量8~10千克，晚播应适当加大播量。施足底肥，氮、磷、钾肥配合，返青拔节期每亩追施尿素7~10千克。浇好拔节水和灌浆水；生育后期搞好"一喷三防"。

一七三、豫教5号

（一）品种来源

河南教育学院小麦育种研究中心王世杰等与河南滑丰种业科技有限公司选育而成，其组合为：

郑91138/豫麦49。2011年通过河南省农作物品种审定委员会审定，审定编号：豫审麦2011002。该品种已获批农业部品种保护（专利），其品种权号为CNA20080360.3。其系谱如下：

```
91138 × 豫麦49
        |
      豫教5号
```

（二）产量表现

2007—2008年度参加河南省冬水组区域试验，平均亩产528.6千克，比对照周麦18增产2.44%；2008—2009年度续试，平均亩产522.6千克，比对照周麦18增产2.98%。2009—2010年度参加河南省冬水组生产试验，平均亩产483.8千克，比对照周麦18增产6.4%。

（三）特征特性

属半冬性中熟品种，熟期与对照周麦18相当。幼苗半匍匐，苗势壮，冬季抗寒性较好，起身拔节期生长稳健，穗层整齐，闭颖授粉，对倒春寒不敏感，亩穗数适中；旗叶上举，穗、叶色灰绿，穗下节较短，株型松紧适当，株高75厘米左右；穗较大均匀，小穗排列较密，籽粒白色，半角质，饱满度较好，黑胚率低，外观商品性好。

（四）品质分析

容重802克/升，蛋白质含量14.77%，湿面筋含量31.3%，降落值408秒，吸水量51.6毫升/100克，形成时间2.8分钟，稳定时间3分钟，沉淀值46.8毫升。

（五）抗性鉴定

中抗白粉病，对赤霉病避病兼抗扩展，高抗条锈病、叶锈病和纹枯病。

（六）适宜范围及栽培要点

适宜在河南省（南部稻茬麦区除外）早中茬中高肥力地种植。适播期10月5—20日，亩播量7~9千克，早播和足墒播种时宜降低播量，晚播和底墒不足时增大播量。施足底肥，有机肥与化肥配合，根据土壤肥力和苗情，适量追施冬肥和春肥。适当控制群体，防止倒伏。抽穗扬花期后"一喷三防"。

一七四、群喜麦4号

（一）品种来源

河南省新农种业有限公司李祥福、李彦忠、李彦学等选育而成，其组合为：农大82056/矮早781//中育5号。2011年通过河南省农作物品种审定委员会审定，审定编号：2011003。该品种已申请农业部品种保护（专利），申请公告号为CNA008149E。其系谱如下：

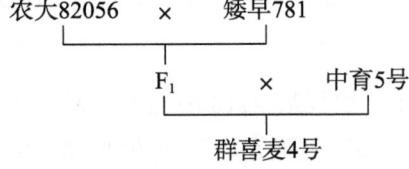

（二）产量表现

2007—2008年度参加河南省高肥春水组区域试验，平均亩产511.1千克，比对照偃展4110增产1.02%；2008—2009年度续试，平均亩产485.6千克，比对照偃展4110增产5.22%；2年平均增产3.12%。2009—2010年度参加河南省春水组生产试验，平均亩产490.6千克，比对照偃展4110增产8%。

(三)特征特性

属弱春性多穗型中早熟品种,与对照偃展4110熟期相当。幼苗直立,苗势壮,冬季耐寒性好,分蘖力一般,成穗率高;春季起身拔节较早,两极分化快,抽穗较早,春季抗寒性一般。叶色浓绿,旗叶偏长,穗层整齐,长芒,穗偏小,株高72厘米左右,抗倒性较好。籽粒角质,饱满度好,黑胚率低。亩穗数42.5万,穗粒数33粒,千粒重43克。根系活力强,耐后期高温,成熟落黄好。

(四)品质分析

容重803克/升、770克/升,蛋白质含量13.62%、14.01%,湿面筋含量29%、35.4%,降落值390秒、423秒,沉淀值46.8毫升、60.2毫升,吸水量56.1毫升/100克、58毫升/100克,形成时间2.4分钟、2.2分钟,稳定时间1.9分钟、1.5分钟。

(五)抗性鉴定

中抗纹枯病和叶枯病,中感白粉病、条锈病和叶锈病。

(六)适宜范围及栽培要点

适宜在河南省中晚茬中高肥力地种植。适播期10月中下旬,河南中北部地区10月10—25日,豫南地区10月15—30日为宜。高肥力地块亩播量8~10千克,中低肥力地块或延期播种应适当增加播量。一般亩底施农家肥3~4立方米,尿素12~15千克,磷酸二铵20~25千克,氯化钾6~10千克;浇好越冬水、返青水和灌浆水,拔节期结合浇水,每亩追施尿素5~10千克;中后期注意防治锈病、白粉病和蚜虫。

一七五、浚2016

(一)品种来源

河南省浚县王庄乡农业科普站孙希增等选育而成,其组合为:豫麦52/郑麦9023//周麦13。2011年通过河南省农作物品种审定委员会审定,审定编号:2011004。其系谱如下:

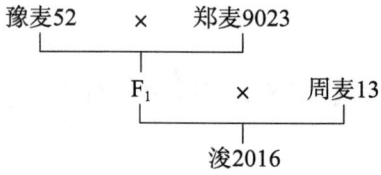

(二)产量表现

2007—2008年度参加河南省高肥春水组区域试验,平均亩产497.5千克,比对照偃展4110增产2.58%;2008—2009年度续试,平均亩产473.7千克,比对照偃展4110增产4.1%。2009—2010年度参加河南省春水组生产试验,平均亩产486.3千克,比对照偃展4110增产7%。

(三)特征特性

属弱春性大穗型早熟品种,比对照偃展4110晚熟0.5天。幼苗半直立,苗势一般,冬季耐寒性较好,春季起身拔节晚,抽穗迟,穗层较整齐。株高70厘米,株型偏紧凑,旗叶上冲,长相清秀,茎秆弹性好,较抗倒伏。穗长方形,均匀,籽粒半角质,饱满。根系活力强,耐后期高温,落黄正常。亩穗数32.9万,穗粒数33.6粒,千粒重50.1克。

(四)品质分析

容重788克/升,蛋白质含量13.82%,湿面筋含量31.3%,降落值401秒,吸水量58.1毫升/100克,形成时间2.5分钟，稳定时间2.2分钟，沉淀值41.8毫升。

（五）抗性鉴定

中抗白粉病和叶枯病，中感条锈病、叶锈病和纹枯病。

（六）适宜范围及栽培要点

适宜在河南省中晚茬中高肥力地种植。播期10月10—15日为宜，亩播量8~10千克，亩基本苗15万~20万为宜。一般亩底施纯氮13千克，磷、钾肥各8千克；浇好底墒水、越冬水、孕穗水和灌浆水。通过种子包衣预防地下害虫；冬前和早春防治纹枯病；孕穗后防治锈病、赤霉病和蚜虫。灌浆期"一喷三防"。

一七六、开麦20

（一）品种来源

河南省开封市农业科学院选育而成，其组合为：矮开79/开麦14。2011年通过河南省农作物品种审定委员会审定，审定编号：豫审麦2011006。该品种已获批农业部品种保护（专利），其品种权号为CNA20100354.6。其系谱如下：

```
矮开79    ×    开麦14
   └──────┬──────┘
        开麦20
```

（二）产量表现

2007—2008年度参加河南省高肥春水组区域试验，平均亩产510.2千克，比对照偃展4110增产5.19%；2008—2009年度续试，平均亩产487.4千克，比对照偃展4110增产7.11%。2009—2010年度参加河南省春水组生产试验，平均亩产485.2千克，比对照偃展4110增产6.8%。

（三）特征特性

属弱春性中早熟品种，比对照偃展4110晚熟0.2天。幼苗直立，苗势壮，冬季耐寒性好，春季起身拔节快，抽穗较早。株高76.7厘米，株型偏紧凑，旗叶较宽上举，结实性好，抗倒性一般。穗层较整齐，小穗较密，籽粒半角质，黑胚率偏高。后期灌浆快，成熟落黄好。适应能力强，丰产稳产性好。亩穗数37.5万，穗粒数33.3粒，千粒重44.2克。

（四）品质分析

容重806克/升，蛋白质含量14.68%，湿面筋含量31.3%，降落值377秒，吸水量54.5毫升/100克，形成时间2.9分钟，稳定时间2.7分钟，沉淀值54.2毫升。

（五）抗性鉴定

中抗白粉病和叶枯病，中感条锈病、叶锈病和纹枯病。

（六）适宜范围及栽培要点

适宜在河南省中晚茬中高肥力地种植。10月10—30日均可播种，最佳播期10月15日左右；高肥力地块亩播量8~9千克，中低肥力或晚播地块可适当加大播量。施足底肥，氮、磷、钾肥合理配比，一般亩施纯氮12~14千克，五氧化二磷6~8千克，氧化钾6~8千克，拔节后每亩追施尿素8千克。浇好拔节水和灌浆水。起身期结合化除进行化控，同时防治纹枯病。生育中后期及时防治锈病、白粉病和蚜虫，灌浆期搞好"一喷三防"。

一七七、宛麦19

（一）品种来源

河南省南阳市农业科学研究所利用（陕优225/南阳75-6）F_3钴-60辐射选育而成，2011年通过河南省农作物品种审定委员会审定，审定编号：豫审麦2011007。该品种已申请农业部品种保护（专利），申请公告号为CNA008352E。其系谱如下：

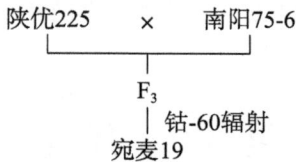

（二）产量表现

2007—2008年度参加河南省水地信阳组区域试验，平均亩产430.1千克，比对照豫麦18增产1.87%；2008—2009年续试，平均亩产392.7千克，比对照豫麦18增产9.94%。2009—2010年度参加河南省南部稻茬组生产试验，平均亩产440.2千克，比对照偃展4110增产5%。

（三）特征特性

属弱春性大穗型早熟品种，比对照偃展4110晚熟0.8天。幼苗半直立，苗势壮，耐寒性一般，分蘖力一般，成穗率高，亩穗数偏多，穗层整齐。春季起身较迟，两极分化慢。株高79.4厘米，成株有蜡质，茎秆弹性好，抗倒伏能力强。旗叶偏长下披，叶片稍卷曲，穗下节较长。穗长方形，长芒，结实性好，穗粒数多，籽粒角质，饱满度较好。耐后期高温，成熟落黄较好。亩穗数40.1万，穗粒数33.2粒，千粒重42.8克。

（四）品质分析

容重799克/升，蛋白质含量15.64%，湿面筋含量34.3%，降落值440秒，吸水量65.5毫升/100克，形成时间2.2分钟，稳定时间1.6分钟，沉淀值46.8毫升。

（五）抗性鉴定

轻感白粉病和叶锈病，赤霉病发生较重。

（六）适宜范围及栽培要点

适宜在河南省南部稻茬麦区中晚茬地种植。适播期10月15—25日，高肥力地块亩播量6~8千克，中低肥力地可适当增加播量。一般亩施农家肥4立方米，碳酸氢铵50千克，磷肥40~50千克，硫酸钾10千克，硫酸锌、硼酸各1千克；拔节期结合浇水，每亩追施5~6千克尿素；抽穗扬花期预防赤霉病。灌浆期搞好"一喷三防"。

一七八、洛旱10号

（一）品种来源

洛阳市农业科学院利用温麦8号（豫麦58号）作母本、山农45作父本杂交选育而成，系谱号9779。2011年通过河南省农作物品种审定委员会审定，审定编号：豫审麦2011009。该品种于2010年获批农业部品种保护（专利），其品种权号为CNA20070345.5。其系谱如下：

温麦8号　×　山农45
　　　↓
　　洛旱10号

（二）产量表现

2007—2008年度参加河南省旱地区域试验，平均亩产375.6千克，比对照洛旱2号增产5.8%；2008—2009年度续试，平均亩产332.81千克，比对照洛旱2号增产9.1%。2009—2010年度参加河南省旱地生产试验，平均亩产433.4千克，比对照洛旱2号增产8.7%。

（三）特征特性

属半冬性大穗型中熟品种，比对照洛旱2号晚熟0.3天。幼苗半匍匐，叶色浓绿，冬前大分蘖多，抗寒性强，返青偏早，起身拔节较快；植株90.7厘米，株型半紧凑，抗倒性一般；叶片上举，穗层整齐，灌浆速度快，成熟落黄好；穗长方形，白粒，半角质，黑胚率偏高。亩穗数34.6万，穗粒数28.9粒，千粒重48.3克。

（四）品质分析

容重783克/升，蛋白质含量14.79%，湿面筋含量32.6%，降落值494秒，吸水率60.3%，沉淀值50毫升，硬度67HI，形成时间2.5分钟，稳定时间1.8分钟，出粉率69.2%。

（五）抗性鉴定

中抗白粉病、叶锈病和叶枯病，中感纹枯病，高感条锈病。抗旱级别3级，抗旱性中等。

（六）适宜范围及栽培要点

适宜在河南省丘陵旱肥地早中茬地种植。适播期10月上中旬，亩播量10~12千克，晚播可适当加大播量。一般亩底施纯氮13千克，磷、钾肥各8千克；起身期预防纹枯病；灌浆期搞好"一喷三防"。

一七九、鹤麦2号

（一）品种来源

河南省鹤壁市农业科学院选育而成，其组合为：西农881/豫农69。2011年通过河南省农作物品种审定委员会审定，审定编号：豫审麦2011010。该品种已申请植物新品种权保护，公告号CNA010868E。其系谱如下：

西农881　×　豫农69
　　　↓
　　鹤麦2号

（二）产量表现

2007—2008年度参加河南省旱地区域试验，平均亩产368.31千克，比对照洛旱2号增产3.7%；2008—2009年度续试，平均亩产313.86千克，比对照洛旱2号增产2.89%。2009—2010年度参加河南省旱地生产试验，平均亩产428.7千克，比对照洛旱2号增产7.6%。

（三）特征特性

属半冬性偏弱春大穗型中熟品种，比对照洛旱2号早熟0.4天。幼苗半直立，长势壮，耐瘠薄性差，分蘖力较弱，冬季冻害较重，起身拔节早，两极分化快，株高80.6厘米，茎秆蜡质厚，粗壮，抗倒性好。株型半紧凑，旗叶下披，叶片较大。穗长方形，穗层整齐，长芒，白壳，白粒，半角质，黑胚率低，落黄一般。亩穗数36.8万，穗粒数33.7粒，千粒重42.3克。

（四）品质分析

容重786克/升，蛋白质含量15.78%，湿面筋含量35.8%，吸水率54.7%，沉淀值48.2毫升，形成时间2.7分钟，稳定时间2.3分钟，出粉率64.8%。

（五）抗性鉴定

中抗叶锈病，中感白粉病、叶枯病和纹枯病。抗旱性中等。

（六）适宜范围及栽培要点

适宜在河南省丘陵旱地种植。播期9月28日至10月10日，最佳播期10月3日左右；播量以每亩12~16千克为宜，保证亩基本苗13万~18万。亩施有机肥2 000千克，尿素20千克，磷酸钙50~70千克，氯化钾7.5~10千克。播后及时镇压；春季以中耕为主。后期注意防治蚜虫、红蜘蛛和条锈病。

一八〇、洛旱12

（一）品种来源

河南省洛阳市农业科学院用洛旱2号作母本、西（15）作父本杂交选育而成的旱地小麦品种，系谱号9874。2011年通过河南省农作物品种审定委员会审定，审定编号：豫审麦2011011。该品种于2010年获批农业部品种保护（专利），其品种权号为CNA20070347.1。其系谱如下：

```
洛旱2号    ×    西（15）
         │
       洛旱12
```

（二）产量表现

2007—2008年度参加河南省旱地区域试验，平均亩产367.29千克，比对照洛旱2号增产3.5%；2008—2009年度续试，平均亩产312.89千克，比对照洛旱2号增产2.57%。2009—2010年度参加河南省旱地生产试验，平均亩产424千克，比对照洛旱2号增产6.4%。

（三）特征特性

属半冬性大穗型中晚熟品种，与对照洛旱2号的熟期相同。幼苗半匍匐，长势壮，分蘖力强，起身返青早，两极分化快，春季生长发育速度较快；株高82.4厘米，植株偏高，基部节间短，茎秆弹性好，较抗倒伏；株型半松散，叶色浅绿，旗叶平展，后期旗叶倒挂，叶的功能期较长；穗下节长，抗干热风能力强，落黄好；穗长方形，穗层整齐，穗大，受春季倒春寒影响，穗顶部结实性差，白壳，白粒，半角质。亩穗数40.6万，穗粒数31.2粒，千粒重37.1克。

（四）品质分析

容重770克/升，蛋白质含量14.44%，湿面筋含量31.2%，降落值314秒，吸水率57.3%，形成时间2.4分钟，稳定时间2.1分钟，弱化度142 B.U.，沉淀值62毫升，硬度67 HI，出粉率69.3%。

（五）抗性鉴定

中抗叶锈病和叶枯病，中感白粉病和纹枯病，高感条锈病。抗旱指数1.1352，抗旱性2级，抗旱性较好。

（六）适宜范围及栽培要点

适宜在河南省丘陵旱地种植。适播期 10 月上中旬，适宜亩播量 10~12 千克。亩施有机肥 2~3 立方米，尿素 20 千克，磷酸钙 50~70 千克，氯化钾 7.5~10 千克。及时防治锈病、白粉病和蚜虫。

一八一、宛麦 20

（一）品种来源

南阳市农业科学研究所利用漯珍 1 号 / 豫麦 18// 漯珍 1 号选育而成，2011 年通过河南省农作物品种审定委员会审定，审定编号：豫审麦 2011012。该品种于 2010 年获批农业部品种保护（专利），其品种权号为 CNA20110646.3。其系谱如下：

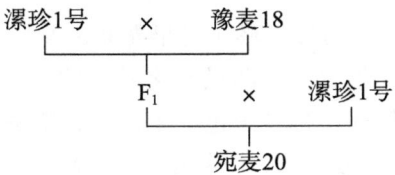

（二）产量表现

2006—2007 年度参加河南省特色组区域试验，平均亩产 424.4 千克，比对照漯珍 1 号增产 8.88%；2007—2008 年度续试，平均亩产 452.4 千克，比对照漯珍 1 号增产 13.79%；2008—2009 年度续试，平均亩产 422.6 千克，比对照漯珍 1 号增产 13.21%。2009—2010 年度参加河南省特色组生产试验，平均亩产 409 千克，比对照漯珍 1 号增产 13.1%。

（三）特征特性

属弱春性中熟黑色类型品种，比对照漯珍 1 号早熟 0.5 天。幼苗半直立，叶色深绿，长势旺，分蘖力一般，成穗率较高；株高 81.7 厘米，株型较紧凑，茎秆弹性一般，抗倒性一般；叶片较大上举，穗层较整齐，小穗排列较密，无芒，黑粒，籽粒小；受倒春寒影响，有虚尖缺位现象；根系活力好，耐后期高温，成熟落黄好。亩穗数 38.5 万，穗粒数 26.3 粒，千粒重 37.8 克。

（四）品质分析

铁含量 29.8 毫克 / 千克、硒含量 0.0657 毫克 / 千克、碘含量 0.95 毫克 / 千克。

（五）抗性鉴定

中感白粉病和叶枯病，中抗条锈病、叶锈病和纹枯病。

（六）适宜范围及栽培要点

作为特用类型品种以订单农业形式在河南省麦区（南部稻茬麦区除外）中晚茬地种植。播期 10 月 15—30 日均可，最佳播期 10 月 20 日左右，最晚可延迟到 11 月 10 日播种；每亩播量 8~10 千克，10 月 30 日后每推迟 3 天，亩播量增加 0.5 千克为宜。一般亩底施纯氮 13 千克，磷、钾肥各 8 千克；起身期预防纹枯病；拔节期结合浇水，亩追施尿素 5~7.5 千克。抽穗后注意防治吸浆虫、蚜虫、条锈病和白粉病，灌浆中后期"一喷三防"。

一八二、周黑麦 1 号

（一）品种来源

周口市农业科学院利用周麦 9 号 / 漯珍 1 号选育而成，2011 年通过河南省农作物品种审定委员会审定，审定编号：豫审麦 2011013。该品种已获批农业部品种保护（专利），其品种权号为 CNA20080430.X。其系谱如下：

```
        豫麦9号  ×  漯珍1号
              └──┬──┘
               周黑麦1号
```

（二）产量表现

2007—2008 年度参加河南省特色组区域试验，平均亩产 460.5 千克，比对照漯珍 1 号增产 15.82%；2008—2009 年度续试，平均亩产 414 千克，比对照漯珍 1 号增产 10.89%。2009—2010 年度参加河南省特色组生产试验，平均亩产 407 千克，比对照漯珍 1 号增产 12.5%。

（三）特征特性

属半冬性中熟黑色类型品种，比对照漯珍 1 号早熟 0.5 天。幼苗半匍匐，苗期叶色深绿，分蘖力强，成穗率一般；返青拔节后叶色变浅，两极分化慢；株高 79 厘米，旗叶上举，有干尖，茎秆弹性好，抗倒伏能力较强；穗层整齐，籽粒黑色，半角质，饱满度好，容重较高；较耐后期高温，熟相一般。亩穗数 38.1 万，穗粒数 30.6 粒，千粒重 38.1 克。

（四）品质分析

铁含量 29.6 毫克/千克，硒含量 0.0382 毫克/千克，碘含量 1.78 毫克/千克。

（五）抗性鉴定

中抗条锈病和纹枯病，中感叶锈病、白粉病和叶枯病。

（六）适宜范围及栽培要点

作为特用类型品种以订单农业形式在河南省麦区（南部稻茬麦区除外）早中茬地种植。10 月 5—25 日均可播种，最佳播期 10 月 10 日左右；适宜亩播量 8~10 千克。全生育期亩施纯氮 12~14 千克，五氧化二磷 6~10 千克，氧化钾 5~7 千克，氮肥底追比例为 6：4，孕穗后及时防治白粉病和叶锈病。灌浆期"一喷三防"。

一八三、豫教黑 1 号

（一）品种来源

河南教育学院利用漯珍 1 号/周麦 9 号选育而成，2011 年通过河南省农作物品种审定委员会审定，审定编号：豫审麦 2011014。其系谱如下：

```
        漯珍1号  ×  周麦9号
              └──┬──┘
               豫教黑1号
```

（二）产量表现

2007—2008 年度参加河南省特色组区域试验，平均亩产 434.1 千克，比对照漯珍 1 号增产 9.19%；2008—2009 年度续试，平均亩产 402.9 千克，比对照漯珍 1 号增产 7.93%。2009—2010 年度参加河南省特色组生产试验，平均亩产 398.9 千克，比对照漯珍 1 号增产 10.3%。

（三）特征特性

属半冬性中晚熟黑色类型品种，比对照漯珍 1 号晚熟 0.9 天。幼苗半直立，苗势壮，分蘖力强，抗寒性好；株高72.7厘米，株型半紧凑，抗倒性一般，旗叶上举，干尖重，熟相一般；穗层较厚，受倒春寒影响，有虚尖缺位现象；籽粒黑色，角质，饱满度一般。亩穗数38.4万，穗粒数26.3粒，千粒重39.3克。

（四）品质分析

铁含量31.4毫克/千克，硒含量0.0404毫克/千克，碘含量1.80毫克/千克。

（五）抗性鉴定

中感白粉病和叶锈病，中抗条锈病、叶枯病和纹枯病。

（六）适宜范围及栽培要点

作为特用类型品种以订单农业形式在河南省麦区（南部稻茬麦区除外）早中茬地种植。适播期10月5—20日；亩播量7~9千克。施足底肥，有机肥与化学肥料配合；一般亩底施纯氮13千克，磷、钾肥各8千克；起身期预防纹枯病和倒伏；扬花后防治蚜虫、叶锈病和白粉病。

一八四、济糯1号

（一）品种来源

济源市农业科学研究所利用全糯小麦/济麦3号选育而成，2011年通过河南省农作物品种审定委员会审定，审定编号：豫审麦2011015。该品种已获批农业部品种保护（专利），其品种权号为CNA20141423.7。其系谱如下：

```
全糯小麦    ×    济麦3号
            │
          济糯1号
```

（二）产量表现

2007—2008年度参加河南省特色组区域试验，平均亩产454.7千克，比对照漯珍1号增产14.36%；2008—2009年度续试，平均亩产442.3千克，比对照漯珍1号增产18.5%。2009—2010年度参加河南省特色组生产试验，平均亩产403.3千克，比对照漯珍1号增产11.5%。

（三）特征特性

属弱春性早熟糯质类型品种，比对照漯珍1号早熟1.8天。春季起身拔节早，两极分化快；株高64.7厘米，株型松散，茎秆有蜡质，叶片细长下披；穗纺锤形，小穗排列较密，顶部不孕小穗明显，白粒，偏粉质，饱满度较好；不耐后期高温，有早衰现象。亩穗数40万，穗粒数30.6粒，千粒重39克。

（四）品质分析

容重801克/升，蛋白质含量15.85%，湿面筋含量34.4%，降落值65秒，吸水量77.1毫升/100克，形成时间4分钟，稳定时间2.1分钟，沉淀值38.5毫升，粉质质量指数54毫米，直链淀粉含量（占淀粉）0.48%，出粉率71.2%，评价值45。

（五）抗性鉴定

中抗白粉病、条锈病、叶锈病和纹枯病，中感叶枯病。

（六）适宜范围及栽培要点

作为特用类型品种以订单农业形式在河南省麦区（南部稻茬麦区除外）中晚茬地种植。10月

5—22日均可播种，最佳播期10月15日左右；高肥力地块亩播量6~9千克，中低肥力可适当增加播量，播期每推迟3天，亩播量增加0.5千克为宜。一般亩施纯氮12千克，五氧化二磷7.5千克，氧化钾7.5千克，拔节后亩追尿素6千克。注意防治纹枯病、白粉病及蚜虫。开花期和灌浆期叶面喷肥。

一八五、天糯158

（一）品种来源

漯河天翼生物工程有限公司利用郑麦9023//（Ike/河南白火麦）选育而成，2011年通过河南省农作物品种审定委员会审定，审定编号：豫审麦2011016。其系谱如下：

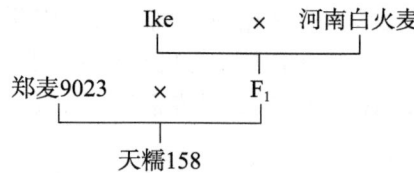

（二）产量表现

2007—2008年度参加河南省特色组区域试验，平均亩产451千克，比对照漯珍1号增产13.42%；2008—2009年度续试，平均亩产421.1千克，比对照漯珍1号增产12.8%。2009—2010年度参加河南省特色组生产试验，平均亩产384.2千克，比对照漯珍1号增产6.3%。

（三）特征特性

属弱春性早熟糯质类型品种，比对照漯珍1号早熟1.1天。幼苗直立，长势旺，叶色深绿，冬季有冻害；拔节抽穗早，分蘖成穗率高；株高85厘米，株型偏紧凑，抗倒伏能力一般；旗叶宽大上举，穗下节间长；穗长方形，小穗排列较稀，受倒春寒影响，穗上部有虚尖缺粒现象，成熟早，落黄好；籽粒半角质，饱满度好，千粒重高。亩穗数34.2万，穗粒数27.7粒，千粒重47克。

（四）品质分析

容重818克/升，蛋白质含量15.62%，湿面筋含量32.4%，降落值63秒，吸水率73.4%，形成时间4.3分钟，稳定时间2.8分钟，沉淀值44.5毫升，弱化度178 B.U.，粉质质量指数61毫米，直链淀粉含量（占淀粉）0，出粉率73.1%，评价值47。

（五）抗性鉴定

中感白粉病和叶锈病，中抗条锈病、叶枯病和纹枯病。

（六）适宜范围及栽培要点

作为特用类型品种以订单农业形式在河南省麦区（南部稻茬麦区除外）中晚茬地种植。10月15—25日均可播种，适播期10月20日；高肥力地块亩播量7~8千克，中低肥力可适当增加播量。一般亩底施纯氮8~10千克，五氧化二磷7~10千克，氧化钾5千克；拔节期亩追施尿素7.5~10千克。起身期结合化除进行化控。灌浆期防治白粉病、叶锈病和蚜虫。

一八六、开麦21

（一）品种来源

开封市农林科学研究院、河南农业科学院种业有限公司利用鲁D9401/开麦16选育而成，2011年通过河南省农作物品种审定委员会审定，审定编号：豫审麦2011017。该品种已获批农业部品种保护（专利），其品种权号为CNA20110757.8。其系谱如下：

```
鲁D9401    ×    开麦16
         |
       开麦21
```

（二）产量表现

2008—2009年度参加河南省冬水组区域试验，平均亩产517.7千克，比对照周麦18增产2.84%；2009—2010年度续试，平均亩产545千克，比对照周麦18增产7.82%。2010—2011年度参加河南省冬水组生产试验，平均亩产568.3千克，比对照周麦18增产5.8%。

（三）特征特性

属半冬性大穗型中晚熟品种，比对照周麦18早熟0.4天。幼苗半直立，叶色浓绿，长势偏旺，冬季抗寒性一般，分蘖力中等，成穗率一般；春季起身拔节早，两极分化快，苗脚利落；株型偏松散，蜡质层厚，穗下节较长，株高75~87.2厘米，茎秆弹性一般，抗倒能力偏差；旗叶偏长上冲，下部叶片偏小，株行间通风透光性好；穗纺锤形，穗层整齐，短芒，穗粗大，均匀，结实性较好，受倒春寒影响有缺粒现象；籽粒半角质，饱满度好，黑胚率低。亩穗数38.6万，穗粒数38.5粒，千粒重42克。

（四）品质分析

容重736克/升、810克/升，蛋白质含量15.16%、14%，湿面筋含量35%、31.5%，降落值403秒、374秒，吸水量57.1毫升/100克、57.9毫升/100克，形成时间2.7分钟、2.9分钟，稳定时间1.8分钟、2.3分钟，沉淀值64.8毫升、66.2毫升，硬度66 HI、63 HI，出粉率71.9%、70.3%。

（五）抗性鉴定

中抗条锈病和叶枯病，中感白粉病、叶锈病和纹枯病。

（六）适宜范围及栽培要点

适宜在河南省（南部稻茬麦区除外）中高肥力地早中茬地种植。10月8—20日播种，最佳播期10月10日左右；高肥力地块亩播量7~8千克，中低肥力亩播量8~10千克；播期每推迟3天，亩播量增加0.5千克。一般亩底施尿素20千克，磷酸二铵25千克，硫酸钾15千克，春节前后每亩追施尿素7~10千克；拔节前进行化除，灌浆期防治白粉病、叶锈病和蚜虫。

一八七、周麦25

（一）品种来源

周口市农业科学院利用LA95021/周麦12选育而成，2011年通过河南省农作物品种审定委员会审定，审定编号：豫审麦2011018。该品种已获批农业部品种保护（专利），其品种权号为CNA20080428.6。其系谱如下：

```
LA95021    ×    周麦12
         |
       周麦25
```

（二）产量表现

2008—2009年度参加河南省冬水组区域试验，平均亩产518.5千克，比对照周麦18增产2.18%；2009—2010年度续试，平均亩产522千克，比对照周麦18增产1.31%。2010—2011年度参加河南省冬水组生产试验，平均亩产567.9千克，比对照周麦18增产5.7%。

（三）特征特性

属半冬性多穗型中晚熟品种，比对照周麦18早熟0.7天。幼苗半匍匐，苗期叶片小，叶色深绿，冬季抗寒能力强，分蘖成穗率较高；春季返青起身早，两极分化快，苗脚利索，抽穗偏晚，抽穗后叶片有明显褪绿斑点，抗倒春寒能力一般；株型松紧适中，蜡质层厚，株高78.3~88.7厘米，茎秆偏细，弹性较好；旗叶小而上冲，株行间通风透光性好，边行优势强；穗纺锤形，籽粒卵圆形，角质，饱满度好，容重高，黑胚率低；根系活力好，叶的功能期长，耐后期高温，成熟落黄好，抗穗发芽。亩穗数42.5万，穗粒数33.8粒，千粒重42.2克。

（四）品质分析

容重816克/升、825克/升，蛋白质含量14.55%、14.68%，湿面筋含量33%、33%，降落值435秒、422秒，吸水量61.2毫升/100克、62.3毫升/100克，形成时间3.2分钟、4.8分钟，稳定时间3.6分钟、7.3分钟，弱化度114 B.U.、92 B.U.，沉淀值55毫升、60.2毫升，硬度67 HI、63 HI，出粉率71.8%、70%。

（五）抗性鉴定

中抗白粉病、叶锈病、叶枯病，中感条锈病和纹枯病。

（六）适宜范围及栽培要点

适宜在河南省（南部稻茬麦区除外）中高肥力地早中茬地种植。10月5—25日播种，最佳播期10月10日左右；高肥力地块亩播量6~8千克，中低肥力亩播量8~12千克；播期每推迟3天，亩播量增加0.5千克为宜。全生育期亩施纯氮12~14千克，五氧化二磷6~10千克，氧化钾5~7千克，氮肥底追比为5∶5；返青起身期防治纹枯病，孕穗后防治条锈病和蚜虫；灌浆期"一喷三防"。

一八八、太学7号

（一）品种来源

洛阳太学农作物研究所、河南瑞德福种子科技有限公司利用豫麦57/周麦16选育而成，2011年通过河南省农作物品种审定委员会审定，审定编号：豫审麦2011019。该品种已申请农业部品种保护（专利），其申请公告号为CNA008182E。其系谱如下：

```
豫麦57    ×    周麦16
         |
       太学7号
```

（二）产量表现

2008—2009年度参加河南省冬水组区域试验，平均亩产508.4千克，比对照周麦18增产0.99%；2009—2010年度续试，平均亩产526.4千克，比对照周麦18增产2.17%。2010—2011年度参加河南省冬水组生产试验，平均亩产568.4千克，比对照周麦18增产5.8%。

（三）特征特性

属半冬性多穗型中晚熟品种，比对照周麦18晚熟0.3天，幼苗半匍匐，叶色浓绿，苗期长势壮，冬季抗寒性一般，分蘖率一般，成穗率较高；春季返青起身较早，两极分化快，苗脚利索；株型略松散，旗叶及下部叶片较小，蜡质厚，穗下节长，株行间通风透光性好，株高79.7~91.9厘米，茎秆偏细，抗倒性中等，穗长方形，穗层厚，短芒，穗较大，结实性好，受倒春寒影响有缺粒现象；较耐后期高温，叶的功能期长，熟期偏晚，成熟落黄一般；籽粒白色，半角质，饱满度较好，有黑胚。亩穗数39.4万，穗粒数30.4粒，千粒重45.1克、47.4克。

（四）品质分析

容重764克/升、794克/升，蛋白质含量14.72%、14.12%，湿面筋含量30.8%、28.2%，降落值280秒、271秒，吸水量52毫升/100克、53.7毫升/100克，形成时间2.2分钟、2分钟，稳定时间1.8分钟、1.5分钟，弱化度163 B.U.、86 B.U.，沉淀值47.2毫升、3毫升，硬度42 HI、39 HI，出粉率65.5%、67.6%。

（五）抗性鉴定

中抗纹枯病和叶枯病，中感白粉病、条锈病和叶锈病。

（六）适宜范围及栽培要点

适宜在河南省（南部稻茬麦区除外）中高肥力地早中茬地种植。10月5—20日播种，最佳播期10月10日左右；高肥力地块亩播量6~8千克，中低肥力8~10千克，如延期播种，以每推迟3天增加0.5千克播量为宜。一般亩底施尿素20千克，磷酸二铵25千克，硫酸钾15千克；春节前后每亩追施尿素7~10千克；孕穗后防治白粉病和蚜虫；灌浆期"一喷三防"。

一八九、亿麦6号

（一）品种来源

河南省亿源种业有限公司利用周麦9号系选/豫麦18系选而成，2011年通过河南省农作物品种审定委员会审定，审定编号：豫审麦2011021。该品种已获批农业部品种保护（专利），其品种权号为CNA20101123.4。其系谱如下：

```
周麦9号    ×    豫麦18
         │
       亿麦6号
```

（二）产量表现

2008—2009年度参加河南省冬水组区域试验，平均亩产515千克，比对照周麦18增产1.04%；2009—2010年度续试，平均亩产521.3千克，比对照周麦18增产0.93%。2010—2011年度参加河南省冬水组生产试验，平均亩产563.7千克，比对照周麦18增产5.2%。

（三）特征特性

属半冬性大穗型中晚熟品种，与对照周麦18的熟期相同。幼苗半匍匐，苗期叶片稍长，叶色浅绿，冬季抗寒能力差；分蘖力弱，成穗率一般，穗层整齐；春季返青起身慢，抽穗偏晚，受倒春寒影响穗上部虚尖；株型松紧适中，长相清秀，旗叶上冲，下部叶片小，株行间通风透光性好，株高66.9~76.9厘米，茎秆弹性好，抗倒性较好；穗偏大均匀，结实性好，籽粒半角质，饱满度好，大小不匀，黑胚率高；叶的功能期长，灌浆速度慢，成熟落黄好。亩穗数37.4万，穗粒数35.6粒，千粒重46.1克。

（四）品质分析

容重744克/升、785克/升，蛋白质含量13.81%、14.31%，湿面筋含量28.5%、29.3%，降落值434秒、319秒，吸水量58.6毫升/100克、59.7毫升/100克，形成时间3.3分钟、3.7分钟，稳定时间4.3分钟、5.5分钟，弱化度138 B.U.、94 B.U.，沉淀值54.5毫升、60.8毫升，硬度67 HI、65 HI，出粉率68.8%、69.1%。

（五）抗性鉴定

中抗叶锈病和叶枯病，中感白粉病、条锈病和纹枯病。

（六）适宜范围及栽培要点

适宜在河南省（南部稻茬麦区除外）中高肥力地早中茬地种植。10月10—25日播种，亩播量10~12千克，随播期推迟适当增加播量。一般亩施尿素30千克，磷酸二铵20千克，氯化钾10千克；浇好越冬水、拔节水和孕穗水；灌浆期搞好"一喷三防"。

一九〇、怀川916

（一）品种来源

河南怀川种业有限责任公司利用豫麦47/小偃54选育而成，2011年通过河南省农作物品种审定委员会审定，审定编号：豫审麦2011024。该品种已申请植物新品种权保护，公告号CNA008646E。其系谱如下：

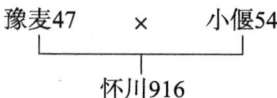

（二）产量表现

2008—2009年度参加河南省春水组区域试验，平均亩产477千克，比对照偃展4110增产3.35%；2009—2010年度续试，平均亩产465.3千克，比对照偃展4110增产1.42%。2010—2011年度参加河南省春水组生产试验，平均亩产535.7千克，比对照偃展4110增产5.8%。

（三）特征特性

属弱春性多穗型早熟品种，比对照偃展4110早熟0.3天，幼苗匍匐，苗期叶片小，耐寒性好，分蘖成穗率一般；春季返青起身晚，两极分化慢，苗脚不利落；株型偏松散，旗叶偏小上冲，略卷，穗下节短，株高64.5~82.9厘米，茎秆弹性一般，抗倒性中等；穗纺锤形，穗层整齐，短芒，穗短粗，码密，受春季低温影响有缺粒现象；籽粒角质，饱满度中等，黑胚率低；耐高温能力中等，灌浆速度慢，成熟落黄较差。亩穗数41.2万，穗粒数31.8粒，千粒重42.6克。

（四）品质分析

容重750克/升、806克/升，蛋白质含量14.56%、14.67%，湿面筋含量30%、31.2%，降落值303秒、187秒，吸水量59.2毫升/100克、62.9毫升/100克，形成时间1.7分钟、3分钟，稳定时间10.9分钟、8.9分钟，弱化度36 B.U.、54 B.U.，沉淀值75.2毫升、74.8毫升，硬度69 HI、70 HI，出粉率70.8%、69.7%。

（五）抗性鉴定

中抗叶锈病和叶枯病，中感白粉病、条锈病和纹枯病。

（六）适宜范围及栽培要点

适宜在河南省（南部稻茬麦区除外）中高肥力地中晚茬地种植。10月8—20日播种，最佳播期10月12日左右，黄河以南播期可适当向后推迟3~4天；高肥力地块亩播量6~8千克，中低肥力8~10千克；播期每推迟3天，亩播量增加0.5千克。一般亩底施尿素20千克，磷酸二铵25千克，硫酸钾15千克，适时冬灌，酌情春灌；春节前后每亩追施尿素10~15千克；拔节前结合化除，防治纹枯病；孕穗后防治白粉病、锈病和蚜虫；灌浆期"一喷三防"。

一九一、中洛 08-2

（一）品种来源

中国农业科学院作物科学研究所、洛阳农林科学院利用偃展 1 号 / 济南 17 选育而成，2011 年通过河南省农作物品种审定委员会审定，审定编号：豫审麦 2011025。该品种已申请植物新品种权保护，公告号 CNA007442E。其系谱如下：

```
偃展1号    ×    济南17
       └────┬────┘
         中洛08-2
```

（二）产量表现

2008—2009 年度参加河南省信阳组区域试验，平均亩产 386.5 千克，比对照豫麦 18-99 增产 8.18%；2009—2010 年度续试，平均亩产 390.9 千克，比对照豫麦 18-99 增产 10.91%。2010—2011 年度参加河南省南部稻茬麦组生产试验，平均亩产 396.9 千克，比对照偃展 4110 增产 6.4%。

（三）特征特性

属弱春性多穗型早熟品种，比对照偃展 4110 早熟 0.6 天。幼苗直立，叶色浓绿，苗期叶片细长，抗寒性中等，春季返青起身快，两极分化慢，苗脚不利索，分蘖力强，抽穗较早，成穗率高；株型较松散，穗下节间长，旗叶上冲，蜡质层厚，株高 77~86.9 厘米，茎秆偏细，抗倒性中等；穗纺锤形，短芒，小穗，码稀，穗粒数偏少，成熟早，落黄好，受倒春寒影响穗上部有缺粒现象；籽粒半角质，饱满度中等，黑胚率低。亩穗数 38.8 万，穗粒数 31.8 粒，千粒重 39 克。

（四）品质分析

容重 768 克 / 升、800 克 / 升，蛋白质含量 12.84%、14.61%，湿面筋含量 29%、31.8%，降落值 310 秒、445 秒，吸水量 58 毫升 /100 克、61.2 毫升 /100 克，形成时间 3.2 分钟、4.4 分钟，稳定时间 3.4 分钟、5.6 分钟，弱化度 130 B.U.、52 B.U.，沉淀值 64.5 毫升、67 毫升，硬度 67 HI、66 HI，出粉率 69.2%、71.9%。

（五）抗性鉴定

中抗叶锈病和叶枯病，中感白粉病、条锈病和纹枯病。

（六）适宜范围及栽培要点

适宜在河南省南部稻茬麦区中晚茬中高肥力地种植。10 月 15—25 日播种，最佳播期 10 月 20 日左右；高肥力地块亩播量 6~8 千克，中低肥力 8~10 千克；播期每推迟 3 天，亩播量增加 0.5 千克。一般亩底施尿素 20 千克，磷酸二铵 25 千克，硫酸钾 15 千克；春节前后每亩追施尿素 7~10 千克；拔节前结合化除进行化控；灌浆期防治锈病、白粉病和蚜虫。

一九二、偃高 006

（一）品种来源

偃师市金高种业有限公司王建涛、北京市中农良种有限责任公司利用（郑州 8329 × 豫麦 18）F_6 稳定系 ×（温 2540 × 偃展 4110）F_2 选育而成，2011 年通过河南省农作物品种审定委员会审定，审定编号：豫审麦 2011026。该品种已申请农业部品种保护（专利），其申请公告号为 CNA008643E。其系谱如下：

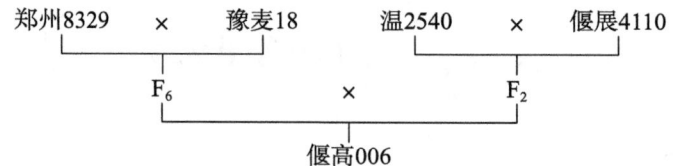

（二）产量表现

2008—2009年度参加河南省信阳组区域试验，平均亩产384.5千克，比对照豫麦18-99增产7.63%；2009—2010年度续试，平均亩产390.8千克，比对照豫麦18-99增产10.88%。2010—2011年度参加河南省南部稻茬麦组生产试验，比对照偃展4110增产6.9%。

（三）特征特性

属弱春性多穗型早熟品种，与对照偃展4110熟期相当。幼苗半直立，叶色浅绿，苗期生长健壮，冬季耐寒性较好；春季起身晚，两极分化慢，分蘖成穗率；株型较松散，旗叶上冲，穗下节间长，长相清秀，下部通风透光性好，株高74.9~82.7厘米，茎秆弹性一般；穗长方形，长芒，耐后期高温，灌浆快，落黄好；籽粒粉质，白粒，饱满度好。亩穗数38万，穗粒数30.4粒，千粒重42.2克。

（四）品质分析

容重772克/升、818克/升，蛋白质含量12.91%、13.71%，湿面筋含量25.7%、26.3%，降落值286秒、356秒，吸水量53.4毫升/100克、55.8毫升/100克，形成时间1.5分钟、1.7分钟，稳定时间1.2分钟、1.9分钟，弱化度271 B.U.、193 B.U.，沉淀值35.2毫升、44.2毫升，硬度37 HI、39 HI，出粉率65.8%、64.4%。

（五）抗性鉴定

中抗叶锈病和叶枯病，中感白粉病、条锈病和纹枯病。

（六）适宜范围及栽培要点

适宜在河南省南部稻茬麦区中晚茬中高肥力地种植。播期10月15—31日，亩播量9~12千克，早播和足墒播种时宜低播量，晚播和底墒不足时加大播量。一般亩底施纯氮13千克，磷、钾肥各8千克；拔节期结合灌水，亩追尿素7~10千克；续试防治白粉病、条锈病和叶枯病；灌浆期搞好"一喷三防"。

一九三、先麦8号

（一）品种来源

河南先天下种业有限公司李晓丽等利用宛麦369/郑麦9023选育而成，2011年通过河南省农作物品种审定委员会审定，审定编号：豫审麦2011027。该品种已获批农业部品种保护（专利），其品种权号为CNA20151571.6。其系谱如下：

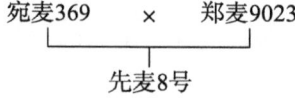

（二）产量表现

2008—2009年度参加河南省信阳组区域试验，平均亩产374.4千克，比对照豫麦18-99增产4.79%；2009—2010年度续试，平均亩产379.6千克，比对照豫麦18-99增产7.68%。2010—2011年度参加河南省南部稻茬麦组生产试验，平均亩产393.6千克，比对照偃展4110增产5.5%。

（三）特征特性

属弱春性大穗型早熟品种，比对照偃展 4110 早熟 2.2 天。幼苗直立，叶色黄绿，长势旺，冬季抗寒能力差；分蘖成穗率高，春季返青起身快，两极分化快，抽穗较早；株型松散，蜡质层厚，旗叶宽大半披，下部通风透光性差，株高 66.9~80.7 厘米，抗倒伏能力一般；穗长方形，长芒，码稀，落黄好，受倒春寒影响有缺粒现象；籽粒角质，饱满度中等，黑胚率低。亩穗数 34.5 万，穗粒数 31.4 粒，千粒重 46.8 克。

（四）品质分析

容重 762 克/升、796 克/升，蛋白质含量 12.75%、14.42%，湿面筋含量 25.6%、31.7%，降落值 243 秒、366 秒，吸水量 58.6 毫升/100 克、61.2 毫升/100 克，形成时间 1.4 分钟、5.8 分钟，稳定时间 1.5 分钟、8.1 分钟，沉淀值 54.5 毫升、71.5 毫升，硬度 65 HI、67 HI，出粉率 70.8%、70.5%。

（五）抗性鉴定

中抗叶枯病、条锈病和叶锈病，中感白粉病和纹枯病。

（六）适宜范围及栽培要点

适宜在河南省南部稻茬麦区中晚茬中高肥力地种植。10 月 15—30 日播种，最佳播期 10 月 25 日左右；高肥力地块亩播量 7~8 千克，中低肥力亩播量 9~10 千克；播期每推迟 3 天，亩播量增加 0.5 千克。一般亩底施尿素 20 千克，磷酸二铵 25 千克，硫酸钾 15 千克，春节前后每亩追施尿素 7~10 千克；拔节前结合化除，防治纹枯病；灌浆期"一喷三防"。

一九四、太学 6 号

（一）品种来源

洛阳太学农作物研究所、平顶山市鹰丰种业有限公司利用豫麦 49/豫麦 63 选育而成，2011 年通过河南省农作物品种审定委员会审定，审定编号：豫审麦 2011028。该品种已获批农业部品种保护（专利），其品种权号为 CNA2110739.1。其系谱如下：

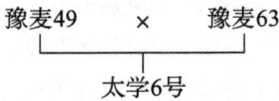

（二）产量表现

2008—2009 年参加河南省信阳组区域试验，平均亩产 378.4 千克，比对照豫麦 18-99 增产 4.91%；2009—2010 年度续试，平均亩产 375.7 千克，比对照豫麦 18-99 增产 6.6%。2010—2011 年度参加河南省南部组生产试验，平均亩产 411.2 千克，比对照偃展 4110 增产 10.2%。

（三）特征特性

属弱春性多穗型早熟品种，比对照偃展 4110 晚熟 0.4 天。幼苗直立，长势旺，冬季抗寒能力差；分蘖力中等，成穗率较高，亩穗数较多；春季返青晚，起身慢，抗倒春寒能力差；株型偏松散，旗叶有干尖，株高 68~86.5 厘米，抗倒伏能力一般；穗长方形，长芒，码稀；籽粒粉质，饱满度好，黑胚率低，商品性好，成熟早，落黄好。亩穗数 37.5 万，穗粒数 32 粒，千粒重 41.4 克。

（四）品质分析

容重 762 克/升、812 克/升，蛋白质含量 12.12%、14.28%，湿面筋含量 21.8%、28.8%，降

落值254秒、320秒，吸水量51.9毫升/100克、56.3毫升/100克，形成时间0.9分钟、5.5分钟，稳定时间1.2分钟、8.7分钟，弱化度189 B.U.、51 B.U.，沉淀值43毫升、57毫升，硬度35 HI、43 HI，出粉率67.7%、72.7%。

（五）抗性鉴定

中抗条锈病和叶枯病，中感白粉病、叶锈病和纹枯病。

（六）适宜范围及栽培要点

适宜在河南省南部稻茬麦区中晚茬中高肥力地种植。适播期10月15—30日，亩播量8~10千克，播期每推迟3天，亩播量增加0.5千克。一般亩底施纯氮13千克，磷、钾肥各8千克；起身期化控防倒；拔节期结合浇水，亩追施尿素7-10千克；及时预防白粉病、叶锈病和蚜虫；灌浆期"一喷三防"。

一九五、豫农4023

（一）品种来源

河南农业大学利用新旱1号/周麦16选育而成，2011年通过河南省农作物品种审定委员会审定，审定编号：豫审麦2011029。该品种已获批农业部品种保护（专利），其品种权号为CNA20120258.1。其系谱如下：

```
新旱1号    ×    周麦16
     └─────┬─────┘
         豫农4023
```

（二）产量表现

2008—2009年度参加河南省旱地组区域试验，平均亩产322.61千克，比对照洛旱2号增产5.76%；2009—2010年度续试，平均亩产365.34千克，比对照洛旱2号增产5.96%。2010—2011年度参加河南省旱地组生产试验，平均亩产292.5千克，比对照洛旱2号增产8%。

（三）特征特性

属半冬性中晚熟旱地品种，比对照洛旱2号晚熟0.6天。幼苗半匍匐，苗期长势壮，分蘖力较强，成穗率一般，冬季抗寒性好；春季生长快，两极分化快，苗脚利索；株型半紧凑，茎秆蜡质厚，旗叶窄小上冲，通风透光性好，株高71~76厘米，茎秆弹性弱，抗倒性一般；穗层整齐，穗纺锤形、较大，结实性好，抗倒春寒能力稍弱，穗下节间长，长相清秀，成熟落黄好；籽粒半角质，白粒，饱满度较好，黑胚率低。亩穗数34万，穗粒数29.5粒，千粒重42.8克。

（四）品质分析

容重801克/升、807克/升，蛋白质含量14.14%、13.39%，湿面筋含量29.8%、30.7%，吸水量58.6毫升/100克、64.3毫升/100克，形成时间2.2分钟、3.8分，稳定时间1.6分钟、5.9分钟，沉淀值45.2毫升、67.2毫升，硬度64 HI、61 HI，出粉率72.8%、67.1%。

（五）抗性鉴定

中抗条锈病和叶枯病，中感纹枯病、叶锈病和白粉病。抗旱指数1.0547~1.014，抗旱级别3级，抗旱性中等。

（六）适宜范围及栽培要点

适宜在河南省丘陵旱肥地早中茬地种植。10月10—25日播种，适宜亩播量9~11千克。一般亩底施纯氮13千克，磷、钾肥各8千克；起身期预防纹枯病；生育中后期注意防治白粉病、叶锈病和蚜虫。抽穗扬花期预防赤霉病。

一九六、太学12

（一）品种来源

洛阳太学农作物研究所、河南凭心种业有限公司利用郑麦9023/豫麦49选育而成，2011年通过河南省农作物品种审定委员会审定，审定编号：豫审麦2011030。该品种已申请农业部品种保护（专利），其申请号为20110800.5。其系谱如下：

（二）产量表现

2008—2009年度参加河南省旱地组区域试验，平均亩产322.5千克，比对照洛旱2号增产5.73%；2009—2010年度续试，平均亩产378.48千克，比对照洛旱2号增产9.77%。2010—2011年度参加河南省旱地组生产试验，平均亩产291.3千克，比对照洛旱2号增产7.6%。

（三）特征特性

属半冬性多穗型中早熟品种，比对照洛旱2号早熟0.8天。幼苗半匍匐，长势壮，分蘖力强，成穗率一般；抗寒性好，起身拔节晚，两极分化慢，苗脚不利索；叶色浓绿，叶片细小上冲；株型半紧凑，旗叶上举，叶片卷曲呈针状，株高59.4～82.5厘米，茎秆细，弹性好，较抗倒伏；穗纺锤形，长芒，穗层整齐，码稀；白壳，白粒，半角质，饱满度较好；根系活力差，后期青干早衰，落黄一般。亩穗数37.8万，穗粒数27.5粒，千粒重39.2克。

（四）品质分析

容重794克/升、801克/升，蛋白质含量15.31%、14.47%，湿面筋含量33.1%、30.8%，吸水量58.2毫升/100克、58.8毫升/100克，形成时间3.2分钟、3.3分钟，稳定时间2.9分钟、3.3分钟，弱化度152 B.U.、131 B.U.，沉淀值57毫升、63.5毫升，硬度66 HI、64 HI，出粉率66.7%、68.6%。

（五）抗性鉴定

中抗叶锈病和叶枯病，中感白粉病、条锈病和纹枯病。抗旱指数0.895～0.9018，抗旱级别3～4级。

（六）适宜范围及栽培要点

适宜在河南省丘陵旱肥地早中茬地种植。10月1—20日播种，最佳播期10月上旬；亩播量8～10千克，晚播应适当增加播量，播期每推迟3天，亩播量增加0.5千克。亩施有机肥3～4立方米，纯氮9～11千克，五氧化二磷6～7千克；冬春季趁墒亩追尿素5～7.5千克；起身期预防纹枯病；孕穗期和灌浆期防治白粉病、条锈病和蚜虫。

一九七、平麦02-16

（一）品种来源

平顶山市农业科学院于从文、北京市中农良种有限责任公司利用西农278/平麦999选育而成，

2011年通过河南省农作物品种审定委员会审定，审定编号：豫审麦2011031。其系谱如下：

```
西农278  ×  平麦999
      └──┬──┘
       平麦02-16
```

（二）产量表现

2008—2009年度参加河南省旱地组区域试验，平均亩产321.33千克，比对照洛旱2号增产5.34%；2009—2010年度续试，平均亩产365.26千克，比对照洛旱2号增产5.94%。2010—2011年度参加河南省旱地组生产试验，平均亩产291千克，比对照洛旱2号增产7.5%。

（三）特征特性

属半冬性中早熟品种，比对照洛旱2号早熟1天。幼苗半匍匐，生长健壮，叶片小，叶色浓绿，分蘖力中等，抗寒性一般，两极分化快，抽穗较晚，成穗率较高；株型紧凑，叶片上冲卷曲，茎秆蜡质，株高59～79.7厘米，抗倒性好；穗纺锤形，长芒，穗层整齐，后期灌浆快，落黄一般；白粒，粉质，较饱满；受倒春寒影响有不孕小穗现象。亩穗数32.5万，穗粒数29.3粒，千粒重40.9克。

（四）品质分析

容重796克/升、808克/升，蛋白质含量15.38%、15.05%，湿面筋含量34.6%、29.2%，吸水量52.3毫升/100克、53.9毫升/100克，形成时间2.4分钟、5.2分钟，稳定时间2.6分钟、7.3分钟，弱化度122 B.U.、65 B.U.，沉淀值59.8毫升、68.2毫升，硬度49 HI、44 HI，出粉率71.1%、66.7%。

（五）抗性鉴定

中抗叶锈病和叶枯病；中感白粉病、条锈病和纹枯病。抗旱指数0.859～0.9107，抗旱级别为3～4级。

（六）适宜范围及栽培要点

适宜在河南省丘陵旱肥地早中茬地种植。10月5—20日播种，最佳播期10月10—15日；旱肥地亩播量8～10千克，中等肥力地10～12千克，旱薄地适当增加播量；播期每推迟3天，亩播量增加1千克。一般亩底施尿素25千克，磷酸二铵25千克，硫酸钾15千克；起身期预防纹枯病；拔节期亩追尿素8～10千克；生育中后期及时防治白粉病、锈病和蚜虫。

一九八、浚晓9706

（一）品种来源

浚县春晓种业有限责任公司董本波等利用W39/温2540//豫麦2号选育而成，2011年通过河南省农作物品种审定委员会审定，审定编号：豫审麦2011032。该品种已申请植物新品种权保护，公告号CNA009157E。其系谱如下：

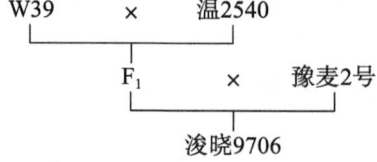

（二）产量表现

2008—2009年度参加河南省旱地组区域试验，平均亩产321.31千克，比对照洛旱2号增产5.33%；2009—2010年度续试，平均亩产358.92千克，比对照洛旱2号增产4.1%。2010—2011

年度参加河南省旱地组生产试验，平均亩产291千克，比对照洛旱2号增产7.5%。

（三）特征特性

属半冬性大穗型中早熟品种，比对照洛旱2号早熟1.4天。幼苗半匍匐，分蘖力一般，成穗率较高；抗寒性较差，两极分化快，苗脚利索；株型半紧凑，茎秆蜡质，旗叶短宽上举，株高61.1~82.1厘米，茎秆有弹性，较抗倒伏；穗长方形，长芒，穗层整齐，长相清秀，成熟落黄好；白粒，半角质，黑胚率低。亩穗数30.7万，穗粒数34粒，千粒重38.1克。

（四）品质分析

容重795克/升、820克/升，蛋白质（干基）含量13.68%、14.2%，湿面筋含量30%、31.6%，吸水量54毫升/100克、58.6毫升/100克，形成时间2分钟、2.5分钟，稳定时间1.7分钟、1.9分钟，弱化度166 B.U.、167 B.U.，沉淀值51.2毫升、51.6毫升，硬度54 HI、53 HI，出粉率71.5%、69.7%。

（五）抗性鉴定

中感白粉病、条锈病和纹枯病，中抗叶锈病和叶枯病。抗旱指数0.792~0.9263，抗旱级别3~4级。

（六）适宜范围及栽培要点

适宜在河南省丘陵旱肥地早中茬地种植，一般在10月5—15日播种，亩播量10千克左右，亩基本苗15万~18万。一般亩底施尿素25千克，过磷酸钙50千克，氯化钾7~10千克。播前药剂拌种防治地下虫；起身期预防纹枯病；中后期及时防治白粉病、条锈病和蚜虫。

一九九、宝科8号

（一）品种来源

宝丰县农业科学研究所利用陕229/兰考4号选育而成，2011年通过河南省农作物品种审定委员会审定，审定编号：豫审麦2011033。该品种已申请植物新品种权保护，公告号CNA008644E。其系谱如下：

```
陕229  ×  兰考4号
       │
     宝科8号
```

（二）产量表现

2008—2009年度参加河南省旱地组区域试验，平均亩产314.18千克，比对照洛旱2号增产3%；2009—2010年度续试，平均亩产357.89千克，比对照洛旱2号增产3.8%。2010—2011年度参加河南省旱地组生产试验，平均亩产285.4千克，比对照洛旱2号增产5.4%。

（三）特征特性

属半冬性中早熟旱地品种，比对照洛旱2号晚熟0.8天。幼苗半匍匐，长势壮，分蘖力弱，成穗数偏少；抗冬季冻害及倒春寒能力稍弱，抽穗较晚，对水、肥反应较敏感；株型紧凑，旗叶宽大下披，长相清秀，株高58.7~78.5厘米，茎秆粗壮，抗倒性好；穗纺锤形，小穗排列紧密，结实性好，长芒，白粒，半角质，千粒重高，籽粒饱满。亩穗数30.3万，穗粒数32.8粒，千粒重42.4克。

（四）品质分析

容重787克/升、800克/升，蛋白质含量14.88%、14.4%，湿面筋含量34.1%、28.6%，吸

水量 63 毫升/100 克、58.8 毫升/100 克，降落值 353 秒、328 秒，形成时间 2.7 分钟、2.5 分钟，稳定时间 3.4 分钟、2 分钟，弱化度 94 B.U.、167 B.U.，沉淀值 64 毫升、46.2 毫升，硬度 70 HI、70 HI，出粉率 69.4%、71.4%。

（五）抗性鉴定

中抗叶锈病和叶枯病，中感纹枯病、白粉病和条锈病。抗旱指数 0.793~0.9011，抗旱性 3~4 级。

（六）适宜范围及栽培要点

适宜在河南省丘陵旱肥地早中茬地种植，10 月 1—20 日均可播种，最适播期 10 月 10 日左右，最佳亩播量 10~12 千克，晚播可适当加大播量。每亩底施纯氮 12 千克，纯磷 8 千克，纯钾 5 千克；播前药剂拌种，防治地下害虫和苗期蚜虫；冬前或早春预防纹枯病；孕穗期防治白粉病、锈病和蚜虫；灌浆期"一喷三防"。

二〇〇、许科 718

（一）品种来源

河南省许科种业有限公司利用周麦 13/漯麦 4 号选育而成，2012 年通过河南省农作物品种审定委员会审定，审定编号：豫审麦 2012001。该品种已获批农业部品种保护（专利），其品种权号为 CNA20130354.3。其系谱如下：

```
周麦13    ×    漯麦4号
       |
     许科718
```

（二）产量表现

2009—2010 年度参加河南省冬水组区域试验，平均亩产 529 千克，比对照周麦 18 增产 2.68%；2010—2011 年度续试，平均亩产 593.9 千克，比对照周麦 18 增产 4.67%。2011—2012 年度参加河南省冬水组生产试验，平均亩产 526.3 千克，比对照周麦 18 增产 5.5%。

（三）特征特性

属半冬性大穗型中晚熟品种，比对照周麦 18 晚熟 0.9 天。幼苗半匍匐，叶片宽长，长势壮，冬季抗寒性一般，分蘖力一般；春季返青晚，起身慢，两极分化快，苗脚利索，受春季低温影响较小；旗叶宽大上举，穗下节长，穗部有蜡质，株高 81.9 厘米，茎秆粗壮，有弹性，抗倒伏能力强。中长芒，穗长方形，均匀，结实性好。籽粒椭圆形，大小均匀，半角质，饱满度中等，黑胚少。亩穗数 36.3 万，穗粒数 35.3 粒，千粒重 48.9 克。

（四）品质分析

容重 778 克/升、804 克/升，蛋白质含量 14.61%、14.66%，湿面筋含量 32%、30.4%，降落值 337 秒、393 秒，吸水量 61.9 毫升/100 克、62.3 毫升/100 克，形成时间 4.8 分钟、3.4 分钟，稳定时间 5 分钟、3.1 分钟，弱化度 141 B.U.、102 B.U.，沉淀值 57.8 毫升、55.2 毫升，硬度 64 HI、68 HI，出粉率 69.1%、69.3%。

（五）抗性鉴定

中抗叶锈病、纹枯病和叶枯病，中感白粉病和条锈病，高感赤霉病。

（六）适宜范围及栽培要点

适宜在河南省（南部稻茬麦区除外）早中茬中高肥力地种植。10月5—20日播种，最佳播期10月10日左右；高肥力地块亩播量8~10千克，中低肥力8~12.5千克，如延期播种，以每推迟3天增加0.5千克播量为宜。每亩底施尿素20千克，磷酸二铵25千克，硫酸钾15千克，春节前后每亩追施尿素7~10千克。拔节前进行化学除草和纹枯病防治；及时防治锈病、白粉病和蚜虫。抽穗扬花期预防赤霉病；灌浆期搞好"一喷三防"。

二〇一、浚麦 K8

（一）品种来源

浚县丰黎种业有限公司王怀平等利用开麦18/百农64选育而成，2012年通过河南省农作物品种审定委员会审定，审定编号：豫审麦2012002。该品种已获批农业部品种保护（专利），其品种权号为CNA20120729.2。其系谱如下：

```
开麦18    ×    百农64
         |
       浚麦K8
```

（二）产量表现

2009—2010年度参加河南省冬水组区域试验，平均亩产530.3千克，比对照周麦18增产2.93%；2010—2011年度续试，平均亩产580.5千克，比对照周麦18增产2.3%。2011—2012年度参加河南省冬水组生产试验，平均亩产527.5千克，比对照周麦18增产5.7%。

（三）特征特性

属半冬性大穗型中晚熟品种，比对照周麦18晚熟0.2天。幼苗半匍匐，苗期长势好，叶色浓绿，冬季抗寒性一般，分蘖成穗率中等；春季发育慢，抽穗晚。旗叶较宽大，株型稍松散，穗下节短，株高79.8厘米，茎秆较粗，弹性一般。长芒，穗长方形，结实性好；粒大，均匀，半角质，黑胚少，饱满度较好。根系活力好，叶的功能期长，成熟晚，灌浆充分，落黄好。亩穗数36.6万，穗粒数41.5粒，千粒重44.6克。

（四）品质分析

容重802克/升、813克/升，蛋白质含量14.85%、14.81%，湿面筋含量32.3%、32.8%，降落值392秒、424秒，吸水量59.7毫升/100克、60.9毫升/100克，形成时间3分钟、2.8分钟，稳定时间2.8分钟、2.5分钟，弱化度134 B.U.、109 B.U.，沉淀值56.2毫升、54毫升，硬度65 HI、65 HI，出粉率71.8%、72.6%。

（五）抗性鉴定

中抗叶锈病和叶枯病，中感白粉病、纹枯病和条锈病，高感赤霉病。

（六）适宜范围及栽培要点

适宜在河南省（南部稻茬麦区除外）早中茬中高肥力地种植。适播期10月5—20日；适宜亩播量7~9千克，亩基本苗15万~18万，晚播适当加大播量。全生育期亩施纯氮12~14千克，五氧化二磷6~10千克，氧化钾5~7千克，硫、锌肥均为3千克。磷、钾肥和微肥一次性底施，氮肥底追比例为7：3；浇好越冬水、孕穗水和灌浆水。冬前和早春预防纹枯病；拔节期追肥浇水，抽穗扬花期预防赤霉病。灌浆期搞好"一喷三防"。

二〇二、郑麦583

（一）品种来源

河南省农业科学院小麦研究中心利用百农AK58系统选育而成，2012年通过河南省农作物品种审定委员会审定，审定编号：豫审麦2012003。该品种已获批农业部品种保护（专利），其品种权号为CNA20110647.2。其系谱如下：

```
百农矮抗58
   │系选
郑麦583
```

（二）产量表现

2008—2009年度参加河南省冬水组区域试验，平均亩产487.5千克，比对照周麦18减产3.17%；2010—2011年度续试，平均亩产558.4千克，比对照周麦18减产1.59%。2011—2012年度参加河南省冬水组生产试验，平均亩产518千克，比对照周麦18增产3.8%。

（三）特征特性

属半冬性中晚熟品种，比对照周麦18早熟0.3天。幼苗半匍匐，叶色深绿，长势壮，冬季抗寒性较好，分蘖力较强；春季返青晚，起身慢，抗倒春寒能力强，成穗率一般，穗层整齐；株型偏紧凑，穗下节偏短，旗叶偏长半披，平均株高79厘米，茎秆弹性较好，抗倒伏能力一般。中短芒，穗偏大均匀，结实性好；籽粒角质，饱满度好。根系活力强，落黄好。亩穗数42.4万，穗粒数32.6粒，千粒重44.8克。

（四）品质分析

容重779克/升、810克/升，蛋白质含量15.52%、16.03%，湿面筋含量33.8%、36.6%，降落值408秒、444秒，吸水量57.9毫升/100克、61.1毫升/100克，形成时间4.2分钟、4.2分钟，稳定时间7.2分钟、8分钟，弱化度49 B.U.、49 B.U.，沉淀值72毫升、75毫升，硬度63 HI、67 HI，出粉率66.7%、72.4%。

（五）抗性鉴定

中抗叶枯病，中感白粉病、条锈病、叶锈病和纹枯病，高感赤霉病。

（六）适宜范围及栽培要点

适宜在河南省（南部稻茬麦区除外）早中茬中高肥力地种植。适播期10月上中旬，亩基本苗12万~16万，晚播可适当增加播量。一般亩施农家肥3~4立方米，尿素12~15千克，磷酸二铵20千克，氯化钾10千克。浇好底墒水，做到足墒下种；起身期化控防倒；拔节期追肥浇水。孕穗后及时防治白粉病、锈病和蚜虫；抽穗扬花期预防赤霉病；灌浆期搞好"一喷三防"。

二〇三、农大1108

（一）品种来源

中国农业大学农学与生物技术学院、河北金诚种业有限责任公司利用108/Riband//温麦6号///周麦13选育而成，2012年通过河南省农作物品种审定委员会审定，审定编号：豫审麦2012004。该品种已申请农业部品种保护（专利），其申请公告号为CNA009926E。其系谱如下：

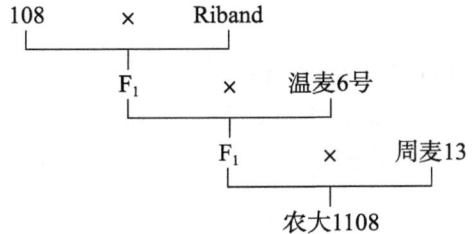

(二)产量表现

2009—2010年度参加河南省冬水组区域试验,平均亩产540.4千克,比对照周麦18增产6.9%;2010—2011年度续试,平均亩产578.7千克,比对照周麦18增产3.31%。2011—2012年度参加河南省冬水组生产试验,平均亩产527.9千克,比对照周麦18增产3.7%。

(三)特征特性

属半冬性大穗型中熟品种,比对照周麦18早熟0.4天。幼苗半匍匐,叶片稍长,叶色浓绿,冬季耐寒性一般,分蘖力强,成穗率低;春季返青晚,起身后发育速度快,受春季低温影响较小;株型偏松散,穗下节长,旗叶上冲,平均株高77.2厘米,茎秆粗,抗倒伏能力一般。穗长方形,结实性好;籽粒椭圆形,大小均匀,角质,黑胚少,饱满度中等。根系活力好,叶的功能期长,耐后期高温,成熟落黄好。亩穗数49.7万,穗粒数35粒,千粒重45.1克。

(四)品质分析

容重792克/升、788克/升,蛋白质含量14.01%、13.84%,湿面筋含量29%、28.6%,降落值270秒、429秒,吸水量59.4毫升/100克、61.4毫升/100克,形成时间3分钟、3分钟,稳定时间3.4分钟、4.8分钟,弱化度121 B.U.、70 B.U.,沉淀值57毫升、52.8毫升,硬度63 HI、67 HI,出粉率71.6%、72%。

(五)抗性鉴定

中抗叶枯病,中感白粉病、条锈病、叶锈病和纹枯病,高感赤霉病。

(六)适宜范围及栽培要点

适宜在河南省(南部稻茬麦区除外)早中茬中高肥力地早中茬地种植。适播期10月10日左右,高肥地亩播量6~8千克,中肥地亩播量8~10千克;播期每推迟3天,亩播量增加0.5千克。一般亩底施农家肥3~4立方米,尿素20千克,磷酸二铵25千克,硫酸钾15千克,春节前后每亩追施尿素7~10千克。冬前或早春预防纹枯病;拔节前结合化除进行化控。孕穗后及时防治白粉病、锈病和蚜虫。灌浆期搞好"一喷三防"。

二〇四、中育9398

(一)品种来源

中棉种业科技股份有限公司利用矮败小麦/新麦18选育而成,2012年通过河南省农作物品种审定委员会审定,审定编号:豫审麦2012005。该品种已获批农业部品种保护(专利),其品种权号为CNA20110595.4。其系谱如下:

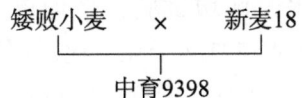

（二）产量表现

2009—2010年度参加河南省冬水组区域试验，平均亩产507.8千克，比对照周麦18增产0.45%；2010—2011年度续试，平均亩产580.6千克，比对照周麦18增产3.66%。2011—2012年度参加河南省冬水组生产试验，平均亩产516.2千克，比对照周麦18增产3.4%。

（三）特征特性

属半冬性中穗型中晚熟品种，与对照周麦18熟期相当。幼苗半直立，叶片宽短，叶色浓绿，苗壮，冬季抗寒性一般，分蘖力弱，成穗率较高；春季发育较快，抽穗较早；株型偏紧凑，旗叶宽短，有干尖，穗下节短，平均株高76.2厘米，茎秆粗壮，抗倒性一般。穗长方形，结实性好，穗层整齐；圆粒，大小均匀，角质，黑胚多，饱满度中等。亩穗数39.8万，穗粒数36.6粒，千粒重41.6克。

（四）品质分析

容重794克/升、807克/升，蛋白质含量16.7%、15.63%，湿面筋含量38.8%、35.1%，降落值214秒、422秒，吸水量61.7毫升/100克、61.6毫升/100克，形成时间4.2分钟、4分钟，稳定时间4.9分钟、5.6分钟，弱化度121 B.U.、102 B.U.，沉淀值74.5毫升、69.5毫升，硬度62 HI、66 HI，出粉率70%、71.4%。

（五）抗性鉴定

中抗条锈病、叶锈病和叶枯病，中感白粉病和纹枯病，高感赤霉病。

（六）适宜范围及栽培要点

适宜在河南省（南部稻茬麦区除外）早中茬中高肥力地种植。10月5—20日播种，最佳播期10月10日左右；高肥地亩播量6~8千克，中低肥地亩播量8~10千克，如延期播种，以每推迟3天亩增加0.5千克播量为宜。一般亩底施尿素20千克，磷酸二铵25千克，硫酸钾15千克，春节前后每亩追施尿素7~10千克。冬前或早春防治纹枯病；拔节前进行化学除草，并适当化控。抽穗扬花期预防赤霉病；灌浆期防治白粉病和蚜虫。

二〇五、焦麦266

（一）品种来源

河南怀川种业有限责任公司利用临汾881/温麦8号//周麦13选育而成，2012年通过河南省农作物品种审定委员会审定，审定编号：豫审麦2012006。该品种已申请农业部品种保护（专利），其申请号为20120798.8。其系谱如下：

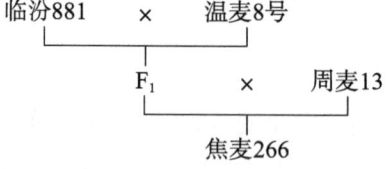

（二）产量表现

2009—2010年度参加河南省冬水组区域试验，平均亩产525.4千克，比对照周麦18增产1.98%；2010—2011年度续试，平均亩产577.7千克，比对照周麦18增产1.81%。2011—2012年度参加河南省冬水组生产试验，平均亩产523.2千克，比对照周麦18增产4.8%。

(三)特征特性

属半冬性多穗型中熟品种,比对照周麦18早熟0.8天。幼苗直立,苗期叶色发黄,长势弱,冬季抗寒性一般,分蘖力中等;春季返青早,起身快,抗倒春寒能力差,成穗率较高,穗层整齐;旗叶偏小上举,穗部有蜡质,株型松散,穗下节长,株行间通风透光性好,平均株高77.7厘米,茎秆有弹性,抗倒伏能力较强。穗纺锤形,码稀;粒大椭圆形,大小均匀,半角质,黑胚少,饱满度较好。根系活力好,叶的功能期长,耐后期高温,成熟落黄好。亩穗数40.5万,穗粒数35.5粒,千粒重45.2克。

(四)品质分析

容重819克/升、819克/升,蛋白质含量15.51%、14.99%,湿面筋含量34.3%、33.2%,降落值366秒、410秒,吸水量60.9毫升/100克、61.2毫升/100克,形成时间3分钟、3.7分钟,稳定时间2.3分钟、2.7分钟,弱化度151 B.U.、105 B.U.,沉淀值59.8毫升、56.8毫升,硬度60 HI、66 HI,出粉率68.1%、69.1%。

(五)抗性鉴定

中抗叶锈病、纹枯病和叶枯病,中感白粉病和条锈病,高感赤霉病。

(六)适宜范围及栽培要点

适宜在河南省(南部稻茬麦区除外)早中茬中高肥力地种植。10月5—20日播种,最佳播期10月10日左右;高肥力地块亩播量6~8千克,中低肥力地块亩播量8~10千克;播期每推迟3天,亩播量增加0.5千克。一般亩底施尿素20千克,磷酸二铵25千克,硫酸钾15千克,春节前后每亩追施尿素7~10千克。拔节前化学除草,及时防治白粉病、条锈病和蚜虫;灌浆期"一喷三防"。

二〇六、许农7号

(一)品种来源

河南省兆丰种业有限公司、河南许农种业有限公司利用新麦9号/豫麦18选育而成,2012年通过河南省农作物品种审定委员会审定,审定编号:豫审麦2012007。该品种已获批农业农村部品种保护(专利),其品种权号为CNA2030734.4。其系谱如下:

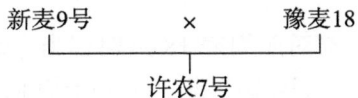

(二)产量表现

2009—2010年度参加河南省冬水组区域试验,平均亩产531.1千克,比对照周麦18增产5.06%;2010—2011年度续试,平均亩产560.7千克,比对照周麦18增产0.1%。2011—2012年度参加河南省冬水组生产试验,平均亩产532.5千克,比对照周麦18增产4.6%。

(三)特征特性

属半冬性多穗型中晚熟品种,比对照周麦18晚熟0.3天。幼苗半匍匐,叶片宽长,叶色浓绿,长势壮,冬季抗寒性好,成穗率高;春季发育快,长势好,抽穗早,抗倒春寒能力一般;旗叶上冲,有干尖,穗下节长,平均株高75.9厘米,茎秆弹性一般,抗倒性弱。穗近长方形,偏小,长芒,结实性好,穗粒数中等;籽粒半角质,大小不匀,黑胚多,饱满度中等。亩穗数42.6万,穗粒数35.2粒,千粒重40.5克。

（四）品质分析

容重818克/升、811克/升，蛋白质含量14.81%、14.68%，湿面筋含量32.2%、30.4%，降落值341秒、388秒，吸水量55.2毫升/100克、53.9毫升/100克，形成时间2分钟、1.7分钟，稳定时间1.4分钟、1.4分钟，弱化度165 B.U.、133 B.U.，沉淀值51.8毫升、49.2毫升，硬度39 HI、44 HI，出粉率65%、67.6%。

（五）抗性鉴定

中抗叶锈病、纹枯病和叶枯病，中感白粉病和条锈病，高感赤霉病。

（六）适宜范围及栽培要点

适宜在河南省（南部稻茬麦区除外）早中茬中高肥力地种植。适播期10月8—15日，亩播量8~10千克，亩基本苗15万~18万；播期每推迟3天，亩播量增加0.5千克。全生育期施氮14千克，磷、钾肥各8千克；氮肥分底肥和拔节末期追肥2次施入，基追比例为6∶4。越冬前进行化学除草，起身期进行化控；抽穗扬花期预防赤霉病；灌浆期"一喷三防"。

二〇七、中新78

（一）品种来源

河南中原中农良种有限责任公司利用周麦13/漯麦4号选育而成，2012年通过河南省农作物品种审定委员会审定，审定编号：豫审麦2012008。该品种已申请植物新品种权保护，公告号CNA009518E。其系谱如下：

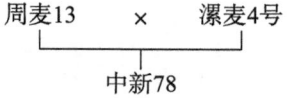

（二）产量表现

2009—2010年度参加河南省冬水组区域试验，平均亩产528.6千克，比对照周麦18增产2.35%；2010—2011年度续试，平均亩产582.5千克，比对照周麦18增产3.55%。2011—2012年度参加河南省冬水组生产试验，平均亩产529.4千克，比对照周麦18增产4%。

（三）特征特性

属半冬性多穗型中晚熟品种，与对照周麦18熟期相当。幼苗半匍匐，叶色浓绿，叶片窄长，长势壮，冬季抗寒性好，分蘖力强，成穗率中等；春季返青晚，起身后发育速度快，抽穗较早，穗层较厚；株型松散，叶片偏小上冲，穗下节长，穗行间通风透光性好；平均株高81厘米，茎秆偏细，弹性一般。穗长方形，较小，结实性一般；籽粒偏大，半角质，黑胚多，饱满度中等。耐后期高温，灌浆速度慢，成熟落黄好。亩穗数42.1万，穗粒数32.5粒，千粒重45.5克。

（四）品质分析

容重808克/升、809克/升，蛋白质含量14.31%、14.51%，湿面筋含量29.2%、29%，降落值257秒、371秒，吸水量62.2毫升/100克、62.1毫升/100克，形成时间2.3分钟、2.5分钟，稳定时间1.2分钟、1.4分钟，弱化度234 B.U.、163 B.U.，沉淀值37.2毫升、40.5毫升，硬度67 HI、70 HI，出粉率70.8%、71%。

（五）抗性鉴定

中抗条锈病、纹枯病和叶枯病，中感白粉病和叶锈病，高感赤霉病。

（六）适宜范围及栽培要点

适宜在河南省（南部稻茬麦区除外）早中茬中高肥力地种植。10月5—20日播种，最佳播期10月10日左右；高肥力地块亩播量6~8千克，中低肥力地块亩播量8~10千克，如延期播种，以每推迟3天增加0.5千克播量为宜。一般亩底施尿素20千克，磷酸二铵25千克，硫酸钾15千克，春节前后每亩追施尿素7~10千克；拔节前化学除草，并适当化控；及时防治白粉病和蚜虫；灌浆期搞好"一喷三防"。

二〇八、天禾3号

（一）品种来源

郑州大学、河南俊达种业有限公司、安阳市天禾农作物科学研究所利用矮败小麦/天禾077选育而成，2012年通过河南省农作物品种审定委员会审定，审定编号：豫审麦2012010。该品种已申请农业部品种保护（专利），其申请公告号为CNA010696E。其系谱如下：

```
矮败小麦   ×   天禾077
        │
      天禾3号
```

（二）产量表现

2009—2010年度参加河南省冬水组区域试验，平均亩产530.5千克，比对照周麦18增产2.71%；2010—2011年度续试，平均亩产579.3千克，比对照周麦18增产2.98%。2011—2012年度参加河南省冬水组生产试验，平均亩产535.5千克，比对照周麦18增产5.2%。

（三）特征特性

属半冬性大穗型中晚熟品种，比对照周麦18晚熟0.2天。幼苗半匍匐，叶片偏长下披，叶色浓绿，冬季抗寒性好；分蘖力弱，成穗率高，春季发育稳健，两极分化快，抗倒春寒能力稍差。株型偏紧凑，旗叶偏宽上举，穗下节短，平均株高78.4厘米，茎秆较粗，弹性一般。穗长方形，穗层整齐，结实性好；籽粒角质，黑胚多，饱满度中等。亩穗数39.8万，穗粒数37.6粒，千粒重41.9克。

（四）品质分析

容重800克/升、788克/升，蛋白质含量15.23%、14.39%，湿面筋含量31.6%、31.3%，降落值422秒、384秒，吸水量61.3毫升/100克、61.8毫升/100克，形成时间3.5分钟、3.2分钟，稳定时间4分钟、3.6分钟，弱化度119 B.U.、83 B.U.，沉淀值56.8毫升、53.5毫升，硬度65 HI、70 HI，出粉率70.3%、71.8%。

（五）抗性鉴定

中抗叶枯病，中感白粉病、条锈病、叶锈病和纹枯病，高感赤霉病。

（六）适宜范围及栽培要点

适宜在河南省（南部稻茬麦区除外）早中茬中高肥力地种植。10月5—25日均可播种，最佳播期10月8日；高肥地块亩播量9千克为宜，中低肥力地块可适当增加播量，播期每推迟3天，亩播量增加0.5千克。亩施有机肥3立方米，纯氮12千克，五氧化二磷8.5千克，氧化钾8千克。有机肥、磷、钾肥全部底施，氮肥基追比例为5：5。起身期结合浇水追施纯氮6千克。生育中后期注意防治蚜虫、白粉病和赤霉病。

二〇九、国麦301

（一）品种来源

国家小麦工程技术研究中心、河南赛德种业有限公司利用G883/濮麦9号选育而成，2012年通过河南省农作物品种审定委员会审定，审定编号：豫审麦2012011。该品种已获批农业部品种保护（专利），其品种权号为CNA20120990.4。其系谱如下：

（二）产量表现

2009—2010年度参加河南省冬水组区域试验，平均亩产537.9千克，比对照周麦18增产4.16%；2010—2011年度续试，平均亩产573.4千克，比对照周麦18增产1.94%。2011—2012年度参加河南省冬水组生产试验，平均亩产535.6千克，比对照周麦18增产5.2%。

（三）特征特性

属半冬性中晚熟品种，与对照周麦18熟期相当。幼苗半直立，叶片宽大，叶色浓绿，抗寒性好，分蘖力弱；春季返青早，起身快，两极分化快，春季抗寒性较好，亩穗数中等；旗叶及下部叶片较大、平展，叶、穗色发灰，落黄一般；株型松散，平均株高78厘米，茎秆较粗，弹性中等，抗倒性一般。穗纺锤形，长芒，结实性好，穗粒数多；籽粒粉质，黑胚少，饱满度中等。亩穗数40.3万，穗粒数37.4粒，千粒重40.2克。

（四）品质分析

容重780克/升、776克/升，蛋白质含量14.31%、14.59%，湿面筋含量31.5%、31.8%，降落值352秒、365秒，吸水量54.6毫升/100克、55.8毫升/100克，形成时间2分钟、2.4分钟，稳定时间2.5分钟、2.2分钟，弱化度137 B.U.、102 B.U.，沉淀值59毫升、64.8毫升，硬度50 HI、56 HI，出粉率66.3%、68.5%。

（五）抗性鉴定

中抗白粉病、叶枯病和叶锈病，中感条锈病和纹枯病，高感赤霉病。

（六）适宜范围及栽培要点

适宜在河南省（南部稻茬麦区除外）早中茬中高肥力地种植。10月10—25日均可播种，最佳播期10月15日左右；中高肥力地块亩播量6~8千克，中低肥力地块适当增加播量；播期每推迟3天，亩播量增加0.5千克。一般亩底施纯氮12千克，磷、钾肥各7千克；拔节后亩追施尿素5~10千克。浇好拔节水和灌浆水；苗期和拔节前结合化除，防治纹枯病；抽穗后注意防治蚜虫、条锈病和赤霉病。

二一〇、郑麦0856

（一）品种来源

河南省农业科学院小麦研究中心利用郑麦9405/4B269//周麦16选育而成，2012年通过河南省农作物品种审定委员会审定，审定编号：豫审麦2012012。该品种已获批农业部品种保护（专利），其品种权号为CNA20101088.7。其系谱如下：

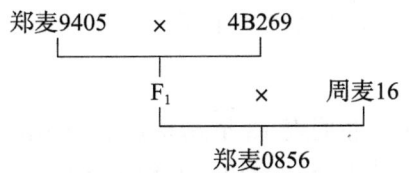

（二）产量表现

2009—2010年度参加河南省冬水组区域试验，平均亩产528.5千克，比对照周麦18增产2.34%；2010—2011年度续试，平均亩产545.9千克，比对照周麦18减产2.96%。2011—2012年度参加河南省冬水组生产试验，平均亩产527.5千克，比对照周麦18增产3.6%。

（三）特征特性

属半冬性中晚熟品种，比对照周麦18早熟0.3天。幼苗半匍匐，叶片稍窄，叶色浅绿，长势壮，冬季抗寒性好，分蘖力较强，成穗率低；春季返青早起身早，两极分化快；株型松紧适中，旗叶偏大上举，穗下节短，株行间通风透光性好；平均株高75.4厘米，茎秆粗壮，弹性较好，较抗倒伏。穗纺锤形，长芒，穗层较整齐，受倒春寒影响顶端结实性降低；籽粒角质，大小均匀，黑胚少，饱满度好，籽粒外观商品性较好；对肥力敏感，叶的功能期长，耐后期高温，成熟落黄好。亩穗数41.9万，穗粒数33.9粒，千粒重43.6克。

（四）品质分析

容重811克/升、793克/升，蛋白质含量13.59%、13.93%，湿面筋含量29%、31.2%，降落值322秒、427秒，吸水量60毫升/100克、60.8毫升/100克，形成时间10.4分钟、5分钟，稳定时间11.2分钟、9.2分钟，弱化度97 B.U.、21 B.U.，沉淀值59毫升、61.5毫升，硬度72 HI、73 HI，出粉率67.7%、70.6%。

（五）抗性鉴定

中抗叶锈病和叶枯病，中感白粉病、纹枯病和条锈病，高感赤霉病。

（六）适宜范围及栽培要点

适宜在河南省（南部稻茬麦区除外）早中茬中高肥力地种植。适播期10月5—20日，亩播量10~12.5千克，亩基本苗15万~20万为宜。一般亩施尿素15千克，磷酸二铵25千克，氯化钾5千克；孕穗后防治穗蚜、白粉病和赤霉病；返青起身期结合浇水，每亩追尿素7.5~10千克；灌浆中期搞好"一喷三防"。

二一、濮麦26

（一）品种来源

濮阳市神农种业有限公司利用周麦16/淮麦20选育而成，2012年通过河南省农作物品种审定委员会审定，审定编号：豫审麦2012013。其系谱如下：

```
周麦16  ×  淮麦20
        │
      濮麦26
```

（二）产量表现

2008—2009年度参加河南省冬水组区域试验，平均亩产520.7千克，比对照周麦18增产2.15%；2009—2010年度续试，平均亩产522.1千克，比对照周麦18增产1.09%。2010—2011年度参加河南省冬水组生产试验,平均亩产 561.5 千克,比对照周麦 18 增产 4.8%。

(三)特征特性

属半冬性大穗型中熟品种,比对照周麦 18 早熟 0.7 天。幼苗半直立,苗期长势旺,叶片宽大,叶色浅绿,冬季抗寒能力一般;春季返青起身快,两极分化快,苗脚利索,抽穗早;株型稍松散,穗下节长,穗层不整齐,旗叶长而半披,下部叶片大,平均株高 76.9 厘米,茎秆较粗,弹性一般;穗长方形,短芒,穗较大均匀,结实性较好;穗粒数较多,籽粒半角质,黑胚少,饱满度中等。亩穗数 33.8 万,穗粒数 39.7 粒,千粒重 44.2 克。

(四)品质分析

容重 750 克/升、799 克/升,蛋白质含量 13.93%、13.86%,湿面筋含量 28%、27.4%,降落值 406 秒、400 秒,吸水量 55.2 毫升/100 克、55.8 毫升/100 克,形成时间 3.9 分钟、4.5 分钟,稳定时间 5.1 分钟、6.9 分钟,弱化度 92 B.U.、65 B.U.,沉淀值 54.2 毫升、58 毫升,硬度 61 HI、58 HI,出粉率 71.1%、70.8%。

(五)抗性鉴定

中抗叶枯病,中感白粉病、条锈病、叶锈病和纹枯病。

(六)适宜范围及栽培要点

适宜在河南省(南部稻茬麦区除外)早中茬中高肥力地种植。最佳播期 10 月 10—25 日;高肥力地块亩播量 8~9 千克,中低肥力可适当增加播量,每推迟 3 天亩播量增加 0.5 千克为宜。每亩施纯氮 12 千克,五氧化二磷 7.5 千克,氧化钾 7.5 千克。冬前浇越冬水,及时中耕除草;拔节后亩追尿素 3~5 千克;生育中后期注意防治白粉病、锈病和蚜虫。灌浆期搞好"一喷三防"。

二一二、中洛 1 号

(一)品种来源

中国农业科学院作物科学研究所、洛阳农林科学院利用科遗 26/偃展 1 号选育而成,2012 年通过河南省农作物品种审定委员会审定,审定编号:豫审麦 2012014。该品种已获批农业部品种保护(专利),其品种权号为 CNA20111216.1。其系谱如下:

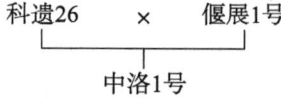

(二)产量表现

2009—2010 年度参加河南省春水组区域试验,平均亩产 454.6 千克,比对照偃展 4110 减产 0.92%;2010—2011 年度续试,平均亩产 528.7 千克,比对照偃展 4110 增产 4.44%。2011—2012 年度参加河南省春水组生产试验,平均亩产 453.1 千克,比对照偃展 4110 增产 5%。

(三)特征特性

属弱春性早熟品种,比对照偃展 4110 晚熟 0.2 天。幼苗半直立,叶片宽大,长势壮,冬季抗寒性较好,分蘖力弱,成穗率较高;春季发育快,抽穗早,抗倒春寒能力一般。株型偏紧凑,旗叶宽短略披,有干尖,穗色发黄,穗层整齐;平均株高 76.6 厘米,茎秆弹性一般。穗长方形,受倒春寒影响顶端结实性差,长芒;籽粒半角质,大小均匀,黑胚率低,商品性好。亩穗数 44.4 万,穗粒数 31.6 粒,千粒重 40 克。

(四)品质分析

容重796克/升、801克/升,蛋白质含量15.7%、15.1%,湿面筋含量36%、32%,降落值346秒、397秒,吸水量55.5毫升/100克、54.4毫升/100克,形成时间3.5分钟、4.2分钟,稳定时间7.4分钟、5分钟,弱化度42 B.U.、49 B.U.,沉淀值75毫升、75.8毫升,硬度50 HI、56 HI,出粉率67.3%、68.3%。

(五)抗性鉴定

中抗纹枯病,中感白粉病、条锈病、叶锈病和叶枯病,高感赤霉病。

(六)适宜范围及栽培要点

适宜在河南省(南部稻茬麦区除外)中晚茬中高肥力地种植。10月15—25日播种,最佳播期10月20日左右;高肥力地块亩播量6~8千克,中低肥力地块亩播量8~10千克;播期每推迟3天,亩播量增加0.5千克。一般亩底施尿素20千克,磷酸二铵25千克,硫酸钾15千克,春节前后每亩追施尿素7~10千克。拔节前进行化学除草,并适当化控。及时防治白粉病和蚜虫。灌浆期搞好"一喷三防"。

二一三、先麦10号

(一)品种来源

河南先天下种业有限公司李晓丽等利用温麦6号/偃展1号选育而成,2012年通过河南省农作物品种审定委员会审定,审定编号:豫审麦2012015。该品种已获批农业部品种保护(专利),其品种权号为CNA20151572.5。其系谱如下:

```
温麦6号   ×   偃展1号
         │
      先麦10号
```

(二)产量表现

2009—2010年度参加河南省春水组区域试验,平均亩产462.4千克,比对照偃展4110增产0.78%;2010—2011年度续试,平均亩产504.9千克,比对照偃展4110减产0.26%。2011—2012年度参加河南省春水组生产试验,平均亩产453.6千克,比对照偃展4110增产5.1%。

(三)特征特性

属弱春性早熟品种,比对照偃展4110早熟0.2天。幼苗匍匐,苗期叶长下披,冬季抗寒性差,分蘖力弱,成穗率高;春季起身偏晚且慢,拔节后发育速度快,抽穗早,抗倒春寒能力弱;株型偏紧凑,穗下节长,叶片较大半披,株行间通风透光性一般,平均株高75厘米,茎秆弹性好;穗纺锤形,长芒,码稀,穗层整齐,受倒春寒影响结实性差;长粒,大小均匀,饱满度中等,角质率高,黑胚率低,商品性好。叶的功能期长,耐后期高温,灌浆速度快,成熟早落黄好。亩穗数45.1万,穗粒数29.9粒,千粒重41.7克。

(四)品质分析

容重822克/升、818克/升,蛋白质含量15.1%、14.4%,湿面筋含量34.3%、31.2%,降落值265秒、348秒,吸水量62毫升/100克、61.2毫升/100克,形成时间4.5分钟、3分钟,稳定时间7.4分钟、6.6分钟,弱化度72 B.U.、39 B.U.,沉淀值73.2毫升、67.2毫升,硬度66 HI、71 HI,出粉率72.3%、71.8%。

(五)抗性鉴定

中抗叶锈病、纹枯病和叶枯病,中感白粉病和条锈病,高感赤霉病。

(六)适宜范围及栽培要点

适宜在河南省(南部稻茬麦区除外)中晚茬中高肥力地种植。适播期10月15—30日。高肥力地块适宜亩播量7~8千克,中低肥力地块适当增加播量。一般亩底施尿素20千克,磷酸二铵25千克,硫酸钾15千克,硫酸锌2千克,硼酸2千克;拔节末期亩追尿素5~8千克;返青至起身期进行化除;生育中后期预防蚜虫、白粉病、条锈病和赤霉病;灌浆期搞好"一喷三防"。

二一四、中焦3号

(一)品种来源

焦作市农林科学研究院、中国农业科学院作物科学研究所利用内乡327/偃展4110选育而成,2012年通过河南省农作物品种审定委员会审定,审定编号:豫审麦2012016。其系谱如下:

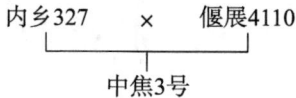

(二)产量表现

2009—2010年度参加河南省信阳组区域试验,平均亩产378.8千克,比对照豫麦18-99增产7.45%;2010—2011年度续试,平均亩产383千克,比对照豫麦18-99增产7.54%。2011—2012年度参加河南省南部稻茬组生产试验,平均亩产404.2千克,比对照偃展4110增产6.5%。

(三)特征特性

属弱春性早熟品种,比对照偃展4110早熟1.4天。幼苗直立,叶片宽大下披,叶色浅绿,长势旺,分蘖力弱,成穗率高;冬季抗寒性较差,春季起身拔节快,抽穗早,株型松散,旗叶下披,穗下节长,株行间透光性差,平均株高83.5厘米,茎秆弹性一般;穗纺锤形,长芒,码稀;籽粒粉质,饱满度中等;灌浆速度快,成熟落黄好。亩穗数37.5万,穗粒数34.1粒,千粒重36.5克。

(四)品质分析

容重802克/升、767克/升,蛋白质含量13.36%、12.66%,湿面筋含量26.6%、25.6%,降落值354秒、235秒,吸水量53.9毫升/100克、52.9毫升/100克,形成时间4分钟、4分钟,稳定时间4.6分钟、5.1分钟,弱化度101 B.U.、52 B.U.,沉淀值46.8毫升、51.5毫升,硬度38 HI、41 HI,出粉率64.8%、68.2%。

(五)抗性鉴定

中抗叶锈病和叶枯病,中感白粉病、纹枯病和条锈病,高感赤霉病。

(六)适宜范围及栽培要点

适宜在河南省南部稻茬麦区种植。10月中下旬播种,最佳播期10月20—25日,高肥力地块亩播量6~8千克,中低肥力地块亩播量8~10千克;播期每推迟3天,亩播量增加0.5千克。施足底肥,重点抓好拔节期、抽穗期、灌浆期肥水管理。综合防治蚜虫、红蜘蛛、纹枯病和赤霉病。

二一五、阳光851

（一）品种来源

漯河市阳光种业有限公司赵全花等利用漯麦4号/周麦16//漯麦4号选育而成，2012年通过河南省农作物品种审定委员会审定，审定编号：豫审麦2012017。该品种已获批农业部品种保护（专利），其品种权号为CNA201121340.9。其系谱如下：

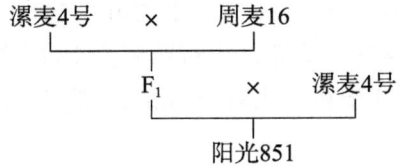

（二）产量表现

2009—2010年度参加河南省旱地区域试验，平均亩产388千克，比对照洛旱7号增产2.91%；2010—2011年度续试，平均亩产296.6千克，比对照洛旱7号增产3.54%。2011—2012年度参加河南省旱地生产试验，平均亩产375.3千克，比对照洛旱7号增产5.5%。

（三）特征特性

属半冬性中熟旱地品种，比对照洛旱7号早熟0.2天。幼苗半匍匐，叶片宽大，叶色深绿，分蘖力较强，成穗率较低，冬季抗寒性一般；起身较晚，返青拔节快，抗倒春寒能力一般；株型半松散，旗叶宽大下披，穗下节长，平均株高73厘米，茎秆粗壮，抗倒性好；穗纺锤形，长芒，穗层整齐，结实性好，成熟落黄好；白粒，粉质，饱满度好。亩穗数33万，穗粒数32.8，千粒重38.9克。

（四）品质分析

容重793克/升、775克/升，蛋白质含量14.11%、15.25%，湿面筋含量31.2%、29.8%，降落值334秒、378秒，吸水量53.9毫升/100克、51.9毫升/100克，形成时间3分钟、6.2分钟，稳定时间4.9分钟、9.5分钟，弱化度65 B.U.、55 B.U.，沉淀值68.2毫升、72.5毫升，硬度35 HI、37 HI，出粉率71%、70.6%。

（五）抗性鉴定

中抗叶锈病、纹枯病和叶枯病，中感白粉病，高感条锈病和赤霉病。抗旱级别3级，抗旱性中等。

（六）适宜范围及栽培要点

适宜在河南省丘陵旱肥地早中茬地种植。10月3—25日均可播种，最佳播期10月8—15日。适时播种，高肥力地块亩播量6~8千克，肥力水平较差地块可适当增加播量到8~10千克，播期每推迟3天，亩播量增加0.5千克。一般亩底施纯氮10~12千克，五氧化二磷7.5千克，氧化钾6千克；播种前土壤处理或药剂拌种，防治地下害虫和苗期蚜虫，冬前或早春预防纹枯病；孕穗期防治蚜虫、纹枯病、白粉病和锈病。抽穗扬花期预防赤霉病。

二一六、郑麦3596

（一）品种来源

河南省农业科学院小麦研究中心利用郑麦366航天诱变选育而成，2014年通过河南省农作物品种审定委员会审定，审定编号：豫审麦2014002。该品种已获批农业部品种保护（专利），其品种权号为CNA20111229.6。其系谱如下：

```
        郑麦366
          │航天诱变
        郑麦3596
```

（二）产量表现

2010—2011年度参加河南省冬水组区域试验，平均亩产561.1千克，比对照周麦18减产0.3%；2011—2012年度续试，平均亩产455.1千克，比对照周麦18减产1.5%。2012—2013年参加河南省冬水组生产试验，平均亩产459.9千克，比对照周麦18增产0.5%。

（三）特征特性

属半冬性中晚熟强筋品种。幼苗半匍匐，叶色深绿，叶片宽大，冬季抗寒性强；分蘖力中等，成穗率高；春季起身拔节早，两极分化快，抽穗早；株型紧凑，旗叶偏小上冲，有干尖，穗下节短，株高75~76.6厘米，茎秆弹性好，抗倒伏能力强；穗纺锤形，大小均匀，籽粒卵圆形，角质率高，饱满度好，外观商品性好；根系活力好，叶的功能期长，较耐后期高温，成熟落黄好。亩穗数40.2万~46.7万，穗粒数30.4~33.7粒，千粒重39.9~41.4克。

（四）品质分析

容重799克/升、798克/升，蛋白质含量16.14%、15.99%，湿面筋含量33.2%、33.8%，降落值513秒、398秒，沉淀值77.8毫升、86毫升，吸水量61.6毫升/100克、64.3毫升/100克，形成时间11.8分钟、7.6分钟，稳定时间18.6分钟、13.3分钟，弱化度30 B.U.、40 B.U.，硬度69 HI、70 HI，出粉率70.8%、70%。

（五）抗性鉴定

中感条锈病、叶锈病、白粉病和纹枯病，高感赤霉病。

（六）适宜范围及栽培要点

适宜在河南省（南部稻茬麦区除外）早中茬中高肥力地种植。适播期10月上中旬，高肥力地块亩播量8~10千克，中低肥力地块亩播量10~12千克，晚播适当增加播量。一般亩施农家肥3~4立方米，氮、磷、钾肥科学搭配，以1：1：0.8为宜；浇好底墒水，足墒下种；若旋耕后直接播种，冬前必须浇越冬水；起身期预防纹枯病；抽穗灌浆期"一喷三防"，防治赤霉病、锈病、白粉病和蚜虫。

二一七、华育198

（一）品种来源

河南省华棉种业有限公司利用百农64/周麦16选育而成，2014年通过河南省农作物品种审定委员会审定，审定编号：豫审麦2014003。该品种已获批农业部品种保护（专利），其品种权号为CNA20111079.7。其系谱如下：

```
   百农64    ×    周麦16
        └────┬────┘
           华育198
```

（二）产量表现

2010—2011年度参加河南省冬水组区域试验，平均亩产564.3千克，比对照周麦18增产2.8%；2011—2012年度续试，平均亩产464.7千克，比对照周麦18增产0.6%。2012—2013年度参加河南省冬水组生产试验，平均亩产495.8千克，比对照周麦18增产5.8%。

（三）特征特性

属半冬性多穗型中晚熟品种。幼苗半匍匐，苗期叶片宽长，叶色浅绿，冬季抗寒性一般，分蘖力一般，成穗率高；春季起身拔节快，两极分化快；株型紧凑，茎秆有蜡质，旗叶及下部叶片较小上冲，穗下节长，株高76~77.2厘米，茎秆弹性好，较抗倒伏；穗纺锤形，穗偏小，籽粒角质，大小均匀，黑胚率低；根系活力好，叶的功能期长，耐后期高温，成熟落黄好。亩穗数39万~43.9万，穗粒数33.1~33.6粒，千粒重44~45.6克。

（四）品质分析

容重820克/升、813克/升，蛋白质含量14.78%、15.01%，湿面筋含量31.2%、35.4%，降落值422秒、436秒，沉淀值43.8毫升、54毫升，吸水量59.7毫升/100克、60.7毫升/100克，形成时间2.5分钟、3分钟，稳定时间2.6分钟、2.9分钟，弱化度138 B.U.、122 B.U.，硬度65 HI、64 HI，出粉率72.8%、72.8%。

（五）抗性鉴定

中感条锈病、叶锈病、白粉病和纹枯病，高感赤霉病。

（六）适宜范围及栽培要点

适宜在河南省（南部稻茬麦区除外）早中茬中高肥力地种植。10月5—20日播种，最佳播期10月10日左右；高肥力地块亩播量6~8千克，中低肥力地块亩播量8~10千克；播期每推迟3天，亩播量增加0.5千克。全生育期亩施纯氮12~14千克，五氧化二磷6~10千克，氧化钾5~7千克、硫、锌肥均为3千克，磷、钾肥和微肥一次性底施，氮肥底追比例为7∶3。拔节期追氮，浇好底墒水、孕穗水和灌浆水。冬前或早春预防纹枯病；抽穗扬花期预防赤霉病、蚜虫和白粉病；灌浆期"一喷三防"。

二一八、豫农211

（一）品种来源

河南农业大学利用豫农201//豫农9234903/白硬冬选育而成，2014年通过河南省农作物品种审定委员会审定，审定编号：豫审麦2014004。该品种已获批农业部品种保护（专利），其品种权号为CNA20140305.2。其系谱如下：

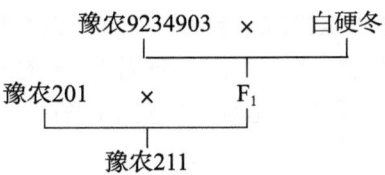

（二）产量表现

2010—2011年度参加河南省冬水组区域试验，平均亩产551.9千克，比对照周麦18增产0.5%；2011—2012年度续试，平均亩产464.8千克，比对照周麦18增产0.6%。2012—2013年度参加河南省冬水组生产试验，平均亩产 490.1 千克，比对照周麦 18 增产 4.6%。

（三）特征特性

属半冬性多穗型中晚熟品种。幼苗直立，叶片宽长，叶色青绿，冬季抗寒性好，分蘖力强，成穗率高；春季返青早，起身快，抽穗较早；株型紧凑，茎秆有蜡质，旗叶较小上举，穗下节长，株高 74~76 厘米，茎秆弹性好，较抗倒伏；穗纺锤形，较小，穗色发黄，顶端较尖，籽粒较大均匀，角质，黑胚多；根系活力好，耐后期高温，灌浆速度快，成熟落黄好。亩穗数 42.1 万~45.6 万，穗粒数 29.4~31.7 粒，千粒重 42.9~43.9 克。

（四）品质分析

容重 831 克/升、819 克/升，蛋白质含量 14.76%、15.08%，湿面筋含量 32.9%、31.8%，降落值 421 秒、423 秒，沉淀值 38.3 毫升、54 毫升，吸水量 61.3 毫升/100 克、62.3 毫升/100 克，形成时间 2.5 分钟、3 分钟，稳定时间 1.5 分钟、1.7 分钟，弱化度 172 B.U.、147 B.U.，硬度 64 HI、62 HI，出粉率 72.4%、70.7%。

（五）抗性鉴定

中抗白粉病，中感条锈病、纹枯病和叶锈病，高感赤霉病。

（六）适宜范围及栽培要点

适宜在河南省（南部稻茬麦区除外）早中茬中高肥力地种植。10 月 8—20 日播种，最佳播期 10 月 15 日左右；高肥力地块亩播量 6~8 千克，中低肥力地块亩播量 8~10 千克，播期每推迟 3 天，亩播量增加 0.5 千克。一般亩底施纯氮 12 千克，磷、钾肥各 7 千克；春节前后每亩追施尿素 7~10 千克。拔节前结合化学除草，防治纹枯病；适时防治锈病、蚜虫和赤霉病；灌浆期搞好"一喷三防"。

二一九、平安 9 号

（一）品种来源

河南平安种业有限公司利用豫麦 59/豫麦 21//郑麦 91138/豫麦 49 选育而成，2014 年通过河南省农作物品种审定委员会审定，审定编号：豫审麦 2014005。该品种已获批农业部品种保护（专利），其品种权号为 CNA20120706.9。其系谱如下：

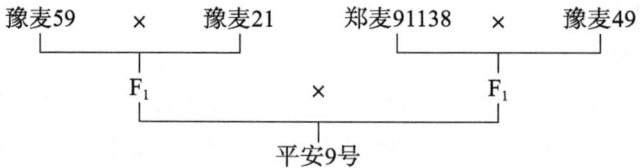

（二）产量表现

2010—2011 年度参加河南省冬水组区域试验，平均亩产 564.3 千克，比对照周麦 18 增产 2.8%；2011—2012 年度续试，平均亩产 471.2 千克，比对照周麦 18 增产 2%。2012—2013 年度参加河南省冬水组生产试验，平均亩产 496.5 千克，比对照周麦 18 增产 5.9%。

（三）特征特性

属半冬性多穗型中晚熟品种。幼苗半直立，叶色深绿，叶片宽长，冬季抗寒性一般，分蘖力一般，成穗率高；春季起身拔节早，两极分化快；株型稍松散，蜡质层厚，旗叶较小上冲，株高 80~81.2 厘米，茎秆弹性一般，不抗倒伏；穗纺锤形，长芒，白粒，半角质，饱满度好，黑胚率较高。亩穗数 39.2 万~43.9 万，穗粒数 30.9~32.5 粒，千粒重 47.1~49.9 克。

（四）品质分析

容重792克/升、791克/升，蛋白质含量14.67%、15.22%，湿面筋含量34.5%、31.1%，降落值380秒、378秒，沉淀值49.8毫升、62毫升，吸水量56.4毫升/100克、56.8毫升/100克，形成时间2.7分钟、4分钟，稳定时间3分钟、3.1分钟，弱化度145 B.U.、135 B.U.，硬度52 HI、51 HI，出粉率70.6%、68.8%。

（五）抗性鉴定

中感条锈病、叶锈病、白粉病和纹枯病，高感赤霉病。

（六）适宜范围及栽培要点

适宜在河南省（南部稻茬麦区除外）早中茬中高肥力地种植。适播期10月7—20日，亩播量8~10千克，晚播适当加大播量。全生育期施纯氮14千克，磷、钾肥8千克；以70%氮肥和全部磷、钾肥作底肥；浇好越冬水、拔节水和灌浆水，拔节期结合浇水，亩追施尿素10~15千克。抽穗后注意防治赤霉病、锈病、蚜虫和白粉病。

二二〇、金地828

（一）品种来源

河南省福旺种业有限公司、温县金地种业有限公司利用周麦16/百农AK58选育而成，2014年通过河南省农作物品种审定委员会审定，审定编号：豫审麦2014006。该品种已获批农业部品种保护（专利），其品种权号为CNA20140497.0。其系谱如下：

```
周麦16号    ×    百农AK58
         |
       金地828
```

（二）产量表现

2010—2011年度参加河南省冬水组区域试验，平均亩产551千克，比对照周麦18增产0.3%；2011—2012年度续试，平均亩产465.9千克，比对照周麦18增产0.8%。2012—2013年度参加河南省冬水组生产试验，平均亩产481.5千克，比对照周麦18增产5.2%。

（三）特征特性

属半冬性中晚熟品种。幼苗半匍匐，叶色浓绿，叶片较宽，冬季抗寒性好，分蘖力一般，成穗率较高；春季起身拔节早，两极分化快，抗倒春寒能力一般；株型松散，蜡质层厚，旗叶较长上冲，穗下节短，株高64.8~68厘米，茎秆弹性好，较抗倒伏；穗长方形，短芒，白壳，白粒，籽粒角质，饱满度好，黑胚率偏高；较耐后期高温，熟相好。亩穗数41.9万~43.4万，穗粒数32.3~34.4粒，千粒重38.8~41.2克。

（四）品质分析

容重811克/升、795克/升，蛋白质含量15.3%、15.34%，湿面筋含量33.9%、33.9%，降落值435秒、442秒，沉淀值56.5毫升、63毫升，吸水量57.8毫升/100克、58.5毫升/100克，形成时间3.5分钟、3.7分钟，稳定时间5.8分钟、5分钟，弱化度87 B.U.、97 B.U.，硬度66 HI、64 HI，出粉率72.5%、70.5%。

（五）抗性鉴定

中抗白粉病，中感条锈病、叶锈病和纹枯病，高感赤霉病。

（六）适宜范围及栽培要点

适宜在河南省（南部稻茬麦区除外）早中茬中高肥力地种植。10月5—20日播种，最佳播期10月10日左右；高肥力地块亩播量8~10千克，中低肥力地块亩播量9~11千克，播期每推迟3天，亩播量增加0.5千克。亩底施纯氮12千克，磷、钾肥各7千克；浇好越冬水、拔节水和灌浆水。播前药剂拌种防治地下害虫。冬前和早春化学除草，返青期防治纹枯病，孕穗后防治锈病、白粉病、赤霉病和蚜虫；灌浆期搞好"一喷三防"。

二二一、中育9307

（一）品种来源

中棉种业科技股份有限公司利用矮败小麦 // 周麦16/04中36选育而成，2014年通过河南省农作物品种审定委员会审定，审定编号：豫审麦2014007。该品种已获批农业部品种保护（专利），其品种权号为CNA20121066.1。其系谱如下：

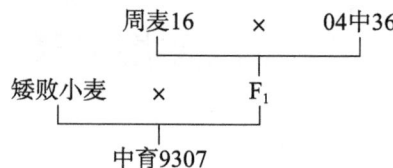

（二）产量表现

2010—2011年度参加河南省冬水组区域试验，平均亩产578.1千克，比对照周麦18增产1.9%；2011—2012年度续试，平均亩产457.4千克，比对照周麦18增产1.1%。2012—2013年度参加河南省冬水组生产试验，平均亩产479.3千克，比对照周麦18增产4.8%。

（三）特征特性

属半冬性多穗型中晚熟品种。幼苗半直立，叶色浅绿，叶片略披，冬季抗寒性好，分蘖力强，成穗率一般；春季返青起身早，两极分化慢，抽穗较迟，抗倒春寒能力一般；株型略松散，旗叶偏长平展，茎、秆、穗蜡质重，穗下节长，株高76~76.6厘米，茎秆弹性中等，抗倒伏性一般；穗长方形，长芒，大小均匀，顶端不育；籽粒角质，大小均匀，饱满度好，黑胚率高。亩穗数36.2万~41万，穗粒数31.9~35.8粒，千粒重43.4~44.7克。

（四）品质分析

容重823克/升、802克/升，蛋白质含量14.5%、14.39%，湿面筋含量29.7%、31.6%，降落值401秒、305秒，沉淀值47.8毫升、59毫升，吸水量63.5毫升/100克、64.6毫升/100克，形成时间3.2分钟、4.3分钟，稳定时间2.9分钟、3.1分钟，弱化度139 B.U.、138 B.U.，硬度70 HI、67 HI，出粉率68.8%、70.4%。

（五）抗性鉴定

高抗条锈病，中感叶锈病、白粉病和纹枯病，高感赤霉病。

（六）适宜范围及栽培要点

适宜在河南省（南部稻茬麦区除外）早中茬中高肥力地种植。10月5—20日播种，最佳播期10月10日左右；高肥力地块亩播量6~8千克，中低肥力地块亩播量8~10千克，如延期播种，以每推迟3天亩播量增加0.5千克为宜。一般亩底施尿素20千克，磷酸二铵25千克，硫酸钾15千克，春节前后每亩追施尿素7~10千克。冬前或早春预防纹枯病；拔节前化学除草，并适当化控。孕穗后防治白粉病、叶锈病和蚜虫；灌浆期搞好"一喷三防"。

二二二、郑育麦8号

（一）品种来源

河南郑韩种业科技有限公司利用周麦16/百农64//百农64选育而成，2014年通过河南省农作物品种审定委员会审定，审定编号：豫审麦2014008。该品种已获批农业部品种保护（专利），其品种权号为CNA20140357.9。其系谱如下：

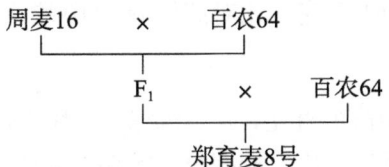

（二）产量表现

2010—2011年度参加河南省冬水组区域试验，平均亩产551.3千克，比对照周麦18增产0.4%；2011—2012年度续试，平均亩产469.8千克，比对照周麦18增产1.7%。2012—2013年度参加河南省冬水组生产试验，平均亩产486千克，比对照周麦18增产3.7%。

（三）特征特性

属半冬性中晚熟品种。幼苗半直立，叶片宽长，叶色浓绿，冬季抗寒性较好，分蘖力弱，成穗率高；春季起身早，两极分化快，抽穗较晚，耐倒春寒能力好；株型松紧适中，蜡质层厚，旗叶宽短上冲，穗下节间短，株高75~78厘米，茎秆弹性弱，不抗倒伏；穗纺锤形，长芒，籽粒白色，偏小，半角质，饱满度好，黑胚率高。根系活力好，叶的功能期长，较耐后期高温，成熟落黄好。亩穗数38万~41.9万，穗粒数34.1~36.3粒，千粒重41.1~43.4克。

（四）品质分析

容重804克/升、793克/升，蛋白质含量15%、15.08%，湿面筋含量29.2%、34.3%，降落值386秒、375秒，沉淀值50.5毫升、61毫升，吸水量55.3毫升/100克、56.3毫升/100克，形成时间1.9分钟、1.9分钟，稳定时间1.4分钟、2.7分钟，弱化度116 B.U.、104 B.U.，硬度52 HI、51 HI，出粉率69.7%、69.1%。

（五）抗性鉴定

中抗条锈病和叶锈病，中感白粉病和纹枯病，高感赤霉病。

（六）适宜范围及栽培要点

适宜在河南省（南部稻茬麦区除外）早中茬中高肥力地种植。适播期10月5—25日，每亩播量8~10千克，亩基本苗18万左右，晚播应适当加大播量。全生育期施纯氮14千克，磷、钾肥各8千克；氮肥底追比例6：4，拔节期结合浇水追施。浇好越冬水、拔节水和灌浆水。返青起身期喷洒多效唑，控制株高。及时防治蚜虫、赤霉病、锈病和白粉病。

二二三、偃丰21

（一）品种来源

偃师市农业科学研究所利用豫麦18/周麦16选育而成，2014年通过河南省农作物品种审定委员会审定，审定编号：豫审麦 2014009。该品种已获批农业部品种保护（专利），其品种权号为 CNA20140517.6。其系谱如下：

```
豫麦18  ×  周麦16
     └──┬──┘
      偃丰21
```

（二）产量表现

2010—2011 年度参加河南省春水组区域试验，平均亩产 549.3 千克，比对照偃展 4110 增产 4%；2011—2012 年度续试，平均亩产 500.6 千克，比对照偃展 4110 增产 8%。2012—2013 年度参加河南省春水组生产试验，平均亩产 461 千克，比对照偃展 4110 增产 7.1%。

（三）特征特性

属弱春性多穗型早熟品种。幼苗半直立，叶色浅绿，叶片宽长，冬季耐寒性较好，分蘖力一般，成穗率高；春季起身拔节早，两极分化快，抽穗早，抗倒春寒能力偏弱；株型较紧凑，旗叶偏小上举，茎、秆、穗有蜡质，穗下节长，株高 72~74 厘米，茎秆弹性弱，不抗倒伏；穗纺锤形，长芒，小穗排列稀，籽粒偏粉质，均匀，饱满度较好，黑胚率偏高；不耐后期高温，熟相一般。亩穗数 41.4 万~47.9 万，穗粒数 28.2~31.4 粒，千粒重 42.3~48.8 克。

（四）品质分析

容重 825 克/升、802 克/升，蛋白质含量 12.72%、13.9%，湿面筋含量 26.7%、27.4%，降落值 390 秒、400 秒，沉淀值 39.3 毫升、50 毫升，吸水量 53.1 毫升/100 克、54.1 毫升/100 克，形成时间 1.6 分钟、2.2 分钟，稳定时间 1.7 分钟、1.8 分钟，弱化度 168 B.U.、163 B.U.，硬度 41 HI、42 HI，出粉率 68.9%、67.6%。

（五）抗性鉴定

中感条锈病、叶锈病、白粉病和纹枯病，高感赤霉病。

（六）适宜范围及栽培要点

适宜在河南省（南部稻茬麦区除外）早中茬中高肥力地种植。10 月 15—30 日播种，高肥力地块每亩播量 7~8 千克，中低肥力地块亩播量 8~10 千克，如延期播种，以每推迟 3 天亩播量增加 0.5 千克为宜。亩底施纯氮 12 千克，磷、钾肥各 7 千克；及时灌水，起身期控制春季群体防止倒伏，拔节期亩追尿素 7~10 千克；抽穗扬花期预防赤霉病、白粉病、锈病和蚜虫。灌浆期"一喷三防"。

二二四、信麦 9 号

（一）品种来源

信阳市农业科学院利用周麦 11/豫麦 18 选育而成，2014 年通过河南省农作物品种审定委员会审定，审定编号：豫审麦 2014012。该品种已申请农业部品种保护（专利），其申请公告号为 CNA013338E。其系谱如下：

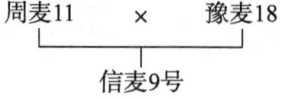

（二）产量表现

2010—2011 年度参加河南省信阳组区域试验，平均亩产 387 千克，比对照豫麦 18-99 增产

8.6%；2011—2012年度续试，平均亩产387.5千克，比对照偃展4110增产7.1%；2012—2013年度参加河南省南部稻茬麦组生产试验，平均亩产429.8千克，比对照偃展4110增产6.3%。

（三）特征特性

属弱春性中早熟品种。幼苗半直立，叶色深绿，长势健壮，分蘖力弱，成穗率高；冬季耐寒性强，春季发育较快，抽穗较早；株型较松散，叶、茎秆蜡质层较厚，穗下节长，株高70~84.9厘米，茎秆弹性一般，不抗倒伏；穗纺锤形，码稀，长芒，白粒，卵圆形，偏粉质，饱满度好；叶的功能期长，灌浆速度快，成熟落黄好。亩穗数28.9万~38.7万，穗粒数31.8~33.8粒，千粒重37.6~41.5克。

（四）品质分析

容重791克/升、779克/升，蛋白质含量13.41%、13.82%，湿面筋含量28.3%、29.1%，降落值340秒、347秒，沉淀值70.5毫升、77毫升，吸水量52毫升/100克、55.4毫升/100克，形成时间2.5分钟、4.1分钟，稳定时间4.4分钟、5.6分钟，弱化度87 B.U.、101 B.U.，硬度30 HI、40 HI，出粉率67.7%、67.9%。

（五）抗性鉴定

中感条锈病、叶锈病、白粉病和纹枯病，高感赤霉病。

（六）适宜范围及栽培要点

适宜在河南省南部稻茬麦区中晚茬地种植。豫南麦区适播期10月15—25日，亩播量12~14千克。播前精细整地，施足底肥，氮、磷、钾肥平衡施用，多施优质农家肥；淮南稻茬麦区起好"三沟"；冬前或早春化学除草，拔节期酌情追肥；中后期做好田间排水，抽穗扬花期预防赤霉病、白粉病、锈病和蚜虫。

二二五、郑麦314

（一）品种来源

河南省农业科学院小麦研究中心利用周麦13/sp94540-0-3-1-1-2-1选育而成，2014年通过河南省农作物品种审定委员会审定，审定编号：豫审麦2014013。该品种已申请农业部品种保护（专利），其申请公告号为CNA008657E。其系谱如下：

```
      周麦13      ×     sp94540-0-3-1-1-2-1
        └──────────┬──────────┘
                郑麦314
```

（二）产量表现

2010—2011年度参加河南省信阳组区域试验，平均亩产386.7千克，比对照豫麦18-99增产8.6%；2011—2012年度续试，平均亩产370.5千克，比对照偃展4110增产2.4%。2012—2013年度参加河南省南部稻茬麦组生产试验，平均亩产434.3千克，比对照偃展4110增产7.4%。

（三）特征特性

属半冬性多穗型中早熟品种。幼苗半直立，叶色青绿，冬季抗寒性一般，分蘖力强，成穗率高；春季发育早，苗脚利索，两极分化快，抽穗早；株型适中，茎秆、穗部蜡质厚，株高67~77厘米，茎秆弹性好，较抗倒伏；穗长方形，穗下节长，长芒，白壳，白粒，半角质，大小不均，饱满度中等，黑胚少。亩穗数33.3万~40.2万，穗粒数31.3~36.6粒，千粒重35.7~41.1克。

（四）品质分析

容重762克/升、723克/升，蛋白质含量13.71%、14.53%，湿面筋含量27.2%、29.5%，降落值302秒、287秒，沉淀值78.3毫升、80毫升，吸水量54毫升/100克、58.2毫升/100克，形成时间2.7分钟、4.1分钟，稳定时间6.7分钟、5.2分钟，弱化度62 B.U.、78 B.U.，硬度60 HI、62 HI，出粉率71%、71.4%。

（五）抗性鉴定

中抗条锈病，中感叶锈病、白粉病和纹枯病，高感赤霉病。

（六）适宜范围及栽培要点

适宜在河南省南部稻茬麦区中晚茬地种植。适宜播期10月中下旬。亩基本苗以15万~25万为宜。一般亩底施农家肥3~4立方米，纯氮10千克，磷、钾肥各7千克；春季亩追尿素8~10千克，孕穗后防治蚜虫、叶锈病、白粉病及纹枯病，抽穗扬花期预防赤霉病；灌浆期"一喷三防"。

二二六、鹤麦801

（一）品种来源

鹤壁市农业科学院利用99-6/周麦18选育而成，2014年通过河南省农作物品种审定委员会审定，审定编号：豫审麦2014014。该品种已获批农业部品种保护（专利），其品种权号为CNA20130353.4。其系谱如下：

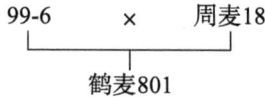

（二）产量表现

2010—2011年度参加河南省旱地区域试验，平均亩产294.3千克，比对照洛旱7号增产2.7%；2011—2012年度续试，平均亩产413.3千克，比对照洛旱7号增产5.1%。2012—2013年度参加河南省旱地组生产试验，平均亩产317.6千克，比对照洛旱7号增产6.8%。

（三）特征特性

属半冬性中熟旱地品种。幼苗半直立，叶片较宽，叶色深绿，抗寒性较差，分蘖力较弱，成穗率较高；株型紧凑，旗叶宽短上举，后卷成筒状，株高58~75厘米，茎秆粗壮，抗倒性好；穗长方形，长芒，穗下节短，小穗排列紧密，白粒，半角质，黑胚率较低；抽穗早，落黄好。亩穗数28万~33.9万，穗粒数31.9~38.3粒，千粒重35.8~41.4克。

（四）品质分析

容重793克/升、795克/升，蛋白质含量14.67%、13.49%，湿面筋含量33.2%、30.8%，降落值372秒、323秒，沉淀值65.8毫升、74毫升，吸水率54.9%、57.8%，形成时间4分钟、3.5分钟，稳定时间4.4分钟、3.8分钟，弱化度78 B.U.、96 B.U.，硬度54 HI、57 HI，出粉率68.5%、69.5%。

（五）抗性鉴定

中抗条锈病和纹枯病，中感叶锈病和白粉病，高感赤霉病。抗旱指数0.883~0.897，抗旱级别4级，抗旱性较弱。

（六）适宜范围及栽培要点

适宜在河南省丘陵及旱地麦区早中茬地种植。最佳播期10月5—15日，亩播量8~11千克。控制氮肥，增施磷肥；一般亩底施纯氮13千克，磷、钾肥各8千克；采取种子包衣，防治地下害虫；易旱区可在孕穗期追氮浇水。抽穗扬花期预防赤霉病、白粉病和蚜虫。

二二七、汝麦076

（一）品种来源

汝州市农业科学研究所、河南许丰种业有限公司利用豫麦2号/豫麦10号选育而成，2014年通过河南省农作物品种审定委员会审定，审定编号：豫审麦2014015。该品种已获批农业部品种保护（专利），其品种权号为CNA20131213.2。其系谱如下：

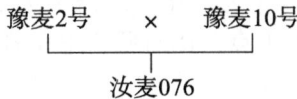

（二）产量表现

2010—2011年参加河南省旱地区域试验，平均亩产293.5千克，比对照洛旱7号增产2.5%；2011—2012年度续试，平均亩产410.6千克，比对照洛旱7号增产4.4%。2012—2013年度参加河南省旱地组生产试验，平均亩产316.6千克，比对照洛旱7号增产6.5%。

（三）特征特性

属半冬性中熟旱地品种。幼苗半匍匐，叶片长宽，叶色浅绿，抗寒性较好，分蘖率较弱，成穗率较高；春季返青起身较晚，两极分化慢；株型半紧凑，旗叶短宽上举，茎秆蜡质，抽穗较早，株高60~75.1厘米，茎秆弹性好，抗倒性好；穗长方形，长芒，穗下节短，白壳，白粒，角质，籽粒饱满，黑胚少。亩穗数32万~37.3万，穗粒数30.4~37.9粒，千粒重35.5~37.8克。

（四）品质分析

容重798克/升、810克/升，蛋白质含量15.21%、13.4%，湿面筋含量31.7%、27.9%，降落值480秒、375秒，沉淀值69.3毫升、75毫升，吸水量59.8毫升/100克、62.6毫升/100克，形成时间3.5分钟、2.8分钟，稳定时间4.5分钟、3.3分钟，弱化度113 B.U.、116 B.U.，硬度66 HI、69 HI，出粉率71.4%、69.2%。

（五）抗性鉴定

中感叶锈病、白粉病和纹枯病，高感条锈病和赤霉病。抗旱级别4级，抗旱性较弱。

（六）适宜范围及栽培要点

适宜在河南省丘陵及旱地麦区早中茬地种植。适播期10月10—20日，最佳播期10月15日左右。中等肥力地块亩播量6~8千克，中低肥力地块亩播量8~10千克，播期每推迟3天，亩播量增加0.5千克。一般亩底施纯氮12千克，磷、钾肥各8千克；拔节后亩追尿素5~10千克，浇好拔节水和灌浆水；冬前或早春除草和防治纹枯病，播前药剂拌种，防治地下害虫和苗期蚜虫。孕穗后防治锈病、白粉病和纹枯病。抽穗扬花期预防赤霉病。

二二八、新麦 28

(一) 品种来源

河南敦煌种业新科种子有限公司利用新麦 18/陕优 225 选育而成,原名新麦 0208。2014 年通过河南省农作物品种审定委员会审定,审定编号:豫审麦 2014016。该品种已获批农业部品种保护(专利),其品种权号为 CNA20150390.7。其系谱如下:

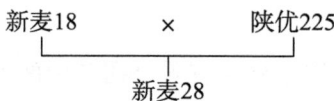

(二) 产量表现

2010—2011 年参加河南省旱地区域试验,平均亩产 280.8 千克,比对照洛旱 7 号减产 2%;2011—2012 年度续试,平均亩产 397.6 千克,比对照洛旱 7 号增产 1.1%。2012—2013 年度参加河南省旱地组生产试验,平均亩产 314.1 千克,比对照洛旱 7 号增产 5.7%。

(三) 特征特性

属半冬性中熟强筋旱地品种。幼苗半匍匐,叶片细长,叶色深绿,分蘖力较强,成穗率较高,春季发育较慢,抽穗较迟,冬季及春季抗寒性较弱;株型半松散,旗叶细长上举,有干尖,株高 62~75.7 厘米,茎秆较细,弹性好,抗倒性较好。穗纺锤形,长芒,穗下节长,白壳,白粒,角质,黑胚率低;后期早衰,不抗干热风,落黄差。亩穗数 32 万~38.2 万,穗粒数 28.2~34.5 粒,千粒重 35.9~37.6 克。

(四) 品质分析

容重 808 克/升、814 克/升,蛋白质含量 16.98%、15.55%,湿面筋含量 32.1%、29.7%,降落值 411 秒、387 秒,沉淀值 77.8 毫升、80 毫升,吸水量 57.4 毫升/100 克、60.7 毫升/100 克,形成时间 22 分钟、9.5 分钟,稳定时间 23.9 分钟、16.1 分钟,弱化度 65 B.U.、28 B.U.,硬度 61 HI、69 HI,出粉率 70.8%、70.8%。

(五) 抗性鉴定

中抗条锈病,中感叶锈病、白粉病和纹枯病,高感赤霉病。抗旱级别 4 级,抗旱性较弱。

(六) 适宜范围及栽培要点

适宜在河南省丘陵及旱地麦区早中茬地种植。高寒山区播期 9 月 25—30 日,浅山丘陵区为 9 月 28 日至 10 月 5 日,旱塬地区为 10 月 1—10 日。亩播量 8~10 千克,晚播应适当增加播量,播期每推迟 3 天,亩播量增加 0.5 千克。亩底施有机肥 3~4 立方米,纯氮 9~11 千克,五氧化二磷 6~8 千克,氧化钾 7 千克。冬春趁墒每亩追尿素 5~7 千克,生育中后期叶面喷施磷酸二氢钾,同时搞好赤霉病、白粉病和蚜虫防治。

二二九、开麦 22

(一) 品种来源

开封市农林科学研究院利用周麦 18/百农 AK58 选育而成,2014 年通过河南省农作物品种审定委员会审定,审定编号:豫审麦 2014017。该品种已获批农业部品种保护(专利),其品种权号为 CNA20140150.8。其系谱如下:

```
周麦18    ×    百农AK58
         |
       开麦22
```

（二）产量表现

2011—2012年度参加河南省冬水组区域试验，平均亩产455.7千克，比对照周麦18增产0.8%；2012—2013年度续试，平均亩产509.3千克，比对照周麦18增产3.8%。2013—2014年度参加河南省冬水组生产试验，平均亩产569.7千克，比对照周麦18增产6%。

（三）特征特性

属半冬性中熟品种。幼苗半直立，叶片细长，叶色浓绿，冬季抗寒性较好；分蘖力强，成穗率中等，春季起身晚，两极分化快，苗脚利落；株型松紧适中，穗下节长，旗叶略长上举，有干尖，茎秆、穗蜡质层厚，穗层整齐，株高75~77厘米，茎秆弹性较好，抗倒伏能力强；穗纺锤形，籽粒角质，饱满度好；根系活力好，叶的功能期长，耐后期高温，灌浆速度快，成熟落黄好。亩穗数35.3万~39.3万，穗粒数32~34粒，千粒重43.9~48.3克。

（四）品质分析

容重803克/升、793克/升，蛋白质含量16.63%、16.52%，湿面筋含量36.2%、35.5%，降落值434秒、339秒，沉淀值73毫升、68毫升，吸水量61.9毫升/100克、63.7毫升/100克，形成时间4.8分钟、4.7分钟，稳定时间4.2分钟、3.5分钟，弱化度98 B.U.、144 B.U.，硬度64 HI、63 HI，白度73.3%、73.5%，出粉率71.4%、71%。

（五）抗性鉴定

中抗条锈病，中感叶锈病、白粉病和纹枯病，高感赤霉病。

（六）适宜范围及栽培要点

适宜在河南省（南部稻茬麦区除外）早中茬中高肥力地种植。一般10月5—20日播种，最佳播期10月10日左右；高肥力地块亩播量8~10千克，中低肥力亩播量12~15千克，如延期播种，以每推迟3天亩播量增加0.5千克为宜。一般亩底施尿素20千克，磷酸二铵25千克，硫酸钾10千克，返青期亩追尿素7~10千克；冬前或早春结合化除，防治纹枯病；孕穗后及时防治叶锈病和赤霉病。灌浆期搞好"一喷三防"。

二三〇、温麦28

（一）品种来源

河南温农丰华种业有限公司利用周麦16/新麦18选育而成，2014年通过河南省农作物品种审定委员会审定，审定编号：豫审麦2014021。该品种已获批农业部品种保护（专利），其品种权号为CNA20141582.4。其系谱如下：

```
周麦16    ×    新麦18
         |
       温麦28
```

（二）产量表现

2011—2012年度参加河南省冬水组区域试验，平均亩产472.8千克，比对照周麦18增产2.4%；2012—2013年度续试，平均亩产505.3千克，比对照周麦18增产2.2%。2013—2014年度参加河南省冬水组生产试验，平均亩产562.9千克，比对照周麦18增产6%。

(三）特征特性

属半冬性中晚熟品种。幼苗半直立，叶片较窄，叶色浓绿，冬季耐寒性较好；分蘖力较强，成穗率一般，春季两极分化快，苗脚利索，抗倒春寒能力一般；株型较紧凑，旗叶宽短上举，穗下节短，穗层较厚，株高72~76厘米，抗倒性好；穗纺锤形，短芒，白壳，白粒，半角质，饱满度好；后期耐高温，落黄较好。亩穗数39.6万~39.9万，穗粒数29.8~35.5粒，千粒重44.4~48克。

(四）品质分析

容重816克/升、798克/升，蛋白质含量15.14%、15.08%，湿面筋含量30.9%、31.1%，降落值381秒、268秒，沉淀值48毫升、45毫升，吸水量61毫升/100克、59.6毫升/100克，形成时间2.9分钟、2.7分钟，稳定时间1.6分钟、1.4分钟，弱化度190 B.U.、204 B.U.，硬度63 HI、62 HI，白度72.8%、72.3%，出粉率69.9%、71.3%。

(五）抗性鉴定

中抗条锈病，中感叶锈病、白粉病和纹枯病，高感赤霉病。

(六）适宜范围及栽培要点

适宜在河南省（南部稻茬麦区除外）早中茬中高肥力地种植。10月5日—20日播种，最佳播期10月10日左右；高肥力地块适宜亩播量8~10千克，中低肥力地块适当加大播量，如延期播种，每推迟3天亩播量增加0.5千克为宜。一般亩施纯氮14~16千克，五氧化二磷6~9千克，氧化钾6~8千克，硫酸锌1千克。磷、钾肥和微肥一次性底施，氮肥底追比例为6∶4，拔节期追肥；拔节前结合化除，预防纹枯病；浇好越冬水、拔节水和灌浆水；生育中后期防治蚜虫、白粉病、锈病和赤霉病；灌浆期搞好"一喷三防"。

二三一、郑育麦043

(一）品种来源

郑州市友邦农作物新品种研究所利用豫麦57/周麦16选育而成，2014年通过河南省农作物品种审定委员会审定，审定编号：豫审麦2014023。该品种已申请农业部品种保护（专利），其申请公告号为CNA012706E。其系谱如下：

```
豫麦57  ×  周麦16
    └─────┬─────┘
       郑育麦043
```

(二）产量表现

2011—2012年度参加河南省冬水组区域试验，平均亩产476.3千克，比对照周麦18增产3.1%；2012—2013年度续试，平均亩产520.5千克，比对照周麦18增产5.4%。2013—2014年度参加河南省冬水组生产试验，平均亩产569.8千克，比对照周麦18增产6%。

(三）特征特性

属半冬性中晚熟品种。幼苗半直立，叶色浅绿，冬季抗寒性一般；分蘖力中等，成穗率中等，春季返青起身晚，两极分化较快，苗脚利索；株型较松散，旗叶宽短上举，株行间通风透光性好，株高78~80厘米，茎秆蜡质厚，茎秆弹性一般，抗倒能力中等；穗纺锤形，穗层较厚，短芒，白壳，白粒，籽粒半角质，均匀；后期不耐高温，成熟落黄一般。亩穗数37.3万~37.6万，穗粒数33.9~34.6粒，千粒重46.5~52.9克。

（四）品质分析

容重795克/升、790克/升，蛋白质含量14.54%、14.62%，湿面筋含量29.2%、28.4%，降落值361秒、231秒，沉淀值62毫升、62毫升，吸水量62.7毫升/100克、62.7毫升/100克，形成时间3.4分钟、3.4分钟，稳定时间2.6分钟、2.7分钟，弱化度163 B.U.、190 B.U.，硬度66 HI、66 HI，白度72.5%、71.8%，出粉率70.8%、71.4%。

（五）抗性鉴定

中感条锈病、叶锈病、白粉病和纹枯病，高感赤霉病。

（六）适宜范围及栽培要点

适宜在河南省（南部稻茬麦区除外）早中茬中高肥力地种植。适播期10月5—20日，适宜亩基本苗13.3万~20万。底肥为主，氮、磷、钾肥合理配比，一般按4∶2∶1配施，拔节期结合浇水，亩追尿素8~12千克；起身期防治纹枯病；生育中后期防治白粉病、蚜虫和锈病；抽穗扬花期及时防治赤霉病。灌浆期搞好"一喷三防"。

二三二、秋乐2122

（一）品种来源

河南秋乐种业科技股份有限公司利用许农5号/新麦18选育而成，2014年通过河南省农作物品种审定委员会审定，审定编号：豫审麦2014024。该品种已获批农业部品种保护（专利），其品种权号为CNA20141335.4。其系谱如下：

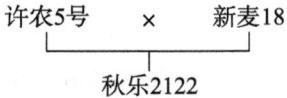

（二）产量表现

2011—2012年参加河南省冬水组区域试验，平均亩产473.8千克，比对照周麦18增产2.6%；2012—2013年度续试，平均亩产530.5千克，比对照周麦18增产7.3%。2013—2014年度参加河南省冬水组生产试验，平均亩产568.5千克，比对照周麦18增产7%。

（三）特征特性

属半冬性中熟品种。幼苗半直立，叶色浅绿，叶片较大，冬季抗寒性较好；春季起身较早，两极分化快，分蘖力中等，成穗率一般；株型较松散，旗叶上举，有干尖，穗下节间长，株行间通风透光性较好，茎秆有蜡质，穗层较厚，株高81.7~83厘米，茎秆粗壮有弹性；穗长方形，长芒，白壳，白粒，半角质，饱满度较好；后期耐热性好，成熟落黄好。亩穗数37.3万~39.1万，穗粒数34.1~39.1粒，千粒重40.6~45.9克。

（四）品质分析

容重807克/升、779克/升，蛋白质含量15.54%、15.52%，湿面筋含量33.8%、33.5%，降落值431秒、359秒，沉淀值72毫升、71毫升，吸水量61毫升/100克、59.8毫升/100克，形成时间2.9分钟、3分钟，稳定时间4分钟、4分钟，弱化度83 B.U.、99 B.U.，硬度63 HI、63 HI，白度76.4%、76.7%，出粉率69.3%、75.9%。

（五）抗性鉴定

中感条锈病、叶锈病、白粉病和纹枯病，高感赤霉病。

（六）适宜范围及栽培要点

适宜在河南省（南部稻茬麦区除外）早中茬中高肥力地种植。适播期 10 月上中旬；亩基本苗 14 万～20 万为宜，晚播适当增加播量。一般亩底施农家肥 3～4 立方米，尿素 12～15 千克，磷酸二铵 20～25 千克，氯化钾 6～10 千克；浇好底墒水抽穗扬花期注意防治赤霉病；灌浆期结合喷洒磷酸二氢钾，防治蚜虫、白粉病和锈病。

二三三、新麦 30

（一）品种来源

河南省新乡市农业科学院利用新麦 11/周麦 16 选育而成，原名新麦 2119。2014 年通过河南省农作物品种审定委员会审定，审定编号：豫审麦 2014026。该品种已获批农业部品种保护（专利），其品种权号为 CNA2050476.4。其系谱如下：

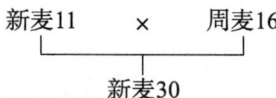

（二）产量表现

2010—2011 年度参加河南省冬水组区域试验，平均亩产 554.5 千克，比对照周麦 18 增产 0.9%；2011—2012 年度续试，平均亩产 462.7 千克，比对照周麦 18 增产 0.1%。2012—2013 年度参加河南省冬水组生产试验，平均亩产 480.5 千克，比对照周麦 18 增产 2.5%；2013—2014 年度续试，平均亩产 571.9 千克，比对照周麦 18 增产 6.4%。

（三）特征特性

属半冬性中早熟品种。幼苗半直立，叶片宽短绿色，冬季抗寒性较好；春季起身早，两极分化快，分蘖力中等，成穗率一般；株型较松散，旗叶较长，株高 72～74 厘米，茎秆弹性一般，抗倒性中等；穗纺锤形，穗层较厚，长芒，白壳，白粒，角质，饱满度较好；耐热性中等，成熟期略早，落黄较好。亩穗数 38.6 万～42 万，穗粒数 36.1～38.7 粒，千粒重 37.3～42.9 克。

（四）品质分析

容重 811 克/升、801 克/升，蛋白质含量 15.03%、15.08%，湿面筋含量 34%、33.4%，降落值 434 秒、449 秒，沉淀值 52.8 毫升、60 毫升，吸水量 60.5 毫升/100 克、61.1 毫升/100 克，形成时间 3.3 分钟、3.3 分钟，稳定时间 3.5 分钟、3.2 分钟，弱化度 119 B.U.、113 B.U.，硬度 65 HI、64 HI，出粉率 72.8%、72.3%。

（五）抗性鉴定

中感条锈病、叶锈病、白粉病和纹枯病，高感赤霉病。

（六）适宜范围及栽培要点

适宜在河南省（南部稻茬麦区除外）早中茬中高肥力地种植。10 月 5—15 日播种，最佳播期 10 月 8 日左右；高肥力地块亩播量 9～10 千克，中低肥力亩播量 10～12 千克，如延期播种，以每推迟 3 天亩播量增加 0.5 千克为宜。一般亩施有机肥 3 000 千克，纯氮 15 千克，五氧化二磷 8 千克，氧化钾 5 千克，硫酸锌 1 千克。磷、钾肥和微肥一次性底施，其中，氮肥底追比例 5∶5，追氮时期拔节期；播前药剂拌种防治地下害虫，分蘖末期防治纹枯病，孕穗期至抽穗期防治赤霉病、白粉病和蚜虫。

二三四、宛麦98

(一) 品种来源

南阳市惠丰农业科技有限公司利用宛麦369/郑麦9023选育而成，2014年通过河南省农作物品种审定委员会审定，审定编号：豫审麦2014028。该品种已申请农业部品种保护（专利），其申请公告号为CNA009159E。其系谱如下：

```
宛麦369  ×  郑麦9023
       宛麦98
```

(二) 产量表现

2011—2012年度参加河南省南部组区域试验，平均亩产379.3千克，比对照偃展4110增产4.8%；2012—2013年度续试，平均亩产385.7千克，比对照偃展4110增产7.1%。2013—2014年度参加河南省南部组生产试验，平均亩产460.8千克，比对照偃展4110增产9.7%。

(三) 特征特性

属弱春性早熟品种。幼苗半直立，叶片宽短，叶色浓绿，冬季抗寒性好；春季生长迅速，分蘖多；株型偏紧凑，旗叶小而上冲，茎秆、穗蜡质厚，株高74~79厘米，茎秆弹性好，较抗倒伏；穗纺锤形，穗层整齐，小穗排列稀，长芒，白壳，白粒，角质，饱满度较好，黑胚率低。亩穗数36.9万~38.3万，穗粒数30.5~38.3粒，千粒重38.8~49.7克。

(四) 品质分析

容重760克/升、723克/升，蛋白质含量13.82%、15.64%，湿面筋含量28%、33%，降落值337秒、156秒，沉淀值77毫升、66毫升，吸水量60.4毫升/100克、66.1毫升/100克，形成时间1.9分钟、2.7分钟，稳定时间5.7分钟、3.3分钟，弱化度58 B.U.、2088 B.U.，硬度66 HI、66 HI，白度71.9%、74%，出粉率72.5%、70.1%。

(五) 抗性鉴定

中抗条锈病，中感叶锈病、白粉病和纹枯病，高感赤霉病。

(六) 适宜范围及栽培要点

适宜在河南省南部稻茬麦区中等以上肥力地种植。适播期10月10—25日，亩播量以7~9千克为宜，亩基本苗15万左右。施足底肥，控制返青肥，重施拔节肥。孕穗后预防白粉病和条锈病，遇多雨年份注意防治纹枯病和赤霉病。

二三五、偃亳197

(一) 品种来源

河南省亳都种业有限公司利用豫麦10号/豫麦18选育而成，2014年通过河南省农作物品种审定委员会审定，审定编号：豫审麦2014031。该品种已获批农业部品种保护（专利），其品种权号为CNA20140881.4。其系谱如下：

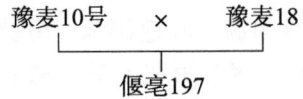

（二）产量表现

2011—2012年度参加河南省南部组区域试验，平均亩产381.4千克，比对照偃展4110增产5.4%；2012—2013年度续试，平均亩产397.6千克，比对照偃展4110增产10.4%。2013—2014年度参加河南省南部组生产试验，平均亩产457.8千克，比对照偃展4110增产9%。

（三）特征特性

属弱春性早熟品种。幼苗直立，叶片窄长，叶色浅绿，冬季抗寒性略差；春季起身拔节早，两极分化快，分蘖力弱，成穗率高；株型偏紧凑，旗叶平展，穗下节长，株高77~79厘米，茎秆弹性弱，抗倒性差；穗纺锤形，码较稀，籽粒半角质，大小不匀，饱满度一般。亩穗数35.2万~38.4万，穗粒数33.5~38粒，千粒重34.1~42.2克。

（四）品质分析

容重744克/升、751克/升，蛋白质含量14.16%、15.74%，湿面筋含量28.7%、31.4%，降落值345秒、284秒，沉淀值76毫升、78毫升，吸水量55.5毫升/100克、61.1毫升/100克，形成时间3.5分钟、3.4分钟，稳定时间4.6分钟、3.8分钟，弱化度79 B.U.、112 B.U.，硬度37 HI、45 HI，白度79%、80.2%，出粉率65.1%、64.6%。

（五）抗性鉴定

中感条锈病、叶锈病、白粉病和纹枯病，高感赤霉病。

（六）适宜范围及栽培要点

适宜在河南省南部稻茬麦区中等以上肥力地种植。适宜播期10月15—30日，亩播量6~10千克。播期每推迟3天，亩播量增加0.5千克。每亩底施尿素20千克，磷酸二铵20千克，氯化钾10千克；拔节期结合浇水，亩追尿素8千克；灌好越冬水和拔节至抽穗水；注意及时防治锈病、白粉病、赤霉病和蚜虫。

二三六、商麦1号

（一）品种来源

商丘市中原小麦研究中心、河南圣源种业有限公司利用漯麦4号变异株系选而成，2014年通过河南省农作物品种审定委员会审定，审定编号：豫审麦2014032。该品种已申请农业部品种保护（专利），其申请公告号为CNA008359E。其系谱如下：

```
漯麦4号变异株
    │
   系选
    │
  商麦1号
```

（二）产量表现

2011—2012年度参加河南省旱地组区域试验，平均亩产400千克，比对照洛旱7号增产1.7%；2012—2013年度续试，平均亩产252.6千克，比对照洛旱7号增产5.5%。2013—2014年度参加河南省旱地组生产试验，平均亩产424.1千克，比对照洛旱7号增产6.4%。

（三）特征特性

属半冬性中早熟旱地品种。幼苗半匍匐，叶色深绿，分蘖力弱，抗寒性好；返青晚，起身早，两极分化快，成穗率较高；株型半紧凑，旗叶短宽上举，穗下节长，株高69~81厘米，茎秆粗壮，抗倒性较好；穗长方形，穗层厚，小穗排列密，长芒，白壳，白粒，半角质；抽穗早，落黄一般。亩穗数29万~37.6万，穗粒数26.7~33.4粒，千粒重43.2~47.8克。

（四）品质分析

容重795克/升、800克/升，蛋白质含量13.52%、13.48%，湿面筋含量28.1%、24.7%，降落值333秒、332秒，沉淀值78毫升、74毫升，吸水量56.1毫升/100克、53.9毫升/100克，形成时间4.5分钟、1.4分钟，稳定时间4.4分钟、4.9分钟，弱化度82 B.U.、87 B.U.，硬度53 HI、47 HI，白度77.6%、79.1%，出粉率67.7%、68.3%。

（五）抗性鉴定

中感条锈病、叶锈病、白粉病和纹枯病，高感赤霉病。抗旱级别3级，抗旱性中等。

（六）适宜范围及栽培要点

适宜在河南省丘陵及旱肥地麦区早中茬地种植。10月5—25日播种，适播期10月8—15日；高肥地亩播量8~9千克，一般地块亩播量9~10千克。播期每推迟3天，亩播量增加0.5千克。一般亩底施纯氮13千克，五氧化二磷8千克，氧化钾8千克；足墒播种，注意防治纹枯病、白粉病和锈病；抽穗后及时防治蚜虫；若扬花期遇雨，预防赤霉病。

二三七、泰禾麦1号

（一）品种来源

河南泰禾种业有限公司利用周麦18/百农64选育而成，2015年通过河南省农作物品种审定委员会审定，审定编号：豫审麦2015001。该品种已申请农业部品种保护（专利），其申请公告号为CNA016949E。其系谱如下：

```
周麦18    ×    百农64
        泰禾麦1号
```

（二）产量表现

2011—2012年度参加河南省冬水组区域试验，平均亩产464.8千克，比对照周麦18增产0.6%；2012—2013年度续试，平均亩产502.3千克，比对照周麦18增产1.6%。2013—2014年度参加河南省冬水组生产试验，平均亩产564.2千克，比对照周麦18增产6.2%。

（三）特征特性

属半冬性中晚熟品种。幼苗半直立，叶片窄长，叶色浅绿；春季返青晚，苗脚不利索，抗倒春寒能力弱，分蘖力中等，成穗率较高；株型偏紧凑，旗叶上举，有干尖，叶片较大，株行间通风透光性一般，茎、叶蜡质重，穗下节短，株高71~73.6厘米，茎秆粗壮，有弹性，较抗倒伏；穗纺锤形，均匀，短芒，白壳，白粒，角质，饱满度较好，黑胚率低；后期耐热性好，成熟落黄好。亩穗数37.7万~41.7万，穗粒数31.3~35.2粒，千粒重43.2~49.7克。

（四）品质分析

容重792克/升、761克/升，蛋白质含量15.7%、16.57%，湿面筋含量34.1%、35%，降落值440秒、373秒，沉淀值58毫升、70毫升，吸水量63.3毫升/100克、62.5毫升/100克，形成时间3.5分钟、4.2分钟，稳定时间2.4分钟、2.8分钟，弱化度134 B.U.、142 B.U.，硬度66 HI、66 HI，白度73.6%、72.8%，出粉率69.6%、69.9%。

（五）抗性鉴定

中抗条锈病，中感叶锈病、白粉病和纹枯病，高感赤霉病。

（六）适宜范围及栽培要点

适宜在河南省（南部稻茬麦区除外）早中茬中高肥力地种植。10月8—25日播种，最佳播期10月13日左右；高肥力地块适宜亩播量8~9千克，中低肥力9~10千克，播期每推迟3天，亩播量增加0.5千克。一般亩底施有机肥3 000千克，纯氮14千克，五氧化二磷10千克，氧化钾7.5千克、硫酸锌1千克。磷、钾肥和微肥一次性底施，其中氮肥底追比例5∶5，拔节期追肥。孕穗后适时防治赤霉病、白粉病和蚜虫。

二三八、俊达104

（一）品种来源

河南俊达种业有限公司利用周麦13/豫麦49选育而成，2015年通过河南省农作物品种审定委员会审定，审定编号：豫审麦2015002。该品种已申请农业部品种保护（专利），其申请公告号为CNA016624E。其系谱如下：

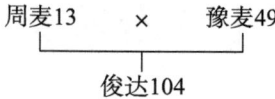

（二）产量表现

2011—2012年参加河南省冬水组区域试验，平均亩产458.4千克，比对照周麦18增产1.3%；2012—2013年度续试，平均亩产495.2千克，比对照周麦18增产0.9%。2013—2014年度参加河南省冬水组生产试验，平均亩产564.1千克，比对照周麦18增产4.9%。

（三）特征特性

属半冬性中晚熟品种。幼苗半匍匐，叶片较窄上举，叶色浓绿，冬季抗寒性较好；分蘖力中等，成穗率较高，春季起身迟，抽穗略晚，抗倒春寒能力一般；株型较松散，旗叶短小上举，穗下节间长，茎秆、穗蜡质厚，株高80~80.8厘米，抗倒伏能力一般；穗长方形，穗层整齐，长芒，白壳，白粒，半角质，有黑胚；后期耐热性好，落黄一般。亩穗数35.3万~37.9万，穗粒数32.3~34.6粒，千粒重45.5~50.6克。

（四）品质分析

蛋白质含量14.9%、15.33%，容重773克/升、753克/升，湿面筋含量29.5%、31.4%，降落值275秒、181秒，沉淀值61毫升、62毫升，吸水量61.4毫升/100克、62.8毫升/100克，形成时间3.2分钟、2.5分钟，稳定时间3.8分钟、2.1分钟，弱化度123 B.U.、200 B.U.，硬度63 HI、65 HI，白度73.4%、71.8%，出粉率66.8%、70.3%。

（五）抗性鉴定

中抗条锈病，中感叶锈病、白粉病和纹枯病，高感赤霉病。

（六）适宜范围及栽培要点

适宜在河南省（南部稻茬麦区除外）早中茬中高肥力地种植。10月5—25日播种，最佳播期10月10日左右；高肥力地块适宜亩播量6~9千克，中低肥力9~10千克，播期每推迟3天，亩播量增加0.5千克。一般亩底施有机肥3 000千克，纯氮14千克，五氧化二磷10千克，氧化钾7.5千克、硫酸锌1千克。磷、钾肥和微肥一次性底施,其中,氮肥底追比例为5∶5,拔节期结合浇水追施。孕穗后及时防治赤霉病、白粉病和蚜虫。

二三九、枣乡158

(一)品种来源

河南枣乡种业有限公司利用百农AK58/同舟麦916选育而成,2015年通过河南省农作物品种审定委员会审定,审定编号:豫审麦2015003。该品种已获批农业部品种保护(专利),其品种权号为CNA20110757.8。其系谱如下:

```
百农AK58  ×  同舟麦916
          │
        枣乡158
```

(二)产量表现

2012—2013年度参加河南省冬水组区域试验,平均亩产498.5千克,比对照周麦18增产0.95%;2013—2014年度续试,平均亩产568.4千克,比对照周麦18增产3.5%。2014—2015年度河南省冬水组生产试验,平均亩产541.2千克,比对照周麦18增产4.9%。

(三)特征特性

属半冬性中熟品种。幼苗半匍匐,叶片宽短,叶色浅绿;冬季抗寒性较好,分蘖力中等,成穗率高,春季返青起身早,两极分化快,抽穗早,抗倒春寒能力一般;株型紧凑,旗叶半举,穗下节短,株高72.1~76.3厘米,茎秆弹性好,抗倒伏能力强;穗长方形,长芒,白壳,白粒,籽粒角质,饱满度中等;耐后期高温,熟相好。亩穗数41.6万~43.6万,穗粒数30.5~31.8粒,千粒重44.4~48.6克。

(四)品质分析

蛋白质含量15.64%、14.59%,湿面筋含量33.1%、25.7%,容重797克/升、803克/升,沉淀值64毫升、69毫升,硬度64 HI、62 HI,降落值404秒、504秒,吸水量61.7毫升/100克、63.8毫升/100克,形成时间3.3分钟、4.2分钟,稳定时间3.1分钟、2.9分钟,弱化度155 B.U.、153 B.U.,白度74.8%、72%,出粉率71.7%、72.5%。

(五)抗性鉴定

中感条锈病,中感叶锈病、白粉病和纹枯病,高感赤霉病。

(六)适宜范围及栽培要点

适宜在河南省(南部稻茬麦区除外)早中茬中高肥力地种植。10月5—15日播种,亩基本苗16万~20万。精细整地,足墒播种,使用包衣种子或药剂拌种防治地下害虫。氮、磷、钾、锌配方施肥,氮肥底追比例为6∶4,起身期追施;浇好越冬水、拔节水和灌浆水。孕穗后注意防治白粉病、锈病和蚜虫;抽穗扬花期遇连续阴雨天气,应防治赤霉病。

二四〇、遂选101

(一)品种来源

河南平安种业有限公司、遂平县农业科学试验站利用豫农416系统选育而成,2015年通过河南省农作物品种审定委员会审定，审定编号：豫审麦2015004。该品种已获批农业部品种保护（专利），其品种权号为CNA20150493.3。其系谱如下：

```
        豫农416
          │
         系选
          │
        遂选101
```

（二）产量表现

2012—2013年度参加河南省冬水组区域试验，平均亩产504.1千克，比对照周麦18增产2.1%；2013—2014年度续试，平均亩产584千克，比对照周麦18增产6.4%。2014—2015年度参加河南省冬水组生产试验，平均亩产549.9千克，比对照周麦18增产7.5%。

（三）特征特性

属半冬性中晚熟品种。幼苗匍匐，苗势壮，叶片窄短，叶色深绿；冬季抗寒性好，分蘖力较强，成穗率较高，春季起身拔节早，两极分化快，苗脚利索，春季长势旺，抽穗早，抗倒春寒能力弱；株型紧凑，旗叶窄长平展，穗层厚，穗下节偏短，株高77.1~82.2厘米，茎秆弹性弱，抗倒性一般；穗纺锤形，小穗排列密，长芒，白壳，白粒，籽粒角质，千粒重高，饱满度好，不耐后期高温。亩穗数40.7万~42.9万，穗粒数28.6~31.1粒，千粒重48.7~51.2克。

（四）品质分析

蛋白质含量15.01%、14.44%，湿面筋含量30.1%、26.7%，容重787克/升、793克/升，沉淀值84毫升、80毫升，硬度62 HI、62 HI，降落值257秒、328秒，吸水量58.2毫升/100克、61.4毫升/100克，形成时间1.7分钟、5分钟，稳定时间8.9分钟、4.5分钟，弱化度50 B.U.、86 B.U.，白度76.9%、73.8%，出粉率71.9%、72.3%。

（五）抗性鉴定

中感条锈病、叶锈病、白粉病和纹枯病，高感赤霉病。

（六）适宜范围及栽培要点

适宜在河南省（南部稻茬麦区除外）早中茬中高肥力地种植。适宜播期10月5—20日，最佳播期10月7—12日，亩播量控制在8~10千克，晚播适当加大播量。施足底肥，增施有机肥，一般亩施纯氮12~14千克，五氧化二磷7.5千克，氧化钾7.5千克。以70%氮肥和全部磷、钾肥作底肥。拔节后亩追尿素5~10千克，起身期结合化除进行化控。生育中后期及时防治赤霉病、白粉病、锈病和蚜虫。

二四一、怀川919

（一）品种来源

河南怀川种业有限责任公司利用温麦4号/咸阳151选育而成，2015年通过河南省农作物品种审定委员会审定，审定编号：豫审麦2015006。其系谱如下：

```
    温麦4号  ×  咸阳151
            │
          怀川919
```

（二）产量表现

2012—2013年度参加河南省冬水组区域试验，平均亩产504.9千克，比对照周麦18增产2.1%；

2013—2014年度续试,平均亩产573.3千克,比对照周麦18增产4.4%。2014—2015年度河南省冬水组生产试验,平均亩产539.1千克,比对照周麦18增产5.6%。

(三)特征特性

属半冬性中熟品种。幼苗半匍匐,叶片较长,叶色浅绿;冬季抗寒性一般,分蘖力较强,成穗率一般,春季起身早,抗倒春寒能力较好;株型较松散,旗叶上冲,穗层整齐,株高77.1~80.2厘米,茎秆弹性较好;穗纺锤形,短芒,白壳,白粒,籽粒半角质,饱满度中等。亩穗数40.3万~42.4万,穗粒数32.2~33.5粒,千粒重42.7~45.8克。

(四)品质分析

蛋白质含量14.15%、13.96%,湿面筋含量32.3%、27.1%,容重785克/升、783克/升,沉淀值68毫升、70毫升,硬度63HI、62HI,降落值316秒、386秒,吸水量58.8毫升/100克、60.9毫升/100克,形成时间2.8分钟、2.8分钟,稳定时间3分钟、2.2分钟,弱化度129 B.U.、179 B.U.,白度75.2%、72.3%,出粉率69.9%、65.5%。

(五)抗性鉴定

中感条锈病、叶锈病、白粉病和纹枯病,高感赤霉病。

(六)适宜范围及栽培要点

适宜在河南省(南部稻茬麦区除外)早中茬中高肥力地种植。10月5—20日播种,最佳播期10月10日左右,高肥地亩播量6~8千克、中低肥地8~10千克;播期每推迟3天,亩播量增加0.5千克。一般亩底施尿素20千克,磷酸二铵25千克,硫酸钾15千克,春节前后亩追尿素7~10千克。拔节前进行化学除草,并适当化控;孕穗后及时防治赤霉病、白粉病和蚜虫;灌浆期"一喷三防"。

二四二、泛麦7030

(一)品种来源

河南黄泛区地神种业有限公司利用郑麦9023/周麦18选育而成,2015年通过河南省农作物品种审定委员会审定,审定编号:豫审麦2015007。该品种已获批农业部品种保护(专利),其品种权号为CNA20161095.2。其系谱如下:

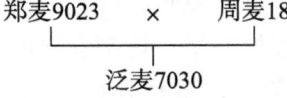

(二)产量表现

2012—2013年度参加河南省冬水组区域试验,平均亩产495.4千克,比对照周麦18增产0.9%;2013—2014年度续试,平均亩产562.6千克,比对照周麦18增产2.5%。2014—2015年度河南省冬水组生产试验,平均亩产539.2千克,比对照周麦18增产5.6%。

(三)特征特性

属半冬性中晚熟品种。幼苗半匍匐,叶片较长,叶色浅绿;冬季抗寒性一般,分蘖力中等,成穗率较高,春季起身拔节早,两极分化快;株型较紧凑,旗叶宽大上冲,茎、叶、穗均有蜡质,穗层厚,株高80.6~85.5厘米,茎秆弹性一般,抗倒性较弱;穗纺锤形,长芒,白壳,白粒,籽粒角质,饱满度中等。亩穗数37.9万~38.5万,穗粒数34~41.7粒,千粒重45.1~50.3克。

（四）品质分析

蛋白质含量15.75%、14.77%，湿面筋含量34.2%、30.4%，容重763克/升、772克/升，沉淀值77毫升、72毫升，硬度64 HI、64 HI，降落值266秒、406秒，吸水量62.9毫升/100克、64.2毫升/100克，形成时间3.5分钟、3.7分钟，稳定时间3.5分钟、2.7分钟，弱化度101 B.U.、165 B.U.，白度75%、71.6%，出粉率68.2%、71.2%。

（五）抗性鉴定

中抗条锈病，中感叶锈病、白粉病和纹枯病，高感赤霉病。

（六）适宜范围及栽培要点

适宜在河南省（南部稻茬麦区除外）早中茬中高肥力地种植。适宜播期10月上中旬，高肥水地亩基本苗12万～15万，中肥水地亩基本苗15万～20万。一般亩底施尿素15千克，过磷酸钙50千克，硫酸钾10千克，拔节期亩追尿素10千克。浇好越冬水和拔节水。孕穗后及时预防赤霉病、锈病、白粉病和蚜虫。

二四三、俊达106

（一）品种来源

河南俊达种业有限公司利用中育9号/周麦16选育而成，2015年通过河南省农作物品种审定委员会审定，审定编号：豫审麦2015008。该品种已申请农业部品种保护（专利），其申请公告号为CNA016625E。其系谱如下：

```
中育9号    ×    周麦16
       └─────┬─────┘
           俊达106
```

（二）产量表现

2012—2013年度参加河南省冬水组区域试验，平均亩产500.5千克，比对照周麦18增产1.2%；2013—2014年度续试，平均亩产568.7千克，比对照周麦18增产0.7%。2014—2015年度参加河南省冬水组生产试验，平均亩产541.9千克，比对照周麦18增产5%。

（三）特征特性

属半冬性中熟品种。幼苗半匍匐，叶片宽长，叶色浓绿；冬季抗寒性较好，分蘖力弱，成穗率低，春季起身略晚，两极分化快，抽穗偏早，抗倒春寒能力一般；株型偏紧凑，旗叶上冲，穗下节长，穗层整齐，株高76.2～80.7厘米，茎秆弹性一般，抗倒性较弱；穗长方形，长芒，白壳，白粒，籽粒角质，饱满度好。亩穗数38.2万～39.8万，穗粒数34.2～35.5粒，千粒重43.8～46.9克。

（四）品质分析

蛋白质含量13.75%、13.66%，湿面筋含量30%、25.7%，容重781克/升、782克/升，沉淀值58毫升、57毫升，硬度65 HI、63 HI，降落值325秒、412秒，吸水量60.2毫升/100克、62.2毫升/100克，形成时间2.9分钟、1.7分钟，稳定时间3分钟、2.5分钟，弱化度137 B.U.、201 B.U.，白度72.5%、71.7%，出粉率72.3%、65.1%。

（五）抗性鉴定

中抗条锈病，中感叶锈病、白粉病和纹枯病，高感赤霉病。

(六)适宜范围及栽培要点

适宜在河南省(南部稻茬麦区除外)早中茬中高肥力地种植。10月5—15日播种,最佳播期10月10日左右;高肥力地块亩播量8~9千克,播期每推迟3天,亩播量增加0.5千克。一般亩底施磷酸二铵30~35千克,尿素15~20千克。拔节期结合浇水,亩追施尿素15千克。生育中后期及时预防赤霉病、纹枯病、白粉病和蚜虫。

二四四、平安11

(一)品种来源

河南平安种业有限公司利用濮麦9号/开麦28//濮麦9号选育而成,2015年通过河南省农作物品种审定委员会审定,审定编号:豫审麦2015010。该品种已获批农业部品种保护(专利),其品种权号为CNA20171337.8。其系谱如下:

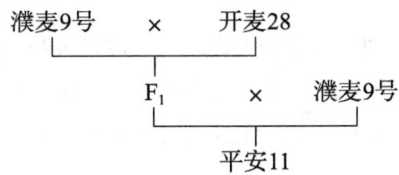

(二)产量表现

2012—2013年度参加河南省冬水组区域试验,平均亩产519.3千克,比对照周麦18增产5%;2013—2014年度续试,平均亩产584.3千克,比对照周麦18增产3.5%。2014—2015年度参加河南省冬水组生产试验,平均亩产558千克,比对照周麦18增产8.2%。

(三)特征特性

属半冬性中晚熟品种。幼苗半匍匐,叶片宽短,叶色浓绿;冬季抗寒能力强,分蘖力较强,春季起身略晚,两极分化快,抗倒春寒能力较弱;株型较紧凑,旗叶小而平展,株高74.3~80.1厘米,茎、秆、穗均有蜡质,茎秆弹性一般,抗倒性较弱;穗纺锤形,长芒,白壳,白粒,籽粒角质;耐后期高温,熟相一般。亩穗数43.4万~45万,穗粒数34.1~35.6粒,千粒重39.1~42.7克。

(四)品质分析

蛋白质含量14.54%、14.53%,湿面筋含量31%、28.5%,容重783克/升、778克/升,白度74.2%、71.9%,沉淀值60毫升、61毫升,硬度65 HI、62 HI,降落值432秒、447秒,吸水量58.7毫升/100克、61.2毫升/100克,形成时间2.3分钟、2.2分钟,稳定时间1.9分钟、1.9分钟,弱化度123 B.U.、167 B.U.,出粉率72.3%、70.9%。

(五)抗性鉴定

中抗条锈病,中感叶锈病、白粉病和纹枯病,高感赤霉病。

(六)适宜范围及栽培要点

适宜在河南省(南部稻茬麦区除外)早中茬中高肥力地种植。播期10月5—20日,最佳播期10月7—12日,高肥水田亩播量7~9千克,中低肥力亩播量8~10千克,晚播适当加大播量。一般亩施纯氮12~14千克,五氧化二磷7.5千克,氧化钾7.5千克,以70%氮肥和全部磷、钾肥作底肥。冬前或早春结合化除进行化控,同时防治纹枯病。拔节后亩追尿素5~10千克;孕穗后注意预防赤霉病、白粉病和蚜虫;灌浆期搞好"一喷三防"。

二四五、百农418

(一) 品种来源

河南科技学院茹振钢等利用周麦18/百农AK58//百农AK58选育而成，2015年通过河南省农作物品种审定委员会审定，审定编号：豫审麦2015014。该品种已获批农业部品种保护（专利），其品种权号为CNA20120848.7。其系谱如下：

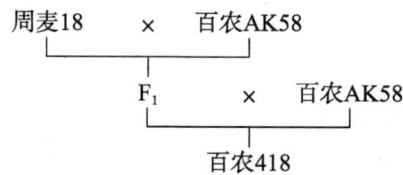

(二) 产量表现

2012—2013年度参加河南省冬水组区域试验，平均亩产496.9千克，比对照周麦18增产1.2%；2013—2014年度续试，平均亩产583.6千克，比对照周麦18增产3.3%。2014—2015年度参加河南省冬水组生产试验，平均亩产540.6千克，比对照周麦18增产4.8%。

(三) 特征特性

属半冬性中晚熟品种。幼苗半匍匐，叶片较窄，叶色浓绿；冬季抗寒性较好，分蘖成穗率中等，春季起身早，两极分化快，抽穗较早；株型偏紧凑，旗叶上举，穗下节短，株高73.7～75.6厘米，茎秆弹性好，抗倒伏能力强；穗纺锤形，长芒，白壳，白粒，籽粒角质，黑胚率偏高。亩穗数39.7万～40.6万，穗粒数31.5～33.6粒，千粒重45.9～50克。

(四) 品质分析

蛋白质含量16.46%、15.2%，湿面筋含量33.6%、27.1%，容重797克/升、792克/升，沉淀值73毫升、76毫升，硬度62 HI、63 HI，降落值426秒、538秒，吸水量62毫升/100克、63.8毫升/100克，形成时间4.8分钟、3.3分钟，稳定时间7.4分钟、3分钟，弱化度86 B.U.、154 B.U.，白度74.4%、73.1%，出粉率72.4%、71.2%。

(五) 抗性鉴定

中抗条锈病，中感叶锈病、白粉病和纹枯病，高感赤霉病。

(六) 适宜范围及栽培要点

适宜在河南省（南部稻茬麦区除外）早中茬中高肥力地种植。10月5—20日播种，最佳播期10月10日左右；高肥地块亩播量6~8千克，中低肥地块亩播量8～10千克，播期每推迟3天，亩播量增加0.5千克。一般亩底施尿素20千克，磷酸二铵25千克，硫酸钾15千克，春节前后每亩追施尿素7~10千克。拔节前结合化学除草，预防纹枯病。抽穗扬花期防治赤霉病、白粉病、锈病和蚜虫；灌浆期"一喷三防"。

二四六、泰禾882

(一) 品种来源

河南泰禾种业有限公司利用周麦16/浏虎大粒选育而成，2015年通过河南省农作物品种审定委员会审定，审定编号：豫审麦2015015。其系谱如下：

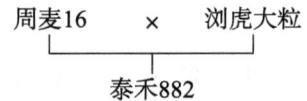

（二）产量表现

2012—2013年度参加河南省冬水组区域试验，平均亩产499.8千克，比对照周麦18增产1.2%；2013—2014年度续试，平均亩产567.4千克，比对照周麦18增产1.6%。2014—2015年度参加河南省冬水组生产试验，平均亩产548.4千克，比对照周麦18增产6.4%。

（三）特征特性

属半冬性中晚熟品种。幼苗半匍匐，叶片宽长，叶色浅绿；冬季抗寒能力一般，分蘖力弱，成穗率高，春季返青起身早，抽穗早；株型松紧适中，旗叶小而上举，穗层整齐，株高78.3~83.5厘米，茎秆弹性中等，抗倒能力一般；穗纺锤形，长芒，白壳，白粒，籽粒半角质；耐后期高温，熟相好。亩穗数41.7万~43.8万，穗粒数32.3~33.2粒，千粒重41.8~45.6克。

（四）品质分析

蛋白质含量15.42%、14.31%，湿面筋含量32%、26.4%，容重771克/升、788克/升，沉淀值59毫升、60毫升，硬度63 HI、65 HI，降落值362秒、514秒，吸水量61.5毫升/100克、63.9毫升/100克，形成时间2.7分钟、3.2分钟，稳定时间2.6分钟、2.3分钟，弱化度140 B.U.、156 B.U.，白度72%、70.6%，出粉率71.0%、71.5%。

（五）抗性鉴定

中抗叶锈病，中感条锈病、白粉病和纹枯病，高感赤霉病。

（六）适宜范围及栽培要点

适宜在河南省（南部稻茬麦区除外）早中茬中高肥力地种植。播期10月5—15日，亩播量8~10千克，播期每推迟3天，亩播量增加0.5千克。一般亩底施纯氮12千克，五氧化二磷7.5千克，氧化钾7.5千克；拔节期结合浇水，亩追尿素10千克；起身期结合化除，防治纹枯病，抽穗扬花期预防赤霉病、锈病、白粉病和蚜虫；灌浆期"一喷三防"。

二四七、偃科048

（一）品种来源

河南华农种业有限公司、河南商都种业有限公司利用周麦16/河科大9612选育而成，2015年通过河南省农作物品种审定委员会审定，审定编号：豫审麦2015017。该品种已获批农业部品种保护（专利），其品种权号为CNA20140819.1。其系谱如下：

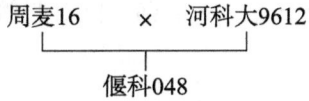

（二）产量表现

2012—2013年度参加河南省春水组区域试验，平均亩产473.5千克，比对照偃展4110增产6.7%；2013—2014年度续试，平均亩产564.3千克，比对照偃展4110增产12.7%。2014—2015年度参加河南省春水组生产试验，平均亩产513.5千克，比对照偃展4110增产7.25%。

(三）特征特性

属弱春性中早熟品种。幼苗直立，叶片宽长，叶色浓绿；冬季抗寒性一般，分蘖力弱，成穗率高，春季起身拔节早，两极分化快，抽穗早，抗倒春寒能力一般；株型偏紧凑，旗叶宽长上举，蜡质层厚，穗下节短，株高 81.1~86.4 厘米，茎秆弹性弱，抗倒性一般；穗长方形，较大，长芒，白壳，白粒，籽粒角质，饱满度较好，黑胚率低。亩穗数 35.5 万~38 万，穗粒数 34~34.6 粒，千粒重 49.2~52.4 克。

（四）品质分析

蛋白质含量 15.26%、13.62%，湿面筋含量 31.9%、25.6%，容重 766 克/升、775 克/升，沉淀值 61 毫升、64 毫升，硬度 57 HI、61 HI，降落值 272 秒、493 秒，吸水量 60.5 毫升/100 克、62.2 毫升/100 克，形成时间 3.3 分钟、2.9 分钟，稳定时间 2.9 分钟、2 分钟，弱化度 149 B.U.、160 B.U.，白度 73%、71.8%，出粉率 71.7%、68.2%。

（五）抗性鉴定

中感条锈病、叶锈病、白粉病和纹枯病，高感赤霉病。

（六）适宜范围及栽培要点

适宜在河南省（南部稻麦两熟区域除外）中晚茬中高肥力地种植。适宜播期 10 月 15—30 日，亩播量 6~10 千克；播期每推迟 3 天，亩播量增加 0.5 千克。一般亩底施尿素 20 千克，磷酸二铵 20 千克，氯化钾 10 千克，拔节后结合浇水，亩追尿素 6 千克。孕穗后注意防治锈病、白粉病、赤霉病和蚜虫。

二四八、金穗116

（一）品种来源

洛阳太学农作物研究所利用偃展 4110/周麦 16 选育而成，2015 年通过河南省农作物品种审定委员会审定，审定编号：豫审麦 2015018。该品种已申农业部品种保护（专利），其申请公告号为 CNA015518E。其系谱如下：

```
偃展4110    ×    周麦16
     └─────┬─────┘
         金穗116
```

（二）产量表现

2012—2013 年度参加河南省春水组区域试验，平均亩产 468.4 千克，比对照偃展 4110 增产 4.3%；2013—2014 年度续试，平均亩产 528.3 千克，比对照偃展 4110 增产 5.5%。2014—2015 年度参加南省春水组生产试验，平均亩产 513.9 千克，比对照偃展 4110 增产 7.3%。

（三）特征特性

属弱春性中早熟品种。幼苗半直立，叶片宽大，叶色浅绿；冬季抗寒性好，分蘖力一般，成穗率中等，春季起身拔节晚，两极分化快，抽穗较早，抗倒春寒能力弱；株型松散，旗叶上举，穗下节长，株高 79.7~83.8 厘米，茎秆弹性弱，抗倒性一般；穗纺锤形，长芒，白壳，白粒，籽粒角质，饱满度一般；耐后期高温，落黄好。亩穗数 38.6 万~40.4 万，穗粒数 33.2~34.6 粒，千粒重 44.8~47.6 克。

(四)品质分析

蛋白质含量15.11%、15.04%,湿面筋含量30.2%、29%,容重760克/升、772克/升,沉淀值70毫升、63毫升,硬度63 HI、64 HI,降落值258秒、515秒,吸水量61.5毫升/100克、64.6毫升/100克,形成时间3分钟、3.2分钟,稳定时间3.2分钟、2.7分钟,弱化度104 B.U.、131 B.U.,白度75%、72%,出粉率72.3%、72.7%。

(五)抗性鉴定

中感条锈病、叶锈病、白粉病和纹枯病,高感赤霉病。

(六)适宜范围及栽培要点

适宜在河南省(南部稻麦两熟区域除外)中晚茬中高肥力地种植。播期10月15—30日,最佳播期10月18—25日;亩播量8~10千克;播期每推迟3天,亩播量增加0.5千克。一般亩底施纯氮12千克,五氧化二磷7.5千克,氧化钾7千克;拔节期亩追尿素8千克。起身期结合化除进行化控,同时防治纹枯病;浇好拔节水和孕穗水;抽穗扬花期预防赤霉病、锈病、白粉病和蚜虫。灌浆期"一喷三防"。

二四九、亚麦1号

(一)品种来源

河南省新科星棉花研究所利用濮麦9号系选而成,2015年通过河南省农作物品种审定委员会审定,审定编号:豫审麦2015020。该品种已获批农业部品种保护(专利),其品种权号为CNA20151452.0。其系谱如下:

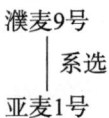

(二)产量表现

2012—2013年度参加河南省春水组区域试验,平均亩产463.6千克,比对照偃展4110增产4.5%;2013—2014年度续试,平均亩产555.8千克,比对照偃展4110增产9.4%。2014—2015年度参加河南省春水组生产试验,平均亩产513.4千克,比对照偃展4110增产7.2%。

(三)特征特性

属弱春性中早熟品种。幼苗直立,叶片较长,叶色浅绿;冬季抗寒性较好,分蘖力弱,成穗率高,春季返青早,两极分化快,抽穗早,抗倒春寒能力一般;株型偏紧凑,旗叶宽长、内卷、斜上举,株高78.9~83.5厘米,茎秆粗壮,弹性弱,抗倒性一般;穗长方形,长芒,白壳,白粒,籽粒角质、饱满度较好,黑胚率高;叶的功能期长,熟相较好。亩穗数36.4万~37.5万,穗粒数32.9~35.1粒,千粒重49.6~50.9克。

(四)品质分析

蛋白质含量15.29%、13.97%,湿面筋含量33.3%、26.6%,容重764克/升、768克/升,沉淀值64毫升、60毫升,硬度57 HI、58 HI,降落值272秒、479秒,吸水量60.9毫升/100克、61.6毫升/100克,形成时间3.5分钟、2.7分钟,稳定时间2.7分钟、1.6分钟,弱化度171 B.U.、168 B.U.,白度73.4%、71.6%,出粉率72.8%、73.5%。

（五）抗性鉴定

中感条锈病、叶锈病、白粉病和纹枯病，高感赤霉病。

（六）适宜范围及栽培要点

适宜在河南省（南部稻麦两熟区域除外）中晚茬中高肥力地种植。播期10月15—30日，亩播量6~10千克。播期每推迟3天，亩播量增加0.5千克。一般亩底施尿素20千克，磷酸二铵20千克，氯化钾10千克，拔节后亩追尿素6千克。起身期预防纹枯病；孕穗后及时防治锈病、白粉病、赤霉病及蚜虫。灌浆期搞好"一喷三防"。

二五〇、孟麦023

（一）品种来源

孟州市农丰种子科技有限公司利用周麦13/偃科956选育而成，2015年通过河南省农作物品种审定委员会审定，审定编号：豫审麦2015021。该品种已获批农业部品种保护（专利），其品种权号为CNA20140820.8。其系谱如下：

```
周麦13    ×    偃科956
     └────┬────┘
        孟麦023
```

（二）产量表现

2012—2013年度参加河南省春水组区域试验，平均亩产492.9千克，比对照偃展4110增产9.7%；2013—2014年度续试，平均亩产576.2千克，比对照偃展4110增产13.4%。2014—2015年度参加河南省春水组生产试验，平均亩产525.5千克，比对照偃展4110增产10%。

（三）特征特性

属弱春性早熟品种。幼苗直立，叶片宽长，叶色青绿；冬季耐寒性较好，分蘖力弱，成穗率高，春季起身拔节早；株型松紧适中，叶片偏宽上举，穗下节短，株高77.3~80.6厘米，茎秆弹性好，较抗倒伏；穗纺锤形，长芒，白壳，白粒，籽粒半角质，饱满度较好；耐后期高温，成熟落黄好。亩穗数36.8万~38.3万，穗粒数33.8~34.2粒，千粒重48.4~52.2克。

（四）品质分析

蛋白质含量14.94%、14.26%，湿面筋含量30.6%、26.6%，容重789克/升、790克/升，沉淀值62毫升、56毫升，硬度59 HI、55 HI，降落值342秒、447秒，吸水量59.4毫升/100克、61毫升/100克，形成时间2.5分钟、2.3分钟，稳定时间2.4分钟、1.4分钟，弱化度155 B.U.、190 B.U.，白度74.4%、73.8%，出粉率73.3%、69.7%。

（五）抗性鉴定

中感条锈病、叶锈病、白粉病和纹枯病，高感赤霉病。

（六）适宜范围及栽培要点

适宜在河南省（南部稻麦两熟区域除外）中晚茬中高肥力地种植。适宜播期10月15—30日，亩播量8~10千克，如延期播种，以每推迟3天亩播量增加0.5千克为宜。一般亩底施尿素20千克，磷酸二铵20千克，氯化钾10千克，拔节期结合浇水，亩追施尿素6千克。孕穗后注意防治锈病、白粉病、赤霉病及蚜虫。灌浆期搞好"一喷三防"。

二五一、信麦69

（一）品种来源

信阳市农业科学院利用豫麦18/郑麦9023选育而成，2015年通过河南省农作物品种审定委员会审定，审定编号：豫审麦2015022。该品种已申请农业部品种保护（专利），其申请公告号为CNA021751E。其系谱如下：

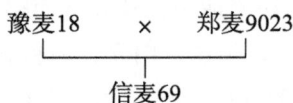

（二）产量表现

2012—2013年度参加河南省南部组区域试验，平均亩产370.6千克，比对照偃展4110增产2.9%；2013—2014年度续试，平均亩产429.4千克，比对照偃展4110增产5.1%。2014—2015年度参加河南省南部组生产试验，平均亩产425.1千克，比对照偃展4110增产6.9%。

（三）特征特性

属半冬性中早熟品种。幼苗半直立，叶片窄长，叶色浅绿；冬季抗寒性弱，分蘖成穗率高，春季起身偏晚，两极分化慢；株型紧凑，旗叶窄上举，有干尖，茎秆有蜡质，穗下节长，株高74.2~80.5厘米，茎秆弹性一般，抗倒性中等；穗纺锤形，长芒，白壳，白粒，籽粒半角质。亩穗数36.4万~38.7万，穗粒数28.2~30.8粒，千粒重41.5~48.1克。

（四）品质分析

蛋白质含量17.45%、15.51%，湿面筋含量37.8%、28.9%，容重762克/升、778克/升，沉淀值76毫升、70毫升，硬度67 HI、58 HI，降落值285秒、457秒，吸水量66.1毫升/100克、64.4毫升/100克，形成时间4.5分钟、2.9分钟，稳定时间3.7分钟、1.8分钟，弱化度170 B.U.、222 B.U.，白度72.6%、71%，出粉率68.6%、71.5%。

（五）抗性鉴定

中抗叶锈病，中感条锈病、白粉病和纹枯病，高感赤霉病。

（六）适宜范围及栽培要点

适宜在河南省南部稻麦两熟区中高肥力地种植。适宜播期10月12—11月5日，最佳播期为10月15—25日，稻茬区亩播量11~14千克，播期每推迟3天，亩播量增加0.5千克。一般亩底施土杂肥2~3立方米，纯氮13~15千克，磷肥5~9千克，钾肥6~9千克，氮肥基追比例为7：3；拔节期结合浇水，亩追施尿素6~12千克；起身期结合化除进行化控，同时防治纹枯病；抽穗扬花期预防赤霉病、锈病、白粉病和蚜虫。灌浆期搞好"一喷三防"。

二五二、宛麦69

（一）品种来源

南阳市农业科学院利用宛030176/宛麦981选育而成，2015年通过河南省农作物品种审定委员会审定，审定编号：豫审麦2015023。其系谱如下：

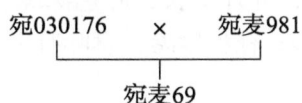

（二）产量表现

2012—2013年度参加河南省南部组区域试验，平均亩产380.2千克，比对照偃展4110增产5.5%；2013—2014年度续试，平均亩产446.6千克，比对照偃展4110增产9.3%。2014—2015年度参加河南省南部组生产试验，平均亩产416.6千克，比对照偃展4110增产4.8%。

（三）特征特性

属弱春性早熟品种。幼苗半直立，叶片较窄，叶色深绿；冬季抗寒性好，分蘖力强，成穗率一般，春季返青早，两极分化快；株型松紧适中，旗叶宽而略披，穗下节长，株高75.2~81.9厘米，茎秆弹性中等，抗倒性一般；穗纺锤形，长芒，白壳，白粒，籽粒半角质；后期叶的功能好，熟相中等。亩穗数34.9万~37.3万，穗粒数30.4~34.2粒，千粒重42.1~45.7克。

（四）品质分析

蛋白质含量15.35%、14.29%，湿面筋含量33.5%、27.6%，容重785克/升、811克/升，沉淀值70毫升、67毫升，硬度66 HI、61 HI，降落值301秒、457秒，吸水量65.7毫升/100克、64毫升/100克，形成时间3.1分钟、2.5分钟，稳定时间2.9分钟、1.9分钟，弱化度154 B.U.、133 B.U.，白度72.9%、72.4%，出粉率72.1%、70.1%。

（五）抗性鉴定

中感条锈病、叶锈病、白粉病和纹枯病，高感赤霉病。

（六）适宜范围及栽培要点

适宜在河南省南部稻麦两熟区中高肥力地种植。播期10月15—30日，最佳播期10月20日左右，亩播量7.5~10千克，每推迟3天，亩播量增加0.5千克。一般亩底施纯氮10~12千克，五氧化二磷5~7千克，氧化钾5千克，硫酸锌、硼酸各0.5~1千克，起身期结合化除进行化控，同时预防纹枯病；拔节期结合浇水，亩追尿素8千克；抽穗后及时防治赤霉病、白粉病、锈病、蚜虫。

二五三、豫农98

（一）品种来源

河南农业大学、河南省南海种子有限公司张清海、田应雪、尚红等利用豫麦68/豫麦45选育而成，2015年通过河南省农作物品种审定委员会审定，审定编号：豫审麦2015024。该品种已申请农业部品种保护（专利），其申请公告号为CNA016235E。其系谱如下：

（二）产量表现

2012—2013年度参加河南省南部组区域试验，平均亩产369.5千克，比对照种偃展4110增产2.6%；2013—2014年度续试，平均亩产457.5千克，比对照偃展4110增产12%。2014—2015年度参加河南省南部组生产试验，平均亩产423.5千克，比对照偃展4110增产6.4%。

（三）特征特性

属弱春性早熟品种。幼苗半匍匐，叶片窄长，叶色深绿；冬季抗寒性好，分蘖力较强，成穗率中等，春季返青起身晚，两极分化慢；株型紧凑，旗叶有干尖，株高72.4~80.8厘米，茎秆弹性中等，抗倒性一般；穗长方形，长芒，白壳，白粒，籽粒角质，饱满度较好。亩穗数 36.6 万～39 万，穗粒数 30.9～32.3 粒，千粒重 41.2～46.9 克。

（四）品质分析

蛋白质含量 14.93%、14.23%，湿面筋含量 29.9%、28.5%，容重 761 克/升、820 克/升，沉淀值 81 毫升、86 毫升，硬度 69 HI、60 HI，降落值 266 秒、447 秒，吸水量 67 毫升/100 克、67.6 毫升/100 克，形成时间 4.2 分钟、4.3 分钟，稳定时间 9.5 分钟、4.6 分钟，弱化度 52 B.U.、89 B.U.，白度 75.5%、73.8%，出粉率 66.6%、66.8%。

（五）抗性鉴定

中感条锈病、叶锈病、白粉病和纹枯病，高感赤霉病。

（六）适宜范围及栽培要点

适宜在河南省南部稻麦两熟区中高肥力地种植。播期 10 月 15—30 日，最佳播期 10 月 20—25 日，高肥地亩播量 8～10 千克，中低肥地块可适当增加播量，播期每推迟 3 天，亩播量增加 0.5 千克。一般亩底施纯氮 12 千克，五氧化二磷 8 千克，氯化钾 7 千克。起身期结合化除，防治纹枯病；拔节期结合浇水，亩追施尿素 7.5 千克。抽穗后及时防治赤霉病、白粉病、锈病和蚜虫。灌浆期"一喷三防"。

二五四、宛 1643

（一）品种来源

南阳市农业科学院利用西农 953/新麦 18 选育而成，2015 年通过河南省农作物品种审定委员会审定，审定编号：豫审麦 2015025。该品种已申请农业部品种保护（专利），其申请公告号为 CNA016245E。其系谱如下：

```
西农953   ×   新麦18
        │
      宛1643
```

（二）产量表现

2012—2013 年度参加河南省南部组区域试验，平均亩产 388 千克，比对照偃展 4110 增产 7.7%；2013—2014 年度续试，平均亩产 456.9 千克，比对照偃展 4110 增产 11.8%。2014—2015 年度参加河南省南部组生产试验，平均亩产 423.6 千克，比对照偃展 4110 增产 6.6%。

（三）特征特性

属弱春性早熟品种。幼苗半匍匐，叶片窄小，叶色深绿；冬季抗寒性好，分蘖成穗率高，春季起身早，两极分化快；株型紧凑，旗叶上举，有干尖，株高 75～81 厘米，茎秆弹性弱，抗倒性一般；穗纺锤形，偏小，长芒，白壳，白粒，籽粒半角质，饱满度较好，熟相好。亩穗数 38.2 万～41.7 万，穗粒数 30.6～33.6 粒，千粒重 41.2～43.9 克。

（四）品质分析

蛋白质含量 16.03%、13.65%，湿面筋含量 32.8%、26.2%，容重 770 克/升、775 克/升，沉淀值 79 毫升、76 毫升，硬度 49 HI、46 HI，降落值 248 毫升、389 毫升，吸水量 60.3 毫升/100 克、60.7 毫升/100 克，形成时间 4.1 分钟、3.3 分钟，稳定时间 5.5 分钟、3.2 分钟，弱化度 86 B.U.、131 B.U.，白度 78.2%、73.9%，出粉率 69.2%、72.3%。

（五）抗性鉴定

中抗条锈病，中感叶锈病、白粉病和纹枯病，高感赤霉病。

（六）适宜范围及栽培要点

适宜在河南省南部稻麦两熟区中高肥力地种植。10月15—30日均可播种，亩播量8~10千克，播期每推迟3天，亩播量增加0.5千克。一般亩底施纯氮12千克，五氧化二磷6~7千克，氧化钾5~6千克。拔节期结合浇水，亩追尿素5~6千克。起身期结合化除进行化控，同时预防纹枯病。抽穗后及时防治赤霉病、锈病、白粉病和蚜虫。灌浆期"一喷三防"。

二五五、洛旱17

（一）品种来源

洛阳农林科学院利用温麦19/洛麦98138选育而成，2015年通过河南省农作物品种审定委员会审定，审定编号：豫审麦2015026。该品种已获批农业部品种保护（专利），其品种权号为CNA20140810.0。其系谱如下：

（二）产量表现

2012—2013年度参加河南省旱地组区域试验，平均亩产252.7千克，比对照洛旱7号增产5.5%；2013—2014年度续试，平均亩产389.7千克，比对照洛旱7号增产3.7%。2014—2015年度参加河南省旱地组生产试验，平均亩产439.4千克，比对照洛旱7号增产11%。

（三）特征特性

属半冬性中熟品种。幼苗半匍匐，叶片短宽，叶色深绿；冬季抗寒性较好，分蘖力一般，成穗率较高，春季返青早，两极分化快；株型半紧凑，旗叶窄长上冲，穗下节长，株高66~82.5厘米，茎秆粗壮，抗倒性好；穗长方形，码较密，长芒，白壳，白粒，籽粒半角质，饱满度中等；耐后期高温，熟相好。亩穗数28.8万~38.3万，穗粒数29.3~35.9粒，千粒重40.9~48.9克。

（四）品质分析

蛋白质含量14.09%、14.20%，湿面筋含量29.4%、28.3%，容重790克/升、790克/升，沉淀值72毫升、70毫升，硬度51 HI、44 HI，降落值345秒、406秒，吸水量56.5毫升/100克、58.3毫升/100克，形成时间3.8分钟、2.3分钟，稳定时间4分钟、2.3分钟，弱化度110 B.U.、142 B.U.，白度78.2%、76.6%，出粉率72.1%、68.9%。

（五）抗性鉴定

中感条锈病、叶锈病、白粉病和纹枯病，高感赤霉病。抗旱指数1.04~1.087，抗旱级别3级，抗旱性中等。

（六）适宜范围及栽培要点

适宜在河南省丘陵及旱肥地麦区早中茬地种植。播期10月5—20日，最佳播期10月10日左右，最佳亩播量8~10千克，晚播适当加大播量。一般亩施纯氮9千克，纯磷6千克，纯钾6千克，可采用一炮轰的方法；孕穗后注意预防赤霉病、锈病、白粉病和蚜虫；灌浆期"一喷三防"。

二五六、偃亳330

（一）品种来源

河南省亳都种业有限公司利用豫麦10号/豫麦49选育而成，2015年通过河南省农作物品种审定委员会审定，审定编号：豫审麦2015027。该品种已获批农业部品种保护（专利），其品种权号为CNA20141555.7。其系谱如下：

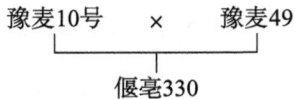

（二）产量表现

2012—2013年度参加河南省旱地组区域试验，平均亩产247.5千克，比对照洛旱7号增产3.3%；2013—2014年度续试，平均亩产397.6千克，比对照洛旱7号增产5.7%。2014—2015年度参加河南省旱地组生产试验，平均亩产427.8千克，比对照洛旱7号增产8.5%。

（三）特征特性

属半冬性中熟品种。幼苗半匍匐，叶片长宽，叶色深绿；冬季抗寒性一般，分蘖成穗率中等，春季返青起身早，两极分化快；株型较紧凑，旗叶短宽，茎、叶蜡质，株高63~83厘米，茎秆粗壮，抗倒性好；穗长方形，码较密，长芒，白壳，白粒，籽粒半角质；耐后期高温，成熟落黄一般。亩穗数26.5万~36.3万，穗粒数28.2~35.5粒，千粒重47.6~50.5克。

（四）品质分析

蛋白质含量14.65%、14.07%，湿面筋含量27.3%、25%，容重792克/升、812克/升，沉淀值72毫升、72毫升，硬度64 HI、66 HI，降落值363秒、520秒，吸水量61毫升/100克、63毫升/100克，形成时间4.7分钟、3.5分钟，稳定时间7分钟、3.1分钟，弱化度93 B.U.、154 B.U.，白度75.6%、73.4%，出粉率70.3%、71.7%。

（五）抗性鉴定

中感条锈病、叶锈病、白粉病和纹枯病，高感赤霉病。抗旱指数0.784~0.878，抗旱级别4级，抗旱性较弱。

（六）适宜范围及栽培要点

适宜在河南省丘陵及旱肥地麦区早中茬地种植。播期10月10—30日，亩播量8~12千克，播期每推迟3天，亩播量增加0.5千克。一般亩底施尿素20千克，磷酸二铵20千克，氯化钾10千克，拔节后亩追尿素10千克。孕穗后注意防治锈病、白粉病、赤霉病及蚜虫。

二五七、世纪281

（一）品种来源

河南顶呱呱种业有限公司利用温2540/周8826//济麦1号选育而成，2015年通过河南省农作物品种审定委员会审定，审定编号：豫审麦2015028。该品种已获批农业部品种保护（专利），其品种权号为CNA20140639.9。其系谱如下：

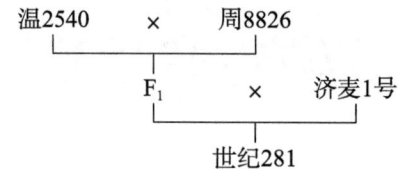

（二）产量表现

2012—2013年度参加河南省旱地组区域试验，平均亩产250.4千克，比对照洛旱7号增产4.6%；2013—2014年度续试，平均亩产389.3千克，比对照洛旱7号增产3.5%。2014—2015年度参加河南省旱地组生产试验，平均亩产441.5千克，比对照洛旱7号增产11.6%。

（三）特征特性

属半冬性中熟品种。幼苗半匍匐，叶片短宽，叶色深绿；冬季抗寒性一般，分蘖成穗率中等，春季起身拔节早，抽穗早；株型半紧凑，旗叶短宽上举，穗下节长，株高63~82.4厘米，茎秆粗壮，抗倒性好；穗长方形，码较密，长芒，白壳，白粒，籽粒半角质；耐后期高温，熟相好。亩穗数27.2万~37.2万，穗粒数29.7~37.3粒，千粒重44.4~49.7克。

（四）品质分析

蛋白质含量13.79%、13.77%，湿面筋含量30.2%、28%，容重792克/升、813克/升，沉淀值82毫升、71毫升，硬度61 HI、66 HI，降落值318秒、540秒，吸水量59.5毫升/100克、62.3毫升/100克，形成时间3.2分钟、2.8分钟，稳定时间3.1分钟、2.6分钟，弱化度110 B.U.、119 B.U.，白度75.1%、73.2%，出粉率71.3%、73.4%。

（五）抗性鉴定

中感条锈病、叶锈病、白粉病和纹枯病，高感赤霉病。抗旱指数0.707~0720，抗旱级别4级。

（六）适宜范围及栽培要点

适宜在河南省丘陵及旱肥地麦区早中茬地种植。适播期10月中下旬，最佳播期10月15日前后，亩播量8~9千克，旱薄地可适当增加播量。一般亩施农家肥3~4立方米，提倡测土配方施肥，注重氮、磷、钾肥合理搭配。拔节前结合化学除草，防治纹枯病；孕穗后及时防治赤霉病、锈病、白粉病和蚜虫；灌浆期搞好"一喷三防"。

二五八、春丰0017

（一）品种来源

河南省偃师市农业局利用兰考906/豫麦18选育而成，2016年通过河南省农作物品种审定委员会审定，审定编号：豫审麦2016001。该品种已获批农业部品种保护（专利），其品种权号为CNA20100947.0。其系谱如下：

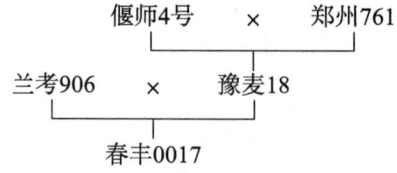

（二）产量表现

2008—2009年度参加河南省南部稻茬麦组区域试验，平均亩产374.9千克，比对照豫麦

18-99 增产 4.95%；2009—2010 年度续试，平均亩产 389.1 千克，比对照豫麦 18-99 增产 10.38%。2010—2011 年度参加生产试验，平均亩产 396.2 千克，比对照偃展 4110 增产 6.2%。

（三）特征特性

属弱春性多穗型早熟品种。幼苗半直立，叶色青绿，长势偏旺，冬季抗寒能力差，分蘖力强，成穗率高，春季发育快，抽穗早；株型半松散，穗下节间长，旗叶宽大半披，蜡质重，平均株高 70.8~79.1 厘米，抗倒能力一般；穗纺锤形，穗层整齐，成熟落黄好；籽粒半角质，白粒，黑胚率低；亩穗数 38.2 万~42.9 万，穗粒数 29.2~34.2 粒，千粒重 39.1~41.3 克。

（四）品质分析

容重 804 克/升、842 克/升，蛋白质含量 13.6%、14.26%，湿面筋含量 28.4%、32.4%，降落值 413 秒、436 秒，吸水量 56.9 毫升/100 克、59.8 毫升/100 克，形成时间 1.5 分钟、3 分钟，稳定时间 2.1 分钟、3.4 分钟，弱化度 158 B.U.、70 B.U.，沉淀值 59.5 毫升、68.5 毫升，硬度 62 HI、61 HI，出粉率 69%、71.5%。

（五）抗病鉴定

中抗条锈病和叶锈病，高感白粉病，中感纹枯病。

（六）适宜范围及栽培要点

适宜在河南南部稻茬麦区种植。适宜播期 10 月中、下旬，最佳播期 10 月 15—25 日。亩播量 7~8 千克，晚播适当增加播量。一般亩底施小麦专用肥 40~50 千克。拔节孕穗期，结合浇水亩追施尿素 5~10 千克。后期注意病虫害防治。

二五九、中麦 66

（一）品种来源

中国农业科学院作物科学研究所、河南中原中农良种有限责任公司利用周麦 18/鲁麦 1 号//周麦 18 选育而成，2017 年通过河南省农作物品种审定委员会审定，审定编号：豫审麦 2017001。该品种已获批农业部品种保护（专利），其品种权号为 CNA20172244.9。其系谱如下：

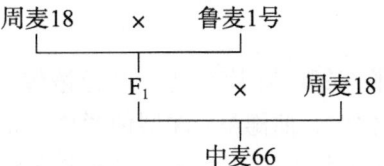

（二）产量表现

2013—2014 年度参加河南省冬水组区域试验，平均亩产 584.5 千克，比对照周麦 18 增产 4.61%；2014—2015 年度续试，平均亩产 560 千克，比对照周麦 18 增产 8.58%。2015—2016 年度参加河南省冬水组生产试验，平均亩产 537.8 千克，比对照周麦 18 增产 5.63%。

（三）特征特性

属半冬性中晚熟品种。幼苗半匍匐，叶片较长，叶色浅绿，冬季抗寒性一般；分蘖力强，成穗率一般，春季起身拔节快，抽穗偏晚；株型松紧适中，旗叶短宽上冲，株高 74.1~81 厘米，茎秆弹性一般，抗倒伏能力中等；穗长方形，长芒，白壳，白粒，半角质，饱满度好；根系活力较好，成熟落黄较好。亩穗数 40.2 万~46 万，穗粒数 33.6~35.3 粒，千粒重 41.4~45.6 克。

（四）品质分析

容重 804 克 / 升、823 克 / 升，蛋白质含量 14.2%、13.48%，湿面筋含量 27.4%、26.3%，降落值 432 秒、435 秒，沉淀值 64 毫升、54 毫升，吸水量 65.3 毫升 /100 克、62.8 毫升 /100 克，形成时间 3.5 分钟、4.7 分钟，稳定时间 2.2 分钟、4.5 分钟，弱化度 180 B.U.、143 B.U.，硬度 66 HI、69 HI，白度 73.3%、72.4%，出粉率 72.5%、73.2%。

（五）抗性鉴定

中感条锈病、叶锈病、白粉病和纹枯病，高感赤霉病。

（六）适宜范围及栽培技术要点

适宜在河南省（南部长江中下游麦区除外）早中茬地种植。播期 10 月 5—20 日，最佳播期 10 月 10—15 日。高肥地块亩播量 7~8 千克，中低肥地块可适当增加播量，播期每推迟 3 天，亩播量增加 0.5 千克。一般亩底施纯氮 12 千克，五氧化二磷 7.5 千克，氧化钾 7.5 千克；拔节期亩追尿素 6 千克。拔节前结合化学除草进行化控；抽穗扬花期防治赤霉病，灌浆期喷施磷酸二氢钾。

二六〇、百农 4199

（一）品种来源

河南科技学院茹振钢等利用百农高光效 3709F2/ 百农 AK58 选育而成，2017 年通过河南省农作物品种审定委员会审定，审定编号：豫审麦 2017003。该品种已获批农业部品种保护（专利），其品种权号为 CNA20160344.3。其系谱如下：

```
百农高光效3709F2    ×    百农AK58
            └──────┬──────┘
                百农4199
```

（二）产量表现

2013—2014 年度参加河南省冬水组区域试验，平均亩产 580.9 千克，比对照周麦 18 增产 3.98%；2014—2015 年度续试，平均亩产 547.3 千克，比对照周麦 18 增产 6.11%。2015—2016 年度参加河南省冬水组生产试验，平均亩产 540.5 千克，比对照周麦 18 增产 6.1%。

（三）特征特性

属半冬性中早熟品种。幼苗半匍匐，叶片短宽，叶色浓绿，冬季抗寒性好；分蘖力一般，成穗率高，春季起身拔节早，两极分化快，抽穗早；株型偏紧凑，旗叶小而上举，株高 68.1~75 厘米，茎秆弹性弱，抗倒伏能力一般，对春季低温较敏感，有虚尖现象；穗纺锤形，长芒，白壳，白粒，角质，籽粒饱满度好；亩穗数 41.1 万~46.1 万，穗粒数 30.5~32.8 粒，千粒重 45.0~47.5 克。

（四）品质分析

蛋白质含量 14.05%、13.44%，容重 801 克 / 升、822 克 / 升，湿面筋含量 26.8%、26.8%，降落值 504 秒、455 秒，沉淀值 74 毫升、78 毫升，吸水量 62.9 毫升 /100 克、61.4 毫升 /100 克，形成时间 3.7 分钟、1.9 分钟，稳定时间 4.2 分钟、6.5 分钟，弱化度 120 B.U.、50 B.U.，硬度 66 HI、64 HI，白度 73%、73.6%，出粉率 73.1%、72.4%。

（五）抗性鉴定

中抗条锈病，中感叶锈病、白粉病和纹枯病，高感赤霉病。

（六）适宜范围及栽培技术要点

适宜在河南省（南部长江中下游麦区除外）早中茬地种植。播期10月5—15日，高肥地块亩播量7~8千克，中低肥地块可适当增加播量，播期每推迟3天，亩播量增加0.5千克。一般亩底施纯氮12千克，五氧化二磷7.5千克，氧化钾7.5千克；拔节期亩追尿素6千克。拔节前结合化除进行化控；抽穗扬花期防治赤霉病，灌浆期喷施磷酸二氢钾。

二六一、偃高58

（一）品种来源

洛阳市嘉创农业开发有限公司、偃师市金高种业有限公司王建涛等利用周麦16/偃高1号选育而成，2017年通过河南省农作物品种审定委员会审定。审定编号：豫审麦2017004。该品种已获批农业部品种保护（专利），其品种权号为CNA20151729.7。其系谱如下：

```
周麦16  ×  偃高1号
        │
      偃高58
```

（二）产量表现

2013—2014年度参加河南省冬水组区域试验，平均亩产571.7千克，比对照周麦18增产4.13%。2014—2015年度续试，平均亩产544.2千克，比对照周麦18增产5.5%。2015—2016年度参加河南省冬水组生产试验，平均亩产534.7千克，比对照周麦18增产5%。

（三）特征特性

属半冬性中晚熟品种。幼苗半匍匐，叶片宽长，叶色浓绿，冬季抗寒性一般；分蘖力强，成穗率低，春季起身拔节较早，两极分化较慢，对春季低温较敏感；株型偏松散，旗叶较小，植株偏高，株高78.4~87厘米，茎秆弹性好，抗倒伏能力强；穗纺锤形，长芒，白壳，白粒，籽粒半角质，饱满度较好；亩穗数35.7万~39.4万，穗粒数33.9~36.2粒，千粒重48.2~53.4克。

（四）品质分析

蛋白质含量14.48%、12.55%，容重786克/升、820克/升，湿面筋含量26.6%、23.8%，降落值395秒、406秒，沉淀值62毫升、70毫升，吸水量64.4毫升/100克、63.6毫升/100克，形成时间2.8分钟、3分钟，稳定时间1.9分钟、4.3分钟，弱化度196 B.U.、109 B.U.，硬度64 HI、66 HI，白度70.2%、76.4%，出粉率70.6%、71.7%。

（五）抗性鉴定

中感条锈病、叶锈病和白粉病，中抗纹枯病，高感赤霉病。

（六）适宜范围及栽培要点

适宜在河南省（南部长江中下游麦区除外）早中茬地种植。播期10月5—15日，最佳播期10月8—10日。高肥地块亩播量7~8千克，中低肥地块可适当增加播量，播期每推迟3天，亩播量增加0.5千克。抽穗扬花期防治赤霉病。

二六二、洛麦31

（一）品种来源

洛阳市农林科学院、洛阳市中垦种业科技有限公司利用周麦18/百农AK58选育而成，2017

年通过河南省农作物品种审定委员会审定，审定编号：豫审麦2017009。该品种已获批农业部品种保护（专利），其品种权号为CNA20140813.7。其系谱如下：

```
        周麦18    ×    百农AK58
                │
             洛麦31
```

（二）产量表现

2013—2014年度参加河南省冬水组区域试验，平均亩产561.9千克，较对照周麦18增产2.34%；2014—2015年度续试，平均亩产534.3千克，比对照周麦18增产3.44%。2015—2016年度河南省冬水组生产试验，平均亩产533.2千克，比对照周麦18增产3.7%。

（三）特征特性

属半冬性中晚熟品种。幼苗半匍匐，叶片宽长，叶色浓绿；分蘖力较强，成穗率一般，春季起身拔节快，两极分化慢，抽穗晚；株型偏松散，旗叶宽长下披，株高73.6~80厘米；茎秆弹性好，抗倒伏能力强；穗长方形，长芒，白壳，白粒，籽粒角质；根系活力强，较耐后期高温，成熟落黄较好。亩穗数36.5万~41万，穗粒数31.8~35.1粒，千粒重45.9~49.1克。

（四）品质分析

蛋白质含量14.47%、14.63%，容重804克/升、817克/升，湿面筋含量28.7%、31.3%，降落值543秒、441秒，沉淀值70毫升、71毫升，吸水量63.7毫升/100克、64.2毫升/100克，形成时间3.3分钟、3.5分钟，稳定时间2.5分钟、4.5分钟，弱化度147 B.U.、115 B.U.，硬度64 HI、67 HI，白度70.8%、73%，出粉率68.7%、73.2%。

（五）抗性鉴定

中抗条锈病，中感叶锈病、白粉病和纹枯病，高感赤霉病。

（六）适宜范围及栽培要点

适宜在河南省（南部长江中下游麦区除外）早中茬地种植。播期10月5—15日，高肥地块亩播量8~10千克，中低肥地块可适当增加播量，播期每推迟3天，亩播量增加0.5千克。一般亩底施纯氮12千克，五氧化二磷7.5千克，氧化钾7.5千克；拔节期亩追尿素6千克。拔节前结合化除防治纹枯病；抽穗扬花期防治赤霉病。

二六三、昌麦9号

（一）品种来源

许昌市农场、许昌市农业科学研究所利用周麦16/洛麦21选育而成，2017年通过河南省农作物品种审定委员会审定，审定编号：豫审麦2017010。该品种已申请农业部品种保护（专利），其品种权号为CNA023051E。其系谱如下：

```
        周麦16    ×    洛麦21
                │
             昌麦9号
```

（二）产量表现

2013—2014年度参加河南省冬水组区域试验，平均亩产592.1千克，比对照周麦18增产4.83%；2014—2015年度续试，平均亩产533.6千克，比对照周麦18增产3.29%。2015—2016年度参加河南省冬水组生产试验，平均亩产541.38千克，比对照周麦18增产6.3%。

（三）特征特性

属半冬性中晚熟品种。幼苗半直立，叶片宽长，叶色浅绿；分蘖力中等，成穗率较高，春季起身拔节早，两极分化快，对春季低温稍敏感；株型稍松散，旗叶上举，下部叶片较小；株高78.2~84厘米，茎秆弹性弱，抗倒伏能力一般；穗长方形，穗小粒大，长芒，白壳，白粒，籽粒半角质；耐后期高温，熟相好。亩穗数37.5万~42.4万，穗粒数33.1~35.6粒，千粒重49.1~52.3克。

（四）品质分析

蛋白质含量14.86%、13.02%，容重784克/升、814克/升，湿面筋含量30.1%、27.1%，降落值350秒、394秒，沉淀值65毫升、60毫升，吸水量61.9毫升/100克、61毫升/100克，形成时间3.2分钟、2.7分钟，稳定时间2.1分钟、2.4分钟，弱化度176 B.U.、122 B.U.，硬度63 HI、64 HI，白度70.4%、73.4%，出粉率70.4%、73%。

（五）抗性鉴定

中抗条锈病，中感叶锈病、白粉病和纹枯病，高感赤霉病。

（六）适宜范围及栽培要点

适宜在河南省（南部长江中下游麦区除外）早中茬地种植。播期10月5—20日，最佳播期10月8—15日，亩播量8~10千克，播期每推迟3天，亩播量增加0.5千克。种子包衣或药剂拌种防治地下害虫。越冬前进行化学除草，浇好越冬水和拔节水。抽穗扬花期防治赤霉病。

二六四、囤麦127

（一）品种来源

河南省金囤种业有限公司利用矮抗58/周麦16选育而成，2017年通过河南省农作物品种审定委员审定，审定编号：豫审麦2017011。该品种已获批农业部品种保护（专利），其品种权号为CNA20150865.3。其系谱如下：

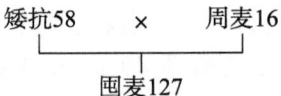

（二）产量表现

2013—2014年度参加河南省冬水组区域试验，平均亩产584.2千克，比对照周麦18增产4.56%；2014—2015年度续试，平均亩产531.9千克，比对照周麦18增产2.96%。2015—2016年度参加河南省冬水组生产试验，平均亩产530.7千克，比对照周麦18增产4.2%。

（三）特征特性

属半冬性晚熟品种。幼苗半匍匐，叶片宽长，叶色灰绿，冬季抗寒性一般；分蘖力中等，成穗率偏低，春季起身拔节迟，两极分化慢，抽穗晚；株型偏紧凑，旗叶宽长上举，株高71.9~80厘米。茎秆弹性一般，抗倒伏能力中等；穗纺锤形，长芒，白壳，白粒，籽粒角质。亩穗数36.8万~41.8万，穗粒数32.1~35.4粒，千粒重44.8~49.7克。

（四）品质分析

蛋白质含量14.55%、14.1%，容重804克/升、836克/升，湿面筋含量26.7%、25.3%，降落值452秒、453秒，沉淀值72毫升、75毫升，吸水量64.1毫升/100克、62.6毫升/100克，形成时间 3.9 分钟、4.5 分钟，稳定时间 2.6 分钟、6.9 分钟，弱化度 156 B.U.、89 B.U.，硬度 65 HI、65 HI，白度 72.4%、74.3%，出粉率 71.6%、66.2%。

（五）抗性鉴定

中感条锈病、叶锈病、白粉病和纹枯病，高感赤霉病。

（六）适宜范围及栽培要点

适宜在河南省（南部长江中下游麦区除外）早中茬地种植。播期 10 月 5—15 日，高肥地块亩播量 7~9 千克，中低肥地块可适当增加播量，播期每推迟 3 天，亩播量增加 0.5 千克。拔节期结合浇水亩追尿素 6 千克；起身期化学除草；抽穗扬花期防治赤霉病。

二六五、滑育麦 1 号

（一）品种来源

河南滑丰种业科技有限公司利用周麦 16/ 百农 AK58 选育而成，2017 年通过河南省农作物品种审定委员会审定，审定编号：豫审麦 2017012。其系谱如下：

```
周麦16    ×    百农AK58
       └──┬──┘
        滑育麦1号
```

（二）产量表现

2013—2014 年度参加河南省冬水组区域试验，平均亩产 578.6 千克，比对照周麦 18 增产 5.39%；2014—2015 年度续试，平均亩产 541.5 千克，比对照周麦 18 增产 4.62%。2015—2016 年度参加河南省冬水组生产试验，平均亩产 542.4 千克，比对照周麦 18 增产 5.5%。

（三）特征特性

属半冬性晚熟品种。幼苗半匍匐，叶片宽长，叶色浓绿，冬季抗寒性一般；分蘖力弱，成穗率高，春季返青起身早，两极分化快；株型偏紧凑，旗叶宽短上冲，株高 79.2~87 厘米，植株偏高，抗倒伏能力一般；穗长方形，长芒，白壳，白粒，籽粒角质；耐后期高温，熟相好。亩穗数 37.1 万~44.2 万，穗粒数 29.3~35.6 粒，千粒重 49.1~52.3 克。

（四）品质分析

蛋白质含量 13.28%、12.55%，容重 782 克/升、815 克/升，湿面筋含量 24.7%、25.1%，降落值 373 秒、409 秒，沉淀值 52 毫升、53 毫升，吸水量 63.4 毫升/100 克、63.7 毫升/100 克，形成时间 2.6 分钟、2.5 分钟，稳定时间 1.8 分钟、2.1 分钟，弱化度 209 B.U.、170 B.U.，硬度 65 HI、66 HI，白度 71.8%、74.6%，出粉率 69.6%、69.4%。

（五）抗性鉴定

中感条锈病、叶锈病、白粉病和纹枯病，高感赤霉病。

（六）适宜范围及栽培要点

适宜在河南省（南部长江中下游麦区除外）早中茬地种植。播期 10 月 5—15 日，高肥地块亩播量 7~8 千克，中低肥地块可适当增加播量，播期每推迟 3 天，亩播量增加 0.5 千克。一般亩底施纯氮 12 千克，五氧化二磷 7.5 千克，氧化钾 7.5 千克；拔节期每亩追尿素 7~10 千克；拔节前结合化除进行化控；抽穗扬花期防治赤霉病，灌浆期"一喷三防"。

二六六、囡麦128

（一）品种来源

河南省金囡种业有限公司利用百农AK58/源育3号选育而成，2017年通过河南省农作物品种审定委员会审定，审定编号：豫审麦2017016。该品种已获批农业部品种保护（专利），其品种权号为CNA20150864.4。其系谱如下：

$$\text{百农AK58} \times \text{源育3号}$$
$$\downarrow$$
$$\text{囡麦128}$$

（二）产量表现

2013—2014年度参加河南省春水组区域试验，平均亩产534.9千克，比对照偃展4110增产6.77%；2014—2015年度续试，平均亩产516.9千克，比对照偃展4110增产10.55%。2015—2016年度参加河南省春水组生产试验，平均亩产491千克，比对照偃展4110增产5.7%。

（三）特征特性

属弱春性早熟品种。幼苗直立，叶片长，叶色深绿，冬季抗寒性较弱；分蘖力较弱，成穗率较高，春季起身早，两极分化快，抽穗较早；株型偏紧凑，旗叶宽长上冲，株高68~78厘米，茎秆弹性一般，抗倒伏能力一般；穗纺锤形，穗较大，长芒，白壳，白粒，籽粒半角质，耐后期高温，成熟落黄好。亩穗数36.9万~43.7万，穗粒数32~32.6粒，千粒重44.6~46.3克。

（四）品质分析

蛋白质含量13.62%、13.7%，容重781克/升、811克/升，湿面筋含量24.4%、26.6%，降落值495秒、460秒，沉淀值49毫升、58毫升，吸水量62.9毫升/100克、62.7毫升/100克，形成时间2.8分钟、3.2分钟，稳定时间1.9分钟、3.2分钟，弱化度199 B.U.、148 B.U.，硬度64 HI、67 HI，白度70.5%、73.8%，出粉率71.1%、72.7%。

（五）抗性鉴定

中感条锈病、叶锈病、白粉病和纹枯病，高感赤霉病。

（六）适宜范围及栽培要点

适宜在河南省（南部长江中下游麦区除外）中晚茬地种植。播期10月10—20日，最佳播期10月13—18日，亩基本苗保持在20万以上。拔节期结合浇水亩追尿素6千克，返青起身期化学除草和防治纹枯病；抽穗扬花期预防赤霉病、白粉病和蚜虫。

二六七、天民184

（一）品种来源

河南天民种业有限公司沈天民等利用兰考198/兰考98-1-6-5选育而成，2017年通过年河南省农作物品种审定委员会审定，审定编号：豫审麦2017017。该品种已获批农业部品种保护（专利），其品种权号为CNA20161535.0。其系谱如下：

$$\text{兰考198} \times \text{兰考98-1-6-5}$$
$$\downarrow$$
$$\text{天民184}$$

（二）产量表现

2013—2014年度参加河南省春水组区域试验，平均亩产538.4千克，比对照偃展4110增产5.97%；2014—2015年度续试，平均亩产549.8千克，比对照偃展4110增产15.02%。2015—2016年度参加河南省春水组生产试验，平均亩产491千克，比对照偃展4110增产5.7%。

（三）特征特性

属弱春性早熟品种。幼苗直立，叶片长，冬季抗寒性中等；分蘖力一般，成穗率较高，春季起身早，两极分化较快，抽穗早，抗倒春寒能力较弱；株型偏紧凑，旗叶宽大上冲，株高76.9~86厘米，茎秆弹性好，较抗倒伏；穗纺锤形，结实性较好，长芒，白壳，白粒，半角质，耐后期高温，熟相中等。亩穗数36.5万~39.2万，穗粒数32.6~35.5粒，千粒重46.2~47.4克。

（四）品质分析

蛋白质含量14.92%、14.33%，容重772克/升、804克/升，湿面筋含量29.4%、29.4%，降落值443秒、457秒，沉淀值61毫升、67毫升，吸水量58.5毫升/100克、61.3毫升/100克，形成时间2.2分钟、2.4分钟，稳定时间1.6分钟、2.3分钟，弱化度200 B.U.、131 B.U.，硬度48 HI、58 HI，白度74.6%、76.3%，出粉率68.9%、68.1%。

（五）抗性鉴定

中抗条锈病，中感叶锈病、白粉病和纹枯病，高感赤霉病。

（六）适宜范围及栽培要点

适宜在河南省（南部长江中下游麦区除外）中晚茬地种植。播期10月15—30日，最佳播期10月15—20日，高肥地块亩播量10千克，中肥力地块12.5千克，播期每推迟3天，亩播量增加0.5千克。一般亩底施纯氮12千克，五氧化二磷7.5千克，氧化钾7.5千克；拔节后亩追尿素15千克。冬前分蘖盛期化学除草，拔节前进行化控，抽穗后及时预防赤霉病、白粉病和蚜虫。

二六八、立丰852

（一）品种来源

焦作市立丰农业科技有限公司利用石4185/偃展1号BC3选育而成，2017年通过河南省农作物品种审定委员会审定，审定编号：豫审麦2017018。其系谱如下：

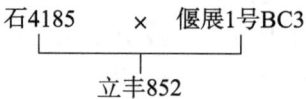

（二）产量表现

2013—2014年度参加河南省春水组区域试验，平均亩产543.5千克，比对照偃展4110增产8.5%；2014—2015年度续试，平均亩产523.5千克，比对照偃展4110增产9.53%。2015—2016年度参加河南省春水组生产试验，平均亩产493.9千克，比对照偃展4110增产6.3%。

（三）特征特性

属弱春性早熟品种。幼苗直立，叶片宽大，叶色深绿，冬季抗寒性弱；分蘖力一般，成穗率高，春季起身早，两极分化较快，抽穗早；株型松散，旗叶上冲，株高78.1~86厘米，茎秆弹性一般，抗倒伏能力弱；穗纺锤形，长芒，白壳，白粒，半角质；后期灌浆速度快，成熟早，落黄好。亩穗数37.4万~43.6万，穗粒数31.1~33.3粒，千粒重43.2~46.6克。

（四）品质分析

蛋白质含量13.94%、13.8%，容重772克/升、814克/升，湿面筋含量31.3%、28.7%，降落值470秒、440秒，沉淀值68毫升、71毫升，吸水量65.1毫升/100克、68.3毫升/100克，形成时间2.9分钟、2.5分钟，稳定时间1.8分钟、2.9分钟，弱化度190 B.U.、124 B.U.，硬度62 HI、65 HI，白度72.8%、76%，出粉率72.2%、69.8%。

（五）抗性鉴定

中感条锈病、叶锈病、白粉病和纹枯病，高感赤霉病。

（六）适宜范围及栽培要点

适宜在河南省（南部长江中下游麦区除外）中晚茬地种植。播期10月15—25日，最佳播期10月18—23日，高肥地块亩播量7~8千克，亩基本苗15万左右；中低肥地块可适当增加播量，播期每推迟3天，亩播量增加0.5千克。一般亩底施纯氮12千克，五氧化二磷7.5千克，氧化钾7.5千克；拔节后亩追尿素6千克。拔节前结合化除进行化控；抽穗扬花期防治赤霉病。

二六九、百农201

（一）品种来源

河南科技学院利用04中36/华育198选育而成，2017年通过河南省农作物品种审定委员会审定，审定编号：豫审麦2017019。该品种已获批农业部品种保护（专利），其品种权号为CNA20160022.2。其系谱如下：

（二）产量表现

2013—2014年度参加河南省春水组区域试验，平均亩产545.2千克，比对照偃展4110增产7.32%；2014—2015年度续试，平均亩产521.1千克，比对照偃展4110增产9.02%。2015—2016年度参加河南省春水组生产试验，平均亩产489.5千克，比对照偃展4110增产5.4%。

（三）特征特性

属弱春性中熟品种。幼苗半匍匐，叶片较长，冬季抗寒性弱；分蘖力高，成穗率一般，春季起身早，两极分化较快，抽穗较早，抗倒春寒能力一般；株型松散，旗叶短宽上冲，株高74.6~82厘米，茎秆粗壮，抗倒伏能力较强。穗纺锤形，长芒，白壳，白粒，半角质；耐后期高温，熟相较好。亩穗数36.1万~40.6万，穗粒数35.2~36粒，千粒重44.2~45.2克。

（四）品质分析

蛋白质含量14.66%、13.13%，容重783克/升、826克/升，湿面筋含量26.9%、26.6%，降落值302秒、422秒，沉淀值59毫升、58毫升，吸水量58.7毫升/100克、58.6毫升/100克，形成时间2.8分钟、2.4分钟，稳定时间2.5分钟、1.8分钟，弱化度166 B.U.、131 B.U.，硬度50 HI、52 HI，白度75.6%、79.6%，出粉率68.6%、66.8%。

（五）抗性鉴定

中感条锈病、叶锈病和纹枯病，中抗白粉病，高感赤霉病。

（六）适宜范围及栽培要点

适宜在河南省（南部长江中下游麦区除外）中晚茬地种植。播期10月15日以后，亩播量10~13千克。拔节前进行化学除草。抽穗扬花期防治赤霉病；灌浆期"一喷三防"。

二七○、许麦2号

（一）品种来源

许昌金谷恒现代农业发展有限公司、河南农业大学张清海等利用郑麦004/豫农015选育而成，2017年通过河南省农作物品种审定委员会审定，审定编号：豫审麦2017020。该品种已申请农业部品种保护（专利），其公告号为CNA019595E。其系谱如下：

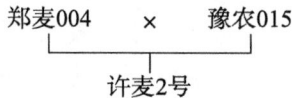

（二）产量表现

2013—2014年度参加河南省南部组区域试验，平均亩产431.1千克，比对照偃展4110增产5.51%；2014—2015年度续试，平均亩产418.5千克，比对照偃展4110增产8.53%。2015—2016年度参加河南省南部组生产试验，平均亩产437.9千克，比对照偃展4110增产4.8%。

（三）特征特性

属弱春性中晚熟品种。幼苗半匍匐，叶色深绿，叶片较宽，冬季抗寒性好；分蘖力中等，成穗率一般，春季返青起身晚，两极分化慢；株型偏紧凑，旗叶宽大上举，株高76.2~83厘米，茎秆弹性偏弱，抗倒能力较差；穗纺锤形，长芒，白壳，白粒，半角质。亩穗数32.4万~37.3万，穗粒数33.1~35粒，千粒重46~47.6克。

（四）品质分析

蛋白质含量15%、14.43%，容重784克/升、764克/升，湿面筋含量29.9%、28.1%，降落值403秒、401秒，沉淀值72毫升、69毫升，吸水量60毫升/100克、60.8毫升/100克，形成时间2.5分钟、2.3分钟，稳定时间2.2分钟、2.4分钟，弱化度125 B.U.、122 B.U.，硬度51 HI、55 HI，白度78.8%、77.8%，出粉率71.2%、66%。

（五）抗性鉴定

中感条锈病、叶锈病、纹枯病和白粉病，高感赤霉病。

（六）适宜范围及栽培要点

适宜在河南省南部长江中下游麦区种植。播期10月15—30日，最佳播期10月20—25日，高肥地块亩播量8~10千克，中低肥地块可适当增加播量，播期每推迟3天，亩播量增加0.5千克。一般亩底施纯氮12千克，五氧化二磷8千克，氯化钾7千克，拔节期亩追尿素7.5千克；抽穗扬花期防治赤霉病；灌浆期"一喷三防"。

二七一、济研麦7号

（一）品种来源

济源市农业科学院利用郑麦366/济05-5053选育而成，2017年通过河南省农作物品种审定委员会审定，审定编号：豫审麦2017021。该品种已申请农业部品种保护（专利），其公告号为CNA017758E。其系谱如下：

```
    郑麦366    ×    济05-5053
         └──────┬──────┘
             济研麦7号
```

（二）产量表现

2013—2014年度参加河南省南部组区域试验，平均亩产424.3千克，比对照偃展4110增产3.84%；2014—2015年度续试，平均亩产411.1千克，比对照偃展4110增产6.61%。2015—2016年度参加河南省南部组生产试验，平均亩产443.8千克，比对照偃展4110增产6.2%。

（三）特征特性

属半冬性中熟品种。幼苗半匍匐，叶片窄长，叶色浅绿，冬季抗寒性一般；分蘖力偏弱，成穗率一般，春季起身拔节早，两极分化快，抽穗偏晚，抗倒春寒能力差；株型偏紧凑，旗叶窄小上举，株高71.5~77厘米，茎秆弹性好，抗倒伏能力较强；穗长方形，长芒，白壳，白粒，角质，根系活力一般，耐湿性差。亩穗数33.1万~37万，穗粒数34.3~35.8粒，千粒重40.4~41.8克。

（四）品质分析

蛋白质含量14.65%、13%，容重802克/升、796克/升，湿面筋含量28.9%、25.5%，降落值530秒、467秒，沉淀值80毫升、74毫升，吸水量61.8毫升/100克、66.5毫升/100克，形成时间2分钟、1.7分钟，稳定时间1.9分钟、1.7分钟，弱化度158 B.U.、77 B.U.，硬度60 HI、69 HI，白度71.9%、73%，出粉率66.5%、66.8%。

（五）抗性鉴定

中感条锈病、叶锈病、白粉病和纹枯病，高感赤霉病。

（六）适宜范围及栽培要点

适宜在河南省南部长江中下游麦区种植。播期中北部地区以10月15日左右为宜，南部地区相应推迟。高肥地块亩播量8~10千克，中低肥地块可适当增加播量，如延期播种，以每推迟3天增加0.5千克为宜。拔节期亩追尿素6千克。抽穗扬花期防治赤霉病；灌浆期"一喷三防"。

二七二、豫信11

（一）品种来源

信阳市农业科学院利用偃展4110/博89-1选育而成，2017年通过河南省农作物品种审定委员会审定，审定编号：豫审麦2017022。该品种已获批农业部品种保护（专利），其品种权号为CNA20171036.3。其系谱如下：

```
    偃展4110    ×    博89-1
         └──────┬──────┘
              豫信11
```

（二）产量表现

2013—2014年度参加河南省南部组区域试验，平均亩产442.1千克，比对照偃展4110增产8.19%；2014—2015年度续试，平均亩产410.7千克，比对照偃展4110增产6.52%。2015—2016年度参加河南省南部组生产试验，平均亩产441.7千克，比对照偃展4110增产5.7%。

(三)特征特性

属弱春性早熟品种。幼苗半直立,冬季抗寒性好;分蘖力一般,成穗率高,春季起身早,两极分化快,抽穗早;株型偏紧凑,旗叶宽大,株高75.3~81厘米,茎秆弹性好,抗倒性较好;穗纺锤形,长芒,白壳,白粒,籽粒粉质;根系活力强,熟相好,耐湿性好。亩穗数38.4万~40.4万,穗粒数29.3~31粒,千粒重45.8~47.9克。

(四)品质分析

蛋白质含量14.78%、13.42%,容重816克/升、790克/升,湿面筋含量27.8%、26.8%,降落值434秒、405秒,沉淀值56毫升、54毫升,吸水量64.4毫升/100克、60.1毫升/100克,形成时间2分钟、1.8分钟,稳定时间1.7分钟、1.8分钟,弱化度161 B.U.、152 B.U.,硬度49 HI、49 HI,白度77.6%、77%,出粉率65.4%、66.7%。

(五)抗性鉴定

中感条锈病、叶锈病和纹枯病,高感赤霉病和白粉病。

(六)适宜范围及栽培要点

适宜在河南省南部长江中下游麦区种植。豫南麦区适宜播期10月20—25日,亩播量10~12千克。施足底肥,小麦2~3叶期化学除草,拔节期追施氮肥;中后期做好田间排水,稻茬麦田清理"四沟";抽穗扬花期防治赤霉病和白粉病。

二七三、宛麦21

(一)品种来源

南阳市农业科学院李金良等利用Tiwk43/宛798//郑麦9023选育而成,2017年通过河南省农作物品种审定委员会审定,审定编号:豫审麦2017023。该品种已申请农业部品种保护(专利),其公告号为CNA023004E。其系谱如下:

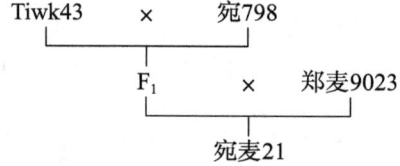

(二)产量表现

2013—2014年度参加河南省南部组区域试验,平均亩产429.9千克,比对照偃展4110增产5.2%;2014—2015年度续试,平均亩产401.3千克,比对照偃展4110增产4.07%。2015—2016年度参加河南省南部组生产试验,平均亩产443.3千克,比对照偃展4110增产6.1%。

(三)特征特性

属弱春性早熟品种。幼苗半直立,叶色浓绿,分蘖力一般,成穗率较高;春季返青早,起身快,两极分化快;株型偏紧凑,叶片宽大,株高66~73厘米,茎秆有弹性,抗倒性好;穗纺锤形,长芒,白壳,白粒,籽粒粉质;成熟早,熟相中等,耐湿性好。亩穗数37.3万~38.9万,穗粒数27.7~30.8粒,千粒重46.2~51.3克。

(四)品质分析

蛋白质含量14.05%、13.77%,容重801克/升、755克/升,湿面筋含量27.2%、28.2%,降落值345秒、358秒，沉淀值70毫升、66毫升，吸水量66.4毫升/100克、66.9毫升/100克，形成时间2.9分钟、3分钟，稳定时间2.5分钟、3.7分钟，弱化度181 B.U.、116 B.U.，硬度56 HI、67 HI，白度73.4%、73.6%，出粉率68.5%、72.3%。

（五）抗性鉴定

中感条锈病、叶锈病、白粉病和纹枯病，高感赤霉病。

（六）适宜范围及栽培要点

适宜在河南省南部长江中下游麦区种植。播期10月15—30日，最佳播期10月20日左右。亩播量7.5~10千克。播期每推迟3天，亩增加播量0.5千克。一般亩底施纯氮12千克，五氧化二磷7.5千克，氧化钾7.5千克，硫酸锌、硼酸各0.5~1千克。越冬期、拔节期和灌浆期，如遇干旱及时浇水。抽穗扬花期防治赤霉病、蚜虫及黏虫。

二七四、洛旱19

（一）品种来源

洛阳农林科学院利用周麦16/洛旱7号选育而成，2017年通过河南省农作物品种审定委员会审定，审定编号：豫审麦2017024。该品种已获批农业部品种保护（专利），其品种权号为CNA20140811.9。其系谱如下：

```
周麦16    ×    洛旱7号
         |
       洛旱19
```

（二）产量表现

2013—2014年度参加河南省旱地组区域试验，平均亩产402.5千克，比对照洛旱7号增产7%；2014—2015年度续试，平均亩产433.7千克，比对照洛旱7号增产7.8%。2015—2016年度参加河南省旱地生产试验，平均亩产376.6千克，比对照洛旱7号增产5.8%。

（三）特征特性

属半冬性早熟品种。幼苗半匍匐，叶片宽长，叶色灰绿；分蘖力较强，成穗率一般，抗寒性一般，抽穗早；株型半松散，株高68.1~79.7厘米，抗倒性一般；穗长方形，穗下节长，长芒，白壳，白粒，籽粒角质，根系活力强，成熟落黄好。亩穗数33.9万~38.6万，穗粒数35~36.5粒，千粒重40.8~45.5克。

（四）品质分析

蛋白质含量14.2%、13.03%，容重808克/升、800克/升，湿面筋含量29%、26.8%，降落值412秒、449秒，吸水量65.2毫升/100克、63.3毫升/100克，形成时间2.5分钟、2.3分钟，稳定时间1.6分钟、2.7分钟，弱化度167 B.U.、159 B.U.，沉淀值62毫升、61毫升，硬度67 HI、65 HI，白度70.9%、72.9%，出粉率70.4%、69.4%。

（五）抗性鉴定

中感条锈病、叶锈病、白粉病和纹枯病，高感赤霉病。抗旱级别3级，抗旱性中等。

（六）适宜范围及栽培要点

适宜在河南省丘陵及旱肥地麦区种植。播期10月5—20日，最佳亩播量8~10千克，晚播适当加大播量。每亩施纯氮10~12千克，纯磷6千克，纯钾6千克，可采用"一炮轰"的方法；抽穗扬花期防治赤霉病及蚜虫。

二七五、百旱207

（一）品种来源

河南科技学院利用百农207变异株系选而成，2017年通过河南省农作物品种审定委员会审定，审定编号：豫审麦2017025。该品种已获批农业部品种保护（专利），其品种权号为CNA20160023.1。其系谱如下：

（二）产量表现

2013—2014年度参加河南省旱地组区域试验，平均亩产388.4千克，比对照洛旱7号增产3.3%；2014—2015年度续试，平均亩产435.1千克，较对照洛旱7号增产8.1%。2015—2016年度参加河南省旱地生产试验，平均亩产375.9千克，比对照洛旱7号增产5.6%。

（三）特征特性

属半冬性早熟品种。幼苗半匍匐，叶片宽大，叶色深绿；分蘖力较弱，成穗数偏少，抗寒性一般；株型半松散，株高72～84.4厘米，茎秆粗壮，抗倒性好；穗长方形，长芒，白壳，白粒，籽粒半角质，熟相好。亩穗数30.2万～34.3万，穗粒数36～39.2粒，千粒重45～47.9克。

（四）品质分析

蛋白质含量14.68%、13.62%，容重812克/升、814克/升，湿面筋含量28.2%、27.2%，降落值455秒、411秒，吸水量56.1毫升/100克、58.5毫升/100克，形成时间2.5分钟、2.7分钟，稳定时间2.3分钟、2.7分钟，弱化度101 B.U.、113 B.U.，沉淀值75毫升、78毫升，硬度45 HI、47 HI，白度77.7%、76.5%，出粉率72.9%、65.3%。

（五）抗性鉴定

中感条锈病、叶锈病、白粉病和纹枯病，高感赤霉病。抗旱级别4级，抗旱性较弱。

（六）适宜范围及栽培要点

适宜在河南省丘陵及旱肥地麦区种植。播期为10月5—20日，适宜亩播量8～15千克，播期每推迟3天，亩播量增加0.5千克。一般亩底施纯氮12千克，五氧化二磷7.5千克，氧化钾7.5千克；抽穗扬花期防治赤霉病及蚜虫。

二七六、豫农78

（一）品种来源

河南农业大学张清海、张宝亮等利用豫麦36/洛旱2号选育而成，2017年通过河南省农作物品种审定委员会审定，审定编号：豫审麦2017026。该品种已申请农业部品种保护（专利），其公告号为CNA020148E。其系谱如下：

（二）产量表现

2013—2014年度参加河南省旱地组区域试验，平均亩产377.3千克，比对照洛旱7号增产0.3%；2014—2015年度续试，平均亩产414.8千克，比对照洛旱7号品种增产3.1%。2015—2016年度参加河南省旱地生产试验，平均亩产372.9千克，比对照洛旱7号增产4.8%。

（三）特征特性

属半冬性早熟品种。幼苗半直立，叶色深绿，分蘖力一般，成穗率较高，抗寒性一般；株型半紧凑，株高67.8~79.5厘米，茎秆粗壮，抗倒性好；穗纺锤形，长芒，白壳，白粒，籽粒半角质，饱满度较好，熟相一般。亩穗数34.3万~38.8万，穗粒数29.8~32.8粒，千粒重44.3~49.3克。

（四）品质分析

蛋白质含量15.32%、14.48%，容重818克/升、807克/升，湿面筋含量29.9%、27.4%，吸水量59.1毫升/100克、57毫升/100克，沉淀值72毫升、72毫升，硬度53 HI、52 HI，降落值460秒、433秒，形成时间2.2分钟、2.5分钟，稳定时间3.1分钟、2.8分钟，弱化度127 B.U.、93 B.U.，白度76.4%、77.7%，出粉率72.7%、66.9%。

（五）抗性鉴定

中感叶锈病、白粉病、条锈病和纹枯病，高感赤霉病。抗旱级别4级，抗旱性较弱。

（六）适宜范围及栽培要点

适宜在河南省丘陵及旱肥地麦区种植。播期10月5—20日，最佳播期10月8—12日。高肥地块亩播量7~8千克，中低肥地块可适当增加播量，播期每推迟3天，亩播量增加0.5千克。一般亩底施纯氮12千克，五氧化二磷7.5千克，氧化钾7.5千克；拔节期亩追尿素15千克，拔节前结合化除进行化控；灌浆期"一喷三防"。

二七七、圣麦15

（一）品种来源

商丘市中原小麦研究中心、柘城县长金农民种植专业合作社和山东圣丰种业科技有限公司利用周麦11//豫麦21/偃展4110选育而成，2017年通过河南省农作物品种审定委员会审定，审定编号：豫审麦2017027。该品种已获批农业部品种保护（专利），其品种权号为CNA20141525.4。其系谱如下：

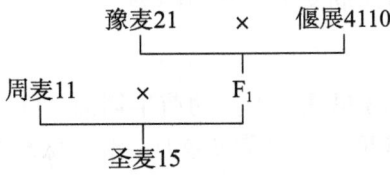

（二）产量表现

2013—2014年度参加河南省旱地组区域试验，平均亩产389.9千克，比对照洛旱7号增产3.7%；2014—2015年度续试，平均亩产426.7千克，比对照洛旱7号品种增产6.1%。2015—2016年度参加河南省旱地生产试验，平均亩产366.5千克，比对照洛旱7号增产3%。

（三）特征特性

属弱冬性早熟品种。幼苗匍匐，叶片短宽，叶色深绿；分蘖力中等，成穗率较高，抗寒性一般；

株型半松散，旗叶短宽上举，株高69.2~79.9厘米，抗倒性一般；穗纺锤形，长芒、白壳、白粒，籽粒半角质，熟相较好。亩穗数34.2万~36.9万，穗粒数31.7~34.3粒，千粒重43.9~49.8克。

（四）品质分析

蛋白质含量13.01%、12.67%，容重807克/升、796克/升，湿面筋含量23.7%、22.6%，吸水量55.8毫升/100克、56.3毫升/100克，沉淀值76毫升、75毫升，硬度54 HI、49 HI，降落值425秒、413秒，形成时间3分钟、4.5分钟，稳定时间3.2分钟、5.3分钟，弱化度105 B.U.、87 B.U.，白度77.2%、76.4%，出粉率68.3%、68%。

（五）抗性鉴定

中感叶锈病、白粉病和纹枯病，高感条锈病和赤霉病。抗旱级别4级，抗旱性较弱。

（六）适宜范围及栽培要点

适宜在河南省丘陵及旱肥地麦区种植。播期10月5—20日，高肥地块亩播量7~8千克，中低肥地块可适当增加播量，播期每推迟3天，亩播量增加0.5千克。一般亩底施纯氮12千克，五氧化二磷7.5千克，氧化钾7.5千克；拔节期亩追尿素15千克。拔节前结合化除进行化控；适时预防条锈病，扬花期防治赤霉病。

二七八、洛麦34

（一）品种来源

洛阳市农林科学院、洛阳市中垦种业科技有限公司利用周麦16/百农AK58选育而成，2018年通过河南省农作物品种审定委员会审定，审定编号：豫审麦20180001。该品种已获批农业部品种保护（专利），其品种权号为CNA20172150.1。其系谱如下：

```
周麦16    ×    百农AK58
         └──┬──┘
          洛麦34
```

（二）产量表现

2014—2015年度参加河南省冬水组区域试验，平均亩产554.7千克，比对照周麦18增产7.5%；2015—2016年度续试，平均亩产559千克，比对照周麦18增产9.7%。2016—2017年度参加生产试验，平均亩产559.9千克，比对照周麦18增产6.4%。

（三）特征特性

属半冬性品种，比对照周麦18早熟1天。幼苗半匍匐，叶色黄绿，长势壮，分蘖力一般。春季起身拔节早，两极分化快，抽穗早，耐倒春寒能力一般。株高76.9~83.3厘米，株型松散，茎秆弹性一般，抗倒性一般。旗叶窄长，穗下节长，穗层整齐。较耐后期高温，熟相好。穗纺锤形，长芒，白壳，白粒，半角质，饱满度较好。亩穗数38.3万~44.2万，穗粒数33.2~37.5粒，千粒重42.5~45.8克。

（四）品质分析

蛋白质含量13.76%、13.26%，容重819克/升、803克/升，湿面筋含量27.1%、28.4%，降落值455秒、422秒，沉淀值62毫升、52毫升，吸水量61.9毫升/100克、59毫升/100克，形成时间2.5分钟、2.5分钟，稳定时间2.9分钟、2.7分钟，弱化度143 B.U.、137 B.U.，硬度63 HI、

67 HI，出粉率 73.6%、65.7%。

（五）抗性鉴定

中感条锈病、叶锈病、白粉病和纹枯病，高感赤霉病。

（六）适宜范围及栽培要点

适宜在河南省（南部长江中下游麦区除外）早中茬地种植。适宜播期10月上中旬，每亩适宜基本苗14万~16万。及时防治蚜虫、条锈病、叶锈病、白粉病、赤霉病和纹枯病，高水肥地块预防倒伏。

二七九、濮麦8062

（一）品种来源

濮阳市农业科学院利用周99343/濮02072选育而成，2018年通过河南省农作物品种审定委员会审定，审定编号：豫审麦20180002。该品种已申请农业农村部品种保护（专利），其公告号为CNA024341E。其系谱如下：

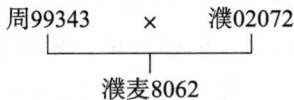

（二）产量表现

2014—2015年度参加河南省冬水组区域试验，平均亩产554千克，比对照周麦18增产7.4%；2015—2016年度续试，平均亩产539.7千克，比对照周麦18增产5.9%。2016—2017年度参加生产试验，平均亩产561.5千克，比对照周麦18增产6.7%。

（三）特征特性

属半冬性品种，比对照周麦18熟期略早。幼苗半匍匐，叶片宽短，长势壮，分蘖力一般。春季起身拔节早，两极分化快，抽穗早，耐倒春寒能力一般。株高80.9~87厘米，株型略松散，茎秆弹性一般，抗倒性一般。旗叶较大平举，穗下节长。较耐后期高温，熟相较好。穗纺锤形，长芒，白壳，白粒，籽粒半角质，饱满度中等。亩穗数34万~39.6万，穗粒数35.9~40.6粒，千粒重42.4~47克。

（四）品质分析

蛋白质含量13.65%、14.5%，容重822克/升、800克/升，湿面筋含量28.1%、29.9%，降落值436秒、369秒，沉淀值68毫升、66毫升，吸水量62.9毫升/100克、59.8毫升/100克，形成时间1.7分钟、5.5分钟，稳定时间4.7分钟、7.2分钟，弱化度60 B.U.、68 B.U.，出粉率72.1%、65.1%，硬度67 HI、73 HI。

（五）抗性鉴定

中抗条锈病，中感叶锈病、白粉病、纹枯病和赤霉病。

（六）适宜范围及栽培要点

适宜在河南省（南部长江中下游麦区除外）早中茬地种植。适宜播期10月上中旬，每亩适宜基本苗14万~18万。及时防治蚜虫、叶锈病、白粉病、赤霉病和纹枯病，高水肥地块预防倒伏。

二八〇、许麦318

(一) 品种来源

许昌市农业科学研究所利用许0609/百农AK58选育而成，2018年通过河南省农作物品种审定委员会审定，审定编号：豫审麦20180003。该品种已申请农业农村部品种保护（专利），其公告号为CNA023050E。其系谱如下：

```
     许0609    ×    百农AK58
         └─────┬─────┘
             许麦318
```

(二) 产量表现

2014—2015年度参加河南省冬水组区域试验，平均亩产554.8千克，比对照周麦18增产7.4%；2015—2016年度续试，平均亩产565.1千克，比对照周麦18增产10.9%。2016—2017年度参加生产试验，平均亩产569.5千克，比对照周麦18增产8.3%。

(三) 特征特性

属半冬性品种，比对照周麦18熟期略早。幼苗半匍匐，叶片宽长，长势壮，分蘖力中等，冬季抗寒性较好。春季起身早，两极分化快，抽穗较早，耐倒春寒能力一般。株高79.6~86.7厘米，株型松紧适中，茎秆弹性好，抗倒性较好。旗叶偏小上举，下部叶片小，通风透光性好，穗层较整齐。耐后期高温能力一般，熟相一般。穗长方形，长芒，白壳，白粒，籽粒半角质，饱满度较好。亩穗数39.6万~42.3万，穗粒数29~34.9粒，千粒重47.7~51.6克。

(四) 品质分析

蛋白质含量13.66%、12.54%，容重827克/升、802克/升，湿面筋含量28%、28.2%，降落值424秒、383秒，沉淀值55毫升、57毫升，吸水量60.7毫升/100克、58.4毫升/100克，形成时间3分钟、5.9分钟，稳定时间3.4分钟、10.1分钟，弱化度106 B.U.、43 B.U.，硬度65 HI、67 HI，出粉率73.8%、66.9%。

(五) 抗性鉴定

中感条锈病、叶锈病、白粉病和纹枯病，高感赤霉病。

(六) 适宜范围及栽培要点

适宜在河南省（南部长江中下游麦区除外）早中茬地种植。适宜播期10月上中旬，每亩适宜基本苗16万~18万。及时防治蚜虫、锈病、白粉病、赤霉病和纹枯病。

二八一、盈满208

(一) 品种来源

河南省奥科种业有限公司、河南五谷种业有限公司利用周麦16/西农979选育而成，2018年通过河南省农作物品种审定委员会审定，审定编号：豫审麦20180004。该品种已申请农业农村部品种保护（专利），其申请号为20184124.9。其系谱如下：

（二）产量表现

2014—2015年度参加河南省冬水组区域试验，平均亩产540.9千克，比对照周麦18增产4.5%；2015—2016年度续试，平均亩产532.5千克，比对照周麦18增产4.5%。2016—2017年度参加生产试验，平均亩产549.2千克，比对照周麦18增产4.4%。

（三）特征特性

属半冬性品种，与对照周麦18熟期相当。幼苗半匍匐，叶片窄短，长势较壮，分蘖力较强。春季起身拔节略迟，两极分化慢，苗脚不利索，耐倒春寒能力较弱。株高77.1~85.4厘米，株型偏松散，茎秆弹性一般，抗倒性中等。旗叶偏小上举。叶的功能期长，耐后期高温，熟相好。穗纺锤形，长芒，白壳，白粒，籽粒半角质，饱满度较好。亩穗数36.2万~46万，穗粒数28.3~35.5粒，千粒重46.2~48.9克。

（四）品质分析

蛋白质含量14.3%、13.71%，容重832克/升、809克/升，湿面筋含量29.7%、31.5%，降落值408秒、375秒，沉淀值71毫升、63毫升，吸水量66毫升/100克、63.8毫升/100克，形成时间2.9分钟、3.2分钟，稳定时间3分钟、3.3分钟，弱化度117 B.U.、101 B.U.，硬度66 HI、70 HI，出粉率72.4%、66%。

（五）抗性鉴定

中感条锈病、叶锈病、白粉病和纹枯病，高感赤霉病。

（六）适宜范围及栽培要点

适宜在河南省（南部长江中下游麦区除外）早中茬地种植。适宜播期10月上中旬，每亩适宜基本苗16万~24万。及时防治蚜虫、锈病、白粉病、赤霉病和纹枯病。

二八二、囤丰809

（一）品种来源

河南省中创种业短季棉有限公司、河南省囤丰农业科技有限公司利用陕麦139/百农AK58选育而成，2018年通过河南省农作物品种审定委员会审定，审定编号：豫审麦20180005。其系谱如下：

```
陕麦139    ×    百农AK58
         └──────┬──────┘
              囤丰809
```

（二）产量表现

2014—2015年度参加河南省冬水组区域试验，平均亩产531.4千克，比对照周麦18增产2.7%；2015—2016年度续试，平均亩产535.3千克，比对照周麦18增产5.4%。2016—2017年度参加生产试验，平均亩产538.6千克，比对照周麦18增产2.4%。

（三）特征特性

属半冬性品种，比对照周麦18熟期略早。幼苗半匍匐，长势壮，分蘖力中等。春季起身拔节早，两极分化快，耐倒春寒能力较弱。株高83.4~90.3厘米，株型松紧适中，茎秆弹性弱，抗倒性弱。旗叶较小上举，穗下节较长，穗层不整齐。穗纺锤形，长芒，白壳，白粒，籽粒半角质，饱满度中等。亩穗数37万~41.5万，穗粒数32.6~37.1粒，千粒重42.5~45.2克。

（四）品质分析

蛋白质含量13.87%、13.02%，容重802克/升、775克/升，湿面筋含量29.4%、30.2%，降落值375秒、319秒，沉淀值65毫升、56毫升，吸水量58.7毫升/100克、59.3毫升/100克，形成时间2.5分钟、2.9分钟，稳定时间2.5分钟、2.6分钟，弱化度135 B.U.、139 B.U.，硬度62 HI、67 HI，出粉率68.5%、67.4%。

（五）抗性鉴定

高抗条锈病，中感白粉病和纹枯病，高感叶锈病和赤霉病。

（六）适宜范围及栽培要点

适宜在河南省（南部长江中下游麦区除外）早中茬地种植。适宜播期10月上中旬，每亩适宜基本苗12万~16万。及时防治蚜虫、叶锈病、白粉病、赤霉病和纹枯病；高水肥地块预防倒伏。

二八三、兆丰3188

（一）品种来源

河南许农种业有限公司、河南省兆丰种业公司利用开麦18/周麦13矮系选育而成，2018年通过河南省农作物品种审定委员会审定，审定编号：豫审麦20180006。该品种已申请农业农村部品种保护（专利），其申请号为20184476.3。其系谱如下：

```
开麦18    ×    周麦13矮
         |
      兆丰3188
```

（二）产量表现

2014—2015年度参加河南省冬水组区域试验，平均亩产541.2千克，比对照周麦18增产4.8%；2015—2016年度续试，平均亩产538.5千克，比对照周麦18增产6%。2016—2017年度参加生产试验，平均亩产551.2千克，比对照周麦18增产4.8%。

（三）特征特性

属半冬性品种，与对照周麦18熟期相当。幼苗半匍匐，叶色浓绿，长势壮，分蘖力较强。春季起身略迟，耐倒春寒能力中等。株高77.2~84.2厘米，株型松紧适中，茎秆蜡质重，弹性一般，抗倒性中等。旗叶略长，穗下节长，穗层不整齐。耐后期高温，灌浆快，熟相中等。穗纺锤形，长芒，白壳，白粒，籽粒半角质，饱满度较好。亩穗数34.7万~39.5万，穗粒数32.5~38.1粒，千粒重45~50克。

（四）品质分析

蛋白质含量12.85%、12.74%，容重822克/升、792克/升，湿面筋含量29%、29.2%，降落值442秒、421秒，沉淀值74毫升、76毫升，吸水量62.7毫升/100克、60.4毫升/100克，形成时间3.7分钟、4.2分钟，稳定时间5.4分钟、4.4分钟，弱化度62 B.U.、63 B.U.，硬度65 HI、71 HI，出粉率73.1%、69.1%。

（五）抗性鉴定

中感条锈病、白粉病和纹枯病，高感叶锈病和赤霉病。

（六）适宜范围及栽培要点

适宜在河南省（南部长江中下游麦区除外）早中茬地种植。适宜播期10月上中旬，每亩适宜

基本苗 18 万~20 万。及时防治蚜虫、锈病、白粉病、赤霉病和纹枯病。

二八四、郑育 11

（一）品种来源

河南郑韩种业科技有限公司利用周麦 22/偃展 4110 选育而成，2018 年通过河南省农作物品种审定委员会审定，审定编号：豫审麦 20180009。该品种已申请农业部品种保护（专利），其公告号为 CNA20170757.8。其系谱如下：

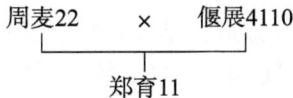

（二）产量表现

2014—2015 年度参加河南省冬水组区域试验，平均亩产 554.7 千克，比对照周麦 18 增产 7.2%；2015—2016 年度续试，平均亩产 551.9 千克，比对照周麦 18 增产 8.6%。2016—2017 年度参加生产试验，平均亩产 557.4 千克，比对照周麦 18 增产 5.5%。

（三）特征特性

属半冬性品种，与对照周麦 18 熟期相当。幼苗半匍匐，长势壮，分蘖力较强。春季起身拔节迟，两极分化快，耐倒春寒能力一般。株高 78.8~85.3 厘米，株型松紧适中，茎秆弹性好，抗倒性较好。旗叶上举，茎、叶蜡质重，穗下节较长，穗层较整齐。耐后期高温，熟相好。穗纺锤形，长芒，白壳，白粒，籽粒半角质，饱满度较好。亩穗数 37 万~40.8 万，穗粒数 31.8~37.2 粒，千粒重 46.1~48.2 克。

（四）品质分析

蛋白质含量 14.86%、13.73%，容重 812 克/升、774 克/升，湿面筋含量 31.6%、31.2%，降落值 418 秒、325 秒，沉淀值 72 毫升、60 毫升，吸水量 59.7 毫升/100 克、59.2 毫升/100 克，形成时间 3.2 分钟、3.7 分钟，稳定时间 4.5 分钟、3.3 分钟，弱化度 97 B.U.、124 B.U.，硬度 61 HI、67 HI，出粉率 71.8%、70.3%。

（五）抗性鉴定

中抗条锈病，中感叶锈病、白粉病和纹枯病，高感赤霉病。

（六）适宜范围及栽培要点

适宜在河南省（南部长江中下游麦区除外）早中茬地种植。适宜播期 10 月上中旬，每亩适宜基本苗 16 万~20 万。及时防治蚜虫、叶锈病、白粉病、赤霉病和纹枯病；高水肥地块防止倒伏。

二八五、百农 889

（一）品种来源

河南百农种业有限公司利用 JD9802/周麦 22 选育而成，2018 年通过河南省农作物品种审定委员会审定，审定编号：豫审麦 20180010。该品种已申请农业农村部品种保护（专利），其公告号为 CNA023110E。其系谱如下：

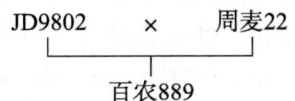

（二）产量表现

2014—2015年度参加河南省冬水组区域试验，平均亩产554.5千克，比对照周麦18增产7.3%；2015—2016年度续试，平均亩产538千克，比对照周麦18增产5.9%。2016—2017年度参加生产试验，平均亩产563千克，比对照周麦18增产6.6%。

（三）特征特性

属半冬性品种，比对照周麦18熟期略早。幼苗半匍匐，叶色深绿，长势壮，分蘖力一般，冬季抗寒性较好。春季起身早，两极分化快，苗脚利索，抽穗较早，耐倒春寒能力一般。株高76.4~82.5厘米，株型松紧适中，茎秆弹性好，抗倒性较好。旗叶偏小，通风透光性好，穗层较整齐。耐后期高温能力一般，熟相一般。穗长方形，结实性好，长芒，白壳，白粒，籽粒半角质，饱满度较好。亩穗数35.7万~41.3万，穗粒数34.7~39.3粒，千粒重41.8~45.3克。

（四）品质分析

蛋白质含量13.83%、12.91%，容重827克/升、804克/升，湿面筋含量28.8%、30.8%，降落值375秒、333秒，沉淀值60毫升、54毫升，吸水量66.3毫升/100克、63.3毫升/100克，形成时间3.2分钟、3分钟，稳定时间3.1分钟、3.1分钟，弱化度161 B.U.、168 B.U.，硬度66 HI、69 HI，出粉率71.3%、65.7%。

（五）抗性鉴定

中感条锈病、叶锈病和白粉病，高感纹枯病和赤霉病。

（六）适宜范围及栽培要点

适宜在河南省（南部长江中下游麦区除外）早中茬地种植。适宜播期10月上中旬，每亩适宜基本苗16万~24万。及时防治蚜虫、锈病、白粉病、赤霉病和纹枯病。

二八六、枣乡168

（一）品种来源

河南枣乡种业科技有限公司利用百农AK58/洛麦21选育而成，2018年通过河南省农作物品种审定委员会审定，审定编号：豫审麦20180011。该品种已获批农业部品种保护（专利），其品种权号为CNA20171056.8。其系谱如下：

```
百农AK58    ×    洛麦21
         └────┬────┘
            枣乡168
```

（二）产量表现

2014—2015年度参加河南省冬水组区域试验，平均亩产539.2千克，比对照周麦18增产4.4%；2015—2016年度续试，平均亩产549.2千克，比对照周麦18增产8.1%。2016—2017年度参加生产试验，平均亩产546.2千克，比对照周麦18增产3.4%。

（三）特征特性

属半冬性品种，与对照周麦18熟期相当。幼苗半匍匐，叶片较宽，分蘖力中等，冬季抗寒性好。春季起身拔节早，两极分化慢，耐倒春寒能力弱。株高79.1~85.8厘米，株型略松散，茎秆弹性一般，抗倒性较弱。旗叶宽而上举，穗下节较长，穗层较整齐。耐后期高温，熟相好。穗长方形，结实性较好，长芒，白壳，白粒，籽粒半角质，饱满度中等。亩穗数38.3万~42.6万，穗粒数35.8~38.7粒，千粒重39.5~41.3克。

（四）品质分析

蛋白质含量13.81%、13.27%，容重818克/升、788克/升，湿面筋含量27.1%、31.1%，降落值444秒、406秒，沉淀值75毫升、64毫升，吸水量61毫升/100克、58毫升/100克，形成时间4.2分钟、4.8分钟，稳定时间4.8分钟、6.3分钟，弱化度91 B.U.、64 B.U.，硬度65 HI、66 HI，出粉率72.8%、65.5%。

（五）抗性鉴定

中感条锈病、白粉病和纹枯病，高感叶锈病和赤霉病。

（六）适宜范围及栽培要点

适宜在河南省（南部长江中下游麦区除外）早中茬地种植。适宜播期10月上中旬，每亩适宜基本苗12万~15万。及时防治蚜虫、锈病、白粉病、赤霉病和纹枯病；高水肥地块预防倒伏。

二八七、中植0914

（一）品种来源

河南科林种业有限公司、新乡县中植植保专业合作社利用中植88-15/百农AK58选育而成，2018年通过河南省农作物品种审定委员会审定，审定编号：豫审麦20180012。其系谱如下：

```
中植88-15    ×    百农AK58
         │
       中植0914
```

（二）产量表现

2014—2015年度参加河南省冬水组区域试验，平均亩产520.2千克，比对照周麦18增产3.9%；2015—2016年度续试，平均亩产544千克，比对照周麦18增产7.1%。2016—2017年度参加生产试验，平均亩产552.7千克，比对照周麦18增产4.6%。

（三）特征特性

属半冬性品种，比对照周麦18早熟1天。幼苗半匍匐，叶片较长，长势壮，分蘖力中等。春季发育快，拔节抽穗早，耐倒春寒能力一般。株高76.5~85.5厘米，株型较紧凑，茎秆弹性一般，抗倒性一般。旗叶偏大上举，穗下节较长，穗层不整齐。耐后期高温能力一般，熟相一般。穗纺锤形，长芒，白壳，白粒，籽粒半角质，饱满度较好。亩穗数38.4万~40.4万，穗粒数30.3~35.8粒，千粒重43.5~48.9克。

（四）品质分析

蛋白质含量14.05%、13.67%，容重824克/升、790克/升，湿面筋含量27.7%、28.8%，降落值459秒、369秒，沉淀值75毫升、51毫升，吸水量64毫升/100克、57.6毫升/100克，形成时间3.5分钟、3分钟，稳定时间4.8分钟、3.3分钟，弱化度82 B.U.、116 B.U.，硬度64 HI、65 HI，出粉率73.8%、72.7%。

（五）抗性鉴定

中抗条锈病和白粉病，中感纹枯病，高感叶锈病和赤霉病。

（六）适宜范围及栽培要点

适宜在河南省（南部长江中下游麦区除外）早中茬地种植。适宜播期10月中下旬，每亩适宜基本苗16万~20万。及时防治蚜虫、叶锈病、赤霉病和纹枯病；高水肥地块防止倒伏。

二八八、金丰205

（一）品种来源

河南先耕农业科技有限公司利用周麦12/豫麦49选育而成，2018年通过河南省农作物品种审定委员会审定，审定编号：豫审麦20180013。该品种已获批农业部品种保护（专利），其品种权号为CNA20150867.1。其系谱如下：

（二）产量表现

2014—2015年度参加河南省冬水组区域试验，平均亩产523.4千克，比对照周麦18增产1.1%；2015—2016年度续试，平均亩产557千克，比对照周麦18增产7.1%。2016—2017年度参加生产试验，平均亩产553.7千克，比对照周麦18增产5.6%。

（三）特征特性

属半冬性品种，与对照周麦18熟期相当。幼苗半匍匐，叶片窄长，分蘖力强。春季起身拔节早，两极分化快，苗脚利索，抽穗早，耐倒春寒能力一般。株高77.3~82.7厘米，株型略松散，茎秆弹性好，抗倒性较好。旗叶较大上举，穗下节短，穗部蜡质重，穗层较整齐。耐后期高温，熟相中等。穗长方形，长芒，白壳，白粒，籽粒半角质，饱满度中等。亩穗数36.7万~40万，穗粒数33~36.6粒，千粒重43~47.6克。

（四）品质分析

蛋白质含量14.66%、14.20%，容重800克/升、760克/升，湿面筋含量30.3%、32%，降落值419秒、376秒，沉淀值70毫升、58毫升，吸水量60.9毫升/100克、59.3毫升/100克，形成时间3.5分钟、4.3分钟，稳定时间4.7分钟、5.1分钟，弱化度101 B.U.、108 B.U.，硬度63 HI、67 HI，出粉率72.6%、66.7%。

（五）抗性鉴定

高抗条锈病，中感叶锈病、白粉病和纹枯病，高感赤霉病。

（六）适宜范围及栽培要点

适宜在河南省（南部长江中下游麦区除外）早中茬地种植。适宜播期10月上中旬，每亩适宜基本苗15万~20万。及时防治蚜虫、叶锈病、白粉病、赤霉病和纹枯病。

二八九、濮兴8号

（一）品种来源

河南省民兴种业有限公司利用濮兴05（16）-18/百农AK58选育而成，2018年通过河南省农作物品种审定委员会审定，审定编号：豫审麦20180014。该品种已获批农业农村部品种保护（专利），其品种权号为CNA20181300.4。其系谱如下：

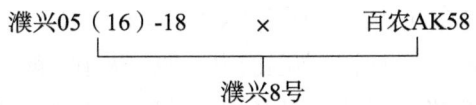

（二）产量表现

2014—2015年度参加河南省冬水组区域试验，平均亩产542.3千克，比对照周麦18增产5.1%；2015—2016年度续试，平均亩产564.8千克，比对照周麦18增产8.6%。2016—2017年度参加河南省生产试验，平均亩产562千克，比对照周麦18增产7.2%。

（三）特征特性

属半冬性品种，与对照周麦18熟期相当。幼苗半直立，叶片窄长，叶色深绿，长势较壮，分蘖力一般。春季起身拔节早，两极分化快，抽穗早，耐倒春寒能力一般。株高75.6~80.6厘米，株型偏紧凑，茎秆弹性一般，抗倒性一般。旗叶较大斜举。耐后期高温，熟相较好。穗长方形，结实性好，长芒，白壳，白粒，籽粒半角质，饱满度好。亩穗数36.1万~40.3万，穗粒数33.4~37.2粒，千粒重44.3~48.7克。

（四）品质分析

蛋白质含量14.21%、13.16%，容重816克/升、787克/升，湿面筋含量28.6%、30.6%，降落值396秒、385秒，沉淀值66毫升、55毫升，吸水量63.3毫升/100克、61.5毫升/100克，形成时间3.5分钟、3.2分钟，稳定时间5.5分钟、4.1分钟，弱化度86 B.U.、132 B.U.，硬度64 HI、68 HI，出粉率72.8%、67.2%。

（五）抗性鉴定

中感条锈病、叶锈病、白粉病和纹枯病，高感赤霉病。

（六）适宜范围及栽培要点

适宜在河南省（南部长江中下游麦区除外）早中茬地种植。适宜播期10月上中旬，每亩适宜基本苗14万~18万。及时防治蚜虫、锈病、白粉病、赤霉病和纹枯病；高水肥地块防止倒伏。

二九〇、泰麦863

（一）品种来源

河南省泰隆种业有限公司利用周麦22/洛麦21//周麦16选育而成，2018年通过河南省农作物品种审定委员会审定，审定编号：豫审麦20180015。其系谱如下：

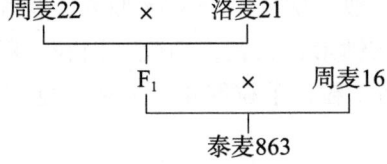

（二）产量表现

2014—2015年度参加河南省冬水组区域试验，平均亩产535.2千克，比对照周麦18增产6.9%；2015—2016年度续试，平均亩产553.2千克，比对照周麦18增产6.4%。2016—2017年度参加河南省生产试验，平均亩产553.4千克，比对照周麦18增产5.6%。

（三）特征特性

属半冬性品种，比对照周麦18熟期略早。幼苗半匍匐，长势壮，分蘖力一般。春季起身拔节早，两极分化快，抽穗早，耐倒春寒能力较弱。株高78.1~84.8厘米，株型松紧适中，茎秆弹性好，抗倒性较好。旗叶上冲，穗层较整齐。耐后期高温能力一般，熟相一般。穗纺锤形，长芒，白壳，白粒，籽粒半角质，饱满度较好。亩穗数36.7万~41.4万，穗粒数31.4~36.6粒，千粒重44.1~46.8克。

（四）品质分析

蛋白质含量14.14%、13.95%，容重795克/升、768克/升，湿面筋含量29.5%、33.4%，降落值402秒、326秒，沉淀值56毫升、50毫升，吸水量59.5毫升/100克、59.5毫升/100克，形成时间2.5分钟、2.4分钟，稳定时间1.8分钟、2.3分钟，弱化度166 B.U.、127 B.U.，硬度63 HI、68 HI，出粉率72.7%、68.2%。

（五）抗性鉴定

中感条锈病、白粉病和纹枯病，高感叶锈病和赤霉病。

（六）适宜范围及栽培要点

适宜在河南省（南部长江中下游麦区除外）早中茬地种植。适宜播期10月上中旬，每亩适宜基本苗11万~20万。及时防治蚜虫、锈病、白粉病、赤霉病和纹枯病；高水肥地块防止倒伏。

二九一、佳源6号

（一）品种来源

河南春粟种业有限公司、河南金源种业有限公司利用周麦18/烟农19选育而成，2018年通过河南省农作物品种审定委员会审定，审定编号：豫审麦20180016。该品种已申请农业农村部品种保护（专利），其公告号为CNA024388E。其系谱如下：

```
周麦18    ×    烟农19
        └────┬────┘
           佳源6号
```

（二）产量表现

2014—2015年度参加河南省冬水组区域试验，平均亩产522.2千克，比对照周麦18增产0.9%；2015—2016年度续试，平均亩产544.2千克，比对照周麦18增产4.8%。2016—2017年度参加冬水组生产试验，平均亩产553.2千克，比对照周麦18增产5.5%。

（三）特征特性

属半冬性品种，比对照周麦18早熟1天。幼苗半匍匐，分蘖力较强。春季起身拔节迟，两极分化慢，抽穗迟，耐倒春寒能力一般。株高71.5~78厘米，株型紧凑，抗倒性较好。旗叶宽而上举，穗下节长，穗层不整齐。穗纺锤形，长芒，白壳，白粒，籽粒半角质，饱满度中等。亩穗数37.8万~41.6万，穗粒数31.7~36.1粒，千粒重45.3~46.9克。

（四）品质分析

蛋白质含量13.46%、13.26%，容重814克/升、778克/升，湿面筋含量27.4%、31.2%，降落值466秒、381秒，沉淀值67毫升、57毫升，吸水量61.1毫升/100克、58.6毫升/100克，形成时间3.5分钟、3.9分钟，稳定时间4.3分钟、3.9分钟，弱化度110 B.U.、110 B.U.，硬度65 HI、67 HI，出粉率69.5%、69.6%。

（五）抗性鉴定

中感条锈病、白粉病和纹枯病，高感叶锈病和赤霉病。

（六）适宜范围及栽培要点

适宜在河南省（南部长江中下游麦区除外）早中茬地种植。适宜播期10月上中旬，每亩适宜基本苗14万~18万。及时防治蚜虫、锈病、白粉病、赤霉病和纹枯病。

二九二、孟麦0818

（一）品种来源

孟州市乐秋种植专业合作社利用周麦22/周麦19选育而成，2018年通过河南省农作物品种审定委员会审定，审定编号：豫审麦20180017。该品种已申请农业部品种保护（专利），其公告号为CNA020164E。其系谱如下：

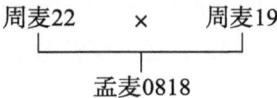

（二）产量表现

2014—2015年度参加河南省冬水组区域试验，平均亩产505.2千克，比对照周麦18增产0.9%；2015—2016年度续试，平均亩产536.8千克，比对照周麦18增产3.4%。2016—2017年度参加冬水组生产试验，平均亩产550.4千克，比对照周麦18增产5%。

（三）特征特性

属半冬性品种，比对照周麦18熟期略早。幼苗半匍匐，叶片较宽，分蘖力中等。春季起身拔节早，苗脚利索，抽穗早，耐倒春寒能力较弱。株高78.3~86.6厘米，株型松紧适中，茎秆粗，弹性一般，抗倒性一般。旗叶上举，穗层不整齐。耐后期高温，熟相中等。穗纺锤形，长芒，白壳，白粒，籽粒半角质，饱满度中等。亩穗数37.7万~40.7万，穗粒数32.1~36.2粒，千粒重45~47克。

（四）品质分析

蛋白质含量13.83%、13%，容重798克/升、774克/升，湿面筋含量27.6%、29.3%，降落值420秒、391秒，沉淀值64毫升、58毫升，吸水量60毫升/100克、58.5毫升/100克，形成时间2.5分钟、3.2分钟，稳定时间2.6分钟、3.2分钟，弱化度128 B.U.、117 B.U.，硬度62 HI、65 HI，出粉率73%、72.7%。

（五）抗性鉴定

中感条锈病、白粉病和纹枯病，高感叶锈病和赤霉病。

（六）适宜范围及栽培要点

适宜在河南省（南部长江中下游麦区除外）早中茬地种植。适宜播期10月上中旬，每亩适宜基本苗16万~20万。及时防治蚜虫、锈病、白粉病、赤霉病和纹枯病；高水肥地块预防倒伏。

二九三、存麦18

（一）品种来源

郑州丰存农业科技有限公司、河南丰德康种业有限公司利用周麦24-3/周麦22选育而成，2018年通过河南省农作物品种审定委员会审定，审定编号：豫审麦20180018。该品种已获批农业农村部品种保护（专利），其品种权号为CNA20173301.7。其系谱如下：

```
         周麦24-3   ×   周麦22
              └─────┬─────┘
                  存麦18
```

（二）产量表现

2014—2015年度参加河南省冬水组区域试验，平均亩产556.1千克，比对照周麦18增产7.8%；2015—2016年度续试，平均亩产552.9千克，比对照周麦18增产6.5%。2016—2017年度参加冬水组生产试验，平均亩产538.3千克，比对照周麦18增产2.7%。

（三）特征特性

属半冬性品种，比对照周麦18熟期略早。幼苗半匍匐，叶片窄长，叶色黄绿，长势壮，分蘖力中等。春季起身拔节早，两极分化快，耐倒春寒能力较弱。株高75.1~83.9厘米，株型松紧适中，茎秆弹性好，抗倒性较好。旗叶宽大上冲，穗层厚。穗纺锤形，结实性好，长芒，白壳，白粒，籽粒半角质，饱满度较好。亩穗数38.6万~42.1万，穗粒数32~38.5粒，千粒重40.8~46.5克。

（四）品质分析

蛋白质含量13.35%、12.62%，容重816克/升、763克/升，湿面筋含量26%、25.8%，降落值444秒、314秒，沉淀值59毫升、76毫升，吸水量64.4毫升/100克、55.6毫升/100克，形成时间2.8分钟、1.7分钟，稳定时间4分钟、6.6分钟，弱化度123 B.U.、56 B.U.，硬度60 HI、62 HI，出粉率72.5%、72.1%。

（五）抗性鉴定

中感条锈病、白粉病和纹枯病，高感叶锈病和赤霉病。

（六）适宜范围及栽培要点

适宜在河南省（南部长江中下游麦区除外）早中茬地种植。适宜播期10月上中旬，每亩适宜基本苗18万~22万。及时防治蚜虫、锈病、白粉病、赤霉病和纹枯病。

二九四、浚麦169

（一）品种来源

浚县丰黎种业有限公司王怀平等利用周麦16/濮麦9号选育而成，2018年通过河南省农作物品种审定委员会审定，审定编号：豫审麦20180019。该品种已获批农业部品种保护（专利），其品种权号为CNA20173274.0。其系谱如下：

```
         周麦16   ×   濮麦9号
              └─────┬─────┘
                  浚麦169
```

（二）产量表现

2014—2015年度参加河南省冬水组区域试验，平均亩产540.4千克，比对照周麦18增产4.4%；2015—2016年度续试，平均亩产555.3千克，比对照周麦18增产6.9%。2016—2017年度参加冬水组生产试验，平均亩产543.2千克，比对照周麦18增产4.3%。

（三）特征特性

属半冬性品种，比对照周麦18早熟1天。幼苗半匍匐，长势壮，分蘖力中等，冬季抗寒性好。春季起身早，两极分化快，苗脚利索，耐倒春寒能力较弱。株高78~84.3厘米，株型松散，茎秆弹性较弱，抗倒性较弱。旗叶下披，茎、叶、穗蜡质重，穗层厚。穗纺锤形，长芒，白壳，白粒，籽粒粉质，饱满度中等。亩穗数39.8万~45.5万，穗粒数34.4~38.4粒，千粒重39.4~42.2克。

（四）品质分析

蛋白质含量13.21%、12.73%，容重798克/升、756克/升，湿面筋含量27.6%、27.4%，降落值397秒、371秒，沉淀值66毫升、65毫升，吸水量57.6毫升/100克、55.1毫升/100克，形成时间2.3分钟、2.7分钟，稳定时间2.3分钟、2.9分钟，弱化度123 B.U.、101 B.U.，硬度51 HI、51 HI，出粉率68%、67%。

（五）抗性鉴定

中感条锈病、白粉病和纹枯病，高感叶锈病和赤霉病。

（六）适宜范围及栽培要点

适宜在河南省（南部长江中下游麦区除外）早中茬地种植。适宜播期10月上中旬，每亩适宜基本苗12万~16万。及时防治蚜虫、锈病、白粉病、赤霉病和纹枯病；返青期肥水适当推迟，防止倒伏。

二九五、机麦210

（一）品种来源

河南亿佳和农业科技有限公司利用周麦92031/偃展4110选育而成，2018年通过河南省农作物品种审定委员会审定，审定编号：豫审麦20180020。该品种已申请农业农村部品种保护（专利），其公告号为CNA019602E。其系谱如下：

```
周麦92031  ×  偃展4110
        |
      机麦210
```

（二）产量表现

2015—2016年度参加河南省冬水组区域试验，平均亩产570.8千克，比对照周麦18增产9.8%；2016—2017年度续试，平均亩产569.3千克，比对照周麦18增产10.3%。2016—2017年度参加冬水组生产试验，平均亩产540千克，比对照周麦18增产3.6%。

（三）特征特性

属半冬性品种，与对照周麦18熟期相当。幼苗半匍匐，叶片宽大，叶色浓绿，长势壮，分蘖力一般，冬季抗寒性较好。春季起身拔节早，两极分化快，苗脚利索，耐倒春寒能力较好。株高78.9~85.9厘米，株型略松散，茎秆粗壮，弹性一般，抗倒性一般。旗叶长而上冲，茎、叶蜡质重，穗下节较长，穗层较厚。耐后期高温能力一般，熟相一般。穗纺锤形，小穗排列较密，结实性较好，长芒，白壳，白粒，籽粒半角质，饱满度较好。亩穗数37.8万~40.5万，穗粒数34.6~35.2粒，千粒重46.3~49.5克。

（四）品质分析

蛋白质含量14.1%、15.6%，容重784克/升、816克/升，湿面筋含量34%、32.2%，降落值305秒、416秒，沉淀值59毫升、65毫升，吸水量58.7毫升/100克、56.2毫升/100克，形成时间4.2分钟、3.7分钟，稳定时间4.3分钟、3.7分钟，弱化度124 B.U.、121 B.U.，出粉率66.5%、71.1%，硬度63 HI、67 HI，延伸性174毫米、146毫米，最大拉伸阻力221 EU、151 EU，拉伸面积53平方厘米、32平方厘米。

（五）抗性鉴定

中抗条锈病和白粉病，中感纹枯病，高感叶锈病和赤霉病。

（六）适宜范围及栽培要点

适宜在河南省（南部长江中下游麦区除外）早中茬地种植。适宜播期10月上中旬，每亩适宜基本苗15万～22万。及时防治蚜虫、叶锈病、赤霉病和纹枯病；高水肥地块预防倒伏。

二九六、中育1428

（一）品种来源

中国农业科学院棉花研究所利用周麦22/洛麦22选育而成，2018年通过河南省农作物品种审定委员会审定，审定编号：豫审麦20180021。该品种已申请农业农村部品种保护（专利），其公告号为CNA016940E。其系谱如下：

（二）产量表现

2015—2016年度参加河南省冬水组区域试验，平均亩产557.5千克，比对照周麦18增产9.7%；2016—2017年度续试，平均亩产552.9千克，比对照周麦18增产8.7%。2016—2017年度参加冬水组生产试验，平均亩产539.3千克，比对照周麦18增产3.5%。

（三）特征特性

属半冬性品种，与对照周麦18熟期相当。幼苗半匍匐，叶片窄长，叶色深绿，分蘖力强。冬季抗寒性较好。春季起身迟，拔节后生长速度快，两极分化略慢，苗脚不利索，抽穗偏晚，耐倒春寒能力好。株高76.3～82.3厘米，株型略松散，茎秆蜡质重，弹性较好，抗倒性较好。旗叶长而上冲，穗下节长，穗层较整齐。耐后期高温能力一般，熟相一般。穗纺锤形，结实性较好，长芒，白壳，白粒，籽粒半角质，饱满度中等。亩穗数37.4万～39.8万穗，穗粒数35～36.8粒，千粒重46.1～47.9克。

（四）品质分析

蛋白质含量13.7%、15.7%，容重762克/升、782克/升，湿面筋含量32.1%、29.2%，降落值336秒、472秒，沉淀值64毫升、72毫升，吸水量60.5毫升/100克、56.8毫升/100克，形成时间3.9分钟、4.2分钟，稳定时间2.9分钟、3.5分钟，弱化度162 B.U.、124 B.U.，出粉率70.6%、66.4%，硬度65 HI、67 HI，延伸性169毫米、135毫米，最大拉伸阻力138 EU、129 EU，拉伸面积34平方厘米、26平方厘米。

（五）抗性鉴定

中抗条锈病，中感叶锈病和白粉病，高感纹枯病和赤霉病。

（六）适宜范围及栽培要点

适宜在河南省（南部长江中下游麦区除外）早中茬地种植。适宜播期10月上中旬，每亩适宜基本苗12万～20万。及时防治蚜虫、叶锈病、白粉病、赤霉病和纹枯病。

二九七、鑫华麦818

（一）品种来源

河南农业大学、河南瑞星种业有限公司利用周麦13/百农4805选育而成，2018年通过河南省农作物品种审定委员会审定，审定编号：豫审麦20180022。其系谱如下：

```
周麦13  ×  百农4805
        │
      鑫华麦818
```

（二）产量表现

2015—2016年度参加河南省冬水组区域试验，平均亩产570.4千克，比对照周麦18增产9.7%；2016—2017年度续试，平均亩产553.9千克，比对照周麦18增产8.6%。2016—2017年度参加冬水组生产试验，平均亩产551.1千克，比对照周麦18增产5.8%。

（三）特征特性

属半冬性品种，与对照周麦18熟期相当。幼苗半匍匐，叶片窄长，叶色深绿，长势较壮，分蘖力一般，冬季抗寒性较好。春季起身早，拔节略迟，两极分化慢，苗脚不利索，抽穗偏早，耐倒春寒能力较弱。株高78.3~83.5厘米，株型偏松散，茎秆弹性好，抗倒性较好。旗叶较小上举，下部叶片大，穗下节较长。较耐后期高温，熟相好。穗长方形、大小不匀，结实性较好，长芒，白壳，白粒，籽粒半角质，饱满度中等。亩穗数37.9万~40万，穗粒数34.9~35.4粒，千粒重46.5~48.1克。

（四）品质分析

蛋白质含量13.92%、16%，容重792克/升、802克/升，湿面筋含量32.4%、32.7%，降落值377秒、428秒，沉淀值58毫升、55毫升，吸水量58.2毫升/100克、55.9毫升/100克，形成时间3.9分钟、3.4分钟，稳定时间3.7分钟、3.5分钟，弱化度109 B.U.、108 B.U.，出粉率68.6%、69%，硬度64 HI、65 HI，延伸性149毫米、152毫米，最大拉伸阻力178 EU、136 EU，拉伸面积38平方厘米、30平方厘米。

（五）抗性鉴定

中抗白粉病，中感条锈病和叶锈病，高感纹枯病和赤霉病。

（六）适宜范围及栽培要点

适宜在河南省（南部长江中下游麦区除外）早中茬地种植。适宜播期10月上中旬，每亩适宜基本苗18万~24万。及时防治蚜虫、锈病、赤霉病和纹枯病。

二九八、豫农804

（一）品种来源

河南农业大学、许昌农科种业有限公司利用豫农202/许农5号//豫农202选育而成，2018年通过河南省农作物品种审定委员会审定，审定编号：豫审麦20180023。该品种已获批农业部品种保护（专利），其品种权号为CNA20172847.0。其系谱如下：

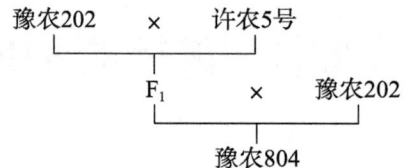

（二）产量表现

2015—2016年度参加河南省冬水组区域试验，平均亩产558.9千克，比对照周麦18增产9.7%；2016—2017年度续试，平均亩产555.5千克，比对照周麦18增产9.2%。2016—2017年度参加冬水组生产试验，平均亩产554.8千克，比对照周麦18增产6.5%。

（三）特征特性

属半冬性品种，比对照周麦18熟期略早。幼苗半匍匐，叶片宽短，叶色浓绿，长势较壮，分蘖力一般。春季起身拔节早，两极分化快，苗脚利索，抽穗早，耐倒春寒能力一般。株高76.4~82厘米，株型松紧适中，茎秆弹性好，抗倒性好。旗叶宽短上举，下部叶片小，株行间通风透光性好，穗下节长。根系活力较强，叶功能较好，耐后期高温，熟相好。穗纺锤形，较大，结实性较好，籽粒半角质，饱满度较好。亩穗数36.3万~39.4万，穗粒数36.2~38.1粒，千粒重44~49.4克。

（四）品质分析

蛋白质含量13.06%、14.2%，容重800克/升、808克/升，湿面筋含量27.4%、27.7%，降落值366秒、432秒，沉淀值56毫升、69毫升，吸水量58.2毫升/100克、57.1毫升/100克，形成时间3.8分钟、4.2分钟，稳定时间4.2分钟、4.7分钟，弱化度132 B.U.、118 B.U.，出粉率66.3%、68.5%，硬度68 HI、69 HI，延伸性164毫米、131毫米，最大拉伸阻力154 EU、134 EU，拉伸面积38平方厘米、26平方厘米。

（五）抗性鉴定

中感条锈病、白粉病和纹枯病，高感叶锈病和赤霉病。

（六）适宜范围及栽培要点

适宜在河南省（南部长江中下游麦区除外）早中茬地种植。适宜播期10月上中旬，每亩适宜基本苗18万~24万。及时防治蚜虫、锈病、白粉病、赤霉病和纹枯病。

二九九、禾丰3号

（一）品种来源

河南商都种业有限公司利用周麦16大穗/周麦20选育而成，2018年通过河南省农作物品种审定委员会审定，审定编号：豫审麦20180024。该品种已申请农业农村品种保护（专利），其公告号为CNA016569E。其系谱如下：

```
周麦16大穗 × 周麦20
        |
      禾丰3号
```

（二）产量表现

2015—2016年度参加河南省冬水组区域试验，平均亩产560.8千克，比对照周麦18增产8%；2016—2017年度续试，平均亩产545.5千克，比对照周麦18增产6.4%。2016—2017年度参加冬水组生产试验，平均亩产557.2千克，比对照周麦18增产6.9%。

（三）特征特性

属半冬性品种，与对照周麦18熟期相当。幼苗半直立，叶片窄长，长势较壮，分蘖力强，冬季抗寒性较好。春季起身拔节略迟，两极分化慢，苗脚不利索，抽穗晚，耐倒春寒能力一般。株高80.4~83厘米，株型松紧适中，茎秆蜡质重、有弹性，抗倒性较好。旗叶窄长上冲，穗下节长，穗层不整齐。叶的功能期长，熟相好。穗纺锤形，结实性较好，长芒，白壳，白粒，籽粒半角质，饱满度中等。亩穗数37.7万~39.9万，穗粒数35.9~36.4粒，千粒重44.4~48.2克。

（四）品质分析

蛋白质含量14.46%、15.4%，容重786克/升、802克/升，湿面筋含量33.5%、32.3%，降落值373秒、451秒，沉淀值62毫升、73毫升，吸水量56.8毫升/100克、53.9毫升/100克，形成时间3分钟、4.2分钟，稳定时间3.3分钟、4.5分钟，弱化度116 B.U.、90 B.U.，出粉率71.9%、70.8%，硬度63 HI、64 HI，延伸性169毫米、139毫米，最大拉伸阻力173 EU、199 EU，拉伸面积42平方厘米、40平方厘米。

（五）抗性鉴定

高抗条锈病，中感叶锈病、白粉病和纹枯病，高感赤霉病。

（六）适宜范围及栽培要点

适宜在河南省（南部长江中下游麦区除外）早中茬地种植。适宜播期10月上中旬，每亩适宜基本苗16万~24万。及时防治蚜虫、叶锈病、白粉病、赤霉病和纹枯病。

三〇〇、安麦1241

（一）品种来源

安阳市农业科学院利用矮败群体选育而成，2018年通过河南省农作物品种审定委员会审定，审定编号：豫审麦20180025。该品种已申请农业农村部品种保护（专利），其公告号为CNA020807E。其系谱如下：

```
        矮败群体
          │系选
        安麦1241
```

（二）产量表现

2015—2016年度参加河南省冬水组区域试验，平均亩产546.3千克，比对照周麦18增产7.5%；2016—2017年度续试，平均亩产545.5千克，比对照周麦18增产7.2%。2016—2017年度参加冬水组生产试验，平均亩产536.3千克，比对照周麦18增产3.8%。

（三）特征特性

属半冬性品种，与对照周麦18熟期相当。幼苗半直立，叶片窄长，叶色深绿，长势较壮，分蘖力较强，冬季抗寒性较好。春季起身拔节早，两极分化快，苗脚利索，抽穗晚，耐倒春寒能力一般。株高77.9~82.3厘米，株型偏松散，茎秆弹性较好，抗倒性较好。旗叶较小上举，穗下节长，茎、穗蜡质重，穗层较整齐。根系活力较弱，熟相一般。穗长方形，小穗排列较稀，长芒，白壳，白粒，籽粒半角质，饱满度较好。亩穗数38.2万~39.4万，穗粒数33.9~36.1粒，千粒重46.2~47.4克。

（四）品质分析

蛋白质含量15.03%、15.8%，容重777克/升、798克/升，湿面筋含量31.5%、33%，降落值386秒、448秒,沉淀值62毫升、66毫升,吸水量59.2毫升/100克、56.6毫升/100克,形成时间4.2分钟、3.4分钟,稳定时间4.1分钟、3.4分钟,弱化度110 B.U.、109 B.U.,出粉率69.2%、70%,硬度64 HI、65 HI,延伸性167毫米、129毫米,最大拉伸阻力196 EU、126 EU,拉伸面积46平方厘米、24平方厘米。

(五)抗性鉴定

中抗条锈病,中感叶锈病和白粉病,高感纹枯病和赤霉病。

(六)适宜范围及栽培要点

适宜在河南省(南部长江中下游麦区除外)早中茬地种植。适宜播期10月上中旬,每亩适宜基本苗12万~20万。及时防治蚜虫、叶锈病、白粉病、赤霉病和纹枯病。

三〇一、温原0528

(一)品种来源

温县温原种业有限公司利用周麦16/郑麦9023选育而成,2018年通过河南省农作物品种审定委员会审定,审定编号:豫审麦20180026。该品种已申请农业农村部品种保护(专利),其公告号为CNA019538E。其系谱如下:

```
周麦16    ×    郑麦9023
        └────┬────┘
          温原0528
```

(二)产量表现

2015—2016年度参加河南省冬水组区域试验,平均亩产546.7千克,比对照周麦18增产7.3%;2016—2017年度续试,平均亩产536.7千克,比对照周麦18增产5.5%。2016—2017年度参加冬水组生产试验,平均亩产548千克,比对照周麦18增产6%。

(三)特征特性

属半冬性品种,与对照周麦18熟期相当。幼苗半匍匐,叶片宽短,叶色浓绿,长势较壮,分蘖力强,冬季抗寒性较好。春季起身拔节略迟,两极分化快,苗脚利索,抽穗偏晚,耐倒春寒能力较好。株高79~83厘米,株型松紧适中,茎秆弹性较好,抗倒性较好。旗叶偏长上冲,穗下节长,茎、叶、穗蜡质较重,穗层整齐。根系活力强,叶的功能期长,耐后期高温,熟相好。穗长方形,结实性较好,籽粒半角质,饱满度较好。亩穗数37.5万~38.5万,穗粒数35.7~37.1粒,千粒重44.4~46.3克。

(四)品质分析

蛋白质含量13.91%、15.4%,容重795克/升、796克/升,湿面筋含量31%、32.2%,降落值412秒、334秒,沉淀值69毫升、76毫升,吸水量61.8毫升/100克、60.3毫升/100克,形成时间4.5分钟、4.5分钟,稳定时间5.8分钟、5分钟,弱化度94 B.U.、99 B.U.,出粉率65%、69.4%,硬度72 HI、70 HI,延伸性162毫米、144毫米,最大拉伸阻力202 EU、127 EU,拉伸面积47平方厘米、27平方厘米。

(五)抗性鉴定

中感条锈病和白粉病,高感叶锈病、纹枯病和赤霉病。

（六）适宜范围及栽培要点

适宜在河南省（南部长江中下游麦区除外）早中茬地种植。适宜播期10月上中旬，每亩适宜基本苗16万~20万。及时防治蚜虫、锈病、白粉病、赤霉病和纹枯病。

三〇二、平安0602

（一）品种来源

河南平安种业有限公司、项城市农业科学研究所利用04中70/周麦16选育而成，2018年通过河南省农作物品种审定委员会审定，审定编号：豫审麦20180027。该品种已申请农业农村部品种保护（专利），其公告号为CNA019597E。其系谱如下：

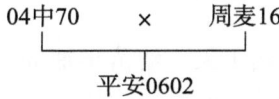

（二）产量表现

2015—2016年度参加河南省冬水组区域试验，平均亩产545.6千克，比对照周麦18增产7%；2016—2017年度续试，平均亩产534千克，比对照周麦18增产4.7%。2016—2017年度参加冬水组生产试验，平均亩产553千克，比对照周麦18增产7%。

（三）特征特性

属半冬性品种，比对照周麦18早熟1天。幼苗半匍匐，叶片窄长，叶色浅绿，分蘖力一般。春季起身拔节早，两极分化快，苗脚利索，抽穗早，耐倒春寒能力一般。株高76.2~82.5厘米，株型偏紧凑，茎秆弹性一般，抗倒性中等。旗叶较大上冲，穗下节长，穗层较整齐。根系活力较强，耐后期高温，熟相好。穗纺锤形，较大，小穗排列较稀，籽粒半角质，饱满度较好。亩穗数37.4万~40.5万，穗粒数34.8~38.4粒，千粒重42~45克。

（四）品质分析

蛋白质含量12.37%、14.8%，容重768克/升、782克/升，湿面筋含量27.6%、27.8%，降落值307秒、438秒，沉淀值48毫升、62毫升，吸水量58.7毫升/100克、58.1毫升/100克，形成时间3.4分钟、4分钟，稳定时间4.3分钟、5.2分钟，弱化度117 B.U.、110 B.U.，出粉率72.8%、67.1%，硬度68 HI、72 HI，延伸性154毫米、130毫米，最大拉伸阻力179 EU、141 EU，拉伸面积40平方厘米、26平方厘米。

（五）抗性鉴定

中感条锈病和白粉病，高感叶锈病、纹枯病和赤霉病。

（六）适宜范围及栽培要点

适宜在河南省（南部长江中下游麦区除外）早中茬地种植。适宜播期10月上中旬，每亩适宜基本苗14万~20万。及时防治蚜虫、锈病、白粉病、赤霉病和纹枯病；高水肥地块防止倒伏。

三〇三、泛麦536

（一）品种来源

河南黄泛区地神种业有限公司利用百农AK58/郑麦9023选育而成，2018年通过河南省农作物品种审定委员会审定,审定编号:豫审麦20180028。2019年通过河南省农作物品种审定委员会审定,审定编号:豫审麦20190050。该品种已获批农业农村部品种保护(专利),其品种权号为CNA20183142.9。其系谱如下:

```
百农AK58  ×  郑麦9023
        │
      泛麦536
```

(二)产量表现

2015—2016年度参加河南省冬水组区域试验,平均亩产554.8千克,比对照周麦18增产6.8%;2016—2017年度续试,平均亩产533.3千克,比对照周麦18增产4.6%。2016—2017年度参加冬水组生产试验,平均亩产554.2千克,比对照周麦18增产7.2%。

(三)特征特性

属半冬性品种,比对照周麦18早熟1天。幼苗半匍匐,叶片宽短,叶色浅绿,长势较壮,分蘖力一般,冬季抗寒性较好。春季起身早,两极分化快,苗脚利索,抽穗较早,耐倒春寒能力较弱。株高79.6~83.4厘米,株型偏松散,茎秆弹性一般,抗倒性中等。旗叶宽大下披,穗下节长。耐后期高温能力一般,熟相一般。穗纺锤形,小穗排列稀,长芒,白壳,白粒,籽粒半角质,饱满度中等。亩穗数37.8万~40.6万,穗粒数32.3~33.8粒,千粒重48.6~50.7克。

(四)品质分析

蛋白质含量14.28%、15.8%,容重792克/升、810克/升,湿面筋含量34.3%、33%,降落值320秒、370秒,沉淀值65毫升、76毫升,吸水量62.4毫升/100克、61.1毫升/100克,形成时间4.8分钟、5.2分钟,稳定时间6分钟、5.9分钟,弱化度75 B.U.、76 B.U.,出粉率70%、67.2%,硬度69 HI、71 HI,延伸性164毫米、139毫米,最大拉伸阻力298 EU、234 EU,拉伸面积66平方厘米、45平方厘米。

(五)抗性鉴定

中感条锈病、白粉病和纹枯病,高感叶锈病和赤霉病。

(六)适宜范围及栽培要点

适宜在河南省(包括南部长江中下游麦区)早中茬地种植,适宜播期10月上中旬,每亩适宜基本苗16万~20万。及时防治蚜虫、锈病、赤霉病、白粉病和纹枯病;注意预防倒春寒,高水肥地块种植防止倒伏。

三〇四、浚麦118

(一)品种来源

浚县丰黎种业有限公司王怀苹等利用开麦18/济麦20//偃展4110/新麦18选育而成,2018年通过河南省农作物品种审定委员会审定,审定编号:豫审麦20180029。该品种已获批农业部品种保护(专利),其品种权号为CNA20172909.5。其系谱如下:

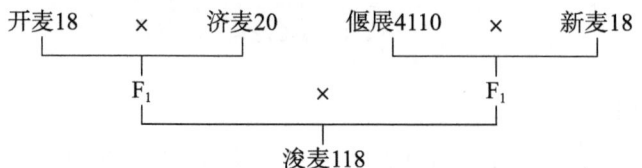

（二）产量表现

2015—2016年度参加河南省冬水组区域试验，平均亩产543.3千克，比对照周麦18增产6.6%；2016—2017年度续试，平均亩产531.2千克，比对照周麦18增产4.2%。2016—2017年度参加冬水组生产试验，平均亩产537.8千克，比对照周麦18增产4.1%。

（三）特征特性

属半冬性品种，比对照周麦18熟期略早。幼苗半匍匐，叶片宽短，叶色浅绿，长势壮，分蘖力较强，冬季抗寒性较好。春季起身迟，两极分化快，苗脚利索，抽穗早，耐倒春寒能力一般。株高80.4~86.6厘米，株型偏紧凑，茎秆蜡质重，弹性一般，抗倒性中等。旗叶及下部叶片小，通风透光性好，穗下节长。叶的功能期长，耐后期高温，熟相好。穗长方形，小穗排列较密，长芒，白壳，白粒，籽粒半角质，饱满度较好。亩穗数38.5万~40.4万，穗粒数33.8~35.2粒，千粒重45.8~48.1克。

（四）品质分析

蛋白质含量14.25%、15.1%，容重790克/升、802克/升，湿面筋含量34%、32.8%，降落值452秒、434秒，沉淀值56毫升、68毫升，吸水量60.4毫升/100克、60.5毫升/100克，形成时间4.7分钟、5.7分钟，稳定时间4.2分钟、6.1分钟，弱化度94 B.U.、108 B.U.，出粉率68.3%、71.5%，硬度70 HI、73 HI，延伸性165毫米、131毫米，最大拉伸阻力230 EU、152 EU，拉伸面积53平方厘米、30平方厘米。

（五）抗性鉴定

中感条锈病、叶锈病和白粉病，高感纹枯病和赤霉病。

（六）适宜范围及栽培要点

适宜在河南省（南部长江中下游麦区除外）早中茬地种植。适宜播期10月上中旬，每亩适宜基本苗15万~18万。及时防治蚜虫、锈病、白粉病、赤霉病和纹枯病；返青期肥水适当推迟，以增强植株抗倒能力。

三○五、丰德存麦20

（一）品种来源

河南丰德康种业有限公司利用存麦8号/百农AK58选育而成，2018年通过河南省农作物品种审定委员会审定，审定编号：豫审麦20180030。该品种已申请农业农村部品种保护（专利），其公告号为CNA014310E。其系谱如下：

```
存麦8号    ×    百农AK58
      └──────┬──────┘
          丰德存麦20
```

（二）产量表现

2015—2016年度参加河南省冬水组区域试验，平均亩产552.3千克，比对照周麦18增产6.3%；2016—2017年度续试，平均亩产537.9千克，比对照周麦18增产4.9%。2016—2017年度参加生产试验，平均亩产550.7千克，比对照周麦18增产5.4%。

（三）特征特性

属半冬性品种，比对照周麦18熟期略早。幼苗半直立，叶片窄长，叶色浓绿，长势较壮，分蘖力一般。春季起身拔节略迟，两极分化快，苗脚利索，抽穗晚，耐倒春寒能力一般。株高70.7~75.8厘米，株型松紧适中，茎秆蜡质重，弹性好，抗倒性较好。旗叶宽短上冲，穗下节较短，穗层整齐。叶的功能期长，较耐后期高温。穗纺锤形，小穗排列较密，结实性较好，长芒，白壳，白粒，籽粒半角质，饱满度中等。亩穗数39.7万~40.6万，穗粒数34.5~36.4粒，千粒重42.7~44.2克。

（四）品质分析

蛋白质含量12.83%、14.7%，容重764克/升、789克/升，湿面筋含量25.6%、29.1%，降落值400秒、444秒，沉淀值72毫升、65毫升，吸水量56.1毫升/100克、53.2毫升/100克，形成时间1.7分钟、8.2分钟，稳定时间11.4分钟、12.2分钟，弱化度35 B.U.、45 B.U.，出粉率71.6%、66.7%，硬度65 HI、65 HI，延伸性143毫米、120毫米，最大拉伸阻力530 EU、482 EU，拉伸面积98平方厘米、74平方厘米。

（五）抗性鉴定

中感条锈病、叶锈病和白粉病，高感纹枯病和赤霉病。

（六）适宜范围及栽培要点

适宜在河南省（南部长江中下游麦区除外）早中茬地种植。适宜播期10月上中旬，每亩适宜基本苗18万~22万。及时防治蚜虫、锈病、白粉病、赤霉病和纹枯病。

三〇六、郑品麦24

（一）品种来源

河南金苑种业股份有限公司利用豫麦34-6/豫同194选育而成，2018年通过河南省农作物品种审定委员会审定，审定编号：豫审麦20180031。该品种已申请农业农村部品种保护（专利），其公告号为CNA015505E。其系谱如下：

```
豫麦34-6  ×  豫同194
         │
      郑品麦24
```

（二）产量表现

2015—2016年度参加河南省冬水组区域试验，平均亩产547.6千克，比对照周麦18增产5.3%；2016—2017年度续试，平均亩产551.6千克，比对照周麦18增产8.2%。2016—2017年度参加冬水组生产试验，平均亩产552.5千克，比对照周麦18增产5.7%。

（三）特征特性

属半冬性品种，与对照周麦18熟期相当。幼苗半直立，叶片较长，分蘖力一般。春季起身拔节迟，两极分化慢，抽穗晚，苗脚不利索，耐倒春寒能力好。株高73.5~77.2厘米，株型松紧适中，茎秆蜡质重、偏细、弹性中等，抗倒性一般。旗叶较小上举，穗下节较长，穗层较整齐。根系活力强，耐后期高温，叶的功能期长，熟相好。穗纺锤形，长芒，白壳，白粒，籽粒半角质，饱满度中等。亩穗数36.3万~40.4万，穗粒数35.4~38.1粒，千粒重44.1~46.6克。

（四）品质分析

蛋白质含量14.07%、15%，容重783克/升、790克/升，湿面筋含量32.1%、29.4%，降落值398秒、300秒，沉淀值57毫升、60毫升，吸水量62.6毫升/100克、57.8毫升/100克，形成时间 4.7 分钟、3.5 分钟，稳定时间 4.5 分钟、3.4 分钟，弱化度 136 B.U.、126 B.U.，出粉率 67.1%、68.1%，硬度 72 HI、73 HI，延伸性 176 毫米、150 毫米，最大拉伸阻力 198 EU、147 EU，拉伸面积 50 平方厘米、32 平方厘米。

（五）抗性鉴定

中抗条锈病，中感叶锈病、白粉病和纹枯病，高感赤霉病。

（六）适宜范围及栽培要点

适宜在河南省（南部长江中下游麦区除外）早中茬地种植。适宜播期 10 月上中旬，每亩适宜基本苗 16 万～20 万。及时防治蚜虫、叶锈病、白粉病、赤霉病和纹枯病；高水肥地块预防倒伏。

三〇七、科林麦 969

（一）品种来源

河南科林种业有限公司利用周麦 16/偃展 4110//百农 AK58 选育而成，2018 年通过河南省农作物品种审定委员会审定，审定编号：豫审麦 20180032。其系谱如下：

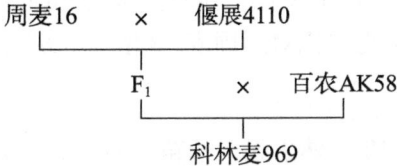

（二）产量表现

2015—2016 年度参加河南省冬水组区域试验，平均亩产 535.9 千克，比对照周麦 18 增产 5.1%；2016—2017 年度续试，平均亩产 532.2 千克，比对照周麦 18 增产 4.4%。2016—2017 年度参加冬水组生产试验，平均亩产 552.4 千克，比对照周麦 18 增产 5.7%。

（三）特征特性

属半冬性品种，与对照周麦 18 熟期相当。幼苗半直立，叶片宽长，叶色浓绿，长势较壮，分蘖力一般，冬季抗寒性好。春季起身早，两极分化快，苗脚利索，抽穗较早，耐倒春寒能力一般。株高 76.8～80.2 厘米，株型偏松散，茎秆较粗，弹性较好，抗倒性较好。旗叶较大上举，穗下节长。耐后期高温能力一般，熟相一般。穗近长方形，较大，结实性好，籽粒半角质，饱满度较好。亩穗数 35.6 万～40.5 万，穗粒数 33.7～36.2 粒，千粒重 44.3～50.8 克。

（四）品质分析

蛋白质含量 13.71%、14.8%，容重 801 克/升、805 克/升，湿面筋含量 27.4%、29.6%，降落值 303 秒、393 秒，沉淀值 49 毫升、54 毫升，吸水量 61.7 毫升/100 克、58.2 毫升/100 克，形成时间 2.7 分钟、3.4 分钟，稳定时间 2.8 分钟、2.3 分钟，弱化度 160 B.U.、149 B.U.，出粉率 66.5%、67.6%，硬度 68 HI、70 HI，延伸性 149 毫米、116 毫米，最大拉伸阻力 145 EU、102 EU，拉伸面积 32 平方厘米、18 平方厘米。

（五）抗性鉴定

中感条锈病、白粉病和纹枯病，高感叶锈病和赤霉病。

（六）适宜范围及栽培要点

适宜在河南省（南部长江中下游麦区除外）早中茬地种植。适宜播期 10 月上中旬，每亩适宜基本苗 16 万~20 万。及时防治蚜虫、锈病、白粉病、赤霉病和纹枯病。预防倒春寒。

三〇八、赛德麦 7 号

（一）品种来源

河南赛德种业有限公司、河南农业大学利用百农 AK58/ 周麦 22// 许科 1 号选育而成，2018 年通过河南省农作物品种审定委员会审定，审定编号：豫审麦 20180033。该品种已获批农业农村部品种保护（专利），其品种权号为 CNA20171609.0。其系谱如下：

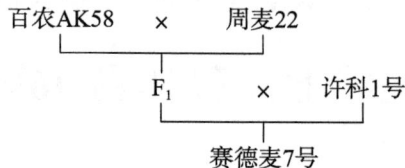

（二）产量表现

2015—2016 年度参加河南省冬水组区域试验，平均亩产 546.7 千克，比对照周麦 18 增产 5.1%；2016—2017 年度续试，平均亩产 545.1 千克，比对照周麦 18 增产 5.6%。2016—2017 年度参加冬水组生产试验，平均亩产 557.1 千克，比对照周麦 18 增产 6.6%。

（三）特征特性

属半冬性品种，比对照周麦 18 早熟 1 天。幼苗半直立，叶片宽短，叶色浅绿，长势较壮，分蘖力一般。春季起身迟，两极分化快，苗脚利索，抽穗较早，耐倒春寒能力一般。株高 75.1~80.6 厘米，株型偏紧凑，茎秆弹性好，抗倒性好。旗叶及下部叶片宽短。灌浆快，熟相一般。穗近长方形，小穗排列较密，结实性较好，长芒，白壳，白粒，籽粒半角质，饱满度中等。亩穗数 36.9 万~40.5 万，穗粒数 34.8~37.6 粒，千粒重 43.6~45.7 克。

（四）品质分析

蛋白质含量 12.61%、14%，容重 794 克/升、807 克/升，湿面筋含量 24.8%、27.9%，降落值 310 秒、352 秒，沉淀值 59 毫升、73 毫升，吸水量 60.3 毫升/100 克、58.3 毫升/100 克，形成时间 5.2 分钟、6 分钟，稳定时间 7.2 分钟、6.8 分钟，弱化度 87 B.U.、89 B.U.，出粉率 71.6%、67.9%，硬度 70 HI、71 HI，延伸性 151 毫米、125 毫米，最大拉伸阻力 228 EU、220 EU，拉伸面积 49 平方厘米、40 平方厘米。

（五）抗性鉴定

中抗条锈病，中感白粉病和纹枯病，高感叶锈病和赤霉病。

（六）适宜范围及栽培要点

适宜在河南省（南部长江中下游麦区除外）早中茬地种植。适宜播期 10 月上中旬，每亩适宜基本苗 12 万~18 万。及时防治蚜虫、叶锈病、白粉病、赤霉病和纹枯病。

三〇九、云台 301

（一）品种来源

孟州市种子繁育中心利用内乡 188/ 周麦 12// 花培 3 号选育而成，2018 年通过河南省农作物品种审定委员会审定，审定编号：豫审麦 20180034。该品种已申请农业农村部品种保护（专利），其

公告号为 CNA021779E。其系谱如下:

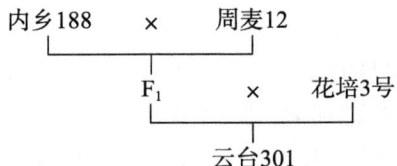

(二)产量表现

2015—2016 年度参加河南省冬水组区域试验,平均亩产 546.1 千克,比对照周麦 18 增产 5%;2016—2017 年度续试,平均亩产 547.1 千克,比对照周麦 18 增产 6%。2016—2017 年度参加冬水组生产试验,平均亩产 554.8 千克,比对照周麦 18 增产 6.2%。

(三)特征特性

属半冬性品种,与对照周麦 18 熟期相当。幼苗半直立,苗期叶片窄长,叶色深绿,苗势较壮,分蘖力较强,冬季抗寒性较好。春季起身拔节迟,两极分化慢,苗脚不利索,抽穗晚,耐倒春寒能力一般。株高 77.8~81.2 厘米,株型偏松散,茎秆弹性好,抗倒性较好。旗叶窄长上冲,穗下节长,茎、叶、穗有蜡质,穗层较整齐。根系活力强,叶的功能期长,熟相好。穗长方形,长芒,白壳,白粒,籽粒半角质,饱满度中等。亩穗数 36.6 万~40.1 万,穗粒数 34.9~36.3 粒,千粒重 45.5~46.9 克。

(四)品质分析

蛋白质含量 14.04%、15.7%,容重 785 克/升、797 克/升,湿面筋含量 31.7%、31%,降落值 379 秒、432 秒,沉淀值 56 毫升、67 毫升,吸水量 57.6 毫升/100 克、55.2 毫升/100 克,形成时间 3.7 分钟、3 分钟,稳定时间 3.6 分钟、2.6 分钟,弱化度 107 B.U.、109 B.U.,出粉率 71.9%、68.5%,硬度 65 HI、67 HI,延伸性 152 毫米、141 毫米,最大拉伸阻力 187 EU、147 EU,拉伸面积 41 平方厘米、31 平方厘米。

(五)抗性鉴定

中抗条锈病,中感叶锈病和白粉病,高感纹枯病和赤霉病。

(六)适宜范围及栽培要点

适宜在河南省(南部长江中下游麦区除外)早中茬地种植。适宜播期 10 月上中旬,每亩适宜基本苗 18 万~20 万。及时防治蚜虫、叶锈病、白粉病、赤霉病和纹枯病。预防倒春寒。

三一〇、顺麦 6 号

(一)品种来源

河南顺丰种业科技有限公司利用偃展 4110/百农 AK58 选育而成,2018 年通过河南省农作物品种审定委员会审定,审定编号:豫审麦 20180035。其系谱如下:

偃展4110 × 百农AK58
　　　　　↓
　　　　顺麦6号

(二)产量表现

2013—2014 年度参加河南省春水组区域试验,平均亩产 544.5 千克,比对照偃展 4110 增产 7.2%;2015—2016 年度续试,平均亩产 498.3 千克,比对照偃展 4110 增产 4.7%。2016—2017 年度参加春水组生产试验，平均亩产494.9千克，比对照偃展4110增产5.5%。

（三）特征特性

属弱春性品种，与对照偃展4110熟期相当。幼苗半匍匐，叶色浅绿，长势弱，分蘖力一般。春季起身拔节略迟，两极分化快，苗脚利索，抽穗偏晚，耐倒春寒能力一般。株高74.6~77.6厘米，株型偏紧凑，茎秆弹性好，抗倒性好。旗叶上冲，穗下节较长，茎、叶、穗蜡质重。穗纺锤形、较大，小穗排列较稀，长芒，白壳，白粒，籽粒半角质，饱满度中等。亩穗数32.5万~45.3万，穗粒数31.2~36.1粒，千粒重42.5~49.8克。

（四）品质分析

蛋白质含量14.52%、13.79%，容重786克/升、808克/升，湿面筋含量27.1%、28%，降落值409秒、358秒，沉淀值52毫升、54毫升，吸水量58.7毫升/100克、64毫升/100克，形成时间1.9分钟、3.8分钟，稳定时间1.2分钟、3.7分钟，弱化度219 B.U.、142 B.U.，硬度44 HI、70 HI，出粉率65.6%、68.6%。

（五）抗性鉴定

中抗条锈病，中感叶锈病和纹枯病，高感白粉病和赤霉病。

（六）适宜范围及栽培要点

适宜在河南省（南部长江中下游麦区除外）中晚茬地种植。适宜播期10月中下旬，每亩适宜基本苗18万~24万。及时防治蚜虫、叶锈病、白粉病、赤霉病和纹枯病。预防倒春寒。

三一一、峰选369

（一）品种来源

河南丰玉种业有限公司利用偃展4110/豫麦34选育而成，2018年通过河南省农作物品种审定委员会审定，审定编号：豫审麦20180036。其系谱如下：

```
偃展4110  ×  豫麦34
         │
      峰选369
```

（二）产量表现

2014—2015年度参加河南省春水组区域试验，平均亩产539.2千克，与试验产量平均值相比，增产4.2%；2015—2016年度续试，平均亩产512.8千克，比对照偃展4110增产7.8%。2016—2017年度参加春水组生产试验，平均亩产507.7千克，比对照偃展4110增产8.3%。

（三）特征特性

属弱春性品种，比对照偃展4110熟期略早。幼苗直立，分蘖力一般。春季发育快，耐倒春寒能力弱。株高65.4~74.2厘米，株型松紧适中，茎秆弹性一般，抗倒性一般。旗叶宽厚上冲，穗下节长，穗层整齐。叶功能期较长，耐后期高温，熟相好。穗纺锤形，长芒，白壳，白粒，籽粒半角质，饱满度中等。亩穗数40.3万~45.2万，穗粒数33.3~33.9粒，千粒重43.1~44.9克。

（四）品质分析

蛋白质含量13.08%、13.13%，容重811克/升、780克/升，湿面筋含量27.8%、33.6%，降落值477秒、389秒，沉淀值74毫升、69毫升，吸水量65.4毫升/100克、61.8毫升/100克，形成时间 3.2 分钟、4.4 分钟，稳定时间 3.9 分钟、6.9 分钟，弱化度 92 B.U.、50 B.U.，出粉率 71.2%、70%，硬度 64 HI、65 HI。

（五）抗性鉴定

中感条锈病、叶锈病和纹枯病，高感白粉病和赤霉病。

（六）适宜范围及栽培要点

适宜在河南省（南部长江中下游麦区除外）中晚茬地种植。适宜播期 10 月中下旬，每亩适宜基本苗 14 万~18 万。及时防治蚜虫、锈病、白粉病、赤霉病和纹枯病，高水肥地块预防倒伏。预防倒春寒。

三一二、豫圣麦 21

（一）品种来源

河南裕泉种业有限公司利用百农 64/ 豫麦 18// 周麦 16 选育而成，2018 年通过河南省农作物品种审定委员会审定，审定编号：豫审麦 20180038。其系谱如下：

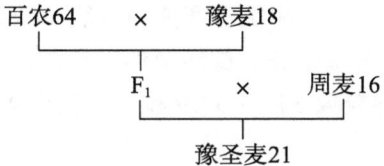

（二）产量表现

2014—2015 年度参加河南省春水组区域试验，平均亩产 537.7 千克，与试验产量平均值相比，增产 3.9%；2015—2016 年度续试，平均亩产 522.3 千克，比对照偃展 4110 增产 9.8%。2016—2017 年度参加春水组生产试验，平均亩产 498.8 千克，比对照偃展 4110 增产 6.4%。

（三）特征特性

属弱春性品种，比对照偃展 4110 熟期略晚。幼苗直立，叶片较宽，分蘖力中等。春季起身拔节迟，两极分化慢，耐倒春寒能力较弱。株高 79.3~84.1 厘米，株型松紧适中，茎秆弹性弱，抗倒性较弱。旗叶较宽上冲，穗部有蜡质，穗层不整齐。穗纺锤形，结实性较好，长芒，白壳，白粒，籽粒半角质，饱满度中等。亩穗数 37.2 万~41.3 万，穗粒数 35.5~36.5 粒，千粒重 42.6~46.1 克。

（四）品质分析

蛋白质含量 12.59%、12.08%，容重 797 克/升、780 克/升，湿面筋含量 24.9%、25.6%，降落值 461 秒、369 秒，沉淀值 79 毫升、66 毫升，吸水量 62.8 毫升/100 克、60.7 毫升/100 克，形成时间 2.7 分钟、3.5 分钟，稳定时间 4.6 分钟、4.1 分钟，弱化度 97 B.U.、87 B.U.，出粉率 69.3%、70.5%，硬度 67 HI、68 HI。

（五）抗性鉴定

中感条锈病、叶锈病、白粉病和纹枯病，高感赤霉病。

（六）适宜范围及栽培要点

适宜在河南省（南部长江中下游麦区除外）中晚茬地种植。适宜播期 10 月中下旬，每亩适宜基本苗 15 万~18 万。及时防治蚜虫、锈病、白粉病、赤霉病和纹枯病，高水肥地块预防倒伏。预防倒春寒。

三一三、怀川101

（一）品种来源

河南怀川种业有限责任公司利用周麦16/濮麦9号选育而成，2018年通过河南省农作物品种审定委员会审定，审定编号：豫审麦20180039。其系谱如下：

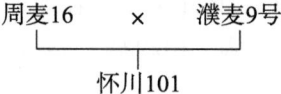

（二）产量表现

2014—2015年度参加河南省春水组区域试验，平均亩产532.1千克，与试验产量平均值相比，增产2.9%；2015—2016年度续试，平均亩产531.2千克，比对照偃展4110增产9.8%。2016—2017年度参加春水组生产试验，平均亩产508.1千克，比对照偃展4110增产8.4%。

（三）特征特性

属弱春性品种，比对照偃展4110熟期略晚。幼苗半匍匐，叶片宽长，长势较壮，分蘖力强。春季起身拔节早，两极分化快，抽穗早，耐倒春寒能力一般。株高73.4~83.3厘米，株型紧凑，抗倒性一般。旗叶偏大，穗下节长，穗层整齐。穗纺锤形，长芒，白壳，白粒，籽粒半角质，饱满度中等。亩穗数37.5万~42.6万，穗粒数34.3~37.9粒，千粒重41.2~43.9克。

（四）品质分析

蛋白质含量13.42%、13.86%，容重828克/升、781克/升，湿面筋含量27.6%、32.2%，降落值436秒、392秒，沉淀值58毫升、62毫升，吸水量64.2毫升/100克、62.9毫升/100克，形成时间2.3分钟、2.7分钟，稳定时间2分钟、2.2分钟，弱化度159 B.U.、128 B.U.，出粉率72.6%、69.7%，硬度63 HI、70 HI。

（五）抗性鉴定

中抗纹枯病，中感条锈病、叶锈病和白粉病，高感赤霉病。

（六）适宜范围及栽培要点

适宜在河南省（南部长江中下游麦区除外）中晚茬地种植。适宜播期10月中下旬，每亩适宜基本苗16万~20万。及时防治蚜虫、锈病、白粉病和赤霉病；注意预防倒伏和倒春寒。

三一四、粮源22

（一）品种来源

河南省粮源农业发展有限公司利用豫麦18/6045选育而成，2018年通过河南省农作物品种审定委员会审定，审定编号：豫审麦20180040。该品种已获批农业部品种保护（专利），其品种权号为CNA20151235.4。其系谱如下：

（二）产量表现

2014—2015年度参加河南省春水组区域试验，平均亩产531.9千克，与试验产量平均值相比，增产4.6%；2015—2016年度续试，平均亩产508.3千克，比对照偃展4110增产5.1%。2016—2017年度参加春水组生产试验，平均亩产508.3千克，比对照偃展4110增产8.4%。

（三）特征特性

属弱春性品种，比对照偃展4110晚熟1天。幼苗半匍匐，长势较壮，分蘖力一般。春季起身早，拔节后生长较快，抽穗较早。株高74.2~81厘米，株型略松散，茎秆弹性一般，抗倒性一般。旗叶长而上冲，穗下节较长，穗层不整齐。较耐后期高温，熟相中等。穗纺锤形，结实性好，长芒，白壳，白粒，籽粒粉质，饱满度中等。亩穗数34.7万~39.6万，穗粒数35.7~38.1粒，千粒重43.5~46.5克。

（四）品质分析

蛋白质含量13.05%、12.63%，容重794克/升、765克/升，湿面筋含量22.5%、25.2%，降落值425秒、315秒，沉淀值55毫升、50毫升，吸水量56.9毫升/100克、53.6毫升/100克，形成时间1.8分钟、2.2分钟，稳定时间1.6分钟、2.1分钟，弱化度171 B.U.、141 B.U.，出粉率67.7%、65%，硬度45 HI、46 HI。

（五）抗性鉴定

中抗条锈病，中感叶锈病、白粉病和纹枯病，高感赤霉病。

（六）适宜范围及栽培要点

适宜在河南省（南部长江中下游麦区除外）中晚茬地种植。适宜播期10月中下旬，每亩适宜基本苗16万~20万。及时防治蚜虫、叶锈病、白粉病、赤霉病和纹枯病；高水肥地块预防倒伏。

三一五、囤麦257

（一）品种来源

河南省金囤种业有限公司利用藁优2018/37271选育而成，2018年通过河南省农作物品种审定委员会审定，审定编号：豫审麦20180041。该品种已获批农业部品种保护（专利），其品种权号为CNA20171469.9。其系谱如下：

```
   藁优2018    ×    37271
        └─────┬─────┘
           囤麦257
```

（二）产量表现

2014—2015年度参加河南省冬水组区域试验，平均亩产516.8千克，比对照周麦18减产0.2%；2015—2016年度续试，平均亩产545.9千克，比对照周麦18增产5.1%。2016—2017年度春水组生产试验，平均亩产491.3千克，比对照偃展4110增产4.8%。

（三）特征特性

属弱春性偏半冬品种，幼苗半匍匐，叶片窄长，分蘖力强。春季起身拔节较早，两极分化较慢，耐倒春寒能力一般。株高77.2~86.3厘米，株型较紧凑，茎秆弹性一般，抗倒性一般。旗叶上举，穗下节较长。穗纺锤形，长芒，白壳，白粒，籽粒半角质，饱满度中等。亩穗数40.7万~45.5万，穗粒数29.6~35粒，千粒重41.3~42.7克。

（四）品质分析

蛋白质含量14.53%、14.09%，容重823克/升、794克/升，湿面筋含量31.1%、31.7%，降

落值457秒、456秒，沉淀值78毫升、72毫升，吸水量62.2毫升/100克、58.9毫升/100克，形成时间5分钟、9.2分钟，稳定时间5.8分钟、26.2分钟，弱化度51 B.U.、14 B.U.，出粉率69.7%、69.2%，硬度67 HI、70 HI。

（五）抗性鉴定

中感条锈病和白粉病，高感叶锈病、纹枯病和赤霉病。

（六）适宜范围及栽培要点

适宜在河南省（南部长江中下游麦区除外）中晚茬地种植。适宜播期10月上旬至10月底，每亩适宜基本苗16万~20万。及时防治蚜虫、锈病、白粉病、赤霉病和纹枯病。注意预防倒伏和倒春寒。

三一六、华麦998

（一）品种来源

偃师市华夏农业科技研究所利用郑麦9023/周麦16//428选育而成，2018年通过河南省农作物品种审定委员会审定，审定编号：豫审麦20180042。该品种已获批农业农村部品种保护（专利），其品种权号为CNA20170770.5。其系谱如下：

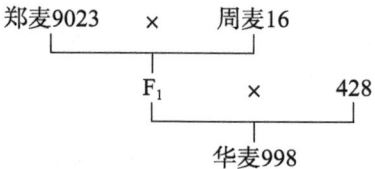

（二）产量表现

2014—2015年度参加河南省南部组区域试验，平均亩产418.2千克，比对照偃展4110增产8.5%；2015—2016年度续试，平均亩产410.8千克，比对照偃展4110增产9.3%。2016—2017年度参加生产试验，平均亩产388.3千克，比对照偃展4110增产8.5%。

（三）特征特性

属弱春性品种，与对照偃展4110熟期相当。幼苗半匍匐，叶片宽大，分蘖力较强，耐倒春寒能力较好。株高76.9~85厘米，株型松紧适中，茎秆有弹性，抗倒性较好。耐渍性好，熟相中等。穗纺锤形，长芒，白壳，白粒，籽粒半角质，饱满度较好。亩穗数33万~37万，穗粒数33~33.8粒，千粒重44.7~49.3克。

（四）品质分析

蛋白质含量15.47%、12.43%，容重784克/升、796克/升，湿面筋含量32.8%、27.9%，降落值456秒、184秒，沉淀值68毫升、55毫升，吸水量68.9毫升/100克、57.7毫升/100克，形成时间2.7分钟、1.7分钟，稳定时间3.2分钟、4.7分钟，弱化度100 B.U.、111 B.U.，出粉率70.3%、72.6%，硬度68 HI、66 HI。

（五）抗性鉴定

中感条锈病、叶锈病、白粉病和纹枯病，高感赤霉病。

（六）适宜范围及栽培要点

适宜在河南省南部长江中下游麦区种植。适宜播期10月中下旬，每亩适宜基本苗16万~24万。

及时防治蚜虫、锈病、白粉病、赤霉病和纹枯病。

三一七、天宁 38

（一）品种来源

河南省天宁种业有限公司利用西农 979/ 众麦 2 号 // 郑麦 9405 选育而成，2018 年通过河南省农作物品种审定委员会审定，审定编号：豫审麦 20180043；2020 年通过河南省农作物品种审定委员会审定，审定编号：豫审麦 20200056。该品种已获批农业农村部品种保护（专利），其品种权号为 CNA20170485.1。其系谱如下：

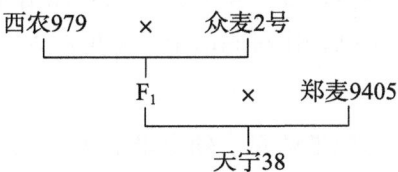

（二）产量表现

2016—2017 年参加河南省南部组区域试验，平均亩产 381.15. 千克，比对照偃展 4110 增产 7.75%。2016—2017 年度参加生产试验，平均亩产 383.1 千克，比对照偃展 4110 增产 7%。2018—2019 年参加河南中洲小麦新品种试验联合体春水组区域试验，平均亩产 508.75 千克，比对照偃展 4110 增产 4.45%。2018—2019 年度参加生产试验，平均亩产 579.6 千克，比对照偃展 4110 增产 5.3%。

（三）特征特性

属弱春性偏半冬品种，与对照偃展 4110 熟期相当。幼苗半匍匐，叶片窄小，叶色浓绿，分蘖力强。春季起身早，两极分化慢，耐倒春寒能力较好。株高 73～74 厘米，株型偏紧凑，茎秆弹性较好，抗倒性好。耐渍性一般，耐后期高温，熟相好。穗长方形，结实性较好，籽粒角质，饱满度较好。南部组试验平均亩穗数 33.9 万～34.9 万，穗粒数 34.1～34.6 粒，千粒重 38.6～43.1 克。

（四）品质分析

蛋白质含量 13.76%、12.9%，容重 782 克/升、769 克/升，湿面筋含量 30.6%、27.4%，降落值 216 秒、436 秒，沉淀值 48 毫升、74 毫升，吸水量 60.2 毫升/100 克、58.4 毫升/100 克，形成时间 2.5 分钟、7.2 分钟，稳定时间 2.7 分钟、11.5 分钟，弱化度 177 B.U.、33 B.U.，出粉率 68.8%、65.3%，硬度 67 HI、75 HI，延伸性 162 毫米、147 毫米，最大拉伸阻力 150 EU、367 EU，拉伸面积 35 平方厘米、72 平方厘米。

（五）抗性鉴定

中感条锈病、叶锈病、纹枯病和赤霉病，高感白粉病。

（六）适宜范围及栽培要点

适宜在河南省（包括南部长江中下游麦区）中晚茬地种植。适宜播期 10 月中下旬，每亩适宜基本苗 18 万～22 万。及时防治蚜虫、白粉病、锈病、纹枯病和赤霉病。

三一八、中创 811

（一）品种来源

河南省中创种业短季棉有限公司、陕西杨凌伟隆农业科技有限公司利用远丰 175/ 周麦 17// 陕麦99选育而成，2018年通过河南省农作物品种审定委员会审定，审定编号：豫审麦20180045。其系谱如下：

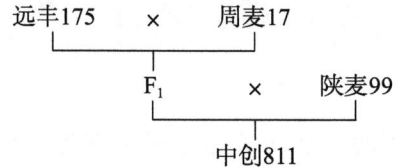

（二）产量表现

2014—2015年度参加河南省旱地组区域试验，平均亩产418.8千克，比对照洛旱7号增产4.1%；2015—2016年度续试，平均亩产396.8千克，比对照洛旱7号增产2.3%。2016—2017年度参加生产试验，平均亩产408.9千克，比对照洛旱7号增产5.3%。

（三）特征特性

属半冬性品种，比对照洛旱7号熟期略早。幼苗半匍匐，叶片较宽，分蘖力强，冬季抗寒性好。春季起身拔节较迟。株高71.7～80.7厘米，株型较紧凑，抗倒性较好。穗层整齐，熟相较好。穗纺锤形，长芒，白壳，白粒，籽粒半角质，饱满度好。亩穗数32.8万～34.9万，穗粒数32.6～34.3粒，千粒重44.3～50.6克。

（四）品质分析

蛋白质含量13.2%、12.44%，容重807克/升、726克/升，湿面筋含量25.8%、21.1%，降落值472秒、281秒，沉淀值78毫升、62毫升，吸水量62.2毫升/100克、50.6毫升/100克，形成时间3.9分钟、1.2分钟，稳定时间5.5分钟、1.2分钟，弱化度79 B.U.、94 B.U.，出粉率72.8%、66.9%，硬度68 HI、44 HI。

（五）抗性鉴定

中抗条锈病，中感叶锈病、白粉病和纹枯病，高感赤霉病。抗旱级别3级，抗旱性中等。

（六）适宜范围及栽培要点

适宜在河南省丘陵及旱肥地麦区种植。适宜播期10月上中旬，每亩适宜基本苗15万～20万。及时防治蚜虫、叶锈病、白粉病、赤霉病和纹枯病。

三一九、安麦1132

（一）品种来源

安阳市农业科学院利用安0124/新乡9369选育而成，2018年通过河南省农作物品种审定委员会审定，审定编号：豫审麦20180046。该品种已获批农业部品种保护（专利），其品种权号为CNA20172953.0。其系谱如下：

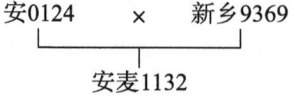

（二）产量表现

2014—2015年度参加河南省旱地组区域试验，平均亩产436千克，比对照洛旱7号增产8.4%；2015—2016年度续试，平均亩产405千克，比对照洛旱7号增产4.5%。2016—2017年度参加生产试验，平均亩产409.6千克，比对照洛旱7号增产5.5%。

（三）特征特性

属半冬性品种，比对照洛旱7号熟期略早。幼苗半匍匐，叶片较长，分蘖力较强，冬季抗寒性好。春季起身拔节早，抽穗较早。株高71.6~81.7厘米，株型较紧凑，抗倒性较好。穗层整齐，熟相好。穗纺锤形，长芒，白壳，白粒，籽粒半角质，饱满度中等。亩穗数37.2万~40.3万，穗粒数33.7~35粒，千粒重36.9~40.7克。

（四）品质分析

蛋白质含量11.92%、13.83%，容重814克/升、798克/升，湿面筋含量24.1%、28.4%，降落值469秒、250秒，沉淀值68毫升、55毫升，吸水量60毫升/100克、56.6毫升/100克，形成时间3.5分钟、3分钟，稳定时间4分钟、2.7分钟，弱化度86 B.U.、159 B.U.，出粉率72.4%、70.1%，硬度66 HI、54 HI。

（五）抗性鉴定

中感条锈病、白粉病和纹枯病，高感叶锈病和赤霉病。抗旱级别4级，抗旱性较弱。

（六）适宜范围及栽培要点

适宜在河南省丘陵及旱肥地麦区种植。适宜播期10月上中旬，每亩适宜基本苗15万~20万。及时防治蚜虫、锈病、白粉病、赤霉病和纹枯病；高水肥地块防止倒伏。

三二〇、新麦39

（一）品种来源

河南省新乡市农业科学院利用邯6172//周麦18/百农AK58选育而成，2018年通过河南省农作物品种审定委员会审定，审定编号：豫审麦20180047。该品种已申请农业部品种保护（专利），其公告号为CNA20170757.8。其系谱如下：

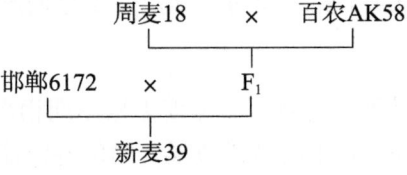

（二）产量表现

2015—2016年度参加河南省旱地组区域试验，平均亩产410.5千克，比对照洛旱7号增产5.9%；2016—2017年度续试，平均亩产382.8千克，比对照洛旱7号增产6.7%。2016—2017年度参加生产试验，平均亩产406.6千克，比对照洛旱7号增产4.7%。

（三）特征特性

属半冬性品种，比对照洛旱7号熟期略早。幼苗半匍匐，叶片较宽，分蘖力强，冬季抗寒性好。春季起身拔节早，抽穗较早。株高66.3~76.1厘米，株型较紧凑，抗倒性较好。穗层整齐，熟相中等。穗长方形，长芒，白壳，白粒，籽粒半角质，饱满度较好。亩穗数32.7万~36.9万，穗粒数34.5~35.8粒，千粒重41.5~44.3克。

（四）品质分析

蛋白质含量15.32%、14.9%，容重785克/升、807克/升，湿面筋含量34.2%、30.1%，降落值364秒、438秒，沉淀值60毫升、60毫升，吸水量65.6毫升/100克、56.9毫升/100克，形成时间 4.5 分钟、3.4 分钟,稳定时间 4.6 分钟、2.3 分钟,弱化度 84 B.U.、154 B.U.,出粉率 68.2%、68.5%,硬度 69 HI、69 HI,延伸性 198 毫米、148 毫米,最大拉伸阻力 261 EU、126 EU,拉伸面积 72 平方厘米、28 平方厘米。

(五)抗性鉴定

中抗条锈病,中感白粉病和纹枯病,高感叶锈病和赤霉病。抗旱级别 3 级,抗旱性中等。

(六)适宜范围及栽培要点

适宜在河南省丘陵及旱肥地麦区种植。适宜播期 10 月上中旬,每亩适宜基本苗 15 万~20 万。及时防治蚜虫、叶锈病、白粉病、赤霉病和纹枯病。

三二一、怀川 66

(一)品种来源

河南怀川种业有限责任公司、中粮(新乡)小麦有限公司利用豫麦 49/ 小偃 54F₃// 澳白玉 1 号选育而成,2018 年通过河南省农作物品种审定委员会审定,审定编号:豫审麦 20180048。该品种已获批农业部品种保护(专利),其品种权号为 CNA20160329.2。其系谱如下:

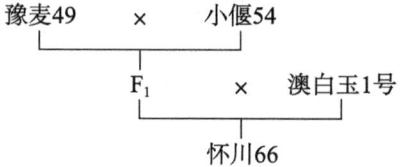

(二)产量表现

2014—2015 年度参加河南省特色组区域试验,平均亩产 434.6 千克,比对照周黑麦 1 号增产 11.6%;2015—2016 年度续试,平均亩产 444.1 千克,比对照周黑麦 1 号增产 10.7%。2016—2017 年度参加生产试验,平均亩产 519.4 千克,比对照周黑麦 1 号增产 12.6%。

(三)特征特性

属半冬性特殊用途类型小麦品种,与对照周黑麦 1 号熟期相当。幼苗半直立,叶色浓绿,长势较壮,分蘖力强,冬季抗寒性较好。春季起身拔节早,耐倒春寒能力较弱。株高 70~81.4 厘米,株型偏紧凑,抗倒性一般。旗叶偏大,穗层整齐,熟相好。穗纺锤形,结实性好,白粒,籽粒半角质,饱满度较好,面粉黄色。亩穗数 33 万~41.9 万,穗粒数 33~36.2 粒,千粒重 41.2~42.3 克。

(四)品质分析

蛋白质含量 14.27%、13.91%,容重 756 克/升、745 克/升,湿面筋含量 30.2%、32.8%,降落值 516 秒、375 秒,沉淀值 80 毫升、61 毫升,吸水量 62.2 毫升/100 克、58.9 毫升/100 克,形成时间 5.5 分钟、4.4 分钟,稳定时间 6.2 分钟、8 分钟,弱化度 93 B.U.、92 B.U.,出粉率 71.5%、71.3%,硬度 68 HI、66 HI。

(五)抗性鉴定

中感条锈病、叶锈病、白粉病和纹枯病,高感赤霉病。

(六)适宜范围及栽培要点

适宜作为特殊用途类型品种以订单农业形式在河南省(南部长江中下游麦区除外)早中茬地种植。适宜播期 10 月上中旬,每亩适宜基本苗 16 万~18 万。及时防治蚜虫、锈病、白粉病、赤霉病和纹枯病；高水肥地块预防倒伏。注意预防倒春寒。

三二二、宛麦 202

（一）品种来源

南阳市纯天然彩麦开发有限公司利用自育品系 / 中 711// 自育品系 / 蓝粒 108 选育而成，2018 年通过河南省农作物品种审定委员会审定，审定编号：豫审麦 20180049。其系谱如下：

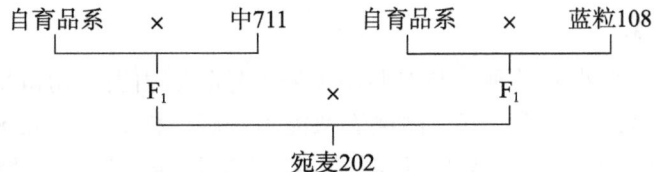

（二）产量表现

2014—2015 年度参加河南省特色麦组区域试验，平均亩产 365.8 千克，比对照周黑麦 1 号减产 6.1%；2015—2016 年度续试，平均亩产 419 千克，比对照周黑麦 1 号增产 4.4%。2016—2017 年度参加生产试验，平均亩产 477.9 千克，比对照周黑麦 1 号增产 3.6%。

（三）特征特性

属半冬性特殊用途类型小麦品种，与对照周黑麦 1 号熟期相当。幼苗半匍匐，叶片宽，叶色青绿，长势较壮，分蘖力较强。春季起身迟，发育慢，耐倒春寒能力一般。株高 72～84.8 厘米，株型松散，茎秆弹性一般，抗倒性一般。穗层整齐，熟相中等。穗纺锤形，籽粒半角质，墨绿色，饱满度较好。亩穗数 30.6 万～37.1 万，穗粒数 36.4～40.5 粒，千粒重 37.4～39.2 克。

（四）品质分析

蛋白质含量 14.31%、15.07%，容重 788 克 / 升、745 克 / 升，湿面筋含量 30.2%、33.3%，降落值 385 秒、159 秒，沉淀值 77 毫升、59 毫升，吸水量 59.5 毫升 /100 克、59.3 毫升 /100 克，形成时间 3.2 分钟、3.8 分钟，稳定时间 5.3 分钟、3.8 分钟，弱化度 73 B.U.、158 B.U.，出粉率 68%、72%，硬度 67 HI、67 HI。

（五）抗性鉴定

中感条锈病、白粉病和纹枯病，高感叶锈病和赤霉病。

（六）适宜范围及栽培要点

适宜作为特殊用途类型品种以订单农业形式在河南省（南部长江中下游麦区除外）早中茬地种植。适宜播期 10 月上中旬，每亩适宜基本苗 16 万～20 万。及时防治蚜虫、锈病、白粉病、赤霉病和纹枯病；高水肥地块预防倒伏。注意预防倒春寒。

三二三、正能 2 号

（一）品种来源

刘海富、李航、梁硕敏利用达赖草 / 宛源 50-2 选育而成，2018 年通过河南省农作物品种审定委员会审定，审定编号：豫审麦 20180050。该品种已申请农业农村部品种保护（专利），其公告号为 CNA029959E。其系谱如下：

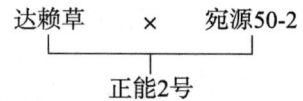

（二）产量表现

2014—2015年度参加河南省特色组区域试验，平均亩产386.3千克，比对照周黑麦1号减产0.8%；2015—2016年度续试，平均亩产388.5千克，比对照周黑麦1号减产3.2%。2016—2017年度参加生产试验，平均亩产455.1千克，比对照周黑麦1号减产1.3%。

（三）特征特性

属半冬性特殊用途类型小麦品种，与对照周黑麦1号熟期相当。幼苗半匍匐，长势壮，分蘖力弱。春季起身拔节较迟，苗脚不利索，耐倒春寒能力一般。株高72~82.8厘米，株型松散，抗倒性一般。旗叶上举，下部叶片衰老早，干尖明显，穗层整齐，熟相一般。穗纺锤形，籽粒半角质，深褐色，饱满度中等。亩穗数30.1万~37.5万，穗粒数36.7~40.1粒，千粒重32.5~35.3克。

（四）品质分析

蛋白质含量14.62%、15.16%，容重732克/升、746克/升，湿面筋含量29.4%、30.5%，降落值415秒、408秒，沉淀值76毫升、54毫升，吸水量61.6毫升/100克、59.1毫升/100克，形成时间7分钟、7.3分钟，稳定时间5.3分钟、7.1分钟，弱化度112 B.U.、124 B.U.，出粉率68.6%、71.7%，硬度69 HI、70 HI。

（五）抗性鉴定

中感条锈病、叶锈病、白粉病和纹枯病，高感赤霉病。

（六）适宜范围及栽培要点

适宜作为特殊用途类型品种以订单农业形式在河南省（南部长江中下游麦区除外）早中茬地种植。适宜播期10月上中旬，每亩适宜基本苗12万~15万。及时防治蚜虫、锈病、白粉病、赤霉病和纹枯病，高水肥地块预防倒伏。注意预防倒春寒。

三二四、豫圣黑麦1号

（一）品种来源

漯河市农业科学院、河南裕泉种业有限公司利用漯珍1号系选而成，2018年通过河南省农作物品种审定委员会审定，审定编号：豫审麦20180051。其系谱如下：

```
漯珍1号
  │系选
豫圣黑麦1号
```

（二）产量表现

2014—2015年度参加河南省特色组区域试验，平均亩产369.6千克，比对照周黑麦1号减产5.1%；2015—2016年度续试，平均亩产382.4千克，比对照周黑麦1号减产4.7%。2016—2017年度参加生产试验，平均亩产436.8千克，比对照周黑麦1号减产5.3%。

（三）特征特性

属弱春性特殊用途类型小麦品种，与对照周黑麦1号熟期相当。幼苗半匍匐，叶色浓绿，分蘖力中等。春季起身拔节早，耐倒春寒能力一般。株高75~91厘米，株型偏松散，茎秆弹性一般，抗倒性中等。叶片偏大卷曲，穗层整齐，熟相中等。穗近长方形，结实性较好，籽粒角质，深褐色，饱满度中等。亩穗数 33 万~39.3 万，穗粒数 34.7~36.9 粒，千粒重 31.6~35.8 克。

（四）品质分析

蛋白质含量 15.63%、15.75%，容重 722 克/升、732 克/升，湿面筋含量 29.1%、32.4%，降落值 501 秒、429 秒，沉淀值 80 毫升、60 毫升，吸水量 66.5 毫升/100 克、63.8 毫升/100 克，形成时间 6.5 分钟、7.5 分钟，稳定时间 6 分钟、6.9 分钟，弱化度 100 B.U.、112 B.U.，出粉率 66.3%、71.3%，硬度 74 HI、71 HI。

（五）抗性鉴定

中感条锈病、叶锈病、白粉病和纹枯病，高感赤霉病。

（六）适宜范围及栽培要点

适宜作为特殊用途类型品种以订单农业形式在河南省（南部长江中下游麦区除外）中晚茬地种植。适宜播期 10 月中下旬，每亩适宜基本苗 15 万~18 万。及时防治蚜虫、锈病、白粉病、赤霉病和纹枯病。注意预防倒伏和倒春寒。

三二五、中鼎原紫 1 号

（一）品种来源

刘海富、李航、梁硕敏利用宛 7107/高原青稞紫选育而成，2018 年通过河南省农作物品种审定委员会审定，审定编号：豫审麦 20180052。该品种已申请农业农村部品种保护（专利），其公告号为 CNA030004E。其系谱如下：

```
宛7107    ×    高原青稞
        |
    中鼎原紫1号
```

（二）产量表现

2014—2015 年度参加河南省特色组区域试验，平均亩产 386.2 千克，比对照周黑麦 1 号减产 0.9%；2015—2016 年度续试，平均亩产 399.5 千克，比对照周黑麦 1 号减产 0.4%。2016—2017 年度参加生产试验，平均亩产 415.3 千克，比对照周黑麦 1 号减产 10%。

（三）特征特性

属半冬性特殊用途类型小麦品种，比对照周黑麦 1 号晚熟 4 天。幼苗半匍匐，叶色浓绿，分蘖力一般，冬季抗寒性较好。春季起身迟，耐倒春寒能力一般。株高 82~96.6 厘米，株型较紧凑，抗倒性一般。叶片干尖多，穗层整齐，熟相一般，成熟偏晚。穗纺锤形，籽粒角质，深褐色，饱满度中等。亩穗数 26.2 万~29.6 万，穗粒数 40.5~43.5 粒，千粒重 39.6~42.1 克。

（四）品质分析

蛋白质含量 14.65%、14.2%，容重 764 克/升、771 克/升，湿面筋含量 27.2%、27.8%，降落值 354 秒、346 秒，沉淀值 78 毫升、56 毫升，吸水量 68.3 毫升/100 克、67 毫升/100 克，形成时间 6.9 分钟、9.8 分钟，稳定时间 9.9 分钟、12 分钟，弱化度 73 B.U.、97 B.U.，出粉率 68.7%、67.7%，硬度 76 HI、76 HI。

（五）抗性鉴定

中感叶锈病、白粉病和纹枯病，高感条锈病和赤霉病。

(六)适宜范围及栽培要点

适宜作为特殊用途类型品种以订单农业形式在河南省(南部长江中下游麦区除外)早中茬地种植。适宜播期10月上中旬,每亩适宜基本苗12万~15万。及时防治蚜虫、锈病、白粉病、赤霉病和纹枯病;高水肥地块预防倒伏。注意预防倒春寒。

三二六、泛育麦20

(一)品种来源

河南省黄泛区实业集团有限公司利用泛麦5号/PH82-2-2//泛麦8号/优4选育而成,2019年通过河南省农作物品种审定委员会审定,审定编号:豫审麦20190001。该品种已获批农业部品种保护(专利),其品种权号为CNA20172923.7。其系谱如下:

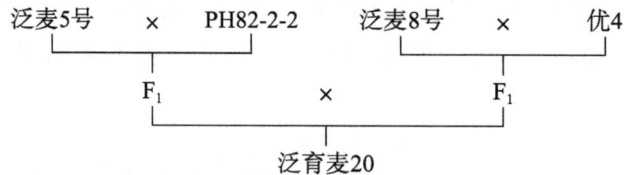

(二)产量表现

2016—2017年度参加河南省冬水组区域试验,平均亩产547.1千克,比对照周麦18增产7.5%;2017—2018年度续试,平均亩产443.9千克,比对照周麦18增产4.6%。2017—2018年度参加生产试验,平均亩产456.2千克,比对照周麦18增产5%。

(三)特征特性

属半冬性品种,比对照周麦18晚熟0.9天。幼苗半直立,叶色青绿,长势壮,分蘖力较强,成穗率一般。春季起身拔节早,两极分化快,抽穗早,耐倒春寒能力一般。株高74.8~81厘米,株型紧凑,抗倒性较好。旗叶大,穗下节短,穗层较整齐,熟相好。穗纺锤形,长芒,白壳,白粒,籽粒半角质,饱满度较好。亩穗数36.7万~38.9万,穗粒数33.7~37.3粒,千粒重41.4~42.7克。

(四)品质分析

蛋白质含量15.3%、15.7%,容重808克/升、791克/升,湿面筋含量29.2%、27.5%,吸水量58.2毫升/100克、56.4毫升/100克,稳定时间20.3分钟、16.4分钟,最大拉伸阻力162 EU、543 EU,拉伸面积35平方厘米、108平方厘米。

(五)抗性鉴定

中抗叶锈病,中感条锈病,高感白粉病、纹枯病和赤霉病。

(六)适宜范围及栽培要点

适宜在河南省(南部长江中下游麦区除外)早中茬地种植。适宜播期10月上中旬,每亩适宜基本苗14万~16万。及时防治蚜虫、白粉病、纹枯病、赤霉病、条锈病和茎基腐病;注意预防倒春寒。

三二七、禾美988

(一)品种来源

河南禾美种业有限公司利用天民198/周98165选育而成,2019年通过河南省农作物品种审定委员会审定,审定编号:豫审麦20190002。该品种已获批农业农村部品种保护(专利),其品种权号为CNA20182425.9。其系谱如下:

```
天民198  ×  周98165
         │
       禾美988
```

(二)产量表现

2016—2017年度参加河南省冬水组区域试验,平均亩产536.1千克,比对照周麦18增产5.4%;2017—2018年度续试,平均亩产444.2千克,比对照周麦18增产5.3%。2017—2018年度参加生产试验,平均亩产446.5千克,比对照周麦18增产4.3%。

(三)特征特性

属半冬性品种,比对照周麦18晚熟0.1天。幼苗半匍匐,叶色浓绿,长势较壮,分蘖力较强,成穗率一般。春季起身拔节迟,两极分化慢,抽穗较晚。株高78.7~85.9厘米,株型紧凑,抗倒性中等。旗叶短小,穗层整齐,熟相一般。穗纺锤形,长芒,白壳,白粒,籽粒半角质,饱满度较好。亩穗数35.2万~36.5万,穗粒数33.5~37.7粒,千粒重44.1~46.5克。

(四)品质分析

蛋白质含量14.9%、14.9%,容重790克/升、768克/升,湿面筋含量30.6%、30.2%,吸水量51.9毫升/100克、50.8毫升/100克,稳定时间2分钟、1.5分钟,最大拉伸阻力93 EU、118 EU,拉伸面积18平方厘米、28平方厘米。

(五)抗性鉴定

中抗白粉病,中感条锈病、叶锈病、纹枯病和赤霉病。

(六)适宜范围及栽培要点

适宜在河南省(南部长江中下游麦区除外)早中茬地种植。适宜播期10月上中旬,每亩适宜基本苗16万~18万。及时防治蚜虫、锈病、纹枯病和赤霉病;注意预防倒春寒。

三二八、赛德麦8号

(一)品种来源

河南赛德种业有限公司利用百农AK58/周优102//郑麦366选育而成,2019年通过河南省农作物品种审定委员会审定,审定编号:豫审麦20190003。该品种已获批农业部品种保护(专利),其品种权号为CNA20173073.3。其系谱如下:

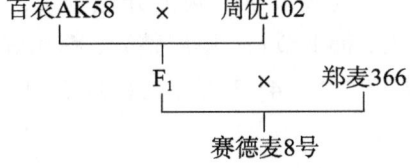

(二)产量表现

2016—2017年度参加河南省冬水组区域试验,平均亩产570.4千克,比对照周麦18增产10.5%;2017—2018年度续试,平均亩产441.2千克,比对照周麦18增产3.9%。2017—2018年度参加生产试验,平均亩产455.5千克,比对照周麦18增产4.9%。

（三）特征特性

属半冬性品种，比对照周麦 18 早熟 0.6 天。幼苗半直立，叶色浅绿，长势壮，分蘖力较强，成穗率较高，冬季抗寒性较好。春季起身拔节早，两极分化快，抽穗早。株高 69.5~77.3 厘米，株型松散，抗倒性较好。旗叶较小，穗下节长，穗层整齐，熟相好。穗纺锤形，长芒，白壳，白粒，籽粒半角质，饱满度较好。亩穗数 38.6 万~45.6 万，穗粒数 29.5~31.9 粒，千粒重 45.1~46.5 克。

（四）品质分析

蛋白质含量 14.3%、14.1%，容重 816 克/升、795 克/升，湿面筋含量 29%、31.6%，吸水量 59.9 毫升/100 克、57.6 毫升/100 克，稳定时间 6.6 分钟、6.1 分钟，最大拉伸阻力 284 EU、332 EU，拉伸面积 52 平方厘米、68 平方厘米。

（五）抗性鉴定

中抗条锈病和白粉病，中感叶锈病，高感纹枯病和赤霉病。

（六）适宜范围及栽培要点

适宜在河南省（南部长江中下游麦区除外）早中茬地种植。适宜播期 10 月上中旬，每亩适宜基本苗 16 万~18 万。及时防治蚜虫、纹枯病、赤霉病、叶锈病和茎基腐病；注意预防倒春寒。

三二九、农麦 22

（一）品种来源

河南三农种业有限公司利用周麦 22/花培 8 号选育而成，2019 年通过河南省农作物品种审定委员会审定，审定编号：豫审麦 20190004。其系谱如下：

```
周麦22    ×    花培8号
        |
      农麦22
```

（二）产量表现

2016—2017 年度参加河南省冬水组区域试验，平均亩产 552.1 千克，比对照周麦 18 增产 7%；2017—2018 年度续试，平均亩产 444.5 千克，比对照周麦 18 增产 4.7%。2017—2018 年度参加生产试验，平均亩产 448.4 千克，比对照周麦 18 增产 3.3%。

（三）特征特性

属半冬性品种，比对照周麦 18 早熟 0.2 天。幼苗半匍匐，叶色深绿，长势壮，分蘖力强，成穗率中等，冬季抗寒性一般。春季起身拔节早，两极分化较慢，抽穗较晚。株高 75~80.4 厘米，株型偏松散，抗倒性较好。旗叶宽大，穗下节长，穗层整齐，熟相好。穗纺锤形，长芒，白壳，白粒，籽粒半角质，饱满度较好。亩穗数 37.3 万~41.3 万，穗粒数 31.1~33.5 粒，千粒重 44.5~46.3 克。

（四）品质分析

蛋白质含量 14.9%、15.1%，容重 806 克/升、792 克/升，湿面筋含量 28.3%、29.7%，吸水量 55.3 毫升/100 克、55.3 毫升/100 克，稳定时间 2.5 分钟、2.9 分钟，最大拉伸阻力 134 EU、117 EU，拉伸面积 23 平方厘米、26 平方厘米。

（五）抗性鉴定

高抗条锈病，中抗白粉病，中感叶锈病，高感纹枯病和赤霉病。

（六）适宜范围及栽培要点

适宜在河南省（南部长江中下游麦区除外）早中茬地种植。适宜播期 10 月上中旬，每亩适宜基本苗 16 万~18 万。及时防治蚜虫、纹枯病、赤霉病和叶锈病；注意预防倒春寒。

三三○、农大 2018

（一）品种来源

中国农业大学农学院、河南金粒种业有限公司利用豫教 5 号 /9P639// 周麦 18 选育而成，2019 年通过河南省农作物品种审定委员会审定，审定编号：豫审麦 20190005。其系谱如下：

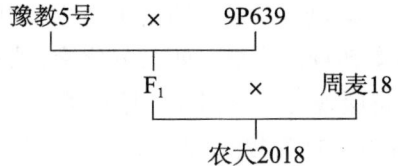

（二）产量表现

2015—2016 年度参加河南省冬水组区域试验，平均亩产 532.5 千克，比对照周麦 18 增产 4.5%；2016—2017 年度续试，平均亩产 546.8 千克，比对照周麦 18 增产 7.3%。2017—2018 年度参加生产试验，平均亩产 444.2 千克，比对照周麦 18 增产 2.3%。

（三）特征特性

属半冬性品种，比对照周麦 18 早熟 0.1 天。幼苗半直立，叶色黄绿，长势壮，分蘖力较强，成穗率较高，冬季抗寒性一般。春季起身拔节较慢，两极分化快。株高 76.7~82.6 厘米，株型偏松散，抗倒性较好。旗叶小，穗下节长，熟相一般。穗纺锤形，长芒，白壳，白粒，籽粒半角质，饱满度一般。亩穗数 36.9 万~40.9 万，穗粒数 32.9~36.5 粒，千粒重 43.9~45.6 克。

（四）品质分析

蛋白质含量 13.08%、14%，容重 814 克/升、816 克/升，湿面筋含量 27.9%、29%，吸水量 61.9 毫升/100 克、58.5 毫升/100 克，稳定时间 6.6 分钟、5.6 分钟，最大拉伸阻力 243 EU、223 EU，拉伸面积 49 平方厘米、40 平方厘米。

（五）抗性鉴定

中感条锈病、叶锈病、白粉病和纹枯病，高感赤霉病。

（六）适宜范围及栽培要点

适宜在河南省（南部长江中下游麦区除外）早中茬地种植。适宜播期 10 月上中旬，每亩适宜基本苗 16 万~18 万。及时防治蚜虫、赤霉病、锈病、白粉病和纹枯病；注意预防倒春寒。

三三一、丰德存麦 22

（一）品种来源

河南丰德康种业有限公司利用周麦 27/ 周麦 22// 丰德存麦 1 号选育而成，2019 年通过河南省农作物品种审定委员会审定，审定编号：豫审麦 20190006。其系谱如下：

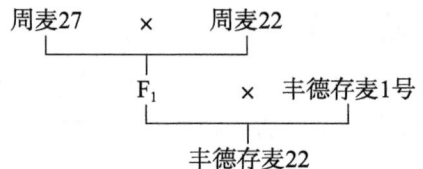

（二）产量表现

2016—2017年度参加河南省冬水组区域试验，平均亩产537.1千克，比对照周麦18增产5.4%；2017—2018年度续试，平均亩产448.7千克，比对照周麦18增产6.3%。2017—2018年度参加生产试验，平均亩产436.1千克，比对照周麦18增产0.4%。

（三）特征特性

属半冬性品种，比对照周麦18早熟0.7天。幼苗半直立，叶色浓绿，长势壮，分蘖力一般，成穗率较高，冬季抗寒性较好。春季起身拔节早，两极分化慢，抽穗早。株高70.6~78.3厘米，株型较松散，抗倒性较好。旗叶短，穗层整齐，熟相好。穗纺锤形，长芒，白壳，白粒，籽粒半角质，饱满度中等。亩穗数37.1万~40.4万，穗粒数32.3~33.3粒，千粒重42.3~45.7克。

（四）品质分析

蛋白质含量14.3%、14.5%，容重803克/升、772克/升，湿面筋含量29.9%、29.2%，吸水量55.8毫升/100克、54.7毫升/100克，稳定时间3.7分钟、3.1分钟，最大拉伸阻力154 EU、136 EU，拉伸面积31平方厘米、28平方厘米。

（五）抗性鉴定

中抗白粉病，中感条锈病和叶锈病，高感纹枯病和赤霉病。

（六）适宜范围及栽培要点

适宜在河南省（南部长江中下游麦区除外）早中茬地种植。适宜播期10月上中旬，每亩适宜基本苗18万~20万。及时防治蚜虫、纹枯病、赤霉病和锈病；注意预防倒春寒。

三三二、囤麦259

（一）品种来源

河南省金囤种业有限公司利用济麦22/周麦24选育而成，2019年通过河南省农作物品种审定委员会审定，审定编号：豫审麦20190007。其系谱如下：

（二）产量表现

2016—2017年度参加河南省冬水组区域试验，平均亩产546.4千克，比对照周麦18增产5.9%；2017—2018年度续试，平均亩产446.8千克，比对照周麦18增产5.9%。2017—2018年度参加生产试验，平均亩产447.9千克，比对照周麦18增产2.8%。

（三）特征特性

属半冬性品种，比对照周麦18早熟0.3天。幼苗半匍匐，叶色浅绿，长势壮，分蘖力强，成穗率较高，冬季抗寒性好。春季起身晚、拔节慢，两极分化慢。株高75.9~87.3厘米，株型紧凑，抗倒性一般。旗叶短小，穗下节长，穗层厚，熟相好。穗纺锤形，长芒，白壳，白粒，籽粒半角质，饱满度较好。亩穗数38.7万~45.4万，穗粒数31.8~32.7粒，千粒重41~43克。

（四）品质分析

蛋白质含量14.8%、14.8%，容重829克/升、786克/升，湿面筋含量26.3%、30%，吸水量57.1毫升/100克、54.3毫升/100克，稳定时间2.9分钟、10.2分钟，最大拉伸阻力145 EU、555 EU，拉伸面积26平方厘米、113平方厘米。

（五）抗性鉴定

中感条锈病、叶锈病和纹枯病，高感白粉病和赤霉病。

（六）适宜范围及栽培要点

适宜在河南省（南部长江中下游麦区除外）早中茬地种植。适宜播期10月上中旬，每亩适宜基本苗18万~22万。及时防治蚜虫、白粉病、赤霉病、条锈病和纹枯病；注意预防倒春寒，高水肥地块种植防止倒伏。

三三三、秋乐168

（一）品种来源

河南秋乐种业科技股份有限公司利用豫麦34/周麦13选育而成，2019年通过河南省农作物品种审定委员会审定，审定编号：豫审麦20190008。其系谱如下：

```
豫麦34    ×    周麦13
        └─────┬─────┘
           秋乐168
```

（二）产量表现

2016—2017年度参加河南省冬水组区域试验，平均亩产545.9千克，比对照周麦18增产7.1%；2017—2018年度续试，平均亩产444.3千克，比对照周麦18增产4.7%。2017—2018年度参加生产试验，平均亩产452.1千克，比对照周麦18增产3.7%。

（三）特征特性

属半冬性品种，比对照周麦18早熟0.4天。幼苗半直立，叶色浅绿，长势壮，分蘖力较强，成穗率中等，冬季抗寒性一般。春季拔节早，两极分化快，抽穗较晚，耐倒春寒能力一般。株高76.9~84.2厘米，株型松紧适中，抗倒性一般。旗叶较长，穗下节长，穗层不整齐，熟相好。穗纺锤形，长芒，白壳，白粒，籽粒半角质，饱满度较好。亩穗数36.2万~39.6万，穗粒数32.7~34.6粒，千粒重43.5~45.5克。

（四）品质分析

蛋白质含量15.9%、16.2%，容重802克/升、778克/升，湿面筋含量32.9%、33.5%，吸水量55.4毫升/100克、53.5毫升/100克，稳定时间3.4分钟、3.2分钟，拉伸面积30平方厘米、41平方厘米，最大拉伸阻力147 EU、179 EU。

（五）抗性鉴定

中抗条锈病和白粉病，中感叶锈病，高感纹枯病和赤霉病。

（六）适宜范围及栽培要点

适宜在河南省（南部长江中下游麦区除外）早中茬地种植。适宜播期10月上中旬，每亩适宜

基本苗16万~20万。及时防治蚜虫、纹枯病、赤霉病和叶锈病；注意预防倒春寒，高水肥地块种植防止倒伏。

三三四、郑麦1354

（一）品种来源

河南省农业科学院小麦研究所利用周麦22/周麦19//周麦22选育而成，2019年通过河南省农作物品种审定委员会审定，审定编号：豫审麦20190009。该品种已申请农业农村部品种保护（专利），其公告号为CNA012201E。其系谱如下：

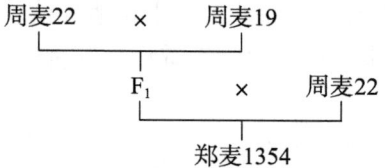

（二）产量表现

2016—2017年度参加河南省冬水组区域试验，平均亩产536.8千克，比对照周麦18增产5.5%；2017—2018年度续试，平均亩产438.7千克，比对照周麦18增产4%。2017—2018年度参加生产试验，平均亩产454.8千克，比对照周麦18增产4.3%。

（三）特征特性

属半冬性品种，比对照周麦18早熟0.5天。幼苗半直立，叶色浓绿，长势壮，分蘖力较强，成穗率一般，冬季抗寒性较好。春季起身拔节早，两极分化快，抽穗较晚，耐倒春寒能力一般。株高73.9~80.7厘米，株型松紧适中，抗倒性较好。旗叶较小，穗层整齐，熟相好。穗长方形，长芒，白壳，白粒，籽粒半角质，饱满度一般。亩穗数36.3万~38.3万，穗粒数31.9~36.3粒，千粒重42.8~45.4克。

（四）品质分析

蛋白质含量16%、16%，容重788克/升、762克/升，湿面筋含量32.9%、32.2%，吸水量54.3毫升/100克、53.4毫升/100克，稳定时间3.7分钟、2.7分钟，拉伸面积39平方厘米、38平方厘米，最大拉伸阻力180 EU、155 EU。

（五）抗性鉴定

中抗条锈病和白粉病，中感叶锈病，高感纹枯病和赤霉病。

（六）适宜范围及栽培要点

适宜在河南省（南部长江中下游麦区除外）早中茬地种植。适宜播期10月上中旬，每亩适宜基本苗18万~20万。及时防治蚜虫、纹枯病、赤霉病和叶锈病；注意预防倒春寒。

三三五、中育1526

（一）品种来源

中国农业科学院棉花研究所利用许科1018/周麦22选育而成，2019年通过河南省农作物品种审定委员会审定，审定编号：豫审麦20190010。该品种已获批农业部品种保护（专利），其品种权号为CNA20173432.9。其系谱如下：

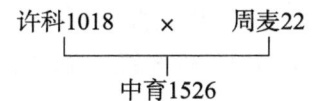

（二）产量表现

2016—2017年度参加河南省冬水组区域试验，平均亩产536.3千克，比对照周麦18增产5.2%；2017—2018年度续试，平均亩产431.5千克，比对照周麦18增产2.3%。2017—2018年度参加生产试验，平均亩产447.5千克，比对照周麦18增产2.6%。

（三）特征特性

属半冬性品种，平均熟期与对照周麦18相当。幼苗半直立，叶色浓绿，长势壮，分蘖力强，成穗率中等，冬季抗寒性较好。春季起身拔节早，两极分化快，抽穗早。株高78.8~87厘米，株型半松散，抗倒性一般。旗叶小，穗下节长，穗层整齐，熟相好。穗纺锤形，长芒，白壳，白粒，籽粒半角质，饱满度较好。亩穗数34.2万~39.3万，穗粒数31.3~33.6粒，千粒重45.7~46.8克。

（四）品质分析

蛋白质含量13.6%、14.4%，容重796克/升、780克/升，湿面筋含量25.8%、28%，吸水量54.6毫升/100克、53.5毫升/100克，稳定时间3.9分钟、2.3分钟，拉伸面积37平方厘米、39平方厘米，最大拉伸阻力203 EU、178 EU。

（五）抗性鉴定

中抗白粉病，中感条锈病、叶锈病和纹枯病，高感赤霉病。

（六）适宜范围及栽培要点

适宜在河南省（南部长江中下游麦区除外）早中茬地种植。适宜播期10月上中旬，每亩适宜基本苗12万~20万。及时防治蚜虫、赤霉病、锈病和纹枯病；注意预防倒春寒，高水肥地块种植防止倒伏。

三三六、晨博998

（一）品种来源

河南省亳都种业有限公司、河南晨博种业有限公司利用周麦16/百农AK58选育而成，2019年通过河南省农作物品种审定委员会审定，审定编号：豫审麦20190011。该品种已获批农业农村部品种保护（专利），其品种权号为CNA20183140.1。其系谱如下：

```
周麦16  ×  百农AK58
        ↓
     晨博998
```

（二）产量表现

2016—2017年度参加河南省冬水组区域试验，平均亩产539.2千克，比对照周麦18增产6%；2017—2018年度续试，平均亩产442.5千克，比对照周麦18增产4.3%。2017—2018年度参加生产试验，平均亩产456.3千克，比对照周麦18增产4.7%。

（三）特征特性

属半冬性品种，比对照周麦18晚熟0.3天。幼苗半匍匐，叶色浓绿，长势壮，分蘖力较强，成穗率中等，冬季抗寒性较好。春季起身拔节早，两极分化快。株高75.1~81厘米，株型松散，抗倒性一般。旗叶长，穗下节长，熟相一般。穗长方形，长芒，白壳，白粒，籽粒半角质，饱满度较好。亩穗数 38.4 万～42.2 万，穗粒数 31.4～33.8 粒，千粒重 42.8～44.6 克。

（四）品质分析

蛋白质含量 14.8%、14.6%，容重 793 克/升、761 克/升，湿面筋含量 28.6%、29.5%，吸水量 56.6 毫升/100 克、55.6 毫升/100 克，稳定时间 4.2 分钟、3.3 分钟，拉伸面积 29 平方厘米、30 平方厘米，最大拉伸阻力 146 EU、133 EU。

（五）抗性鉴定

中抗条锈病和白粉病，中感纹枯病，高感叶锈病和赤霉病。

（六）适宜范围及栽培要点

适宜在河南省（南部长江中下游麦区除外）早中茬地种植。适宜播期 10 月上中旬，每亩适宜基本苗 16 万～18 万。及时防治蚜虫、叶锈病、赤霉病和纹枯病；注意预防倒春寒，高水肥地块种植防止倒伏。

三三七、泛育麦 18

（一）品种来源

河南省黄泛区实业集团有限公司利用泛麦 8 号优 4// 百农 AK58/ 豫农 038 选育而成，2019 年通过河南省农作物品种审定委员会审定，审定编号：豫审麦 20190012。该品种已获批农业部品种保护（专利），其品种权号为 CNA20172922.8。其系谱如下：

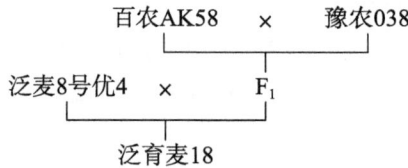

（二）产量表现

2016—2017 年度参加河南省冬水组区域试验，平均亩产 555.1 千克，比对照周麦 18 增产 8.9%；2017—2018 年度续试，平均亩产 453.3 千克，比对照周麦 18 增产 6.8%。2017—2018 年度参加生产试验，平均亩产 458.5 千克，比对照周麦 18 增产 5.3%。

（三）特征特性

属半冬性品种，比对照周麦 18 晚熟 0.9 天。幼苗半匍匐，叶色深绿，长势壮，分蘖力强，成穗率一般，冬季抗寒性好。春季起身拔节迟，两极分化慢，抽穗晚。株高 75.6～80.9 厘米，株型松散，抗倒性一般。旗叶宽大，穗下节长，穗层整齐，熟相一般。穗纺锤形，长芒，白壳，白粒，籽粒半角质，饱满度一般。亩穗数 37.3 万～39.6 万，穗粒数 35.1～37.3 粒，千粒重 38.8～40.7 克。

（四）品质分析

蛋白质含量 14.7%、14.8%，容重 792 克/升、782 克/升，湿面筋含量 26.9%、25.4%，吸水量 51.7 毫升/100 克、50.3 毫升/100 克，稳定时间 8.9 分钟、7.8 分钟，拉伸面积 52 平方厘米、56 平方厘米，最大拉伸阻力 334 EU、302 EU。

（五）抗性鉴定

中抗条锈病和叶锈病，中感白粉病和纹枯病，高感赤霉病。

（六）适宜范围及栽培要点

适宜在河南省（南部长江中下游麦区除外）早中茬地种植。适宜播期10月上中旬，每亩适宜基本苗15万~18万。及时防治蚜虫、赤霉病、白粉病和纹枯病；注意预防倒春寒，高水肥地块种植防止倒伏。

三三八、新植716

（一）品种来源

河南科林种业有限公司、新乡市新植农业科技有限公司利用郑麦0856/周麦27选育而成，2019年通过河南省农作物品种审定委员会审定，审定编号：豫审麦20190013。该品种已获批农业农村部品种保护（专利），其品种权号为CNA20181421.5。其系谱如下：

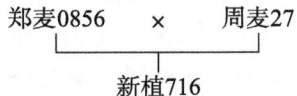

（二）产量表现

2016—2017年度参加河南省冬水组区域试验，平均亩产557.8千克，比对照周麦18增产9.4%；2017—2018年度续试，平均亩产455.2千克，比对照周麦18增产7.2%。2017—2018年度参加生产试验，平均亩产460.3千克，比对照周麦18增产6.4%。

（三）特征特性

属半冬性品种，比对照周麦18晚熟0.4天。幼苗半直立，叶色浅绿，长势壮，分蘖力强，成穗率一般，冬季抗寒性一般。春季起身拔节早，两极分化快，抽穗较晚。株高70.6~84厘米，株型紧凑，抗倒性中等。旗叶窄长，穗下节长，穗层不整齐，熟相一般。穗纺锤形，长芒，白壳，白粒，籽粒半角质，饱满度一般。亩穗数36.4万~38.8万，穗粒数33.8~36.7粒，千粒重40.8~43.8克。

（四）品质分析

蛋白质含量14.4%、14.6%，容重780克/升、764克/升，湿面筋含量21%、29.1%，吸水量57.5毫升/100克、53.1毫升/100克，稳定时间2.3分钟、2.8分钟，拉伸面积29平方厘米、25平方厘米，最大拉伸阻力146 EU、112 EU。

（五）抗性鉴定

中感条锈病、叶锈病和白粉病，高感纹枯病和赤霉病。

（六）适宜范围及栽培要点

适宜在河南省（南部长江中下游麦区除外）早中茬地种植。适宜播期10月上中旬，每亩适宜基本苗16万~18万。及时防治蚜虫、纹枯病、赤霉病、锈病和白粉病；注意预防倒春寒，高水肥地块种植防止倒伏。

三三九、郑麦22

（一）品种来源

河南省农业科学院小麦研究所利用周麦22/百农AK58//偃展4110选育而成，2019年通过河南省农作物品种审定委员会审定，审定编号：豫审麦20190014。该品种已申请农业农村部品种保护（专利），其公告号为CNA023019E。其系谱如下：

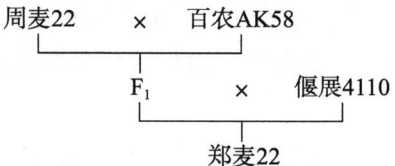

（二）产量表现

2016—2017年度参加河南省冬水组区域试验，平均亩产557.5千克，比对照周麦18增产8.8%；2017—2018年度续试，平均亩产454.4千克，比对照周麦18增产7%。2017—2018年度参加生产试验，平均亩产447.7千克，比对照周麦18增产3.5%。

（三）特征特性

属半冬性品种，比对照周麦18早熟0.2天。幼苗半直立，叶色浓绿，长势壮，分蘖力强，成穗率一般，冬季抗寒性好。春季起身拔节早，两极分化快，抽穗早。株高75.7~82.9厘米，株型松紧适中，抗倒性较好。旗叶较长，穗层整齐，熟相好。穗纺锤形，长芒，白壳，白粒，籽粒半角质，饱满度较好。亩穗数35.1万~39.3万，穗粒数31.8~34.8粒，千粒重45.7~47.2克。

（四）品质分析

蛋白质含量15.8%、16%，容重795克/升、778克/升，湿面筋含量34%、34.4%，吸水量55.7毫升/100克、55.2毫升/100克，稳定时间3.3分钟、3.2分钟，拉伸面积31平方厘米、37平方厘米，最大拉伸阻力126 EU、144 EU。

（五）抗性鉴定

中抗条锈病和白粉病，中感叶锈病和纹枯病，高感赤霉病。

（六）适宜范围及栽培要点

适宜在河南省（南部长江中下游麦区除外）早中茬地种植。适宜播期10月上中旬，每亩适宜基本苗18万~22万。及时防治蚜虫、赤霉病、叶锈病和纹枯病；注意预防倒春寒。

三四〇、天民304

（一）品种来源

河南天民种业有限公司沈天民等利用中天1号/周麦22//周麦22选育而成，2019年通过河南省农作物品种审定委员会审定，审定编号：豫审麦20190015。该品种已获批农业农村部品种保护（专利），其品种权号为CNA20191000200。其系谱如下：

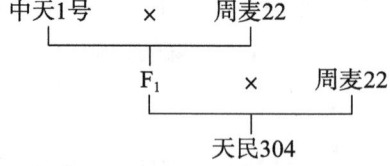

（二）产量表现

2016—2017年度参加河南省冬水组区域试验，平均亩产530.2千克，比对照周麦18增产3.4%；2017—2018年度续试，平均亩产445千克，比对照周麦18增产5.5%。2017—2018年度参加生产试验，平均亩产453.8千克，比对照周麦18增产5%。

（三）特征特性

属半冬性品种，比对照周麦18早熟0.1天。幼苗半直立，叶色浓绿，长势壮，分蘖力一般，成穗率较高。春季起身拔节较晚，两极分化快。株高76.6~83.8厘米，株型较紧凑，抗倒性一般。旗叶窄长，穗下节长，穗层整齐，熟相一般。穗纺锤形，长芒，白壳，白粒，籽粒半角质，饱满度较好。亩穗数35.5万~39.4万，穗粒数30.5~32.6粒，千粒重47.3~48.4克。

（四）品质分析

蛋白质含量14.6%、15.2%，容重789克/升、760克/升，湿面筋含量27.7%、28.8%，吸水量56.5毫升/100克、56.2毫升/100克，稳定时间2.9分钟、2.4分钟，拉伸面积30平方厘米、29平方厘米，最大拉伸阻力147 EU、129 EU。

（五）抗性鉴定

中抗条锈病、叶锈病和白粉病，高感纹枯病和赤霉病。

（六）适宜范围及栽培要点

适宜在河南省（南部长江中下游麦区除外）早中茬地种植。适宜播期10月上中旬，每亩适宜基本苗14万~16万。及时防治蚜虫、纹枯病和赤霉病；注意预防倒春寒，高水肥地块种植防止倒伏。

三四一、百麦1811

（一）品种来源

河南百农种业有限公司利用JD9756/周99343选育而成，2019年通过河南省农作物品种审定委员会审定，审定编号：豫审麦20190016。该品种已申请农业农村部品种保护（专利），其公告号为CNA028928E。其系谱如下：

```
       JD9756  ×  周99343
              |
           百麦1811
```

（二）产量表现

2016—2017年度参加河南省冬水组区域试验，平均亩产555.1千克，比对照周麦18增产8.9%；2017—2018年度续试，平均亩产442.2千克，比对照周麦18增产4.2%。2017—2018年度参加生产试验，平均亩产453.6千克，比对照周麦18增产4.9%。

（三）特征特性

属半冬性品种，比对照周麦18早熟0.6天。幼苗半直立，叶色浅绿，长势壮，分蘖力较强，成穗率中等，冬季抗寒性较好。春季起身拔节早，两极分化快。株高74.7~84厘米，株型松散，抗倒性一般。旗叶较长，穗下节短，穗层不整齐，熟相好。穗长方形，长芒，白壳，白粒，籽粒半角质，饱满度一般。亩穗数35.8万~39.2万，穗粒数32.9~37.1粒，千粒重42.2~45.5克。

（四）品质分析

蛋白质含量15%、14.4%，容重806克/升、785克/升，湿面筋含量32%、29.8%，吸水量55.7毫升/100克、56.4毫升/100克，稳定时间2.6分钟、2.3分钟，拉伸面积20平方厘米、23平方厘米，最大拉伸阻力108 EU、97 EU。

（五）抗性鉴定

中感条锈病、叶锈病、白粉病和纹枯病，高感赤霉病。

（六）适宜范围及栽培要点

适宜在河南省（南部长江中下游麦区除外）早中茬地种植。适宜播期10月上中旬，每亩适宜基本苗14万~16万。及时防治蚜虫、赤霉病、锈病、白粉病和纹枯病；注意预防倒春寒，高水肥地块种植防止倒伏。

三四二、科达668

（一）品种来源

陈艳利用西农501/周麦26选育而成，2019年通过河南省农作物品种审定委员会审定，审定编号：豫审麦20190017。其系谱如下：

（二）产量表现

2016—2017年度参加河南省冬水组区域试验，平均亩产547.1千克，比对照周麦18增产7.3%；2017—2018年度续试，平均亩产447.3千克，比对照周麦18增产5.2%。2017—2018年度参加生产试验，平均亩产446.4千克，比对照周麦18增产3.2%。

（三）特征特性

属半冬性品种，比对照周麦18早熟0.3天。幼苗半直立，叶色浓绿，长势一般，分蘖力弱，成穗率较高，冬季抗寒性较好。春季起身拔节早，两极分化快，抽穗早。株高79.8~87.3厘米，株型松散，抗倒性一般。旗叶较大，穗下节长，穗层不整齐，熟相好。穗纺锤形，长芒，白壳，白粒，籽粒半角质，饱满度一般。亩穗数36.1万~39.7万，穗粒数33.7~35.3粒，千粒重41.5~44.1克。

（四）品质分析

蛋白质含量15.1%、15.5%，容重798克/升、770克/升，湿面筋含量31.6%、32%，吸水量55.5毫升/100克、55.7毫升/100克，稳定时间5.1分钟、2.7分钟，拉伸面积54平方厘米、39平方厘米，最大拉伸阻力262 EU、150 EU。

（五）抗性鉴定

中抗条锈病，中感叶锈病、白粉病和纹枯病，高感赤霉病。

（六）适宜范围及栽培要点

适宜在河南省（南部长江中下游麦区除外）早中茬地种植。适宜播期10月上中旬，每亩适宜基本苗15万~20万。及时防治蚜虫、赤霉病、叶锈病、白粉病和纹枯病；注意预防倒春寒，高水肥地块种植防止倒伏。

三四三、弘展628

（一）品种来源

河南弘展农业科技有限公司利用周麦18/04中36选育而成，2019年通过河南省农作物品种审定委员会审定，审定编号：豫审麦20190018。该品种已获批农业农村部品种保护（专利），其品种权号为CNA20191004426。其系谱如下：

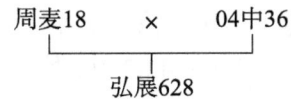

（二）产量表现

2016—2017年度参加河南省冬水组区域试验，平均亩产549.3千克，比对照周麦18增产7.7%；2017—2018年度续试，平均亩产439.8千克，比对照周麦18增产3.6%。2017—2018年度参加生产试验，平均亩产444.3千克，比对照周麦18增产3.8%。

（三）特征特性

属半冬性品种，比对照周麦18早熟1天。幼苗半匍匐，叶色浓绿，长势壮，分蘖力一般，成穗率较高。春季起身拔节早，两极分化快，抽穗早。株高75.8~83.7厘米，株型较松散，抗倒性一般。旗叶较长，穗下节长，穗层整齐，熟相好。穗纺锤形，长芒，白壳，白粒，籽粒半角质，饱满度较好。亩穗数36.4万~41万，穗粒数30.2~33.5粒，千粒重44.8~47.6克。

（四）品质分析

蛋白质含量14.6%、13.9%，容重812克/升、800克/升，湿面筋含量28.6%、27.6%，吸水量58.7毫升/100克、55.8毫升/100克，稳定时间6.1分钟、4.1分钟，拉伸面积34平方厘米、37平方厘米，最大拉伸阻力191 EU、182 EU。

（五）抗性鉴定

中感条锈病、叶锈病和白粉病，高感纹枯病和赤霉病。

（六）适宜范围及栽培要点

适宜在河南省（南部长江中下游麦区除外）早中茬地种植。适宜播期10月上中旬，每亩适宜基本苗20万~25万。及时防治蚜虫、纹枯病、赤霉病、锈病和白粉病；注意预防倒春寒，高水肥地块种植防止倒伏。

三四四、浚禾5366

（一）品种来源

侯志伟、马建辉、郭智萍等利用内乡188/开麦18//泰山21选育而成，2019年通过河南省农作物品种审定委员会审定，审定编号：豫审麦20190019。其系谱如下：

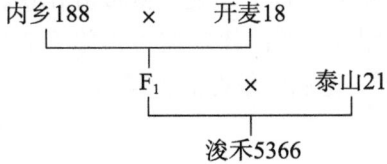

（二）产量表现

2015—2016年度参加河南省冬水组区域试验，平均亩产529.7千克，比对照周麦18增产3.9%；2016—2017年度续试，平均亩产527.3千克，比对照周麦18增产3.4%。2017—2018年度参加生产试验，平均亩产455.1千克，比对照周麦18增产4.8%。

（三）特征特性

属半冬性品种，比对照周麦18早熟0.6天。幼苗半直立，叶色黄绿，长势壮，分蘖力一般，成穗率较高，冬季抗寒性一般。春季起身拔节略慢，两极分化快，抽穗早。株高69.5~73.1厘米，株型紧凑，抗倒性较好。旗叶宽短，穗下节短，穗层整齐，熟相一般。穗纺锤形，长芒，白壳，白粒，籽粒半角质，饱满度中等。亩穗数37.3万～42.3万，穗粒数31～35.5粒，千粒重42.9～46.4克。

（四）品质分析

蛋白质含量13.83%、14.6%，容重802克/升、810克/升，湿面筋含量28.6%、29.6%，吸水量61.3毫升/100克、58毫升/100克，稳定时间3.3分钟、3.4分钟，拉伸面积32平方厘米、32平方厘米，最大拉伸阻力145 EU、167 EU。

（五）抗性鉴定

中感条锈病和白粉病，高感叶锈病、纹枯病和赤霉病。

（六）适宜范围及栽培要点

适宜在河南省（南部长江中下游麦区除外）早中茬地种植。适宜播期10月上中旬，每亩适宜基本苗12万～15万。及时防治蚜虫、锈病、纹枯病、赤霉病和白粉病；注意预防倒春寒。

三四五、郑麦925

（一）品种来源

河南省农业科学院小麦研究所利用郑育麦9987/郑01445选育而成，2019年通过河南省农作物品种审定委员会审定，审定编号：豫审麦20190020。该品种于2020年获批农业农村部品种保护（专利），其品种权号为CNA20173027.0。其系谱如下：

```
郑育麦9987    ×    郑01445
         └──────┬──────┘
              郑麦925
```

（二）产量表现

2016—2017年度参加河南省冬水组区域试验，平均亩产543.2千克，比对照周麦18增产6%；2017—2018年度续试，平均亩产430.6千克，比对照周麦18增产1.4%。2017—2018年度参加生产试验，平均亩产431.5千克，比对照周麦18增产0.8%。

（三）特征特性

属半冬性品种，比对照周麦18晚熟0.3天。幼苗半直立，叶色浓绿，长势一般，分蘖力较强，成穗率一般，冬季抗寒性一般。春季起身拔节略晚，两极分化快，抽穗早，耐倒春寒能力弱。株高73.1～82.7厘米，株型较松散，抗倒性中等。旗叶宽短，穗下节长，穗层不整齐，熟相好。穗纺锤形，长芒，白壳，白粒，籽粒半角质，饱满度较好。亩穗数32.5万～38.9万，穗粒数30.2～33.8粒，千粒重46.5～48.2克。

（四）品质分析

蛋白质含量14.2%、14.6%，容重806克/升、767克/升，湿面筋含量27.6%、27.6%，吸水量56.1毫升/100克、56.3毫升/100克，稳定时间2.3分钟、1.8分钟，拉伸面积22平方厘米、21平方厘米，最大拉伸阻力124 EU、89 EU。

（五）抗性鉴定

中抗白粉病，中感条锈病、叶锈病和纹枯病，高感赤霉病。

（六）适宜范围及栽培要点

适宜在河南省（南部长江中下游麦区除外）早中茬地种植。适宜播期10月上中旬，每亩适宜基本苗15万~20万。及时防治蚜虫、赤霉病、锈病和纹枯病，倒春寒易发区慎用。

三四六、济研麦10号

（一）品种来源

济源市农业科学院利用周麦22/汝麦0319选育而成，2019年通过河南省农作物品种审定委员会审定，审定编号：豫审麦20190021。该品种已获批农业农村部品种保护（专利），其品种权号为CNA20191001665。其系谱如下：

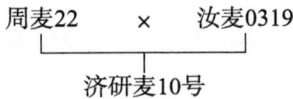

（二）产量表现

2015—2016年度参加河南省冬水组区域试验，平均亩产540.3千克，比对照周麦18增产4.1%；2016—2017年度续试，平均亩产535.4千克，比对照周麦18增产4.4%。2017—2018年度参加生产试验，平均亩产438.1千克，比对照周麦18增产2.3%。

（三）特征特性

属半冬性品种，比对照周麦18早熟0.7天。幼苗半直立，叶色深绿，长势一般，分蘖力弱，成穗率较高。春季起身拔节早，两极分化快，抽穗早。株高78.3~86.8厘米，株型松散，抗倒性一般。旗叶宽大，穗下节长，穗层不整齐，熟相一般。穗长方形，长芒、白壳、白粒，籽粒半角质，饱满度一般。亩穗数33.4万~36.9万，穗粒数34.6~37.9粒，千粒重44.8~47.5克。

（四）品质分析

蛋白质含量13.47%、14.2%，容重788克/升、802克/升，湿面筋含量28.6%、28.5%，吸水量58.5毫升/100克、56毫升/100克，稳定时间7.3分钟、8分钟，拉伸面积72平方厘米、62平方厘米，最大拉伸阻力348 EU、370 EU。

（五）抗性鉴定

中感条锈病和白粉病，高感叶锈病、纹枯病和赤霉病。

（六）适宜范围及栽培要点

适宜在河南省（南部长江中下游麦区除外）早中茬地种植。适宜播期10月上中旬，每亩适宜基本苗15万~20万。及时防治蚜虫、锈病、纹枯病、赤霉病和白粉病；注意预防倒春寒，高水肥地块防止倒伏。

三四七、创星26

（一）品种来源

河南创星种业有限公司利用周麦16/百农AK58选育而成，2019年通过河南省农作物品种审定委员会审定，审定编号：豫审麦20190022。该品种已申请农业部品种保护（专利），其申请号为20173485.5。其系谱如下：

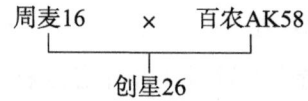

（二）产量表现

2015—2016年度参加河南省冬水组区域试验，平均亩产539千克，比对照周麦18增产3.7%；2016—2017年度续试，平均亩产539.8千克，比对照周麦18增产4.6%。2017—2018年度参加生产试验，平均亩产449.2千克，比对照周麦18增产4.9%。

（三）特征特性

属半冬性品种，比对照周麦18早熟0.3天。幼苗半匍匐，叶色浓绿，长势壮，分蘖力较强，成穗率中等，冬季抗寒性一般。春季起身拔节迟，两极分化较慢，抽穗早。株高73~81.3厘米，株型松散，抗倒性较好。旗叶窄长，穗下节长，穗层整齐，熟相好。穗纺锤形，长芒，白壳，白粒，籽粒半角质，饱满度较好。亩穗数35.4万~40.3万，穗粒数33.6~35.4粒，千粒重46.1~47.4克。

（四）品质分析

蛋白质含量14.59%、15.3%，容重782克/升、796克/升，湿面筋含量32.6%、31.1%，吸水量60毫升/100克、55.6毫升/100克，稳定时间3.7分钟、3.1分钟，拉伸面积43平方厘米、27平方厘米，最大拉伸阻力184 EU、132 EU。

（五）抗性鉴定

中抗条锈病和白粉病，中感叶锈病和纹枯病，高感赤霉病。

（六）适宜范围及栽培要点

适宜在河南省（南部长江中下游麦区除外）早中茬地种植。适宜播期10月上中旬，每亩适宜基本苗18万~20万。及时防治蚜虫、赤霉病、叶锈病和纹枯病；注意预防倒春寒。

三四八、郑品麦26

（一）品种来源

河南金苑种业股份有限公司利用周麦16/淮麦20选育而成，2019年通过河南省农作物品种审定委员会审定，审定编号：豫审麦20190023。该品种已申请农业农村部品种保护（专利），其公告号为CNA016608E。其系谱如下：

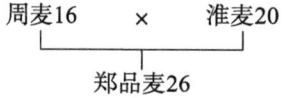

（二）产量表现

2016—2017年度参加河南省冬水组区域试验，平均亩产553.9千克，比对照周麦18增产7.3%；2017—2018年度续试，平均亩产444.1千克，比对照周麦18增产4.6%。2017—2018年度参加生产试验，平均亩产457.4千克，比对照周麦18增产4.1%。

（三）特征特性

属半冬性品种，比对照周麦18早熟0.3天。幼苗半匍匐，叶色浓绿，长势较壮，分蘖力强，成穗率一般，冬季抗寒性较好。春季起身拔节早，两极分化慢。株高76.7~81.4厘米，株型松紧适中，抗倒性较好。旗叶小，穗下节长，穗层整齐，熟相较好。穗纺锤形，长芒，白壳，白粒，籽粒半角质，饱满度一般。亩穗数 36.4 万~39.2 万，穗粒数 32.4~36.1 粒，千粒重 43.7~47.4 克。

（四）品质分析

蛋白质含量 15.8%、16.1%，容重 798 克/升、770 克/升，湿面筋含量 31.9%、32.9%，吸水量 54.9 毫升/100 克、54.4 毫升/100 克，稳定时间 3.2 分钟、3.7 分钟，拉伸面积 29 平方厘米、42 平方厘米，最大拉伸阻力 138 EU、169 EU。

（五）抗性鉴定

高抗条锈病，中抗白粉病，中感叶锈病，高感纹枯病和赤霉病。

（六）适宜范围及栽培要点

适宜在河南省（南部长江中下游麦区除外）早中茬地种植。适宜播期 10 月上中旬，每亩适宜基本苗 12 万~16 万。及时防治蚜虫、纹枯病、赤霉病和叶锈病；注意预防倒春寒。

三四九、温麦 968

（一）品种来源

周文平利用陕 354/周麦 16 选育而成，2019 年通过河南省农作物品种审定委员会审定，审定编号：豫审麦 20190024。其系谱如下：

```
陕354    ×    周麦16
         |
       温麦968
```

（二）产量表现

2016—2017 年度参加河南省冬水组区域试验，平均亩产 548.9 千克，比对照周麦 18 增产 7.9%；2017—2018 年度续试，平均亩产 447.9 千克，比对照周麦 18 增产 5.5%。2017—2018 年度参加生产试验，平均亩产 459.3 千克，比对照周麦 18 增产 4.5%。

（三）特征特性

属半冬性品种，比对照周麦 18 晚熟 0.3 天。幼苗半直立，叶色浓绿，长势壮，分蘖力弱，成穗率中等。春季起身拔节早，两极分化快，抽穗晚。株高 83.4~88.4 厘米，株型松散，抗倒性一般。旗叶宽长，穗下节长，穗层不整齐，熟相好。穗长方形，长芒，白壳，白粒，籽粒半角质，饱满度一般。亩穗数 32.6 万~35.8 万，穗粒数 33.5~39 粒，千粒重 43.9~49.3 克。

（四）品质分析

蛋白质含量 14.9%、15.1%，容重 802 克/升、786 克/升，湿面筋含量 29.5%、31.4%，吸水量 58.4 毫升/100 克、54.3 毫升/100 克，稳定时间 3.5 分钟、2.7 分钟，拉伸面积 27 平方厘米、33 平方厘米，最大拉伸阻力 122 EU、135 EU。

（五）抗性鉴定

中抗条锈病和白粉病，中感叶锈病和纹枯病，高感赤霉病。

（六）适宜范围及栽培要点

适宜在河南省（南部长江中下游麦区除外）早中茬地种植。适宜播期 10 月上中旬，每亩适宜基本苗 18 万~20 万。及时防治蚜虫、赤霉病、叶锈病和纹枯病；注意预防倒春寒，高水肥地块防止倒伏。

三五〇、农丰111

（一）品种来源

山东圣丰种业科技有限公司张清海等利用周麦18//豫教5号/郑育麦9987选育而成，2019年通过河南省农作物品种审定委员会审定，审定编号：豫审麦20190025。该品种已申请农业农村部品种保护（专利），其公告号为CNA016633E。其系谱如下：

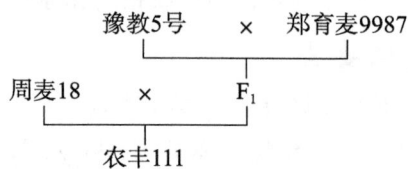

（二）产量表现

2015—2016年度参加河南省冬水组区域试验，平均亩产543.6千克，比对照周麦18增产4.7%；2016—2017年度续试，平均亩产545.1千克，比对照周麦18增产6.3%。2017—2018年度参加生产试验，平均亩产456.2千克，比对照周麦18增产3.8%。

（三）特征特性

属半冬性品种，比对照周麦18早熟0.4天。幼苗半匍匐，叶色浅绿，长势弱，分蘖力一般，成穗率较高，冬季抗寒性一般。春季起身拔节早，两极分化快，抽穗早。株高76.1~84厘米，株型稍松散，抗倒性较好。旗叶长，穗下节长，穗层不整齐，熟相好。穗纺锤形，长芒，白壳，白粒，籽粒半角质，饱满度一般。亩穗数37.2万~41.3万，穗粒数31.7~34.7粒，千粒重46.1~48.8克。

（四）品质分析

蛋白质含量12%、13.4%，容重814克/升、826克/升，湿面筋含量25.4%、26.5%，吸水量58.5毫升/100克、56.4毫升/100克，稳定时间2.8分钟、2.9分钟，拉伸面积37平方厘米、28平方厘米，最大拉伸阻力194 EU、158 EU。

（五）抗性鉴定

中感条锈病、叶锈病、白粉病和纹枯病，高感赤霉病。

（六）适宜范围及栽培要点

适宜在河南省（南部长江中下游麦区除外）早中茬地种植。适宜播期10月上中旬，每亩适宜基本苗16万~18万。及时防治蚜虫、赤霉病、锈病、白粉病和纹枯病；注意预防倒春寒。

三五一、卓麦6号

（一）品种来源

河南卓科农业科技有限公司利用04中36/百农AK58选育而成，2019年通过河南省农作物品种审定委员会审定，审定编号：豫审麦20190026。该品种已申请农业农村部品种保护（专利），其申请号为2019105180。其系谱如下：

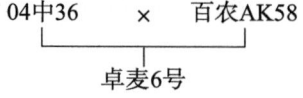

（二）产量表现

2015—2016年度参加河南省冬水组区域试验，平均亩产555.7千克，比对照周麦18增产6.9%；2016—2017年度续试，平均亩产553.5千克，比对照周麦18增产8.6%。2017—2018年度参加生产试验，平均亩产455千克，比对照周麦18增产3.5%。

（三）特征特性

属半冬性品种，比对照周麦18早熟1.2天。幼苗半匍匐，叶色浓绿，长势壮，分蘖力一般，成穗率较高，冬季抗寒性好。春季起身拔节早，两极分化快，抽穗早。株高74.4~83.0厘米，株型较松散，抗倒性一般。旗叶较长，穗下节长，熟相好。穗纺锤形，长芒，白壳，白粒，籽粒半角质，饱满度较好。亩穗数37.1万~41.2万，穗粒数31.6~35.1粒，千粒重46.4~49.8克。

（四）品质分析

蛋白质含量13.88%、13.8%，容重798克/升、815克/升，湿面筋含量31.5%、29.8%，吸水量61.7毫升/100克、59.9毫升/100克，稳定时间5.2分钟、4.7分钟，拉伸面积58平方厘米、31平方厘米，最大拉伸阻力263 EU、177 EU。

（五）抗性鉴定

中感条锈病、叶锈病和白粉病，高感纹枯病和赤霉病。

（六）适宜范围及栽培要点

适宜在河南省（南部长江中下游麦区除外）早中茬地种植。适宜播期10月上中旬，每亩适宜基本苗14万~20万。及时防治蚜虫、纹枯病、赤霉病、锈病和白粉病；注意预防倒春寒，高水肥地块种植防止倒伏。

三五二、金展638

（一）品种来源

河南众福园种业有限公司利用陕175/周麦16选育而成，2019年通过河南省农作物品种审定委员会审定，审定编号：豫审麦20190027。该品种已申请农业农村部品种保护（专利），其公告号为CNA028044E。其系谱如下：

```
        陕175    ×    周麦16
                │
              金展638
```

（二）产量表现

2015—2016年度参加河南省冬水组区域试验，平均亩产517千克，比对照周麦18减产0.6%；2016—2017年度续试，平均亩产531.5千克，比对照周麦18增产3%。2017—2018年度参加生产试验，平均亩产466.5千克，比对照周麦18增产5%。

（三）特征特性

属半冬性品种，比对照周麦18早熟1.2天。幼苗半直立，叶色浓绿，分蘖力中等，成穗率较高，冬季抗寒性一般。春季起身拔节稍迟，两极分化快，抽穗较早。株高76.1~79.6厘米，株型松散，抗倒性一般。旗叶较宽，穗下节长，穗层整齐，熟相一般。穗纺锤形，长芒，白壳，白粒，籽粒半角质，饱满度一般。亩穗数35.4万~40.4万，穗粒数33.2~34粒，千粒重44.7~49.3克。

（四）品质分析

蛋白质含量13.7%、14.7%，容重798克/升、800克/升，湿面筋含量30.1%、30.5%，吸水量61.8毫升/100克、58.4毫升/100克，稳定时间3.4分钟、11.7分钟，拉伸面积27平方厘米、83平方厘米，最大拉伸阻力132 EU、530 EU。

（五）抗性鉴定

中抗白粉病，中感条锈病，高感叶锈病、纹枯病和赤霉病。

（六）适宜范围及栽培要点

适宜在河南省（南部长江中下游麦区除外）早中茬地种植。适宜播期10月上中旬，每亩适宜基本苗16万~18万。及时防治蚜虫、纹枯病、赤霉病和锈病；注意预防倒春寒，高水肥地块种植防止倒伏。

三五三、许研麦3号

（一）品种来源

河南许研农业科技有限公司利用许科316/04中36选育而成，2019年通过河南省农作物品种审定委员会审定，审定编号：豫审麦20190028。其系谱如下：

```
       许科316    ×    04中36
              └─────┬─────┘
                许研麦3号
```

（二）产量表现

2015—2016年度参加河南省冬水组区域试验，平均亩产522.4千克，比对照周麦18增产0.5%；2016—2017年度续试，平均亩产533.8千克，比对照周麦18增产4.7%。2017—2018年度参加生产试验，平均亩产461.3千克，比对照周麦18增产3.9%。

（三）特征特性

属半冬性品种，比对照周麦18早熟0.4天。幼苗半匍匐，叶色浓绿，长势较弱，分蘖力强，成穗率中等，冬季抗寒性一般。春季起身拔节早，两极分化快，抽穗早。株高76.9~83厘米，株型松散，抗倒性较好。旗叶窄长，穗下节长，穗层较整齐，熟相一般。穗纺锤形，长芒，白壳，白粒，籽粒角质，饱满度一般。亩穗数34.9万~39.9万，穗粒数34.1~36.1粒，千粒重42.6~46.4克。

（四）品质分析

蛋白质含量13.7%、14.3%，容重792克/升、810克/升，湿面筋含量29.8%、30.4%，吸水量62.9毫升/100克、59.8毫升/100克，稳定时间2.7分钟、2.3分钟，拉伸面积28平方厘米、17平方厘米，最大拉伸阻力111 EU、91 EU。

（五）抗性鉴定

中抗白粉病，中感条锈病和纹枯病，高感叶锈病和赤霉病。

（六）适宜范围及栽培要点

适宜在河南省（南部长江中下游麦区除外）早中茬地种植。适宜播期10月上中旬，每亩适宜基本苗15万~20万。及时防治蚜虫、锈病、赤霉病和纹枯病，注意预防倒春寒。

三五四、戚丰5号

（一）品种来源

戚宇峰利用百农AK58/周麦22选育而成，2019年通过河南省农作物品种审定委员会审定，审定编号：豫审麦20190029。其系谱如下：

```
百农AK58    ×    周麦22
         └────┬────┘
            戚丰5号
```

（二）产量表现

2015—2016年度参加河南省冬水组区域试验，平均亩产494.4千克，比对照周麦18减产2.7%；2016—2017年度续试，平均亩产497.6千克，比对照周麦18减产2.2%。2017—2018年度参加生产试验，平均亩产475.4千克，比对照周麦18增产5.8%。

（三）特征特性

属半冬性品种，比对照周麦18早熟0.6天。幼苗半直立，叶色浓绿，长势一般，分蘖力一般。成穗率中等。春季起身拔节早，两极分化慢，抽穗较晚。株高71.6~78.7厘米，株型稍松散，抗倒性一般。旗叶长，穗层不整齐，熟相一般。穗纺锤形，长芒，白壳，白粒，籽粒半角质，饱满度一般。亩穗数33.8万~36.1万，穗粒数33~37.1粒，千粒重43.5~47克。

（四）品质分析

蛋白质含量12.52%、14.9%，容重778克/升、778克/升，湿面筋含量28.2%、32.7%，吸水量60.5毫升/100克、56.2毫升/100克，稳定时间3.2分钟、1.6分钟，拉伸面积32平方厘米、50平方厘米，最大拉伸阻力145 EU、226 EU。

（五）抗性鉴定

中感条锈病、白粉病和纹枯病，高感叶锈病和赤霉病。

（六）适宜范围及栽培要点

适宜在河南省（南部长江中下游麦区除外）早中茬地种植。适宜播期10月上中旬，每亩适宜基本苗18万~20万。及时防治蚜虫、锈病、赤霉病、白粉病和纹枯病；注意预防倒春寒，高水肥地块种植防止倒伏。

三五五、天麦119

（一）品种来源

河南天存种业科技有限公司利用周麦18/周麦22选育而成，2019年通过河南省农作物品种审定委员会审定，审定编号：豫审麦20190030。该品种已申请农业农村部品种保护（专利），其公告号为CNA016612E。其系谱如下：

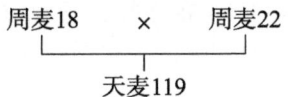

（二）产量表现

2015—2016年度参加河南省冬水组区域试验，平均亩产531.7千克，比对照周麦18增产2.4%；2016—2017年度续试，平均亩产514.8千克，比对照周麦18增产0.4%。2017—2018年度参加生产试验，平均亩产472.9千克，比对照周麦18增产4.3%。

（三）特征特性

属半冬性品种，比对照周麦18早熟0.5天。幼苗半直立，叶色深绿，长势较壮，分蘖力较强。成穗率中等。春季起身拔节早，两极分化快，抽穗早。株高74.5~80.5厘米，株型松散，抗倒性较好。旗叶短小，穗下节长，穗层较厚，熟相好。穗纺锤形，长芒，白壳，白粒，籽粒半角质，饱满度一般。亩穗数35.9万~37.1万，穗粒数32.8~35.4粒，千粒重45.8~47克。

（四）品质分析

蛋白质含量14.34%、15.2%，容重779克/升、802克/升，湿面筋含量34.6%、33%，吸水量57.4毫升/100克、55.5毫升/100克，稳定时间4.6分钟、4.2分钟，拉伸面积50平方厘米、30平方厘米，最大拉伸阻力210 EU、154 EU。

（五）抗性鉴定

中感条锈病、叶锈病、白粉病和纹枯病，高感赤霉病。

（六）适宜范围及栽培要点

适宜在河南省（南部长江中下游麦区除外）早中茬地种植。适宜播期10月上中旬，每亩适宜基本苗18万~20万。及时防治蚜虫、赤霉病、锈病、白粉病和纹枯病；注意预防倒春寒。

三五六、蔡麦116

（一）品种来源

上蔡县创新农业科学技术研究开发中心利用矮周11/漯9908选育而成，2019年通过河南省农作物品种审定委员会审定，审定编号：豫审麦20190031。其系谱如下：

```
矮周11    ×    漯9908
         |
       蔡麦116
```

（二）产量表现

2015—2016年度参加河南省冬水组区域试验，平均亩产512.9千克，比对照周麦18减产1.3%；2016—2017年度续试，平均亩产518.4千克，比对照周麦18增产1.1%。2017—2018年度参加生产试验，平均亩产484.1千克，比对照周麦18增产7.4%。

（三）特征特性

属半冬性品种，比对照周麦18早熟0.4天。幼苗半直立，叶色浓绿，长势壮，分蘖力弱，成穗率较高，冬季抗寒性较好。春季起身拔节略慢，两极分化快。株高77.1~82.5厘米，株型紧凑，抗倒性一般。旗叶宽大，穗下节长，熟相一般。穗纺锤形，长芒，白壳，白粒，籽粒角质，饱满度一般。亩穗数36.3万~40万，穗粒数34.4~38.2粒，千粒重42.4~42.7克。

（四）品质分析

蛋白质含量13.4%、13.8%，容重807克/升、817克/升，湿面筋含量29.5%、27.8%，吸水

量 56.2 毫升 /100 克、54.4 毫升 /100 克，稳定时间 10.9 分钟、6.2 分钟，拉伸面积 68 平方厘米、51 平方厘米，最大拉伸阻力 332 EU、275 EU。

（五）抗性鉴定

中抗条锈病，中感叶锈病和白粉病，高感纹枯病和赤霉病。

（六）适宜范围及栽培要点

适宜在河南省（南部长江中下游麦区除外）早中茬地种植。适宜播期 10 月上中旬，每亩适宜基本苗 18 万~20 万。及时防治蚜虫、纹枯病、赤霉病、叶锈病和白粉病；注意预防倒春寒，高水肥地块种植防止倒伏。

三五七、佳麦 8 号

（一）品种来源

河南佳佳乐农业科技有限公司利用衡观 35//（偃展 1 号 / 矮优 1 号）F_5 选育而成，2019 年通过河南省农作物品种审定委员会审定，审定编号：豫审麦 20190032。该品种已获批农业农村部品种保护（专利），其品种权号为 CNA20191005515。其系谱如下：

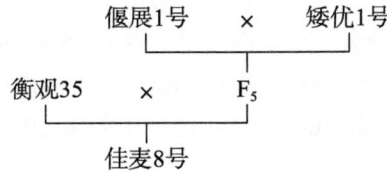

（二）产量表现

2016—2017 年度参加河南省春水组区域试验，平均亩产 473.6 千克，比对照偃展 4110 增产 6.5%；2017—2018 年度续试，平均亩产 407.7 千克，比对照偃展 4110 增产 3.4%。2017—2018 年度参加生产试验，平均亩产 437.2 千克，比对照偃展 4110 增产 4.4%。

（三）特征特性

属弱春性品种，比对照偃展 4110 晚熟 0.2 天。幼苗直立，叶色浓绿，长势较壮，分蘖力弱，成穗率较高。春季起身拔节早，两极分化快。株高 76.1~85.5 厘米，株型紧凑，抗倒性一般。旗叶窄长，穗下节短，穗层整齐，熟相一般。穗纺锤形，长芒，白壳，白粒，籽粒半角质，饱满度较好。亩穗数 36.8 万~40.0 万，穗粒数 29.9~33.6 粒，千粒重 41.1~41.9 克。

（四）品质分析

蛋白质含量 13.5%、14.6%，容重 820 克 / 升、820 克 / 升，湿面筋含量 31.4%、32.8%，吸水量 57.1 毫升 /100 克、57 毫升 /100 克，稳定时间 2.6 分钟、2.8 分钟，拉伸面积 37 平方厘米、28 平方厘米，最大拉伸阻力 136 EU、90 EU。

（五）抗性鉴定

中感条锈病和纹枯病，高感叶锈病、白粉病和赤霉病。

（六）适宜范围及栽培要点

适宜在河南省（南部长江中下游麦区除外）中晚茬地种植。适宜播期 10 月中下旬，每亩适宜基本苗 14 万~16 万。及时防治蚜虫、锈病、白粉病、赤霉病和纹枯病；注意预防倒春寒，高水肥地块种植防止倒伏。

三五八、赛德麦6号

(一) 品种来源

河南赛德种业有限公司利用百农AK58/偃展110202选育而成，2019年通过河南省农作物品种审定委员会审定，审定编号：豫审麦20190033。该品种已获批农业部品种保护（专利），其品种权号为CNA20171607.2。其系谱如下：

```
百农AK58  ×  偃展110202
         |
      赛德麦6号
```

(二) 产量表现

2015—2016年度参加河南省春水组区域试验，平均亩产531.5千克，比对照偃展4110增产11.7%；2016—2017年度续试，平均亩产495.1千克，比对照偃展4110增产10.2%。2017—2018年度参加生产试验，平均亩产437.5千克，比对照偃展4110增产4.5%。

(三) 特征特性

属弱春性品种，比对照偃展4110早熟0.4天。幼苗半匍匐，叶色浅绿，长势较壮，分蘖力一般，成穗率较高。春季起身拔节早，两极分化快，抽穗早。株高76.4~82.2厘米，株型松散，抗倒性一般。旗叶较小，穗下节长，穗层整齐，熟相好。穗纺锤形，长芒，白壳，白粒，籽粒半角质，饱满度一般。亩穗数40.0万~44.4万，穗粒数30.6~32.9粒，千粒重39.5~43.3克。

(四) 品质分析

蛋白质含量13.97%、15.5%，容重790克/升、816克/升，湿面筋含量30.1%、32%，吸水量60毫升/100克、60.3毫升/100克，稳定时间5.4分钟、7分钟，拉伸面积49平方厘米、52平方厘米，最大拉伸阻力203 EU、216 EU。

(五) 抗性鉴定

中抗条锈病，中感纹枯病，高感叶锈病、白粉病和赤霉病。

(六) 适宜范围及栽培要点

适宜在河南省（南部长江中下游麦区除外）中晚茬地种植。适宜播期10月中下旬，每亩适宜基本苗18万~20万。及时防治蚜虫、叶锈病、白粉病、赤霉病和纹枯病；注意预防倒春寒，高水肥地块种植防止倒伏。

三五九、厚德麦970

(一) 品种来源

河南赛德种业有限公司利用郑麦99379/郑育麦9987选育而成，2019年通过河南省农作物品种审定委员会审定，审定编号：豫审麦20190034。该品种已获批农业农村部品种保护（专利），其品种权号为CNA20182620.2。其系谱如下：

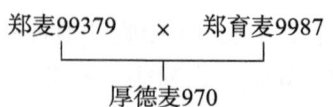

（二）产量表现

2016—2017 年度参加河南省春水组区域试验，平均亩产 516.6 千克，比对照偃展 4110 增产 14.9%；2017—2018 年度续试，平均亩产 420.8 千克，比对照偃展 4110 增产 6.7%。2017—2018 年度参加生产试验，平均亩产 436.8 千克，比对照偃展 4110 增产 4.3%。

（三）特征特性

属弱春性品种，比对照偃展 4110 晚熟 0.7 天。幼苗半直立，叶色浓绿，长势较壮，分蘖力较强，成穗率中等。春季起身拔节迟，两极分化慢，抽穗晚。株高 74.9~83.3 厘米，株型松紧适中，抗倒性一般。旗叶宽短，穗下节短，穗层较厚，熟相好。穗纺锤形，长芒，白壳，白粒，籽粒半角质，饱满度好。亩穗数 38.2 万~40.3 万，穗粒数 29.7~33.8 粒，千粒重 44.1~45.3 克。

（四）品质分析

蛋白质含量 14.9%、16.4%，容重 812 克/升、814 克/升，湿面筋含量 33.9%、34.3%，吸水量 59.8 毫升/100 克、59.4 毫升/100 克，稳定时间 4.1 分钟、2.7 分钟，拉伸面积 47 平方厘米、32 平方厘米，最大拉伸阻力 201 EU、114 EU。

（五）抗性鉴定

中感条锈病、叶锈病、白粉病和纹枯病，高感赤霉病。

（六）适宜范围及栽培要点

适宜在河南省（南部长江中下游麦区除外）中晚茬地种植。适宜播期 10 月中下旬，每亩适宜基本苗 18 万~20 万。及时防治蚜虫、赤霉病、锈病、白粉病和纹枯病；注意预防倒春寒，高水肥地块种植防止倒伏。

三六〇、郑科 137

（一）品种来源

河南商都种业有限公司利用周麦 22/偃科 956 选育而成，2019 年通过河南省农作物品种审定委员会审定，审定编号：豫审麦 20190035。该品种已获批农业部品种保护（专利），其品种权号为 CNA20172962.9。其系谱如下：

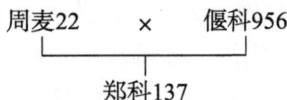

（二）产量表现

2016—2017 年度参加河南省春水组区域试验，平均亩产 484.7 千克，比对照偃展 4110 增产 9%；2017—2018 年度续试，平均亩产 432.1 千克，比对照偃展 4110 增产 9.5%。2017—2018 年度参加生产试验，平均亩产 444.6 千克，比对照偃展 4110 增产 6.2%。

（三）特征特性

属弱春性品种，比对照偃展 4110 晚熟 0.1 天。幼苗直立，叶色浅绿，长势较壮，分蘖力弱，成穗率较高。春季起身拔节早，两极分化快。株高 76.5~81.1 厘米，株型较松散，抗倒性一般。旗叶上举，穗下节长，熟相好。穗长方形，长芒，白壳，白粒，籽粒半角质，饱满度较好。亩穗数 35.2 万~37.3 万，穗粒数 30.7~35.8 粒，千粒重 43.7~45.2 克。

（四）品质分析

蛋白质含量14.3%、14.8%，容重772克/升、764克/升，湿面筋含量32%、30.9%，吸水量55毫升/100克、55.6毫升/100克，稳定时间3.1分钟、1.8分钟，拉伸面积23平方厘米、15平方厘米，最大拉伸阻力117 EU、63 EU。

（五）抗性鉴定

中感条锈病、叶锈病、白粉病和纹枯病，高感赤霉病。

（六）适宜范围及栽培要点

适宜在河南省（南部长江中下游麦区除外）中晚茬地种植。适宜播期10月中下旬，每亩适宜基本苗16万~22万。及时防治蚜虫、赤霉病、锈病、白粉病和纹枯病；注意预防倒春寒，高水肥地块种植防止倒伏。

三六一、豫农516

（一）品种来源

河南农业大学刘万代等利用豫农416//周麦16/偃展4110选育而成，2019年通过河南省农作物品种审定委员会审定，审定编号：豫审麦20190036。2020年通过陕西省引种备案。该品种已申请农业农村部品种保护（专利），其公告号为CNA040412E。其系谱如下：

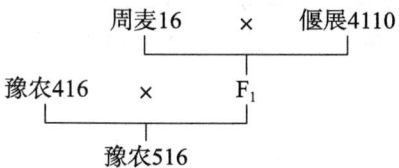

（二）产量表现

2015—2016年度参加河南省春水组区域试验，平均亩产538.3千克，比对照偃展4110增产11.3%；2016—2017年度续试，平均亩产504.7千克，比对照偃展4110增产12.3%。2017—2018年度参加生产试验，平均亩产443.7千克，比对照偃展4110增产6%。

（三）特征特性

属弱春性品种，比对照偃展4110晚熟0.2天。幼苗半直立，叶色浓绿，长势较壮，分蘖力一般，成穗率中等。春季起身拔节早，两极分化快，抽穗较早。株高76.2~82.9厘米，株型松散，抗倒性一般。旗叶宽长，穗下节长，穗层整齐，熟相好。穗纺锤形，长芒，白壳，白粒，籽粒半角质，饱满度中等。亩穗数36.9万~39万，穗粒数31.5~35.2粒，千粒重42.1~46.8克。

（四）品质分析

蛋白质含量12.46%、14.1%，容重786克/升、796克/升，湿面筋含量33.2%、32.6%，吸水量59.2毫升/100克、57.8毫升/100克，稳定时间5.3分钟、7.2分钟，拉伸面积80平方厘米、74平方厘米，最大拉伸阻力311 EU、311 EU。

（五）抗性鉴定

中感条锈病、叶锈病、白粉病和纹枯病，高感赤霉病。

（六）适宜范围及栽培要点

适宜在河南省（南部长江中下游麦区除外）中晚茬地种植。适宜播期10月中下旬，每亩适宜基本苗14万~18万。及时防治蚜虫、赤霉病、锈病、白粉病和纹枯病；注意预防倒春寒，高水肥地块种植防止倒伏。

三六二、高麦8号

（一）品种来源

河南德宏种业股份有限公司利用Z51/百农AK58选育而成，2019年通过河南省农作物品种审定委员会审定，审定编号：豫审麦20190037。该品种已申请农业部植物新品种保护，其申请号为20170504.4。其系谱如下：

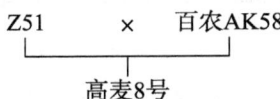

（二）产量表现

2016—2017年度参加河南省春水组区域试验，平均亩产509.2千克，比对照偃展4110增产13.3%；2017—2018年度续试，平均亩产430.4千克，比对照偃展4110增产9.1%。2017—2018年度参加生产试验，平均亩产439.5千克，比对照偃展4110增产6.9%。

（三）特征特性

属弱春性品种，比对照偃展4110晚熟0.3天。幼苗半匍匐，叶色浅绿，长势较壮，分蘖力弱，成穗率中等。春季起身拔节早，两极分化快，抽穗晚。株高71.3~75.9厘米，株型稍松散，抗倒性较好。旗叶宽大，穗下节较短，穗层整齐，熟相好。穗长方形，长芒，白壳，白粒，籽粒半角质，饱满度一般。亩穗数36.4万~37.8万，穗粒数33.7~36.1粒，千粒重40.2~43克。

（四）品质分析

蛋白质含量13.1%、14.7%，容重802克/升、784克/升，湿面筋含量26.7%、29.6%，吸水量54.5毫升/100克、53.9毫升/100克，稳定时间16分钟、5.3分钟，拉伸面积69平方厘米、57平方厘米，最大拉伸阻力399 EU、256 EU。

（五）抗性鉴定

中感条锈病和叶锈病，高感白粉病、纹枯病和赤霉病。

（六）适宜范围及栽培要点

适宜在河南省（南部长江中下游麦区除外）中晚茬地种植。适宜播期10月中下旬，每亩适宜基本苗20万~24万。及时防治蚜虫、白粉病、纹枯病、赤霉病和锈病；注意预防倒春寒。

三六三、许研麦4号

（一）品种来源

河南许研农业科技有限公司利用周麦22/04中36选育而成，2019年通过河南省农作物品种审定委员会审定，审定编号：豫审麦20190038。其系谱如下：

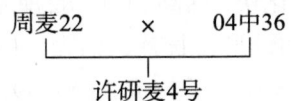

（二）产量表现

2016—2017 年度参加河南省春水组区域试验，平均亩产 492 千克，比对照偃展 4110 增产 10.6%；2017—2018 年度续试，平均亩产 412.9 千克，比对照偃展 4110 增产 4.7%。2017—2018 年度参加生产试验，平均亩产 425.7 千克，比对照偃展 4110 增产 3.5%。

（三）特征特性

属弱春性品种，比对照偃展 4110 早熟 0.2 天。幼苗直立，叶色浓绿，长势较壮，分蘖力弱，成穗率中等。春季起身拔节早，两极分化快。株高 70.7~77.8 厘米，株型松紧适中，抗倒性一般。旗叶小，穗下节长，穗层整齐，熟相较好。穗纺锤形，长芒，白壳，白粒，籽粒半角质，饱满度一般。亩穗数 37.9 万~39.7 万，穗粒数 32.3~34.8 粒，千粒重 39.5~41.8 克。

（四）品质分析

蛋白质含量 14.4%、15.6%，容重 784 克/升、757 克/升，湿面筋含量 31.3%、31.1%，吸水量 57.7 毫升/100 克、55 毫升/100 克，稳定时间 3.8 分钟、2 分钟，拉伸面积 40 平方厘米、29 平方厘米，最大拉伸阻力 182 EU、103 EU。

（五）抗性鉴定

中感条锈病、叶锈病、白粉病、纹枯病和赤霉病。

（六）适宜范围及栽培要点

适宜在河南省（南部长江中下游麦区除外）中晚茬地种植。适宜播期 10 月中下旬，每亩适宜基本苗 15 万~20 万。及时防治蚜虫、锈病、白粉病、纹枯病和赤霉病；注意预防倒春寒，高水肥地块种植防止倒伏。

三六四、黄源 1 号

（一）品种来源

原阳县黄河农业科学研究所利用 H5173/良星 99 选育而成，2019 年通过河南省农作物品种审定委员会审定，审定编号：豫审麦 20190039。其系谱如下：

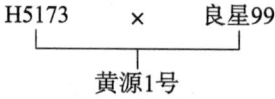

（二）产量表现

2016—2017 年度参加河南省春水组区域试验，平均亩产 470.9 千克，比对照偃展 4110 增产 5.9%；2017—2018 年度续试，平均亩产 417.4 千克，比对照偃展 4110 增产 5.8%。2017—2018 年度参加生产试验，平均亩产 436.2 千克，比对照偃展 4110 增产 6%。

（三）特征特性

属弱春性品种，比对照偃展 4110 早熟 0.3 天。幼苗半匍匐，叶色浓绿，长势一般，分蘖力弱，成穗率较高。春季起身拔节迟，两极分化快。株高 71.3~82 厘米，株型紧凑，抗倒性一般。旗叶窄长，穗下节短，穗层较整齐，熟相好。穗纺锤形，长芒，白壳，白粒，籽粒半角质，饱满度一般。亩穗数 36.1 万~38.2 万，穗粒数 32.7~36.5 粒，千粒重 38.8~39.6 克。

（四）品质分析

蛋白质含量14.4%、15.2%，容重777克/升、772克/升，湿面筋含量31.7%、33.2%，吸水量58毫升/100克、57.6毫升/100克，稳定时间4.1分钟、1.9分钟，拉伸面积35平方厘米、17平方厘米，最大拉伸阻力158 EU、65 EU。

（五）抗性鉴定

中感条锈病、白粉病和纹枯病，高感叶锈病和赤霉病。

（六）适宜范围及栽培要点

适宜在河南省（南部长江中下游麦区除外）中晚茬地种植。适宜播期10月中下旬，每亩适宜基本苗16万~18万。及时防治蚜虫、锈病、赤霉病、白粉病和纹枯病；注意预防倒春寒，高水肥地块种植防止倒伏。

三六五、才智141

（一）品种来源

河南省得果种业有限公司徐才智等利用04（253）/03（107）-16-7选育而成，2019年通过河南省农作物品种审定委员会审定，审定编号：豫审麦20190040。该品种已申请农业农村部品种保护（专利），其公告号为CNA016943E。其系谱如下：

```
04（253）    ×    03（107）-16-7
         └──────┬──────┘
              才智141
```

（二）产量表现

2015—2016年度参加河南省春水组区域试验，平均亩产510.1千克，比对照偃展4110增产7.2%；2016—2017年度续试，平均亩产505.5千克，比对照偃展4110增产13.7%。2017—2018年度参加生产试验，平均亩产434.7千克，比对照偃展4110增产5.7%。

（三）特征特性

属弱春性品种，比对照偃展4110晚熟0.7天。幼苗半匍匐，叶色浓绿，长势较壮，分蘖力较强，成穗率中等。春季起身拔节迟，两极分化慢，抽穗晚。株高72.3~83.2厘米，株型松紧适中，抗倒性一般。旗叶短小，穗下节长，穗层较厚，熟相一般。穗纺锤形，长芒，白壳，白粒，籽粒半角质，饱满度中等。亩穗数33.7万~40.8万，穗粒数31.3~33.8粒，千粒重40.7~44.1克。

（四）品质分析

蛋白质含量13.42%、15.1%，容重817克/升、824克/升，湿面筋含量27.6%、27.8%，吸水量56.5毫升/100克、56.9毫升/100克，稳定时间3.7分钟、4分钟，拉伸面积57平方厘米、45平方厘米，最大拉伸阻力272 EU、236 EU。

（五）抗性鉴定

中抗条锈病，中感叶锈病，高感白粉病、纹枯病和赤霉病。

（六）适宜范围及栽培要点

适宜在河南省（南部长江中下游麦区除外）中晚茬地种植。适宜播期10月中下旬，每亩适宜基本苗16万~18万。及时防治蚜虫、白粉病、纹枯病、赤霉病和叶锈病；注意预防倒春寒，高水肥地块种植防止倒伏。

三六六、华麦999

（一）品种来源

偃师市华夏农业科技研究所利用郑麦9023/周麦16//428(39/西农78692//冀麦5418)选育而成，2019年通过河南省农作物品种审定委员会审定，审定编号：豫审麦20190041。该品种已获批农业部品种保护（专利），其品种权号为CNA20151032.9。其系谱如下：

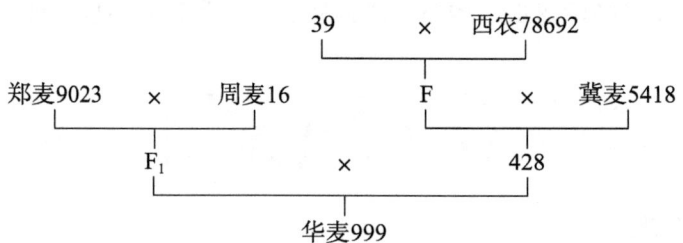

（二）产量表现

2015—2016年度参加河南省春水组区域试验，平均亩产517.5千克，比对照偃展4110增产7%；2016—2017年度续试，平均亩产498.7千克，比对照偃展4110增产12.2%。2017—2018年度参加生产试验，平均亩产433.8千克，比对照偃展4110增产5.5%。

（三）特征特性

属弱春性品种，比对照偃展4110晚熟0.1天。幼苗半直立，叶色浅绿，长势较弱，分蘖力一般。成穗率中等。春季起身拔节迟，两极分化慢。株高69.8~80.4厘米，株型紧凑，抗倒性较好。旗叶宽大，穗下节较短，穗层较厚，熟相一般。穗纺锤形，长芒，白壳，白粒，籽粒半角质，饱满度一般。亩穗数35.2万~37.3万，穗粒数31~35.9粒，千粒重44.7~50克。

（四）品质分析

蛋白质含量14%、14.5%，容重788克/升、808克/升，湿面筋含量32.4%、26.4%，吸水量66.5毫升/100克、62.1毫升/100克，稳定时间2.3分钟、3.8分钟，拉伸面积28平方厘米、38平方厘米，最大拉伸阻力115 EU、193 EU。

（五）抗性鉴定

中抗纹枯病，中感条锈病、叶锈病和白粉病，高感赤霉病。

（六）适宜范围及栽培要点

适宜在河南省（南部长江中下游麦区除外）中晚茬地种植。适宜播期10月中下旬，每亩适宜基本苗18万~22万。及时防治蚜虫、赤霉病、锈病和白粉病；注意预防倒春寒。

三六七、洛丰168

（一）品种来源

洛阳秋丰种业有限公司利用周麦16/神麦2号选育而成，2019年通过河南省农作物品种审定委员会审定，审定编号：豫审麦20190042。该品种已申请农业农村部品种保护（专利），其公告号为农村CNA028922E。其系谱如下：

$$周麦16 \times 神麦2号$$
$$洛丰168$$

（二）产量表现

2015—2016年度参加河南省旱地组区域试验，平均亩产407.7千克，比对照洛旱7号增产5.1%；2016—2017年度续试，平均亩产379.6千克，比对照洛旱7号增产5.8%。2017—2018年度参加生产试验，平均亩产359.3千克，比对照洛旱7号增产6.9%。

（三）特征特性

属半冬性品种，比对照洛旱7号早熟0.7天。幼苗半匍匐，叶色深绿，长势壮，分蘖力较强，成穗率中等。春季起身拔节早，两极分化快，抽穗早。株高66.8~75.3厘米，株型较紧凑，抗倒性较好。旗叶宽，穗层整齐，熟相一般。穗长方形，长芒，白壳，白粒，籽粒半角质，饱满度较好。亩穗数28.8万~31.1万，穗粒数34.1~37.8粒，千粒重43.8~48克。

（四）品质分析

蛋白质含量13.8%、13.7%，容重768克/升、788克/升，湿面筋含量29.5%、28.3%，吸水量61.6毫升/100克、52.4毫升/100克，稳定时间4分钟、1.7分钟，拉伸面积35平方厘米、28平方厘米，最大拉伸阻力159 EU、118 EU。

（五）抗性鉴定

中感条锈病、白粉病和纹枯病，高感叶锈病和赤霉病。抗旱级别4级，抗旱性较弱。

（六）适宜范围及栽培要点

适宜在河南省丘陵及旱肥地麦区种植。适宜播期10月上中旬，每亩适宜基本苗16万~18万。及时防治蚜虫、锈病、赤霉病、白粉病和纹枯病；注意预防倒春寒。

三六八、豫农803

（一）品种来源

河南农业大学、三门峡市农业科学研究院利用周麦18/新旱1号选育而成，2019年通过河南省农作物品种审定委员会审定，审定编号：豫审麦20190043。该品种已获批农业农村部品种保护（专利），其品种权号为CNA20191000751。其系谱如下：

$$周麦18 \times 新旱1号$$
$$豫农803$$

（二）产量表现

2015—2016年度参加河南省旱地组区域试验，平均亩产403.7千克，比对照洛旱7号增产4.1%；2016—2017年度续试，平均亩产370.3千克，比对照洛旱7号增产3.2%。2017—2018年度参加生产试验，平均亩产354千克，比对照洛旱7号增产5.3%。

（三）特征特性

属半冬性品种，比对照洛旱7号早熟0.7天。幼苗半匍匐，叶色浅绿，长势壮，分蘖力一般，成穗率一般，冬季抗寒性较好。春季起身拔节早，两极分化快，抽穗早。株高70~76.2厘米，株型稍松散，抗倒性一般。旗叶上举，穗层整齐，熟相一般。穗长方形，长芒，白壳，白粒，籽粒半角质，饱满度较好。亩穗数30.5万~31.8万，穗粒数32.8~34.3粒，千粒重43.9~50克。

（四）品质分析

蛋白质含量12.47%、16%，容重790克/升、795克/升，湿面筋含量26.8%、32.4%，吸水量57.8毫升/100克、58.3毫升/100克，稳定时间1.6分钟、2.9分钟，拉伸面积27平方厘米、26平方厘米，最大拉伸阻力114 EU、121 EU。

（五）抗性鉴定

中抗白粉病，中感条锈病和纹枯病，高感叶锈病和赤霉病。抗旱级别4级，抗旱性较弱。

（六）适宜范围及栽培要点

适宜在河南省丘陵及旱肥地麦区种植。适宜播期10月上中旬，每亩适宜基本苗17万~22万。及时防治蚜虫、锈病、赤霉病和纹枯病；注意预防倒春寒，高水肥地块种植防止倒伏。

三六九、华育166

（一）品种来源

河南省华棉种业有限公司利用百农64/周麦16选育而成，2019年通过河南省农作物品种审定委员会审定，审定编号：豫审麦20190044。其系谱如下：

```
百农64        ×        周麦16
         └────┬────┘
            华育166
```

（二）产量表现

2015—2016年度参加河南省旱地组区域试验，平均亩产398.7千克，比对照洛旱7号增产2.8%；2016—2017年度续试，平均亩产372千克，比对照洛旱7号增产3.7%。2017—2018年度参加生产试验，平均亩产338.5千克，比对照洛旱7号增产0.7%。

（三）特征特性

属半冬性品种，比对照洛旱7号晚熟0.3天。幼苗半匍匐，叶色浓绿，长势较壮，分蘖力中等，成穗率中等。春季起身拔节早，两极分化快，抽穗早。株高65.2~71.6厘米，株型较紧凑，抗倒性较好。旗叶较宽，穗层整齐，熟相一般。穗长方形，长芒，白壳，白粒，籽粒半角质，饱满度较好。亩穗数30.1万~31.3万，穗粒数31.9~36.7粒，千粒重42.8~48.5克。

（四）品质分析

蛋白质含量12.72%、15.4%，容重809克/升、816克/升，湿面筋含量29.1%、34.8%，吸水量58.8毫升/100克、53.9毫升/100克，稳定时间6.6分钟、3分钟，拉伸面积81平方厘米、35平方厘米，最大拉伸阻力368 EU、160 EU。

（五）抗性鉴定

中抗白粉病，中感条锈病和叶锈病，高感纹枯病和赤霉病。抗旱级别4级，抗旱性较弱。

（六）适宜范围及栽培要点

适宜在河南省丘陵及旱肥地麦区种植。适宜播期10月上中旬，每亩适宜基本苗16万~22万。及时防治蚜虫、纹枯病、赤霉病和锈病；注意预防倒春寒。

三七〇、宛麦632

(一) 品种来源

南阳市农业科学院利用西农953/新麦18选育而成，2019年通过河南省农作物品种审定委员会审定，审定编号：豫审麦20190045。该品种已获批农业农村部品种保护（专利），其品种权号为CNA20191003586。其系谱如下：

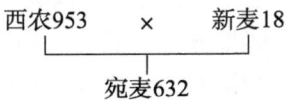

(二) 产量表现

2015—2016年度参加河南省旱地组区域试验，平均亩产397.8千克，比对照洛旱7号增产2.6%；2016—2017年度续试，平均亩产375.9千克，比对照洛旱7号增产4.7%。2017—2018年度参加生产试验，平均亩产348.4千克，比对照洛旱7号增产3.7%。

(三) 特征特性

属半冬性品种，比对照洛旱7号早熟1.2天。幼苗匍匐，叶色浓绿，苗势壮，分蘖力较强，成穗率一般。春季起身拔节较晚。株高69.8~79厘米，株型稍松散，抗倒性一般。旗叶长，穗层整齐，熟相较好。穗长方形，长芒，白壳，白粒，籽粒半角质，饱满度较好。亩穗数34.7万~35.4万，穗粒数30~31.2粒，千粒重40.4~45.5克。

(四) 品质分析

蛋白质含量14.17%、15%，容重800克/升、829克/升，湿面筋含量31.6%、26.4%，吸水量64.4毫升/100克、58.3毫升/100克，稳定时间8.4分钟、16.1分钟，拉伸面积73平方厘米、57平方厘米，最大拉伸阻力350 EU、482 EU。

(五) 抗性鉴定

中感条锈病、叶锈病和白粉病，高感纹枯病和赤霉病。抗旱级别4级，抗旱性较弱。

(六) 适宜范围及栽培要点

适宜在河南省丘陵及旱肥地麦区种植。适宜播期10月上中旬，每亩适宜基本苗18万~22万。及时防治蚜虫、纹枯病、赤霉病、锈病和白粉病；注意预防倒春寒，高水肥地块种植防止倒伏。

三七一、鑫地丰168

(一) 品种来源

三门峡市农业科学研究院、河南地丰种业有限公司利用豫农9901/周16//周98165选育而成，2019年通过河南省农作物品种审定委员会审定，审定编号：豫审麦20190046。该品种已申请农业农村部品种保护（专利），其公告号为CNA035853E。其系谱如下：

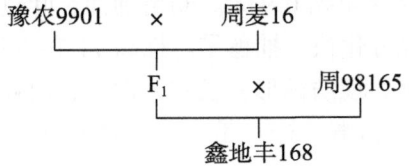

(二)产量表现

2016—2017年度参加河南省旱地组区域试验,平均亩产387千克,比对照洛旱7号增产7.9%;2017—2018年度续试,平均亩产339.5千克,比对照洛旱7号增产6.5%。2017—2018年度参加生产试验,平均亩产364.8千克,比对照洛旱7号增产8.5%。

(三)特征特性

属半冬性品种,比对照洛旱7号早熟0.6天。幼苗半匍匐,叶色浓绿,长势壮,分蘖力较强,成穗率一般。春季起身拔节早,两极分化快,抽穗早。株高70.6~77.6厘米,株型较松散,抗倒性一般。旗叶上举,穗层整齐,熟相好。穗长方形,长芒,白壳,白粒,籽粒半角质,饱满度较好。亩穗数29.2万~31.6万,穗粒数34.4~38.4粒,千粒重42.2~44.6克。

(四)品质分析

蛋白质含量15.5%、15.5%,容重808克/升、775克/升,湿面筋含量31.3%、32.5%,吸水量56毫升/100克、56.3毫升/100克,稳定时间2.9分钟、2.2分钟,拉伸面积40平方厘米、20平方厘米,最大拉伸阻力178 EU、84 EU。

(五)抗性鉴定

中抗白粉病,中感条锈病、叶锈病和纹枯病,高感赤霉病。抗旱级别4级,抗旱性较弱。

(六)适宜范围及栽培要点

适宜在河南省丘陵及旱肥地麦区种植。适宜播期10月上中旬,每亩适宜基本苗15万~20万。及时防治蚜虫、赤霉病、锈病和纹枯病;注意预防倒春寒,高肥地种植防止倒伏。

三七二、偃亳1886

(一)品种来源

河南省亳都种业有限公司、河南省杰琳农业科技有限公司利用洛麦21/洛旱6号选育而成,2019年通过河南省农作物品种审定委员会审定,审定编号:豫审麦20190047。该品种已申请农业农村部品种保护(专利),其申请号为20183141.0。其系谱如下:

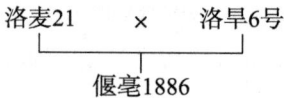

(二)产量表现

2016—2017年度参加河南省旱地组区域试验,平均亩产393.9千克,比对照洛旱7号增产9.8%;2017—2018年度续试,平均亩产346.1千克,比对照洛旱7号增产8.6%。2017—2018年度参加生产试验,平均亩产363.4千克,比对照洛旱7号增产8.1%。

(三)特征特性

属半冬性品种,比对照洛旱7号早熟0.9天。幼苗匍匐,叶色浓绿,长势壮,分蘖力较强,成穗率一般。春季起身拔节早,两极分化快,抽穗早。株高71.1~76.3厘米,株型较紧凑,抗倒性较好。旗叶较长,穗层整齐,熟相好。穗纺锤形,长芒,白壳,白粒,籽粒角质,饱满度较好。亩穗数31.1万~32万,穗粒数31.3~35.3粒,千粒重43.4~43.8克。

（四）品质分析

蛋白质含量 15.9%、16.1%，容重 790 克/升、752 克/升，湿面筋含量 32.2%、33.7%，吸水量 56.7 毫升/100 克、58.1 毫升/100 克，稳定时间 3.9 分钟、2 分钟，拉伸面积 40 平方厘米、30 平方厘米，最大拉伸阻力 182 EU、121 EU。

（五）抗性鉴定

中抗条锈病，中感叶锈病、白粉病和纹枯病，高感赤霉病。抗旱级别 3 级，抗旱性中等。

（六）适宜范围及栽培要点

适宜在河南省丘陵及旱肥地麦区种植。适宜播期 10 月上中旬，每亩适宜基本苗 16 万～18 万。及时防治蚜虫、赤霉病、叶锈病、白粉病和纹枯病；注意预防倒春寒。

三七三、财源 2 号

（一）品种来源

济源市财源种业有限公司利用矮抗 58/07-141 选育而成，2019 年通过河南省农作物品种审定委员会审定，审定编号：豫审麦 20190048。该品种已申请农业农村部品种保护（专利），其公告号为 CNA023065E。其系谱如下：

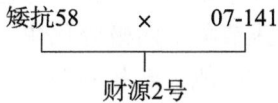

（二）产量表现

2015—2016 年度参加河南省旱地组区域试验，平均亩产 387.2 千克，比对照洛旱 7 号减产 0.1%；2016—2017 年度续试，平均亩产 361.3 千克，比对照洛旱 7 号增产 0.7%。2017—2018 年度参加生产试验，平均亩产 343.7 千克，比对照洛旱 7 号增产 5.8%。

（三）特征特性

属半冬性品种，比对照洛旱 7 号早熟 0.2 天。幼苗匍匐，叶色浓绿，长势壮，分蘖力一般，成穗率一般。春季起身拔节早，两极分化快。株高 72.9～85.4 厘米，株型稍松散，抗倒性一般。旗叶外展，穗层不整齐，熟相一般。穗纺锤形，长芒，白壳，白粒，籽粒半角质，饱满度较好。亩穗数 32 万～33.9 万，穗粒数 29.4～32 粒，千粒重 43.5～48.6 克。

（四）品质分析

蛋白质含量 14.32%、16.1%，容重 786 克/升、816 克/升，湿面筋含量 29.9%、35.2%，吸水量 61.8 毫升/100 克、64.3 毫升/100 克，稳定时间 7.4 分钟、6.9 分钟，拉伸面积 64 平方厘米、58 平方厘米，最大拉伸阻力 259 EU、303 EU。

（五）抗性鉴定

中感条锈病、叶锈病、白粉病和纹枯病，高感赤霉病。抗旱级别 4 级，抗旱性较弱。

（六）适宜范围及栽培要点

适宜在河南省丘陵及旱肥地麦区种植。适宜播期 10 月上中旬，每亩适宜基本苗 16 万～18 万。及时防治蚜虫、赤霉病、锈病、白粉病和纹枯病；注意预防倒春寒，高肥地块种植防止倒伏。

三七四、先麦19

（一）品种来源

河南先天下种业有限公司李晓丽、西北农林科技大学农学院利用西农979/宛麦369//百农AK58选育而成，2019年通过河南省农作物品种审定委员会审定，审定编号：豫审麦20190049。该品种已申请农业农村部品种保护（专利），其公告号为CNA020850E。其系谱如下：

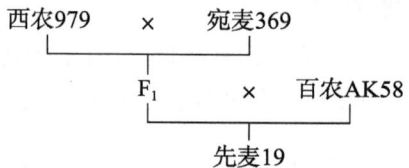

（二）产量表现

2015—2016年度参加河南省南部组区域试验，平均亩产415.8千克，比对照偃展4110增产10.6%；2016—2017年度续试，平均亩产365.4千克，比对照偃展4110增产10.3%。2017—2018年度参加生产试验，平均亩产346.9千克，比对照偃展4110增产5%。

（三）特征特性

属弱春性品种，比对照偃展4110早熟0.2天。幼苗半直立，叶色浅绿，长势弱，分蘖力一般，成穗率中等，冬季抗寒性弱。春季起身拔节早，两极分化快。株高68.9~74.1厘米，株型紧凑，抗倒性一般。旗叶下披，穗层整齐。耐渍性一般，熟相一般。穗纺锤形，长芒，白壳，白粒，籽粒粉质，饱满度较好。亩穗数34.8万~37万，穗粒数30.3~33.3粒，千粒重40.6~47.8克。

（四）品质分析

蛋白质含量12.32%、13.2%，容重775克/升、774克/升，湿面筋含量26.5%、28.7%，吸水量54.9毫升/100克、58.5毫升/100克，稳定时间1.9分钟、3.9分钟，拉伸面积34平方厘米、37平方厘米，最大拉伸阻力141 EU、153 EU。

（五）抗性鉴定

中感条锈病、叶锈病和纹枯病，高感白粉病和赤霉病。

（六）适宜范围及栽培要点

适宜在河南省南部长江中下游麦区种植。适宜播期10月中下旬，每亩适宜基本苗20万~22万。及时防治蚜虫、白粉病、赤霉病、锈病和纹枯病；注意预防倒春寒，高水肥地块种植防止倒伏。

三七五、农麦18

（一）品种来源

河南三农种业有限公司利用周麦18/科丰5号选育而成，2019年通过河南省农作物品种审定委员会审定，审定编号：豫审麦20190051。该品种已获批农业农村部品种保护（专利），其品种权号为CNA20191005627。其系谱如下：

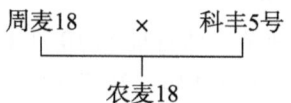

（二）产量表现

2016—2017年度参加河南省南部组区域试验，平均亩产360.3千克，比对照偃展4110增产8.8%；2017—2018年度续试，平均亩产303.5千克，比对照偃展4110增产8%。2017—2018年度参加生产试验，平均亩产345.4千克，比对照偃展4110增产4.6%。

（三）特征特性

属半冬性品种，比对照偃展4110晚熟1.1天。幼苗半直立，叶色浓绿，长势壮，分蘖力较强，成穗率中等。春季起身拔节早，两极分化快，抽穗早。株高71~73.7厘米，株型较紧凑，抗倒性一般。旗叶上举，穗层整齐。耐渍性一般，熟相一般。穗纺锤形，长芒，白壳，白粒，籽粒半角质，饱满度较好。亩穗数32.8万~35.4万，穗粒数30.5~33.5粒，千粒重36.2~41.1克。

（四）品质分析

蛋白质含量11.9%、13%，容重784克/升、728克/升，湿面筋含量26.1%、25.9%，吸水量56.7毫升/100克、55.5毫升/100克，稳定时间5.8分钟、1.6分钟，拉伸面积50平方厘米、14平方厘米，最大拉伸阻力208 EU、59 EU。

（五）抗性鉴定

中感条锈病、叶锈病和纹枯病，高感白粉病和赤霉病。

（六）适宜范围及栽培要点

适宜在河南省南部长江中下游麦区种植。适宜播期10月中下旬，每亩适宜基本苗20万以上。及时防治蚜虫、白粉病、赤霉病、锈病和纹枯病；注意预防倒春寒，高水肥地块种植防止倒伏。

三七六、鹤麦1310

（一）品种来源

鹤壁市农业科学院利用周91177/安麦1号//新麦11/淮阴9628选育而成，2019年通过河南省农作物品种审定委员会审定，审定编号：豫审麦20190052。该品种已申请农业农村部品种保护（专利），其公告号为CNA032134E。其系谱如下：

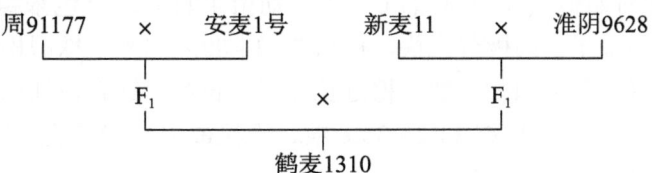

（二）产量表现

2016—2017年度参加河南省南部组区域试验，平均亩产364.4千克，比对照偃展4110增产10%；2017—2018年度续试，平均亩产300.3千克，比对照偃展4110增产6.9%。2017—2018年度参加生产试验，平均亩产348.7千克，比对照偃展4110增产5.6%。

（三）特征特性

属弱春性品种，比对照偃展4110早熟0.2天。幼苗半直立，叶色浓绿，长势壮，分蘖力一般，成穗率较高。春季起身拔节早，两极分化快，抽穗早。株高67.9~75.4厘米，株型较紧凑，抗倒性一般。旗叶上举，穗层整齐。耐渍性一般，熟相较好。穗长方形，长芒，白壳，白粒，籽粒半角质，饱满度较好。亩穗数32.6万~34.5万，穗粒数31.2~33.6粒，千粒重36.2~39.8克。

（四）品质分析

蛋白质含量 11.6%、13.7%，容重 766 克/升、694 克/升，湿面筋含量 24.2%、25.7%，吸水量 55.8 毫升/100 克、55.2 毫升/100 克，稳定时间 4.9 分钟、2 分钟，拉伸面积 34 平方厘米、19 平方厘米，最大拉伸阻力 175 EU、80 EU。

（五）抗性鉴定

中感条锈病、叶锈病和白粉病，高感纹枯病和赤霉病。

（六）适宜范围及栽培要点

适宜在河南省南部长江中下游麦区种植。适宜播期 10 月中下旬，每亩适宜基本苗 21 万～23 万。及时防治蚜虫、纹枯病、赤霉病、锈病和白粉病；注意预防倒春寒，高水肥地块种植防止倒伏。

三七七、绵麦51

（一）品种来源

四川国豪种业股份有限公司、绵阳市农业科学研究院利用 1275-1/99-1522 选育而成，2019 年通过河南省农作物品种审定委员会审定，审定编号：豫审麦 20190053。该品种 2009—2012 年参加国家长江上游冬麦组品种试验，2012 年通过国家审定，审定编号：国审麦 2012001。其系谱如下：

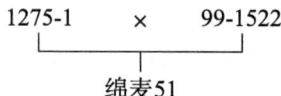

（二）产量表现

2015—2016 年度参加河南省南部组区域试验，平均亩产 368.7 千克，比对照偃展 4110 减产 1.9%；2016—2017 年度续试，平均亩产 335.1 千克，比对照偃展 4110 增产 1.2%。2017—2018 年度参加生产试验，平均亩产 401.7 千克，比对照偃展 4110 增产 7.3%。

（三）特征特性

属弱春性品种，比对照偃展 4110 晚熟 0.3 天。幼苗半直立，叶色浓绿，长势壮，分蘖力弱，成穗率较高。春季起身拔节早，两极分化快。株高 76.3～80.6 厘米，株型松散，抗倒性一般。旗叶窄长，穗层整齐。耐渍性一般，熟相一般。穗近长方形，长芒，红壳，红粒，籽粒半角质，饱满度差。亩穗数 31.7 万～32.9 万，穗粒数 34.2～38.8 粒，千粒重 38～39.7 克。

（四）品质分析

蛋白质含量 12.56%、11.3%，容重 800 克/升、744 克/升，湿面筋含量 27.1%、20.6%，吸水量 58.3 毫升/100 克、49.2 毫升/100 克，稳定时间 7.1 分钟、1 分钟，拉伸面积 90 平方厘米、69 平方厘米，最大拉伸阻力 391 EU、397 EU。

（五）抗性鉴定

中抗白粉病，中感条锈病，高感叶锈病、纹枯病和赤霉病。

（六）适宜范围及栽培要点

适宜在河南省南部长江中下游麦区种植。适宜播期 10 月中下旬，每亩适宜基本苗 14 万～16 万。及时防治蚜虫、锈病、纹枯病和赤霉病；注意预防倒春寒，高水肥地块种植防止倒伏。

三七八、宛麦66

(一)品种来源

河南先天下种业有限公司、河南大方种业科技有限公司利用中育12/百农AK58选育而成,2019年通过河南省农作物品种审定委员会审定,审定编号:豫审麦20190054。该品种已获批农业部品种保护(专利),其品种权号为CNA20173597.0。其系谱如下:

中育12 × 百农AK58
宛麦66

(二)产量表现

2015—2016年度参加河南省南部组区域试验,平均亩产394.2千克,比对照偃展4110增产4.9%;2017—2018年度续试,平均亩产291千克,比对照偃展4110增产3.6%。2017—2018年度参加生产试验,平均亩产362千克,比对照偃展4110增产8.2%。

(三)特征特性

属半冬性品种,比对照偃展4110早熟0.3天。幼苗半匍匐,叶色黄绿,长势较弱,分蘖力弱,成穗率较高。春季起身拔节迟,两极分化慢。株高67.8~73.1厘米,株型紧凑,抗倒性一般。旗叶窄短,穗下节长。耐渍性一般,熟相一般。穗纺锤形,长芒,白壳,白粒,籽粒半角质,饱满度较好。亩穗数32.4万~35.3万,穗粒数32.7~36.6粒,千粒重35.8~42.6克。

(四)品质分析

蛋白质含量13.71%、13.9%,容重800克/升、655克/升,湿面筋含量26%、24%,吸水量60.8毫升/100克、55.4毫升/100克,稳定时间1.1分钟、1.1分钟,拉伸面积60平方厘米、9平方厘米,最大拉伸阻力407 EU、46 EU。

(五)抗性鉴定

中抗白粉病,慢条锈病,中感纹枯病,高感叶锈病和赤霉病。

(六)适宜范围及栽培要点

适宜在河南省南部长江中下游麦区种植。适宜播期10月中下旬,每亩适宜基本苗20万左右。及时防治蚜虫、赤霉病、纹枯病和锈病;注意预防倒春寒,高水肥地块种植防止倒伏。

三七九、苑丰307

(一)品种来源

河南丰源种子有限公司利用淮麦18/偃展4110选育而成,2019年通过河南省农作物品种审定委员会审定,审定编号:豫审麦20190055。其系谱如下:

淮麦18 × 偃展4110
苑丰307

(二)产量表现

2015—2016年度参加河南省南部组区域试验,平均亩产372.7千克,比对照偃展4110减产

0.9%；2016—2017年度续试，平均亩产351.5千克，比对照偃展4110增产6.1%。2017—2018年度参加生产试验，平均亩产386.6千克，比对照偃展4110增产4.5%。

（三）特征特性

属半冬性品种，比对照偃展4110晚熟1.1天。幼苗半匍匐，叶色浓绿，长势较壮，分蘖力强，成穗率中等。春季起身拔节早，两极分化慢。株高70.5~79.6厘米，株型紧凑，抗倒性一般。旗叶小，穗层整齐。耐渍性一般，熟相一般。穗纺锤形，长芒，白壳，白粒，籽粒半角质，饱满度差。亩穗数34.6万~35.5万，穗粒数29.8~33.4粒，千粒重39.8~44.1克。

（四）品质分析

蛋白质含量13.31%、13.4%，容重782克/升、774克/升，湿面筋含量29.2%、28.1%，吸水量57.4毫升/100克、54.9毫升/100克，稳定时间4分钟、2.7分钟，拉伸面积64平方厘米、28平方厘米，最大拉伸阻力280 EU、126 EU。

（五）抗性鉴定

中感条锈病、叶锈病和白粉病，高感纹枯病和赤霉病。

（六）适宜范围及栽培要点

适宜在河南省南部长江中下游麦区种植。适宜播期10月中下旬，每亩适宜基本苗18万~20万。及时防治蚜虫、纹枯病、赤霉病、锈病和白粉病；注意预防倒春寒，高水肥地块种植防止倒伏。

三八〇、藁优5218

（一）品种来源

石家庄市藁城区农业科学研究所、河南粮征种业有限公司利用西农979/8901-11-14选育而成，2019年通过河南省农作物品种审定委员会审定，审定编号：豫审麦20190056。该品种于2015年河北省审定，审定编号：冀审麦2015005号。该品种已获批农业部品种保护（专利），其品种权号为CNA20140607.7。其系谱如下：

```
西农979    ×    8901-11-14
            │
         藁优5218
```

（二）产量表现

2016—2017年度参加河南省强筋组区域试验，平均亩产454.6千克，比对照偃展4110增产1.3%；2017—2018年度续试，平均亩产386千克，比对照偃展4110增产0.7%。2017—2018年度参加生产试验，平均亩产408.6千克，比对照偃展4110增产3.8%。

（三）特征特性

属弱春性偏半冬品种（2016年冬春性鉴定结果为春性类），比对照偃展4110晚熟0.2天。幼苗半匍匐，叶色浓绿，长势一般，分蘖力较强，成穗率一般。春季起身拔节早，两极分化快，耐倒春寒能力一般。株高75.7~84.6厘米，株型较松散，抗倒性一般。旗叶窄短，穗层整齐，熟相一般。穗近长方形，长芒，白壳，白粒，籽粒角质，饱满度一般。亩穗数36.5万~42.9万，穗粒数31~37.3粒，千粒重32.1~37.7克。

（四）品质分析

蛋白质含量15.8%、15.9%，容重802克/升、788克/升，湿面筋含量31.2%、35.2%，吸水

量 62.2 毫升/100 克、58.1 毫升/100 克，稳定时间 22.3 分钟、14.4 分钟，拉伸面积 106 平方厘米、134 平方厘米，最大拉伸阻力 539 EU、584 EU。

（五）抗性鉴定

中抗白粉病，中感条锈病、叶锈病和纹枯病，高感赤霉病。

（六）适宜范围及栽培要点

适宜在河南省（南部长江中下游麦区除外）中晚茬地种植。适宜播期 10 月中下旬，每亩适宜基本苗 16 万~18 万。及时防治蚜虫、赤霉病、锈病和纹枯病；注意预防倒春寒，高水肥地种植防止倒伏。

三八一、郑麦158

（一）品种来源

河南省农业科学院小麦研究所利用（igez-250/96）/周麦16//SP郑麦366选育而成，2019年通过河南省农作物品种审定委员会审定，审定编号：豫审麦20190058。该品种已申请农业农村部品种保护（专利），其公告号为CNA017337E。其系谱如下：

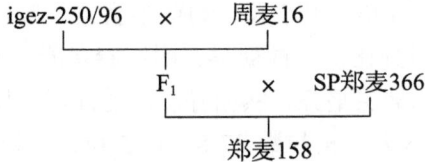

（二）产量表现

2016—2017 年度参加河南省强筋组区域试验，平均亩产 511 千克，比对照周麦 18 增产 1.1%；2017—2018 年度续试，平均亩产 383.8 千克，比对照周麦 18 减产 1.9%。2017—2018 年度参加生产试验，平均亩产 411.6 千克，比对照周麦 18 减产 0.5%。

（三）特征特性

属半冬性品种，比对照周麦 18 晚熟 0.1 天。幼苗半直立，叶色浓绿，长势壮，分蘖力一般，成穗率较高。春季起身拔节早，两极分化快，抽穗早，耐倒春寒能力一般。株高 75~81.8 厘米，株型紧凑，抗倒性一般。旗叶宽短，穗层整齐，熟相好。穗纺锤形，长芒，白壳，红粒，籽粒角质，饱满度较好。亩穗数 37.6 万~41.9 万，穗粒数 27.8~34 粒，千粒重 39.3~45 克。

（四）品质分析

蛋白质含量 14.6%、15.1%，容重 822 克/升、811 克/升，湿面筋含量 29.6%、32.2%，吸水量 61.2 毫升/100 克、58.7 毫升/100 克，稳定时间 15.8 分钟、10.2 分钟，拉伸面积 98 平方厘米、126 平方厘米，最大拉伸阻力 478 EU、496 EU。

（五）抗性鉴定

中感条锈病和白粉病，高感叶锈病、纹枯病和赤霉病。

（六）适宜范围及栽培要点

适宜在河南省（南部长江中下游麦区除外）早中茬地种植。适宜播期 10 月上中旬，每亩适宜基本苗 12 万~15 万。及时防治蚜虫、纹枯病、赤霉病、锈病和白粉病；注意预防倒春寒，高水肥地种植防止倒伏。

三八二、丰德存麦 21

（一）品种来源

河南丰德康种业有限公司利用丰德存麦 5 号 / 周麦 21 选育而成，2019 年通过河南省农作物品种审定委员会审定，审定编号：豫审麦 20190059。该品种已获批农业部品种保护（专利），其品种权号为 CNA20151297.5。其系谱如下：

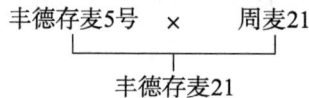

（二）产量表现

2016—2017 年度参加河南省强筋组区域试验，平均亩产 508.4 千克，比对照周麦 18 增产 0.6%；2017—2018 年度续试，平均亩产 366.1 千克，比对照周麦 18 减产 6.4%。2017—2018 年度参加生产试验，平均亩产 394.9 千克，比对照周麦 18 减产 4.6%。

（三）特征特性

属半冬性品种，比对照周麦 18 早熟 0.7 天。幼苗半直立，叶色浓绿，长势壮，分蘖力强，成穗率较高。春季起身拔节早，两极分化快，抽穗早，耐倒春寒能力弱。株高 71.1～80.8 厘米，株型较紧凑，抗倒性一般。旗叶宽短，穗层整齐，熟相好。穗纺锤形，长芒，白壳，白粒，籽粒半角质，饱满度较好。亩穗数 34.8 万～38.8 万，穗粒数 27.8～35.5 粒，千粒重 39～44.8 克。

（四）品质分析

蛋白质含量 15.1%、16.6%，容重 816 克/升、792 克/升，湿面筋含量 31.8%、35.9%，吸水量 59.4 毫升/100 克、60.1 毫升/100 克，稳定时间 14.3 分钟、10.4 分钟，拉伸面积 109 平方厘米、125 平方厘米，最大拉伸阻力 486 EU、452 EU。

（五）抗性鉴定

中感条锈病、叶锈病、白粉病和纹枯病，高感赤霉病。

（六）适宜范围及栽培要点

适宜在河南省（南部长江中下游麦区除外）早中茬地种植。适宜播期 10 月上中旬，每亩适宜基本苗 18 万～20 万。及时防治蚜虫、赤霉病、锈病、白粉病和纹枯病；倒春寒易发区慎用，高水肥地种植防止倒伏。

三八三、西农 239

（一）品种来源

西北农林科技大学、陕西大唐种业股份有限公司利用陕 512/陕 872 选育而成，2019 年通过河南省农作物品种审定委员会审定，审定编号：豫审麦 20190060。该品种已申请农业农村部品种保护（专利），其申请号为 20183548.9。其系谱如下：

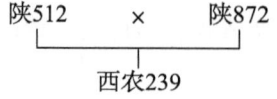

（二）产量表现

2016—2017年度参加河南省抗赤霉病组区域试验，平均亩产486.3千克，比对照偃展4110增产14.1%；2017—2018年度续试，平均亩产413.1千克，比对照偃展4110增产7.9%。2017—2018年度参加生产试验，平均亩产427.2千克，比对照偃展4110增产5.7%。

（三）特征特性

属弱春性品种，比对照偃展4110晚熟1.1天。幼苗半匍匐，叶色浓绿，长势壮，分蘖力较强，成穗率一般。春季起身拔节早，两极分化快，抽穗早。株高74.6~79.3厘米，株型较松散，抗倒性一般。旗叶窄短，穗层整齐，熟相一般。穗纺锤形，长芒，白壳，白粒，籽粒半角质，饱满度一般。亩穗数40.9万~43.1万，穗粒数31.6~33.8粒，千粒重36.7~39.2克。

（四）品质分析

蛋白质含量15.6%、13.8%，容重778克/升、810克/升，湿面筋含量33.1%、30.2%，吸水量62.6毫升/100克、59.4毫升/100克，稳定时间8.9分钟、3.1分钟，拉伸面积99平方厘米、75平方厘米，最大拉伸阻力368 EU、272 EU。

（五）抗性鉴定

中抗条锈病和白粉病，中感叶锈病、纹枯病和赤霉病。

（六）适宜范围及栽培要点

适宜在河南省中晚茬地种植。适宜播期10月中下旬，每亩适宜基本苗14万~16万。及时防治蚜虫、叶锈病、纹枯病和赤霉病；注意预防倒春寒，高水肥地块种植防止倒伏。

三八四、灵绿麦1号

（一）品种来源

李怀江、朱建明、三门峡市农业科学研究院利用中普绿麦1号/中普6号选育而成，2019年通过河南省农作物品种审定委员会审定，审定编号：豫审麦20190061。其系谱如下：

```
    中普绿麦1号  ×  中普6号
            │
         灵绿麦1号
```

（二）产量表现

2016—2017年度自行开展特色组区域试验，平均亩产489.9千克，比对照周黑麦1号增产6.7%；2017—2018年度续试，平均亩产422.4千克，比对照周黑麦1号增产3.7%。2017—2018年度自行开展特色麦组生产试验，平均亩产428.8千克，比对照周黑麦1号增产5.3%。

（三）特征特性

属半冬性特殊用途类型小麦品种，比对照周黑麦1号晚熟0.8天。幼苗半匍匐，叶色深绿，长势旺，分蘖力较强，成穗率一般。株高81.4~87.9厘米，株型较紧凑，抗倒性较好。旗叶大，穗下节长，穗层较整齐，熟相好。穗长方形，长芒，白壳，绿粒，籽粒半角质，饱满度好。亩穗数29.2万~32.2万，穗粒数39.9~47.8粒，千粒重36.5~37.6克。

（四）品质分析

蛋白质含量17%、15.2%，容重808克/升（2018年），湿面筋含量38.5%、32.6%，吸水量

64.8 毫升/100 克、56.5 毫升/100 克，稳定时间 5.9 分钟、4.1 分钟，拉伸面积 154 平方厘米、98 平方厘米，最大拉伸阻力 788 EU、620 EU，硒含量 0.02 毫克/千克、0.036 毫克/千克，铁含量 53 毫克/千克、49.4 毫克/千克。

（五）抗性鉴定

中抗条锈病，中感叶锈病、白粉病和纹枯病，高感赤霉病。

（六）适宜范围及栽培要点

适宜作为特殊用途类型品种以订单农业形式在河南省（南部长江中下游麦区除外）早中茬地种植。适宜播期 10 月上中旬，每亩适宜基本苗 20 万~22 万。及时防治蚜虫、赤霉病、叶锈病、白粉病和纹枯病；注意预防倒春寒。

三八五、灵黑麦 1 号

（一）品种来源

李怀江、三门峡市农业科学研究院利用中普黑麦 1 号/豫原黑麦 1 号选育而成，2019 年通过河南省农作物品种审定委员会审定，审定编号：豫审麦 20190062。该品种已申请农业农村部品种保护（专利），其公告号为 CNA035852E。其系谱如下：

```
中普黑1号  ×  豫原黑麦1号
        └──┬──┘
         灵黑麦1号
```

（二）产量表现

2016—2017 年度自行开展特色组区域试验，平均亩产 484.2 千克，比对照周黑麦 1 号增产 5.4%；2017—2018 年度续试，平均亩产 434.6 千克，比对照周黑麦 1 号增产 6.7%。2017—2018 年度自行开展特色组生产试验，平均亩产 437.4 千克，比对照周黑麦 1 号增产 7.4%。

（三）特征特性

属半冬性特殊用途类型小麦品种，比对照周黑麦 1 号早熟 2.3 天。幼苗直立，叶色深绿，长势旺，分蘖力中等，成穗率较高。春季起身拔节迟，抽穗晚，耐倒春寒能力一般。株高 77.2~84 厘米，株型较紧凑，抗倒性较好。旗叶大，穗层较整齐，熟相好。穗长方形，长芒，白壳，黑粒，籽粒半角质，饱满度较好。亩穗数 36.8 万~40.2 万，穗粒数 33.8~37.8 万，千粒重 35.2~35.8 克。

（四）品质分析

蛋白质含量 16.38%、14.8%，容重 783 克/升（2018 年），湿面筋含量 33.2%、27.4%，吸水量 63 毫升/100 克、57.3 毫升/100 克，稳定时间 4.4 分钟、3.6 分钟，拉伸面积 58 平方厘米、44 平方厘米，最大拉伸阻力 247 EU、212 EU，硒含量 0.0204 毫克/千克、0.024 毫克/千克，铁含量 59.9 毫克/千克、71.4 毫克/千克。

（五）抗性鉴定

中感条锈病、叶锈病和纹枯病，高感白粉病和赤霉病。

（六）适宜范围及栽培要点

适宜作为特殊用途类型品种以订单农业形式在河南省（南部长江中下游麦区除外）早中茬地种植。适宜播期 10 月上中旬，每亩适宜基本苗 18 万~20 万。及时防治蚜虫、白粉病、赤霉病、锈病和纹枯病；注意预防倒春寒。

三八六、昌麦18

（一）品种来源

许昌市农业科学研究所利用9品3/郑育麦9987选育而成，2019年通过河南省农作物品种审定委员会审定，审定编号：豫审麦20190063。其系谱如下：

```
        9品3   ×   郑育麦9987
              │
           昌麦18
```

（二）产量表现

2016—2017年度参加河南省小麦产业技术创新战略联盟新品种试验联合体冬水组区域试验，平均亩产546.3千克，比对照周麦18增产5.8%；2017—2018年度续试，平均亩产431.3千克，比对照周麦18增产3.7%。2017—2018年度参加生产试验，平均亩产444.7千克，比对照周麦18增产3.8%。

（三）特征特性

属半冬性品种，比对照周麦18早熟0.8天。幼苗半匍匐，叶色深绿，长势壮，分蘖力较强，成穗率中等。春季返青拔节早，两极分化快，抽穗较早，耐倒春寒能力一般。株高71~77.1厘米，株型偏松散，抗倒性较好。旗叶宽，穗层整齐，熟相一般。穗纺锤形，长芒，白壳，白粒，籽粒半角质，饱满度较好。亩穗数36.9万~41.1万，穗粒数32.9~35.4粒，千粒重42.6~47克。

（四）品质分析

蛋白质含量13%、14.3%，容重812克/升、796克/升，湿面筋含量27.6%、29%，吸水量58.5毫升/100克、57.7毫升/100克，稳定时间6.3分钟、3.1分钟，拉伸面积（2018年）32平方厘米，最大拉伸阻力（2018年）163 EU。

（五）抗性鉴定

中感条锈病、叶锈病、白粉病和纹枯病，高感赤霉病。

（六）适宜范围及栽培要点

适宜在河南省（南部长江中下游麦区除外）早中茬地种植。适宜播期10月上中旬，每亩适宜基本苗16万~22万。及时防治蚜虫、赤霉病、锈病、白粉病和纹枯病；注意预防倒春寒。

三八七、漯麦906

（一）品种来源

漯河市农业科学院利用周麦18/野二二燕选育而成，2019年通过河南省农作物品种审定委员会审定，审定编号：豫审麦20190064。该品种已获批农业部品种保护（专利），其品种权号为CNA20173200.9。其系谱如下：

```
        周麦18   ×   野二二燕
              │
           漯麦906
```

（二）产量表现

2016—2017年度参加河南省小麦产业技术创新战略联盟新品种试验联合体冬水组区域试验，

平均亩产 543.9 千克，比对照周麦 18 增产 5.2%；2017—2018 年度续试，平均亩产 436 千克，比对照周麦 18 增产 4.8%。2017—2018 年度参加生产试验，平均亩产 454.6 千克，比对照周麦 18 增产 6.1%。

（三）特征特性

属半冬性品种，熟期与对照周麦 18 相当。幼苗半匍匐，分蘖力中等，成穗率中等，冬季抗寒性较好。拔节早，两极分化快，苗脚利索，耐倒春寒能力一般。株高 72~77.3 厘米，株型偏紧凑，抗倒性一般。旗叶短，穗下节较长，穗层整齐，熟相好。穗纺锤形，短芒，白粒，半角质，饱满度较好。亩穗数 36.1 万~38.7 万，穗粒数 33.1~34.9 粒，千粒重 41.6~47.1 克。

（四）品质分析

蛋白质含量 14.5%、14.6%，容重 812 克/升、797 克/升，湿面筋含量 31.2%、31.5%，吸水量 57.5 毫升/100 克、56.4 毫升/100 克，稳定时间 5.9 分钟、5.4 分钟，拉伸面积（2018 年）56 平方厘米，最大拉伸阻力（2018 年）266 EU。

（五）抗性鉴定

中抗白粉病，中感条锈病、叶锈病和纹枯病，高感赤霉病。

（六）适宜范围及栽培要点

适宜在河南省（南部长江中下游麦区除外）早中茬地种植。适宜播期 10 月上中旬，每亩适宜基本苗 16 万~18 万。及时防治蚜虫、赤霉病、锈病和纹枯病；注意预防倒春寒。

三八八、中原丰 1 号

（一）品种来源

商丘市顺天种植专业合作社、河南鼎优农业科技有限公司利用温麦 6 号/周麦 12//周麦 13/商麦 008 选育而成，2020 年通过河南省农作物品种审定委员会审定，审定编号：豫审麦 20200001。该品种已申请农业农村部品种保护（专利），其公告号为 CNA023020E。其系谱如下：

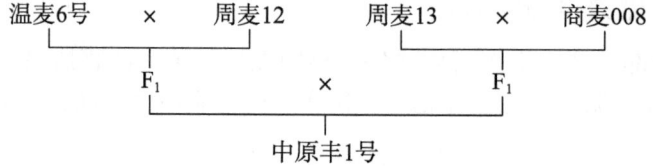

（二）产量表现

2016—2017 年度参加河南省冬水组区域试验，平均亩产 537.9 千克，比对照周麦 18 增产 4.2%；2017—2018 年度续试，平均亩产 434.8 千克，比对照周麦 18 增产 3%。2018—2019 年度参加生产试验，平均亩产 588.7 千克，比对照周麦 18 增产 4.7%。

（三）特征特性

属半冬性品种，比对照周麦 18 早熟 0.2 天。幼苗半直立，叶色浅绿，长势壮，分蘖力较强。春季起身拔节略迟，两极分化快，抽穗偏晚，耐倒春寒能力一般。株高 75.6~79.7 厘米，株型紧凑，抗倒性较好。旗叶较小，穗下节长，穗层不整齐，熟相好。穗纺锤形，长芒，白壳，白粒，籽粒半角质，饱满度较好。亩穗数 36.5 万~41.8 万，穗粒数 32.2~34.6 粒，千粒重 43.3~46.5 克。

（四）品质分析

蛋白质含量 16.1%、16.3%，容重 790 克/升、764 克/升，湿面筋含量 33%、34.4%，吸水量 55.3 毫升/100 克、55.1 毫升/100 克，稳定时间 3.7 分钟、3.7 分钟，拉伸面积 38 平方厘米、71 平方厘米，最大拉伸阻力 178 EU、263 EU。

（五）抗性鉴定

高抗条锈病，中抗白粉病，中感叶锈病，高感纹枯病和赤霉病。

（六）适宜范围及栽培要点

适宜在河南省（南部长江中下游麦区除外）早中茬地种植。适宜播期 10 月上中旬，每亩适宜基本苗 14 万~19 万。及时防治蚜虫、纹枯病、赤霉病和叶锈病；注意预防倒春寒。

三八九、项麦 182

（一）品种来源

项城市农业科学研究所利用山农 05-66/焦麦 11 选育而成，2020 年通过河南省农作物品种审定委员会审定，审定编号：豫审麦 20200002。其系谱如下：

```
山农05-66    ×    焦麦11
       └─────┬─────┘
          项麦182
```

（二）产量表现

2016—2017 年度参加河南省冬水组区域试验，平均亩产 520.3 千克，比对照周麦 18 增产 2%；2017—2018 年度续试，平均亩产 444.8 千克，比对照周麦 18 增产 6.1%。2018—2019 年度参加生产试验，平均亩产 586.6 千克，比对照周麦 18 增产 4.3%。

（三）特征特性

属半冬性品种，比对照周麦 18 早熟 0.3 天。幼苗半匍匐，叶色深绿，苗势壮，分蘖力强。春季起身拔节略迟，两极分化慢，抽穗晚。株高 79.6~87 厘米，株型紧凑，抗倒性一般。旗叶小，穗下节短，穗层较整齐，熟相好。穗纺锤形，长芒，白壳，白粒，籽粒半角质，饱满度较好。亩穗数 39.5 万~44.7 万，穗粒数 31.3~34.2 粒，千粒重 41.2~45.7 克。

（四）品质分析

蛋白质含量 14.7%、14.5%，容重 816 克/升、766 克/升，湿面筋含量 31.2%、29.1%，吸水量 61 毫升/100 克、59.1 毫升/100 克，稳定时间 6.1 分钟、3 分钟，拉伸面积 41 平方厘米、45 平方厘米，最大拉伸阻力 215 EU、200 EU。

（五）抗性鉴定

中感条锈病和白粉病，高感叶锈病、纹枯病和赤霉病。

（六）适宜范围及栽培要点

适宜在河南省（南部长江中下游麦区除外）早中茬地种植。适宜播期 10 月上中旬，每亩适宜基本苗 18 万~22 万。及时防治蚜虫、纹枯病、赤霉病、锈病和白粉病；注意预防倒春寒，高水肥地块种植防止倒伏。

三九〇、内乐269

(一)品种来源

内乡县农业科学研究所、合肥丰乐种业股份有限公司利用03繁20/9843//百农AK58/023选育而成，2020年通过河南省农作物品种审定委员会审定，审定编号：豫审麦20200003。其系谱如下：

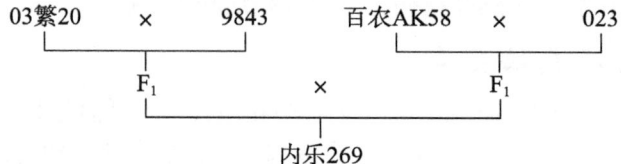

(二)产量表现

2016—2017年度参加河南省冬水组区域试验，平均亩产529.9千克，比对照周麦18增产3.9%；2017—2018年度续试，平均亩产432.2千克，比对照周麦18增产2.4%。2018—2019年度参加生产试验，平均亩产576.4千克，比对照周麦18增产2.5%。

(三)特征特性

属半冬性品种，比对照周麦18早熟0.9天。幼苗匍匐，叶色浅绿，长势一般，分蘖力较强。春季起身拔节迟，两极分化慢，抽穗晚，耐倒春寒能力一般。株高71.9～81.4厘米，株型松散，抗倒性一般。旗叶较小，穗下节长，穗层不整齐，熟相好。穗纺锤形，长芒，白壳，白粒，籽粒半角质，饱满度较好。亩穗数40.7万～43万，穗粒数35～39粒，千粒重34.7～38.8克。

(四)品质分析

蛋白质含量14.6%、14%，容重810克/升、770克/升，湿面筋含量28.8%、27.4%，吸水量51.9毫升/100克、50.2毫升/100克，稳定时间3分钟、2.7分钟，拉伸面积40平方厘米、67平方厘米，最大拉伸阻力185 EU、250 EU。

(五)抗性鉴定

中感条锈病、白粉病和纹枯病，高感叶锈病和赤霉病。

(六)适宜范围及栽培要点

适宜在河南省（南部长江中下游麦区除外）早中茬地种植。适宜播期10月上中旬，每亩适宜基本苗15万～18万。及时防治蚜虫、赤霉病、锈病、白粉病和纹枯病；注意预防倒春寒，高水肥地块种植防止倒伏。

三九一、郑麦20

(一)品种来源

河南省农业科学院小麦研究所利用周麦18/百农AK58//偃展4110选育而成，2020年通过河南省农作物品种审定委员会审定，审定编号：豫审麦20200004。该品种已申请农业农村部品种保护（专利），其公告号为CNA023018E。其系谱如下：

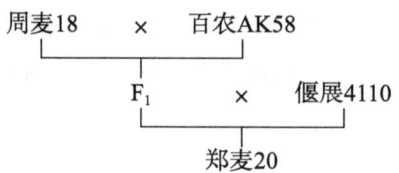

（二）产量表现

2017—2018年度参加河南省冬水组区域试验，平均亩产442.7千克，比对照周麦18增产5.2%；2018—2019年度续试，平均亩产623千克，比对照周麦18增产7.7%。2018—2019年度参加生产试验，平均亩产595.2千克，比对照周麦18增产5.8%。

（三）特征特性

属半冬性品种，熟期与对照周麦18相当。幼苗半直立，叶色深绿，长势壮，分蘖力强。春季起身拔节略迟，两极分化快，抽穗较晚，耐倒春寒能力一般。株高77.1~79.3厘米，株型松散，抗倒性较好。旗叶短宽，穗下节长，穗层整齐，熟相好。穗纺锤形，长芒，白壳，白粒，籽粒半角质，饱满度一般。亩穗数35.4万~40.5万，穗粒数30.9~35.3粒，千粒重48.5~51.1克。

（四）品质分析

蛋白质含量13.6%、13%，容重734克/升、776克/升，湿面筋含量26.8%、25.6%，吸水量56毫升/100克、56.3毫升/100克，稳定时间1.3分钟、1.5分钟，拉伸面积28平方厘米、15平方厘米，最大拉伸阻力106 EU、86 EU。

（五）抗性鉴定

中抗白粉病，中感条锈病，高感叶锈病、纹枯病和赤霉病。

（六）适宜范围及栽培要点

适宜在河南省（南部长江中下游麦区除外）早中茬地种植。适宜播期10月上中旬，每亩适宜基本苗18万~20万。及时防治蚜虫、纹枯病、赤霉病和锈病；注意预防倒春寒。

三九二、许麦1636

（一）品种来源

许昌市农业科学研究所利用郑麦1410/许0905选育而成，2020年通过河南省农作物品种审定委员会审定，审定编号：豫审麦20200005。其系谱如下：

```
郑麦1410    ×    许0905
        └──────┬──────┘
            许麦1636
```

（二）产量表现

2017—2018年度参加河南省冬水组区域试验，平均亩产458.3千克，比对照周麦18增产7.8%；2018—2019年度续试，平均亩产623.1千克，比对照周麦18增产7.3%。2018—2019年度参加生产试验，平均亩产597.8千克，比对照周麦18增产4.8%。

（三）特征特性

属半冬性品种，比对照周麦18晚熟0.4天。幼苗半匍匐，叶色深绿，长势壮，分蘖力较强。春季起身拔节略迟，两极分化略慢，抽穗较晚，耐倒春寒能力一般。株高80.1~86.2厘米，株型偏松散，抗倒性较弱。旗叶宽长，穗下节长，穗层较整齐，熟相好。穗长方形，长芒，白壳，白粒，籽粒半角质，饱满度较好。亩穗数37.2万~40.9万，穗粒数33.9~37.6粒，千粒重42.6~46.4克。

（四）品质分析

蛋白质含量13.9%、13.2%，容重799克/升、818克/升，湿面筋含量27.4%、28.2%，吸水

量53.9毫升/100克、55.1毫升/100克，稳定时间3.1分钟、2.3分钟，拉伸面积36平方厘米、29平方厘米，最大拉伸阻力146 EU、146 EU。

（五）抗性鉴定

中感条锈病、叶锈病和白粉病，高感纹枯病和赤霉病。

（六）适宜范围及栽培要点

适宜在河南省（南部长江中下游麦区除外）早中茬地种植。适宜播期10月上中旬，每亩适宜基本苗16万~18万。及时防治蚜虫、纹枯病、赤霉病、锈病和白粉病；注意预防倒春寒，高水肥地块种植防止倒伏。

三九三、开麦1502

（一）品种来源

开封市农林科学研究院利用署麦05-2/科农1091选育而成，2020年通过河南省农作物品种审定委员会审定，审定编号：豫审麦20200006。该品种已申请农业农村部品种保护（专利），其公告号为CNA024356E。其系谱如下：

```
署麦05-2    ×    科农1091
         |
       开麦1502
```

（二）产量表现

2017—2018年度参加河南省冬水组区域试验，平均亩产449.8千克，比对照周麦18增产5.8%；2018—2019年度续试，平均亩产608.3千克，比对照周麦18增产4.7%。2018—2019年度参加生产试验，平均亩产597.9千克，比对照周麦18增产4.8%。

（三）特征特性

属半冬性品种，熟期与对照周麦18相当。幼苗半直立，叶色深绿，长势较壮。春季返青起身略迟，拔节快，两极分化快，抽穗较晚，耐倒春寒能力一般。株高74.1~78厘米，株型偏松散，抗倒性较好。旗叶宽短，穗下节长，穗层较整齐，熟相一般。穗纺锤形，短芒，白壳，白粒，籽粒半角质，饱满度较好。亩穗数35.9万~38.7万，穗粒数34.3~37.7粒，千粒重43.8~48.2克。

（四）品质分析

蛋白质含量15.2%、14.5%，容重774克/升、798克/升，湿面筋含量30.7%、28.8%，吸水量58.2毫升/100克、58毫升/100克，稳定时间3.2分钟、2.6分钟，拉伸面积35平方厘米、26平方厘米，最大拉伸阻力148 EU、138 EU。

（五）抗性鉴定

中感条锈病、叶锈病和白粉病，高感纹枯病和赤霉病。

（六）适宜范围及栽培要点

适宜在河南省（南部长江中下游麦区除外）早中茬地种植。适宜播期10月上中旬，每亩适宜基本苗16万~20万。及时防治蚜虫、纹枯病、赤霉病、锈病和白粉病；注意预防倒春寒。

三九四、中研麦6号

（一）品种来源

河南农科豫玉种业有限公司利用偃展4110/周麦16//周麦22选育而成，2020年通过河南省农作物品种审定委员会审定，审定编号：豫审麦20200007。该品种已获批农业部品种保护（专利），其品种权号为CNA20172963.8。其系谱如下：

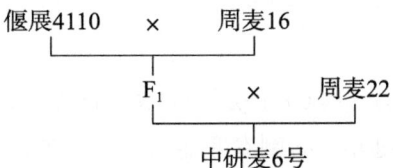

（二）产量表现

2016—2017年度参加河南省冬水组区域试验，平均亩产538千克，比对照周麦18增产5.5%；2017—2018年度续试，平均亩产432.7千克，比对照周麦18增产2.5%。2018—2019年度参加生产试验，平均亩产584.4千克，比对照周麦18增产2.4%。

（三）特征特性

属半冬性品种，比对照周麦18早熟0.4天。幼苗半匍匐，叶色深绿，长势壮，分蘖力一般。春季起身拔节迟，两极分化慢，抽穗晚，耐倒春寒能力一般。株高77.8~84.4厘米，株型松散，抗倒性中等。旗叶大，穗下节长，穗层不整齐。穗纺锤形，长芒，白壳，白粒，籽粒半角质，饱满度较好。亩穗数36.3万~40.5万，穗粒数32.6~36.1粒，千粒重43~45.6克。

（四）品质分析

蛋白质含量15.5%、15.7%，容重788克/升、750克/升，湿面筋含量30.7%、30.7%，吸水量55.1毫升/100克、54毫升/100克，稳定时间2.9分钟、2.8分钟，拉伸面积29平方厘米、33平方厘米，最大拉伸阻力148 EU、134 EU。

（五）抗性鉴定

中感条锈病、叶锈病、白粉病和纹枯病，高感赤霉病。

（六）适宜范围及栽培要点

适宜在河南省（南部长江中下游麦区除外）早中茬地种植。适宜播期10月上中旬，每亩适宜基本苗16万左右。及时防治蚜虫、赤霉病、锈病、白粉病和纹枯病；注意预防倒春寒。

三九五、科林201

（一）品种来源

河南科林种业有限公司、中国农业科学院植物保护研究所利用许科316/中植0914//周麦22选育而成，2020年通过河南省农作物品种审定委员会审定，审定编号：豫审麦20200008。该品种已获批农业农村部品种保护（专利），其品种权号为CNA20184181.9。其系谱如下：

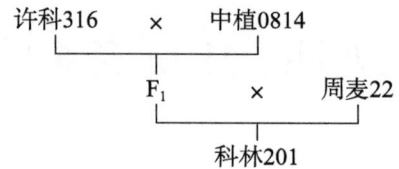

（二）产量表现

2017—2018年度参加河南省冬水组区域试验，平均亩产447.2千克，比对照周麦18增产6.3%；2018—2019年度续试，平均亩产613.5千克，比对照周麦18增产6.4%。2018—2019年度参加生产试验，平均亩产589千克，比对照周麦18增产5%。

（三）特征特性

属半冬性品种，比对照周麦18早熟1.1天。幼苗半直立，叶色浅绿，长势壮，分蘖力偏弱。春季起身拔节早，两极分化快，抽穗早，耐倒春寒能力较弱。株高77.8~80.8厘米，株型松紧适中，抗倒性中等。旗叶宽短，穗下节长，穗层较整齐，熟相好。穗纺锤形，长芒，白壳，白粒，籽粒半角质，饱满度一般。亩穗数37.9万~42.2万，穗粒数31.6~35.4粒，千粒重43.9~48.5克。

（四）品质分析

蛋白质含量14.9%、14.8%，容重748克/升、787克/升，湿面筋含量31.6%、30%，吸水量55.9毫升/100克、57.1毫升/100克，稳定时间2.9分钟、2.1分钟，拉伸面积56平方厘米、34平方厘米，最大拉伸阻力208 EU、153 EU。

（五）抗性鉴定

中抗条锈病，中感叶锈病，高感白粉病、纹枯病和赤霉病。

（六）适宜范围及栽培要点

适宜在河南省（南部长江中下游麦区除外）早中茬地种植。适宜播期10月上中旬，每亩适宜基本苗16万~20万。及时防治蚜虫、白粉病、纹枯病、赤霉病和叶锈病；注意预防倒春寒。

三九六、河大518

（一）品种来源

河南大学利用百农AK58/周麦18选育而成，2020年通过河南省农作物品种审定委员会审定，审定编号：豫审麦20200009。其系谱如下：

```
百农AK58  ×  周麦18
        │
      河大518
```

（二）产量表现

2016—2017年度参加河南省冬水组区域试验，平均亩产530.5千克，比对照周麦18增产4.3%；2017—2018年度续试，平均亩产441.3千克，比对照周麦18增产4.6%。2018—2019年度参加生产试验，平均亩产579.8千克，比对照周麦18增产3.4%。

（三）特征特性

属半冬性品种，比对照周麦18早熟0.3天。幼苗半直立，叶色深绿，长势一般，分蘖力弱。春季起身拔节早，两极分化快，抽穗早，耐倒春寒能力弱。株高78.8~83.6厘米，株型松散，抗倒性中等。旗叶宽大，穗下节长，熟相好。穗纺锤形，长芒，白壳，白粒，籽粒半角质，饱满度一般。

亩穗数36.1万~41.1万，穗粒数30.2~32.7粒，千粒重50.6~52.1克。

（四）品质分析

蛋白质含量15.5%、15.5%，容重793克/升、774克/升，湿面筋含量26.4%、32.2%，吸水量54.8毫升/100克、54.5毫升/100克，稳定时间3.3分钟、2.4分钟，拉伸面积35平方厘米、39平方厘米，最大拉伸阻力162 EU、148 EU。

（五）抗性鉴定

中感条锈病和白粉病，高感叶锈病、纹枯病和赤霉病。

（六）适宜范围及栽培要点

适宜在河南省（南部长江中下游麦区除外）早中茬地种植。适宜播期10月上中旬，每亩适宜基本苗16万~20万。及时防治蚜虫、纹枯病、赤霉病、锈病和白粉病；倒春寒易发区慎用。

三九七、温禾902

（一）品种来源

温县金地种业有限公司利用豫麦158/周麦22选育而成，2020年通过河南省农作物品种审定委员会审定，审定编号：豫审麦20200010。该品种已申请农业农村部品种保护（专利），其公告号为CNA037258E。其系谱如下：

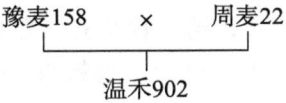

（二）产量表现

2017—2018年度参加河南省冬水组区域试验，平均亩产443.8千克，比对照周麦18增产5.5%；2018—2019年度续试，平均亩产610千克，比对照周麦18增产5.8%。2018—2019年度参加生产试验，平均亩产586.6千克，比对照周麦18增产4.6%。

（三）特征特性

属半冬性品种，比对照周麦18晚熟0.1天。幼苗半直立，叶色深绿，长势壮，分蘖力弱。春季返青晚，拔节快，两极分化快，抽穗偏晚，耐倒春寒能力一般。株高78.1~83厘米，株型松紧适中，抗倒性中等。旗叶较长，穗层不整齐，熟相一般。穗长方形，长芒，白壳，白粒，籽粒半角质，饱满度一般。亩穗数35.1万~40万，穗粒数33.7~37.4粒，千粒重43.2~48克。

（四）品质分析

蛋白质含量15.1%、14.5%，容重760克/升、786克/升，湿面筋含量30.7%、29.8%，吸水量52.7毫升/100克、54.4毫升/100克，稳定时间3.7分钟、3.5分钟，拉伸面积60平方厘米、45平方厘米，最大拉伸阻力244 EU、216 EU。

（五）抗性鉴定

中感条锈病、白粉病和纹枯病，高感叶锈病和赤霉病。

（六）适宜范围及栽培要点

适宜在河南省（南部长江中下游麦区除外）早中茬地种植。适宜播期10月上中旬，每亩适宜基本苗15万~18万。及时防治蚜虫、赤霉病、锈病、白粉病和纹枯病；注意预防倒春寒。

三九八、浚麦 8202

（一）品种来源

浚县丰黎种业有限公司利用浚麦 K8/豫农 202 选育而成，2020 年通过河南省农作物品种审定委员会审定，审定编号：豫审麦 20200011。该品种已申请农业农村部品种保护（专利），其申请号为 20184102.5。其系谱如下：

（二）产量表现

2016—2017 年度参加河南省冬水组区域试验，平均亩产 520.8 千克，比对照周麦 18 增产 2.4%；2017—2018 年度续试，平均亩产 440.3 千克，比对照周麦 18 增产 5%。2018—2019 年度参加生产试验，平均亩产 574 千克，比对照周麦 18 增产 2.4%。

（三）特征特性

属弱春性品种，比对照周麦 18 早熟 1.1 天。幼苗直立，叶色深绿，苗势一般，分蘖力弱，成穗率较高。春季起身拔节早，两极分化快，抽穗早，耐倒春寒能力一般。株高 74.8~79 厘米，株型松散，抗倒性中等。旗叶大，穗下节长，穗层较整齐，熟相好。穗纺锤形，长芒，白壳，白粒，籽粒半角质，饱满度一般。亩穗数 37.3 万~42 万，穗粒数 33.5~35.9 粒，千粒重 40.5~44.2 克。

（四）品质分析

蛋白质含量 14.8%、15.1%，容重 816 克/升、761 克/升，湿面筋含量 29.4%、29.4%，吸水量 57.3 毫升/100 克、56.7 毫升/100 克，稳定时间 5.7 分钟、5.3 分钟，拉伸面积 41 平方厘米、55 平方厘米，最大拉伸阻力 205 EU、247 EU。

（五）抗性鉴定

中抗白粉病，中感条锈病和纹枯病，高感叶锈病和赤霉病。

（六）适宜范围及栽培要点

适宜在河南省（南部长江中下游麦区除外）中晚茬地种植。适宜播期 10 月中下旬，每亩适宜基本苗 18 万~20 万。及时防治蚜虫、赤霉病、锈病和纹枯病；注意预防倒春寒。

三九九、中育 1686

（一）品种来源

中国农业科学院棉花研究所利用周麦 22/漯 6082 选育而成，2020 年通过河南省农作物品种审定委员会审定，审定编号：豫审麦 20200012。该品种已获批农业农村部品种保护（专利），其品种权号为 CNA20191003216。其系谱如下：

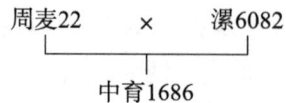

（二）产量表现

2017—2018年度参加河南省冬水组区域试验，平均亩产454.8千克，比对照周麦18增产8.1%；2018—2019年度续试，平均亩产620.9千克，比对照周麦18增产6.9%。2018—2019年度参加生产试验，平均亩产604.4千克，比对照周麦18增产5.9%。

（三）特征特性

属半冬性品种，比对照周麦18早熟0.6天。幼苗半直立，叶色深绿，苗势壮，分蘖力较弱。春季起身拔节早，两极分化快，抽穗早，耐倒春寒能力一般。株高75.2~78.3厘米，株型较松散，抗倒性较好。穗下节长，穗层较整齐，熟相好。穗长方形，长芒，白壳，白粒，籽粒半角质，饱满度一般。亩穗数37.8万~40.8万，穗粒数31.8~34.8粒，千粒重44.5~49.7克。

（四）品质分析

蛋白质含量14.9%、14.2%，容重790克/升、791克/升，湿面筋含量28.6%、28.1%，吸水量55.2毫升/100克、56.8毫升/100克，稳定时间3分钟、2.4分钟，拉伸面积43平方厘米、27平方厘米，最大拉伸阻力178 EU、128 EU。

（五）抗性鉴定

中抗条锈病，中感叶锈病、白粉病和纹枯病，高感赤霉病。

（六）适宜范围及栽培要点

适宜在河南省（南部长江中下游麦区除外）早中茬地种植。适宜播期10月上中旬，每亩适宜基本苗12万~20万。及时防治蚜虫、赤霉病、叶锈病、白粉病和纹枯病；注意预防倒春寒。

四〇〇、百农219

（一）品种来源

河南科技学院利用百农AK58/华育198选育而成，2020年通过河南省农作物品种审定委员会审定，审定编号：豫审麦20200013。该品种已申请农业农村部品种保护（专利），其公告号为CNA024383E。其系谱如下：

```
百农AK58    ×    华育198
         ↓
       百农219
```

（二）产量表现

2016—2017年度参加河南省冬水组区域试验，平均亩产526.7千克，比对照周麦18增产3.5%；2017—2018年度续试，平均亩产441.3千克，比对照周麦18增产5.3%。2018—2019年度参加生产试验，平均亩产592.8千克，比对照周麦18增产3.9%。

（三）特征特性

属半冬性品种，比对照周麦18早熟0.6天。幼苗半直立，叶色浅绿，苗势一般，分蘖力弱。春季起身拔节早，两极分化快，抽穗早，耐倒春寒能力较弱。株高76.4~81厘米，株型较紧凑，抗倒性中等。穗下节短，熟相好。穗纺锤形，长芒，白壳，白粒，籽粒半角质，饱满度较好。亩穗数38.2万~41万，穗粒数32.3~34.7粒，千粒重42.1~46.5克。

（四）品质分析

蛋白质含量15%、14.8%，容重825克/升、807克/升，湿面筋含量28.2%、26.8%，吸水量57.5毫升/100克、57.2毫升/100克，稳定时间3.1分钟、3.4分钟，拉伸面积32平方厘米、31平方厘米，最大拉伸阻力166 EU、147 EU。

（五）抗性鉴定

中感条锈病和白粉病，高感叶锈病、纹枯病和赤霉病。

（六）适宜范围及栽培要点

适宜在河南省（南部长江中下游麦区除外）早中茬地种植。适宜播期10月上中旬，每亩适宜基本苗20万~22万。及时防治蚜虫、纹枯病、赤霉病、锈病和白粉病；注意预防倒春寒。

四〇一、才智566

（一）品种来源

河南省才智种子开发有限公司利用中科小黑麦/06（262）-1//周麦16选育而成，2020年通过河南省农作物品种审定委员会审定，审定编号：豫审麦20200014。该品种已获批农业部品种保护(专利)，其品种权号为CNA20172472.2。其系谱如下：

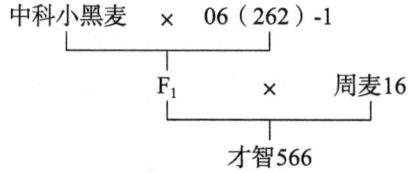

（二）产量表现

2017—2018年度参加河南省冬水组区域试验，平均亩产446.1千克，比对照周麦18增产6%；2018—2019年度续试，平均亩产605.5千克，比对照周麦18增产4.7%。2018—2019年度参加生产试验，平均亩产592.3千克，比对照周麦18增产3.8%。

（三）特征特性

属半冬性品种，比对照周麦18晚熟0.2天。幼苗半直立，叶色浅绿，长势壮，分蘖力一般。春季返青略迟，起身拔节快，两极分化慢，抽穗略晚。耐倒春寒能力一般。株高76~80.2厘米，株型较松散，抗倒性一般。旗叶较小，穗下节长，穗层较厚，熟相好。穗纺锤形，长芒，白壳，白粒，籽粒半角质，饱满度较好。亩穗数39.5万~44.8万，穗粒数31~34.3粒，千粒重44~45.1克。

（四）品质分析

蛋白质含量14.5%、14.5%，容重782克/升、799克/升，湿面筋含量30.4%、28.5%，吸水量55.7毫升/100克、56.3毫升/100克，稳定时间2.5分钟、3.2分钟，拉伸面积46平方厘米、36平方厘米，最大拉伸阻力166 EU、144 EU。

（五）抗性鉴定

中感条锈病、叶锈病和纹枯病，高感白粉病和赤霉病。

（六）适宜范围及栽培要点

适宜在河南省（南部长江中下游麦区除外）早中茬地种植。适宜播期10月上中旬，每亩适宜基本苗18万~20万。及时防治蚜虫、白粉病、赤霉病、锈病和纹枯病；注意预防倒春寒，高水肥地块种植防止倒伏。

四〇二、遂麦139

（一）品种来源

遂平县农业科学试验站利用豫农416/西北农大xns16选育而成，2020年通过河南省农作物品种审定委员会审定，审定编号：豫审麦20200015。其系谱如下：

```
豫农416    ×    西北农大xns16
         ↓
       遂麦139
```

（二）产量表现

2016—2017年度参加河南省冬水组区域试验，平均亩产548.7千克，比对照周麦18增产7%；2017—2018年度续试，平均亩产445.1千克，比对照周麦18增产4.9%。2017—2018年度参加生产试验，平均亩产462.7千克，比对照周麦18增产5.3%。

（三）特征特性

属半冬性品种，比对照周麦18早熟0.8天。幼苗半匍匐，叶色浅绿，苗势壮，分蘖力较强。冬季抗寒性一般。春季起身拔节迟，两极分化慢，耐倒春寒能力一般。株高70.8~79.1厘米，株型松散，茎秆弹性一般，抗倒性中等。旗叶平展，穗层不整齐。耐后期高温能力一般，熟相一般。穗长方形，长芒，白壳，白粒，籽粒半角质，饱满度一般。亩穗数35.7万~41.5万，穗粒数34.6~36.7粒，千粒重40.5~42.8克。

（四）品质分析

蛋白质含量13%、14.1%，容重798克/升、757克/升，湿面筋含量26.4%、27.8%，吸水量54.4毫升/100克、51.7毫升/100克，稳定时间8.5分钟、4.3分钟，拉伸面积77平方厘米、80平方厘米，最大拉伸阻力393 EU、369 EU。

（五）抗性鉴定

高抗纹枯病，中感条锈病，高感叶锈病、白粉病和赤霉病。

（六）适宜范围及栽培要点

适宜在河南省（南部长江中下游麦区除外）早中茬地种植。适宜播期10月上中旬，每亩适宜基本苗15万~18万。及时防治蚜虫、白粉病、赤霉病和锈病；注意预防倒春寒。

四〇三、菊城麦6号

（一）品种来源

河南菊城农业科技有限公司利用开麦18/周麦16选育而成，2020年通过河南省农作物品种审定委员会审定，审定编号：豫审麦20200016。该品种已获批农业农村部品种保护（专利），其品种权号为CNA20183085.8。其系谱如下：

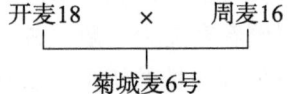

（二）产量表现

2017—2018 年度参加河南省冬水组区域试验，平均亩产 445.5 千克，比对照周麦 18 增产 6.3%；2018—2019 年度续试，平均亩产 598.5 千克，比对照周麦 18 增产 3.8%。2018—2019 年度参加生产试验，平均亩产 588.3 千克，比对照周麦 18 增产 3.1%。

（三）特征特性

属半冬性品种，比对照周麦 18 早熟 0.5 天。幼苗半直立，叶色深绿，苗势壮，分蘖力一般。春季起身拔节早，两极分化快，抽穗较晚，耐倒春寒能力一般。株高 77.3~80.6 厘米，株型偏松散，抗倒性中等。穗下节较长，穗层不整齐，熟相一般。穗纺锤形，长芒，白壳，白粒，籽粒半角质，饱满度较好。亩穗数 36.5 万~39.5 万，穗粒数 31.7~35.5 粒，千粒重 44.7~51.4 克。

（四）品质分析

蛋白质含量 15.1%、14.5%，容重 733 克/升、788 克/升，湿面筋含量 31.2%、29.6%，吸水量 52.7 毫升/100 克、54.5 毫升/100 克，稳定时间 2.3 分钟、2.1 分钟，拉伸面积 51 平方厘米、25 平方厘米，最大拉伸阻力 199 EU、118 EU。

（五）抗性鉴定

中抗条锈病，中感叶锈病和白粉病，高感纹枯病和赤霉病。

（六）适宜范围及栽培要点

适宜在河南省（南部长江中下游麦区除外）早中茬地种植。适宜播期 10 月上中旬，每亩适宜基本苗 16 万~20 万。及时防治蚜虫、纹枯病、赤霉病、叶锈病和白粉病；注意预防倒春寒。

四〇四、百农307

（一）品种来源

河南科技学院利用百农 AK58/06-4047 选育而成，2020 年通过河南省农作物品种审定委员会审定，审定编号：豫审麦 20200017。该品种已申请农业农村部品种保护（专利），其公告号为 CNA015504E。其系谱如下：

```
百农AK58    ×    06-4047
         |
       百农307
```

（二）产量表现

2016—2017 年度参加河南省冬水组区域试验，平均亩产 517.7 千克，比对照周麦 18 增产 1%；2017—2018 年度续试，平均亩产 431.7 千克，比对照周麦 18 增产 3%。2018—2019 年度参加生产试验，平均亩产 582.3 千克，比对照周麦 18 增产 4.1%。2018—2019 年度大区试验，平均亩产 638.9 千克，比对照周麦 18 增产 6.1%。

（三）特征特性

属半冬性品种，比对照周麦 18 早熟 0.4 天。幼苗半直立，叶色深绿，分蘖力弱。春季返青较迟，拔节较快，两极分化快，抽穗偏晚，耐倒春寒能力一般。株高 65.7~70.7 厘米，株型松紧适中，抗倒性好。旗叶宽大，穗下节短，穗层较整齐。穗纺锤形，长芒，白壳，白粒，籽粒半角质，饱满度中等。亩穗数 37 万~40.5 万，穗粒数 34.7~39.3 粒，千粒重 37.5~42.1 克。

（四）品质分析

蛋白质含量 14.6%、14.2%，容重 795 克/升、732 克/升，湿面筋含量 29.6%、27.5%，吸水量 57.3 毫升/100 克、55.9 毫升/100 克，稳定时间 7 分钟、5.5 分钟，拉伸面积 58 平方厘米、79 平方厘米，最大拉伸阻力 264 EU、334 EU。

（五）抗性鉴定

中抗白粉病，中感条锈病和叶锈病，高感纹枯病和赤霉病。

（六）适宜范围及栽培要点

适宜在河南省（南部长江中下游麦区除外）早中茬地种植。适宜播期 10 月上中旬，每亩适宜基本苗 20 万~22 万。及时防治蚜虫、纹枯病、赤霉病和锈病；注意预防倒春寒。

四〇五、温麦168

（一）品种来源

温县农业科学研究所、河南温科种业有限公司利用新麦 3306/周麦 16 选育而成，2020 年通过河南省农作物品种审定委员会审定，审定编号：豫审麦 20200018。其系谱如下：

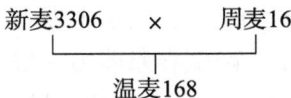

（二）产量表现

2016—2017 年度参加河南省冬水组区域试验，平均亩产 532.1 千克，比对照周麦 18 增产 4.4%；2017—2018 年度续试，平均亩产 446.3 千克，比对照周麦 18 增产 5.8%。2018—2019 年度参加生产试验，平均亩产 580.2 千克，比对照周麦 18 增产 3.7%。

（三）特征特性

属半冬性品种，比对照周麦 18 早熟 0.3 天。幼苗半直立，叶色浅绿，长势壮，分蘖力弱。春季起身拔节早，两极分化快，抽穗较晚，耐倒春寒能力较弱。株高 76.4~82.2 厘米，株型松散，抗倒性中等。旗叶宽大，穗下节长，熟相一般。穗长方形，长芒，白壳，白粒，籽粒半角质，饱满度较好。亩穗数 37.1 万~39.1 万，穗粒数 33.2~37 粒，千粒重 41.6~45.1 克。

（四）品质分析

蛋白质含量 14.6%、14.3%，容重 764 克/升、750 克/升，湿面筋含量 26.1%、27.4%，吸水量 51.4 毫升/100 克、51.8 毫升/100 克，稳定时间 4.8 分钟、3.7 分钟，拉伸面积 29 平方厘米、55 平方厘米，最大拉伸阻力 166 EU、225 EU。

（五）抗性鉴定

中感条锈病和白粉病，高感叶锈病、纹枯病和赤霉病。

（六）适宜范围及栽培要点

适宜在河南省（南部长江中下游麦区除外）早中茬地种植。适宜播期 10 月上中旬，每亩适宜基本苗 16 万~20 万。及时防治蚜虫、纹枯病、赤霉病、锈病和白粉病；注意预防倒春寒。

四〇六、金地8931

（一）品种来源

温县金地种业有限公司利用温麦19/郑麦9023//周麦16选育而成，2020年通过河南省农作物品种审定委员会审定，审定编号：豫审麦20200019。该品种已申请农业农村部品种保护（专利），其公告号为CNA037257E。其系谱如下：

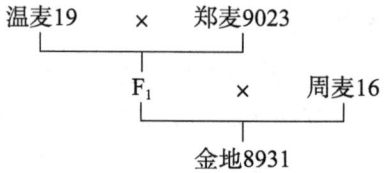

（二）产量表现

2016—2017年度参加河南省冬水组区域试验，平均亩产525.1千克，比对照周麦18增产1.7%；2017—2018年度续试，平均亩产448.1千克，比对照周麦18增产6.9%。2018—2019年度参加生产试验，平均亩产581.9千克，比对照周麦18增产4%。

（三）特征特性

属半冬性品种，比对照周麦18晚熟0.2天。幼苗半直立，叶色浅绿，长势一般，分蘖力一般。春季起身拔节早，两极分化快，抽穗早，耐倒春寒能力一般。株高77.1～84厘米，株型松散，抗倒性中等。旗叶大，穗下节长，穗层不整齐，熟相一般。穗长方形，长芒，白壳，白粒，籽粒半角质，饱满度一般。亩穗数36.2万～39.6万，穗粒数32.4～35.6粒，千粒重44.8～45.9克。

（四）品质分析

蛋白质含量14.5%、14.8%，容重804克/升、765克/升，湿面筋含量26.4%、29%，吸水量58.4毫升/100克、58.3毫升/100克，稳定时间4.3分钟、4.2分钟，拉伸面积38平方厘米、63平方厘米，最大拉伸阻力184 EU、267 EU。

（五）抗性鉴定

中感条锈病、叶锈病、白粉病和纹枯病，高感赤霉病。

（六）适宜范围及栽培要点

适宜在河南省（南部长江中下游麦区除外）早中茬地种植。适宜播期10月上中旬，每亩适宜基本苗16～19万。及时防治蚜虫、赤霉病、锈病、白粉病和纹枯病；注意预防倒春寒。

四〇七、浚麦802

（一）品种来源

浚县丰黎种业有限公司王怀苹等利用郑麦9023/兰考906//周麦18选育而成，2020年通过河南省农作物品种审定委员会审定，审定编号：豫审麦20200020。该品种已获批农业农村部品种保护（专利），其品种权号为CNA20184104.3。其系谱如下：

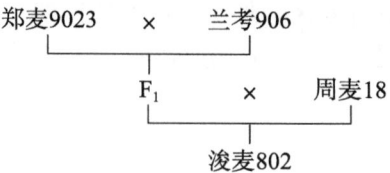

（二）产量表现

2017—2018年度参加河南省冬水组区域试验，平均亩产448.3千克，比对照周麦18增产5.5%；2018—2019年度续试，平均亩产614.7千克，比对照周麦18增产5.8%。2018—2019年度参加生产试验，平均亩产581.6千克，比对照周麦18增产3.9%。

（三）特征特性

属半冬性品种，比对照周麦18早熟1.5天。幼苗半直立，叶色浅绿，苗势壮，分蘖力较弱，成穗率较高。春季起身拔节早，两极分化快，抽穗早，耐倒春寒能力较弱。株高74.4~79.4厘米，株型较紧凑，抗倒性一般。旗叶宽，穗层较整齐，熟相好。穗纺锤形，长芒，白壳，白粒，籽粒角质，饱满度中等。亩穗数38.6万~43.8万，穗粒数31.7~35.3粒，千粒重42.4~45.9克。

（四）品质分析

蛋白质含量16.1%、15.2%，容重778克/升、786克/升，湿面筋含量29.2%、31%，吸水量57.8毫升/100克、57.9毫升/100克，稳定时间7.1分钟、5.9分钟，拉伸面积108平方厘米、71平方厘米，最大拉伸阻力404 EU、319 EU。

（五）抗性鉴定

中感条锈病、叶锈病、白粉病和纹枯病，高感赤霉病。

（六）适宜范围及栽培要点

适宜在河南省（南部长江中下游麦区除外）早中茬地种植。适宜播期10月上中旬，每亩适宜基本苗15万~18万。及时防治蚜虫、赤霉病、锈病、白粉病和纹枯病；注意预防倒春寒，高水肥地块种植防止倒伏。

四〇八、昌麦15

（一）品种来源

许昌市农场、许昌市农业科学研究所利用百农AK58//pm13/扬麦158选育而成，2020年通过河南省农作物品种审定委员会审定，审定编号：豫审麦20200021。其系谱如下：

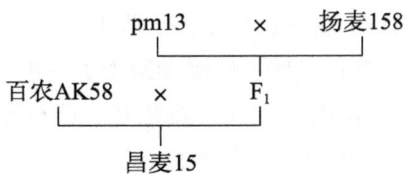

（二）产量表现

2016—2017年度参加河南省春水组区域试验，平均亩产466千克，比对照偃展4110增产3.7%；2017—2018年度续试，平均亩产405千克，比对照偃展4110增产2.7%。2018—2019年度参加生产试验，平均亩产549.3千克，比对照偃展4110增产6.6%。

（三）特征特性

属弱春性品种，比对照偃展4110早熟0.3天。幼苗半直立，叶色浅绿，苗势一般，分蘖力弱。春季起身拔节早，两极分化快，抽穗早，耐倒春寒能力一般。株高74.5~79厘米，株型松散，抗倒性一般。旗叶宽大，穗下节长，穗层较整齐，熟相一般。穗纺锤形，长芒，白壳，白粒，籽粒半角质，饱满度较好。亩穗数 36 万～40.7 万，穗粒数 32.1～35.8 粒，千粒重 40.3～45.7 克。

（四）品质分析

蛋白质含量 14.4%、14.6%，容重 807 克/升、795 克/升，湿面筋含量 26.4%、29.8%，吸水量 56.6 毫升/100 克、56.3 毫升/100 克，稳定时间 5.6 分钟、4 分钟，拉伸面积 49 平方厘米、61 平方厘米，最大拉伸阻力 259 EU、251 EU。

（五）抗性鉴定

中感条锈病、叶锈病、白粉病和纹枯病，高感赤霉病。

（六）适宜范围及栽培要点

适宜在河南省（南部长江中下游麦区除外）中晚茬地种植。适宜播期 10 月中下旬，每亩适宜基本苗 20 万～24 万。及时防治蚜虫、锈病、白粉病、纹枯病和赤霉病；注意预防倒春寒，高水肥地块种植防止倒伏。

四〇九、才智 16

（一）品种来源

河南省才智种子开发有限公司徐才智等利用才智 06（311）-1-2-8/周 91177 选育而成，2020 年通过河南省农作物品种审定委员会审定，审定编号：豫审麦 20200022。该品种已获批农业农村部品种保护（专利），其品种权号为 CNA20172473.1。其系谱如下：

```
才智06（311）-1-2-8    ×    周91177
                  │
               才智16
```

（二）产量表现

2016—2017 年度参加河南省春水组区域试验，平均亩产 480.4 千克，比对照偃展 4110 增产 6.9%；2017—2018 年度续试，平均亩产 424 千克，比对照偃展 4110 增产 7.5%。2018—2019 年度参加生产试验，平均亩产 557.5 千克，比对照偃展 4110 增产 8.2%。

（三）特征特性

属弱春性品种，比对照偃展 4110 晚熟 0.1 天。幼苗半直立，叶色浅绿，长势一般，分蘖力中等。春季起身拔节早，两极分化快，抽穗较晚，耐倒春寒能力一般。株高 76～80 厘米，株型较松散，抗倒性一般。旗叶较长，穗下节短，穗层不整齐，熟相好。穗纺锤形，长芒，白壳，白粒，籽粒半角质，饱满度较好。亩穗数 35.2 万～39.1 万，穗粒数 33.4～37.1 粒，千粒重 42.6～46.8 克。

（四）品质分析

蛋白质含量 14.7%、15.3%，容重 795 克/升、784 克/升，湿面筋含量 31%、32.6%，吸水量 56.7 毫升/100 克、56.3 毫升/100 克，稳定时间 6.1 分钟、3.1 分钟，拉伸面积 59 平方厘米、38 平方厘米，最大拉伸阻力 277 EU、146 EU。

（五）抗性鉴定

中感条锈病和白粉病，高感叶锈病、纹枯病和赤霉病。

（六）适宜范围及栽培要点

适宜在河南省（南部长江中下游麦区除外）中晚茬地种植。适宜播期 10 月中下旬，每亩适宜基本苗18万~22万。及时防治蚜虫、纹枯病、赤霉病、锈病和白粉病；注意预防倒春寒，高水肥地块种植防止倒伏。

四一〇、华科016

（一）品种来源

河南中颖农业科技有限公司利用偃展4110/周麦16//周麦16选育而成，2020年通过河南省农作物品种审定委员会审定，审定编号：豫审麦20200023。该品种已申请农业农村部品种保护（专利），其公告号为CNA020190E。其系谱如下：

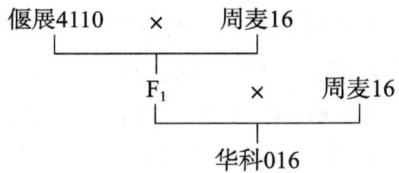

（二）产量表现

2016—2017年度参加河南省春水组区域试验，平均亩产491.7千克，比对照偃展4110增产9.4%；2017—2018年度续试，平均亩产419.6千克，比对照偃展4110增产6.4%。2018—2019年度参加生产试验，平均亩产562千克，比对照偃展4110增产8.6%。

（三）特征特性

属弱春性品种，比对照偃展4110早熟0.1天。幼苗直立，叶色浅绿，分蘖力弱。春季起身拔节早，两极分化快，抽穗早，耐倒春寒能力一般。株高76.5~82厘米，株型松散，抗倒性一般。旗叶大，穗下节短，熟相好。穗纺锤形，长芒，白壳，白粒，籽粒半角质，饱满度较好。亩穗数34.8万~37.7万，穗粒数33.6~38.1粒，千粒重43.6~49.9克。

（四）品质分析

蛋白质含量13.9%、14.6%，容重783克/升、768克/升，湿面筋含量28.6%、31.2%，吸水量54.9毫升/100克、55.4毫升/100克，稳定时间2.8分钟、1.7分钟，拉伸面积24平方厘米、15平方厘米，最大拉伸阻力114 EU、64 EU。

（五）抗性鉴定

中感条锈病和白粉病，高感叶锈病、纹枯病和赤霉病。

（六）适宜范围及栽培要点

适宜在河南省（南部长江中下游麦区除外）中晚茬地种植。适宜播期10月中下旬，每亩适宜基本苗18万~20万。及时防治蚜虫、纹枯病、赤霉病、锈病和白粉病；注意预防倒春寒，高水肥地块种植防止倒伏。

四一一、轮选131

（一）品种来源

许昌市先圣矮败小麦有限公司、北京奥新高科种子科技有限公司利用轮选987/轮选201选育而成，2020年通过河南省农作物品种审定委员会审定，审定编号：豫审麦20200024。该品种已申请农业农村部品种保护（专利），其公告号为 CNA033372E。其系谱如下：

```
轮选987  ×  轮选201
      └──┬──┘
       轮选131
```

（二）产量表现

2017—2018 年度参加河南省春水组区域试验，平均亩产 421.6 千克，比对照郑麦 113 增产 5%；2018—2019 年度续试，平均亩产 569.1 千克，比对照郑麦 113 增产 5.3%。2018—2019 年度参加生产试验，平均亩产 539.4 千克，比对照郑麦 113 增产 1.5%。

（三）特征特性

属弱春性品种，比对照郑麦 113 早熟 0.8 天。幼苗直立，叶色浅绿，分蘖力中等。春季起身拔节早，两极分化快，抽穗早，耐倒春寒能力一般。株高 70.3~70.8 厘米，株型松紧适中，抗倒性较好。旗叶长，穗下节长，穗层较整齐。穗纺锤形，长芒，白壳，白粒，籽粒半角质，饱满度一般。亩穗数 37.3 万~40.7 万，穗粒数 33.4~36.2 粒，千粒重 40.3~45.1 克。

（四）品质分析

蛋白质含量 14.2%、14.5%，容重 769 克/升、808 克/升，湿面筋含量 27.4%、26.3%，吸水量 59.6 毫升/100 克、63.9 毫升/100 克，稳定时间 3.2 分钟、3.4 分钟，拉伸面积 68 平方厘米、23 平方厘米，最大拉伸阻力 264 EU、129 EU。

（五）抗性鉴定

中抗条锈病和白粉病，高感叶锈病、纹枯病和赤霉病。

（六）适宜范围及栽培要点

适宜在河南省（南部长江中下游麦区除外）中晚茬地种植。适宜播期 10 月中下旬，每亩适宜基本苗 20 万~25 万。及时防治蚜虫、叶锈病和赤霉病，尤其重视防治纹枯病；注意预防倒春寒。

四一二、先麦 18

（一）品种来源

河南先天下种业有限公司李晓丽、河南敦敏农业科技有限公司利用豫麦 70-36/04 中 36 选育而成，2020 年通过河南省农作物品种审定委员会审定，审定编号：豫审麦 20200025。该品种已获批农业农村部品种保护（专利），其品种权号为 CNA20183343.6。其系谱如下：

```
豫麦70-36  ×  04中36
       └──┬──┘
         先麦18
```

（二）产量表现

2017—2018 年度参加河南省南部及弱筋组区域试验，平均亩产 297.6 千克，比对照偃展 4110 增产 5.9%；2018—2019 年度续试，平均亩产 431 千克，比对照偃展 4110 增产 9.5%。2018—2019 年度参加生产试验，平均亩产 462.3 千克，比对照偃展 4110 增产 9.5%。

（三）特征特性

属半冬性品种，比对照偃展 4110 晚熟 0.4 天。幼苗半直立，叶色深绿，长势壮。春季起身拔节迟，两极分化快，株高 71.8~78.5 厘米，株型紧凑，抗倒性一般。耐湿性好，熟相好。亩穗数 34.3 万~36.8 万，穗粒数 32.5~34.9 粒，千粒重 36.8~47.9 克。

（四）品质分析

蛋白质含量 13.6%、12.6%，容重 668 克/升、773 克/升，湿面筋含量 21.9%、25.7%，吸水量 59.8 毫升/100 克、57.1 毫升/100 克，稳定时间 1 分钟、1.8 分钟，拉伸面积 7 平方厘米、21 平方厘米，最大拉伸阻力 43 EU、85 EU。

（五）抗性鉴定

中感条锈病和白粉病，高感叶锈病、纹枯病和赤霉病。

（六）适宜范围及栽培要点

适宜在河南省南部长江中下游麦区种植。适宜播期 10 月中下旬，每亩适宜基本苗 18 万~20 万。及时防治蚜虫、叶锈病、纹枯病、赤霉病、条锈病和白粉病；注意预防倒春寒，高水肥地块种植防止倒伏。

四一三、方裕麦 66

（一）品种来源

河南大方种业科技有限公司利用宛麦 19 变异株系统选育而成，2020 年通过河南省农作物品种审定委员会审定，审定编号：豫审麦 20200026。该品种已申请农业农村部品种保护（专利），其公告号为 CNA040329E。其系谱如下：

```
宛麦19
  │系选
方裕麦66
```

（二）产量表现

2017—2018 年度参加河南省南部及弱筋组区域试验，平均亩产 297.6 千克，比对照偃展 4110 增产 5.9%；2018—2019 年度续试，平均亩产 423.8 千克，比对照偃展 4110 增产 7.7%。2018—2019 年度参加生产试验，平均亩产 456.2 千克，比对照偃展 4110 增产 8.1%。

（三）特征特性

属弱春性品种，比对照偃展 4110 晚熟 0.1 天。幼苗半直立，叶色深绿，长势壮，分蘖力较弱，成穗率较高。春季起身早，两极分化快，株高 66.7~72.1 厘米，抗倒性较好，耐湿性好，熟相较好。亩穗数 35 万~36.9 万，穗粒数 32.7~36.1 粒，千粒重 35.4~43.3 克。

（四）品质分析

蛋白质含量 13.2%、13.7%，容重 716 克/升、797 克/升，湿面筋含量 23.4%、28.8%，吸水量 57.2 毫升/100 克、61.2 毫升/100 克，稳定时间 1.7 分钟、3 分钟，拉伸面积 8 平方厘米、15 平方厘米，最大拉伸阻力 46 EU、65 EU。

（五）抗性鉴定

中抗条锈病和赤霉病，中感叶锈病、白粉病和纹枯病。

（六）适宜范围及栽培要点

适宜在河南省南部长江中下游麦区种植。适宜播期 10 月中下旬，每亩适宜基本苗 16 万~18 万。

及时防治蚜虫、叶锈病、白粉病和纹枯病；注意预防倒春寒。

四一四、信麦1168

（一）品种来源

信阳市农业科学院利用扬麦158/豫麦18选育而成，2020年通过河南省农作物品种审定委员会审定，审定编号：豫审麦20200027。该品种已获批农业农村部品种保护（专利），其品种权号为CNA20201001731。其系谱如下：

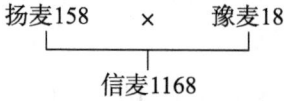

（二）产量表现

2016—2017年度参加河南省弱筋组区域试验，平均亩产367.9千克，比对照扬麦15增产10.1%；2017—2018年度续试，平均亩产305.2千克，比对照偃展4110增产9.1%。2018—2019年度参加生产试验，平均亩产453.2千克，比对照偃展4110增产7.8%。

（三）特征特性

属弱春性品种。幼苗半直立，叶色深绿，长势壮，分蘖力中等。春季起身拔节早，两极分化快。株高78.5~84.3厘米，株型较紧凑，抗倒性一般。耐湿性好，熟相好。亩穗数33.5万~37.8万，穗粒数31.3~38.5粒，千粒重34.5~40.2克。

（四）品质分析

蛋白质含量12.5%、13.1%，容重788克/升、780克/升，湿面筋含量26.1%、25.6%，吸水量50.9毫升/100克、51.4毫升/100克，稳定时间2.5分钟、1.3分钟，拉伸面积55平方厘米、51平方厘米，最大拉伸阻力277 EU、232 EU。

（五）抗性鉴定

中抗条锈病和叶锈病，中感白粉病，高感纹枯病和赤霉病。

（六）适宜范围及栽培要点

适宜在河南省南部长江中下游麦区种植。适宜播期10月中下旬，每亩适宜基本苗18万~26万。及时防治蚜虫、纹枯病、赤霉病和白粉病；注意预防倒春寒，高水肥地块种植防止倒伏。

四一五、森科093

（一）品种来源

柴同森、张锦富、隋天显等利用Tal/偃科956//周麦22选育而成，2020年通过河南省农作物品种审定委员会审定，审定编号：豫审麦20200028。该品种已获批农业农村部品种保护（专利），其品种权号为CNA20172961.0。其系谱如下：

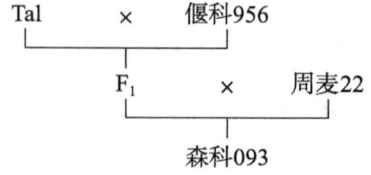

(二)产量表现

2016—2017年度参加河南省弱筋组区域试验,平均亩产348.1千克,比对照扬麦15增产3.8%;2017—2018年度续试,平均亩产303.7千克,比对照偃展4110增产8.6%。2018—2019年度参加生产试验,平均亩产456.4千克,比对照偃展4110增产8.6%。

(三)特征特性

属弱春性品种。幼苗半直立,叶色深绿,苗势壮,分蘖力中等。春季起身拔节早。株高74.5~81.4厘米,株型较紧凑,抗倒性较好。耐湿性好,成熟较早,熟相好。亩穗数31.5万~34万,穗粒数33~37.4粒,千粒重36.4~51.1克。

(四)品质分析

蛋白质含量11.7%、12.2%,容重777克/升、692克/升,湿面筋含量26.4%、21.1%,吸水量53毫升/100克、49.5毫升/100克,稳定时间2.4分钟、1.1分钟,拉伸面积16平方厘米、3平方厘米,最大拉伸阻力83 EU、33 EU。

(五)抗性鉴定

中感条锈病、白粉病和纹枯病,高感叶锈病和赤霉病。

(六)适宜范围及栽培要点

适宜在河南省南部长江中下游麦区种植。适宜播期10月中下旬,每亩适宜基本苗18万左右。及时防治蚜虫、赤霉病、锈病、白粉病和纹枯病;注意预防倒春寒。

四一六、硕麦988

(一)品种来源

河南农科豫玉种业有限公司利用Tal//偃科956/金丰3号选育而成,2020年通过河南省农作物品种审定委员会审定,审定编号:豫审麦20200029。该品种已获批农业部品种保护(专利),其品种权号为CNA20172964.7。其系谱如下:

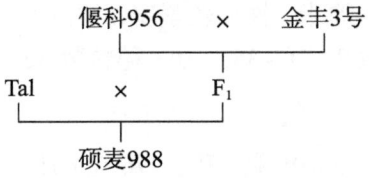

(二)产量表现

2016—2017年度参加河南省南部组区域试验,平均亩产343.8千克,比对照偃展4110增产3.9%;2017—2018年度续试,平均亩产300.6千克,比对照偃展4110增产7%。2018—2019年度参加生产试验,平均亩产454.6千克,比对照偃展4110增产8.2%。

(三)特征特性

属弱春性品种,比对照偃展4110早熟0.4天。幼苗半直立,叶色浅绿,长势壮,分蘖力较强。春季起身拔节早。株高72~76.6厘米,株型紧凑,抗倒性一般。耐湿性好,成熟较早,熟相好。亩穗数31.4万~34.9万,穗粒数34.6~36.4粒,千粒重36.4~46.5克。

(四)品质分析

容重757克/升、698克/升,蛋白质含量12.2%、13.8%,湿面筋含量19.1%、22.4%,吸水量 52 毫升 /100 克、53.3 毫升 /100 克，稳定时间 2.4 分钟、1.1 分钟，拉伸面积 22 平方厘米、11 平方厘米，最大拉伸阻力 114 EU、55 EU。

（五）抗性鉴定

中感条锈病、叶锈病、白粉病和纹枯病，高感赤霉病。

（六）适宜范围及栽培要点

适宜在河南省南部长江中下游麦区种植。适宜播期 10 月中下旬，每亩适宜基本苗 18 万左右。及时防治蚜虫、赤霉病、锈病、白粉病和纹枯病；注意预防倒春寒，高水肥地块种植防止倒伏。

四一七、洛旱 27

（一）品种来源

洛阳农林科学院、洛阳市中垦种业科技有限公司利用周麦 18/ 洛旱 6 号选育而成，2020 年通过河南省农作物品种审定委员会审定，审定编号：豫审麦 20200030。该品种已获批农业农村部品种保护（专利），其品种权号为 CNA20201004003。其系谱如下：

（二）产量表现

2016—2017 年度参加河南省旱地组区域试验，平均亩产 371.8 千克，比对照洛旱 7 号增产 3.6%；2017—2018 年度续试，平均亩产 348.2 千克，比对照洛旱 7 号增产 9.2%。2018—2019 年度参加生产试验，平均亩产 355.4 千克，比对照洛旱 7 号增产 5.8%。

（三）特征特性

属半冬性品种，比对照洛旱 7 号晚熟 0.1 天。幼苗半直立，叶色灰绿，苗势壮，分蘖力较强。春季起身拔节迟。株高 66.6~75.8 厘米，株型较紧凑，抗倒性一般。穗长方形，长芒，白壳，白粒，籽粒半角质，饱满度较好。亩穗数 34 万~35.1 万，穗粒数 32.1~33.4 粒，千粒重 40.4~41.5 克。

（四）品质分析

蛋白质含量 14.6%、15%，容重 795 克 / 升、776 克 / 升，湿面筋含量 28.9%、29.4%，吸水量 58.7 毫升 /100 克、58.3 毫升 /100 克，稳定时间 3.8 分钟、2.8 分钟，拉伸面积 39 平方厘米、27 平方厘米，最大拉伸阻力 214 EU、116 EU。

（五）抗性鉴定

中抗白粉病，中感条锈病、叶锈病和纹枯病，高感赤霉病。抗旱级别 4 级，抗旱性较弱。

（六）适宜范围及栽培要点

适宜在河南省丘陵及旱肥地麦区种植。适宜播期 10 月上中旬，每亩适宜基本苗 14 万~20 万。及时防治蚜虫、赤霉病、锈病和纹枯病；注意预防倒春寒。

四一八、藁优5766

（一）品种来源

河北省石家庄市藁城区农业科学研究所、中粮（新乡）小麦有限公司利用030728/8901-11-14选育而成，2020年通过河南省农作物品种审定委员会审定，审定编号：豫审麦20200031。该品种已申请农业农村部品种保护（专利），其公告号为CNA012181E。其系谱如下：

```
030728   ×   8901-11-14
            │
          藁优5766
```

（二）产量表现

2016—2017年度参加河南省强筋组区域试验，平均亩产456.9千克，比对照周麦18减产9.6%；2017—2018年度续试，平均亩产392.1千克，比对照周麦18增产0.6%。2018—2019年度参加生产试验，平均亩产571千克，比对照周麦18增产0.1%。

（三）特征特性

属半冬性品种，比对照周麦18早熟0.9天。幼苗半直立，叶色深绿，长势壮，分蘖力较强。春季起身拔节早，两极分化快，抽穗早，耐倒春寒能力一般。株高77.3~83厘米，株型较松散，抗倒性一般。旗叶较宽，穗层较整齐，熟相好。穗纺锤形，长芒，白壳，白粒，籽粒角质，饱满度较好。亩穗数39.4万~44.3万，穗粒数31.8~36.5粒，千粒重32.3~41.2克。

（四）品质分析

蛋白质含量16.5%、16.3%，容重814克/升、800克/升，湿面筋含量29.9%、32.7%，吸水量64.2毫升/100克、59.1毫升/100克，稳定时间17.8分钟、25.2分钟，拉伸面积114平方厘米、131平方厘米，最大拉伸阻力610 EU、586 EU，2017年、2018年品质达到中强筋标准。

（五）抗性鉴定

中感条锈病、叶锈病、白粉病和纹枯病，高感赤霉病。

（六）适宜范围及栽培要点

适宜在河南省（南部长江中下游麦区除外）早中茬地种植。适宜播期10月上中旬，每亩适宜基本苗20万左右。及时防治蚜虫、赤霉病、锈病、白粉病和纹枯病；注意预防倒春寒，高肥地块种植防止倒伏。

四一九、富麦916

（一）品种来源

河南富吉泰种业有限公司利用新麦26/周麦32选育而成，2020年通过河南省农作物品种审定委员会审定，审定编号：豫审麦20200032。该品种已申请农业农村部植物新品种保护，其公告号为CNA030018E。其系谱如下：

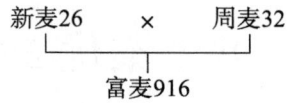

（二）产量表现

2017—2018年度参加河南省强筋组区域试验，平均亩产423.4千克，比对照周麦18增产8.6%；2018—2019年度续试，平均亩产598.9千克，比对照周麦18增产3.8%。2018—2019年度参加生产试验，平均亩产607.1千克，比对照周麦18增产6.4%。

（三）特征特性

属半冬性品种，比对照周麦18晚熟0.6天。幼苗半直立，叶色深绿，苗势壮，分蘖力较强。春季起身拔节早，抽穗早，耐倒春寒能力一般。株高75.1~77.8厘米，株型紧凑，抗倒性中等。旗叶长，穗层较整齐，熟相好。穗纺锤形，长芒，白壳，白粒，籽粒角质，饱满度较好。亩穗数36.6万~39.8万，穗粒数30.4~35.2粒，千粒重37.9~48.1克。

（四）品质分析

蛋白质含量16.8%、15.7%，容重798克/升、804克/升，湿面筋含量34.4%、33%，吸水量59.6毫升/100克、61毫升/100克，稳定时间16.1分钟、14.8分钟，拉伸面积153平方厘米、137平方厘米，最大拉伸阻力560 EU、607 EU，2019年品质达到强筋标准。

（五）抗性鉴定

中抗条锈病，中感白粉病和纹枯病，高感叶锈病和赤霉病。

（六）适宜范围及栽培要点

适宜在河南省（南部长江中下游麦区除外）早中茬地种植。适宜播期10月上中旬，每亩适宜基本苗14万~22万。及时防治蚜虫、叶锈病、赤霉病、白粉病和纹枯病；注意预防倒春寒。

四二〇、郑麦6687

（一）品种来源

河南省农业科学院小麦研究所等利用新麦19/郑麦02H466-2-3//郑麦0856选育而成，2020年通过河南省农作物品种审定委员会审定，审定编号：豫审麦20200033。该品种已申请农业农村部品种保护（专利），其公告号为CNA023090E。其系谱如下：

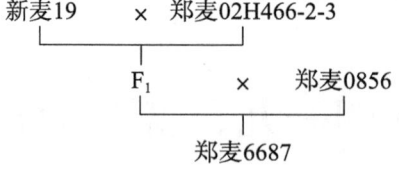

（二）产量表现

2016—2017年度参加河南省抗赤霉病组区域试验，平均亩产480.8千克，比对照周麦18减产0.2%；2017—2018年度续试，平均亩产402千克，比对照周麦18增产2.2%。2018—2019年度参加生产试验，平均亩产555.8千克，比对照周麦18增产1.9%。

（三）特征特性

属半冬性品种，比对照周麦18早熟0.6天。幼苗半直立，叶色浅绿，苗势壮，分蘖力较强。春季起身拔节早，两极分化快，抽穗早，耐倒春寒能力一般。株高72~76.4厘米，株型紧凑，抗倒性中等。旗叶大，穗下节短，穗层较整齐，熟相好。穗纺锤形，长芒，白壳，白粒，籽粒半角质，饱满度较好。亩穗数39.9万~42.6万，穗粒数30.6~34.8粒，千粒重41.3~46.6克。

（四）品质分析

蛋白质含量15.3%、15.9%，容重802克/升、790克/升，湿面筋含量30.4%、29.4%，吸水量59.5毫升/100克、59毫升/100克，稳定时间6.5分钟、4.8分钟，拉伸面积68平方厘米、61平方厘米，最大拉伸阻力350 EU、261 EU。

（五）抗性鉴定

中感条锈病、白粉病、纹枯病和赤霉病，高感叶锈病。

（六）适宜范围及栽培要点

适宜在河南省早中茬地种植。适宜播期10月上中旬，每亩适宜基本苗18万~20万。及时防治蚜虫、锈病、白粉病、纹枯病和赤霉病；注意预防倒春寒。

四二一、山农981

（一）品种来源

山东农业大学利用zy1-6/sn1398选育而成，2020年通过河南省农作物品种审定委员会审定，审定编号：豫审麦20200034。其系谱如下：

$$\begin{array}{c} \text{zy1-6} \quad \times \quad \text{sn1398} \\ \underline{\hspace{4cm}} \\ \text{山农981} \end{array}$$

（二）产量表现

2017—2018年度参加河南省抗赤霉病组区域试验，平均亩产407.8千克，比对照周麦18增产3.6%；2018—2019年度续试，平均亩产566.3千克，比对照周麦18增产0.6%。2018—2019年度参加生产试验，平均亩产549.6千克，比对照周麦18增产0.8%。

（三）特征特性

属半冬性品种，比对照周麦18早熟0.3天。幼苗半直立，叶色浅绿，苗势壮，分蘖力较强。春季起身拔节早，两极分化快，抽穗早，耐倒春寒能力一般。株高80.5~84.7厘米，株型紧凑，抗倒性一般。旗叶较小，穗下节较长，穗层较整齐，熟相好。穗纺锤形，长芒，白壳，白粒，籽粒半角质，饱满度较好。亩穗数37.2万~40.8万，穗粒数33~36.3粒，千粒重40.9~45.6克。

（四）品质分析

蛋白质含量14.1%、14.5%，容重795克/升、806克/升，湿面筋含量30.9%、30%，吸水量58.5毫升/100克、60.5毫升/100克，稳定时间2.7分钟、2.1分钟，拉伸面积43平方厘米、28平方厘米，最大拉伸阻力145 EU、116 EU。

（五）抗性鉴定

中感条锈病、白粉病、纹枯病和赤霉病，高感叶锈病。

（六）适宜范围及栽培要点

适宜在河南省早中茬地种植。适宜播期10月上中旬，每亩适宜基本苗15万~18万。及时防治蚜虫、锈病、白粉病、纹枯病和赤霉病；注意预防倒春寒，高水肥地块种植防止倒伏。

四二二、轮选69

（一）品种来源

新乡市中农矮败小麦育种技术创新中心利用矮败小麦群体轮回选育而成，2020年通过河南省农作物品种审定委员会审定，审定编号：豫审麦20200035。该品种已申请农业农村部品种保护（专利），其公告号为CNA032089E。其系谱如下：

```
矮败小麦群体
    │系选
  轮选69
```

（二）产量表现

2017—2018年度参加河南矮败小麦创新联合体冬水组区域试验，平均亩产465.1千克，比对照周麦18增产5.8%；2018—2019年度续试，平均亩产596.3千克，比对照周麦18增产6.1%。2018—2019年度参加生产试验，平均亩产599.9千克，比对照周麦18增产9.2%。

（三）特征特性

属半冬性品种，比对照周麦18早熟0.6天。幼苗半匍匐，叶色浅绿，苗势壮，分蘖力较强。春季起身拔节较早，两极分化较快，抽穗较早，耐倒春寒能力一般。株高72.8~78.3厘米，株型较紧凑，抗倒性较好。旗叶上冲，穗层较整齐，熟相好。穗长方形，中长芒，白壳，白粒，籽粒角质，饱满度较好。亩穗数38万~42.5万，穗粒数32.5~38.6粒，千粒重41.9~45.8克。

（四）品质分析

蛋白质含量13.2%、13.1%，容重782克/升、806克/升，湿面筋含量26%、28.4%，吸水量55.7毫升/100克、57.1毫升/100克，稳定时间2.9分钟、2分钟，拉伸面积35平方厘米、28平方厘米，最大拉伸阻力154 EU、131 EU。

（五）抗性鉴定

中感条锈病、白粉病和纹枯病，高感叶锈病和赤霉病。

（六）适宜范围及栽培要点

适宜在河南省（南部长江中下游麦区除外）早中茬地种植。适宜播期10月上中旬，每亩适宜基本苗17万~21万。及时防治蚜虫、赤霉病、锈病、白粉病和纹枯病；注意预防倒春寒。

四二三、商麦8号

（一）品种来源

许昌金地种业有限公司、陈贤信利用商062//百农AK58/兰麦2号选育而成，2020年通过河南省农作物品种审定委员会审定，审定编号：豫审麦20200036。该品种已申请农业农村部品种保护（专利），其公告号为CNA023022E。其系谱如下：

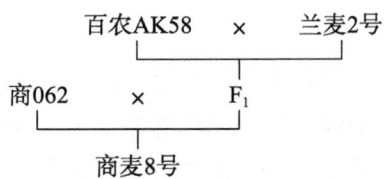

（二）产量表现

2017—2018年度参加河南矮败小麦创新联合体冬水组区域试验，平均亩产465.5千克，比对照周麦18增产5.9%；2018—2019年度续试，平均亩产596.7千克，比对照周麦18增产6.2%。2018—2019年度参加生产试验，平均亩产594.1千克，比对照周麦18增产8.1%。

（三）特征特性

属半冬性品种，比对照周麦18早熟0.2天。幼苗半直立，叶色深绿，苗势较壮，分蘖力较强。春季起身拔节较早，两极分化快，抽穗较早，耐倒春寒能力一般。株高73.6~80厘米，株型紧凑，抗倒性较好。旗叶上冲，穗下节较长，穗层整齐，熟相较好。穗纺锤形，长芒，白壳，白粒，籽粒角质，饱满度较好。亩穗数38.1万~44.8万，穗粒数33.4~36.2粒，千粒重41.4~43.7克。

（四）品质分析

蛋白质含量13.1%、15.1%，容重820克/升、820克/升，湿面筋含量27.5%、30.5%，吸水量54.7毫升/100克、65.2毫升/100克，稳定时间7.3分钟、11分钟，拉伸面积106平方厘米、73平方厘米，最大拉伸阻力454 EU、428 EU。

（五）抗性鉴定

中感条锈病、白粉病和纹枯病，高感叶锈病和赤霉病。

（六）适宜范围及栽培要点

适宜在河南省（南部长江中下游麦区除外）早中茬地种植。适宜播期10月上中旬，每亩适宜基本苗14万~16万。及时防治蚜虫、赤霉病、锈病、白粉病和纹枯病；注意预防倒春寒。

四二四、轮选1658

（一）品种来源

尉氏矮败小麦育种开发中心利用矮败小麦群体轮回选育而成，2020年通过河南省农作物品种审定委员会审定，审定编号：豫审麦20200037。其系谱如下：

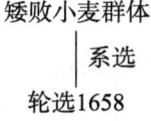

（二）产量表现

2017—2018年度参加河南矮败小麦创新联合体冬水组区域试验，平均亩产453.3千克，比对照周麦18增产3.1%；2018—2019年度续试，平均亩产584.7千克，比对照周麦18增产5.7%。2018—2019年度参加生产试验，平均亩产585.9千克，比对照周麦18增产6.7%。

（三）特征特性

属半冬性品种，熟期与对照周麦18相当。幼苗半匍匐，叶色浅绿，苗势壮，分蘖力较强。春季起身拔节较早，两极分化较快，抽穗较早，耐倒春寒能力一般。株高68.9~72.1厘米，株型松紧适中，抗倒性较好。旗叶上冲，穗层较整齐，熟相好。穗长方形，中长芒，白壳，白粒，籽粒半角质，饱满度较好。亩穗数38.9万~43.7万，穗粒数31~37.5粒，千粒重41.5~45.5克。

（四）品质分析

蛋白质含量13.9%、14%，容重784克/升、747克/升，湿面筋含量28.8%、28%，吸水量57.2毫升/100克、55.6毫升/100克，稳定时间2.7分钟、2.6分钟，拉伸面积23平方厘米、34平方厘米，最大拉伸阻力110 EU、164 EU。

（五）抗性鉴定

中感条锈病、白粉病、纹枯病和赤霉病，高感叶锈病。

（六）适宜范围及栽培要点

适宜在河南省（南部长江中下游麦区除外）早中茬地种植。适宜播期10月上中旬，每亩适宜基本苗16万~21万。及时防治蚜虫、锈病、白粉病、纹枯病和赤霉病；注意预防倒春寒。

四二五、春晓158

（一）品种来源

河南春晓种业有限公司董本波利用周麦22/漯6082选育而成，2020年通过河南省农作物品种审定委员会审定，审定编号：豫审麦20200038。该品种已获批农业农村部品种保护（专利），其品种权号为CNA20183321.2。其系谱如下：

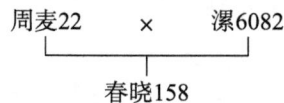

（二）产量表现

2017—2018年度参加河南省丰收小麦试验联合体冬水组区域试验，平均亩产467.9千克，比对照周麦18增产6.8%；2018—2019年度续试，平均亩产620.4千克，比对照周麦18增产6.7%。2018—2019年度参加生产试验，平均亩产621.6千克，比对照周麦18增产7.1%。

（三）特征特性

属半冬性品种，比对照周麦18晚熟0.5天。幼苗半匍匐，叶色深绿，苗势壮，分蘖力中等。春季起身拔节早，两极分化快，抽穗较早。株高77.4~78.2厘米，株型紧凑，抗倒性较好。旗叶上冲，穗下节长，穗层整齐，熟相好。穗长方形，长芒，白壳，白粒，籽粒半角质，饱满度较好。亩穗数33.4万~39.6万，穗粒数32.4~36.5粒，千粒重48.1~49.8克。

（四）品质分析

蛋白质含量14.9%、13.1%，湿面筋含量33%、30.4%，吸水量58.3毫升/100克、61.4毫升/100克，稳定时间2.1分钟、1.1分钟，拉伸面积43平方厘米、14平方厘米，最大拉伸阻力172 EU、108 EU。

（五）抗性鉴定

中抗条锈病，中感白粉病和纹枯病，高感叶锈病和赤霉病。

（六）适宜范围及栽培要点

适宜在河南省（南部长江中下游麦区除外）早中茬地种植。适宜播期10月上中旬，每亩适宜基本苗16万~18万。及时防治蚜虫、叶锈病、赤霉病、白粉病和纹枯病；注意预防倒春寒。

四二六、天麦166

（一）品种来源

河南天存种业科技有限公司利用周麦22/济麦20选育而成，2020年通过河南省农作物品种审定委员会审定，审定编号：豫审麦20200039。该品种已获批农业部品种保护（专利），其品种权号为CNA20161710.7。其系谱如下：

```
周麦22  ×  济麦20
    └────┬────┘
      天麦166
```

（二）产量表现

2017—2018年度参加河南省丰收小麦试验联合体冬水组区域试验，平均亩产462.9千克，比对照周麦18增产5.7%；2018—2019年度续试，平均亩产616千克，比对照周麦18增产5.9%。2018—2019年度参加生产试验，平均亩产613.4千克，比对照周麦18增产5.6%。

（三）特征特性

属半冬性品种，比对照周麦18早熟0.6天。幼苗半匍匐，叶色深绿，苗势壮，分蘖力较强。春季起身拔节早，两极分化快，抽穗较早。株高76.5~78.4厘米，株型较紧凑，抗倒性中等。旗叶上冲，穗下节长，穗层较厚，熟相好。穗长方形，长芒，白壳，白粒，籽粒半角质，饱满度较好。亩穗数34.4万~40.6万，穗粒数32.8~36.1粒，千粒重46.1~47.3克。

（四）品质分析

蛋白质含量15.9%、14.1%，湿面筋含量33.6%、33.5%，吸水量58.1毫升/100克、62.4毫升/100克，稳定时间5.2分钟、2.5分钟，拉伸面积74平方厘米、52平方厘米，最大拉伸阻力277 EU、204 EU。

（五）抗性鉴定

中感条锈病、白粉病和纹枯病，高感叶锈病和赤霉病。

（六）适宜范围及栽培要点

适宜在河南省（南部长江中下游麦区除外）早中茬地种植。适宜播期10月上中旬，每亩适宜基本苗16万~18万。及时防治蚜虫、赤霉病、锈病、白粉病和纹枯病；注意预防倒春寒。

四二七、新麦51

（一）品种来源

河南九圣禾新科种业有限公司、新乡市农业科学院利用济麦22/周麦22选育而成，2020年通过河南省农作物品种审定委员会审定,审定编号:豫审麦20200040。该品种已获批农业农村部品种保护(专利),其品种权号为CNA20182377.7。其系谱如下:

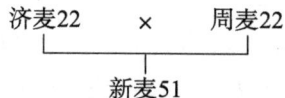

(二)产量表现

2017—2018年度参加河南省丰优小麦试验联合体冬水组区域试验,平均亩产444.6千克,比对照周麦18增产6.2%;2018—2019年度续试,平均亩产587.2千克,比对照周麦18增产5.6%。2018—2019年度参加生产试验,平均亩产605.8千克,比对照周麦18增产6.8%。

(三)特征特性

属半冬性品种,比对照周麦18早熟0.1天。幼苗半直立,叶色深绿,苗势壮,分蘖力较强。春季起身拔节较早,两极分化较快,抽穗偏早。株高72.7~78.1厘米,株型松紧适中,抗倒性较好。旗叶宽短,穗下节较短,穗层不整齐,熟相好。穗纺锤形,中长芒,白壳,白粒,籽粒半角质,饱满度好。亩穗数37.2万~40.3万,穗粒数33.9~36粒,千粒重41.9~45.4克。

(四)品质分析

蛋白质含量14.7%、14.1%,容重790克/升、813克/升,湿面筋含量30.7%、29%,吸水量55.6毫升/100克、63.1毫升/100克,稳定时间3.6分钟、3.3分钟,拉伸面积52平方厘米、31平方厘米,最大拉伸阻力202 EU、146 EU。

(五)抗性鉴定

中抗条锈病,中感白粉病和纹枯病,高感叶锈病和赤霉病。

(六)适宜范围及栽培要点

适宜在河南省(南部长江中下游麦区除外)早中茬地种植。适宜播期10月上中旬,每亩适宜基本苗16万~20万。及时防治蚜虫、叶锈病、赤霉病、白粉病和纹枯病;注意预防倒春寒。

四二八、禾麦32

(一)品种来源

河南省豫玉种业股份有限公司利用百农AK58/豫教5号//周麦18选育而成,2020年通过河南省农作物品种审定委员会审定,审定编号:豫审麦20200041。该品种已申请农业农村部品种保护(专利),其公告号为CNA037245E。其系谱如下:

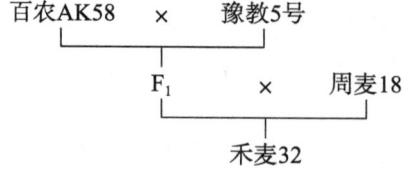

(二)产量表现

2017—2018年度参加河南省小麦同创科企试验联合体冬水组区域试验,平均亩产441.8千克,比对照周麦18增产5.4%;2018—2019年度续试,平均亩产593.6千克,比对照周麦18增产2.7%。

2018—2019年度参加生产试验，平均亩产602.1千克，比对照周麦18增产4.4%。

（三）特征特性

属半冬性品种，比对照周麦18早熟0.1天。幼苗半匍匐，叶色深绿，苗势壮，分蘖力强，成穗率较高。春季起身拔节早，两极分化快，抽穗早，耐倒春寒能力一般。株高71~74厘米，株型较紧凑，抗倒性较好。旗叶上冲，穗层整齐，熟相好。穗纺锤形，长芒，白壳，白粒，籽粒半角质，饱满度较好。亩穗数36.9万~37.1万，穗粒数33.3~38.2粒，千粒重43.6~51.2克。

（四）品质分析

蛋白质含量15.6%、14.8%，容重786克/升、778克/升，湿面筋含量36.8%、29%，吸水量56.9毫升/100克、59.3毫升/100克，稳定时间3.3分钟、4.7分钟，拉伸面积38平方厘米、51平方厘米，最大拉伸阻力140 EU、280 EU。

（五）抗性鉴定

中抗条锈病，中感叶锈病和白粉病，高感纹枯病和赤霉病。

（六）适宜范围及栽培要点

适宜在河南省（南部长江中下游麦区除外）早中茬地种植。适宜播期10月上中旬，每亩适宜基本苗14万~22万。及时防治蚜虫、纹枯病、赤霉病、叶锈病和白粉病；注意预防倒春寒。

四二九、光泰336

（一）品种来源

郑州市光泰农作物育种技术研究院利用周麦22/良星619选育而成，2020年通过河南省农作物品种审定委员会审定，审定编号：豫审麦20200042。其系谱如下：

```
周麦22    ×    良星619
     └──────┬──────┘
          光泰336
```

（二）产量表现

2017—2018年度参加河南省小麦同创科企试验联合体冬水组区域试验，平均亩产445.7千克，比对照周麦18增产6.3%；2018—2019年度续试，平均亩产616.5千克，比对照周麦18增产6.7%。2018—2019年度参加生产试验，平均亩产609.6千克，比对照周麦18增产5.6%。

（三）特征特性

属半冬性品种，比对照周麦18早熟0.1天。幼苗半匍匐，叶色深绿，苗势旺，分蘖力强，成穗率较高。春季起身拔节早，两极分化快，抽穗早。株高73~81.8厘米，株型较紧凑，抗倒性较好。旗叶细长，穗下节短，穗层整齐，熟相好。穗纺锤形，长芒，白壳，白粒，籽粒半角质，饱满度较好。亩穗数38.1万~39.5万，穗粒数31.2~36.8粒，千粒重44.3~50.1克。

（四）品质分析

蛋白质含量16.1%、15.2%，容重748克/升、756克/升，湿面筋含量36.8%、30.2%，吸水量57毫升/100克、60.6毫升/100克，稳定时间4.2分钟、5.5分钟，拉伸面积41平方厘米、49平方厘米，最大拉伸阻力168 EU、259 EU。

(五)抗性鉴定

中感条锈病和白粉病,高感叶锈病、纹枯病和赤霉病。

(六)适宜范围及栽培要点

适宜在河南省(南部长江中下游麦区除外)早中茬地种植。适宜播期10月上中旬,每亩适宜基本苗14万~16万。及时防治蚜虫、锈病、纹枯病、赤霉病和白粉病;注意预防倒春寒。

四三〇、禾麦11

(一)品种来源

河南省豫玉种业股份有限公司利用06X45/豫农416//06T06/周麦22选育而成,2020年通过河南省农作物品种审定委员会审定,审定编号:豫审麦20200043。其系谱如下:

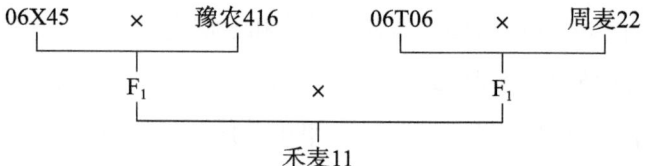

(二)产量表现

2017—2018年度参加河南省小麦同创科企试验联合体冬水组区域试验,平均亩产442千克,比对照周麦18增产5.4%;2018—2019年度续试,平均亩产592.7千克,比对照周麦18增产2.9%。2018—2019年度参加生产试验,平均亩产596.2千克,比对照周麦18增产3.4%。

(三)特征特性

属半冬性品种,比对照周麦18早熟0.4天。幼苗半匍匐,长势一般,叶色深绿。分蘖力强,成穗率较高。春季起身拔节略迟。株高74~77.5厘米,株型较紧凑,抗倒性较好。旗叶上冲,穗层较厚,穗纺锤形,长芒,白壳,白粒,籽粒半角质,饱满度较好。亩穗数37.8万~41.1万,穗粒数29.4~36.1粒,千粒重45.2~51.5克。

(四)品质分析

蛋白质含量17%、15.4%,容重778克/升、764克/升,湿面筋含量34.7%、32%,吸水率56.4毫升/100克、61.3毫升/100克,稳定时间3.4分钟、7.5分钟,拉伸面积46平方厘米、48平方厘米,最大拉伸阻力167 EU、239 EU。

(五)抗性鉴定

中抗条锈病和白粉病,中感纹枯病,高感叶锈病和赤霉病。

(六)适宜范围及栽培要点

适宜在河南省(南部长江中下游麦区除外)早中茬地种植。适宜播期10月上中旬,每亩适宜基本苗14万~16万。及时防治蚜虫、叶锈病、赤霉病和纹枯病;注意预防倒春寒。

四三一、瑞星麦618

(一)品种来源

河南瑞星种业有限公司利用周麦16/西安8号//百农64选育而成,2020年通过河南省农作物

品种审定委员会审定,审定编号:豫审麦 20200044。其系谱如下:

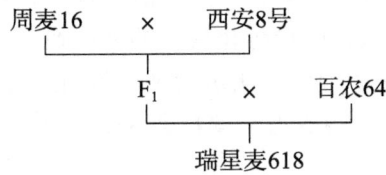

(二)产量表现

2017—2018 年度参加河南炎黄小麦新品种测试联合体冬水组区域试验,平均亩产 457.4 千克,比对照周麦 18 增产 5.2%;2018—2019 年度续试,平均亩产 570.5 千克,比对照周麦 18 增产 3.4%。2018—2019 年度参加生产试验,平均亩产 546.8 千克,比对照周麦 18 增产 1.5%。

(三)特征特性

属半冬性品种,比对照周麦 18 早熟 0.2 天。幼苗半直立,叶色深绿,苗势壮,分蘖力较强。春季起身拔节快,两极分化快,抽穗略晚,耐倒春寒能力一般。株高 70.9~75.8 厘米,株型较紧凑,抗倒性中等。旗叶宽长,穗下节长,穗层较整齐,熟相较好。穗长方形,长芒,白壳,白粒,籽粒半角质,饱满度好。亩穗数 39.2 万~43.4 万,穗粒数 31.8~36.3 粒,千粒重 42.8~43.4 克。

(四)品质分析

蛋白质含量 13.5%、13.7%,容重 790 克/升、782 克/升,湿面筋含量 28.6%、28%,吸水量 59.5 毫升/100 克、58.5 毫升/100 克,稳定时间 2.2 分钟、2.4 分钟,拉伸面积 25 平方厘米、24 平方厘米,最大拉伸阻力 103 EU、118 EU。

(五)抗性鉴定

中抗条锈病,中感叶锈病、白粉病和纹枯病,高感赤霉病。

(六)适宜范围及栽培要点

适宜在河南省(南部长江中下游麦区除外)早中茬地种植。适宜播期 10 月上中旬,每亩适宜基本苗 18 万~24 万。及时防治蚜虫、赤霉病、叶锈病、白粉病和纹枯病;注意预防倒春寒。

四三二、联邦 2 号

(一)品种来源

新乡市天宝农作物新品种研究所、河南联邦种业有限公司利用新原 958/联邦 1 号选育而成,2020 年通过河南省农作物品种审定委员会审定,审定编号:豫审麦 20200045。该品种已获批农业部品种保护(专利),其品种权号为 CNA20172534.8。其系谱如下:

新原958 × 联邦1号
└─────┬─────┘
    联邦2号

(二)产量表现

2017—2018 年度参加河南炎黄小麦新品种测试联合体冬水组区域试验,平均亩产 459.5 千克,比对照周麦 18 增产 5.7%;2018—2019 年度续试,平均亩产 560 千克,比对照周麦 18 增产 1.5%。2018—2019 年度参加生产试验,平均亩产 553.9 千克,比对照周麦 18 增产 3%。

（三）特征特性

属半冬性品种，比对照周麦18晚熟0.4天。幼苗半匍匐，苗势壮，叶色深绿，分蘖力较强，冬季抗寒性较好。春季起身拔节较快，两极分化快，抽穗偏晚，耐倒春寒能力一般。株高70~73.1厘米，株型稍松散，抗倒性较好。旗叶上冲，穗层较厚，熟相一般。穗纺锤形，短芒，白壳，白粒，半角质，饱满度好，亩穗数36.4万~39.5万，穗粒数33.7~37.4粒，千粒重44.5~45.3克。

（四）品质分析

蛋白质含量14.4%、13.5%，容重796克/升、785克/升，湿面筋含量29%、27.8%，吸水率55.9%、56.9%，稳定时间2.3分钟、2.5分钟，拉伸面积20平方厘米、29平方厘米，最大拉伸阻力102 EU、147 EU。

（五）抗性鉴定

中抗条锈病，中感叶锈病、白粉病和纹枯病，高感赤霉病。

（六）适宜范围及栽培要点

适宜在河南省（南部长江中下游麦区除外）早中茬地种植。适宜播期10月上中旬，每亩适宜基本苗18万~22万。及时防治蚜虫、赤霉病、叶锈病、白粉病和纹枯病；注意预防倒春寒。

四三三、同舟55

（一）品种来源

河南省同舟缘种子科技有限公司利用浚麦35/郑麦366选育而成，2020年通过河南省农作物品种审定委员会审定，审定编号：豫审麦20200046。其系谱如下：

```
浚麦35  ×  郑麦366
        |
      同舟55
```

（二）产量表现

2017—2018年度参加河南炎黄小麦新品种测试联合体冬水组区域试验，平均亩产459.7千克，比对照周麦18增产5.7%；2018—2019年度续试，平均亩产566.2千克，比对照周麦18增产2.1%。2018—2019年度参加生产试验，平均亩产550.2千克，比对照周麦18增产1.9%。

（三）特征特性

属半冬性品种，熟期与对照周麦18相当。幼苗半匍匐，叶色深绿，苗势壮，分蘖力较强。春季起身拔节早，两极分化快，抽穗偏晚。株高73~75.5厘米，株型稍紧凑，抗倒性较好。旗叶大，穗层整齐，熟相好。穗长方形，长芒，白壳，白粒，籽粒半角质，饱满度中等。亩穗数37万~40.4万，穗粒数33.2~35.8粒，千粒重44.5~46.9克。

（四）品质分析

蛋白质含量14.5%、15.8%，容重741.9克/升、748.4克/升，湿面筋含量29%、34.2%，吸水量60.1毫升/100克、56.1毫升/100克，稳定时间2.9分钟、2.6分钟，拉伸面积33平方厘米、31平方厘米，最大拉伸阻力165 EU、122 EU。

（五）抗性鉴定

中抗条锈病，中感叶锈病、白粉病和纹枯病，高感赤霉病。

（六）适宜范围及栽培要点

适宜在河南省（南部长江中下游麦区除外）早中茬地种植。适宜播期10月上中旬，每亩适宜基本苗16万~22万。及时防治蚜虫、赤霉病、叶锈病、白粉病和纹枯病；注意预防倒春寒。

四三四、富麦709

（一）品种来源

郑州市新育农作物研究所、河南富吉泰种业有限公司利用石龙麦/1016//周麦16选育而成，2020年通过河南省农作物品种审定委员会审定，审定编号：豫审麦20200047。其系谱如下：

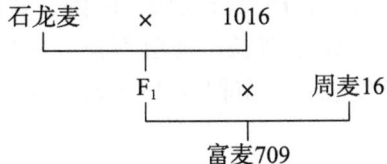

（二）产量表现

2017—2018年度参加河南炎黄小麦新品种测试联合体冬水组区域试验，平均亩产458千克，比对照周麦18增产5.3%；2018—2019年度续试，平均亩产577.6千克，比对照周麦18增产4.2%。2018—2019年度参加生产试验，平均亩产562.2千克，比对照周麦18增产4.3%。

（三）特征特性

属半冬性品种，比对照周麦18早熟0.4天。幼苗半直立，叶色浅绿，苗势壮，分蘖力较强。春季起身拔节早，两极分化快，抽穗早。株高73.3~77.4厘米，株型松散，抗倒性较好。旗叶大，穗下节短，穗层整齐，熟相好。穗长方形，中短芒，白壳，白粒，籽粒半角质，饱满度较好。亩穗数36.7万~40万，穗粒数32.2~35粒，千粒重44.7~48.4克。

（四）品质分析

蛋白质含量15.6%、14.8%，容重784克/升、775克/升，湿面筋含量32.6%、30%，吸水量54.5毫升/100克、57.7毫升/100克，稳定时间2.6分钟、3.1分钟，拉伸面积32平方厘米、40平方厘米，最大拉伸阻力127 EU、179 EU。

（五）抗性鉴定

中抗条锈病和白粉病，中感叶锈病和纹枯病，高感赤霉病。

（六）适宜范围及栽培要点

适宜在河南省（南部长江中下游麦区除外）早中茬地种植。适宜播期10月上中旬，每亩适宜基本苗16万~18万。及时防治蚜虫、赤霉病、叶锈病和纹枯病；注意预防倒春寒。

四三五、豫农607

（一）品种来源

河南农业大学利用豫农202/周麦18选育而成，2020年通过河南省农作物品种审定委员会审定，审定编号：豫审麦20200048。其系谱如下：

（二）产量表现

2017—2018年度参加河南省豫农源小麦试验联合体冬水组区域试验，平均亩产449.9千克，比对照周麦18增产6.8%；2018—2019年度续试，平均亩产582.8千克，比对照周麦18增产5.3%。2018—2019年度参加生产试验，平均亩产596.9千克，比对照周麦18增产3.7%。

（三）特征特性

属半冬性品种，熟期与对照周麦18同期。幼苗半直立，叶较长，叶色浅绿，苗势壮，分蘖力中等，成穗率较高。春季起身拔节较早，两极分化快，耐倒春寒能力一般。株高75.1~79.3厘米，株型松散，抗倒性一般。旗叶宽大，穗下节长，穗层不齐，熟相好。穗纺锤形，长芒，白壳，白粒，籽粒半角质，大小均匀，饱满度较好。亩穗数36.2万~41.7万，穗粒数32~35.5粒，千粒重43.5~46.4克。

（四）品质分析

蛋白质含量14.9%、13.7%，容重792克/升、806克/升，湿面筋含量29%、29.9%，吸水量56.3毫升/100克、58.1毫升/100克，稳定时间1.8分钟、1.6分钟，拉伸面积22平方厘米、11平方厘米，最大拉伸阻力86 EU、65 EU。

（五）抗性鉴定

中抗条锈病，中感叶锈病、白粉病和纹枯病，高感赤霉病。

（六）适宜范围及栽培要点

适宜在河南省（南部长江中下游麦区除外）早中茬地种植。适宜播期10月上中旬，每亩适宜基本苗14万~20万。及时防治蚜虫、赤霉病、叶锈病、白粉病和纹枯病；注意预防倒春寒，高水肥地块种植防止倒伏。

四三六、豫农605

（一）品种来源

河南农业大学利用豫农202/周麦16选育而成，2020年通过河南省农作物品种审定委员会审定，审定编号：豫审麦20200049。其系谱如下：

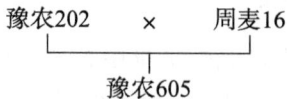

（二）产量表现

2017—2018年度参加河南省豫农源小麦试验联合体冬水组区域试验，平均亩产448.8千克，比对照周麦18增产6.6%；2018—2019年度续试，平均亩产595.5千克，比对照周麦18增产7.6%。2018—2019年度参加生产试验，平均亩产609.3千克，比对照周麦18增产5.8%。

（三）特征特性

属半冬性品种，比对照周麦18早熟0.4天。幼苗半匍匐，叶色深绿，苗势壮，分蘖力中等，成穗率高。春季起身拔节稍早，两极分化较快，抽穗较早。株高69.7~73.1厘米，株型松散适中，抗倒性较好。旗叶较宽，穗下节长度中等，穗层整齐，熟相好。穗长方形，长芒，白壳，白粒，籽粒半角质，大小均匀，饱满度中等。亩穗数36.9万~41.5万，穗粒数32.2~35.3粒，千粒重41.7~47克。

（四）品质分析

蛋白质含量14%、13.2%，容重781克/升、801克/升，湿面筋含量26.4%、29.7%，吸水量55.4毫升/100克、56.9毫升/100克，稳定时间1.8分钟、2.1分钟，拉伸面积26平方厘米、17平方厘米，最大拉伸阻力93 EU、93 EU。

（五）抗性鉴定

中感条锈病、叶锈病、白粉病和纹枯病，高感赤霉病。

（六）适宜范围及栽培要点

适宜在河南省（南部长江中下游麦区除外）早中茬地种植。适宜播期10月上中旬，每亩适宜基本苗14万~20万。及时防治蚜虫、赤霉病、锈病、白粉病和纹枯病；注意预防倒春寒。

四三七、百农365

（一）品种来源

河南科技学院利用周麦22/百农AK58选育而成，2020年通过河南省农作物品种审定委员会审定，审定编号：豫审麦20200050。该品种已申请农业农村部品种保护（专利），其公告号为CNA024381E。其系谱如下：

周麦22 × 百农AK58
百农365

（二）产量表现

2017—2018年度参加河南泽熙农作物联合体冬水组区域试验，平均亩产426.8千克，比对照周麦18增产6.3%；2018—2019年度续试，平均亩产621.3千克，比对照周麦18增产4.9%。2018—2019年度参加生产试验，平均亩产632.6千克，比对照周麦18增产7.3%。

（三）特征特性

属半冬性品种，熟期与对照周麦18相当。幼苗半匍匐，叶色深绿，苗势壮，叶片宽，冬季抗寒性好，分蘖力较强。春季起身拔节稍迟，两极分化快，抽穗较早，耐倒春寒能力一般。平均株高69.6~71.1厘米，株型松紧适中，抗倒性较好。旗叶宽短上冲，穗层整齐，熟相好。穗纺锤形，长芒，白壳，籽粒半角质，饱满度较好。亩穗数38.4万~45万，穗粒数30.5~37.2粒，千粒重43.8~47.2克。

（四）品质分析

蛋白质含量15.9%、14.9%，容重780克/升、799克/升，湿面筋含量34%、35.5%，吸水量61.8毫升/100克、56.1毫升/100克，稳定时间4.2分钟、3.4分钟，拉伸面积（2018年）36平方厘米，最大拉伸阻力（2018年）133 EU。

（五）抗性鉴定

中抗条锈病，中感白粉病，高感叶锈病、纹枯病和赤霉病。

（六）适宜范围及栽培要点

适宜在河南省（南部长江中下游麦区除外）早中茬地种植。适宜播期10月上中旬，每亩适宜

基本苗 18 万~20 万。及时防治蚜虫、叶锈病、纹枯病、赤霉病和白粉病；注意预防倒春寒。

四三八、宝景麦161

（一）品种来源

河南宝景农业科技有限公司利用 06-6/ 周麦 18// 周麦 22 选育而成，2020 年通过河南省农作物品种审定委员会审定，审定编号：豫审麦 20200051。该品种已申请农业农村部品种保护（专利），其公告号为 CNA040398E。其系谱如下：

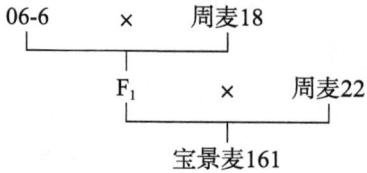

（二）产量表现

2017—2018 年度参加河南泽熙农作物联合体冬水组区域试验，平均亩产 422 千克，比对照周麦 18 增产 5.1%；2018—2019 年度续试，平均亩产 614.1 千克，比对照周麦 18 增产 3.8%。2018—2019 年度参加生产试验，平均亩产 622.5 千克，比对照周麦 18 增产 5.6%。

（三）特征特性

属半冬性品种，比对照周麦 18 早熟 0.9 天。幼苗半匍匐，叶色浅绿，苗势一般，分蘖力中等，成穗率较高。春季起身拔节早，两极分化快，抽穗早。株高 77.3~78.1 厘米，株型松紧适中，抗倒性一般。旗叶窄长上冲，穗下节短，穗层较整齐。穗纺锤形，长芒，白壳，白粒，籽粒半角质，饱满度较好。亩穗数 36.1 万~42 万，穗粒数 28.5~33.6 粒，千粒重 49.9~54.6 克。

（四）品质分析

蛋白质含量 15.68%、13.82%，容重 774 克/升、807 克/升，湿面筋含量 36.9%、34.7%，吸水量 64.2 毫升/100 克、62.4 毫升/100 克，稳定时间 2.2 分钟、1.7 分钟，拉伸面积（2018 年）42 平方厘米，最大拉伸阻力（2018 年）182 EU。

（五）抗性鉴定

中抗条锈病，中感白粉病，高感叶锈病、纹枯病和赤霉病。

（六）适宜范围及栽培要点

适宜在河南省（南部长江中下游麦区除外）早中茬地种植。适宜播期 10 月上中旬，每亩适宜基本苗 16 万~18 万。及时防治蚜虫、叶锈病、纹枯病、赤霉病和白粉病；注意预防倒春寒，高水肥地块种植防止倒伏。

四三九、郑科168

（一）品种来源

河南商都种业有限公司、河南郑科农业科技有限公司利用 yym（自选系）/周麦 13 育而成，2020 年通过河南省农作物品种审定委员会审定，审定编号：豫审麦 20200052。该品种已申请农业农村部品种保护（专利），其公告号为 CNA032129E。其系谱如下：

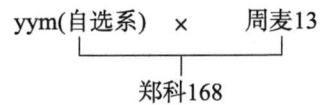

（二）产量表现

2017—2018年度参加河南泽熙农作物联合体冬水组区域试验，平均亩产422.2千克，比对照周麦18增产5.2%；2018—2019年度续试，平均亩产610.7千克，比对照周麦18增产3.1%。2018—2019年度参加生产试验，平均亩产611.4千克，比对照周麦18增产3.7%。

（三）特征特性

属半冬性品种，比对照周麦18晚熟0.4天。幼苗半匍匐，叶色深绿，苗势壮，分蘖力较强。春季起身拔节早，两极分化快，抽穗早。株高71~73.4厘米，株型半紧凑，抗倒性一般。旗叶上冲，穗下节短，穗层整齐。穗纺锤形，长芒，白壳，白粒，籽粒半角质，饱满度较好。亩穗数36.5万~40.6万，穗粒数31.4~38.3粒，千粒重45.2~50.1克。

（四）品质分析

蛋白质含量16.32%、14.23%，容重774克/升、808克/升，湿面筋含量35.7%、35.4%，吸水量65.3毫升/100克、64毫升/100克，稳定时间1.2分钟、1.8分钟，拉伸面积（2018年）23平方厘米，最大拉伸阻力（2018年）96 EU。

（五）抗性鉴定

中抗条锈病，中感白粉病和纹枯病，高感叶锈病和赤霉病。

（六）适宜范围及栽培要点

适宜在河南省（南部长江中下游麦区除外）早中茬地种植。适宜播期10月上中旬，每亩适宜基本苗16万~24万。及时防治蚜虫、叶锈病、赤霉病、白粉病和纹枯病；注意预防倒春寒，高水肥地块种植防止倒伏。

四四〇、锦麦35

（一）品种来源

河南锦绣农业科技有限公司利用新麦19/周麦16选育而成，2020年通过河南省农作物品种审定委员会审定，审定编号：豫审麦20200053。其系谱如下：

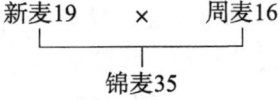

（二）产量表现

2017—2018年度参加河南泽熙农作物联合体冬水组区域试验，平均亩产425.2千克，比对照周麦18增产5.9%；2018—2019年度续试，平均亩产614.5千克，比对照周麦18增产3.6%。2018—2019年度参加生产试验，平均亩产607.1千克，比对照周麦18增产3%。

（三）特征特性

属半冬性品种，比对照周麦18晚熟0.2天。幼苗半匍匐，叶色深绿，苗势壮，分蘖力较强，成穗率较高。春季起身拔节早，两极分化快，耐倒春寒能力一般。株高75.2~78厘米，株型偏松散，抗倒性一般。旗叶较小，穗下节较长，穗层较厚。穗纺锤形，长芒，白壳，白粒，籽粒半角质，饱满度好。亩穗数37.8万~45.1万，穗粒数33.7~42.1粒，千粒重40.2~42.6克。

（四）品质分析

蛋白质含量15.03%、13.59%，容重779克/升、816克/升，湿面筋含量30%、29.4%，吸水量60.6毫升/100克、54.7毫升/100克，稳定时间7.1分钟、11.3分钟，拉伸面积107平方厘米、106平方厘米，最大拉伸阻力408 EU、542 EU。2018年品质指标达到中强筋小麦标准。

（五）抗性鉴定

中抗条锈病，中感叶锈病、白粉病和纹枯病，高感赤霉病。

（六）适宜范围及栽培要点

适宜在河南省（南部长江中下游麦区除外）早中茬地种植。适宜播期10月上中旬，每亩适宜基本苗14万~16万。及时防治蚜虫、赤霉病、叶锈病、白粉病和纹枯病；注意预防倒春寒，高水肥地块种植防止倒伏。

四四一、森科267

（一）品种来源

河南商都种业有限公司利用偃科028/豫麦18//周麦22选育而成，2020年通过河南省农作物品种审定委员会审定，审定编号：豫审麦20200054。该品种已申请农业部品种保护（专利），其申请号为20172969.2。其系谱如下：

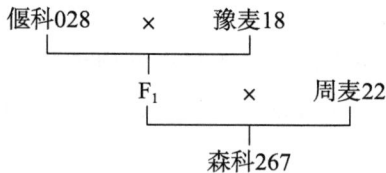

（二）产量表现

2017—2018年度参加河南泽熙农作物联合体春水组区域试验，平均亩产406.1千克，比对照偃展4110增产7.9%；2018—2019年度续试，平均亩产606.4千克，比对照偃展4110增产7.8%。2018—2019年度参加生产试验，平均亩产606.6千克，比对照偃展4110增产9%。

（三）特征特性

属弱春性品种，比对照偃展4110晚熟0.4天。幼苗半直立，叶色深绿，苗势较壮，分蘖力中等，成穗率较高。春季起身拔节早，两极分化快，抽穗早，耐倒春寒能力一般。株高75~77.3厘米，株型紧凑，抗倒性一般。旗叶宽短，穗下节短，穗层较整齐，熟相好。穗长方形，长芒，白壳，白粒，籽粒半角质，饱满度较好。亩穗数37万~41.5万，穗粒数32.9~38.4粒，千粒重45~50.5克。

（四）品质分析

蛋白质含量14.8%、13%，容重787克/升、798克/升，湿面筋含量33.9%、31%，吸水量59毫升/100克、56毫升/100克，稳定时间1.2分钟、1.2分钟，拉伸面积（2018年）23平方厘米，最大拉伸阻力（2018年）93 EU。

（五）抗性鉴定

中抗条锈病，中感白粉病和纹枯病，高感叶锈病和赤霉病。

（六）适宜范围及栽培要点

适宜在河南省（南部长江中下游麦区除外）中晚茬地种植。适宜播期10月中下旬，每亩适宜基本苗16万~22万。及时防治蚜虫、叶锈病、赤霉病、白粉病和纹枯病；注意预防倒春寒，高水肥地块种植防止倒伏。

四四二、鼎研161

（一）品种来源

河南鼎优农业科技有限公司、长葛鼎研泽田农业科技开发有限公司利用漯麦4号/轮选987选育而成，2020年通过河南省农作物品种审定委员会审定，审定编号：豫审麦20200055。该品种已申请农业农村部品种保护（专利），其申请号为20201007776。其系谱如下：

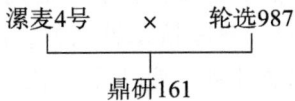

（二）产量表现

2017—2018年度参加河南泽熙农作物联合体春水组区域试验，平均亩产430.2千克，比对照偃展4110增产14.3%；2018—2019年度续试，平均亩产606.7千克，比对照偃展4110增产7.9%。2018—2019年度参加生产试验，平均亩产590.5千克，比对照偃展4110增产6.1%。

（三）特征特性

属弱春性品种，比对照偃展4110早熟0.5天。幼苗半直立，叶色深绿，苗势壮，分蘖力中等，成穗率较高。春季起身拔节早，抽穗早。株高68~69.5厘米，株型松紧适中，抗倒性较好。旗叶短小上冲，穗下节短，穗层整齐，熟相好。穗纺锤形，长芒，白壳，白粒，籽粒半角质，饱满度好。亩穗数42.3万~46.6万，穗粒数32.2~35.3粒，千粒重41~43.6克。

（四）品质分析

蛋白质含量14.17%、13.54%，容重782克/升、800克/升，湿面筋含量32.8%、30.1%，吸水量59毫升/100克、56.2毫升/100克，稳定时间2.9分钟、1分钟，拉伸面积46（2018年）平方厘米，最大拉伸阻力（2018年）129 EU。

（五）抗性鉴定

中抗条锈病和白粉病，中感纹枯病，高感叶锈病和赤霉病。

（六）适宜范围及栽培要点

适宜在河南省（南部长江中下游麦区除外）中晚茬地种植。适宜播期10月中下旬，每亩适宜基本苗15万~25万。及时防治蚜虫、叶锈病、赤霉病和纹枯病；注意预防倒春寒。

四四三、安麦1350

（一）品种来源

安阳市农业科学院利用中育9307/周98165选育而成，2020年通过河南省农作物品种审定委员会审定，审定编号：豫审麦20200057。该品种已获批农业农村部品种保护（专利），其品种权号为 CNA20191004055。其系谱如下：

```
     中育9307   ×   周98165
          └─────┬─────┘
              安麦1350
```

（二）产量表现

2016—2017年度参加河南省小麦产业技术创新战略联盟新品种试验联合体冬水组区域试验，平均亩产537千克，比对照周麦18增产3.8%；2017—2018年度续试，平均亩产429.3千克，比对照周麦18增产3.2%。2018—2019年度参加生产试验，平均亩产589.7千克，比对照周麦18增产5.2%。

（三）特征特性

属半冬性品种，比对照周麦18早熟0.2天。幼苗半匍匐，叶色深绿，苗势壮，分蘖力强。春季起身拔节早，两极分化较快，抽穗早，冬季抗寒性较好，耐倒春寒能力一般。株高75~80.2厘米，株型半紧凑，抗倒性一般。旗叶长而上举，穗下节较长，穗层不整齐，穗长，结实性好，熟相较好。穗纺锤形，长芒，白壳，白粒，籽粒角质，饱满度较好。亩穗数36.7万~42.4万，穗粒数32.2~34.6粒，千粒重42.9~48.4克。

（四）品质分析

蛋白质含量17%、15.8%，容重797克/升、782克/升，湿面筋含量35%、32.8%，吸水量56.8毫升/100克、55.4毫升/100克，稳定时间3.7分钟、3.4分钟，拉伸面积（2018年）38平方厘米，最大拉伸阻力（2018年）155 EU。

（五）抗性鉴定

中抗条锈病，中感叶锈病和白粉病，高感纹枯病和赤霉病。

（六）适宜范围及栽培要点

适宜在河南省（南部长江中下游麦区除外）早中茬地种植。适宜播期10月上中旬，每亩适宜基本苗15万~18万。及时防治蚜虫、纹枯病、赤霉病、叶锈病和白粉病；注意预防倒春寒，高水肥地块种植防止倒伏。

四四四、百农5822

（一）品种来源

河南科技学院、河南大学利用百农AK58/爱丁堡//周麦22选育而成，2020年通过河南省农作物品种审定委员会审定，审定编号：豫审麦20200058。该品种已申请农业农村部品种保护（专利），其公告号为CNA016578E。其系谱如下：

```
     百农AK58   ×   爱丁堡
          └─────┬─────┘
              F₁    ×    周麦22
                 └─────┬─────┘
                    百农5822
```

（二）产量表现

2016—2017年度参加河南省小麦产业技术创新战略联盟新品种试验联合体冬水组区域试验，平均亩产525.6千克,比对照周麦18增产1.7%;2017—2018年度续试,平均亩产434.1千克,比对照周麦18增产4.3%。2018—2019年度参加生产试验,平均亩产584千克,比对照周麦18增产4.2%。

(三)特征特性

属半冬性品种,比对照周麦18早熟0.4天。幼苗半匍匐,叶色深绿,苗势壮,分蘖力较强。春季起身拔节迟,两极分化慢,耐倒春寒能力较差。株高72~79.8厘米,株型偏紧凑,抗倒性一般。旗叶窄,穗下节中等,穗层整齐,熟相较好。穗纺锤形,短芒,白壳,白粒,籽粒半角质,饱满度较好。亩穗数41.1万~48.5万,穗粒数31.1~32.2粒,千粒重43.2~49.1克。

(四)品质分析

蛋白质含量16.4%、16.2%,容重796克/升、789克/升,湿面筋含量34.2%、32.5%,吸水量61.3毫升/100克、59.1毫升/100克,稳定时间2.4分钟、2.7分钟,拉伸面积(2018年)24平方厘米,最大拉伸阻力(2018年)102 EU。

(五)抗性鉴定

中抗条锈病,中感叶锈病、白粉病和纹枯病,高感赤霉病。

(六)适宜范围及栽培要点

适宜在河南省(南部长江中下游麦区除外)早中茬地种植。适宜播期10月上中旬,每亩适宜基本苗15万~18万。及时防治蚜虫、赤霉病、叶锈病、白粉病和纹枯病;注意预防倒春寒,高水肥地块种植防止倒伏。

四四五、昌麦20

(一)品种来源

许昌市农业科学研究所利用周麦22/Y7324选育而成,2020年通过河南省农作物品种审定委员会审定,审定编号:豫审麦20200059。其系谱如下:

```
周麦22    ×    Y7324
        └──┬──┘
          昌麦20
```

(二)产量表现

2017—2018年度参加河南省小麦产业技术创新战略联盟新品种试验联合体冬水组区域试验,平均亩产441.8千克,比对照周麦18增产6.2%;2018—2019年度续试,平均亩产563.2千克,比对照周麦18增产4.2%。2018—2019年度参加生产试验,平均亩产592.1千克,比对照周麦18增产5.6%。

(三)特征特性

属半冬性品种,比对照周麦18早熟0.1天。幼苗半匍匐,叶色深绿,苗势中等,分蘖力强。春季起身拔节早,两极分化快,耐倒春寒能力一般。株高74~74.5厘米,株型松紧适中,抗倒性中等。旗叶宽短上冲,穗下节长,穗层整齐,熟相好。穗纺锤形,长芒,白壳,白粒,半角质,饱满度较好。亩穗数37.3万~42.7万,穗粒数33.1~33.9粒,千粒重43.1~47.4克。

(四)品质分析

蛋白质含量15.5%、13.8%,容重774克/升、806克/升,湿面筋含量32.6%、29%,吸水量

53.5毫升/100克、59.6毫升/100克，稳定时间2.6分钟、2.8分钟，拉伸面积30平方厘米、25平方厘米，最大拉伸阻力116 EU、120 EU。

（五）抗性鉴定

中抗条锈病，中感叶锈病、白粉病和纹枯病，高感赤霉病。

（六）适宜范围及栽培要点

适宜在河南省（南部长江中下游麦区除外）早中茬地种植。适宜播期10月上中旬，每亩适宜基本苗16万～18万。及时防治蚜虫、赤霉病、叶锈病、白粉病和纹枯病；注意预防倒春寒，高水肥地块种植防止倒伏。

四四六、鹤麦601

（一）品种来源

鹤壁市农业科学院、河南大正润禾种业有限公司利用新麦11/淮阴9628//郑麦9023选育而成，2020年通过河南省农作物品种审定委员会审定，审定编号：豫审麦20200060。其系谱如下：

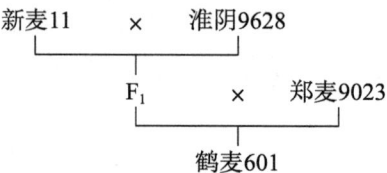

（二）产量表现

2016—2017年度参加河南省小麦产业技术创新战略联盟品种试验联合体冬水组区域试验，平均亩产538千克，比对照周麦18增产4%；2017—2018年度续试，平均亩产435.2千克，比对照周麦18增产4.6%；2018—2019年度参加生产试验，平均亩产584.9千克，比对照周麦18增产4.3%。

（三）特征特性

属半冬性品种，比对照周麦18早熟0.2天。幼苗半匍匐，叶色深绿，冬季抗寒性较好，分蘖力中等。春季起身拔节早，两极分化较快。株高77～82.5厘米，株型偏紧凑，抗倒性一般。旗叶上冲，穗下节较长，熟相好。穗长方形，长芒，白粒，籽粒半角质，饱满度较好。亩穗数36.8万～42.2万，穗粒数32～35.5粒，千粒重44.2～48.6克。

（四）品质分析

蛋白质含量16.2%、16.2%，容重790克/升、790克/升，湿面筋含量34.2%、34.1%，吸水量57.1毫升/100克、56.5毫升/100克，稳定时间2.9分钟、3.5分钟，拉伸面积（2018年）39平方厘，最大拉伸阻力（2018年）164 EU。

（五）抗性鉴定

中抗条锈病，中感叶锈病、白粉病和纹枯病，高感赤霉病。

（六）适宜范围及栽培要点

适宜在河南省（南部长江中下游麦区除外）早中茬地种植。适宜播期10月上中旬，每亩适宜基本苗16万～18万。及时防治蚜虫、赤霉病、叶锈病、白粉病和纹枯病；注意预防倒春寒，高水肥地块种植防止倒伏。

四四七、洛麦40

（一）品种来源

洛阳农林科学院利用洛麦23/周麦22选育而成，2020年通过河南省农作物品种审定委员会审定，审定编号：豫审麦20200061。该品种已申请农业农村部品种保护（专利），其公告号为CNA20201006284。其系谱如下：

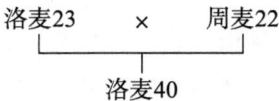

（二）产量表现

2016—2017年度参加河南省小麦产业技术创新战略联盟新品种试验联合体冬水组区域试验，平均亩产535.2千克，比对照周麦18增产3.5%；2017—2018年度续试，平均亩产436.9千克，比对照周麦18增产5%。2018—2019年度参加生产试验，平均亩产599.3千克，比对照周麦18增产6.9%。

（三）特征特性

属半冬性品种，比对照周麦18早熟0.3天。幼苗半匍匐，叶色深绿，苗势壮，分蘖力中等。春季起身拔节较早，两极分化快，抽穗较早，耐倒春寒能力一般。株高67.7~71.6厘米，株型偏松散，抗倒性较好。旗叶大，穗层较整齐，熟相较好。穗纺锤形，长芒，白壳，白粒，籽粒半角质。亩穗数43.3万~46.1万，穗粒数33~34.5粒，千粒重41.1~46克。

（四）品质分析

蛋白质含量14.4%、14.3%，容重816克/升、794克/升，湿面筋含量29%、30.6%，吸水量52%、51.6%，稳定时间2分钟、2.1分钟，拉伸面积（2018年）47平方厘米，最大拉伸阻力（2018年）164 EU。

（五）抗性鉴定

中感条锈病和纹枯病，高感叶锈病、白粉病和赤霉病。

（六）适宜范围及栽培要点

适宜在河南省（南部长江中下游麦区除外）早中茬地种植。适宜播期10月上中旬，每亩适宜基本苗16万~18万。及时防治蚜虫、白粉病、赤霉病、锈病和纹枯病；注意预防倒春寒。

四四八、郑品麦27

（一）品种来源

河南金苑种业股份有限公司、新乡市金苑邦达富农业科技有限公司利用周麦26/洛麦23选育而成，2020年通过河南省农作物品种审定委员会审定，审定编号：豫审麦20200062。该品种已获批农业农村部品种保护（专利），其品种权号为CNA20183278.5。其系谱如下：

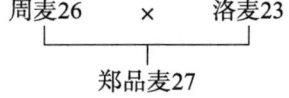

（二）产量表现

2017—2018年度参加河南省小麦丰豫联合体冬水组区域试验，平均亩产433.3千克，比对照周麦18增产7%；2018—2019年度续试，平均亩产582.7千克，比对照周麦18增产2.5%。2018—2019年度参加生产试验，平均亩产593.5千克，比对照周麦18增产1.2%。

（三）特征特性

属半冬性品种，比对照周麦18晚熟0.4天。幼苗直立，叶色浅绿，苗势壮，分蘖力较强。春季起身拔节早，两极分化快，抽穗早。株高74~77.6厘米，株型半紧凑，抗倒性中等。旗叶上冲，穗下节较长，穗层整齐，熟相好。穗纺锤形，长芒，白壳，白粒，籽粒粉质，饱满度较好。亩穗数37万~40.6万，穗粒数33.2~36.7粒，千粒重40.6~43.7克。

（四）品质分析

蛋白质含量16.7%、14.8%，容重771克/升、808克/升，湿面筋含量32.9%、28.1%，吸水量51.5毫升/100克、59.3毫升/100克，稳定时间6.7分钟、5.2分钟，拉伸面积76平方厘米、47平方厘米，最大拉伸阻力351 EU、262 EU。

（五）抗性鉴定

中抗条锈病和纹枯病，中感叶锈病和白粉病，高感赤霉病。

（六）适宜范围及栽培要点

适宜在河南省（南部长江中下游麦区除外）早中茬地种植。适宜播期10月上中旬，每亩适宜基本苗16万~20万。及时防治蚜虫、赤霉病、叶锈病和白粉病；注意预防倒春寒。

第二篇

国家审定在河南省推广品种

一、豫麦2号

（一）品种来源

河南省宝丰县农业科学研究所付宝全等利用杂交方法选育而成，原名宝丰7228，1983年通过河南省农作物品种审定委员会审定，命名为豫麦2号。1984年全国农作物品种审定委员会通过审定，审定编号：GS02007-1984。其系谱如下：

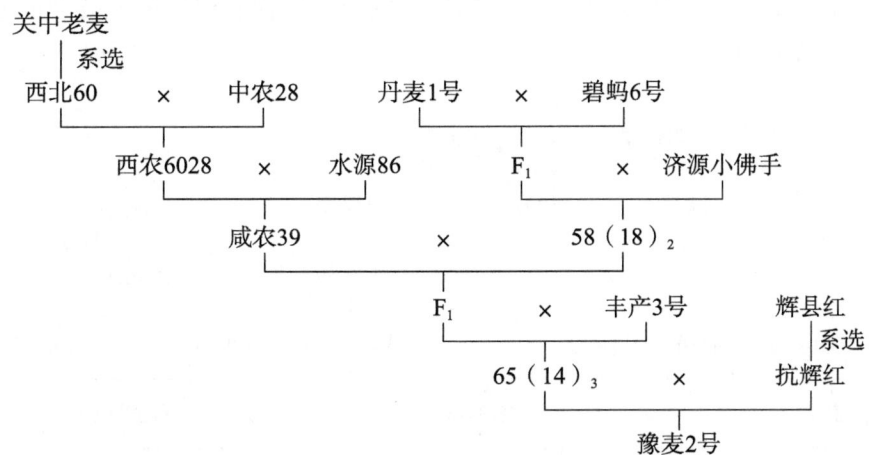

（二）产量表现

1980—1981年度参加河南省区域试验，北部、中部地区平均亩产498.65千克，比对照郑引1号增产31.8%，南部平均亩产449.05千克，平均增产17.3%。1981—1982年度参加黄淮北片区域试验，平均亩产402.15千克，比对照泰山1号增产15.8%。同年度参加黄淮南片大区区域试验，平均亩产445.9千克，比对照郑引1号增产28%。1982—1983年度在黄淮南片续试，平均亩产378.4千克，比对照郑引1号增产28.7%。1981—1983年度参加生产示范，平均亩产344.7千克，比对照增产8.95%。

（三）特征特性

属弱冬偏春性早熟品种。芽鞘绿色，幼苗半匍匐，叶色深绿，叶片短小。株型紧凑，株高85厘米左右，茎秆较细，有弹性。穗纺锤形，长芒，穗粒数35粒左右。籽粒白色，椭圆形，半硬质，千粒重38克左右。耐寒性好，分蘖力强，综合性状优，稳产性好，配合力高，多年来被许多育种单位用作亲本材料。

（四）品质分析

容重800克/升，蛋白质含量12.1%~14.6%，赖氨酸含量0.46%。

（五）抗性鉴定

中感条锈病，中抗叶锈病和白粉病，不抗赤霉病。

（六）适宜范围及栽培要点

适宜在黄淮南片麦区中上等肥力麦田种植。豫北地区9月底至10月初，豫中地区寒露前后播种较为适宜，亩播量5~6千克。一般亩施土杂肥4~5立方米，碳酸氢铵20~50千克，磷肥

30~40千克，饼肥25千克作底肥。浇好拔节水和灌浆水，巧施起身拔节肥，搞好病虫害防治。

二、冀麦30

（一）品种来源

河北省农业科学院粮油作物研究所刘洪岭、武金铭等1979年用该所第三代材料78-3147（阿夫乐尔/咸农24216//75-3440）为母本，石4414（北京14号/石家庄63）为父本进行杂交选育而成。原名冀麦5418，1988年通过河南省农作物品种审定委员会认定。1989年通过河北省农作物品种审定委员会审定，定名为冀麦30号，同年通过国家农作物品种审定委员会审定，审定编号：GS02001-1989。其系谱如下：

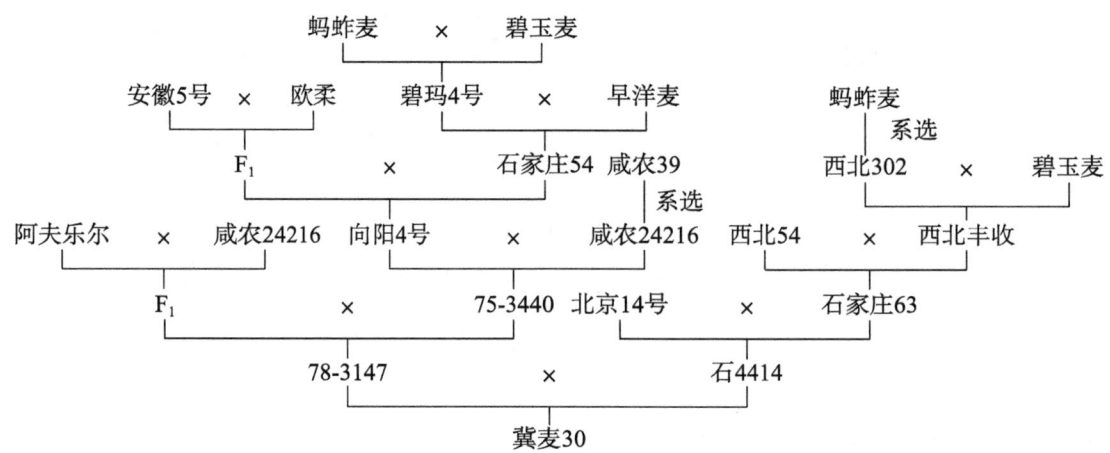

（二）产量表现

1985—1986年度参加黄淮南片区域试验，平均亩产405千克，较对照豫麦2号减产1.4%。1986—1987年度续试，平均亩产440.9千克，较豫麦2号增产7.2%。1987—1988年度参加黄淮北片水地高肥组试验，平均亩产470.3千克，比对照豫麦2号增产19.31%。1987—1988年度参加生产示范，平均亩产357.7千克，比豫麦2号增产6.36%。

（三）特征特性

属半冬性多穗型中早熟品种。幼苗半匍匐，分蘖力较强，长势壮，发育快，成穗率高。株高80~85厘米，株型紧凑，茎秆韧性强。叶片直立，长相清秀。穗纺锤形，长芒，白壳，白粒，籽粒饱满，硬质，千粒重40克左右。抗寒，抗病，综合性状好。

（四）品质分析

蛋白质含量15.55%，赖氨酸含量0.44%，沉淀值21.5毫升，硬度12.6秒，湿面筋含量33.1%，灰分0.49%，出粉率72%，容重800克/升。

（五）抗性鉴定

高抗至免疫条锈病，中抗根腐病，感叶锈病和赤霉病，中感白粉病。

（六）适宜范围及栽培要点

适宜在河北省中南部的中、高水肥条件下种植，也广泛适于豫中、豫北、皖北、苏北、鲁西南、陕西省关中平原、晋东南等地区中上等肥力地块种植。黄淮南片地区10月8—13日为适播期，一般亩播量8~10千克。施足底肥，浇好封冻水。拔节前肥水重管。浇好灌浆水。

三、西安8号

（一）品种来源

1972年陕西省西安市农业科学研究所李丕皋、封如敏等利用杂交方法选育而成。1989年通过国家农作物品种审定委员会审定，审定编号：GS02015-1989。其系谱如下：

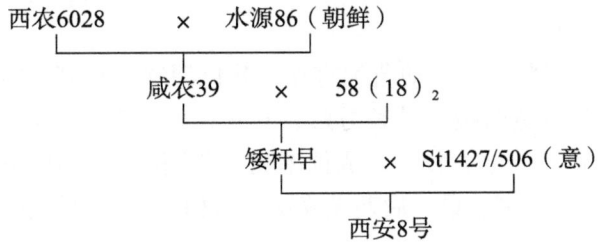

（二）产量表现

1983年度参加河南省种子公司品种比较试验，平均亩产315.6千克，比对照百农3217增产11.88%；安阳地区比较试验，平均亩产428千克，比对照百农3217增产10.88%；周口地区比较试验，平均亩产343.3千克，比对照百农3217增产16.45%；驻马店种子公司试验，平均亩产326.5千克，比对照百农3217增产9.97%。

（三）特征特性

属弱冬性偏早熟品种，比小偃6号早熟2~3天。芽鞘绿色，幼苗半匍匐，叶片宽厚，叶色深绿，分蘖力较强，长势壮，茎秆坚实，抗倒伏性好。抽穗前叶片上冲，旗叶小而倾直，株型呈杯状。株高75厘米左右，茎秆粗壮，根系发达，耐肥抗倒。穗长方形，长芒，籽粒白色，卵圆形，半硬质，千粒重38~43克。后期较抗干热风。耐旱性好。

（四）品质分析

容重813克/升，蛋白质含量13.6%，赖氨酸含量0.32%。

（五）抗性鉴定

抗条锈病、叶锈病和秆锈病，轻感白粉病，不抗赤霉病。

（六）适宜范围及栽培要点

适宜在黄淮南片中高水肥地和旱肥地种植，可在河南省大部，以及安徽省淮北、山东省西部、江苏省北部，河北省邯郸以南、陕西省关中等地区种植。适播期10月8—15日，亩基本苗13万~17万，亩播量6.5~8.5千克，晚播适当增加播量。应重施底肥，多施磷肥；坚持冬灌和冬前追肥。

四、徐州21

（一）品种来源

江苏省徐淮地区徐州农业科学研究所夏善保、李啸洪等1976年用河南大粒品种濮农3665与印度U.P.301杂交选育而成。原名徐州2111，系谱号为7654-2-1-1-1。1986年分别通过江苏省和河南省农作物品种审定委员会审定和认定，1989年通过全国农作物品种审定委员会审定，审定编号：

GS02003-1989。其系谱如下：

```
濮农3665   ×   U.P.301（印度）
        └─────┬─────┘
            徐州21
```

（二）产量表现

1984—1985年参加黄淮南片区域试验，平均亩产450.4千克和412.3千克，比对照宝丰7228分别增产6.8%和10.22%。1983—1986年参加江苏省徐州地区、安徽省淮北片和全国黄淮南片多点小麦良种区域试验，产量多数居首位。

（三）特征特性

属弱春性中早熟品种。芽鞘绿色，幼苗偏直立，叶色深绿，株高85~90厘米，长相清秀。茎秆粗壮。株型较松散，叶片较宽略披。穗长方形，长芒，穗粒数35~40粒。籽粒白色，椭圆形，腹沟较浅，千粒重42~45克。分蘖力较强，成穗率高。苗期耐渍，中后期抗旱，抗干热风，耐肥抗倒伏。耐寒性较弱，倒春寒为害较重。后期灌浆快，熟相好，籽粒饱满。

（四）品质分析

蛋白质含量13.7%，赖氨酸含量0.33%，湿面筋含量35%，灰分含量1.76%，出粉率80.7%，角质率79%，容重800克/升。

（五）抗性鉴定

高抗条锈病和秆锈病，中抗叶锈病，中感白粉病，较耐纹枯病。有一定的耐赤霉病能力。

（六）适宜范围及栽培要点

适宜在黄淮南片稻麦两熟地区和旱地种植。以10月中旬播种为宜，适播期内亩基本苗12万~15万，控制中后期追肥，防止群体过大和倒伏。4月下旬至5月上旬重点防治白粉病，开花期防治赤霉病。

五、陕农7859

（一）品种来源

陕西省农业科学院宁锟等1978年用7576（山前麦//阿玛/阿勃）作母本、6811（2）[西布来//丰产3号/62（9）2-1]作父本进行杂交，经温室和青海省加代于1982年育成。1986年通过河南省农作物品种审定委员会审定。1989年通过国家农作物品种审定委员会审定，审定编号：GS02007-1989。1990年获国家科学技术进步一等奖。其系谱如下：

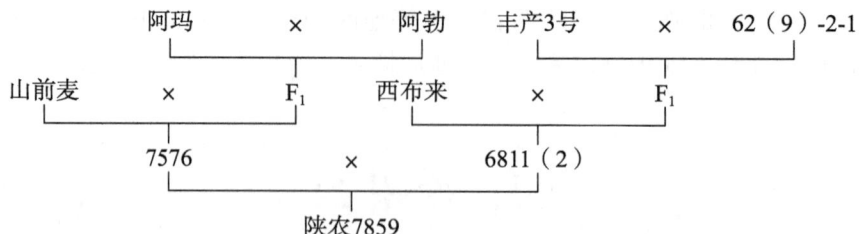

（二）产量表现

1984—1986年度参加陕西省区域试验和黄淮南片区域试验，平均亩产373.4千克，比对照增产10.8%。陕西省关中地区生产示范，平均亩产334.7千克，比对照增产10%。

（三）特征特性

属弱冬性中早熟品种。芽鞘绿色，幼苗半匍匐，叶色深绿，叶片较挺，分蘖力中等，生长势强。株高85厘米左右，茎秆粗，弹性好，抗倒性强。穗层整齐，穗长方形，长芒，穗粒数40~50粒。籽粒白色，椭圆形，千粒重40~50克，半角质，熟相好。耐寒性好，较耐湿，耐旱，抗干热风。灌浆快，粒重稳定。

（四）品质分析

容重770~800克/升，蛋白质含量15.99%，高于对照小偃6号和豫麦2号。

（五）抗性鉴定

高抗至免疫条锈病，感白粉病和叶锈病，中感秆锈病，不抗赤霉病。

（六）适宜范围及栽培要点

适宜在陕西、河南、安徽、江苏、山东等省中高产地区种植。黄淮南片10月上旬播种为宜；在中等偏上肥力条件下，亩播量7~8千克，亩基本苗13万~14万。如延迟播期，适当增加播量；施足底肥，底肥占总施肥量70%~80%；拔节期少量追施氮肥；初花期预防赤霉病、吸浆虫和蚜虫。

六、豫麦10号

（一）品种来源

河南省洛阳农业高等专科学校申林江、张万松等利用杂交方法选育而成。原名豫西832，1988年通过河南省农作物品种审定委员会审定，命名为豫麦10号。1990年通过全国农作物品种审定委员会审定，审定编号：GS02010-1990。其系谱如下：

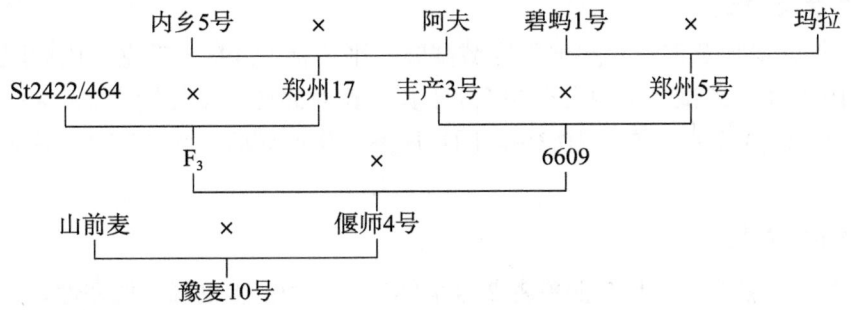

（二）产量表现

1987—1988年度参加黄淮南片春水组区域试验，平均亩产431.8千克，比对照豫麦7号增产4.7%；1988—1989年度续试，平均亩产459.5千克，比对照豫麦7号增产11.04%。1987—1988年度参加生产示范，平均亩产379.5千克，比豫麦7号增产7.7%。

（三）特征特性

属弱春性大穗型中晚熟品种，熟期比豫麦7号晚3~4天。幼苗半直立，分蘖力中等偏弱，成穗率中等。前期长势较弱，拔节后生长旺盛，抽穗后具明显蜡质。株高85~90厘米，茎秆粗脆，叶片宽大，株型较松散，抗倒性不强。穗长方形，长芒，白壳，穗粒数45粒左右。籽粒白色，角质，卵圆形，千粒重43克左右。高抗干热风，后期茎、叶的功能期长，熟相正常，落黄好。

（四）品质鉴定

粗蛋白含量12.7%，粗纤维含量1.72%，粗脂肪含量3.02%，赖氨酸含量0.47%，灰分含量1.69%。

(五)抗性鉴定

抗叶枯病，轻感叶锈病和白粉病，高抗条锈病，不抗赤霉病。

(六)适宜范围及栽培要点

适宜在黄淮地区旱地种植。亩基本苗12万~15万，河南省中部适播期10月10—20日，棉花茬可晚至11月15日播种。应施足底肥，以有机肥为主，底肥不足时，应在冬季追肥。控制返青水，不浇麦黄水。注意防治病虫。

七、豫麦13

(一)品种来源

河南省农业科学院小麦研究所林作楫、李丛军、揭声慧等利用系统选育法选育而成。原名郑州891，1989年通过河南省农作物品种审定委员会审定，命名为豫麦13号。1991年通过全国农作物品种审定委员会审定，审定编号：GS02002-1991。该品种曾荣获国家科技进步一等奖。其系谱如下：

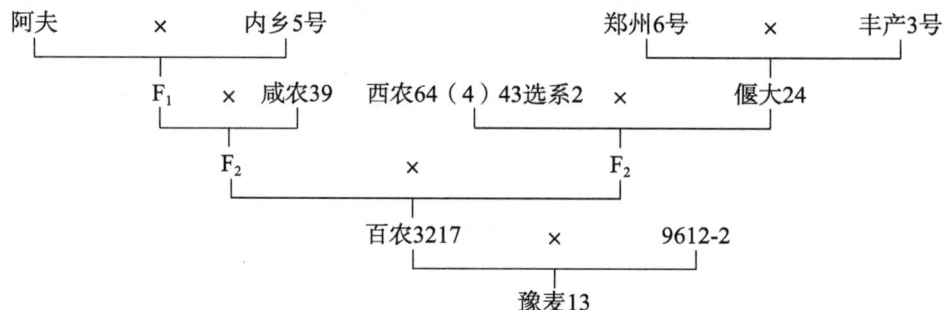

(二)产量表现

1988—1989年度参加黄淮南片水地组区域试验，平均亩产498.1千克，比对照豫麦2号增产13.8%；1989—1990年度续试，平均亩产385.3千克，比对照豫麦2号增产3.4%；1990—1991年度再试，平均亩产408.4千克，增产10.3%。同年度参加生产试验，平均亩产409.8千克，比对照增产17.8%。

(三)特征特性

属半冬性多穗型早熟品种，比对照豫麦2号早熟3天。幼苗半匍匐，抗寒性好。分蘖力强，成穗率高。灌浆快，长芒，白壳，白粒，籽粒饱满。株高80~85厘米，较抗倒伏。亩穗数40万以上，穗粒数30粒左右，千粒重37克左右。

(四)品质分析

容重800~830克/升，蛋白质含量13.4%，赖氨酸含量0.34%。

(五)抗性鉴定

高抗条锈病，轻感叶锈病，中感白粉病。

(六)适宜范围及栽培要点

适宜在黄淮地区亩产350~450千克肥力地块种植。适播期9月底至10月上中旬，高肥地亩播量5千克为宜，一般水肥地亩播量6~7.5千克。以底肥为主，氮、磷肥配合。一般亩底施标准化肥40千克，磷肥30~40千克。起身期每亩追施标准化肥10千克左右。浇好底墒水、拔节水和灌浆水。孕穗期防治白粉病，灌浆期防治蚜虫。

八、豫麦21

（一）品种来源

河南省周口地区农业科学研究所郑天存等利用杂交方法选育而成。原名周麦9号，1992年通过河南省农作物品种审定委员会审定，命名为豫麦21号。1993年通过全国农作物品种审定委员审定，审定编号：GS02001-1993。该品种曾荣获1997年度国家科技进步二等奖。其系谱如下：

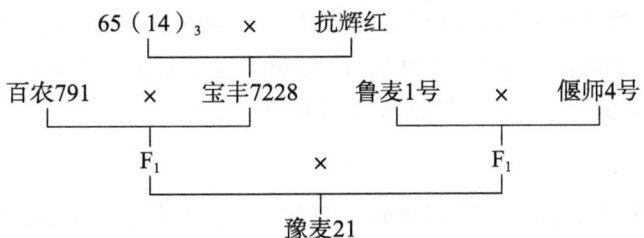

（二）产量表现

1989—1990年度参加黄淮南片冬水高肥组区域试验，平均亩产411.8千克，比对照增产10.49%。1990—1991年度续试，平均亩产380.9千克，比对照增产2.92%；1991—1992年度再试，平均亩产506.8千克，比对照豫麦2号增产1.2%。1991—1992年度参加生产试验，平均亩产430.9千克，比对照豫麦2号增产0.8%。

（三）特征特性

属半冬性大穗型中熟品种，熟期与豫麦2号相同。芽鞘绿色，幼苗半匍匐，抗寒性好。长势中等，分蘖力中等偏强。株高75厘米左右，株型紧凑，叶片上冲。穗纺锤形，长芒，白壳，穗粒数32~37粒。籽粒白色，长圆形，腹沟浅，饱满度好，千粒重42克左右。成穗率较高，叶的功能期长，灌浆速度快，不早衰，落黄好。

（四）品质分析

粗蛋白含量13.3%，赖氨酸含量0.393%，湿面筋含量29.8%，干面筋含量9.41%，出粉率52.5%，容重785克/升。

（五）抗性鉴定

中抗至中感白粉病，高抗至中抗条锈病，中抗至中感叶锈病。

（六）适宜范围及栽培要点

适宜在黄淮冬麦区中等肥力地区种植。适播期10月1—15日，最佳播期10月5—10日，适宜亩播量6~9千克。亩底施粗肥4~5立方米，碳酸氢铵50千克，过磷酸钙50千克；起身拔节期，亩追施尿素7~10千克。在生育中后期，注意防治蚜虫、锈病和白粉病。另外注意浇好越冬水和灌浆水。

九、晋麦45

（一）品种来源

山西省农业科学院小麦研究所张哲夫等利用沙瑞克/3029///74100//蚰包-036/小偃759杂交选育而成。原名临汾7203，1993年由山西省定名为晋麦45号。1994年6月通过全国农作物品种审定委员会审定，审定编号：GS02001-1994。1995年通过河南省农作物品种审定委员会认定。其系谱如下：

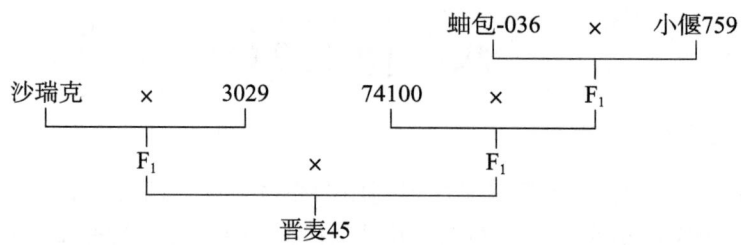

(二)产量表现

1991—1992年度参加黄淮南片区域试验,平均亩产496.8千克,比对照豫麦2号减产0.8%;1992—1993年度续试,平均亩产448.2千克,比对照豫麦2号增产0.63%。1993—1994年度参加生产试验,平均亩产386.5千克,比对照豫麦2号增产1.4%。

(三)特征特性

属半冬性大穗型中早熟品种。幼苗半匍匐,长势壮,抗寒性强,特别是抗晚霜冻害能力强。亩穗数40万~45万,穗粒数30~35粒,千粒重45克。株高85厘米,株型紧凑,抗倒伏,熟相好。穗近长方形,长芒,白壳,白粒,半角质。稳产性好,适应性广。

(四)品质分析

蛋白质含量15.7%,赖氨酸含量0.456%,湿面筋含量45.4%,干面筋含量14.8%,容重820克/升。

(五)抗性鉴定

高抗白粉病、条锈病和叶锈病,轻感叶枯病。

(六)适宜范围及栽培要点

适宜在黄淮麦区350~500千克水肥地早中茬种植。播期10月上中旬,河南省北部地区可稍早,亩播量6~8千克。深耕细耙,足墒下种,严防地下害虫。施足底肥,氮、磷、钾肥配合,拔节后追肥;及时防治蚜虫。

十、豫麦18

(一)品种来源

河南省偃师县二里头村科研站徐才智等和偃师县科学技术委员会利用杂交法选育而成。原名矮早781,1990年通过河南省农作物品种审定委员会审定,命名为豫麦18号。1995年通过全国农作物品种审定委员会审定,审定编号:GS02003-1995。该品种曾荣获国家科技进步二等奖。其系谱如下:

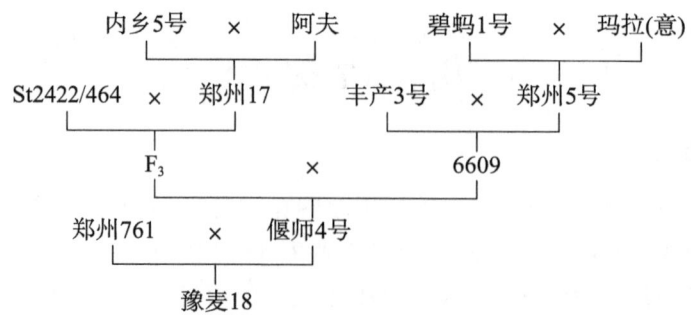

（二）产量表现

1989—1990年度参加黄淮南片区域试验，平均亩产421.21千克，比对照豫麦7号增产20.83%；1990—1991年度续试，平均亩产367.36千克，较对照徐州21增产7.49%。1990—1991年度参加生产示范，平均亩产318.16千克，比对照豫麦7号增产23.64%。

（三）特征特性

属弱春性多穗型早熟品种，比豫麦7号早熟3~5天。株高80厘米，穗纺锤形，长芒，白壳，白粒，籽粒卵圆形，半角质，千粒重42克左右。分蘖力中等偏强，成穗率高，丰产潜力大，稳产性好，适应性广。茎秆弹性好，抗倒性强。株型紧凑，上部叶片小而上冲，苗期长势一般，中后期发育快。群体弹性大，自身调节能力强，成熟落黄好。

（四）品质分析

蛋白质含量13.06%。

（五）抗性鉴定

中抗条锈病，轻感白粉病和赤霉病，抗干热风和青枯。

（六）适宜范围及栽培要点

适宜在黄淮麦区中肥和旱肥地种植。在河南省北部、中部地区，该品种适播期10月7—15日，高肥地亩播量6~7千克，中肥地7~8千克。一般亩基本苗12万~14万。底肥占总施肥量70%~80%，粗肥每亩不少于4立方米，氮、磷肥配合。一般亩底施标准化肥40千克，磷肥40~50千克。起身期每亩追标准化肥10千克左右。浇好越冬水、拔节水和灌浆水。中后期及时防治白粉病、锈病和蚜虫。

十一、豫麦41

（一）品种来源

河南省温县农业科学研究所王乾居等利用系统选育方法选育而成。原名温麦4号，1996年通过河南省农作物品种审定委员会审定，命名为豫麦41号。1998年通过全国农作物品种审定委员会审定，审定编号：国审麦980005。其系谱如下：

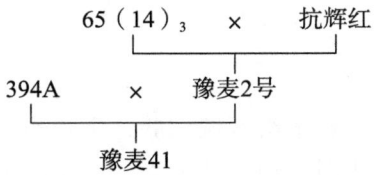

（二）产量表现

1995—1996年度参加黄淮南片冬水组区域试验，平均亩产465.2千克，比对照豫麦21减产1.58%；1996—1997年度续试，平均亩产353.3千克，比对照增产6.97%。1997—1998年度参加黄淮南片生产试验，平均461.7千克，比对照增产10.84%。

（三）特征特性

属半冬性中早熟品种。幼苗直立，长势壮，分蘖力中等，年前大分蘖多，翌年基本不分蘖。起身利索,成穗率高,株高80~83厘米,茎粗壁厚,茎秆有弹性,抗倒性强。后期功能叶微卷上冲,透光性好,灌浆速度快,落黄好,千粒重高而稳。穗长方形,长芒,白壳,白粒,半角质,籽粒饱满,长圆形,大小均匀。亩穗数38万~42万,穗粒数35粒左右。

(四)品质分析

容重799克/升,粗蛋白含量15.16%,赖氨酸含量0.4%,湿面筋含量29.28%,干面筋含量10.05%,出粉率52.5%。

(五)抗性鉴定

中感条锈病、秆锈病、白粉病和纹枯病,高感叶锈病和赤霉病。

(六)适宜范围及栽培要点

适宜在黄淮南片的江苏省、河南省、安徽省、陕西省亩产450~550千克高水肥早茬地种植。适播期10月3—13日,亩播量5千克,高水肥地块可适当减少。施足底肥,足墒下种。重施拔节肥,起身期防除草害。浇好拔节水和灌浆水,抽穗后预防赤霉病和叶锈病。

十二、豫麦34

(一)品种来源

郑州市农业科学研究所雷体文等利用杂交方法选育而成。原名郑农7号,1994年通过河南省农作物品种审定委员会审定,命名为豫麦34号。1998年通过全国农作物品种审定委员会审定,审定编号:国审麦980015。其系谱如下:

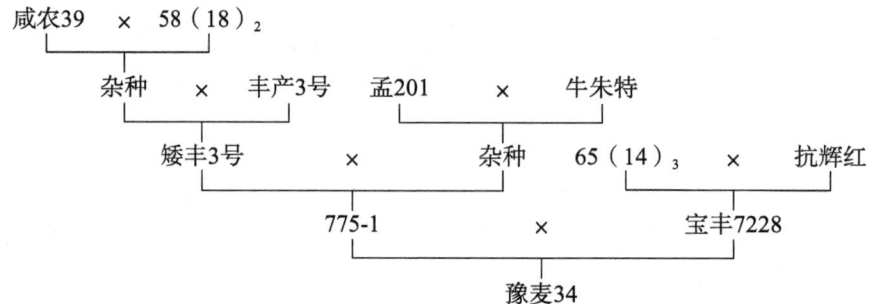

(二)产量表现

1995—1996年度参加黄淮南片春水组区域试验,平均亩产500.2千克,比对照豫麦18增产1.15%;1996—1997年度续试,平均亩产498.8千克,比对照豫麦18增产5.22%。1997—1998年度参加黄淮南片春水组生产试验,平均亩产357.2千克,比对照豫麦18增产7.02%。

(三)特征特性

属弱春性多穗型品种。芽鞘黄绿色,幼苗直立,叶色淡绿,分蘖力中等,根系较发达,生长健壮,茎秆较粗。株型较紧凑,茎、叶蜡质多。叶、茎夹角小,叶片宽窄适中,旗叶长。株高80厘米左右。穗长方形,长芒,白壳,穗粒数28~30粒,千粒重45克左右。籽粒椭圆形,白色,角质,容重802克/升。

（四）品质分析

蛋白质含量14.97%，湿面筋含量33.8%，沉淀值53.8毫升，吸水率61.52%，形成时间11分钟，稳定时间18.5分钟，弱化度12 B.U.，评价值82。

（五）抗性鉴定

抗锈病、白粉病、根腐病和纹枯病。

（六）适宜范围及栽培要点

适宜在河南省中部及安徽省、江苏省淮河以北地区中等肥力地块种植，与棉花、花生、红薯等农作物间作套种更能发挥其边行优势。增施农家肥作基肥，氮、磷、钾肥配合。精细整地，足墒播种。郑州市10月中旬为适播期，亩播量7~8千克，播期推迟适当加大播量，并及时防治病虫害。

十三、石4185

（一）品种来源

河北省石家庄市农业科学研究所利用太谷核不育，将植8094、宝丰7228、石84-7120聚合杂交选育而成，2001年通过河南省农作物品种审定委员会审定，审定编号：豫审麦2001004。1999年通过国家农作物品种审定委员会审定，审定编号：国审麦990007。曾荣获2005年度国家科技进步二等奖。该品种已获批农业部品种保护（专利），其品种权号为CNA20020004.6。其系谱如下：

```
太谷核不育群体    ×    植8094、宝丰7228、石84-7120
        │轮回选择
        石4185
```

（二）产量表现

1995—1996年度参加黄淮北片全国筛选试验，平均亩产441.73千克，较对照鲁麦14增产6.21%；1996—1997年度续试，平均亩产462.9千克，较对照鲁麦14增产2.94%。1997—1998年度参加生产试验，平均亩产371千克，较对照鲁麦14增产9.1%。1998—2000年度参加河南省高肥冬水组区域试验，平均亩产516.9千克，较对照豫麦21增产7.83%。2000—2001年度参加生产试验，平均亩产483.1千克，比对照豫麦49增产2.12%。

（三）特征特性

属半冬性中早熟品种。株型紧凑，分蘖力强，株高78厘米，穗层整齐，后期灌浆快，较抗倒伏；穗粒数34粒，籽粒白色，圆桶形，半角质，腹沟浅，千粒重37克。

（四）品质分析

容重781~818克/升，粗蛋白含量13.93%，湿面筋含量32.6%，降落值354秒，吸水率57.2%，形成时间2.7分钟，稳定时间2.7分钟，评价值48，饼干评分80分。

（五）抗性鉴定

高抗条锈病，中抗纹枯病和叶枯病，中感白粉病和赤霉病，高感叶锈病。

（六）适宜范围及栽培要点

适宜在黄淮麦区的河南省、河北省中南部、山东省中西部、山西省中南部等地区高水肥地种植。

适宜播期10月上旬；高水肥地亩基本苗15万~18万，中水肥地亩基本苗18万~20万，低水肥地亩基本苗22万~25万。亩底施纯氮8~10千克，五氧化二磷7~10千克，氧化钾5千克，拔节期亩追施尿素7.5~10千克，灌浆中期喷洒叶面肥，同时防治白粉病和蚜虫。

十四、豫麦49

（一）品种来源

河南省温县祥云镇农技站吕平安等利用系统选育方法选育而成。原名温麦6号，1998年通过河南省农作物品种审定委员会审定，命名为豫麦49号。2000年通过全国农作物品种审定委员会审定，审定编号：国审麦2000006。该品种曾荣获2009年度国家科技进步二等奖。其系谱如下：

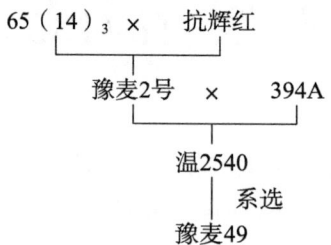

（二）产量表现

1996—1997年度参加黄淮南片冬水组区域试验，平均亩产565.2千克，比对照豫麦21增产5.58%；1997—1998年度续试，比对照豫麦21增产6.97%；1998—1999年度再试，平均亩产552.2千克，比对照豫麦21增产9.68%。1998—1999年度参加生产示范，平均亩产561.7千克，比对照豫麦21增产10.84%。

（三）特征特性

属半冬性中熟品种。幼苗半直立，叶色深绿，生长健壮，分蘖力强，耐寒性好。春季拔节快，两极分化利索。株高78~80厘米，株型紧凑，穗层整齐，茎秆粗壮，高抗倒伏，叶姿挺直，后期旗叶有干尖。亩穗数40万~50万，穗粒数30粒左右，千粒重42克左右。穗纺锤形，白壳，籽粒椭圆形，白色，半角质，容重805.8克/升。

（四）品质分析

粗蛋白含量14.32%，赖氨酸含量0.4%，干面筋含量10.52%，湿面筋含量27.86%，出粉率62.5%。

（五）抗性鉴定

中抗条锈病和叶锈病，中感白粉病、纹枯病和叶枯病。

（六）适宜范围及栽培要点

适宜在河南省、安徽省北部、江苏省北部等地区中高水肥晚茬地种植。适播期10月3—13日，亩播量4~7千克，亩基本苗12万左右，每亩底施粗杂肥4~5立方米，拔节期追施氮肥。浇好拔节水和灌浆水，冬前及早春防治纹枯病；灌浆期进行"一喷三防"。

十五、豫麦51

(一)品种来源

河南省周口地区农业科学研究所郑天存等采用有性杂交和夏繁加代技术选育而成。原名周麦11,1998年通过河南省农作物品种审定委员会审定,命名为豫麦51号。2000年通过全国农作物品种审定委员会审定,审定编号:国审麦2000007。其系谱如下:

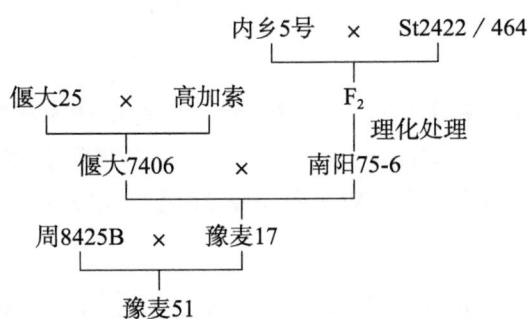

(二)产量表现

1997—1998年度参加黄淮南片区域试验,平均亩产375.2千克,比对照豫麦18增产5.4%;1998—1999年度续试,平均亩产458千克,比对照豫麦18增产9.91%。1998—1999年度参加黄淮南片春水组生产试验,平均亩产444.8千克,比对照豫麦18增产10.96%。

(三)特征特性

属弱春性早熟品种。幼苗半直立,根系较发达,叶片细长,叶色鲜绿。株高85厘米左右,茎秆细,较实,韧性好,抗倒伏。株型紧凑,拔节后长相清秀,生长健壮,叶片上冲。穗纺锤形,穗粒数33~36粒。籽粒白色,卵圆形,大小均匀,角质,千粒重45克左右,容重800克/升。分蘖力中等,成穗率较高,亩穗数38万~43万。抗寒能力较强,耐涝性较好,耐旱、耐瘠能力一般,抗病能力较强。抗干热风,叶的功能期长,活秆成熟,熟相好。

(四)品质分析

粗蛋白含量14.65%,赖氨酸含量0.41%,湿面筋含量33%,沉淀值38.9毫升,形成时间3.5分钟,稳定时间4.3分钟,面团评价值44。

(五)抗性鉴定

中抗至高抗条锈病、叶锈病、白粉病、叶枯病和黄花叶病,轻感纹枯病和赤霉病。

(六)适宜范围及栽培要点

适宜在河南省、安徽省、江苏省中高水肥早中茬地种植。适播期10月14—17日,亩播量7~10千克。施足底肥,氮、磷、钾肥配施,拔节期追肥。浇好拔节水和灌浆水。后期注意防治蚜虫。

十六、豫麦62

(一)品种来源

河南省周口地区农业科学研究所郑天存等利用杂交方法选育而成。原名周麦12,1999年通过河南省农作物品种审定委员会审定,命名为豫麦62号。2000年通过全国农作物品种审定委员会审定,审定编号:国审麦2000008。其系谱如下:

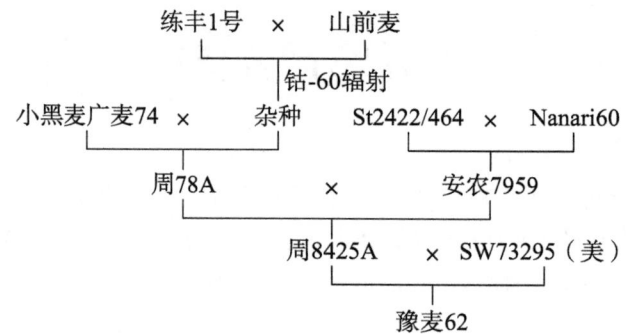

（二）产量表现

1996—1997年度参加黄淮南片冬水组区域试验，平均亩产500.2千克，较对照豫麦21增产5.87%；1997—1998年度续试，平均亩产357.1千克，较对照豫麦21增产8.1%。1998—1999年度参加生产试验，平均亩产454.1千克，较对照豫麦21增产8.23%。

（三）特征特性

属半冬性大穗型中熟品种。苗期长势壮，抗寒性好，分蘖力中等偏强，成穗率中等。秆韧，基节粗，穗下节长。株高85~90厘米，穗层整齐，穗纺锤形，码稀，穗大粒多，通风透光性好，茎秆偏高，亩穗数35万~40万。穗粒数较多，卵圆形，长芒，白粒，角质。千粒重45~48克。根系活力强，抗干热风，抗青枯，落黄好，广适性好。

（四）品质分析

粗蛋白含量15.41%、15.61%，湿面筋含量37%、31.9%，沉淀值53.5毫升、39.8毫升，吸水率65%、65.4%，形成时间6.5分钟、5.5分钟，稳定时间5.5分钟、8.5分钟，容重768克/升、777克/升。

（五）抗性鉴定

中感条锈病、白粉病、纹枯病和叶枯病，中抗叶锈病。

（六）适宜范围及栽培要点

适宜在黄淮南片麦区的河南、河北、山西、山东等省中高肥地种植。播期10月5—20日，最佳播期10月7—15日；亩播量6~9千克。拔节前喷洒化控剂，防止倒伏。及时防治纹枯病、白粉病、赤霉病和蚜虫。拔节后每亩追施尿素7~10千克。

十七、豫麦58

（一）品种来源

河南省温县农业科学研究所王焕英等利用杂交方法选育而成。原名温麦8号，1999年通过河南省农作物品种审定委员会审定，命名为豫麦58号。2001年通过全国农作物品种审定委员会审定，审定编号：国审麦2001006。其系谱如下：

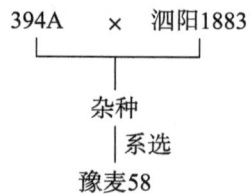

（二）产量表现

1997—1998年度参加黄淮南片冬水组区域试验，平均亩产373千克，比对照豫麦21增产12.9%；1998—1999年度续试，平均亩产452.3千克，比对照豫麦21增产9.7%。1999—2000年度参加生产试验，平均亩产473.3千克，比对照豫麦21增产6.6%。

（三）特征特性

半冬性多穗型中熟品种，熟期与对照豫麦21相当。幼苗半匍匐，分蘖力中等，株高85厘米左右。长芒，白壳，白粒，籽粒半角质，穗纺锤形，穗粒数33粒，千粒重41克左右。越冬性较好，耐渍性好，耐旱性中等，不抗倒春寒。苗期长势壮，两极分化快，分蘖成穗多。根系活力强，叶的功能期长，灌浆快，籽粒饱满度好。

（四）品质分析

粗蛋白含量13.04%，湿面筋含量28.6%，干面筋含量9.7%，沉淀值32.5毫升，容重782克/升，吸水率55%，形成时间1.5分钟，稳定时间6.7分钟，弱化度66 B.U.，评价值46。

（五）抗性鉴定

中抗白粉病，中感条锈病和叶锈病，较抗纹枯病。

（六）适宜范围及栽培要点

适宜在陕西省关中、河南省中部和北部、安徽省北部、江苏省北部等地区中上等水肥地早茬种植。适播期10月8—15日，高产田亩播量5千克，亩基本苗10万~12万，地力差的地块酌情增加播量。重施底肥，增施磷、钾肥及农家肥，控制氮肥。后期搞好"一喷三防"。

十八、中育6号

（一）品种来源

中国农业科学院棉花研究所小麦育种室鲍思敏、杨兆生、阎俊、武芝侠、许红霞等1983年以中育3号为母本、鲁麦14为父本杂交，采用改良系谱法经多代选择，于1995年育成。原名95中44，2000年通过河南省农作物品种审定委员会认定。2001年通过国家农作物品种审定委员会审定，审定编号：国审麦2001009。2003年申请农业部植物新品种权保护，公告号CNA000901E。其系谱如下：

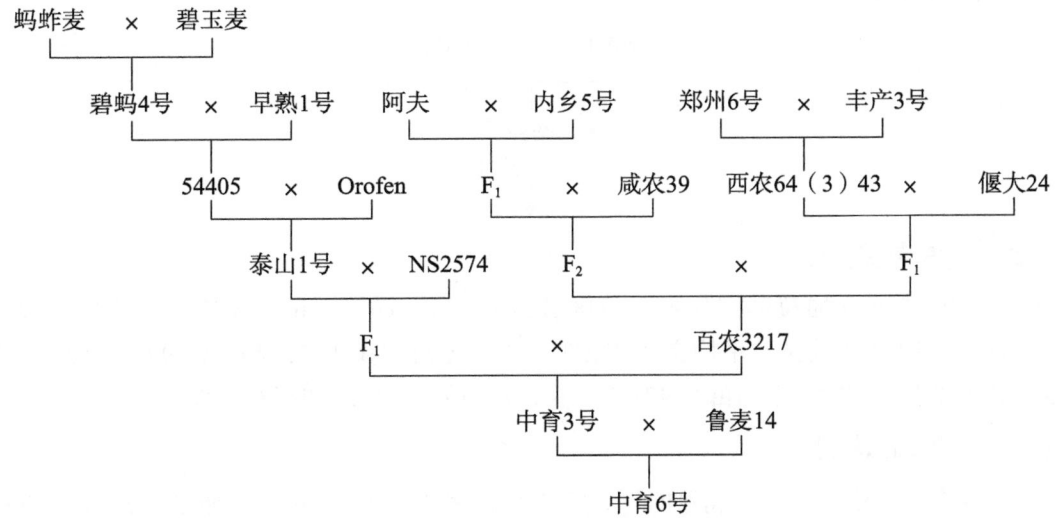

（二）产量表现

1997—1998年度参加黄淮北片冬水组区域试验，平均亩产445.7千克，比对照鲁麦14增产6%；1998—1999年度续试，平均亩产470.9千克，比对照鲁麦14增产4.76%。1999—2000年度参加黄淮北片生产试验，平均亩产476.2千克，比对照鲁麦14增产3.6%。

（三）特征特性

属半冬性中熟品种，熟期比对照鲁麦14晚1天。幼苗半匍匐，叶色浅绿，生长健壮，分蘖力强，成穗率高。春季生长发育较快，两极分化快，叶色深绿，根系发达，耐寒和耐旱性较好。株型紧凑，叶片大小适中，旗叶短而上冲。穗长方形，长芒，白壳，白粒，籽粒椭圆形，半角质。叶的功能期长，灌浆快，千粒重稳定。株高77厘米，抗倒伏力一般，落黄正常。

（四）品质分析

容重813克/升，蛋白质含量13.7%，湿面筋含量25.4%，沉淀值24.1毫升，吸水率55.7%，稳定时间2.7分钟。

（五）抗性鉴定

高抗条锈病，慢叶锈病，中感白粉病和纹枯病。

（六）适宜范围及栽培要点

适宜在河南省、河北省、山东省冬麦区中上肥力地块种植。适宜播期10月5—15日，亩基本苗12万~15万，延迟播种适当加大播量。一般每亩施农家肥3~5立方米，尿素30千克，氯化钾10千克作为底肥，缺锌地区增施硫酸锌1千克。返青后亩追尿素5千克，拔节期亩追尿素5~10千克。高产地块抽穗后喷叶面肥。若底墒不足，切记浇越冬水或返青水。抽穗前注意防治蚜虫，多雨年份在4月中下旬防治白粉病。

十九、淮麦18

（一）品种来源

江苏省徐州地区淮阴农业科学研究所夏中华、丁雪蕙、顾正中、孙芮阳、刘友华等采用杂交方法选育而成。原名淮阴9628，1999年通过江苏省农作物品种审定委员会审定，2000年通过河南省农作物品种审定委员会认定。2001年通过国家农作物品种审定委员会审定，审定编号：国审麦2001005。其系谱如下：

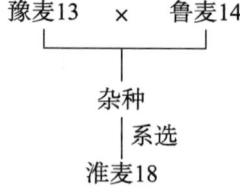

（二）产量表现

1997—1998年度参加黄淮南片冬水组区域试验，平均亩产365.4千克，比对照豫麦21增产10.61%；1998—1999年续试，平均亩产482.3千克，比对照豫麦21增产16.99%。1999—2000年度参加黄淮南片生产试验，平均亩产471.3千克，比对照豫麦21增产6.17%。

（三）特征特性

属半冬性多穗型中熟品种，成熟期与对照豫麦21相当。株高80~85厘米，分蘖力较强，幼苗半匍匐,抗寒力较强。株型紧凑,叶片上冲,长相清秀,较抗倒伏。亩穗数40万~45万,穗粒数35~40粒,千粒重40~44克。白粒,卵圆形,半角质,籽粒较大,黑胚率低,外观商品性好。耐渍、耐旱性中等,较抗穗发芽。

(四)品质分析

容重814克/升,粗蛋白含量12.79%,湿面筋含量25.8%,沉淀值24.5毫升,形成时间4分钟,稳定时间8.4分钟,吸水率51.25%,弱化度57 B.U.,评价值67。

(五)抗性鉴定

高抗白粉病,中抗纹枯病,感赤霉病和锈病。

(六)适宜范围及栽培要点

适宜在黄淮南片冬麦区的河南省中北部、江苏省中北部、安徽省北部等地区亩产450~550千克水肥地早中茬种植。10月上中旬播种均可。最适播期在河南省中部地区为10月8—15日,北部地区为10月5—12日。亩基本苗12万~15万,亩播量6~8千克,黏土及地力偏低的地块,适当增加播量。每亩底施尿素25~30千克,过磷酸钙50千克,钾肥10千克。拔节孕穗期,亩追施尿素5~10千克,拔节后防治蚜虫和锈病,抽穗期至扬花期防治赤霉病。

二十、豫麦63

(一)品种来源

河南省豫西农作物品种展览中心徐才智等利用杂交法选育而成。原名偃展1号,2000年通过河南省农作物品种审定委员会审定,并命名为豫麦63号。2003年通过国家农作物品种审定委员会审定,审定编号:国审麦2003006。该品种已获批农业部品种保护(专利),其品种权号为CNA20040352.4。其系谱如下:

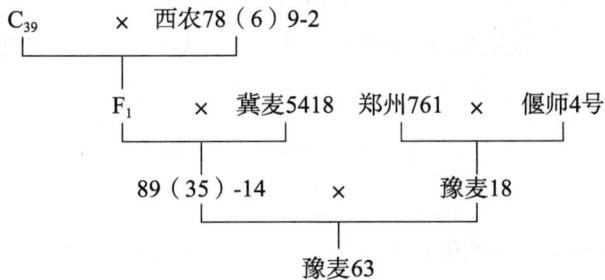

(二)产量表现

1998—1999年度参加黄淮南片春水组区域试验,平均亩产440.9千克,比对照豫麦18增产5.8%;1999—2000年度续试,平均亩产515.2千克,比对照增产2.8%。2000—2001年度参加生产试验,平均亩产453.4千克,比对照品种减产1.7%。2001—2002年度续试,平均亩产437.8千克。

(三)特征特性

属春性多穗型早熟品种。幼苗健壮,发苗早而快,冬前大蘖赶主茎。春季两极分化快,分蘖成穗率高,亩成穗多。穗层整齐,结实性好,产量三要素协调。株型紧凑,长相清秀,根系活力强,抗倒伏,抗干热风能力强。落黄好,抗穗发芽。籽粒半角质,色泽黄亮,饱满度好,商品性优。春性偏强,抗寒性弱。

(四)品质分析

粗蛋白含量13.39%,湿面筋含量28.4%,容重820克/升,沉淀值27.9毫升,吸水率67.4%,形成时间2.6分钟,稳定时间2.6分钟。

(五)抗性鉴定

中抗白粉病,中感纹枯病、条锈病、叶锈病和叶枯病。

(六)适宜范围及栽培要点

适宜在黄淮南片的河南省中南部、江苏省北部、安徽省北部等地区中高肥水地晚茬种植。尤其适于麦棉间作套种,红薯茬、水稻茬和大白菜茬等晚茬种植。10月15日至11月上中旬均可播种,最佳播期豫北地区10月15日前后、豫中地区10月20日左右、豫南地区10月25日以后。高水肥地每亩播量6~7千克,中水肥地每亩7~8千克。随着播期推迟,适当增加播量。做到氮、磷、钾肥科学搭配,防治好地下害虫,返青期和起身期不追肥;中后期注意防病治虫。

二十一、豫麦66

(一)品种来源

河南省豫东农作物品种展览中心沈天民等与中国科学院遗传与发育生物研究所合作,采用远缘杂交与小麦染色体生物工程技术相结合培育而成的小麦-黑麦1BL/1RS易位系,系谱号为:90(6)21-20-1-4。原名兰考906-4,2000年通过河南省农作物品种审定委员会审定,并命名为豫麦66号。2003年通过国家农作物品种审定委员会审定,审定编号:国审麦2003007。该品种曾荣获2008年度国家科技进步二等奖。其遗传背景简图为:

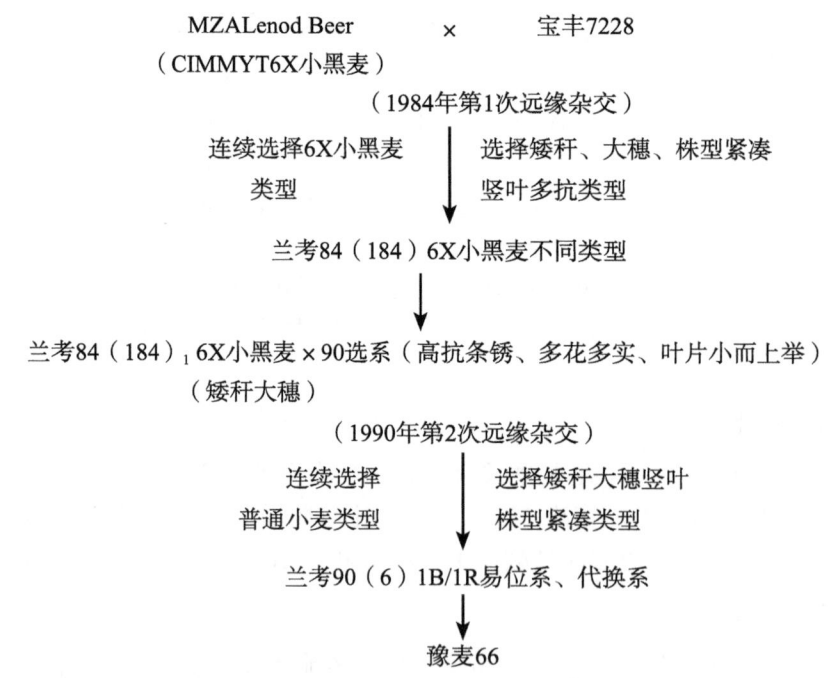

(二)产量表现

2000—2001年度参加黄淮南片冬水组区域试验,平均亩产544.2千克,较对照豫麦49增产5.8%;2001—2002年度续试,平均亩产407.8千克,较对照豫麦49减产6.3%。2001—2002年度参加生产试验,平均亩产410.2千克,比对照豫麦49减产5.2%。

（三）特征特性

属半冬性大穗型品种。幼苗半匍匐，叶色浓绿，叶片短小，分蘖力中等，成穗率低，以主茎成穗为主，株高80~85厘米，株型紧凑，直立挺拔，长相清秀，茎秆粗壮，穗下节长，叶片功能期长，高光效。穗长方形，穗粒数55~60粒，白壳，籽粒长圆形，白色，角质，千粒重42克。抗寒能力强，根系发达，活力强，耐旱、耐渍、耐盐碱性好，抗干热风，落黄好，活秆成熟，高抗倒伏，抗穗发芽。耐氮能力强，高氮条件下不贪青。

（四）品质分析

容重790克/升，粗蛋白含量15.4%，湿面筋含量33.6%，沉淀值26.8毫升，吸水率65.2%，稳定时间2.2分钟，弱化度90 B.U.，面包体积875立方厘米，面包重量147克，面包评分88分。

（五）抗性鉴定

高抗白粉病，高抗至免疫条锈病和叶锈病；中抗叶枯病和纹枯病。

（六）适宜范围及栽培要点

适宜在黄淮南片的河南省中北部、江苏省北部、安徽省北部、陕西省关中东部等地区高肥水地早茬种植。河北省南部、河南省北部地区10月7—10日播种，河南省中部地区10月15—20日，河南省南部、苏北、皖北地区可播至10月底。早茬地亩基本苗20万~25万，高产攻关田亩基本苗35万。行距10~15厘米或20厘米重播。总氮量的30%~40%掩底，农家肥、磷肥、钾肥全部作底肥，总氮量的60%~70%春季返青至拔节时结合浇水追施。早春及时防治纹枯病，4月底至5月中旬防治蚜虫。

二十二、豫麦69

（一）品种来源

新乡市农业科学研究所赵宗武、马华平、蒋志凯等利用百泉3047-3/内乡82C$_6$选育而成，原名新麦9号，2000年通过河南省农作物品种审定委员会审定，命名为豫麦69号。2003年通过全国农作物品种审定委员会审定，审定编号：国审麦2003008。其系谱如下：

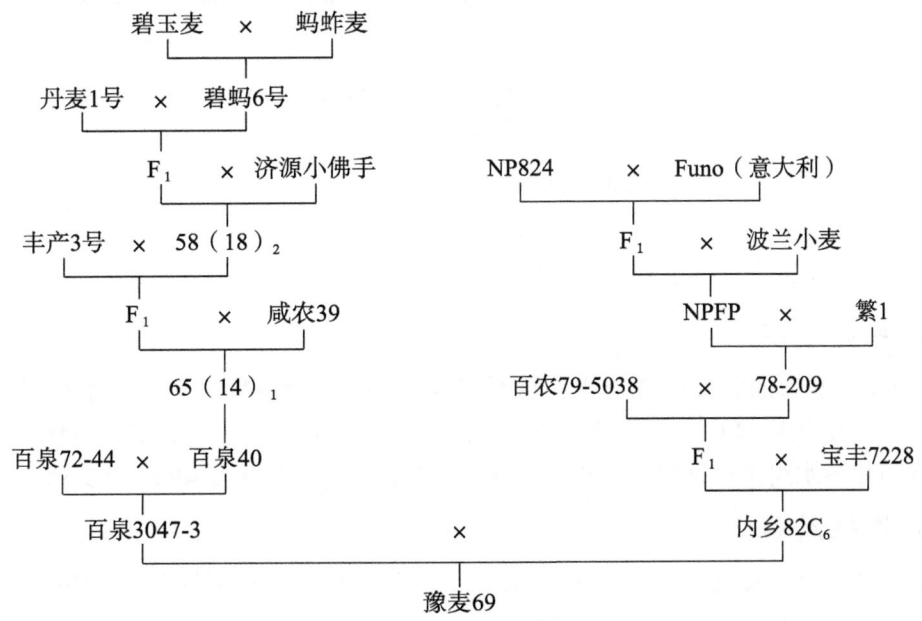

（二）产量表现

1998—1999年度参加黄淮南片高肥冬水组区域试验，平均亩产442.3千克，比对照豫麦21增产7.29%；1999—2000年度续试，平均亩产554.2千克，比对照豫麦21增产6.07%。2000—2001年度参加生产试验，平均亩产495.4千克，比对照品种增产5.1%。

（三）特征特性

属半冬性大穗型中熟品种。株高80厘米左右，幼苗半匍匐，叶色浓绿，长势壮，抗寒性好。分蘖力中等，两极分化快，分蘖成穗率高。株型紧凑，叶片直立，茎秆粗壮，抗倒性强。旗叶短宽上冲，功能期长。穗长方形，长芒，白壳，白粒，半角质，口紧不易落粒。亩穗数39.7万，穗粒数39.8粒，千粒重36.4克。耐旱耐水渍，后期灌浆快，落黄好，较抗穗发芽。

（四）品质分析

容重814克/升，粗蛋白含量14.4%，湿面筋含量32%，沉淀值30毫升，吸水率55.65%，形成时间3.5分钟，稳定时间4.2分钟，弱化度69 B.U.。

（五）抗性鉴定

高抗条锈病，中抗叶锈病和纹枯病，中感白粉病和叶枯病。

（六）适宜范围及栽培要点

适宜在黄淮南片的河南省、江苏省北部、安徽省北部、陕西省关中等地区中高肥水地种植。最佳播期10月5—8日，亩播量6~7千克，亩基本苗12万~14万。冬前与拔节末期肥水重管。在孕穗期、抽穗期和灌浆期分别防病治虫，重点防治蚜虫。

二十三、新麦13

（一）品种来源

新乡市农业科学研究所利用宛原长白//（C_5/3577）F_3选育而成，2002年通过河南省农作物品种审定委员会审定，审定编号：豫审麦2002003。2003年通过国家农作物品种审定委员会审定，审定编号：国审麦2003009。该品种已获批农业部品种保护（专利），其品种权号为CNA20010220.6。其系谱如下：

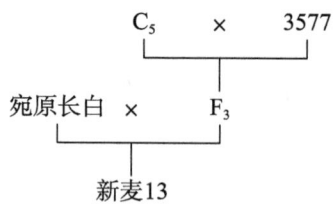

（二）产量表现

1999—2000年度参加黄淮南片春水组区域试验，平均亩产531.2千克，比对照豫麦18增产5.99%；2000—2001年度续试，平均亩产564.17千克，比对照豫麦49增产9.64%。2001—2002年度参加黄淮南片冬水组生产试验，平均亩产456.3千克，比对照豫麦49增产5.5%。

（三）特征特性

属半冬性中熟品种。幼苗半直立，叶色深绿，生长健壮，分蘖力较强，春季起身慢，拔节晚，抗倒春寒，抽穗迟，后期发育快。株型松紧适中，株高80厘米左右，叶片上冲，成穗率高。茎秆基部节间短，穗下节细长，有弹性，抗倒伏。穗长方形，长芒，籽粒白色，卵形，半角质，商品性好。后期叶的功能期长，灌浆快，活秆成熟，抗干热风，较耐旱。成熟后不炸芒，不落粒。亩穗数38万~42万，穗粒数36~38粒，千粒重42~45克。

（四）品质分析

粗蛋白含量13.1%，容重800克/升，湿面筋含量30%，沉淀值24.4毫升，吸水率58.2%，形成时间2.4分钟，稳定时间3.6分钟。

（五）抗性鉴定

免疫条锈病，中抗白粉病和纹枯病，感叶锈病和赤霉病。

（六）适宜范围及栽培要点

适宜在黄淮南片的河南省、江苏省北部、安徽省北部、陕西省关中等地区高肥水地早茬种植。适宜播期10月上旬，以亩基本苗13万~15万为宜。足墒下种，精量匀播。氮、磷、钾、锌肥配施。拔节末期肥水重管，孕穗期和灌浆期注意防病治虫。

二十四、洛旱2号

（一）品种来源

洛阳市农业科学研究所以洛阳78（111）矮为母本、晋麦33为父本杂交选育而成的高产、稳产、广适、抗旱小麦品种，原名洛阳9048，2001年通过河南省农作物品种审定委员会审定，审定编号：豫审麦2001010。2003年通过国家农作物品种审定委员会审定，审定编号：国审麦2003016。其系谱如下：

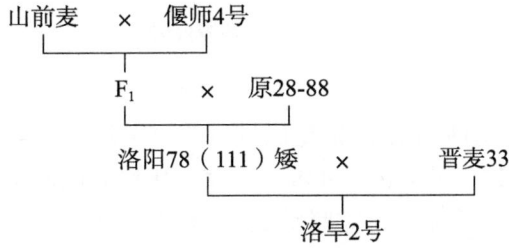

（二）产量表现

2000—2001年度参加黄淮旱地区域试验，平均亩产299.43千克，比对照晋麦47增产0.9%；2001—2002年度续试，平均亩产278.2千克，比对照晋麦47增产7.9%。2001—2002年度参加黄淮旱地生产试验，平均亩产288.2千克，比对照晋麦47增产12.5%。

（三）特征特性

属半冬性中早熟品种，熟期比对照晋麦47晚1天。幼苗匍匐，叶色淡绿，分蘖力强，叶片窄长。成株期叶片直立，大小适中。根系发达，活力强。株高80厘米，茎、叶无蜡质，茎秆较细，弹性好，穗下节长，基部节间短。穗长方形，长芒，籽粒白色，卵圆形，大小均匀，腹沟浅，饱满度好，硬质，有光泽。产量三要素协调，丰产潜力大，高产稳产。抗干热风，适应性广。长相清秀，叶的功能期长，田间通风透光性好，边行优势大，光合效率高。

（四）品质分析

容重803克/升，蛋白质含量14.1%，湿面筋含量30.6%，沉淀值31.2毫升，吸水率61.9%，稳定时间 2.7 分钟。

（五）抗性鉴定

高抗叶锈病，中抗条锈病和叶枯病，中感白粉病和纹枯病。抗旱指数 1.116 9~1.302 3，抗旱级别 1~2，抗旱性较好。

（六）适宜范围及栽培要点

适宜在黄淮麦区的河南省、河北省、陕西省、山西省、山东省旱肥地种植。适播期10月上旬，亩播量6~8千克，丘陵旱地采用沟播或地膜覆盖膜侧种植方法，平原旱地采用宽窄行种植方式。基肥一次性深施，注意防治蚜虫，及时收获避免穗发芽。

二十五、郑麦9023

（一）品种来源

河南省农业科学院小麦研究所引进西北农业大学杂交组合材料选育而成的强筋类型优质小麦品种，原名郑州9023，2001年通过河南省农作物品种审定委员会审定，审定编号：豫审麦2001003。2003年通过国家农作物品种审定委员会审定，审定编号：国审麦2003027。该品种曾荣获2004年度国家科技进步一等奖。其系谱如下：

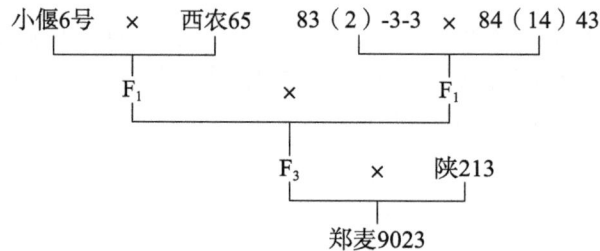

（二）产量表现

2001—2002年度参加黄淮南片水地晚播组区域试验，平均亩产458.2千克，比对照豫麦18增产4.7%；2002—2003年度续试，平均亩产448.5千克，比对照豫麦18增产2.7%。2002—2003年度参加生产试验，平均亩产416千克，比对照豫麦18增产2.1%。

（三）特征特性

属弱春性强筋早熟品种，熟期比豫麦18早3天。幼苗直立，分蘖力中等，春季生长迅速。株高80厘米，株型紧凑，穗层整齐，落黄较好。穗纺锤形，长芒，白壳，硬质，白粒。亩穗数38万左右，穗粒数32粒，千粒重45克左右。

（四）品质分析

容重800克/升，粗蛋白含量14.5%，湿面筋含量33%，沉淀值44.4毫升，吸水率64.2%，稳定时间7.6分钟，最大抗延阻力364.8 EU，拉伸面积58.7平方厘米。

（五）抗性鉴定

中抗条锈病，中感叶锈病和秆锈病，高感赤霉病、白粉病和纹枯病。

（六）适宜范围及栽培要点

适宜在黄淮南片的河南省、安徽省北部、江苏省北部、陕西省关中等地区晚茬种植。注意适期晚播防止冻害。黄淮南片适宜播期10月15—25日，亩基本苗15万~20万；亩底施纯氮8~10千克，五氧化二磷7~10千克，氧化钾5千克，3月中下旬亩追尿素7.5~10千克，灌浆中期喷洒尿素溶液注意防治白粉病、蚜虫、纹枯病和赤霉病。

二十六、新麦11

（一）品种来源

新乡市农业科学研究所以周8826为母本、新乡3577为父本杂交选育而成的超高产、优质、抗病、稳产、广适小麦品种，原名新乡9058，2001年通过河南省农作物品种审定委员会审定，审定编号：豫审麦2001011。2003年通过国家农作物品种审定委员会审定，审定编号：国审麦2003028。其系谱如下：

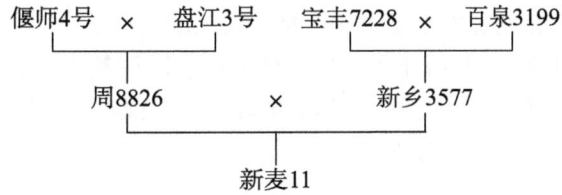

（二）产量表现

2000—2002年度参加黄淮南片水地晚播组区域试验，平均亩产480.3千克，比对照豫麦18增产9.7%；2000—2003年度续试，平均亩产485.8千克，比对照豫麦18增产11.2%。2000—2003年度参加黄淮南片水地晚播组生产试验，平均亩产460.4千克，比对照豫麦18增产9.6%。

（三）特征特性

属弱春性中早熟品种，熟期比对照豫麦18晚1天。幼苗半直立，分蘖力中等，叶色深绿，叶片窄长。株高84厘米，株型稍松散，抗倒性中等。穗层较整齐，穗纺锤形，长芒，白壳，白粒，籽粒偏粉质。亩穗数36万，穗粒数34粒，千粒重43克。苗期长势壮，抗寒性好。中后期耐高温，抗干热风，灌浆快，落黄好。

（四）品质分析

容重779.5克/升，粗蛋白含量14.3%，湿面筋含量31.8%，沉淀值25.4毫升，吸水率55.4%，稳定时间2.3分钟，最大抗延阻力88 EU，拉伸面积22.5平方厘米。

（五）抗性鉴定

中抗条锈病，高感白粉病、叶锈病和赤霉病，中抗纹枯病和秆锈病。

（六）适宜范围及栽培要点

适宜在黄淮南片的河南省、安徽省北部、江苏省北部、陕西省关中等地区高中水肥地中晚茬种植。适播期10月10—28日，亩播量6~8千克，晚播可适当增加播量。拔节末期追肥灌水。孕穗期和灌浆期治虫防病。

二十七、周麦16

（一）品种来源

周口市农业科学研究所利用豫麦21/周8425B选育而成，2002年通过河南省农作物品种审定委员会审定，审定编号：豫审麦2002006。2003年通过国家农作物品种审定委员会审定，审定编号：国审麦2003029。该品种已获批农业部品种保护（专利），其品种权号为CNA20020109.3。其系谱如下：

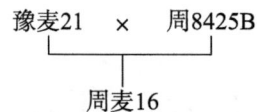

（二）产量表现

2001—2002年度参加黄淮南片水地早播组区域试验，平均亩产472.8千克，比对照豫麦49增产8.6%；2002—2003年度续试，平均亩产471.7千克，比对照豫麦49增产3.1%。2002—2003年度参加黄淮南片水地早播组生产试验，平均亩产463.4千克，比对照豫麦49增产2.9%。

（三）特征特性

属半冬性中晚熟品种，熟期比对照豫麦49晚1天。幼苗半直立，分蘖力中等，叶色深绿，叶片宽长。株高70厘米，株型紧凑，旗叶上冲，抗倒性较好。穗层整齐，穗纺锤形，长芒，白壳，白粒，籽粒半角质。亩穗数37万，穗粒数30粒，千粒重46克。苗期生长健壮，抗寒性较好，耐倒春寒能力偏弱。耐湿性好，耐后期高温，熟相好。

（四）品质分析

容重774克/升，粗蛋白含量14%，湿面筋含量30.8%，沉淀值25.5毫升，吸水率62.1%，稳定时间2.1分钟，最大抗延阻力71 EU，拉伸面积14平方厘米。

（五）抗性鉴定

高抗秆锈病，中感条锈病、白粉病和纹枯病，高感叶锈病和赤霉病。

（六）适宜范围及栽培要点

适宜在黄淮南片的河南省中北部、安徽省北部、江苏省北部、陕西省关中等地区高水肥地早茬种植。适播期10月8—20日，亩播量6~10千克。施足底肥，氮、磷、钾肥配比为23∶10∶6，拔节期每亩追尿素7~10千克。注意防治纹枯病、锈病、纹枯病、赤霉病和蚜虫。

二十八、豫麦70

（一）品种来源

河南省内乡县农业科学研究所薛国典等利用杂交方法选育而成，原名内乡188，2000年通过河南省农作物品种审定委员会审定，并命名为豫麦70号。2003年通过国家农作物品种审定委员会审定，审定编号：国审麦2003031。其系谱如下：

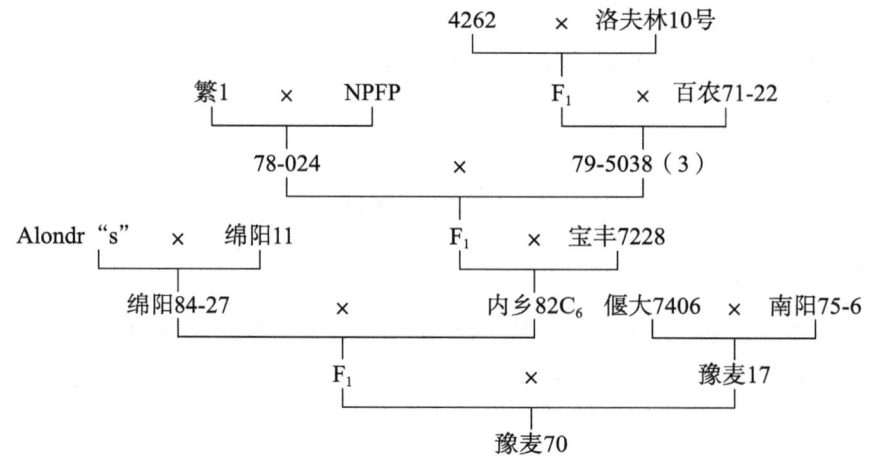

(二)产量表现

2000—2001年度参加黄淮南片水地早播组区域试验,平均亩产534.8千克,比对照豫麦49增产3.9%;2001—2002年度续试,平均亩产452.9千克,比对照豫麦49增产4.1%。2002—2003年度参加生产试验,平均亩产444.3千克,比对照豫麦49减产1.3%。

(三)特征特性

属半冬性中熟品种,熟期与对照豫麦49相同。幼苗半匍匐,叶色浅绿,叶片较长,分蘖力较强。株高83厘米,株型略松散,旗叶上冲,抗倒性中等。穗层整齐,穗长方形,长芒,白壳,白粒,半角质,商品性较好。成穗率高,亩穗数40万,穗粒数30粒,千粒重40克。苗期生长健壮,较耐寒,抗倒春寒能力稍弱。中后期较耐旱,耐渍性一般,抗干热风,落黄较好。

(四)品质分析

容重788.5克/升,粗蛋白含量14.6%,湿面筋含量30.6%,沉淀值35.5毫升,吸水率54%,稳定时间11.3分钟,最大抗延阻力375 EU,拉伸面积81平方厘米。

(五)抗性鉴定

中抗条锈病和纹枯病,高感叶锈病、赤霉病和白粉病。

(六)适宜范围及栽培要点

适宜在黄淮南片的河南省、安徽省北部、江苏省北部等地区高中水肥地早中茬种植。10月5—25日播种(南阳、信阳15日以后播种),10月8—20日为最佳播期,黄河以北地区可提前3~5天,黄河以南地区可推迟5~10天。亩播量5~7千克,亩基本苗8万~10万。每亩施农家肥3立方米,磷酸二铵20千克,尿素15千克,氯化钾或硫酸钾10千克。春季追施速效氮肥。拔节期和灌浆期浇水补肥,齐穗期至灌浆期防治病虫害。

二十九、偃展4110

(一)品种来源

豫西农作物品种展览中心利用89(35)-14/矮早781-4选育而成,2003年通过河南省农作物品种审定委员会审定,审定编号:豫审麦2003001。2003年通过国家农作物品种审定委员会审定,审定编号:国审麦2003032。该品种曾荣获2015年度国家科技进步二等奖,已获批农业部品种保护(专利),其品种权号为CNA20020008.9。其系谱如下:

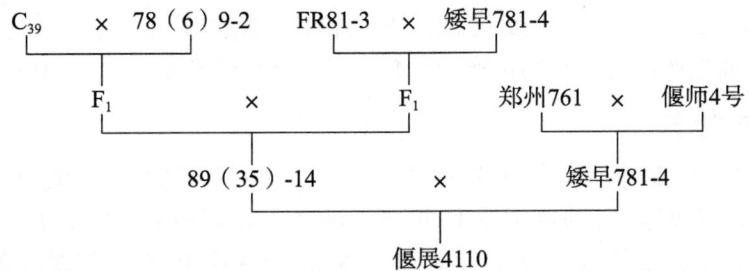

(二)产量表现

2001—2002年度参加黄淮南片水地晚播组区域试验,平均亩产483.4千克,比对照豫麦18增产10.4%;2002—2003年度续试,平均亩产459.3千克,比对照豫麦18增产5.2%。2002—2003年度参加黄淮南片水地晚播组生产试验,平均亩产460.1千克,比对照豫麦18增产9.5%。

(三)特征特性

属弱春性早熟品种。幼苗半直立,长势健壮,叶色正绿,抗寒性好,冬前分蘖集中,春季两极分化快,分蘖成穗率高,穗层厚。旗叶短宽上冲,株型松紧适中,长相清秀,根系活力强,抗倒性好。耐旱耐瘠,耐后期高温,灌浆快,落黄较好。产量三要素协调,丰产性突出,稳产性好,适应范围广。籽粒偏粉质,饱满度好,黑胚率低。

(四)品质分析

容重825克/升,粗蛋白含量13.66%,湿面筋含量27.5%,吸水率61.18%,稳定时间1.2分钟,沉淀值16.5毫升,降落值386秒。

(五)抗性鉴定

高抗白粉病,中抗叶锈病和叶枯病,中感条锈病和纹枯病。

(六)适宜范围及栽培要点

适宜在黄淮南片的河南省、安徽省北部、江苏省北部、陕西省关中等地区高中水肥地中晚茬种植。最佳播期:豫北地区10月10日前后,豫中地区10月15日左右,豫南地区10月20日以后。适宜亩播量:高水肥地6~7千克,中水肥地7~8千克,随播期推迟,适当增加播量。施足底肥,氮、磷、钾肥科学搭配。浇好越冬水、返青水和灌浆水。看苗追肥,中后期注意防治病虫害。

三十、兰考矮早8

(一)品种来源

河南省兰考农华种业有限公司沈天民等利用小黑麦84(184)/90选系选育而成,2003年通过国家农作物品种审定委员会审定,审定编号:国审麦2003033。该品种曾荣获2008年度国家科技进步奖二等奖。其系谱如下:

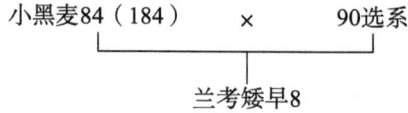

(二)产量表现

2001—2002年度参加黄淮冬麦区南片水地晚播组区域试验,平均亩产432.4千克,比对照豫麦18减产1.3%;2002—2003年度续试,平均亩产422.4千克,比对照豫麦18减产3.3%。2002—2003年度参加生产试验,平均亩产409.5千克,比对照豫麦18增产0.6%。

(三)特征特性

属弱春性晚熟品种,熟期比对照豫麦18晚2~4天。幼苗半匍匐,分蘖力强,叶色深绿,叶片宽短。株高75厘米,株型紧凑,旗叶宽厚上冲,抗倒性好。穗层整齐,穗长方形,长芒,白壳,白粒,籽粒角质。成穗率较低,亩穗数25万,穗粒数42粒,千粒重45克。苗期抗寒性中等,春季耐倒春寒能力偏弱,中后期耐渍性好,熟相较好。

(四)品质分析

容重771克/升,粗蛋白含量14.6%,湿面筋含量34.5%,沉淀值33.5毫升,吸水率64.2%,稳定时间4.4分钟,最大抗延阻力153.5EU,拉伸面积35平方厘米。

（五）抗性鉴定

免疫秆锈病，中感条锈病、白粉病、叶锈病和纹枯病，高感赤霉病。

（六）适宜范围及栽培要点

适宜在黄淮南片的河南省中北部、安徽省北部、江苏省北部、陕西省关中等地区高水肥地中晚茬种植。适宜播期10月10—15日。缩小行距，增加播量，行距8~10厘米，每亩基本苗20万~25万。在肥水管理中，底肥占总施氮量的30%，返青起身期结合浇水追施总氮量的70%。注意防治纹枯病、赤霉病和蚜虫。

三十一、皖麦38

（一）品种来源

安徽省涡阳县农业科学研究所刘伟民等利用烟中114/85-15-9选育而成。原名涡阳8779，1997年通过安徽省农作物品种审定委员会审定，皖品审97020216，1999年通过国家农作物品种审定委员会审定，审定编号：国审麦990006。其系谱如下：

```
烟中144    ×    85-15-9
        |
   皖麦38（涡阳8779）
```

（二）产量表现

1995—1996年度参加黄淮南片全国筛选试验，平均亩产455.02千克，较对照豫麦18号增产1.22%；1996—1997年度续试，平均亩产487.87千克，较对照豫麦18号增产5.28%。1997—1998年度生产试验，平均亩产323.1千克，较对照增产15.22%。

（三）特征特性

属半冬性品种。幼苗匍匐，叶色深绿，分蘖力强，抗寒性好，成穗率高。株高80~85厘米，株型紧凑，叶片上冲，蜡质重，长相清秀。穗纺锤形，长芒，白壳，籽粒卵圆形，白色，角质，千粒重38克。闭颖授粉，避散黑穗病，抗小麦吸浆虫。抗蚜性能明显，抗倒耐渍，较抗穗发芽。产量三要素协调，亩穗数40万~45万，穗粒数35粒，千粒重40克。播期弹性大，适宜早播，耐迟播。

（四）品质分析

蛋白质含量14.2%，湿面筋含量36%，沉淀值51.8毫升，吸水率60.9%，稳定时间9.7分钟。

（五）抗性鉴定

中感条锈病、白粉病、赤霉病和纹枯病。

（六）适宜范围及栽培要点

适宜在黄淮南片麦区的河南省、河北省中南部、山东省中西部、山西省中南部等地区高肥地块早中茬种植，适播期10月中旬，亩播量6~9千克，迟播和中产田地块，适当增加播量。做到深耕细耙，适期足墒匀播，亩底施磷酸二铵20~25千克，尿素15千克，钾肥15千克，锌肥1千克，拔节期亩追施尿素10千克左右。注意防治纹枯病和起身期化控，后期搞好"一喷三防"。

三十二、新麦18

（一）品种来源

新乡市农业科学研究所利用（C_5/新乡3577）F_3//新麦9号选育而成，原名新麦9408，2003年通过河南省农作物品种审定委员会审定，审定编号：豫审麦2003008。2004年通过国家农作物品种审定委员会审定，审定编号：国审麦2004005。该品种已获批农业部品种保护（专利），其品种权号为CNA20020241.3。其系谱如下：

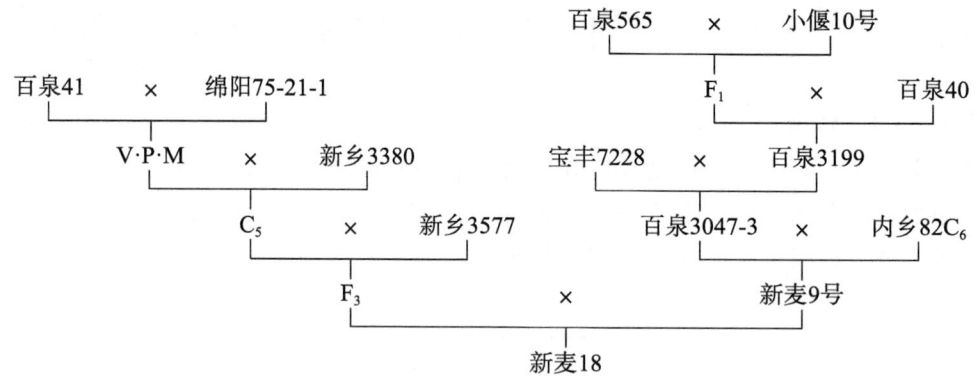

（二）产量表现

2002—2003年度参加黄淮南片冬水组区域试验，平均亩产482.7千克，比对照豫麦49增产5.5%；2003—2004年度续试，平均亩产558.3千克，比高产对照豫麦49增产3.2%，比优质对照藁麦8901增产9.86%。2003—2004年度参加黄淮南片生产试验，平均亩产503.9千克，比对照豫麦49增产3.7%。

（三）特征特性

属半冬性中熟品种，熟期比对照豫麦49早1天。幼苗半直立，叶色正绿，分蘖力强。株高75厘米，株型略松散，穗层厚。穗纺锤形，长芒，白壳，白粒，籽粒半角质-角质。亩穗数38万，穗粒数35粒、千粒重41克。抗倒力较强，抗寒性较好。

（四）品质分析

容重786克/升、808克/升，蛋白质含量15.2%、15.8%，湿面筋含量32.7%、31.9%，沉淀值41.1毫升、42.3毫升，吸水率57.4%、58.5%，稳定时间7.2分钟、5.6分钟，最大抗延阻力286 EU、346 EU，拉伸面积68平方厘米、80平方厘米。

（五）抗性鉴定

高抗条锈病，中抗秆锈病，中感白粉病和纹枯病，高感赤霉病和叶锈病。

（六）适宜范围及栽培要点

适宜在黄淮南片的河南省、安徽省北部、江苏省北部、陕西省关中等地区高中水肥地早中茬种植。播期10月5—20日，亩播量7~8千克，晚播适当增加播量。拔节末期追肥浇水，早浇灌浆水。起身拔节期防治病虫害。

三十三、中原 98-68

(一) 品种来源

郑州浏虎种子有限公司利用温 2540/泗阳 188 选育而成,2004 年通过国家农作物品种审定委员会审定,审定编号:国审麦 2004006。其系谱如下:

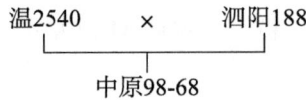

(二) 产量表现

2001—2002 年度参加黄淮南片冬水组区域试验,平均亩产 446.79 千克,比对照豫麦 49 增产 2.7%;2002—2003 年度续试,平均亩产 472.6 千克,比对照豫麦 49 增产 3.3%。2002—2003 年度参加生产试验,平均亩产 510.4 千克,比对照豫麦 49 增产 5%。

(三) 特征特性

属半冬性中熟品种,熟期比对照豫麦 49 早 1~2 天。幼苗直立,分蘖力较强,叶片宽大,叶色正绿。株高 85 厘米,株型紧凑,穗层整齐,前期叶片上冲,抽穗后旗叶半披。穗纺锤形,长芒,白壳,白粒,籽粒粉质。亩穗数 39 万,穗粒数 32 粒,千粒重 40 克。茎秆弹性好,较抗倒伏,抗寒性较好。

(四) 品质分析

容重 778 克/升、792 克/升,蛋白质含量 15%、13.7%,湿面筋含量 35.6%、31.3%,沉淀值 34.7 毫升、32.8 毫升,吸水率 55.3%、54.3%,稳定时间 3.1 分钟、3.8 分钟,最大抗延阻力 174 EU、200 EU,拉伸面积 43 平方厘米、48 平方厘米。

(五) 抗性鉴定

中抗至中感条锈病,慢秆锈病,中感纹枯病,高感叶锈病、白粉病和赤霉病。

(六) 适宜范围及栽培要点

适宜在黄淮南片的河南省、安徽省北部、江苏省北部、陕西省关中等地区高中水肥地早中茬种植。适宜播期 10 月 5—15 日,适宜亩基本苗:高肥地 10 万~12 万,中肥地 14 万~16 万。及时防治叶锈病、白粉病、赤霉病和蚜虫。

三十四、郑麦 004

(一) 品种来源

河南省农业科学院小麦研究所利用豫麦 13/90M434//石 89-6021(冀麦 38)选育而成,2004 年通过国家农作物品种审定委员会审定,审定编号:国审麦 2004007,同年通过河南省农作物品种审定委员会审定,审定编号:豫审麦 2004004。该品种已获批农业部品种保护(专利),其品种权号为 CNA20030504.2。其系谱如下:

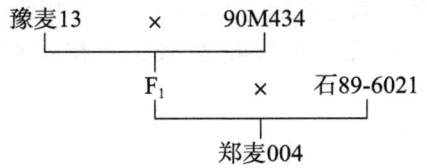

（二）产量表现

2002—2003年度参加黄淮南片冬水组区域试验，平均亩产482.9千克，比对照豫麦49增产5.54%；2003—2004年度续试，平均亩产568.3千克，比对照豫麦49增产4.32%。2003—2004年度参加黄淮南片生产试验，平均亩产506.7千克，比对照豫麦49增产4.28%。

（三）特征特性

属半冬性多穗型中早熟品种。幼苗半匍匐，分蘖力强，株型较紧凑，茎秆弹性好，旗叶上冲，株高75厘米。亩穗数40万，穗粒数37粒，千粒重41克左右。黑胚率低，耐旱耐渍，耐后期高温，根系活力强，抗干热风，落黄一般。

（四）品质分析

容重786克/升、799克/升，蛋白质含量12%、12.4%，湿面筋含量23.2%、25.1%，沉淀值11毫升、12.8毫升，吸水率53.2%、53.7%，稳定时间0.9分钟、1分钟，最大抗延阻力32 EU、120 EU，拉伸面积4平方厘米、13平方厘米。

（五）抗性鉴定

中抗至高抗条锈病，中感秆锈病，高感叶锈病、白粉病、纹枯病和赤霉病。

（六）适宜范围与栽培要点

适宜在黄淮南片冬麦区中上等肥力地早中茬种植。适宜播期10月上中旬，每亩适宜基本苗12万～15万，晚播适当增加播量。氮、磷、钾肥搭配比例为1∶1∶0.8。在弱筋小麦适宜区种植时，原则上以底肥为主，春季及生育后期一般不追肥。根据墒情浇拔节水、孕穗水和灌浆水。注意防治叶锈病、白粉病、叶枯病、赤霉病和蚜虫。

三十五、郑农16

（一）品种来源

郑州市农业科学研究所利用郑农7号/小偃6号选育而成，2004年通过国家农作物品种审定委员会审定，审定编号：国审麦2004009。该品种曾于2003年通过河南省农作物品种审定委员会审定，审定编号：豫审麦2003006。其系谱如下：

```
郑农7号    ×    小偃6号
         ↓
        郑农16
```

（二）产量表现

2001—2002年度参加黄淮南片春水组区域试验，平均亩产452千克，比对照豫麦18增产3.2%；2002—2003年度续试，平均亩产425.9千克，比对照豫麦18减产2.5%。2002—2003年度参加黄淮南片春水组生产试验，平均亩产455.7千克，比对照豫麦18增产1.3%。

（三）特征特性

属弱春性中早熟品种，比对照豫麦18早熟1天。幼苗半直立，分蘖力中等，叶色浅绿，叶片窄长。株高80厘米，株型较紧凑，穗色黄绿，穗层整齐，长相清秀，旗叶上冲。穗纺锤形，长芒，白壳，白粒，籽粒角质。亩穗数38万，穗粒数27粒，千粒重44克。抗倒性中等，抗寒性一般，不耐后期高温，熟相一般。

（四）品质分析

容重 771 克/升、785 克/升，蛋白质含量 15.9%、15.1%，湿面筋含量 36.3%、34.7%，沉淀值 59.6 毫升、49.6 毫升，吸水率 63.1%、63.5%，稳定时间 8.4 分钟、5.1 分钟，最大抗延阻力 424 EU、256 EU，拉伸面积 109 平方厘米、64 平方厘米。

（五）抗性鉴定

中抗至高抗条锈病，中感纹枯病，高感叶锈病、白粉病和赤霉病。

（六）适宜范围及栽培要点

适宜在黄淮南片的河南省、安徽省北部、江苏省北部、陕西省关中等地区高中水肥地晚茬种植。适宜播期 10 月 15—30 日，适宜亩基本苗 12 万~18 万。拔节末期适量追施氮肥，早浇灌浆水，一般不浇麦黄水。及时防治叶锈病、白粉病、赤霉病和蚜虫。

三十六、周麦 17

（一）品种来源

周口市农业科学研究所利用矮早 781/周 8425B//周麦 9 号选育而成，2004 年通过河南省农作物品种审定委员会审定，审定编号：豫审麦 2004007。同年通过国家农作物品种审定委员会审定，审定编号：国审麦 2004008。其系谱如下：

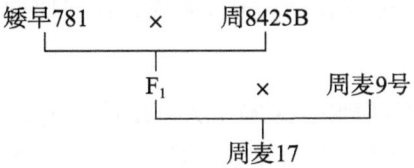

（二）产量表现

2002—2003 年度参加黄淮南片春水组区域试验，平均亩产 437.8 千克，比对照豫麦 18 增产 0.2%；2003—2004 年度续试，平均亩产 517.3 千克，比对照豫麦 18 增产 3.5%。2003—2004 年度参加黄淮南片春水组生产试验，平均亩产 475.2 千克，比对照豫麦 18 增产 5.6%。

（三）特征特性

属弱春性中早熟品种，熟期与对照豫麦 18 相同。幼苗半匍匐，分蘖力强，叶色浅绿，叶片窄长。株高 70 厘米，株型适中，穗层整齐，旗叶上冲，长相清秀。穗纺锤形，长芒，白壳，白粒，籽粒粉质。亩穗数 38 万，穗粒数 32 粒，千粒重 42 克。抗倒力强，较抗寒，中后期耐湿性好，灌浆快，落黄好。

（四）品质分析

容重 780 克/升、789 克/升，蛋白质含量 13.5%、14.8%，湿面筋含量 30.1%、30.4%，沉淀值 20.3 毫升、23.5 毫升，吸水率 54.4%、55.1%，稳定时间 2 分钟、2 分钟，最大抗延阻力 88 EU、88 EU，拉伸面积 28 平方厘米、28 平方厘米。

（五）抗性鉴定

免疫条锈病，高抗秆锈病，高感叶锈病、白粉病、赤霉病和纹枯病。

（六）适宜范围与栽培要点

适宜在黄淮南片的河南省、安徽省北部、江苏省北部、陕西省关中等地区高中水肥地中晚茬种植。播期 10 月 12—30 日，亩播量 8~12.5 千克。以底肥为主，氮、磷、钾肥按 4：2：1 配施，拔节初期亩追施尿素10~12.5千克，生育中后期注意防治白粉病和穗蚜。

三十七、郑麦005

（一）品种来源

河南省农业科学院小麦研究所利用85-5072/89330A-0-1（豫麦13/TJB529）选育而成，2004年通过河南省农作物品种审定委员会审定，审定编号：豫审麦2004005。同年通过国家农作物品种审定委员会审定，审定编号：国审麦2004010。该品种已获批农业部品种保护（专利），其品种权号为CNA20030505.0。其系谱如下：

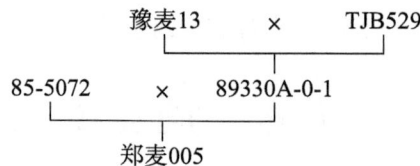

（二）产量表现

2002—2003年度参加黄淮南片春水组区域试验，平均亩产449千克，比对照豫麦18增产2.79%；2003—2004年度续试，平均亩产515.8千克，比对照豫麦18增产3.55%。2003—2004年度参加黄淮南片春水组生产试验，平均亩产460.8千克，比对照豫麦18增产2.41%。

（三）特征特性

属弱春性中熟品种，熟期比对照豫麦18晚1天。幼苗半匍匐，分蘖力强，叶色深绿，叶片细。株高80厘米，株型稍松散，穗层整齐，旗叶窄长上冲。亩穗数44万，穗粒数30粒，千粒重38克。穗纺锤形，长芒，白壳，白粒，籽粒角质。抗倒性一般，冬季抗寒性中等，抗倒春寒能力偏弱，耐湿性一般，熟相中等。

（四）品质分析

容重804克/升、780克/升，蛋白质含量15.26%、15.4%，湿面筋含量33.5%、33.3%，沉淀值56.7毫升、46.8毫升，吸水率57.8%、58.8%，稳定时间9.2分钟、5.6分钟，最大抗延阻力472EU、364EU，拉伸面积118平方厘米、87平方厘米。

（五）抗性鉴定

慢条锈病，中感白粉病和秆锈病，高感叶锈病、纹枯病和赤霉病。

（六）适宜范围与栽培要点

适宜在黄淮南片的河南省、安徽省北部、江苏省北部、陕西省关中等地区高中水肥地中晚茬种植。播期10月10—25日，亩播量7~10千克，晚播适当增加播量。一般亩底施农家肥3~4立方米，尿素12~15千克，磷酸二铵20~25千克，氯化钾6~10千克。拔节孕穗期亩追尿素5~10千克，灌浆初期叶面喷施速效氮肥。抽穗至灌浆期"一喷三防"。

三十八、郑麦366

（一）品种来源

河南省农业科学院小麦研究所利用豫麦47/PH82-2-2选育而成，2005年通过国家农作物品种审定委员会审定，审定编号：国审麦2005003。同年通过河南省农作物品种审定委员会审定，审定编号：2005006。曾荣获2014年度获国家科技进步二等奖。该品种已获批农业部品种保护（专利），其品种权号为CNA20030506.9。其系谱如下：

豫麦47 × PH82-2-2
郑麦366

（二）产量表现

2003—2004年度参加黄淮南片冬水组区域试验，平均亩产544.9千克，比高产对照豫麦49增产0.68%，比优质强筋对照藁麦8901增产7.22%。2004—2005年度续试，平均亩产482.88千克，比高产对照豫麦49减产0.3%；比优质对照藁麦8901增产6.5%。2004—2005年度参加黄淮南片冬水组生产试验，平均亩产460千克，比对照豫麦49增产0.3%。

（三）特征特性

属半冬性多穗型早熟品种，比对照豫麦49早熟1天。幼苗半匍匐，叶色深绿，长势旺，抗寒性较好。幼苗起身快，分蘖力中等，成穗率较高，遇倒春寒不育小穗增多。株型紧凑，株高70厘米左右，叶片宽短上冲，抗倒性好。穗层整齐，落黄一般，后期有早衰现象。穗长方形，籽粒角质。亩穗数40万，穗粒数38粒，千粒重36克。

（四）品质分析

容重804克/升、794克/升，粗蛋白含量15.3%、15.29%，降落值426秒、319秒，沉淀值36毫升、47.4毫升，湿面筋含量30.2%、33.2%，吸水率62.1%、63.1%，形成时间6.8分钟、9.2分钟，稳定时间12.8分钟、13.9分钟，面包评分91分、93分。

（五）抗性鉴定

高抗条锈病和秆锈病，中抗白粉病，中感赤霉病，高感叶锈病和纹枯病。

（六）适宜范围与栽培要点

适宜在黄淮南片麦区的河南省中北部、安徽省北部、江苏省北部、陕西省关中、山东省菏泽市等地区优质麦区高中水肥地早中茬种植。适播期10月10—25日，亩播量6~8千克，晚播适当增加播量。一般亩底施农家肥3~4立方米，尿素12~15千克，磷酸二铵20~25千克，氯化钾6~10千克。拔节孕穗期亩追尿素5~10千克，在灌浆初期喷施速效氮肥。灌浆期"一喷三防"。

三十九、周麦18

（一）品种来源

周口市农业科学研究所利用内乡185/周麦9号选育而成，2005年通过国家农作物品种审定委员会审定，审定编号：国审麦2005006。该品种曾于2004年通过河南省农作物品种审定委员会审定，审定编号：豫审麦2004008。该品种已获批农业部品种保护（专利），其品种权号为CNA20030326.0。其系谱如下：

内乡185 × 周麦9号
周麦18

（二）产量表现

2003—2004年度参加黄淮南片冬水组区域试验，平均亩产574.5千克，比对照豫麦49增产6.1%；2004—2005年度续试，平均亩产535.2千克，比对照豫麦49增产10.3%。2004—2005年度参加黄淮南片冬水组生产试验，平均亩产505.6千克，比对照豫麦49增产10.2%。

（三）特征特性

属半冬性中熟品种，熟期比对照豫麦49晚1天。幼苗半直立，苗势健壮，叶片细长，叶色黄绿，分蘖力中等，分蘖成穗率高。株高80厘米左右，茎秆弹性好，株型略松散，穗层整齐，旗叶短宽上冲，长相清秀。穗纺锤形，长芒，白壳，白粒，籽粒半角质，饱满，商品性好。亩穗数37.1万，穗粒数34.4粒，千粒重45.2克。抗寒性中等，抗倒伏能力较强，耐旱、耐渍，抗干热风，耐后期高温，落黄好。

（四）品质分析

容重790克/升、795克/升，蛋白质含量14.68%、14.68%，湿面筋含量33.4%、31.8%，沉淀值30毫升、29.9毫升，吸水率60.2%、58.6%，形成时间3分钟、3.2分钟，稳定时间2.4分钟、3.2分钟，最大抗延阻力120.4 EU、192 EU，拉伸面积28平方厘米、44平方厘米。

（五）抗性鉴定

高抗秆锈病，中抗条锈病，中感白粉病，高感叶锈病、纹枯病和赤霉病。

（六）适宜范围与栽培要点

适宜在黄淮南片的河南省中北部、安徽省北部、江苏省北部、陕西省关中、山东省菏泽市等地区中高水肥地早中茬种植。适宜播期：河南省中北部地区10月5—20日，河南省中南部地区10月8—25日。适宜亩播量6~9千克。施足底肥，氮、磷、钾肥科学搭配，中后期防治蚜虫和纹枯病，并注意防治吸浆虫。

四十、神麦2号

（一）品种来源

河南省黄泛区农场农科所利用冀麦5418/京泛309//周麦13选育而成，原名泛麦5号，2005年通过国家农作物品种审定委员会审定，审定编号：国审麦2005007。该品种曾于2004年通过河南省农作物品种审定委员会审定，审定编号：豫审麦2004013。该品种已获批农业部品种保护（专利），其品种权号为CNA20060493.7。其系谱如下：

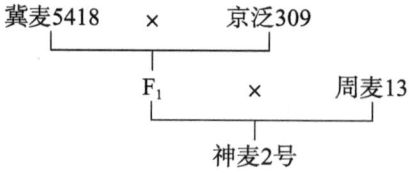

（二）产量表现

2003—2004年度参加黄淮南片冬水组区域试验，平均亩产579.8千克，比对照豫麦49增产6.4%；2004—2005年度续试，平均亩产519.6千克，比对照豫麦49增产5%。2004—2005年度参加黄淮南片冬水组生产试验，平均亩产490.5千克，比对照豫麦49增产6.4%。

（三）特征特性

属半冬性中熟品种，熟期与对照豫麦49相当。幼苗匍匐，叶片窄小，叶色浓绿，分蘖力强。株高80厘米，株型松紧适中。穗层整齐，旗叶窄上冲，穗下节长，茎、叶蜡质重，前期长相清秀。穗纺锤形，长芒，白壳，白粒，籽粒角质，饱满度一般，黑胚率低。亩穗数43.4万，穗粒数33粒，千粒重38.2克。苗势一般，抗寒性较好，抗倒春寒能力偏弱，抗倒伏能力较强，后期不抗干热风，有早衰现象。

（四）品质分析

容重805克/升、796克/升，蛋白质含量12.92%、14.35%，湿面筋含量25.6%、27%，沉淀值25.6毫升、28.6毫升，吸水率54.4%、52.9%，形成时间4.2分钟、4.8分钟，稳定时间5.6分钟、7.6分钟，最大抗延阻力307 EU、314 EU，拉伸面积48平方厘米、55平方厘米。

（五）抗性鉴定

中抗秆锈病和条锈病，中感白粉病、纹枯病、叶锈病和赤霉病。

（六）适宜范围与栽培要点

适宜在黄淮南片的河南省中北部、安徽省北部、江苏省北部、陕西省关中、山东省菏泽市等地区中高水肥地早中茬种植。适播期10月10—25日，亩适宜基本苗12万~16万，一般亩底施尿素15千克，过磷酸钙50千克，氯化钾10千克，铁锰锌肥2.5千克。拔节始期亩追施尿素10千克，注意防治条锈病、叶锈病、叶枯病和赤霉病。

四十一、百农AK58

（一）品种来源

河南科技学院茹振钢等利用周麦11//温麦6号/郑州8960选育而成，2005年通过国家农作物品种审定委员会审定，审定编号：国审麦2005008。该品种曾荣获2013年度国家科技进步一等奖。该品种已获批农业部品种保护（专利），其品种权号为CNA20030342.2。其系谱如下：

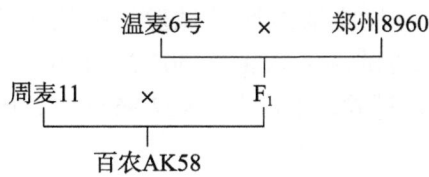

（二）产量表现

2003—2004年度参加黄淮南片冬水组区域试验，平均亩产574千克，比对照豫麦49增产5.4%；2004—2005年度续试，平均亩产532.7千克，比对照豫麦49增产7.7%。2004—2005年度参加生产试验，平均亩产507.6千克，比对照豫麦49增产10.1%。

（三）特征特性

属半冬性中熟品种，熟期比对照豫麦49晚1天。幼苗半匍匐，叶色淡绿，叶片短而上冲，分蘖力强。株高70厘米左右，株型紧凑，穗层整齐，旗叶宽大上冲。穗纺锤形，长芒，白壳，白粒，籽粒短卵形，角质，黑胚率中等。亩穗数40.5万，穗粒数32.4粒，千粒重43.9克。苗期长势壮，抗寒性好，抗倒伏能力强，后期叶功能好，耐湿，耐高温，抗干热风，成熟落黄好。

（四）品质分析

容重811克/升、804克/升，蛋白质含量14.48%、14.06%，湿面筋含量30.7%、30.4%，沉淀值29.9毫升、33.7毫升，吸水率60.8%、60.5%，形成时间3.3分钟、3.7分钟，稳定时间4分钟、4.1分钟，最大抗延阻力212 EU、176 EU，拉伸面积40平方厘米、34平方厘米。

（五）抗性鉴定

高抗条锈病、白粉病和秆锈病，中感纹枯病，高感叶锈病和赤霉病。

（六）适宜范围及栽培要点

适宜在黄淮南片的河南省中北部、安徽省北部、江苏省北部、陕西省关中、山东省菏泽市等地区中高水肥地早中茬种植。适播期10月上中旬，每亩适宜基本苗12万~16万，注意防治叶锈病和赤霉病。

四十二、濮麦9号

（一）品种来源

濮阳市农业科学研究所利用（徐州174/内乡183）F_1/豫麦24选育而成，2005年通过国家农作物品种审定委员会审定，审定编号：国审麦2005012，该品种曾于2004年通过河南省农作物品种审定委员会审定，审定编号：豫审麦2004009。该品种已获批农业部品种保护（专利），其品种权号为CNA20030302.3。其系谱如下：

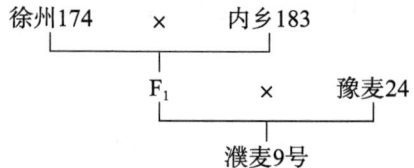

（二）产量表现

2003—2004年度参加黄淮南片晚播组区域试验，平均亩产564千克，比对照豫麦18-64增产12.84%；2004—2005年度续试，平均亩产507.38千克，比对照豫麦18-64增产12.9%。2004—2005年度参加黄淮南片生产试验，平均亩产467.96千克，比对照豫麦18-64增产9.75%。

（三）特征特性

属弱春性中早熟品种，熟期比对照豫麦18-64晚1天。幼苗直立，叶片长，叶色青绿，分蘖力中等。株高78厘米左右，株型紧凑，旗叶短宽上冲。穗层厚，穗大小均匀，小穗排列密，结实性好。穗长方形，长芒，白壳，白粒，籽粒半角质，饱满度好，黑胚率低。亩穗数40.5万，穗粒数38.9粒，千粒重35.8克。越冬抗寒性一般，抗倒能力中等，后期发育较慢，抗干热风，熟相中等。

（四）品质分析

容重804克/升、794克/升，蛋白质含量13.72%、13.93%，湿面筋含量29.1%、29.9%，沉淀值19.8毫升、17.8毫升，吸水率57%、55.8%，形成时间1.4分钟、1.6分钟，稳定时间1.3分钟、1.2分钟，最大抗延阻力134 EU、95 EU，拉伸面积25平方厘米、23平方厘米。

（五）抗性鉴定

中抗至高抗秆锈病，慢条锈病和叶锈病，中感白粉病，高感赤霉病和纹枯病。

（六）适宜范围与栽培要点

适宜在黄淮南片麦区的河南省中北部、安徽省北部、江苏省北部、陕西省关中、山东菏泽市等地区中高水肥地中晚茬种植。适播期10月15—25日，每亩适宜基本苗14万~18万，注意防治叶枯病、纹枯病和赤霉病。

四十三、新麦208

（一）品种来源

郑州市友邦农作物新品种研究所、河南敦煌种业新科种子有限公司利用冀麦5418/豫麦18选育而成，2005年通过国家农作物品种审定委员会审定，审定编号：国审麦2005013。其系谱如下：

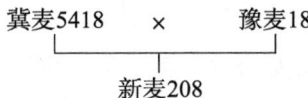

（二）产量表现

2003—2004年度参加黄淮南片春水组区域试验，平均亩产536.3千克，比对照豫麦18-64增产7.3%；2004—2005年度续试，平均亩产500.7千克，比对照豫麦18-64增产11.9%。2004—2005年度参加生产试验，平均亩产469千克，比对照豫麦18-64增产10.5%。

（三）特征特性

属弱春性中早熟品种，熟期比对照豫麦18-64晚1天。幼苗半匍匐，叶片宽长上冲，叶色青绿，分蘖力中等。株高80厘米左右，株型略松散，穗层较整齐，旗叶短宽上冲，长相清秀。穗层厚，穗大，小穗排列稀。穗纺锤形，长芒，白壳，白粒，籽粒粉质，均匀饱满，黑胚率低。亩穗数44万，穗粒数28.8粒，千粒重43.5克。苗期长势壮，抗寒性较好，茎秆弹性好，抗倒伏能力较强，耐旱，抗干热风，成熟落黄好。

（四）品质分析

容重808克/升、806克/升，蛋白质含量14.79%、14.55%，湿面筋含量31.7%、30.5%，沉淀值15.7毫升、17.4毫升，吸水率59.1%、58.2%，形成时间1.7分钟、1.8分钟，稳定时间0.9分钟、0.9分钟，最大抗延阻力124 EU、101 EU，拉伸面积16平方厘米、14平方厘米。

（五）抗性鉴定

中抗条锈病和秆锈病，中感白粉病和纹枯病，高感叶锈病和赤霉病。

（六）适宜范围及栽培要点

适宜在黄淮南片的河南省中北部、安徽省北部、江苏省北部、陕西省关中、山东省菏泽市等地区中高水肥地中晚茬种植。适播期10月10—30日，每亩适宜基本苗14万~20万，注意防治叶锈病、赤霉病和蚜虫。

四十四、豫农949

（一）品种来源

河南农业大学利用（郑太育92215/90m434）F_1/90（232）选育而成，2005年通过国家农作物品种审定委员会审定，审定编号：国审麦 2005015。该品种已获批农业部品种保护（专利），其品种权号为 CNA20040325.7。其系谱如下：

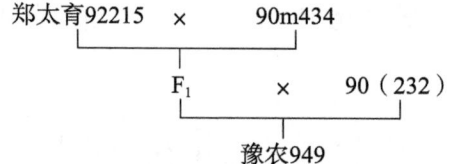

（二）产量表现

2003—2004 年度参加黄淮南片春水组区域试验，平均亩产 549.2 千克，比对照豫麦 18-64 增产 9.9%；2004—2005 年度续试，平均亩产 514.5 千克，比对照豫麦 18-64 增产 14.5%。2004—2005 年度参加生产试验，平均亩产 481.4 千克，比对照豫麦 18-64 增产 13.4%。

（三）特征特性

属弱春性中熟品种，熟期比对照豫麦 18-64 晚 2 天。幼苗近直立，长势壮，越冬抗寒性好，叶色浓绿，分蘖力中等。株高 80 厘米左右，株型紧凑，旗叶宽大上冲，穗层整齐。穗纺锤形，长芒，白壳，白粒，籽粒半角质，黑胚率中等。亩穗数 43.8 万，穗粒数 30.2 粒，千粒重 43.6 克。抗倒春寒能力稍偏弱，抗倒伏能力强。

（四）品质分析

容重 791 克/升、790 克/升，蛋白质含量 14.29%、14.39%，湿面筋含量 31.6%、32.8%，沉淀值 30.1 毫升、33.9 毫升，吸水率 55.4%、54%，形成时间 2.6 分钟、2.6 分钟，稳定时间 2.4 分钟、2.6 分钟，最大抗延阻力 158 EU、190 EU，拉伸面积 43 平方厘米、50 平方厘米。

（五）抗性鉴定

慢条锈病，中感纹枯病和白粉病，中感至高感叶锈病和秆锈病，高感赤霉病。

（六）适宜范围及栽培要点

适宜在黄淮南片的河南省中北部、安徽省北部、江苏省北部、陕西省关中、山东省菏泽市等地区中高水肥地中晚茬种植。适播期 10 月 10—25 日，每亩适宜基本苗 14 万～18 万，注意防治叶锈病和赤霉病。

四十五、花培 5 号

（一）品种来源

河南省农业科学院生物技术研究所利用（豫麦 18/花 4-3）F_1 花药培养选育而成，2006 年通过国家农作物品种审定委员会审定，审定编号：国审麦 2006005。该品种已获批农业部品种保护（专利），其品种权号为 CNA20050417.7。其系谱如下：

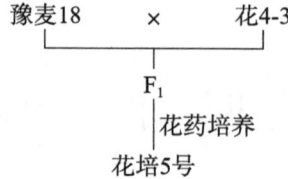

（二）产量表现

2004—2005 年度参加黄淮南片春水组区域试验，平均亩产 521.22 千克，比对照豫麦 18-64 增产

16%；2005—2006年度续试，平均亩产528.5千克，比对照偃展4110减产1.43%，比对照豫麦18-64增产5.66%。2005—2006年度参加生产试验，平均亩产480.5千克，比对照豫麦18-64增产7.52%。

（三）特征特性

属弱春性中熟品种，熟期比对照偃展4110晚1天。幼苗半匍匐，叶片直立，叶色浓绿。起身早，两极分化慢，分蘖力强，抽穗较迟，成穗率较高。株高78厘米左右，株型稍松散，旗叶小而上冲，叶色深绿，长相清秀，穗层厚，穗色黄。穗纺锤形，长芒，白壳，白粒，籽粒半角质，饱满度较好，黑胚率低。亩穗数45.9万，穗粒数29.9粒，千粒重40.3克。苗期长势壮，抗寒性较好。茎秆弹性一般，抗倒性偏弱。根系活力强，后期叶的功能好，耐后期高温，落黄好。

（四）品质分析

容重814克/升、806克/升，蛋白质含量14.38%、14.49%，湿面筋含量31.5%、32.3%，沉淀值29.8毫升、30.7毫升，吸水率57%、56.8%，稳定时间3.5分钟、3.6分钟，最大抗延阻力228 EU、240 EU，拉伸面积52平方厘米、54平方厘米。

（五）抗性鉴定

中抗条锈病，中感赤霉病、纹枯病和秆锈病，高感叶锈病和白粉病。

（六）适宜范围及栽培要点

适宜在黄淮南片的河南省中北部、安徽省北部、江苏省北部、陕西省关中、山东省菏泽市等地区中高水肥地中晚茬种植。适宜播期10月中下旬，每亩适宜基本苗13万～14万。在山东省菏泽市、河南省濮阳市、江苏省徐州市和连云港市种植时注意适期晚播。高水肥地利用时注意防倒伏，同时适时防治叶锈病、赤霉病和白粉病。

四十六、同舟麦916

（一）品种来源

河南省同舟缘种子科技有限公司利用（豫麦18/濮阳8441）F$_1$/温麦4号选育而成，2006年通过国家农作物品种审定委员会审定，审定编号：国审麦2006006。该品种已获批农业部品种保护（专利），其品种权号为CNA20060109.1。其系谱如下：

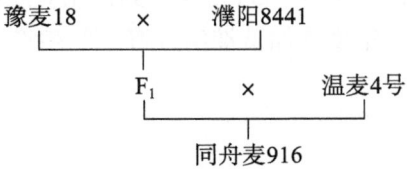

（二）产量表现

2004—2005年度参加黄淮南片春水组区域试验，平均亩产510.93千克，比对照豫麦18-64增产14.20%；2005—2006年度续试，平均亩产550.48千克，比对照偃展4110增产2.51%，比对照豫麦18-64增产8.6%。2005—2006年度参加生产试验，平均亩产478.95千克，比对照豫麦18-64增产7.17%。

（三）特征特性

属弱春性中早熟品种，熟期与对照偃展4110相同。幼苗半匍匐，叶片短宽上冲，叶色深绿，起身拔节较慢，分蘖力较强，抽穗较迟，分蘖成穗率中等。株高78厘米左右，株型略松散，旗叶长而平展，穗下节较长，穗层厚，穗色黄。穗长方形，长芒，白壳，白粒，籽粒半角质，饱满度好，黑胚率中等。亩穗数42万，穗粒数32.6粒，千粒重41克。苗期长势较壮，抗寒性和抗倒春寒能力强。根系活力强，叶的功能期长，耐后期高温，灌浆快，熟相较好。抗倒性一般。

（四）品质分析

容重786克/升、790克/升，蛋白质含量13.76%、13.15%，湿面筋含量29.1%、31.1%，沉淀值29.7毫升、29.5毫升，吸水率55.2%、53.8%，稳定时间1.6分钟、1.7分钟，最大抗延阻力172 EU、192 EU，拉伸面积72平方厘米、44平方厘米。

（五）抗性鉴定

中感纹枯病、条锈病和秆锈病，高感白粉病、叶锈病和赤霉病。

（六）适宜范围及栽培要点

适宜在黄淮南片的河南省中北部、安徽省北部、江苏省北部、陕西省关中、山东省菏泽市等地区中高水肥地中晚茬种植。适宜播期10月10—25日，每亩适宜基本苗12万~18万。高水肥地种植要控制播量，在山东省菏泽市、河南省濮阳市、江苏省徐州市和连云港市种植时注意适期晚播。适时防治白粉病、纹枯病、叶锈病和赤霉病。

四十七、平安6号

（一）品种来源

南阳市农业科学研究所利用莱州953×温2540选育而成，2006年通过国家农作物品种审定委员会审定，审定编号：国审麦2006007。同年通过河南省农作物品种审定委员会审定，审定编号：豫审麦2006014。该品种已获批农业部品种保护（专利），其品种权号为CNA20040355.9。其系谱如下：

```
     莱州953    ×    温2540
         └──────┬──────┘
              平安6号
```

（二）产量表现

2004—2005年度参加黄淮南片春水组区域试验，平均亩产496.98千克，比对照豫麦18-64增产11.1%；2005—2006年度续试，平均亩产537.48千克，比对照偃展4110增产0.24%，比对照豫麦18-64增产7.45%。2005—2006年度参加黄淮南片春水组生产试验，平均亩产472.09千克，比对照豫麦18-64增产5.64%。

（三）特征特性

属弱春性中早熟品种，熟期与对照偃展4110同期。幼苗直立，叶片短宽，叶色青绿，分蘖力中等。起身拔节较快，抽穗较早，分蘖成穗率一般。株高78厘米左右，株型紧凑，叶片上冲，长相清秀，穗层不整齐。穗纺锤形，长芒，白壳，白粒，籽粒角质，饱满度较好，黑胚率低，商品性好。亩穗数40.6万，穗粒数33.6粒，千粒重40.6克。苗期长势壮，耐寒性较好。对春季低温较敏感。茎秆弹性好，抗倒伏。根系活力强，后期叶的功能期长，耐后期高温，落黄好。

（四）品质分析

容重793克/升、791克/升，蛋白质含量15.34%、14.96%，湿面筋含量34.2%、34.3%，沉淀值34.2毫升、33.4毫升，吸水率65.2%、63.5%，稳定时间2.6分钟、2.4分钟，最大抗延阻力187 EU、145 EU，拉伸面积50平方厘米、38平方厘米。

（五）抗性鉴定

中抗至慢条锈病，慢叶锈病，中感纹枯病，中感至高感秆锈病，高感白粉病和赤霉病。

（六）适宜范围及栽培要点

适宜在黄淮南片的河南省中北部、安徽省北部、江苏省北部、陕西省关中、山东省菏泽市等地区中高水肥地中晚茬种植。适宜播期10月15—30日，每亩适宜基本苗15万~20万。施足底肥，注意有机肥与无机肥的合理搭配，一般亩施纯氮12千克，磷肥7.5千克，钾肥7.5千克。宜在拔节期追肥。浇好拔节水和灌浆水，注意防治纹枯病、白粉病和赤霉病，后期"一喷三防"。

四十八、郑育麦958

（一）品种来源

郑州市友邦农作物新品种研究所利用WK628/冀麦5418选育而成，2006年通过国家农作物品种审定委员会审定，审定编号：国审麦2006009。该品种已获批农业部品种保护（专利），其品种权号为CNA20060359.0。其系谱如下：

```
WK628  ×  冀麦5418
       │
    郑育麦958
```

（二）产量表现

2004—2005年度参加黄淮南片春水组区域试验，平均亩产475.03千克，比对照豫麦18-64增产5.70%；2005—2006年度续试，平均亩产529.77千克，比对照偃展4110减产1.35%，比对照豫麦18-64增产4.51%。2005—2006年度参加生产试验，平均亩产464.14千克，比对照豫麦18-64增产3.86%。

（三）特征特性

属弱春性中早熟品种，熟期与对照偃展4110相同。幼苗直立，叶片宽长，叶色深绿，分蘖力中等。春季起身拔节早，两极分化快，抽穗早，成穗率中等。株高80厘米左右，株型紧凑，旗叶窄短上冲，透光性好，长相清秀，穗层厚，码稀。穗纺锤形，长芒，白壳，白粒，粒大，半角质，饱满度较好，黑胚率偏高。亩穗数38.6万，穗粒数31.7粒，千粒重43.1克。苗期长势壮，耐寒性好，耐倒春寒能力中等偏弱。茎秆弹性好，抗倒伏能力强。根系活力强，后期叶的功能期长，耐高温，灌浆快，成熟早，熟相较好，综合抗性好。

（四）品质分析

容重801克/升、802克/升，蛋白质含量13.79%、13.45%，湿面筋含量30.8%、29.4%，沉淀值29.5毫升、28.3毫升，吸水率61.8%、60.2%，稳定时间2.6分钟、2.6分钟，最大抗延阻力144 EU、198 EU，拉伸面积32平方厘米、42平方厘米。

（五）抗性鉴定

高抗条锈病，中抗秆锈病，中抗至中感叶锈病，中感纹枯病，高感白粉病和赤霉病。

（六）适宜范围及栽培要点

适宜在黄淮南片的河南省中北部、安徽省北部、江苏省北部、陕西省关中、山东省菏泽市等地区高中水肥地中晚茬种植。适宜播期10月15—30日，每亩适宜基本苗16万~25万；在山东省菏泽市、河南省濮阳市、江苏省徐州市和连云港市种植时注意适期晚播。及时防治纹枯病、白粉病和赤霉病。

四十九、富麦2008

(一) 品种来源

河南省科学院同位素研究所利用豫麦57诱变选育而成，2006年通过国家农作物品种审定委员会审定，审定编号：国审麦2006011。同年通过河南省农作物品种审定委员会审定，审定编号：豫审麦2006013。该品种已获批农业部品种保护（专利），其品种权号为CNA20040262.5。其系谱如下：

```
豫麦57
  │诱变处理
富麦2008
```

(二) 产量表现

2003—2004年度参加黄淮南片冬水组区域试验，平均亩产569.1千克，比对照豫麦49增产4.45%；2004—2005年度续试，平均亩产512.2千克，比对照豫麦49增产3.51%。2005—2006年度参加黄淮南片冬水组生产试验，平均亩产498.7千克，比对照豫麦49增产5.32%。

(三) 特征特性

属半冬性中早熟品种，熟期比对照豫麦49早1~2天。幼苗直立，叶色淡绿，分蘖力中等。春季起身拔节早，两极分化快，分蘖成穗率较高。株高85厘米左右，株型稍松散，旗叶宽大上冲，下层略郁蔽，穗层厚，穗黄绿色，穗下节较长。穗纺锤形，长芒，白壳，白粒，籽粒长，角质，饱满度较好，黑胚率低。亩穗数41万，穗粒数34.8粒，千粒重38克。苗期长势旺，抗寒性一般，抗倒春寒能力稍差。抗倒性一般。后期叶的功能期长，熟相较好。

(四) 品质分析

容重774克/升、755克/升，蛋白质含量14.45%、14.56%，湿面筋含量31.8%、32.5%，沉淀值31.5毫升、34毫升，吸水率62.4%、63%，稳定时间2.2分钟、2分钟，最大抗延阻力94 EU、134 EU，拉伸面积22平方厘米、36平方厘米。

(五) 抗性鉴定

高抗秆锈病，中感条锈病、纹枯病和白粉病，高感叶锈病和赤霉病。

(六) 适宜范围及栽培要点

适宜在黄淮南片的河南省中北部、安徽省北部、江苏省北部、陕西省关中、山东省菏泽市等地区高中水肥地早中茬种植。在高肥力地块种植注意防止倒伏。适宜播期10月上中旬，每亩适宜基本苗10万~16万，如延期播种，可酌情增加。一般亩底施有机肥4~5立方米，纯氮15千克，五氧化二磷7.5千克，氧化钾7.5千克，拔节后亩追尿素5~7.5千克。中后期重点防治白粉病，开花期预防纹枯病、白粉病、锈病和赤霉病。

五十、开麦18

(一) 品种来源

开封市农林科学研究所利用开麦64／89中170//开麦1003／温2540选育而成，2006年通过国家农作物品种审定委员会审定，审定编号：国审麦2006013，曾于2004年通过河南省农作物品种审定委员会审定,审定编号:豫审麦2004018。该品种已获批农业部品种保护(专利),其品种权号为CNA20030307.4。其系谱如下:

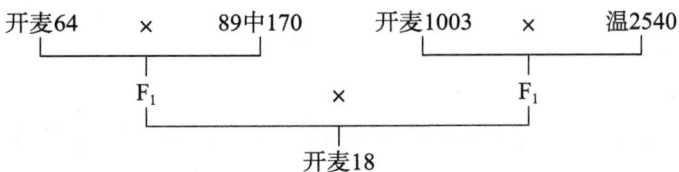

(二)产量表现

2004—2005年度参加黄淮南片冬水组区域试验,平均亩产524.64千克,比对照豫麦49增产6.04%;2005—2006年度续试,平均亩产564.85千克,比对照新麦18增产7.24%,比对照豫麦49增产7.78%。2005—2006年度参加黄淮南片冬水组生产试验,平均亩产499.24千克,比对照豫麦49增产5.47%。

(三)特征特性

属半冬性中晚熟品种,熟期比对照豫麦49和新麦18晚2天。幼苗半匍匐,叶色深绿,分蘖力中等。春季起身拔节慢,两极分化快,抽穗迟,分蘖成穗率较高。株高75厘米左右,株型略松散,叶片下披,穗层整齐,穗大穗匀。穗长方形,长芒,白壳,白粒,籽粒角质,黑胚率高。亩穗数38.2万,穗粒数36.6粒,千粒重41克。苗期长势旺,抗寒性中等。对春季低温敏感,上部小穗败育多。茎秆弹性差,抗倒性较差。根系活力较强,叶的功能期长,耐后期高温能力较强,成熟落黄一般。

(四)品质分析

容重790克/升、800克/升,蛋白质含量13.75%、12.96%,湿面筋含量32.3%、30.9%,沉淀值26.8毫升、24.7毫升,吸水率60%、59.2%,稳定时间1.6分钟、1.4分钟,最大抗延阻力126 EU、140 EU,拉伸面积38平方厘米、34平方厘米。

(五)抗性鉴定

中抗纹枯病,慢条锈病和叶锈病,中抗至中感秆锈病,高感赤霉病和白粉病。

(六)适宜范围与栽培要点

适宜在黄淮南片的河南省中北部、安徽省北部、江苏省北部、陕西省关中、山东省菏泽市等地区中高水肥地早中茬种植。在高肥力地块种植注意防止倒伏。适宜播期10月上中旬,每亩适宜基本苗12万~15万。高水肥地控制基本苗,降低底肥用量,拔节期追肥。注意防治白粉病、叶锈病、纹枯病和赤霉病。

五十一、新麦19

(一)品种来源

新乡市农业科学院利用(C5/新乡3577)F_3/新麦9号选育而成,2006年通过国家农作物品种审定委员会审定,审定编号:国审麦2006015。同年通过河南省农作物品种审定委员会审定,审定编号:豫审麦2006001。该品种已获批农业部品种保护(专利),其品种权号为CNA20040393.1。其系谱如下:

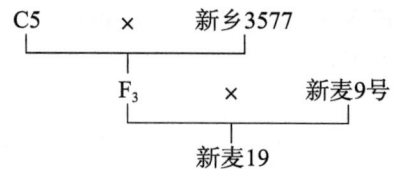

（二）产量表现

2004—2005年度参加黄淮南片冬水组区域试验，平均亩产523.34千克，比对照豫麦49增产5.78%；2005—2006年度续试，平均亩产542.96千克，比对照新麦18增产4.33%，比对照豫麦49增产4.85%。2005—2006年度参加黄淮南片冬水组生产试验，平均亩产500.27千克，比对照豫麦49增产5.76%。

（三）特征特性

属半冬性中早熟品种，熟期比对照豫麦49和新麦18早1天。幼苗半匍匐，叶片短宽，叶色浓绿，分蘖力中等。起身拔节早，两极分化快，抽穗较早，成穗率较高。株高78厘米左右，株型松散，叶片上冲，穗下节长，穗层厚。穗长方形，长芒，白壳，白粒，籽粒半角质，饱满度好，黑胚率中等。亩穗数40.6万，穗粒数35粒，千粒重38.3克。苗期长势壮，抗寒性中等。茎秆弹性一般，抗倒性中等。后期根系活力强，叶的功能期长，耐旱、耐高温能力一般，熟相较好。

（四）品质分析

容重802克/升、802克/升，蛋白质含量15.75%、15.57%，湿面筋含量30%、30.8%，沉淀值42毫升、42.6毫升，吸水率56%、56.2%，稳定时间8.8分钟、5.8分钟，最大抗延阻力396 EU、328 EU，拉伸面积96平方厘米、76平方厘米。

（五）抗性鉴定

高抗白粉病，中抗秆锈病，慢叶锈病，中抗至高抗条锈病，中感纹枯病，高感赤霉病。

（六）适宜范围及栽培要点

适宜在黄淮南片的河南省（南部稻茬麦区除外）、安徽省北部、江苏省北部、陕西省关中、山东省菏泽市等地区中高水肥地早中茬种植。适宜播期10月8—25日，每亩适宜基本苗12万~18万。注意防治叶枯病和赤霉病。

五十二、洛旱6号

（一）品种来源

洛阳市农业科学研究所利用豫麦49/山农45选育而成，原名洛阳9769。2006年通过国家农作物品种审定委员会审定，审定编号：国审麦2006020，同年通过河南省农作物品种审定委员会审定，审定编号：豫审麦2006024。该品种已获批农业部品种保护（专利），其品种权号为CNA20040329.X。其系谱如下：

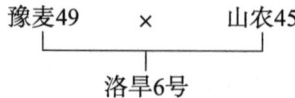

（二）产量表现

2004—2005年度参加黄淮旱地组区域试验，平均亩产329.2千克，比对照晋麦47增产4.4%，比对照洛旱2号增产2.9%；2005—2006年度续试，平均亩产418.5千克，比对照洛旱2号增产9.8%。

2005—2006年度参加黄淮旱地组生产试验，平均亩产396千克，比对照洛旱2号增产7.6%。

（三）特征特性

属半冬性大穗型中熟品种，熟期比对照洛旱2号晚1天。幼苗半匍匐，苗势壮，抗寒性较强，起身拔节快，抽穗扬花早。分蘖力中等，成穗数一般。株型半紧凑，旗叶宽大上举，有蜡质，深绿色，株高80厘米左右，茎秆粗壮，较抗倒伏。穗层整齐，穗长方形，长芒，白壳，白粒，角质，饱满度较好。亩穗数33.3万，穗粒数32.3粒，千粒重43.8克。

（四）品质分析

容重805克/升、770克/升，蛋白质含量13.99%、12.97%，湿面筋含量31.4%、30.1%，沉淀值26.8毫升、26.5毫升，吸水率61.1%、58.2%，稳定时间1.8分钟、2.4分钟，最大抗延阻力142 EU、135 EU，拉伸面积34平方厘米、28平方厘米。

（五）抗性鉴定

中感黄矮病，中感至高感叶锈病和秆锈病，高感条锈病和白粉病。抗旱性中等。

（六）适宜范围及栽培要点

适宜在黄淮冬麦区的山西省南部、陕西省渭北的旱肥地及河南省西北部、河北省南部、山东省中南部等地区的旱地种植。适播期10月上中旬，亩适宜播量10~12千克。一般每亩施纯氮9千克，纯磷6千克，纯钾6千克。拔节孕穗期重点防治蚜虫、白粉病和锈病。

五十三、豫农035

（一）品种来源

河南农业大学张清海等利用豫麦52/豫麦18选育而成，2007年通过国家农作物品种审定委员会审定，审定编号：国审麦2007006。该品种已获批农业部品种保护（专利），其品种权号为CNA20060483.X。其系谱如下：

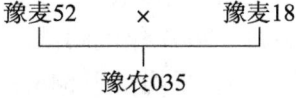

（二）产量表现

2004—2005年度参加黄淮南片冬水组区域试验，平均亩产505.9千克，比对照豫麦49增产4.26%；2005—2006年度续试，平均亩产537.72千克，比对照新麦18增产3.32%，比对照豫麦49增产3.84%。2006—2007年度参加生产试验，平均亩产518.9千克，比对照新麦18增产4.4%。

（三）特征特性

属半冬性中晚熟品种，熟期比对照豫麦49和新麦18晚2天。幼苗半匍匐，叶片短宽，叶色深绿，分蘖力强，成穗率中等。株高88厘米左右，株型松散，旗叶平展，叶色深绿。穗层不整齐，结实性一般，粒数少，穗下节长，中后期长相清秀。穗纺锤形，长芒，白壳，白粒，籽粒角质，卵圆形，饱满度较好，黑胚率中等，外观商品性好。亩穗数39.1万，穗粒数30.1粒，千粒重46.4克。苗期长势较壮，抗寒性中等。起身迟，两极分化偏慢，抽穗迟，耐倒春寒能力中等。抗后期高温，成熟落黄好。茎秆弹性较好，抗倒性较好。

（四）品质分析

容重800克/升、799克/升，蛋白质含量13.29%、14.27%，湿面筋含量28.6%、29.5%，沉淀值29.3毫升、30.7毫升，吸水率60.9%、61.8%，稳定时间5.4分钟、5分钟，最大抗延阻力328 EU、310 EU，延伸性13.2厘米（2006年），拉伸面积56平方厘米、56平方厘米。

（五）抗性鉴定

中抗至高抗秆锈病，中感纹枯病，高感条锈病、叶锈病、白粉病和赤霉病。

（六）适宜范围及栽培要点

适宜在黄淮南片的河南省中北部、安徽省北部、江苏省北部、山东省菏泽市等地区中高肥力地块种植。适宜播期10月10—20日，每亩适宜基本苗10万~14万。注意防治条锈病、叶锈病、白粉病和赤霉病。

五十四、周麦22

（一）品种来源

河南省周口市农业科学院利用周麦12/温麦6号//周麦13选育而成，2007年通过国家农作物品种审定委员会审定，审定编号：国审麦2007007。该品种已获批农业部品种保护（专利），其品种权号为CNA20050632.3。其系谱如下：

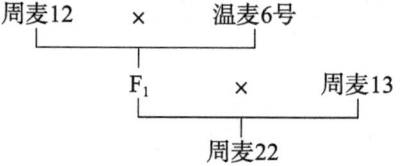

（二）产量表现

2005—2006年度参加黄淮南片冬水组区域试验，平均亩产543.3千克，比对照新麦18增产4.4%，比对照豫麦49增产4.92%；2006—2007年度续试，平均亩产549.2千克，比对照新麦18增产5.7%。2006—2007年度参加生产试验，平均亩产546.8千克，比对照新麦18增产10%。

（三）特征特性

属半冬性中熟品种，比对照豫麦49晚熟1天。幼苗半匍匐，叶片长卷，叶色深绿，分蘖力中等，成穗率中等。株高80厘米左右，株型较紧凑，穗层较整齐，旗叶短小上冲，植株蜡质厚，株行间透光较好，长相清秀，灌浆较快。穗近长方形，穗较大，均匀，结实性较好，长芒，白壳，白粒，籽粒半角质，饱满度较好，黑胚率中等。亩穗数36.5万，穗粒数36粒，千粒重45.4克。苗期长势壮，冬季抗寒性较好，抗倒春寒能力中等。春季起身拔节迟，两极分化快，抽穗迟。耐后期高温，耐旱性较好，熟相较好。茎秆弹性好，抗倒伏能力强。

（四）品质分析

容重777克/升、798克/升，蛋白质含量15.02%、14.26%，湿面筋含量34.3%、32.3%，沉淀值29.6毫升、29.6毫升，吸水率57%、66%，稳定时间2.6分钟、3.1分钟，最大抗延阻力149 EU、198 EU，延伸性16.5厘米、16.4厘米，拉伸面积37平方厘米、46平方厘米。

（五）抗性鉴定

高抗条锈病，抗叶锈病，中感白粉病和纹枯病，高感赤霉病和秆锈病。

（六）适宜范围及栽培要点

适宜在黄淮南片的河南省中北部、安徽省北部、江苏省北部、陕西省关中、山东省菏泽市等地区高中水肥地块早中茬种植。适宜播期10月上中旬，每亩适宜基本苗10万～14万，注意防治赤霉病、白粉病、纹枯病和蚜虫。

五十五、漯麦8号

（一）品种来源

河南省漯河市农业科学院利用烟中1604/温麦4号选育而成，2007年通过国家农作物品种审定委员会审定，审定编号：国审麦2007008。该品种已获批农业部品种保护（专利），其品种权号为CNA20070622.5。其系谱如下：

```
烟中1604    ×    温麦4号
         │
       漯麦8号
```

（二）产量表现

2004—2005年度参加黄淮南片冬水组区域试验，平均亩产510.5千克，比对照豫麦49增产3.18%；2005—2006年度续试，平均亩产522.2千克，比对照新麦18增产0.35%，比对照豫麦49增产0.85%。2006—2007年度参加生产试验，平均亩产508.6千克，比对照新麦18增产2.31%。

（三）特征特性

属半冬性中晚熟品种，熟期比对照豫麦49和新麦18晚1天。幼苗半匍匐，叶片宽短，叶色正绿，分蘖力较强，成穗率中等。株高82厘米左右，株型紧凑，旗叶较小上冲，株行间透光性好。穗纺锤形，长芒，白壳，白粒，籽粒半角质，黑胚率偏高，籽粒均匀，饱满。亩穗数44.4万，穗粒数31粒，千粒重39.1克。苗期长势一般，抗寒性较好。起身拔节快，抽穗较迟。对春季低温敏感，穗顶部有虚尖，穗粒数偏少。耐后期高温，叶的功能期长，成熟偏晚，熟相一般。茎秆硬，抗倒性较好。

（四）品质分析

容重818克/升、787克/升，蛋白质含量14.87%、13.82%，湿面筋含量33%、28.2%，沉淀值46.3毫升、31毫升，吸水率59.9%、56.8%，稳定时间8.6分钟、5.5分钟，最大抗延阻力330 EU、261 EU，延伸性14厘米（2006年），拉伸面积77平方厘米、51平方厘米，面包体积815平方厘米（2005年），面包评分89分（2005年）。

（五）抗性鉴定

中抗叶锈病和纹枯病，中感秆锈病、条锈病和白粉病，高感赤霉病。

（六）适宜范围及栽培要点

适宜在黄淮南片的河南省中北部、安徽省北部、陕西省关中等地区中高肥力地块早中茬种植。适宜播期10月10—20日，每亩适宜基本苗12万～15万。注意防治蚜虫、赤霉病、锈病和白粉病。

五十六、许农5号

(一) 品种来源

许昌市农业科学研究所利用周麦8846/周麦9号选育而成，2007年通过国家农作物品种审定委员会审定，审定编号：国审麦2007010。该品种曾于2005年通过河南省农作物品种审定委员会审定，审定编号：豫审麦2005005，已获批农业部品种保护，其品种权号为CNA20050598.X。其系谱如下：

(二) 产量表现

2005—2006年度参加黄淮南片冬水组区域试验，平均亩产547.2千克，比对照新麦18增产3.88%，比对照豫麦49增产4.34%；2006—2007年度续试，平均亩产543.3千克，比对照新麦18增产4.1%。2006—2007年度参加黄淮南片冬水组生产试验，平均亩产528.2千克，比对照新麦18增产6.8%。

(三) 特征特性

属半冬性中晚熟品种，熟期比对照新麦18晚1天。幼苗半直立，叶色深绿，分蘖力中等，成穗率中等。株高88厘米左右，株型较紧凑，茎秆蜡质重，旗叶宽短上冲，穗下节长，穗层不整齐，长相清秀。穗纺锤形，短芒，白壳，白粒，籽粒半角质，粒大，饱满度一般，黑胚率偏高，外观商品性一般。亩穗数34.9万，穗粒数37粒，千粒重45.9克。苗期长势中等，抗寒性中等偏弱。春季起身拔节早，两极分化快，苗脚利落，倒春寒危害偏重。有一定耐旱能力，熟相一般。抗倒伏能力中等。

(四) 品质分析

容重771克/升、772克/升，蛋白质含量13.48%、13.85%，湿面筋含量28.6%、30.7%，沉淀值25.7毫升、28毫升，吸水率57.6%、58.2%，稳定时间3.6分钟、3.8分钟，最大抗延阻力222 EU、256 EU，延伸性16.4厘米、15.4厘米，拉伸面积52平方厘米、56平方厘米。

(五) 抗性鉴定

抗条锈病，慢叶锈病，中感秆锈病和白粉病，高感赤霉病和纹枯病。

(六) 适宜范围与栽培要点

适宜在黄淮南片的河南省中北部，安徽省北部、江苏省北部、陕西省关中等地区中高肥力地块早中茬种植。适宜播期10月15—25日，每亩适宜基本苗12万~15万，播期每推迟3天，亩播量增加0.5千克。一般亩底施纯氮12千克，五氧化二磷7.5千克，氧化钾7.5千克。拔节期每亩追施尿素6千克。拔节前结合化除进行化控，同时防治纹枯病。抽穗扬花期注意防治赤霉病。

五十七、新麦9817

(一) 品种来源

河南省新乡市农业科学院利用偃展1号/温麦6号选育而成，2007年通过国家农作物品种审定委员会审定，审定编号：国审麦2007012。该品种已获批农业部品种保护（专利），其品种权号为CNA20060364.7。其系谱如下：

```
        偃展1号    ×    温麦6号
        └──────────┬──────────┘
                新麦9817
```

（二）产量表现

2005—2006年度参加黄淮南片春水组区域试验，平均亩产558.3千克，比对照偃展4110增产4.13%，比对照豫麦18-64增产11.62%；2006—2007年度续试，平均亩产532.4千克，比对照偃展4110增产4.8%。2006—2007年度参加生产试验，平均亩产503.2千克，比对照偃展4110增产4.5%。

（三）特征特性

属弱春性中早熟品种，熟期与对照偃展4110相同。幼苗直立，叶片上冲，分蘖力中等。株高82厘米左右，株型较紧凑，旗叶宽短、厚、上冲，穗层整齐，穗多穗匀，码密。穗纺锤形，长芒，白壳，白粒，籽粒半角质，饱满度中等，黑胚率较低。成穗率较高，亩穗数44.8万，穗粒数29.8粒，千粒重43.1克。苗期长势旺，冬季耐寒性较好。春季起身快，拔节抽穗早，不耐倒春寒。耐后期高温，叶的功能期长，灌浆顺畅，熟相较好。抗倒伏能力中等。

（四）品质分析

容重781克/升、776克/升，蛋白质含量14.2%、13.92%，湿面筋含量31.5%、32.1%，沉淀值28.8毫升、31.6毫升，吸水率59.2%、60%，稳定时间2.2分钟、2.4分钟，最大抗延阻力188 EU、242 EU，延伸性18.1厘米、18.2厘米，拉伸面积50平方厘米、64平方厘米。

（五）抗性鉴定

中抗白粉病，中感条锈病和叶锈病，高感秆锈病、赤霉病和纹枯病。

（六）适宜范围及栽培要点

适宜在黄淮南片的河南省中北部、安徽省北部、陕西省关中等地区中高肥力地块中晚茬种植。适宜播期10月15—30日，每亩适宜基本苗14万~18万，高水肥地注意防倒伏，及时防治纹枯病和赤霉病。

五十八、周麦21

（一）品种来源

周口市农业科学院利用周93S优/郑麦9023选育而成，2007年通过国家农作物品种审定委员会审定，审定编号：国审麦2007013。该品种已获批农业部品种保护（专利），其品种权号为CNA20050631.5。其系谱如下：

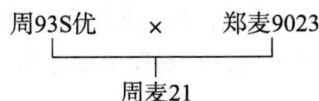

（二）产量表现

2004—2005年度参加黄淮南片春水组区域试验，平均亩产494.9千克，比对照豫麦18-64增产 3.5%；2005—2006 年度续试，平均亩产 519 千克，比对照偃展 4110 减产 3.21%，比对照豫麦 18-64 增产 3.76%。2006—2007 年度参加生产试验，平均亩产 489.3 千克，比对照偃展 4110 增产 1.6%。

（三）特征特性

属弱春性早熟品种，熟期与对照豫麦 18-64 相同，比对照偃展 4110 早熟 1 天。幼苗直立，叶宽上冲，分蘖力中等。株高 78 厘米左右，株型较紧凑，旗叶短小上冲，长相清秀，结实性一般。穗纺锤形，长芒，白壳，白粒，籽粒角质，饱满度较好，黑胚率中等。成穗率高，亩穗数 43.1 万，穗粒数 30.3 粒，千粒重 41.3 克。苗期长势壮，抗寒性偏弱。春季起身拔节快，两极分化利索，抽穗早，抗倒春寒能力弱。叶的功能期长，灌浆快，熟相好。抗倒伏能力中等。

（四）品质分析

容重 808 克/升、815 克/升，蛋白质含量 14.64%、14.69%，湿面筋含量 32.7%、32.4%，沉淀值 52.1 毫升、49.6 毫升，吸水率 61.6%、60.6%，稳定时间 7.4 分钟、8.8 分钟，最大抗延阻力 378 EU、463 EU，延伸性 18 厘米（2006 年），拉伸面积 88 平方厘米、109 平方厘米，面包体积 750 平方厘米、748 平方厘米，面包评分 88 分、83 分。

（五）抗性鉴定

中抗条锈病，慢叶锈病，中感秆锈病、赤霉病，高感白粉病和纹枯病。

（六）适宜范围及栽培要点

适宜在黄淮南片的河南省中北部、安徽省北部、江苏省淮北、陕西省关中等地区中高肥力地块中晚茬种植。适宜播期 10 月下旬，每亩适宜基本苗 15 万~20 万，高水肥地注意防倒伏。及时防治白粉病、纹枯病和赤霉病。

五十九、洛旱 7 号

（一）品种来源

洛阳市农业科学院利用豫麦 41/山农 45 选育而成，原名洛阳 9766。2007 年通过国家农作物品种审定委员会审定，审定编号：国审麦 2007018，同年通过河南省农作物品种审定委员会审定，审定编号：豫审麦 2007010。2010 年开始作为国家及河南省旱地区试对照种。该品种于 2010 年获批农业部品种保护（专利），其品种权号为 CNA20060421.X。其系谱如下：

```
豫麦41    ×    山农45
     └────┬────┘
        洛旱7号
```

（二）产量表现

2005—2006 年度参加黄淮旱肥组区域试验，平均亩产 401.3 千克，比对照洛旱 2 号增产 5.3%；2006—2007 年度续试，平均亩产 391.1 千克，比对照洛旱 2 号增产 11.3%。2006—2007 年度参加黄淮旱肥组生产试验，平均亩产 386.7 千克，比对照洛旱 2 号增产 9.2%。

（三）特征特性

属半冬性大穗型中熟品种，熟期与对照洛旱 2 号相当。幼苗半匍匐，分蘖力中等，成穗率较高。株高 85 厘米左右，株型半松散，茎秆粗壮，有蜡质，叶色浓绿，旗叶宽大半披，穗层整齐，码较密。

穗长方形，长芒，白壳，白粒，半角质，饱满度较好。亩穗数32.8万，穗粒数31粒，千粒重44.7克。抗倒性较好，熟相好。

（四）品质分析

容重764克/升、772克/升，蛋白质含量13.54%、15.03%，湿面筋含量29.1%、32.8%，沉淀值20.7毫升、23.1毫升，吸水率57.6%、59.4%，稳定时间1.3分钟、1.4分钟，最大抗延阻力90 EU、88 EU，延伸性11.3厘米、11.8厘米，拉伸面积15平方厘米、14平方厘米。

（五）抗性鉴定

抗秆锈病，慢叶锈病，高感条锈病、白粉病和黄矮病。抗旱性中等。

（六）适宜范围及培要点

适宜在黄淮麦区的山西省、陕西省、河北省、河南省、山东省旱肥地种植。适宜播期10月上中旬，每亩适宜基本苗16万~27万，晚播可适当加大播量。有机肥和化肥配施，一次性深耕掩底。一般每亩施纯氮9千克，纯磷6千克，纯钾6千克。药剂拌种防治地下害虫和苗期蚜虫，拔节孕穗期重点防治蚜虫和锈病。

六十、金麦8号

（一）品种来源

郑州浏虎种子有限公司刘虎等利用周麦12/豫麦49//西安8号选育而成，2008年通过国家农作物品种审定委员会审定，审定编号：国审麦2008006。其系谱如下：

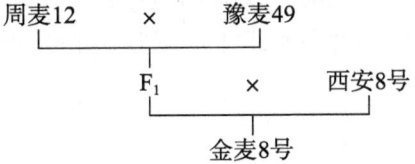

（二）产量表现

2005—2006年度参加黄淮南片冬水组区域试验，平均亩产532.04千克，比对照新麦18增产2.23%，比对照豫麦49增产2.75%；2006—2007年度续试，平均亩产542.1千克，比对照新麦18增产4.4%。2007—2008年度参加生产试验，平均亩产533.5千克，比对照新麦18增产6.3%。

（三）特征特性

属半冬性中熟品种，熟期比对照豫麦49和新麦18略晚。幼苗半匍匐，长势旺，分蘖力较强，春季起身拔节慢，抽穗迟。株高84厘米左右，株型紧凑，旗叶宽大下披，茎秆弹性好。穗层整齐，穗纺锤形，长芒，白壳，白粒，籽粒角质，饱满度好，黑胚率中等，外观商品性好。亩穗数36.8万，穗粒数38.2粒，千粒重40.4克。冬季抗寒性较好，较耐倒春寒。抗倒性较好，耐后期高温。叶的功能期长，灌浆充分，熟相好。

（四）品质分析

容重796克/升、791克/升，蛋白质含量13.41%、14.25%，湿面筋含量31.2%、31.5%，沉淀值29.3毫升、33.5毫升，吸水率66.7%、61%，稳定时间2.6分钟、3.6分钟，最大抗延阻力120 EU、324 EU，延伸性14.5厘米、15.6厘米，拉伸面积26平方厘米、70平方厘米。

（五）抗性鉴定

高抗秆锈病，中感纹枯病和赤霉病，中感至高感叶锈病，高感条锈病和白粉病。

（六）适宜范围及栽培要点

适宜在黄淮南片的河南省中北部、安徽省北部、江苏省北部、陕西省关中、山东省菏泽市等地区高中水肥地块早中茬种植。适宜播期10月上中旬，高水肥地每亩适宜基本苗16万~18万，中水肥地每亩适宜基本苗20万。注意防治白粉病、锈病和赤霉病。

六十一、漯麦9号

（一）品种来源

漯河市农业科学院利用周麦13为母本、百农64为父本进行杂交，采用系谱法选育而成。2008年通过国家农作物品种审定委员会审定，审定编号：国审麦2008007，同年通过河南省农作物品种审定委员会审定，审定编号：豫审麦2008009。该品种已获批农业部品种保护（专利），其品种权号为CNA20060444.9。其系谱如下：

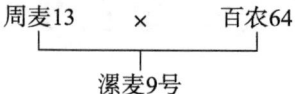

（二）产量表现

2005—2006年度参加黄淮南片冬水组区域试验，平均亩产541.8千克，比对照豫麦49增产3.38%，较对照新麦18增产2.87%。2006—2007年度续试，平均亩产538.4千克，比新麦18增产3.15%。2007—2008年度参加黄淮南片冬水组生产试验，平均亩产537.8千克，比对照新麦18增产7.2%。

（三）特征特性

属半冬性中熟品种，与对照豫麦49和新麦18熟期相当。幼苗半直立，长势壮，抗寒性较好。返青起身快，分蘖力中等，分蘖成穗率高。株高适中，株型紧凑，茎秆粗壮，抗倒伏能力强。旗叶短小上冲，株行间通风透光性好，耐后期高温，抗干热风能力强。穗纺锤形，主茎穗突出，穗层厚，成熟落黄好。籽粒较均匀，半角质，饱满度好，容重高，黑胚率较低，商品性好。亩穗数34.8万，穗粒数38粒，千粒重46.6克。

（四）品质分析

容重779克/升、792克/升，蛋白质含量13%、13.65%，湿面筋含量28.5%、28.8%，沉淀值23.9毫升、26.2毫升，吸水率56.1%、57.6%，稳定时间2.6分钟、2.5分钟，最大抗延阻力194 EU、146 EU，拉伸面积38平方厘米、33平方厘米，延伸性13.6厘米、15.2厘米。

（五）抗性鉴定

中感秆锈病和条锈病，慢叶锈病，高感赤霉病和纹枯病。

（六）适宜范围及栽培要点

适宜在黄淮南片的河南省中北部、山东省西南部、安徽省北部、江苏省北部、陕西省关中等地区高肥力地块早中茬种植。适播期10月10—25日，最佳播期10月15日左右。高肥力地块亩播量7.5~10千克，播期每推迟3天，亩播量增加0.5千克。一般亩底施农家肥4~5立方米，施纯氮12千克，五氧化二磷7.5千克，氯化钾7.5千克。春季返青拔节期，可结合浇水每亩追施尿素7.5千克，拔节期亩追施尿素5千克。浇好越冬水和灌浆水,起身期结合化除,防治纹枯病。抽穗扬花期防治赤霉病,灌浆期防治白粉病、锈病和蚜虫。

六十二、周麦23

(一)品种来源

周口市农业科学院选育而成,其组合为:周麦13/新麦9号,2008年通过国家农作物品种审定委员会审定,审定编号:国审麦2008008,同年通过河南省农作物品种审定委员会审定,审定编号:豫审麦2008011。该品种获批农业部品种保护,其品种权号为CNA20050633.1。其系谱如下:

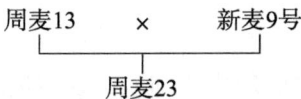

(二)产量表现

2006—2007年度参加黄淮南片春水组区域试验,平均亩产554千克,比对照偃展4110增产9.1%;2007—2008年度续试,平均亩产600.9千克,比对照偃展4110增产8.4%。2007—2008年度参加生产试验,平均亩产558.2千克,比对照偃展4110增产8.6%。

(三)特征特性

属弱春性中熟品种,熟期比对照偃展4110晚2天。幼苗半匍匐,分蘖力中等,长势壮。春季起身拔节略迟,两极分化快,成穗率中等。株高85厘米左右,株型稍松散,茎秆粗壮,旗叶宽大上冲。穗层整齐,穗长方形,长芒,白壳,白粒,籽粒半角质,卵圆形,饱满度中等,黑胚率稍高。亩穗数35.5万,穗粒数40.2粒,千粒重44.5克。冬季耐寒性较好,耐倒春寒能力中等。抗倒性较好,较耐后期高温,熟相较好。

(四)品质分析

容重778克/升、784克/升,蛋白质含量14.38%、14.09%,湿面筋含量29.1%、30%,沉淀值41.1毫升、41.9毫升,吸水率60.1%、59.8%,稳定时间6.4分钟、5.2分钟,最大抗延阻力500 EU、376 EU,延伸性16.8厘米、18.4厘米,拉伸面积110平方厘米、92平方厘米。

(五)抗性鉴定

慢叶锈病,中感白粉病和纹枯病,高感条锈病、赤霉病和秆锈病。

(六)适宜范围及栽培要点

适宜在黄淮南片的河南省中北部、安徽省北部、江苏省北部、陕西省关中等地区中高肥力地块中晚茬种植。适宜播期10月15—30日,每亩适宜基本苗14万~18万。一般亩施纯氮12千克,五氧化二磷10千克,氧化钾5千克,硫、锌肥均为3千克;磷、钾肥和微肥一次性底施,氮肥底追比例6:4,拔节期追肥。注意防治锈病、白粉病和赤霉病。

六十三、许科1号

(一)品种来源

河南许科种业有限公司利用97-042/漯麦4号选育而成,2009年通过国家农作物品种审定委员会审定,审定编号:国审麦2009005。曾于2007年通过河南省农作物品种审定委员会审定,审定编号：豫审麦 2007001。该品种已获批农业部品种保护（专利），其品种权号为 CNA20070556.3。其系谱如下：

```
        97-042   ×   漯麦4号
          └───────┬───────┘
              许科1号
```

（二）产量表现

2007—2008 年度参加黄淮南片冬水组区域试验，平均亩产 600.6 千克，比对照新麦 18 增产 10.1%；2008—2009 年度续试，平均亩产 548.3 千克，比对照新麦 18 增产 9.2%。2008—2009 年度参加黄淮南片冬水组生产试验，平均亩产 514.3 千克，比对照新麦 18 增产 7.8%。

（三）特征特性

属半冬性中晚熟品种，熟期比对照新麦 18 晚 2 天。幼苗半匍匐，分蘖力较强，成穗率一般。株高 88 厘米左右，株型稍松散，旗叶短宽上冲，叶色深绿，茎秆粗壮。穗层厚，穗大穗匀，码密，结实性好。穗纺锤形，长芒，白壳，白粒，籽粒半角质，饱满度较好。亩穗数 36.8 万，穗粒数 37 粒，千粒重 45.8 克。冬季抗寒性一般，耐倒春寒能力一般。抗倒性较好。后期较耐高温，叶的功能期长，耐热性较好，成熟落黄好。

（四）品质分析

容重 781 克/升、776 克/升，硬度指数 64、67，蛋白质含量 12.96%、12.99%，湿面筋含量 28%、26.4%，沉淀值 23.4 毫升、24.4 毫升，吸水率 59.2%、60.4%，稳定时间 2.8 分钟、3.4 分钟，最大抗延阻力 154 EU、169 EU，延伸性 14 厘米、13.4 厘米，拉伸面积 32 平方厘米、34 平方厘米。

（五）抗性鉴定

中感叶锈病、白粉病和赤霉病，高感条锈病和纹枯病。

（六）适宜范围及栽培要点

适宜在黄淮南片的河南省（信阳市、南阳市除外）、安徽省北部、江苏省北部、陕西省关中等地区高中水肥地块早中茬种植。适宜播期 10 月上中旬，每亩适宜基本苗 15 万~20 万。注意防治条锈病、叶锈病、纹枯病、赤霉病和蚜虫。拔节前结合化除进行化控，春季注意防治纹枯病，后期及时防治叶锈病和蚜虫。

六十四、洛麦 21

（一）品种来源

洛阳市农业科学研究院利用洛麦 1 号/周麦 13 选育而成，2009 年通过国家农作物品种审定委员会审定，审定编号：国审麦 2009006。2006 年河南省农作物品种审定委员会审定，审定编号：豫审麦 2006011。该品种已获批农业部品种保护（专利），其品种权号为 CNA20050413.4。其系谱如下：

```
        洛麦1号   ×   周麦13
          └───────┬───────┘
               洛麦21
```

（二）产量表现

2006—2007 年度参加黄淮南片冬水组区域试验，平均亩产 537.3 千克，比对照新麦 18 增产

3.4%；2007—2008年度续试，平均亩产584.2千克，比对照新麦18增产7.5%。2008—2009年度参加生产试验，平均亩产496.8千克，比对照新麦18增产5.5%。

（三）特征特性

属半冬性中晚熟品种，比对照新麦18晚熟1天。幼苗近直立，叶色黄绿，分蘖力中等，成穗率较高。株高90厘米左右，株型紧凑，旗叶短宽上冲，长相清秀，株行间透光性较好，茎秆较粗。穗层厚，穗大穗匀，结实性好。穗纺锤形，长芒，白壳，白粒，籽粒粉质，大小较均匀，腹沟深，饱满度一般。亩穗数36.4万，穗粒数36.4粒，千粒重44.8克。冬季抗寒性一般，耐倒春寒能力偏弱。抗倒性中等偏弱，耐旱性较好，熟相较好。

（四）品质分析

容重768克/升、775克/升，硬度指数60（2008年），蛋白质含量14.29%、14.02%，湿面筋含量33.1%、30.4%，沉淀值28.7毫升、26.7毫升，吸水率58.5%、56.8%，稳定时间2.4分钟、2.2分钟，最大抗延阻力174 EU、163 EU，延伸性16.4厘米、16.4厘米，拉伸面积42平方厘米、40平方厘米。

（五）抗性鉴定

中抗赤霉病，中感条锈病和纹枯病，高感叶锈病和白粉病。

（六）适宜范围及栽培要点

适宜在黄淮南片的河南省（信阳市、南阳市除外）、安徽省北部、江苏省北部、陕西省关中等地区高中水肥地块早中茬种植。适宜播期10月上中旬，每亩适宜基本苗12万~15万。注意防治条锈病、叶锈病、白粉病、蚜虫和红蜘蛛。高水肥地注意控制播量，掌握好春季追肥浇水的时期，防止倒伏。

六十五、豫农982

（一）品种来源

河南农业大学李兰真利用HY9153/百农3217//豫麦49选育而成，2009年通过国家农作物品种审定委员会审定，审定编号：国审麦2009007。该品种已获批农业部品种保护（专利），其品种权号为CNA20070314.5。其系谱如下：

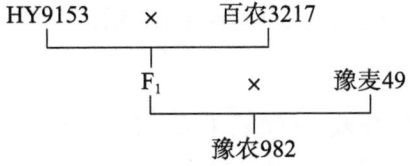

（二）产量表现

2006—2007年度参加黄淮南片冬水组区域试验，平均亩产549.7千克，比对照新麦18增产5.33%；2007—2008年度续试，平均亩产578.2千克，比对照新麦18增产6.3%。2008—2009年度参加生产试验，平均亩产504.3千克，比对照新麦18增产5.7%。

（三）特征特性

属半冬性中晚熟品种，比对照新麦18晚熟2天。幼苗半匍匐，分蘖力中等，成穗率较高。株高80厘米左右，株型较紧凑，旗叶短宽上冲。穗层整齐，穗多穗匀，码密粒多，结实性好。穗纺锤形，长芒,白壳,白粒,籽粒半角质,大小均匀,饱满度较好。亩穗数 39.8 万,穗粒数 33.9 粒,千粒重 45.6 克。冬季抗寒性较好,耐倒春寒能力偏弱。抗倒性较强,灌浆较快,耐后期高温能力一般,熟相好。

(四)品质分析

容重 799 克/升、790 克/升,硬度指数 63(2008 年),蛋白质含量 14.22%、13.48%,湿面筋含量 30.6%、28.6%,沉淀值 31.5 毫升、28.3 毫升,吸水率 56.8%、54.6%,稳定时间 5.5 分钟、4.2 分钟,最大抗延阻力 216 EU、170 EU,延伸性 15.5 厘米、16.8 厘米,拉伸面积 48 平方厘米、42 平方厘米。

(五)抗性鉴定

慢叶锈病,中感白粉病,高感条锈病、赤霉病和纹枯病。

(六)适宜范围及栽培要点

适宜在黄淮南片的河南省(信阳市、南阳市除外)、安徽省北部、江苏省北部、陕西省关中、山东省菏泽市等地区高中水肥地块早中茬种植。适宜播期 10 月中上旬,每亩适宜基本苗 15 万左右。注意防治白粉病、纹枯病、条锈病、赤霉病和蚜虫。

六十六、洛麦 23

(一)品种来源

洛阳市农业科学研究院利用豫麦 18/淮阴 9628 选育而成,2009 年通过国家农作物品种审定委员会审定,审定编号:国审麦 2009008。该品种已获批农业部品种保护(专利),其品种权号为 CNA20030302.3。其系谱如下:

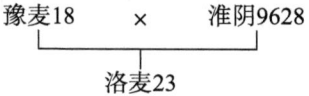

(二)产量表现

2007—2008 年度参加黄淮南片冬水组区域试验,平均亩产 575.2 千克,比对照新麦 18 增产 5.4%;2008—2009 年度续试,平均亩产 549.2 千克,比对照新麦 18 增产 9.42%。2008—2009 年度参加生产试验,平均亩产 511.1 千克,比对照新麦 18 增产 7.1%。

(三)特征特性

属半冬性中晚熟品种,比对照新麦 18 晚熟 1 天。幼苗半匍匐,分蘖力中等,成穗率较高。株高 76 厘米左右,株型稍松散,旗叶短宽上冲,叶色深绿,茎秆弹性好。穗层整齐,穗多穗匀。穗纺锤形,长芒,白壳,白粒,籽粒粉质,粒小,饱满。对肥水敏感,后期有早衰现象。亩穗数 41.95 万,穗粒数 35.5 粒,千粒重 39.1 克。冬季抗寒性较好,耐倒春寒能力一般,抗倒性较好。

(四)品质分析

容重 808 克/升、796 克/升,硬度指数 51、50.4,蛋白质含量 14.13%、13.66%,湿面筋含量 31.5%、31.3%,沉淀值 24.4 毫升、25.4 毫升,吸水率 57.4%、57.7%,稳定时间 2 分钟、1.8 分钟,最大抗延阻力 170 EU、164 EU,延伸性 13.8 厘米、14.4 厘米,拉伸面积 34 平方厘米、34 平方厘米。

（五）抗性鉴定

中感白粉病和赤霉病，高感条锈病、叶锈病和纹枯病。

（六）适宜范围及栽培要点

适宜在黄淮南片的河南省（信阳市、南阳市除外）、安徽省北部、江苏省北部、陕西省关中、山东省菏泽市等地区高中水肥地早中茬种植。适宜播期10月上中旬，每亩适宜基本苗15万左右。注意防治条锈病、叶锈病、纹枯病、赤霉病和蚜虫。

六十七、浚麦99-7

（一）品种来源

浚县丰黎种业有限公司利用98264/豫麦52选育而成，2009年通过国家农作物品种审定委员会审定，审定编号：国审麦2009011。该品种已申请农业部品种保护（专利），其公告号为CNA005018E。其系谱如下：

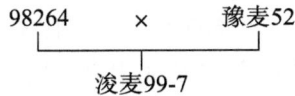

（二）产量表现

2006—2007年度参加黄淮南片冬水组区域试验，平均亩产540.5千克，比对照新麦18增产4.1%；2007—2008年度续试，平均亩产577千克，比对照新麦18增产5.8%。2008—2009年度参加生产试验，平均亩产500.4千克，比对照新麦18增产4.9%。

（三）特征特性

属半冬性中熟品种，熟期与对照新麦18相同。幼苗半匍匐，叶片宽短，叶色浓绿，分蘖力中等，成穗率较高。株高86厘米左右，株型偏紧凑，旗叶短宽直立，干尖较明显，茎秆弹性一般。穗层整齐，穗子较大。穗长方形，长芒，白壳，白粒，籽粒半角质，饱满度较好。亩穗数41.3万，穗粒数36.1粒，千粒重40克。冬季抗寒性较好，耐倒春寒能力较弱。抗倒性中等偏弱，较耐后期高温，熟相好。

（四）品质分析

容重786克/升、782克/升，蛋白质含量14.78%、14.13%湿面筋含量32.6%、31.2/%，沉淀值32.9毫升、33.3毫升，吸水率54.5%、53.3%，稳定时间2.6分钟、2.6分钟，最大抗延阻力223 EU、216 EU，延伸性17厘米、16.8厘米，拉伸面积56平方厘米、53平方厘米。

（五）抗性鉴定

中抗纹枯病，中感叶锈病、白粉病和赤霉病，中感至高感条锈病。

（六）适宜范围及栽培要点

适宜在黄淮南片的河南省（信阳市、南阳市除外）、安徽省北部、江苏省北部、陕西省关中、山东省菏泽市等地区高中水肥地块早中茬种植。适宜播期10月上中旬，每亩适宜基本苗12万~15万。注意防治条锈病、白粉病、赤霉病和叶锈病。高水肥地注意控制播量，掌握好春季追肥浇水的时期，防止倒伏。

六十八、郑育麦9987

（一）品种来源

郑州市友邦农作物新品种研究所利用豫麦21/豫麦2号//豫麦57选育而成，2009年通过国家农作物品种审定委员会审定，审定编号：国审麦2009012。曾于2007年通过河南省农作物品种审定委员会审定，审定编号：豫审麦2007003。该品种已获批农业部品种保护（专利），其品种权号为CNA200604479.1。其系谱如下：

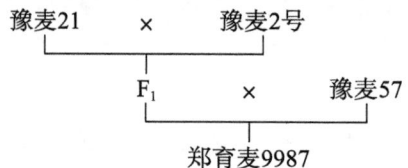

（二）产量表现

2006—2007年度参加黄淮南片冬水组区域试验，平均亩产542.3千克，比对照新麦18增产3.92%；2007—2008年度续试，平均亩产567.6千克，比对照新麦18增产4.4%。2008—2009年度参加黄淮南片冬水组生产试验，平均亩产496.4千克，比对照新麦18增产5.4%。

（三）特征特性

属半冬性中晚熟品种，熟期比对照新麦18晚2天。幼苗半匍匐，分蘖力中等，成穗率较高，成穗数中等。株高78厘米左右，株型半紧凑，旗叶短宽上冲，株行间透光性好，茎秆硬。穗层整齐，穗大穗匀。穗近方形，长芒，白壳，白粒，籽粒半角质，光泽度好，饱满度较好。亩穗数38.6万，穗粒数30.7粒，千粒重51.2克。冬季抗寒性中等，耐倒春寒能力较弱，抗倒性较强。叶的功能期长，耐后期高温，熟相中等。

（四）品质分析

容重787克/升、780克/升，硬度指数62（2008年），蛋白质含量13.41%、13.42%，湿面筋含量30%、28.9%，沉淀值19.1毫升、24.7毫升，吸水率59.1%、57.8%，稳定时间2.2分钟、2.8分钟，最大抗延阻力143 EU、132 EU，延伸性15.5厘米、14.1厘米，拉伸面积33平方厘米、28平方厘米。

（五）抗性鉴定

中感条锈病、白粉病、赤霉病和纹枯病，高感叶锈病。

（六）适宜范围及栽培要点

适宜在黄淮南片的河南省（信阳市、南阳市除外）、安徽省北部、江苏省北部、陕西省关中等地区高中水肥地块早中茬种植。适宜播期10月上中旬，每亩适宜基本苗18万～22万。一般亩底施尿素20千克，磷酸二铵25千克，硫酸钾15千克，春节前后每亩追施尿素7～10千克。拔节前进行化学除草，早春及时防治纹枯病，抽穗扬花期预防赤霉病，灌浆期防治叶锈病、白粉病和蚜虫。

六十九、轮选988

（一）品种来源

中国农业科学院作物科学研究所、新乡市中农矮败小麦育种技术创新中心利用矮败小麦轮回选择群体选育而成，2009年通过国家农作物品种审定委员会审定，审定编号：国审麦2009013。该品种已获批农业部品种保护（专利），其品种权号为CNA20090326.4。其系谱如下：

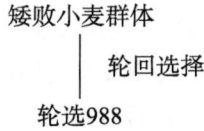

（二）产量表现

2006—2007年度参加黄淮南片冬水组区域试验，平均亩产537.4千克，比对照新麦18增产3.5%；2007—2008年度续试，平均亩产575.4千克，比对照新麦18增产5.9%。2008—2009年度参加生产试验，平均亩产495.9千克，比对照新麦18增产5.3%。

（三）特征特性

属半冬性中晚熟品种，比对照新麦18晚熟2天。幼苗半匍匐，分蘖力中等，成穗率较高。株高90厘米左右，株型松散，旗叶窄长上冲，下部郁蔽，茎秆弹性差。穗层整齐，穗大穗匀。穗纺锤形，长芒、白壳、白粒，籽粒角质，饱满度中等。亩穗数41.1万，穗粒数33.7粒，千粒重43.5克。冬季抗寒性较好，耐倒春寒能力较好。抗倒性较差，耐旱性较好，熟相较好。

（四）品质分析

容重794克/升、792克/升，硬度指数62（2008年），蛋白质含量14.31%、14.16%，湿面筋含量32.2%、32%，沉淀值32.8毫升、31.3毫升，吸水率63.4%、63.4%，稳定时间2分钟、1.9分钟，最大抗延阻力192EU、168EU，延伸性16.4厘米、17.9厘米，拉伸面积46平方厘米、44平方厘米。

（五）抗性鉴定

高抗白粉病，慢条锈病和叶锈病，中感赤霉病和纹枯病。

（六）适宜范围及栽培要点

适宜在黄淮南片的河南省（信阳市、南阳市除外）、安徽省北部、江苏省北部、陕西省关中、山东省菏泽市等地区高中水肥地块早中茬种植。适宜播期10月上中旬，每亩适宜基本苗12万～15万。注意防治白粉病、纹枯病、赤霉病和蚜虫。高水肥地注意控制播量，掌握好春季追肥浇水的时期，防止倒伏。

七十、新麦21

（一）品种来源

新乡市农业科学院利用偃展1号/新麦9号选育而成，2009年通过国家农作物品种审定委员会审定，审定编号：国审麦2009014。该品种已获批农业部品种保护（专利），其品种权号为CNA20090394.1。其系谱如下：

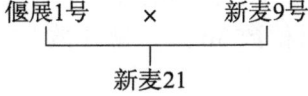

（二）产量表现

2006—2007年度参加黄淮南片春水组区域试验，平均亩产522.1千克，比对照偃展4110增产2.8%；2007—2008年度续试，平均亩产587.2千克，比对照偃展4110增产6%。2008—2009年度参加生产试验,平均亩产500.5千克,比对照偃展4110增产4.9%。

(三)特征特性

属弱春性偏半冬性品种,比对照偃展4110晚熟2天。幼苗半匍匐,叶片短宽,分蘖中等,成穗率高。株高85厘米左右,株型紧凑,旗叶上冲,茎秆弹性好。穗层整齐,穗多穗匀,结实性好。穗纺锤形,较长,码稀,长芒,白壳,白粒,籽粒半角质,饱满度较好。亩穗数41.7万,穗粒数34.1粒,千粒重40.9克。冬季抗寒性好,耐倒春寒性较好。抗倒性较好,有一定耐旱性,耐后期高温,熟相较好。

(四)品质分析

容重795克/升、800克/升,硬度指数65(2008年),蛋白质含量14.95%、15.04%,湿面筋含量35.7%、34.7%,沉淀值30毫升、34.5毫升,吸水率64.2%、63.6%,稳定时间2.3分钟、2.3分钟,最大抗延阻力174 EU、145 EU,延伸性20厘米、22厘米,拉伸面积51平方厘米、47平方厘米。

(五)抗性鉴定

中感叶锈病、白粉病、赤霉病和纹枯病,高感条锈病。

(六)适宜范围及栽培要点

适宜在黄淮南片的河南省(南部稻茬麦区除外)、安徽省北部、江苏省北部、陕西省关中等地区高中水肥地块中晚茬种植。适宜播期10月中下旬,每亩适宜基本苗16万~18万。注意防治条锈病、纹枯病、叶锈病、赤霉病、白粉病和蚜虫。

七十一、洛旱11

(一)品种来源

洛阳市农业科学研究院利用豫麦25/山农45选育而成,2009年通过国家农作物品种审定委员会审定,审定编号:国审麦2009020。其系谱如下:

```
豫麦25    ×    山农45
        |
       洛旱11
```

(二)产量表现

2007—2008年度参加黄淮旱肥组区域试验,平均亩产415.6千克,比对照洛旱2号增产6.5%;2008—2009年度续试,平均亩产376.2千克,比对照洛旱2号增产8.2%。2008—2009年度参加生产试验,平均亩产381.6千克,比对照洛旱2号增产11.7%。

(三)特征特性

属半冬性中熟品种,比对照洛旱2号晚熟1天。幼苗半匍匐,分蘖力中等,成穗率较高。株高76厘米左右,株型半紧凑,旗叶宽大半披,茎秆粗壮。穗层整齐,码较密。穗长方形,长芒,白壳,白粒,粉质,饱满度较好。亩穗数36万,穗粒数32.3粒,千粒重42.5克。抗倒性较好,熟相好。

(四)品质分析

容重778克/升、760克/升,硬度指数48、52.2,蛋白质含量14.87%、13.55%,湿面筋含量30.4%、29.5%,沉淀值23.8毫升、23.1毫升,吸水率55.6%、56.5%,稳定时间1.9分钟、1.9

分钟，最大抗延阻力 111 EU、108 EU，延伸性 12.6 厘米、12 厘米，拉伸面积 20 平方厘米、19 平方厘米。

（五）抗性鉴定

高感条锈病、叶锈病和白粉病，感黄矮病。抗旱性中等。

（六）适宜范围及栽培要点

适宜在黄淮麦区的山西省南部、陕西省渭北旱塬、河北省南部、河南省西北部、山东省旱肥地种植。适宜播期 10 月上中旬，每亩适宜基本苗 16 万~20 万。注意防治锈病、白粉病和蚜虫。

七十二、洛旱 9 号

（一）品种来源

洛阳市农业科学研究院利用豫麦 49/山农 45 选育而成，2009 年通过国家农作物品种审定委员会审定，审定编号：国审麦 2009022。该品种已获批农业部品种保护（专利），其品种权号为 CNA20070346.3。其系谱如下：

```
豫麦49    ×    山农45
       └──┬──┘
        洛旱9号
```

（二）产量表现

2006—2007 年度参加黄淮旱薄组区域试验，平均亩产 268.7 千克，比对照晋麦 47 增产 5.6%；2007—2008 年度续试，平均亩产 300.8 千克，比对照晋麦 47 增产 6.3%。2008—2009 年度参加生产试验，平均亩产 272 千克，比对照晋麦 47 增产 3.7%。

（三）特征特性

属弱冬性中晚熟品种，比对照晋麦 47 晚熟 2 天。幼苗半匍匐，分蘖力较强，成穗率一般。株高 78 厘米左右，株型较松散，旗叶上冲，叶长且宽。穗层整齐，穗大，粒大，结实性好。穗长方形，长芒，白壳，白粒，籽粒半角质、饱满度较好。亩穗数 30.6 万，穗粒数 25.6 粒，千粒重 43.8 克。抗倒性较好，成熟落黄好。

（四）品质分析

容重 775 克/升、781 克/升，硬度指数 61（2008 年），蛋白质含量 16.39%、14.31%，湿面筋含量 35.7%、30.9%，沉淀值 24.7 毫升、20.7 毫升，吸水率 59.4%、58.6%，稳定时间 1.4 分钟、1.2 分钟，最大抗延阻力 114 EU、78 EU，延伸性 14.2 厘米、10.8 厘米，拉伸面积 23 平方厘米、12 平方厘米。

（五）抗性鉴定

高感条锈病、叶锈病和白粉病，感黄矮病。抗旱级别 3 级，抗旱性中等。

（六）适宜范围及栽培要点

适宜在黄淮麦区的山西省南部、陕西省渭北旱塬、河南省西北部等地区旱薄地种植。适宜播期 9 月下旬至 10 月上旬，每亩适宜基本苗 16 万~20 万。注意防治锈病、白粉病和蚜虫，在丰水年份防止倒伏。

七十三、洛旱 13

（一）品种来源

洛阳市农业科学研究院利用洛旱 2 号 / 晋麦 47 选育而成，2009 年通过国家农作物品种审定委员会审定，审定编号：国审麦 2009023。其系谱如下：

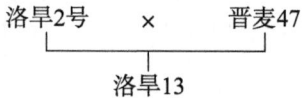

（二）产量表现

2007—2008 年度参加黄淮旱薄组区域试验，平均亩产 307.9 千克，比对照晋麦 47 增产 8.8%；2008—2009 年度续试，平均亩产 246 千克，比对照晋麦 47 增产 2.9%。2008—2009 年度参加生产试验，平均亩产 278.5 千克，比对照晋麦 47 增产 6.1%。

（三）特征特性

属半冬性中熟品种，熟期与对照晋麦 47 相当。幼苗半匍匐，分蘖力强，成穗率一般。株高 75 厘米左右，株型紧凑，叶色浅绿，旗叶较小。穗层整齐，结实性好。穗长方形，长芒，白壳，白粒，籽粒角质，饱满度较好。亩穗数 30.1 万，穗粒数 28.2 粒，千粒重 42.4 克。冬季抗寒性好，抗倒性较好，成熟落黄好。

（四）品质分析

容重 804 克 / 升、790 克 / 升，硬度指数 66、65.5，蛋白质含量 12.92%、13.01%，湿面筋含量 30.3%、30.4%，沉淀值 29.6 毫升、28 毫升，吸水率 62.3%、62%，稳定时间 1.6 分钟、1.6 分钟，最大抗延阻力 166 EU、124 EU，延伸性 17.2 厘米、16.6 厘米，拉伸面积 42 平方厘米、30 平方厘米。

（五）抗性鉴定

高感条锈病、叶锈病和白粉病，感黄矮病。抗旱性鉴定，抗旱性中等。

（六）适宜范围及栽培要点

适宜在黄淮麦区的山西省南部、陕西省渭北旱塬、河南省西北部等地区旱薄地种植。适宜播期 9 月下旬至 10 月上旬，每亩适宜基本苗 16 万 ~ 24 万。注意防治锈病、白粉病和蚜虫，在丰水年份防止倒伏。

七十四、新麦 26

（一）品种来源

河南省新乡市农业科学院、河南敦煌种业新科种子有限公司利用新麦 9408/ 济南 17 选育而成，2010 年通过国家农作物品种审定委员会审定，审定编号：国审麦 2010007。该品种已获批农业部品种保护（专利），其品种权号为 CNA20100645.5。其系谱如下：

（二）产量表现

2007—2008年度参加黄淮南片冬水组区域试验，平均亩产534.6千克，比对照新麦18减产2%；2008—2009年度续试，平均亩产531.4千克，比对照新麦18增产5.9%。2009—2010年度参加生产试验，平均亩产486.8千克，比对照周麦18增产1.7%。

（三）特征特性

属半冬性多穗型中熟品种，比对照新麦18晚熟1天，熟期与周麦18相当。幼苗半直立，叶片长卷，叶色浓绿，分蘖力较强，成穗率一般。冬季抗寒性较好，春季起身拔节早，两极分化快，抗倒春寒能力较弱。株高80厘米左右，株型较紧凑，旗叶短宽平展，叶色深绿。抗倒性中等，熟相一般。穗层整齐，穗纺锤形，长芒，白壳，白粒，籽粒角质，卵圆形，均匀、饱满度一般。亩穗数42.1万，穗粒数32.8粒，千粒重41.6克。

（四）品质分析

容重784克/升、788克/升，硬度指数64、67.5，蛋白质含量15.46%、16.04%，湿面筋含量31.3%、32.3%，沉淀值63毫升、70.9毫升，吸水率63.2%、65.6%，稳定时间16.1分钟、38.4分钟，最大抗延阻力628 EU、898 EU，延伸性18.9厘米、16.4厘米，拉伸面积158平方厘米、194平方厘米。

（五）抗性鉴定

高感白粉病和赤霉病，中感条锈病，慢叶锈病，中抗纹枯病。

（六）适宜范围及栽培要点

适宜在黄淮南片的河南省（信阳市、南阳市除外）、安徽省北部、江苏省北部、陕西省关中等地区高中水肥地块早中茬种植。在江苏省北部、安徽省北部和河南省东部倒春寒频发地区种植时，应采取调整播期等措施，注意预防倒春寒。适宜播期10月8—15日，每亩适宜基本苗18万~22万。注意防治白粉病、锈病、赤霉病和蚜虫。

七十五、郑麦9962

（一）品种来源

河南省农业科学院小麦研究中心利用豫麦18/Ta971832选育而成，2010年通过国家农作物品种审定委员会审定，审定编号：国审麦2010009。2009年河南省农作物品种审定委员会审定（审定编号：豫审麦2009004）。该品种已获批农业部品种保护（专利），其品种权号为CNA20090411.0。其系谱如下：

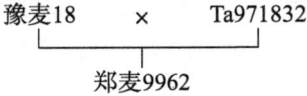

（二）产量表现

2007—2008年度参加黄淮南片春水组区域试验，平均亩产578.3千克，比对照偃展4110增产4.4%；2008—2009年度续试，平均亩产530.2千克，比对照偃展4110增产2.8%。2009—2010年度参加生产试验，平均亩产461.9千克，比对照偃展4110增产1.3%。

（三）特征特性

属弱春性多穗型中熟品种，比对照偃展 4110 晚熟 1 天。幼苗近直立，叶色黄绿，分蘖力中等，成穗率高。冬季抗寒性中等，春季起身拔节早，两极分化快，对春季低温敏感，抗倒春寒能力较差。株高 77 厘米左右，株型半松散，旗叶长而略披，下层略郁闭，抗倒性较好。较耐后期高温，灌浆较快，熟相好。穗层厚，穗多，码稀。穗纺锤形，长芒，白壳，白粒，籽粒角质，长圆形，均匀，饱满，黑胚率低。亩穗数 43 万，穗粒数 32.1 粒，千粒重 43.3 克。

（四）品质分析

容重 811 克/升、824 克/升，硬度指数 66、67.6，蛋白质含量 13.73%、13.29%，湿面筋含量 26.2%、26.6%，沉淀值 29.2 毫升、31.7 毫升，吸水率 57.6%、60.4%，稳定时间 4.6 分钟、3.9 分钟，最大抗延阻力 262 EU、355 EU，延伸性 10.2 厘米、9.3 厘米，拉伸面积 36 平方厘米、44 平方厘米。

（五）抗性鉴定

高感叶锈病和赤霉病，中感纹枯病，慢条锈病，中抗白粉病。

（六）适宜范围及栽培要点

适宜在黄淮南片的河南省（南部稻茬麦区除外）、安徽省北部、江苏省北部、陕西省关中等地区高中水肥地块中晚茬种植。适宜播期 10 月中下旬，每亩适宜基本苗 20 万左右。及时防治叶锈病、纹枯病、赤霉病和蚜虫。注意适时播种，防止冻害。

七十六、中原 6 号

（一）品种来源

河南谷得科技种业有限公司利用兰考 8679/陕农 7859 选育而成，2011 年通过国家农作物品种审定委员会审定，审定编号：国审麦 2011002。该品种已申请农业部品种保护（专利），其公告号为 CNA006426E。其系谱如下：

```
兰考8679  ×  陕农7859
          │
        中原6号
```

（二）产量表现

2009—2010 年度参加黄淮南片冬水组区域试验，平均亩产 531.7 千克，比对照周麦 18 增产 5.8%；2010—2011 年度续试，平均亩产 594.6 千克，比对照周麦 18 增产 5.7%。2010—2011 年度参加生产试验，平均亩产 558.4 千克，比对照周麦 18 增产 5.2%。

（三）特征特性

属半冬性中熟品种，熟期与对照周麦 18 相同。幼苗半匍匐，叶片窄长，叶色浅绿，分蘖力中等，成穗率中等。冬季抗寒性较好，春季发育稍慢，起身拔节较迟，两极分化后发育速度加快，抗倒春寒能力一般。株高 83 厘米，株型偏松散，旗叶宽长下披，干尖重。秆质偏软，抗倒性中等。穗层整齐，长穗，小穗排列稀，结实性一般。穗纺锤形，长芒，白壳，白粒，籽粒半角质，饱满度较好，黑胚率偏高。亩穗数 40.8 万，穗粒数 33 粒，千粒重 45.6 克。

（四）品质分析

容重785克/升、794克/升，硬度指数53.2（2011年），蛋白质含量13.42%、12.38%，湿面筋含量27.8%、27%，沉淀值22毫升、19.7毫升，吸水率53.8%、54.2%，稳定时间2.4分钟、2.7分钟，最大抗延阻力150 EU、159 EU，延伸性13.9厘米、12.2厘米，拉伸面积30平方厘米、28平方厘米。

（五）抗性鉴定

高感白粉病、纹枯病和赤霉病，中感条锈病和叶锈病。

（六）适宜范围及栽培要点

适宜在黄淮南片的河南省（南阳市、信阳市除外）、安徽省北部、江苏省北部、陕西省关中等地区高中水肥地块早中茬种植。适宜播期10月上中旬，高水肥地每亩适宜基本苗12万～16万，中水肥地每亩适宜基本苗16万～20万。注意防治白粉病、锈病、赤霉病、纹枯病和蚜虫。高水肥地注意控制播量，防止倒伏。

七十七、周麦27

（一）品种来源

周口市农业科学院利用周麦16/百农AK58选育而成，2011年通过国家农作物品种审定委员会审定，审定编号：国审麦2011003。该品种已获批农业部品种保护（专利），其品种权号为CNA20090807.2。其系谱如下：

```
周麦16    ×    百农AK58
          │
        周麦27
```

（二）产量表现

2009—2010年度参加黄淮南片冬水组区域试验，平均亩产550.5千克，比对照周麦18增产9.9%。2010—2011年度续试，平均亩产589.6千克，比对照周麦18增产5.4%。2010—2011年度参加生产试验，平均亩产559.8千克，比对照周麦18增产5.4%。

（三）特征特性

属半冬性中熟品种，比对照周麦18早熟1天。幼苗半匍匐，叶片窄长，分蘖力一般，成穗率中等。冬季抗寒性较好，春季起身拔节早，两极分化快，抗倒春寒能力一般。株高74厘米，株型偏松散，旗叶长卷上冲。茎秆弹性中等，抗倒性中等。耐旱性一般，灌浆快，熟相一般。穗层整齐，穗较大，小穗排列较稀，结实性好。穗纺锤形，长芒，白壳，白粒，籽粒半角质，饱满度较好。亩穗数40.2万、穗粒数37.3粒，千粒重42.6克。

（四）品质分析

容重794克/升、790克/升，硬度指数68.6（2011年），蛋白质含量13.21%、12.71%，湿面筋含量28.9%、27.3%，沉淀值30毫升、27.2毫升，吸水率60.1%、58.2%，稳定时间4.1分钟、5.2分钟，最大抗延阻力256 EU、240 EU，延伸性13厘米、12.3厘米，拉伸面积47平方厘米、43平方厘米。

(五)抗性鉴定

高感条锈病、白粉病、赤霉病和纹枯病，中感叶锈病。

(六)适宜范围及栽培要点

适宜在黄淮南片的河南省（南阳市、信阳市除外）、安徽省北部、江苏省北部、陕西省关中等地区高中水肥地块早中茬种植。适宜播期10月10—25日，每亩适宜基本苗15万~20万。注意防治蚜虫、条锈病、白粉病、纹枯病和赤霉病。

七十八、丰德存麦1号

(一)品种来源

河南省天存小麦改良技术研究所、河南丰德康种业有限公司郑天存等利用周9811/百农AK58选育而成，2011年通过国家农作物品种审定委员会审定，审定编号：国审麦2011004，同年通过河南省农作物品种审定委员会审定，审定编号：豫审麦2011022。该品种已获批农业部品种保护（专利），其品种权号为CNA20100807.9。其系谱如下：

```
周9811        ×        百农AK58
     └──────────┬──────────┘
            丰德存麦1号
```

(二)产量表现

2009—2010年度参加黄淮南片冬水组区域试验，平均亩产522.7千克，比对照周麦18增产4.4%；2010—2011年度续试，平均亩产589.6千克，比对照周麦18增产5.4%。2010—2011年度参加生产试验，平均亩产549千克，比对照周麦18增产4.9%。

(三)特征特性

属半冬性中晚熟品种，熟期与对照周麦18相当。幼苗半匍匐，叶片窄短，分蘖力强，成穗率偏低。冬季抗寒性较好，春季起身拔节略晚，两极分化快，抗倒春寒能力一般。株高77厘米左右，株型松紧适中，旗叶短宽上冲，浅绿色。茎秆细，抗倒性较好。叶的功能期长，灌浆慢，熟相好。穗层整齐，结实性一般。穗纺锤形，短芒，白壳，白粒，籽粒半角质，饱满度较好，黑胚率偏高。亩穗数42.8万、穗粒数32.1粒，千粒重44.8克。

(四)品质分析

容重802克/升、806克/升，硬度指数65.1（2011年），蛋白质含量14.98%、14.30%，湿面筋含量32.9%、31.5%，沉淀值46毫升、35.1毫升，吸水率57.8%、58.7%，稳定时间8.5分钟、7.9分钟，最大抗延阻力448 EU、374 EU，延伸性15.8厘米、14.4厘米，拉伸面积92平方厘米、74平方厘米。

(五)抗性鉴定

高感条锈病、叶锈病、白粉病和赤霉病，中感纹枯病。

(六)适宜范围及栽培要点

适宜在黄淮南片的河南省（南阳市、信阳市除外）、安徽省北部、江苏省北部、陕西省关中等地区高中水肥地块早中茬种植。适宜播种期10月上中旬，每亩适宜基本苗14万~20万。一般亩底施尿素20千克，磷酸二铵25千克，硫酸钾15千克，拔节后每亩追施尿素7~10千克。注意防治蚜虫、纹枯病、白粉病、锈病和赤霉病。

七十九、周麦26

（一）品种来源

河南省周口市农业科学院利用周麦24/周麦22选育而成，2012年通过国家农作物品种审定委员会审定，审定编号：国审麦2012006。该品种已获批农业部品种保护（专利），其品种权号为CNA20090806.3。其系谱如下：

（二）产量表现

2009—2010年度参加黄淮南片冬水组区域试验，平均亩产532.5千克，比对照周麦18增产6%；2011—2012年度续试，平均亩产503.9千克，比对照周麦18增产5.2%。2011—2012年度参加生产试验，平均亩产517.3千克，比对照周麦18增产6.2%。

（三）特征特性

属半冬性中大穗型中晚熟品种，熟期与对照周麦18相同。幼苗半匍匐，长势较壮，叶片窄长，叶色青绿，分蘖力较强，成穗率偏低，亩成穗数适中。冬季抗寒性较好，春季起身拔节偏慢，两极分化快，对春季低温较敏感。株高82厘米，株型松紧适中，叶色清秀，旗叶宽大上冲。茎秆较粗，弹性中等，抗倒性中等。穗层厚，穗大穗匀，结实性好。穗近方形，长芒，白壳，白粒，籽粒半角质，均匀性好，饱满度较好，黑胚率偏高。叶的功能期长，耐热性好，灌浆速度快，熟相好。亩穗数39.5万，穗粒数33.7粒，千粒重43.55克。

（四）品质分析

容重778克/升、788克/升，蛋白质含量14.58%、14.85%，硬度指数60（2012年），湿面筋含量31.2%、30.8%，沉淀值34毫升、42.2毫升，吸水率56.2%、52.5%，稳定时间3.8分钟、20.8分钟，最大拉伸阻力296 EU、644 EU，延伸性17.3厘米、14.8厘米，拉伸面积72平方厘米、122平方厘米。

（五）抗性鉴定

慢条锈病，高感叶锈病、白粉病、赤霉病和纹枯病。

（六）适宜范围及栽培要点

适宜在黄淮南片的河南省中北部、安徽省北部、江苏省北部、陕西省关中等地区高中水肥地块早中茬种植。10月上中旬播种，亩基本苗15万~22万。注意防治蚜虫、纹枯病、叶锈病、白粉病和赤霉病。

八十、平安8号

（一）品种来源

河南平安种业有限公司利用豫麦2号/周麦13选育而成，2012年通过国家农作物品种审定委员会审定，审定编号：国审麦2012007。该品种曾于2011年通过河南省农作物品种审定委员会审定，审定编号：豫审麦2011020，已获批农业部品种保护（专利），其品种权号为CNA20100559.9。其系谱如下：

```
豫麦2号  ×  周麦13
         |
      平安8号
```

(二) 产量表现

2009—2010年度参加黄淮南片冬水组区域试验，平均亩产524.7千克，比对照周麦18增产4.8%；2010—2011年度续试，平均亩产589.1千克，比对照周麦18增产5.3%。2011—2012年度参加生产试验，平均亩产507.7千克，比对照周麦18增产4.2%。

(三) 特征特性

属半冬性中穗型中晚熟品种，熟期与对照周麦18同期。幼苗半匍匐，长势一般，叶片宽短，叶色浓绿，分蘖力较强，成穗率偏低。冬季抗寒性一般，春季发育缓慢，起身拔节迟，两极分化慢，抗倒春寒能力中等，穗顶部虚尖重。株高78厘米，株型略松散，长相清秀，株行间透光性好，旗叶宽短上冲。茎秆弹性好，抗倒伏能力较强。耐旱性中等，遇后期高温叶功能丧失快，有早衰现象。穗层厚，码较密，结实性好，对肥水敏感。穗纺锤形，短芒，白壳，白粒，籽粒偏粉质，饱满度较好，黑胚率较高。亩穗数42.55万，穗粒数33.45粒，千粒重43.8克。

(四) 品质分析

容重792克/升、801克/升，蛋白质含量12.86%、12.73%，硬度指数50.4（2011年），湿面筋含量26.3%、26.7%，沉淀值21毫升、21.6毫升，吸水率50.4%、53.4%，稳定时间2.4分钟、2.7分钟，最大拉伸阻力183 EU、164 EU，延伸性13.2厘米、13.2厘米，拉伸面积36平方厘米、32平方厘米。

(五) 抗性鉴定

中感叶锈病，高感条锈病、白粉病、赤霉病和纹枯病。

(六) 适宜范围及栽培要点

适宜在黄淮南片的河南省中北部、安徽省北部、江苏省北部、陕西省关中等地区高水肥地块早中茬种植。10月上中旬播种，亩基本苗12万~20万。播期每推迟2天，亩播量增加0.5千克。浇好越冬水和灌浆水，拔节期结合浇水，亩追施尿素10~15千克。注意防治蚜虫、锈病、白粉病、纹枯病和赤霉病。

八十一、郑麦7698

(一) 品种来源

河南省农业科学院小麦研究中心利用郑麦9405/4B269//周麦16选育而成，2012年通过国家农作物品种审定委员会审定，审定编号：国审麦2012009。该品种于2011年通过河南省农作物品种审定委员会审定，审定编号：豫审麦2011008，曾荣获2018年度国家科技进步二等奖，已获批农业部品种保护（专利），其品种权号为CNA20080053.1。其系谱如下：

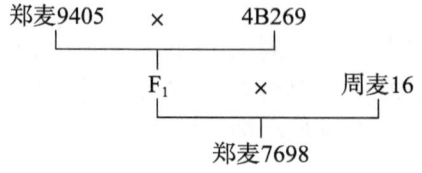

（二）产量表现

2009—2010年度参加黄淮南片冬水组区域试验，平均亩产513.3千克，比对照周麦18增产3%；2010—2011年度续试，平均亩产581.4千克，比对照周麦18增产3.4%。2011—2012年度参加生产试验，平均亩产499.7千克，比对照周麦18增产2.6%。

（三）特征特性

属半冬性多穗型中晚熟品种，熟期比对照周麦18晚0.3天。幼苗半匍匐，长势较壮，叶片窄短，叶色深绿，分蘖力较强，成穗率低。冬季抗寒性较好，春季起身拔节迟，两极分化快，抽穗晚。抗倒春寒能力一般，穗部虚尖、缺粒现象较明显。株高77厘米，茎秆弹性一般，抗倒性中等。株型较紧凑，旗叶宽长上冲，蜡质重。穗层厚，穗多穗匀。后期根系活力较强，熟相较好，穗长方形，籽粒角质，均匀，饱满度一般。亩穗数39.75万，穗粒数34.9粒，千粒重44克。前中期对肥水较敏感，肥力偏低的地块成穗数少。

（四）品质分析

容重810克/升、818克/升，蛋白质含量14.79%、14.25%，硬度指数69.7（2011年），湿面筋含量31.4%、30.4%，沉淀值40毫升、33.1毫升，吸水率61.1%、60.8%，稳定时间9.7分钟、7.4分钟，最大拉伸阻力574 EU、362 EU，延伸性14.8厘米、13.3厘米，拉伸面积108平方厘米、66平方厘米。

（五）抗性鉴定

慢条锈病，高感叶锈病、白粉病、纹枯病和赤霉病。

（六）适宜范围及栽培要点

适宜在黄淮南片的河南省中北部、安徽省北部、江苏省北部、陕西省关中等地区高中水肥地块早中茬种植。10月上中旬播种，亩基本苗12万~20万苗。10月30日后播种，每推迟3天亩播量增加0.5千克。一般亩施纯氮12~14千克，五氧化二磷8~9千克，氧化钾5千克。注意防治蚜虫、白粉病、纹枯病、叶锈病和赤霉病。

八十二、中麦895

（一）品种来源

中国农业科学院作物科学研究所、中国农业科学院棉花研究所利用周麦16/荔垦4号选育而成，2012年通过国家农作物品种审定委员会审定，审定编号：国审麦2012010。该品种已获批农业部品种保护（专利），其品种权号为CNA2010679.4。其系谱如下：

```
周麦16    ×    荔垦4号
     └────┬────┘
        中麦895
```

（二）产量表现

2010—2011年度参加黄淮南片冬水组区域试验，平均亩产587.8千克，比对照周麦18增产5.1%；2011—2012年度续试，平均亩产506.2千克，比对照周麦18增产4.4%。2011—2012年度参加生产试验，平均亩产510.9千克，比对照周麦18增产4.3%。

（三）特征特性

属半冬性多穗型中晚熟品种，熟期与对照周麦18相同。幼苗半匍匐，长势壮，叶宽直立，叶色黄绿。分蘖力强，成穗率中等，亩成穗数较多，冬季抗寒性中等。起身拔节早，两极分化快，抽穗迟，抗倒春寒能力中等。株高73厘米，株型紧凑，长相清秀，株行间透光性好，旗叶较宽、上冲。茎秆弹性中等，抗倒性中等。叶的功能期长，耐后期高温，灌浆速度快，成熟落黄好。穗层较整齐，结实性一般。穗纺锤形，长芒，白壳，白粒，籽粒半角质，饱满度好，黑胚率高。亩穗数44.3万，穗粒数29.75粒，千粒重46.45克。

（四）品质分析

容重814克/升、814克/升，蛋白质含量14.27%、14.93%，硬度指数65.7、62，湿面筋含量31.7%、33.8%，沉淀值30.3毫升、31.7毫升，吸水率60.5%、58.8%，稳定时间4.2分钟、4分钟，最大拉伸阻力146 EU、195 EU，延伸性15.8厘米、16.5厘米，拉伸面积35平方厘米、47平方厘米。

（五）抗性鉴定

中感叶锈病，高感条锈病、白粉病、纹枯病和赤霉病。

（六）适宜范围及栽培要点

适宜在黄淮南片的河南省中北部、安徽省北部、江苏省北部、陕西省关中等地区高中水肥地块早中茬种植。10月上中旬播种，亩基本苗12万~18万。重施基肥，以农家肥为主，耕地前施入深翻；浇好越冬水，返青至起身期适当控水控肥。注意防治蚜虫、锈病、白粉病、纹枯病和赤霉病。

八十三、漯麦18

（一）品种来源

漯河市农业科学院利用4336/周麦16选育而成，2012年通过国家农作物品种审定委员会审定，审定编号：国审麦2012011。该品种已获批农业部品种保护（专利），其品种权号为CNA20151041.8。其系谱如下：

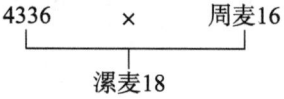

（二）产量表现

2009—2010年度参加黄淮南片春水组区域试验，平均亩产503.3千克，比对照偃展4110增产2.9%；2010—2011年度续试，平均亩产579.2千克，比偃展4110增产6.1%。2011—2012年度参加生产试验，平均亩产483.6千克，比偃展4110增产5.2%。

（三）特征特性

属弱春性中穗型中晚熟品种，比对照偃展4110晚熟1.7天。幼苗半直立，长势较壮，叶片短宽，叶色浓绿。分蘖力弱，成穗率高，冬季抗寒性较好。春季起身拔节早，两极分化快，对倒春寒较敏感，虚尖、缺粒现象较重。株高75厘米，株型稍松散，旗叶宽短上冲，长相清秀。茎秆弹性一般，抗倒性中等。根系活力强，较耐高温干旱，叶的功能期长，灌浆速度快，落黄好。穗层较整齐，穗较大。穗纺锤形，长芒，白壳，白粒，籽粒半角质，饱满度好，黑胚率偏高。亩穗数41.45万，穗粒数32.5粒，千粒重45.15克。

（四）品质分析

容重798克/升、810克/升，蛋白质含量14.44%、13.50%，硬度指数61.6（2011年），湿面筋含量31.5%、29.2%，沉淀值34.5毫升、28.9毫升，吸水率57.9%、55.8%，稳定时间3.9分钟、4分钟，最大拉伸阻力218 EU、229 EU，延伸性17.2厘米、14.2厘米，拉伸面积53平方厘米、47平方厘米。

（五）抗性鉴定

中感纹枯病，高感条锈病、叶锈病、白粉病和赤霉病。

（六）适宜范围及栽培要点

适宜在黄淮南片的河南省（南部稻茬麦区除外）、安徽省北部、江苏省北部、陕西省关中等地区高中水肥地块中晚茬种植。10月中下旬播种，亩基本苗18万~24万。注意防治蚜虫、纹枯病、白粉病、锈病和赤霉病。

八十四、隆平麦518

（一）品种来源

郑州友帮农作物新品种研究所利用豫麦34/豫麦41//豫麦35选育而成，2013年通过国家农作物品种审定委员会审定，审定编号：国审麦2013007。该品种已获批农业部品种保护（专利），其品种权号为CNA20130677.3。其系谱如下：

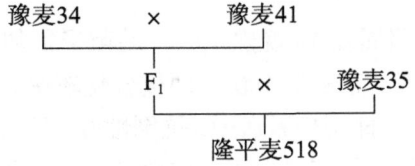

（二）产量表现

2011—2012年度参加黄淮南片冬水组区域试验，平均亩产507.9千克，比对照周麦18增产6.1%；2012—2013年度续试，平均亩产477千克，比对照周麦18增产2.5%。2012—2013年度参加生产试验，平均亩产479.7千克，比对照周麦18增产1.9%。

（三）特征特性

属半冬性中早熟品种，比对照周麦18早熟1天。幼苗半匍匐，长势壮，叶片窄长。冬前分蘖力较强，春季起身拔节较早，两极分化快，对春季低温较敏感，后期耐高温能力较强，灌浆快。株高79厘米，株型紧凑，穗层不整齐，旗叶上冲。穗椭圆形，穗小，长芒，白壳，白粒，籽粒角质，饱满度较好。亩穗数44万，穗粒数27.1粒，千粒重47.6克。

（四）品质分析

容重794克/升，蛋白质含量14.6%，硬度指数62.5，湿面筋含量30.3%，沉淀值43.7毫升，吸水率54.4%，稳定时间12.1分钟，最大拉伸阻力668 EU，延伸性15.4厘米，拉伸面积133平方厘米。

（五）抗性鉴定

慢条锈病，高感叶锈病、赤霉病、白粉病和纹枯病。

（六）适宜范围及栽培要点

适宜在黄淮南片的河南省中北部、安徽省北部、江苏省北部、陕西省关中等地区中高水肥地块早中茬种植。倒春寒频发地区注意防冻害。10 月 10—25 日播种，亩基本苗 12 万~18 万。注意防治蚜虫、纹枯病、锈病、白粉病和赤霉病。

八十五、周麦 28

（一）品种来源

周口市农业科学院利用周麦 18/ 周麦 22// 周 2168 选育而成，2013 年通过国家农作物品种审定委员会审定，审定编号：国审麦 2013009。该品种已申请农业部品种保护（专利），其公告号为 CNA006417E。其系谱如下：

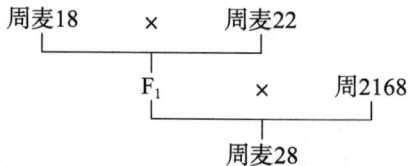

（二）产量表现

2010—2011 年度参加黄淮南片冬水组区域试验，平均亩产 581.7 千克，比对照周麦 18 增产 3.4%；2011—2012 年度续试，平均亩产 517 千克，比对照周麦 18 增产 6.7%。2012—2013 年度参加生产试验，平均亩产 502.5 千克，比对照周麦 18 增产 6.8%。

（三）特征特性

属半冬性中晚熟品种，比对照周麦 18 晚熟 1 天。幼苗半匍匐，长势壮，叶片窄长，冬季抗寒性较好。分蘖力较强，成穗率中等，起身拔节快，两极分化较快，抽穗迟。抗倒春寒能力中等，耐后期高温，熟相中等。株高 76 厘米，株型松紧适中，抗倒性好。穗层较整齐，穗下节间长，旗叶上冲，茎、叶蜡质重。穗近长方形，码稀，长芒，白壳，白粒，籽粒角质，饱满度较好，黑胚率中等。亩穗数 38.6 万，穗粒数 36.1 粒，千粒重 43.2 克。

（四）品质分析

容重 793 克 / 升，蛋白质含量 14.75%，硬度指数 63.2，湿面筋含量 32.8%，沉淀值 29.2 毫升，吸水率 56.8%，稳定时间 2.9 分钟，最大拉伸阻力 184 EU，延伸性 16.4 厘米，拉伸面积 44 平方厘米。

（五）抗性鉴定

免疫条锈病和叶锈病，高感赤霉病、白粉病和纹枯病。

（六）适宜范围及栽培要点

适宜在黄淮南片的河南省中北部、安徽省北部、江苏省北部、陕西省关中等地区高中水肥地块早中茬种植。10 月 8—20 日播种，亩基本苗 14 万~22 万。注意防治蚜虫、白粉病、纹枯病和赤霉病。

八十六、百农 207

（一）品种来源

河南百农种业有限公司、河南华冠种业有限公司利用周麦 16/ 百农 64 选育而成，2013 年通过国家农作物品种审定委员会审定，审定编号：国审麦 2013010。该品种已获批农业部品种保护（专利），其品种权号为 CNA20100464.3。其系谱如下：

（二）产量表现

2010—2011年度参加黄淮南片冬水组区域试验，平均亩产584.1千克，比对照周麦18增产3.9%；2011—2012年度续试，平均亩产510.3千克，比对照周麦18增产5.3%。2012—2013年度参加生产试验，平均亩产502.8千克，比对照周麦18增产7%。

（三）特征特性

属半冬性中晚熟品种，比对照周麦18晚熟1天。幼苗半匍匐，长势旺，叶片宽大，叶色深绿。冬季抗寒性中等，分蘖力较强，成穗率中等。早春发育较快，起身拔节早，两极分化快，抽穗迟，耐倒春寒能力中等。中后期耐高温能力较好，熟相好。株高76厘米，株型松紧适中，茎秆粗壮，抗倒性较好。穗层较整齐，旗叶宽长上冲。穗纺锤形，短芒，白壳，白粒，籽粒半角质，饱满度一般。亩穗数40.2万，穗粒数35.6粒，千粒重41.7克。

（四）品质分析

容重810克/升，蛋白质含量14.52%，硬度指数64，湿面筋含量34.1%，沉淀值36.1毫升，吸水率58.1%，稳定时间5分钟，最大拉伸阻力311EU，延伸性18.6厘米，拉伸面积81平方厘米。

（五）抗性鉴定

高感叶锈病、赤霉病、白粉病和纹枯病，中抗条锈病。

（六）适宜范围及栽培要点

适宜在黄淮南片的河南省中北部、安徽省北部、江苏省北部、陕西省关中等地区高中水肥地块早中茬种植。10月8—20日播种，亩基本苗12万~20万。注意防治蚜虫、叶锈病、纹枯病、白粉病和赤霉病。

八十七、郑麦101

（一）品种来源

河南省农业科学院小麦研究所利用Ta1648/郑麦9023选育而成，2013年通过国家农作物品种审定委员会审定，审定编号：国审麦2013014。该品种已获批农业部品种保护（专利），其品种权号为CNA20111228.7。其系谱如下：

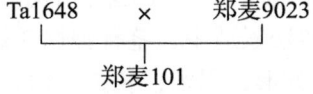

（二）产量表现

2011—2012年度参加黄淮南片春水组区域试验，平均亩产466.2千克，比对照偃展4110增产4.2%；2012—2013年度续试，平均亩产461.5千克，比对照偃展4110增产3.5%。2012—2013年度参加生产试验，平均亩产465.6千克，比对照偃展4110增产5.2%。

（三）特征特性

属弱春性中早熟品种，与对照偃展4110熟期相当。幼苗半匍匐，长势一般，叶片细长，叶色浓绿。冬前分蘖力强，分蘖成穗率中等，冬季抗寒性较好。春季起身拔节迟，两极分化较快，抽穗早，对春季低温较敏感。根系活力较强，耐热性较好，熟相较好。株高80厘米，株型略松散，茎秆弹性好，抗倒性较好。穗层厚，旗叶窄、外卷、上冲。穗近长方形，码稀，长芒，白壳，白粒，籽粒角质，饱满度较好。亩穗数41.6万，穗粒数33.5粒，千粒重41.4克。

（四）品质分析

容重784克/升，蛋白质含量15.58%，硬度指数62.5，湿面筋含量34.6%，沉淀值40.8毫升，吸水率55.9%，稳定时间7.1分钟，最大拉伸阻力305 EU，延伸性18厘米，拉伸面积76平方厘米。

（五）抗性鉴定

中抗条锈病，高感叶锈病、赤霉病、白粉病和纹枯病。

（六）适宜范围及栽培要点

适宜在黄淮南片的河南省（南部稻茬麦区除外）、安徽省北部、江苏省北部、陕西省关中等地区高中水肥地块中晚茬种植，倒春寒频发地区注意防冻害。10月中下旬播种，亩基本苗18万~24万。施足底肥，拔节期结合浇水亩追尿素8~10千克。注意防治蚜虫、叶锈病、白粉病、赤霉病和纹枯病。

八十八、洛麦24

（一）品种来源

河南省洛阳市农业科学院选育而成，其组合为：洛太911/淮阴9628。2013年通过国家农作物品种审定委员会审定，审定编号：国审麦2013015。该品种曾于2011年通过河南省农作物品种审定委员会审定，审定编号：豫审麦2011005，已获批农业部品种保护（专利），其品种权号为CNA20070349.8。其系谱如下：

```
洛太911    ×    淮阴9628
          |
        洛麦24
```

（二）产量表现

2010—2011年度参加黄淮南片春水组区域试验，平均亩产561.9千克，比对照偃展4110增产2.9%；2011—2012年度续试，平均亩产476.4千克，比对照偃展4110增产6.5%。2012—2013年度参加生产试验，平均亩产468.6千克，比对照偃展4110增产5.9%。

（三）特征特性

属弱春性中早熟品种，与对照偃展4110熟期相当。幼苗直立，长势壮，叶片窄长，叶色浓绿，冬季抗寒性一般。分蘖力较强，成穗率较高。春季起身稍晚，两极分化快，抽穗早，耐倒春寒能力一般。熟相一般。株高76厘米，株型松紧适中，茎秆弹性较好，抗倒性较好。穗层厚，穗下节长，旗叶窄小上冲，穗、茎蜡质厚。穗长方形，码稀，长芒，白壳，白粒，籽粒粉质，饱满度较好。亩穗数46.5万，穗粒数32.6粒，千粒重37克。

（四）品质分析

容重809克/升，蛋白质含量13.22%，硬度指数47.4，湿面筋含量28.7%，沉淀值26.1毫升，吸水率50.8%，稳定时间3.7分钟，最大拉伸阻力260 EU，延伸性12.2厘米，拉伸面积46平方厘米。

（五）抗性鉴定

中感条锈病，高感叶锈病、赤霉病、白粉病和纹枯病。

（六）适宜范围及栽培要点

适宜在黄淮南片的河南省（南部稻茬麦区除外）、安徽省北部、江苏省北部、陕西省关中等地区高中水肥地块中晚茬种植，倒春寒频发地区注意防冻害。10月中下旬播种，亩基本苗18万～24万。播期每推迟3天，亩播量增加0.5千克。一般亩底施纯氮12千克，五氧化二磷7.5千克，氧化钾7.5千克。拔节期结合浇水，亩追施尿素6千克，注意防治蚜虫、条锈病、叶锈病、纹枯病、白粉病和赤霉病。

八十九、新麦23

（一）品种来源

河南省新乡市农业科学院利用偃展4110/周麦16选育而成，2013年通过国家农作物品种审定委员会审定，审定编号：国审麦2013016。该品种已获批农业部品种保护（专利），其品种权号为CNA201100646.4。其系谱如下：

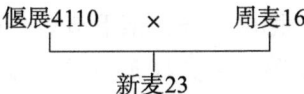

（二）产量表现

2010—2011年度参加黄淮南片春水组区域试验，平均亩产560.2千克，比对照偃展4110增产2.6%；2011—2012年度续试，平均亩产471.1千克，比对照偃展4110增产5.3%。2012—2013年度参加生产试验，平均亩产473千克，比对照偃展4110增产6.8%。

（三）特征特性

属弱春性中早熟品种，与对照偃展4110熟期相当。幼苗直立，长势壮，叶片宽长，叶色深绿，冬季抗寒性一般。分蘖力中等，成穗率高。春季起身拔节早，两极分化快，抽穗早，对春季低温较敏感。根系活力一般，耐高温能力一般，灌浆慢，熟相一般。株高71厘米，株型松紧适中，抗倒性较好。穗层厚，旗叶宽长平展，穗、茎、叶蜡质厚。穗纺锤形，码稀，长芒，白壳，白粒，籽粒粉质，饱满度好。亩穗数43.2万，穗粒数30.7粒，千粒重43.3克。

（四）品质分析

容重797克/升，蛋白质含量14.35%，硬度指数46.4，湿面筋含量31%，沉淀值20.1毫升，吸水率54.6%，稳定时间1.3分钟，最大拉伸阻力107EU，延伸性14.4厘米，拉伸面积21平方厘米。

（五）抗性鉴定

高感赤霉病、白粉病和纹枯病，中感叶锈病，中抗条锈病。

（六）适宜范围及栽培要点

适宜在黄淮南片的河南省（南部稻茬麦区除外）、安徽省北部、江苏省北部、陕西省关中等地区高中水肥地块中晚茬种植，倒春寒频发地区注意防冻害。10月中下旬播种，亩基本苗18万～24万。注意防治蚜虫、叶锈病、白粉病、赤霉病和纹枯病。

九十、丰德存麦5号

（一）品种来源

河南丰德康种业有限公司利用周麦16/郑麦366选育而成，2014年通过国家农作物品种审定委员会审定，审定编号：国审麦 2014003。该品种已获批农业部品种保护（专利），其品种权号为 CNA20131219.6。其系谱如下：

```
周麦16    ×    郑麦366
    └────┬────┘
      丰德存麦5号
```

（二）产量表现

2011—2012 年度参加黄淮南片冬水组区域试验，平均亩产 482.9 千克，比对照周麦 18 减产 0.4%；2012—2013 年度续试，平均亩产 454 千克，比对照周麦 18 减产 2.4%。2013—2014 年度参加生产试验，平均亩产 574.6 千克，比对照周麦 18 增产 2.4%。

（三）特征特性

属半冬性中晚熟品种，与对照周麦 18 熟期相当。幼苗半匍匐，长势较壮，叶片窄长，叶色浓绿，冬季抗寒性较好。冬前分蘖力较强，成穗率一般。春季起身拔节较早，两极分化早，抽穗较早，耐倒春寒能力一般。后期耐高温能力中等，熟相较好。株高 76 厘米，茎秆弹性一般，抗倒性中等。株型稍松散，旗叶宽短、外卷、上冲，穗层整齐，穗下节短。穗纺锤形，长芒，白壳，白粒，籽粒椭圆形，角质，饱满度较好，黑胚率中等。亩穗数 38.1 万，穗粒数 32 粒，千粒重 42.3 克。

（四）品质分析

容重 794 克/升，蛋白质含量 16.01%，硬度指数 62.5，湿面筋含量 34.5%，沉淀值 49.5 毫升，吸水率 57.8%，稳定时间 15.1 分钟，最大抗延阻力 754 EU，延伸性 17.7 厘米，拉伸面积 171 平方厘米。

（五）抗性鉴定

慢条锈病，中感叶锈病和白粉病，高感赤霉病和纹枯病。

（六）适宜范围及栽培要点

适宜在黄淮南片的河南省驻马店市及以北地区、安徽省淮北、江苏省淮北、陕西省关中等地区高中水肥地块中茬种植，倒春寒易发地区慎用。适宜播期 10 月中旬，亩基本苗 12 万~18 万。注意防治蚜虫、叶锈病、白粉病、赤霉病和纹枯病，高水肥地注意防倒伏。

九十一、豫麦158

（一）品种来源

漯河市农业科学院利用矮败核不育轮回群体 II 选育而成，2014 年通过国家农作物品种审定委员会审定，审定编号：国审麦 2014004。该品种已获批农业部品种保护（专利），其品种权号为 CNA20141368.4。其系谱如下：

（二）产量表现

2011—2012 年度参加黄淮南片冬水组区域试验，平均亩产 491.2 千克，比对照周麦 18 增产 2.6%；2012—2013 年度续试，平均亩产 490.2 千克，比对照周麦 18 增产 5.3%。2013—2014 年度参加生产试验，平均亩产 598.5 千克，比对照周麦 18 增产 5.9%。

（三）特征特性

属半冬性中晚熟品种，比对照周麦18晚熟1天。幼苗半匍匐，长势壮，叶片细卷，叶色浓绿，冬季抗寒性较好。冬前分蘖较多，成穗率一般。春季起身拔节较早，两极分化快，耐倒春寒能力较好。后期耐高温能力较好，熟相好。株高80厘米，茎秆弹性中等，抗倒性较好。株型稍松散，旗叶窄长上冲，穗层整齐。穗长方形，长芒，白壳，白粒，籽粒椭圆形，半角质，饱满度较好，黑胚率偏高。亩穗数36.4万，穗粒数34.4粒，千粒重45.1克。

（四）品质分析

容重799.5克/升，蛋白质含量15.26%，硬度指数43.5，湿面筋含量31.6%，沉淀值39.5毫升，吸水率55%，稳定时间7.3分钟，最大抗延阻力446EU，延伸性14.2厘米，拉伸面积84平方厘米。

（五）抗性鉴定

中抗条锈病，高感叶锈病、白粉病、纹枯病和赤霉病。

（六）适宜范围及栽培要点

适宜在黄淮南片的河南省驻马店市及以北地区、安徽省淮北、江苏省淮北、陕西省关中等地区高中水肥地块早中茬种植。适宜播期10月上中旬，亩基本苗12万~20万。注意防治蚜虫、叶锈病、赤霉病、白粉病和纹枯病。

九十二、丰德存麦8号

（一）品种来源

河南省天存小麦改良技术研究所利用周麦24/周麦22选育而成，2014年通过国家农作物品种审定委员会审定，审定编号：国审麦2014005。该品种已获批农业部品种保护（专利），其品种权号为CNA20131220.3。其系谱如下：

```
周麦24    ×    周麦22
       └──┬──┘
        丰德存麦8号
```

（二）产量表现

2012—2013年度参加黄淮南片冬水组区域试验，平均亩产487.7千克，比对照周麦18增产5.2%；2013—2014年度续试，平均亩产585千克，比对照周麦18增产4.6%。2013—2014年度参加生产试验，平均亩产585.3千克，比对照周麦18增产3.5%。

（三）特征特性

属半冬性中晚熟品种，与对照周麦18熟期相当。幼苗匍匐，苗势壮，叶片窄短，叶色浓绿，冬季抗寒性好。分蘖力较强，成穗率偏低。春季起身拔节较早，两极分化较快，耐倒春寒能力中等。后期耐高温能力中等，熟相较好。株高76厘米，茎秆弹性好，抗倒性较好。株型紧凑，旗叶短宽上冲，穗叶同层，穗层整齐。穗长方形，码较密，短芒，白壳，白粒，籽粒椭圆形，角质，饱满度较好，黑胚率中等。亩穗数38万，穗粒数34.1粒，千粒重45克。

（四）品质分析

容重792.5克/升，蛋白质含量14.45%，硬度指数60，湿面筋含量29.1%，沉淀值36.5毫升，吸水率52.2%，稳定时间11.3分钟，最大抗延阻力596EU，延伸性13.1厘米，拉伸面积103平方厘米。

（五）抗性鉴定

近免疫条锈病，高感叶锈病、白粉病、赤霉病和纹枯病。

（六）适宜范围及栽培要点

适宜在黄淮南片的河南省驻马店市及以北地区、安徽省淮北、江苏省淮北、陕西省关中等地区高中水肥地块早中茬种植。适宜播期10月上中旬，亩基本苗12万~20万。注意防治蚜虫、叶锈病、赤霉病、白粉病和纹枯病。

九十三、博农6号

（一）品种来源

焦作市博农种子有限责任公司、河南省同舟缘种子科技有限公司利用博农653/郑麦9023//RECITAL选育而成，2014年通过国家农作物品种审定委员会审定，审定编号：国审麦2014008。该品种已获批农业部品种保护（专利），其品种权号为CNA20140729.0。其系谱如下：

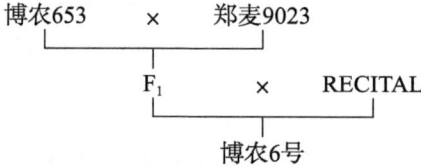

（二）产量表现

2011—2012年度参加黄淮南片春水组区域试验，平均亩产456.3千克，比对照偃展4110增产2%；2012—2013年度续试，平均亩产466.5千克，比对照偃展4110增产4.6%。2013—2014年度参加生产试验，平均亩产538.6千克，比对照偃展4110增产5.5%。

（三）特征特性

属弱春性中熟品种，比对照偃展4110晚熟1天。幼苗直立，长势壮，叶片短直立，叶色浓绿，冬季抗寒性较好。冬前分蘖力中等，分蘖成穗率较高。春季起身拔节早，两极分化快，抽穗较早，耐倒春寒能力一般。后期耐高温能力一般，熟相一般。株高76厘米，茎秆弹性较差，抗倒性较差。株型较紧凑，旗叶较宽略披，穗层整齐。穗纺锤形，码较密，长芒，白壳，白粒，籽粒椭圆形，角质，饱满度较好，黑胚率较低。亩穗数42.7万，穗粒数29.1粒，千粒重42.1克。

（四）品质分析

容重803克/升，蛋白质含量14.51%，硬度指数65.5，湿面筋含量31.8%，沉淀值39.4毫升，吸水率55.3%，稳定时间8.3分钟，最大抗延阻力400 EU，延伸性15.9厘米，拉伸面积87平方厘米。

（五）抗性鉴定

中抗条锈病，高感叶锈病、白粉病、赤霉病和纹枯病。

（六）适宜范围及栽培要点

适宜在黄淮南片的河南省（南部稻茬麦区除外）、安徽省淮北、江苏省淮北、陕西省关中等地区高中水肥地块中晚茬种植，倒春寒易发地区慎用。适宜播期10月中下旬，亩基本苗16万~20万。注意防治蚜虫、叶锈病、赤霉病、白粉病和纹枯病，高水肥地种植注意防止倒伏。

九十四、天民198

（一）品种来源

河南天民种业有限公司沈天民等利用 R81/百农64//偃展4110 选育而成，2014 年通过国家农作物品种审定委员会审定，审定编号：国审麦 2014009。曾于 2011 年通过河南省农作物品种审定委员会审定，审定编号：豫审麦 2011023。该品种已获批农业部品种保护（专利），其品种权号为 CNA20100513.4。其系谱如下：

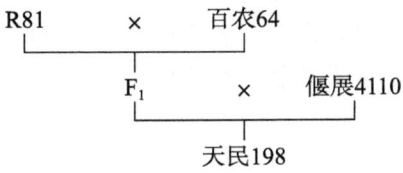

（二）产量表现

2010—2011 年度参加黄淮南片春水组区域试验，平均亩产 563.8 千克，比对照偃展 4110 增产 3.3%；2011—2012 年度续试，平均亩产 467.9 千克，比对照偃展 4110 增产 4.6%。2013—2014 年度参加生产试验，平均亩产 538.7 千克，比对照偃展 4110 增产 5.5%。

（三）特征特性

属弱春性早熟品种，与对照偃展 4110 熟期相当。幼苗直立，长势一般，叶片宽短，叶色黄绿，冬季抗寒性一般。分蘖力较强，成穗率较高。春季两极分化快，抽穗较早，耐倒春寒能力一般。后期耐高温能力较好，熟相较好。株高 70 厘米，茎秆粗壮，抗倒性较好。株型偏松散，旗叶宽长、上冲，长相清秀，穗下节长，穗层厚，穗大，码稀，穗匀。穗长方形，长芒，白壳，白粒，籽粒椭圆形，粉质，饱满度较好，黑胚率较低。亩穗数 42.8 万，穗粒数 35.5 粒，千粒重 37.5 克。

（四）品质分析

容重 801 克/升，蛋白质含量 13.54%，硬度指数 46.5，湿面筋含量 31.7%，沉淀值 28.4 毫升，吸水率 53.4%，稳定时间 2.2 分钟，最大抗延阻力 181 EU，延伸性 16.6 厘米，拉伸面积 45 平方厘米。

（五）抗性鉴定

慢条锈病，中感叶锈病和白粉病，高感纹枯病和赤霉病。

（六）适宜范围及栽培要点

适宜在黄淮南片的河南省（南部稻茬麦区除外）、安徽省淮北、江苏省淮北、陕西省关中等地区高中水肥地块中晚茬种植，倒春寒易发区慎用。适宜播期 10 月中下旬，亩基本苗 18 万~24 万。播期每推迟 3 天，亩播量增加 0.5 千克。一般亩底施尿素 20 千克，磷酸二铵 25 千克，硫酸钾 20 千克，拔节期结合浇水，亩追施尿素 10~15 千克。注意防治蚜虫、锈病、白粉病、赤霉病和纹枯病。

九十五、阳光818

（一）品种来源

漯河市阳光种业有限公司利用漯麦 4 号/新麦 18//漯麦 4 号选育而成，2014 年通过国家农作物品种审定委员会审定，审定编号：国审麦 2014012。该品种已申请农业部品种保护（专利），其公告号为 CNA012475E。其系谱如下：

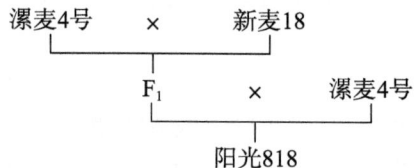

（二）产量表现

2011—2012 年度参加黄淮旱肥组区域试验，平均亩产 427.3 千克，比对照洛旱 7 号增产 2.5%；2012—2013 年度续试，平均亩产 314 千克，比对照洛旱 7 号增产 1.6%。2013—2014 年度参加生产试验，平均亩产 403.7 千克，比对照洛旱 7 号增产 3.3%。

（三）特征特性

属半冬性早熟品种，比对照洛旱 7 号早熟 2 天。幼苗半直立，叶片较宽，苗势强，分蘖力较弱，成穗率较高，成穗数中等。春季起身较早，两极分化较快，抽穗早，落黄一般。株高 70 厘米，抗倒性好。株型半紧凑，旗叶半披，叶色灰绿，穗层整齐。穗长方形，长芒，白壳，白粒，籽粒半角质，饱满度好。亩数穗 32.9 万，穗粒数 32.7 粒，千粒重 41.2 克。

（四）品质分析

容重 773 克/升，蛋白质含量 14.9%，硬度指数 58.5，湿面筋含量 31.9%，沉淀值 42.2 毫升，吸水率 55.6%，稳定时间 8.2 分钟，最大抗延阻力 358 EU，延伸性 17.2 厘米，拉伸面积 87 平方厘米。

（五）抗性鉴定

慢条锈病，中感叶锈病和黄矮病，高感白粉病。抗旱级别 4 级，抗旱性较弱。

（六）适宜范围及栽培要点

适宜在黄淮的山西省南部、陕西省咸阳市和渭南市、河南省西北部、河北省中南部、山东省等地区旱肥地种植。适宜播期 10 月上中旬，亩基本苗 17 万～24 万。注意防治锈病、白粉病和蚜虫。适时收获，预防穗发芽。

九十六、洛旱 15

（一）品种来源

洛阳农林科学院利用晋麦 47/豫麦 2 号选育而成，2014 年通过国家农作物品种审定委员会审定，审定编号：国审麦 2014015。该品种已获批农业部品种保护（专利），其品种权号为 CNA20130730.8。其系谱如下：

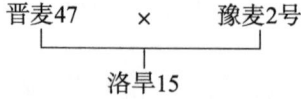

（二）产量表现

2011—2012 年度参加黄淮旱薄组区域试验，平均亩产 369 千克，比对照晋麦 47 增产 4.6%；2012—2013 年度续试，平均亩产 271.9 千克，比对照晋麦 47 增产 2.6%。2013—2014 年度参加生产试验,平均亩产297.1千克,比对照晋麦47增产6.2%。

(三)特征特性

属半冬性中熟品种,熟期与对照晋麦47相当。幼苗半匍匐,长势较弱,分蘖力一般,成穗率高。春季两极分化快,抗冻性一般,熟相好。株高80厘米,茎秆弹性较好,抗倒性较好。株型较紧凑,旗叶平展,叶色深绿,穗层整齐。穗纺锤形,长芒,白壳,白粒,籽粒角质,饱满度较好。亩穗数38.5万,穗粒数30.5粒,千粒重33.5克。

(四)品质分析

容重797克/升,蛋白质含量16%,硬度指数47,湿面筋含量35.1%,沉淀值33.7毫升,吸水率56.9%,稳定时间2.8分钟,最大抗延阻力145 EU,延伸性18.2厘米,拉伸面积38平方厘米。

(五)抗性鉴定

中感条锈病,高感叶锈病、白粉病和黄矮病。抗旱级别3级,抗旱性中等。

(六)适宜范围及栽培要点

适宜在黄淮麦区的山西省南部,陕西省宝鸡市、咸阳市和铜川市,河南省西北部,河北省沧州市及甘肃省天水市等地区旱薄地种植。适宜播期9月下旬至10月上旬,亩播量9~12千克。及时防治锈病、白粉病和蚜虫。

九十七、周麦30

(一)品种来源

周口市农业科学院利用周麦23/周麦18-15选育而成,2016年通过国家农作物品种审定委员会审定,审定编号:国审麦2016006。该品种已申请农业部品种保护(专利),其公告号为CNA006419E。其系谱如下:

```
周麦23    ×    周麦18-15
     └────┬────┘
        周麦30
```

(二)产量表现

2012—2013年度参加黄淮南片冬水组区域试验,平均亩产472千克,比对照周麦18增产1.8%;2013—2014年度续试,平均亩产583.8千克,比对照周麦18增产4.1%。2014—2015年度参加生产试验,平均亩产553.5千克,比对照周麦18增产5.3%。

(三)特征特性

属半冬性中晚熟品种,熟期与对照周麦18相当。幼苗半匍匐,长势壮,叶片宽卷,叶色青绿,冬季抗寒性中等。分蘖力中等,成穗率一般,成穗数偏少。春季起身拔节早,两极分化快,耐倒春寒能力一般。后期根系活力强,耐后期高温,旗叶的功能期长,灌浆快,熟相较好。株高80厘米,茎秆硬朗,抗倒性好。株型偏紧凑,旗叶宽大上冲,穗层整齐。穗纺锤形,码较密,长芒,白壳,白粒,籽粒角质,饱满度中等。亩穗数35.3万,穗粒数36.6粒,千粒重46.7克。

(四)品质分析

容重802克/升,蛋白质含量15.66%,湿面筋含量33.3%,沉淀值42.3毫升,吸水率58.2%,稳定时间7.4分钟,最大拉伸阻力379 EU,延伸性15.9厘米,拉伸面积82平方厘米。

（五）抗性鉴定

免疫条锈病，高抗叶锈病，高感白粉病、赤霉病和纹枯病。

（六）适宜范围及栽培要点

适宜在黄淮南片的河南省驻马店市及以北地区、安徽省淮北、江苏省淮北、陕西省关中等地区高中水肥地块早中茬种植。适宜播期10月上中旬，每亩适宜基本苗16万～22万。注意防治蚜虫、白粉病、赤霉病和纹枯病。

九十八、德研8号

（一）品种来源

河南德宏种业股份有限公司利用轮选01/周麦16选育而成，2016年通过国家农作物品种审定委员会审定，审定编号：国审麦2016007。该品种已获批农业部品种保护（专利），其品种权号为CNA20151035.6。其系谱如下：

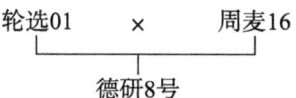

（二）产量表现

2012—2013年度参加黄淮南片冬水组区域试验，平均亩产487.7千克，比对照周麦18增产4.8%；2013—2014年度续试，平均亩产593.5千克，比对照周麦18增产6.1%。2014—2015年度参加生产试验，平均亩产551.6千克，比对照周麦18增产5%。

（三）特征特性

属半冬性中晚熟品种，熟期与对照周麦18相当。幼苗半匍匐，苗势壮，叶片宽短，叶色浓绿，冬季抗寒性较好。春季起身拔节迟，两极分化快，耐倒春寒能力较好。后期根系活力强，耐后期高温，熟相较好。株高84.6厘米，茎秆弹性一般，抗倒性一般。株型略松散，旗叶宽长上冲，穗层厚。穗长方形，码稀，长芒，白壳，白粒，籽粒角质，饱满度较好。亩穗数43.5万，穗粒数32.1粒，千粒重42.2克。

（四）品质分析

容重807克/升，蛋白质含量13.7%，湿面筋含量30.3%，沉淀值30.8毫升，吸水率58.3%，稳定时间2.3分钟，最大拉伸阻力226 EU，延伸性17.4厘米，拉伸面积58平方厘米。

（五）抗性鉴定

中抗条锈病，高感纹枯病、叶锈病、赤霉病和白粉病。

（六）适宜范围及栽培要点

适宜在黄淮南片的河南省驻马店市及以北地区、安徽省淮北、江苏省淮北、陕西省关中等地区高中水肥地块早中茬种植。适宜播期10月上中旬，每亩适宜基本苗12万～18万。注意防治蚜虫、纹枯病、叶锈病、白粉病和赤霉病，高水肥地块注意防倒伏。

九十九、冠麦1号

（一）品种来源

河南华冠种业有限公司利用周麦13/百农64选育而成，2016年通过国家农作物品种审定委员会审定，审定编号：国审麦2016008。该品种已获批农业部品种保护（专利），其品种权号为CNA20151606.5。其系谱如下：

```
周麦13    ×    百农64
        └──┬──┘
          冠麦1号
```

（二）产量表现

2012—2013年度参加黄淮南片冬水组区域试验，平均亩产482.7千克，比对照周麦18增产4.1%；2013—2014年度续试，平均亩产583千克，比对照周麦18增产4%。2014—2015年度参加生产试验，平均亩产557.3千克，比对照周麦18增产6%。

（三）特征特性

属半冬性晚熟品种，比对照周麦18晚熟1天。幼苗半匍匐，叶片宽长，叶色浓绿，冬季抗寒性较好。分蘖力较强，成穗率偏低，成穗数中等。春季起身拔节早，两极分化快，抽穗较迟，耐倒春寒能力一般。后期耐高温能力一般，熟相较好。株高77.3厘米，抗倒性一般。株型稍松散，旗叶宽长上冲，穗层整齐。穗纺锤形，长芒，白壳，白粒，籽粒半角质，饱满度较好。亩穗数37.8万，穗粒数33.1粒，千粒重48.2克。

（四）品质分析

容重817克/升，蛋白质含量14.74%，湿面筋含量31.4%，沉淀值26.4毫升，吸水率54.2%，稳定时间2.2分钟，最大拉伸阻力199 EU，延伸性15.7厘米，拉伸面积48平方厘米。

（五）抗性鉴定

中抗条锈病，高感叶锈病、白粉病、赤霉病和纹枯病。

（六）适宜范围及栽培要点

适宜在黄淮南片的河南省驻马店市及以北地区、安徽省淮北、江苏省淮北、陕西省关中等地区高中水肥地块早中茬种植。适宜播期10月上中旬，每亩适宜基本苗16万~22万。注意防治蚜虫、叶锈病、白粉病、纹枯病和赤霉病。

一○○、洛麦29

（一）品种来源

洛阳农林科学院利用百农AK58/开麦18选育而成，2016年通过国家农作物品种审定委员会审定，审定编号：国审麦2016009。该品种已获批农业部品种保护（专利），其品种权号为CNA20140817.3。其系谱如下：

```
百农AK58    ×    开麦18
          └──┬──┘
            洛麦29
```

（二）产量表现

2012—2013 年度参加黄淮南片冬水组区域试验，平均亩产 483 千克，比对照周麦 18 增产 4.2%；2013—2014 年度续试，平均亩产 593.7 千克，比对照周麦 18 增产 5.9%。2014—2015 年度参加生产试验，平均亩产 552.9 千克，比对照周麦 18 增产 5.2%。

（三）特征特性

属半冬性晚熟品种，比对照周麦 18 晚熟 1 天。幼苗半匍匐，长势一般，叶片宽短，叶色深绿，冬季抗寒性中等。分蘖力较强，成穗率中等。春季起身拔节迟，耐倒春寒能力一般。根系活力一般，后期耐高温能力一般，熟相中等。株高 75 厘米，抗倒性强。株型稍松散，蜡质层厚，旗叶宽长略披。穗长方形，码稍稀，长芒，白壳，白粒，籽粒半角质，饱满度较好。亩穗数 40.5 万，穗粒数 31.4 粒，千粒重 46.3 克。

（四）品质分析

容重 812 克/升，蛋白质含量 14.29%，湿面筋含量 32.8%，沉淀值 30.5 毫升，吸水率 59.7%，稳定时间 2.3 分钟，最大拉伸阻力 168 EU，延伸性 16.7 厘米，拉伸面积 42 平方厘米。

（五）抗性鉴定

慢条锈病，高感叶锈病、白粉病、赤霉病和纹枯病。

（六）适宜范围及栽培要点

适宜在黄淮南片的河南省驻马店市及以北地区、安徽省淮北、江苏省淮北、陕西省关中等地区高中水肥地块早中茬种植。适宜播期 10 月上中旬，每亩适宜基本苗 16 万~22 万。注意防治蚜虫、叶锈病、白粉病、纹枯病和赤霉病。

一〇一、许科 129

（一）品种来源

河南省许科种业有限公司利用郑麦 366/新麦 19//周麦 16 选育而成，2016 年通过国家农作物品种审定委员会审定，审定编号：国审麦 2016011。该品种已申请农业部品种保护（专利），其公告号为 CNA016244E。其系谱如下：

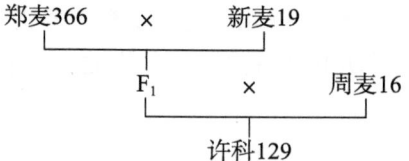

（二）产量表现

2012—2013 年度参加黄淮南片冬水组区域试验，平均亩产 485.9 千克，比对照周麦 18 增产 4.8%；2013—2014 年度续试，平均亩产 581.7 千克，比对照周麦 18 增产 4%。2014—2015 年度参加生产试验，平均亩产 553.6 千克，比对照周麦 18 增产 4.9%。

（三）特征特性

属半冬性中熟品种，比对照周麦 18 早熟 1 天。幼苗半匍匐，长势壮，叶片宽长，叶色浓绿，冬季抗寒性好。分蘖力较强，成穗率一般。春季起身拔节早，两极分化快，耐倒春寒能力中等。根系活力较强，耐后期高温，耐旱性较好，熟相较好。株高 88.2 厘米，茎秆弹性中等，抗倒性较弱，株型松紧适中，旗叶宽短上冲，穗层厚。穗纺锤形，长芒，白壳，白粒，籽粒半角质，饱满度中等。亩穗数38.7万，穗粒数32.6粒，千粒重45.2克。

（四）品质分析

容重793克/升，蛋白质含量14.52%，湿面筋含量32.6%，沉淀值28毫升，吸水率56.4%，稳定时间2.9分钟，最大拉伸阻力234EU，延伸性16.8厘米，拉伸面积57平方厘米。

（五）抗性鉴定

高抗条锈病，中抗叶锈病，高感白粉病、赤霉病和纹枯病。

（六）适宜范围及栽培要点

适宜在黄淮南片的河南省驻马店市及以北地区、安徽省淮北、江苏省淮北、陕西省关中等地区高中水肥地块早中茬种植。适宜播期10月上中旬，每亩适宜基本苗12万~18万。注意防治蚜虫、白粉病、纹枯病和赤霉病，高水肥地块注意防倒伏。

一〇二、郑麦379

（一）品种来源

河南省农业科学院小麦研究中心利用周麦13/D9054-6-1选育而成，2016年通过国家农作物品种审定委员会审定，审定编号：国审麦2016013。该品种曾于2012年通过河南省农作物品种审定委员会审定，审定编号：豫审麦2012009，已获批农业部品种保护（专利），其品种权号为CNA20100654.3。其系谱如下：

```
         周麦13    ×    D9054-6-1
              └──────┬──────┘
                   郑麦379
```

（二）产量表现

2012—2013年度参加黄淮南片冬水组区域试验，平均亩产476.9千克，比对照周麦18增产2.9%；2013—2014年度续试，平均亩产585.7千克，比对照周麦18增产4.7%。2014—2015年度参加生产试验，平均亩产546.2千克，比对照周麦18增产3.5%。

（三）特征特性

属半冬性中晚熟品种，比对照周麦18晚熟1天。幼苗半匍匐，长势壮，叶片窄长，叶色浓绿，冬季抗寒性较好。分蘖力较强，成穗率较低。春季起身拔节迟，两极分化较快，耐倒春寒能力一般。耐后期高温能力中等，熟相中等。株高81.8厘米，茎秆弹性较好，抗倒性较好。株型稍松散，旗叶窄长上冲，穗层厚。穗纺锤形，码较稀，长芒，白壳，白粒，籽粒角质，饱满。亩穗数40.5万，穗粒数31.1粒，千粒重47.2克。

（四）品质分析

容重815克/升，蛋白质含量14.52%，湿面筋含量30.9%，沉淀值29.6毫升，吸水率59.9%，稳定时间5.5分钟，最大拉伸阻力314EU，延伸性13.9厘米，拉伸面积60平方厘米。

（五）抗性鉴定

慢条锈病，高感叶锈病、白粉病、赤霉病和纹枯病。

（六）适宜范围及栽培要点

适宜在黄淮南片的河南省驻马店市及以北地区、安徽省淮北、江苏省淮北、陕西省关中等地区高中水肥地块早中茬种植。适宜播种期10月上中旬，每亩适宜基本苗15万~20万，晚播适当增加播量。一般亩施农家肥3~4立方米，氮、磷、钾肥科学搭配，以1：1：0.8为宜。浇好底墒水，注意防治蚜虫、叶锈病、白粉病、纹枯病和赤霉病。

一〇三、郑品麦8号

（一）品种来源

河南金苑种业有限公司利用（百农AK58/周麦18）F_1种子诱变选育而成，2016年通过国家农作物品种审定委员会审定，审定编号：国审麦2016014。该品种已获批农业部品种保护（专利），其品种权号为CNA20140434.6。其系谱如下：

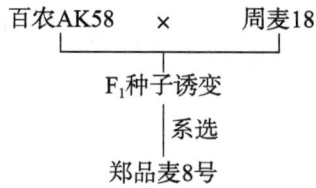

（二）产量表现

2012—2013年度参加黄淮南片冬水组区域试验，平均亩产482.9千克，比对照周麦18增产4.2%；2013—2014年度续试，平均亩产583千克，比对照周麦18增产4%。2014—2015年度参加生产试验，平均亩产558千克，比对照周麦18增产5.7%。

（三）特征特性

属半冬性中晚熟品种，熟期与对照周麦18相当。幼苗匍匐，长势壮，叶片宽卷，叶色浓绿，冬季抗寒性中等。分蘖力较强，成穗率偏低。春季起身拔节早，两极分化快，耐倒春寒能力一般。耐高温能力一般，熟相较好。株高81厘米，抗倒性较弱。株型松散，旗叶宽长下披，穗层厚，穗叶同层。穗纺锤形，长芒，白壳，白粒，籽粒半角质，饱满度较好。亩穗数39.1万，穗粒数31.4粒，千粒重47.1克。

（四）品质分析

容重808克/升，蛋白质含量14.73%，湿面筋31.1%，沉淀值32.7毫升，吸水率59%，稳定时间8分钟，最大拉伸阻力417 EU，延伸性14厘米，拉伸面积80平方厘米。

（五）抗性鉴定

近免疫条锈病，高感叶锈病、白粉病、赤霉病和纹枯病。

（六）适宜范围及栽培要点

适宜在黄淮南片的河南省驻马店市及以北地区、安徽省淮北、江苏省淮北、陕西省关中等地区高中水肥地块早中茬种植。适宜播期10月上中旬，每亩适宜基本苗12万~18万。注意防治蚜虫、叶锈病、白粉病、纹枯病和赤霉病，高水肥地块注意防倒伏。

一〇四、圣源619

（一）品种来源

河南圣源种业有限公司利用百农AK58/豫农416选育而成，原名远航168，2016年通过国家农作物品种审定委员会审定，审定编号：国审麦2016015。该品种已获批农业部品种保护（专利），其品种权号为CNA20140719.2。其系谱如下：

```
百农AK58   ×   豫农416
        └──┬──┘
         圣源619
```

（二）产量表现

2012—2013年度参加黄淮南片冬水组区域试验，平均亩产484.6千克，比对照周麦18增产4.5%；2013—2014年度续试，平均亩产589千克，比对照周麦18增产5%。2014—2015年度参加生产试验，平均亩产555.2千克，比对照周麦18增产5.2%。

（三）特征特性

属半冬性中熟品种，比对照周麦18早熟2天。幼苗半匍匐，苗势壮，叶片窄直，叶色浓绿，冬季抗寒性一般。分蘖力强，成穗率中等。春季起身拔节早，两极分化较慢，耐倒春寒能力一般。耐后期高温，灌浆快，熟相中等。株高73.6厘米，抗倒性较弱。株型半紧凑，旗叶宽长下披，穗叶同层，穗层厚。穗长方形，长芒，白壳，白粒，籽粒角质，较饱满。亩穗数41万，穗粒数29.2粒，千粒重50.2克。

（四）品质分析

容重786克/升，蛋白质含量14.92%，湿面筋含量32%，沉淀值43毫升，吸水率57.4%，稳定时间5.8分钟，最大拉伸阻力352EU，延伸性16.6厘米，拉伸面积81平方厘米。

（五）抗性鉴定

慢条锈病，中感叶锈病，高感白粉病、赤霉病和纹枯病。

（六）适宜范围及栽培要点

适宜在黄淮南片的河南省驻马店市及以北地区、安徽省淮北、江苏省淮北、陕西省关中等地区高中水肥地块早中茬种植。适宜播期10月上中旬，每亩适宜基本苗12万~18万。注意防治蚜虫、叶锈病、白粉病、纹枯病和赤霉病，高水肥地块注意防倒伏。

一〇五、豫教6号

（一）品种来源

河南教育学院王世杰等、孝感市农业科学院、河南滑丰种业科技有限公司利用花培3号/漯麦4号选育而成，2016年通过国家农作物品种审定委员会审定，审定编号：国审麦2016016。其系谱如下：

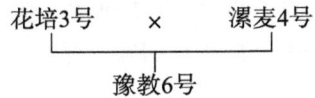

（二）产量表现

2012—2013年度参加黄淮南片春水组区域试验，平均亩产478.6千克，比对照偃展4110增产7.3%；2013—2014年度续试，平均亩产555.1千克，比对照偃展4110增产5.7%。2014—2015年度参加生产试验，平均亩产525.9千克，比对照偃展4110增产7.3%。

（三）特征特性

属弱春性品种，比对照偃展4110早熟1天。幼苗直立，长势旺，叶片宽长，叶色黄绿。分蘖力一般，成穗率高，成穗数较多，冬季抗寒性一般。春季起身拔节早，两极分化快，耐倒春寒能力一般。后期耐高温能力一般，灌浆较快，熟相好。株高82.3厘米，抗倒性一般。株型紧凑，旗叶宽长上冲，穗层整齐。穗长方形，长芒，白壳，白粒，籽粒半角质，饱满度较好。亩穗数44.1万，穗粒数29.6粒，千粒重44.3克。

（四）品质分析

容重790克/升，蛋白质含量14.73%，湿面筋含量30.6%，沉淀值20.4毫升，吸水率54.1%，稳定时间1.5分钟，最大拉伸阻力135 EU，延伸性15.6厘米，拉伸面积29平方厘米。

（五）抗性鉴定

中抗条锈病，中感纹枯病，高感叶锈病、白粉病和赤霉病。

（六）适宜范围及栽培要点

适宜在河南省（南部稻茬麦区除外）、安徽省北部、江苏省北部、陕西省关中等地区高中水肥地块中晚茬种植。适宜播期10月中下旬，每亩适宜基本苗16万~22万。注意防治蚜虫、纹枯病、叶锈病、白粉病和赤霉病，高水肥地块注意防倒伏。

一〇六、中育1123

（一）品种来源

中棉种业科技股份有限公司利用04中36/周麦23选育而成，2016年通过国家农作物品种审定委员会审定，审定编号：国审麦2016019。该品种已获批农业部品种保护（专利），其品种权号为CNA20141362.0。其系谱如下：

```
    04中36    ×    周麦23
        └─────┬─────┘
           中育1123
```

（二）产量表现

2012—2013年度参加黄淮南片春水组区域试验，平均亩产462.5千克，比对照偃展4110增产3.7%；2013—2014年度续试，平均亩产551.3千克，比对照偃展4110增产5%。2014—2015年度参加生产试验，平均亩产529.5千克，比对照偃展4110增产8.1%。

（三）特征特性

属弱春性品种，比对照偃展4110晚熟1天。幼苗半匍匐，长势壮，叶片宽卷，叶色浓绿，冬季抗寒性中等。春季起身拔节早，两极分化快，耐倒春寒能力一般。分蘖力中等，成穗率中等。耐后期高温中等，熟相较好。株型稍松散，株高77.2厘米，茎秆弹性好，抗倒性较好。蜡质层厚，旗叶宽短上冲。穗纺锤形，穗层厚，长芒，白壳，白粒，籽粒半角质，饱满度较好。亩穗数39.3万，穗粒数31.5粒，千粒重47.1克。

（四）品质分析

容重796克/升，蛋白质含量14.35%，湿面筋含量31.8%，沉淀值28.7毫升，吸水率57.6%，稳定时间2.6分钟，最大拉伸阻力194 EU，延伸性16.4厘米，拉伸面积46平方厘米。

（五）抗性鉴定

近免疫条锈病，高感叶锈病、白粉病、赤霉病和纹枯病。

（六）适宜范围及栽培要点

适宜在河南省（南部稻茬麦区除外）、安徽省北部、江苏省北部、陕西省关中等地区高中水肥地块中晚茬种植。适宜播期10月中下旬，每亩适宜基本苗16万~24万。注意防治蚜虫、叶锈病、纹枯病、赤霉病和白粉病。

一〇七、中原18

（一）品种来源

河南锦绣农业科技有限公司利用百农AK58/豫麦68//中原98-68选育而成，2016年通过国家农作物品种审定委员会审定，审定编号：国审麦2016020。该品种已申请农业部品种保护（专利），其公告号为CNA014672E。其系谱如下：

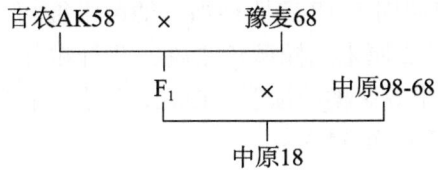

（二）产量表现

2012—2013年度参加黄淮南片春水组区域试验，平均亩产472.8千克，比对照偃展4110增产6%；2013—2014年度续试，平均亩产561.3千克，比对照偃展4110增产6.9%。2014—2015年度参加生产试验，平均亩产525.9千克，比对照偃展4110增产7.3%。

（三）特征特性

属弱春性品种，与对照偃展4110熟期相当。幼苗半直立，叶片宽，长势旺，叶色浓绿，冬季抗寒性一般。分蘖力中等，成穗率较高。春季起身拔节早，两极分化快，耐倒春寒能力一般。根系活力强，耐后期高温，灌浆快，熟相较好。株型稍紧凑，株高78.8厘米，茎秆弹性中等，抗倒性较弱。旗叶宽长下披。穗纺锤形，穗层厚，长芒，白壳，白粒，籽粒半角质，饱满度中等。亩穗数41万，穗粒数27.5粒，千粒重52克。

（四）品质分析

容重788克/升，蛋白质含量14.55%，湿面筋含量30.6%，沉淀值19.9毫升，吸水率53.7%，稳定时间1.2分钟，最大拉伸阻力127 EU，延伸性13.3厘米，拉伸面积20平方厘米。

（五）抗性鉴定

高抗条锈病，中感叶锈病，高感白粉病、赤霉病和纹枯病。

（六）适宜范围及栽培要点

适宜在河南省（南部稻茬麦区除外）、安徽省北部、江苏省北部、陕西省关中等地区高中水肥地块中晚茬种植。适宜播期10月中下旬，每亩适宜基本苗18万~24万。注意防治蚜虫、叶锈病、白粉病、纹枯病和赤霉病，高水肥地块注意防止倒伏。

一〇八、德研16

（一）品种来源

河南德宏种业股份有限公司利用周麦18/皖麦50//淮麦0208选育而成，2017年通过国家农作物品种审定委员会审定，审定编号：国审麦20170006。其系谱如下：

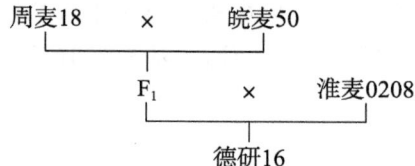

（二）产量表现

2013—2014年度参加黄淮南片冬水组区域试验，平均亩产598.8千克，比对照周麦18增产6.8%；2014—2015年度续试，平均亩产545.2千克，比对照周麦18增产5.1%。2015—2016年度参加生产试验，平均亩产556.9千克，比对照周麦18增产5.4%。

（三）特征特性

属半冬性中晚熟品种，与对照周麦18熟期相当。幼苗半匍匐，叶片细长，叶色深绿，分蘖力强，耐倒春寒能力较好。株高81.2厘米，株型较紧凑，茎秆粗壮，较抗倒伏。蜡质重，旗叶宽短上冲，穗叶同层，穗层厚，熟相中等。穗纺锤形，白壳，短芒，白粒，籽粒角质，饱满度中等。亩穗数41.2万，穗粒数33.2粒，千粒重44.3克。

（四）品质分析

容重786克/升，蛋白质含量15.65%，湿面筋含量35%，稳定时间5.3分钟。

（五）抗性鉴定

中感条锈病，高感叶锈病、白粉病、赤霉病和纹枯病。

（六）适宜范围及栽培要点

适宜在黄淮南片的河南省（除信阳市和南阳市南部部分地区以外）的平原灌区，陕西省西安市、渭南市、咸阳市、铜川市和宝鸡市灌区，以及江苏省和安徽省淮河以北地区的高中水肥地块早中茬种植。适宜播期10月上中旬，每亩适宜基本苗16万～22万。注意防治蚜虫、条锈病、赤霉病、叶锈病、白粉病和纹枯病。

一〇九、泉麦890

（一）品种来源

河南开泉农业科学研究所有限公司利用许科1号/04中36选育而成，2017年通过国家农作物品种审定委员会审定，审定编号：国审麦20170008。该品种已申请农业部品种保护（专利），其公告号为CNA017357E。其系谱如下：

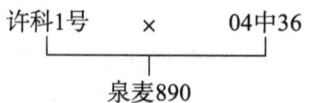

（二）产量表现

2013—2014年度参加黄淮南片冬水组区域试验，平均亩产586.3千克，比对照周麦18增产4.9%；2014—2015年度续试，平均亩产545.2千克，比对照周麦18增产5.1%。2015—2016年度参加生产试验，平均亩产558.4千克，比对照周麦18增产5.4%。

（三）特征特性

属半冬性晚熟品种，比对照周麦18晚熟1天。幼苗半匍匐，叶片宽大，分蘖力中等，耐倒春寒能力较好。株高86厘米，株型较紧凑，茎秆粗壮，较抗倒伏。蜡质层厚，旗叶短宽上冲，穗层整齐，熟相较好。穗长方形，白壳，短芒，白粒，籽粒角质，饱满度好。亩穗数37.5万，穗粒数33.4粒，千粒重49.5克。

（四）品质分析

容重811克/升，蛋白质含量14%，湿面筋含量31.8%，稳定时间2.5分钟。

（五）抗性鉴定

中抗叶锈病，中感条锈病，高感白粉病、赤霉病和纹枯病。

（六）适宜范围及栽培要点

适宜在黄淮南片的河南省（除信阳市和南阳市南部部分地区以外的）平原灌区，陕西省西安市、渭南市、咸阳市、铜川市和宝鸡市灌区，以及江苏省和安徽省淮河以北地区的高中水肥地块早中茬种植。适宜播期10月上中旬，每亩适宜基本苗12万~18万。注意防治蚜虫、条锈病、白粉病、赤霉病和纹枯病。

一一〇、濮兴5号

（一）品种来源

河南省民兴种业有限公司利用周麦16/豫麦49//周麦22选育而成，2017年通过国家农作物品种审定委员会审定，审定编号：国审麦20170009。该品种已获批农业部品种保护（专利），其品种权号为CNA20151299.7。其系谱如下：

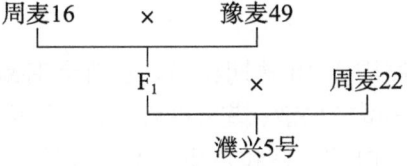

（二）产量表现

2013—2014年度参加黄淮南片冬水组区域试验，平均亩产575.4千克，比对照周麦18增产2.9%；2014—2015年度续试，平均亩产546.6千克，比对照周麦18增产5.3%。2015—2016年度参加生产试验，平均亩产561.3千克，比对照周麦18增产6%。

（三）特征特性

属半冬性中晚熟品种，与对照周麦18熟期相当。幼苗半匍匐，叶片宽长，叶色黄绿，分蘖力较强，耐倒春寒能力一般。株高82.1厘米，株型较紧凑，茎秆弹性一般，抗倒性一般。蜡质层较厚，旗叶宽长上冲，穗层厚，熟相较好。穗长方形，白壳，短芒，白粒，籽粒半角质，饱满度中等。亩穗数39.9万，穗粒数32.3粒，千粒重48.3克。

（四）品质分析

容重808克/升，蛋白质含量14.9%，湿面筋含量32.5%，稳定时间3.4分钟。

（五）抗性鉴定

中感条锈病，慢叶锈病，高感白粉病、赤霉病和纹枯病。

（六）适宜范围及栽培要点

适宜在黄淮南片的河南省（除信阳市和南阳市南部部分地区以外）的平原灌区，陕西省西安市、渭南市、咸阳市、铜川市和宝鸡市灌区，以及江苏省和安徽省淮河以北地区的高中水肥地块早中茬种植。适宜播期10月上中旬，每亩适宜基本苗12万~18万。注意防治蚜虫、条锈病、赤霉病、白粉病和纹枯病。

一一一、丰德存麦12

（一）品种来源

河南丰德康种业有限公司利用周麦16/陕优225//百农AK58选育而成，2017年通过国家农作物品种审定委员会审定，审定编号：国审麦20170010。该品种已获批农业部品种保护（专利），其品种权号为CNA20151288.0。其系谱如下：

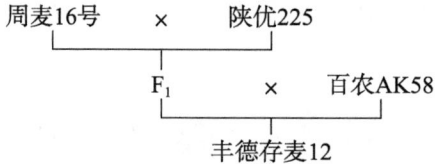

（二）产量表现

2013—2014年度参加黄淮南片冬水组区域试验，平均亩产585.5千克，比对照周麦18增产4.4%；2014—2015年度续试，平均亩产533.2千克，比对照周麦18增产3.4%，2015—2016年度参加生产试验，平均亩产562.5千克，比对照周麦18增产6.2%。

（三）特征特性

属半冬性中晚熟品种，与对照周麦18熟期相当。幼苗半匍匐，叶片宽长，分蘖力较强，耐倒春寒能力一般。株高80.8厘米，株型较松散，茎秆弹性较好，较抗倒伏。旗叶窄长上冲，穗层整齐，熟相好。穗纺锤形，白壳，短芒，白粒，籽粒角质，饱满度较好。亩穗数42万，穗粒数30.8粒，千粒重47.4克。

（四）品质分析

容重818克/升，蛋白质含量15.01%，湿面筋含量34.2%，稳定时间5.1分钟。

（五）抗性鉴定

慢条锈病，中感叶锈病，高感白粉病、赤霉病和纹枯病。

（六）适宜范围及栽培要点

适宜在黄淮南片的河南省（除信阳市和南阳市南部部分地区以外）的平原灌区，陕西省西安市、渭南市、咸阳市、铜川市和宝鸡市灌区，以及江苏省和安徽省淮河以北地区的高中水肥地块早中茬种植。适宜播期10月上中旬，每亩适宜基本苗12万~18万。注意防治蚜虫、叶锈病、赤霉病、纹枯病和白粉病。

一一二、沃德麦365

（一）品种来源

河南赛德种业有限公司、河南国育种业有限公司利用周麦22/CI18选育而成，2017年通过国家农作物品种审定委员会审定，审定编号：国审麦20170011。该品种已获批农业部品种保护（专利），其品种权号为CNA20140772.6。其系谱如下：

```
周麦22  ×  CI18
    └──┬──┘
    沃德麦365
```

（二）产量表现

2013—2014年度参加黄淮南片冬水组区域试验，平均亩产578.1千克，比对照周麦18增产3.4%；2014—2015年度续试，平均亩产544.3千克，比对照周麦18增产4.9%。2015—2016年度参加生产试验，平均亩产555.1千克，比对照周麦18增产4.8%。

（三）特征特性

属半冬性中熟品种，比对照周麦18早熟1天。幼苗半匍匐，叶片宽，叶色深绿，分蘖力较强，耐倒春寒能力一般。株高88.3厘米，株型较紧凑，茎秆弹性较好，抗倒性一般。蜡质层厚，旗叶短上冲，穗层厚，熟相中等。穗长方形，白壳，长芒，白粒，籽粒半角质，饱满度一般。亩穗数39.3万，穗粒数29.6粒，千粒重51.7克。

（四）品质分析

容重778克/升，蛋白质含量15.05%，湿面筋含量34%，稳定时间1.5分钟。

（五）抗性鉴定

近免疫条锈病，中感白粉病和叶锈病，高感赤霉病和纹枯病。

（六）适宜范围及栽培要点

适宜在黄淮南片的河南省（除信阳市和南阳市南部部分地区以外）的平原灌区，陕西省西安市、渭南市、咸阳市、铜川市和宝鸡市灌区，以及江苏省和安徽省淮河以北地区的高中水肥地块中晚茬种植。适宜播期10月上中旬，每亩适宜基本苗12万~18万。注意防治蚜虫、白粉病、叶锈病、赤霉病和纹枯病。

一一三、新麦29

（一）品种来源

河南九圣禾新科种业有限公司利用偃展4110/周麦16选育而成，2017年通过国家农作物品种审定委员会审定，审定编号：国审麦20170012。该品种已获批农业部品种保护（专利），其品种权号为CNA20150389.0。其系谱如下：

```
偃展4110  ×  周麦16
    └───┬───┘
     新麦29
```

（二）产量表现

2013—2014年度参加黄淮南片春水组区域试验，平均亩产579.9千克，比对照偃展4110增产10.5%；2014—2015年度续试，平均亩产538.1千克，比对照偃展4110增产10.1%。2015—2016年度参加生产试验，平均亩产541.3千克，比对照偃展4110增产9.2%。

（三）特征特性

属弱春性品种，比对照偃展4110晚熟1天。幼苗直立，叶片宽长，叶色深绿，分蘖力较强，耐倒春寒能力一般。株高81.5厘米，株型稍松散，茎秆弹性一般，抗倒性中等。蜡质层厚，旗叶宽长下披，穗层厚，熟相较好。穗纺锤形，白壳，长芒，白粒，籽粒粉质，饱满度较好。亩穗数41.9万，穗粒数31.2粒，千粒重50.4克。

（四）品质分析

容重811克/升，蛋白质含量13.59%，湿面筋含量27.4%，稳定时间1.8分钟。

（五）抗性鉴定

高抗条锈病，中感纹枯病，高感叶锈病、白粉病和赤霉病。

（六）适宜范围及栽培要点

适宜在黄淮南片的河南省（除信阳市和南阳市南部部分地区以外）的平原灌区，陕西省西安市、渭南市、咸阳市、铜川市和宝鸡市灌区，以及江苏省和安徽省淮河以北地的高中水肥地块中晚茬种植。适宜播期10月中下旬，每亩适宜基本苗16万~24万。注意防治蚜虫、纹枯病、赤霉病、叶锈病和白粉病。

一一四、偃高21

（一）品种来源

偃师市金高种业有限公司王建涛等利用（周麦16/豫麦49）F$_2$//豫麦18选育而成，2017年通过国家农作物品种审定委员会审定，审定编号：国审麦20170013。该品种已获批农业部品种保护（专利），其品种权号为CNA20120728.3。其系谱如下：

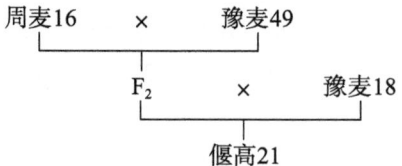

（二）产量表现

2013—2014年度参加黄淮南片春水组区域试验，平均亩产568.3千克，比对照偃展4110增产8.3%；2014—2015年度续试，平均亩产524.8千克，比对照偃展4110增产7.4%。2015—2016年度参加生产试验，平均亩产527.5千克，比对照偃展4110增产6.4%。

（三）特征特性

属弱春性品种，与对照偃展4110熟期相当。幼苗直立，叶片宽长，叶色深绿，分蘖力中等，耐倒春寒能力一般。株高86厘米，株型稍松散，茎秆弹性中等，抗倒性较弱。旗叶宽短上冲，穗层整齐，熟相较好。穗长方形，白壳，长芒，白粒，籽粒粉质，饱满度中等。亩穗数37.7万，穗粒数32.5粒，千粒重51.8克。

（四）品质分析

容重 805 克/升，蛋白质含量 13.92%，湿面筋含量 30.5%，稳定时间 2.2 分钟。

（五）抗性鉴定

中抗条锈病，中感纹枯病，高感叶锈病、白粉病和赤霉病。

（六）适宜范围及栽培要点

适宜在黄淮南片的河南省（除信阳市和南阳市南部部分地区以外）的平原灌区，陕西省西安市、渭南市、咸阳市、铜川市和宝鸡市灌区，以及江苏省和安徽省淮河以北地区的高中水肥地块中晚茬种植。适宜播期 10 月中下旬，每亩适宜基本苗 16 万~22 万。注意防治蚜虫、赤霉病、叶锈病、白粉病和纹枯病。高水肥地块注意防止倒伏。

一一五、新麦32

（一）品种来源

河南省新乡市农业科学院利用百农 AK58/周麦 22 选育而成，2018 年通过国家农作物品种审定委员会审定，审定编号：国审麦 20180013。该品种已获批农业部品种保护（专利），其品种权号为 CNA20150475.5。其系谱如下：

```
        百农AK58    ×    周麦22
              └──────┬──────┘
                   新麦32
```

（二）产量表现

2014—2015 年度参加黄淮南片冬水组区域试验，平均亩产 540.6 千克，比对照周麦 18 增产 4.2%；2015—2016 年度续试，平均亩产 539 千克，比对照周麦 18 增产 5.6%；2016—2017 年度参加生产试验，平均亩产 578.6 千克，比对照周麦 18 增产 5.7%。

（三）特征特性

属半冬性中晚熟品种，与对照周麦 18 熟期相当。幼苗半匍匐，叶片窄短，叶色浓绿，分蘖力较强，耐倒春寒能力一般。株高 79.2 厘米，株型松紧适中，蜡质层厚，茎秆弹性好，抗倒性较好。旗叶窄长上冲，穗层厚，熟相一般。穗纺锤形，长芒，白壳，白粒，籽粒半角质，饱满度中等。亩穗数 38.1 万，穗粒数 33.8 粒，千粒重 46.1 克。

（四）品质分析

容重 806 克/升、794 克/升，蛋白质含量 15.42%、14.81%，湿面筋含量 33.9%、31%，稳定时间 3.8 分钟、4.1 分钟。

（五）抗性鉴定

高感纹枯病、白粉病和赤霉病，中抗条锈病和叶锈病。

（六）适宜范围及栽培要点

适宜在黄淮南片的河南省（除信阳市和南阳市南部部分地区以外）的平原灌区，陕西省西安市、渭南市、咸阳市、铜川市和宝鸡市灌区，以及江苏省和安徽省淮河以北地区的高中水肥地块早中茬种植。适宜播期 10 月上中旬，每亩适宜基本苗 16 万~22 万。注意防治蚜虫、赤霉病、白粉病和纹枯病。

一一六、商麦167

(一)品种来源

商丘市农林科学院利用许农5号/西农4211//商麦0626选育而成,2018年通过国家农作物品种审定委员会审定,审定编号:国审麦20180014。该品种已获批农业部品种保护(专利),其品种权号为CNA20172574.9。其系谱如下:

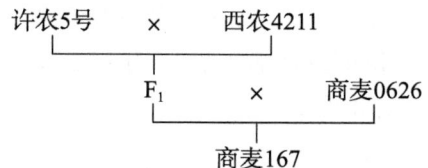

(二)产量表现

2014—2015年度参加黄淮南片冬水组区域试验,平均亩产555千克,比对照周麦18增产7%;2015—2016年度续试,平均亩产546.7千克,比对照周麦18增产7%。2016—2017年度参加生产试验,平均亩产586.2千克,比对照周麦18增产7.1%。

(三)特征特性

属半冬性中晚熟品种,与对照周麦18熟期相当。幼苗半匍匐,叶片宽长,叶色黄绿,分蘖力强,耐倒春寒能力中等。株高81.4厘米,株型稍松散,茎秆弹性一般,抗倒性中等。穗下节短,旗叶宽长上冲,熟相中等。穗纺锤形,短芒,白壳,白粒,籽粒半角质,饱满度中等。亩穗数40.8万,穗粒数35.5粒,千粒重43克。

(四)品质分析

容重816克/升、811克/升,蛋白质含量14.66%、13.5%,湿面筋含量31.6%、32.8%,稳定时间2.1分钟、5.1分钟。

(五)抗性鉴定

高感条锈病、叶锈病、白粉病和赤霉病,中感纹枯病。

(六)适宜范围及栽培要点

适宜在黄淮南片的河南省(除信阳市和南阳市南部部分地区以外)的平原灌区,陕西省西安市、渭南市、咸阳市、铜川市和宝鸡市灌区,以及江苏省和安徽省淮河以北地区的高中水肥地块早中茬种植。适宜播期10月上旬至下旬,每亩适宜基本苗16万~25万。注意防治蚜虫、条锈病、叶锈病、白粉病、赤霉病和纹枯病,高水肥地块注意防止倒伏。

一一七、鑫农518

(一)品种来源

安徽省同丰种业有限公司、河南新大农业发展有限公司、南乐永丰种业有限公司、中国科学院遗传与发育生物学研究所农业资源研究中心利用洛麦21/百农AK58选育而成,2018年通过国家农作物品种审定委员会审定,审定编号:国审麦20180015。该品种已获批农业部品种保护(专利),其品种权号为CNA20171037.2。其系谱如下:

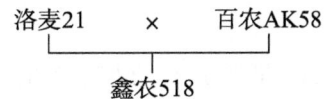

(二)产量表现

2014—2015年度参加黄淮南片冬水组区域试验,平均亩产551.8千克,比对照周麦18增产6.4%;2015—2016年度续试,平均亩产535.5千克,比对照周麦18增产4.9%。2016—2017年度参加生产试验,平均亩产573.9千克,比对照周麦18增产4.9%。

(三)特征特性

属半冬性中熟品种,比对照周麦18早熟1天。幼苗半匍匐,叶片宽长直立,叶色黄绿,分蘖力较强,耐倒春寒能力一般。株高81厘米,株型稍松散,茎秆弹性中等,抗倒性中等。旗叶细长上冲,穗层厚,熟相好。穗纺锤形,短芒,白壳,白粒,籽粒角质,饱满度较好。亩穗数40.4万,穗粒数33.8粒,千粒重45.2克。

(四)品质分析

容重802克/升、791克/升,蛋白质含量14.8%、13.6%,湿面筋含量31.3%、30.7%,稳定时间3分钟、2.2分钟。

(五)抗性鉴定

高感纹枯病、白粉病和赤霉病,中感叶锈病,中抗条锈病。

(六)适宜范围及栽培要点

适宜在黄淮南片的河南省(除信阳市和南阳市南部部分地区以外)的平原灌区,陕西省西安市、渭南市、咸阳市、铜川市和宝鸡市灌区,以及江苏省和安徽省淮河以北地区的高中水肥地块早中茬种植。适宜播期10月上中旬,每亩适宜基本苗12万~20万,注意防蚜虫、白粉病、赤霉病、纹枯病和叶锈病,高水肥地块注意防止倒伏。

一一八、豫丰11

(一)品种来源

河南省科学院同位素研究所有限责任公司、河南省核农学重点实验室、河南省豫丰种业有限公司利用(周麦18/豫同198)F₀辐射诱变选育而成,2018年通过国家农作物品种审定委员会审定,审定编号:国审麦20180017。该品种已申请农业农村部品种保护(专利),其公告号为CNA018081E。其系谱如下:

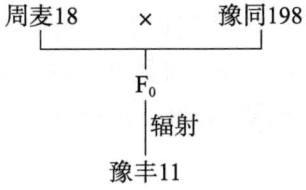

(二)产量表现

2014—2015年度参加黄淮南片冬水组区域试验,平均亩产546.9千克,比对照周麦18增产5.4%;2015—2016年度续试,平均亩产537.1千克,比对照周麦18增产5.2%。2016—2017年度参加生产试验,平均亩产576.2千克,比对照周麦18增产5.3%。

(三)特征特性

属半冬性中熟品种，比对照周麦18早熟1天。幼苗半直立，叶片宽短，叶色黄绿，分蘖力中等，耐倒春寒能力一般。株高80.4厘米，株型稍松散，茎秆弹性一般，抗倒性中等。旗叶宽长、内卷、上冲，穗层厚，熟相好。穗椭圆形，短芒，白壳，白粒，籽粒角质，饱满度中等。亩穗数38.8万，穗粒数32.5粒，千粒重48.4克。

(四)品质分析

容重814克/升、808克/升，蛋白质含量15.06%、13.9%，湿面筋含量30.9%、29.7%，稳定时间8分钟、9.7分钟。2015年主要品质指标达到中强筋小麦标准。

(五)抗性鉴定

高感纹枯病、白粉病和赤霉病，中感叶锈病，中抗条锈病。

(六)适宜范围及栽培要点

适宜在黄淮南片的河南省（除信阳市和南阳市南部部分地区以外）的平原灌区，陕西省西安市、渭南市、咸阳市、铜川市和宝鸡市灌区，以及江苏省和安徽省淮河以北地区的高中水肥地块早中茬种植。适宜播期10月上中旬，每亩适宜基本苗12万~20万，注意防治蚜虫、纹枯病、白粉病、赤霉病和叶锈病，高水肥地块注意防止倒伏。

一一九、郑育麦16

(一)品种来源

河南郑育农业科技有限公司利用济麦4号/豫教5号选育而成，2018年通过国家农作物品种审定委员会审定，审定编号：国审麦20180020。该品种已申请农业农村部品种保护（专利），其品种权号为CNA023061E。其系谱如下：

```
    济麦4号    ×    豫教5号
         └──────┬──────┘
              郑育麦16
```

(二)产量表现

2014—2015年度参加黄淮南片冬水组区域试验，平均亩产550.3千克，比对照周麦18增产6.7%；2015—2016年度续试，平均亩产540.3千克，比对照周麦18增产6.8%。2016—2017年度参加生产试验，平均亩产570.5千克，比对照周麦18增产5%。

(三)特征特性

属半冬性中晚熟品种，与对照周麦18熟期相当。幼苗半匍匐，叶片宽短，耐倒春寒能力一般。株高82.5厘米，株型稍松散，茎秆弹性较好，抗倒性较好。旗叶短小上冲，穗层厚，熟相好。穗纺锤形，长芒，白壳，白粒，籽粒角质，饱满度较好。亩穗数39.9万，穗粒数33.3粒，千粒重47.1克。

(四)品质分析

容重806克/升、808克/升，蛋白质含量15.7%、14.65%，湿面筋含量34.2%、34.1%，稳定时间3分钟、2.2分钟。

(五)抗性鉴定

高感叶锈病、纹枯病、白粉病和赤霉病，中抗条锈病。

（六）适宜范围及栽培要点

适宜在黄淮南片的河南省（除信阳市和南阳市南部部分地区以外）的平原灌区，陕西省西安市、渭南市、咸阳市、铜川市和宝鸡市灌区，以及江苏省和安徽省淮河以北地区的高中水肥地块早中茬种植。适宜播期10月上中旬，每亩适宜基本苗12万~20万，注意防治蚜虫、叶锈病、纹枯病、白粉病和赤霉病。

一二〇、周麦32

（一）品种来源

周口市农业科学院利用百农AK58/周麦24选育而成，2018年通过国家农作物品种审定委员会审定，审定编号：国审麦20180021。该品种已申请农业农村部品种保护（专利），其公告号为CNA006421E。其系谱如下：

```
百农AK58    ×    周麦24
         └──────┬──────┘
              周麦32
```

（二）产量表现

2014—2015年度参加黄淮南片冬水组区域试验，平均亩产539.4千克，比对照周麦18增产4.6%；2015—2016年度续试，平均亩产526.6千克，比对照周麦18增产4.1%。2016—2017年度参加生产试验，平均亩产576.1千克，比对照周麦18增产6%。

（三）特征特性

属半冬性中熟品种，比对照周麦18早熟2天。幼苗半匍匐，叶片宽长，分蘖力较强，耐倒春寒能力一般。株高78厘米，株型较紧凑，茎秆弹性较好，抗倒性较好。旗叶短小上冲，穗层整齐，熟相好。穗纺锤形，短芒，白壳，白粒，籽粒角质，饱满度较好。亩穗数41.4万，穗粒数31.7粒，千粒重44.5克。

（四）品质分析

容重808克/升、814克/升，蛋白质含量15.9%、15.32%，湿面筋含量32.5%、28.6%，稳定时间8.7分钟、8.1分钟。

（五）抗性鉴定

高感叶锈病、白粉病和赤霉病，中感纹枯病，高抗条锈病。

（六）适宜范围及栽培要点

适宜在黄淮南片的河南省（除信阳市和南阳市南部部分地区以外）的平原灌区，陕西省西安市、渭南市、咸阳市、铜川市和宝鸡市灌区，以及江苏省和安徽省淮河以北地区的高中水肥地块早中茬种植。适宜播期10月上中旬，每亩适宜基本苗12万~20万，注意防治蚜虫、叶锈病、白粉病、赤霉病和纹枯病。

一二一、锦绣21

（一）品种来源

河南锦绣农业科技有限公司利用百农AK58/06101选育而成，2018年通过国家农作物品种审定委员会审定，审定编号：国审麦 20180023。该品种已获批农业部品种保护（专利），其品种权号为 CNA20171264.6。其系谱如下：

```
百农AK58  ×  06101
     └─────┬─────┘
         锦绣21
```

（二）产量表现

2014—2015 年度参加黄淮南片冬水组区域试验，平均亩产 543.2 千克，比对照周麦 18 增产 5.3%；2015—2016 年度续试，平均亩产 536.3 千克，比对照周麦 18 增产 6.1%。2016—2017 年度参加生产试验，平均亩产 575.2 千克，比对照周麦 18 增产 5.9%。

（三）特征特性

属半冬性中晚熟品种，与对照周麦 18 熟期相当。幼苗近匍匐，叶片宽长，分蘖力较强，耐倒春寒能力中等。株高 78.5 厘米，株型稍松散，茎秆弹性中等，抗倒性中等。旗叶宽大平展，穗层厚，熟相一般。穗长方形，长芒，白壳，白粒，籽粒半角质，饱满度中等。亩穗数 39.7 万，穗粒数 34.3 粒，千粒重 44.2 克。

（四）品质分析

容重 824 克/升、828 克/升，蛋白质含量 14.3%、14.74%，湿面筋含量 28.2%、30.6%，稳定时间 8.2 分钟、16.4 分钟。2016 年主要品质指标达到强筋小麦标准。

（五）抗性鉴定

高感白粉病和赤霉病，中感叶锈病和纹枯病，中抗条锈病。

（六）适宜范围及栽培要点

适宜在黄淮南片的河南省（除信阳市和南阳市南部部分地区以外）的平原灌区，陕西省西安市、渭南市、咸阳市、铜川市和宝鸡市灌区，以及江苏省和安徽省淮河以北地区的高中水肥地块早中茬种植。适宜播期 10 月上中旬，每亩适宜基本苗 12 万~20 万，注意防治蚜虫、白粉病、赤霉病、叶锈病和纹枯病。高水肥地块注意防止倒伏。

一二二、许科168

（一）品种来源

河南省许科种业有限公司利用许科 316/04 中 36 选育而成，2018 年通过国家农作物品种审定委员会审定，审定编号：国审麦 20180024。该品种已获批农业部品种保护（专利），其品种权号为 CNA20150523.7。其系谱如下：

```
许科316  ×  04中36
     └─────┬─────┘
         许科168
```

（二）产量表现

2014—2015 年度参加黄淮南片冬水组区域试验，平均亩产 539.1 千克，比对照周麦 18 增产 4.6%；2015—2016 年度续试，平均亩产 523.3 千克，比对照周麦 18 增产 3.5%。2016—2017 年度参加生产试验，平均亩产 571.5 千克，比对照周麦 18 增产 5.2%。

（三）特征特性

属半冬性中晚熟品种，与对照周麦 18 熟期相当。幼苗半匍匐，耐倒春寒能力一般。株高 78.1

厘米，株型较紧凑，茎秆弹性较好，抗倒性较好。旗叶宽大上冲，穗层厚，熟相中等。穗纺锤形，长芒，白壳，白粒，籽粒半角质，饱满度较好。亩穗数37.6万，穗粒数33.2粒，千粒重47.2克。

（四）品质分析

容重816克/升、803克/升，蛋白质含量13.83%、13.84%，湿面筋含量29.3%、29.3%，稳定时间3.7分钟、4.9分钟。

（五）抗性鉴定

高感纹枯病、叶锈病、白粉病和赤霉病，中抗条锈病。

（六）适宜范围及栽培要点

适宜在黄淮南片的河南省（除信阳市和南阳市南部部分地区以外）的平原灌区，陕西省西安市、渭南市、咸阳市、铜川市和宝鸡市灌区，以及江苏省和安徽省淮河以北地区的高中水肥地块早中茬种植。适宜播期10月上中旬，每亩适宜基本苗12万~20万，注意防治蚜虫、叶锈病、纹枯病、白粉病和赤霉病。

一二三、洛麦26

（一）品种来源

洛阳市农林科学院、洛阳市中垦种业科技有限公司利用百农AK58/开麦18选育而成，2018年通过国家农作物品种审定委员会审定，审定编号：国审麦20180025。该品种已获批农业部品种保护（专利），其品种权号为CNA20130619.4。其系谱如下：

```
百农AK58    ×    开麦18
         └─────┬─────┘
             洛麦26
```

（二）产量表现

2014—2015年度参加黄淮南片冬水组区域试验，平均亩产538.4千克，比对照周麦18增产3.1%；2015—2016年度续试，平均亩产540.5千克，比对照周麦18增产6.9%。2016—2017年度参加生产试验，平均亩产575.5千克，比对照周麦18增产5.9%。

（三）特征特性

属半冬性中熟品种，比对照周麦18早熟1天。幼苗半匍匐，叶片宽长，叶色黄绿，分蘖力较强，耐倒春寒能力一般。株高74.4厘米，株型偏松散，茎秆弹性一般，抗倒性中等。旗叶宽大平展，穗层整齐，熟相中等。穗圆锥形，长芒，白壳，白粒，籽粒半角质，饱满度中等。亩穗数40.8万，穗粒数32.9粒，千粒重44.9克。

（四）品质分析

容重824克/升、812克/升，蛋白质含量13.78%、13.89%，湿面筋含量28.5%、29.7%，稳定时间5.9分钟、4.2分钟。

（五）抗性鉴定

高感纹枯病、白粉病和赤霉病，中感叶锈病，中抗条锈病。

（六）适宜范围及栽培要点

适宜在黄淮南片的河南省（除信阳市和南阳市南部部分地区以外）的平原灌区，陕西省西安市、渭南市、咸阳市、铜川市和宝鸡市灌区，以及江苏省和安徽省淮河以北地区的高中水肥地块早中茬种植。适宜播期10月上中旬，每亩适宜基本苗12万～20万，注意防治蚜虫、纹枯病、白粉病、赤霉病和叶锈病。高水肥地块注意防止倒伏。

一二四、郑麦618

（一）品种来源

河南省农业科学院小麦研究所利用周麦16/选04115-8//周麦16选育而成，2018年通过国家农作物品种审定委员会审定，审定编号：国审麦20180027。该品种已获批农业部品种保护（专利），其品种权号为CNA20161844.6。其系谱如下：

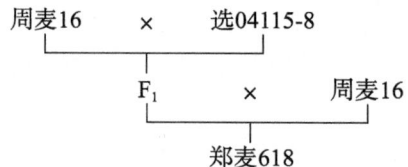

（二）产量表现

2014—2015年度参加黄淮南片冬水组区域试验，平均亩产547千克，比对照周麦18增产4.8%；2015—2016年度续试，平均亩产541.6千克，比对照周麦18增产5.5%。2016—2017年度参加生产试验，平均亩产580.6千克，比对照周麦18增产6.8%。

（三）特征特性

属半冬性中晚熟品种，比对照周麦18熟期略早。幼苗半直立，叶色浓绿，分蘖力较强，耐倒春寒能力中等。株高76.4厘米，株型松紧适中，蜡质重，茎秆弹性较好，抗倒性较好。旗叶宽长上冲，穗下节长，穗层较整齐，熟相较好。穗长方形，短芒，白壳，白粒，籽粒半角质，饱满度较好。亩穗数36.8万，穗粒数35.4粒，千粒重46.4克。

（四）品质分析

容重792克/升、786克/升，蛋白质含量14.94%、13.86%，湿面筋含量31.1%、32.5%，稳定时间4.3分钟、2.9分钟。

（五）抗性鉴定

高感叶锈病、纹枯病、白粉病和赤霉病，中抗条锈病。

（六）适宜范围及栽培要点

适宜在黄淮南片的河南省（除信阳市和南阳市南部部分地区以外）的平原灌区，陕西省西安市、渭南市、咸阳市、铜川市和宝鸡市灌区，以及江苏省和安徽省淮河以北地区的高中水肥地块早中茬种植。适宜播期10月上中旬，每亩适宜基本苗15万～22万，注意防治蚜虫、叶锈病、纹枯病、白粉病和赤霉病。

一二五、赛德麦1号

（一）品种来源

河南赛德种业有限公司利用周麦18/周麦22选育而成，2018年通过国家农作物品种审定委员会审定，审定编号：国审麦20180028。该品种已获批农业部品种保护（专利），其品种权号为

CNA20140771.7。其系谱如下：

```
       周麦18    ×    周麦22
              └─────┬─────┘
                赛德麦1号
```

（二）产量表现

2014—2015年度参加黄淮南片冬水组区域试验，平均亩产536.5千克，比对照周麦18增产4%；2015—2016年度续试，平均亩产530.2千克，比对照周麦18增产3.3%。2016—2017年度参加生产试验，平均亩产572.5千克，比对照周麦18增产5.3%。

（三）特征特性

属半冬性中晚熟品种，与对照周麦18熟期相当。幼苗半直立，叶片宽短，叶色黄绿，分蘖力较强，耐倒春寒能力中等。株高79.7厘米，株型较紧凑，茎秆弹性中等，抗倒性中等。旗叶宽长上冲，穗层厚，熟相中等。穗纺锤形，长芒，白壳，白粒，籽粒半角质，饱满度中等。亩穗数37.7万，穗粒数34.5粒，千粒重45.4克。

（四）品质分析

容重794克/升、794克/升，蛋白质含量15.04%、14.55%，湿面筋含量34.1%、33.1%，稳定时间4.5分钟、6.5分钟。

（五）抗性鉴定

高感白粉病和赤霉病，中感叶锈病和纹枯病，高抗条锈病。

（六）适宜范围及栽培要点

适宜在黄淮南片的河南省（除信阳市和南阳市南部部分地区以外）的平原灌区，陕西省西安市、渭南市、咸阳市、铜川市和宝鸡市灌区，以及江苏省和安徽省淮河以北地区的高中水肥地块早中茬种植。适宜播期10月上中旬，每亩适宜基本苗12万~20万，注意防治蚜虫、叶锈病、纹枯病、白粉病和赤霉病。

一二六、郑麦369

（一）品种来源

河南省农业科学院小麦研究所利用郑麦366/良星99选育而成，2018年通过国家农作物品种审定委员会审定，审定编号：国审麦20180030。该品种已获批农业部品种保护（专利），其品种权号为CNA20151660.8。其系谱如下：

（二）产量表现

2014—2015年度参加黄淮南片冬水组区域试验，平均亩产533千克，比对照周麦18增产3.4%；2015—2016年度续试，平均亩产541.5千克，比对照周麦18增产5.5%。2016—2017年度参加生产试验，平均亩产568.3千克，比对照周麦18增产4.6%。

（三）特征特性

属半冬性中熟品种，比对照周麦18早熟1天。幼苗半直立，叶片窄长，叶色浓绿，分蘖力中等，耐倒春寒能力一般。株高83.1厘米，株型稍松散，茎秆弹性好，抗倒性较好。旗叶窄小上冲，穗层较厚，熟相好。穗纺锤形，短芒，白壳，白粒，籽粒角质，饱满度较好。亩穗数42.3万，穗粒数30.3粒，千粒重46.6克。

（四）品质分析

容重816克/升、814克/升，蛋白质含量14.71%、13.85%，湿面筋含量30.9%、31.4%，稳定时间4.8分钟、6.9分钟。

（五）抗性鉴定

高感叶锈病、白粉病和赤霉病，中感纹枯病，中抗条锈病。

（六）适宜范围及栽培要点

适宜在黄淮南片的河南省（除信阳市和南阳市南部部分地区以外）的平原灌区，陕西省西安市、渭南市、咸阳市、铜川市和宝鸡市灌区，以及江苏省和安徽省淮河以北地区的高中水肥地块早中茬种植。适宜播期10月上中旬，每亩适宜基本苗12万~20万，注意防治蚜虫、叶锈病、白粉病、赤霉病和纹枯病。

一二七、俊达109

（一）品种来源

河南俊达种业有限公司利用豫教5号/济麦4号选育而成，2018年通过国家农作物品种审定委员会审定，审定编号：国审麦20180032。该品种已获批农业部品种保护（专利），其品种权号为CNA20161738.9。其系谱如下：

```
豫教5号    ×    济麦4号
          |
       俊达109
```

（二）产量表现

2014—2015年度参加黄淮南片冬水组区域试验，平均亩产549千克，比对照周麦18增产5.1%；2015—2016年度续试，平均亩产540.5千克，比对照周麦18增产5.3%。2016—2017年度参加生产试验，平均亩产568.2千克，比对照周麦18增产4.1%。

（三）特征特性

属半冬性中晚熟品种，比对照周麦18熟期略早。幼苗半直立，分蘖力较强，耐倒春寒能力一般。株高79.1厘米，株型松紧适中，茎秆弹性较好，抗倒性中等。旗叶宽短上冲，穗层厚，熟相中等。穗纺锤形，长芒，白壳，白粒，籽粒半角质，饱满度中等。亩穗数39.2万，穗粒数33.7粒，千粒重46.4克。

（四）品质分析

容重808克/升、802克/升，蛋白质含量14.79%、14.31%，湿面筋含量32.6%、33%，稳定时间3.5分钟、2.5分钟。

（五）抗性鉴定

高感叶锈病、白粉病和赤霉病，中感条锈病和纹枯病。

（六）适宜范围及栽培要点

适宜在黄淮南片的河南省（除信阳市和南阳市南部部分地区以外）的平原灌区，陕西省西安市、渭南市、咸阳市、铜川市和宝鸡市灌区，以及江苏省和安徽省淮河以北地区的高中水肥地块早中茬种植。适宜播期10月上中旬，每亩适宜基本苗12万~20万，注意防治蚜虫、锈病、白粉病、赤霉病和纹枯病。

一二八、新科麦169

（一）品种来源

河南省新乡市农业科学院、河南九圣禾新科种业有限公司利用新麦18/百农AK58选育而成，2018年通过国家农作物品种审定委员会审定，审定编号：国审麦20180033。该品种已申请农业农村部品种保护（专利），其公告号为CNA013719E。其系谱如下：

```
新麦18    ×    百农AK58
         └──┬──┘
          新科麦169
```

（二）产量表现

2014—2015年度参加黄淮南片冬水组区域试验，平均亩产555.7千克，比对照周麦18增产6.4%；2015—2016年度续试，平均亩产545.5千克，比对照周麦18增产6.3%，2016—2017年度参加生产试验，平均亩产577.6千克，比对照周麦18增产5.9%。

（三）特征特性

属半冬性中熟品种，比对照周麦18早熟1天。幼苗半直立，分蘖力较强，耐倒春寒能力一般。株高76.1厘米，株型较紧凑，茎秆弹性较好，抗倒性较好。旗叶窄长上冲，穗层厚，熟相较好。穗纺锤形，短芒，白壳，白粒，籽粒半角质，饱满度较好。亩穗数41.5万，穗粒数34粒，千粒重43克。

（四）品质分析

容重812克/升、804克/升，蛋白质含量14.91%、14.12%，湿面筋含量28%、27.2%，稳定时间3.4分钟、11.6分钟。

（五）抗性鉴定

高感叶锈病、白粉病和赤霉病，中感纹枯病，慢条锈病。

（六）适宜范围及栽培要点

适宜在黄淮南片的河南省（除信阳市和南阳市南部部分地区以外）的平原灌区，陕西省西安市、渭南市、咸阳市、铜川市和宝鸡市灌区，以及江苏省和安徽省淮河以北地区的高中水肥地块早中茬种植。适宜播期10月上中旬，每亩适宜基本苗12万~20万，注意防治蚜虫、叶锈病、白粉病、赤霉病和纹枯病。

一二九、中麦170

（一）品种来源

中国农业科学院棉花研究所、中国农业科学院作物科学研究所、咸阳市农业科学研究院利用济麦 19/ 丰优 3 号选育而成，2018 年通过国家农作物品种审定委员会审定，审定编号：国审麦 20180034。该品种已申请农业农村部品种保护（专利），其公告号为 CNA011395E。其系谱如下：

```
济麦19    ×    丰优3号
        |
      中麦170
```

（二）产量表现

2014—2015 年度参加黄淮南片冬水组区域试验，平均亩产 550.3 千克，比对照周麦 18 增产 5.4%；2015—2016 年度续试，平均亩产 544.3 千克，比对照周麦 18 增产 6.2%。2016—2017 年度参加生产试验，平均亩产 569.3 千克，比对照周麦 18 增产 4.5%。

（三）特征特性

属半冬性中晚熟品种，比对照周麦 18 熟期略早。幼苗半匍匐，分蘖力较强，耐倒春寒能力一般。株高 81.2 厘米，株型松紧适中，茎秆弹性中等，抗倒性中等。旗叶宽短、内卷、上冲，穗层整齐，熟相好。穗纺锤形，长芒，白壳，白粒，籽粒角质，饱满度好。亩穗数 44.9 万，穗粒数 29.6 粒，千粒重 45.6 克。

（四）品质分析

容重 820 克/升、803 克/升，蛋白质含量 14.31%、13.09%，湿面筋含量 28.8%、28.4%，稳定时间 5.2 分钟、4.8 分钟。

（五）抗性鉴定

高感白粉病和赤霉病，中感叶锈病和纹枯病，中抗条锈病。

（六）适宜范围及栽培要点

适宜在黄淮南片的河南省（除信阳市和南阳市南部部分地区以外）的平原灌区，陕西省西安市、渭南市、咸阳市、铜川市和宝鸡市灌区，以及江苏省和安徽省淮河以北地区的高中水肥地块早中茬种植。适宜播期 10 月上中旬，每亩适宜基本苗 12 万～18 万，注意防治蚜虫、白粉病、赤霉病、叶锈病和纹枯病。高水肥地块注意防止倒伏。

一三〇、中育 1211

（一）品种来源

中棉种业科技股份有限公司利用中育 12/ 百农 AK58 选育而成，2018 年通过国家农作物品种审定委员会审定，审定编号：国审麦 20180035。该品种已获批农业部品种保护（专利），其品种权号为 CNA20151513.7。其系谱如下：

```
中育12    ×    百农AK58
        |
      中育1211
```

（二）产量表现

2014—2015 年度参加黄淮南片冬水组区域试验，平均亩产 548.3 千克，比对照周麦 18 增产 5%；2015—2016 年度续试，平均亩产 545.1 千克，比对照周麦 18 增产 6.3%。2016—2017 年度参加生产试验，平均亩产 579.8 千克，比对照周麦 18 增产 6.3%。

（三）特征特性

属半冬性中晚熟品种，比对照周麦18熟期略早。幼苗近直立，分蘖力强，耐倒春寒能力中等。株高78.1厘米，株型松紧适中，茎秆弹性中等，抗倒性中等。旗叶宽长上冲，穗层整齐，熟相好。穗纺锤形，短芒，白壳，白粒，籽粒半角质，饱满度较好。亩穗数40.8万，穗粒数34.2粒，千粒重44.3克。

（四）品质分析

容重809克/升、814克/升，蛋白质含量14.48%、13.34%，湿面筋含量30.8%、30.4%，稳定时间5分钟、4.1分钟。

（五）抗性鉴定

高感叶锈病、白粉病和赤霉病，中感纹枯病，高抗条锈病。

（六）适宜范围及栽培要点

适宜在黄淮南片的河南省（除信阳市和南阳市南部部分地区以外）的平原灌区，陕西省西安市、渭南市、咸阳市、铜川市和宝鸡市灌区，以及江苏省和安徽省淮河以北地区的高中水肥地块早中茬种植。适宜播期10月上中旬，每亩适宜基本苗12万~20万，注意防治蚜虫、叶锈病、白粉病、赤霉病和纹枯病。

一三一、濮麦6311

（一）品种来源

濮阳市农业科学院、中国农业科学院棉花研究所利用百农AK58/周麦18选育而成，2018年通过国家农作物品种审定委员会审定，审定编号：国审麦20180037。该品种已获批农业部品种保护（专利），其品种权号为CNA20172238.7。其系谱如下：

```
百农AK58    ×    周麦18
         濮麦6311
```

（二）产量表现

2014—2015年度参加黄淮南片冬水组区域试验，平均亩产541.1千克，比对照周麦18增产3.6%；2015—2016年度续试，平均亩产538.7千克，比对照周麦18增产5.1%。2016—2017年度参加生产试验，平均亩产571.7千克，比对照周麦18增产4.8%。

（三）特征特性

属半冬性中晚熟品种，比对照周麦18熟期略早。幼苗半匍匐，叶片宽短，叶色黄绿，分蘖力较强，耐倒春寒能力一般。株高78.6厘米，株型稍松散，茎秆弹性差，抗倒性一般。旗叶短宽上冲，穗层较整齐，熟相一般。穗纺锤形，长芒，白壳，白粒，籽粒角质，饱满度中等。亩穗数38.1万，穗粒数32.8粒，千粒重49.8克。

（四）品质分析

容重796克/升、787克/升，蛋白质含量15.28%、14.04%，湿面筋含量30.9%、31.1%，稳定时间4.4分钟、5.1分钟。

（五）抗性鉴定

高感白粉病和赤霉病，中感叶锈病和纹枯病，慢条锈病。

（六）适宜范围及栽培要点

适宜在黄淮南片的河南省（除信阳市和南阳市南部部分地区以外）的平原灌区，陕西省西安市、渭南市、咸阳市、铜川市和宝鸡市灌区，以及江苏省和安徽省淮河以北地区的高中水肥地块早中茬种植。适宜播期10月上中旬，每亩适宜基本苗12万~20万，注意防治蚜虫、条锈病、叶锈病、白粉病、赤霉病和纹枯病。高水肥地块注意防止倒伏。

一三二、高麦6号

（一）品种来源

河南德宏种业股份有限公司利用周麦13/百农64//周麦22选育而成，2018年通过国家农作物品种审定委员会审定，审定编号：国审麦20180038。该品种已获批农业部品种保护（专利），其品种权号为CNA20171943.5。其系谱如下：

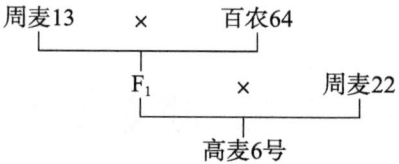

（二）产量表现

2014—2015年度参加黄淮南片冬水组区域试验，平均亩产556.9千克，比对照周麦18增产6.7%；2015—2016年度续试，平均亩产548.3千克，比对照周麦18增产6.9%。2016—2017年度参加生产试验，平均亩产582.8千克，比对照周麦18增产6.8%。

（三）特征特性

属半冬性中熟品种，比对照周麦18早熟1天。幼苗半匍匐，叶片宽长，叶色黄绿，分蘖力中等，耐倒春寒能力中等。株高77.1厘米，株型紧凑，茎秆弹性好，抗倒性强。旗叶短宽上冲，穗层整齐，熟相好。穗长方形，长芒，白壳，白粒，籽粒角质，饱满度好。亩穗数37.8万，穗粒数36.8粒，千粒重44.4克。

（四）品质分析

容重810克/升、806克/升，蛋白质含量14.36%、14.23%，湿面筋含量29.5%、32.2%，稳定时间4.3分钟、2.5分钟。

（五）抗性鉴定

高感纹枯病、白粉病和赤霉病，中感条锈病，高抗叶锈病。

（六）适宜范围及栽培要点

适宜在黄淮南片的河南省（除信阳市和南阳市南部部分地区以外）的平原灌区，陕西省西安市、渭南市、咸阳市、铜川市和宝鸡市灌区，以及江苏省和安徽省淮河以北地区的高中水肥地块早中茬种植。适宜播期10月上中旬，每亩适宜基本苗12万~20万，注意防治蚜虫、条锈病、纹枯病、白粉病和赤霉病。

一三三、光泰68

(一) 品种来源

河南泰禾种业有限公司利用郑育9987/漯4518选育而成，2018年通过国家农作物品种审定委员会审定，审定编号：国审麦20180039。该品种已申请农业农村部品种保护（专利），其公告号为CNA023113E。其系谱如下：

```
郑育麦9987  ×  漯4518
         │
       光泰68
```

(二) 产量表现

2014—2015年度参加黄淮南片冬水组区域试验，平均亩产571.1千克，比对照周麦18增产9.4%；2015—2016年度续试，平均亩产548.8千克，比对照周麦18增产7%。2016—2017年度参加生产试验，平均亩产583.5千克，比对照周麦18增产10%。

(三) 特征特性

属半冬性中晚熟品种，比对照周麦18熟期略早。幼苗半直立，分蘖力强，耐倒春寒能力一般。株高81.4厘米，株型稍松散，茎秆弹性一般，抗倒性中等。旗叶窄长上冲，穗层厚，熟相较好。穗纺锤形，长芒，白壳，白粒，籽粒半角质，饱满度较好。亩穗数40.9万，穗粒数31.8粒，千粒重48.7克。

(四) 品质分析

容重823克/升、806克/升，蛋白质含量13.71%、12.74%，湿面筋含量28.6%、28.7%，稳定时间3.1分钟、4.1分钟。

(五) 抗性鉴定

高感叶锈病、纹枯病、白粉病和赤霉病，中感条锈病。

(六) 适宜范围及栽培要点

适宜在黄淮南片的河南省（除信阳市和南阳市南部部分地区以外）的平原灌区，陕西省西安市、渭南市、咸阳市、铜川市和宝鸡市灌区，以及江苏省和安徽省淮河以北地区的高中水肥地块早中茬种植。适宜播期10月上中旬，每亩适宜基本苗12万~20万，注意防治蚜虫、纹枯病、锈病、白粉病和赤霉病。高水肥地块注意防止倒伏。

一三四、新麦36

(一) 品种来源

河南省新乡市农业科学院利用周麦22/中育12选育而成，2018年通过国家农作物品种审定委员会审定，审定编号：国审麦20180041。该品种已获批农业部品种保护（专利），其品种权号为CNA20161312.0。其系谱如下：

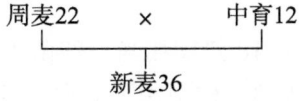

```
周麦22  ×  中育12
       │
      新麦36
```

（二）产量表现

2015—2016年度参加黄淮南片早播组区域试验，平均亩产535.2千克，比对照周麦18增产5.8%；2016—2017年度续试，平均亩产574千克，比对照周麦18增产3.6%。2016—2017年度参加生产试验，平均亩产578.1千克，比对照周麦18增产6%。

（三）特征特性

属半冬性中晚熟品种，比对照周麦18熟期略早。幼苗半匍匐，叶片窄长，叶色黄绿，分蘖力中等，耐倒春寒能力中等。株高80.6厘米，株型松紧适中，茎秆蜡质层较厚，茎秆弹性较好，抗倒性较好。旗叶细小上冲，穗层厚，熟相一般。穗纺锤形，短芒，白壳，白粒，籽粒半角质，饱满度较好。亩穗数37.6万，穗粒数35.8粒，千粒重44.5克。

（四）品质分析

容重781克/升、784克/升，蛋白质含量13.41%、13.8%，湿面筋含量30.6%、32.2%，稳定时间6.3分钟、4.4分钟。

（五）抗性鉴定

高感叶锈病、白粉病、纹枯病和赤霉病，中抗条锈病。

（六）适宜范围及栽培要点

适宜在黄淮南片的河南省（除信阳市和南阳市南部部分地区以外）的平原灌区，陕西省西安市、渭南市、咸阳市、铜川市和宝鸡市灌区，以及江苏省和安徽省淮河以北地区的高中水肥地块早中茬种植。适宜播期10月上中旬，每亩适宜基本苗12万~20万，注意防治蚜虫、叶锈病、白粉病、纹枯病和赤霉病。

一三五、周麦36

（一）品种来源

周口市农业科学院利用百农AK58/周麦19//周麦22选育而成，2018年通过国家农作物品种审定委员会审定，审定编号：国审麦20180042。该品种已获批农业部品种保护（专利），其品种权号为CNA20140792.2。其系谱如下：

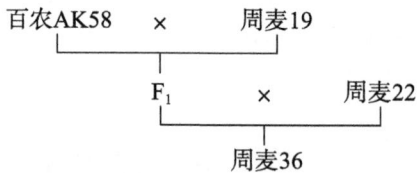

（二）产量表现

2015—2016年度参加黄淮南片早播组区域试验，平均亩产542.7千克，比对照周麦18增产5.7%；2016—2017年度续试，平均亩产589.6千克，比对照周麦18增产5.7%。2016—2017年度参加生产试验，平均亩产582.1千克，比对照周麦18增产6.7%。

（三）特征特性

属半冬性中晚熟品种，与对照周麦18熟期相当。幼苗半匍匐，叶片宽短，叶色浓绿，分蘖力中等，耐倒春寒能力中等。株高79.7厘米，株型松紧适中，茎秆蜡质层较厚，茎秆硬朗，抗倒性强。

旗叶宽长、内卷、上冲，穗层整齐，熟相好。穗纺锤形，短芒，白壳，白粒，籽粒角质，饱满度较好。亩穗数36.2万，穗粒数37.9粒，千粒重45.3克。

（四）品质分析

容重796克/升、812克/升，蛋白质含量14.78%、13.02%，湿面筋含量31%、32.9%，稳定时间10.3分钟、13.6分钟。

（五）抗性鉴定

高感白粉病、赤霉病和纹枯病，高抗条锈病和叶锈病。

（六）适宜范围及栽培要点

适宜在黄淮南片的河南省（除信阳市和南阳市南部部分地区以外）的平原灌区，陕西省西安市、渭南市、咸阳市、铜川市和宝鸡市灌区，以及江苏省和安徽省淮河以北地区的高中水肥地块早中茬种植。适宜播期10月上中旬，每亩适宜基本苗15万~22万，注意防治蚜虫、白粉病、纹枯病和赤霉病。

一三六、先天麦12

（一）品种来源

河南先天下种业有限公司李晓丽等利用邓麦1号/陕225选育而成，2018年通过国家农作物品种审定委员会审定，审定编号：国审麦20180044。该品种已申请农业农村部品种保护（专利），其公告号为CNA009366E。其系谱如下：

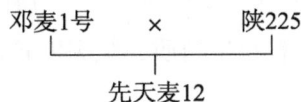

（二）产量表现

2014—2015年度参加黄淮南片春水组区域试验，平均亩产512.3千克，比对照偃展4110增产4.8%；2015—2016年度续试，平均亩产518.8千克，比对照偃展4110增产7%。2016—2017年度参加生产试验，平均亩产550.3千克，比对照偃展4110增产6.8%。

（三）特征特性

属弱春性品种，与对照偃展4110熟期相当。幼苗半直立，叶片宽长，叶色浅绿，分蘖力中等，耐倒春寒能力一般。株高81.6厘米，株型紧凑，茎秆弹性较好，抗倒性较好。旗叶窄长平展，穗层厚，熟相一般。穗纺锤形，长芒，白壳，白粒，籽粒角质，饱满度较好。亩穗数41万，穗粒数29.1粒，千粒重48.6克。

（四）品质分析

容重826克/升、830克/升，蛋白质含量14.26%、13.16%，湿面筋含量26.3%、25.6%，稳定时间4.4分钟、5.9分钟。

（五）抗性鉴定

高感纹枯病、叶锈病、白粉病和赤霉病，中抗条锈病。

（六）适宜范围及栽培要点

适宜在黄淮南片的河南省（除信阳市和南阳市南部部分地区以外）的平原灌区，陕西省西安市、渭南市、咸阳市、铜川市和宝鸡市灌区，以及江苏省和安徽省淮河以北地区的高中水肥地块中晚茬种植。适宜播期10月中下旬，每亩适宜基本苗18万~24万，注意防治蚜虫、叶锈病、白粉病、赤霉病和纹枯病。

一三七、众麦7号

（一）品种来源

河南顺鑫大众种业有限公司利用偃展1号选系/烟159-9选系//烟1666选育而成，2018年通过国家农作物品种审定委员会审定，审定编号：国审麦20180045。该品种已申请农业农村部品种保护（专利），其公告号为CNA013340E。其系谱如下：

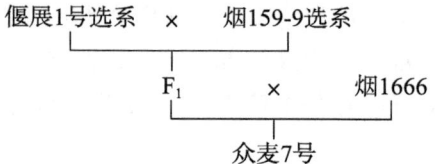

（二）产量表现

2014—2015年度参加黄淮南片春水组区域试验，平均亩产505.6千克，比对照偃展4110增产3.5%；2015—2016年度续试，平均亩产522.8千克，比对照偃展4110增产8.4%。2016—2017年度参加生产试验，平均亩产543.8千克，比对照偃展4110增产5.5%。

（三）特征特性

属弱春性品种，比对照偃展4110熟期略早。幼苗近直立，分蘖力中等，耐倒春寒能力一般。株高82.3厘米，株型紧凑，茎秆弹性中等，抗倒性一般。旗叶细长上冲，穗下节长，穗层厚，熟相好。穗纺锤形，长芒，白壳，白粒，籽粒半角质，饱满度较好。亩穗数43.6万，穗粒数29.6粒，千粒重44.6克。

（四）品质分析

容重831克/升、812克/升，蛋白质含量14.05%、13.04%，湿面筋含量28.2%、27.2%，稳定时间8分钟、9.2分钟。

（五）抗性鉴定

高感条锈病、赤霉病、纹枯病和白粉病，高抗叶锈病。

（六）适宜范围及栽培要点

适宜在黄淮南片的河南省（除信阳市和南阳市南部部分地区以外）的平原灌区，陕西省西安市、渭南市、咸阳市、铜川市和宝鸡市灌区，以及江苏省和安徽省淮河以北地区的高中水肥地块中晚茬种植。适宜播期10月中下旬，每亩适宜基本苗18万~20万，注意防治蚜虫、条锈病、赤霉病、纹枯病和白粉病。高水肥地块注意防止倒伏。

一三八、驻麦328

（一）品种来源

驻马店市农业科学院利用百农AK58/济95519选育而成，2018年通过国家农作物品种审定委员会审定，审定编号：国审麦20180047。该品种已申请农业农村部品种保护（专利），其公告号为CNA016942E。其系谱如下：

```
百农AK58    ×    济95519
         └────┬────┘
           驻麦328
```

（二）产量表现

2015—2016年度参加黄淮南片晚播组区域试验，平均亩产519.6千克，比对照偃展4110增产7.7%；2016—2017年度续试，平均亩产545.9千克，比对照偃展4110增产8.7%。2016—2017年度参加生产试验，平均亩产548.3千克，比对照偃展4110增产6.4%。

（三）特征特性

属弱春性品种，比对照偃展4110熟期略早。幼苗近直立，叶色黄绿，耐倒春寒能力一般。株高70.6厘米，株型紧凑。旗叶短宽上冲，穗层整齐，熟相较好。穗纺锤形，短芒，白壳，白粒，籽粒半角质，饱满度中等。亩穗数43.2万，穗粒数31.1粒，千粒重43克。

（四）品质分析

容重794克/升、784克/升，蛋白质含量14.75%、14.06%，湿面筋含量29.5%、32.1%，稳定时间2.3分钟、2.7分钟。

（五）抗性鉴定

高感白粉病、赤霉病和纹枯病，中抗条锈病，高抗叶锈病。

（六）适宜范围及栽培要点

适宜在黄淮南片的河南省（除信阳市和南阳市南部部分地区以外）的平原灌区，陕西省西安市、渭南市、咸阳市、铜川市和宝鸡市灌区，以及江苏省和安徽省淮河以北地区的高中水肥地块中晚茬种植。适宜播期10月中下旬，每亩适宜基本苗18万~24万，注意防治蚜虫、白粉病、赤霉病和纹枯病。

一三九、洛旱22

（一）品种来源

洛阳市农林科学院、洛阳市中垦种业科技有限公司利用周麦16/洛旱7号选育而成，2018年通过国家农作物品种审定委员会审定，审定编号：国审麦20180058。该品种已申请农业农村部品种保护（专利），其公告号为CNA019570E。其系谱如下：

```
周麦16    ×    洛旱7号
        └───┬───┘
          洛旱22
```

（二）产量表现

2014—2015年度参加黄淮旱肥组区域试验，平均亩产435.7千克，比对照洛旱7号增产5.6%；2015—2016年度续试，平均亩产452.3千克，比对照洛旱7号增产7.9%。2016—2017年度参加生产试验，平均亩产424千克，比对照洛旱7号增产8.8%。

（三）特征特性

属半冬性品种，比对照洛旱7号熟期略早。幼苗半匍匐，分蘖力强。株高74.9厘米，株型半松散，抗倒性较好，熟相一般。穗长方形，长芒，白壳，白粒，籽粒角质，饱满度较好。亩穗数

36.8万,穗粒数35.8粒,千粒重43.5克。

(四)品质分析

容重807克/升、814克/升,蛋白质含量13.09%、13.59%,湿面筋含量28.5%、30.7%,稳定时间4.5分钟、3.8分钟。

(五)抗性鉴定

高感条锈病、白粉病和黄矮病,中感叶锈病。抗旱性好。

(六)适宜范围及栽培要点

适宜在山西省晋南地区、陕西省咸阳市和渭南市、河南省旱肥地、河北省中南部地区以及山东省旱地种植。适宜播期10月上中旬,每亩适宜基本苗15万~18万。注意防治蚜虫、条锈病、叶锈病、白粉病和黄矮病。

一四〇、阳光578

(一)品种来源

河南丰硕种业有限公司利用矮早781/漯麦4号选育而成,2018年通过国家农作物品种审定委员会审定,审定编号:国审麦20180061。该品种已申请农业农村部品种保护(专利),其公告号为CNA022999E。其系谱如下:

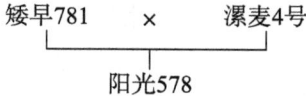

(二)产量表现

2014—2015年度参加黄淮旱肥组区域试验,平均亩产432.5千克,比对照洛旱7号增产4.9%;2015—2016年度续试,平均亩产445.1千克,比对照洛旱7号增产6.2%。2016—2017年度参加生产试验,平均亩产412千克,比对照洛旱7号增产5.7%。

(三)特征特性

属半冬性品种,比对照洛旱7号早熟1~2天。幼苗半匍匐,叶色深绿,分蘖力较强。株高72.6厘米,株型半松散,抗倒性一般。旗叶上冲,穗层整齐,熟相中等。穗长方形,长芒,白壳,白粒,籽粒半角质,饱满度较好。亩穗数40.6万,穗粒数34.1粒,千粒重41克。

(四)品质分析

容重798克/升、794克/升,蛋白质含量13.45%、13.52%,湿面筋含量26.3%、27.7%,稳定时间6.4分钟、5.8分钟。

(五)抗性鉴定

高感白粉病和黄矮病,中感条锈病和叶锈病。

(六)适宜范围及栽培要点

适宜在山西省晋南地区、陕西省咸阳市和渭南市、河南省旱肥地、河北省中南部地区以及山东省旱地种植。适宜播期为10月上中旬。每亩适宜基本苗15万~18万。注意防治蚜虫、条锈病、叶锈病、白粉病和黄矮病。

一四一、存麦16

（一）品种来源

河南丰德康种业有限公司、河南富吉泰种业有限公司利用周麦22/周麦24//百农AK58选育而成，2019年通过国家农作物品种审定委员会审定，审定编号：国审麦20190007。该品种已申请农业农村部品种保护（专利），其公告号为CNA020837E。其系谱如下：

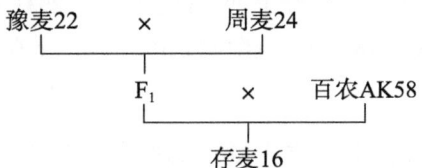

（二）产量表现

2015—2016年度参加黄淮南片水地早播组区域试验，平均亩产545.2千克，比对照周麦18增产6.3%；2016—2017年度续试，平均亩产587.2千克，比对照周麦18增产5.8%。2017—2018年度参加生产试验，平均亩产486.4千克，比对照周麦18增产4.4%。

（三）特征特性

属半冬性中晚熟品种，与对照周麦18熟期相当。幼苗半匍匐，叶片细长，叶色深绿，分蘖力较强。株高80厘米，株型较紧凑，抗倒性中等。旗叶上冲，穗层整齐，熟相中等。穗纺锤形，长芒，白壳，白粒，籽粒半角质，饱满度较好。亩穗数39.8万，穗粒数35.1粒，千粒重45.1克。

（四）品质分析

容重797克/升、805克/升，蛋白质含量14.14%、14.46%，湿面筋含量32.6%、34.3%，稳定时间3.2分钟、2.4分钟，吸水率53%。

（五）抗性鉴定

高抗条锈病和叶锈病，高感纹枯病、赤霉病和白粉病。

（六）适宜范围及栽培要点

适宜在黄淮南片的河南省（除信阳市和南阳市南部部分地区以外）的平原灌区，陕西省西安市、渭南市、咸阳市、铜川市和宝鸡市灌区，以及江苏省和安徽省淮河以北地区的高中水肥地块早中茬种植。适宜播期10月上中旬，每亩适宜基本苗15万～18万，注意防治蚜虫、赤霉病、纹枯病和白粉病。

一四二、丹麦118

（一）品种来源

河南金丹种业有限公司利用周麦13/淮麦20选育而成，2019年通过国家农作物品种审定委员会审定，审定编号：国审麦20190008。其系谱如下：

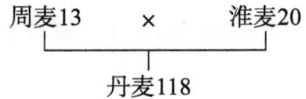

（二）产量表现

2015—2016 年度参加黄淮南片水地早播组区域试验，平均亩产 526.2 千克，比对照周麦 18 增产 3%；2016—2017 年度续试，平均亩产 578.6 千克，比对照周麦 18 增产 3.1%。2017—2018 年度参加生产试验，平均亩产 489.2 千克，比对照周麦 18 增产 4.3%。

（三）特征特性

属半冬性中熟品种，比对照周麦 18 早熟 1 天。幼苗匍匐，叶片宽，叶色深绿，分蘖力强。株高 77 厘米，株型较紧凑，抗倒性中等。旗叶上冲，穗层整齐，熟相好。穗椭圆形，短芒，白壳，白粒，籽粒半角质，饱满度较好。亩穗数 38.7 万，穗粒数 36.7 粒，千粒重 43 克。

（四）品质分析

容重 786 克/升、813 克/升，蛋白质含量 13.3%、13.76%，湿面筋含量 31.1%、34.5%，稳定时间 2.7 分钟、2.4 分钟，吸水率 58%。

（五）抗性鉴定

中感纹枯病、条锈病和叶锈病，高感赤霉病和白粉病。

（六）适宜范围及栽培要点

适宜在黄淮南片的河南省（除信阳市和南阳市南部部分地区以外）的平原灌区，陕西省西安市、渭南市、咸阳市、铜川市和宝鸡市灌区，以及江苏省和安徽省淮河以北地区的高中水肥地块早中茬种植。适宜播期 10 月上中旬，每亩适宜基本苗 12 万~20 万，注意防治蚜虫、纹枯病、锈病、白粉病和赤霉病。

一四三、泛育麦 17

（一）品种来源

河南省黄泛区实业集团有限公司、河南黄泛区地神种业有限公司利用泛麦 8 号-4/周麦 18 选育而成，2019 年通过国家农作物品种审定委员会审定，审定编号：国审麦 20190009。该品种已申请农业农村部品种保护（专利），其公告号为 CNA016261E。其系谱如下：

```
    泛麦8号-4    ×    周麦18
         └──────┬──────┘
              泛育麦17
```

（二）产量表现

2015—2016 年度参加黄淮南片水地早播组区域试验，平均亩产 537.9 千克，比对照周麦 18 增产 4.8%；2016—2017 年度续试，平均亩产 578.6 千克，比对照周麦 18 增产 3.8%。2017—2018 年度参加生产试验，平均亩产 487.6 千克，比对照周麦 18 增产 4.4%。

（三）特征特性

属半冬性中晚熟品种，与对照周麦 18 熟期相当。幼苗半匍匐，叶片细长，叶色黄绿，分蘖力中等。株高 83 厘米，株型较紧凑，抗倒性一般。旗叶上冲，穗层整齐，熟相较好。穗纺锤形，短芒，白壳，白粒，籽粒角质，饱满度较好。亩穗数 39.3 万，穗粒数 35.1 粒，千粒重 43.6 克。

（四）品质分析

容重 778 克/升、788 克/升，蛋白质含量 14.45%、14.04%，湿面筋含量 27.5%、29.7%，稳

定时间10.7分钟、17.3分钟，吸水率58%、58%，最大拉伸阻力637 EU、637 EU，拉伸面积142平方厘米、142平方厘米。

（五）抗性鉴定

免疫叶锈病，高抗条锈病，中感纹枯病，高感赤霉病和白粉病。

（六）适宜范围及栽培要点

适宜在黄淮南片的河南省（除信阳市和南阳市南部部分地区以外）的平原灌区，陕西省西安市、渭南市、咸阳市、铜川市和宝鸡市灌区，以及江苏省和安徽省淮河以北地区的高中水肥地块早中茬种植。适宜播期10月上中旬，每亩适宜基本苗14万~20万，注意防治蚜虫、白粉病、纹枯病和赤霉病。高水肥地块注意防止倒伏。

一四四、华伟303

（一）品种来源

河南省现代种业有限公司、河南福海农业科技有限公司利用周麦16/选04115-8//周麦18选育而成，2019年通过国家农作物品种审定委员会审定，审定编号：国审麦20190010。该品种已申请农业农村部品种保护（专利），其公告号为CNA029977E。其系谱如下：

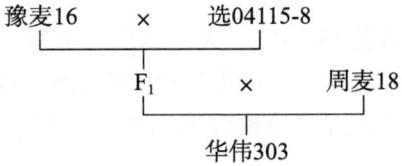

（二）产量表现

2015—2016年度参加黄淮南片水地早播组区域试验，平均亩产540.5千克，比对照周麦18增产5.4%；2016—2017年度续试，平均亩产573.2千克，比对照周麦18增产3.3%。2017—2018年度参加生产试验，平均亩产495千克，比对照周麦18增产5.7%。

（三）特征特性

属半冬性中晚熟品种，比对照周麦18熟期略晚。幼苗半直立，叶片宽长，叶色黄绿，分蘖力较强。株高79厘米，株型较紧凑，抗倒性较好。旗叶上冲，穗层厚，熟相中等。穗长方形，长芒，白壳，白粒，籽粒半角质，饱满度较好。亩穗数36万，穗粒数38.9粒，千粒重44克。

（四）品质分析

容重795克/升、804克/升，蛋白质含量13.99%、13.94%，湿面筋含量31.5%、33.2%，稳定时间2.4分钟、4.2分钟，吸水率56.1%。

（五）抗性鉴定

高抗叶锈病，高感纹枯病、赤霉病、白粉病和条锈病。

（六）适宜范围及栽培要点

适宜在黄淮南片的河南省（除信阳市和南阳市南部部分地区以外）的平原灌区，陕西省西安市、渭南市、咸阳市、铜川市和宝鸡市灌区，以及江苏省和安徽省淮河以北地区的高中水肥地块早中茬种植。适宜播期10月上中旬，每亩适宜基本苗14万~22万，注意防治蚜虫、白粉病、赤霉病、纹枯病和条锈病。

一四五、轮选166

（一）品种来源

中国农业科学院作物科学研究所、河南顺鑫大众种业有限公司利用扬麦12/周麦16//周麦16选育而成，2019年通过国家农作物品种审定委员会审定，审定编号：国审麦20190013。该品种已申请农业农村部品种保护（专利），其公告号为CNA023036E。其系谱如下：

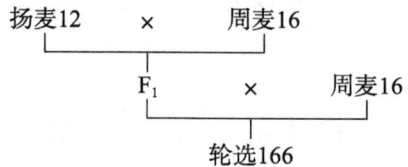

（二）产量表现

2015—2016年度参加黄淮南片水地早播组区域试验，平均亩产529.5千克，比对照周麦18增产3.7%；2016—2017年度续试，平均亩产579.7千克，比对照周麦18增产3.3%。2017—2018年度参加生产试验，平均亩产483.9千克，比对照周麦18增产3.8%。

（三）特征特性

属半冬性中熟品种，比对照周麦18早熟1天。幼苗半匍匐，叶片宽短，叶色深绿，分蘖力较强。株高76厘米，株型紧凑，抗倒性较好。旗叶上冲，穗层厚，熟相较好。穗纺锤形，短芒，白粒，籽粒半角质，饱满度好。亩穗数41.5万，穗粒数32.2粒，千粒重47.5克。

（四）品质分析

容重796克/升、808克/升，蛋白质含量13.12%、14.16%，湿面筋含量29.2%、33.2%，稳定时间3.4分钟、2.3分钟，吸水率55.6%。

（五）抗性鉴定

慢条锈病，中感叶锈病，高感赤霉病、纹枯病和白粉病。

（六）适宜范围及栽培要点

适宜在黄淮南片的河南省（除信阳市和南阳市南部部分地区以外）的平原灌区，陕西省西安市、渭南市、咸阳市、铜川市和宝鸡市灌区，以及江苏省和安徽省淮河以北地区的高中水肥地块早中茬种植。适宜播期10月上中旬，每亩适宜基本苗15万~18万，注意防治蚜虫、赤霉病、纹枯病、白粉病和条锈病。

一四六、民丰3号

（一）品种来源

河南省民兴种业有限公司利用百农AK58//周麦16/西农979选育而成，2019年通过国家农作物品种审定委员会审定，审定编号：国审麦20190014。其系谱如下：

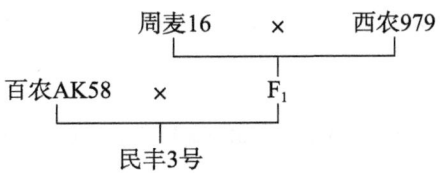

（二）产量表现

2015—2016年度参加黄淮南片水地早播组区域试验，平均亩产528.7千克，比对照周麦18增产4.6%；2016—2017年度续试，平均亩产580.9千克，比对照周麦18增产4.8%。2017—2018年度参加生产试验，平均亩产488千克，比对照周麦18增产4%。

（三）特征特性

属半冬性中晚熟品种，与对照周麦18熟期相当。幼苗半匍匐，叶片窄，叶色深绿，分蘖力强。株高77厘米，株型紧凑，抗倒性较好。旗叶上冲，穗层整齐，熟相较好。穗纺锤形，短芒，白壳，白粒，籽粒半角质，饱满度较好。亩穗数38.4万，穗粒数35.8粒，千粒重44.9克。

（四）品质分析

容重780克/升、780克/升，蛋白质含量14.61%、15.07%，湿面筋含量32.7%、38.6%，稳定时间4.8分钟、3.2分钟，吸水率59%。

（五）抗性鉴定

高抗叶锈病，中抗条锈病，高感纹枯病、赤霉病和白粉病。

（六）适宜范围及栽培要点

适宜在黄淮南片的河南省（除信阳市和南阳市南部部分地区以外）的平原灌区，陕西省西安市、渭南市、咸阳市、铜川市和宝鸡市灌区，以及江苏省和安徽省淮河以北地区的高中水肥地块早中茬种植。适宜播期10月上中旬，每亩适宜基本苗12万~22万，注意防治蚜虫、纹枯病、白粉病和赤霉病。

一四七、农大2011

（一）品种来源

中国农业大学、河南金粒种业有限公司利用周麦18/9P639选育而成，2019年通过国家农作物品种审定委员会审定，审定编号：国审麦20190015。该品种已申请农业农村部品种保护（专利），其公告号为CNA032122E。其系谱如下：

```
周麦18  ×  9P639
      └──┬──┘
       农大2011
```

（二）产量表现

2015—2016年度参加黄淮南片水地早播组区域试验，平均亩产550.9千克，比对照周麦18增产7.9%；2016—2017年度续试，平均亩产598.7千克，比对照周麦18增产6.7%。2017—2018年度参加生产试验，平均亩产493.5千克，比对照周麦18增产5.9%。

（三）特征特性

属半冬性中晚熟品种，比对照周麦18熟期略晚。幼苗半匍匐，叶片窄长，叶色深绿，分蘖力强。株高81厘米，株型稍松散，抗倒性一般。旗叶上冲，穗层厚，熟相好。穗纺锤形，短芒，白壳，白粒，籽粒角质，饱满度较好。亩穗数 39.3 万，穗粒数 37.2 粒，千粒重 44.3 克。

（四）品质分析

容重 817 克/升、829 克/升，蛋白质含量 12.85%、13%，湿面筋含量 27.7%、30.7%，稳定时间 8.6 分钟、4.6 分钟，吸水率 58%。

（五）抗性鉴定

高抗条锈病，中抗叶锈病，高感纹枯病、赤霉病和白粉病。

（六）适宜范围及栽培要点

适宜在黄淮南片的河南省（除信阳市和南阳市南部部分地区以外）的平原灌区，陕西省西安市、渭南市、咸阳市、铜川市和宝鸡市灌区，以及江苏省和安徽省淮河以北地区的高中水肥地块中早茬种植。适宜播期 10 月上中旬，每亩适宜基本苗 15 万~22 万。注意防治蚜虫、白粉病、纹枯病和赤霉病，高水肥地块注意防止倒伏。

一四八、平安 518

（一）品种来源

河南平安种业有限公司利用周麦 16/豫麦 49 选育而成，2019 年通过国家农作物品种审定委员会审定，审定编号：国审麦 20190016。该品种已申请农业农村部品种保护（专利），其公告号为 CNA028950E。其系谱如下：

```
周麦16    ×    豫麦49
    └─────┬─────┘
        平安518
```

（二）产量表现

2015—2016 年度参加黄淮南片水地早播组区域试验，平均亩产 538 千克，比对照周麦 18 增产 4.9%；2016—2017 年度续试，平均亩产 584.9 千克，比对照周麦 18 增产 5.4%。2017—2018 年度参加生产试验，平均亩产 490 千克，比对照周麦 18 增产 4.6%。

（三）特征特性

属半冬性中熟品种，比对照周麦 18 早熟 1 天。幼苗半匍匐，叶片细长，叶色深绿，分蘖力中等。株高 79 厘米，株型稍松散，抗倒性较好。旗叶上冲，穗层整齐，熟相中等。穗纺锤形，长芒，白壳，白粒，籽粒半角质，饱满度较好。亩穗数 37.9 万，穗粒数 34.7 粒，千粒重 47.5 克。

（四）品质分析

容重 791 克/升、805 克/升，蛋白质含量 14.72%、14.83%，湿面筋含量 33%、35.4%，稳定时间 3.5 分钟、5.7 分钟，吸水率 55.2%。

（五）抗性鉴定

免疫条锈病，高抗叶锈病，中感白粉病，高感纹枯病和赤霉病。

（六）适宜范围及栽培要点

适宜在黄淮南片的河南省（除信阳市和南阳市南部部分地区以外）的平原灌区，陕西省西安市、渭南市、咸阳市、铜川市和宝鸡市灌区，以及江苏省和安徽省淮河以北地区的高中水肥地块早中茬种植。适宜播期 10 月上中旬，每亩适宜基本苗 14 万~22 万，注意防治蚜虫、白粉病、赤霉病和纹枯病。

一四九、泉麦29

（一）品种来源

河南开泉农业科学研究所有限公司利用良星66/周麦22选育而成，2019年通过国家农作物品种审定委员会审定，审定编号：国审麦20190017。该品种已申请农业部品种保护（专利），其申请号为20170133.3。其系谱如下：

```
良星66  ×  周麦22
       |
     泉麦29
```

（二）产量表现

2015—2016年度参加黄淮南片水地早播组区域试验，平均亩产543.2千克，比对照周麦18增产6.4%；2016—2017年度续试，平均亩产591.9千克，比对照周麦18增产5.4%。2017—2018年度参加生产试验，平均亩产488.4千克，比对照周麦18增产4.8%。

（三）特征特性

属半冬性中熟品种，比对照周麦18早熟1天。幼苗半匍匐，叶片窄短，叶色深绿，分蘖力较强。株高80厘米，株型较紧凑，抗倒性较好。旗叶细且上冲，穗层厚，熟相好。穗纺锤形，短芒，白壳，白粒，籽粒半角质，饱满度好。亩穗数37.9万，穗粒数35.1粒，千粒重47.3克。

（四）品质分析

容重798克/升、814克/升，蛋白质含量14.94%、14.69%，湿面筋含量31.7%、36.2%，稳定时间3分钟、2.3分钟，吸水率51.2%、54.4%。

（五）抗性鉴定

免疫条锈病，高抗叶锈病，中感白粉病，高感纹枯病和赤霉病。

（六）适宜范围及栽培要点

适宜在黄淮南片的河南省（除信阳市和南阳市南部部分地区以外）的平原灌区，陕西省西安市、渭南市、咸阳市、铜川市和宝鸡市灌区，以及江苏省和安徽省淮河以北地区的高中水肥地块早中茬种植。适宜播期10月上中旬，每亩适宜基本苗14万~22万。注意防治蚜虫、白粉病、纹枯病和赤霉病。

一五〇、泰禾麦2号

（一）品种来源

河南泰禾种业有限公司利用周麦22/花培5号//周麦22选育而成，2019年通过国家农作物品种审定委员会审定，审定编号：国审麦20190018。其系谱如下：

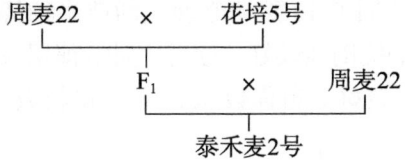

（二）产量表现

2015—2016年度参加黄淮南片水地早播组区域试验，平均亩产539.5千克，比对照周麦18增产5.7%；2016—2017年度续试，平均亩产597.1千克，比对照周麦18增产6.4%。2017—2018年度参加生产试验，平均亩产487.3千克，比对照周麦18增产4.5%。

（三）特征特性

属半冬性中晚熟品种，比对照周麦18熟期略晚。幼苗半匍匐，叶片宽长，叶色浅绿，分蘖力较强。株高81厘米，株型稍松散，抗倒性一般。旗叶细长，穗层厚，熟相较好。穗纺锤形，短芒，白壳，白粒，籽粒半角质，饱满度较好。亩穗数36.9万，穗粒数35.8粒，千粒重49.1克。

（四）品质分析

容重803克/升、818克/升，蛋白质含量13.97%、14.38%，湿面筋含量30.2%、31.6%，稳定时间4.1分钟、5.3分钟，吸水率55.8%。

（五）抗性鉴定

高抗条锈病，中感叶锈病，高感纹枯病、赤霉病和白粉病。

（六）适宜范围及栽培要点

适宜在黄淮南片的河南省（除信阳市和南阳市南部部分地区以外）的平原灌区，陕西省西安市、渭南市、咸阳市、铜川市和宝鸡市灌区，以及江苏省和安徽省淮河以北地区的高中水肥地块早中茬种植。适宜播期10月上中旬，每亩适宜基本苗12万~20万，注意防治蚜虫、叶锈病、白粉病、赤霉病和纹枯病。高水肥地块注意防止倒伏。

一五一、新麦35

（一）品种来源

河南省新乡市农业科学院、河南九圣禾新科种业有限公司利用周麦22/百农AK58//洛麦21选育而成，2019年通过国家农作物品种审定委员会审定，审定编号：国审麦20190019。该品种已申请农业农村部品种保护（专利），其公告号为CNA016249E。其系谱如下：

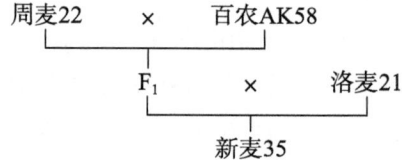

（二）产量表现

2015—2016年度参加黄淮南片水地早播组区域试验，平均亩产549.2千克，比对照周麦18增产7%；2016—2017年度续试，平均亩产593.6千克，比对照周麦18增产6.4%。2017—2018年度参加生产试验，平均亩产493.9千克，比对照周麦18增产5.8%。

（三）特征特性

属半冬性中晚熟品种，比对照周麦18熟期略晚。幼苗半匍匐，叶片宽长，叶色深绿，分蘖力较强。株高82厘米，株型稍松散，抗倒性较好。旗叶上冲，穗层较整齐，熟相好。穗长方形，长芒，白壳，白粒，籽粒半角质，饱满度较好。亩穗数36.1万，穗粒数36.6粒，千粒重48.6克。

（四）品质分析

容重796克/升、804克/升，蛋白质含量13.89%、14.2%，湿面筋含量32.9%、33.4%，稳定时间2.2分钟、4.5分钟，吸水率56.2%。

（五）抗性鉴定

高抗叶锈病，慢条锈病，高感白粉病、纹枯病和赤霉病。

（六）适宜范围及栽培要点

适宜在黄淮南片的河南省（除信阳市和南阳市南部部分地区以外）的平原灌区，陕西省西安市、渭南市、咸阳市、铜川市和宝鸡市灌区，以及江苏省和安徽省淮河以北地区的高中水肥地块早中茬种植。适宜播期10月上中旬，每亩适宜基本苗15万～20万。注意防治蚜虫、条锈病、纹枯病、白粉病和赤霉病。

一五二、许科918

（一）品种来源

河南省许科种业有限公司利用04中36/百农AK58选育而成，2019年通过国家农作物品种审定委员会审定，审定编号：国审麦20190020。该品种已申请农业农村部品种保护（专利），其公告号为CNA023147E。其系谱如下：

```
04中36      ×      百农AK58
            许科918
```

（二）产量表现

2015—2016年度参加黄淮南片水地早播组区域试验，平均亩产528.7千克，比对照周麦18增产3.1%；2016—2017年度续试，平均亩产582.6千克，比对照周麦18增产5%。2017—2018年度参加生产试验，平均亩产487.8千克，比对照周麦18增产4.2%。

（三）特征特性

属半冬性中熟品种，比对照周麦18早熟2天。幼苗半匍匐，叶片宽短，叶色深绿，分蘖力较强。株高78厘米，株型较紧凑，抗倒性较好。旗叶上冲，穗层整齐，熟相较好。穗近长方形，长芒，白壳，白粒，籽粒半角质，饱满度较好。亩穗数37.3万，穗粒数33.2粒，千粒重49.3克。

（四）品质分析

容重806克/升、812克/升，蛋白质含量14.21%、14.04%，湿面筋含量31.5%、32.8%，稳定时间3.6分钟、3.7分钟，吸水率58%。

（五）抗性鉴定

高抗条锈病和叶锈病，高感纹枯病、赤霉病和白粉病。

（六）适宜范围及栽培要点

适宜在黄淮南片的河南省（除信阳市和南阳市南部部分地区以外）的平原灌区，陕西省西安市、渭南市、咸阳市、铜川市和宝鸡市灌区，以及江苏省和安徽省淮河以北地区的高中水肥地块早中茬种植。适宜播期10月上中旬，每亩适宜基本苗12万～18万，注意防治蚜虫、白粉病、赤霉病和纹枯病。

一五三、豫农186

（一）品种来源

河南农业大学利用周麦16/豫农202选育而成，2019年通过国家农作物品种审定委员会审定，审定编号：国审麦20190021。该品种已获批农业部品种保护（专利），其品种权号为CNA20151230.9。其系谱如下：

```
周麦16  ×  豫农202
   └─────┬─────┘
       豫农186
```

（二）产量表现

2015—2016年度参加黄海南片水地早播组区域试验，平均亩产544.6千克，比对照周麦18增产7.7%；2016—2017年度续试，平均亩产581.4千克，比对照周麦18增产4.9%。2017—2018年度参加生产试验，平均亩产493.3千克，比对照周麦18增产5.2%。

（三）特征特性

属半冬性中晚熟品种，比对照周麦18熟期略早。幼苗半匍匐，叶片宽短，叶色深绿，分蘖力中等。株高76厘米，株型松紧适中，抗倒性较好。旗叶上冲，穗层整齐，熟相好。穗纺锤形，短芒，白壳，白粒，籽粒半角质，饱满度较好。亩穗数39.5万，穗粒数35.4粒，千粒重44.6克。

（四）品质分析

容重792克/升、795克/升，蛋白质含量13.31%、13.33%，湿面筋含量29.8%、31.3%，稳定时间2.8分钟、2.5分钟，吸水率54.5%。

（五）抗性鉴定

中感条锈病和叶锈病，高感纹枯病、赤霉病和白粉病。

（六）适宜范围及栽培要点

适宜在黄淮南片的河南省（除信阳市和南阳市南部部分地区以外）的平原灌区，陕西省西安市、渭南市、咸阳市、铜川市和宝鸡市灌区，以及江苏省和安徽省淮河以北地区的高中水肥地块早中茬种植。适宜播期10月上中旬，每亩适宜基本苗20万左右。注意防治蚜虫、纹枯病、赤霉病、白粉病和锈病。

一五四、珍麦3号

（一）品种来源

河南金粒种业有限公司利用百农AK58/郑麦7698选育而成，2019年通过国家农作物品种审定委员会审定，审定编号：国审麦20190022。该品种已申请农业农村部品种保护（专利），其公告号为CNA030763E。其系谱如下：

```
百农AK58  ×  郑麦7698
    └──────┬──────┘
         珍麦3号
```

（二）产量表现

2015—2016年度参加黄淮南片水地早播组区域试验，平均亩产532.3千克，比对照周麦18增产4.2%；2016—2017年度续试，平均亩产594.9千克，比对照周麦18增产6%。2017—2018年度参加生产试验，平均亩产481.3千克，比对照周麦18增产3.3%。

（三）特征特性

属半冬性中晚熟品种，与对照周麦18熟期相当。幼苗半匍匐，叶片宽短，叶色黄绿，分蘖力强。

株高 79 厘米，株型较松散，抗倒性较好。旗叶上冲，穗层整齐，熟相中等。穗纺锤形，短芒，白壳，白粒，籽粒半角质，饱满度好。亩穗数 38.5 万，穗粒数 37.3 粒，千粒重 44.3 克。

（四）品质分析

容重 805 克/升、828 克/升，蛋白质含量 13.24%、13.67%，湿面筋含量 27.3%、30.6%，稳定时间 11 分钟、10 分钟，吸水率 58.4%，最大拉伸阻力 356 EU，拉伸面积 71 平方厘米。

（五）抗性鉴定

高抗条锈病，中抗叶锈病，高感纹枯病、赤霉病和白粉病。

（六）适宜范围及栽培要点

适宜在黄淮南片的河南省（除信阳市和南阳市南部部分地区以外）的平原灌区，陕西省西安市、渭南市、咸阳市、铜川市和宝鸡市灌区，以及江苏省和安徽省淮河以北地区的高中水肥地块中早茬种植。适宜播期 10 月上中旬，每亩适宜基本苗 14 万~22 万，注意防治蚜虫、纹枯病、白粉病和赤霉病。

一五五、郑麦103

（一）品种来源

河南省农业科学院小麦研究所利用周麦 13/D8904-7-1//郑麦 004 选育而成，2019 年通过国家农作物品种审定委员会审定，审定编号：国审麦 20190023。该品种已获批农业部品种保护（专利），其品种权号为 CNA20130090.2。其系谱如下：

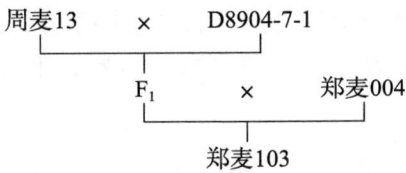

（二）产量表现

2015—2016 年度参加黄淮南片水地早播组区域试验，平均亩产 553.3 千克，比对照周麦 18 增产 7.8%；2016—2017 年度续试，平均亩产 592.2 千克，比对照周麦 18 增产 6.2%。2017—2018 年度参加生产试验，平均亩产 486 千克，比对照周麦 18 增产 4.1%。

（三）特征特性

属半冬性中熟品种，比对照周麦 18 早熟 1 天。幼苗半匍匐，叶片窄长，叶色黄绿，分蘖力中等。株高 80 厘米，株型紧凑，抗倒性较好。穗层整齐，熟相好。穗纺锤形，长芒，白粒，籽粒半角质，饱满度较好。亩穗数 40.3 万，穗粒数 33.8 粒，千粒重 46.7 克。

（四）品质分析

容重 777 克/升、790 克/升，蛋白质含量 12.63%、13.2%，湿面筋含量 26.2%、27.8%，稳定时间 2.4 分钟、2.2 分钟，吸水率 54.6%。

（五）抗性鉴定

高抗条锈病，高感纹枯病、赤霉病、白粉病和叶锈病。

（六）适宜范围及栽培要点

适宜在黄淮南片的河南省（除信阳市和南阳市南部部分地区以外）的平原灌区，陕西省西安市、渭南市、咸阳市、铜川市和宝鸡市灌区，以及江苏省和安徽省淮河以北地区的高中水肥地块早中茬种植。适宜播期10月上中旬，每亩适宜基本苗14万~22万，注意防治蚜虫、叶锈病、纹枯病、白粉病和赤霉病。

一五六、郑麦119

（一）品种来源

河南省农业科学院小麦研究所利用济麦1号/郑麦366选育而成，2019年通过国家农作物品种审定委员会审定，审定编号：国审麦20190024。该品种已获批农业部品种保护（专利），其品种权号为CNA20130091.1。其系谱如下：

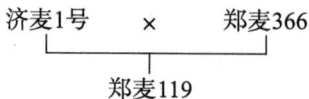

（二）产量表现

2015—2016年度参加黄淮南片水地早播组区域试验，平均亩产517.2千克，比对照周麦18增产0.8%；2016—2017年度续试，平均亩产550.6千克，比对照周麦18增产1.1%。2017—2018年度参加生产试验，平均亩产453.1千克，比对照周麦18减产2.7%。

（三）特征特性

属半冬性中熟品种，比对照周麦18早熟1天。幼苗半匍匐，叶片细长，叶色深绿，分蘖力中等。株高80厘米，株型较紧凑，抗倒性较好。旗叶上冲，穗层整齐，熟相好。穗纺锤形，长芒，白壳，白粒，籽粒角质，饱满度好。亩穗数37万，穗粒数33.3粒，千粒重48.3克。

（四）品质分析

容重810克/升、824克/升，蛋白质含量14.79%、15.09%，湿面筋含量31.6%、34.5%，稳定时间8.5分钟、7.6分钟，吸水率59.5%、60%，最大拉伸阻力425 EU，拉伸面积102平方厘米。

（五）抗性鉴定

中抗条锈病，中感叶锈病，高感纹枯病、赤霉病和白粉病。

（六）适宜范围及栽培要点

适宜在黄淮南片的河南省（除信阳市和南阳市南部部分地区以外）的平原灌区，陕西省西安市、渭南市、咸阳市、铜川市和宝鸡市灌区，以及江苏省和安徽省淮河以北地区的高中水肥地块中晚茬种植。适宜播期10月中下旬，每亩适宜基本苗12万~20万，注意防治蚜虫、叶锈病、纹枯病、白粉病和赤霉病，倒春寒频发区慎用。

一五七、郑麦132

（一）品种来源

河南省农业科学院小麦研究所利用百农AK58/济麦22选育而成，2019年通过国家农作物品种审定委员会审定，审定编号：国审麦20190025。该品种已申请农业农村部品种保护（专利），其公告号为CNA017338E。其系谱如下：

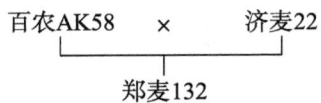

（二）产量表现

2015—2016年度参加黄淮南片水地早播组区域试验，平均亩产538.4千克，比对照周麦18增产5%；2016—2017年度续试，平均亩产582.8千克，比对照周麦18增产5%。2017—2018年度参加生产试验，平均亩产492.5千克，比对照周麦18增产5.2%。

（三）特征特性

属半冬性中晚熟品种，比对照周麦18熟期略早。幼苗半直立，叶片细长，叶色深绿，分蘖力较强。株高83厘米，株型稍松散，抗倒性中等。旗叶平展，整齐度一般，穗层厚，熟相好。穗近长方形，长芒，白壳，白粒，籽粒角质，饱满度较好。亩穗数39.8万，穗粒数33.3粒，千粒重47.3克。

（四）品质分析

容重814克/升、819克/升，蛋白质含量13.31%、13.56%，湿面筋含量29.6%、31.4%，稳定时间4.6分钟、4.2分钟，吸水率56.4%。

（五）抗性鉴定

高抗条锈病，高感纹枯病、赤霉病、白粉病和叶锈病。

（六）适宜范围及栽培要点

适宜在黄淮南片的河南省（除信阳市和南阳市南部部分地区以外）的平原灌区，陕西省西安市、渭南市、咸阳市、铜川市和宝鸡市灌区，以及江苏省和安徽省淮河以北地区的高中水肥地块早中茬种植。适宜播期10月上中旬，每亩适宜基本苗12万~20万，注意防治蚜虫、叶锈病、白粉病、赤霉病和纹枯病，高水肥地块注意防止倒伏。

一五八、郑麦136

（一）品种来源

河南省农业科学院小麦研究所利用百农AK58/济麦22选育而成，2019年通过国家农作物品种审定委员会审定，审定编号：国审麦20190026。该品种已获批农业部品种保护（专利），其品种权号为CNA20162282.3。其系谱如下：

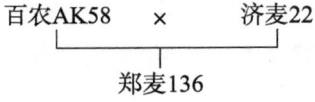

（二）产量表现

2016—2017年度参加黄淮南片水地早播组区域试验，平均亩产589.8千克，比对照周麦18增产5.1%；2017—2018年度续试，平均亩产483.2千克，比对照周麦18增产5.6%。2017—2018年度参加生产试验，平均亩产492.7千克，比对照周麦18增产5%。

（三）特征特性

属半冬性中晚熟品种，比对照周麦18天熟期略早。幼苗半匍匐，叶片窄短，叶色黄绿，分蘖力中等。株高76厘米，株型较紧凑，抗倒性较好。旗叶上冲，穗层厚，熟相好。穗纺锤形，长芒，白壳，白粒，籽粒半角质，饱满度较好。亩穗数 41 万，穗粒数 31.6 粒，千粒重 45.1 克。

（四）品质分析

容重 844 克/升、822 克/升，蛋白质含量 13.44%、13.51%，湿面筋含量 30.7%、34.3%，稳定时间 7.2 分钟、1.9 分钟，吸水率 57%、62%，最大拉伸阻力 299 EU，拉伸面积 47 平方厘米。

（五）抗性鉴定

慢条锈病，中感纹枯病，高感赤霉病、白粉病和叶锈病。

（六）适宜范围及栽培要点

适宜在黄淮南片的河南省（除信阳市和南阳市南部部分地区以外）的平原灌区，陕西省西安市、渭南市、咸阳市、铜川市和宝鸡市灌区，以及江苏省和安徽省淮河以北地区的高中水肥地块早中茬种植。适宜播期 10 月上中旬，每亩适宜基本苗 14 万～22 万，注意防治蚜虫、叶锈病、条锈病、赤霉病、白粉病和纹枯病。

一五九、郑麦 1860

（一）品种来源

河南省农业科学院小麦研究所利用周麦 22/郑麦 1410//郑麦 0856 选育而成，2019 年通过国家农作物品种审定委员会审定，审定编号：国审麦 20190027。该品种已获批农业部品种保护（专利），其品种权号为 CNA20161784.8。其系谱如下：

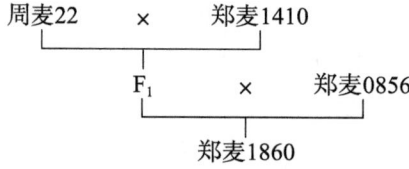

（二）产量表现

2015—2016 年度参加黄淮南片水地早播组区域试验，平均亩产 539.4 千克，比对照周麦 18 增产 5.6%；2016—2017 年度续试，平均亩产 588.1 千克，比对照周麦 18 增产 4.8%。2017—2018 年度参加生产试验，平均亩产 490.4 千克，比对照周麦 18 增产 5.2%。

（三）特征特性

属半冬性中晚熟品种，与对照周麦 18 熟期相当。幼苗半匍匐，叶片窄，叶色浅绿，分蘖力强。株高 80 厘米，株型稍松散，抗倒性较好。旗叶上冲，穗层整齐，熟相较好。穗椭圆形，短芒，白壳，白粒，籽粒角质，饱满度好。亩穗数 37.9 万，穗粒数 34.9 粒，千粒重 48.5 克。

（四）品质分析

容重 816 克/升、838 克/升，蛋白质含量 13.92%、13.8%，湿面筋含量 28.8%、31.2%，稳定时间 8.1 分钟、5.8 分钟，吸水率 57%。

（五）抗性鉴定

高抗叶锈病，中抗条锈病，高感纹枯病、赤霉病和白粉病。

（六）适宜范围及栽培要点

适宜在黄淮南片的河南省（除信阳市和南阳市南部部分地区以外）的平原灌区，陕西省西安市、渭南市、咸阳市、铜川市和宝鸡市灌区，以及江苏省和安徽省淮河以北地区的高中水肥地块早中茬种植。适宜播期 10 月上中旬，每亩适宜基本苗 16 万~18 万，注意防治蚜虫、纹枯病、白粉病和赤霉病。

一六〇、郑品麦 22

（一）品种来源

河南省科学院同位素研究所有限责任公司、新乡市金苑邦达富农业科技有限公司、河南金苑种业股份有限公司利用开麦 18/豫同 198 选育而成，2019 年通过国家农作物品种审定委员会审定，审定编号：国审麦 20190028。该品种已申请农业农村部品种保护（专利），其公告号为 CNA014290E。其系谱如下：

开麦18 × 豫同198
郑品麦22

（二）产量表现

2015—2016 年度参加黄淮南片水地早播组区域试验，平均亩产 540.1 千克，比对照周麦 18 增产 5.2%；2016—2017 年度续试，平均亩产 583.9 千克，比对照周麦 18 增产 4.7%；2017—2018 年度参加生产试验，平均亩产 488 千克，比对照周麦 18 增产 4.5%。

（三）特征特性

属半冬性中熟品种，比对照周麦 18 早熟 1 天。幼苗半直立，叶片细长，叶色黄绿，分蘖力中等。株高 75 厘米，株型较紧凑，抗倒性较好。旗叶上冲，穗层厚，熟相好。穗纺锤形，长芒，白壳，白粒，籽粒半角质，饱满度较好。亩穗数 38.5 万，穗粒数 35.3 粒，千粒重 45.2 克。

（四）品质分析

容重 797 克/升、814 克/升，蛋白质含量 13.54%、14.14%，湿面筋含量 31.4%、33.1%，稳定时间 4.7 分钟、3.4 分钟，吸水率 59%。

（五）抗性鉴定

中抗条锈病，中感叶锈病和纹枯病，高感赤霉病和白粉病。

（六）适宜范围及栽培要点

适宜在黄淮南片的河南省（除信阳市和南阳市南部部分地区以外）的平原灌区，陕西省西安市、渭南市、咸阳市、铜川市和宝鸡市灌区，以及江苏省和安徽省淮河以北地区的高中水肥地块早中茬种植。适宜播期 10 月上中旬，每亩适宜基本苗 14 万~22 万，注意防治蚜虫、叶锈病、纹枯病、白粉病和赤霉病。

一六一、中育 1220

（一）品种来源

中棉种业科技股份有限公司利用周麦 22/洛麦 21 选育而成，2019 年通过国家农作物品种审定委员会审定，审定编号：国审麦 20190030。该品种已申请农业农村部品种保护（专利），其公告号为 CNA014667E。其系谱如下：

周麦22 × 洛麦21
中育1220

（二）产量表现

2015—2016 年度参加黄淮南片水地早播组区域试验，平均亩产 552.1 千克，比对照周麦 18 增产 7.6%；2016—2017 年度续试，平均亩产 576.4 千克，比对照周麦 18 增产 3.4%。2017—2018 年度参加生产试验，平均亩产 489.6 千克，比对照周麦 18 增产 4.9%。

（三）特征特性

属半冬性中熟品种，比对照周麦 18 早熟 1 天。幼苗半匍匐，叶片宽长，叶色黄绿，分蘖力中等。株高 81 厘米，株型较紧凑，抗倒性一般。旗叶上冲，穗层整齐，熟相较好。穗纺锤形，长芒，白壳，白粒，籽粒半角质，饱满度较好。亩穗数 39.5 万，穗粒数 34.1 粒，千粒重 45.7 克。

（四）品质分析

容重 784 克/升、790 克/升，蛋白质含量 14.33%、14.42%，湿面筋含量 33.8%、36.1%，稳定时间 1.4 分钟、2.9 分钟，吸水率 56.4%。

（五）抗性鉴定

免疫条锈病，慢叶锈病，高感纹枯病、赤霉病和白粉病。

（六）适宜范围及栽培要点

适宜在黄淮南片的河南省（除信阳市和南阳市南部部分地区以外）的平原灌区，陕西省西安市、渭南市、咸阳市、铜川市和宝鸡市灌区，以及江苏省和安徽省淮河以北地区的高中水肥地块早中茬种植。适宜播期 10 月上中旬，每亩适宜基本苗 14 万~20 万，注意防治蚜虫、叶锈病、白粉病、纹枯病和赤霉病，高水肥地块种植注意防止倒伏。

一六二、存麦 11

（一）品种来源

河南丰德康种业有限公司利用周麦 22/周麦 24 选育而成，2019 年通过国家农作物品种审定委员会审定，审定编号：国审麦 20190033。2015 年通过河南省农作物品种审定委员会审定，审定编号：豫审麦 2015012。该品种已获批农业部品种保护（专利），其品种权号为 CNA20151287.1。其系谱如下：

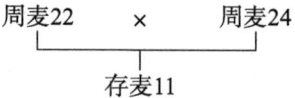

（二）产量表现

2015—2016 年度参加黄淮南片水地晚播组区域试验，平均亩产 539.5 千克，比对照周麦 18 增产 5.1%；2016—2017 年度续试，平均亩产 558 千克，比对照周麦 18 增产 2.5%。2017—2018 年度参加生产试验，平均亩产 478 千克，比对照周麦 18 增产 3.9%。

（三）特征特性

属半冬性中熟品种，比对照周麦 18 早熟 1 天。幼苗半直立，叶片细长，叶色深绿，分蘖力较强。株高 76 厘米，株型紧凑，抗倒性中等。旗叶上冲，穗层整齐，熟相较好。穗长方形，长芒，白壳，白粒，籽粒半角质，饱满度中等。亩穗数 38.2 万，穗粒数 34.5 粒，千粒重 45.1 克。

（四）品质分析

容重774克/升、789克/升，蛋白质含量13.93%、14.68%，湿面筋含量28.6%、31.7%，稳定时间11分钟、11.3分钟，吸水率54.5%，最大拉伸阻力638 EU，拉伸面积95平方厘米。

（五）抗性鉴定

高抗叶锈病，中感条锈病和白粉病，高感纹枯病和赤霉病。

（六）适宜范围及栽培要点

适宜在黄淮南片的河南省（除信阳市和南阳市南部部分地区以外）的平原灌区，陕西省西安市、渭南市、咸阳市、铜川市和宝鸡市灌区，以及江苏省和安徽省淮河以北地区的高中水肥地块早中茬种植。适宜播期10月上中旬。每亩适宜基本苗18万～20万。注意防治蚜虫、条锈病、纹枯病、赤霉病和白粉病。高水肥地块种植注意防止倒伏。

一六三、机麦211

（一）品种来源

河南亿佳和农业科技有限公司、河南佳和种业有限公司利用周麦16/偃展4110选育而成，2019年通过国家农作物品种审定委员会审定，审定编号：国审麦20190034。该品种已申请农业农村部品种保护（专利），其公告号为CNA019601E。其系谱如下：

```
周麦16    ×    偃展4110
         |
       机麦211
```

（二）产量表现

2015—2016年度参加黄淮南片水地晚播组区域试验，平均亩产548.8千克，比对照周麦18增产7%；2016—2017年度续试，平均亩产583.7千克，比对照周麦18增产7.2%。2017—2018年度参加生产试验，平均亩产490.6千克，比对照周麦18增产5.3%。

（三）特征特性

属半冬性中熟品种，比对照周麦18早熟1天。幼苗半匍匐，叶片细长，叶色深绿，分蘖力中等。株高78厘米，株型稍松散，抗倒性中等。旗叶上冲，穗层整齐，熟相中等。穗长方形，长芒，白壳，白粒，籽粒半角质，饱满度中等。亩穗数38.1万，穗粒数36粒，千粒重46.7克。

（四）品质分析

容重770克/升、804克/升，蛋白质含量14.07%、14.22%，湿面筋含量30.5%、32.9%，稳定时间4.7分钟、5.8分钟，吸水率56.2%。

（五）抗性鉴定

中抗叶锈病，慢条锈病，高感纹枯病、赤霉病和白粉病。

（六）适宜范围及栽培要点

适宜在黄淮南片的河南省（除信阳市和南阳市南部部分地区以外）的平原灌区，陕西省西安市、渭南市、咸阳市、铜川市和宝鸡市灌区，以及江苏省和安徽省淮河以北地区的高中水肥地块早中茬种植。适宜播期10月上中旬，每亩适宜基本苗14万～22万，注意防治蚜虫、条锈病、白粉病、赤霉病和纹枯病，高水肥地块种植注意防止倒伏。

一六四、赛德麦5号

（一）品种来源

河南赛德种业有限公司利用豫农982/周麦22选育而成，2019年通过国家农作物品种审定委员会审定，审定编号：国审麦20190035。该品种已获批农业部品种保护（专利），其品种权号为CNA20171608.1。其系谱如下：

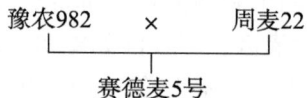

（二）产量表现

2015—2016年度参加黄淮南片水地晚播组区域试验，平均亩产527.4千克，比对照周麦18增产2.8%；2016—2017年度续试，平均亩产577.3千克，比对照周麦18增产6%。2017—2018年度参加生产试验，平均亩产487.7千克，比对照周麦18增产4.7%。

（三）特征特性

属半冬性中熟品种，比对照周麦18早熟1天。幼苗半匍匐，叶片细长，叶色深绿，分蘖力中等。株高77厘米，株型较紧凑，抗倒性较好。旗叶上冲，穗层整齐，熟相中等。穗纺锤形，长芒，白壳，白粒，籽粒角质，饱满度较好。亩穗数37.6万，穗粒数34.7粒，千粒重45.4克。

（四）品质分析

容重787克/升、804克/升，蛋白质含量14.2%、14.63%，湿面筋含量32.8%、35.5%，稳定时间6.3分钟、4.6分钟，吸水率56.3%。

（五）抗性鉴定

高抗叶锈病，慢条锈病，高感纹枯病、赤霉病和白粉病。

（六）适宜范围及栽培要点

适宜在黄淮南片的河南省（除信阳市和南阳市南部部分地区以外）的平原灌区，陕西省西安市、渭南市、咸阳市、铜川市和宝鸡市灌区，以及江苏省和安徽省淮河以北地区的高中水肥地块早中茬种植。适宜播期10月上中旬，每亩适宜基本苗14万~22万，注意防治蚜虫、条锈病、纹枯病、白粉病和赤霉病。

一六五、驻麦305

（一）品种来源

驻马店市农业科学院利用周94117/04中36选育而成，2019年通过国家农作物品种审定委员会审定，审定编号：国审麦20190037。该品种已获批农业部品种保护（专利），其品种权号为CNA20162010.2。其系谱如下：

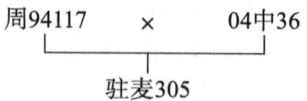

（二）产量表现

2016—2017年度参加黄淮南片水地晚播组区域试验，平均亩产548.3千克，比对照偃展4110增产9.1%；2017—2018年度续试，平均亩产464.2千克，比对照偃展4110增产7.1%。2017—2018年度参加生产试验，平均亩产474.5千克，比对照偃展4110增产7.7%。

（三）特征特性

属弱春性品种，比对照偃展4110晚熟1~2天。幼苗半直立，叶片宽短，叶色黄绿，分蘖力中等。株高75厘米，株型紧凑，抗倒性好。旗叶上冲，穗层整齐，熟相较好。穗纺锤形，长芒，白壳，白粒，籽粒半角质，饱满度较好。亩穗数38.8万，穗粒数32.9粒，千粒重43.4克。

（四）品质分析

容重808克/升、812克/升，蛋白质含量13.54%、14.39%，湿面筋含量31.5%、32.9%，稳定时间5.1分钟、5.7分钟，吸水率59.3%、58%。

（五）抗性鉴定

免疫条锈病，高抗叶锈病，高感纹枯病、赤霉病和白粉病。

（六）适宜范围及栽培要点

适宜在黄淮南片的河南省（除信阳市和南阳市南部部分地区以外）的平原灌区，陕西省西安市、渭南市、咸阳市、铜川市和宝鸡市灌区，以及江苏省和安徽省淮河以北地区的高中水肥地块中晚茬种植。适宜播期10月中下旬，每亩适宜基本苗18万~24万，注意防治蚜虫、白粉病、赤霉病和纹枯病。

一六六、郑麦0943

（一）品种来源

河南省农业科学院小麦研究所利用郑97199/济麦19选育而成，2019年通过国家农作物品种审定委员会审定，审定编号：国审麦20190056。2014年通过河南省农作物品种审定委员会审定，审定编号：豫审麦2014025。该品种已获批农业部品种保护（专利），其品种权号为CNA20101086.9。其系谱如下：

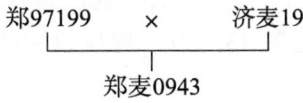

（二）产量表现

2016—2017年度参加良种攻关黄淮南片水地早播组区域试验，平均亩产539.9千克，比对照周麦18增产3.5%；2017—2018年度续试，平均亩产440.9千克，比对照周麦18增产2.6%。2017—2018年度参加生产试验，平均亩产452.6千克，比对照周麦18增产4.6%。

（三）特征特性

属半冬性中熟品种，比对照周麦18早熟近1天。幼苗半匍匐，叶片细长，叶色浅绿，分蘖力较强。株高70厘米，株型松散，抗倒性中等。旗叶上冲，穗层整齐，熟相好。穗纺锤形，长芒，白壳，白粒，籽粒半角质，饱满度好。亩穗数41.5万，穗粒数33粒，千粒重43.6克。

（四）品质分析

容重799.2克/升、783.7克/升，蛋白质含量13.3%、14.2%，湿面筋含量24.8%、27.7%，

稳定时间 8.2 分钟、7.3 分钟，吸水率 63.3%、62.9%，最大拉伸阻力 497 EU、514 EU，拉伸面积 71.6 平方厘米、82 平方厘米。

（五）抗性鉴定

中抗条锈病，感纹枯病，中感赤霉病、白粉病和叶锈病。

（六）适宜范围及栽培要点

适宜在黄淮南片的河南省（除信阳市和南阳市南部部分地区以外）的平原灌区，陕西省西安市、渭南市、咸阳市、铜川市和宝鸡市灌区，以及江苏省和安徽省淮河以北地区的高中水肥地块早中茬种植。适宜播期 10 月上中旬，每亩适宜基本苗 16 万～18 万，注意防治蚜虫、纹枯病、白粉病、叶锈病和赤霉病。

一六七、郑麦113

（一）品种来源

河南省农业科学院小麦研究所利用百农 AK58/偃展 4110 选育而成，2019 年通过国家农作物品种审定委员会审定，审定编号：国审麦 20190059。该品种已获批农业部品种保护（专利），其品种权号为 CNA20140549.8。其系谱如下：

```
百农AK58      ×      偃展4110
       └──────┬──────┘
            郑麦113
```

（二）产量表现

2013—2014 年度参加黄淮南片水地晚播组区域试验，平均亩产 551 千克，比对照偃展 4110 增产 5%；2014—2015 年度续试，平均亩产 525.2 千克，比对照偃展 4110 增产 7.5%。2015—2016 年度参加生产试验，平均亩产 527.3 千克，比对照偃展 4110 增产 6.4%。

（三）特征特性

属弱春性品种，与对照偃展 4110 熟期相当。幼苗半匍匐，叶片宽长，叶色黄绿，分蘖力中等。株高 79 厘米，株型较松散，抗倒性较强。旗叶上冲，穗层整齐，熟相较好。穗纺锤形，长芒，白壳，白粒，籽粒偏粉质，饱满度较好。亩穗数 43.6 万，穗粒数 30 粒，千粒重 47.1 克。

（四）品质分析

容重 818 克/升、816 克/升，蛋白质含量 14.59%、14.56%，湿面筋含量 32.5%、31.2%，稳定时间 1.9 分钟、2.4 分钟，吸水率 58.5%、57.4%，最大拉伸阻力 156 EU、106 EU，拉伸面积 158 平方厘米、176 平方厘米。

（五）抗性鉴定

中抗条锈病，中感纹枯病，高感赤霉病、叶锈病和白粉病。

（六）适宜范围及栽培要点

适宜在黄淮南片的河南省（除信阳市和南阳市南部部分地区以外）的平原灌区，陕西省西安市、渭南市、咸阳市、铜川市和宝鸡市灌区，以及江苏省和安徽省淮河以北地区的高中水肥地块中晚茬种植。适宜播期 10 月中下旬，每亩适宜基本苗 18 万～24 万，注意防治蚜虫、叶锈病、白粉病、赤霉病和纹枯病。

一六八、漯麦26

（一）品种来源

漯河市农业科学院利用漯麦9号/周麦22选育而成，2020年通过国家农作物品种审定委员会审定，审定编号：国审麦20200008。该品种已获批农业部品种保护（专利），其品种权号为CNA20171335.1。其系谱如下：

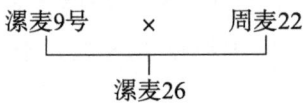

（二）产量表现

2016—2017年度参加黄淮南片水地早播区域试验，平均亩产584.4千克，比对照周麦18增产5.29%；2017—2018年度续试，平均亩产487.3千克，比对照周麦18增产5.68%。2018—2019年度参加生产试验，平均亩产601.1千克，比对照周麦18增产5.64%。

（三）特征特性

属半冬性中晚熟品种，熟期比对照周麦18稍早。幼苗半匍匐，叶片宽长，叶色黄绿，分蘖力中等。株高79.6厘米，株型较紧凑，抗倒性较好。穗层整齐，熟相好。穗纺锤形，短芒，白粒，籽粒角质，饱满度较好。亩穗数39.7万，穗粒数35.8粒，千粒重43.6克。

（四）品质分析

容重818克/升、816克/升，蛋白质含量14.38%、14.78%，湿面筋含量32.8%、35.6%，稳定时间2.6分钟、3.5分钟，吸水率54%、56%。

（五）抗性鉴定

慢条锈病，中抗叶锈病，高感纹枯病、赤霉病和白粉病。

（六）适宜范围及栽培要点

适宜在黄淮南片的河南省（除信阳市淮河以南稻茬麦区和南阳市南部地区以外）的平原灌区，陕西省西安市、渭南市、咸阳市、铜川市和宝鸡市灌区，江苏省淮河、苏北灌溉总渠以北地区，以及安徽省沿淮及淮河以北地区的高中水肥地块早中茬种植。适宜播期10月上中旬，每亩适宜基本苗14万~22万，注意防治蚜虫、白粉病、纹枯病和赤霉病。

一六九、冠麦2号

（一）品种来源

河南华冠种业有限公司利用周麦16/偃展1号//烟农19选育而成，2020年通过国家农作物品种审定委员会审定，审定编号：国审麦20200010。该品种已申请农业农村部品种保护（专利），其公告号为CNA035847E。其系谱如下：

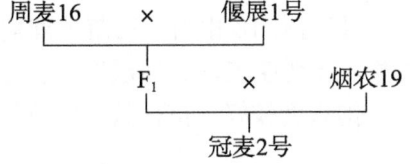

（二）产量表现

2016—2017年度参加黄淮南片水地早播组区域试验，平均亩产579.9千克，比对照周麦18增产3.29%；2017—2018年度续试，平均亩产494.5千克，比对照周麦18增产7.52%。2018—2019年度参加生产试验，平均亩产605.5千克，比对照周麦18增产5.63%。

（三）特征特性

属半冬性中晚熟品种，熟期与对照周麦18相当。幼苗半直立，叶片窄短，叶色深绿，分蘖力中等。株高78.5厘米，株型较紧凑，抗倒性一般。穗层整齐，熟相好。穗纺锤形，短芒，白粒，籽粒半角质，饱满度好。亩穗数40.6万，穗粒数32.9粒，千粒重43.8克。

（四）品质分析

容重808克/升、799克/升，蛋白质含量13.63%、13.67%，湿面筋含量30.9%、32.6%，稳定时间2.1分钟、3.9分钟，吸水率53%、56%。

（五）抗性鉴定

中感纹枯病、条锈病和叶锈病，高感赤霉病和白粉病。

（六）适宜范围及栽培要点

适宜在黄淮南片的河南省（除信阳市淮河以南稻茬麦区和南阳市南部部分地区以外）的平原灌区，陕西省西安市、渭南市、咸阳市、铜川市和宝鸡市灌区，江苏省淮河、苏北灌溉总渠以北地区，以及安徽省沿淮及淮河以北地区的高中水肥地块早中茬种植。适宜播期10月上中旬，每亩适宜基本苗14万~22万。注意防治蚜虫、白粉病、锈病、赤霉病和叶枯病，高水肥地区种植防止倒伏。

一七〇、泉麦31

（一）品种来源

河南开泉农业科学研究所有限公司利用许科1号/漯5418选育而成，2020年通过国家农作物品种审定委员会审定，审定编号：国审麦20200011。该品种已申请农业农村部品种保护（专利），其公告号为CNA037330E。其系谱如下：

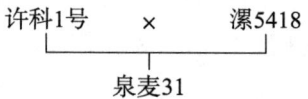

（二）产量表现

2016—2017年度参加黄淮南片水地早播组区域试验，平均亩产580.8千克，比对照周麦18增产4.13%；2017—2018年度续试，平均亩产483.4千克，比对照周麦18增产5.18%。2018—2019年度参加生产试验，平均亩产605.8千克，比对照周麦18增产5.65%。

（三）特征特性

属半冬性中晚熟品种，熟期与对照周麦18相当。幼苗半匍匐，叶片宽短，叶色深绿，分蘖力较强。株高79.4厘米，株型较紧凑，抗倒性较好。穗层厚，根系活力强，耐干热风，熟相较好。穗纺锤形，短芒，白粒，籽粒半角质，饱满度较好。亩穗数38.2万，穗粒数33.9粒，千粒重46.7克。

（四）品质分析

容重802克/升、799克/升，蛋白质含量14.48%、15.82%，湿面筋含量33.4%、39.2%，稳定时间2.1分钟、2.9分钟，吸水率53.4%、61%。

（五）抗性鉴定

高感纹枯病、赤霉病和白粉病，中抗条锈病，中感叶锈病。

（六）适宜范围及栽培要点

适宜在黄淮南片的河南省（除信阳市淮河以南稻茬麦区和南阳市南部部分地区以外）的平原灌区，陕西省西安市、渭南市、咸阳市、铜川市和宝鸡市灌区，江苏省淮河、苏北灌溉总渠以北地区，以及安徽省沿淮及淮河以北地区的高中水肥地块早中茬种植。适宜播期10月上中旬，每亩适宜基本苗18万~22万，注意防治蚜虫、叶锈病、白粉病、纹枯病和赤霉病。

一七一、万丰269

（一）品种来源

河南赛德种业有限公司、河南许农种业有限公司利用新麦26//西农979/济麦20选育而成，2020年通过国家农作物品种审定委员会审定，审定编号：国审麦20200012。该品种已申请农业农村部品种保护（专利），其公告号为CNA026236E。其系谱如下：

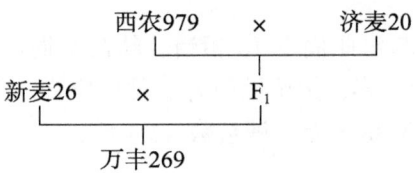

（二）产量表现

2016—2017年度参加黄淮南片水地早播组区域试验，平均亩产547.7千克，比对照周麦18减产1.32%；2017—2018年度续试，平均亩产465.6千克，比对照周麦18增产0.97%。2018—2019年度参加生产试验，平均亩产583.7千克，比对照周麦18增产2.59%。

（三）特征特性

属半冬性中晚熟品种，熟期与对照周麦18相当。幼苗匍匐，叶片宽短，叶色深绿，分蘖力中等。株高80.1厘米，株型较紧凑，抗倒性较好。穗层较整齐，熟相一般。穗纺锤形，长芒，白粒，籽粒角质，饱满度好。亩穗数38.3万，穗粒数34.7粒，千粒重42.1克。

（四）品质分析

容重826克/升、807克/升，蛋白质含量15.12%、14.86%，湿面筋含量34.6%、34.9%，稳定时间15.8分钟、14分钟，吸水率60%、59%，最大拉伸阻力584 EU、565 EU，拉伸面积122平方厘米、141平方厘米。

（五）抗性鉴定

高感纹枯病、赤霉病、白粉病和叶锈病，中感条锈病。

（六）适宜范围及栽培要点

适宜在黄淮南片的河南省（除信阳市淮河以南稻茬麦区和南阳市南部部分地区以外）的平原

灌区，陕西省西安市、渭南市、咸阳市、铜川市和宝鸡市灌区，江苏省淮河、苏北灌溉总渠以北地区，以及安徽省沿淮及淮河以北地区的高中水肥地块早中茬种植。适宜播期10月上中旬，每亩适宜基本苗14万~22万，注意防治蚜虫、锈病、纹枯病、白粉病和赤霉病。

一七二、洛麦27

（一）品种来源

洛阳市农林科学院利用周麦26/百农AK58选育而成，2020年通过国家农作物品种审定委员会审定，审定编号：国审麦20200013。该品种已获批农业农村部品种保护（专利），其品种权号为CNA20201004003。其系谱如下：

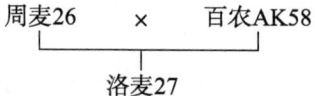

（二）产量表现

2016—2017年度参加黄淮南片水地早播组区域试验，平均亩产583.9千克，比对照周麦18增产5.2%；2017—2018年度续试，平均亩产488.5千克，比对照周麦18增产5.94%。2018—2019年度参加生产试验，平均亩产599.2千克，比对照周麦18增产5.31%。

（三）特征特性

属半冬性中晚熟品种，熟期与对照周麦18相当。幼苗半匍匐，叶片窄短，叶色深绿，分蘖力较强。株高75厘米左右，株型较紧凑，抗倒性较好。穗层整齐，熟相好。穗纺锤形，短芒，白粒，籽粒半角质，饱满度较好。亩穗数38.5万，穗粒数32.4粒，千粒重47.5克。

（四）品质分析

容重802克/升、781克/升，蛋白质含量14.21%、15.83%，湿面筋含量32.8%、36.6%，稳定时间2.5分钟、3分钟，吸水率53%、56%。

（五）抗性鉴定

高感纹枯病、赤霉病和白粉病，慢条锈病，高抗叶锈病。

（六）适宜范围及栽培要点

适宜在黄淮南片的河南省（除信阳市淮河以南稻茬麦区和南阳市南部部分地区以外）的平原灌区，陕西省西安市、渭南市、咸阳市、铜川市和宝鸡市灌区，江苏省淮河、苏北灌溉总渠以北地区，以及安徽省沿淮河以北地区的高中水肥地块早中茬种植。适宜播期为10月中上旬，每亩适宜基本苗14万~20万，注意浇好越冬水和孕穗水，中后期注意防治蚜虫、白粉病、纹枯病和赤霉病。

一七三、华伟305

（一）品种来源

河南福海农业科技有限公司利用矮败西农979/豫农416//西农9718选育而成，2020年通过国家农作物品种审定委员会审定，审定编号：国审麦20200015。该品种已获批农业农村部品种保护（专利），其品种权号为CNA20191003759。其系谱如下：

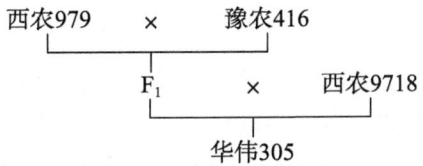

（二）产量表现

2017—2018年度参加黄淮南片水地早播组区域试验，平均亩产494.1千克，比对照周麦18增产7.15%；2018—2019年度续试，平均亩产599.9千克，比对照周麦18增产6.24%。2018—2019年度参加生产试验，平均亩产601.5千克，比对照周麦18增产6.2%。

（三）特征特性

属半冬性中晚熟品种，熟期比对照周麦18稍早。幼苗半匍匐，叶片窄长，叶色深绿，分蘖力中等。株高76.5厘米，株型较紧凑，抗倒性中等。穗层厚，熟相较好。穗纺锤形，长芒，白粒，籽粒角质，饱满度较好。亩穗数43.4万，穗粒数29粒，千粒重49.5克。

（四）品质分析

容重839克/升、841克/升，蛋白质含量15.18%、14.54%，湿面筋含量32.7%、32.3%，稳定时间12.8分钟、16.5分钟，吸水率61%、60.2%，最大拉伸阻力600 EU、709 EU，拉伸面积132平方厘米、141平方厘米。

（五）抗性鉴定

中感纹枯病，高感赤霉病、白粉病、条锈病和叶锈病。

（六）适宜范围及栽培要点

适宜在黄淮南片的河南省（除信阳市淮河以南稻茬麦区和南阳市南部部分地区以外）的平原灌区，陕西省西安市、渭南市、咸阳市、铜川市和宝鸡市灌区，江苏省淮河、苏北灌溉总渠以北地区，以及安徽省沿淮及淮河以北地区，高中水肥地块早中茬种植。在适耕期内，先均匀施足底肥，再深耕细耙。适宜播期10月1—15日，每亩适宜基本苗16万~18万。浇好封冻水、拔节水和灌浆水，注意防治蚜虫、纹枯病、赤霉病、白粉病和锈病。

一七四、中麦578

（一）品种来源

中国农业科学院作物科学研究所、中国农业科学院棉花研究所利用中麦255/济麦22选育而成，2020年通过国家农作物品种审定委员会审定，审定编号：国审麦20200016。该品种已获批农业部品种保护（专利），其品种权号为CNA20171916.8。其系谱如下：

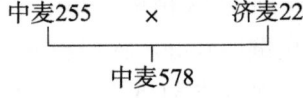

（二）产量表现

2017—2018年度参加黄淮南片水地早播组区域试验，平均亩产485.6千克，比对照周麦18增产5.59%；2018—2019年度续试，平均亩产582.9千克，比对照周麦18增产3.45%。2018—2019年度参加生产试验，平均亩产590.6千克，比对照周麦18增产4.27%。

（三）特征特性

属半冬性中熟品种，比对照周麦18天早熟2.3天。幼苗半直立，叶片细长，叶色深绿，分蘖力中等。株高80厘米，株型较松散，抗倒性较好。穗层厚，熟相好。穗纺锤形，长芒，白粒，籽粒角质，饱满度较好。亩穗数42.1万，穗粒数28.6粒，千粒重50.1克。

（四）品质分析

容重812克/升、805克/升，蛋白质含量15.1%、14.8%，湿面筋含量31.8%、32.5%，稳定时间11.3分钟、22.7分钟，吸水率60%、61%，最大拉伸阻力471 EU、588 EU，拉伸面积121平方厘米、125平方厘米。

（五）抗性鉴定

中感纹枯病，高感赤霉病、白粉病、条锈病和叶锈病。

（六）适宜范围及栽培要点

适宜在黄淮南片的河南省（除信阳市淮河以南稻茬麦区和南阳市南部部分地区以外）的平原灌区，陕西省西安市、渭南市、咸阳市、铜川市和宝鸡市灌区，江苏省淮河、苏北灌溉总渠以北地区，以及安徽省沿淮及淮河以北地区的高中水肥地块早中茬种植。适宜播期10月中下旬，每亩适宜基本苗18万左右，晚播适当加大播量。种子包衣和返青至拔节初期药剂喷施重点防治纹枯病和茎基腐病。追肥宜在拔节中后期基部节间定长时进行。注意防治锈病、白粉病、赤霉病、纹枯病和蚜虫。

一七五、艾麦24

（一）品种来源

河南丰德康种业股份有限公司利用丰德存麦1号S/郑麦366选育而成，2020年通过国家农作物品种审定委员会审定，审定编号：国审麦20200017。其系谱如下：

丰德存麦1号S × 郑麦366
艾麦24

（二）产量表现

2016—2017年度参加黄淮南片水地早播组区域试验，平均亩产558.2千克，比对照周麦18增产0.74%；2017—2018年度续试，平均亩产474.5千克，比对照周麦18增产3.17%。2018—2019年度参加生产试验，平均亩产591.7千克，比对照周麦18增产3.19%。

（三）特征特性

属半冬性中晚熟品种，熟期比对照周麦18稍早。幼苗半匍匐，叶片窄，叶色深黄绿，分蘖力较强。株高73.5厘米，株型较紧凑，抗倒性较好。穗层整齐，熟相一般。穗纺锤形，短芒，白粒，籽粒角质，饱满度好。亩穗数39.3万，穗粒数31.5粒，千粒重45.8克。

（四）品质分析

容重805克/升、792克/升，蛋白质含量15.5%、15.8%，湿面筋含量33.8%、34.8%，稳定时间9.6分钟、9.4分钟，吸水率58.6%、59%，最大拉伸阻力567 EU、443 EU，拉伸面积112平方厘米、98平方厘米。

（五）抗性鉴定

慢条锈病，中感叶锈病，高感白粉病、纹枯病和赤霉病。

（六）适宜范围及栽培要点

适宜在黄淮南片的河南省（除信阳市和南阳市南部部分地区以外）的平原灌区，陕西省西安市、渭南市、咸阳市、铜川市和宝鸡市灌区，以及江苏省和安徽省淮河以北地区的高中水肥地块早中茬种植。适宜播期10月上中旬，每亩适宜基本苗18万~20万。注意防治蚜虫、叶锈病、纹枯病、赤霉病和白粉病，高水肥地块种植注意防止倒伏。

一七六、泰禾麦5号

（一）品种来源

河南泰禾种业有限公司利用漯5418/郑麦7698选育而成，2020年通过国家农作物品种审定委员会审定，审定编号：国审麦20200023。该品种已申请农业农村部品种保护（专利），其申请号为20211006387。其系谱如下：

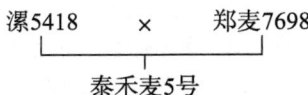

（二）产量表现

2016—2017年度参加黄淮南片水地组区域试验，平均亩产583.3千克，比对照周麦18增产5.1%；2017—2018年度续试，平均亩产487.2千克，比对照周麦18增产5.66%。2018—2019年度参加生产试验，平均亩产602.7千克，比对照周麦18增产5.93%。

（三）特征特性

属半冬性中晚熟品种，熟期与对照周麦18相当。幼苗半直立，叶片细长，叶色深绿，分蘖力较强。株高75.8厘米，株型松散，抗倒性中等。穗层整齐，熟相一般。穗纺锤形，长芒，白粒，籽粒半角质，饱满度较好。亩穗数41.9万，穗粒数32.9粒，千粒重45.5克。

（四）品质分析

容重798克/升、785克/升，蛋白质含量13.73%、14.69%，湿面筋含量31.6%、34.7%，稳定时间4.1分钟、1.8分钟，吸水率55%、56%。

（五）抗性鉴定

高感纹枯病、赤霉病和白粉病，慢条锈病，中感叶锈病。

（六）适宜范围及栽培要点

适宜在黄淮南片的河南省（除信阳市淮河以南稻茬麦区和南阳市南部部分地区以外）的平原灌区，陕西省西安市、渭南市、咸阳市、铜川市和宝鸡市灌区，江苏省淮河、苏北灌溉总渠以北地区，以及安徽省沿淮及淮河以北地区的高中水肥地块早中茬种植。适宜播期10月上中旬，每亩适宜基本苗14万~22万，注意防治蚜虫、叶锈病、纹枯病、白粉病和赤霉病，高水肥地注意防止倒伏。

一七七、郑品麦 25

（一）品种来源

新乡市金苑邦达富农业科技有限公司、河南金苑种业股份有限公司利用周麦 16/淮麦 20 选育而成，2020 年通过国家农作物品种审定委员会审定，审定编号：国审麦 20200024。该品种已获批农业部品种保护（专利），其品种权号为 CNA20161687.6。其系谱如下：

```
周麦16    ×    淮麦20
        └─────┬─────┘
            郑品麦25
```

（二）产量表现

2016—2017 年度参加黄淮南片水地组区域试验，平均亩产 576.3 千克，比对照周麦 18 增产 3.84%；2017—2018 年度续试，平均亩产 477.9 千克，比对照周麦 18 增产 3.65%。2018—2019 年度参加生产试验，平均亩产 593.2 千克，比对照周麦 18 增产 5.48%。

（三）特征特性

属半冬性中晚熟品种，熟期与对照周麦 18 相当。幼苗半匍匐，叶片宽短，叶色深绿，分蘖力中等。株高 77.5 厘米，株型较松散，抗倒性较好。穗层厚，熟相好。穗纺锤形，长芒，白粒，籽粒半角质，饱满度较好。亩穗数 36.6 万，穗粒数 34 粒，千粒重 47.9 克。

（四）品质分析

容重 810 克/升、795 克/升，蛋白质含量 14.86%、15.21%，湿面筋含量 34.8%、37.3%，稳定时间 2.4 分钟、2.7 分钟，吸水率 53%、55%。

（五）抗性鉴定

高感纹枯病、赤霉病和白粉病，慢条锈病，中抗叶锈病。

（六）适宜范围及栽培要点

适宜在黄淮南片的河南省（除信阳市和南阳市南部部分地区以外）的平原灌区，陕西省西安市、渭南市、咸阳市、铜川市和宝鸡市灌区，以及江苏省和安徽省淮河以北地区的高中水肥地块中茬种植。适宜播期 10 月中上旬，每亩适宜基本苗 16 万~18 万，注意防治蚜虫、赤霉病、纹枯病和白粉病。

一七八、华伟 307

（一）品种来源

河南福海农业科技有限公司、河南栗丰种业有限公司利用开麦 18/百农 AK58//商麦 051 选育而成，2020 年通过国家农作物品种审定委员会审定，审定编号：国审麦 20200025。其系谱如下：

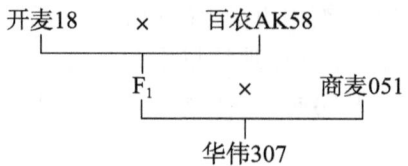

（二）产量表现

2016—2017年度参加黄淮南片水地组区域试验，平均亩产589千克，比对照周麦18增产6.31%；2017—2018年度续试，平均亩产495.7千克，比对照周麦18增产7.78%。2018—2019年度参加生产试验，平均亩产610.3千克，比对照周麦18增产6.44%。

（三）特征特性

属半冬性中晚熟品种，熟期与对照周麦18相当。幼苗半直立，叶片细长，叶色深绿，分蘖力中等。株高80.9厘米，株型紧凑，抗倒性较好。穗层厚，熟相较好。穗纺锤形，长芒，白粒，籽粒半角质，饱满度较好。亩穗数40.3万，穗粒数32.8粒，千粒重45.4克。

（四）品质分析

容重803克/升、811克/升，蛋白质含量13.61%、14%，湿面筋含量29.9%、33.1%，稳定时间2.4分钟、3.7分钟，吸水率53.4%、56%。

（五）抗性鉴定

中感纹枯病和叶锈病，高感赤霉病、白粉病和条锈病。

（六）适宜范围及栽培要点

适宜在黄淮南片的河南省（除信阳市淮河以南稻茬麦区和南阳市南部部分地区以外）的平原灌区，陕西省西安市、渭南市、咸阳市、铜川市和宝鸡市灌区，江苏省淮河、苏北灌溉总渠以北地区，以及安徽省沿淮及淮河以北地区的高中水肥地块早中茬种植。适宜播期10月上中旬，每亩适宜基本苗14万~22万，注意防治蚜虫、纹枯病、白粉病、锈病和赤霉病。

一七九、濮麦087

（一）品种来源

濮阳市农业科学院利用浚K8-4/濮麦9号选育而成，2020年通过国家农作物品种审定委员会审定，审定编号：国审麦20200042。该品种已申请农业农村部品种保护（专利），其公告号为CNA023069E。其系谱如下：

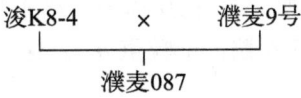

（二）产量表现

2017—2018年度参加国家小麦良种重大科研联合攻关黄淮南片水地早播组区域试验，平均亩产444千克，比对照周麦18增产3.30%；2018—2019年度续试，平均亩产569.9千克，比对照周麦18增产3.49%。2018—2019年度参加生产试验，平均亩产564.5千克，比对照周麦18增产3.28%。

（三）特征特性

属半冬性中晚熟品种，熟期比对照周麦18稍晚。幼苗半匍匐，叶片长，叶色深绿，分蘖力中等。株高79.4厘米，株型松紧适中，抗倒性一般。穗层厚，熟相较好。穗纺锤形，长芒，白粒，籽粒角质，饱满度较好。亩穗数36.9万，穗粒数37.7粒，千粒重45.8克。

（四）品质分析

容重768.9克/升、789.2克/升，蛋白质含量14.5%、11.3%，湿面筋含量32.5%、31.3%，

稳定时间 2.6 分钟、1.8 分钟，吸水率 57.4%、60.3%，最大拉伸阻力 225.4 EU、200.5 EU，拉伸面积 52.2 平方厘米、41 平方厘米。

（五）抗性鉴定

中感纹枯病、赤霉病和白粉病，感条锈病，中抗叶锈病。

（六）适宜范围及栽培要点

适宜在黄淮南片的河南省（除信阳市和南阳市南部部分地区以外）的平原灌区，陕西省西安市、渭南市、咸阳市、铜川市和宝鸡市灌区，以及江苏省和安徽省淮河以北地区的高中水肥地块早中茬种植。适宜播期 10 月上中旬，每亩适宜基本苗 15 万～22 万，注意防治蚜虫、白粉病、条锈病、纹枯病和赤霉病。高水肥地块种植注意防止倒伏。

一八〇、漯麦163

（一）品种来源

漯河市农业科学院利用漯麦 6010/弗罗里达选育而成，2020 年通过国家农作物品种审定委员会审定，审定编号：国审麦 20200043。该品种于 2018 年通过湖北省审定，审定编号：鄂审麦 2018006。2019 年通过河南省引种备案，引种备案号：（豫）引种〔2019〕麦 034。该品种已获批农业农村部品种保护（专利），其品种权号为 CNA20183786.0。其系谱如下：

```
漯麦6010    ×    弗罗里达
        └──────┬──────┘
             漯麦163
```

（二）产量表现

2016—2017 年度参加国家小麦良种重大科研联合攻关黄淮南片水地早播组区域试验，平均亩产 550 千克，比对照周麦 18 增产 5.44%；2017—2018 年度续试，平均亩产 458.1 千克，比对照周麦 18 增产 6.58%。2017—2018 年度参加生产试验，平均亩产 462.9 千克，比对照周麦 18 增产 7.18%。

（三）特征特性

属半冬性中熟品种，熟期比对照周麦 18 早 1 天。幼苗半匍匐，叶片窄短，叶色深绿，分蘖力较强。株高 83 厘米，株型较松散，抗倒性强，穗层整齐，熟相好。穗纺锤形，长芒，白粒，籽粒角质，饱满度好。亩穗数 38.8 万，穗粒数 33.6 粒，千粒重 47.2 克。

（四）品质分析

容重 798.4 克/升、796.3 克/升，蛋白质含量 14.9%、15.2%，湿面筋含量 29.3%、30%，稳定时间 6.4 分钟、4.3 分钟，吸水率 63.1%、61.1%，最大拉伸阻力 202 EU、338.4 EU，拉伸面积 40.2 平方厘米、66 平方厘米。

（五）抗性鉴定

中感纹枯病、白粉病和叶锈病，高感赤霉病，感条锈病。

（六）适宜范围及栽培要点

适宜在黄淮麦区冬麦区河南省（含信阳市、南阳市南部地区）的平原灌区，陕西省西安市、渭南市、咸阳市、铜川市和宝鸡市灌区，以及江苏省和安徽省淮河以北地区的高中水肥地块早中茬种植。适宜播期 10 月 12—20 日，每亩适宜基本苗 18 万，注意防治蚜虫、锈病、纹枯病、白粉病和赤霉病，灌浆期搞好"一喷三防"。

一八一、濮麦168

（一）品种来源

濮阳市农业科学院利用豫麦24/周麦16选育而成，2020年通过国家农作物品种审定委员会审定，审定编号：国审麦20200044。该品种已获批农业农村部品种保护（专利），其品种权号为CNA20182190.2。其系谱如下：

```
豫麦24   ×   周麦16
       └──┬──┘
        濮麦168
```

（二）产量表现

2016—2017年度参加国家小麦良种重大科研联合攻关黄淮南片大区试验，平均亩产550.6千克，比对照周麦18增产5.56%。2017—2018年度续试，平均亩产457.8千克，比对照周麦18增产6.51%。2017—2018年度参加生产试验，平均亩产448.4千克，比对照周麦18增产3.55%。

（三）特征特性

属半冬性中晚熟品种，熟期与对照周麦18相当。幼苗半匍匐，叶片宽短，叶色深绿，分蘖力一般。株高77厘米，株型较松散，抗倒性中等。穗层整齐，熟相好。穗纺锤形，长芒，白粒，籽粒半角质，饱满度一般。亩穗数38.8万，穗粒数36.7粒，千粒重43.4克。

（四）品质分析

容重792.4克/升，蛋白质含量13.8%、14.6%，湿面筋含量26.3%、28.7%，稳定时间2.4分钟、1.4分钟，吸水率56.5%、54.3%，最大拉伸阻力192.0 EU、217.8 EU，拉伸面积44.6平方厘米、47.4平方厘米。

（五）抗性鉴定

中感纹枯病、白粉病和叶锈病，高感赤霉病，抗条锈病。

（六）适宜范围及栽培要点

适宜在黄淮南片的河南省（除信阳市和南阳市南部部分地区以外）的平原灌区，陕西省西安市、渭南市、咸阳市、铜川市和宝鸡市灌区，江苏省和安徽省淮河以北地区，高中水肥地块早中茬种植。适宜播期10月上中旬，每亩适宜基本苗16万~20万。注意防治蚜虫、白粉病、纹枯病、叶锈病和赤霉病。

一八二、郑麦6694

（一）品种来源

河南省农业科学院小麦研究所、河南生物育种中心有限公司利用04H551-2-1/郑麦7698//郑麦0856选育而成，2020年通过国家农作物品种审定委员会审定，审定编号：国审麦20200045。其系谱如下：

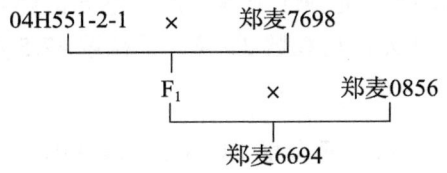

（二）产量表现

2017—2018年度参加国家小麦良种重大科研联合攻关黄淮南片水地早播组大域×试验，平均亩产454.9千克，比对照周麦18增产5.84%；2018—2019年度续试，平均亩产588.8千克，比对照周麦18增产6.4%。2018—2019年度参加生产试验，平均亩产571.9千克，比对照周麦18增产4.70%。

（三）特征特性

属半冬性中晚熟品种，与对照周麦18熟期相当。幼苗半匍匐，叶片宽长，叶色深绿，分蘖力中等。株高74.6厘米，株型较松散，抗倒性较好，穗层较整齐，熟相较好。穗纺锤形，短芒，白粒，籽粒半角质，饱满度较好。亩穗数39.5万，穗粒数35.9粒，千粒重44.2克。

（四）品质分析

容重777克/升、804.4克/升，蛋白质含量14.7%、13.3%，湿面筋含量29.1%、33.3%，稳定时间3.5分钟、3.3分钟，吸水率58.2%、63.3%，最大拉伸阻力374EU、287.2EU，拉伸面积71.2平方厘米、52.8平方厘米。

（五）抗性鉴定

中抗白粉病和条锈病，慢叶锈病，中感纹枯病，高感赤霉病。

（六）适宜范围及栽培要点

适宜在黄淮南片的河南省（除信阳市和南阳市南部部分地区以外）的平原灌区，陕西省西安市、渭南市、咸阳市、铜川市和宝鸡市灌区，以及江苏省和安徽省淮河以北地区的高中水肥地块早中茬种植。适宜播期10月上中旬，每亩适宜基本苗16万～18万，注意防治蚜虫、纹枯病和赤霉病。

一八三、中麦875

（一）品种来源

中国农业科学院棉花研究所、中国农业科学院作物科学研究所利用周麦16/荔垦4号选育而成，2020年通过国家农作物品种审定委员会审定，审定编号：国审麦20200056。该品种已获批农业部品种保护（专利），其品种权号为CNA20180678.5。其系谱如下：

```
周麦16    ×    荔垦4号
    └────┬────┘
       中麦875
```

（二）产量表现

2016—2017年度参加中作小麦联合体黄淮南片水地早播组区域试验，平均亩产573.81千克，比对照周麦18增产2.45%；2017—2018年度续试，平均亩产457.7千克，比对照周麦18增产4.41%。2018—2019年生产试验，平均亩产588.5千克，比对照周麦18增产4.1%。

（三）特征特性

属半冬性中晚熟品种，熟期比对照周麦18稍早。幼苗半直立，叶片细长，叶色黄绿，分蘖力较强。株高77.5厘米，株型较松散，抗倒性中等。穗层整齐，熟相好。穗长方形，长芒，白粒，籽粒角质，饱满度好。亩穗数38.4万，穗粒数32粒，千粒重47.5克。

（四）品质分析

容重793克/升、778克/升，蛋白质含量14.73%、14.99%，湿面筋含量34.1%、35.8%，稳

定时间3.8分钟、4.9分钟，吸水率59.3%、60%。

（五）抗性鉴定

高感纹枯病、赤霉病和白粉病，慢条锈病，中感叶锈病。

（六）适宜范围及栽培要点

适宜在黄淮南片的河南省（除信阳市淮河以南稻茬麦区和南阳市南部部分地区以外）平原灌区，陕西省西安市、渭南市、咸阳市、铜川市和宝鸡市灌区，江苏省淮河、苏北灌溉总渠以北地区，以及安徽省沿淮及淮河以北地区的高中水肥地块早中茬种植。适宜播期10月上中旬，每亩适宜基本苗18万左右，晚播应适当加大播量。重施基肥，氮磷钾肥配施。浇好越冬水，拔节期结合浇水追肥。及时防治纹枯病、白粉病和叶锈病，抽穗扬花期预防赤霉病，灌浆期"一喷三防"。

一八四、永丰101

（一）品种来源

濮阳市永丰农业科技有限公司利用周麦16/济麦22选育而成，2020年通过国家农作物品种审定委员会审定，审定编号：国审麦20200059。该品种已获批农业农村部品种保护（专利），其品种权号为CNA20183801.1。其系谱如下：

```
周麦16    ×    济麦22
    └─────┬─────┘
        永丰101
```

（二）产量表现

2016—2017年度参加丰乐种业黄淮南片联合体水地早播组区域试验，平均亩产556.6千克，比对照周麦18增产3.37%；2017—2018年度续试，平均亩产460.4千克，比对照周麦18增产4.73%。2018—2019年度参加生产试验，平均亩产583.5千克，比对照周麦18增产6.79%。

（三）特征特性

属半冬性中晚熟品种，与对照周麦18天熟期相当。幼苗半直立，叶片窄，叶色深绿，分蘖力较强。株高79.5厘米，株型较紧凑，抗倒性中等。穗层整齐，熟相好。穗长方形，短芒，白粒，籽粒角质，饱满度好。亩穗数41.8万，穗粒数36.1粒，千粒重39.7克。

（四）品质分析

容重792克/升、781克/升，蛋白质含量13.68%、13.48%，湿面筋含量31.9%、34.4%，稳定时间4.3分钟、2.4分钟，吸水率58%、63%。

（五）抗性鉴定

高感纹枯病、赤霉病和白粉病，慢条锈病，中感叶锈病。

（六）适宜范围及栽培要点

适宜在黄淮南片的河南省（除信阳市和南阳市南部部分地区以外）平原灌区，陕西省西安市、渭南市、咸阳市、铜川市和宝鸡市灌区，江苏省淮河、苏北灌溉总渠以北地区，以及安徽省沿淮及淮河以北地区的高中水肥地块早中茬种植。适宜播期10月上中旬，每亩适宜基本苗16万~24万，注意防治蚜虫、纹枯病、赤霉病、白粉病和锈病，高肥水地块注意防止倒伏。

一八五、中育9302

(一)品种来源

中棉种业科技股份有限公司利用矮败小麦群体//周麦16/04中36选育而成,2020年通过国家农作物品种审定委员会审定,审定编号:国审麦20200062。该品种已获批农业部品种保护(专利),其品种权号为CNA20181058.0。其系谱如下:

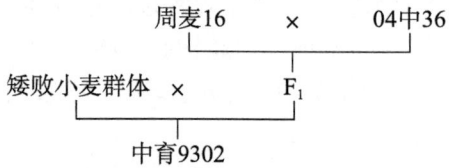

(二)产量表现

2016—2017年度参加洛阳农林科学院科企联合体黄淮南片水地早播组区域试验,平均亩产549.6千克,比对照周麦18增产5.3%;2017—2018年度续试,平均亩产473千克,比对照周麦18增产2.4%。2018—2019年度参加生产试验,平均亩产602.7千克,比对照周麦18增产4.9%。

(三)特征特性

属半冬性中晚熟品种,熟期比对照周麦18稍早。幼苗半匍匐,叶片窄且上冲,叶色深绿,冬季抗寒性好,分蘖力中等。成穗率一般,穗层整齐。春季起身拔节快,两极分化快,苗脚利索。株高76.5厘米,株型较紧凑,抗倒性中等。穗长方形,长芒,白粒,籽粒半角质,饱满度好。亩穗数37.4万,穗粒数35.9粒,千粒重43.8克。

(四)品质分析

容重790克/升、810克/升,蛋白质含量13.42%、15.1%,湿面筋含量28.5%、33.6%,稳定时间1.8分钟、1.4分钟,吸水率59.5%、61.9%。

(五)抗性鉴定

高感纹枯病、白粉病和叶锈病,中感赤霉病,高抗条锈病。

(六)适宜范围及栽培要点

适宜在黄淮南片的河南省(除信阳市淮河以南稻茬麦区和南阳市南部部分地区以外)平原灌区,陕西省西安市、渭南市、咸阳市、铜川市和宝鸡市灌区,江苏省淮河、苏北灌溉总渠以北地区,以及安徽省沿淮及淮河以北地区的高中肥地块早中茬种植。适宜播期10月中旬,每亩基本苗16万~18万。注意防治蚜虫、赤霉病、纹枯病、白粉病和叶锈病,高水肥地注意防止倒伏。

一八六、伟隆169

(一)品种来源

陕西杨凌伟隆农业科技有限公司、新乡市金苑邦达富农业科技有限公司、安徽华皖种业有限公司利用陕麦94/西农822选育而成,2020年通过国家农作物品种审定委员会审定,审定编号:国审麦20200064。该品种曾通过陕西省审定,审定编号:陕审麦2018006。同年通过河南省引种备案,引种备案号:(豫)引种〔2018〕麦004。该品种已获批农业部品种保护(专利),其品种权号为CNA20171332.4。其系谱如下:

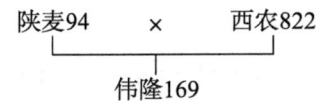

(二)产量表现

2016—2017年度参加西北农大黄淮南片小麦品种试验联合体区域试验,平均亩产560.1千克,比对照周麦18增产1.92%;2017—2018年度续试,平均亩产464.1千克,比对照周麦18增产3.62%。2018—2019年度参加生产试验,平均亩产585.5千克,比对照周麦18增产4.83%。

(三)特征特性

属半冬性中晚熟品种,熟期比对照周麦18稍早。幼苗半匍匐,叶片窄短,叶色黄绿,分蘖力中等。株高74.2厘米,株型较紧凑,抗倒性较好。穗层整齐,熟相较好。穗长方形,长芒,白粒,籽粒角质,饱满度好。亩穗数40万,穗粒数34.8粒,千粒重40.6克。

(四)品质分析

容重809克/升、796克/升,蛋白质含量12.64%、14.41%,湿面筋含量27.4%、30.5%,稳定时间13.2分钟、10.9分钟,吸水率56.6%、57.8%,最大拉伸阻力594 EU、717 EU,拉伸面积115平方厘米、162平方厘米。

(五)抗性鉴定

高感纹枯病、赤霉病和白粉病,慢条锈病,中感叶锈病。

(六)适宜范围及栽培要点

适宜在黄淮南片的河南省(除信阳市和南阳市南部部分地区以外)平原灌区,陕西省西安市、渭南市、咸阳市、铜川市和宝鸡市灌区,江苏省淮河、苏北灌溉总渠以北地区,以及安徽省沿淮及淮河以北地区的高中水肥地块早中茬种植。适宜播期10月中下旬,每亩适宜基本苗16万~24万,注意防治蚜虫、锈病、赤霉病、白粉病和纹枯病。

一八七、大平原1号

(一)品种来源

河南秋乐种业科技股份有限公司利用豫麦34/济麦17选育而成,2020年通过国家农作物品种审定委员会审定,审定编号:国审麦20200066。其系谱如下:

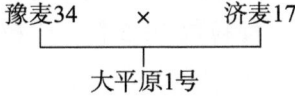

(二)产量表现

2016—2017年度参加西北农大黄淮南片小麦品种试验联合体区域试验,平均亩产535.6千克,比对照周麦18减产0.83%;2017—2018年度续试,平均亩产435.5千克,比对照偃展4110增产0.95%。2018—2019年度参加生产试验,平均亩产565.4千克,比对照偃展4110增产5.94%。

(三)特征特性

属弱春性品种,熟期与对照偃展4110相当。幼苗直立,叶片宽,叶色深绿,分蘖力强。株高76.1厘米,株型较紧凑,抗倒性较好。穗层整齐,熟相好。穗纺锤形,长芒,琥珀色,籽粒角质,饱满度好。亩穗数39.2万,穗粒数32.2粒,千粒重42.8克。

（四）品质分析

容重811克/升、778克/升，蛋白质含量12.71%、14.58%，湿面筋含量26.9%、31%，稳定时间7.3分钟、7.1分钟，吸水率58.1%、62.3%，最大拉伸阻力475 EU、428 EU，拉伸面积86平方厘米、105平方厘米。

（五）抗性鉴定

高感纹枯病和白粉病，中感赤霉病、条锈病和叶锈病。

（六）适宜范围及栽培要点

适宜在黄淮南片的河南省（除信阳市淮河以南稻茬麦区和南阳市南部部分地区以外）平原灌区，陕西省西安市、渭南市、咸阳市、铜川市和宝鸡市灌区，江苏省淮河、苏北灌溉总渠以北地区，以及安徽省沿淮及淮河以北地区的高中水肥地块中晚茬种植。适宜播期10月中下旬，每亩适宜基本苗18万~24万，注意防治蚜虫、锈病、赤霉病、白粉病和纹枯病，注意预防倒春寒。

一八八、商麦156

（一）品种来源

商丘市农林科学院利用许农5号/百农AK58选育而成，2020年通过国家农作物品种审定委员会审定，审定编号：国审麦20200069。该品种已获批农业部品种保护（专利），其品种权号为CNA20160080.1。其系谱如下：

```
许农5号    ×    百农AK58
        └─────┬─────┘
           商麦156
```

（二）产量表现

2016—2017年度参加中作黄淮南片小麦联合体水地组区域试验，平均亩产591.5千克，比对照周麦18增产5.61%；2017—2018年度续试，平均亩产467.6千克，比对照周麦18增产4.85%。2018—2019年度参加生产试验，平均亩产597.9千克，比对照周麦18增产6.4%。

（三）特征特性

属半冬性中晚熟品种，熟期与对照周麦18相当。幼苗半匍匐，叶片宽长，叶色深绿，分蘖力较强。株高79.4厘米，株型较紧凑，抗倒性中等。穗层厚，熟相一般。穗纺锤形，长芒，白粒，籽粒角质，饱满度较好。亩穗数38万，穗粒数36.5粒，千粒重42.6克。

（四）品质分析

容重812克/升、812克/升，蛋白质含量13.01%、14.58%，湿面筋含量32.6%、36.9%，稳定时间2分钟、3.3分钟，吸水量56.9%、61%。

（五）抗性鉴定

高感赤霉病、白粉病和条锈病，中感纹枯病和叶锈病。

（六）适宜范围及栽培要点

适宜在黄淮南片的河南省（除信阳市淮河以南稻茬麦区和南阳市南部部分地区以外）平原灌区，陕西省西安市、渭南市、咸阳市、铜川市和宝鸡市灌区，江苏省淮河、苏北灌溉总渠以北地区，以及安徽省沿淮及淮河以北地区的高中水肥地块早中茬种植。适宜播期10月上中旬，每亩适宜基本苗14万~22万，注意防治蚜虫、锈病、纹枯病、白粉病和赤霉病。

一八九、泛麦803

（一）品种来源

河南黄泛区地神种业有限公司利用邯郸6172/周麦16选育而成，2020年通过国家农作物品种审定委员会审定，审定编号：国审麦20200073。该品种已获批农业部品种保护（专利），其品种权号为CNA20161403.9。其系谱如下：

（二）产量表现

2016—2017年度参加中作黄淮南片小麦联合体水地组区域试验，平均亩产575.97千克，比对照周麦18增产2.83%；2017—2018年度续试，平均亩产460.9千克，比对照周麦18增产3.33%；2年平均亩产518.42千克，比对照周麦18增产3.06%。

（三）特征特性

属冬性中大穗型中晚熟品种，熟期与对照周麦18相当。幼苗半匍匐，叶片宽长，叶色深绿，分蘖力较强。株高79.3厘米，株型较紧凑，抗倒性好。穗层厚，熟相一般。穗长方形，长芒，白粒，籽粒角质，饱满度较好。亩穗数39.8万，穗粒数36.2粒，千粒重42.7克。

（四）品质分析

容重788克/升、762克/升，蛋白质含量14.08%、14.32%，湿面筋含量33.7%、34.7%，稳定时间3.6分钟、3分钟，吸水率57.3%、58%。

（五）抗性鉴定

中感纹枯病，高感赤霉病、叶锈病和白粉病，慢条锈病。

（六）适宜范围及栽培要点

适宜在黄淮南片的河南省（除信阳市淮河以南稻茬麦区和南阳市南部部分地区以外）平原灌区，陕西省西安市、渭南市、咸阳市、铜川市和宝鸡市灌区，江苏省淮河、苏北灌溉总渠以北地区，以及安徽省沿淮及淮河以北地区的高中水肥地块早中茬种植。适宜播期10月上中旬，每亩适宜基本苗14万~22万，注意防治蚜虫、叶锈病、白粉病、赤霉病和纹枯病。

一九〇、新科麦168

（一）品种来源

河南省新乡市农业科学院、河南九圣禾新科种业有限公司利用百农AK58/周麦16//洛麦21选育而成，2020年通过国家农作物品种审定委员会审定，审定编号：国审麦20200075。该品种已获批农业部品种保护（专利），其品种权号为CNA20150391.6。其系谱如下：

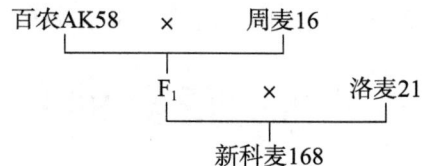

（二）产量表现

2016—2017年度参加洛阳农林科学院科企联合体黄淮南片水地组区域试验，平均亩产541.5千克，比对照周麦18增产3.7%；2017—2018年度续试，平均亩产473.7千克，比对照周麦18增产2.5%。2018—2019年度参加生产试验，平均亩产608千克，比对照周麦18增产5.8%。

（三）特征特性

属半冬性中晚熟品种，熟期比对照周麦18稍早。幼苗半直立，叶片宽长，叶色黄绿，分蘖力中等，株高76厘米，株型较松散，抗倒性一般。穗层较整齐，熟相好。穗纺锤形，长芒，白粒，籽粒半角质，饱满度好。亩穗数42.3万，穗粒数34.3粒，千粒重46.7克。

（四）品质分析

容重795克/升、809克/升，蛋白质含量14.26%、15.4%，湿面筋含量30.3%、34.6%，稳定时间1.9分钟，吸水率59.1%、59%。

（五）抗性鉴定

高感纹枯病、赤霉病、白粉病和叶锈病，慢条锈病。

（六）适宜范围及栽培要点

适宜在黄淮南片的河南省（除信阳市淮河以南稻茬麦区和南阳市南部部分地区以外）的平原灌区，陕西省西安市、渭南市、咸阳市、铜川市和宝鸡市灌区，以及江苏省和安徽省淮河以北地区的高中水肥地块早中茬种植。适宜播期10月5~15日，亩基本苗16万~18万。一般每亩底施纯氮12~16千克，五氧化二磷7千克，氧化钾7千克，锌肥2千克。注意预防白粉病、纹枯病和叶锈病，抽穗扬花期防治赤霉病。高水肥地种植注意防止倒伏。

一九一、吉兴653

（一）品种来源

河南怀川种业有限责任公司、焦作市农林科学研究院利用濮麦9号/周麦16//周98165选育而成，2020年通过国家农作物品种审定委员会审定，审定编号：国审麦20200078。其系谱如下：

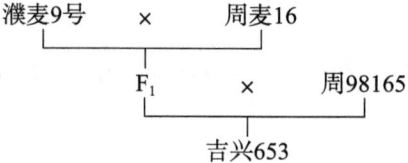

（二）产量表现

2016—2017年度参加金满仓联合体黄淮南片水地组区域试验，平均亩产537.89千克，比对照周麦18增产2.1%；2017—2018年度续试，平均亩产475.53千克，比对照周麦18增产4.17%。2018—2019年度参加生产试验，平均亩产596.69千克，比对照周麦18增产3.21%。

（三）特征特性

属半冬性中晚熟品种，熟期与对照周麦18相当。幼苗半直立，叶片细长，叶色深绿，分蘖力一般。株高78厘米，株型较紧凑，抗倒性中等。穗层整齐，熟相好。穗纺锤形，长芒，白粒，籽粒半角质，饱满度较好。亩穗数38.2万，穗粒数35.6粒，千粒重44.7克。

（四）品质分析

容重796克/升、815克/升，蛋白质含量14.52%、14.19%，湿面筋含量32.7%、32.8%，稳定时间2.9分钟、3.7分钟，吸水率56.4%、57.3%。

（五）抗性鉴定

高感纹枯病、赤霉病和白粉病，高抗条锈病，中抗叶锈病。

（六）适宜范围及栽培要点

适宜在黄淮南片的河南省（除信阳市淮河以南稻茬麦区和南阳市南部部分地区以外）平原灌区，陕西省西安市、渭南市、咸阳市、铜川市和宝鸡市灌区，以及江苏省和安徽省淮河以北地区高中水肥地块早中茬种植。适宜播期10月上中旬，每亩适宜基本苗14万~22万，注意防治蚜虫、白粉病、赤霉病和纹枯病。

一九二、院丰369

（一）品种来源

河南怀川种业有限责任公司利用周麦22/K1选育而成，2020年通过国家农作物品种审定委员会审定，审定编号：国审麦20200079。其系谱如下：

```
周麦22    ×    K1
    └─────┬─────┘
       院丰369
```

（二）产量表现

2016—2017年度参加金满仓联合体黄淮南片水地组区域试验，平均亩产538.07千克，比对照周麦18增产2.13%；2017—2018年度续试，平均亩产474.99千克，比对照周麦18增产4.05%。2019—2020年度参加生产试验，平均亩产595.28千克，比对照周麦18增产2.97%。

（三）特征特性

属半冬性中晚熟品种，熟期与对照周麦18相当。幼苗半匍匐，叶片细长，叶色深绿，分蘖力中等。株高76.1厘米，株型较紧凑，抗倒性较好。穗层整齐，熟相好。穗纺锤形，长芒，白粒，籽粒半角质，饱满度较好。亩穗数38.3万，穗粒数33.7粒，千粒重44.9克。

（四）品质分析

容重768克/升、765克/升，蛋白质含量15.56%、16.32%，湿面筋含量38.4%、40.2%，稳定时间5分钟、3.9分钟，吸水率58.3%、60.5%。

（五）抗性鉴定

高感纹枯病、赤霉病、白粉病和叶锈病，慢感条锈病。

（六）适宜范围及栽培要点

适宜在黄淮南片的河南省（除信阳市淮河以南稻茬麦区和南阳市南部部分地区以外）平原灌

区，陕西省西安市、渭南市、咸阳市、铜川市和宝鸡市灌区，江苏省淮河、苏北灌溉总渠以北地区，以及安徽省沿淮及淮河以北地区的高中水肥地块早中茬种植。适宜播期10月上中旬，每亩基本苗14万~22万。注意防治蚜虫、纹枯病、叶锈病、白粉病和赤霉病。

一九三、郑品优9号

（一）品种来源

河南金苑种业股份有限公司利用（郑麦366/豫麦34）F_0辐射诱变选育而成，2020年通过国家农作物品种审定委员会审定，审定编号：国审麦20200080。该品种已获批农业部品种保护（专利），其品种权号为CNA20161689.4。其系谱如下：

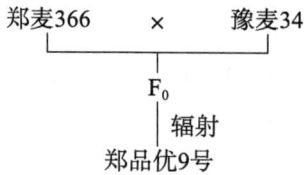

（二）产量表现

2016—2017年度参加金满仓联合体黄淮南片水地组区域试验，平均亩产540.32千克，比对照周麦18增产3.05%；2017—2018年度续试，平均亩产452.48千克，比对照周麦18增产0.2%。2018—2019年度参加生产试验，平均亩产601.44千克，比对照周麦18增产4.03%。

（三）特征特性

属半冬性中熟品种，比对照周麦18早熟2.1天。幼苗半匍匐，叶片窄，叶色深绿，分蘖力较强。株高70.3~76.5厘米，株型较紧凑，抗倒性较好。穗层厚，熟相好。穗纺锤形，长芒，白粒，籽粒角质，饱满度较好。亩穗数40.8万，穗粒数34.7粒，千粒重42.1克。

（四）品质分析

容重814克/升、801克/升，蛋白质含量14.66%、15.62%，湿面筋含量31.2%、33.7%，稳定时间11.6分钟、12.4分钟，吸水率62%、62.2%，最大拉伸阻力544 EU、416 EU，拉伸面积110平方厘米、105平方厘米。

（五）抗性鉴定

高感纹枯病、赤霉病和白粉病，慢条锈病，中感叶锈病。

（六）适宜范围及栽培要点

适宜在黄淮南片的河南省（除信阳市淮河以南稻茬麦区和南阳市南部部分地区以外）平原灌区，陕西省西安市、渭南市、咸阳市、铜川市和宝鸡市灌区，以及江苏省和安徽省淮河以北地区的高中水肥地块早中茬种植。适宜播期10月中上旬，每亩适宜基本苗16万~20万。注意防治蚜虫、赤霉病、叶锈病、纹枯病和白粉病。

一九四、金粒9号

（一）品种来源

河南金粒种业有限公司利用周麦22/JL501选育而成，2020年通过国家农作物品种审定委员会审定，审定编号：国审麦20200082。该品种已申请农业农村部品种保护（专利），其公告号为

CNA038735E。其系谱如下：

```
周麦22    ×    JL501
        │
      金粒9号
```

（二）产量表现

2016—2017年度参加西北农大联合体黄淮南片水地组区域试验，平均亩产564.6千克，比对照周麦18增产2.75%；2017—2018年度续试，平均亩产480.1千克，比对照周麦18增产6.95%。2018—2019年度参加生产试验，平均亩产596.9千克，比对照周麦18增产5.63%。

（三）特征特性

属半冬性中晚熟品种，熟期与对照周麦18相当。幼苗直立，叶片宽长，叶色深绿，分蘖力较强。株高78.6厘米，株型较紧凑，抗倒性一般。穗层整齐，熟相好。穗纺锤形，长芒，白粒，籽粒角质，饱满度好。亩穗数39.1万，穗粒数34.1粒，千粒重43.6克。

（四）品质分析

容重822克/升、793克/升，蛋白质含量12.48%、13.88%，湿面筋含量28.5%、34.9%，稳定时间3.2分钟、4.1分钟，吸水率59.4%、63%。

（五）抗性鉴定

高感纹枯病、赤霉病和白粉病，慢条锈病和叶锈病。

（六）适宜范围及栽培要点

适宜在黄淮南片的河南省（除信阳市淮河以南稻茬麦区和南阳市南部部分地区以外）的平原灌区，陕西省西安市、渭南市、咸阳市、铜川市和宝鸡市灌区，江苏省淮河苏北灌溉总渠以北地区，以及安徽省沿淮及淮河以北地区的高中水地地块中早茬种植。适宜播期10月上中旬，每亩适宜基本苗15万~22万。注意防治蚜虫、白粉病、纹枯病和赤霉病，高水肥地块防止倒伏。

一九五、秋乐6号

（一）品种来源

河南秋乐种业科技股份有限公司利用周麦16/许农5号选育而成，2020年通过国家农作物品种审定委员会审定，审定编号：国审麦20200085。该品种已申请农业部品种保护（专利），其公告号为CNA0325120E。其系谱如下：

```
周麦16    ×    许农5号
        │
      秋乐6号
```

（二）产量表现

2016—2017年度参加西北农大联合体黄淮南片水地组区域试验，平均亩产563.6千克，比对照周麦18增产2.5%；2017—2018年度续试，平均亩产477.7千克，比对照周麦18增产6.42%。2018—2019年度参加生产试验，平均亩产605.5千克，比对照周麦18增产7.15%。

（三）特征特性

属半冬性中晚熟品种，熟期与对照周麦18相当。幼苗直立，叶片宽长，叶色深绿，分蘖力中等。

株高74.6厘米，株型较紧凑，抗倒性中等。穗层整齐，熟相好。穗长方形，长芒，白粒，籽粒半角质，饱满度好。亩穗数37.9万，穗粒数36粒，千粒重41.2克。

（四）品质分析

容重799克/升、787克/升，蛋白质含量12.54%、14.44%，湿面筋含量27.4%、31.2%，稳定时间5.2分钟、2.5分钟，吸水率54.3%、59.9%。

（五）抗性鉴定

中感纹枯病，高感赤霉病、白粉病和叶锈病，中抗条锈病。

（六）适宜范围及栽培要点

适宜在黄淮南片的河南省（除信阳市淮河以南稻茬麦区和南阳市南部部分地区以外）平原灌区，陕西省西安市、渭南市、咸阳市、铜川市和宝鸡市灌区，江苏省淮河、苏北灌溉总渠以北地区，以及安徽省沿淮及淮河以北地区的高中水肥地块中晚茬种植。适宜播期10月中下旬，每亩适宜基本苗18万~24万，注意防治蚜虫、叶锈病、纹枯病、白粉病和赤霉病。

一九六、金诚麦17

（一）品种来源

河南金苑种业股份有限公司、新乡市金苑邦达富农业科技有限公司利用许科1号/周麦22选育而成，2020年通过国家农作物品种审定委员会审定，审定编号：国审麦20200086。该品种已获批农业农村部品种保护（专利），其品种权号为CNA20183279.4。其系谱如下：

```
        许科1号    ×    周麦22
              └─────┬─────┘
                 金诚麦17
```

（二）产量表现

2016—2017年度参加金满仓联合体黄淮南片水地组区域试验，平均亩产555.42千克，比对照周麦18增产5.93%；2017—2018年度续试，平均亩产471.56千克，比对照周麦18增产4.42%。2018—2019年度参加生产试验，平均亩产603.1千克，比对照周麦18增产4.35%。

（三）特征特性

属半冬性中熟品种，比对照周麦18早熟1.2天。幼苗半直立，叶片窄，叶色深绿，分蘖力较强。株高74.4~78.5厘米，株型较紧凑，抗倒性好。穗层整齐，熟相好。穗纺锤形，长芒，白粒，籽粒半角质，饱满度较好。亩穗数39.1万~40.5万，穗粒数32.1~35.7粒，千粒重43.2~47.6克。

（四）品质分析

容重798克/升、797克/升，蛋白质含量15.05%、14.74%，湿面筋含量34.8%、34.8%，稳定时间1.8分钟、1.4分钟，吸水率56.8%、57.4%。

（五）抗性鉴定

高感纹枯病、赤霉病和白粉病，高抗条锈病，中抗叶锈病。

（六）适宜范围及栽培要点

适宜在黄淮南片的河南省（除信阳市淮河以南稻茬麦区和南阳市南部部分地区以外）平原灌区，陕西省西安市、渭南市、咸阳市、铜川市和宝鸡市灌区，以及江苏省和安徽省淮河以北地区的高中水肥地块早中茬种植。适宜播期 10 月中上旬，每亩基本苗 16 万~18 万，注意防治蚜虫、赤霉病、纹枯病和白粉病。

一九七、郑麦 1342

（一）品种来源

河南省农业科学院小麦研究所、河南生物育种中心有限公司利用 3F1164-5/藁 9409//04H638 选育而成，2020 年通过国家农作物品种审定委员会审定，审定编号：国审麦 20200087。该品种已获批农业部品种保护（专利），其品种权号为 CNA20160365.7。其系谱如下：

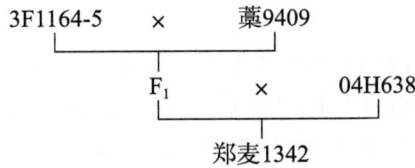

（二）产量表现

2016—2017 年度参加中种黄淮南片小麦试验联合体水地组区域试验，平均亩产 549.1 千克，比对照周麦 18 增产 2.6%；2017—2018 年度续试，平均亩产 455 千克，比对照周麦 18 增产 4.28%。2018—2019 年度参加生产试验，平均亩产 595.2 千克，比对照周麦 18 增产 5.91%。

（三）特征特性

属半冬性中晚熟品种，与对照周麦 18 熟期相当。幼苗半匍匐，叶片细长，叶色黄绿，分蘖力较强。株高 76.8 厘米，株型较松散，抗倒性一般。穗层较整齐，熟相一般。穗纺锤形，长芒，白粒，籽粒半角质，饱满度较好。亩穗数 38.4 万，穗粒数 34.2 粒，千粒重 44.1 克。

（四）品质分析

容重 796 克/升、776 克/升，蛋白质含量 13.29%、14.52%，湿面筋含量 29.5%、31.9%，稳定时间 7 分钟、7.3 分钟，吸水率 59.1%、59%，最大拉伸阻力 341 EU、330 EU，拉伸面积 56 平方厘米、65 平方厘米。

（五）抗性鉴定

中感条锈病，高感白粉病、纹枯病、叶锈病和赤霉病。

（六）适宜范围及栽培要点

适宜在黄淮南片的河南省（除信阳市淮河以南稻茬麦区和南阳市南部部分地区以外）平原灌区，陕西省西安市、渭南市、咸阳市、铜川市和宝鸡市灌区，以及江苏省和安徽省淮河以北地区的高中水肥地块中茬种植。适宜播期 10 月上中旬，每亩适宜基本苗 16 万~18 万，注意防治蚜虫、锈病、纹枯病、白粉病和赤霉病。高水肥地种植防止倒伏。

一九八、郑麦 129

（一）品种来源

河南省农业科学院小麦研究所利用郑麦 366/良星 99 选育而成，2020 年通过国家农作物品种审定委员会审定，审定编号：国审麦 20200088。该品种已获批农业部品种保护（专利），其品种权号为 CNA20151659.1。其系谱如下：

```
        郑麦366  ×  良星99
              │
           郑麦129
```

（二）产量表现

2016—2017 年度参加中种联合体黄淮南片水地组区域试验，平均亩产 551.7 千克，比对照周麦 18 增产 3.09%；2017—2018 年度续试，平均亩产 457.3 千克，比对照周麦 18 增产 4.81%。2018—2019 年度参加生产试验，平均亩产 598.8 千克，比对照周麦 18 增产 6.55%。

（三）特征特性

属半冬性中熟品种，较对照周麦 18 早熟 1.1 天。幼苗半匍匐，叶片窄短，叶色黄绿，分蘖力强。株高 81.5 厘米，株型较松散，抗倒性中等。穗层厚，熟相较好。穗纺锤形，长芒，白粒，籽粒角质，饱满度好。亩穗数 40.6 万，穗粒数 32.4 粒，千粒重 42.7 克。

（四）品质分析

容重 809 克/升、790 克/升，蛋白质含量 13.86%、14.61%，湿面筋含量 32.6%、32.2%，稳定时间 6 分钟、6.5 分钟，吸水率 63.8%、62%。

（五）抗性鉴定

慢条锈病，高感叶锈病、白粉病、赤霉病和纹枯病。

（六）适宜范围及栽培要点

适宜在黄淮南片的河南省（除信阳市淮河以南稻茬麦区和南阳市南部部分地区以外）平原灌区，陕西省西安市、渭南市、咸阳市、铜川市和宝鸡市灌区，江苏省淮河、苏北灌溉总渠以北地区，以及安徽省沿淮及淮河以北地区的高中水肥地块早中茬种植。适宜播期 10 月上中旬，每亩适宜基本苗 12 万～20 万，注意防治蚜虫、锈病、纹枯病、白粉病和赤霉病。

一九九、豫丰 307

（一）品种来源

河南省科学院同位素研究所有限责任公司利用豫同 194/豫同 68-2 选育而成，2020 年通过国家农作物品种审定委员会审定，审定编号：国审麦 20200089。其系谱如下：

```
        豫同194  ×  豫同68-2
              │
           豫丰307
```

（二）产量表现

2016—2017 年度参加金满仓联合体黄淮南片水地组区域试验，平均亩产 549.74 千克，比对照周麦 18 增产 4.35%；2017—2018 年度续试，平均亩产 473.9 千克，比对照周麦 18 增产 3.82%。2018—2019 年度参加生产试验，平均亩产 595.65 千克，比对照周麦 18 增产 3.03%。

（三）特征特性

属半冬性中晚熟品种，与对照周麦 18 熟期相当。幼苗半直立，叶片细长，叶色黄绿，分蘖力较强。株高73.4~78.7厘米,株型较紧凑,抗倒性较好。穗层整齐,熟相好。穗纺锤形,长芒,白粒,籽粒半角质,饱满度好。亩穗数39.7万,穗粒数36.3粒,千粒重45.4克。

(四) 品质分析

容重796克/升、800克/升,蛋白质含量15.24%、14.45%,湿面筋含量36.6%、34.9%,稳定时间1.7分钟、3.2分钟,吸水率58.9%、60%。

(五) 抗性鉴定

高抗叶锈病,慢条锈病,中感纹枯病,高感赤霉病和白粉病。

(六) 适宜范围及栽培要点

适宜在黄淮南片的河南省(除信阳市淮河以南稻茬麦区和南阳市南部部分地区以外)平原灌区,陕西省西安市、渭南市、咸阳市、铜川市和宝鸡市灌区,以及江苏省和安徽省淮河以北地区的高中水肥地块早中茬种植。适宜播期10月上中旬,每亩适宜基本苗14万~22万,注意防治蚜虫、条锈病、纹枯病、白粉病和赤霉病。

二〇〇、平麦189

(一) 品种来源

平顶山市农业科学院利用周麦16/平麦02-16选育而成,2020年通过国家农作物品种审定委员会审定,审定编号:国审麦20200090。该品种已获批农业农村部品种保护(专利),其品种权号为CNA20181393.9。其系谱如下:

```
周麦16    ×    平麦02-16
        └──────┬──────┘
             平麦189
```

(二) 产量表现

2016—2017年度参加丰乐联合体黄淮南片水地组区域试验,平均亩产549.8千克,比对照周麦18增产2.11%;2017—2018年度续试,平均亩产458.3千克,比对照周麦18增产4.24%。2018—2019年度参加生产试验,平均亩产579.5千克,比对照周麦18增产6.04%。

(三) 特征特性

属半冬性中晚熟品种,与对照周麦18熟期相当。幼苗半直立,叶片细长,叶色深绿,分蘖力强。株高83.6厘米,株型较松散,抗倒性中等。穗层厚,熟相好。穗长方形,长芒,白粒,籽粒半角质,饱满度好。亩穗数41.1万,穗粒数34.1粒,千粒重43.2克。

(四) 品质分析

容重812克/升、804克/升,蛋白质含量14.77%、13.56%,湿面筋含量32.3%、31.7%,稳定时间4.6分钟、5.5分钟,吸水率54.2%、57%。

(五) 抗性鉴定

慢条锈病,中感叶锈病、赤霉病和纹枯病,高感白粉病。

(六) 适宜范围及栽培要点

适宜在黄淮南片的河南省(除信阳市淮河以南稻茬麦区和南阳市南部以外)麦区,陕西省西安市、渭南市、咸阳市、铜川市和宝鸡市麦区,江苏省淮河以北麦区,以及安徽省沿淮及淮河以北麦区的高中水肥地块早中茬种植。适宜播期10上中旬，适宜亩播量10~13千克。注意防治赤霉病、白粉病、锈病和纹枯病。高肥水地块种植注意防止倒伏。

二〇一、濮麦053

（一）品种来源

濮阳市农业科学院利用百农AK58/周麦18选育而成，2020年通过国家农作物品种审定委员会审定，审定编号：国审麦20200091。该品种已申请农业农村部品种保护（专利），其公告号为CNA016911E。其系谱如下：

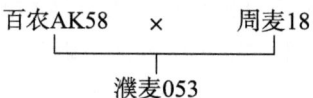

（二）产量表现

2016—2017年度参加洛阳农林科学院科企联合体黄淮南片水地组区域试验，平均亩产543.6千克，比对照周麦18增产4.1%；2017—2018年度续试，平均亩产485.7千克，比对照周麦18增产5.1%。2018—2019年度参加生产试验，平均亩产607.1千克，比对照周麦18增产5.7%。

（三）特征特性

属半冬性中晚熟品种，比对照周麦18天早熟0.6天。幼苗半匍匐，叶片细长，叶色深绿，分蘖力强。株高75.8厘米，株型较松散，抗倒性较好。穗层整齐，熟相好。穗纺锤形，长芒，白粒，籽粒角质，饱满度好。亩穗数42.4万，穗粒数34.2粒，千粒重44.2克。

（四）品质分析

容重811克/升、822克/升，蛋白质含量14.42%、15.9%，湿面筋含量29.1%、34.8%，稳定时间2.3分钟、1.8分钟，吸水率58.4%、60.4%。

（五）抗性鉴定

慢条锈病，高感纹枯病、赤霉病、白粉病和叶锈病。

（六）适宜范围及栽培要点

适宜在黄淮南片的河南省（除信阳市淮河以南稻茬麦区和南阳市南部部分地区以外）平原灌区，陕西省西安市、渭南市、咸阳市、铜川市和宝鸡市灌区，江苏省淮河、苏北灌溉总渠以北地区，以及安徽省沿淮及淮河以北地区的高中水肥地块早中茬种植。适宜播期10月上旬至10月下旬，每亩适宜基本苗14万~22万。注意防治蚜虫、锈病、白粉病、纹枯病和赤霉病。

二〇二、周麦33

（一）品种来源

周口市农业科学院利用郑麦366/百农AK58选育而成，2020年通过国家农作物品种审定委员会审定，审定编号：国审麦20200092。该品种已获批农业部品种保护（专利），其品种权号为CNA20140790.4。其系谱如下：

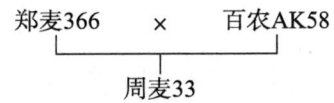

（二）产量表现

2016—2017年度参加中种联合体黄淮南片水地组区域试验，平均亩产538.4千克，比对照周麦18增产0.6%；2017—2018年度续试，平均亩产444.9千克，比对照周麦18增产1.97%。2018—2019年度参加生产试验，平均亩产579.2千克，比对照周麦18增产3.07%。

（三）特征特性

属半冬性中晚熟品种，与对照周麦18熟期相当。幼苗半匍匐，叶片细长，叶色深绿，分蘖力较强。株高71.4厘米，株型较紧凑，抗倒性中等。穗层整齐，熟相较好。穗纺锤形，长芒，白粒，籽粒角质，饱满度较好。亩穗数38.8万，穗粒数35.4粒，千粒重39.8克。

（四）品质分析

容重812克/升、788克/升，蛋白质含量14.15%、15.3%，湿面筋含量30.4%、31.8%，稳定时间14.4分钟、21.6分钟，吸水率58.8%、60%，最大拉伸阻力511 EU、564 EU，拉伸面积102平方厘米、109平方厘米。

（五）抗性鉴定

慢条锈病，高感纹枯病、叶锈病、赤霉病和白粉病。

（六）适宜范围及栽培要点

适宜在黄淮南片的河南省（除信阳市淮河以南稻茬麦区和南阳市南部部分地区以外）平原灌区，陕西省西安市、渭南市、咸阳市、铜川市和宝鸡市灌区，江苏省淮河、苏北灌溉总渠以北地区，以及安徽省沿淮及淮河以北地区的高中水肥地块早中茬种植。适宜播期10月上中旬，每亩适宜基本苗12万~20万，注意防治蚜虫、锈病、白粉病、纹枯病和赤霉病。

二〇三、洛麦28

（一）品种来源

洛阳市农林科学院利用洛麦21/百农AK58选育而成，2020年通过国家农作物品种审定委员会审定，审定编号：国审麦20200093。该品种已获批农业部品种保护（专利），其品种权号为CNA20140812.8。其系谱如下：

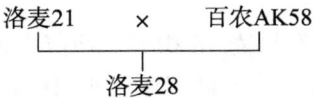

（二）产量表现

2016—2017年度参加洛阳农林科学院科企联合体黄淮南片水地组区域试验，平均亩产540.1千克，比对照周麦18增产3.5%；2017—2018年度续试，平均亩产484千克，比对照周麦18增产4.7%。2018—2019年度参加生产试验，平均亩产611.8千克，比对照周麦18增产6.5%。

（三）特征特性

属半冬性中晚熟品种，与对照周麦18熟期相当。幼苗半匍匐，叶片细长，叶色黄绿，分蘖力较强。株高72.6厘米，株型半松散，抗倒性较好。穗层整齐，熟相好。穗长方形，长芒，白粒，籽粒半角质，饱满度较好。亩穗数37.2万，穗粒数33.7粒，千粒重46.4克。

（四）品质分析

容重791.3克/升、822克/升，蛋白质含量13.45%、14.6%，湿面筋含量27.3%、31.8%，稳定时间2.4分钟、1.7分钟，吸水率60%、61.9%。

（五）抗性鉴定

高感纹枯病、赤霉病和白粉病，中感叶锈病，慢条锈病。

（六）适宜范围及栽培要点

适宜在黄淮南片的河南省（除信阳市淮河以南稻茬麦区和南阳市南部部分地区以外）平原灌区，陕西省西安市、渭南市、咸阳市、铜川市和宝鸡市灌区，江苏省淮河、苏北灌溉总渠以北地区，以及安徽省沿淮及淮河以北地区的高中水肥地块早中茬种植。适宜播期10月上中旬，每亩适宜基本苗14万~22万。注意防治蚜虫、锈病、白粉病、赤霉病和纹枯病。高水肥地种植注意防止倒伏。

二〇四、粮源麦2号

（一）品种来源

河南省粮源农业发展有限公司利用周麦216/郑育麦9987选育而成，2020年通过国家农作物品种审定委员会审定，审定编号：国审麦20200095。该品种已申请农业部品种保护（专利），其公告号为CNA040386E。其系谱如下：

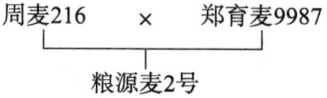

（二）产量表现

2016—2017年度参加华夏小麦新品种测试联合体黄淮南片水地组区域试验，平均亩产579.4千克，比对照周麦18增产2.4%；2017—2018年度续试，平均亩产508千克，比对照周麦18增产4.7%。2018—2019年度参加生产试验，平均亩产588.39千克，比对照周麦18增产2.5%。

（三）特征特性

属半冬性中晚熟品种，熟期与对照周麦18相当。幼苗半匍匐，叶片窄，叶色深绿，分蘖力较强。株高74.3厘米，株型较紧凑，抗倒性较强。穗层厚，熟相较好。穗纺锤形，短芒，白粒，籽粒角质，饱满度较好。亩穗数39.2万，穗粒数34.5粒，千粒重45.4克。

（四）品质分析

容重802克/升、814克/升，蛋白质含量13.83%、14.23%，湿面筋含量31.6%、32.8%，稳定时间3.5分钟、5.8分钟，吸水率57%、61%。

（五）抗性鉴定

慢条锈病，高感叶锈病、白粉病、赤霉病和纹枯病。

（六）适宜范围及栽培要点

适宜在黄淮南片的河南省（除信阳市淮河以南稻茬麦区和南阳市南部部分地区以外）平原灌区，陕西省西安市、渭南市、咸阳市和宝鸡市灌区，江苏省淮河，苏北灌溉总渠以北地区，以及安徽省沿淮及淮河以北地区的高中水肥地块早中茬种植。适宜播期10月上旬至10月下旬，每亩适宜基本苗14万~22万。起身期注意防治纹枯病，扬花期防治赤霉病，灌浆期防治蚜虫、锈病和白粉病。

二〇五、丰德存麦13

（一）品种来源

河南丰德康种业股份有限公司利用周麦24/周麦22选育而成，2020年通过国家农作物品种审定委员会审定，审定编号：国审麦20200097。该品种已获批农业部品种保护（专利），其品种权号为CNA20151289.9。其系谱如下：

```
周麦24   ×   周麦22
        │
      丰德存麦13
```

（二）产量表现

2016—2017年度参加中种联合体黄淮麦区南片水地组区域试验，平均亩产562.4千克，比对照周麦18增产5.08%；2017—2018年度续试，平均亩产476.4千克，比对照周麦18增产7.11%。2018—2019年度参加生产试验，平均亩产587.4千克，比对照周麦18增产4.53%。

（三）特征特性

属半冬性中晚熟品种，与对照周麦18熟期相当。幼苗半匍匐，叶片宽长，叶色深绿，分蘖力较强。株高77.6厘米，株型较紧凑，抗倒性较好。穗层整齐，熟相好。穗长方形，长芒，白粒，籽粒半角质，饱满度较好。亩穗数38.8万，穗粒数35.7粒，千粒重42.7克。

（四）品质分析

容重790克/升、768克/升，蛋白质含量13.74%、15.04%，湿面筋含量31.5%、33.7%，稳定时间5.7分钟、2.6分钟，吸水率56%、57%。

（五）抗性鉴定

近免疫条锈病，高抗叶锈病，高感白粉病、纹枯病和赤霉病。

（六）适宜范围及栽培要点

适宜在黄淮南片的河南省（除信阳市淮河以南稻茬麦区和南阳市南部部分地区以外）平原灌区，陕西省西安市、渭南市、咸阳市、铜川市和宝鸡市灌区，以及江苏省和安徽省淮河以北地区的高中水肥地块早中茬种植。适宜播期10月上中旬，每亩适宜基本苗18万~20万。注意防治蚜虫、纹枯病、赤霉病和白粉病，高水肥地块种植注意防止倒伏。

第三篇

河南省引种认定(含备案)品种

一、藁麦9415

（一）品种来源

河南省内黄县种子公司从河北省引种至河南省，2005年通过河南省农作物品种审定委员引种认定，引种编号：豫引麦2005001。该品种由河北省藁城市农科所以8515为母本、安农8455为父本进行有性杂交，经系谱法选育而成，2003年通过河北省审定，审定编号：冀审麦2003008。该品种已获批农业部品种保护（专利），其品种权号为CNA20020288.X。其系谱如下：

```
    8515    ×    安农8455
         └──┬──┘
          藁麦9415
```

（二）产量表现

2004—2005年度参加河南省优质小麦引种试验，平均亩产457.6千克，比对照郑麦9023增产2.37%。

（三）特征特性

属半冬性中熟品种。幼苗半匍匐，叶色深绿，前期发育较慢，抗寒性好，分蘖力强。株高75厘米，株型紧凑，茎秆粗壮，抗倒性好。成穗较多，穗层厚。穗纺锤形，短芒，籽粒卵圆形，琥珀色，硬质，饱满度好。根系活力强，活秆成熟，落黄好，抗干热风。亩穗数45万~48万，穗粒数32~38粒，千粒重38~40克。

（四）品质分析

蛋白质含量16.26%，湿面筋含量30.8%，沉淀值61.9毫升，形成时间8.2分钟，稳定时间18.8分钟。

（五）抗性鉴定

抗条锈病、叶枯病和纹枯病，感白粉病。

（六）适宜范围及栽培要点

适宜在河南省黄河以北、冀中南、鲁西南等地区中高水肥地早中茬种植。黄河以北地区适播期10月1—15日，亩播量8~10千克。适时浇封冻水，中后期搞好"一喷三防"，重点防治白粉病、赤霉病和蚜虫。

二、烟农19

（一）品种来源

河南省许昌新优种子有限公司从山东省引种至河南省，2005年通过河南省农作物品种审定委员引种认定，引种编号：豫引麦2005002。该品种由山东省烟台市农科院以烟1933为母本、陕82-29为父本杂交选育而成，2001年通过山东省农作物品种审定委员会审定，审定编号：鲁农审字［2001］001。该品种曾荣获2007年度国家科技进步二等奖。该品种已申请农业部品种保护（专利），其申请号为20040194.7。其系谱如下：

```
    烟1933    ×    陕82-29
         └──┬──┘
           烟农19
```

（二）产量表现

2004—2005年参加河南省引种试验，平均亩产474.7千克，较对照郑麦9023增产6.24%。

（三）特征特性

属冬性品种，比鲁麦14晚熟1~2天。幼苗半匍匐，叶色深黄绿，株型较紧凑，分蘖力强，成穗率中等。株高84厘米，穗纺锤形，长芒，白壳，白粒，硬质，籽粒较饱满，抗倒性一般，熟相较好。亩穗数41.9万，穗粒数34.5粒，千粒重36.4克，容重766.5克/升。

（四）品质分析

蛋白质含量15.1%，湿面筋含量33.5%，沉淀值40.2毫升，吸水率57.24%，稳定时间13.5分钟，弱化度24B.U.，评价值61。

（五）抗性鉴定

中感条锈病和叶锈病，高感白粉病。

（六）适宜范围及栽培要点

适宜在河南省中北部、山东省、安徽省和江苏省淮北麦区高中水肥地早中茬种植。适宜播期10月上中旬，亩基本苗7万~8万。每亩施纯氮15千克左右，五氧化二磷11千克，氧化钾5~8千克。浇好越冬水，拔节后期浇水，挑旗前趁降雨追肥。氮肥底追比例为1∶1，拔节期和开花期追肥比例为4∶1。注意防治蚜虫、白粉病、条锈病和叶锈病。

三、石麦12

（一）品种来源

河南大成种业有限公司从河北省引种至河南省，2006年通过河南省引种，引种编号：豫引麦2006001。该品种由石家庄市农科院利用石91-5096/冀麦23选育而成，2004年通过河北省农作物品种审定委员会审定，审定编号：冀审麦2004004。该品种已获批农业部品种保护（专利），其品种权号为CNA20040364.8。其系谱如下：

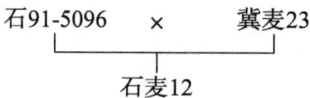

（二）产量表现

2005—2006年度参加河南省引种试验，平均亩产489.6千克，较对照豫麦49增产6.7%。

（三）特征特性

属半冬性大穗型中熟品种。幼苗半匍匐，长势健壮，抗寒性较好，起身拔节略晚，分蘖成穗率较高。株型半紧凑，茎被蜡质，叶片上冲，株高82厘米，弹性好，抗倒性较好。穗纺锤形，穗层整齐，较早熟，落黄一般。籽粒角质，较饱满，黑胚率低，商品性好。亩穗数40.4万，穗粒数33.9粒，千粒重41.8克。

（四）品质分析

蛋白质含量13.16%，湿面筋含量29.4%，沉淀值19.3毫升，吸水率60.2%，形成时间2分钟，稳定时间1.4分钟。

（五）抗性鉴定

中抗纹枯病和赤霉病，中感白粉病和叶锈病。

（六）适宜范围及栽培要点

适宜在河南省半冬性麦区、河北省冀中南地区中高水肥地种植。适播期10月5—25日，亩播量9~12千克。一般亩底施纯氮14千克，五氧化二磷8千克，氧化钾8千克，拔节期亩追施尿素8~10千克。适时防治蚜虫、白粉病和叶锈病，扬花期注意防治赤霉病。

四、轮选987

（一）品种来源

河南一粒金种业科技有限公司引进至河南省，2006年通过河南省农作物品种审定委员会引种，引种编号：豫引麦2006002。该品种由中国农业科学院作物育种栽培研究所利用矮败轮选群体选育而成，2003年通过国家农作物品种审定委员会审定，审定编号：国审麦2003017。2009年通过河北省农作物品种审定委员会审定，审定编号：冀审麦2009005。该品种已获批农业部品种保护（专利），其品种权号为CNA20030389.9。其系谱如下：

```
小麦矮败群体
    │
   轮选
    │
  轮选987
```

（二）产量表现

2005—2006年度参加河南省引种试验，平均亩产475.8千克，比对照豫麦49增产3.5%。

（三）特征特性

属半冬性多穗型中晚熟品种，比对照豫麦49晚熟3天，幼苗半匍匐，长势壮，抗寒性较好，分蘖力高，起身拔节略晚，成穗数较多。株型较松散，叶片短宽，株高87厘米，茎秆偏高，抗倒性偏弱。穗纺锤形，穗层较厚，成熟落黄好。籽粒角质，红粒，较饱满，黑胚率低，商品性好。亩穗数44.7万，穗粒数33.1粒，千粒重39.7克左右。

（四）品质分析

蛋白质含量14.2%，湿面筋含量32.6%，沉淀值25.6毫升，吸水率60.8%，形成时间2.4分钟，稳定时间2.2分钟。

（五）抗性鉴定

高抗叶枯病、叶锈病和纹枯病，中感白粉病。

（六）适宜范围及栽培要点

适宜在河南省黄河以北以及河北省中南部等地区中高水肥地种植。河南省适播期10月中上旬，亩播量10千克左右，晚播适当加大播量。一般每亩底施磷酸二铵25千克，尿素15~20千克，氯化钾10千克，锌肥3千克。磷、钾肥和微肥一次性施入作底肥，氮肥底追比例为6：4，中后期注意防治白粉病。高水肥地种植注意防止倒伏。

五、师栾02-1

（一）品种来源

河南正粮种业有限公司从河北省引种至河南省，2006年通过河南省农作物品种审定委员会引种，引种编号：豫引麦2006003。该品种由河北师范大学、栾城原种场利用9411/9430选育而成，

2004年通过河北省农作物品种审定委员会审定，审定编号：冀审麦2004009。2007年通过国家农作物品种审定委员会审定，审定编号：国审麦2007016。该品种已获批农业部品种保护（专利），其品种权号为CNA20040378.8。其系谱如下：

```
        9411  ×  9430
           └──┬──┘
            师栾02-1
```

（二）产量表现

2005—2006年度参加河南省引种试验，平均亩产469.3千克，较对照豫麦49增产2.14%。

（三）特征特性

属半冬性多穗型中熟强筋品种，与对照豫麦49熟期相当。幼苗半匍匐，长势壮，抗寒性较好。分蘖力较强，起身拔节略晚，成穗数较多。株型较紧凑，有蜡质，旗叶上冲，株高适中，较抗倒伏，活秆成熟，落黄好。穗纺锤形，穗层较厚，灌浆速度快，籽粒角质，黑胚率低，商品性好。亩穗数46.5万，穗粒数32粒，千粒重37.4克。

（四）品质分析

蛋白质含量15.72%，湿面筋含量32.1%，沉淀值38.7毫升，吸水率60.5%，形成时间8.4分钟，稳定时间13.2分钟。

（五）抗性鉴定

中抗纹枯病、叶枯病和叶锈病，感赤霉病。

（六）适宜范围及栽培要点

适宜在河南省沙河以北地区中高肥力地，以及山东省中部和北部、河北省中南部、山西省南部等地区中高水肥地种植。适播期10月上中旬，适宜亩基本苗10万~15万，中后期注意防治蚜虫、条锈病、赤霉病和白粉病。

六、小偃81

（一）品种来源

河南大河种业有限公司引进至河南省，2006年通过河南省农作物品种审定委员会引种，引种编号：豫引麦2006004。该品种由中国科学院遗传与发育生物学研究所利用小偃54/8602选育而成，2005年通过河北省农作物品种审定委员会审定，审定编号：冀审麦2005006。该品种已获批农业部植物品种保护，其品种权号为CNA20040370.2。其系谱如下：

```
        小偃54  ×  8602
           └──┬──┘
             小偃81
```

（二）产量表现

2005—2006年度参加河南省引种试验，平均亩产452.4千克，比对照豫麦49减产1.3%。2005年郑州市等4点引种试验，平均亩产468.9千克，比对照豫麦49增产0.8%。

（三）特征特性

属半冬性中熟强筋品种，与对照豫麦49熟期相当。幼苗半匍匐，叶色深绿，抗寒性好，分蘖力强，亩成穗多。株型较紧凑，叶片细长，长相清秀，株高82厘米，茎秆细，抗倒性一般。叶的功能期长，成熟落黄好。穗层整齐，穗纺锤形，短芒，籽粒角质，较饱满，商品性好。亩穗数49.2万，穗粒数28.9粒，千粒重37.4克。

（四）品质分析

蛋白质含量14.96%、15.53%，沉淀值32.8毫升、40.3毫升，湿面筋含量35.7%、34.4%，吸水率62.1%、61%，形成时间3.8分钟、6.7分钟，稳定时间5.2分钟、10.2分钟。

（五）抗性鉴定

高抗条锈病和叶锈病，高感白粉病。

（六）适宜范围及栽培要点

适宜在豫北、豫西和南阳盆地麦区，以及河北省中南部中等肥力地种植。河南省适播期10月中旬，亩播量8~10千克。重施基肥，足墒播种，追好拔节肥，注意防治蚜虫、纹枯病和白粉病。

七、西农889

（一）品种来源

河南平安种业有限公司从陕西省引进至河南省，2006年通过河南省农作物品种审定委员会引种认定，引种编号：豫引麦2006005。该品种由西北农林科技大学试验场利用E旱-4/（小偃6号/小偃83352）F_1系统选育而成。2005年通过陕西省农作物品种审定委员会审定，审定编号：陕审麦2005001。该品种已获批农业部品种保护（专利），其品种权号为CNA20050584.X。其系谱如下：

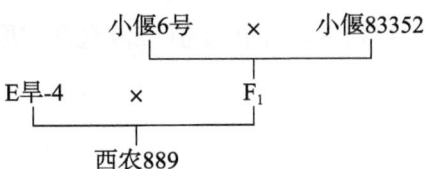

（二）产量表现

2005—2006年度参加河南省引种试验，平均亩产468.4千克，比对照豫麦49增产2.13%。

（三）特征特性

属半冬性中熟强筋品种，与对照豫麦49熟期相当。幼苗匍匐，长势壮，抗寒性强，分蘖力强，亩成穗多。株型半紧凑，旗叶上冲，有干尖，株高80厘米，抗倒性好。叶的功能期长，活秆成熟，落黄好。穗长方形，穗层整齐，长芒，籽粒角质，饱满，黑胚率低。亩穗数38.6万，穗粒数35粒，千粒重41.3克。

（四）品质分析

容重787克/升，蛋白质含量15.2%，湿面筋含量38.7%，沉淀值56毫升，吸水率60.9%，形成时间15.2分钟，稳定时间16.7分钟。

（五）抗性鉴定

抗叶锈病和纹枯病，中感白粉病和赤霉病。

（六）适宜范围及栽培要点

适宜在河南省沙河以北及南阳盆地麦区种植，也适宜在陕西省关中新老灌区和同类生态区种植。播期10月上中旬，亩播量7~8千克。重施底肥，氮、磷、钾肥比例为12∶10∶6。播前土壤处理或种子包衣，防治地下病虫害。适时冬灌，抽穗期至开花期防治蚜虫、赤霉病和白粉病。

八、济麦20

（一）品种来源

新乡长河种业有限公司从山东省引进至河南省，2006年通过河南省引种认定，引种编号：豫引麦2006006。该品种由山东省农业科学院作物研究所利用鲁麦14/鲁884187选育而成，2003年通过山东省农作物品种审定委员会审定，审定编号：鲁农审字［2003］029。2004年通过国家农作物品种审定委员会审定，审定编号：国审麦2004011。该品种已获批农业部品种保护（专利），其品种权号为：CNA20030285.X。其系谱如下：

```
         鲁麦14    ×    鲁884187
             └──────┬──────┘
                  济麦20
```

（二）产量表现

2005—2006年参加河南省引种试验，2年平均亩产474.2千克，比对照豫麦49增产1.41%。

（三）特征特性

属半冬性中熟品种，较对照豫麦49晚熟3天。幼苗半直立，叶色深绿，分蘖力强，成穗率高。株型紧凑，叶片窄长，蜡质较厚，株高82厘米，茎秆有弹性，抗倒性好。灌浆速度快，成熟落黄好。穗长方形，籽粒角质，椭圆形，黑胚率低，商品性好。亩穗数45.1万，穗粒数31.9粒，千粒重39.2克。

（四）品质分析

蛋白质含量17.02%，湿面筋含量37.2%，沉淀值52.9毫升，吸水率61.2%，形成时间11.7分钟，稳定时间24分钟。

（五）抗性鉴定

中抗条锈病、叶锈病和赤霉病，中感纹枯病。

（六）适宜范围及栽培要点

适宜在河南省沙河以北、河北省中南部、山东省高中水肥地种植。适播期10月上旬，亩基本苗10万左右。施足基肥，浇好灌浆水，注意防治蚜虫、锈病、赤霉病、纹枯病和白粉病。

九、洲元9369

（一）品种来源

河南省福旺种业有限公司从山东省引种至河南省，2011年通过河南省农作物品种审定委员会引种认定，引种编号：豫引麦2011001。该品种由山东洲元种业股份有限公司利用PH82-2-2/866-34选育而成，2007年通过山东省农作物品种审定委员会审定，审定编号：鲁种审2007040。该品种已获批农业部品种保护（专利），品种权号为CNA20080337.9。其系谱如下：

```
        PH82-2-2    ×    866-34
            └───────┬───────┘
                 洲元9369
```

（二）产量表现

2009—2010年参加河南省引种试验，2年平均亩产504.2千克，比对照周麦18增产1.05%。

（三）特征特性

属半冬性大穗型中熟品种，比对照周麦18早熟1天。幼苗半匍匐，长势壮，抗寒，叶色浓绿，分蘖力强，成穗率中等。株高83.1厘米，株型适中，叶片窄短上冲，茎秆粗壮，抗倒伏。穗长方形，穗层整齐，长芒，白壳，白粒，籽粒角质，商品性好，后期落黄好。亩穗数29.9万，穗粒数54.7粒，千粒重37.2克。

（四）品质分析

容重784克/升、826克/升，蛋白质含量15.12%、15%，湿面筋含量30.5%、30.8%，降落值424秒、361秒，沉淀值50毫升、80毫升，吸水率60.3%、59%，形成时间8.4分钟、13分钟，稳定时间10.5分钟、22.3分钟。

（五）抗性鉴定

抗白粉病和条锈病，叶锈病发生较轻，赤霉病发病率高。

（六）适宜范围及栽培要点

适宜在河南省沙颍河以北地区以及山东省高水肥地早中茬种植。适播期10月5—15日，适宜亩播量10~12千克。施足底肥，氮、磷、钾、微肥配合使用。浇好越冬水，拔节末期追肥，抽穗期至灌浆初期浇水，注意防治蚜虫、叶锈病和赤霉病。

十、舜麦1718

（一）品种来源

河南大众种业有限公司从山西省引种至河南省，2011年通过河南省农作物品种审定委员会引种认定，引种编号：豫引麦2011002。该品种由山西省农业科学院棉花研究所杂交选育而成，2007年通过山西省农作物品种审定委员会审定，审定编号：晋审麦2007003。2011年通过国家农作物品种审定委员会审定，审定编号：国审麦2011009。2012年申请农业部植物新品种权保护，其公告号CNA009503E。其系谱如下：

```
        32S    ×    Gabo（澳洲）
         └──────┬──────┘
              舜麦1718
```

（二）产量表现

2009—2010年参加河南省引种试验，平均亩产506.15千克，比对照周麦18增产1.4%。

（三）特征特性

属半冬性多穗型中晚熟品种，与对照周麦18的熟期相同。幼苗半直立，叶色深绿，分蘖力强，成穗率高。前期长势慢，后期长势快，耐寒性一般。株高79.1厘米，株型半紧凑，茎秆较细，弹性好。穗纺锤形，结实性好，长芒，白壳，白粒，籽粒角质。耐旱，抗干热风能力强，成熟落黄一般。亩穗数42.3万，穗粒数38.8粒，千粒重39.3克。

（四）品质分析

容重770克/升、794克/升，蛋白质含量14.79%、14.9%，湿面筋含量31%、31%，降落值424秒、283秒，沉淀值71.5毫升、82.2毫升，吸水率61.6%、59.3%，形成时间5.4分钟、8分钟，稳定时间12.1分钟、19.8分钟。

（五）抗性鉴定

中感叶锈病和叶枯病，较抗穗发芽。

（六）适宜范围及栽培要点

适宜在黄淮麦区的河南省沙颍河以北地区、山西省、河北省、山东省、江苏省、安徽省及同类生态区种植。适播期10月8—15日，适宜亩播量7~8千克。一般亩底施纯氮12千克，五氧化二磷7.5千克，氧化钾7.5千克，拔节后每亩追施尿素6千克。拔节前结合化学除草进行化控，孕穗期防治穗蚜、白粉病和叶锈病，灌浆期进行"一喷三防"。

十一、西农3517

（一）品种来源

河南格瑞农业有限公司从陕西省引种至河南省，2011年通过河南省农作物品种审定委员会引种认定，引种编号：豫引麦2011003。该品种由西北农林科技大学利用西农1376/西农88选育而成，2008年通过陕西省农作物品种审定委员会审定，审定编号：陕审麦2008005。该品种已获批农业部植物新品种权保护，其公告号CNA20080458.8。其系谱如下：

```
     西农1376  ×  西农88
            │
         西农3517
```

（二）产量表现

2010—2011年参加河南省冬水组引种试验，2年平均亩产505千克，比对照周麦18增产2.9%。

（三）特征特性

属半冬性中熟强筋品种，比对照周麦18早熟0.7天。幼苗半匍匐，长势壮，叶色浓绿，分蘖力强，冬季抗寒性较强。春季起身拔节早，两极分化快，苗脚利索。株型半紧凑，叶片窄长上冲。株高72~83.5厘米，茎秆粗壮，弹性较好，抗倒性较好。穗纺锤形，落黄好，受倒春寒影响，穗下部有缺粒现象。籽粒角质，饱满度较好，黑胚率较低，容重高。亩穗数39.2万，穗粒数38.9粒，千粒重39.4克。

（四）品质分析

容重825克/升，蛋白质含量15.5%，湿面筋含量37.2%，降落值370秒，沉淀值74.5毫升，吸水率60.5%，形成时间4.5分钟，稳定时间9.5分钟。

（五）抗性鉴定

中抗条锈病，中感白粉病，高感赤霉病。

（六）适宜范围及栽培要点

适宜在河南省（南部稻茬麦区除外）、陕西关中灌区中高肥力地早中茬种植。适播期10月15—20日，亩播量8~12千克，晚播和地力条件较差田块适当增加播量。每亩底施优质农家肥4~5立方米，尿素10~12.5千克，氯化钾5千克，复合肥40千克，拔节期每亩追施7.5千克尿素和5千克氯化钾。浇好越冬水、拔节水和灌浆水，抽穗扬花期预防赤霉病，灌浆期搞好"一喷三防"。

十二、武农986

（一）品种来源

驻马店市金农种子有限公司从陕西省引种至河南省，2011年通过河南省农作物品种审定委员会引种认定，引种编号：豫引麦2011004。该品种由陕西杨凌职业技术学院利用陕253/（97）107选育而成，2009年通过陕西省农作物品种审定委员会审定，审定编号：陕审麦2009004。该品种已获批农业部品种保护（专利），其品种权号为CNA20080830.3。其系谱如下：

```
陕253    ×    （97）107
         |
       武农986
```

（二）产量表现

2010—2011年参加河南省冬水组引种试验，2年平均亩产490.85千克，比对照周麦18增产0.05%。

（三）特征特性

属半冬性大穗型中熟强筋品种，比对照周麦18早熟1.3天。幼苗半匍匐，长势壮，叶片宽长下披，叶色黄绿，冬前分蘖力强，冬季抗寒性较强。春季起身拔节早，两极分化快，苗脚利索。植株较紧凑，旗叶窄长下披，平均株高76.7~89.5厘米，茎秆弹性较好，抗倒性较强。穗纺锤形、细长，短芒，成熟落黄好，受倒春寒影响，穗上部有虚尖，穗下部结实性一般。籽粒角质，黑胚率低，饱满度较好，容重高。亩穗数40万，穗粒数36.4粒，千粒重43.1克。

（四）品质分析

容重828克/升，蛋白质含量14.8%，湿面筋含量31.8%，降落值320秒，沉淀值67.2毫升，吸水率57.9%，形成时间5.6分钟，稳定时间10.9分钟。

（五）抗性鉴定

中抗条锈病，中感白粉病和叶锈病。

（六）适宜范围及栽培要点

适宜在河南省（南部稻茬麦区除外）、陕西省关中灌区中高肥力地早中茬种植，适播期10月10—30日，最佳播期10月12—25日，高肥地亩播量7~8千克，中肥地亩播量8~10千克，延期播种酌情增加播量。全生育期每亩施纯氮12~14千克，五氧化二磷6~10千克，氧化钾5~7千克，硫、锌肥均为1.5千克，氮肥底追比例为6∶4。群体偏大的麦田拔节后期追肥，旺长的麦田起身期化控，抽穗扬花期防治赤霉病。注意防治蚜虫、白粉病和叶锈病。

十三、藁优2018

（一）品种来源

河南丰源农业科技有限公司从河北省引种至河南省，2011年通过河南省农作物品种审定委员会引种认定，引种编号：豫引麦2011005。该品种由河北省藁城市农科所利用9411/98172选育而成，2008年通过河北省农作物品种审定委员会审定，审定编号：冀审麦2008007。该品种已获批农业部品种保护（专利），其品种权号为CNA20090269.3。其系谱如下：

```
         9411    ×    98172
          └──────┬──────┘
              藁优2018
```

（二）产量表现

2010—2011年参加河南省冬水组引种试验，2年平均亩产506.9千克，比对照周麦18减产0.4%。

（三）特征特性

属半冬性品种，比对照周麦18早熟0.4天。幼苗半匍匐，长势壮，叶片窄短，叶色青绿，分蘖力较强，冬季抗寒性一般。春季起身拔节早，两极分化快，苗脚利索，株型较紧凑，蜡质层厚，叶片窄长、内卷、上冲。株高74.1~76厘米，茎秆弹性好，较抗倒伏。穗长方形，短芒，码稀，灌浆慢，成熟落黄一般，受倒春寒影响有缺粒现象。籽粒角质，饱满，黑胚率低。亩穗数48万，穗粒数29.3粒，千粒重42.7克。

（四）品质分析

容重832克/升，蛋白质含量15.2%，湿面筋含量33.2%，降落值428秒，沉淀值81.2毫升，吸水率57.6%，形成时间7.2分钟，稳定时间21.4分钟。

（五）抗性鉴定

中抗条锈病和白粉病。

（六）适宜范围及栽培要点

适宜在河南省（南部稻茬麦区除外）、河北省中高肥力地早中茬种植。播期10月5—20日，亩播量10千克左右，晚播适当增加播量。每亩底施尿素15千克，磷酸二铵20千克，氯化钾15千克，硫酸锌1千克。早春化控防倒，拔节期每亩追施尿素20千克，注意防治赤霉病和蚜虫。

十四、济麦22

（一）品种来源

河南泉星创世纪种业有限公司从山东省引种至河南省，2011年通过河南省农作物品种审定委员会引种认定，引种编号：豫引麦2011006。该品种由山东省农业科学院作物研究所利用935024/935106选育而成。2006年分别通过山东省和国家农作物品种审定委员会审定，审定编号分别为：鲁农审2006050和国审麦2006018。该品种曾荣获2012年度国家科技进步二等奖。已获批农业部品种保护（专利），其品种权号为CNA20060015.X。其系谱如下：

```
        935024   ×   935106
         └───────┬───────┘
                济麦22
```

（二）产量表现

2010—2011年参加河南省冬水组引种试验，平均亩产512.25千克，比对照周麦18增产3.75%。

（三）特征特性

属半冬性多穗型中晚熟品种，比对照周麦18晚熟0.4天。幼苗半匍匐，长势较壮，叶色深绿，分蘖力强，冬季抗寒性较强。春季起身拔节早，两极分化快，苗脚利索。株型半紧凑，蜡质层厚，叶片宽短上冲。株高66.8~82厘米，茎秆弹性较好，抗倒性好。穗长方形，较大，码密，结实性好，落黄好，受倒春寒影响小，灌浆速度慢。籽粒角质，饱满度好，黑胚率低，容重高，商品性好。亩穗数43.3万，穗粒数34.3粒，千粒重43.2克。

（四）品质分析

容重828克/升，蛋白质含量14.6%，湿面筋含量33.4%，降落值366秒，沉淀值73毫升，吸水率62.5%，形成时间3.2分钟，稳定时间2.7分钟。

（五）抗性鉴定

免疫白粉病，中感条锈病，高感赤霉病。

（六）适宜范围及栽培要点

适宜在黄淮麦区的河南省（南阳、信阳、驻马店、周口等市麦区除外）、河北省南部、山西省南部以及山东省中高肥力地早中茬种植。河南省适播期10月5—20日，亩播量6~10千克。返青期结合浇水，每亩追施尿素12~15千克，群体偏大的麦田拔节期追氮肥，每亩追施尿素7~10千克。中后期防治白粉病、锈病和蚜虫，抽穗扬花期预防赤霉病。

十五、西农979

（一）品种来源

河南金粒种业有限公司于2013年将西农979引进至河南省，2014年通过河南省品种审定委员会引种认定，引种证号：豫引麦2014001。该品种由西北农林科技大学利用西农2611/（918/95选1）F_1选育而成，2005年通过国家农作物品种审定委员会审定，审定编号：国审麦2005005，同年通过陕西省农作物品种审定委员会审定。曾荣获2019年度国家科技进步二等奖。该品种已获批农业部品种保护（专利），其品种权号为CNA20030519.0。其系谱如下：

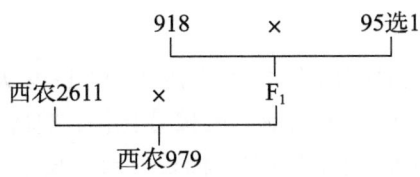

（二）产量表现

2013—2014参加河南省南部麦区引种试验，南阳片区平均亩产524.7千克，比对照偃展4110增产6.7%；信阳片区平均亩产550.5千克，比对照偃展4110增产15.3%。

（三）特征特性

属半冬性中早熟品种，熟期比豫麦49早2~3天。幼苗匍匐，叶片较窄，分蘖力强，成穗率较高。株高75厘米，茎秆弹性好，株型略松散，穗层整齐，旗叶窄长上冲。穗纺锤形，长芒，白壳，白粒，角质，较饱满，黑胚率低。亩穗数42.7万，穗粒数32粒，千粒重40.3克。苗期长势一般，越冬抗寒性好，抗倒春寒能力稍弱，抗倒伏能力强，不耐后期高温，有早衰现象，熟相一般。

（四）品质分析

容重804克/升、784克/升，蛋白质含量13.96%、15.39%，湿面筋含量29.4%、32.3%，沉淀值41.7毫升、49.7毫升，吸水率64.8%、62.4%，形成时间4.5分钟、6.1分钟，稳定时间8.7分钟、17.9分钟，最大抗延阻力440 EU、564 EU，拉伸面积94平方厘米、121平方厘米。

（五）抗性鉴定

中抗至高抗条锈病，慢秆锈病，中感赤霉病和纹枯病，高感叶锈病和白粉病。

（六）适宜范围及栽培要点

适宜在黄淮南片的河南省中北部、安徽省北部、江苏省北部、陕西省关中、山东省菏泽市等中高水肥地早中茬种植。同时适宜河南省南阳市、信阳市的罗山县、息县、淮滨县种植。适播期10月上中旬，亩适宜基本苗12万~15万，注意防治蚜虫、赤霉病、白粉病、纹枯病和叶锈病。注意预防倒春寒。

十六、衡观35

（一）品种来源

河北省农林科学院旱作农业研究所利用84观749/衡87-4263选育而成，2006年通过国家农作物品种审定委员会审定，审定编号：国审麦2006010。河南黄河种业有限公司于2013年从河北省将该品种引进至河南省，2014年通过河南省农作物品种审定委员会引种认定，引种证号：豫引麦2014002。该品种已获批农业部品种保护（专利），其品种权号为CNA20040363.X。其系谱如下：

```
84观749  ×  衡87-4263
        │
      衡观35
```

（二）产量表现

2013—2014参加河南省南部麦区引种试验，南阳片区平均亩产530.8千克，比对照偃展4110增产7.9%；信阳片区平均亩产573.4千克，比对照偃展4110增产20.1%。

（三）特征特性

属半冬性中早熟品种，熟期比对照豫麦49和新麦18早1~2天。幼苗直立，叶片宽披，叶色深绿，分蘖力中等。春季起身拔节早，生长迅速，两极分化快，抽穗早，成穗率一般。株高77厘米，株型紧凑，旗叶宽大卷曲，穗层整齐，长相清秀。穗长方形，长芒，白壳，白粒，籽粒半角质，饱满度一般，黑胚率中等。亩穗数36.6万，穗粒数37.6粒，千粒重39.5克。苗期长势壮，抗寒性中等。对春季低温敏感，茎秆弹性好，抗倒性较好。耐后期高温，熟相较好。

（四）品质分析

容重783克/升、794克/升，蛋白质含量13.99%、13.75%，湿面筋含量29.3%、30.3%，沉淀值32.5毫升、27.2毫升，吸水率62%、60.4%，稳定时间3分钟、3分钟，最大抗延阻力180 EU、141 EU，拉伸面积39平方厘米、32平方厘米。

（五）抗性鉴定

中抗秆锈病，中感白粉病和纹枯病，中感至高感条锈病，高感叶锈病和赤霉病。

（六）适宜范围及栽培要点

适宜在黄淮南片的河南省中北部、安徽省北部、江苏省北部、陕西省关中地区、山东省菏泽市高中水肥地早中茬种植。同时适宜河南省南阳市、信阳市的罗山县、息县、淮滨县等北部麦区种植。适播期10月上中旬，适宜亩基本苗16万~20万，注意防治蚜虫、锈病、白粉病、纹枯病和赤霉病。

十七、科晨787

(一) 品种来源

陕西振华农业科技有限公司、陕西省大荔县小麦合作社利用96(25)/豫麦49选育而成,通过陕西省农作物品种审定委员会审定,审定编号:陕审麦2015006。河南省豫鑫种业股份有限公司将该品种引种至河南省,符合河南省引种备案条件,引种备案号:(豫)引种[2017]麦001。其系谱如下:

```
96(25)    ×    豫麦49
         │
       科晨787
```

(二) 产量表现

引种试验平均亩产582.8千克,比对照周麦18增产4.2%。

(三) 特征特性

属半冬性中早熟品种。幼苗半匍匐,叶色青绿,成株期茎、叶有蜡粉。株型紧凑,株高72厘米,穗纺锤形,短芒,籽粒角质。亩穗数36.4万,穗粒数44.2粒,千粒重45.3克。

(四) 抗性鉴定

中抗条锈病,中感叶锈病和纹枯病,高感白粉病和赤霉病。

(五) 适宜范围及栽培要点

适宜在河南省(信阳市和南阳市南部麦区除外)早中茬地种植。适播期10月5—18日,亩播量10千克左右。一般亩底施尿素25~30千克,磷酸二铵18~20千克,硫酸钾8~10千克。浇好越冬水、拔节水和灌浆水,拔节期每亩追施尿素10~12千克。苗期和春季注意防治红蜘蛛,抽穗后防治白粉病、赤霉病、蚜虫和吸浆虫。

十八、隆麦813

(一) 品种来源

陕西隆丰种业有限公司利用豫麦47/小偃22选育而成,通过陕西省农作物品种审定委员会审定,审定编号:陕审麦2015016。河南省豫鑫种业股份有限公司将该品种引种至河南省,符合河南省引种备案条件,引种备案号:(豫)引种[2017]麦002。其系谱如下:

```
豫麦47    ×    小偃22
         │
       隆麦813
```

(二) 产量表现

引种试验平均亩产576.2千克,比对照周麦18增产3.1%。

(三) 特征特性

属半冬性中熟品种。幼苗半匍匐,叶色绿灰,蜡质层浅。株型紧凑,株高70厘米,旗叶斜挺稍长。穗纺锤形,短芒,白壳,白粒,半角质。亩穗数40.1万,穗粒数41.2粒,千粒重43.7克。

（四）抗性鉴定

中感条锈病、白粉病和纹枯病，高感叶锈病和赤霉病。

（五）适宜范围及栽培要点

适宜在河南省（信阳市和南阳市南部麦区除外）早中茬地种植。适播期10月15—20日，亩播量9~12千克。结合整地施总量80%的氮肥和全部磷、钾肥，冬灌施20%的氮肥。酌情春灌，遇旱时浇灌浆水。播前结合整地防治地下害虫，抽穗后防治纹枯病、锈病、白粉病、蚜虫和赤霉病。

十九、西农805

（一）品种来源

西北农林科技大学利用周麦16//豫麦49/冷麦9918选育而成，通过陕西省农作物品种审定委员会审定，审定编号：陕审麦2015018。河南黄河种业有限公司将该品种引种至河南省，符合河南省引种备案条件，引种备案号：（豫）引种［2017］麦003。其系谱如下：

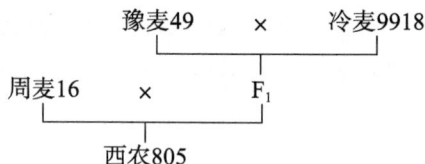

（二）产量表现

引种试验平均亩产611.9千克，比对照周麦18增产6.3%。

（三）特征特性

属半冬性中早熟品种。幼苗半匍匐，叶色浓绿，分蘖力强，成穗率中等。旗叶上冲，株型适中，株高76厘米，成熟落黄好。穗纺锤形，籽粒椭圆形，白色，角质。亩穗数39万，穗粒数35.2粒，千粒重44~54克。

（四）抗性鉴定

中抗条锈病和白粉病，中感叶锈病、纹枯病和赤霉病。

（五）适宜范围及栽培要点

适宜在河南省（信阳市稻茬和南阳市南部麦区除外）早中茬地种植。适播期10月上中旬，最佳播期10月8日左右，高肥力地亩播量8~10千克，中低肥力地10~12千克，播期每推迟3天，亩播量增加0.5千克。一般亩底施尿素20千克，磷酸二铵25千克，硫酸钾15千克，结合冬灌或春灌每亩追施尿素7~10千克。冬前和起身期预防纹枯病，适时进行化学除草，抽穗扬花期预防赤霉病，灌浆期搞好"一喷三防"。

二十、西农538

（一）品种来源

西北农林科技大学利用兰考90（6）52-30/小偃6号//淮核9412选育而成，通过陕西省农作物品种审定委员会审定，审定编号：陕审麦2010003。河南省供科种业有限公司将该品种引种至河南省，符合河南省引种备案条件，引种备案号：（豫）引种［2017］麦004。该品种已申请农业部品种保护（专利），其公告权号为CNA006664E。其系谱如下：

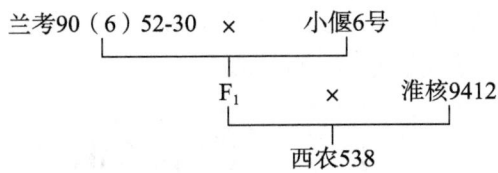

（二）产量表现

引种试验平均亩产518.5千克，比对照周麦18减产1%。

（三）特征特性

属半冬性中早熟品种。幼苗半匍匐，叶色绿，叶片细长。株型半紧凑，株高76厘米，旗叶半上冲，根系活力强。穗纺锤形，小穗排列较密，籽粒椭圆形，全角质。亩穗数40万~45万，穗粒数30~35粒，千粒重43~45克。

（四）抗性鉴定

中抗条锈病、叶锈病和赤霉病，中感白粉病和纹枯病。

（五）适宜范围及栽培要点

适宜在河南省（信阳市和南阳市南部麦区除外）中晚茬地种植。适播期10月15—30日，亩播量7~9千克。每亩底施磷酸二铵25千克，尿素30千克，氯化钾20千克。拔节前进行化学除草，及时防治纹枯病，拔节末期亩追尿素5~8千克。中后期预防白粉病、蚜虫和吸浆虫，灌浆期"一喷三防"。

二十一、西农528

（一）品种来源

西北农林科技大学利用西农538/陕麦159选育而成，通过陕西省农作物品种审定委员会审定，审定编号：陕审麦2014001。河南省供科种业有限公司将该品种引种至河南省，符合河南省引种备案条件，引种备案号：（豫）引种[2017]麦005。其系谱如下：

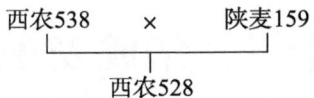

（二）产量表现

引种试验平均亩产526.6千克，比对照周麦18增产0.4%。

（三）特征特性

属半冬性中早熟品种。幼苗匍匐，旗叶小而上冲。株型适中，株高76.5厘米，茎、叶蜡质多，穗层较整齐。穗长方形，白粒，椭圆形，角质。亩穗数45万~48万，穗粒数31粒，千粒重43克。

（四）抗性鉴定

中抗条锈病和叶锈病，中感白粉病、纹枯病和赤霉病。

（五）适宜范围及栽培要点

适宜在河南省（信阳市和南阳市南部麦区除外）早中茬地种植。适播期10月10—20日，亩

播量10千克，亩底施小麦配方肥50千克，拔节末期亩追尿素5千克。拔节前及时化除和防治纹枯病，抽穗扬花期预防赤霉病，灌浆期搞好"一喷三防"。

二十二、西农20

（一）品种来源

西北农林科技大学利用郑麦366/陕农981//郑麦366选育而成，通过陕西省农作物品种审定委员会审定，审定编号：陕审麦2015010。河南滑丰种业科技有限公司将该品种引种至河南省，符合河南省引种备案条件，引种备案号：（豫）引种[2017]麦006。该品种已获批农业部品种保护（专利），其品种权号为CNA20172992.3。其系谱如下：

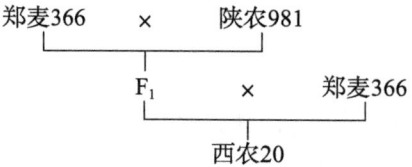

（二）产量表现

引种试验平均亩产568.5千克，比对照周麦18增产3.2%。

（三）特征特性

属半冬性中早熟品种。幼苗半匍匐，叶色深绿，分蘖力较强。株型紧凑，株高73.8厘米，抗倒能力较强。穗长方形，籽粒卵圆形，角质。亩穗数46万，穗粒数33粒，千粒重44克。

（四）抗性鉴定

中抗条锈病、叶锈病和白粉病，中感纹枯病和赤霉病。

（五）适宜范围及栽培要点

适宜在河南省（信阳市和南阳市南部麦区除外）早中茬地种植。适播期10月上中旬，每亩基本苗12万~18万。施足底肥，拔节期追氮，注意防治蚜虫、纹枯病和赤霉病。

二十三、华成麦1688

（一）品种来源

安徽华成种业股份有限公司利用淮麦0566/洛麦23选育而成，通过安徽省农作物品种审定委员会审定，审定编号：皖麦2016030。安徽华成种业股份有限公司将该品种引种至河南省，符合河南省引种备案条件，引种备案号：（豫）引种[2017]麦007。该品种已获批农业部品种保护（专利），其品种权号为CNA20161169.3。其系谱如下：

（二）产量表现

引种试验平均亩产579.5千克，比对照周麦18增产8.2%。

（三）特征特性

属半冬性中熟品种。幼苗半匍匐，抗寒性中等。旗叶斜上冲，茎秆蜡质重，株型半紧凑，株高82.8厘米。穗纺锤形，长芒，白壳，白粒，粉质。亩穗数39.3万，穗粒数39.1粒，千粒重47.8克。

（四）抗性鉴定

中抗条锈病，高感叶锈病，中感白粉病、纹枯病和赤霉病。

（五）适宜范围及栽培要点

适宜在河南省（信阳市和南阳市南部麦区除外）早中茬地种植。适播期10月上中旬，亩基本苗16万~18万，晚播适当加大播量。注意防治蚜虫、锈病、白粉病和赤霉病，群体较大的地块起身期化控防倒。

二十四、泰麦98

（一）品种来源

河南省泰隆种业有限公司利用温麦2540/兰考8679选育而成，通过陕西省农作物品种审定委员会审定，审定编号：陕审麦2012002。河南省泰隆种业有限公司将该品种引种至河南省，符合河南省引种备案条件，引种备案号：（豫）引种[2017]麦008。该品种已申请农业部品种保护（专利），其申请公告号为CNA011115E。其系谱如下：

```
        温麦2540    ×    兰考8679
              └────┬────┘
                泰麦98
```

（二）产量表现

引种试验平均亩产591.2千克，比对照周麦18增产3.5%。

（三）特征特性

属半冬性中早熟品种。幼苗半匍匐，叶色浓绿，春季起身拔节较早，两极分化快。株型紧凑，旗叶较小上冲，株高76厘米，穗下节较长。穗长方形，穗大，白粒，半角质。根系活力强，耐后期高温。亩穗数36.6万，穗粒数41.3粒，千粒重48~53克。

（四）抗性鉴定

中抗条锈病，高感叶锈病，中感白粉病、纹枯病和赤霉病。

（五）适宜范围及栽培要点

适宜在河南省（信阳市和南阳市南部麦区除外）早中茬地种植。10月5—10日播种，最佳播期10月7日左右。高肥力地块亩播量8~9千克，中低肥力地块9~10千克，播期每推迟3天，亩播量增加0.5千克。一般亩底施尿素20千克，磷酸二铵25千克，硫酸钾15千克，春节前后每亩追施尿素7~10千克。拔节前化学除草，抽穗扬花期预防赤霉病，灌浆期"一喷三防"。

二十五、泰麦733

（一）品种来源

河南省泰隆种业有限公司利用周麦16/陕农7859选育而成，通过陕西省农作物品种审定委员会审定，审定编号：陕审麦2015012。河南省泰隆种业有限公司将该品种引种至河南省，符合河南省引种备案条件，引种备案号：（豫）引种［2017］麦009。其系谱如下：

```
周麦16    ×    陕农7859
        └──┬──┘
         泰麦733
```

（二）产量表现

引种试验平均亩产592.7千克，比对照周麦18平均增产3.7%。

（三）特征特性

属半冬性中熟品种。幼苗匍匐，叶色浓绿，分蘖力中等，成穗率适中。株型紧凑，旗叶较小上冲，株高73厘米。穗长方形，白粒，角质。亩穗数37.9万，穗粒数42.6粒，千粒重46~49克。

（四）抗性鉴定

高抗条锈病，高感叶锈病，中感白粉病、纹枯病和赤霉病。

（五）适宜范围及栽培要点

适宜在河南省（信阳市和南阳市南部麦区除外）早中茬地种植。10月5—10日播种，高肥力地块亩播量8~9千克，中低肥力9~10千克，播期每推迟3天，亩播量增加0.5千克。一般亩底施尿素20千克，磷酸二铵25千克，硫酸钾15千克，春节前后每亩追施尿素7~10千克。拔节前化学除草，抽穗扬花期预防赤霉病，灌浆期防治蚜虫、叶锈病和白粉病。

二十六、西农165

（一）品种来源

西北农林科技大学利用西农953/9401B选育而成，通过陕西省农作物品种审定委员会审定，审定编号：陕审麦2013003。河南红旗种业有限公司将该品种引种至河南省，符合河南省引种备案条件，引种备案号：（豫）引种［2017］麦010。该品种已获批农业部品种保护（专利），其品种权号为CNA20140422.0。其系谱如下：

```
西农953    ×    9401B
        └──┬──┘
         西农165
```

（二）产量表现

引种试验平均亩产588.4千克，比对照周麦18增产6.4%。

（三）特征特性

属半冬性中熟品种。幼苗半匍匐，叶色浓绿，叶片短小，冬前分蘖力较强，春季起身拔节快。旗叶上冲，株型紧凑，株高77.5厘米。穗长方形，长芒，白粒，角质。亩穗数44.8万，穗粒数35.3粒，千粒重42.6克。

（四）抗性鉴定

中抗条锈病和叶锈病，中感白粉病和纹枯病，高感赤霉病。

（五）适宜范围及栽培要点

适宜在河南省（信阳市和南阳市南部麦区除外）早中茬地种植。适播期10月10—25日，亩

播量8～10千克，晚播可适当增加播量。亩施三元复合肥50千克，一般冬季、春季灌水2次，视土壤墒情浇灌浆水，结合春灌亩追尿素7～10千克。苗期和春季注意防治红蜘蛛，抽穗后预防赤霉病、蚜虫和吸浆虫，灌浆期搞好"一喷三防"。

二十七、孟麦028

（一）品种来源

孟州市农丰种子科技有限公司利用周麦16/豫麦49选育而成，通过陕西省农作物品种审定委员会审定，审定编号：陕审麦2017004。河南先耕农业科技有限公司将该品种引种至河南省，符合河南省引种备案条件，引种备案号：（豫）引种［2017］麦011。该品种已获批农业部品种保护（专利），其品种权号为CNA20150868.0。其系谱如下：

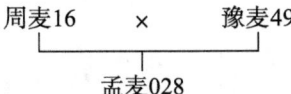

（二）产量表现

引种试验平均亩产572.77千克，较对照周麦18增产8.7%。

（三）特征特性

属半冬性中熟品种。幼苗半匍匐，叶色黄绿，春季起身晚，两极分化快。株型紧凑，株高74厘米，茎秆粗壮，抗倒伏能力强。穗长方形，长芒，白壳，白粒，半角质，灌浆速度快，成熟落黄好。亩穗数40.2万，穗粒数36粒，千粒重47.2克。

（四）抗性鉴定

中抗条锈病、叶锈病和白粉病，中感纹枯病和赤霉病。

（五）适宜范围及栽培要点

适宜在河南省（信阳市稻茬和南阳市南部麦区除外）早中茬地种植。适宜播期10月8—15日，亩播量10～13千克。每亩施用氮、磷、钾复合肥50千克，春节前后视苗情追施氮肥。浇好越冬水和灌浆水。冬前适时化除和防治纹枯病，抽穗扬花期防治赤霉病，灌浆期搞好"一喷三防"。

二十八、西农583

（一）品种来源

西北农林科技大学利用远丰175/99481-47-2//9871-25-3-5-2选育而成，通过陕西省农作物品种审定委员会审定，审定编号：陕审麦2013004。河南先耕农业科技有限公司将该品种引种至河南省，符合河南省引种备案条件，引种备案号：（豫）引种［2017］麦012。其系谱如下：

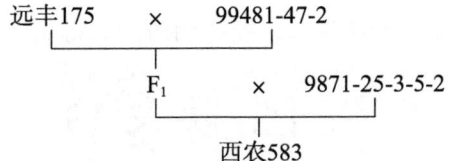

（二）产量表现

引种试验平均亩产561千克，较对照周麦18增产6.5%。

（三）特征特性

属半冬性中早熟品种。幼苗半匍匐，叶色深绿，春季起身拔节早，两极分化快，分蘖力强，抽穗扬花早。株型较松散，株高80.4厘米，旗叶窄短。穗长方形，长芒，白粒，角质。亩穗数40.1万，穗粒数33.4粒，千粒重48克。

（四）抗性鉴定

中抗条锈病和叶锈病，高感白粉病，中感纹枯病和赤霉病。

（五）适宜范围及栽培要点

适宜在河南省（信阳市稻茬和南阳市南部麦区除外）早中茬地种植。适宜播期10月10—20日，亩播量10～13千克。一般亩底施氮、磷、钾复合肥50～60千克，春节前后适量追施氮肥，返青起身期控旺防倒。浇好越冬水和灌浆水，冬前防治纹枯病和适时化学除草，孕穗期防治白粉病，灌浆期搞好"一喷三防"。

二十九、西农1018

（一）品种来源

西北农林科技大学利用周麦18/藁麦9409选育而成，通过陕西省农作物品种审定委员会审定，审定编号：陕审麦2013007。河南先耕农业科技有限公司将该品种引种至河南省，符合河南省引种备案条件，引种备案号：（豫）引种［2017］麦013。其系谱如下：

（二）产量表现

引种试验平均亩产561.67千克，较对照周麦18增产6.6%。

（三）特征特性

属半冬性中熟品种。幼苗半匍匐，叶色淡绿，分蘖力强，春季起身拔节快，两极分化快。株型较紧凑，株高74.9厘米。穗长方形，小穗排列适中，长芒，白壳，白粒，籽粒角质，成熟落黄好。亩穗数36万，穗粒数37.9粒，千粒重46.2克。

（四）抗性鉴定

中抗条锈病、叶锈病和白粉病，中感纹枯病和赤霉病。

（五）适宜范围及栽培要点

适宜在河南省（信阳市稻茬和南阳市南部麦区除外）早中茬地种植。适宜播期10月10—20日，亩播量10～13千克。一般亩底施氮、磷、钾复合肥50～60千克，春节前后适量追施氮肥。浇好越冬水和灌浆水，冬前适时化除和防治纹枯病，扬花期防治赤霉病，灌浆期搞好"一喷三防"。

三十、陕农33

（一）品种来源

西北农林科技大学利用新麦18sp-28-14/陕农981sp12-16选育而成，通过陕西省农作物品种审定委员会审定,审定编号:陕审麦2012001。河南三农种业有限公司将该品种引种至河南省,符合河南省引种备案条件,引种备案号:(豫)引种[2017]麦014。其系谱如下:

```
新麦18sp-28-14  ×  陕农981sp12-16
              |
           陕农33
```

(二)产量表现

引种试验平均亩产540.7千克,比对照周麦18增产3.4%。

(三)特征特性

属半冬性中晚熟品种。幼苗半匍匐,叶色深绿,分蘖力强。株型半紧凑,株高80厘米,旗叶上冲,旗叶干尖稍重。穗纺锤形,小穗排列紧密,白粒,角质,后期落黄好。亩穗数50.3万,穗粒数29粒,千粒重45.2克。

(四)抗性鉴定

中抗叶锈病、条锈病和赤霉病,中感白粉病和纹枯病。

(五)适宜范围及栽培要点

适宜在河南省(信阳市和南阳市南部麦区除外)早中茬地种植。播种期10月15日以后,亩播量10千克左右,晚播适当增加播量。施足底肥,增施磷、钾肥,拔节期追氮。浇好底墒水、越冬水、拔节水和灌浆水。起身期喷洒多效唑预防倒伏,抽穗扬花期防治蚜虫、赤霉病、锈病和白粉病。

三十一、福高1号

(一)品种来源

陕西高农种业有限公司利用周麦16/新麦9号选育而成,通过陕西省农作物品种审定委员会审定,审定编号:陕审麦2012008。陕西高农种业有限公司将该品种引种至河南省,符合河南省引种备案条件,引种备案号:(豫)引种[2017]麦015。其系谱如下:

```
周麦16  ×  新麦9号
       |
     福高1号
```

(二)产量表现

引种试验平均亩产592.5千克,较对照周麦18增产5.8%。

(三)特征特性

属半冬性中熟品种。幼苗半直立,分蘖力较强,叶片宽,叶色较绿。株型较紧凑,株高75厘米。穗纺锤形,长芒,白粒,半角质。亩穗数39万,穗粒数42粒,千粒重45.5克。

(四)抗性鉴定

中抗条锈病、叶锈病和赤霉病,中感白粉病和纹枯病。

(五)适宜范围及栽培要点

适宜在河南省(信阳市和南阳市南部麦区除外)早中茬地种植。适播期10月5—18日,亩播量10千克左右,每亩基本苗12万~14万。亩基施尿素25~30千克,磷酸二铵18~20千克,硫酸钾8~10千克。一般冬季、春季灌水2次,视气候和土壤墒情浇灌浆水,结合春灌每亩追施尿素

10～12千克。冬前和春季防治红蜘蛛，中后期注意防治白粉病、纹枯病和蚜虫。

三十二、福高2号

（一）品种来源

陕西高农种业有限公司利用小偃22变异单株系统选育而成，通过陕西省农作物品种审定委员会审定，审定编号：陕审麦2013006。陕西高农种业有限公司将该品种引种至河南省，符合河南省引种备案条件，引种备案号：（豫）引种［2017］麦016。其系谱如下：

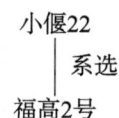

（二）产量表现

引种试验平均亩产596.5千克，较对照周麦18增产5%。

（三）特征特性

属半冬性中熟品种。幼苗半直立，叶片宽，叶色较绿。株型较紧凑，株高72厘米。穗纺锤形，穗层较厚，长芒，白粒，籽粒角质。亩穗数38.1万，穗粒数45粒，千粒重45克。

（四）抗性鉴定

中抗条锈病、叶锈病和赤霉病，中感白粉病和纹枯病。

（五）适宜范围及栽培要点

适宜在河南省（信阳市和南阳市南部麦区除外）早中茬地种植。适播期10月5—18日，亩播量10千克左右。一般每亩基施尿素25～30千克，磷酸二铵18～20千克，硫酸钾8～10千克。一般冬季、春季灌水2次，视土壤墒情浇灌浆水，结合春灌亩追施尿素10～12千克。冬前和春季防治红蜘蛛，及时预防白粉病和纹枯病，抽穗后防治蚜虫和吸浆虫。

三十三、西农658

（一）品种来源

西北农林科技大学利用周麦18/西抗2003-1选育而成，通过陕西省农作物品种审定委员会审定，审定编号：陕审麦2014008。西北农林科技大学将该品种引种至河南省，符合河南省引种备案条件，引种备案号：（豫）引种［2017］麦017。该品种已申请农业部品种保护（专利），其公告号为CNA017328E。其系谱如下：

周麦18 × 西抗2003-1
└──────┬──────┘
　　　西农658

（二）产量表现

引种试验平均亩产567千克，比对照周麦18增产5.7%。

（三）特征特性

属弱冬性中早熟品种。幼苗半直立，叶色青绿，分蘖力中等。后期灌浆快，株型半紧凑，株高76厘米。穗长方形，中长芒，白壳，白粒，半角质。亩穗数41万，穗粒数36~45粒，千粒重47~50克。

（四）抗性鉴定

中抗条锈病、叶锈病和赤霉病，中感白粉病，高感纹枯病。

（五）适宜范围及栽培要点

适宜在河南省（信阳市和南阳市南部麦区除外）早中茬地种植。适播期10月5—15日，若遇特殊年份不能适时播种，可延期至10月20日。一般亩播量9~10千克，整地较粗放的田块，亩播量增加至13千克。一般亩底施复合肥50千克，结合冬灌亩追尿素5千克。及时防治纹枯病和白粉病，起身期喷洒化控剂预防倒伏，灌浆期搞好"一喷三防"。

三十四、西农668

（一）品种来源

西北农林科技大学利用豫麦34/西农213选育而成，通过陕西省农作物品种审定委员会审定，审定编号：陕审麦2015001。西北农林科技大学将该品种引种至河南省，符合河南省引种备案条件，引种备案号：（豫）引种[2017]麦018。该品种已申请农业部品种保护（专利），其公告号为CNA017327E。其系谱如下：

（二）产量表现

引种试验平均亩产568千克，比对照周麦18增产6%。

（三）特征特性

属半冬性中熟品种。幼苗半匍匐，叶色青绿，分蘖力强。春季生长稳健，株型半紧凑，株高74.3厘米。旗叶上冲，后期灌浆快，叶的功能好，耐干热风。穗长方形，中长芒，白壳，白粒，卵圆形，饱满度好。亩穗数42万左右。穗粒数36~45粒，千粒重47克左右。

（四）抗性鉴定

中抗条锈病和叶锈病，高感白粉病和赤霉病，中感纹枯病。

（五）适宜范围及栽培要点

适宜在河南省（信阳市和南阳市南部麦区除外）早中茬地种植。适播期10月5—15日，若遇特殊年份不能适时播种，可延期至10月20日。一般亩播量9~10千克，整地较粗放的田块，可增加亩播量至11~13千克。一般亩底施复合肥50千克，冬灌时视苗情每亩追施尿素5千克。适时冬灌和春灌，及时防治蚜虫、纹枯病、白粉病和赤霉病。

三十五、西农822

（一）品种来源

西北农林科技大学利用西农953/周麦16选育而成，通过陕西省农作物品种审定委员会审定，审定编号：陕审麦2011001。河南驻研种业有限公司将该品种引种至河南省，符合河南省引种备案条件，引种备案号：（豫）引种［2017］麦019。该品种已获批农业部品种保护（专利），其品种权号为CNA20140423.9。其系谱如下：

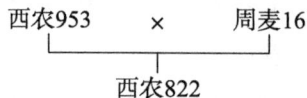

（二）产量表现

引种试验平均亩产586.21千克，较对照周麦18增产6.02%。

（三）特征特性

属半冬性中早熟品种。幼苗半匍匐，叶片绿色，分蘖力较强。株型半紧凑，株高80厘米，穗下节间较长，旗叶近上冲。穗纺锤形，长芒，白壳，白粒，籽粒半角质。亩穗数42.82万，穗粒数37.57粒，千粒重42.4克。

（四）抗性鉴定

中抗条锈病，中感叶锈病和纹枯病，高感白粉病和赤霉病。

（五）适宜范围及栽培要点

适宜在河南省（信阳市和南阳市南部麦区除外）早中茬地种植。适播期10月5—18日，亩播量8~10千克。施足基肥，氮、磷、钾肥配合，氮肥70%作基肥，30%拔节期追施。适时冬灌和春灌，旱年浇好灌浆水。冬前和春季注意防治红蜘蛛，及时预防白粉病和纹枯病，抽穗后防治赤霉病、蚜虫，灌浆期"一喷三防"。

三十六、西农223

（一）品种来源

西北农林科技大学利用西农389天然杂交变异株经系统选育而成，通过陕西省农作物品种审定委员会审定，审定编号：陕审麦2012005。河南粮征种业有限公司将该品种引种至河南省，符合河南省引种备案条件，引种备案号：（豫）引种［2017］麦020。该品种已获批农业部品种保护（专利），其品种权号为CNA20100548.3。其系谱如下：

（二）产量表现

引种试验平均亩产598.25千克，较对照周麦18增产5.2%。

（三）特征特性

属半冬性中晚熟品种。幼苗半匍匐，叶色深绿，叶片偏小，分蘖力强。株型紧凑，株高75厘米。穗长方形，上部小穗排列较密。籽粒白色，卵圆形，角质。亩穗数40万，穗粒数38粒，千粒重46克。

（四）抗性鉴定

高抗条锈病，中抗叶锈病，中感纹枯病和赤霉病，高感白粉病。

（五）适宜范围及栽培要点

适宜在河南省（信阳市和南阳市南部麦区除外）早中茬地种植。适播期10月上中旬，亩播量10千克左右，亩基本苗15万左右。施足基肥，氮肥与磷肥配合，基肥中氮肥用量占全生育期氮肥用量70%~75%。适时冬灌和春灌，旱年浇好灌浆水，结合冬灌追氮肥。及时防治蚜虫、纹枯病、赤霉病和白粉病，灌浆期"一喷三防"。

三十七、天麦535

（一）品种来源

陕西省天丞禾农业科技有限公司利用西农979变异株系选而成，通过陕西省农作物品种审定委员会审定，审定编号：陕审麦2012003。河南粮征种业有限公司将该品种引种至河南省，符合河南省引种备案条件，引种备案号：（豫）引种［2017］麦021。该品种已申请农业部品种保护（专利），其申请号为20110478.6。其系谱如下：

```
    西农979
      │
     系选
      │
    天麦535
```

（二）产量表现

平均亩产594.07千克，较对照周麦18增产4.47%。

（三）特征特性

属半冬性中熟品种。幼苗半直立，叶色深绿，分蘖力强，成穗率高。株型紧凑，叶片上冲，蜡质较厚，株高73厘米。穗纺锤形，小穗排列较紧密，长芒，白壳，白粒，半角质。亩穗数50万，穗粒数30~32粒，千粒重50克。

（四）抗性鉴定

中抗条锈病，中感纹枯病和白粉病，高感赤霉病和叶锈病。

（五）适宜范围及栽培要点

适宜在河南省（信阳市和南阳市南部麦区除外）早中茬地种植。10月上中旬为最适播期，亩播量10~12.5千克。以底肥为主，氮、磷、钾肥结合。适时冬灌，及时防治纹枯病、白粉病、叶锈病和赤霉病。灌浆期"一喷三防"。

三十八、连麦5号

（一）品种来源

江苏省灌南县农业科学研究所利用陕229/小偃22选育而成，通过江苏省农作物品种审定委员会审定，审定编号：苏审麦201004。偃师市华都种子有限公司将该品种引种至河南省，符合河南省引种备案条件，引种备案号：（豫）引种［2017］麦022。该品种已获批农业部品种保护（专利），其品种权号为CNA20100129.0。其系谱如下：

```
    陕229   ×   小偃22
       └────┬────┘
          连麦5号
```

（二）产量表现

引种试验平均亩产 597.4 千克，较对照周麦 18 增产 5.3%。

（三）特征特性

属半冬性中早熟品种。幼苗半匍匐，叶色深绿，前期生长较慢，分蘖力和成穗数中等。株型较紧凑，旗叶短而上冲，株高 78 厘米。穗纺锤形，长芒，白壳，白粒，籽粒角质。亩穗数 43 万，每穗粒数 35 粒，千粒重 41.5 克。

（四）抗性鉴定

中抗条锈病和白粉病，中感叶锈病、纹枯病和赤霉病。

（五）适宜范围及栽培要点

适宜在河南省（信阳市和南阳市南部麦区除外）早中茬地种植。适播期 10 月 5—18 日，亩播量 10 千克左右。一般亩基施尿素 25~30 千克，磷酸二铵 18~25 千克，硫酸钾 10 千克。一般情况下冬季、春季 2 次灌溉，视土壤墒情浇灌浆水，结合春灌亩追尿素 10 千克左右。冬前和春季注意防治纹枯病和红蜘蛛，抽穗后防治赤霉病、叶锈病和蚜虫。

三十九、扬麦 13

（一）品种来源

江苏省里下河地区农业科学研究所利用扬 84-84//Maristorve/扬麦 3 号选育而成，通过安徽省农作物品种审定委员会审定，审定编号：皖品审 02020346。江苏润扬种业股份有限公司将该品种引种至河南省，符合河南省引种备案条件，引种备案号：（豫）引种［2017］麦 023。该品种已获批农业部品种保护（专利），其品种权号为 CNA20030316.3。其系谱如下：

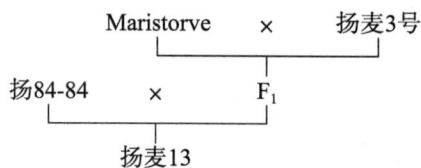

（二）产量表现

引种试验平均亩产 360.62 千克，比对照偃展 4110 增产 14.6%。

（三）特征特性

属弱春性早中熟品种。幼苗直立，叶片绿色，耐湿耐寒性好。株高 75~82 厘米，穗纺锤形，长芒，白壳，红粒，粉质，灌浆速度快，熟相好。亩穗数 28 万~30 万，穗粒数 40~42 粒，千粒重 40 克。

（四）抗性鉴定

中抗条锈病，中感叶锈病、纹枯病和赤霉病，高感白粉病。

（五）适宜范围及栽培要点

适宜在河南省信阳市及南阳市南部区域种植。适播期 10 月 25 日至 11 月 5 日，亩基本苗 20 万~22 万。全生育期施纯氮 14~15 千克，磷、钾肥各 5~6 千克，氮肥基施 80%、追施 20%，磷、钾肥基追比 5∶5，小麦 5~7 叶追肥。前期注意防治纹枯病和及时除草，中后期防治白粉病、锈病、赤霉病和蚜虫。

四十、伟隆158

（一）品种来源

陕西杨凌伟隆农业科技有限公司利用济麦19/武农148选育而成，通过陕西省农作物品种审定委员会审定，审定编号：陕审麦2017002号。河南省乐丰种业有限公司将该品种引种至河南省，符合河南省引种备案条件，引种备案号：（豫）引种[2018]麦001。该品种已申请农业部品种保护（专利），其申请号为20171331.5。其系谱如下：

```
济麦19  ×  武农148
        │
      伟隆158
```

（二）产量表现

引种试验平均亩产454.1千克，比对照周麦18增产8%。

（三）特征特性

属半冬性中熟品种。幼苗半匍匐，叶片较宽，叶色浅绿。旗叶上冲，株型紧凑，茎秆弹性好，株高72.1厘米。穗长方形，长芒，白粒，角质。亩穗数41.4万，穗粒数30.2粒，千粒重44.9克。

（四）抗性鉴定

中抗条锈病，中感叶锈病、白粉病和纹枯病，高感赤霉病。

（五）适宜范围及栽培要点

适宜在河南省（信阳市和南阳市南部麦区除外）早中茬地种植。适播期10月5—15日，亩播量8~10千克。氮、磷、钾肥配合，70%的氮肥作为基肥施入。适时冬灌和春灌，结合春灌追施全生育期氮肥用量的30%。苗期和春季防治纹枯病和红蜘蛛，抽穗扬花期防治赤霉病，灌浆期"一喷三防"。

四十一、伟隆121

（一）品种来源

陕西杨凌伟隆农业科技有限公司利用小偃6号选系/荔高6号选育而成，通过陕西省农作物品种审定委员会审定，审定编号：陕审麦2017005号。河南省乐丰种业有限公司将该品种引种至河南省，符合河南省引种备案条件，引种备案号：（豫）引种[2018]麦002。该品种已获批农业农村部品种保护（专利），其品种权号为CNA20170846.5。其系谱如下：

```
小偃6号选系  ×  荔高6号
           │
        伟隆121
```

（二）产量表现

引种试验平均亩产438.7千克，比对照周麦18增产5.3%。

（三）特征特性

属半冬性中熟品种。幼苗半匍匐，叶片上冲。株型较紧凑，茎秆粗壮，株高73.9厘米。穗长方形，长芒，白粒，角质。亩穗数41.3万，穗粒数30.6粒，千粒重42.6克。

（四）抗性鉴定

高抗条锈病，中感叶锈病、白粉病、赤霉病和纹枯病。

（五）适宜范围及栽培要点

适宜在河南省（信阳市和南阳市南部麦区除外）早中茬地种植。适播期10月1—20日，亩播量7.5～10千克。亩施氮、磷、钾复合肥50千克，适时冬灌和春灌，结合春灌追施氮肥。冬前及早春及时防治纹枯病和防除田间杂草，抽穗扬花期防治赤霉病，灌浆期搞好"一喷三防"。

四十二、天麦863

（一）品种来源

陕西省天丞禾农业科技有限公司利用周麦16/偃展1号选育而成，通过陕西省农作物品种审定委员会审定，审定编号：陕审麦2014010号。河南中原地信实业有限公司将该品种引种至河南省，符合河南省引种备案条件，引种备案号：（豫）引种［2018］麦003。该品种已申请农业部品种保护（专利），其公告号为CNA013022E。其系谱如下：

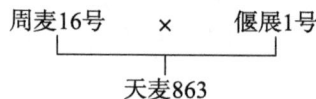

（二）产量表现

引种试验平均亩产465.4千克，比对照周麦18增产6.2%。

（三）特征特性

属半冬性中晚熟品种。幼苗半匍匐，叶色深绿，叶片上冲。株型紧凑，株高70.7厘米，茎秆粗壮，蜡质层较厚。穗纺锤形，长芒，白壳，白粒，半角质。亩穗数40.2万，穗粒数31.1粒，千粒重42.8克。

（四）抗性鉴定

中抗条锈病，高感叶锈病和赤霉病，中感白粉病和纹枯病。

（五）适宜范围及栽培要点

适宜在河南省（信阳市和南阳市南部麦区除外）早中茬地种植。适播期10月上中旬，亩播量10～12.5千克。以基肥为主，氮、磷、钾肥配方施肥，适时冬灌和春灌，苗期和起身期预防纹枯病，抽穗后防治叶锈病、赤霉病和蚜虫。

四十三、致胜5号

（一）品种来源

陕西高农种业有限公司利用衡观35/豫麦49选育而成，通过陕西省农作物品种审定委员会审定，审定编号：陕审麦2015011号。河南黄河种业有限公司将该品种引种至河南省，符合河南省引种备案条件，引种备案号：（豫）引种［2018］麦005。该品种已获批农业部品种保护（专利），其品种权号为CNA20172584.7。其系谱如下：

衡观35 × 豫麦49
└─────────┬─────────┘
致胜5号

（二）产量表现

引种试验平均亩产515.9千克，比对照周麦18增产6.9%。

（三）特征特性

属半冬性中熟品种。幼苗半匍匐，叶片宽，叶色较绿。株型较紧凑，株高75厘米，茎秆粗壮。穗纺锤形，长芒，白壳，白粒，角质率高。亩穗数39.7万，穗粒数45粒，千粒重50克。

（四）抗性鉴定

中抗条锈病和白粉病，高感叶锈病和赤霉病，中感纹枯病。

（五）适宜范围及栽培要点

适宜在河南省（信阳市和南阳市南部麦区除外）早中茬地种植。适播期10月上中旬，亩播量9~10千克，亩基本苗12万~14万，播期推迟或肥力偏低时增加播量。以底肥为主，播前一次性施足，适时冬灌，后期如遇干旱适当补灌，注意防治纹枯病、叶锈病、赤霉病及蚜虫。

四十四、兴民218

（一）品种来源

陕西兴民种业有限公司利用西农953/97-5选育而成，通过陕西省农作物品种审定委员会审定，审定编号：陕审麦2011003号。河南禾美种业有限公司将该品种引种至河南省，符合河南省引种备案条件，引种备案号：（豫）引种〔2018〕麦006。其系谱如下：

西农953 × 97-5
└─────────┬─────────┘
兴民218

（二）产量表现

引种试验平均亩产470.1千克，比对照周麦18增产6.6%。

（三）特征特性

属半冬性中熟品种。幼苗半匍匐，旗叶上冲。株型紧凑，株高71.3厘米，蜡质层厚。穗长方形，籽粒角质。亩穗数42.6万，穗粒数33.4粒，千粒重40.6克。

（四）抗性鉴定

中感条锈病、白粉病和赤霉病，高感叶锈病，中抗纹枯病。

（五）适宜范围及栽培要点

适宜在河南省（信阳市和南阳市南部麦区除外）早中茬地种植。适播期10月5—25日，高肥地亩播量9~10千克，中低肥地亩播量10~12千克。氮、磷、钾肥配合，80%氮肥和全部磷、钾肥作为基肥施入，其余氮肥结合春灌追施。孕穗后防治白粉病和叶锈病，抽穗扬花期预防赤霉病，灌浆期搞好"一喷三防"。

四十五、兴民118

（一）品种来源

陕西兴民种业有限公司利用〔（户9541/西农2611）/郑麦9023〕/916选育而成，通过陕西省农作物品种审定委员会审定，审定编号：陕审麦2014003号。河南省天中种子有限责任公司将该品种引种至河南省，符合河南省引种备案条件，引种备案号：（豫）引种[2018]麦007。其系谱如下：

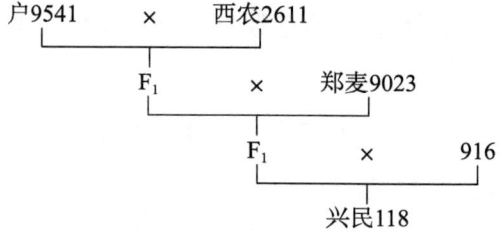

（二）产量表现

引种试验平均亩产471.9千克，比对照周麦18增产5.9%。

（三）特征特性

属半冬性中熟品种。幼苗半匍匐，叶色浅绿，分蘖力中等。旗叶近上冲，株高74.8厘米，株型紧凑，抗倒性好。穗长方形，白芒，白粒，角质。亩穗数41.2万，穗粒数35.3粒，千粒重40.5克。

（四）抗性鉴定

中抗条锈病和纹枯病，中感白粉病，高感赤霉病和叶锈病。

（五）适宜范围及栽培要点

适宜在河南省（信阳市和南阳市南部麦区除外）早中茬地种植。适播期10月10—20日，高肥力地块亩播量9~10千克，中低肥力地块亩播量10~12千克，播期每推迟1天，亩播量增加0.2千克。施足底肥，氮、磷、钾肥配合，90%的氮肥和全部磷、钾肥作为基肥施入。适时冬灌和春灌，及时防治蚜虫、白粉病叶锈病和赤霉病，灌浆期"一喷三防"。

四十六、江麦919

（一）品种来源

宿迁中江种业有限公司利用中引179/皖麦38//郑麦9023选育而成，通过江苏省农作物品种审定委员会审定，审定编号：苏审麦201308。河南苗满丰种业有限公司将该品种引种至河南省，符合河南省引种备案条件，引种备案号：（豫）引种[2018]麦008。该品种已申请农业部品种保护（专利），其公告权为CNA011691E。其系谱如下：

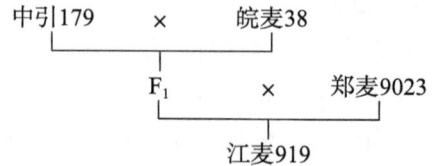

（二）产量表现

引种试验平均亩产475.4千克，比对照周麦18增产8%。

（三）特征特性

属半冬性中熟品种。幼苗半匍匐，叶片窄短，叶色深绿。株型松散，株高77.8厘米。穗纺锤形，长芒，白壳，白粒，角质。亩穗数39.7万，穗粒数32.9粒，千粒重41.5克。

（四）抗性鉴定

中感条锈病、叶锈病和纹枯病，高感赤霉病，中抗白粉病。

（五）适宜范围及栽培要点

适宜在河南省（信阳市和南阳市南部麦区除外）早中茬地种植。适播期10月下旬至11月初，亩基本苗18万~20万。一般亩施纯氮18千克，五氧化二磷8千克，氧化钾10千克。适时冬灌和春灌，冬前及早春及时防治纹枯病和防除田间杂草，中后期防治赤霉病、锈病和蚜虫。

四十七、兴民68

（一）品种来源

陕西兴民种业有限公司利用小偃22/分33-6选育而成，通过陕西省农作物品种审定委员会审定，审定编号：陕审麦2017006号。河南禾美种业有限公司将该品种引种至河南省，符合河南省引种备案条件，引种备案号：（豫）引种［2018］麦009。其系谱如下：

```
小偃22    ×    分33-6
       └──┬──┘
        兴民68
```

（二）产量表现

引种试验平均亩产471.4千克，比对照周麦18增产6.9%。

（三）特征特性

属半冬性中熟品种。幼苗半匍匐，叶色深绿，分蘖力较强。春季起身晚，两极分化快。株型紧凑，株高72.3厘米，旗叶上冲，蜡质层厚。穗长方形，长芒，白壳，白粒，籽粒角质。亩穗数41.8万，穗粒数33粒，千粒重41.7克。

（四）抗性鉴定

中抗条锈病，高感叶锈病，中感白粉病、赤霉病和纹枯病。

（五）适宜范围及栽培要点

适宜在河南省（信阳市和南阳市南部麦区除外）早中茬地种植。适播期10月10—20日，高肥力地块亩播量9~10千克，中低肥力地块亩播量10~12千克，如延期播种，每推迟1天亩播量增加0.2千克。氮、磷、钾肥配合，90%的氮肥和全部磷、钾肥作为基肥施入。适时冬灌和春灌，结合春灌追施氮肥。注意预防纹枯病和叶锈病，及时防治蚜虫、赤霉病和白粉病，灌浆期搞好"一喷三防"。

四十八、农麦1号

（一）品种来源

江苏神农大丰种业科技有限公司利用鲁麦21/SN668（淮麦18/百农AK58）选育而成，通过江苏省农作物品种审定委员会审定，审定编号：苏审麦201504。江苏神农大丰种业科技有限公司将该品种引种至河南省，符合河南省引种备案条件，引种备案号：（豫）引种［2018］麦010。该品种已获批农业部植物新品种保护（专利），其品种权号为CNA20151308.6。其系谱如下：

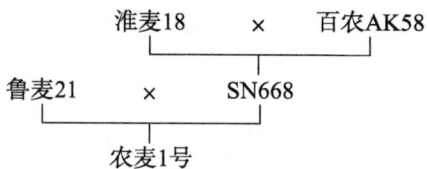

（二）产量表现

引种试验平均亩产465千克，比对照周麦18增产5.3%。

（三）特征特性

属半冬性中熟品种。幼苗半匍匐，叶片宽大，叶色深绿。株型较紧凑，株高74.9厘米。穗纺锤形，长芒，白壳，白粒，籽粒卵圆形。亩穗数41.8万，穗粒数35.1粒，千粒重42.1克。

（四）抗性鉴定

中抗条锈病，中感白粉病和纹枯病，高感赤霉病和叶锈病。

（五）适宜范围及栽培要点

适宜在河南省（信阳市和南阳市南部麦区除外）早中茬地种植。适播期10月中下旬，亩基本苗16万～18万，肥力偏低适当增加基本苗。一般亩施纯氮18千克，配合施用磷、钾肥，60%氮肥基施，40%氮肥拔节期追施。田间沟系配套，注意防涝防旱，冬前及早春防治纹枯病和防除田间杂草，抽穗扬花期预防叶锈病和赤霉病，灌浆期搞好"一喷三防"。

四十九、西农389

（一）品种来源

西北农林科技大学利用304/N9209//植763选育而成，通过陕西省农作物品种审定委员会审定，审定编号：陕审麦2009002号。河南省金博农种业有限公司将该品种引种至河南省，符合河南省引种备案条件，引种备案号：（豫）引种［2018］麦011。其系谱如下：

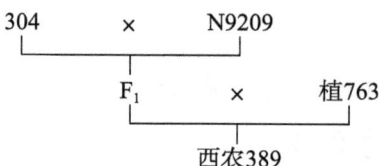

（二）产量表现

引种试验平均亩产491.1千克，比对照周麦18增产5.3%。

（三）特征特性

属半冬性中早熟品种。幼苗半匍匐，叶色深绿。株型紧凑，株高75.4厘米，茎秆粗壮，抗倒性好。穗长方形，籽粒卵圆形，角质。亩穗数37.6万，穗粒数42.9粒，千粒重43克。

（四）抗性鉴定

中感条锈病、赤霉病和纹枯病，高感叶锈病，中抗白粉病。

（五）适宜范围及栽培要点

适宜在河南省（信阳市和南阳市南部麦区除外）早中茬地种植。适播期10月上中旬，亩播量

7~8千克，冬前亩群体55万~60万株，春季最大群体80万~90万株。有机肥与无机肥配合，氮、磷、钾肥搭配施用。适时冬灌和春灌，浇好灌浆水，结合冬灌追施氮肥，氮肥追施量占全生育期总用量的25%~30%，留2%的氮肥于灌浆期叶面喷洒。孕穗后注意防治叶锈病，抽穗开花期预防赤霉病，灌浆期搞好"一喷三防"。

五十、鑫麦8号

（一）品种来源

亳州市云鑫麦豆研究所利用豫麦47/淮阴9628选育而成，通过安徽省农作物品种审定委员会审定，审定编号：皖麦2011007。河南省扶农种业有限公司将该品种引种至河南省，符合河南省引种备案条件，引种备案号：（豫）引种[2018]麦012。该品种已获批农业部品种保护（专利），其品种权号为CNA20100460.7。其系谱如下：

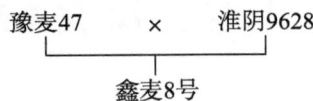

（二）产量表现

引种试验平均亩产516千克，比对照周麦18增产5%。

（三）特征特性

属半冬性中熟品种。幼苗半匍匐，叶色深绿，叶片细长。旗叶上冲，株高76.5厘米，茎、叶蜡质层厚。穗长方形，长芒，白壳，白粒，半角质。亩穗数42.5万，穗粒数34.5粒，千粒重41.7克。

（四）抗性鉴定

中感条锈病、赤霉病和纹枯病，高感叶锈病，中抗白粉病。

（五）适宜范围及栽培要点

适宜在河南省（信阳市和南阳市南部麦区除外）早中茬地种植。适播期10月5—15日，亩播量9~10千克，秸秆还田地块亩播量增加至11~13千克。重施基肥，增施有机肥，基肥占全生育期总用肥量的75%~80%。适时冬灌和春灌，冬灌时亩追施尿素5千克。孕穗后注意防治蚜虫和叶锈病，抽穗扬花期预防赤霉病。

五十一、双优二号

（一）品种来源

陕西省韩城市平德粮食专业合作社从引进的硬粒小麦大田中选育而成，通过陕西省农作物品种审定委员会审定，审定编号：陕审麦2017013号。河南丰源种子有限公司将该品种引种至河南省，符合河南省引种备案条件，引种备案号：（豫）引种[2018]麦013。该品种已申请农业农村部品种保护（专利），其公告为CNA019580E。其系谱如下：

```
硬粒小麦
  │
  │系选
  │
双优二号
```

（二）产量表现

引种试验平均亩产488.6千克，比对照周麦18增产4%。

（三）特征特性

属半冬性中熟品种。幼苗匍匐，叶色深绿，分蘖力强。旗叶上冲，株型紧凑，株高76.8厘米，抗倒性好。穗纺锤形，长芒，白壳，籽粒圆形，琥珀色，硬质。亩穗数40.6万，穗粒数33粒，千粒重38克。

（四）抗性鉴定

中感条锈病、白粉病和纹枯病，高感叶锈病和赤霉病。

（五）适宜范围及栽培要点

适宜在河南省（信阳市和南阳市南部麦区除外）早中茬地种植。适播期9月下旬至10月上旬，亩播量6~7千克，亩基本苗12万~13万。苗期和早春预防纹枯病，拔节前喷施化控剂，预防倒伏，抽穗扬花期防治蚜虫、白粉病和赤霉病。

五十二、徐农029

（一）品种来源

江苏徐农种业科技有限公司利用淮麦20/百农AK58选育而成，通过江苏省农作物品种审定委员会审定，审定编号：苏审麦20160007。焦作市博农种子有限责任公司将该品种引种至河南省，符合河南省引种备案条件，引种备案号：（豫）引种［2018］麦014。该品种已申请农业部品种保护（专利），其申请号为20160011.5。其系谱如下：

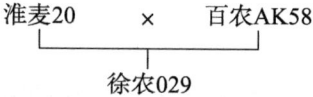

（二）产量表现

引种试验平均亩产477.4千克，比对照周麦18增产5.1%。

（三）特征特性

属半冬性中熟品种。幼苗半匍匐，叶色深绿，分蘖力较强。株型松紧适中，株高81.3厘米。穗纺锤形，长芒，白壳，白粒，角质。亩穗数41.6万，穗粒数32粒，千粒重39.2克。

（四）抗性鉴定

中感条锈病、白粉病、赤霉病和纹枯病，高感叶锈病。

（五）适宜范围及栽培要点

适宜在河南省（信阳市和南阳市南部麦区除外）早中茬地种植。适播期10月10—25日，亩基本苗16万~23万，播期推迟或肥力偏低时，适当增加播量。氮、磷、钾肥配合，拔节期追氮，高水肥地块防止倒伏。苗期及时防治纹枯病，注意防治锈病、赤霉病、白粉病和蚜虫。

五十三、大地2018

（一）品种来源

安徽省濉溪县五铺农场利用{（丰华8829/西农979）}F₄/{（皖麦19/陕优225）F₁/新9535}选育而成，通过安徽省农作物品种审定委员会审定，审定编号：皖审麦2017015。濉溪县五铺农场将该品种引种至河南省，符合河南省引种备案条件，引种备案号：（豫）引种［2018］麦015。其系谱如下：

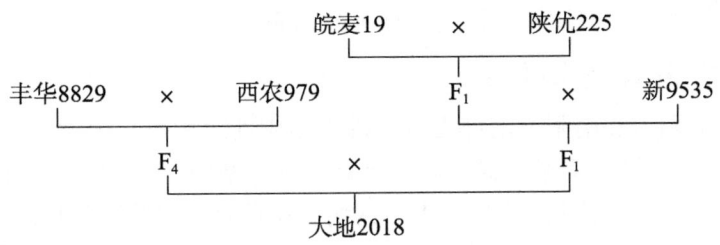

（二）产量表现

引种试验平均亩产480千克，比对照周麦18增产6.9%。

（三）特征特性

属半冬性中熟品种。幼苗半匍匐，叶色浅绿。春季发育早，两极分化快，抗倒春寒能力一般。株型半紧凑，株高77.3厘米。穗叶同层，穗长方形，长芒，白壳，白粒。亩穗数34.7万，穗粒数33.9粒，千粒重43.3克。

（四）抗性鉴定

中感条锈病和纹枯病，高感叶锈病和赤霉病，中抗白粉病。

（五）适宜范围及栽培要点

适宜在河南省（信阳市和南阳市南部麦区除外）早中茬地种植。适播期10月上中旬，亩基本苗16万～18万，晚播适当增加播量。在增施有机肥的基础上，氮、磷、钾肥配合，拔节期追氮。起身期化控防倒，注意防治蚜虫、叶锈病、赤霉病和纹枯病。

五十四、华成2019

（一）品种来源

宿州市天益青种业科学研究所利用（烟农19/宿266）/（丰华8829/陕160）选育而成，通过安徽省农作物品种审定委员会审定，审定编号：皖审麦2017016。宿州市天益青种业科学研究所将该品种引种至河南省，符合河南省引种备案条件，引种备案号：（豫）引种［2018］麦016。该品种已申请农业农村部品种保护（专利），其公告号为CNA013029E。其系谱如下：

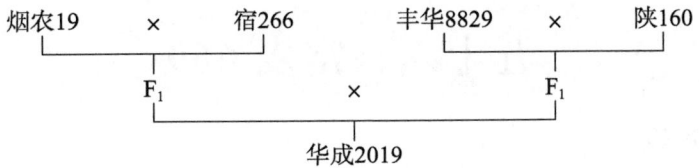

（二）产量表现

引种试验平均亩产490.5千克，比对照周麦18增产8.9%。

（三）特征特性

属半冬偏春性中熟品种。幼苗半匍匐，长势壮，抗寒能力强。春季发育早，两极分化快。株型紧凑，旗叶短小上冲，株高78厘米，茎秆较细，弹性好。穗长方形，长芒，白壳，白粒。亩穗数 35.9 万，穗粒数 33.3 粒，千粒重 43.9 克。

（四）抗性鉴定

中感条锈病、白粉病、赤霉病和纹枯病，高感叶锈病。

（五）适宜范围及栽培要点

适宜在河南省（信阳市和南阳市南部麦区除外）早中茬地种植。适播期 10 月上中旬，亩基本苗 18 万~20 万，晚播适当增加播量。氮、磷、钾肥配合，基施、追施结合，拔节期追氮。起身期化控防倒和防治纹枯病，中后期注意防治蚜虫、锈病、赤霉病、白粉病和叶锈病。

五十五、西农 188

（一）品种来源

西北农林科技大学利用周 98165/西农 556 选育而成，通过陕西省农作物品种审定委员会审定，审定编号：陕审麦 2015004 号。河南弘展农业科技有限公司将该品种引种至河南省，符合河南省引种备案条件，引种备案号：（豫）引种［2018］麦 017。其系谱如下：

```
周98165    ×    西农556
          │
        西农188
```

（二）产量表现

引种试验平均亩产 439.6 千克，比对照周麦 18 增产 4%。

（三）特征特性

属半冬性中熟品种。幼苗半匍匐，叶片宽长，叶色浓绿。株型紧凑，株高 74.1 厘米，茎秆粗硬。穗纺锤形，长芒，白壳，白粒，半角质。亩穗数 36.5 万，穗粒数 33.6 粒，千粒重 42.8 克。

（四）抗性鉴定

中抗条锈病和纹枯病，中感白粉病，高感赤霉病和叶锈病。

（五）适宜范围及栽培要点

适宜在河南省（信阳市和南阳市南部麦区除外）早中茬地种植。适播期 10 月 5—15 日，亩播量 10~12 千克。适时冬灌和春灌，结合冬灌每亩追施尿素 5~8 千克，抽穗扬花期预防赤霉病。中后期注意防治蚜虫、叶锈病和白粉病，灌浆期"一喷三防"。

五十六、富麦 669

（一）品种来源

安徽省创富种业有限公司利用烟农 19/周麦 18 选育而成，通过安徽省农作物品种审定委员会审定，审定编号：皖审麦 2017013。河南省泰隆种业有限公司将该品种引种至河南省，符合河南省引种备案条件，引种备案号：（豫）引种［2018］麦 018。该品种已申请农业农村部品种保护（专利），其公告号为 CNA0230134E。其系谱如下：

（二）产量表现

引种试验平均亩产519.1千克，比对照周麦18增产3.6%。

（三）特征特性

属半冬性中晚熟品种。幼苗匍匐，分蘖力强，成穗率中等。旗叶卷曲下披，株型半紧凑，茎秆弹性一般，株高80厘米。穗纺锤形，长芒，白壳，白粒。亩穗数37.9万，穗粒数42.6粒，千粒重40克。

（四）抗性鉴定

中感条锈病、白粉病、赤霉病和纹枯病，高感叶锈病。

（五）适宜范围及栽培要点

适宜在河南省（信阳市和南阳市南部麦区除外）早中茬地种植。适播期10月5—10日，最佳播期10月7日，高肥力地块亩播量8~9千克，中低肥力9~10千克，播期每推迟3天，亩播量增加0.5千克。一般亩底施尿素20千克，磷酸二铵25千克，硫酸钾15千克或氮、磷、钾复合肥50千克。春节前后亩追施尿素7~10千克，拔节前行化学除草。及时防控蚜虫、白粉病、纹枯病、叶锈病和赤霉病，灌浆期"一喷三防"。

五十七、西农556

（一）品种来源

西北农林科技大学利用9871-23-2/99371选育而成，通过陕西省农作物品种审定委员会审定，审定编号：陕审麦2012006号。河南省科育种业有限公司将该品种引种至河南省，符合河南省引种备案条件，引种备案号：（豫）引种［2018］麦019。其系谱如下：

```
         9871-23-2   ×   99371
                 └─┬─┘
                西农556
```

（二）产量表现

引种试验平均亩产458.1千克，比对照周麦18增产4.5%。

（三）特征特性

属半冬性中熟品种。幼苗半匍匐，叶色深绿。旗叶小而上冲，茎、叶多蜡质。株型紧凑，株高72.3厘米，茎秆粗壮。穗长方形，长芒，白壳，白粒，角质。亩穗数38.7万，穗粒数33.8粒，千粒重42.4克。

（四）抗性鉴定

中抗条锈病和纹枯病，中感白粉病，高感赤霉病和叶锈病。

（五）适宜范围及栽培要点

适宜在河南省（信阳市和南阳市南部麦区除外）早中茬地种植。适播期10月1—20日，高水肥地块亩播量9~10千克，中低肥力10~12千克，10月20日以后播种，每推迟1天亩播量增加0.2千克。氮、磷、钾肥配合，90%的氮肥和全部磷、钾肥作基肥施入。及时防治蚜虫、叶锈病、赤霉病和白粉病，灌浆期"一喷三防"。

五十八、福高328

(一) 品种来源

陕西高农种业有限公司、河南宝景农业科技有限公司利用阎麦9710/衡观35选育而成,通过陕西省农作物品种审定委员会审定,审定编号:陕审麦2017007号。河南金骆驼农业科技有限公司将该品种引种至河南省,符合河南省引种备案条件,引种备案号:(豫)引种[2018]麦020。该品种已申请农业农村部品种保护(专利),其公告号为CNA020155E。其系谱如下:

```
阎麦9710  ×  衡观35
        └─┬─┘
        福高328
```

(二) 产量表现

引种试验平均亩产465.6千克,比对照周麦18增产4.2%。

(三) 特征特性

属半冬性中熟品种。幼苗半匍匐,分蘖力强,成穗率中等。株型半紧凑,茎秆粗壮,抗倒伏,株高72.6厘米。穗纺锤形,长芒,白壳,白粒,籽粒角质。亩穗数37.7万,穗粒数34.7粒,千粒重40.4克。

(四) 抗性鉴定

中抗条锈病,高感叶锈病,中感白粉病、赤霉病和纹枯病。

(五) 适宜范围及栽培要点

适宜在河南省(信阳市和南阳市南部麦区除外)早中茬地种植。适播期10月5—25日,亩播量10~12千克,亩基本苗16万~18万,播期推迟或肥力低时增加播量。施足底肥,适时冬灌和春灌,拔节前防治纹枯病和化学除草,抽穗扬花期预防叶锈病、白粉病和赤霉病,灌浆期搞好"一喷三防"。

五十九、陕垦224

(一) 品种来源

陕西省杂交油菜研究中心、陕西振华农业科技有限公司利用87-600/95-34选育而成,通过陕西省农作物品种审定委员会审定,审定编号:陕审麦2014011号。河南金骆驼农业科技有限公司将该品种引种至河南省,符合河南省引种备案条件,引种备案号:(豫)引种[2018]麦021。其系谱如下:

```
87-600  ×  95-34
      └─┬─┘
      陕垦224
```

(二) 产量表现

引种试验平均亩产453.8千克,比对照周麦18增产3.5%。

(三) 特征特性

属半冬性中熟品种。幼苗半匍匐,叶色深绿,分蘖力强,成穗率中等。株型较松散,株高74.1

厘米，茎秆蜡质层厚。穗长方形，长芒，白壳，白粒，半角质。亩穗数38万，穗粒数34粒，千粒重40.6克。

（四）抗性鉴定

高抗条锈病，中抗白粉病，高感叶锈病，中感赤霉病和纹枯病。

（五）适宜范围及栽培要点

适宜在河南省（信阳市和南阳市南部麦区除外）早中茬地种植。适播期10月5—18日，亩基本苗16万~18万。每亩基施尿素20~25千克，磷酸二铵15~16千克，硫酸钾8~10千克。一般冬季、春季灌水2次，结合春灌每亩追施尿素10~12千克。冬前和春季注意防治红蜘蛛和纹枯病，抽穗后防治叶锈病、赤霉病、蚜虫和吸浆虫。

六十、仪麦2号

（一）品种来源

陕西聚丰种业有限公司利用（温麦6号/小偃6号）F₁/西农2208选育而成，通过陕西省农作物品种审定委员会审定，审定编号：陕审麦2018007号。河南许农种业有限公司将该品种引种至河南省，符合河南省引种备案条件，引种备案号：（豫）引种［2018］麦022。其系谱如下：

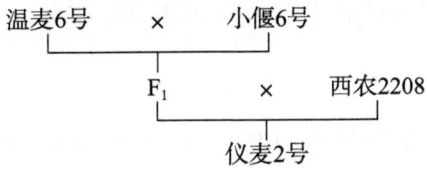

（二）产量表现

引种试验平均亩产469.8千克，比对照周麦18增产6.2%。

（三）特征特性

属半冬性中早熟品种。幼苗半匍匐，叶片短宽，叶色深绿。株型松散，株高74.7厘米，茎秆弹性较好。穗纺锤形，长芒，白壳，白粒，半角质。亩穗数40万，穗粒数33.4粒，千粒重42.7克。

（四）抗性鉴定

中感条锈病、叶锈病和白粉病，高感赤霉病，中抗纹枯病。

（五）适宜范围及栽培要点

适宜在河南省（信阳市和南阳市南部麦区除外）早中茬地种植。适播期10月上中旬，适宜亩基本苗16万~18万。施足基肥，追氮后移至拔节期，注意防治蚜虫、锈病、赤霉病和白粉病。

六十一、烟宏2000

（一）品种来源

安徽谷神种业有限公司利用连9791/烟农19选育而成，通过安徽省农作物品种审定委员会审定，审定编号：皖麦2016026。河南许农种业有限公司将该品种引种至河南省，符合河南省引种备案条件，引种备案号：（豫）引种［2018］麦023。该品种已申请农业部品种保护（专利），其申请号为20171571.4。其系谱如下：

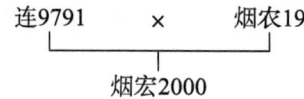

(二)产量表现

引种试验平均亩产467.5千克,比对照周麦18增产6%。

(三)特征特性

属半冬性中早熟品种。幼苗半匍匐,春季生长发育早,两极分化较快。旗叶近上冲,株型半紧凑,株高76.2厘米,茎秆弹性较好。穗长方形,长芒,白壳,白粒,角质。亩穗数40.5万,穗粒数33.1粒,千粒重42.1克。

(四)抗性鉴定

中感条锈病、叶锈病和纹枯病,中抗白粉病,高感赤霉病。

(五)适宜范围及栽培要点

适宜在河南省(信阳市和南阳市南部麦区除外)早中茬地种植。适播期10月上中旬,适宜亩基本苗16万~18万。施足基肥,追氮后移至拔节期,注意防治蚜虫、锈病、赤霉病和纹枯病。

六十二、徐麦32

(一)品种来源

江苏徐淮地区徐州农业科学研究所利用淮麦18/周麦16选育而成,通过江苏省农作物品种审定委员会审定,审定编号:苏审麦201206。河南许农种业有限公司将该品种引种至河南省,符合河南省引种备案条件,引种备案号:(豫)引种[2018]麦024。该品种已获批农业部品种保护(专利),其品种权号为CNA20130764.7。其系谱如下:

(二)产量表现

引种试验平均亩产462.8千克,比对照周麦18增产5.1%。

(三)特征特性

属半冬性中熟品种。幼苗半匍匐,叶片细长,叶色浅绿,分蘖力强。株型较紧凑,株高73.2厘米,茎秆弹性好。穗纺锤形,长芒,白壳,白粒,角质。亩穗数41.2万,穗粒数32.2粒,千粒重41.7克。

(四)抗性鉴定

中抗条锈病和白粉病,高感叶锈病和赤霉病,中感纹枯病。

(五)适宜范围及栽培要点

适宜在河南省(信阳市和南阳市南部麦区除外)早中茬地种植。适播期10月上中旬,适宜亩基本苗16万~18万。施足基肥,追氮后移至拔节期,注意防治蚜虫、纹枯病、叶锈病和赤霉病。

六十三、西农558

(一) 品种来源

西北农林科技大学利用小偃22/V9511选育而成,通过陕西省农作物品种审定委员会审定,审定编号:陕审麦2011002号。西华县天禾种业有限公司将该品种引种至河南省,符合河南省引种备案条件,引种备案号:(豫)引种[2018]麦025。该品种已申请农业部品种保护(专利),其申请号为20110477.7。其系谱如下:

```
小偃22  ×  V9511
       │
     西农558
```

(二) 产量表现

引种试验平均亩产500千克,比对照周麦18增产3.8%。

(三) 特征特性

属半冬性中熟品种。幼苗半匍匐,叶色灰绿,叶片无茸毛,茎、叶多蜡质。株型半紧凑,株高77.1厘米,茎秆粗壮,抗倒性较好。穗长方形,籽粒椭圆形,白色,角质。亩穗数39.7万,穗粒数35粒,千粒重42.7克。

(四) 抗性鉴定

中抗条锈病,中感白粉病和纹枯病,高感赤霉病和叶锈病。

(五) 适宜范围及栽培要点

适宜在河南省(信阳市和南阳市南部麦区除外)早中茬地种植。适播期10月10—15日,高肥力地块亩播量7~9千克,播期每推迟3天,亩播量增加0.5千克。每亩底施磷酸二氢钾25千克,尿素30千克,氯化钾20千克,硫酸锌2千克,拔节期亩追施尿素5~8千克。拔节前防治纹枯病和化学除草,注意防治蚜虫、白粉病、叶锈病和赤霉病,后期搞好"一喷三防"。

六十四、兴民58

(一) 品种来源

陕西兴民种业有限公司利用SY22-1-6-3/小偃22//SY01-1选育而成,通过陕西省农作物品种审定委员会审定,审定编号:陕审麦2013012号。河南省丰舞种业有限责任公司将该品种引种至河南省,符合河南省引种备案条件,引种备案号:(豫)引种[2018]麦026。其系谱如下:

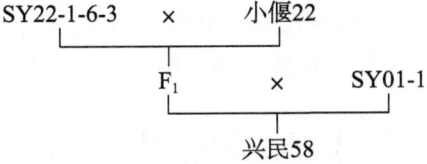

(二) 产量表现

引种试验平均亩产511.8千克,比对照周麦18增产3.7%。

（三）特征特性

属半冬性中熟品种。幼苗半匍匐，叶片较长，叶色正绿。株型紧凑，株高74厘米。穗长方形，长芒，白壳，白粒，角质。亩穗数41.6万，穗粒数37.2粒，千粒重43克。

（四）抗性鉴定

高感叶锈病，中感赤霉病和纹枯病，中抗白粉病，高抗条锈病。

（五）适宜范围及栽培要点

适宜在河南省（信阳市和南阳市南部麦区除外）早中茬地种植。适播期10月8—20日，高肥力地块亩播量9~10千克，中低肥力地块10~11千克，秸秆还田地块亩播量增加1千克，如延期播种，播期每推迟1天，亩播量增加0.2千克。施足底肥，氮、磷、钾肥配合施用，适时冬灌和春灌，及时防治蚜虫、叶锈病、纹枯病和赤霉病，灌浆期"一喷三防"。

六十五、长丰2112

（一）品种来源

陕西长丰种业有限公司利用西农3392/94D-408选育而成，通过陕西省农作物品种审定委员会审定，审定编号：陕审麦2012009号。陕西长丰种业有限公司将该品种引种至河南省，符合河南省引种备案条件，引种备案号：（豫）引种［2018］麦027。其系谱如下：

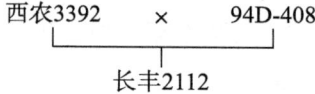

（二）产量表现

引种试验平均亩产461.8千克，比对照周麦18增产6.5%。

（三）特征特性

属半冬性中熟品种。幼苗半匍匐，叶色深绿，叶片上冲，春季起身晚，两极分化快。株高74.1厘米，蜡质层厚。穗长方形，籽粒角质。亩穗数40万，穗粒数33.3粒，千粒重42.5克。

（四）抗性鉴定

高抗条锈病，高感叶锈病，中感白粉病、赤霉病和纹枯病。

（五）适宜范围及栽培要点

适宜在河南省（信阳市和南阳市南部麦区除外）早中茬地种植。适播期10月10—20日，高肥力地块亩播量9~10千克，中低肥力地块亩播量10~12千克，10月20日以后播种，播期每推迟1天，亩播量增加0.2千克。氮、磷、钾肥配合，90%的氮肥和全部磷、钾肥作为基肥施入。及时防治蚜虫、叶锈病、白粉病、纹枯病和赤霉病，灌浆期"一喷三防"。

六十六、奉先211

（一）品种来源

陕西省蒲城县农业技术推广中心利用西农889变异株系选而成，通过陕西省农作物品种审定委员会审定，审定编号：陕审麦2015003号。河南多德多农业科技有限公司将该品种引种至河南省，符合河南省引种备案条件，引种备案号：（豫）引种［2018］麦028。其系谱如下：

```
西农889变异株
    │系选
  奉先211
```

（二）产量表现

引种试验平均亩产478.4千克，比对照周麦18增产7.6%。

（三）特征特性

属半冬性中熟品种。幼苗半匍匐，叶色深绿，春季起身晚，两极分化快，叶片上冲。株高72.4厘米，蜡质层厚。穗长方形，籽粒角质。亩穗数41.2万，穗粒数36粒，千粒重43克。

（四）抗性鉴定

中感条锈病、白粉病、赤霉病和纹枯病，高感叶锈病。

（五）适宜范围及栽培要点

适宜在河南省（信阳市和南阳市南部麦区除外）早中茬地种植。适播期10月10—20日，高肥力地块亩播量9~10千克，中低肥力地块10~12千克，10月20日以后播种，播期每推迟1天，亩播量增加0.2千克。氮、磷、钾肥配合，90%的氮肥和全部磷、钾肥作为基肥施入。及时防治蚜虫、纹枯病、白粉病、锈病和赤霉病，灌浆期"一喷三防"。

六十七、天麦899

（一）品种来源

陕西省天丞禾农业科技有限公司利用西农889变异株系统选育而成，通过陕西省农作物品种审定委员会审定，审定编号：陕审麦2015017号。河南省天中种子有限责任公司将该品种引种至河南省，符合河南省引种备案条件，引种备案号：（豫）引种［2018］麦029。该品种已申请农业农村部品种保护（专利），其公告号为CNA010687E。其系谱如下：

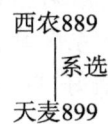

（二）产量表现

引种试验平均亩产587.5千克，比对照周麦18增产5.1%。

（三）特征特性

属半冬性中熟品种。幼苗半匍匐，叶色浅绿，分蘖成穗率高。株型紧凑，株高73.2厘米。穗长方形，穗层整齐，长芒，白壳，半角质。亩穗数41.2万，穗粒数37.9粒左右，千粒重45.2克。

（四）抗性鉴定

中感条锈病、白粉病和纹枯病，高感赤霉病和叶锈病。

（五）适宜范围及栽培要点

适宜在河南省（信阳市和南阳市南部麦区除外）早中茬地种植。适播期10月15—20日，亩

播量9~12千克，亩基本苗15万~18万。氮、磷、钾肥配合，播前结合整地亩施80%氮肥和全部磷、钾肥。适时冬灌和春灌，遇旱时浇灌浆水。药剂拌种防治地下害虫，及时防治蚜虫、白粉病、锈病和纹枯病，抽穗扬花期防治赤霉病。

六十八、淮麦44

（一）品种来源

江苏省徐淮地区淮阴农业科学研究所利用百农9711/淮麦95079//淮麦9701选育而成，通过江苏省农作物品种审定委员会审定，审定编号：苏审麦201700010。江苏天丰种业有限公司将该品种引种至河南省，符合河南省引种备案条件，引种备案号：（豫）引种［2018］麦030。该品种已获批农业农村部品种保护（专利），其品种权号为CNA20172062.8。其系谱如下：

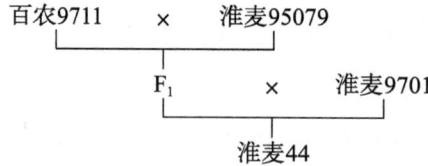

（二）产量表现

引种试验平均亩产493.3千克，比对照周麦18增产4.5%。

（三）特征特性

属半冬性中早熟品种。幼苗半匍匐，叶片短小，分蘖力较强。株型较紧凑，旗叶上冲，株高77.1厘米。穗纺锤形，长芒，白壳，白粒，角质。亩穗数40.3万，穗粒数29.9粒，千粒重45克。

（四）抗性鉴定

中抗条锈病，中感叶锈病、白粉病和纹枯病，高感赤霉病。

（五）适宜范围及栽培要点

适宜在河南省（信阳市和南阳市南部麦区除外）早中茬地种植。适播期10月15—25日，适宜亩基本苗18万~22万，播期每推迟1天，亩播量增加0.2千克。一般亩施纯氮15~16千克，磷酸二铵13~15千克，氧化钾10~14千克。田间沟系配套，防止明涝暗渍。苗期及时防治纹枯病和防除田间杂草，抽穗扬花期预防赤霉病，灌浆期搞好"一喷三防"。

六十九、西农109

（一）品种来源

西北农林科技大学农学院利用周麦16/郑麦366选育而成，通过陕西省农作物品种审定委员会审定，审定编号：陕审麦2018010号。许昌农科种业有限公司将该品种引种至河南省，符合河南省引种备案条件，引种备案号：（豫）引种［2018］麦031。该品种已申请农业农村部品种保护（专利），其公告号为CNA020179E。其系谱如下：

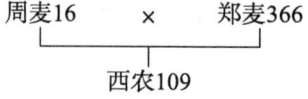

（二）产量表现

引种试验平均亩产 495.3 千克，比对照周麦 18 增产 5.5%。

（三）特征特性

属半冬性中熟品种。幼苗半匍匐，叶色浅绿，叶片窄短，抗倒春寒能力较好。株型紧凑，株高 71.4 厘米，蜡质层厚。穗纺锤形，长芒，白粒，角质。亩穗数 39.7 万，穗粒数 32.5 粒，千粒重 45.3 克。

（四）抗性鉴定

高抗条锈病，中感白粉病和纹枯病，高感赤霉病和叶锈病。

（五）适宜范围及栽培要点

适宜在河南省（信阳市和南阳市南部麦区除外）早中茬地种植。适播期 10 月 10—15 日，亩基本苗 18 万～20 万，中低肥力地块适当增加播量。施足底肥，氮、磷、钾肥配合。冬前和起身期防治纹枯病，抽穗扬花期防治赤霉病，中后期重点防治蚜虫和白粉病，灌浆期"一喷三防"。

七十、航麦 6 号

（一）品种来源

陕西中科航天农业发展股份有限公司、神州天辰科技实业有限公司利用西农 E-47 航天诱变系统选育而成，通过陕西省农作物品种审定委员会审定，审定编号：陕审麦 2013005 号。河南先耕农业科技有限公司将该品种引种至河南省，符合河南省引种备案条件，引种备案号：（豫）引种［2018］麦 032。其系谱如下：

```
西农E-47航天诱变
      │系选
    航麦6号
```

（二）产量表现

引种试验平均亩产 521.8 千克，比对照周麦 18 增产 8.7%。

（三）特征特性

属弱冬性中熟品种。幼苗半匍匐，叶色深绿，分蘖成穗率高。株高 74.1 厘米，穗层整齐，抗倒性好。穗长方形，长芒，白壳，角质。亩穗数 39.3 万，穗粒数 35.2 粒，千粒重 40.5 克。

（四）抗性鉴定

中抗条锈病，中感赤霉病和纹枯病，高感叶锈病和白粉病。

（五）适宜范围及栽培要点

适宜在河南省（信阳市和南阳市南部麦区除外）早中茬地种植。适播期 10 月 10—20 日，亩播量 10～13 千克。一般亩底施氮、磷、钾复合肥 50～60 千克，春节前后看苗追氮，返青期注意控旺。浇好越冬水和灌浆水，冬前适时化除。注意防治纹枯病、叶锈病和白粉病，抽穗扬花期防治赤霉病，灌浆期搞好"一喷三防"。

七十一、孟麦032

（一）品种来源

孟州市农丰种子科技有限公司利用周麦22/周麦19选育而成，通过陕西省农作物品种审定委员会审定，审定编号：陕审麦2018003号。河南先耕农业科技有限公司将该品种引种至河南省，符合河南省引种备案条件，引种备案号：（豫）引种〔2018〕麦033。该品种已获批农业部品种保护（专利），其品种权号为CNA20172699.9。其系谱如下：

```
周麦22  ×  周麦19
     └──┬──┘
      孟麦032
```

（二）产量表现

引种试验平均亩产520千克，比对照周麦18增产8.3%。

（三）特征特性

属半冬性中熟品种。幼苗半匍匐，叶色深绿，叶片短宽，分蘖力强。株型半紧凑，株高78.1厘米，茎秆粗壮，旗叶上冲，蜡质重。穗长方形，长芒，白壳，半角质。亩穗数39.2万，穗粒数35.9粒，千粒重45.1克。

（四）抗性鉴定

中抗条锈病，中感白粉病和纹枯病，高感赤霉病和叶锈病。

（五）适宜范围及栽培要点

适宜在河南省（信阳市和南阳市南部麦区除外）早中茬地种植。适播期10月10—20日，亩播量10~13千克。亩底施氮、磷、钾复合肥50~60千克。春节前后看苗追氮，返青期注意控旺。浇好越冬水和灌浆水，冬前适时化除和防治纹枯病，抽穗扬花期防治叶锈病和赤霉病，灌浆期搞好"一喷三防"。

七十二、山农102

（一）品种来源

安徽隆平高科种业有限公司、山东农业大学利用矮孟牛Ⅱ/潍麦8号选育而成，通过安徽省农作物品种审定委员会审定，审定编号：皖麦2016032。安徽隆平高科种业有限公司将该品种引种至河南省，符合河南省引种备案条件，引种备案号：（豫）引种〔2018〕麦034。该品种已获批农业部新品种权保护，其品种权号为CNA20110225.2。其系谱如下：

```
矮孟牛Ⅱ  ×  潍麦8号
     └──┬──┘
      山农102
```

（二）产量表现

引种试验平均亩产462.1千克，比对照周麦18增产6%。

（三）特征特性

属半冬性中熟品种。幼苗半匍匐，分蘖力中等，成穗率高。株型紧凑，旗叶短而上挺，株高77.3厘米。穗纺锤形，长芒，白壳，白粒，角质。亩穗数38.8万，穗粒数31.5粒，千粒重46.7克。

(四)抗性鉴定

中抗条锈病和白粉病,中感纹枯病,高感赤霉病和叶锈病。

(五)适宜范围及栽培要点

适宜在河南省(信阳市和南阳市南部麦区除外)早中茬地种植。适播期10月上中旬,亩基本苗16万~18万,晚播适当增加播量。控制氮肥施用量,增施磷、钾肥。对于群体大的麦田,起身期防治纹枯病和防治纹枯病和化控防倒。适时防治蚜虫、叶锈病和赤霉病,灌浆期"一喷三防"。

七十三、小偃68

(一)品种来源

西北农林科技大学利用小黑麦14-1-2/V9846选育而成,通过陕西省农作物品种审定委员会审定,审定编号:陕审麦2015002号。焦作市博农种子有限责任公司将该品种引种至河南省,符合河南省引种备案条件,引种备案号:(豫)引种[2018]麦035。该品种已申请农业部品种保护(专利),其公告号为CNA015515E。其系谱如下:

```
小黑麦14-1-2    ×    V9846
          └─────┬─────┘
              小偃68
```

(二)产量表现

引种试验平均亩产487.8千克,比对照周麦18增产5%。

(三)特征特性

属半冬性中熟品种。幼苗匍匐,叶色深绿,叶片上冲,分蘖力强。株型紧凑,株高76.3厘米,抗倒性好。穗纺锤形,长芒,白壳,白粒,角质。亩穗数41.9万,穗粒数34.4粒,千粒重38克。

(四)抗性鉴定

中抗条锈病,中感白粉病、赤霉病和纹枯病,高感叶锈病。

(五)适宜范围及栽培要点

适宜在河南省(信阳市和南阳市南部麦区除外)早中茬地种植。适播期10月7—20日,亩播量8~10千克,晚播适当增加播量。施足底肥,足墒播种,总氮量的55%作底肥,30%作苗肥,10%作拔节肥,5%在抽穗期喷施。注意防治纹枯病、白粉病、赤霉病叶锈病和蚜虫,灌浆期搞好"一喷三防"。

七十四、秦鑫271

(一)品种来源

西安鑫丰农业科技有限公司利用西农889/徐麦5号选育而成,通过陕西省农作物品种审定委员会审定,审定编号:陕审麦2017008号。河南圣源种业有限公司将该品种引种至河南省,符合河南省引种备案条件,引种备案号:(豫)引种[2018]麦036。该品种已申请农业农村部品种保护(专利),其公告号为CNA016584E。其系谱如下:

（二）产量表现

引种试验平均亩产453.6千克，比对照周麦18增产4%。

（三）特征特性

属半冬性中熟品种。幼苗半匍匐，叶色深绿，叶片上冲。株型半紧凑，株高66.4厘米。穗长方形，长芒，白壳，白粒，角质。亩穗数38.3万，穗粒数33.9粒，千粒重43.7克。

（四）抗性鉴定

高抗条锈病，中感白粉病、赤霉病和纹枯病，高感叶锈病。

（五）适宜范围及栽培要点

适宜在河南省（信阳市和南阳市南部麦区除外）早中茬地种植。适播期10月10—15日，亩播量10~12.5千克，播期延迟或肥力较差时，增加播量。氮、磷、钾肥配合，重施基肥，返青期追肥浇水。及时防治蚜虫、纹枯病、赤霉病、叶锈病及白粉病，灌浆期搞好"一喷三防"。

七十五、徽研22

（一）品种来源

安徽丰大种业股份有限公司利用周麦16/烟农19选育而成，通过安徽省农作物品种审定委员会审定，审定编号：皖麦2016029。安徽新世纪农业有限公司、安徽中源新世纪农业科技股份有限公司将该品种引种至河南省，符合河南省引种备案条件，引种备案号：（豫）引种［2018］麦037。该品种已获批农业部品种保护（专利），其品种权号为CNA20141263.0。其系谱如下：

（二）产量表现

引种试验平均亩产459.1千克，比对照周麦18增产4.2%。

（三）特征特性

属半冬性中晚熟品种。幼苗半匍匐，分蘖力中等，成穗率中等。株型略松散，蜡质重，旗叶上冲，株高76.8厘米。穗纺锤形，长芒，白壳，白粒，半角质。亩穗数39.3万，穗粒数33粒，千粒重41.3克。

（四）抗性鉴定

中抗条锈病和白粉病，中感叶锈病、赤霉病和纹枯病。

（五）适宜范围及栽培要点

适宜在河南省（信阳市和南阳市南部麦区除外）早中茬地种植。适播期10月上中旬，亩基本苗16万~18万，播期推迟或肥力差时，增加播量。一般亩底施复合肥50千克，拔节期亩追氮7~10千克。注意防治蚜虫、纹枯病、赤霉病和叶锈病。

七十六、小偃269

（一）品种来源

西北农林科技大学利用陕垦196/户901-19选育而成，通过陕西省农作物品种审定委员会审定，审定编号：陕审麦2015013号。河南久园农业科技有限公司将该品种引种至河南省，符合河南省引种备案条件,引种备案号:(豫)引种[2018]麦038。该品种已获批农业部品种保护(专利),其品种权号为CNA20160435.3。其系谱如下:

```
陕垦196  ×  户901-19
        │
      小偃269
```

(二)产量表现

引种试验平均亩产458.1千克,比对照周麦18增产7.7%。

(三)特征特性

属半冬性中熟品种。幼苗半匍匐,叶色深绿,叶片上冲,分蘖力中等。株高75厘米,茎秆粗壮,抗倒伏。穗长方形,中芒,白壳,白粒,角质。亩穗数36.7万,穗粒数36.2粒,千粒重42.6克。

(四)抗性鉴定

中抗条锈病和叶锈病,中感白粉病和赤霉病,高感纹枯病。

(五)适宜范围及栽培要点

适宜在河南省(信阳市和南阳市南部麦区除外)早中茬地种植。适播期10月10—25日,亩播量10~12千克,播期推迟或肥力差时,增加播量。增施有机肥,重施氮肥,适时冬灌。冬前和起身期预防纹枯病,抽穗扬花期注意防治赤霉病,灌浆期搞好"一喷三防"。

七十七、西郭2122

(一)品种来源

陕西省郭志坤利用521/522选育而成,通过陕西省农作物品种审定委员会审定,审定编号:陕审麦2008003号。河南裕田农业科技有限公司将该品种引种至河南省,符合河南省引种备案条件,引种备案号:(豫)引种[2018]麦039。该品种已申请农业部品种保护(专利),其公告号为CNA005516E。其系谱如下:

```
521  ×  522
     │
   西郭2122
```

(二)产量表现

引种试验平均亩产466.8千克,比对照周麦18增产5.6%。

(三)特征特性

属半冬性中熟品种。幼苗匍匐,叶色深绿。起身拔节早,两极分化快,分蘖较多,成穗率高。株型紧凑,旗叶上冲,株高77.5厘米。穗长方形,长芒,白粒,角质。亩穗数41.3万,穗粒数35.2粒,千粒重42.9克。

(四)抗性鉴定

中抗条锈病,中感叶锈病、白粉病、赤霉病和纹枯病。

(五)适宜范围及栽培要点

适宜在河南省(信阳市和南阳市南部麦区除外)早中茬地种植。适播期10月10—25日,亩播量8~10千克。抽穗扬花期防治赤霉病,及时防治蚜虫、叶锈病、纹枯病和白粉病,灌浆期搞好"一喷三防"。

七十八、怀川358

(一)品种来源

河南怀川种业有限责任公司利用西安8号/温麦6号//周麦16选育而成,通过陕西省农作物品种审定委员会审定,审定编号:陕审麦2014009号。河南怀川种业有限责任公司将该品种引种至河南省,符合河南省引种备案条件,引种备案号:(豫)引种[2018]麦040。该品种已申请农业部品种保护(专利),其公告号为CNA013025E。其系谱如下:

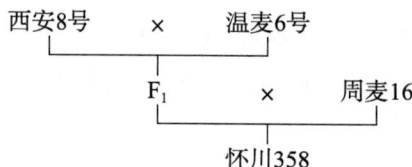

(二)产量表现

引种试验平均亩产470.1千克,比对照周麦18增产4.3%。

(三)特征特性

属半冬性中熟品种。幼苗直立,叶色发黄,分蘖力中等。返青早,起身快,两极分化慢。株型松散,旗叶小而上举,株高76.3厘米。穗纺锤形,大粒,半角质。亩穗数41.8万,穗粒数32.4粒,千粒重43.5克。

(四)抗性鉴定

中抗条锈病,高感叶锈病,中感白粉病、赤霉病和纹枯病。

(五)适宜范围及栽培要点

适宜在河南省(信阳市和南阳市南部麦区除外)早中茬地种植。适播期10月5—20日,高肥力地块亩播量6~8千克,中低肥力地块亩播量8~10千克,播期每推迟3天,亩播量增加0.5千克。一般亩底施尿素20千克,硫酸钾15千克,春节前后亩追施尿素7~10千克。冬前和起身期预防纹枯病,拔节前搞好化除和化控,抽穗扬花期预防赤霉病。灌浆期防治白粉病和蚜虫。

七十九、小偃58

(一)品种来源

西北农林科技大学利用9910/小偃22选育而成,通过陕西省农作物品种审定委员会审定,审定编号:陕审麦2015014号。偃师市华都种子有限公司将该品种引种至河南省,符合河南省引种备案条件,引种备案号:(豫)引种[2018]麦041。该品种已获批农业部品种保护(专利),其品种权号为CNA20160433.5。其系谱如下:

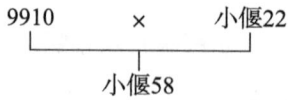

(二)产量表现

引种试验平均亩产461.1千克,比对照周麦18增产5.7%。

（三）特征特性

属半冬性中熟品种。幼苗半匍匐，叶色深绿，叶片上冲，分蘖力强，成穗率中等。株型半紧凑，株高 76 厘米，茎、叶蜡质少。穗长方形，长芒，白壳，白粒，角质。亩穗数 39 万，穗粒数 33.6 粒，千粒重 41.3 克。

（四）抗性鉴定

高抗条锈病，中抗白粉病，高感叶锈病和赤霉病，中感纹枯病。

（五）适宜范围及栽培要点

适宜在河南省（信阳市和南阳市南部麦区除外）早中茬地种植。适播期 10 月 5—15 日，亩播量 8~9 千克。合理配方施肥，冬季、春季视土壤墒情灌水。冬前适时化除，起身期化控防倒。及时防治赤霉病、叶锈病和纹枯病，灌浆期搞好"一喷三防"。

八十、西高三号

（一）品种来源

西安市高陵区农作物研究所利用豫麦 49/引抗 12 选育而成，通过陕西省农作物品种审定委员会审定，审定编号：陕审麦 2013010 号。偃师市华都种子有限公司将该品种引种至河南省，符合河南省引种备案条件，引种备案号：（豫）引种［2018］麦 042。其系谱如下：

```
     豫麦49    ×    引抗12
            └────┬────┘
              西高三号
```

（二）产量表现

引种试验平均亩产 459 千克，比对照周麦 18 增产 5.2%。

（三）特征特性

属半冬性中熟品种。幼苗半匍匐，叶片上冲，分蘖力强，成穗率高。株型半紧凑，旗叶微披，株高 72 厘米。穗长方形，长芒，白壳，白粒，半角质。亩穗数 39.2 万，穗粒数 31.4 粒，千粒重 45.1 克。

（四）抗性鉴定

中感条锈病、叶锈病、白粉病和纹枯病，高感赤霉病。

（五）适宜范围及栽培要点

适宜在河南省（信阳市和南阳市南部麦区除外）早中茬地种植。适播期 10 月 5—15 日，亩播量 8~9 千克。合理配方施肥，冬季、春季视土壤墒情决定灌水。冬前适时化除，起身期化控防倒。注意防治蚜虫、红蜘蛛、白粉病、赤霉病、叶锈病和纹枯病，灌浆期搞好"一喷三防"。

八十一、阎麦 2037

（一）品种来源

西安市阎良区农业新品种试验站利用阎麦 9710/阎麦 8911 选育而成，通过陕西省农作物品种审定委员会审定，审定编号：陕审麦 2015007 号。西安市阎良区农业新品种试验站将该品种引种至河南省，符合河南省引种备案条件，引种备案号：（豫）引种［2018］麦043。该品种已申请农业部品种保护（专利），其公告号为CNA019551E。其系谱如下：

```
    阎麦9710    ×    阎麦8911
            └────┬────┘
              阎麦2037
```

（二）产量表现

引种试验平均亩产525千克，比对照周麦18增产8.6%。

（三）特征特性

属半冬性中熟品种。叶片上冲，分蘖力强，成穗率高。株型紧凑，株高74.3厘米。穗纺锤形，小穗排列紧密，长芒，白壳，白粒，角质。亩穗数38万，穗粒数35.6粒，千粒重43.9克。

（四）抗性鉴定

中抗条锈病，中感叶锈病、白粉病和纹枯病，高感赤霉病。

（五）适宜范围及栽培要点

适宜在河南省（信阳市和南阳市南部麦区除外）早中茬地种植。适播期10月10—20日，亩播量10~13千克。亩底施氮、磷、钾复合肥50~60千克，春节前后看苗追氮；浇好越冬水和灌浆水。冬前防治纹枯病和适时化除，抽穗扬花期预防赤霉病，灌浆期搞好"一喷三防"。

八十二、秦农578

（一）品种来源

宝鸡市农业科学研究所利用陕农981/周麦17-5选育而成，通过陕西省农作物品种审定委员会审定，审定编号：陕审麦2013002号。周口诚信种业有限公司将该品种引种至河南省，符合河南省引种备案条件，引种备案号：（豫）引种［2018］麦044。该品种已申请农业部品种保护（专利），其公告号为CNA014685E。其系谱如下：

```
    陕农981    ×    周麦17-5
            └────┬────┘
              秦农578
```

（二）产量表现

引种试验平均亩产467.6千克，比对照周麦18增产7.2%。

（三）特征特性

属半冬性中熟品种。幼苗半匍匐，叶色浅绿，分蘖力强，成穗率中等。株型较紧凑，旗叶较短，株高75.3厘米。穗纺锤形，长芒，白壳，白粒，角质。亩穗数38.7万，穗粒数32.6粒，千粒重45.4克。

（四）抗性鉴定

中抗条锈病和白粉病，高感叶锈病，中感赤霉病和纹枯病。

（五）适宜范围及栽培要点

适宜在河南省（信阳市和南阳市南部麦区除外）早中茬地种植。适播期10月5—15日，亩播量8~10千克。氮、磷、钾肥配合，重视氮肥后移。冬季、春季视土壤墒情灌水，冬前适时化除和防治纹枯病，及时防治蚜虫、叶锈病和赤霉病，灌浆期搞好"一喷三防"。

八十三、皖垦麦0622

（一）品种来源

安徽省皖垦种业股份有限公司、宿州市农业科学院利用连麦2号/汴123（烟农19/Tai8802）选育而成，通过安徽省农作物品种审定委员会审定，审定编号：皖审麦2017017。安徽省皖垦种业股份有限公司将该品种引种至河南省，符合河南省引种备案条件，引种备案号：（豫）引种［2018］麦045。该品种已申请农业部品种保护（专利），其公告号为CNA021769E。其系谱如下：

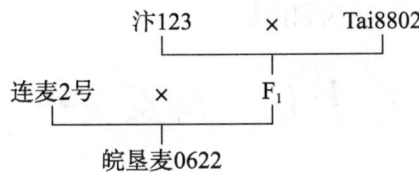

（二）产量表现

引种试验平均亩产472.3千克，比对照周麦18增产6.9%。

（三）特征特性

属半冬性中早熟品种。幼苗半匍匐，分蘖力一般，成穗率高。株型半紧凑，旗叶上冲，株高75.5厘米。穗长方形，长芒，白壳，白粒，角质。亩穗数43.2万，穗粒数31.9粒，千粒重41.9克。

（四）抗性鉴定

中抗条锈病，中感白粉病和纹枯病，高感赤霉病和叶锈病。

（五）适宜范围及栽培要点

适宜在河南省（信阳市和南阳市南部麦区除外）早中茬地种植。适播期10月上中旬，亩基本苗18万~20万，晚播适当增加播量。足墒播种，施足底肥，氮、磷、钾肥配合，基施、追施结合，拔节期追肥。冬前和早春防治纹枯病，及时防治蚜虫、叶锈病和白粉病，抽穗扬花期预防赤霉病。

八十四、陕麦159

（一）品种来源

西北农林科技大学利用小偃597/89605选育而成，通过陕西省农作物品种审定委员会审定，审定编号：陕审麦2008007号。河南金梦种业有限公司将该品种引种至河南省，符合河南省引种备案条件，引种备案号：（豫）引种［2018］麦046。该品种已获批农业部品种保护（专利），其品种权号为CNA20070364.1。其系谱如下：

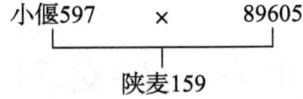

（二）产量表现

引种试验平均亩产461.9千克，比对照周麦18增产2.2%。

（三）特征特性

属半冬性中早熟品种。幼苗半匍匐，叶色深绿，分蘖力强，成穗率高。株型紧凑，旗叶宽短上冲，株高76厘米。穗层厚，小穗排列紧密，白粒，角质。亩穗数41.5万，穗粒数34粒，千粒重36.5克。

（四）抗性鉴定

高抗条锈病，中感白粉病、赤霉病和纹枯病，高感叶锈病。

（五）适宜范围及栽培要点

适宜在河南省（信阳市和南阳市南部麦区除外）早中茬地种植。适播期10月8—20日，亩播量10千克左右。足墒播种，适时冬灌和春灌，返青起身期防治纹枯病。起身期化控防倒，抽穗扬花期预防赤霉病。及时防治蚜虫、叶锈病和白粉病。

八十五、喜麦199

（一）品种来源

陕西省臧喜利用温麦6号/偃展4110选育而成，通过陕西省农作物品种审定委员会审定，审定编号：陕审麦2014007号。陕西省臧喜将该品种引种至河南省，符合河南省引种备案条件，引种备案号：（豫）引种[2018]麦047。其系谱如下：

```
温麦6号  ×  偃展4110
        │
      喜麦199
```

（二）产量表现

引种试验平均亩产480千克，比对照周麦18增产5.4%。

（三）特征特性

属半冬性中晚熟品种。幼苗半匍匐，叶色深绿，春季起身快，两极分化快。旗叶上冲，株型紧凑，株高74厘米。穗纺锤形，长芒，白壳，白粒，角质率高。亩穗数38.8万，穗粒数34.8粒，千粒重42.6克。

（四）抗性鉴定

高感叶锈病，中感白粉病、赤霉病、纹枯病和条锈病。

（五）适宜范围及栽培要点

适宜在河南省（信阳市和南阳市南部麦区除外）早中茬地种植。适播期10月10—18日，亩播量10~13千克，如延期播种，每推迟3天播量增加0.5千克。一般亩施氮、磷、钾复合肥50千克，春节前后看苗追氮。适时冬灌和春灌，冬前搞好化学除草，注意防治纹枯病、白粉病、锈病和叶锈病。抽穗扬花期预防赤霉病，灌浆期搞好"一喷三防"。

八十六、喜麦203

（一）品种来源

陕西奥瑞丰现代种业有限公司利用周麦18/新麦9号选育而成，通过陕西省农作物品种审定委员会审定，审定编号：陕审麦2014004号。陕西奥瑞丰现代种业有限公司将该品种引种至河南省，符合河南省引种备案条件，引种备案号：（豫）引种［2018］麦048。其系谱如下：

```
周麦18    ×    新麦9号
       └──┬──┘
         喜麦203
```

（二）产量表现

引种试验平均亩产481.6千克，比对照周麦18增产5.9%。

（三）特征特性

属半冬性中晚熟品种。幼苗直立，叶片宽，叶色较绿，分蘖力较强，成穗率高。旗叶上冲，株型紧凑，株高72.2厘米，茎秆粗壮。穗纺锤形，长芒，白壳，白粒，半角质。亩穗数40.6万，穗粒数33.1粒，千粒重42.7克。

（四）抗性鉴定

中抗条锈病，中感白粉病和纹枯病，高感赤霉病和叶锈病。

（五）适宜范围及栽培要点

适宜在河南省（信阳市和南阳市南部麦区除外）早中茬地种植。适播期10月10—20日，亩播量10~13千克，播期每推迟3天，亩播量增加0.5千克。一般亩施氮、磷、钾复合肥50千克，春节前后看苗追氮。适时冬灌和春灌，冬前防治纹枯病和搞好化学除草，抽穗扬花期预防叶锈病和赤霉病，灌浆期"一喷三防"。

八十七、唐麦831

（一）品种来源

陕西大唐种业股份有限公司利用周麦18/邯4589选育而成，通过陕西省农作物品种审定委员会审定，审定编号：陕审麦2017003号。河南省供科种业有限公司将该品种引种至河南省，符合河南省引种备案条件，引种备案号：（豫）引种［2018］麦049。该品种已申请农业农村部品种保护（专利），其公告号为CNA023014E。其系谱如下：

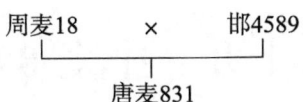

（二）产量表现

引种试验平均亩产598.9千克，比对照周麦18增产3.3%。

（三）特征特性

属半冬性中熟品种。幼苗半匍匐，长势壮，分蘖力强、成穗数多。株型半紧凑，株高78厘米，茎秆较粗、抗倒性好。穗纺锤形，长芒，白壳，白粒，角质。亩穗数42.6万，穗粒数31粒，千粒重40.2克。

（四）抗性鉴定

中抗条锈病和白粉病，中感赤霉病和纹枯病，高感叶锈病。

（五）适宜范围及栽培要点

适宜在河南省（信阳市和南阳市南部麦区除外）早中茬地种植。适播期10月15—25日，亩

基本苗16万~18万，播期延迟或肥力水平偏低地块适当增加播量。一般亩施纯氮16~18千克，其中60%基施，40%拔节孕穗期追施，配施磷、钾肥。及时防治纹枯病和防除田间杂草，注意防治赤霉病、白粉病、叶锈病和蚜虫，灌浆期"一喷三防"。

八十八、陕627

（一）品种来源

西北农林科技大学利用88119-19-3-5-10/WX8911选育而成，通过陕西省农作物品种审定委员会审定，审定编号：陕审麦2006005。河南省供科种业有限公司将该品种引种至河南省，符合河南省引种备案条件，引种备案号：（豫）引种[2018]麦050。其系谱如下：

```
88119-19-3-5    ×    WX8911
            └─────┬─────┘
               陕627
```

（二）产量表现

引种试验平均亩产528.3千克，比对照周麦18增产4.8%。

（三）特征特性

属半冬性中早熟品种。幼苗半匍匐，叶片较上冲。株型紧凑，株高75厘米。穗长方形，长芒，白壳，白粒，角质。亩穗数43万，穗粒数33粒，千粒重41克。

（四）抗性鉴定

中感条锈病、叶锈病、白粉病和纹枯病，高感赤霉病。

（五）适宜范围及栽培要点

适宜在河南省（信阳市和南阳市南部麦区除外）早中茬地种植。适播期10月10—25日，亩播量10千克左右，中低肥力地块亩播量增加至12.5千克。亩底施磷酸二铵30千克，尿素25千克，氯化钾25千克，拔节期亩追施尿素10千克。冬前和早春防治纹枯病和防除田间杂草，抽穗后及时防治赤霉病、白粉病和叶锈病，灌浆期"一喷三防"。

八十九、中麦895

（一）品种来源

中国农业科学院作物科学研究所、中国农业科学院棉花研究所、咸阳市农业科学研究院利用周麦16/荔垦4号选育而成，通过陕西省农作物品种审定委员会审定，审定编号：陕审麦2013008号。中国农业科学院作物科学研究所将该品种引种至河南省，符合河南省引种备案条件，引种备案号：（豫）引种[2018]麦051。该品种已申请农业部品种保护（专利），其公告号为CNA007064E。其系谱如下：

```
周麦16    ×    荔垦4号
       └───┬───┘
         中麦895
```

（二）产量表现

引种试验平均亩产473千克，比对照周麦18增产6.9%。

(三)特征特性

属半冬性中晚熟品种。幼苗半匍匐,叶色黄绿,分蘖力强,成穗率中等。旗叶宽短上冲,株型紧凑,株高72厘米。穗纺锤形,长芒,白壳,白粒,半角质。亩穗数39.7万,穗粒数30.9粒,千粒重46.4克。

(四)抗性鉴定

中抗条锈病,中感白粉病和纹枯病,高感赤霉病和叶锈病。

(五)适宜范围及栽培要点

适宜在河南省(信阳市和南阳市南部麦区除外)早中茬地种植。适播期10月上中旬,亩播量8~10千克。施足基肥,氮、磷、钾肥配合,基施70%氮肥和全部磷、钾肥。适时冬灌和春灌,结合春灌追施30%氮肥。及时防治蚜虫、纹枯病、白粉病、叶锈病和赤霉病,灌浆期"一喷三防"。

九十、徽研77

(一)品种来源

安徽新世纪农业有限公司、安徽中源新世纪农业科技股份有限公司利用新麦13/烟农15选育而成,通过安徽省农作物品种审定委员会审定,审定编号:皖麦2016033。浚县沃丰种业有限公司将该品种引种至河南省,符合河南省引种备案条件,引种备案号:(豫)引种[2018]麦052。该品种已申请农业部品种保护(专利),其公告号为CNA023142E。其系谱如下:

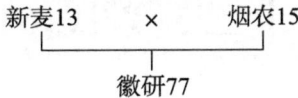

(二)产量表现

引种试验平均亩产446.7千克,比对照周麦18增产6.5%。

(三)特征特性

属半冬性中熟品种。幼苗半匍匐,春季生长略缓,两极分化稍慢。株型较紧凑,旗叶上冲,株高83.4厘米。穗长方形,长芒,白壳,白粒,角质。亩穗数33.8万,穗粒数32.3粒,千粒重42.4克。

(四)抗性鉴定

中抗条锈病和白粉病,中感叶锈病和纹枯病,高感赤霉病。

(五)适宜范围及栽培要点

适宜在河南省(信阳市和南阳市南部麦区除外)早中茬地种植。适播期10月上中旬,亩基本苗16万~18万,播期延迟适当增加播量。重施拔节肥,及时防治纹枯病、叶锈病、赤霉病和蚜虫。

九十一、陕农138

(一)品种来源

西北农林科技大学利用陕麦9号/航陕354选育而成,通过陕西省农作物品种审定委员会审定,审定编号:陕审麦2008008号。河南地丰种业有限公司将该品种引种至河南省,符合河南省引种备案条件,引种备案号:(豫)引种[2018]麦053。该品种已申请农业部品种保护(专利),其公告号为 CNA005220E。其系谱如下：

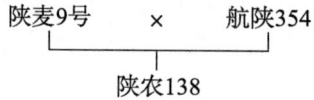

（二）产量表现

引种试验平均亩产 532.8 千克，比对照周麦 18 增产 4.5%。

（三）特征特性

属半冬性早熟品种。幼苗半匍匐，叶色黄绿，叶宽适中。株型紧凑，株高 76 厘米。穗长方形，长芒，白壳，白粒，角质。亩穗数 44.8 万，穗粒数 34 粒，千粒重 45.3 克。

（四）抗性鉴定

高抗条锈病，中感叶锈病、白粉病、赤霉病和纹枯病。

（五）适宜范围及栽培要点

适宜在河南省（信阳市和南阳市南部麦区除外）早中茬地种植。适播期 10 月中旬，旱肥地、水薄地亩播量 8~9 千克，中肥力地块 6~7 千克，高肥力地块 4~5 千克。以基肥为主，氮、磷、钾肥比例 1∶1.5∶1，亩施纯氮 10~12.5 千克，五氧化二磷 15~18 千克。冬前和早春预防纹枯病，抽穗扬花期防治赤霉病，及时防治白粉病、叶锈病，灌浆期"一喷三防"。

九十二、兴民 618

（一）品种来源

陕西兴民种业有限公司利用（周麦 16/绵阳 19）F₁/（豫麦 49/周麦 13）F₁ 选育而成，通过陕西省农作物品种审定委员会审定，审定编号：陕审麦 2015008 号。河南地丰种业有限公司将该品种引种至河南省，符合河南省引种备案条件，引种备案号：（豫）引种 [2018] 麦 054。其系谱如下：

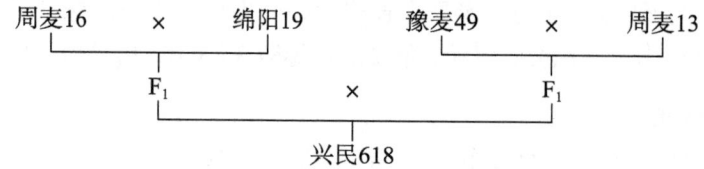

（二）产量表现

引种试验平均亩产 525 千克，比对照周麦 18 增产 2.7%。

（三）特征特性

属半冬性中熟品种。幼苗半匍匐，叶片上冲。株型较紧凑，株高 77 厘米。穗长方形，小穗排列密，长芒，白壳，白粒，半角质。亩穗数 41.5 万，穗粒数 37.1 粒，千粒重 40.4 克。

（四）抗性鉴定

高感叶锈病，中感条锈病、白粉病和赤霉病，中抗纹枯病。

（五）适宜范围及栽培要点

适宜在河南省（信阳市和南阳市南部麦区除外）早中茬地种植。适播期10月10—25日，高肥地块亩播量10千克，中低肥力地块12.5千克，播期延迟适当增加播量。亩底施尿素25千克，磷酸二铵30千克，氯化钾25千克，拔节期追施尿素10千克。拔节前搞好化学除草，抽穗扬花期预防赤霉病和叶锈病，灌浆期"一喷三防"。

九十三、齐民6号

（一）品种来源

山东省淄博禾丰种业农业科学研究院、淄博市种子管理站利用SN055843变异株系选而成，通过山东省农作物品种审定委员会审定，审定编号：鲁农审2016009号。河南农腾种业有限公司将该品种引种至河南省，符合河南省引种备案条件，引种备案号：（豫）引种［2018］麦055。该品种已申请农业部品种保护（专利），其申请号为20151727.9。其系谱如下：

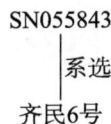

（二）产量表现

引种试验平均亩产442.7千克，比对照周麦18增产5.6%。

（三）特征特性

属冬性中熟品种。幼苗半匍匐，叶色正绿，叶片宽大上冲。株型半紧凑，株高71厘米。穗长方形，长芒，白壳，白粒，半角质。亩穗数38.5万，穗粒数34.3粒，千粒重41.3克。

（四）抗性鉴定

中感条锈病和纹枯病，中抗白粉病，高感赤霉病和叶锈病。

（五）适宜范围及栽培要点

适宜在河南省（信阳市和南阳市南部麦区除外）早中茬地种植。适播期10月5—25日，亩播量10千克，播期推迟适当增加播量。施足底肥，播前药剂拌种。起身期搞好化学除草，及时防治赤霉病、纹枯病和叶锈病，灌浆期"一喷三防"。

九十四、西麦158

（一）品种来源

陕西省渭南大晚成现代种业有限责任公司利用DH-2/豫麦49-198选育而成，通过陕西省农作物品种审定委员会审定，审定编号：陕审麦2018009号。河南农腾种业有限公司将该品种引种至河南省，符合河南省引种备案条件，引种备案号：（豫）引种［2018］麦056。其系谱如下：

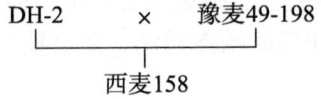

（二）产量表现

引种试验平均亩产 523 千克，比对照周麦 18 增产 3.2%。

（三）特征特性

属半冬性中熟品种。幼苗半匍匐，叶色深绿，叶片宽短，分蘖力强，成穗率高。株型松散，株高 77.9 厘米。穗纺锤形，长芒，白壳，白粒，粉质。亩穗数 42 万，穗粒数 33.4 粒，千粒重 40.1 克。

（四）抗性鉴定

中感条锈病和纹枯病，高感叶锈病和赤霉病，中抗白粉病。

（五）适宜范围及栽培要点

适宜在河南省（信阳市和南阳市南部麦区除外）早中茬地种植。适播期 10 月上中旬，亩基本苗 16 万～22 万，播期推迟适当增加播量；足墒播种，施足底肥，氮、磷、钾肥配合，亩施小麦专用肥 50 千克；浇好越冬水、返青水和灌浆水。搞好化学除草，注意防治纹枯病、条锈病和叶锈病，抽穗扬花期防治赤霉病，灌浆期"一喷三防"。

九十五、仪麦 1 号

（一）品种来源

陕西聚丰种业有限公司利用陕 229/ 豫麦 34// 温麦 6 号选育而成，通过陕西省农作物品种审定委员会审定，审定编号：陕审麦 2018001 号。河南大成种业有限公司将该品种引种至河南省，符合河南省引种备案条件，引种备案号：（豫）引种［2018］麦 057。其系谱如下：

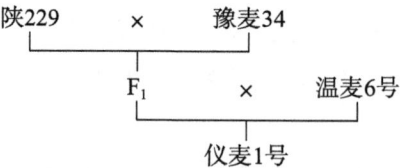

（二）产量表现

引种试验平均亩产 462 千克，比对照周麦 18 增产 4.5%。

（三）特征特性

属半冬性中熟品种。幼苗半匍匐，叶色深绿，叶片宽长，分蘖力强，成穗率高。旗叶宽短上冲，株型紧凑，平均株高 67 厘米。穗纺锤形，长芒，白壳，白粒，角质。亩穗数 36.3 万，穗粒数 34.2 粒，千粒重 43.4 克。

（四）抗性鉴定

中感条锈病、白粉病和纹枯病，高感赤霉病和叶锈病。

（五）适宜范围及栽培要点

适宜在河南省（信阳市和南阳市南部麦区除外）早中茬地种植。适播期 10 月上中旬，亩基本苗 16 万～22 万，播期推迟适当增加播量。施足基肥，足墒播种。及时化学除草，注意防治纹枯病、条锈病、白粉病和叶锈病，抽穗扬花期防治赤霉病，灌浆期搞好"一喷三防"。

九十六、凌科608

（一）品种来源

陕西省杨凌国瑞农业科技有限公司利用西农88/周麦18选育而成，通过陕西省农作物品种审定委员会审定，审定编号：陕审麦2018005号。河南大成种业有限公司将该品种引种至河南省，符合河南省引种备案条件，引种备案号：（豫）引种［2018］麦058。其系谱如下：

```
西农88  ×  周麦18
       │
     凌科608
```

（二）产量表现

引种试验平均亩产458.3千克，比对照周麦18增产3.7%。

（三）特征特性

属半冬性中熟品种。幼苗匍匐，叶色黄绿，叶片窄短，分蘖力强，成穗率高。旗叶上冲，株型紧凑，株高72厘米，抗倒伏能力一般。穗纺锤形，长芒，白壳，白粒，角质。亩穗数37.3万，穗粒数33.5粒，千粒重41.7克。

（四）抗性鉴定

高抗条锈病，中感白粉病和纹枯病，高感赤霉病和叶锈病。

（五）适宜范围及栽培要点

适宜在河南省（信阳市和南阳市南部麦区除外）早中茬地种植。适播期10月上中旬，亩基本苗15万~22万，播期推迟适当增加播量。施足底肥，足墒播种。及时化控防倒和化学除草，注意防治纹枯病、白粉病和叶锈病，抽穗扬花期防治赤霉病，灌浆期搞好"一喷三防"。

九十七、涡麦9号

（一）品种来源

亳州市农业科学研究院利用莱州953/百农AK58选育而成，通过安徽省农作物品种审定委员会审定，审定编号：皖麦2015003。河南赤天种业有限公司将该品种引种至河南省，符合河南省引种备案条件，引种备案号：（豫）引种［2018］麦059。该品种已获批农业部品种保护（专利），其品种权号为CNA20141469.2。其系谱如下：

```
莱州953  ×  百农AK58
        │
      涡麦9号
```

（二）产量表现

引种试验平均亩产530.2千克，比对照周麦18增产10.4%。

（三）特征特性

属半冬性中早熟品种。幼苗半匍匐，叶片上冲，分蘖力较强，成穗率较高。株高75.1厘米，茎秆蜡质。穗长方形，长芒，白壳，白粒，半角质。亩穗数37.7万，穗粒数35.9粒，千粒重43.4克。

（四）抗性鉴定

中感叶锈病，中抗白粉病、条锈病和纹枯病，高感赤霉病。

（五）适宜范围及栽培要点

适宜在河南省（信阳市和南阳市南部麦区除外）早中茬地种植。适播期10月10—20日，亩播量10~13千克，播期不得晚于11月中旬。一般亩底施氮、磷、钾复合肥50~60千克，春节前后看苗追氮。浇好越冬水和灌浆水，返青起身期搞好控旺和化学除草，注意防治叶锈病，抽穗扬花期预防赤霉病，灌浆期搞好"一喷三防"。

九十八、皖麦203

（一）品种来源

安徽天勤农业科技有限公司利用百农AK58/连9791选育而成，通过安徽省农作物品种审定委员会审定，审定编号：皖麦2016036。安徽天勤农业科技有限公司将该品种引种至河南省，符合河南省引种备案条件，引种备案号：（豫）引种［2018］麦060。该品种已申请农业部品种保护（专利），其公告号为CNA014302E。其系谱如下：

```
   百农AK58    ×    连9791
        └──────┬──────┘
             皖麦203
```

（二）产量表现

引种试验平均亩产508.2千克，比对照周麦18增产3.1%。

（三）特征特性

属半冬性中熟品种。幼苗半匍匐，分蘖力强，成穗率中等。旗叶卷曲上冲，株型半紧凑，株高79.8厘米。穗纺锤形，长芒，白壳，白粒，角质。亩穗数40.1万，穗粒数37.4粒，千粒重40.7克。

（四）抗性鉴定

中感条锈病、白粉病和纹枯病，高感赤霉病和叶锈病。

（五）适宜范围及栽培要点

适宜在河南省（信阳市和南阳市南部麦区除外）早中茬地种植。适播期10月8—20日，高肥力地块亩播量9~10千克，中低肥力地块亩播量10~11千克。施足底肥，氮、磷、钾肥配施。适时冬灌和春灌，及时防治纹枯病、白粉病、条锈病、叶锈病和蚜虫，抽穗扬花期防治赤霉病。灌浆期搞好"一喷三防"。

九十九、中研麦0709

（一）品种来源

江苏苏乐种业科技有限公司利用西农979/郑麦9023选育而成，通过江苏省农作物品种审定委员会审定，审定编号：苏审麦20160006。江苏苏乐种业科技有限公司将该品种引种至河南省，符合河南省引种备案条件，引种备案号：（豫）引种［2018］麦061。该品种已获批农业部品种保护（专利），其品种权号为CNA20161439.7。其系谱如下：

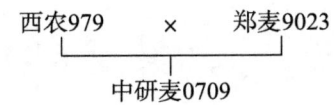

（二）产量表现

引种试验平均亩产450.8千克，比对照偃展4110增产6.4%。

（三）特征特性

属弱春性中熟品种。幼苗半匍匐，分蘖力强，抗寒性中等。旗叶宽而上冲，株型紧凑，株高72.8厘米。穗纺锤形，长芒、白壳、白粒，角质。亩穗数39.2万，穗粒数31.1粒，千粒重43.9克。

（四）抗性鉴定

中抗条锈病，中感叶锈病、白粉病、赤霉病和纹枯病。

（五）适宜范围及栽培要点

适宜在河南省（信阳市和南阳市南部麦区除外）中晚茬地种植。适播期10月下旬，播期推迟或肥力偏低地块适当增加播量。一般亩施纯氮18千克，配合施用磷、钾肥及微肥，氮肥基苗肥占60%，拔节孕穗肥占40%。遇冬季、春季降水不足时，及时浇水。冬前及早春防治纹枯病和防除田间杂草，及时防治白粉病、叶锈病和蚜虫，抽穗扬花期预防赤霉病。灌浆期搞好"一喷三防"。

一〇〇、镇麦12

（一）品种来源

江苏丘陵地区镇江农业科学研究所利用镇麦168变异株系选而成，通过江苏省农作物品种审定委员会审定，审定编号：苏审麦201501。安徽省高科种业有限公司将该品种引种至河南省，符合河南省引种备案条件，引种备案号：（豫）引种[2018]麦062。该品种已申请农业部品种保护（专利），其公告号为CNA014280E。其系谱如下：

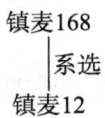

（二）产量表现

引种试验平均亩产369.9千克，比对照偃展4110增产12%。

（三）特征特性

属春性早熟品种。幼苗直立，叶色深绿，分蘖力中等。株型偏松散，茎秆粗壮，株高81.4厘米。穗近长方形，长芒，白壳，红粒，硬质。亩穗数28.5万，穗粒数39.3粒，千粒重43.2克。

（四）抗性鉴定

中抗条锈病，中感白粉病、赤霉病和纹枯病，高感叶锈病。

（五）适宜范围及栽培要点

适宜在河南省信阳市种植。适播期10月25日至11月10日，亩基本苗18万。每亩施纯氮18千克左右，磷、钾肥配合，氮肥的65%作基肥，35%作拔节孕穗肥。注意防治纹枯病、白粉病和叶锈病，抽穗扬花期防治赤霉病，灌浆期搞好"一喷三防"。

一〇一、漯麦6010

（一）品种来源

漯河市农业科学院利用原阳1号///（漯152×82C6）F$_1$/绵阳21//绵阳21选育而成，通过湖北省农作物品种审定委员会审定，审定编号：鄂审麦2013001。漯河市金秋种业有限公司将该品种引种至河南省，符合河南引种备案条件，引种备案号：（豫）引种［2018］麦063。该品种已获批农业部品种保护（专利），其品种权号为CNA20151034.7。其系谱如下：

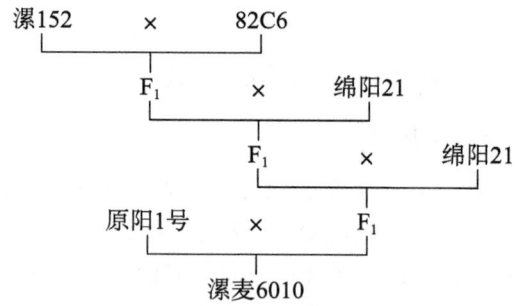

（二）产量表现

引种试验平均亩产368.5千克，比对照偃展4110增产8.3%。

（三）特征特性

属弱春性早熟品种。幼苗半匍匐，叶色深绿，叶片蜡质较厚。株型较紧凑，成株茎基部节间较短，株高78.9厘米。穗纺锤形，长芒，白壳，白粒，半角质。亩穗数35.9万，穗粒数34.5粒，千粒重41.2克。

（四）抗性鉴定

中抗条锈病和白粉病，中感叶锈病和纹枯病，高感赤霉病。

（五）适宜范围及栽培要点

适宜在河南省信阳市和南阳市南部地区种植。适播期10月上中旬，亩播量10千克左右，亩基本苗15万～18万。施足底肥，春节前后看苗追氮，返青期控旺防倒。适时冬灌和春灌，及时防治纹枯病和叶锈病，抽穗扬花期防治赤霉病。灌浆期"一喷三防"。

一〇二、镇麦9号

（一）品种来源

江苏丘陵地区镇江农业科学研究所利用苏麦6号/97G59选育而成，通过江苏省农作物品种审定委员会审定，审定编号：苏审麦201001。安徽隆平高科种业有限公司将该品种引种至河南省，符合河南省引种备案条件，引种备案号：（豫）引种［2018］麦064。该品种已申请农业部品种保护（专利），其申请号为20080378.6。其系谱如下：

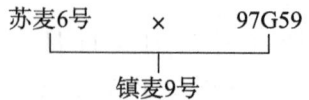

（二）产量表现

引种试验平均亩产 365.6 千克，比对照偃展 4110 增产 7.1%。

（三）特征特性

属春性早熟品种。幼苗直立，叶色浓绿，叶片平展。株型松散，株高 78.7 厘米。穗纺锤形，长芒，白壳，红粒，半角质。亩穗数 33.4 万，穗粒数 34.8 粒，千粒重 42.2 克。

（四）抗性鉴定

中感条锈病、赤霉病和纹枯病，高感叶锈病，高抗白粉病。

（五）适宜范围及栽培要点

适宜在河南省信阳市和南阳市南部地区种植。适播期 10 月 25 日至 11 月上旬，亩基本苗 15 万~17 万，晚播适当增加播量。以底肥为主，拔节期看苗追氮，一般亩底施纯氮 12 千克，五氧化二磷 8 千克，氧化钾 8 千克。注意清沟防渍，冬前适时化除，及时防治蚜虫、纹枯病、条锈病和叶锈病。抽穗扬花期注意预防赤霉病。

一〇三、皖新麦 05012

（一）品种来源

安徽省新马桥原种场利用西农 979/郑麦 9023 选育而成，通过安徽省农作物品种审定委员会审定，审定编号：皖审麦 2017024。河南省农作物新品种引育中心将该品种引种至河南省，符合河南省引种备案条件，引种备案号：（豫）引种〔2018〕麦 065。该品种已获批农业部品种保护（专利），其品种权号为 CNA20161803.5。其系谱如下：

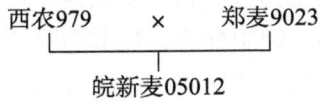

（二）产量表现

引种试验平均亩产 364.4 千克，比对照偃展 4110 增产 7%。

（三）特征特性

属弱春性早熟品种。幼苗直立，叶片窄细，叶色深绿，分蘖力一般，成穗率中等。旗叶平展，株型紧凑，株高 79.8 厘米。穗长方形，长芒，白壳，角质。亩穗数 33.5 万，穗粒数 33.4 粒，千粒重 39.3 克。

（四）抗性鉴定

中抗条锈病和纹枯病，中感叶锈病、白粉病和赤霉病。

（五）适宜范围及栽培要点

适宜在河南省信阳市和南阳市南部地区种植。适播期 10 月 15—25 日，亩播量 8~10 千克，亩基本苗 15 万~18 万，播期推迟适当增加播量。亩底施纯氮 13~15 千克，五氧化二磷 6~8 千克，氯化钾或硫酸钾 6~9 千克。冬春适时灌水，中后期注意清沟排水。拔节前及时化控，抽穗扬花期预防赤霉病，注意防治蚜虫、叶锈病和白粉病，灌浆期"一喷三防"。

一○四、扶麦368

（一）品种来源

湖北扶轮农业科技开发有限公司利用西农979/西农889选育而成，通过湖北省农作物品种审定委员会审定，审定编号：鄂审麦2018004。河南三农种业有限公司将该品种引种至河南省，符合河南省引种备案条件，引种备案号：（豫）引种［2018］麦066。该品种已获批农业农村部品种保护（专利），其品种权号为CNA20181713.2。其系谱如下：

```
        西农979    ×    西农889
              └─────┬─────┘
                 扶麦368
```

（二）产量表现

引种试验平均亩产391.8千克，比对照偃展4110增产5.1%。

（三）特征特性

属弱春性早熟品种。幼苗直立，分蘖力中等。旗叶上冲，株型紧凑，株高75.3厘米，茎秆蜡粉较轻，穗下节间较短。穗纺锤形，长芒，白壳，白粒，角质。亩穗数36.8万，穗粒数34粒，千粒重40.5克。

（四）抗性鉴定

中抗条锈病和赤霉病，中感纹枯病和白粉病，高感叶锈病。

（五）适宜范围及栽培要点

适宜在河南省信阳市和南阳市南部地区种植。适播期10月中下旬，亩基本苗20万以上，晚播适当增加播量。以底肥为主，氮、磷、钾肥配合，拔节前看苗追氮。注意清沟防渍，控旺促壮，防止倒伏。搞好化学除草，适时防治蚜虫、纹枯病、白粉病和叶锈病。灌浆期搞好"一喷三防"。

一○五、扶麦1228

（一）品种来源

湖北扶轮农业科技开发有限公司利用西农3392/94D-408经系谱法选育而成，通过湖北省农作物品种审定委员会审定，审定编号：鄂审麦2017005。河南三农种业有限公司将该品种引种至河南省，符合河南省引种备案条件，引种备案号：（豫）引种［2018］麦067。其系谱如下：

```
       西农3392    ×    94D-408
             └─────┬─────┘
                扶麦1228
```

（二）产量表现

引种试验平均亩产389.5千克，比对照偃展4110增产4.5%。

（三）特征特性

属弱春性早熟品种。幼苗半匍匐，分蘖力中等。株型较松散，旗叶短小上冲，株高73厘米，茎秆蜡质较轻，穗下节间较短。穗纺锤形，小穗着生较密，短芒，白壳，白粒。亩穗数36.4万，穗粒数33.8粒，千粒重39.6克。

（四）抗性鉴定

高抗条锈病，高感叶锈病，中感白粉病、赤霉病和纹枯病。

（五）适宜范围及栽培要点

适宜在河南省信阳市和南阳市南部地区种植。适播期10月中下旬，亩基本苗20万以上，晚播适当增加播量。以底肥为主，氮、磷、钾肥配合，拔节前看苗追氮。注意清沟防渍，控旺促壮，防止倒伏。搞好化学除草，及时预防蚜虫、白粉病、纹枯病、赤霉病和叶锈病。灌浆期"一喷三防"。

一〇六、农麦152

（一）品种来源

江苏神农大丰种业科技有限公司利用新麦18/莱州817选育而成，通过江苏省农作物品种审定委员会审定，审定编号：苏审麦20180009。江苏神农大丰种业科技有限公司将该品种引种至河南省，符合河南省引种备案条件，引种备案号：（豫）引种[2019]麦001。该品种已获批农业农村部植物新品种保护，其品种权号为CNA20160752.8。其系谱如下：

新麦18 × 莱州817
农麦152

（二）产量表现

引种试验平均亩产560.8千克，比对照周麦18增产6%。

（三）特征特性

属半冬性品种。幼苗匍匐，叶片细长，叶色淡绿。株型较紧凑，穗层较整齐，株高76.1厘米。穗纺锤形，长芒，白壳，白粒，硬质。亩穗数41.4万，穗粒数37.2粒，千粒重45.1克。

（四）抗性鉴定

中抗白粉病，中感条锈病、叶锈病和纹枯病，高感赤霉病。

（五）适宜范围及栽培要点

适宜在河南省（信阳市和南阳市南部麦区除外）早中茬地种植。适播期10月中下旬，亩基本苗16万~18万。一般亩施纯氮18千克左右，配合施用磷、钾肥，基施氮肥占60%，拔节孕穗肥占40%。田间沟系配套，注意防旱排涝，冬前及早春及时防除田间杂草。注意防治纹枯病、锈病、赤霉病和蚜虫。灌浆期搞好"一喷三防"。

一〇七、国盛麦1号

（一）品种来源

安徽国盛农业科技有限责任公司利用宿9916/烟农19选育而成，通过安徽省农作物品种审定委员会审定，审定编号：皖麦2015001。河南金山种业有限公司将该品种引种至河南省，符合河南省引种备案条件，引种备案号：（豫）引种[2019]麦002。该品种已申请农业部品种保护（专利），其公告号为CNA014021E。其系谱如下：

宿9916 × 烟农19
国盛麦1号

（二）产量表现

引种试验平均亩产 617.4 千克，比对照周麦 18 增产 5.1%。

（三）特征特性

属半冬性品种。幼苗半匍匐，叶片稍宽，叶色深绿，分蘖力中等，成穗率中等。旗叶上冲，株型半紧凑，株高 73.5 厘米。穗长方形，长芒，白壳，白粒，籽粒粉质。亩穗数 41.1 万，穗粒数 35.6 粒，千粒重 46.3 克。

（四）抗性鉴定

中抗条锈病，中感叶锈病、纹枯病和白粉病，高感赤霉病。

（五）适宜范围及栽培要点

适宜在河南省（信阳市和南阳市南部麦区除外）早中茬地种植。适播期 10 月 8—24 日，亩基本苗 12 万~16 万。一般亩施纯氮 11~13 千克，氮肥的 70% 作底肥，30% 拔节期追施，五氧化二磷 6~8 千克作底肥一次性施入。灌好越冬水，冬前化学除草。及时防治蚜虫、纹枯病、白粉病、赤霉病和叶锈病。

一〇八、凌麦 669

（一）品种来源

杨凌国瑞农业科技有限公司利用周麦 18/百农 AK58 选育而成，通过陕西省农作物品种审定委员会审定，审定编号：陕审麦 2019003 号。河南厚启种业有限公司将该品种引种至河南省，符合河南省引种备案条件，引种备案号：（豫）引种〔2019〕麦 003。该品种已申请农业农村部品种保护（专利），其公告号为 CNA028937E。其系谱如下：

```
周麦18    ×    百农AK58
     └─────┬─────┘
         凌麦669
```

（二）产量表现

引种试验平均亩产 641.6 千克，比对照周麦 18 增产 5.5%。

（三）特征特性

属半冬性品种。幼苗半匍匐，叶色深绿，分蘖力较强，成穗率较高。旗叶上冲，株型较松散，株高 67.1 厘米。穗长方形，短芒，白壳，白粒，半角质。亩穗数 42.4 万，穗粒数 33.8 粒，千粒重 45.5 克。

（四）抗性鉴定

中感纹枯病、条锈病、叶锈病和白粉病，高感赤霉病。

（五）适宜范围及栽培要点

适宜在河南省（信阳市和南阳市南部麦区除外）早中茬地种植。适播期 10 月 5—15 日，亩播量 8~10 千克。施足基肥，氮、磷、钾肥比例协调，基肥中氮肥用量占全生育期氮肥用量的 70% 左右。适时冬灌和春灌，结合春灌追施氮肥，追肥量占氮肥总用量的 30%。注意防治蚜虫、纹枯病、锈病和白粉病，抽穗扬花期预防赤霉病，灌浆期"一喷三防"。

一〇九、隆平麦6号

（一）品种来源

安徽隆平高科种业有限公司利用烟361/西农979选育而成，通过安徽省农作物品种审定委员会审定，审定编号：皖审麦2017001。安徽华皖种业有限公司将该品种引种至河南省，符合河南省引种备案条件，引种备案号：（豫）引种[2019]麦004。该品种已申请农业农村部品种保护（专利），其申请号为20184529.0。其系谱如下：

```
烟361  ×  西农979
      └──┬──┘
       隆平麦6号
```

（二）产量表现

引种试验平均亩产595.3千克，比对照周麦18增产5.4%。

（三）特征特性

属半冬性品种。幼苗半匍匐，叶色深绿。株型松散，株高79.7厘米，旗叶较长上冲。穗长方形，长芒，白壳，白粒，角质。亩穗数43万，穗粒数36.3粒，千粒重44.1克。

（四）抗性鉴定

中感条锈病、白粉病、赤霉病和纹枯病，中抗叶锈病。

（五）适宜范围及栽培要点

适宜在河南省（信阳市和南阳市南部麦区除外）早中茬地种植。适播期10月10—25日，亩基本苗14万~18万，播期推迟或肥力水平较低地块，适当增加基本苗。一般亩底施纯氮16~18千克，配合施用磷、钾肥。冬前及早春及时防除田间杂草，起身期及时化控防倒。注意防治蚜虫、纹枯病、白粉病、条锈病和赤霉病，灌浆期"一喷三防"。

一一〇、西安240

（一）品种来源

西安市农业科学研究所利用3122/周麦16选育而成，通过陕西省农作物品种审定委员会审定，审定编号：陕审麦2015005号。河南省科育种业有限公司将该品种引种至河南省，符合河南省引种备案条件，引种备案号：（豫）引种[2019]麦005。其系谱如下：

```
3122  ×  周麦16
     └──┬──┘
       西安240
```

（二）产量表现

引种试验平均亩产563.9千克，比对照周麦18增产5.4%。

（三）特征特性

属半冬性品种。幼苗半匍匐，叶色深绿，叶片较窄上冲。茎秆弹性好，株高73.6厘米。穗长方形，长芒，白壳，白粒，角质。亩穗数35.3万，穗粒数38.7粒，千粒重49.3克。

（四）抗性鉴定

中抗条锈病，中感白粉病、赤霉病和纹枯病，高感叶锈病。

（五）适宜范围及栽培要点

适宜在河南省（信阳市和南阳市南部麦区除外）早中茬地种植。适播期10月1—15日，亩播量10~13千克，秸秆还田地块亩播量增加1~2千克，10月20日以后播期每推迟1天亩播量增加0.2千克。亩施尿素20~30千克，磷酸二铵20~25千克，硫酸钾10千克，氮、磷、钾肥配合施用，90%的氮肥和全部磷、钾肥作为基肥施入。注意适时防治纹枯病、白粉病、叶锈病和纹枯病，抽穗后预防赤霉病和蚜虫。

一一一、淮麦45

（一）品种来源

江苏徐淮地区淮阴农业科学研究所利用淮麦28/淮麦25选育而成，通过江苏省农作物品种审定委员会审定，审定编号：苏审麦20180007。江苏农发种业有限公司将该品种引种至河南省，符合河南省引种备案条件，引种备案号：（豫）引种［2019］麦006。该品种已获批农业农村部品种保护（专利），其品种权号为CNA20180529.8。其系谱如下：

```
淮麦28  ×  淮麦25
        │
      淮麦45
```

（二）产量表现

引种试验平均亩产624.7千克，比对照周麦18增产3.1%。

（三）特征特性

属半冬性品种。幼苗半匍匐，叶色较深。株型较紧凑，株高76.4厘米。穗纺锤形，长芒，白壳，白粒，籽粒长圆形，硬质。亩穗数44.7万，穗粒数33.8粒，千粒重44.9克。

（四）抗性鉴定

中感条锈病、白粉病和赤霉病，中抗叶锈病，高抗纹枯病。

（五）适宜范围及栽培要点

适宜在河南省（信阳市和南阳市南部麦区除外）早中茬地种植。适播期10月15—25日，亩基本苗12万~16万，播期推迟或肥力水平较低地块，适当增加基本苗。一般亩施纯氮18千克，配合施用磷、钾肥，氮肥基肥、苗肥占60%，拔节孕穗肥占40%。冬前及早春搞好化除，注意防治条锈病、白粉病和蚜虫。抽穗扬花期预防赤霉病。

一一二、淮麦43

（一）品种来源

江苏徐淮地区淮阴农科所、江苏农科种业研究院有限公司利用太谷核不育基因组建的冬春性小麦轮回群体选育而成，通过江苏省农作物品种审定委员会审定，审定编号：苏审麦20170007。江苏省大华种业集团有限公司将该品种引种至河南省，符合河南省引种备案条件，引种备案号：（豫）引种［2019］麦007。该品种已申请农业农村部品种保护（专利），其申请号为20171326.2。其系谱如下：

$$\text{太谷核不育轮回群体} \atop \overline{\text{系选}} \atop \text{淮麦43}$$

（二）产量表现

引种试验平均亩产681.8千克，比对照周麦18增产8.7%。

（三）特征特性

属半冬性品种。幼苗半匍匐，叶片细长，叶片绿色。旗叶上冲，叶色淡绿，株型松紧适中，株高74.1厘米。穗纺锤形，长芒，白壳，白粒，角质。亩穗数45.3万，穗粒数35.2粒，千粒重48.5克。

（四）抗性鉴定

中感条锈病、白粉病和赤霉病，中抗叶锈病和纹枯病。

（五）适宜范围及栽培要点

适宜在河南省（信阳市和南阳市南部麦区除外）早中茬地种植。适播期10月10—20日，亩播量10~13千克。亩施氮、磷、钾复合肥50~60千克，春节前后看苗追氮，返青期控旺。浇好越冬水和灌浆水。冬前适时化除，抽穗扬花期防治赤霉病，灌浆期"一喷三防"。

一一三、鲁研148

（一）品种来源

山东鲁研农业良种有限公司、山东省农业科学院原子能农业应用研究所利用郑农16/福山873712选育而成，通过安徽省农作物品种审定委员会审定，审定编号：皖审麦2019004。山东鲁研农业良种有限公司将该品种引种至河南省，符合河南省引种备案条件，引种备案号：（豫）引种[2019]麦008。该品种已申请农业农村部品种保护（专利），其申请号为20184175.7。其系谱如下：

$$\text{郑农16} \times \text{福山873712} \atop \overline{\text{鲁研148}}$$

（二）产量表现

引种试验平均亩产602千克，比对照周麦18增产6.3%。

（三）特征特性

属半冬性品种。幼苗半匍匐，叶色浓绿。株型半紧凑，旗叶宽短近上冲，株高85.3厘米。穗长方形，长芒，白壳，白粒，籽粒半角质。亩穗数43.3万，穗粒数36.3粒，千粒重47.7克。

（四）抗性鉴定

中感条锈病、叶锈病、白粉病和纹枯病，高感赤霉病。

（五）适宜范围及栽培要点

适宜在河南省（信阳市和南阳市南部麦区除外）早中茬地种植。适播期10月10—25日，亩基本苗14万~16万，播期推迟或肥力水平偏低地块，适当增加基本苗。一般亩底施纯氮16~18千克，配合施用磷、钾肥。冬前及早春及时防除杂草和防治纹枯病，抽穗后防治蚜虫、白粉病、锈病和赤霉病。

一一四、伟隆 136

（一）品种来源

陕西杨凌伟隆农业科技有限公司、新乡市金苑邦达富农业科技有限公司利用郑麦 366/陕 981//郑麦 366 选育而成，通过陕西省农作物品种审定委员会审定，审定编号：陕审麦 2019004 号。新乡市金苑邦达富农业科技有限公司将该品种引种至河南省，符合河南省引种备案条件，引种备案号：（豫）引种［2019］麦 009。该品种已申请农业农村部品种保护（专利），其申请号为 20191000894。其系谱如下：

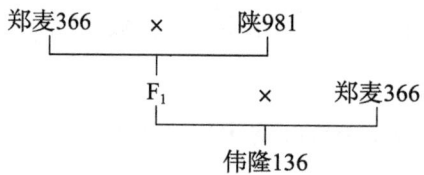

（二）产量表现

引种试验平均亩产 630.6 千克，比对照百农 207 增产 3.1%。

（三）特征特性

属半冬性品种。幼苗半匍匐，叶色深绿。旗叶上冲，株型松散，株高 70.9 厘米。穗纺锤形，长芒，白壳，白粒，籽粒半角质。亩穗数 40.1 万，穗粒数 37.1 粒，千粒重 45.5 克。

（四）抗性鉴定

中感条锈病、白粉病和纹枯病，中抗叶锈病，高感赤霉病。

（五）适宜范围及栽培要点

适宜在河南省（信阳市和南阳市南部麦区除外）早中茬地种植。适播期 10 月上中旬，亩基本苗 15 万～18 万。施足基肥，氮、磷、钾肥配合，基肥中氮肥用量占全生育期氮肥量的 70%～75%。适时冬灌和春灌，结合冬灌或春灌追施全生育期氮肥用量的 25%～30%。起身期防治纹枯病和化控防倒，抽穗扬花期预防赤霉病，注意防治蚜虫、条锈病和白粉病。灌浆期"一喷三防"。

一一五、西农 836

（一）品种来源

西北农林科技大学利用西农 979/郑麦 7698 选育而成，通过陕西省农作物品种审定委员会审定，审定编号：陕审麦 2019008 号。西北农林科技大学农学院将该品种引种至河南省，符合河南省引种备案条件，引种备案号：（豫）引种［2019］麦 010。该品种已申请农业农村部品种保护（专利），其申请号为 202001001604。其系谱如下：

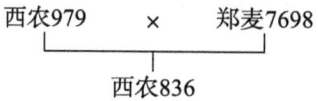

（二）产量表现

引种试验平均亩产 591.5 千克，比对照周麦 18 增产 10.7%。

（三）特征特性

属半冬性品种。幼苗半匍匐，叶色深绿。旗叶上冲，株型松散，蜡质层轻，株高71.4厘米。穗纺锤形，长芒，白壳，白粒，角质。亩穗数40.8万，穗粒数40.3粒，千粒重42.3克。

（四）抗性鉴定

中抗条锈病和白粉病，中感叶锈病和纹枯病，高感赤霉病。

（五）适宜范围及栽培要点

适宜在河南省（信阳市和南阳市南部麦区除外）早中茬地种植。适播期10月中旬，亩播量9~10千克。施足基肥，氮、磷、钾肥配合，基肥中氮肥用量占全生育期氮肥量的70%，剩余30%氮肥结合冬灌或春灌追施。适时冬灌和春灌。注意防治纹枯病、叶锈病和蚜虫，抽穗扬花期预防赤霉病，灌浆期"一喷三防"。

一一六、西农519

（一）品种来源

西北农林科技大学利用西农2000-7/02509选育而成，通过陕西省农作物品种审定委员会审定，审定编号：陕审麦2018011号。河南省金马种业有限公司将该品种引种至河南省，符合河南省引种备案条件，引种备案号：（豫）引种[2019]麦011。其系谱如下：

```
西农2000-7  ×  02509
        └──┬──┘
         西农519
```

（二）产量表现

引种试验平均亩产494.2千克，比对照周麦18增产5%。

（三）特征特性

属半冬性品种。幼苗半匍匐，叶色黄绿。叶片宽短，旗叶平展，株型稍松散，株高67.5厘米。穗纺锤形，长芒，白壳，白粒，角质。亩穗数39.1万，穗粒数33.5粒，千粒重45.4克。

（四）抗性鉴定

中抗条锈病和叶锈病，中感白粉病、赤霉病和纹枯病。

（五）适宜范围及栽培要点

适宜在河南省（信阳市和南阳市南部麦区除外）早中茬地种植。适播期10月10—20日，亩播量10千克。一般亩底施小麦配方肥50千克，拔节末期追施尿素5千克。返青期至拔节期前及时化学除草和防治纹枯病。抽穗扬花期防治赤霉病，注意防治蚜虫和白粉病，灌浆期"一喷三防"。

一一七、陕禾1028

（一）品种来源

宝鸡迪兴农业科技有限公司利用西农294/新麦26选育而成，通过陕西省农作物品种审定委员会审定，审定编号：陕审麦2019001号。河南许农种业有限公司将该品种引种至河南省，符合河南省引种备案条件，引种备案号：（豫）引种[2019]麦012。该品种已获批农业农村部品种保护（专利），其品种权号为 CNA20184182.8。其系谱如下：

```
西农294 × 新麦26
        │
     陕禾1028
```

（二）产量表现

引种试验平均亩产 615.1 千克，比对照周麦 18 增产 7.4%。

（三）特征特性

属半冬性品种。幼苗半匍匐，叶色淡绿。旗叶上冲，株型紧凑，蜡质层厚，株高 74.4 厘米。穗长方形，短芒，白壳，白粒，角质。亩穗数 43 万，穗粒数 37.7 粒，千粒重 47.3 克。

（四）抗性鉴定

中感条锈病和纹枯病，中抗叶锈病和白粉病，高感赤霉病。

（五）适宜范围及栽培要点

适宜在河南省（信阳市和南阳市南部麦区除外）早中茬地种植。适播期 10 月上中旬，亩基本苗 16 万~18 万，晚播适当增加播量。施足基肥，氮、磷、钾肥配合施用。适时冬灌和春灌。注意防治蚜虫、条锈病、赤霉病和纹枯病。

一一八、永民1718

（一）品种来源

安徽永民种业有限责任公司利用淮麦 20/ 鲁麦 14 选育而成，通过安徽省农作物品种审定委员会审定，审定编号：皖审麦 2017012。安徽永民种业有限责任公司将该品种引种至河南省，符合河南省引种备案条件，引种备案号：（豫）引种［2019］麦 013。该品种已申请农业部品种保护（专利），其申请号为 20172752.3。其系谱如下：

```
淮麦20 × 鲁麦14
        │
     永民1718
```

（二）产量表现

引种试验平均亩产 604.6 千克，比对照周麦 18 增产 5.9%。

（三）特征特性

属半冬性品种。幼苗匍匐，叶色深绿。旗叶近上冲，有干尖。株型紧凑，株高 82 厘米。穗长方形，长芒，白壳，白粒。亩穗数 45.7 万，穗粒数 32.9 粒，千粒重 45.1 克。

（四）抗性鉴定

中感条锈病、叶锈病、白粉病和纹枯病，高感赤霉病。

（五）适宜范围及栽培要点

适宜在河南省（信阳市和南阳市南部麦区除外）早中茬地种植。适播期 10 月上中旬，适宜亩基本苗 16 万~18 万，晚播适当增加播量。施足基肥，适时冬灌和春灌。注意防治蚜虫、条锈病、叶锈病、白粉病、赤霉病和纹枯病。

一一九、鲁原502

（一）品种来源

山东省农业科学院原子能农业应用研究所、中国农业科学院作物科学研究所利用9940168（来源于利用卫星搭载91102小麦材料地面选择获得）/济麦19选育而成，通过安徽省农作物品种审定委员会审定，审定编号：皖麦2015007。河南天存种业科技有限公司将该品种引种至河南省，符合河南省引种备案条件，引种备案号：（豫）引种［2019］麦014。其系谱如下：

```
9940168    ×    济麦19
          |
        鲁原502
```

（二）产量表现

引种试验平均亩产528千克，比对照周麦18增产5.7%。

（三）特征特性

属半冬性品种。幼苗匍匐，叶片绿色，叶片略窄。旗叶短小上举，株型半松散，株高79.9厘米。穗长方形，长芒，白壳，白粒，半角质。亩穗数41.3万，穗粒数35.2粒，千粒重44克。

（四）抗性鉴定

中感条锈病、叶锈病、白粉病和纹枯病，高感赤霉病。

（五）适宜范围及栽培要点

适宜在河南省（信阳市和南阳市南部麦区除外）早中茬地种植。适播期10月10—25日，亩播量8~10千克。注意防治纹枯病、白粉病、锈病和蚜虫，抽穗扬花期预防赤霉病，灌浆期"一喷三防"。

一二〇、阎麦5810

（一）品种来源

西安市阎良区农业新品种试验站利用百农AK58/阎麦9710选育而成，通过陕西省农作物品种审定委员会审定，审定编号：陕审麦2019010号。河南海诺中信农业科技有限公司将该品种引种至河南省，符合河南省引种备案条件，引种备案号：（豫）引种［2019］麦015。该品种已获批农业农村部品种保护（专利），其品种权号为CNA20170568.7。其系谱如下：

```
百农AK58    ×    阎麦9710
           |
        阎麦5810
```

（二）产量表现

引种试验平均亩产590.6千克，比对照周麦18增产4.9%。

（三）特征特性

属半冬性品种。幼苗半匍匐，叶色深绿。旗叶上冲，株型紧凑，株高74.5厘米。穗纺锤形，短芒，白壳，白粒，籽粒半角质。亩穗数44.8万，穗粒数45.2粒，千粒重45.3克。

（四）抗性鉴定

高抗条锈病，中感叶锈病、白粉病和纹枯病，高感赤霉病。

（五）适宜范围及栽培要点

适宜在河南省（信阳市和南阳市南部麦区除外）早中茬地种植。适播期10月5—15日，亩播量8~12千克，播期每延迟3天，亩播量增加0.5千克。亩底施磷酸二铵25千克，尿素30千克，氯化钾20千克，硫酸锌2千克，拔节末期每亩追施尿素5~8千克。返青起身期化学除草，拔节前化控防倒。注意防治蚜虫、纹枯病、白粉病和锈病，抽穗扬花期预防赤霉病，灌浆期"一喷三防"。

一二一、陕垦6号

（一）品种来源

陕西省杂交油菜研究中心利用兰考906/小偃22选育而成，通过陕西省农作物品种审定委员会审定，审定编号：陕审麦2009001号。河南海诺中信农业科技有限公司将该品种引种至河南省，符合河南省引种备案条件，引种备案号：（豫）引种〔2019〕麦016。该品种已获批农业部品种保护（专利），其品种权号为CNA20090368.3。其系谱如下：

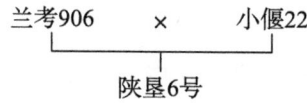

（二）产量表现

引种试验平均亩产570.6千克，比对照周麦18增产3.5%。

（三）特征特性

属半冬性品种。幼苗半匍匐，叶片深绿。株型紧凑，株高80.2厘米。穗纺锤形，短芒，白粒，角质。亩穗数42.1万，穗粒数38.6粒，千粒重40.3克。

（四）抗性鉴定

中感条锈病、叶锈病和白粉病，高感赤霉病，高抗纹枯病。

（五）适宜范围及栽培要点

适宜在河南省（信阳市和南阳市南部麦区除外）早中茬地种植。适播期10月5—15日，亩播量8~10千克，播期每延迟3天，亩播量增加0.5千克。亩底施磷酸二铵25千克，尿素30千克，氯化钾20千克，硫酸锌2千克，拔节末期每亩追施尿素5~8千克。返青起身期及时化除，拔节前化控防倒。注意防治蚜虫、锈病和白粉病，抽穗扬花期预防赤霉病，灌浆期"一喷三防"。

一二二、西农938

（一）品种来源

西北农林科技大学利用濮优9号/许农5号选育而成，通过陕西省农作物品种审定委员会审定，审定编号：陕审麦2013001号。河南海诺中信农业科技有限公司将该品种引种至河南省，符合河南省引种备案条件，引种备案号：（豫）引种［2019］麦017。其系谱如下：

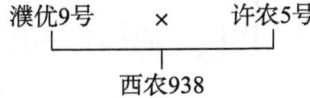

（二）产量表现

引种试验平均亩产582.6千克，比对照周麦18增产5.6%。

（三）特征特性

属半冬性品种。幼苗半匍匐，叶色灰绿。旗叶近上冲，穗下节稍长，株高74.7厘米。穗长方形，长芒，白粒，半角质。亩穗数41.4万，穗粒数41.4粒，千粒重43克。

（四）抗性鉴定

中感条锈病、叶锈病和纹枯病，中抗白粉病，高感赤霉病。

（五）适宜范围及栽培要点

适宜在河南省（信阳市和南阳市南部麦区除外）早中茬地种植。适播期10月5—15日，亩播量8~10千克，如延期播种，每延迟3天播量增加0.5千克。亩底施磷酸二铵25千克，尿素30千克，氯化钾20千克，硫酸锌2千克，拔节末期每亩追施尿素5~8千克。返青起身期化除和防治纹枯病，拔节前化控防倒。注意适时防治蚜虫、锈病和赤霉病，抽穗扬花期预防赤霉病，灌浆期"一喷三防"。

一二三、涡麦102

（一）品种来源

亳州市农业科学研究院利用邯6172/周98165//周麦16选育而成，通过安徽省农作物品种审定委员会审定，审定编号：皖审麦2019001。河南凯晨种业有限公司将该品种引种至河南省，符合河南省引种备案条件，引种备案号：（豫）引种［2019］麦018。其系谱如下：

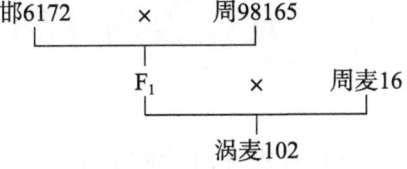

（二）产量表现

引种试验平均亩产514.5千克，比对照周麦18增产6.2%。

（三）特征特性

属半冬性品种。幼苗半匍匐，叶片较窄。旗叶近上冲，株型半紧凑，株高76厘米。穗长方形，长芒，白壳，白粒，籽粒半角质。亩穗数40.2万，穗粒数35.2粒，千粒重45.8克。

（四）抗性鉴定

中抗条锈病和叶锈病，中感白粉病、赤霉病和纹枯病。

（五）适宜范围及栽培要点

适宜在河南省（信阳市和南阳市南部麦区除外）早中茬地种植。适播期10月5—20日，亩基本苗16万~20万。施足基肥，氮、磷、钾肥配合，适时冬灌和春灌。注意防治纹枯病、白粉病和蚜虫，抽穗扬花期预防赤霉病。灌浆期"一喷三防"。

一二四、阎麦5811

（一）品种来源

西安市阎良区农业新品种试验站利用百农AK58/阎麦8911选育而成，通过陕西省农作物品种审定委员会审定，审定编号：陕审麦2019007号。西安市阎良区农业新品种试验站将该品种引种至河南省，符合河南省引种备案条件，引种备案号：（豫）引种［2019］麦019。其系谱如下：

```
       百农AK58   ×   阎麦8911
              └──┬──┘
                阎麦5811
```

（二）产量表现

引种试验平均亩产675千克，比对照周麦18增产5.3%。

（三）特征特性

属半冬性品种。幼苗半直立，叶色深绿。株高70.2厘米，穗长方形，短芒，白壳，白粒，半角质。亩穗数39万，穗粒数41.3粒，千粒重43.3克。

（四）抗性鉴定

中抗条锈病和叶锈病，中感白粉病和纹枯病，高感赤霉病。

（五）适宜范围及栽培要点

适宜在河南省（信阳市和南阳市南部麦区除外）早中茬地种植。适播期10月10—30日，亩播量10~13千克。亩底施小麦专用肥50~60千克，春节前后看苗追氮。浇好越冬水和灌浆水。冬前适时化除，注意防治纹枯病、白粉病和蚜虫，抽穗扬花期防治赤霉病，灌浆期"一喷三防"。

一二五、鲁研128

（一）品种来源

山东鲁研农业良种有限公司、山东省农业科学院原子能农业应用研究所利用TREMIE/鲁原202选育而成，通过安徽省农作物品种审定委员会审定，审定编号：皖审麦2019006。山东鲁研农业良种有限公司将该品种引种至河南省，符合河南省引种备案条件，引种备案号：（豫）引种［2019］麦020。该品种已申请农业农村部品种保护（专利），其申请号为20184174.8。其系谱如下：

```
       TREMIE   ×   鲁原202
            └──┬──┘
              鲁研128
```

（二）产量表现

引种试验平均亩产605.1千克，比对照周麦18增产6.8%。

（三）特征特性

属半冬性品种。幼苗半匍匐，叶色深绿。旗叶宽短上冲，株型半紧凑，茎秆蜡质较重，株高84.8厘米。穗长方形，长芒，白壳，白粒，角质。亩穗数42.9万，穗粒数36.7粒，千粒重47.2克。

（四）抗性鉴定

中感条锈病、白粉病和纹枯病，中抗叶锈病，高感赤霉病。

（五）适宜范围及栽培要点

适宜在河南省（信阳市和南阳市南部麦区除外）早中茬地种植。适播期10月上中旬，亩基本苗15万~18万，中低肥力地块适当增加播量。施足底肥，氮、磷、钾肥配施，足墒播种。注意防治蚜虫、纹枯病和白粉病，抽穗扬花期预防赤霉病，灌浆期"一喷三防"。

一二六、安1302

（一）品种来源

安徽省农业科学院作物研究所利用泰山241/西农1718选育而成，通过安徽省农作物品种审定委员会审定，审定编号：皖审麦2017004。河南金粒种业有限公司将该品种引种至河南省，符合河南省引种备案条件，引种备案号：（豫）引种[2019]麦021。该品种已申请农业部品种保护（专利），其申请号为20161716.1。其系谱如下：

```
        泰山241  ×  西农1718
                │
              安1302
```

（二）产量表现

引种试验平均亩产674.2千克，比对照百农207增产5%。

（三）特征特性

属半冬性品种。幼苗半匍匐，叶色深绿。旗叶短小，近上冲。株型半紧凑，茎秆蜡质重，株高83.5厘米。穗纺锤形，长芒，白壳，白粒。亩穗数47.4万，穗粒数35.2粒，千粒重40克。

（四）抗性鉴定

中抗白粉病和纹枯病，高抗叶锈病，中感条锈病，高感赤霉病。

（五）适宜范围及栽培要点

适宜在河南省（信阳市和南阳市南部麦区除外）早中茬地种植。适播期10月上中旬，亩基本苗16万~18万。施足底肥，氮、磷、钾肥配施，适时冬灌和春灌。起身期化控防倒，注意防治蚜虫、赤霉病和条锈病，早春注意预防倒春寒。

一二七、江麦816

（一）品种来源

宿迁中江种业有限公司利用徐麦954/烟2801选育而成，通过江苏省农作物品种审定委员会审定，审定编号：苏审麦201306。遂平县农博士种业有限公司将该品种引种至河南省，符合河南省引种备案条件，引种备案号：（豫）引种[2019]麦022。该品种已申请农业部品种保护（专利），其公告号为CNA011692E。其系谱如下：

```
        徐麦954  ×  烟2801
                │
              江麦816
```

（二）产量表现

引种试验平均亩产 617.8 千克，比对照周麦 18 增产 5.5%。

（三）特征特性

属半冬性品种。幼苗半匍匐，叶片窄长，叶色深绿。株高 74.5 厘米，株型紧凑，穗层整齐。穗纺锤形，长芒，白壳，白粒，角质。亩穗数 47.9 万，穗粒数 36.9 粒，千粒重 43.3 克。

（四）抗性鉴定

中抗叶锈病，中感条锈病、白粉病、赤霉病和纹枯病。

（五）适宜范围及栽培要点

适宜在河南省（信阳市和南阳市南部麦区除外）早中茬地种植。适播期 10 月下旬至 11 月初，亩基本苗 18 万～20 万，肥力水平低或播种推迟，适当增加基本苗。一般亩施纯氮 16 千克左右，五氧化二磷 8 千克，氧化钾 10 千克。冬前及早春防治纹枯病和防除田间杂草，中后期做好赤霉病、条锈病、白粉病和蚜虫等防治工作。

一二八、中涡 22

（一）品种来源

安徽省同丰种业有限公司、中国科学院遗传与发育生物学研究所农业资源研究中心利用西农 979/济麦 22 选育而成，通过安徽省农作物品种审定委员会审定，审定编号：皖审麦 2017008。安徽省同丰种业有限公司将该品种引种至河南省，符合河南省引种备案条件，引种备案号：（豫）引种〔2019〕麦 023。该品种已申请农业部品种保护（专利），其申请号为 20170751.8。其系谱如下：

```
西农979    ×    济麦22
       └──────┬──────┘
            中涡22
```

（二）产量表现

引种试验平均亩产 551.6 千克，比对照周麦 18 增产 5.8%。

（三）特征特性

属半冬性品种。幼苗半匍匐，叶色深绿。旗叶短小上冲，株型松散，株高 77 厘米。穗纺锤形，长芒，白壳，白粒，半角质。亩穗数 45.8 万，穗粒数 34.2 粒，千粒重 45.5 克。

（四）抗性鉴定

中感条锈病、叶锈病、白粉病和纹枯病，高感赤霉病。

（五）适宜范围及栽培要点

适宜在河南省（信阳市和南阳市南部麦区除外）早中茬地种植。适播期 10 月上中旬，每亩适宜基本苗 18 万～20 万，晚播适当加大播量。施足底肥，氮、磷、钾肥配合，适时追施拔节肥。浇好越冬水、返青水和灌浆水。冬前化学除草，起身期防治纹枯病和化控防倒，注意防治蚜虫、锈病和白粉病，抽穗扬花期预防赤霉病，灌浆期"一喷三防"。

一二九、柳麦 618

（一）品种来源

安徽柳丰种业科技有限责任公司利用周麦 16/西农 979 选育而成，通过安徽省农作物品种审定委员会审定，审定编号：皖审麦 2017002。安徽柳丰种业科技有限责任公司将该品种引种至河南省，符合河南省引种备案条件，引种备案号：（豫）引种［2019］麦 024。该品种已申请农业农村部品种保护（专利），其公告号为 CNA020805E。其系谱如下：

```
      周麦16    ×    西农979
              └──┬──┘
               柳麦618
```

（二）产量表现

引种试验平均亩产 608.3 千克，比对照周麦 18 增产 5.8%。

（三）特征特性

属半冬性品种。幼苗半匍匐，长势壮，越冬抗寒性好。春季发育稳健，两级分化快，抗倒春寒。旗叶近上冲，株型较紧凑，株高 79.3 厘米。穗长方形，长芒，白壳，白粒。亩穗数 43.2 万，穗粒数 35.9 粒，千粒重 43.7 克。

（四）抗性鉴定

中感条锈病和纹枯病，高感叶锈病和赤霉病，中抗白粉病。

（五）适宜范围及栽培要点

适宜在河南省（信阳市和南阳市南部麦区除外）早中茬地种植。适播期 10 月下旬至 11 月初，亩基本苗 18 万~20 万，肥力水平偏低或播种延迟，应适当加大播量。一般亩施纯氮 16 千克左右，五氧化二磷 8 千克，氧化钾 10 千克左右。冬前及早春及时防治纹枯病和防除杂草，中后期做好赤霉病、叶锈病和蚜虫防治工作。

一三〇、西高 9924

（一）品种来源

西安市高陵县农作物研究所利用周麦 16/9901-4 选育而成，通过陕西省农作物品种审定委员会审定，审定编号：陕审麦 2019014 号。河南邦富种业有限公司将该品种引种至河南省，符合河南省引种备案条件，引种备案号：（豫）引种［2019］麦 025。其系谱如下：

```
      周麦16    ×    9901-4
              └──┬──┘
               西高9924
```

（二）产量表现

引种试验平均亩产 590.3 千克，比对照周麦 18 增产 4.9%。

（三）特征特性

属半冬性品种。幼苗半匍匐，叶色深绿。旗叶上冲，株型半紧凑，蜡质轻，株高 77.8 厘米。穗纺锤形，长芒，白壳，白粒，半角质。亩穗数 40.1 万，穗粒数 36.6 粒，千粒重 49.8 克。

（四）抗性鉴定

中抗条锈病、叶锈病和纹枯病，中感白粉病，高感赤霉病。

（五）适宜范围及栽培要点

适宜在河南省（信阳市和南阳市南部麦区除外）早中茬地种植。适播期10月5—15日，亩播量8~12千克，亩基本苗15万左右。合理施肥，视墒灌水。搞好化学除草，拔节前化控防倒。抽穗扬花期预防赤霉病，灌浆期"一喷三防"。

一三一、徐麦30

（一）品种来源

江苏徐淮地区徐州农业科学研究所利用周91098/徐州25选育而成，通过江苏省农作物品种审定委员会审定，审定编号：苏审麦200704。江苏保丰集团公司将该品种引种至河南省，符合河南省引种备案条件，引种备案号：（豫）引种［2019］麦026。该品种已申请农业部品种保护（专利），其申请号为20060481.3。其系谱如下：

```
周91098    ×    徐州25
        └────┬────┘
           徐麦30
```

（二）产量表现

引种试验平均亩产554.2千克，比对照周麦18增产6.2%。

（三）特征特性

属半冬性品种。幼苗半匍匐，叶色深绿，叶片宽大。株型紧凑，株高79.5厘米，穗层整齐。穗纺锤形，长芒，白壳，白粒，籽粒半硬质。亩穗数34.4万，穗粒数35.9粒，千粒重42.5克。

（四）抗性鉴定

中感条锈病、叶锈病和白粉病，高感赤霉病，高抗纹枯病。

（五）适宜范围及栽培要点

适宜在河南省（信阳市和南阳市南部麦区除外）早中茬地种植。适播期10月1—15日，亩基本苗12万~16万，肥力水平偏低或播种延迟，适当增加播量。施足基肥，氮、磷、钾肥配合。冬前及早春防除杂草，及时防治锈病、白粉病和蚜虫。抽穗扬花期预防赤霉病，灌浆期"一喷三防"。

一三二、保麦2号

（一）品种来源

江苏保丰集团公司利用保丰3-2-16/烟辐188选育而成，通过江苏省农作物品种审定委员会审定，审定编号：苏审麦201205。江苏保丰集团公司将该品种引种至河南省，符合河南省引种备案条件，引种备案号：（豫）引种［2019］麦027。该品种已申请农业部品种保护（专利），其公告号为CNA012700E。其系谱如下：

```
保丰3-2-16    ×    烟辐188
          └────┬────┘
              保麦2号
```

（二）产量表现

引种试验平均亩产 535.5 千克，比对照周麦 18 增产 2.2%。

（三）特征特性

属半冬性品种。幼苗半匍匐，苗势一般，叶色深绿，抗寒性较好。株型半紧凑，株高 73 厘米，抗倒性中等。穗纺锤形，长芒，白壳，白粒，籽粒半硬质。亩穗数 31.9 万，穗粒数 41 粒，千粒重 43.4 克。

（四）抗性鉴定

中感白粉病，高感赤霉病，中抗条锈病和叶锈病，高抗纹枯病。

（五）适宜范围及栽培要点

适宜在河南省（信阳市和南阳市南部麦区除外）早中茬地种植。适播期 10 月 8—18 日，亩基本苗 14 万~16 万，肥力水平偏低或播种推迟，适当增加播量。施足基肥，氮、磷、钾肥配合，注意抗旱排涝。冬前及早春防除杂草，及时防治白粉病和蚜虫，抽穗扬花期预防赤霉病，灌浆期"一喷三防"。

一三三、陕禾192

（一）品种来源

宝鸡迪兴农业科技有限公司利用郑麦 366/陕 981//郑麦 366 选育而成，通过陕西省农作物品种审定委员会审定，审定编号：陕审麦 2018013 号。宝鸡迪兴农业科技有限公司将该品种引种至河南省，符合河南省引种备案条件，引种备案号：（豫）引种［2019］麦 028。该品种已获批农业部品种保护（专利），其品种权号为 CNA20173600.5。其系谱如下：

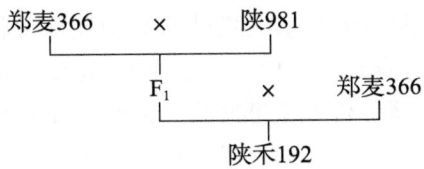

（二）产量表现

引种试验平均亩产 602.9 千克，比对照周麦 18 增产 5.3%。

（三）特征特性

属半冬性品种。幼苗半直立，叶色淡绿，分蘖力中等，抗寒性一般。旗叶平展，株型半紧凑，株高 77.7 厘米，穗层整齐。穗纺锤形，中芒，白壳，白粒，角质。亩穗数 45.2 万，穗粒数 34.3 粒，千粒重 45.7 克。

（四）抗性鉴定

中感条锈病和纹枯病，中抗叶锈病和白粉病，高感赤霉病。

（五）适宜范围及栽培要点

适宜在河南省（信阳市和南阳市南部麦区除外）早中茬地种植。适播期 10 月上中旬，亩基本苗 16 万~18 万，肥力水平偏低或播种推迟，适当增加播量。施足基肥，氮、磷、钾肥配合。田间沟系配套，注意抗旱排涝。及时防治条锈病、纹枯病、赤霉病和蚜虫。

一三四、皖垦麦869

（一）品种来源

安徽皖垦种业股份有限公司利用烟优361（山东省烟台市农业科学研究所）/T39（来源于烟4096/丰华8829）选育而成，通过安徽省农作物品种审定委员会审定，审定编号：皖麦2016015。安徽皖垦种业股份有限公司将该品种引种至河南省，符合河南省引种备案条件，引种备案号：（豫）引种［2019］麦029。该品种已申请农业部品种保护（专利），其公告号为CNA016239E。其系谱如下：

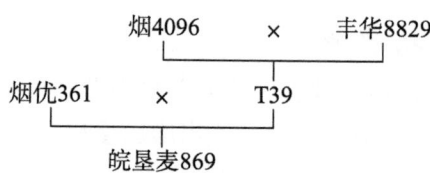

（二）产量表现

引种试验平均亩产617.8千克，比对照周麦18增产5.4%。

（三）特征特性

属半冬性品种。幼苗半匍匐，叶色中等，抗寒性较好。旗叶上冲，株型半紧凑，株高78.1厘米，抗倒性较好。穗长方形，长芒，白壳，白粒。亩穗数42.5万，穗粒数36.5粒，千粒重42.7克。

（四）抗性鉴定

中感条锈病、赤霉病和纹枯病，中抗叶锈病和白粉病。

（五）适宜范围及栽培要点

适宜在河南省（信阳市和南阳市南部麦区除外）早中茬地种植。适播期10月5日至11月28日，亩基本苗14万～18万；亩施纯氮11～13千克，其中70%底施、30%拔节期追施，五氧化二磷6～8千克，氯化钾8～10千克，磷、钾肥全部底施。适时冬灌和春灌。及时防治纹枯病和条锈病，抽穗扬花期预防赤霉病。

一三五、中麦349

（一）品种来源

中国农业科学院作物科学研究所、中国农业科学院棉花研究所、咸阳市农业科学研究所利用陕优225-2/98中443选育而成，通过陕西省农作物品种审定委员会审定，审定编号：陕审麦2011004。河南润贵春种业有限公司将该品种引种至河南省，符合河南省引种备案条件，引种备案号：（豫）引种［2019］麦030。该品种已获批农业部品种保护（专利），其品种权号为CNA20090451.1。其系谱如下：

陕优225-2 × 98中443
　　　　└──┬──┘
　　　　　中麦349

（二）产量表现

引种试验平均亩产535.8千克，比对照周麦18增产2.3%。

(三)特征特性

属半冬性品种。幼苗半匍匐，叶色深绿，抗寒性好。株型紧凑，旗叶较小、上冲，株高76厘米。穗长方形，长芒，白壳，白粒。亩穗数34.7万，穗粒数38.2粒，千粒重43.3克。

(四)抗性鉴定

中感条锈病、叶锈病、白粉病和纹枯病，高感赤霉病。

(五)适宜范围及栽培要点

适宜在河南省（信阳市和南阳市南部麦区除外）早中茬地种植。适播期10月10—20日，亩播量9千克。施足基肥，氮、磷、钾肥配合，基肥中氮肥用量占全生育期氮肥量的65%~75%。适时冬灌和春灌，结合春灌追施全生育期氮肥用量的25%~35%。注意防治纹枯病、锈病、白粉病和蚜虫，抽穗扬花期预防赤霉病，灌浆期"一喷三防"。

一三六、普冰151

(一)品种来源

西北农林科技大学、中国农业科学院作物科学研究所利用长武134/Q8879-4选育而成，通过陕西省农作物品种审定委员会审定，审定编号：陕审麦2017010号。西北农林科技大学将该品种引种至河南省，符合河南省引种备案条件，引种备案号：（豫）引种［2019］麦031。该品种已申请农业农村部品种保护（专利），其公告号为CNA019585E。其系谱如下：

```
长武134    ×    Q8879-4
         └──┬──┘
          普冰151
```

(二)产量表现

引种试验平均亩产379.1千克，比对照洛旱7号增产4.9%。

(三)特征特性

属半冬性旱地品种。幼苗半匍匐，叶色深绿。株型紧凑，株高61.5厘米。穗纺锤形，长芒，白壳，白粒，籽粒角质。亩穗数26.3万，穗粒数27.1粒，千粒重44.6克。

(四)抗性鉴定

中感条锈病、叶锈病和纹枯病，中抗白粉病，高感赤霉病。

(五)适宜范围及栽培要点

适宜在河南省（信阳市和南阳市南部麦区除外）旱地种植。适播期同当地主栽品种，亩播量10~12.5千克。适时冬灌和春灌，中后期及时防治蚜虫。及时防治蚜虫、纹枯病、条锈病和叶锈病，抽穗扬花期预防赤霉病。

一三七、福麦3号

(一)品种来源

西安大地种苗有限公司利用长武921/烟D27选育而成，通过陕西省农作物品种审定委员会审定，审定编号：陕审麦2019020号。河南省科育种业有限公司将该品种引种至河南省，符合河南省引种备案条件，引种备案号：（豫）引种[2019]麦032。其系谱如下：

```
长武921  ×  烟D127
    └──┬──┘
     福麦3号
```

（二）产量表现

引种试验平均亩产453.7千克，比对照洛旱7号增产3.5%。

（三）特征特性

属半冬性旱地品种。幼苗半匍匐，叶片绿色，苗势强壮。旗叶下披，株型半紧凑，株高74.1厘米。穗长方形，长芒，白壳，白粒，硬质。亩穗数38万，穗粒数34粒，千粒重40.6克。

（四）抗性鉴定

中感叶锈病、白粉病和纹枯病，高感赤霉病，中抗条锈病。

（五）适宜范围及栽培要点

适宜在河南省（信阳市和南阳市南部麦区除外）旱地种植。适播期10月5—25日，亩播量10~13千克，秸秆还田地块亩播量增加1~2千克，10月20日以后每推迟1天亩播量增加0.2千克。亩施尿素20~30千克，施磷酸二铵20~25千克，硫酸钾10千克，氮、磷、钾肥配合施用，90%的氮肥和全部磷、钾肥作为基肥施入。注意防治蚜虫、纹枯病、叶锈病和白粉病，抽穗期扬花期预防赤霉病，灌浆期"一喷三防"。

一三八、大地528

（一）品种来源

西安大地种苗有限公司利用D961/F24选育而成，通过陕西省农作物品种审定委员会审定，审定编号：陕审麦2018015号。河南省科育种业有限公司将该品种引种至河南省，符合河南省引种备案条件，引种备案号：（豫）引种[2019]麦033。其系谱如下：

```
D961  ×  F24
  └──┬──┘
   大地528
```

（二）产量表现

引种试验平均亩产458.1千克，比对照洛旱7号增产4.5%。

（三）特征特性

属半冬性旱地品种。幼苗半匍匐，叶片绿色，分蘖力强，成穗率高。旗叶上冲，株型紧凑，株高72.6厘米。穗长方形，长芒，白壳，白粒，硬质。亩穗数38.7万，穗粒数33.8粒，千粒重42.4克。

（四）抗性鉴定

中抗条锈病，中感白粉病和纹枯病，高感赤霉病和叶锈病。

（五）适宜范围及栽培要点

适宜在河南省（信阳市和南阳市南部麦区除外）旱地种植。适播期10月5—25日，亩播量10~13千克，10月20日以后每推迟1天亩播量增加0.2千克。氮、磷、钾肥配合，90%的氮肥和全部磷、钾肥作为基肥施入。注意及时防治蚜虫、纹枯病、白粉病、赤霉病和叶锈病，灌浆期"一喷三防"。

一三九、扬辐麦7号

（一）品种来源

江苏里下河地区农业科学研究所利用扬麦11//（扬麦11/扬辐麦9311）选育而成，通过安徽省农作物品种审定委员会审定，审定编号：皖审麦2017027。安徽省高科种业有限公司将该品种引种至河南省，符合河南省引种备案条件，引种备案号：（豫）引种［2019］麦035。该品种已申请农业农村部品种保护（专利），其公告号为CNA033374E。其系谱如下：

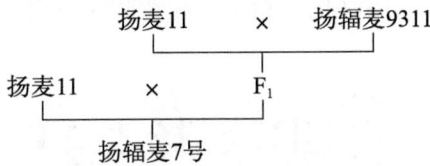

（二）产量表现

引种试验平均亩产470.7千克，比对照偃展4110增产7.1%。

（三）特征特性

属春性品种。幼苗半直立，叶片绿色，成穗率一般。旗叶平展，株型半松散，株高76.4厘米。穗纺锤形，长芒，白壳，红粒。亩穗数32.8万，穗粒数39.5粒，千粒重46.1克。

（四）抗性鉴定

中感条锈病、叶锈病和纹枯病，中抗白粉病和赤霉病。

（五）适宜范围及栽培要点

适宜在河南省信阳市和南阳市南部区域种植。适播期10月25日至11月10日，亩基本苗18万左右。亩施纯氮16千克左右，配合施用磷、钾肥，其中65%的氮肥作基苗肥、35%作拔节孕穗肥。田间沟系配套，注意防涝防旱。适时防治条锈病、叶锈病和蚜虫，抽穗扬花期预防赤霉病。

一四〇、瑞星1号

（一）品种来源

河南瑞星种业有限公司、河南地圣农业科技发展有限公司、湖北省种子集团公司利用豫麦34//百农3217/冀麦5418选育而成，通过湖北省农作物品种审定委员会审定，审定编号：鄂审麦2008005。偃师市华都种子有限公司将该品种引种至河南省，符合河南省引种备案条件，引种备案号：（豫）引种［2019］麦036。该品种已申请农业部品种保护（专利），其申请号为20040410.5。其系谱如下：

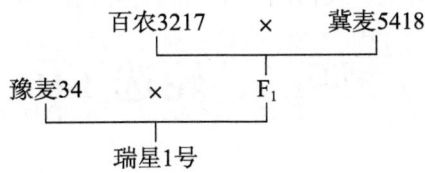

（二）产量表现

引种试验平均亩产470.7千克，比对照偃展4110增产4.1%。

（三）特征特性

属弱春性品种。幼苗半匍匐，叶色深绿，分蘖力较强，成穗率中等。旗叶窄短且上冲，株型较紧凑，株高77厘米。穗长方形，长芒，白壳，白粒。亩穗数36.7万，穗粒数34.7粒，千粒重44.6克。

（四）抗性鉴定

中感条锈病、白粉病、赤霉病和纹枯病，中抗叶锈病。

（五）适宜范围及栽培要点

适宜在河南省信阳市和南阳市南部地区种植。适播期10月15—30日，亩播量10~12千克。合理施肥，冬季、春季视墒灌水。搞好化学除草，注意防治蚜虫、赤霉病、纹枯病、白粉病和条锈病，灌浆期搞好"一喷三防"。

一四一、扬麦24

（一）品种来源

江苏里下河地区农业科学研究所利用扬麦17//扬11/豫麦18选育而成，通过浙江省农作物品种审定委员会审定，审定编号：浙审麦2015001。江苏金土地种业有限公司将该品种引种至河南省，符合河南省引种备案条件，引种备案号：（豫）引种［2019］麦037。该品种已申请农业部品种保护（专利），其公告号为CNA015521E。其系谱如下：

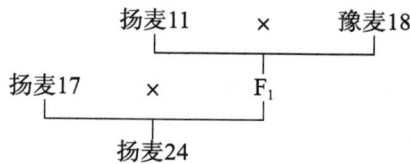

（二）产量表现

引种试验平均亩产436.2千克，比对照偃展4110增产5.4%。

（三）特征特性

属春性品种。幼苗直立，叶色浓绿，分蘖力较强。株型较紧凑，株高83厘米，抗倒性较好。穗长方形，长芒，白壳，红粒。亩穗数30.5万，穗粒数34粒，千粒重40.6克。

（四）抗性鉴定

中感条锈病、白粉病和纹枯病，中抗叶锈病，高感赤霉病。

（五）适宜范围及栽培要点

适宜在河南省信阳市和南阳市南部地区种植。适播期10月中下旬，亩基本苗15万~18万，重施底肥，拔节后追施氮肥，亩施纯氮10~12千克，五氧化二磷6~8千克，氧化钾6~7千克。清沟防渍，控旺促壮，防止倒伏。注意防治蚜虫、纹枯病、条锈病、叶锈病和白粉病，抽穗扬花期预防赤霉病。

一四二、轮选146

（一）品种来源

中国农业科学院作物科学研究所利用郑麦9023/周麦18//周麦18选育而成，通过湖北省农作物品种审定委员会审定，审定编号：鄂审麦2018005。江苏金土地种业有限公司将该品种引种至河南省，符合河南省引种备案条件，引种备案号：（豫）引种［2019］麦038。该品种已申请农业部品种保护（专利），其申请号为 20170733.1。其系谱如下：

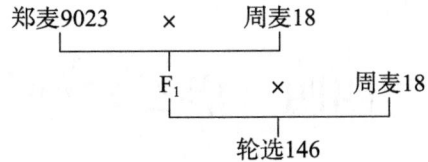

（二）产量表现

引种试验平均亩产 528 千克，比对照周麦 18 增产 5.3%。

（三）特征特性

属半冬性品种。幼苗半匍匐，叶色浓绿，分蘖力强。旗叶上冲，株型紧凑，株高 80 厘米。穗纺锤形，长芒，白壳，白粒，角质。亩穗数 41.3 万，穗粒数 34 粒，千粒重 42.4 克。

（四）抗性鉴定

中感白粉病、赤霉病和纹枯病，高感叶锈病，高抗条锈病。

（五）适宜范围及栽培要点

适宜在河南省信阳市和南阳市南部区域种植。适播期 10 月中下旬，亩基本苗 15 万~18 万。重施底肥，拔节后追施氮肥，一般亩施纯氮 10~12 千克，五氧化二磷 6~8 千克，氧化钾 6~7 千克。清沟防渍，控旺促壮，防止倒伏。注意防治蚜虫、叶锈病、赤霉病、白粉病和纹枯病。

一四三、华麦 1168

（一）品种来源

华中农业大学利用川 8910/华矮 01//周麦 12/鄂麦 12 选育而成，通过湖北省农作物品种审定委员会审定，审定编号：鄂审麦 2017001。河南西农种业有限公司将该品种引种至河南省，符合河南省引种备案条件，引种备案号：（豫）引种[2019]麦 039。该品种已获批农业部品种保护（专利），其公告号为 CNA20171502.8。其系谱如下：

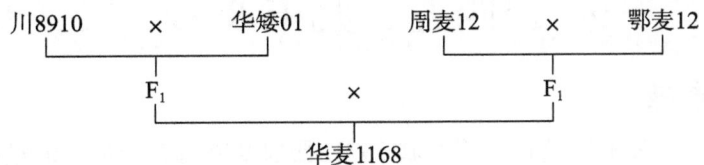

（二）产量表现

引种试验平均亩产 477.4 千克，比对照偃展 4110 增产 5.4%。

（三）特征特性

属弱春性品种。幼苗半匍匐，叶色浓绿，分蘖力中等。旗叶短而上冲，株型紧凑，茎秆蜡质较重，株高 73.9 厘米。穗纺锤形，长芒，白壳，白粒，角质。亩穗数 38.1 万，穗粒数 33.5 粒，千粒重 45.8 克。

（四）抗性鉴定

中感条锈病、叶锈病和纹枯病，高感白粉病和赤霉病。

（五）适宜范围及栽培要点

适宜在河南省信阳市和南阳市南部地区种植。适播期 10 月 15—30 日，亩播量 10~12 千克，亩基本苗18万左右。合理施肥，视墒灌水，搞好化学除草。注意防治蚜虫、赤霉病、纹枯病、白粉病和锈病，灌浆期搞好"一喷三防"。

一四四、华麦1309

（一）品种来源

华中农业大学、河南西农种业有限公司利用华矮01/川8910//华麦12/鄂麦12选育而成，通过湖北省农作物品种审定委员会审定，审定编号：鄂审麦2019005。河南西农种业有限公司将该品种引种至河南省，符合河南省引种备案条件，引种备案号：（豫）引种［2019］麦040。其系谱如下：

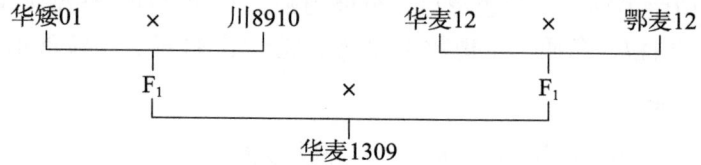

（二）产量表现

引种试验平均亩产471.5千克，比对照偃展4110增产4.1%。

（三）特征特性

属弱春性品种。幼苗半匍匐，叶色浓绿，分蘖力中等。旗叶长而半上冲，株型紧凑，株高71.7厘米。穗纺锤形，长芒，白壳，红粒，粉质。亩穗数38.1万，穗粒数33.5粒，千粒重45.8克。

（四）抗性鉴定

中感白粉病和纹枯病，高感赤霉病，中抗条锈病，高抗叶锈病。

（五）适宜范围及栽培要点

适宜在河南省信阳市和南阳市南部区域种植。适播期10月15—30日，亩播量10~12千克。配方施肥，视墒灌水。搞好化学除草，注意防治赤霉病、纹枯病和白粉病，灌浆期搞好"一喷三防"。

一四五、兆丰8号

（一）品种来源

湖北扶轮农业科技开发有限公司利用西农3571/西农979选育而成，通过湖北省农作物品种审定委员会审定，审定编号：鄂审麦2019004。河南许农种业有限公司将该品种引种至河南省，符合河南省引种备案条件，引种备案号：（豫）引种［2019］麦041。其系谱如下：

```
西农3571 × 西农979
        |
      兆丰8号
```

（二）产量表现

引种试验平均亩产494.7千克，比对照郑麦113增产7.6%。

（三）特征特性

属弱春性品种。幼苗半匍匐，分蘖力较强。旗叶上冲，株型适中，株高71.6厘米。穗圆锥形，短芒，白壳，白粒，籽粒卵圆形，角质。亩穗数36.8万，穗粒数37粒，千粒重46克。

（四）抗性鉴定

中抗条锈病和叶锈病，中感白粉病和纹枯病，高感赤霉病。

（五）适宜范围及栽培要点

适宜在河南省信阳市和南阳市南部地区种植。适播期10月中下旬，亩基本苗15万~18万。施足基肥，氮肥后移，适时冬灌和春灌。注意防治纹枯病、白粉病、赤霉病和蚜虫。

一四六、长航1号

（一）品种来源

陕西省长武县农业技术推广中心渭北旱塬小麦试验基地利用陕优225/长武131选育而成，通过陕西省农作物品种审定委员会审定，审定编号：陕审麦2014012号。河南省乐丰种业有限公司将该品种引种至河南省，符合河南省引种备案条件，引种备案号：（豫）引种［2020］麦001。该品种已获批农业部品种保护（专利），其公告号为CNA20151194.3。其系谱如下：

```
陕优225   ×   长武131
        |
      长航1号
```

（二）产量表现

2年区试平均亩产380.5千克，生产试验平均亩产301千克，比对照晋麦47增产2.9%。

（三）特征特性

属冬性品种。幼苗匍匐，叶片细长，分蘖力较强，成穗率较高。长相清秀，无蜡质，叶片细长。茎秆较细，弹性较好，较抗倒伏。穗层整齐，穗纺锤形，中穗大粒，短芒，小穗排列密度中等，熟相好，落粒性中等。抗冻，抗旱，抗青干。籽粒青白色，腹沟浅，角质率高，黑胚率低，粒大饱满。

（四）抗性鉴定

中感条锈病、叶锈病和白粉病，高抗纹枯病，高感赤霉病。

（五）适宜范围及栽培要点

适宜在河南省(信阳市和南阳市南部麦区除外)旱地种植。适宜播期10月上旬，亩播量10千克。一般亩施氮素6~8.5千克，五氧化二磷4~5千克，氧化钾4千克，播前整地时用条播机一次性施入。注意防治蚜虫、白粉病、纹枯病和锈病。

一四七、小偃23

（一）品种来源

西北农林科技大学利用H59-11/西农509选育而成，通过陕西省农作物品种审定委员会审定，审定编号：陕审麦2018004号。河南永硕种业有限公司将该品种引种至河南省，符合河南省引种备案条件，引种备案号：（豫）引种［2020］麦002。其系谱如下：

```
H59-11   ×   西农509
        |
      小偃23
```

(二）产量表现

2 年区试平均亩产 541.85 千克。

(三）特征特性

属半冬性品种。幼苗半匍匐，叶色深绿，叶片窄短，长势壮。分蘖力强，成穗率高，株型松散，茎秆粗壮，抗倒伏性较好。穗层整齐，旗叶平展，熟相一般。穗长方形，白壳，长芒，白粒，角质，饱满度较好，黑胚率中等。亩穗数 32.5 万，穗粒数 42 粒，千粒重 44.2 克。

(四）抗性鉴定

中抗条锈病，中感叶锈病、白粉病和纹枯病，高感赤霉病。

(五）适宜范围及栽培要点

适宜在河南省（信阳市和南阳市南部麦区除外）早中茬地种植。适宜播期 10 月上中旬，适宜亩基本苗 16 万～22 万，注意防治蚜虫、叶锈病、白粉病、纹枯病和赤霉病。

一四八、鲁研 888

(一）品种来源

安徽鲁研种业有限公司利用济麦 20/宿 7078 选育而成，通过安徽省农作物品种审定委员会审定，审定编号：皖审麦 20200014。安徽鲁研种业有限公司将该品种引种至河南省，符合河南省引种备案条件，引种备案号：（豫）引种［2020］麦 003。该品种已申请农业部品种保护（专利），其申请号为 20171172.7。其系谱如下：

(二）产量表现

2 年区试平均亩产 547.35 千克，比对照济麦 22 增产 7.38%。生产试验平均亩产 458.8 千克，比对照济麦 22 增产 5.62%。

(三）特征特性

属半冬性品种。幼苗半匍匐，冬前生长势一般，叶片短宽，叶色淡绿。春季起身快，抽穗早，熟相中等。株型半紧凑，旗叶宽短上冲，茎秆蜡质较轻。穗纺锤形，小穗排列稀，长芒，白壳，白粒，籽粒半角质。

(四）抗性鉴定

中抗条锈病和纹枯病，中感白粉病和叶锈病，高感纹枯病。

(五）适宜范围及栽培要点

适宜在河南省（信阳市和南阳市南部麦区除外）早中茬地种植。适宜播期 10 月 5—15 日，亩基本苗 16 万～18 万。亩施纯氮 14～16 千克，其中底肥 60%、追肥 40%，五氧化二磷 6～7 千克，氧化钾 6～8 千克，作底肥一次性施入。注意防治蚜虫、叶锈病、纹枯病和白粉病。

一四九、濉1309

（一）品种来源

安徽省濉溪县农业科研试验站利用周麦22/烟农19选育而成，通过安徽省农作物品种审定委员会审定，审定编号：皖审麦2017003。淮北双收种业有限责任公司将该品种引种至河南省，符合河南省引种备案条件，引种备案号：（豫）引种［2020］麦004。该品种已申请农业农村部品种保护（专利），其公告号为CNA014316E。其系谱如下：

```
周麦22    ×    烟农19
       └──┬──┘
        濉1309
```

（二）产量表现

2年区试平均亩产529.55千克，比对照皖麦52增产7.67%。生产试验平均亩产549.6千克，比对照皖麦52增产6.35%。

（三）特征特性

属半冬性品种。幼苗半匍匐，叶片细长，叶色深绿，长势较壮。春季发育稳健，两极分化较快，分蘖力较强，成穗率高。株型半紧凑，茎秆弹性好，抗倒伏，茎秆蜡质重。旗叶上冲，穗层厚，熟相较好。长芒，白壳、白粒，穗长方形。

（四）抗性鉴定

中抗条锈病和赤霉病，中感叶锈病和白粉病，高感纹枯病。

（五）适宜范围及栽培要点

适宜在河南省（信阳市和南阳市南部麦区除外）早中茬地种植。适宜播种期10月上中旬，每亩适宜基本苗16万～18万，晚播适当增加播量。在增施有机肥的基础上，氮、磷、钾肥配合，基施追施结合，注意防治蚜虫、赤霉病、叶锈病、白粉病和纹枯病。

一五○、西农059

（一）品种来源

西北农林科技大学利用西农979/02（10）3-1选育而成，通过陕西省农作物品种审定委员会审定，审定编号：陕审麦2019006号。河南省三九种业有限公司将该品种引种至河南省，符合河南省引种备案条件，引种备案号：（豫）引种［2020］麦005。该品种已申请农业农村部品种保护（专利），其公告号为CNA040331E。其系谱如下：

```
西农979    ×    02（10）3-1
       └──┬──┘
        西农059
```

（二）产量表现

2年区试平均亩产566.3千克，比对照小偃22平均增产5.66%。生产试验平均亩产484.6千克，比对照小偃22增产5.44%。

（三）特征特性

属半冬性中早熟品种。幼苗半匍匐，叶色深绿，分蘖力中等，成穗率较高。冬季抗寒性中等，耐倒春寒能力中等。株型紧凑，穗层较整齐，旗叶上举，蜡质层轻。茎秆粗壮，抗倒伏能力较强，耐后期高温能力中等，熟相中等。穗纺锤形，白壳，短芒，白粒，籽粒角质，饱满度较好。

（四）抗性鉴定

中感条锈病、叶锈病和白粉病，高抗纹枯病，高感赤霉病。

（五）适宜范围及栽培要点

适宜在河南省（信阳市和南阳市南部麦区除外）早中茬地种植。适宜播期10月中旬，适宜亩基本苗18万~22万，注意防治蚜虫、叶锈病、纹枯病和白粉病。

一五一、亿麦11

（一）品种来源

安徽绿亿种业有限公司利用宿9908/内乡188选育而成，通过安徽省农作物品种审定委员会审定，审定编号：皖麦2016038。河南群帅农业发展有限公司将该品种引种至河南省，符合河南省引种备案条件，引种备案号：（豫）引种［2020］麦006。该品种已申请农业农村部品种保护（专利），其申请号为20184223.9。其系谱如下：

```
  宿9908    ×    内乡188
        └──┬──┘
         亿麦11
```

（二）产量表现

2年区试平均亩产567.25千克，较对照增产7.39%。生产试验平均亩产540.2千克，较对照增产5.99%。

（三）特征特性

属半冬性中早熟品种。幼苗半匍匐，长势较壮，分蘖力强，成穗率高。春季生长发育稳健，两极分化较快。株型半紧凑，抗倒伏能力偏弱。旗叶上冲，穗层整齐，穗子较小，结实性好。穗纺锤形，长芒，白壳，白粒，籽粒半角质、饱满，熟相较好。

（四）抗性鉴定

中感条锈病、叶锈病、白粉病和纹枯病，中抗赤霉病。

（五）适宜范围及栽培要点

适宜在河南省（信阳市和南阳市南部麦区除外）早中茬地种植。适宜播期10月上中旬；亩基本苗16万~18万，晚播适当加大播量。起身期化控防倒，注意防治蚜虫、赤霉病、锈病和白粉病。

一五二、西农9112

（一）品种来源

西北农林科技大学利用周98165/濮兴2108选育而成，通过陕西省农作物品种审定委员会审定，审定编号：陕审麦2019011号。河南省科育种业有限公司将该品种引种至河南省，符合河南省引种备案条件，引种备案号：（豫）引种［2020］麦007。该品种已申请农业农村部品种保护（专利），其公告号为 CNA019526E。其系谱如下：

```
周98165  ×  濮兴2108
       └──┬──┘
         西农9112
```

（二）产量表现

2 年区试平均亩产 554.9 千克，比对照小偃 22 增产 5.11%。生产试验平均亩产 483.1 千克，比对照小偃 22 增产 6.22%。

（三）特征特性

属半冬性中早熟品种。幼苗半匍匐，叶色深绿，分蘖力中等，成穗率较高。冬季抗寒性中等，耐倒春寒能力中等。株型紧凑，穗层较整齐，旗叶上冲，蜡质层重。茎秆粗壮，植株偏高，抗倒伏能力中等。耐后期高温能力中等，熟相中等。穗纺锤形，码适中，白壳，短芒，白粒，籽粒角质，饱满度较好。

（四）抗性鉴定

中抗条锈病和叶锈病，中感白粉病和纹枯病，高感赤霉病。

（五）适宜范围及栽培要点

适宜在河南省（信阳市和南阳市南部麦区除外）早中茬地种植。适宜播期 10 月中旬，适宜亩基本苗 18 万~22 万。注意防治蚜虫、白粉病、纹枯病和赤霉病。

一五三、皖新麦 5 号

（一）品种来源

宿州市金穗种业有限公司利用郑麦 9023/连麦 2 号选育而成，通过安徽省农作物品种审定委员会审定，审定编号：皖审麦 20200013。宿州市金穗种业有限公司将该品种引种至河南省，符合河南省引种备案条件，引种备案号：（豫）引种[2020]麦 008。该品种已申请农业农村部品种保护（专利），其公告号为 CNA040331E。其系谱如下：

```
郑麦9023  ×  连麦2号
       └──┬──┘
         皖新麦5号
```

（二）产量表现

2 年区试平均亩产 398.5 千克，比对照扬麦 20 增产 5.04%。生产试验亩产 383.1 千克，较对照扬麦 20 增产 3.31%。

（三）特征特性

属春性品种。幼苗半直立，分蘖力较强，成穗率高。株型较紧凑，株高 85.2 厘米，整齐度较好。穗纺锤形，白壳，长芒，籽粒琥珀色，半角质。

（四）抗性鉴定

中感条锈病、叶锈病、白粉病和纹枯病，中抗赤霉病。

（五）适宜范围及栽培要点

适宜在河南省信阳市和南阳市南部区域种植。适宜播期 10 月 20—30 日，亩播量 10~15 千克。一般亩施纯氮 12~15 千克，其中底肥 60%，追肥 40%，五氧化二磷 6~7 千克，氧化钾 6~8 千克，作底肥一次性施入。注意防治蚜虫、锈病和白粉病，抽穗扬花期防治赤霉病。

一五四、瑞华麦521

（一）品种来源

江苏瑞华农业科技有限公司利用郑麦9023/偃展4110选育而成，通过江苏省农作物品种审定委员会审定，审定编号：苏审麦20170008。河南喜多收种业有限公司将该品种引种至河南省，符合河南省引种备案条件，引种备案号：（豫）引种［2020］麦009。该品种已申请农业农村部品种保护（专利），其公告号为CNA023136E。其系谱如下：

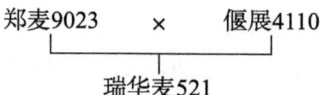

（二）产量表现

2年区试平均亩产534.5千克，第1年区试较对照淮麦20增产9%，第2年续试较对照淮麦30增产10.4%。生产试验平均亩产555.7千克，较对照淮麦30增产6.4%。

（三）特征特性

属半冬性中熟品种。幼苗半匍匐，叶片细长，叶色深绿，前期长势弱，抗寒性较好。分蘖力强，成穗数较多。株型较松散，旗叶上冲，茎秆弹性较好，熟相较好。穗纺锤形，穗长，码稀，长芒，白壳，白粒，籽粒角质。

（四）抗性鉴定

中感条锈病、纹枯病和赤霉病，高感叶锈病，中抗白粉病。

（五）适宜范围及栽培要点

适宜在河南省（信阳市和南阳市南部麦区除外）中茬地种植。适宜播期10月20日至11月5日。亩基本苗18万~22万，肥力水平偏低或播期推迟，适当增加播量。一般亩施纯氮16千克左右，配合施用磷、钾肥。氮肥基肥和苗肥占60%、拔节孕穗肥占40%。田间沟系配套，注意防涝抗旱。冬前及早春及时防除田间杂草，注意防治纹枯病、赤霉病、锈病、白粉病和蚜虫。

一五五、瑞华麦218

（一）品种来源

江苏瑞华农业科技有限公司利用淮麦20/新麦18选育而成，通过安徽省农作物品种审定委员会审定，审定编号：皖审麦2017010。河南喜多收种业有限公司将该品种引种至河南省，符合河南省引种备案条件，引种备案号：（豫）引种［2020］麦010。该品种已申请农业农村部品种保护（专利），其公告号为CNA014323E。其系谱如下：

```
淮麦20  ×  新麦18
        │
     瑞华麦218
```

（二）产量表现

2年区试平均亩产525.8千克，比对照皖麦52增产5.95%。生产试验平均亩产542.9千克，比对照皖麦52增产6.09%。

（三）特征特性

属半冬性品种。幼苗半匍匐，长势较壮。春季生长发育稳健，两极分化较快。分蘖力一般，成穗率高。株型半紧凑，茎秆弹性较好。旗叶上冲微卷，茎秆蜡质重，熟相一般。长芒，白壳，白粒，穗纺锤形。

（四）抗性鉴定

中抗条锈病，高感叶锈病，中感白粉病、赤霉病和纹枯病。

（五）适宜范围及栽培要点

适宜在河南省（信阳市和南阳市南部麦区除外）旱中茬地种植。适宜播期10月上中旬，适宜亩基本苗16万~18万，晚播适当加大播量。增施有机肥，氮、磷、钾肥配合，基施追施结合。注意防治赤霉病、白粉病、叶锈病、纹枯病及蚜虫，拔节前化控防倒。

一五六、惠麦5715

（一）品种来源

西北农林科技大学乾县试验站利用西农9872/偃展4110//YZ94002选育而成，通过陕西省农作物品种审定委员会审定，审定编号：陕审麦2018016号。陕西高农种业有限公司将该品种引种至河南省，符合河南省引种备案条件，引种备案号：（豫）引种[2020]麦011。该品种已申请农业农村部品种保护（专利），其公告号为CNA033403E。其系谱如下：

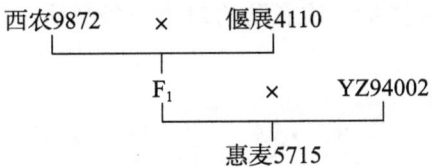

（二）产量表现

2年区试平均亩产346千克。

（三）特征特性

属偏冬性品种。幼苗匍匐，叶色正绿，长势健壮。旗叶上冲，株型紧凑，分蘖力强，成穗率高。穗层厚，穗长方形，长芒，白壳，结实性好。籽粒白色，大小均匀，饱满度高，半角质。亩穗数34.5万，穗粒数31.8粒，千粒重35.9克。

（四）抗性鉴定

中感条锈病、叶锈病、白粉病、赤霉病和纹枯病。

（五）适宜范围及栽培要点

适宜在河南省（信阳市和南阳市南部麦区除外）旱地种植。适宜播期10月上中旬，亩基本苗15万~20万，注意防治蚜虫、锈病、纹枯病、白粉病和赤霉病。

一五七、阜麦9号

（一）品种来源

阜阳市农业科学院利用周麦16/漯麦4518选育而成，通过安徽省农作物品种审定委员会审定，审定编号：皖麦 2016028。安徽昌佳农业科技有限公司将该品种引种至河南省，符合河南省引种备案条件，引种备案号：（豫）引种［2020］麦 012。该品种已获批农业部品种保护（专利），其品种权号为 CNA20170363.8。其系谱如下：

```
周麦16 × 漯麦4518
       |
     阜麦9号
```

（二）产量表现

2 年区试平均亩产 563.25 千克，比对照皖麦 52 增产 6.17%。生产试验亩产 542.8 千克，较对照皖麦 52 增产 6.62%。

（三）特征特性

属半冬性中早熟品种。幼苗半匍匐，长势较壮，越冬期抗寒性较好。分蘖力较强，成穗率较高，春季生长发育稳健，两极分化稍慢，较抗倒春寒。株型半紧凑，茎秆弹性一般，抗倒伏能力偏弱。茎秆蜡质重，旗叶上冲，旗叶同层，株行间透光性较好，熟相较好。穗长方形，长芒，白壳，白粒，籽粒半角质，较饱满。

（四）抗性鉴定

中感条锈病、白粉病和纹枯病，高感叶锈病，中抗赤霉病。

（五）适宜范围及栽培要点

适宜在河南省（信阳市和南阳市南部麦区除外）早中茬地种植。适宜播期 10 月上中旬，亩基本苗 16 万~18 万，晚播适当加大播量。注意防治蚜虫、条锈病、白粉病、叶锈病和赤霉病。起身期化控防止倒伏。

一五八、孟麦101

（一）品种来源

孟州市农丰种子有限公司利用周麦 18/孟选 205-4 选育而成，通过陕西省农作物品种审定委员会审定，审定编号：陕审麦 2020014 号。河南先耕农业科技有限公司将该品种引种至河南省，符合河南省引种备案条件，引种备案号：（豫）引种［2020］麦 013。该品种已申请农业农村部品种保护（专利），其公告号为 CNA028938E。其系谱如下：

```
周麦18 × 孟选205-4
       |
     孟麦101
```

（二）产量表现

2 年区试平均亩产 546.5 千克。

（三）特征特性

属弱冬性中熟品种。幼苗半匍匐，叶片绿色，分蘖力较强，生长旺盛，冬季抗寒性中等。株型紧凑，蜡质重，穗层较整齐，旗叶短宽上冲，干尖较重，穗下节长，抗倒春寒能力较好。穗纺锤形，穗长度中等，排列一般，结实性一般，白壳，短芒。籽粒琥珀色，饱满，半硬质。

（四）抗性鉴定

中抗条锈病和白粉病，中感纹枯病，高感赤霉病和叶锈病。

（五）适宜范围及栽培要点

适宜在河南省（信阳市和南阳市南部麦区除外）早中茬地种植。适播期10月10—20日，亩播量7.5~10千克，晚播适当加大播量。提倡冬灌和春灌，注意防治蚜虫、纹枯病、叶锈病和赤霉病。

一五九、安农大1216

（一）品种来源

安徽农业大学利用开麦18/984121选育而成，通过安徽省农作物品种审定委员会审定，审定编号：皖审麦2016027。浚县沃丰种业有限公司将该品种引种至河南省，符合河南省引种备案条件，引种备案号：（豫）引种[2020]麦014。其系谱如下：

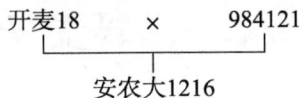

（二）产量表现

2年区试平均亩产563.4千克，比对照皖麦52增产5.9%。生产试验亩产533.7千克，较对照皖麦52增产4.84%。

（三）特征特性

属半冬性品种。幼苗半匍匐，叶色深绿，长势较壮。越冬期抗寒性较好，分蘖力强，成穗率较高。春季生长发育稳健，两极分化稍慢。株型紧凑，茎秆弹性较好，较抗倒伏。旗叶短小上冲，茎秆蜡质重，株行间透光性较好。穗纺锤形，长芒，白壳，白粒，籽粒角质，饱满度好。穗层较整齐，熟相较好。

（四）抗性鉴定

中感条锈病、叶锈病、白粉病、赤霉病和纹枯病。

（五）适宜范围及栽培要点

适宜在河南省（信阳市和南阳市南部麦区除外）早中茬地种植。适宜播期10月上中旬，亩基本苗16万~18万，晚播适当加大播量。注意防治蚜虫、赤霉病、锈病、纹枯病和白粉病。

一六〇、金运麦3号

（一）品种来源

江苏金运农业科技发展有限公司利用扬麦158/宁麦14选育而成，通过浙江省农作物品种审定委员会审定，审定编号：浙审麦2019001。江苏润扬种业股份有限公司将该品种引种至河南省，符合河南省引种备案条件，引种备案号：（豫）引种[2020]麦015。其系谱如下：

```
扬麦158  ×  宁麦14
        │
      金运麦3号
```

（二）产量表现

2年区试平均亩产292.7千克，比对照扬麦20增产4.9%。生产试验平均亩产365.6千克，比对照扬麦158增产3.8%。

（三）特征特性

属春性品种。分蘖力中等，叶片宽长，叶色深绿。株型较紧凑，植株较高，抗倒性一般。田间生长整齐，穗大粒重。穗长方形，颖壳白色，长芒，籽粒红色，卵圆形，硬质，籽粒饱满。

（四）抗性鉴定

中感条锈病、叶锈病、赤霉病和纹枯病，中抗白粉病。

（五）适宜范围及栽培要点

适宜在河南省信阳市和南阳市南部地区种植。适宜播期10月下旬至11月上旬，晚播应适当增加播量，控制田间施肥量。注意防治蚜虫、锈病、纹枯病和赤霉病，起身期化控防倒伏。

一六一、襄麦75

（一）品种来源

襄阳市农业科学院利用川农19/渝麦10号选育而成，通过湖北省农作物品种审定委员会审定，审定编号：鄂审麦2018003。湖北农家富种业股份有限公司将该品种引种至河南省，符合河南省引种备案条件，引种备案号：（豫）引种［2020］麦016。该品种已申请农业农村部品种保护（专利），其公告号为CNA033371E。其系谱如下：

```
川农19    ×    渝麦10号
     └──────┬──────┘
          襄麦75
```

（二）产量表现

2年区试平均亩产404.24千克，比对照郑麦9023增产3.39%。

（三）特征特性

属春性品种。幼苗直立，分蘖力较强。株型紧凑，茎秆蜡质较轻，穗下节间长度中等，旗叶半上冲。穗层较整齐，穗纺锤形，小穗着生稀，长芒，白壳，白粒，椭圆形，角质，熟相较好。

（四）抗性鉴定

中感条锈病、叶锈病、白粉病、赤霉病和纹枯病。

（五）适宜范围及栽培要点

适宜在河南省信阳市和南阳市南部地区种植。10月25日至11月5日播种，亩基本苗14万~18万。一般亩底施纯氮13~14千克，五氧化二磷7~9千克，氧化钾7~9千克，拔节期追氮。注意清沟防渍，控旺促壮，防止倒伏。注意防治蚜虫、赤霉病、纹枯病、锈病和白粉病。

一六二、西农619

（一）品种来源

西北农林科技大学利用周麦16/西农4211选育而成，通过陕西省农作物品种审定委员会审定，审定编号：陕审麦2020007号。河南海纳种业有限公司将该品种引种至河南省，符合河南省引种备案条件，引种备案号：（豫）引种［2020］麦017。该品种已申请农业农村部品种保护（专利），其公告号为CNA040382E。其系谱如下：

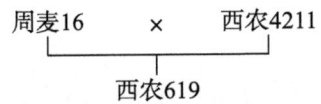

（二）产量表现

2年区试平均亩产546.6千克。

（三）特征特性

属弱冬性中晚熟品种，熟期与对照小偃22相当。幼苗半匍匐，分蘖力强，苗势壮，冬季抗寒性较好。株型半紧凑，蜡质轻，穗层整齐，旗叶宽短上冲，干尖重，穗下节长，抗倒春寒能力一般。穗纺锤形，小穗排列中等，结实性较好，白壳，短芒，籽粒琥珀色，饱满，半硬质。

（四）抗性鉴定

中感条锈病、叶锈病、赤霉病和纹枯病，中抗白粉病。

（五）适宜范围及栽培要点

适宜在河南省（信阳市和南阳市南部麦区除外）早中茬地种植。适播期10月5—15日，亩播量7.5~10千克，晚播适当加大播量。提倡冬灌和春灌，适时防治蚜虫、锈病、纹枯病和赤霉病。

一六三、扶麦6号

（一）品种来源

湖北扶轮农业科技开发有限公司利用中育3号/鲁麦14//周麦18选育而成，通过湖北省农作物品种审定委员会审定，审定编号：鄂审麦2019007。河南三农种业有限公司将该品种引种至河南省，符合河南省引种备案条件，引种备案号：（豫）引种［2020］麦018。其系谱如下：

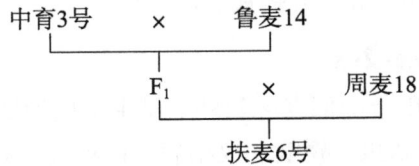

（二）产量表现

2年区试平均亩产421.36千克，比对照郑麦9023增产6.61%。生产试验平均亩产368.42千克，比对照郑麦9023增产3.42%。

（三）特征特性

属半冬性品种。幼苗半匍匐，分蘖力较强。株型较松散，茎秆蜡质重，穗下节间较短，旗叶短且上冲。穗层较整齐，熟相较好。穗纺锤形，小穗着生较密，短芒，籽粒圆形，白色，角质。亩穗数32.2万，穗粒数34.7粒，千粒重45.6克。

（四）抗性鉴定

中感条锈病、白粉病、赤霉病和纹枯病，高感叶锈病。

（五）适宜范围及栽培要点

适宜在河南省信阳市和南阳市南部地区种植。10月中下旬播种，亩播量12千克左右，亩基本苗16万~18万，晚播地块适当增加播量。全生育期一般亩施纯氮15千克，五氧化二磷6~8千克，氧化钾5~7千克，拔节期追氮。注意清沟防渍，控旺促壮，防止倒伏。防治蚜虫、赤霉病、白粉病、纹枯病和锈病。

一六四、大唐66

（一）品种来源

陕西大唐种业有限公司利用中麦895/秦丰197选育而成，通过陕西省农作物品种审定委员会审定，审定编号：陕审麦2019015号。陕西大唐种业有限公司将该品种引种至河南省，符合河南省引种备案条件，引种备案号：（豫）引种［2020］麦019。该品种已申请农业农村部品种保护（专利），其公告号为CNA020142E。其系谱如下：

（二）产量表现

2年区试平均亩产569.7千克，比对照小偃22平均增产6.15%。生产试验平均亩产492千克，比对照小偃22增产5.6%。

（三）特征特性

属半冬性中晚熟品种。幼苗半匍匐，叶色深绿，分蘖力一般，成穗率较高。冬季抗寒性中等，耐倒春寒能力中等。株型半紧凑，穗层较整齐，旗叶上冲，蜡质层轻。茎秆粗壮，抗倒伏能力中等。耐后期高温能力一般，熟相中等。穗纺锤形，码适中，白壳，长芒，白粒，籽粒半角质，较饱满。亩穗数42.7万，穗粒数38.7粒，千粒重54.5克。

（四）抗性鉴定

中感条锈病、白粉病和纹枯病，高感叶锈病和赤霉病。

（五）适宜范围及栽培要点

适宜在河南省（信阳市和南阳市南部麦区除外）早中茬地种植。适宜播期10月上中旬，适宜亩基本苗18万~22万。注意防治蚜虫、锈病、纹枯病、白粉病和赤霉病。

一六五、大唐63

（一）品种来源

陕西大唐种业有限公司周麦16/秦丰197利用选育而成，通过陕西省农作物品种审定委员会审定，审定编号：陕审麦2020012号。陕西大唐种业有限公司将该品种引种至河南省，符合河南省引种备案条件，引种备案号：（豫）引种［2020］麦020。该品种已申请农业农村部品种保护（专利），其公告号为CNA024394E。其系谱如下：

周麦16 × 秦丰197
　　└──┬──┘
　　　大唐63

（二）产量表现

2年区试平均亩产534.3千克。

(三) 特征特性

属弱冬性晚熟品种。幼苗半匍匐,分蘖力强,长势壮,抗寒性较好。叶片宽短上冲,干尖略重,穗下节较长,抗倒春寒能力较好。穗纺锤形,小穗排列中等,结实性好,白壳,短芒。籽粒白色,饱满,半硬质。

(四) 抗性鉴定

中感白粉病、纹枯病和条锈病,感赤霉病,高感叶锈病。

(五) 适宜范围及栽培要点

适宜在河南省(信阳市和南阳市南部麦区除外)早中茬地种植。适播期10月5—15日;亩播量7.5~10千克,晚播适当加大播量;提倡冬灌和春灌;适时防治蚜虫、纹枯病、锈病、白粉病和赤霉病。

一六六、登海208

(一) 品种来源

山东登海种业股份有限公司利用周麦20/济麦22选育而成,通过安徽省农作物品种审定委员会审定,审定编号:皖审麦20200001。山东登海种业股份有限公司将该品种引种至河南省,符合河南省引种备案条件,引种备案号:(豫)引种〔2020〕麦021。该品种已获批农业农村部品种保护(专利),其品种权号为CNA20191005239。其系谱如下:

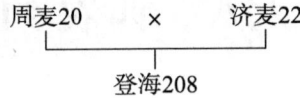

(二) 产量表现

2年区试平均亩产534.9千克,比对照济麦22增产8.42%。生产试验平均亩产569千克,比对照济麦22增产3.59%。

(三) 特征特性

属半冬性品种。幼苗半匍匐,叶片稍窄,叶片绿色,长势壮。分蘖力一般,成穗率高。旗叶宽大斜上冲,穗层整齐。穗长方形,长芒,白壳,白粒,籽粒角质。亩穗数39万,穗粒数35.8粒,千粒重43.5克。

(四) 抗性鉴定

中感条锈病、叶锈病、白粉病、赤霉病和纹枯病。

(五) 适宜范围及栽培要点

适宜在河南省(信阳市和南阳市南部麦区除外)早中茬地种植。适播期10月5—15日,亩基本苗16万~18万。亩施纯氮14~16千克,其中底肥60%、追肥40%,五氧化二磷6~7千克,氧化钾6~8千克,作底肥一次性施入。注意防治蚜虫、锈病、纹枯病、白粉病和赤霉病。

一六七、秦鑫106-5

(一) 品种来源

西安鑫丰农业科技有限公司利用PH85-4/小偃22选育而成,通过陕西省农作物品种审定委员会审定,审定编号:陕审麦2018002号。河南永硕种业有限公司将该品种引种至河南省,符合河南省引种备案条件，引种备案号：（豫）引种［2020］麦022。其系谱如下：

```
        PH85-4  ×  小偃22
            └────┬────┘
              秦鑫106-5
```

（二）产量表现

2年区域平均亩产534.3千克。

（三）特征特性

属半冬性中熟品种。幼苗半匍匐，叶色深绿，叶片短宽，长势较壮。分蘖力强，成穗率高。株型半紧凑，茎秆粗壮、坚韧，蜡质重。穗层整齐，旗叶宽短上冲，熟相中等。穗纺锤形，小穗密，白壳，长芒，白粒，半角质，饱满度中等，黑胚率低。亩穗数36.95万，穗粒数37.2粒，千粒重42.5克。

（四）抗性鉴定

中感条锈病、叶锈病和白粉病，高抗纹枯病，感赤霉病。

（五）适宜范围及栽培要点

适宜在河南省（信阳市和南阳市南部麦区除外）早中茬地种植。适宜播期10月上旬，适宜亩基本苗16万~22万，注意防治蚜虫、锈病、纹枯病和白粉病。

一六八、西农911

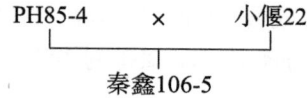

（一）品种来源

西北农林科技大学利用陕481/小偃22选育而成，通过陕西省农作物品种审定委员会审定，审定编号：陕审麦2020004号。河南永硕种业有限公司将该品种引种至河南省，符合河南省引种备案条件，引种备案号：（豫）引种［2020］麦023。其系谱如下：

```
        陕481   ×   小偃22
            └────┬────┘
               西农911
```

（二）产量表现

2年区试平均亩产545.9千克。

（三）特征特性

属弱冬性晚熟品种。幼苗半匍匐，叶片绿色，分蘖力强，冬季抗寒性中等。株型半紧凑，蜡质轻，穗层整齐，旗叶短小上举，干尖重，穗下节长，抗倒春寒能力较好。穗纺锤形，小穗排列紧凑，结实性好，白壳，长芒，成熟落黄好。籽粒琥珀色，饱满，半硬质。亩穗数46.6万，穗粒数36粒，千粒重44.1克。

（四）抗性鉴定

中感白粉病、纹枯病和条锈病，感赤霉病，高感叶锈病。

（五）适宜范围及栽培要点

适宜在河南省（信阳市和南阳市南部麦区除外）早中茬地种植。适播期10月5—15日，亩播量7.5~10千克，晚播适当加大播量。浇好越冬水和拔节水，适时防治蚜虫、纹枯病、赤霉病、锈病和白粉病。

一六九、西农38

（一）品种来源

西北农林科技大学利用02009-1-2/P335选育而成，通过陕西省农作物品种审定委员会审定，审定编号：陕审麦2020011号。河南永硕种业有限公司将该品种引种至河南省，符合河南省引种备案条件，引种备案号：（豫）引种［2020］麦024。其系谱如下：

```
02009-1-2    ×    P335
          西农38
```

（二）产量表现

2年区试平均亩产541.7千克。

（三）特征特性

属弱冬性中晚熟品种。幼苗半匍匐，叶色深绿，分蘖力强，生长旺盛，冬季抗寒性中等。株型紧凑，蜡质略重，穗层较整齐，旗叶短小上冲，干尖略重，穗下节中等，抗倒春寒能力一般。穗纺锤形，结实性好，白壳，短芒、籽粒琥珀色，饱满，半硬质。

（四）抗性鉴定

中抗条锈病和纹枯病，中感叶锈病，高感白粉病，感赤霉病。

（五）适宜范围及栽培要点

适宜在河南省（信阳市和南阳市南部麦区除外）早中茬地种植。适播期10月5—15日，亩播量7.5~10千克，晚播适当加大播量。浇好越冬水和拔节孕穗水，适时防治蚜虫纹枯病、白粉病和锈病。

一七〇、西农537

（一）品种来源

西北农林科技大学利用2007140/九麦2号选育而成，通过陕西省农作物品种审定委员会审定，审定编号：陕审麦2020005号。河南永硕种业有限公司将该品种引种至河南省，符合河南省引种备案条件，引种备案号：（豫）引种［2020］麦025。该品种已申请农业农村部品种保护（专利），其公告号为CNA019528E。其系谱如下：

```
2007140    ×    九麦2号
          西农537
```

（二）产量表现

2年区试平均亩产545.1千克。

（三）特征特性

属弱冬性中熟品种。幼苗半匍匐，叶片绿色，分蘖力强，长势壮，冬季抗寒性较好。株型半紧凑，穗层较整齐，旗叶短小上冲，干尖重，穗下节中等，抗倒春寒能力一般。穗纺锤形，结实性较好，白壳，短芒，成熟落黄好。籽粒琥珀色，饱满，半硬质。亩穗数44.4万，穗粒数35粒，千粒重41.3克。

（四）抗性鉴定

中感条锈病、叶锈病、赤霉病和纹枯病，高感白粉病。

（五）适宜范围及栽培要点

适宜在河南省（信阳市和南阳市南部麦区除外）旱中茬地种植。适播期10月10—20日，亩播量7.5~10千克，晚播适当加大播量。浇好越冬水和拔节孕穗水，适时防治蚜虫、锈病、赤霉病、纹枯病和白粉病。

一七一、西途555

（一）品种来源

河北西途种业科技有限公司、河北众信种业科技有限公司利用衡4164/邯6172//良星99选育而成，通过河北省农作物品种审定委员会审定，审定编号：冀审麦20180021。河北众人信农业科技股份有限公司将该品种引种至河南省，符合河南省引种备案条件，引种备案号：（豫）引种[2020]麦026。该品种已获批农业部品种保护（专利），其公告号为CNA20162401.9。其系谱如下：

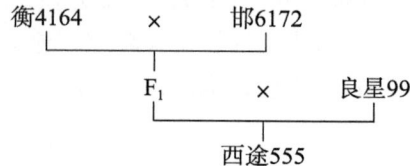

（二）产量表现

2年区试平均亩产503.6千克，比对照邯4589增产8.1%。生产试验平均亩产506.7千克，比对照邯4589增产7.1%。

（三）特征特性

属半冬性中熟品种。幼苗匍匐，叶色深绿，分蘖力较强，抗寒性较好。株型半紧凑，穗纺锤形，长芒、白壳，籽粒硬质，饱满度高，熟相较好。亩穗数41.1万，穗粒数36粒，千粒重41.9克。

（四）抗性鉴定

中感条锈病、叶锈病、白粉病和纹枯病，高感赤霉病。抗旱指数1.226~1.3，抗旱性强。

（五）适宜范围及栽培要点

适宜在河南省（信阳市和南阳市南部麦区除外）旱地种植。适宜播期10月5—13日，亩基本苗20万左右，晚播适当增加播量。施足底肥，足墒播种，浇好越冬水和拔节水，结合浇水亩追施尿素15~20千克。注意防治纹枯病和防除杂草，及时防治锈病、白粉病、赤霉病、吸浆虫和蚜虫，灌浆期搞好"一喷三防"。

一七二、伟隆123

（一）品种来源

杨凌伟隆农业科技有限公司利用W212/9229-888//陕麦94选育而成，通过陕西省农作物品种审定委员会审定，审定编号：陕审麦2018017号。河南喜农种业有限公司将该品种引种至河南省，符合河南省引种备案条件，引种备案号：（豫）引种[2020]麦027。该品种已获批农业部品种保护（专利），其品种权号为CNA20171330.6。其系谱如下：

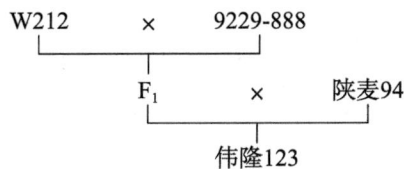

（二）产量表现

2年区试平均亩产344.7千克。

（三）特征特性

属半冬性中熟品种。幼苗半匍匐，叶片较窄，叶色深绿，长势壮。越冬性好，分蘖力强，两极分化快，成穗率高。植株中矮，株型半紧凑，穗层整齐，穗长方形，落黄好，籽粒大，白色，均匀，饱满度高。抗倒伏，抗寒，抗旱。亩穗数33.9万，穗粒数30.8粒，千粒重48克。

（四）抗性鉴定

中感条锈病、白粉病、赤霉病和纹枯病，高感叶锈病。

（五）适宜范围及栽培要点

适宜在河南省（信阳市和南阳市南部麦区除外）旱地种植。播期10月3—13日，亩播量7.5~10千克，亩基本苗15万~20万。氮、磷、钾肥配施，底肥一次性施足，注意防治纹枯病、白粉病、赤霉病、条锈病、叶锈病和蚜虫，灌浆期搞好"一喷三防"。

一七三、陕道198

（一）品种来源

陕西聚丰种业有限公司利用西农979//周麦16/97（9）8选育而成，通过陕西省农作物品种审定委员会审定，审定编号：陕审麦2020013号。陕西聚丰种业有限公司将该品种引种至河南省，符合河南省引种备案条件，引种备案号：（豫）引种［2020］麦028。其系谱如下：

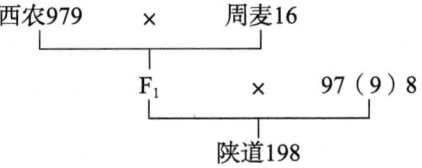

（二）产量表现

2年区试平均亩产540.3千克。

（三）特征特性

属偏冬性中熟品种。幼苗半匍匐，叶色正绿，分蘖力较强，冬季抗寒性较好。株型紧凑，蜡质较轻，穗层整齐，旗叶窄短上冲，干尖较重，穗下节长度中等，抗倒春寒能力一般。穗纺锤形，小穗长度中等，排列一般，结实性一般，白壳，长芒。籽粒白色，饱满，半硬质。

（四）抗性鉴定

中感条锈病、白粉病和赤霉病，中抗叶锈病和纹枯病。

（五）适宜范围及栽培要点

适宜在河南省（信阳市和南阳市南部麦区除外）旱中茬地种植。适播期10月10—20日，亩播量7.5~10千克，晚播适当加大播量。浇好越冬水和拔节孕穗水，注意防治蚜虫、纹枯病、赤霉病、锈病和白粉病。